W0196272

Wolfgang Engelhardt

PLANETEN MONDE RINGSYSTEME

Kamerasonden erforschen unser Sonnensystem

Birkhäuser Verlag
Basel · Boston · Stuttgart

Für Anne

CIP-Kurztitelaufnahme der Deutschen Bibliothek

Engelhardt, Wolfgang:
Planeten, Monde, Ringsysteme: Kamerasonden erforschen unser Sonnensystem / Wolfgang Engelhardt. – Basel; Boston; Stuttgart; Birkhäuser, 1984.
ISBN 3-7643-1618-7

Umschlagfoto: Falschfarbenaufnahme von Saturn, NASA

Die vorliegende Publikation ist urheberrechtlich geschützt. Alle Rechte vorbehalten. Kein Teil dieses Buches darf ohne schriftliche Genehmigung des Verlages in irgendeiner Form – durch Fotokopie, Mikrofilm oder andere Verfahren – reproduziert oder in eine für Maschinen, insbesondere Datenverarbeitungsanlagen, verwendbare Sprache übertragen werden. Auch die Rechte der Wiedergabe durch Vortrag, Funk und Fernsehen sind vorbehalten.

© 1984 Birkhäuser Verlag Basel
Umschlaggestaltung: Albert Gomm
Herstellung: Andrea Osswald
ISBN 3-7643-1618-7

Inhalt

Prolog

Seit den ersten Anfängen sucht der Mensch nach Erklärungen für seine Existenz, nach seiner Bestimmung. Solange wir sehen und denken können, halten wir den Lauf der Gestirne am Firmament für einen möglichen Schlüssel zum besseren Verständnis unserer Umwelt und der Rolle, die der Mensch darin spielt. Zunächst wurden die weit entfernten Himmelssphären mit altehrwürdigen Gottheiten bevölkert, seit dem vorigen Jahrhundert nehmen die fantastischen Persönlichkeiten der Science-Fiction-Literatur diesen Platz ein.

Obwohl nach unserem heutigen Wissensstand die anderen Planeten und Monde in unserem Sonnensystem keinerlei Lebensspuren aufweisen, besitzen diese Körper doch etwas für uns vielleicht sehr Wichtiges: den Schlüssel für die Vergangenheit und die Zukunft unserer Erde, vielleicht auch die Antwort auf die Frage nach der Entstehung des Lebens auf unserem Planeten und dessen künftige Chancen.

Die Planeten unseres Sonnensystems sind offensichtlich alle etwa zur gleichen Zeit entstanden (innerhalb einiger Jahrmillionen) und auf ähnliche Weise. Ausgangspunkt war wohl eine große Staubwolke im Universum, die sich aufgrund der bei zunehmender Zusammenballung immer stärker werdenden Gravitation fortlaufend mehr konzentrierte und in eine rasche Rotation geriet, so daß sich schließlich eine Ur-Sonne bildete, die von einigen kleineren Staubwolken umgeben war, die sich ebenfalls zu perfekten Kugeln verschiedener Größe formierten. Zunehmende Rotation, Reibungshitze, Aufglühen, Zusammenballung und langsames Abkühlen waren die weiteren Stationen in der Entwicklung der Planeten und ihrer Monde.

Trotz der gemeinsamen kosmischen »Kinderstube« sind die aus dem Chaos resultierenden Planetenkörper doch alle sehr verschieden, obwohl sich natürlich andererseits durchaus gewisse Parallelen im Aussehen, in der Größe oder in der Bewegung der einzelnen Planeten ergeben: Da wäre die fast identische Größe von Erde und Venus oder die verblüffende Übereinstimmung der Rotationsdauer von Erde und Mars. Aber abgesehen von solchen – zufälligen? – Ähnlichkeiten sind die Unterschiede zwischen den einzelnen Mitgliedern des Planetensystems doch sehr auffällig und gravierend.

Von grundsätzlicher Bedeutung ist in diesem Zusammenhang auch der Unterschied zwischen den erd- und jupiterähnlichen Planeten, wie er in unserem Sonnensystem zu beobachten ist. Erdähnliche Planeten sind Merkur, Venus, Erde und Mars, sie sind vergleichbar klein, haben eine relativ geringe Masse, aber

Schon mit einem kleinen Teleskop von 200 mm Spiegel-Durchmesser lassen sich bei einiger Übung zahlreiche Einzelheiten auf den nahestehenden Planeten Venus, Mars, Jupiter und Saturn erkennen. Dazu kommen bei den zwei großen Planeten die Monde, deren wechselnde Positionen gut verfolgt werden können. Die Astronomie ist heutzutage dank der guten und preiswerten Instrumente schon fast zu einem Volkssport geworden, auch Schüler können sich mit Sparsamkeit und Geschick einen Selbstbau-Satz für ein Teleskop anschaffen.

eine hohe mittlere Dichte sowie eine feste, sozusagen »begehbare« Oberfläche. Die jupiterähnlichen Planeten sind weiter von der Sonne entfernt, sie sind im Durchmesser wesentlich großer und haben eine viel höhere Masse, dagegen aber merkbar geringere Werte für die spezifische Dichte. Vor allem aber sind die »Gas-Giganten« Jupiter, Saturn, Uranus und Neptun von einer dichten Atmosphäre umgeben, in der sich unvorstellbare Wolkenmassen tummeln, ohne daß bei diesen Planeten eine bestimmte Oberflächengrenze zu definieren wäre. Pluto nimmt eine Sonderstellung ein, er zeigt Merkmale sowohl der erdähnlichen als auch der Jupiter-Planeten.

Denken wir nur an die von Lebensformen jeder Art strotzende Erdoberfläche und an die wahrhaft höllischen Zustände auf der Venus, wo Temperaturen von 500° C und ein enormer Druck von fast 100 bar herrschen. Oder stellen wir den großen und schweren Jupiter mit seiner kalten, aber sehr dicken, bunten und bewegten Atmosphären- und Wolkenhülle gegen den kleinen Merkur, dessen Oberfläche heiß und fast ohne jede Spur von Gasen, dafür aber von Kratern und Gebirgen zernarbt ist. Oder vergegenwärtigen Sie

Die vier Bilder dieser vier Seiten zeigen in einer Zoom-Serie von verschiedenen Satellitenbildern die optische Annäherung an den Vulkan Mt. St. Helens im Nordwesten der USA, der durch seinen gewaltigen Ausbruch 1980 in die Schlagzeilen geriet. Das erste Bild zeigt die ganze Erdkugel, aufgenommen von dem geostationären Wettersatelliten GEOS-4 aus 36000 km Entfernung. Oben auf dem Globus ist halblinks der nordamerikanische Kontinent erkennbar; der US-Bundesstaat Washington und der Vulkan sind kaum auszumachen. Das Auflösungsvermögen im Randbezirk dieses Bildes beträgt bestenfalls 50 km.

sich einmal die Parallelen zwischen Mars und Titan, dem größten Mond des Saturn. Beide Körper sind etwa gleich groß und schwer, beide besitzen eine merkliche Atmosphäre.

Die Verschiedenartigkeit der Oberflächen-Verhältnisse bei den einzelnen Planeten und Monden resultiert wohl in erster Linie aus den stark wechselnden Werten für deren Größe und Masse und aus dem für die äußeren Mitglieder rasch wachsenden Abstand von der Sonne. Diese Faktoren haben – neben dem durch die Umstände der Entstehung vorgegebenen Zustand – großen Einfluß auf die Oberflächen-Chemie, auf die Geologie und auf die Beschaffenheit der Atmosphäre. Allein die genaue Untersuchung des Einflusses der einzelnen Faktoren auf die Zustände an der Oberfläche der einzelnen Planeten rechtfertigen den hohen finanziellen und organisatorischen Aufwand, der für deren Erforschung – vor allem mit teuren Raumsonden – getrieben wird. Aus diesen Erkenntnissen lassen sich dann durchaus wieder gewisse Rückschlüsse auf die Zustände hier auf der Erde ziehen. Es mag der Tag kommen, an dem wir aus diesen Forschungen direkten Nutzen ziehen können, z. B. hinsichtlich der langfristigen Entwicklung des Wetters und des Klimas oder der Vorhersage von Erdbeben und Vulkanausbrüchen.

Von besonderem Interesse sind auch die Erkenntnisse, die wir von anderen Planeten über die Existenz bzw. die nicht stattgefundene Entwicklung von biologischen Reaktionen erhalten können. Bis jetzt wissen wir nur von der Erde, daß sie – überreiche – biologische Formen aller Art hervorgebracht hat, die sich in einer relativ dünnen atmosphärischen Schicht an der Oberfläche aufhalten. Betrachtet man die Fülle der Lebensformen, die sich auf der Erde unter allen möglichen – oft auch extrem ungünstigen – Bedingungen entwickelt haben, dann ist man eigentlich etwas verwundert, daß sich auf den anderen Mitgliedern unseres Planetensystems so absolut keine biologischen Spuren zeigen – nicht einmal auf Mars, wo man irgendwelche ganz primitiven Lebensäußerungen eigentlich hätte erwarten können. Die Verhältnisse auf diesem und den anderen Planeten sind natürlich – gemessen am irdischen »Paradies« – zunehmend ungeeignet für die Entfaltung von Lebenskeimen. Aber hat die Biologie auf der Erde nicht gelegentlich fantastische Wege der Entfaltung gefunden, auch in extrem heißer und unter starkem Druck stehender Umgebung oder in äußerst kalten und trockenen Zonen mit sehr dünner Atmosphäre?

Diese hier auf der Erde zu beobachtenden Anpassungsleistungen der Biologie verleiten zu der Hoffnung, daß sich auch auf anderen Mitgliedern des Planetensystems irgendwelche vitalen Entwicklungen abgespielt haben könnten.

Gestützt werden solche – sonst von keinerlei gesicherten Erkenntnis untermauerten – hoffnungsvollen Gedanken durch die Tatsache, daß das Leben offensichtlich doch eine Angelegenheit von universaler Bedeutung ist. Die Radioastronomen haben uns seit längerer Zeit schon Kenntnis gegeben von großen Molekül-Ansammlungen in den Tiefen des Kosmos. Wasser, Ammoniak und organische Chemikalien wurden dort gefunden, über 50 hochentwickelte Moleküle konnten bisher aufgespürt werden und noch ist kein Ende bei der Entdeckung weiterer »Lebenswolken« in den Tiefen unserer Galaxis abzusehen. Oder denken Sie an die Aminosäuren, die in frisch abgestürzten Meteoriten gefunden werden und die dort über Jahrmillionen in einer Art »Winterschlaf« eingeschlossen waren. Die chemischen Bausteine für die wichtigsten organischen Substanzen scheinen überall im Universum vorhanden zu sein.

Vielleicht sind biologische Äußerungen ein in der Schöpfung von vornherein enthaltenes Angebot der Natur, das überall dort zu einer – wie auch immer gearteten – Evolution heranreift, wo die Bedingungen dafür halbwegs annehmbar sind. Es ist sicher anmaßend, wenn wir die Entwicklung höher organisierter Lebensformen nur auf der Erde für möglich halten – selbst wenn wir auf den anderen Planeten und Monden unseres Sonnensystems nicht »fündig« werden sollten. Es gibt noch einige hundert Milliarden Son-

nen und vielleicht auch Galaxien in den Tiefen des Universums, wo sich die Chance für die Bildung von Planeten in der richtigen Größe und Entfernung vom Zentralgestirn bestimmt öfter ergeben hat, als wir es uns hier heute vorstellen können.
Bei der Erforschung unseres eigenen Sonnensystems können wir feststellen, wie sich primitive Lebensformen gebildet haben mögen und welche Verhältnisse diese Evolutionsversuche vorzeitig wieder unterbrochen haben. Die amerikanische Raumfahrt-Behörde NASA hat deshalb bei ihrem Programm zur Erforschung der anderen Planeten im Sonnensystem die Beantwortung folgender Fragen in den Vordergrund gestellt:

1. Wie hat sich unser Sonnensystem gebildet?
2. Wie entstand das Leben auf der Erde und wie hat es sich bis zur heutigen Vielfalt entwickelt?
3. Welcher Art sind die Prozesse, die die Verhältnisse auf der Erde und auf den anderen Planeten geformt haben?

Wir befinden uns in einer der aufregendsten Phasen der menschlichen Entdeckungs-Geschichte, denn mit raffinierten technologischen Hilfsmitteln erkunden wir erstmals die wichtigsten Planeten im Sonnensystem außerhalb der Erde. Dieser Triumph des menschlichen Geistes, der mit der Entwicklung von Großraketen – eigentlich für kriegerische Zwecke – möglich wurde, hat uns schon genauere Informationen über den Mond gebracht (hier sogar mit bemannten Missionen), über Merkur, Venus, Mars, Jupiter und Saturn sowie über die meisten Monde dieser Planeten. Eine Mission zum Uranus ist schon unterwegs (Voyager 2), und weitergehende Pläne – z. B. für einen Saturn-Orbiter mit einer Titan-Landekapsel – liegen in den Schreibtischen der NASA-Direktoren. Leider fehlt bisher das Geld zur Realisierung.
Es ist noch nicht möglich, den Wert dieser Entdekkungen für unsere Zivilisation zu erkennen oder überhaupt abzusehen, ob die Erkundung der anderen Bezirke des Planetensystems eines Tages irgendeinen praktischen Nutzen für die Entwicklung der menschlichen Rasse haben wird, so wie es z. B. die Entdeckung des amerikanischen Doppel-Kontinents durch Kolumbus vor nahezu 500 Jahren war. Aber der Italiener selbst war sich ja über die Bedeutung seiner Erkundung gar nicht klar, er meinte ja, einen neuen Seeweg nach Indien entdeckt zu haben, und die meisten seiner Zeitgenossen waren der gleichen Ansicht.
Es dürfte wohl aber kein Zweifel bestehen, daß sich die Menschheit eines Tages aufmachen wird, das Planetensystem insgesamt mit bemannten Raumschiffen zu erkunden und auch andere Regionen außerhalb der Erde zu besiedeln. Wenn sich diese Zivilisation nicht zuvor mit einem Atomkrieg selber auslöscht, werden unsere Nachkommen eines Tages interplanetare und in einigen Jahrhunderten vielleicht auch interstellare Raumfahrt betreiben.

Eine große Rauchwolke ist auf diesem Bild östlich des Vulkans Mt. St. Helens und südöstlich der Stadt Seattle erkennbar, die Beschriftungen helfen bei der Orientierung. Diese Aufnahme der großenteils von Wolken verhüllten nordwestlichen USA lieferte der Wettersatellit NOAA-6 gerade während eines Ausbruchs dieses Vulkans. Erfaßt ist ein Gebietsquadrat von etwa 800 km Seitenlänge, das Auflösungsvermögen beträgt 3–4 km, die Aufnahmehöhe 1500 km. Rechts oben ist unter dem Schriftzug »Wash« der Roosevelt-Staudamm zu erkennen.

Ein neues Zeitalter von Entdeckungen

Wer einmal Gelegenheit hat, in südlichen Breiten den nächtlichen Sternenhimmel zu betrachten, der ist überrascht von der Fülle der Lichtpunkte, die da ruhig und verschieden hell am Firmament stehen. In einer unbewohnten, von Streulicht völlig freien Gegend Italiens oder Spaniens kann man noch die Faszination des „Sternen-Meeres“ erleben, hier lassen sich gelegentlich auch die schwächsten mit dem bloßen Auge gerade noch wahrnehmbaren Sterne sechster Größe identifizieren. Etwa 3000 einzelne Lichtpunkte können an einer Himmelssphäre ohne Hilfsmittel gezählt werden, dazu kommen noch zahlreiche Nebelflecken sowie das mattschimmernde Band der Milchstraße, die ja eigentlich ein aus vielen hunderttausend Sternen bestehender Spiralarm unserer »Heimat-Galaxis« ist.
Die faszinierende Fülle des Sternenhimmels läßt sich in unseren nördlichen Breiten nur in wenigen Winternächten beobachten. Halten Sie bei einer nächtlichen Autobahn-Fahrt bei klarem Himmel doch einmal an einem einsamen Parkplatz und gehen ein paar hundert Meter von der Fahrbahn weg, dann können Sie die Faszination des Sternenhimmels auch bei uns noch bewundern, in gebirgigen Gegenden oder an der See ist dieser »Aufklärungs-Effekt« noch viel verblüffender.
Bei diesem Anblick eines von hellen Sternen übersäten Firmaments verspürt man etwas von der Faszination,

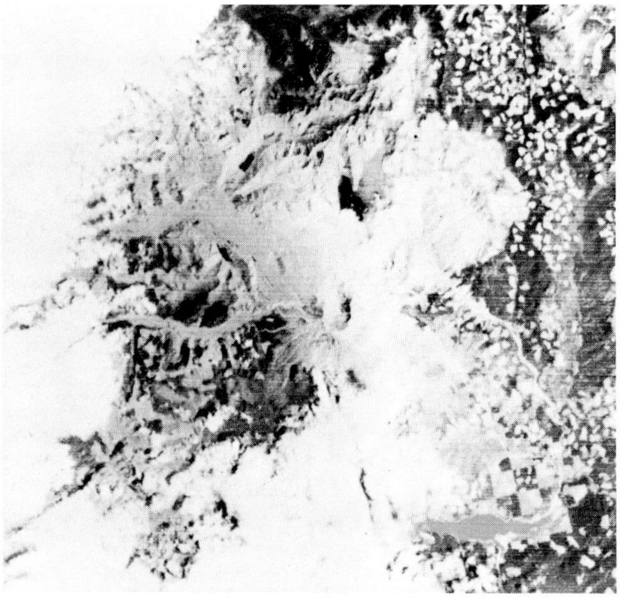

Diese Aufnahme des Vulkans Mt. St. Helens machte der Umweltsatellit Landsat 3 mit dem MSS-Sensor aus 900 km Höhe. Der Ausschnitt hier erfaßt ein Gebiet von etwa 45 × 45 km Ausdehnung, das Auflösungsvermögen beträgt ca. 80 m. Deutlich sind der durch den Ausbruch stark veränderte Gipfelbereich des Vulkans zu erkennen sowie die Schlamm- und Lavaströme am Abhang. Die ganze Umgebung wurde unter einem Ascheregen begraben, eine blühende Vegetation zerstört.

die der gestirnte Himmel zu allen Zeiten auf die Menschen aller Kulturkreise ausgeübt hat. Die verschiedene, manchmal auch veränderliche Helligkeit dieser Lichtpunkte, ihre regelmäßige tägliche und jährliche Bewegung am Himmel hat noch auf jeden aufmerksamen Beobachter Eindruck gemacht. Neben der deutlichen Wanderung von Sonne und Mond am Tages- und Nachthimmel ist auch die Bewegung einiger Sterne wechselnder Helligkeit unter den anderen »Fixsternen« auffällig, schon früh erkannten die Priesterastronomen alter Kulturkreise, daß es fünf solcher »Wandelsterne« gibt, die Erde wurde ursprünglich nicht dazu gerechnet.
Die Bewunderung der Menschen für das »Sternentheater« äußerte sich schon früh in genauen Beobachtungen der Bewegungen aller Himmelskörper, woraus dann schließlich auch die Fähigkeit der Vorausberechnung bestimmter Sternenkonstellationen resultierte. Je mehr die Menschen dann seit der Erfindung des Fernrohrs in die Geheimnisse der Sternenwelt eindrangen, um so größer wurde das Erstauenen der Experten und auch der interessierten Laien über die kosmischen Wunder, die sich ihnen nach und nach offenbarten.
Die Planetenforschung war lange Zeit bis zu den 50er Jahren unseres Jahrhunderts ein wenig beachtetes Spezialgebiet einiger Experten, der Amerikaner Kuiper war wohl der bekannteste unter ihnen und auch der einzige Astronom, der sich »hauptberuflich« mit den Planeten befaßte. Aber die Ergebnisse waren wenig aufregend, nur gelegentlich wurde ein neuer, weit entfernter Mini-Mond eines großen Planeten gemeldet oder eine neue Theorie über die Dichte der Mars-Atmosphäre aufgestellt.
Der Amateurastronom konnte sich am ersten kleinen selbstgebauten Refraktor oder auch mit einem der preiswerten »Japaner« selbst davon überzeugen, wie klein die weit entfernten Planeten tatsächlich sind und wie schwierig es ist, Einzelheiten auf der Oberfläche dieser diffusen Fleckchen erkennen zu wollen. Sehnsüchtig strapazierten Berufs- und Amateurastronomen ihre großen und kleinen Teleskope, aber die Erkenntnisse über die Planeten blieben dürftig. Nur mit enormem Aufwand gelang es den Profis schließlich, bei den Saturn- und Neptun-Monden Titan und Triton eine Atmosphäre nachzuweisen oder Wasserdampf in der Mars-Atmosphäre aufzufinden.
Wie ein Geschenk des Himmels erschien den Astronomen dann Ende der 50er Jahre auf einmal die junge Wissenschaft der Weltraumfahrt, die Überwindung der irdischen Schwerkraft mit Hilfe von großen Raketen wurde plötzlich zum neuen Zauberschlüssel bei der Erforschung des Weltraums, des Mondes und der Planeten. Voller Enthusiasmus beteiligten sich Astronomen aus aller Wert an der Planung der ersten Roboter zur Erforschung des Erdtrabanten, die Ranger-, Surveyor- und Lunar-Orbiter-Sonden lieferten phantastisches Bildmaterials von der Feinstruktur der Mondoberfläche, das dann hauptsächlich zur Vorbereitung der bemannten Apollo-Landungen auf dem Erdtrabanten diente. Wer hätte es Anfang der 60er Jahre für möglich gehalten, daß am Ende des Jahrzehnts mehrere Astronauten-Mannschaften auf dem Mond spaziergehen würden? Ein Traum wurde wahr, und die Astronomen hatten alle Hände voll zu tun, die plötzlich anfallenden großen Mengen an Bildern und Informationen zu sichten und auszuwerten.
Auch für die Planetenforschung brach mit der Entwicklung der Astronautik ein neues Zeitalter an, die Entsendung von entsprechend instrumentierten Meßkapseln versprach ungeahnte neue Erkenntnisse über die Geschwister der Erde im Sonnensystem. Die amerikanische Raumfahrtbehörde NASA konzentrierte sich frühzeitig auf den Planeten Mars, und mit größter Spannung warteten die Astronomen in aller Welt auf die ersten Nahaufnahmen und Messungen von dem roten Planeten. So gesehen, erleben wir eine faszinierende Epoche der astronomischen Forschung, erstmals erfahren wir Einzelheiten über die tatsächlichen Verhältnisse bei den weit von uns entfernten Planeten sowie über deren Ringsysteme und Monde.
Was würden die Astronomen vergangener Dekaden dafür geben, wenn sie die faszinierenden Nahaufnahmen von Merkur, Venus, Mars, Jupiter und Saturn sehen könnten, die uns die verschiedenen Raumsonden in den vergangenen 20 Jahren übermittelt haben? Wenn man die Biografien dieser oft von ihrer selbstgestellten Aufgabe besessenen Forscher nachliest und versucht,

sich einmal die Arbeitsleistung dieser Astronomen zu vergegenwärtigen und die Raffinesse, mit der sie bei der Planetenbeobachtung oft vorgingen, dann schätzt man sich glücklich, all diese aufregenden Entdeckungen miterleben zu dürfen, die es bei den Planeten in den letzten Jahren gegeben hat.
Je mehr Einzelheiten die Planetensonden von den fernen, fremden Welten zur Erde funken, desto größer ist das Staunen der ungeduldig auf der Erde wartenden Wissenschaftler und interessierten Laien. Das Universum in seiner ganzen Weite und Vielfältigkeit ist schon phantastisch genug, aber noch erstaunlicher erscheint es uns beim Betrachten des klaren Winterhimmels mit seinen unzähligen Sternen, das es uns Menschen inzwischen gelungen ist, zu einigen dieser Lichtpunkte am Firmament Forschungsroboter zu schicken, die phantastische Bilder und andere wertvolle Messungen von den sehr weit entfernten Planeten und ihren Monden zur Erde übermitteln.
Die Sterne sind uns oder wir sind den Planeten mit Hilfe der Astronautik wirklich nahegerückt.
Die »Väter der Raumfahrt« glaubten fest an den Sinn der Reise von Maschinen und Menschen hinaus ins All zu anderen Gestirnen. Goddard, Ziolkowsky, Oberth, Sänger und auch Wernher von Braun sahen in der Raumfahrt neben der Erlangung der astronomisch-geophysikalischen Erkenntnisse vor allem auch einen Motor für die technologische Zukunft der daran beteiligten Menschen und Länder.
Auf rein wissenschaftlichem Gebiet ermöglicht die Astronautik die Erweiterung unserer Erkenntnisse im Makro-Kosmos, so wie wir ja auch schon phantastische Fortschritte bei der Erkundung des Mikro-Kosmos gemacht haben, bei der Untersuchung der Erde und der Lebewesen auf unserem Planeten, sowie der Strukturen im allerkleinsten bei der Kernforschung. Für andere mag die Raumfahrt auch das Tor zu einer neuen Möglichkeit religiöser Offenbarung sein, die sich von herkömmlichen Gottes-Ideen löst und neue Erkenntnisse über die Vielfältigkeit und den Sinn der Schöpfung und des Lebens auch in den Weiten des Universums sucht.
Die Erde mit ihren Bewohnern ist ja nur der winzige Teil eines räumlich und zeitlich wohl unendlich großen Universums, und die Antworten auf unsere existentiellen Fragen lassen sich wohl eher im Kosmos finden, den wir erst allmählich in seiner ganzen Unbegreiflichkeit erkennen.
Die Großartigkeit der Schöpfung im großen und kleinen läßt sich kaum mit alten, festgefahrenen Ideologien verstehen und erklären, wie sie heute noch die Gemüter so vieler Menschen beherrschen. Die phantastischen Strukturen dieser Welt verlangen nach neuen Wegen der Erkenntnis und nach dauernder Erforschung, die menschliche Neugier hat uns auf diesem Weg gerade in letzter Zeit ein erhebliches Stück weitergebracht. Wissenschaft läßt sich so gesehen als moderne Form der Religion begreifen, den innersten Geheimnissen der Welt läßt sich nur durch zähes Forschen und Kombinieren auf die Spur kommen. Eine am Fernrohr

Der Ausbruch des Vulkans Mt. St. Helens gab den amerikanischen Wissenschaftlern Gelegenheit zu mannigfachen Untersuchungen dieses geologischen Phänomens. Zu den eher zufällig erhaltenen Satellitenbildern wurden alle Ausbrüche des Vulkans auch noch von Flugzeugen aus dokumentiert. Diese Schrägaufnahme machte eine U-2 aus 20 km Höhe, das Auflösungsvermögen im Bildzentrum beträgt ca. 5 m. Deutlich sind zahlreiche Lava- und Schlammströme zu erkennen, die sich von der Gipfelregion in die Tiefe wälzen.

ausgeharrte Nacht ist vielleicht so etwas wie eine moderne Art Gottesdienst. Aus diesem Streben nach Erkenntnis unserer realen Umwelt mag sich eines Tages eine neue, allumfassende religiöse Idee entwickeln, die Erfüllung und Erklärung bietet und auch glaubhaft ist. Wer nur glaubt, gibt seinen Verstand freiwillig ab. Wer aber auch forscht, der hat die Chance, wirklich einen kleinen Zipfel der Wahrheit zu erhaschen. Nie werden wir Menschen alles wissen, aber immer sollten wir weiterforschen und um die letzte Erkenntnis ringen.
An dieser Stelle soll noch der Dank an die verschiedenen Dienststellen der amerikanischen Raumfahrtbehörde NASA ausgesprochen werden, die bei der Beschaffung der Informationen und vor allem des Bildmaterials für dieses Buch außerordentlich hilfsbereit waren. Namentlich erwähnt werden sollen in diesem Zusammenhang Don Bane vom »Jet Propulsion Laboratory« in Pasadena sowie Les Gaver vom NASA-Hauptquartier in Washington. Etwa 90 % der in diesem Buch präsentierten Informationen und Abbildungen stammen von der amerikanischen Raumfahrtbehörde, und dafür gebührt ihr uneingeschränkter Dank. Trotz aller Budget-Einschnitte betreibt die NASA nach wie vor eine großzügige und offene Informationspolitik.

Im August 1984 Wolfgang Engelhardt

Das Planetensystem wird entdeckt

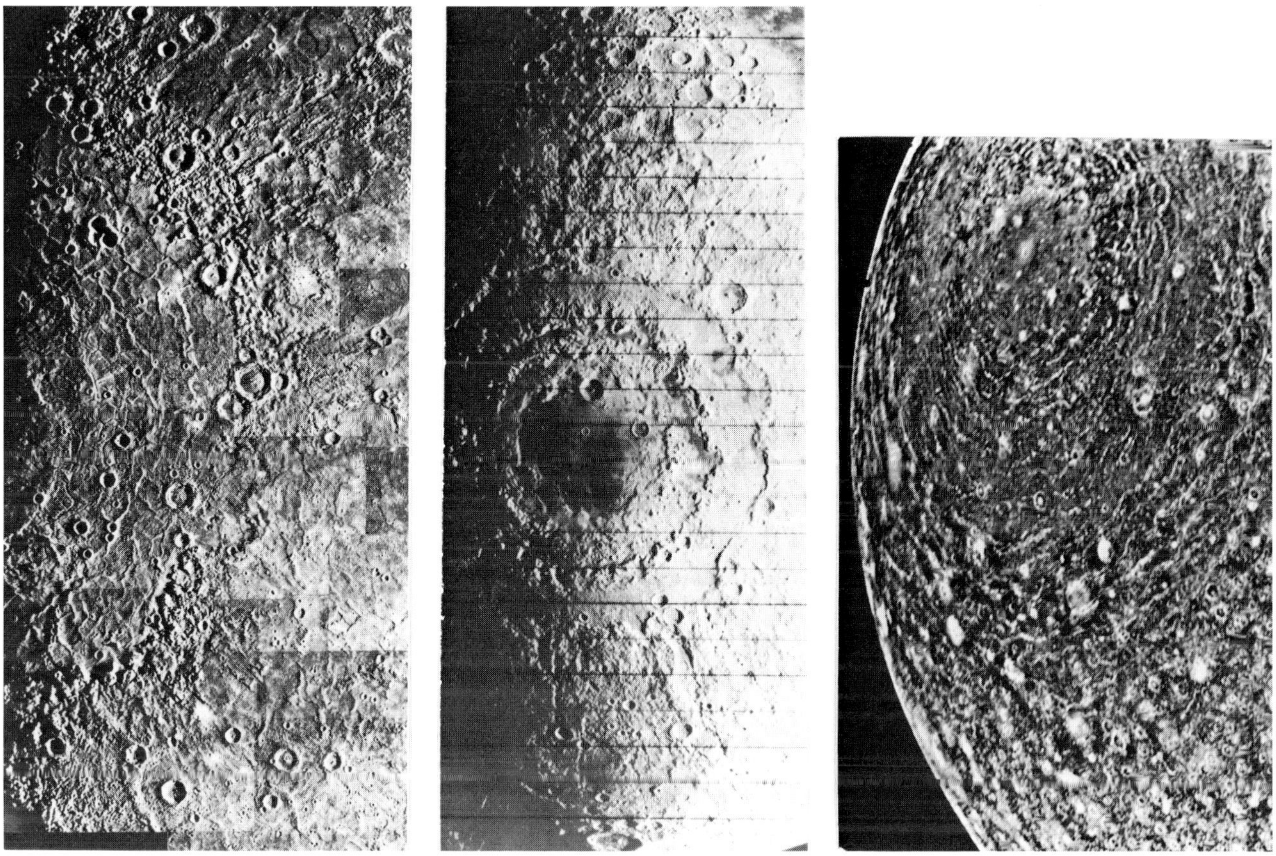

Die drei bisher in unserem Planetensystem entdeckten Riesenkrater ähneln sich in der Struktur alle: sie sind jeweils größer als 1000 km und wohl durch einschlagende Felsbrocken von mindestens 50 km Durchmesser entstanden, die mit Geschwindigkeiten von einigen Kilometern pro Sekunde mit dem größeren Körper zusammenprallten. Das links erkennbare Caloris Basin wurde von M-10 auf Merkur entdeckt, das in der Mitte abgebildete Mare Orientale fanden die Lunar-Orbiter-Sonden auf dem Erd-Mond, während das rechts wiedergegebene Ringgebirge Walhalla von den Voyager-Sonden auf dem Jupiter-Mond Callisto aufgespürt wurde.

Seit es bewußt wahrnehmende Wesen auf der Erde gibt, betrachten diese nachts das von Lichtpunkten verschiedener Helligkeit übersäte Firmament. Die ersten systematischen Beobachtungen des Sternenhimmels mögen vor einigen zehntausenden Jahren angestellt worden sein, ohne daß uns davon aber irgendwelche Aufzeichnungen überkommen sind. Die ersten in Stein gehauenen Nachrichten über regelmäßige astronomische Studien entstanden wohl im Zweistrom-Land zwischen Euphrat und Tigris vor ca. 5000 Jahren. Sumerer, Babylonier und Assyrer verbanden ihre Himmelsbeobachtungen mit mythologischen und religiösen Überlegungen, ebenso wie die frühen Hochkulturen Chinas, Ägyptens und Südamerikas.

Zunächst wurden die tägliche Drehung des Himmelsgewölbes über dem irdischen Firmament sowie die besonderen Bewegungen von Sonne und Mond bemerkt. Daneben fielen den frühen Beobachtern natürlich auch die sich schneller oder langsamer unter den vielen feststehenden Lichtpunkten bewegenden Wandelsterne auf, die bald als relativ nahestehende, besondere Himmelskörper angesehen wurden.

Einer der wichtigsten Beweggründe für die Beobachtung des Sternenhimmels war sicher von Anfang an die Schaffung eines zuverlässigen Kalenders, der – nach Festlegung der Jahreslänge – die Vorausberechnung der einzelnen Witterungs- und Vegetationsab-

schnitte ermöglichen sollte. Das Bemühen der Ägypter um die exakte Voraussage der Nil-Überschwemmungen ist wohl das bekannteste Beispiel dafür. Auch die Einführung eines exakten Zeitmeß-Systems wurde angestrebt; die Sonnenuhr ist das einfachste und genialste Ergebnis dieser Bemühungen.
Im Laufe dieser frühen astronomischen Arbeiten entdeckten die Priester-Astronomen in verschiedenen Kulturen einige Gesetzmäßigkeiten im Sternenlauf – vor allem bei Sonne, Mond und Planeten –, die schließlich sogar die Vorhersage bestimmter astronomischer Ereignisse ermöglichte, z. B. das Auftreten von Verfinsterungen. Welchen Eindruck machen Sonnenfinsternisse auch heute noch auf die Menschen, und welche Macht muß in früheren Jahrtausenden eine Priesterkaste gehabt haben, die solche Ereignisse auf Tag und Stunde voraussagen konnte!
Es ist aus der damaligen Situation heraus sicher verständlich, daß die Menschen der frühen Kulturen davon überzeugt waren, daß die Sterne Einfluß auf das Geschehen hier auf der Erde und sogar auf das Schicksal jedes einzelnen Menschen haben. Folgerichtig versuchte man, den Lauf der Gestirne vorauszuberechnen und damit Auskunft über das Geschehen in der unmittelbaren Umgebung zu erlangen. Manchmal bewahrheiteten sich ja auch irgendwelche Prognosen, und die Astrologie entwickelte sich zu einer mächtigen Kraft. Heute wissen wir, daß diese Schein-Wissenschaft keinerlei reelle Grundlagen hat. Das Festhalten breiter Bevölkerungsschichten an der Sterndeuterei ist mehr ein psychologisches Phänomen.

Die griechischen Philosophen

Mit dem Erwachen der griechischen Kultur im 6. Jahrhundert vor dem Beginn unserer Zeitrechnung begann auch in astronomischer Hinsicht ein neuer Abschnitt, denn einzelne Gelehrte versuchten, die Welt um sich herum unvoreingenommen zu beobachten und die wahre Ursache für alle Erscheinungen der Natur zu ergründen. Zu Beginn sei hier der ionische Philosoph Anaximanders genannt (611–545), der wohl als erster die Erde als einen Stern unter vielen anderen ansah. Parmenides von Elea (geb. um 520 v. Chr.) sprach als erster von der Kugelform der Erde. Anaxagoras schließlich (499–428) vertrat die Ansicht, daß die Sonne durchaus nicht wie ein Gott am Himmel throne und daß Mond und Planeten große ins Weltall geschleuderte Steinbrocken seien. Dieser Mann erkannte auch, daß das Licht des Mondes und der Planeten von der Sonne kommt und von diesen Körpern nur reflektiert wird.
Als weiterer wichtiger Name in dieser Reihe ist Philolaos zu nennen (450–400), der lange nicht die ihm eigentlich gebührende Anerkennung gefunden hat. Er war Schüler von Pythagoras und wagte die These, daß nicht die Erde sich im Mittelpunkt des Weltsystems befände. Dieser hellsichtige Beobachter wurde dennoch nicht der Begründer des heliozentrischen Weltmodells, denn statt der Sonne setzte er ein imaginäres

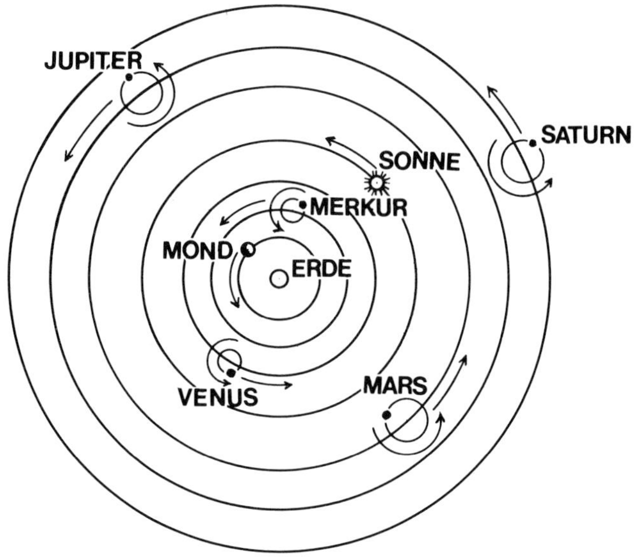

Im Altertum galt das geozentrische Weltsystem: Es wurde als unumstößliche Tatsache angenommen, daß sich neben den Planeten Merkur, Venus, Mars, Jupiter und Saturn auch der Mond und die Sonne um die Erde drehen. Als sich die tatsächlich beobachteten Bewegungen der Himmelskörper nicht länger mit der vorgefaßten Meinung vereinbaren ließen, nahmen die Gelehrten Zuflucht zu komplizierten Hilfstheorien.

Feuer in das Zentrum der Welt, in dem der allmächtige Zeus throne. In einer genialen Eingebung behauptete Philolaos weiterhin, daß die Bewegung des Himmelsgewölbes am nächtlichen Firmament nur scheinbar sein könne.
Die naturwissenschaftliche und astronomische Entwicklung im 4. Jahrhundert v. Chr. wurde von vier großen Persönlichkeiten beherrscht: Platon, Eudoxos, Aristoteles und Herakleides. Diese bedeutenden Philosophen und Forscher hatten erheblichen Einfluß auf die Diskussionen, die während der nächsten Jahrhunderte über diese Themen geführt wurden.
Platon (427–347) drang dank seiner genialen Geistesgaben in viele Bereiche der damaligen Wissenschaften ein, seine Philosophie ging davon aus, daß die Erde als schönstes Werk des Schöpfers die vollkommene Form der Kugel haben müsse. Außerdem postulierte er, daß alle anderen Himmelskörper die Erde in idealen, kreisförmigen Bahnen umrunden müssen – eine Behauptung, die lange Jahrhunderte Bestand hatte und die ganze Astronomen-Generationen zur Verzweiflung und schließlich zur Annahme eines falschen Weltsystems brachte. Als weiteres Zeichen vollkommener Schönheit sollten die Fahrstrahlen der Planeten-Umlaufkreise untereinander in einfachen geometrischen und mathematischen Beziehungen stehen.
Platons Schüler Eudoxos (408–355) war ein begabter Mathematiker und übernahm die Aufgabe, das Problem der Planetenbewegungen unter der Voraussetzung nur vollkommener Bewegungen zu lösen, wie sein Lehrer sie gefordert hatte. Eudoxos fügte als wei-

tere Bedingung hinzu, daß sich die Bewegungen der Planetenbahnen um die Erde als Mittelpunkt zu vollziehen hätten. Die Lösung dieses Problems mit Hilfe von imaginären Sphären ist ein Meisterwerk der Geometrie. Danach gehören alle Sterne bestimmten Kugelflächen oder einer Gruppe solcher Sphären an. Jede der 27 von Eudoxos angenommenen Sphären erhielt eine eigene Rotationsgeschwindigkeit. Der größte Mangel dieses an sich großartigen Gedankengebäudes war die Unmöglichkeit, damit die oft erheblichen Helligkeitsunterschiede der Planeten zu erklären. Darüber aber setzten sich die Naturphilosophen damals hinweg, das überschritt ihre Möglichkeiten noch bei weitem.

Aristoteles (384–322) vertrat die Ansicht, daß sich das Wissen der Menschen auf konkrete Tatsachen, auf Beobachtungen und Versuche gründen müsse. Trotzdem übernahm er auf astronomischem Gebiet kritiklos die Sphären-Theorie seines Vorgängers und erhöhte die Zahl der Sphären sogar auf 55 – zur Kompensierung gewisser Ungenauigkeiten. Aristoteles »materialisierte« diese Sphären und behauptete, es seien reale Gebilde – nur eben durchsichtig. Wegen seiner hervorragenden philosophischen Leistungen auf anderen Gebieten wurden auch Aristoteles' Aussagen in der Astronomie lange, lange Zeit als unumstößliche Wahrheiten angesehen.

Der vierte große Gelehrte des 4. Jahrhunderts v. Chr. war Herakleides von Pontos (388–315), der als erster behauptete, daß sich die Erde um ihre Achse dreht. Er soll auch die Hypothese aufgestellt haben, daß sich der Planet Venus nicht um die Erde, sondern um die Sonne bewege – ein weiterer Schritt auf dem Weg zum heliozentrischen Weltsystem. Leider wurden die Überlegungen dieses Philosophen von seinen Nachfolgern nicht übernommen.

Der größte Gelehrte auf astronomischem Gebiet im 3. Jahrhundert v. Chr. war Aristarch von Samos, der um 310 geboren wurde. Es handelte sich um einen außerordentlich befähigten Mann, dessen Überlegungen aber nur wenig Beachtung fanden. Ein einziges Werk von ihm wurde erhalten, in dem er ein Verfahren zur Bestimmung der Entfernung zwischen Erde und Mond angibt. Der dabei eingeschlagene Weg ist völlig richtig, das Ergebnis wegen der Schwierigkeiten bei der Messung sehr kleiner Winkel aber noch unbefriedigend. Die eigentliche Bedeutung des Aristarch von Samos bestand aber darin, daß er praktisch das heliozentrische Weltsystem vorwegnahm und in genialer Weitsicht die Sterne und die Sonne als stillstehende Körper annahm und die Erde sich in einem Jahr einmal um die Sonne drehen ließ. Leider können wir die Ansichten des Aristarch nicht mehr im Original nachlesen, sondern nur noch in den kommentierenden Berichten anderer Gelehrter, die sich später mit seinen Überlegungen befaßten. Nach Plutarch hatte Aristarch von Samos auch die tägliche Drehung der Erde um sich selbst erkannt, was ihm fast eine Klage wegen Gotteslästerung eingebracht hätte. Der einzige »Makel«, der den Ansichten des Aristarch noch anhing, waren die kreisförmigen Umlaufbahnen der Planeten, von denen er aus Ehrfurcht vor den großen Vorbildern Platon und Aristoteles nicht ablassen wollte. Aber auch Kopernikus ging ja bei seinen Überlegungen noch von Kreisbahnen der Planeten aus. Aristarch von Samos ist aber sicher der erste Vorkämpfer für das heliozentrische Planetensystem gewesen, wenn es auch noch 1800 Jahre dauern sollte, bis er bestätigt wurde.

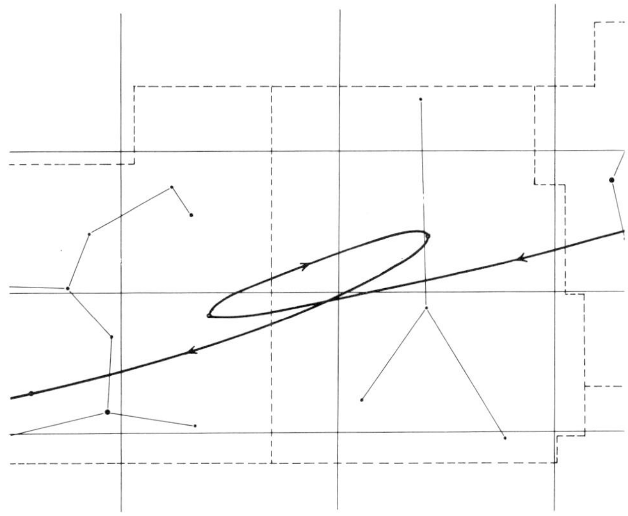

Die scheinbare Bewegung der Planeten am Nachthimmel mit ihren gelegentlichen Schleifen und ihrem rückwärtslaufenden Kurs hat die Menschen von Anfang an sehr verwirrt und zur Entwicklung kompliziertester – aber eben falscher – Hilfstheorien veranlaßt. Erst als die Gelehrten im ausgehenden Mittelalter von dem geozentrischen Weltmodell abrückten und der Sonne ihren Platz im Mittelpunkt unseres Plantensystems gaben, löste sich der Widerspruch zwischen Theorie und beobachteter Praxis allmählich auf, und die Schleifenbewegungen der Planeten am Nachthimmel entpuppten sich als Projektion der Erdbahn auf das dunkle Firmament.

Die alexandrinische Schule

Aristarch von Samos verkörperte in seiner Person den Wechsel von Athen nach Alexandria in Ägypten, der neuen Metropole der Wissenschaften. Dort wurden revolutionäre Rechenmethoden und für die Astronomie neue Beobachtungstechniken und Instrumente entwickelt. Drei herausragende Gelehrte brachte die alexandrinische Schule auf astronomischem Gebiet hervor, von denen entscheidende Impulse für die weitere Entwicklung dieser Wissenschaft ausgingen: Apollonius (250–180) und Hipparch (Wirken von 161–127) lebten vor Christi Geburt. Der diese beiden in der Bekanntheit überragende Ptolemäus arbeitete von 127–151 n. Chr.

Obwohl diese drei Gelehrten in weit voneinander entfernten Epochen lebten, arbeiteten sie doch alle drei an denselben astronomischen Problemen, ohne daß man die jeweiligen Anteile der drei Männer eindeutig voneinander abgrenzen könnte. Nur von Ptolemäus

sind uns Schriften übermittelt, aber zweifellos war Hipparch der genialste Geist in diesem »Triumvirat«. Die wichtigste Aufgabe der Astronomen nach Aristarch von Samos, dessen heliozentrisches Weltsystem aus ideologischen Gründen verworfen wurde, war die Erklärung der verschiedenen Helligkeiten der Planeten im geozentrischen System. Wechselnde Abstände dieser Körper von der Erde kamen also nicht in Frage, außerdem waren nur kreisförmige und gleichmäßige Bewegungen der Planeten zugelassen – ein wahrer »Teufelskreis«, in den sich die Astronomen jener Zeit nach und nach hineinmanövriert hatten.
Aber mit genialem Kombinationsvermögen und verbessertem mathematischem Rüstzeug bewältigten die Gelehrten jener Epoche auch diese Probleme, indem sie die sog. Epizykel-Theorie entwickelten, die die Bewegungen der Planeten als das Ergebnis zweier ineinander greifender Kreisbahnen erklärte. Es wurde angenommen, daß sich ein Planet entlang dem Umfang eines Kreises bewegte, dessen Mittelpunkt selbst den Umfang eines Kreises bildet. Diese beiden Bewegungen – so meinte man – vollziehen sich im gleichen Sinne, so daß sich eine Planetenbahn zwanglos aus einer Reihe dicht auf einander folgender Schleifenbewegungen zusammensetzt, wie man sie ja am Himmel auch tatsächlich beobachtete. Dieses Bewegungsmodell erklärte sehr zwanglos die verschiedenen Planeten-Helligkeiten, obwohl die Abstände dieser Himmelskörper weiter unbestimmt blieben – was aber die Gelehrten vorerst noch nicht weiter störte.
Der Erfinder der Epizykel-Theorie scheint Apollonius gewesen zu sein, aber auch schon Aristarch von Samos könnte davon gewußt haben. Hipparch vollendete dieses in sich scheinbar recht schlüssige Weltmodell, er gab der Astronomie aber noch viele andere wichtige Impulse. Hipparch entwarf die Grundlagen der Geometrie, und mit einer von ihm selbst erdachten Methode bestimmte er fast genau den Abstand zwischen Erde und Mond. Darüber hinaus baute er mehrere neue Beobachtungsinstrumente und versuchte erstmals eine Sternzählung.
Claudius Ptolemäus schließlich hatte das Glück, über die astronomischen Beobachtungen von 250 Jahren seit Hipparch verfügen zu können, die er mit Fleiß und Geschick zusammenfaßte. Das wichtigste kompilatorische Werk Ptolemäus' ist der 13bändige Almagest, der eine Zusammenfassung aller naturwissenschaftlichen Erkenntnisse der damaligen Zeit war. In astronomischer Hinsicht hatte der Almagest 1400 Jahre lang Bestand, gegen die darin aufgestellten Behauptungen mußten z. B. auch Kopernikus, Galilei und Kepler ankämpfen. Die Errichtung des Römischen Weltreiches brachte einen Verfall der abendländischen Kultur mit sich, der auch die Wissenschaften ergriff. In der Astronomie gab es eine über tausendjährige »Denkpause«.
Diese Entwicklung bzw. Fehlentwicklung des astronomischen Weltbildes ist ein eindruckvolles Beispiel für die Gedankenkraft, die Menschen zu entwickeln vermögen, um eine einmal vorgefaßte Meinung entgegen allen Schwierigkeiten aufrecht zu erhalten – auch wenn diese Ansichten falsch sind, wie oft genug von anderen Gelehrten eingeworfen wurde. Auch ganz offensichtliche Widersprüche der Theorie gegenüber den tatsächlichen Beobachtungen dienten immer nur der Entwicklung neuer »Eselsbrücken«, ohne die Voraussetzungen der Schwierigkeiten in Zweifel zu ziehen.

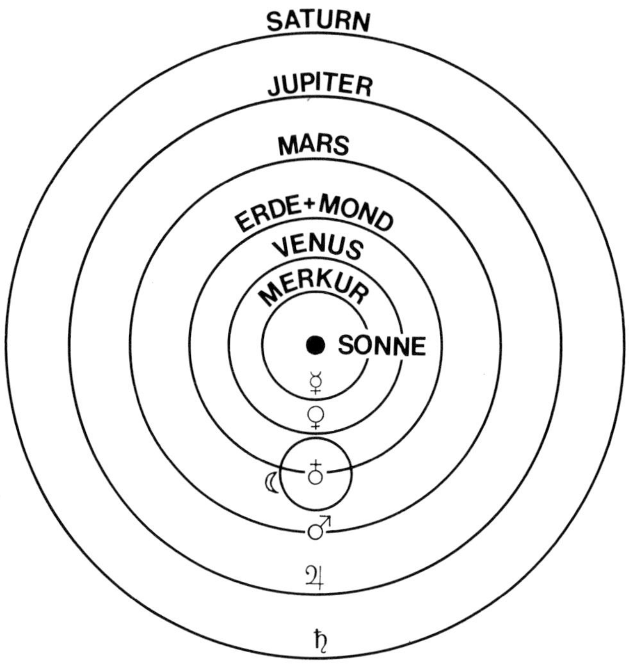

Lange dauerte es, bis sich das heliozentrische Weltsystem durchgesetzt hatte, erst Kopernikus gelang es mit seinen theoretischen Arbeiten, den Beweis für die Drehung der Erde um die Sonne zu liefern und diese Erkenntnis nach seinem Tod auch bei den anderen Wissenschaftlern jener Zeit und bei der Kirche durchzusetzen. Damals kannte man nur insgesamt sechs Planeten: Merkur, Venus, Erde, Mars, Jupiter und Saturn. Auch der Mond erhielt seinen richtigen Platz als Trabant der Erde.

Kopernikus revolutioniert das Weltbild

Erst im Jahr 1532 gab es Unruhe unter den Gelehrten, als – in der Blütezeit der Renaissance – die Ankündigung eines Buches erfolgte, in dem das schon so lange unangefochten existierende, zur Institution gewordene geozentrische Weltsystem scharf angegriffen und statt dessen die Sonne in den Mittelpunkt des Planetensystems gerückt wurde.
Verfasser dieses Aufsehen erregenden Buches mit dem Titel **De Revolutionibus Orbium Coelestium** war Nikolaus Kopernikus, ein 1473 geborener Kirchenverwalter in der kleinen Domstadt Frauenburg. Daß das revolutionäre Buch erst 1543, im Todesjahr Kopernikus' erschien, hing vielleicht mit Befürchtungen des Gelehrten hinsichtlich der Reaktionen seiner Astronomie-Kollegen und der beaufsichtigenden Kirche zu-

sammen – was sich dann ja auch als nur zu begründet erwies.
Offensichtlich war Kopernikus von den ihm bekannten Überlegungen des Aristarch von Samos inspiriert worden. Das Verdienst des Frauenburger Domherren bestand nun darin, diese Idee von einem heliozentrischen Weltsystem überprüft und als richtig erkannt zu haben. Kopernikus war ein ausgezeichneter Beobachter und Mathematiker, trotzdem wollte auch er sich noch nicht von den kreisförmigen Planetenbahnen trennen. Aber das soll seine Verdienste keineswegs schmälern, Kopernikus hat den wahren Aufbau des Sonnen- bzw. Planetensystems erkannt und allen Körpern darin den richtigen Platz zugewiesen.
Drei Jahre nach Kopernikus wurde 1546 Tycho Brahe geboren, der in die astronomische Beobachtungskunst eine ganz neue Dimension bringen sollte. Auf seiner Sternwarte Oranienburg in Dänemark verbesserte er die alten Instrumente und schuf sich neue, sehr viel genauere Peilgeräte, mit denen er jahrzehntelang die Planetenörter in nie zuvor erreichter Präzision bestimmte und darüber genaue Aufzeichnungen machte. Tycho Brahe war übrigens ein Gegner der neuen Lehre von Kopernikus, zumindest nicht ihr Anhänger. Der dänische Astronom war ein genialer Beobachter, aber er kam nicht mehr dazu, sein umfangreiches Material auszuwerten, das den Beweis für Kopernikus' Theorie beinhaltete. Das mußte Tycho seinem Gehilfen und Nachfolger Johannes Kepler überlassen.

Die Entdeckungen Galileo Galileis

Der 1564 in Pisa geborene Universal-Gelehrte gilt als Begründer der modernen Naturwissenschaften, der auch – und vor allem – auf astronomischem Gebiet wegweisende Arbeit leistete. Nachdem er z. B. von dem auch damals schon schief stehenden Turm in Pisa die Gesetze des freien Falls untersuchte, baute sich Galileo im Jahre 1609 nach Notizen aus Holland ein kleines, einfaches Fernrohr und benutzte es – offensichtlich als erster Mensch überhaupt – für astronomische Beobachtungen. Dabei entdeckte er die Gebirge und Krater auf dem Mond, die Lichtphasen der Venus, die vier großen Jupiter-Monde, die Sonnenflecken und den Saturn-Ring – ohne sich allerdings über dessen wahre Natur im klaren zu sein. Galileo stellte fest, daß die anderen Planeten Kugeln sind wie Erde und Mond und daß sie nur leuchten, weil sie das Licht der Sonne reflektieren. Galilei zeigte auch, daß sich die Unterschiede in der Helligkeit der Planeten und der von ihm entdeckten wechselnden Größe der Kugeln auf die verschiedenen Entfernungen dieser Körper von der Erde zurückzuführen sind.
Sein furchtloses Eintreten für die Kopernikanische Lehre brachte Galilei 1616 und 1633 zwei Inquisitionsprozesse ein, so daß er der neuen Lehre offiziell abschwören mußte und verbannt wurde – ein nur vorläufiger Sieg der engstirnigen Kirchenvertreter über genialische Naturbeobachtung.

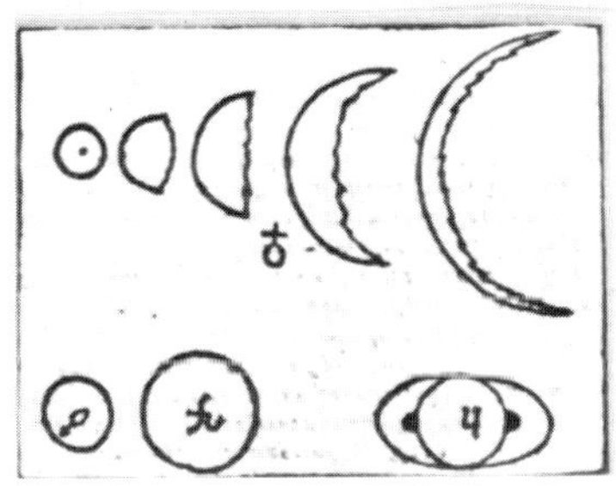

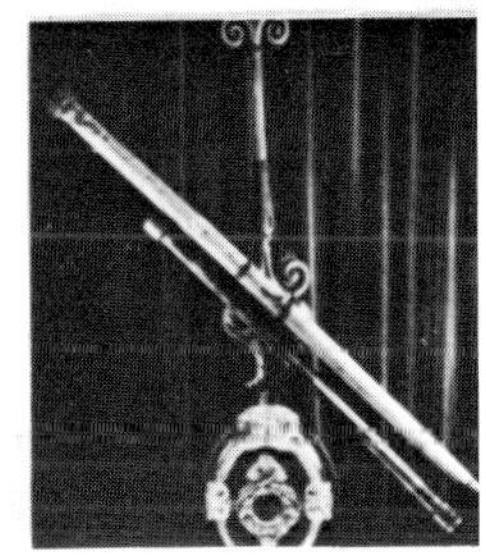

Galileo Galilei war wohl der erste Mensch, der die Sterne und vor allem die Planeten mit einem Fernrohr beobachtete und darüber auch sehr genaue Aufzeichnungen machte. Die kleine Einfügung mit Zeichnungen des Italieners zeigt die verschiedenen Phase der Venus und neben Mars bzw. Jupiter auch Saturn mit seinem Ring, dessen wahre Natur Galilei aber noch nicht erkannte. Daneben eines der sehr einfachen Spektive des Italieners, das nur 3 cm Linsen-Durchmesser hat.

Die drei Planetengesetze Johannes Keplers

Der nach Kopernikus wohl berühmteste deutschsprachige Astronom ist der von 1571–1630 lebende Johannes Kepler, der vor allem durch die drei von ihm herausgefundenen Gesetze über die Planetenbewegung bekannt wurde. Schon als junger Mann arbeitete Kepler an der Aufspürung einer Gesetzmäßigkeit für den Abstand der Planeten von der Sonne, denn nach seinen theologischen, mathematischen und astronomischen Studien hatte er sich sogleich dem heliozentrischen System des Kopernikus verschrieben.
Im Jahre 1600 ging Kepler nach Prag, wo er als Assistent und baldiger Nachfolger von Tycho Brahe Zugang zu dessen umfassenden Planetenbeobachtungen erhielt. Nach jahrelanger Rechenarbeit entdeckte Kepler, daß sich die registrierten Planetenörter am besten erklären lassen, wenn man statt der kreisförmigen Umlaufbahnen Ellipsen mit mehr oder weniger starker Exzentrizität annimmt. Damit war das erste Keplersche Planetengesetz gefunden. Das zweite dieser Gesetze besagt, daß die Planeten mit wachsendem Abstand von der Sonne auf ihren Umlaufbahnen immer

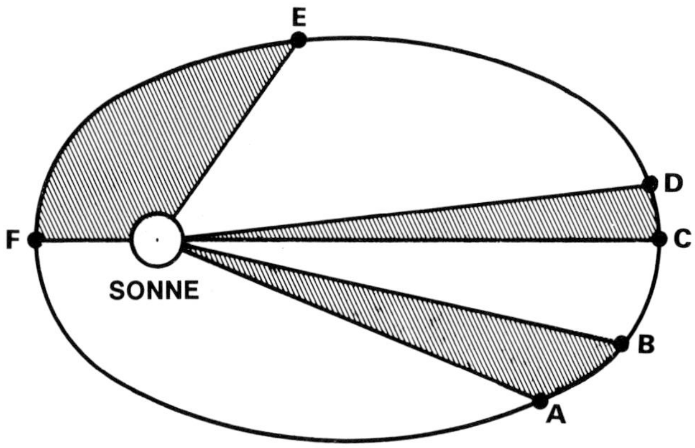

Das zweite Planetengesetz von Kepler besagt, daß der von einem um die Sonne kreisenden Planeten gezogene imaginäre Fahrstrahl bei verschiedenen Abständen der Körper voneinander in gleichen Zeiträumen immer gleich große Fläche überstreicht. Das bedeutet, daß sich die meist auf elliptischen Bahnen kreisenden Planeten schneller bewegen, wenn sie näher an die Sonne kommen, und daß sie langsamer werden, wenn die Distanz zur Sonne größer ist.

langsamer werden. Damit befreite Kepler die kopernikanische Planetentheorie von ihren letzten Mängeln und verhalf dem heliozentrischen System endgültig zum Durchbruch.
Unter immer ungünstiger werdenden materiellen Lebensverhältnissen entwickelte Kepler dann die sog. Rudolfinischen Planetentafeln, die bis zur Mitte des 18. Jahrhunderts zur Voraussage der Planetenpositionen benutzt wurden. Sozusagen »nebenbei« ergab sich aus diesen Arbeiten das 3. Keplersche Planetengesetz, das eine Beziehung zwischen den Umlaufzeiten der Planeten und dem Abstand von der Sonne herstellt. Die drei Gesetze zur Beschreibung der Planetenbewegungen im Sonnensystem lauten:

1. Die Planeten bewegen sich in Ellipsen um die Sonne, in deren einem Brennpunkt sich das Zentrum der Sonne befindet.
2. Die Verbindungslinie Sonne-Planet überstreicht in gleichen Zeiträumen gleiche Flächen.
3. Die Quadrate der Umlaufzeiten der Planeten verhalten sich wie die dritten Potenzen ihrer mittleren Entfernungen von der Sonne (bezogen auf den Wert 1 der Erde).

1630 starb Johannes Kepler in Armut auf einer Reise, bei der er sich von mehreren Fürsten Unterhaltsgelder erbitten wollte. So konnte Kepler auch seinen großartigen Triumph nicht mehr erleben, als 1631 der Planet Merkur – wie von ihm vorausgesagt – vor der Sonnenscheibe vorbeizog.

Das Gravitationsgesetz Sir Isaac Newtons

Der 1643 in England geborene Newton war einer der bedeutendsten Naturforscher aller Zeiten. Er begründete die klassische Mechanik, stellte drei Bewegungssätze auf und fand – wohl der größte Erfolg – das Gravitationsgesetz, mit dem die Bewegung der Planeten um die Sonne erklärt sowie die Masse der Himmelskörper berechnet werden können. Das Schwerkraft-Gesetz ist die Grundlage aller himmelsmechanischen Berechnungen und natürlich auch der drei Keplerschen Planetengesetze. Wie die meisten physikalischen Grundsätze, so besticht auch das Gravitationsgesetz durch Einfachheit und Eleganz. Es lautet: Die Anziehung, die zwei große Körper aufeinander ausüben, ist direkt proportional dem Quadrat der Entfernung ihrer Schwere-Mittelpunkte:

$$F = G \times \frac{m_1 \times m_2}{r^2}$$

Der in dieser Formel auftauchende Proportionalitätsfaktor G ist die universell gültige, sehr kleine Gravitationskonstante von 6,67 $\times$ 10^{-8} cm/g/s, die sich aber bei großen Massen ganz entscheidend auswirkt. Die Gravitation der Sonne zwingt die Planeten in ihre Bahnen, und die Schwerkraft hält auch die Materie in einem schnell rotierenden Fixstern zusammen. Sie zwingt zwei nahe beieinander stehende Doppelsterne dazu, sich laufend zu umkreisen und sie hält ganze Sternhaufen und Galaxien zusammen.
Eine der auf den ersten Blick sichtbaren Folgen starker Gravitationskräfte, die große Himmelskörper aufeinander ausüben, ist die allmähliche gegenseitige Abbremsung des Drehimpulses bis zur völligen Angleichung in Form der sog. gebundenen Rotation. Wir kennen das vom Erdmond, dessen ursprünglich sehr viel raschere Drehung um die eigene Achse von der großen, schweren Erde im Laufe der Jahrmilliarden schon so weit abgebremst wurde, daß ein Mond-Tag ebenso lange dauert wie eine Drehung des Trabanten um die Erde. Der Mond kehrt uns also immer dieselbe Seite zu, diese gebundene Rotation verwehrte uns bis zum Raumfahrt-Zeitalter den Blick auf die Rückseite unseres Erdtrabanten.
Übrigens – der Mond bremst allmählich auch die Rotationsgeschwindigkeit der Erde ab, in 60 000 Jahren um etwa eine Sekunde. Die uns allen bekannte Auswirkung dieses Einflusses des Mondes auf die Erde ist das Gezeitenspiel an den Ozeanküsten. Ebbe und Flut, das zurückweichende und nach sechs Stunden wieder anbrandende Wasser üben auf die Erdoberfläche eine gewisse Reibung aus, die den täglichen Drehimpuls ganz allmählich abbaut.
Flüssigkeiten geben den Gravitationskräften anderer Himmelskörper natürlich am ehesten nach; im Frühstadium der Entwicklung des Sonnensystems waren die Planeten glühende, zähflüssige Körper, die sich – wenn auch in geringerem Ausmaß als Wasser – unter den einwirkenden Anziehungskräften laufend verformten. Auf den »Gummibällen« bildete sich in Richtung des beeinflussenden Körpers (und auch auf der gegenüberliegenden Seite) ein Wulst, der entsprechend der gegenseitigen Rotationen langsam oder schneller um den Äquator wanderte. Beim Mond ergab sich ein sehr viel größerer Wulst als bei der Erde,

Die Entstehung des Planetensystems aus einem rotierenden Urnebel verdeutlichen diese Zeichnungen. Die heißen Gase kondensierten allmählich zu größeren Materieansammlungen, die die Ursonne in der Mitte in verschiedenen Abständen umkreisten. Im Laufe der Jahrmilliarden wurden dann die kleineren Materiebrokken von den großen Körpern »aufgewischt«, die sich dabei ihre von Kratern zerfurchten Oberflächen holten – soweit sie eine feste Oberfläche hatten und haben.

und diese laufende Deformierung bremst die Rotation der beiden Körper ab. Dieser Prozeß ist in dem System Erde-Mond bisher nur für den Mond abgeschlossen, er wird weitergehen, bis sich auch die Drehgeschwindigkeit der Erde so weit verringert hat, daß sie dem Mond immer dieselbe Seite zukehrt. Natürlich gibt es diese Beeinflussung der Drehgeschwindigkeit eines Körpers nicht nur bei Erde und Mond, sie kommt auch noch an vielen anderen Stellen im Sonnensystem vor, z. B. bei der Eigendrehung des Merkur oder bei den Jupiter- und Mars-Monden.

Die Entstehung des Sonnensystems

Die zahlreichen verschiedenen Theorien von der Entstehung der Sonne und der Planeten lassen sich in zwei Gruppen einteilen, die die Bildung von Sonne und Planeten gleichzeitig oder die Entstehung nacheinander annehmen. Der deutsche Philosoph Immanuel Kant befaßte sich als einer der ersten mit solchen Fragen, er begründete 1755 in einem naturphilosophischen Frühwerk die These von der gleichzeitigen Entstehung aller Komponenten unseres Sonnensystems. Aus einer Wolke kleiner Partikel habe sich – so Kant – aufgrund der eigenen Gravitation eine größere Materieeinheit gebildet, die sich allmählich zu drehen begann. Dieser Vorgang könnte dann zur Bildung einer großen Ursonne geführt haben.

Der französische Astronom Laplace war 1796 der Begründer der sog. Nebular-Hypothese, die davon ausgeht, daß die Planeten aus einer langsam rotierenden großen und sich allmählich zusammenziehenden Gaswolke nacheinander entstanden sind. Bei der immer schneller werdenden Rotation plattete sich die Gaswolke allmählich zu einer Scheibe ab, und die dabei auftretenden Fliehkräfte hätten – so Laplace – die Schwerkraft am Rande teilweise überwunden, so daß sich gelegentlich größere Massen von der flachen Gasscheibe abtrennten und als Gasringe schließlich das Rohmaterial für die Bildung der Planeten ergaben. Die Aufstellung einer allgemein gültigen Entstehungstheorie für das Planetensystem muß folgende Tatsachen berücksichtigen:

1. Die Planeten beschreiben nahezu kreisförmige Bahnen um die Sonne, die fast alle in der gleichen Ebene liegen. Der Drehimpuls ist – außer bei einigen kleinen Monden – im ganzen Sonnensystem gleich, von Norden aus gesehen links herum, entgegen dem Uhrzeiger-Sinn.
2. Fast die gesamte Masse des Systems ist in der Sonne konzentriert, die Planeten wiegen nur etwa 1/750 der Sonne. Die erdähnlichen Planeten Merkur, Venus, Erde und Mars stehen nahe an der Sonne, sie sind relativ klein und haben eine hohe Dichte. Die weiter von der Sonne entfernten Planeten sind größer, haben aber eine geringere relative Dichte – bis auf Pluto, der wieder sehr klein ist.
3. Der größte Teil des Drehimpuls in unserem System steckt in der Umlaufbewegung der Planeten, die Sonne beinhaltet nur 1/200 des Drehimpulses.
4. Die zahlenmäßige Beziehung zwischen den Abständen der Planeten von der Sonne wird durch die Titius-Bode'sche Reihe annähernd erfaßt.

Die bislang wohl am besten durchdachte Theorie über die Entstehung des Planetensystems hat der amerikanische Astronom Gerard Kuiper entwickelt. Danach hat sich aus einer turbulent umeinander wirbelnden Materiewolke ein kugelförmiger Urnebel herausgebildet, der wahrscheinlich viel schwerer war als die jetzige Sonne. Unter der Wirkung der eigenen Schwerkraft, der einsetzenden Rotation und der inneren Reibung der Gase formte sich der Urnebel relativ rasch in eine linsenförmige Scheibe mit einer zentralen Verdichtung, der Ursonne, die schon etwa so schwer wie die jetzige Sonne war. In der etwa 3 Mio. Kilometer »dicken«, aber sehr ausgedehnten flachen Scheibe entstanden durch wirbelartige Turbulenzen lokale Verdichtungen, die im gleichen Drehsinn wie die große Scheibe rotierten. Von einer bestimmten Größe an konnten diese Verdichtungen selbständig weiterwachsen, was aber relativ hohe Dichtewerte in der Scheibe voraussetzte. Kuiper zeigte nun, daß zwischen den Massen der Urplaneten und den Radien sowie deren Abstand zur Sonne eine bestimmte Beziehung besteht – das findet sich in der Titius-Bode-Reihe bestätigt. Allerding muß noch ein Mechanismus gefunden werden, der den Masseverlust der Urplaneten vom ursprünglich 100fachen auf die heutigen Werte erklärt. Dasselbe gilt für die Sonne, die dabei schließlich ihre jetzige, sehr stabile Masse und Form erreichte. Die rasche Rotation verringerte sich dabei durch die Wechselwirkung des solaren Magnetfeldes mit den umgebenden geladenen Teilchen. Bei den Urplaneten bewirkte der Strahlungsdruck der Sonne eine Austreibung der leichteren Elemente, wobei die nahe an der Sonne stehenden Planeten stärker betroffen wurden, so daß deren Dichte stärker anstieg. Die in den erdähnlichen Urplaneten vereinigte Masse muß nach diesen Rechnungen rund das 100fache des heute beobachteten Wertes betragen haben, die großen Gasplaneten waren etwa zehnmal so schwer.

Die Trabanten dieser Körper machten einen ähnlichen Prozeß durch wie die Urplaneten selbst. In den rotierenden flachen Scheiben entstanden wiederum einige Instabilitätszonen, aus denen sich schließlich die Monde der jeweiligen Planeten ergaben. In den äußeren Bezirken des Ursonnen-Nebels schließlich entstanden die Kometen, während die Planetoiden sich in einer Zone etwas geringerer Dichte zwischen Mars und Jupiter bildeten, die durch den Riesenplaneten verursacht worden war und die die Ausbildung eines größeren Körpers dort verhinderte.

Im Verhältnis zur Sonne sind die Planeten winzige Körper, aber auch innerhalb dieser »Trabanten-Familie« gibt es erhebliche Größenunterschiede. Pluto ist mit ca. 3000 km Durchmesser der kleinste Planet, Jupiter ist dagegen mit 140 000 km Durchmesser ein »Riese«. Die Erde nimmt in dieser Runde mit ihren fast 13 000 km eine mittlere Stellung ein, sie gehört – ebenso wie Merkur, Venus und Mars – zu den erdähnlichen Planeten mit fester Oberfläche und dünner Atmosphäre. Jupiter, Saturn, Uranus, Neptun (und Pluto?) gehören dagegen zu den sog. Gas-Giganten mit relativ kleinem Kern und dichter Atmosphäre. Pluto nimmt in diesem Reigen wohl eine Zwitterstellung ein.

Die Körper des Sonnensystems

Diese oft auch als Planetensystem bezeichnete und uns als »Kosmische Heimat« dienende Welteninsel besteht aus der Sonne im Zentrum und neun großen Planeten sowie den ca. 50 bisher entdeckten Monden. Die Masse des Sonnensystems ist außerordentlich ungleichmäßig auf die einzelnen Mitglieder der Gruppe

verteilt. Der Hauptkörper ist natürlich die Sonne, die ca. 1,4 Mio. Kilometer Durchmesser hat und mit ihren 333000 Erdmassen fast das ganze Gewicht des Systems in sich vereint. Die Schwerkraft der Sonne hält die Planeten auf ihren Umlaufbahnen, und mit ihrer intensiven Strahlung bestimmt sie zum großen Teil die Zustände auf ihren »Kindern« und »Enkeln«. Erst das von der Sonne kommende und von den Planeten reflektierte Licht macht uns diese sichtbar.
Die neun großen um die Sonne kreisenden Planeten und deren Trabanten haben insgesamt 450 Erdmassen, wovon auf Jupiter allein etwa 70 % oder 318 Erdmassen entfallen. Der Durchmesser der Planeten variiert von ca. 3000 bis 140000 km, die Größe der Monde von einigen Dutzend bis fast 6000 km. Allerdings bringen es die bisher entdeckten Monde (jeden Tag können neue Minitrabanten entdeckt werden) auf insgesamt nur etwa 0,12 Erdmassen. Die vielen – hauptsächlich zwischen Mars und Jupiter angesiedelten – Planetoiden (geschätzte Zahl ca. 75000) sind zwischen 1 bis 750 km groß und bringen es zusammen auf nur etwa 0,1 Erdmassen. Die Astronomen schätzen außerdem, daß es bis zu 10 Milliarden Kometen von 1–100 km Durchmesser geben könnte, die allerdings zusammen auch nicht sehr schwer sein dürften.
Interessant ist noch die Tatsache, daß sich nicht nur die Planeten und alle anderen eben genannten Körper um die Sonne drehen, sondern daß sich auch die Sonne selber innerhalb unseres Milchstraßen-Systems mit einer Geschwindigkeit von ca. 19,4 km/s auf das Sternbild Hercules zubewegt. Außerdem läuft die Sonne zusammen mit den Fixsternen in ihrer Umgebung noch mit etwa 250 km/s um das Zentrum der Milchstraße. Eine solche »große Schleife« dauert – so haben die Astronomen errechnet – ungefähr 250 Mio. Jahre, und die Planeten mitsamt der Erde machen diese Reise seit nunmehr ca. 5 Mia. Jahren mit.

Ordnung durch ein Koordinatensystem

Will man in das Himmelsgewölbe als Bezugssystem für die von uns beobachteten Planetenbewegungen etwas Ordnung bringen, so geht man allgemein von der Erdachse aus, die über die Pole hinweg das Himmelszelt am galaktischen Nord- und Südpol trifft. Die Ebene, die senkrecht zu dieser Polachse durch den Mittelpunkt der Erde geht, wird Äquatorebene genannt. Die Schnittlinie dieser über den Erdäquator hinausreichenden Ebene mit dem Himmelsgewölbe bildet einen großen Kreis am Firmament, den Himmelsäquator. Zwar handelt es sich dabei nur um eine gedachte Linie, sie läßt sich aber zufälligerweise durch eine Reihe relativ heller Sterne gut am Himmel verfolgen.
Die Schnittlinie des Himmelsgewölbes mit der darauf projizierten scheinbaren Bahn der Sonne heißt Ekliptik, ebenso die dort jenseits der Sonne entlang laufende scheinbare Erdbahn. Die Ekliptikebene bildet mit der Äquatorebene einen Winkel von 23,5 Grad, das heißt also, daß die Erdachse um diesen Winkelbetrag gegen die Umlaufbahn geneigt ist. Diesem Umstand verdanken wir übrigens die Jahreszeiten mit ihren verschiedenen Temperaturen und Witterungsbedingungen sowie den reizvollen Vegetationswechsel.
Die Schnittlinien-Großkreise von Äquator und Ekliptik schneiden sich an zwei gegenüberliegenden Stellen des Himmelsgewölbes, am Frühlings- und Herbstpunkt. Zur Winter- bzw. Sommer-Sonnenwende kreuzt die Sonnenbahn den Äquator von Nord nach Süd bzw. umgekehrt. Die Sonne und die Planeten durchlaufen bei ihrem jährlichen scheinbaren Weg entlang der Ekliptik zwölf Tierkreis-Sternbilder.
All diese genannten Himmelskreise werden zur besseren Übersichtlichkeit in jeweils 360 Bogengrad unterteilt, so daß man die Position eines Sterns am Firmament sehr gut mit zwei verschiedenen Gradangaben definieren kann. In der horizontalen Orientierung von links nach rechts wird der Nullpunkt genau nach Norden orientiert. Osten liegt dann bei 90 Grad, Süden bei 180 Grad und Westen bei 270 Grad. In der vertikalen Orientierung (von oben nach unten oder umgekehrt) gilt ebenfalls die 360-Grad-Einteilung, die Null-Position nimmt hier der Äquator ein. Man rechnet aber immer nur bis 180 Grad, einmal nach Norden und zurück und dann nach Süden und wieder zurück zum Äquator.
Zur noch genaueren Bestimmung der Position eines Himmelsobjekts wird dann ein Bogengrad noch in 60 Bogenminuten unterteilt. Sonne und Mond z. B. erscheinen von der Erde aus am Himmel unter einem Winkel von einem halben Grad oder – anders ausgedrückt – 30 Bogenminuten etwa. Allerfeinste Positionsbestimmungen werden nach dem Bogensekunden-Maß vorgenommen, eine Winkelminute enthält 60 Bogensekunden. Mit den besten Teleskopen auf der Erde wird ein Auflösungsverfahren von weniger als einer halben Bogensekunde erreicht.

Die Umlaufbahnen der Planeten

Während ihrer Umrundung der Sonne ändern die Planeten regelmäßig ihren Abstand vom Zentralgestirn. Mit Perihel bezeichnet man den sonnennächsten, mit Aphel den sonnenfernsten Punkt der Umlaufbahn. Unter Exzentrizität versteht man das Ausmaß der Abweichung einer elliptischen Bahn von der Kreisform. Bei 0 ist die Planetenbahn kreisförmig, bei 1 handelt es sich um eine Hyperbel, die ja bekanntlich keine geschlossene Umlaufbahn mehr ist. Die größten Abweichungen von der Kreisbahn in unserem Planetensystem haben Merkur und Pluto (Exzentrizitäten 0,2 und 0,25). Oft haben die Planetenbahnen (vor allem die des Pluto) eine gewisse Neigung gegen die Ekliptik. Als Maß dieser Abweichung dient der Winkel, den die beiden Ebenen miteinander bilden.
Die siderische Umlaufzeit eines Planeten ist die Periode, die er zu einer vollständigen Umrundung der Sonne – relativ zu den Fixsternen – benötigt. Daneben gibt es noch die etwas längere synodische Umlaufzeit, die durch die Bewegung der Erde während des Um-

laufs der anderen Planeten entsteht. Ein synodischer Umlauf ist erst dann vollendet, wenn Sonne, Erde und der beobachtete Planet wieder die gleiche Stellung zueinander haben, das »Überholen« dauert aber wegen der ellipsenförmigen Umlaufbahnen der beiden beteiligten Planeten immer etwas verschieden lange, so daß man eine mittlere synodische Umlaufzeit eingeführt hat.

Die Konstellationen

Die Umlaufzeiten der Planeten werden von bestimmten Konstellationen aus berechnet, von Positionen also, die sie regelmäßig innerhalb des Sonnensystems und bezüglich der Erde einnehmen. Es gibt bei den inneren und äußeren Planeten, die wir von der Erde aus sehen, mehrere genau definierte Konstellationen, je nachdem, ob der beobachtete Planet ganz nahe an der Erde steht, ganz weit entfernt, oder im rechten Winkel zu uns, oder hinter der Sonne. Steht ein innerer Planet (Merkur, Venus) auf der von Erde und Sonne gebildeten Geraden zwischen diesen beiden Körpern, so herrscht untere Konjunktion. Steht der Planet aber gegenüber auf der anderen Seite der Sonne (aber immer noch auf der imaginären von Erde und Sonne gebildeten Geraden), dann herrscht obere Konjunktion. In beiden Fällen ist dieser Planet aber von der Erde aus nicht sichtbar. Genauso ist es, wenn ein äußerer Planet von der Erde aus hinter der Sonne steht, also in Konjunktion. Befinden sich Erde und äußerer Planet aber auf der gleichen Seite der Sonne auf etwa einer geraden Linie, dann herrscht Opposition, dann können wir diesen Planeten von der Erde aus sehr gut beobachten.

Der wechselnde Winkel zwischen Erde, Sonne und Planet wird Elongation genannt. Bei den zwei inneren Planeten ist dieser Winkel immer sehr klein (vor allem bei Merkur), weil sie sich – von der Erde aus gesehen – nie sehr weit von der Sonne entfernen können. Venus kommt dabei auf immerhin 48° Winkelabstand, Merkur nur auf 28°. Die größten scheinbaren Entfernungen dieser beiden Planeten von der Sonne heißen östliche und westliche Elongation, zu diesen Zeiten können sie von der Erde aus relativ gut beobachtet werden.

Die von der Erde aus regelmäßig zu beobachtende Rückläufigkeit der Planeten bei ihrer Bewegung am Nachthimmel bereitete den Astronomen des Altertums viel Kopfzerbrechen, weil sie sich nicht vorstellen konnten, daß die Sonne und nicht die Erde im Zentrum des Planetensystems steht. Heute wissen wir, daß diese Schleifen der Planetenbahnen am Himmel eine Folge der Eigenbewegung der Erde um die Sonne sind. Ein Planet scheint am Firmament rückwärts zu »gehen«, wenn das gerade durchlaufende Bahnstück nahezu parallel zu der gleichzeitig von der Erde zurückgelegten Strecke liegt. Die beiden Planeten bewegen sich mit unterschiedlicher Geschwindigkeit in dieselbe Richtung, und der irdische Beobachter hat dann das Gefühl wie der Fahrgast in einem Zug,

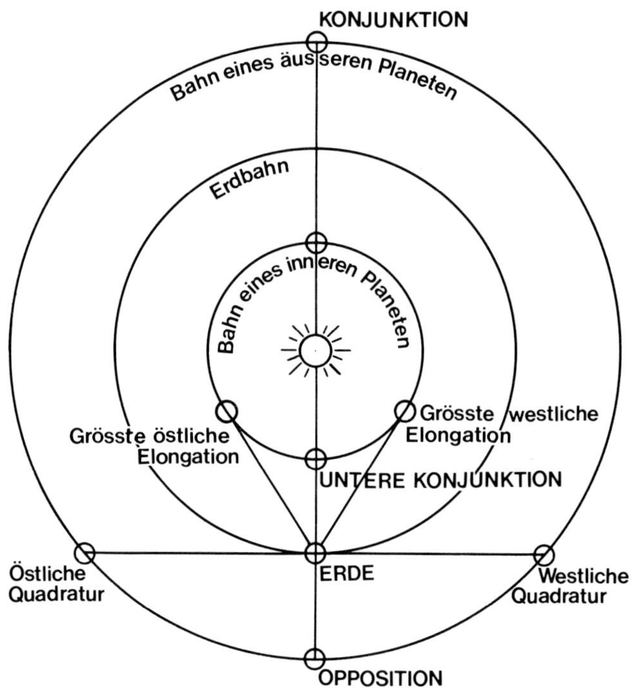

Die Positionen der Planeten zueinander und vor allem relativ zur Erde sind sehr kompliziert, aber ihre Beachtung ist wichtig bei der Abschätzung der Beobachtungs-Chancen am Abend-, Nacht- und Morgenhimmel. Grundsätzlich gilt es zwischen innerhalb und außerhalb der Erdbahn um die Sonne laufenden Planeten zu unterscheiden.

der gerade einen anderen, daneben fahrenden Zug überholt. Dieser scheint dann stillzustehen oder sogar rückwärts zu fahren.

Helligkeit der Planeten

Schon Galileo hat gewußt, daß wir die anderen Planeten nur im Schein des von ihnen reflektierten Sonnenlichts sehen und daß ihre periodisch auftretenden Helligkeitsschwankungen auf unterschiedliche Entfernungen von der Erde zurückzuführen sind. Neben den absoluten Entfernungen der Planeten von der Sonne spielen dabei auch die von der Eigenbewegung der Erde hervorgerufenen Abstandsänderungen eine Rolle. Es dauerte einige Zeit, bis die Astronomen dann auch herausfanden, daß die Planeten verschieden groß sind und unterschiedliche Oberflächen haben, die das Licht mit wechselnder Intensität reflektieren.

Alle Körper, die von einer Lichtquelle beleuchtet werden, absorbieren einen Teil der auftreffenden Helligkeit und reflektieren den Rest. Feste Körper, bestehend aus Fels, Aschen und vulkanischer Lava absorbieren viel Licht und reflektieren relativ wenig. Bei Wasser-, Wolken- und Schneeoberflächen ist es genau umgekehrt, diese Substanzen werfen sehr viel des ankommenden Lichts zurück. Das Verhältnis von auftreffendem zu reflektiertem Licht nennt man Albedo,

es wird in Prozent und Promille angegeben. Der Mond z. B. hat den Albedo-Wert 0,07, seine Oberfläche »verschluckt« 93% des auftreffenden Lichts – und reflektiert nur 7%; er ist damit einer der dunkelsten Körper im Sonnensystem. Die Venus dagegen hat eine Albedo von 0,66, dieser sehr helle Planet reflektiert also zwei Drittel des auftreffenden Lichts und absorbiert nur ein Drittel.
Als eine weitere Komponente geht in die von der Erde aus festgestellte Helligkeit der Planeten und des Mondes noch der sog. Phasenwinkel ein, der den Anteil der jeweils gerade sichtbaren Planetenscheibe bezeichnet, welcher von der jeweiligen Position der beiden Planeten zueinander und der Stellung der Sonne abhängt. Wir können diese Phasenwinkel ja in allen Abstufungen beim Mond beobachten, den wir als ganz schmale, kaum sichtbare Sichel und auch als hell strahlenden Vollmond kennen. Bei den zwei innerhalb der Erdbahn um die Sonne kreisenden Planeten Merkur und Venus sind genau dieselben Phasenwinkel zu beobachten, die in Gradanteilen von 0–180 angegeben werden.
Der Mond ist von der Erde bei allen verschiedenen Beleuchtungssituationen etwa gleich weit entfernt, bei Merkur und Venus wechseln die Abstände von der Erde sehr stark, und die Phasenwinkel der Planetenscheiben hängen damit sehr eng zusammen. Sind diese Planeten der Erde sehr nah, erscheinen sie als relativ große Scheiben, die aber nur zum geringen Teil beleuchtet sind, weil wir sie sozusagen im Gegenlicht sehen. Bei größer werdender Entfernung zwischen Erde und Venus bzw. Merkur wächst auch der Phasenwinkel, allerdings wird dann die Planetenscheibe wieder viel kleiner, bis sie schließlich für die irdischen Beobachter hinter der Sonne verschwindet und ganz unsichtbar wird.
Wie bei den Fixsternen, so wird auch bei den Planeten die Helligkeit in Größenklassen angegeben. Das dafür angewandte Meßverfahren ist sehr alt: schon Ptolemäus teilte die mit dem bloßen Auge sichtbaren Sterne in sechs Helligkeitsklassen ein. Erst später stellte sich die Genialität dieser Abstufung heraus, denn das Helligkeitsverhältnis zweier Sterne benachbarter Größenklasse beträgt jeweils 1 : 2,5 und ist nahezu konstant. Ein Stern 1. Größe ist demnach hundertmal so hell wie ein Stern 6. Größe. Inzwischen wurden die Meßmethoden dank elektronischer Hilfsmittel so weit verfeinert, daß auch zehntel und hundertstel Anteile von Helligkeitsstufen festgestellt werden können, was vor allem für die Messung geringer Helligkeitswechsel notwendig ist.
Den Laien mag es etwas verwirren, daß Helligkeiten der Sterne mit hohen Ziffern belegt werden und umgekehrt, aber inzwischen hat sich das Verfahren sehr gut eingebürgert. Viele Himmelskörper sind auch heller als Sterne erster Größe, wie z. B. Sonne, Mond und Venus, so daß die Zahlenreihe über den Wert 0 mit negativen Ziffern fortgesetzt wird, wie z. B. –4 für die größte Venus-Helligkeit oder –23 für die Sonne und –12 für den Vollmond. Die schwächsten bisher beobachteten Fixsterne haben 23. und 24. Größe. Jupiter erscheint oft als Stern der Größenklasse 0.

Entfernungsmessung im Planetensystem

Die Entfernungen im Universum sind unvorstellbar groß, selbst die etwa 10 Milliarden Kilometer Durchmesser des Planetensystems können wir zwar messen, aber doch wohl kaum als Strecke begreifen. Für die Bestimmung der Entfernungen zwischen den Fixsternen haben die Astronomen als Meßeinheit das Lichtjahr eingeführt, das seine Grundlage in der Laufzeit des Lichts von 300000 km pro Sekunde hat. In einem Jahr legt das Licht ca. 9,5 Bio. ($9{,}47 \times 10^{12}$) km zurück; bei großen Entfernungen von einigen Milliarden Lichtjahren ist dieses Längenmaß auch gleichzeitig eine Zeitangabe. Wir wissen dann nämlich, daß das gerade beobachtete, weit entfernte Objekt seit mindestens dieser Zeit existiert.
Im Sonnensystem hat man eine andere Meßeinheit für größere Entfernungen eingeführt, denn die Umlaufbahn von Pluto z. B. hat einen Durchmesser von »nur« zehn Lichtstunden. Die Funksignale einer bei Pluto ankommenden Raumsonde wären also etwa fünf Stunden zur Erde unterwegs. Als Maß für die Entfernungen im Sonnensystem hat sich die Astronomische Einheit (AE) eingebürgert, die vom mittleren Abstand der Erde von der Sonne abgeleitet wurde und der Strecke von 149,5 Mio. Kilometer entspricht. Pluto ist im entferntesten Punkt seiner Bahn immerhin 50 AE von der Erde weit weg, Jupiter aber nur 4–6 AE.
Zur Messung größerer Entfernungen von der Erde aus dient vor allem das Triangulations-Verfahren, bei dem die Erde mit ihren fast 13000 km Durchmesser als Maßbasis dient. Eigentlich handelt es sich um eine kombinierte Parallaxen- und Winkelmessung, die im Sonnensystem relativ genau arbeitet. Dabei wird die Horizont-Parallaxe eines Planeten gemessen, also der Winkel, unter dem ein Beobachter auf diesem Stern den Erdradius sehen würde. Die Sonnen-Parallaxe ist also z. B. die Hälfte des Winkels, unter dem sich die Visierlinien von zwei weit entfernten Erdpunkten aus schneiden. Beim ersten Schritt wird die Parallaxe eines der Erde sehr nahe kommenden Planeten gemessen, damit größte Genauigkeit erreicht wird. Diese Messung findet am besten zur Zeit einer Opposition oder unteren Konjunktion statt, wenn sich Sonne, Erde und Planet auf einer Geraden befinden. Mit Hilfe des 3. Keplerschen Gesetzes und unter Einschaltung der Astronomischen Einheit als Entfernungs-Maßstab läßt sich nun leicht die Distanz zu einem bestimmten Planeten berechnen.
Für die Messungen größerer Entfernungen zu den Fixsternen reicht auch der Erddurchmesser als Meßbasis nicht mehr aus, dafür nimmt man dann den Durchmesser der Erdbahn um die Sonne, das sind immerhin 300 Mio. Kilometer. Zwar müssen die beiden Messungen dann jeweils mit einem halben Jahr Ab-

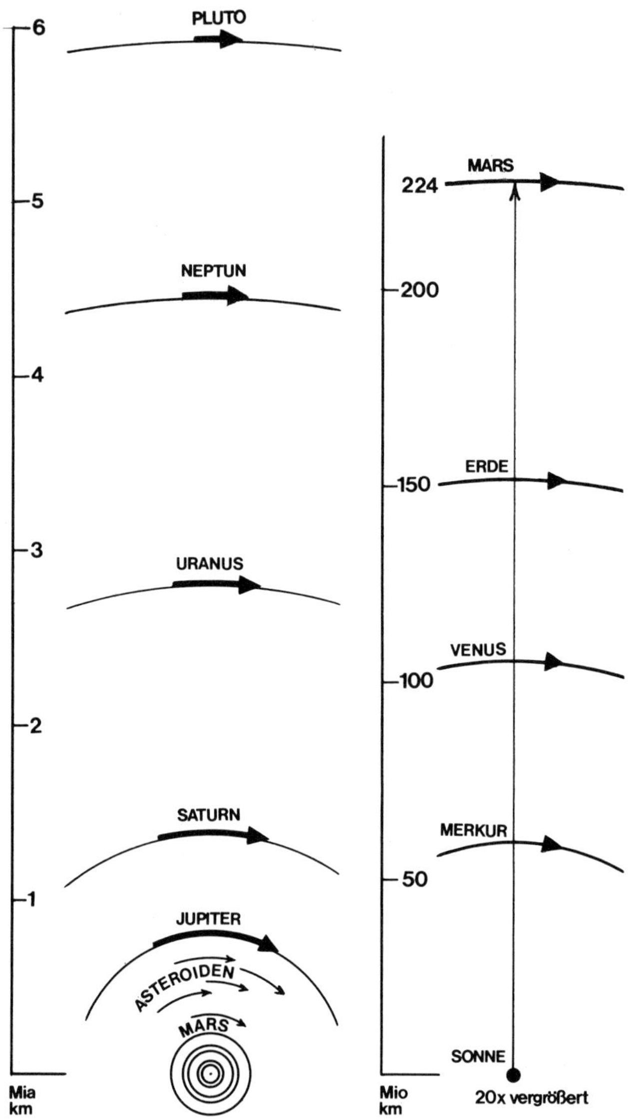

Die maßstabsgerechte Darstellung der Entfernung aller Planeten stößt in enem Buch naturgemäß auf räumliche Probleme, so daß man die Distanzen meist in zwei Stufen präsentiert: zunächst die Position der vier inneren Planeten Merkur, Venus, Erde und Mars, dann die Abstände der äußeren Planeten Jupiter, Saturn, Uranus, Neptun und Pluto von der Sonne. Anblick von Süden.

stand gemacht werden, aber das spielt ja bei diesen Meßzielen keine Rolle.
All diese Messungen und Rechnungen sind aber nun im Raumfahrt-Zeitalter nicht nur von theoretischem Interesse, heutzutage sind genaue Kenntnisse über die Entfernungen, Größen und Massen der anderen Planeten und ihrer Monde unabdingbare Voraussetzung für das Gelingen von Raumsonden-Missionen hin zu eben diesen Körpern.
Um sich einen realistischen Eindruck von den Abständen und der Größe der Planeten im Sonnensystem zu machen, reicht ein Blatt Papier nicht aus; die vier inneren Planeten wären kaum noch darstellbar. Opfern Sie die Wand eines Ihrer Zimmer, darauf lassen sich die Bahnen aller Planeten maßstabsgetreu zeichnen. Die korrekte Größe der Planetenkugeln zusammen mit den richtigen Bahnabständen lassen sich aber nur in einem mehrere Quadratkilometer großen Freigelände im Maßstab 1 : 1 Milliarde darstellen. Dabei hat die Sonne im Zentrum einen Durchmesser von 1,4 m, und die Erde befindet sich als 13 mm große »Murmel« in 150 m Entfernung, während Pluto weit ab in 4–7 km Entfernung um die Sonne läuft. Bei der »Deutschen Forschungs- und Versuchsanstalt für Luft- und Raumfahrt« (DFVLR) in Köln-Porz ist so ein Modell des Planetensystems aufgestellt (jedenfalls bis Jupiter), das die Größen- und Entfernungsverhältnisse in unserer näheren kosmischen Heimat recht anschaulich macht.

Durchmesser, Masse

Hat man die Entfernung eines Planeten erst einmal bestimmt, ist die Feststellung seines Durchmessers eine Kleinigkeit. Bei gegebener Entfernung läßt sich aus dem scheinbaren Durchmesser des Planetenscheibchens im Fernrohr leicht auf die tatsächlichen Dimensionen hochrechnen. Schwieriger ist schon die Bestimmung der Masse eines Planeten, vor allem, wenn dieser keinen eigenen Mond hat. Dann ist man auf die genaue Beobachtung der Art und Größe von Bahnstörungen angewiesen, die dieser Planet auf seine Nachbarn ausübt. Diese geringfügigen Abweichungen von der mathematischen Idealbahn sind natürlich sehr schwer zu messen
Hat der jeweilige Planet dagegen einen oder mehrere Monde, so ist die Bestimmung der Massen des Hauptkörpers und der Trabanten nach dem Gravitationsgesetz von Newton relativ einfach – soweit die Entfernungen der Monde vom Planeten und die Umlaufzeiten mit hinreichender Genauigkeit bekannt sind. Aus dem bekannten Durchmesser und der ermittelten Masse ergibt sich dann durch eine einfache Rechnung das spezifische Gewicht des betreffenden Planeten und seiner Monde. Dieses auf den ersten Blick etwas abstrakt anmutende dritte Gravitationsgesetz Newtons besagt z. B., daß ein Mond von gegebener Masse um so schneller um einen Zentralkörper kreist, je größer, bzw. schwerer dieser Planet ist und je näher sich der Mond an dessen Zentrum befindet. Der Mond der Erde ist etwa 384000 km von uns entfernt und braucht für einen Umlauf ca. 28 Tage. Der in der Größe und (mit Einschränkungen) auch in der Masse etwa vergleichbare Jupiter-Mond Io ist etwa ebenso weit von seinem Zentral-Planeten entfernt, aber er braucht nur 1,8 Tage für einen Umlauf.

Planeten-Atmosphären

Für die Bildung einer Planeten-Atmosphäre sind vor allem zwei Faktoren maßgebend: die an der Oberfläche des Körpers herrschenden Temperaturen und vor allem die jeweilige Fluchtgeschwindigkeit, die wiederum abhängig ist von der Masse und Dichte des Planeten. Auf der Erde z. B. beträgt diese »Schallmauer« 11,2 km/Sek. Jeder Körper, der diese Geschwindigkeit erreicht oder übertrifft, verläßt den Anziehungsbereich der Erde und fliegt hinaus ins Sonnensystem. Satelliten, die unter dieser Geschwindigkeit bleiben (aber auch nicht langsamer als 7,9 km/Sek. sind), schlagen eine Umlaufbahn um die Erde ein.

Ganz ähnlich verhält es sich mit den Gas-Molekülen, deren Geschwindigkeit aber schon 1/5 der eigentlichen Schwerebeschleunigung nicht übersteigen darf, damit nicht nach und nach doch alle Moleküle in den Weltraum entweichen. Große und schwere Planeten behalten auch die leichteren Bestandteile ihrer Uratmosphäre, Jupiter z. B. hat einen dichten Mantel der sehr leichten Gase Wasserstoff und Helium um sich versammelt, während die dagegen relativ leichte Erde nur die schwereren Gase an sich binden konnte, wie z. B. Stickstoff und Sauerstoff. Der viel kleinere und leichtere Erdmond dagegen konnte keinerlei Gase festhalten, weil die Fluchtgeschwindigkeit an seiner Oberfläche sehr niedrig ist, niedriger als die Molekülbewegung aller infragekommenden Gase.

Tabelle des Planetensystems

Physikalische Daten	Einheit	Merkur	Venus	Erde	Mars	Jupiter	Saturn	Uranus	Neptun	Pluto
Äquator-Durchmesser	km	4878	12110	12757	6788	142800	120000	52400	49500	ca. 3000
Pol-Durchmesser	km	–	–	12714	–	135500	108000	49300	–	–
Abplattung		–	–	0,003	–	0,05	0,1	0,06	–	–
Oberfläche	km^2	$7{,}5 \times 10^{7}$	$4{,}6 \times 10^{8}$	$5{,}1 \times 10^{8}$	$1{,}4 \times 10^{8}$	$6{,}1 \times 10^{10}$	$4{,}1 \times 10^{10}$	$8{,}1 \times 10^{9}$	$7{,}7 \times 10^{9}$	$2{,}8 \times 10^{7}$
Volumen	km^3	$6{,}1 \times 10^{10}$	$9{,}3 \times 10^{11}$	$1{,}1 \times 10^{12}$	$1{,}6 \times 10^{11}$	$1{,}4 \times 10^{15}$	$7{,}8 \times 10^{14}$	$6{,}9 \times 10^{13}$	$6{,}4 \times 10^{13}$	$1{,}4 \times 10^{10}$
Spezifische Dichte	t/m^3	5,44	5,27	5,52	3,95	1,33	0,69	1,23	1,65	ca. 1
Masse	Tonnen	$3{,}3 \times 10^{20}$	$4{,}9 \times 10^{21}$	6×10^{21}	$6{,}5 \times 10^{20}$	$1{,}9 \times 10^{24}$	$5{,}4 \times 10^{23}$	$8{,}5 \times 10^{22}$	$1{,}1 \times 10^{23}$	$1{,}4 \times 10^{19}$
Oberflächen-Schwerkraft	m/s^2	3,6	8,87	9,81	3,76	24,1	11,1	9,4	11,44	–
Fluchtgeschwindigkeit	km/s	4,25	10,3	11,2	5,03	59,6	35,5	22,4	23,8	–
Oberflächen-Verhältnisse										
Material / Formationen		Krater	Gebirge	Stein	Krater	–	–	–	–	–
Atmosphäre / Gase		He, Ar	CO_2	N_2, O_2	CO_2	H_2, He	H_2, He	H_2, He	H_2, He	Methan
Oberflächen-Druck	bar	2 × 10e12	90	1	0,005	100	100	–	–	–
Maximale Temperatur	Grad C	+ 400	+ 500	+ 60	+ 10	+ 30000	+ 20000	–	–	–
Minimale Temperatur	Grad C	200	–	80	120	150	160	180	200	230
Sonneneinstrahlung	W/m^2	6000–14000	2580–2610	1320–1395	490–708	46–55	13–17	3,4–4,1	1,5	0,7–1,7
Bahnverhältnisse										
Minimaler Sonnenabstand	10^6 km	46,3	107,5	147,1	206,4	740,5	1343	2735	4309	4425
Maximaler Sonnenabstand	10^6 km	70,3	108,9	152,1	249,8	815,3	1509	3005	4684	7375
Exzentrizität		0,206	0,007	0,0167	0,09	0,048	0,056	0,047	0,009	0,25
Bahnumfang	10^6 km	360	680	940	1433,2	4888	8960	18033	28252	37000
Bahngeschwindigkeit	km/s	39–59	35	29,8	22–26,5	12,5–13,7	9,65	6,8	5,4	3,7–6,1
Siderische Umlaufzeit	d/a	88 d	224,7 d	365,26 d	687 d	11,86 a	29,45 a	84,02 a	164,8 a	250,3 a
Neigung Bahn / Ekliptik	Grad	7,1	3,5	–	1,8	1,3	2,5	0,8	1,8	17,2
Rotation										
Umdrehungszeit	Tage/Stunden	58,6 d	243 d	23 h 56 m	24 h 37,5 m	9 h 50,5 m	10 h 14 m	22,5 h	19 ± 4 h	6,39 h
Tag/Nacht-Zyklus	Tage/Stunden	176 d	116,75 d	23 h 56 m	24 h 39 m	9 h 50,6 m				
Winkel Äquator/Bahnebene	Grad	3°	ca. 6	23° 27′	24°	3° 7′	26° 45′	98°	29°	105°
Von der Erde aus gesehen										
Minimale Entfernung	10^6 km	79,2	38,3		56,8	591	1200	2590	4304	4275
Maximale Entfernung	10^6 km	220	260,9		399,4	965	1656	3160	4689	7525
Min/Max-Signal-Laufzeit	Min	5,5–11	2,1–14,5		3,3–21,5	35–51	66,7–92	144–176	239–261	238–418
Scheinbare Helligkeit	Magnit.	+ 3/1,2	+ 0,8/-4,3		1,52	2,7	0,6	5,3–6,2	7,5–8	14,3
Scheinbarer Durchmesser	Bogen-sek.	4,8–13,3	10–64		4–25	31–48	15–21	3–4	2–2,5	0,1–0,2
Synodische Umlaufzeit	Tage	116	584		780	399	378	370	376,5	366,7
Albedo		0,06	0,76	0,39	0,15	0,51	0,42	0,66	0,62	ca. 0,6
Äußerer Bereich										
Monde		–	–	1	2	17	> 20	5	2	1
Ringsystem-Durchmesser	km					200000	280000	102000		

Techniken der Planetenforschung

In den vergangenen 20 Jahren haben sich verschiedene Methoden der Erkundung eines anderen Himmelskörpers mit Hilfe von Raumsonden herausgebildet, vor allem die amerikanische Raumfahrt-Behörde NASA hat inzwischen so etwas wie eine Strategie der Planeten-Forschung entwickelt.
Bei den Planeten stehen wir erst am Anfang der genaueren Erkundung, bei Mars sind wir schon relativ weit damit gekommen, er mag uns zusammen mit dem Mond als Modell für die Erforschung eines fremden Himmelskörpers dienen, so wie es sich in der astronautischen Wissenschaft herausgebildet hat. So sehen die einzelnen Stufen dieser Erkundung aus:

a) Vorbeiflug in größerer Entfernung;
b) Passage in geringerer Distanz;
c) harte Landung einer Instrumentenkapsel;
d) Orbit-Bahn eines Bildgewinnungs-Roboters;
e) weiche Landung (evtl. mit Bodenproben-Rückführung);
f) bemannte Landung.

Momentan haben wir bei den einzelnen Planeten verschiedene Stadien dieses »Erkundungs-Fahrplans« erreicht. Bei Mars sind wir am weitesten fortgeschritten, wie schon gesagt, dann folgen Venus und Jupiter in dieser Rangliste der interplanetaren Entschleierung. Die Übergänge sind fließend, und das beim Mond erprobte Schema wird naturgemäß weitgehend variiert. Bei Jupiter kann keine Sonde auf der Oberfläche landen, hier ist im Projekt Galileo eine Atmosphären-Meßkapsel vorgesehen. Später wird vielleicht auch eine Sonde auf einem der großen Jupiter-Monde – höchstwahrscheinlich dem Trabanten Io – abgesetzt. Auch bei Saturn ist für die 90er Jahre eine Orbiter-Mission geplant, auch hierbei sollen Meßkapseln in die Atmosphäre des großen Planeten und auf die Oberfläche seines Mondes Titan entsandt werden.
Die bemannte Landung einer Astronautengruppe auf einem anderen Planeten unseres Sonnensystems wird unsere Generation aber wohl noch nicht miterleben, solche Missionen wird es erst im nächsten Jahrhundert geben. Andererseits soll hier die Behauptung gewagt werden, daß eine bemannte Mission zum Mars – ihre Dauer wird auf drei Jahre geschätzt – technologisch heutzutage schon möglich wäre. Aber noch sind keinerlei Anzeichen dafür zu entdecken, daß eine solche grandiose Mission in absehbarer Zukunft finanziell und gesellschaftspolitisch realisierbar wäre.
Erst unseren Mond haben wir etwas detaillierter auch durch persönlichen Augenschein erforscht. Die Astronauten haben »vor Ort« Untersuchungen angestellt und sie haben uns Gesteinsproben von der Oberfläche des Mondes mit zurück zur Erde gebracht. Diese Forschungen haben uns – zusammen mit der gründlichen Oberflächen-Kartierung – ein sehr viel genaueres Bild von der Entstehung und Beschaffenheit des Erd-Trabanten vermittelt, obwohl wir – um eine bekannte Redewendung abzuwandeln – nun auch genau wissen, was wir über unseren Mond noch nicht in Erfahrung gebracht haben.
Die bildmäßige Erforschung eines Planeten ist ein vielschichtiger Prozeß, bei dem die Entfernung der Kamera zu diesem Körper, das Auflösungsvermögen und die Beobachtungszeit eine gewichtige Rolle spielen. All diese Parameter müssen bei der Planung einer Raumsonden-Mission zu dem jeweiligen Planeten berücksichtigt und in eine möglichst günstige Relation zueinander gebracht werden, sollen möglichst viele Informationen über das jeweilige Forschungsziel erhalten werden.
Die Fotografie ist ihrem Selbstverständnis nach ein Kommunikationsprozeß, bei dem mit Hilfe einer technisch-optischen Apparatur Informationen über ein bestimmtes, auch sehr weit entferntes Motiv hin zum Betrachter transportiert werden sollen (auch elektronisch). Bei den Fotoexperimenten zur Erforschung der Planeten gelangen Oberflächen-Aufnahmen von fremden, bis dahin kaum bekannten Himmelskörpern zu den Wissenschaftlern auf der Erde. Die Fotografie – und mit Einschränkungen auch die Fernseh- und Filmtechnik – ist noch immer die Bildgewinnungs-Methode mit dem größten Entdeckungs- und Erkennungs-Potential. Mehr als jede andere Untersuchungsmethode kann die Fotografie Informationen über das jeweils zu observierende Motiv an den Wissenschaftler vermitteln.
Die größte Schwierigkeit bei der Erforschung der anderen Planeten von der Erde aus ist ihre große Entfernung von uns. Außerdem können wir die innerhalb oder außerhalb der Erdbahn um die Sonne kreisenden Planeten immer nur zu speziellen Zeiten und unter einschränkenden Beleuchtungsbedingungen und Blickwinkeln sehen. Verglichen mit den Beobachtungsverhältnissen bei unserem Mond zeigen die einzelnen Planeten auch weitgehend veränderliche Oberflächen-Details. Bei Mars z. B. sind tägliche, jahreszeitliche und unregelmäßig auftretende Variationen zu bemerken. Dazu kommen noch Farbveränderungen, die nicht nur bei Mars, sondern z. B. auch bei Jupiter und Saturn beobachtet werden können.

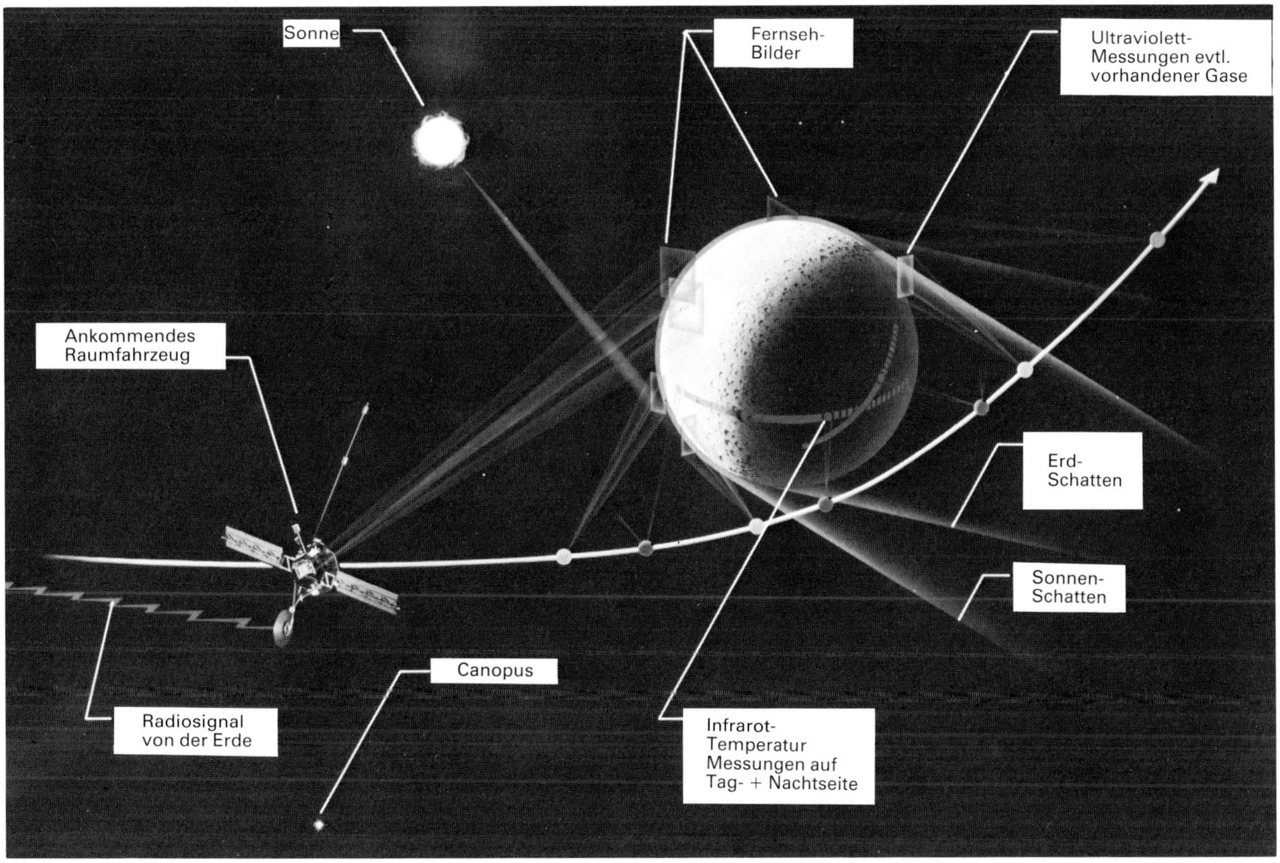

Aus bahnmechanischen Gründen flog M-10 beim ersten und dritten »encounter« sozusagen hinter Merkur vorbei, der Punkt der stärksten Annäherung war jeweils über der dunklen Hälfte des Planeten. Die TV-Kameras konnten also nur vor und nach dem nahen Vorbeiflug aktiviert werden. Sie erfaßten jeweils nur einen schmalen beleuchteten Streifen entlang des Terminators. Nur die Ultraviolett- und Infrarot-Messungen waren auch über der dunklen Seite Merkurs möglich. Eine große Rolle spielten bei der wissenschaftlichen Arbeit auch die sog. Bedeckungs-Experimente, bei denen eine äußerst dünne Gashülle um den Planeten festgestellt wurde.

Erkundungs-Philosophie

Ein erster wichtiger Meilenstein der Weltraum-Fotografie war 1959 die Entdeckung der russischen Mondsonde Lunik 3, die als erstes Raumschiff die bis dahin völlig unbekannte Rückseite des Erd-Mondes aufnahm und feststellte, daß diese Hemisphäre des Erdtrabanten zwar auch sehr viele Krater, aber fast gar keine Mare-Flächen aufweist, wie sie die seit langem sehr gute bekannte Vorderseite des Mondes so auffällig prägen. Vergleichbar mit diesem überraschenden, von kaum einem Astronomen erwarteten Befund war die Entdeckung der ersten Mars-Sonde Mariner 4 im Jahre 1965, daß die Oberfläche dieses Planeten von zahlreichen kleinen und großen Kratern durchsetzt ist – ganz ähnlich wie die Mondoberfläche. Auch das war eine große Überraschung für die Experten, obwohl einige hellsichtige Fachleute aufgrund kosmologischer Überlegungen die Krater auf Mars erwartet hatten. Grundsätzlich aber haben in beiden Fällen moderne foto-elektronische Verfahren bei Raumsonden-Experimenten zur Gewinnung neuer, überraschender Informationen über weit entfernte Himmelskörper beigetragen – die Raumfahrt bewährte sich als verlängertes Fernrohr der an die Erde gefesselten Astronomen. Die Entsendung von Raumsonden zu anderen Planeten entwickelte sich zu einer neuen, äußerst leistungsfähigen Forschungsmethode der Astrophysiker.

Die überraschende Leistungsfähigkeit der Planetensonden stellte die Forscher aber vor das Problem, Sensoren für verschiedene Spektralbereiche entwerfen zu müssen, ohne vorher genau abschätzen zu können, was diese Instrumente dann am Ziel ihrer Reise alles erfassen – und was mangels entsprechender Instrumentierung und Sensibilisierung verborgen bleibt. Es galt also seit jeher und gilt heutzutage in noch weit verstärktem Maße, Instrumente mit möglichst breiter, vielseitiger Bandbreite zu entwerfen. Interessant wäre eine Liste der Phänomene auf Mars und anderen Planeten, die den Experimentatoren bisher entgangen sind, weil die Sensoren der betreffenden Raumsonden

So ungefähr sieht der Erd-Mond in einem kleinen Teleskop aus, deutlich sind mehrere dunkle Mare, zahlreiche große und kleine Krater sowie auch einige Strahlensysteme erkennbar, vor allem der von dem Krater Tycho auf der südlichen Halbkugel ausgehende Strahlenkranz. In der linken Bildhälfte wird knapp oberhalb des Äquators und rechts des Terminators der helle, große Krater Kopernikus erkennbar. Diese Aufnahme entstand im Mondalter von 11 Tagen, kurz vor Vollmond.

darauf einfach nicht vorbereitet waren, weil ihr – im übertragenen Sinn – Gesichtsfeld dafür nicht ausreichte. Aber solche Listen können erst sehr viel später nachträglich aufgestellt werden, wenn andere, »weitsichtigere« Sensoren künftiger Raumsonden diese Entdeckungen dann tatsächlich gemacht haben.
Inzwischen hat sich in der neuen Wissenschaft der Astronomie mit Raumsonden so etwas wie eine Instrumentierungs-Strategie herausgebildet, mit der die Experten versuchen, beim Vorbeiflug einer Raumsonde an einem Planeten oder auch aus einer Umlaufbahn heraus möglichst alle zu erwartenden und auch die neuen, überraschenden Phänomene auf dem betreffenden Planeten, auf seinen Monden und in seiner weiteren Umgebung zu erfassen.
Mariner 4 lieferte die ersten Nahaufnahmen des Mars und übermittelte dabei insgesamt $3{,}75 \times 10^6$ Bits an Bildinformationen von weniger als 1 % der Oberfläche dieses Planeten. Trotz der mäßigen Qualität waren diese Aufnahmen damals eine Sensation, sie offenbarten die zahlreichen Krater auf der Mars-Oberfläche. MM 6/7 flogen schon sehr viel näher an dem roten Planeten vorbei und übermittelten von der Äquator- und Polzone etwa hundertmal so viele Bildinformationen von etwa 10 % der gesamten Mars-Oberfläche. Obwohl die beiden TV-Systeme von MM 6/7 eigentlich nicht für die Kartografierung des Mars entworfen worden waren, konnten von den erhaltenen Bildern doch erstaunlich gute Karten gezeichnet werden. Dasselbe gilt übrigens auch für die von beiden Kameras in den Lunar-Orbiter-Mondsonden gemachten Aufnahmen des Erdtrabanten.
Bei Mariner 9 wurde das Volumen der zur Erde übermittelten Mars-Bilder noch einmal um den Faktor 100 gesteigert, so daß sich insgesamt eine Steigerung im Leistungsvermögen der Kamerasysteme um den Faktor 10000 ergab.
Deutlicher läßt sich der Fortschritt der Raumfahrt-Technologie im allgemeinen und die fantastische Entwicklung auf elektronischem Sektor in jenen Jahren nicht demonstrieren. Es war eine regelrechte »Explosion«, die sich da auf dem sehr speziellen Sektor der Planetenforschung mit Raumsonden in quantitativer und auch qualitativer Hinsicht ergab und die sich ohne weiteres auf viele andere Sektoren der Wissenschaft, Technik und Elektronik übertragen läßt.
Die Viking-Sonden brachten dann noch einen weiteren Erkenntnissprung, die beiden Orbiter übermittelten insgesamt über 50000 TV-Bilder der Mars-Oberfläche, die qualitativ sehr viel besser sind als die Aufnahmen von Mariner 9 – ganz abgesehen von den 4500 Oberflächenbildern, die die beiden Lander auf dem Mars gemacht haben. Von der Bit-Zahl her gesehen erbrachten die beiden Viking-Sonden zwar nur etwa das Zwölffache an Bildern wie Mariner 9, aber die höhere Zeilenzahl der Viking-Bilder und die inzwischen wesentlich verbesserten funktechnischen Möglichkeiten ließen die Viking-Bilder sehr viel besser ausfallen und machten den Fortschritt zwischen diesen beiden Raumsonden-Programmen augenfällig.

Was ist ein Bild?

Eine fotografische oder elektronisch erzeugte Abbildung ist die spektral gefilterte Registrierung der Helligkeitsverteilung in einem bestimmten, von der Kamera erfaßten Motivbereich. Aber erst, wenn dieses Abbild der Natur durch die Einheit Auge-Gehirn des Menschen betrachtet und beurteilt wird, ergibt es für uns einen Sinn. So gesehen, ist ein Fernseh- oder Fotobild immer nur – der letzte – Abschnitt in einem umfangreichen Kommunkationssystem.
Diese grundsätzlichen Überlegungen muß man sich auch und vor allem bei der visuellen Erkundung von fernen Planeten mit Hilfe von automatischen Raumsonden vergegenwärtigen, dieser neuesten und wohl auch leistungsfähigsten Methode der Astronomie. Bei solch in jedem Sinne weitreichenden Erkundungen müssen die damit befaßten Wissenschaftler sehr genau über den Weg der erhaltenen Informationen vom Motiv bis zum Betrachter Bescheid wissen. Es gilt gerade bei solchen komplexen und auch teuren Forschungsmethoden, die effektivsten Verfahren zur Erlangung von Informationen und insbesondere zur

Erzeugung und Übermittlung von Bildmaterial herauszufinden. Wenn man sich einmal über alle erstaunlichen Einzelheiten und die raffinierten Kunstgriffe der Wissenschaftler bei der Instrumentierung einer Planetensonde und bei der Erstellung des Einsatzplanes informiert hat, dann wandelt sich die anfängliche Skepsis solchen Unternehmen gegenüber schnell in Bewunderung und Anerkennung für die scharfsinnigen Methoden dieser Experten.
Bei der Entwicklung des Kamerasystems für eine Planetensonde stehen die Wissenschaftler jedesmal vor der Frage, ob sie nur hochauflösende Bilder oder ob sie auch Aufnahmen mittlerer Qualität erhalten wollen. Bei den bisherigen Planeten-Missionen hat sich eine Kombination der beiden Alternativen am besten bewährt, zwei TV-Systeme mit verschiedenen Brennweiten wurden auf den Raumsonden installiert, die gleichzeitig arbeiteten oder auch abwechselnd. Zwei TV-Kameras erhöhen nicht nur die Zuverlässigkeit des Aufnahmesystems einer Planetensonde um 100 %, sie liefern auch – wenn beide Einheiten funktionieren – interessantes bildmäßiges Vergleichsmaterial von der großflächigen Beschaffenheit und von der Feinstruktur einer Planetenoberfläche.
Eine große Rolle spielt bei solchen Bildaufnahme-Systemen neben dem Auflösungsvermögen der sog. Kontrastübertragungs-Faktor, beide Parameter bedingen sich gegenseitig und hängen voneinander ab. Unter Kontrast versteht man dem Lehrbuch nach den Unterschied in der Helligkeit von eng benachbarten Zonen eines bestimmten Motivs. Die bildmäßige Wiedergabe des Kontrastes durch das Aufnahmesystem hängt von der Helligkeit und von der Struktur dieses Motivs ab und auch von seiner Reflektionsfähigkeit sowie von der Intensität, Art und Richtung der jeweiligen Beleuchtung. Durch große Detailfülle des Motivs leidet die Kontrastwiedergabe, wie aus der Definition der Kontrastübertragungs-Funktion hervorgeht.

Der Krater Kopernikus ist eine der auffälligsten Formationen dieser Art auf unserem Erd-Mond, er entstand durch den Einschlag eines großen Meteoriten, wie alle anderern Krater auf diesem und noch vielen anderen Monden und Planeten im Sonnensystem. Kopernikus hat 90 km Durchmesser. Das Auflösungsvermögen dieses mit einem 3-m-Spiegel von der Erde aus gemachten Bildes beträgt ca. 2 km. Damit ist diese Aufnahme etwa vergleichbar mit den Bildern, die die Sonden Mariner 6 und 7 vom Planeten Mars gemacht haben.

Lunar-Orbiter im Vergleich

Hätte man eine der fünf Sonden vom Typ Lunar-Orbiter, die uns 1966/67 die fantastisch scharfen Bilder fast der gesamten Mondoberfläche lieferten, mit ihrem äußerst leistungsfähigen Kamerasystem (mit zwei Brennweiten) in eine Mars-Umlaufbahn mit den Parametern von Mariner 9 gebracht, so hätte sich ein interessanter Vergleich zwischen den beiden Bildgewinnungs-Apparaturen ergeben – von der für die Übertragung einer Aufnahme notwendigen Zeit einmal abgesehen. Aus 1600 km Höhe hätte das Teleobjektiv der Lunar-Orbiter-Sonden eine Auflösung von ca. 40 Meter und das Weitwinkel-Objektiv ein Auflösungsvermögen von etwa 400 Meter erreicht, das ist annäherungsweise eine halbe Größenordnung besser als die von den TV-Kameras an Bord von Mariner 9 erzielte tatsächliche Schärfeleistung von etwa 100 und 1000 Meter für das Tele- und Weitwinkel-Objektiv. Der Grund dafür ist hauptsächlich in dem wesentlich feinmaschigeren Abtastungsnetz des elektronischen Bildübertragungs-Systems der Lunar-Orbiter-Sonden zu finden. Das Auflösungsvermögen der LO-Kameras betrug bei einem Kontrast von 3 : 1 etwa 100 Linien pro Millimeter, diese Daten sind allenfalls mit der Leistungsfähigkeit der TV-Kameras an Bord der Viking-Orbiter zu vergleichen.
Neben dem Übertragungsweg spielt natürlich auch das Aufnahmesystem eine große Rolle, das Objektiv und das lichtempfindliche Medium, z. B. der fotografische Film oder eine elektronisch arbeitende Vidicon-Röhre. Bei einer Aufnahme werden die ansonsten völlig gerade verlaufenden Lichtstrahlen in einzelne Lichtbündel unterteilt und verschieden stark gebrochen. Außerdem hat jedes Abbildungssystem die Eigenschaft, die reproduzierte Ansicht gegenüber dem eigentlichen Motiv mehr oder weniger unscharf wiederzugeben. Beide Fehlerquellen kumulieren dann mit den Störquellen, die auf dem langen Weg der Bildübertragung auftreten.

Das Innere des Mondkraters Kopernikus zeigt diese von Lunar-Orbiter 5 aus 78 km Höhe gemachte Weitwinkel-Aufnahme, die ein Gebiet von ca. 70 × 86,5 km erfaßt; das Auflösungsvermögen beträgt hier im Druck etwa 40 m. Der Pfeil kennzeichnet die Stelle, wo ursprünglich einmal die bemannte Mission Apollo 20 hätte landen sollen – wenn sie nicht gestrichen worden wäre. Die Aufnahme entspricht in der Qualität etwa der, die die Kameras der Viking-Orbiter im günstigsten Fall bei der Kartierung der Mars-Oberfläche erreichten.

Ebenfalls sehr interessant ist ein Vergleich zwischen den von Mars-Sonden gemachten Bildern und den besten von der Erde aus mit Teleskopen gemachten Fotos und Karten des Planeten. Bei welcher Entfernung erzielten die Kameras der verschiedenen Mars-Sonden dieselbe Bildqualität, wie sie von der Erde aus mit etwa 50–100 km Auflösung bei einem Kontrast von 2 : 1 erreicht wird? Eine auf die TV-Kameras von MM 6/7 bezogene Berechnung gibt diese Distanz der Sonde zum Planeten mit etwa 1,3 Mio. Kilometern an, die die beiden Sonden – und auch Mariner 9 bzw. die Viking-Sonden – zwei Tage vor dem »encounter« erreichten. Die tatsächlich erhaltenen Bilder von MM 6/7 stimmten dann auch mit der Berechnung überein. Ähnliche Kalkulationen ergaben für die Kameras der genannten Sonden bei den Planeten Merkur und Jupiter Entfernungen von 2,2 Mio. und 12 Mio. Kilometern (17 Tage vor der Ankunft), um das von der Erde aus mögliche beste Auflösungsvermögen auch bei diesen Planeten darzustellen.

Bits und Pixels

Wenn eine Fotografie bei wachsender Vergrößerung unter dem Mikroskop betrachtet wird, schmilzt die Bildfläche mit verschiedenen Helligkeitswerten schließlich zu einem Punkt mit nur einem Grauwert zusammen, einem sog. Pixel (picture element). So kann eine Fotografie schließlich als Ansammlung von zehn- und hunderttausenden solcher Bildelemente angesehen werden – bei der Betrachtung eines schwarzweißen Fernsehbildes mit seinen aus zahlreichen

Punkten zusammengesetzten Linien wird das sehr schön sichtbar.
Wegen seiner Winzigkeit kann ein solches Pixel aber nicht immer ganz deutlich in seiner Intensität identifiziert und selektiert werden. Je leistungsfähiger das Aufnahmesystem und je feinkörniger das Bildmedium, desto mehr Pixel lassen sich auf einer vorgegebenen Bildfläche unterscheiden. Die herkömmliche Fotografie ist immer noch das leistungsfähigste Bildaufzeichnungs-System, ähnlich hohe Werte der Pixel-Auflösung lassen sich bei der Fernsehtechnik nur mit sehr großem elektronischem Aufwand erzielen.
Nun sollte der Begriff »Bit« in die Diskussion eingeführt werden. Das »binary digit« ist in der Sprache der modernen elektronischen Kommunikation die Einheit der Informationsmenge, die in einem entsprechenden System enthalten ist oder transportiert wird. Ein Bit ist – exakt formuliert – diejenige Information, die in einer Ja-Nein-Entscheidung enthalten ist. Im Falle der Nachrichtentechnik wird diese einfachste aller Informationen im Dualsystem kodiert, damit sie funktechnisch transportiert, übertragen werden kann. Praktisch wird das dann durch Stromstöße und dazwischenliegende Pausen realisiert.
Die in einer bestimmten Zeiteinheit übertragbaren Bits, also die von einem System zeitlich maximal zu bewältigende Nachrichten-Menge definiert die Kapazität dieses Kommunikationskanals. Diese Begrenzung ist gegeben durch das sog. Rauschen, eine durch die Wärmebewegung der Elektronen erzeugte Störung, die bei allen elektrischen Bauteilen in Form kleiner unkontrollierbarer Spannungen auftritt. Vor allem bei Verstärkern, die ja in der Funkverbindung über große Distanzen eine wesentliche Rolle spielen, tritt das Rauschen sehr stark in Erscheinung. Signale, die gleich stark oder nur wenig stärker sind als die kleinen unwillkürlichen Rausch-Spannungen, lassen sich nicht mehr wahrnehmen oder weiterverstärken. Dabei würden ja auch die schon vorhandenen starken Rauscheffekte vervielfältigt. Das Rauschverhältnis elektronischer Bauteile und Nachrichtenkanäle ist einer der wichtigsten Parameter bei der Funkverbindung mit Planetensonden.
Das Dualsystem ist eine Zahlenordnung, die sich von dem bei uns im Alltag gebräuchlichen Zehnersystem (Dezimal-) dadurch unterscheidet, daß alle Zahlen als Summe von Potenzen der Grundzahl 2 dargestellt werden. Man benötigt dazu nur die beiden Ziffern 1 und 0. Je nachdem, an welcher Stelle die 1 steht, nimmt sie verschiedene Bedeutungen an, sog. Stellenwerte. Befindet sich die 1 ganz vorn, verkörpert sie den Wert 1, an zweiter Stelle hat sie den Wert $2^1 = 2$, an dritter Stelle den Wert $2^2 = 4$, usw. Die Ziffer 0 hat dabei die Aufgabe, die 1 an die notwendige Stelle in der gesamten Ziffernfolge zu rücken. Hier einige Beispiele für Dualzahlen die von 1–11:

1 = 1; 2 = 10; 3 = 11; 4 = 100; 5 = 101; 6 = 110;
7 = 111; 8 = 1000; 9 = 1001; 10 = 1010; 11 = 1011;

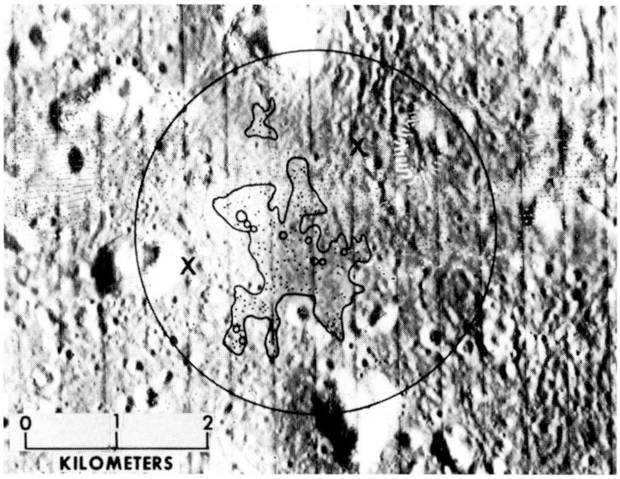

Etwa 5 m beträgt das Auflösungsvermögen dieser Aufnahme von der projektierten Landestelle im Mond-Krater Kopernikus; das Bild wurde vom Teleobjektiv der letzten Lunar-Orbiter-Sonde aus 78 km Höhe gemacht. Diese Schärfe wurde bisher bei Planetenmissionen nur einmal erreicht, als die Viking-Orbiter die beiden Mars-Monde Phobos und Deimos anvisierten, als sie ihnen bis auf wenige Dutzend Kilometer nahekamen.

Die Dualzahlen sind zwar relativ lang, dafür lassen sie sich funktechnisch sehr einfach mit nur wenigen Impulsen und den dazugehörigen Pausen (1 und 0) übermitteln. Ein Bit dient also als Bezeichnung für die Nummer des Pixels und für den jeweiligen Grauwert.
Den langen Weg von der Planetensonde bis zu den Antennen der NASA-Bodenstationen hier auf der Erde legen die Bilder als lange Reihe von geheimnisvollen Computer-Worten zurück, die aus jeweils sechs bit-Worten bestanden mit recht seltsamen Aussehen, wie z. B. »000000« oder »000001« oder »101010« oder auch »111111«. Das Rundum-Panorama einer Faksimile-Kamera von der umgebenden Mars-Landschaft bestand aus 1,5 Mio. solcher Digital-Wörter.
Der für die Übertragung der Planeten-Bilder zur Erde benutzte Informations-Code ist eine der ältesten und einfachsten Computer-Sprachen, der sog. Binär-Code. Bei diesem aus nur zwei Werten bestehenden Zahlensystem gibt es nur die zwei Symbole 1 und 0, und das ist genau die Sprache, die einfache elektronische Systeme mit Sicherheit verstehen und weitergeben können. Entweder es fließt Strom oder es fließt keiner, plus oder minus, ja oder nein. Diese recht simple Information läßt sich auch über hunderte von Millionen Kilometern relativ sicher transportieren, ohne daß sich unterwegs allzuviele Fehler einschleichen. Und auf diese Sicherheit kommt es den Raumfahrt-Technikern bei der Übermittlung von Informationen von fernen Planetensonden hauptsächlich an.

Aus der »Vogelperspektive« machte die Mondsonde Lunar Orbiter 2 diese Aufnahme des Kraters Kopernikus, der 90 km Durchmesser hat und ca. 2 km tief ist. Das Bild wurde aus 45 km Höhe direkt von Süden nach Norden gemacht, die Entfernung der Mondsonde zum Zentrum des Ringgebirges betrug 240 km. Der Doppelkrater Fauth im Vordergrund ist 53 km vom äußeren Rand des Kopernikus entfernt. Diese Aufnahme ist in der Perspektive vielleicht vergleichbar mit dem TV-Bild, das der Viking-Orbiter 1 vom Mars-Vulkan Olympus Mons gemacht hat.

Bildübertragungs-Theorie

Fotografien in Zeitungen, Zeitschriften und Büchern lassen sich erst seit verhältnismäßig kurzer Zeit wiedergeben, notwendig dafür war die Entwicklung eines Spezialverfahrens, mit dem die Halbtöne, die Grau-Nuancen einer Fotografie so umgesetzt werden, daß sie wie Lettern gedruckt werden können. Hierfür ist ein kleiner Trick notwendig, der die Fläche eines Fotos in Zehntausende kleiner Punkte verwandelt, die – je nach Intensität des betreffenden Grautons – mit nur einem Teil seiner Frontfläche schwarze Farbe auf das Papier abgibt. Wenn man solche Rasterbilder durch eine starke Lupe betrachtet, so erkennt man Tausende regelmäßig angeordnete kleine dunkle Punkte wechselnder Größe; dunkle Zonen bestehen aus großen Punkten, helle Stellen des Bildes bestehen aus kleinen Bildelementen. Diese Pünktchen können von dem »unbewaffneten« menschlichen Auge bei normalem Leseabstand nicht mehr getrennt werden, und der Betrachter erkennt nur verschiedene Grautöne vom dunklen Schwarz bis hellen Weiß.

Die Grauabstufungen eines Bildelements lassen sich genau limitieren, häufig wählt man 64 einzelne Schattierungen, von denen jede durch eine Nummer genau definiert ist. Schwarz erhält die 0, ganz helles Weiß bekommt die Ziffer 64, und die verschiedenen Grauvarianten werden mit den Nummern 1–63 gekennzeichnet.

Viele Abbildungen in diesem Buch bestehen ursprünglich aus Pixeln in verschiedenen Grauabstufungen, gelegentlich sieht man auch noch das durch die TV-Kamera erzeugte Zeilenmuster, vor allem bei starken Vergrößerungen. Diese Struktur wird aber hier im Druck noch überlagert durch den üblichen Punktraster, mit dem die Grauton-Vorlage in eine zum Druck geeignete Litho-Form gebracht wurde.

Um Bilder von einer Stelle zur anderen transportieren zu können, muß das Original mit einem lichtempfindlichen Instrument abgetastet werden, daß die Intensität des Lichts in den verschiedenen Bildbereichen mißt. Diese Helligkeitswerte werden in einen dem Morse-Alphabet vergleichbaren Binärcode umgesetzt und als elektrisches Signal über Kabel oder Richtfunkstrecke oder Funkwelle zu einem weit entfernten Empfänger gesandt. Dort findet der Aufzeichnungsprozeß noch einmal in der entgegengesetzten Reihenfolge statt, und als Endergebnis erhält man ein Faksimile-Abbild des Originals, das dann weiter verarbeitet werden kann – z. B. als Druckvorlage für eine aktuelle Tageszeitung.

Bei der Übertragung der ersten Jupiter-Nahaufnahmen durch das Fotopolarimeter an Bord der beiden Pioneer-Raumsonden wurde dieses Verfahren erstmals auch in der Astronautik verwandt, 1953 war es in einer Zukunftsstudie für einen Mars-Orbiter erwähnt worden. Aber die ersten tatsächlichen Mars-Sonden der Amerikaner arbeiteten ja bekanntlich mit herkömmlichen TV-Kameras. Nur in einigen speziellen Wettersatelliten, die auf ihrer geostationären Umlaufbahn die Erde mit der Stabilisierungsrotation bildmäßig abtasteten, kam dieses Faksimile-Übertragungsverfahren zur Anwendung, z. B. bei ATS-3 im Jahr 1966.

Diese Eingliederung der Helligkeit von einzelnen Bildpunkten in ein Zahlensystem macht die Übermittlung der kodierten Information zwischen zwei weit entfernten Standorten möglich, wenn sich das Motiv selber nicht zum Betrachter bringen läßt. Dann muß also der Interessent mit Hilfe einer automatischen Registriervorrichtung zum Motiv gehen – wie es bei der planetaren Raumfahrt ja seit vielen Jahren erfolgreich praktiziert wird.

Ganz ähnlich wie diese Umsetzung von Halbtönen in eine Druckvorlage funktioniert auch die Methode, mit der ein Fernsehbild vom Studio oder von einem aktuellen Drehort auf den Bildschirm in unserem Wohnzimmer gelangt. Dabei wird das Motiv von der TV-Kamera in einzelne Bildpunkte unterteilt, die wiederum in zahlreichen horizontalen Zeilen angeordnet sind – bei unseren Schwarzweiß-Empfängern sind es 625 Zeilen. Diese Bildpunkte und Zeilen werden dann mit der Codierung für die Grautöne versehen und schließlich über Kabel und Richtfunkstrecken zu den Antennen auf unseren Hausdächern befördert. In den Heimempfängern wird der Datenstrom dann wieder decodiert, so daß auf dem Bildschirm die verschieden hellen Bildpunkte entlang der 625 Zeilen entstehen.

Nach diesem Prinzip etwa läuft auch die Bildgewinnung bei vielen anderen astronautischen Projekten ab, bei Wettersatelliten, Mondsonden – und natürlich bei den Planetenmissionen. Allerdings ist der Datenstrom bei diesen Anwendungen wesentlich langsamer als bei unseren TV-Systemen auf der Erde, wo man ja vor allem auch bewegliche Bilder transportieren möchte. Wegen des begrenzten Energieaufkommens an Bord einer Raumsonde und wegen der großen Entfernung zwischen Bild-Sender und Empfänger können von Planetensonden immer nur einzelne TV-Bilder zur Erde überspielt werden. Bei den Voyager-Kameras z. B. mit ihrer Bildfolgezeit von 42 Sek. (bei Jupiter) erfolgte die Bildaufzeichnung und Übertragung um etwa den Faktor 1000 langsamer als bei unseren heimischen TV-Systemen, wo ja pro Sek. immerhin 25 einzelne Bilder übermittelt werden. Bei Planetensonden ist eine solche rasche Bildfolge nicht möglich und auch nicht notwendig, denn es müssen ja kaum einmal sehr schnell bewegliche Vorgänge registriert werden.

Bei mittlerem Betrachtungsabstand sind dann weder die Punkte eines Rasterbildes in der Zeitung noch die Zeilen eines Fernsehbildes zu erkennen, so daß der Leser oder Seher nur noch eine homogene Bildfläche mit den verschiedenen Grauschattierungen erkennt, die sich beim Fernsehschirm auch noch dauernd in Bewegung befindet.

Ein gewisses Problem war die naturgetreue Differenzierung der verschiedenen Grau-Nuancen eines Schwarzweiß-Bildes im Fernsehsystem. Anders als bei der Drucktechnik mit ihren kleinen und größeren Rasterpunkten hat man beim elektronischen Übertragungsverfahren auf die von der Fotografie her bekannte Graustufen-Unterteilung zurückgegriffen, bei der man die Helligkeitsvariationen der Natur in eine bestimmte Anzahl genau definierter Grauvariationen umsetzt.

Modulations-Übertragungsfunktion

Nachfolgend soll der in optischen Fachbüchern oft auftauchende Begriff der Modulationsübertragungs-Funktion erläutert werden, der vor allem bei der Definition des Auflösungsvermögens einer optisch arbeitenden Bildgewinnungsapparatur eine große Rolle spielt.

Der Teleausschnitt, der gleichzeitig mit dem nebenstehenden Weitwinkel-Bild gemacht wurde, zeigt in stark geraffter Perspektive das Zentralgebirge von Kopernikus, das 400 m hoch ist. Die Abhänge haben teilweise eine Neigung bis zu 30°, sind also auch für Mondverhältnisse sehr steil. Der im Vordergrund gerade noch erkennbare Doppelkrater Fauth ist 21 km lang und 1,5 km tief. Diese Lunar-Orbiter-Aufnahme wurde wegen ihrer geradezu dramatischen Wirkung zum »Bild des Jahres« 1966 erklärt.

Um das Schärfeverhalten einer fotografischen Schicht oder eines Fernsehrasters unabhängig vom Helligkeitskontrast des Motivs bestimmen zu können, wurde neben dem Begriff Konturenschärfe noch der Terminus Modulationsübertragung eingeführt, dessen grafische Darstellung die Modulationsübertragungs-Funktion (MÜF) ist.

Zur Bestimmung der MÜF wird eine Reihe von Balken- oder Strichrastern mit abnehmender Streifenbreite verwendet, die Frequenz der Streifen in Linien pro Millimeter nimmt allerdings zu.

In unmittelbarer Nähe von scharfen Konturen wird die Helligkeitswiedergabe aneinanderstoßender Flächen durch verschiedene Einflüsse verfälscht, z. B. durch Abbildungsfehler des Objektivs. Bei großem Detailreichtum des Bildes wird der Kontrast geringer, und die MÜF erläutert den Zusammenhang zwischen der Grö-

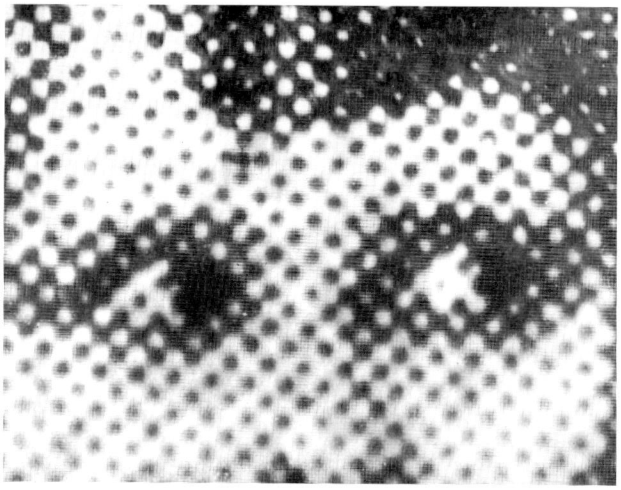

So sieht die starke Vergrößerung eines gedruckten Porträtfotos aus, die Grautöne der Vorlage wurden durch den Vorgang des Klischierens in unzählige kleine Bildpunkte aufgelöst, deren Schwarzanteil sich nach der Helligkeit der Vorlage richtet. Ähnlich kann man sich die Aufschlüsselung eines Bildes auf der Vidicon-Bildröhre einer Raumsonden-Kamera vorstellen, die einzelnen Grautöne erhalten nach Maßgabe einer Schablone verschiedene Ziffern (64, 128 oder auch 256), die dann auf digitalem Weg zur Erde übermittelt werden können.

ße kleinster Einzelheiten und der Kontrastwiedergabe. Der oft zur Qualitätsdefinition einer optischen Bilderzeugungsapparatur verwendete Begriff des Auflösungsvermögens ist bei speziellen Anwendungen wenig geeignet, weil er den wichtigen Motivkontrast nicht berücksichtigt, den das Auge zur Differenzierung feiner Einzelheiten in einem Motivkomplex braucht.
Herrscht nur ein geringer Kontrast zwischen hellen und dunklen Stellen einer Planetenoberfläche, dann können bei weitem nicht so viele Einzelheiten erkannt werden als bei einer mehr von Helligkeitsvariationen geprägten Landschaft, wo man auch schon einmal an das theoretische bestmögliche Auflösungsvermögen herankommt. Erst ein Helligkeitsunterschied zwischen zwei eng beieinander liegenden Details macht diese Elemente auch sichtbar. Dieser Kontrast wird als Modulationsübertragungs-Faktor bezeichnet, als Funktion des Bildwinkels gemessen und aufgetragen in Form der sog. MÜF-Kurve.
Legt man den Kontrast eines standardisierten Testmusters zu 100 % fest und wird der Bildkontrast eines bestimmten Motivs zu 70 % gemessen, so ergibt sich ein Kontrastübertragungs-Faktor von 70 %. Je feiner die Bildstruktur und je größer die Ortsfrequenz des Rasters ist, um so schwächer wird der Kontrast, da die Überlagerungen der benachbarten Elemente zunehmen. Die resultierende MÜF-Kurve verläuft dann bei niedrigeren Werten.
Zu berücksichtigen sind noch die Kontrastverluste bei zunehmendem Abstand vom Zentrum eines Bildes, die durch Abbildungsfehler in den verwendeten Objektiven verursacht werden. Zum Bildfeld-Rand hin fallen die MÜF-Kurven grundsätzlich um einen gewissen Betrag ab. Je stärker aber der Kontrast eines bestimmten Motivs ist, um so weniger wird dieser Qualitätsverlust bemerkt.
Nun reicht aber für die Übermittlung eines Bildpunktes nicht nur ein Bit aus. Vielmehr muß ja auch die in einem weiten Bereich schwankende Helligkeit des Motivs bzw. des Pixels naturgetreu codiert und zur Erde abgestrahlt werden. Die einzelnen Grautöne der TV-Bilder werden auch wieder digital codiert, wobei man auch sehr viele einzelne Nuancierungen mit nur wenigen Bits erfassen und transportieren kann.
Während ein fotografisches Negativ bis zu 100 verschiedene Grautöne wiedergeben kann, haben die TV-Systeme der amerikanischen Planetensoden eine viel differenziertere Grauton-Skala, womit auch feinste Nuancen im Kontrast und in der Helligkeit einer Planeten-Landschaft erfaßt werden können.
Die binäre Codierung der Bilder insgesamt und der einzelnen Grautöne eines Pixels erfordert nur wenige Bits zur genauen Kennzeichnung, welche Helligkeit ein bestimmter Bildpunkt hat. Das TV-System der ersten Mars-Sonde Mariner 4 arbeitete z. B. mit 64 Graustufen, die pro Bildelement mit sechs Bits codiert und zur Erde übertragen wurden ($2 \times 2 \times 2 \times 2 \times 2 \times 2 = 64$). Bei Mariner 9 kam eine besondere feine Grauton-Abstufung mit 512 verschiedenen Nuancen zum Einsatz. Jeder Bildpunkt wurde also mit neun Bits übertragen ($2 \times 2 \times 2 \times 2 \times 2 \times 2 \times 2 \times 2 \times 2 = 512$).

Die Navigation von Raumsonden

Eine wesentliche Voraussetzung für die Erfolge der amerikanischen Raumsonden-Missionen in den Weiten des Planetensystems ist die laufende Verbesserung der Navigationsmethoden, die aus einer raffinierten Kombination von funktechnischen Meßverfahren, geometrischen Berechnungen und genauester Zeitmessung bestehen. So ist es inzwischen auch gelungen, die über 1,5 Milliarden Kilometer von der Erde entfernt stattfindenden Saturn-Vorbeiflüge von drei Raumsonden mit einer räumlichen Genauigkeit von nur wenigen Dutzend Kilometern zu steuern.
Die Bahnverfolgung und Vorausberechnung der genauen Position eines Himmelskörpers ist eine der wichtigsten mathematischen und meßtechnischen Aufgaben im Raumfahrt-Zeitalter. C. F. Gauss (1777–1855) entwickelte ein Verfahren, wie aus nur drei Positionsbeobachtungen (und unter Berücksichtigung der Erdbewegung) die tatsächliche Umlaufbahn eines Planetoiden berechnet werden kann – ähnlich, wie man aus drei gegebenen Strecken oder Winkeln die Form eines Dreiecks bestimmen kann. Bei Satelliten und Raumsonden erfolgen die Bahnbeobachtungen nicht mehr optisch, sondern mit ausgeklügelten Funkmeß-Verfahren, Computer berechnen die vollständigen Bahnen in Minuten. Die Lichtgeschwindigkeit, die Erdbewegung, der Doppler-Effekt und eine äußerst genaue Zeitmes-

sung sind die Grundlagen. Die Distanz einer Planetensonde z. B. läßt sich aus der Zeitdifferenz zwischen der Aussendung eines Signals von dem Roboter und dem Empfang auf der Erde bestimmen. Die Geschwindigkeit der Sonde in Blickrichtung ergibt sich aus der Frequenzverschiebung (nach Doppler); sie ist auf Bruchteile von Millimetern pro Sekunde genau meßbar – auch bei Planetensonden in einigen Milliarden Kilometern Entfernung. Auch die Position eines Instrumententrägers an der Himmelssphäre ist exakt feststellbar, als Meßhilfe verwenden die Techniker die 24stündige Erdrotation, die eine regelmäßige Schwankung der Relativgeschwindigkeit zwischen Sonde und Erde und damit auch eine periodische Frequenz-Verschiebung der empfangenen Radiosignale bewirkt. Einmal vermindert die Erdrotation von 463 m/s (am Äquator) die Geschwindigkeit, mit der sich die Sonde von uns entfernt, zwölf Stunden später wird sie um diesen Betrag vergrößert, von allen Zwischenstadien einmal abgesehen. Befindet sich die Planetensonde genau in der Äquator-Ebene (selten genug), dann wirkt sich dieser Effekt maximal aus. Er wird immer geringer, je weiter die Empfangsantenne vom Äquator entfernt ist, dieser Deklinationswinkel muß sehr genau bekannt sein. Stünde eine Sonde genau über einem der Erdpole (was praktisch nicht vorkommt), so gäbe es die geringfügige Überlagerung des Doppler-Effekts durch die Erdbewegung gar nicht mehr. Da die Position der Antenne und damit das Ausmaß der Erddrehungs-Beeinflussung der Funksignale bekannt ist, kann man aus der tatsächlichen festgestellten Phasenverschiebung Rückschlüsse darauf ziehen, wie weit die Sonde vom Himmels-Äquator (dem auf die Sphäre projizierten Erd-Äquator) entfernt ist. Diese Messungen sind heute bis auf sechs Dezimalen hinter dem Komma möglich, und die Auswertung dauert im Computer nur Sekunden, so daß man praktisch jederzeit sagen kann, wo eine Planetensonde sich im Moment genau befindet und mit welcher Geschwindigkeit sie sich in welche Richtung bewegt.

Erste Voraussetzung für diese bewundernswerte Präzision ist die genaue Kenntnis der Positionen von allen dabei mitwirkenden Funkmeßstationen hier auf der Erde. Die Lage der auf verschiedenen Kontinenten befindlichen Antennenanlagen muß bis auf einen Meter bekannt sein. Erst dann läßt sich sagen, von wo genau eine Raumsonde zu einer bestimmten Zeit angepeilt oder „abgehorcht" wird.

Um eine weit entfernte Planetensonde steuern zu können, muß jederzeit ihr – auf die Erde bezogener – genauer Ort im dreidimensionalen Raum bekannt sein. Zur Feststellung dieser Position wird oft nur ein einziger Meßwert herangezogen: die Dopplerverschiebung eines Funksignals, das zur Sonde hinaus und von dieser wieder zurückgesandt wird.

Keine der drei Größen, die ein Astronom in der Regel zur Lokalisierung eines bestimmten Objekts im Weltraum braucht – Rektaszension, Deklination und Entfernung –, braucht bei der Positionsbestimmung einer Raumsonde direkt gemessen zu werden, alle drei Größen werden abgeleitet. Es ist erstaunlich, daß die tägliche Drehung der Erde um ihre Achse zur Bestimmung von Rektaszension und Deklination einer Raumsonde ausreicht. Wenn die Kapsel über dem für die jeweilige Bodenstation geltenden Horizont aufgeht, wird der Beobachter auf der rotierenden Erde quasi zur Raumsonde etwas hingetragen. Wenn die Sonde sich dann langsam dem Punkt am Firmament nähert, wo sie wieder unter dem Horizont verschwinden wird, entfernt sich der Beobachter um einen bestimmten Betrag von ihr. Die Erddrehung verleiht der Frequenz des von der Raumsonde kommenden Funksignals infolge des Doppler-Effekts eine charakteristische Sinuswelle mit einer Periode von 24 Stunden, die sog. Tages-Signatur. Aus ihr kann man die Durchgangszeit der Raumsonde durch einen gegebenen Meridian ableiten und somit der Rektaszension mit etwa zwei Millisekunden Genauigkeit bestimmen. Diese Technik nennt man Kurzbogen-Methode.

Etwaige Fehler in der Rektaszension und Deklination der Raumsonde haben erhebliche Fehler am Zielpunkt zur Folge, die proportional zur Entfernung der Sonde

Über 60 Meter Durchmesser haben die Reflektorschüsseln der drei großen Radioantennen des »Deep Space Network«, mit denen die NASA ihre Planetensonden funktechnisch verfolgt. Die hier gezeigte Goldstone-Antenne befindet sich ganz in der Nähe des »Jet Propulsion Laboratory« in Pasadena bei Los Angeles (Kalifornien). Dieses Instrument hat mit 400 kW die höchste Sendeenergie und wird zur Übermittlung von Funkbefehlen an die Raumsonden benutzt. Die gesamte Anlage wird zum größten Teil automatisch gesteuert.

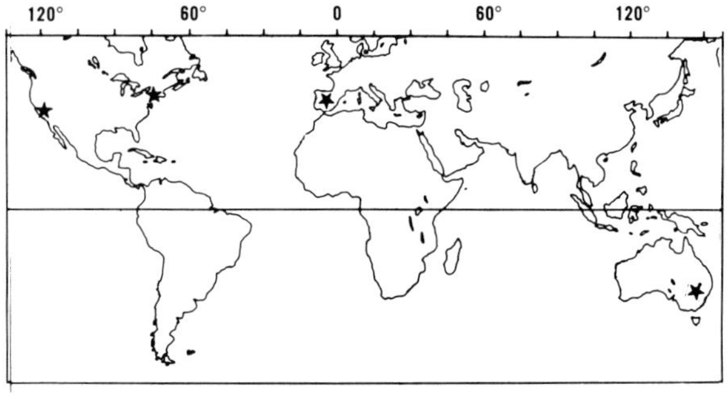

Die drei für die Verfolgung von Planetensonden hauptsächlich eingesetzten Funkstationen des »Deep Space Network« mit ihren 64-m-Antennen liegen auf drei Kontinenten: in Kalifornien (Nordamerika), in Spanien (Europa) und bei Canberra (Australien). Mit dieser globalen Verteilung der »Himmelsohren« ist es möglich, die Signale der Sonden bei einem »encounter« rund um die Uhr aufzuzeichnen, so daß keine Informationen verloren gehen – es sei denn, eine Station wird bestreikt oder sie fällt wegen zu starken Sturms oder Regens zeitweise aus.

von der Erde anwachsen. Ein Meßfehler von nur fünf Millisekunden beim Anpeilen der Sonde hätte beispielsweise in der Rektaszension von Mariner 9 bei der Ankunft am Mars einen Fehler von 36 km verursacht. Diese Strecke hätte z. B. eine große Rolle bei dem kritischen Bremsmanöver gespielt, mit dem die Sonde in eine Satellitenbahn um den Planeten gelenkt wurde. Bei Jupiter übrigens macht der Bogenfehler von fünf Millisekunden schon fast 200 km aus.
Wenn man eine größere Zahl von Ortungsdaten hat, liefert die Änderung in der Beschleunigung eine andere wichtige Information über die Bewegung der Raumsonde. Da die Position der Erde im Sonnensystem mit großer Genauigkeit bekannt ist, kann die Beschleunigung der Sonde bezüglich der Sonne präzise berechnet werden. Nur die Richtung und das Ausmaß der Beschleunigung durch die Rakete relativ zu unserem Zentralgestirn bestimmen die Bahn des Meßroboters.Wird eine zum Mars fliegende Sonde etwa 40 Tage lang verfolgt, kann man ihre Bahn aus der Beschleunigung relativ zur Sonne direkt ableiten. Das ist die sog. Langbogen-Methode, bei der ein Winkelfehler in der Beobachtung bei weitem nicht so gravierend ist.
Aus zwei Gründen verlassen sich die Funktechniker der NASA aber nicht ausschließlich auf die Langbogen-Methode: Sie ist sehr unzulänglich, wenn kleine, unbekannte Gravitationskräfte auf eine Raumsonde einwirken. Man muß sich vergegenwärtigen, daß die Beschleunigung einer Raumsonde relativ zur Sonne bei einem Transfer-Flug von der Erde zum Mars nur zwischen 6 und 2,6 mm/s^2 variiert. Der zweite Grunde für die Mängel der Langbogen-Methode sind die gelegentlichen Kurskorrektur-Manöver, bei denen die Beobachtungsreihe natürlich unterbrochen ist. Auch unvorhergesehene Beschleunigungen und Verzögerungen in der Geschwindigkeit können die Langbogen-Methode ungenau machen, z. B. plötzliche Meteoritentreffer oder auch die Explosion einer Batterie oder unkontrollierte Ausgasungen.

Neue Navigations-Methoden

Während der Merkur-Vorbeiflüge von M 10 wurde eine neue Navigationstechnik erprobt, die später bei Missionen ins äußere Planetensystem erfolgreich angewandt wurde. Die wichtigste Methode zur Verfolgung der Flugbahn einer Planetensonde besteht in der genauen Analyse der von einer solchen Sonde kommenden Funksignale. Aus der präzisen Vermessung der Richtung, Laufzeit und Doppler-Verschiebung der ankommenden Funkimpulse lassen sich die Position, die Entfernung und die Geschwindigkeit des Instrumententrägers bestimmen.
Bei M 10 wurde nun erstmals auch die Methode der optischen Navigation ausprobiert, bei der mit den TV-Kameras zu bestimmten Zeiten verschiedene Planeten und Fixsterne angepeilt werden. Aus der Stellung der Kamera während der Aufnahmen und der Position der Gestirne auf den übermittelten Bildern lassen sich unter Berücksichtigung der jeweiligen Zeit die genaue Position der Raumsonde und – bei mehrmaliger Peilung – auch die Flugrichtung und Geschwindigkeit feststellen.
Die Versuche mit der optischen Peilung bei M 10 verliefen erfolgreich und bildeten die Grundlage z. B. für die spätere Navigation der beiden Voyager-Sonden im Jupiter- und Saturn-System, deren genaue Verhältnisse bis dahin ja nicht mit letzter Genauigkeit bekannt waren.

»Deep Space Network« (DSN)

Eine lebenswichtige Komponente der verschiedenen Planetenforschungs-Missionen der NASA ist das »Tiefraum-Netzwerk«, mit dem die Sonden bei ihrer Reise durch den Weltraum funktechnisch betreut werden. Da die automatischen Meßroboter sich sehr weit von der Erde entfernen und naturgemäß wegen der begrenzten Energiekapazitäten keine sehr starken Sender an Bord haben können, müssen hier auf der Erde die entsprechend starken Antennenanlagen für die Aussendung von Funkbefehlen an die Sonden und

Die bei Planetenflügen üblichen funktechnischen Frequenzen für die Datenübertragung zwischen Erde und Sonde

Alte Bezeichnung		Neue Bezeichnung	
Band	Frequenzbereich	Band	Frequenzbereich
VHF	0,1 – 0,3 GHz	A	0,1 – 0,25 GHz
UHF	0,3 – 1,0 GHz	B	0,25 – 0,5 GHz
L	1,0 – 1,75 GHz	C	0,5 – 1,0 GHz
S	1,75 – 4,0 GHz	D	1,0 – 1,75 GHz
X	9 – 13 GHz	F	3 – 4 GHz

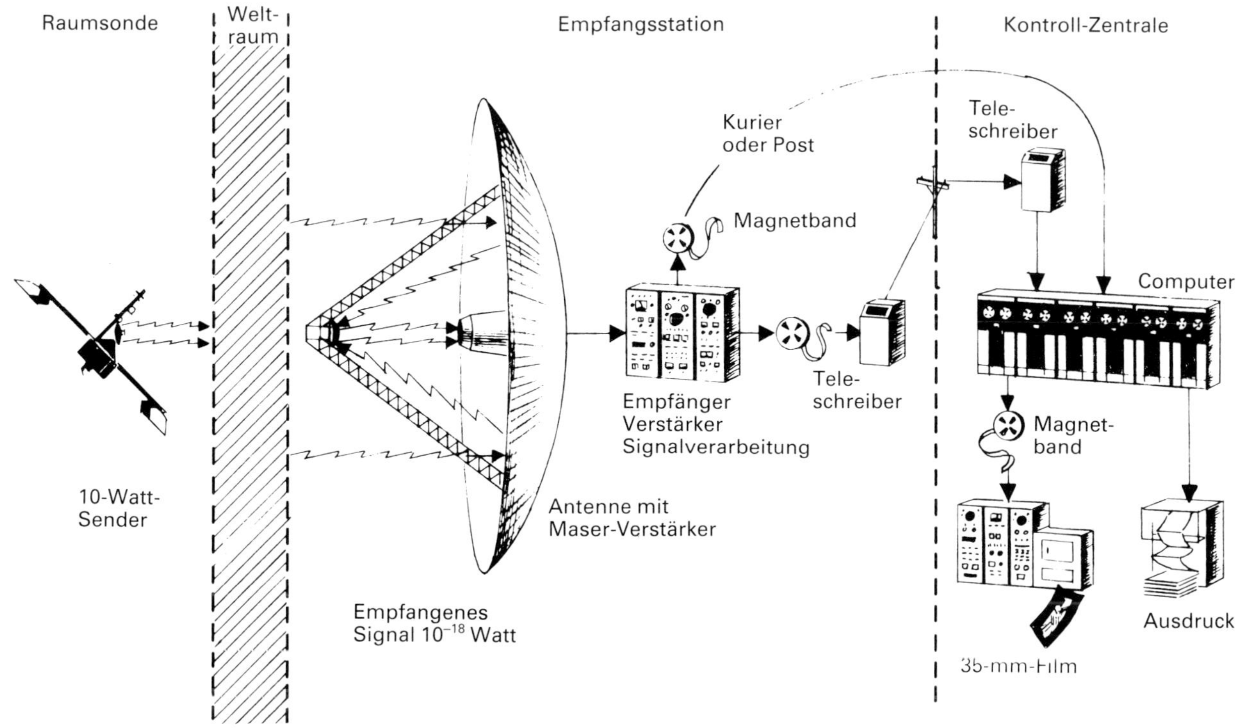

Die von einer weit entfernten Planetensonde mit 10 W abgestrahlten Funksignale kommen sehr schwach in den großen Antennen des »Deep Space Network« auf der Erde an, so daß sie erheblich verstärkt werden müssen, um auswertbare Daten zu erhalten, die auf Magnetband überspielt werden können. Diese Original-Aufzeichnungen werden so schnell wie möglich zum Raumfahrt-Zentrum in Pasadena gebracht, wo sie für die exakten wissenschaftlichen Auswertungen genutzt werden. Für die provisorische Beurteilung der Meßwerte und Bilddaten reichen zunächst die Informationen aus, die über Fernschreiber sofort nach Pasadena gelangen. Beide Datenarten werden in großen Computer-Batterien entschlüsselt, getrennt und dann zu lesbaren Darstellungen aufbereitet, die Bildinformationen also z. B. mit Hilfe eines Laserschreibers auf fotografischen Film aufbelichtet.

für den Empfang der äußerst schwachen Signale (10^{-18} W) installiert werden.
Das »Deep Space Network« wurde 1958 gegründet, um eine kontinuierliche funktechnische Verfolgung des ersten amerikanischen Erdsatelliten Explorer 1 rund um die Erde zu gewährleisten. Ende der 70er Jahre hatte sich das DSN zu einem äußerst leistungsfähigen Kommunikationsapparat mit modernsten Empfangs- und Sendeanlage weiterentwickelt, dessen Wahrzeichen die über den ganzen Erdball verteilten riesigen Parabolantennen sind. Das »Deep Space Network« wird für die NASA vom »Jet Propulsion Laboratory« in Pasadena bei Los Angeles betrieben. Dort laufen die Nachrichtenstränge von den drei für die Beobachtung von Planetensonden besonders wichtigen Stationen in Kalifornien, Spanien und Australien zusammen. Auf der Erde werden die wichtigen Funksignale teilweise wieder über Nachrichtensatelliten weitergeleitet, aber auch via Kabel und Richtfunkstrecke. Die drei für die Beobachtung der Planetensonden besonders wichtigen DSN-Stationen liegen in der Mohave-Wüste bei Goldstone in Kalifornien (ganz in der Nähe der Operationszentrale), in der Nähe von Madrid in Spanien sowie in der Umgebung Canberras in Australien.
Jede dieser Stationen wurde mit zwei 26-m- und einer 64-m-Antenne ausgestattet, letztere hat eine Empfangsfläche von der Größe eines Fußballplatzes. Zu diesen »Wahrzeichen« jeder DSN-Station gehört natürlich noch ein umfangreiches Zubehör-Lager von speziellen Empfängern und Sendeapparaturen sowie ausgeklügelten Datenverarbeitungs-Anlagen. Wenn besonders weit entfernte und/oder sehr schwache sendende Raumsonden »abgehorcht« werden sollen, dann können auch die große 64-m- und eine der kleineren 26-m-Antennen zusammengeschaltet werden, dadurch läßt sich die Reichweite der Anlage erheblich erweitern. Die Antennen in Spanien und Australien können mit maximal 100 kW senden, während die große »Schüssel« in Goldstone sogar mit 400 kW arbeiten kann, diese Station sendet normalerweise die Kommandos an die Raumsonden. Die Empfangsapparaturen sind aber bei allen drei Stationen von der allerhöchsten Sensibilität und Qualität.
Die Verteilung der drei Hauptstationen des »Deep Space Network« über drei Kontinente rund um den Erdball ist notwendig, um die kontinuierliche Beobachtung der Planetensonden während des ganzen Tages zu gewährleisten, obwohl die Erde sich ja rasch dreht und ein bestimmter Punkt am Firmament von

einem festliegenden Standort auf der Erde für maximal zwölf Stunden zu beobachten ist, mit Qualitätsabstrichen zu Beginn und am Ende der Sichtperiode, wenn das Ziel am Himmel sich zu sehr in der Nähe des Horizonts befindet. Deshalb hat jede DSN-Station eine Sonde jeweils nur für etwa acht Stunden im Visier mit ausreichenden Überlappungszonen, um den reibungslosen Übergang von der einen zur anderen Anlage zu gewährleisten.
Die umfangreichen Rechenanlagen in jeder Beobachtungsstation dienen vor allem der genauen Ausrichtung der großen Antennen auf die unsichtbaren und meist auch nur sehr schwach hörbaren Raumsonden in verschiedenen Gegenden des Himmels. Für jeden Tag, für jeden Beobachtungszyklus, muß die genaue Position einer Raumsonde am Firmament berechnet werden, damit die Antennen ihr Ziel auch genau anpeilen können. Während des Datenempfangs kommt dann noch die laufende Nachführung der Antenne hinzu, um die rasche Umdrehung der Erde um ihre Achse auszugleichen. Die Astronomen mit ihren im optischen Bereich arbeitenden Teleskopen müssen ja bei der Beobachtung in der Nacht ganz ähnliche Probleme lösen. Die Radioantennen können aber im Gegensatz zu jeder Tageszeit arbeiten, die Funkstrahlen sind immer zu empfangen, wenn nur die Raumsonde sich im Sichtbereich befindet.
Seit Mitte der 60er Jahre liegt die Standardfrequenz des DSN für den Datenempfang bei 2295 MHz. Mit den Voyager-Sonden ist seit 1977 ein neuer Frequenzbereich hinzugekommen, denn diese übermitteln ihre Informationen auch im X-Band bei 8418 MHz. Diese Wellenlänge erlaubt die Übermittlung von mehr Informationen in einem bestimmten Zeitabschnitt mit der gleichen Sendestärke, als es im S-Band möglich wäre. Die höhere Frequenz aber macht eine noch genauere Ausrichtung der Empfangsantenne und eine Verbesserung der Oberflächen-Qualität der »Schlüssel« notwendig. Außerdem ist die Aufzeichnung der X-Band-Signale bei Regen, Sturm und zu starker Bewölkung nicht möglich. Nun stehen die drei DSN-Anlagen glücklicherweise in relativ trockenen meteorologisch »ruhigen« Zonen, aber trotzdem werden die Wetterberichte für Kalifornien, Spanien und Australien während eines »encounter« zu äußerst wichtigen Informationen, die vom Team des »Jet Propulsion Laboratory« in Pasadena oft auch schon mit größter Sorge verfolgt wurden.
Der in der Astronautik, bei der Kommunkation und speziell bei den DSN-Stationen gemachte Fortschritt wird in folgendem Vergleich erkennbar: 1965 übermittelte Mariner 4 die ersten Nahaufnahmen vom Mars mit 8,3 bps, Mariner 6 und 7 arbeiteten 1969 schon mit 16 200 bps, und Mariner 10 sandte 1973 die ersten Venus- und Merkur-Nahaufnahmen schon mit 117 200 bps zur Erde. Die Voyager-Sonden arbeiteten mit derselben hohen Datenrate – allerdings aus einer etwa sechsmal größeren Entfernung als Mariner 10.

Tabelle der Kameradaten amerikanischer Planetensonden

	Einh.	Mariner 4	Mariner 6/7		Mariner 9		Mariner 10		Viking-Orbiter	Voyager	
			Tele	WW	Tele	WW	Tele	WW		Tele	WW
Brennweiten	mm	305	508	52	508	50	1500	62	475	1500	200
Öffnung	f	1:8	1:3,75	1:3	1:2,35	1:4	1:8	1:2	1:5,6	1:8,5	1:3,5
Belichtungszeiten	ms	100, 200	6, 12	90, 180	6–24	48–192	3–1200		3–2700	5–15 000	
Filter	nm	540, 600	560	469–573			374–576		350–700	350–570	400–620
Vidicon-Bildgröße	mm	5,5 × 5,5	9,6 × 12,5		9,6 × 12,5		9,6 × 12,5		14,5 × 18,2	11,14 × 11,14	
Zeilen / Bildpunkte		200 × 200	704 × 945		700 × 832		700 × 832		1056 × 1182	800 × 800	
Rasterdichte	L/mm	36	73 × 76		73 × 67		73 × 67		73 × 65	72 × 72	
Pixel je Aufnahme		40 000	665 280		582 400		582 400		1 248 192	640 000	
Graustufen / Bits		64 / 6	256 / 8		512 / 9		256 / 8		128 / 7	256 / 8	
Bits je TV-Bild		240 000	5 322 240		5 241 600		4 659 200		8 737 344	5 120 000	
Bildwinkel	Grad	1,05	1,1 × 1,4	11 × 14	1,1 × 1,4	11 × 14	0,42	11 × 14	1,56 × 1,76	0,42	3,2
Bildgröße aus	km	$27,5^2$	$32,5^2$	325^2	$3,3^2$	$32,8^2$	$10,9^2$	326^2	39,3 × 44,5	11 × 11	84 × 84
Pixelgröße 1500 km	m	137,5	42,5	425	43	430	14,2	427	38,8	13,8	105
Auflösung Höhe	m	350	100	1000	100	1000	36	1070	100	35	260
Speicherkapazität	Bits	5×10^6	$1,33 \times 10^8$		$1,8 \times 10^8$		$1,8 \times 10^8$		$1,3 \times 10^{11}$	$5,4 \times 10^8$	
Aufzeichnungs-Rate	bps	10^4	132 000		132 000		117 000		1 941 632	107 000	
Wiedergabe-Rate	bps	8,3	270–16 200		16 200		16 200		16 200	115 000	
Abtast- / Bildfolgezeit	s	24 / 48	42,25; 84,5		42 / 84		42 / 84		2,25 / 4,5	48 / 48	

Merkur

Schon in alten Zeiten war Merkur als geheimnisvoller Planet bekannt, der in Sonnennähe stets nur kurze Zeit abends oder morgens in geringer Höhe über dem Horizont erscheint – wenn dieser frei von Dunst ist. Anfänglich hielt man dieses Morgen- und Abendgestirn – ebenso wie die Venus – für zwei verschiedene Planeten, und die Griechen nannten das Morgengestirn Apoll und das Abendgestirn Hermes nach ihrem Götterboten. Bei den Römern war bekannt, daß es sich hier nur um einen Planeten handelt; wegen seiner raschen Bewegung am Himmel erhielt er den Namen Merkur – nach dem schnell laufenden Götterboten der Römer.

Umlaufzeit / Sonnenabstand

Merkur hat eine siderische Umlaufzeit von 88 Erdtagen, und wegen der starken Exzentrizität der Bahn von 0,2 schwankt der Abstand des Planeten von der Sonne zwischen 46 und 70 Mio. Kilometer. Dabei variiert die Umlaufgeschwindigkeit zwischen 39 und 70 km/Sek. Der Weg Merkurs unter den Fixsternen kann von der Erde aus schon von einem Tag zum anderen deutlich beobachtet werden. Die verschiedenen Sonnenabstände Merkurs bewirken einen starken Wechsel der an der Oberfläche auftreffenden Solarstrahlung zwischen dem 5–10fachen dessen, was die Erde an Sonnenstrahlung empfängt.
Die Umlaufbahn des Merkurs bringt es mit sich, daß die kleine Planetenscheibe für die irdischen Beobachter relativ oft vor der Sonne vorbeizieht, vor allem in den Monaten Mai und November. Der nächste Merkur-Durchgang vor der Sonne findet am 12. 11. 1986 statt.

Durchmesser / Masse

Merkur ist nach Pluto der kleinste Planet im Sonnensystem. Nach vielen sehr ungenauen Bestimmungen des Durchmessers konnte 1960 während eines Vorübergangs der kleinen Merkurscheibe vor der Sonne mit modernsten Methoden ein Wert von 4840 km ermittelt werden. Mit Radarmessungen wurde diese Zahl einige Jahre später auf den noch genaueren Wert von 4880 km Durchmesser korrigiert.
Obwohl Merkur mit 5,45 g/cm³ eine der Erde sehr ähnliche, relativ hohe spezifische Dichte hat, ist er mit $3{,}15 \times 10^{26}$ g oder 1/6 120 000 der Sonnenmasse doch im Planetensystem ein »Leichtgewicht«. Nur Pluto ist leichter (und auch kleiner). Die hohe Dichte des Merkur ist überraschend, der Theorie nach hätte man bei diesem Planeten ein viel geringeres Gewicht vermutet.

Aus 210 000 km Entfernung machte Mariner 10 die 18 Aufnahmen für dieses Mosaik der Merkur-Halbkugel, das Auflösungsvermögen beträgt ca. 5 km. Erkennbar werden viele kleine und große Krater, die teilweise von hellen Strahlensystemen umgeben werden. In der Mitte links am Terminator sind die östlichen Ausläufer des großen Caloris Basin zu erkennen. Dieser aus mehreren konzentrischen Gebirgsringen bestehende Riesenkrater hat 1300 km Durchmesser und ist vergleichbar mit dem Mare Orientale auf dem Erd-Mond.

Offensichtlich hat auch Merkur – ebenso wie die Erde – einen metallischen Kern. Der Erdmond dagegen hat nur eine spezifische Dichte von 3,3 und demnach

Die von Kratern zerklüftete Merkur-Oberfläche hat große Ähnlichkeit mit der unseres Erd-Mondes. Dieses aus 18 Einzelbildern bestehende Mosaik wurde von Mariner 10 innerhalb von 13 Minuten aus etwa 200 000 km Entfernung aufgenommen. Etwas oberhalb der Bildmitte ist der kleine Krater Kuiper zu erkennen; dieser hellste Punkt der Merkur-Oberfläche wurde nach dem bekannten amerikanischen Planetenforscher benannt. Die größten erkennbaren Krater auf Merkur haben – ähnlich wie bei Erd-Mond – etwa 200 km Durchmesser.

wohl keinen Eisenkern. Andererseits aber haben die Oberflächen von Merkur und Erdmond sehr viel Ähnlichkeit miteinander, wie wir später sehen werden.

Rotationsperiode

Trotz der Schwierigkeiten bei der teleskopischen Beobachtung Merkurs meinten die Astronomen, daß sie immer dieselben schemenhaften hellen und dunklen Flecken auf der kleinen Scheibe wahrnehmen (sofern diese nicht nur als mehr oder weniger ausgeprägte Sichel zu erkennen war), was den Schluß auf eine sog. gebundene Rotation nahelegte, daß also ein Merkur-Tag eben so lang ist wie ein Jahr auf diesem Planeten – 88 Tage. In den 60er Jahren wurde dann allerdings mit Radar-Untersuchungen festgestellt, daß die Eigendrehung des Merkur nur etwa 59 Tage dauert, also genau zwei Drittel der Umlaufzeit.

Ursprünglich wurde die durch optische Beobachtungen ermittelte, an die Umlaufzeit gebundene Rotation des Merkur als natürliche Folge des Einflusses der nahen und schweren Sonne angesehen, so daß die durch Radarbeobachtungen gefundene kürzere Rotationsperiode für die Wissenschaftler zunächst etwas verwirrend war. Aber nach genauer Überprüfung der Verhältnisse wurde die starke Exzentrizität der Merkur-Bahn als Ursache für diese besondere Form der gebundenen Rotation entdeckt. Auch in dem zwischen 46 und 70 Mio. km schwankenden Abstand des Planeten von der Sonne finden wir das geheimnisvolle Zahlenverhältnis von 1 : 1,5 wieder. Diese besonderen Relationen von Umlauf- und Rotationszeit wirken sich auf dem Merkur so aus, daß ein Tag dort doppelt so lang ist wie ein Jahr. 176 Erd-Tage ist es an einer bestimmten Stelle des Merkur hell und 176 Tage lang dunkel. Aber selbst dieser sehr langsame Wechsel von Licht und Dunkelheit ergibt auf dem Planeten ohne Atmosphäre eine starke Temperatur-Erosion, denn auf der hellen Seite wird es wegen der nahestehenden Sonne bis zu 400° C heiß und auf der Nachtseite bis zu –180° C kalt.

Oberflächen-Details

Während einer Sichtbarkeits-Periode beträgt der scheinbare Durchmesser des sonnennächsten Planeten nur etwa sieben Bogensekunden, und der tiefe Stand des Merkur am Horizont mit der dort herrschenden Luftunruhe erschweren die visuelle Beobachtung der kontrastarmen Oberfläche dieses Planeten noch weiter. In mühsamer Kleinarbeit wurden von einigen Astronomen Merkur-Karten gezeichnet, die gewisse schemenhafte Details erkennen lassen. Auch bei geringen atmosphärischen Störungen und mit 1000facher Vergrößerung sind auf Merkur keine klaren Konturen auszumachen. Da er sich stets in Sonnennähe aufhält, kann der Planet nur in der Dämmerungsphase beobachtet werden, was die Kontraste weiter mindert.

Im Jahr 1970 unterzogen sich die Merkur-Spezialisten

einer »Strafarbeit«, als sie etwa 800000 Teleskopaufnahmen des Planeten analysierten, die in 10 Jahren in aller Welt aufgenommen worden waren. Nur etwa 100 dieser Bilder zeigten einige ganz blasse Oberflächen-Details auf dem Planeten. Die daraus entwickelte Merkur-Karte ließ sich dann aber tatsächlich mit einigen der ersten, noch sehr unscharfen TV-Aufnahmen der Sonde Mariner 10 vergleichen, die 1974/75 als erster irdischer Sendbote gleich dreimal an dem innersten Planeten des Sonnensystems vorbeiflog.

Mariner 10 erforscht Merkur aus der Nähe

Der technologische Aufbau, die wissenschaftliche Instrumentierung und die sehr erfolgreiche Mission der ersten Merkur-Sonde werden später genau erläutert. Die von Mariner 10 (M 10) übermittelten Bilder und Daten sollen aber hier schon behandelt werden, um das Kapitel über Merkur mit den neuesten Erkenntnissen abrunden zu können, die es von diesem Planeten gibt.

Am 29. 3. 74 passierte M 10 den Merkur erstmals in ca. 700 km Entfernung, die dabei gewonnenen TV-Fotos konnten zu einem Mosaik der damals beleuchteten Hemisphäre des Planeten zusammengesetzt werden. Am 21. September flog M 10 ein zweites Mal an Merkur vorbei, die geringste Distanz betrug diesmal aber ca. 48000 km. Es wurde wieder dieselbe Seite des Planeten fotografiert. Am 16. 3. 75 schließlich erfolgte eine dritte Passage in nur 330 km Entfernung, bei der zahlreiche Details der Merkur-Oberfläche erfaßt wurden. Die besten Merkur-Fotos von M 10 haben etwa 100 m Auflösungsvermögen. Das ergibt gegenüber dem von der Erde aus möglichen Wert von bestenfalls 500 km eine Verbesserung der Detailerkennbarkeit um den Faktor 1 :5000.

Insgesamt hat M 10 etwa 2300 TV-Bilder von ca. der Hälfte der Merkur-Oberfläche gemacht, die durchschnittlich 1–2 km Auflösungsvermögen (AV) haben, entsprechend etwa dem Wert, den wir von der Erde aus auf dem Mond mit großen Teleskopen erreichen. Dazu kommen noch die etwa 200 Bilder mit erheblich besserem AV von vielleicht 100 m. Aus 48000 km Entfernung wurden etwa 500 Merkur-Bilder gewonnen.

Während der TV-Übertragungen vom Merkur bestätigte sich, daß dieser Planet eine sehr dunkle Oberfläche hat, die nur 6% des auftretenden Lichts reflektiert und eine dem Mond ganz ähnliche Anthrazitfarbe hat. Dieses sehr dunkle Erscheinungsbild führte zu einer gravierenden optischen Täuschung, weil etwas hellere Stellen auf dem Planeten durch die Kontrastwirkung viel stärker auffallen. Ein helles Gelände auf Merkur, das nach irdischen Beobachtungen und auch auf den ersten TV-Bildern des Planeten als Formation mit mindestens 500 km Durchmesser angesehen wurde, entpuppte sich aus der Nähe als kleiner Krater von 40 km Durchmesser, der allerdings sehr hell (jung) ist und von einem bemerkenswert frischen ausgedehnten Strahlenkranz umgeben ist. Dieser helle,

Der nur 42 km große Krater Kuiper ist die hellste bisher auf Merkur entdeckte Formation. Offensichtlich handelt es sich hier um einen relativ jungen Krater. Das beim Einschlag ausgeworfene helle Untergrund-Material hat sich strahlenförmig über die Umgebung ausgebreitet. Diese Aufnahme wurde aus 88500 km Entfernung gemacht, wiedergegeben ist hier nur ein kleiner Ausschnitt des Originalbildes.

Viel Ähnlichkeit mit dem obenstehenden Merkur-Bild hat diese Aufnahme unseres Erd-Mondes, die Ranger 8 aus etwa 750 km Höhe gemacht hat. Der große Krater, Delambre, hat ca. 50 km Durchmesser. Die Oberflächen von Merkur und Mond haben große Ähnlichkeit miteinander, wenn auch die Berge und Kraterränder auf dem größeren Merkur wesentlich flacher sind als beim Mond.

Ein relativ junger Krater von nur ca. 12 km Durchmesser wurde auf diesem TV-Bild erfaßt, das Mariner 10 aus etwa 21 000 km Entfernung gemacht hat – eine halbe Stunde vor dem ersten nahen Vorbeiflug. Das Bild zeigt ein Gebiet von 130 × 170 km Ausdehnung.

auffällige Krater erhielt übrigens zu Ehren des 1973 verstorbenen Planetenexperten den Namen Kuiper. Dieser bekannte amerikanische Astronom hatte dem Expertenteam für die Auswertung der Messungen und Beobachtungen von M 10 angehört, aber es war ihm nicht mehr vergönnt, die hervorragenden Merkur-Aufnahmen der Raumsonde zu sehen.

Krater wie auf dem Mond

Eine erste Analyse der TV-Bilder von Merkur veranlaßte die Wissenschaftler zu dem Kommentar: »Außen wie der Mond, innen wie die Erde!« Die wirklichen Verhältnisse auf und in diesem Planeten sind aber sicher komplizierter, denn auf Merkur sind deutlich Spuren von Schrumpfungsprozessen erkennbar, während das Aussehen von Erdmond und Mars von Dehnungsvorgängen geprägt ist. Der innerste Planet ist also nach seiner Bildung wohl kontinuierlich abgekühlt und hat sich dabei zusammengezogen, während sowohl die Erde als auch der Mond im späteren Stadium ihrer Entwicklung offensichtlich noch mehrmals aufgeschmolzen wurden.

Die Merkur-Oberfläche ist zum Teil ebenso intensiv von Kratern überzogen wie die des Mondes. Zwischen intensiv verkraterten Hochländern aus der Urzeit der Merkur-Entstehung gibt es auch große »Maria«, die teilweise mit Magma überflutet wurden, aber inzwischen auch schon wieder von vielen Kratern bedeckt sind. Zur Definition sollte noch erläutert werden, daß Ringstrukturen von mehr als 200 km Durchmesser »Maria«, also »Meere« heißen, während die kleineren Formationen dieser Art als Krater bezeichnet werden.

Bei genauer Betrachtung zeigt die Oberfläche des Merkur gegenüber dem Mond aber doch einige bemerkenswerte Unterschiede. Im Gegensatz zu den lunaren Hochländern ist Merkur nicht mit so vielen Kratern mittlerer Größe von 25–50 km Durchmesser besetzt. Wahrscheinlich sind diese Spuren der frühesten Meteoriteneinschläge auf dem Planeten längst verwischt worden. Die größere Schwerkraft des Merkur hat außerdem die bei Meteoriteneinstürzen entstehenden Sekundärkrater auf eine wesentlich kleinere Fläche begrenzt. Die höhere Aufschlaggeschwindigkeit ergab außerdem bei Merkur eine etwas andere Kraterform als beim Erdmond.

Eine weitere Folge der größeren Schwerkraft des Merkur ist die geringere Höhe von Kraterrändern und Gebirgen, die mit durchschnittlich 1300 m wesentlich geringer ist als die des Mondes. Eine Besonderheit auf Merkur ist außerdem die Häufigkeit der Krater mit hellem Strahlenkranz, die nach Meinung einiger Experten wahrscheinlich durch Kometeneinstürze entstanden sind. Außerdem wurde auf Merkur eine Reihe großräumiger Verwerfungen entdeckt, deren größte etwa 300 km lang und 3 km hoch ist. Dabei handelt es sich offensichtlich um Schrumpfungs-Formationen. Diese wie Grabenbrüche aussehenden Steilhänge verlaufen oft bogenförmig, es sind wohl die jüngsten auf dem Merkur zu beobachtenden Formationen. Auf dem Mond gibt es diese Schrumpfungsspuren nicht, aber auf der Erde existierten sie früher.

Caloris Basin – ein Riesenkrater auf Merkur

Die auffälligste Formation auf der von M 10 mit den TV-Kameras erfaßten Merkur-Oberfläche ist das Caloris Basin, ein riesiges Einsturzbecken mit zahlreichen konzentrischen Gebirgsringen von 1400 km Durchmesser. Das Caloris Basin liegt bei 180° W und ist am ehesten mit dem Mare Orientale auf dem Erdmond vergleichbar, das ganz ähnlich aussieht und auch so groß ist. Leider konnten die Fernsehkameras von M 10 den riesigen Einsturzkrater auf Merkur nur etwa zur Hälfte erfassen.

Besonders interessant war den Wissenschaftlern die Feststellung, daß auf der dem Caloris Basin gegenüberliegenden Seite des Planeten ein eigenartig hügeliges, von zahlreichen Gräben durchzogenes Gelände existiert, das offensichtlich mit der Entstehung des riesigen Ringgebirges in Zusammenhang steht. Wie die Berechnungen der Wissenschaftler ergaben, ist das Caloris Basin wahrscheinlich durch den Aufprall eines etwa 100 km großen Planetoiden entstanden, der mit einer Geschwindigkeit von 5 km/s auf den Merkur prallte bzw. in den Planeten stürzte. Die Schockwelle war so heftig, daß sie den ganzen Planeten durchdrang und an dessen gegenüberliegender Seite noch Auswirkungen zeigte. Das Caloris Basin selber liegt etwa zwei Kilometer tiefer als das Niveau der umgebenden Merkur-Landschaften.

Die Oberfläche des Merkur zeigt keines der für den

Mond so typischen dunklen Mare, was offensichtlich darauf zurückzuführen ist, daß der innerste Planet keinen großen Mond hat (nicht einmal einen kleinen), der die Kruste von Merkur in der Frühphase der Entstehung durch seine Gezeitenwirkung hätte aufreißen können. Nur einige Meteoriteneinstürze brachen gelegentlich größere Löcher in den Planetenmantel, was aber nicht zu größeren Lavaüberflutungen führte.
Merkur dürfte zu etwa zwei Drittel aus Eisen bestehen und einen noch glühenden Kern haben, der ca. 80% des Durchmessers einnimmt, also etwa 3900 km. Dieser flüssige Kern erzeugt trotz der geringen Rotationsgeschwindigkeit des Planeten einen Dynamoeffekt und somit das beobachtete schwache Magnetfeld. Den äußeren Mantel des Planeten bildet eine etwa 500 km dicke Silikatschicht.
Die Polarisation des ultravioletten Lichts auf der Oberfläche von Merkur ist identisch mit der der

Merkur-Tabelle			
Physikalische Daten	Einheit	Merkur	Erde = 1
Durchmesser	km	4878	0,382
Oberfläche	km^2	$7{,}5 \times 10^7$	0,16
Volumen	km^3	$6{,}1 \times 10^{10}$	0,057
Mittlere Dichte	t/m^3	5,44	0,985
Masse	Tonnen	$3{,}3 \times 10^{20}$	0,055
Schwerebeschleunigung	m/s^2	3,6	0,378
Fluchtgeschwindigkeit	km/s	4,25	0,38
Oberflächen-Verhältnisse			
Material / Formationen		Gestein, Krater	
Max. Höhendifferenz	km	ca. 5	0,25
Oberflächen-Temperatur	Grad C	−200 bis + 400	15
Primäre Gase		Helium, Argon	
Atmosphärischer Druck	bar	2×10^{-12}	2×10^{12}
Albedo		0,06 0,1	0,2
Bahnbewegung			
Min/Max Sonnenabstand	10^6 km	46,3–70,3	0,3
Exzentrizität		0,2	12
Bahnumfang	10^6 km	360	0,38
Bahngeschwindigkeit	km/s	39–59	1,6
Siderische Umlaufzeit	Tage	88	0,24
Synodische Umlaufzeit	Tage	116	0,32
Bahnneigung gegen Ekliptik	Grad	7° 0,3′	
Rotation			
Umdrehungszeit	Tage	58,65	58,65
Tag/Nacht-Zyklus	Tage	176	176
Winkel Äquator/Bahnebene	Grad	20 (?)	0,85
Von der Erde aus betrachtet			
Min/Max Entfernung	10^6 km	79,2–220	
Min/Max Signal-Laufzeit	Min.	5,5–11	
Scheinbare Helligkeit	Magn.	+ 3 bis − 1,2	
Scheinbarer Durchmesser	Bogensek.	4,8–13,3	

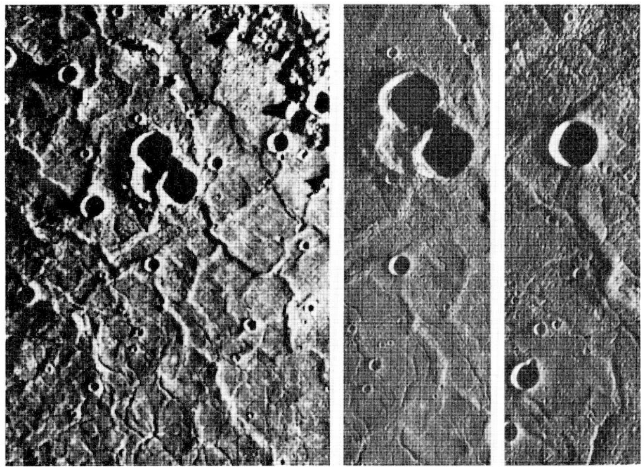

Eine Reise in die Feinstruktur des großen Ringgebirges Caloris Basin auf Merkur zeigen diese drei Bilder einer »Zoom«-Serie, die Mariner 10 bei seinen drei Vorbeiflügen an dem Planeten aufgenommen hat. Das linke Bild ist Teil eines auf Seite 13 vollständig gezeigten Mosaiks, das die Sonde aus 75 000 km Entfernung aufgenommen hat; das Auflösungsvermögen beträgt etwa 2 km. Das rechte Bild wurde aus nur 19 000 km Distanz gemacht, der große Krater in der Mitte hat 12,5 km Durchmesser, das Auflösungsvermögen beträgt ca. 500 m. Deutlich ist die Position des folgenden Bildes in der jeweils vorangegangenen größeren Aufnahme zu identifizieren.

Mondoberfläche, was darauf hindeutet, daß auch der innerste Planet mit einer Regolithschicht aus eisenhaltigen Silikaten bedeckt ist, wie sie die Apollo-Astronauten auf dem Mond festgestellt haben.

Magnetosphäre und »Atmosphäre«

Überraschenderweise entdeckte M 10 bei Merkur ein schwaches Magnetfeld von etwa 350–700 Gamma, bei dem es sich um ein zur Drehachse des Planeten symmetrisch angeordnetes Dipolfeld von gleicher Polarität wie bei der Erde handelt. Bei den zwei nahen Vorbeiflügen wurde festgestellt, daß die Struktur des Magnetfeldes von Merkur Ähnlichkeit mit der des irdischen Magnetfeldes hat, das mit 30 000 Gamma aber etwa hundertmal intensiver ist als bei dem innersten Planeten.
Die Magnetfeld-Stärke im interplanetaren Raum beträgt etwa 6 Gamma, bei der Annäherung an die Sonne registrierte M 10 einen Anstieg auf 20–40 Gamma, bis dann in Merkur-Nähe Werte von 90–100 Gamma gemessen wurden. Eine Extrapolation für das Magnetfeld von Merkur ergab für den Äquator 350 und für die Pole einen Wert von 700 Gamma. Das reicht aus, den Sonnenwind um den Planeten herumzuleiten und die beobachtete Stoßfront zwischen Merkur-Magnetosphäre und Sonnenwind zu bilden, ähnlich wie bei der Erde.
Wie erwartet, konnte auch die erste den Merkur erreichende Raumsonde keine Gashülle um den Planeten entdecken.

Mariner 10

Die Venus/Merkur-Sonde Mariner 10 mußte besonders gegen die Wärmestrahlung der Sonne geschützt werden, die in ca. 60 Mio. km Entfernung schon erhebliche Werte um 250° C erreicht. Mariner 10 erhielt deshalb einen speziellen »Sonnenschirm« zur thermischen Schonung des Zentralkörpers. Außerdem wurde die Sonde samt allen Instrumenten und Auslegern mit einer speziellen reflektierenden Folie »eingepackt«, die die Wärmestrahlung zum großen Teil von den empfindlichen Systemen fernhielt. Außerdem konnten die beiden Paddel des Sonnenzellen-Generators bei zu großer Aufheizung schräggestellt werden, so daß der Einfallwinkel der Strahlung flacher und damit erträglicher wurde.

Nach zwei erfolgreichen Missionen zur Venus mit Mariner 2 und 5 in den Jahren 1962 und 1967 startete die amerikanische Raumfahrtbehörde NASA im Herbst 1973 eine neue, besser ausgerüstete Venus-Sonde, die – erstmals in der kurzen Geschichte der Astronautik – die Schwerkraft eines Planeten ausnutzen sollte, um zu einem anderen – Merkur – weiterzufliegen. Mit einer Mission wollten die NASA-Techniker kurz hintereinander die beiden innerhalb der Erdbahn um die Sonne kreisenden Planeten anfliegen und erkunden. Bei der Konstruktion dieser Venus/ Merkur-Sonde griffen die amerikanischen Ingenieure auf das bewährte Prinzip der Mariner-Instrumententräger zurück, die sich schon bei mehreren Planetenmissionen der NASA zu Venus und Mars bewährt hatten. Die Mariner-Raumsonden verfügten über eine Dreiachsen-Stabilisierung, was wesentlich genauere wissenschaftliche Untersuchungen zuläßt als z. B. die Pioneer-Forschungskörper, die nur drallstabilisiert sind.

Die NASA übertrug die Leitung des Projektes M 10 an das »Jet Propulsion Laboratory« in Pasadena bei Los Angeles. Hauptauftragnehmer für den Bau der Planetensonde war die Raumfahrt-Abteilung des US-Konzerns Boeing, der der breiten Öffentlichkeit eigentlich mehr als Hersteller einer breiten Palette von Verkehrs-Flugzeugen bekannt ist.

Die Entwicklungskosten für M 10 (+ Reserveeinheit) betrugen ca. 47 Mio. Dollar, die Trägerrakete und die Bahnverfolgung verschlangen ca. 50 Mio. Dollar. Die funktechnische Betreuung der Merkur-Passagen II und III kostete weitere 3 Mio. Dollar.

Konstruktion

Der Zentralkörper von M 10 bestand aus einer 18 kg schweren, achtseitigen Kammerstruktur aus Aluminium von 140 cm Durchmesser und 46 cm Höhe. Zwei Sonnenzellen-Paddel von 270 cm Länge und 97 cm Breite waren an der Seite angeklappt. Der kugelförmige Treibstoff-Tank für das Kurskorrektur-System war in die zentrale Öffnung des Oktagons eingelassen. Das dazugehörige Triebwerk zeigte nach »hinten«. Zwei Sätze von je drei Paaren kleiner Düsen zur Dreiachsen-Stabilisierung waren am Ende der Sonnenzellen-Paddel und an den Masten für die Richtantenne und das Magnetometer befestigt. Kleine Titanium-Flaschen enthielten das Stickstoff-Gas für das doppelt angelegte Lagerregelungs-System.

Fünf der acht Elektronik-Gehäuse in der Zentralstruktur waren durch verstellbare Metall-Jalousien temperierbar, so daß die beträchtliche Wärmeentwicklung bei direkter Sonnenbestrahlung und die Weltraum-Kälte abgeleitet werden konnten. Außerdem war das Innere dieser Gehäuse mit Isoliermaterial beschichtet, das einen Temperaturausgleich begünstigte.

Die Sonnenzellen auf den beiden gegenüberliegenden Paddeln von insgesamt 5 m² Fläche lieferten maximal etwa 450 Watt elektrischer Leistung zum Betrieb der Bordsysteme und der wissenschaftlichen Experimente. Um Beschädigungen zu vermeiden, durften die Solarkollektoren nicht über 100° C heiß werden, so daß sie bei starker Annäherung an die Sonne teilweise eingefaltet wurden.

M 10 näherte sich der Sonne wie noch keine Raumsonde zuvor. Die in diesen Regionen zu erwartende Strahlen- und vor allem Wärmebelastung machte die Installation eines Hitzeschutz-Schildes notwendig, das nach dem Start ausklappte und die der Sonne zugewandte Seite von M 10 abschirmte. In der Mitte dieses Schutzdaches befand sich eine Öffnung für das Kurskorrektur-Triebwerk.

Die Rundstrahl-Antenne bestand aus zwei schmalen konischen Platten, die 254 cm nach oben aus der Sonde herausragten. Die parabolförmige Hochleistungs-Antenne bestand aus einer Honigwaben-Struktur aus Aluminium und hatte 137 cm Durchmesser. Sie war an einem langen, mit Gelenken versehenen schwenkbaren Ausleger befestigt, der seitlich aus der Sonde herausragte.

Der Canopus-Sternsensor befand sich an der Oberseite des Zentralkörpers, die Sonnensensoren waren an den Enden der Solarzellen-Paddel angebracht. Diese »Augen« dienten als Bezugspunkte für das Lageregelungs-System.

An einem 6 m langen ausklappbaren Ausleger befanden sich zwei Magnetometer zur Untersuchung der Magnetfelder bei Venus und Merkur. Diese Sensoren werden immer möglichst weit vom Zentralkörper einer Raumsonde angebracht, um die empfindlichen Messungen nicht durch den – wenn auch sehr schwachen – Eigenmagnetismus der Raumsonde selber zu verfälschen.

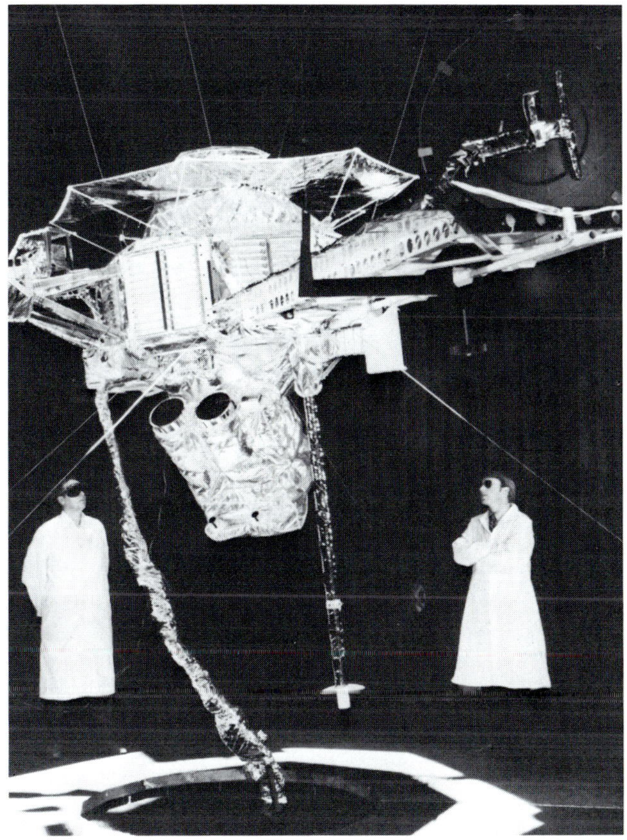

Mariner 10 kam der Sonne nahe wie keine Raumsonde zuvor. Gegen die enorme Strahlenbelastung und ihre Wärme mußte die empfindliche Elektronik mit einem Schirm und mit heller, reflektierender Folie geschützt werden, in die man die ganze Sonde »eingewickelt« hatte. In einem sog. Sonnenlicht-Simulator wurde dann getestet, ob Mariner 10 den erwarteten hohen Temperaturen tatsächlich standhalten konnte.

Beim Start wog M 10 etwa 534 kg, incl. 29 kg Hydrazin für das Kurskorrektur-Triebwerk und 30 kg für den Verbindungsadapter, mit dem die Raumsonde an der Centaur Raketenstufe befestigt worden war. Die wissenschaftliche Nutzlast der Venus/Merkur-Sonde wog 78 kg.

Die wissenschaftlichen Sensoren

M 10 trug Sensoren für sechs wissenschaftliche Instrumente, mit denen die Umgebung, die Atmosphären und die Oberflächen von Venus und/oder Merkur untersucht werden sollten. Die TV-Kameras mit ihren Teleskopen sowie das UV-Spektrometer waren auf einer beweglichen Plattform montiert, die nach allen Seiten gedreht und geschwenkt werden konnte. Ein anderer UV-Sensor und ein Partikel-Instrument waren fest am Zentralkörper montiert. Folgende Instrumente befanden sich außer den TV-Kameras noch an Bord der Planetensonde Mariner 10:

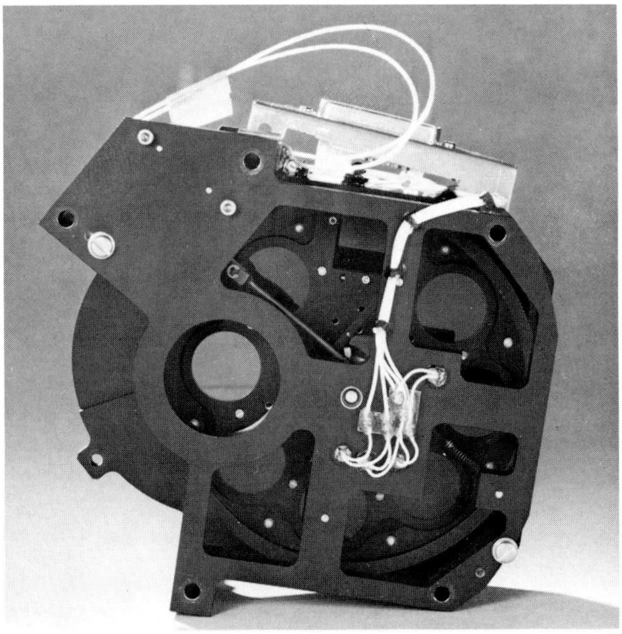

So sah der Filterrad-Mechanismus für die Mariner-Kameras »in natura« aus, jedes der acht Sichtfenster enthielt eine anders eingefärbte Glasscheibe. Der Mechanismus wurde vor allem hinsichtlich seiner Zuverlässigkeit über lange Zeiträume gründlich getestet. Bei einem Probelauf absolvierte ein solches Filterrad 312 000 Arbeitszyklen.

Infrator-Radiometer zur Messung der Temperaturen an der Außenseite der Venus-Wolkenhülle und an der Merkur-Oberfläche mit ca. 1° C Genauigkeit;

Ultraviolett-Spektrometer zur Bestimmung der Gase in der Venus-Atmosphäre und zum Nachweis einer evtl. vorhandenen dünnen Gashülle um Merkur;

Magnetometer zum Nachweis eines evtl. vorhandenen Magnetfeldes bei Merkur und Venus; Untersuchung der Wechselwirkung zwischen diesen Feldern mit dem Sonnenwind und Registrierung des interplanetaren Magnetfeldes;

Teilchen-Detektor zum Nachweis von evtl. vorhandenen Strahlengürteln und Magnetfeld-Stoßfronten sowie von Magnetfeld-Schweifen bei Venus und Merkur;

Plasma-Sonde für die Messung des Sonnenwind-Plasmas in Abhängigkeit von der Entfernung zur Sonne und seiner Wechselwirkung mit Merkur;

Bahnmechanisches Experiment zur Bestimmung der genauen Massen von Venus und Merkur, die sich aus der Abweichung der tatsächlich beobachteten von der theoretisch vorhergesagten Flugbahn von M 10 ableiten ließ.

Bedeckungs-Experiment, bei dem die Veränderung der Funksignale beim Durchdringen der Venus-Atmosphäre dazu benutzt wurde, etwas über die Dichte und die Zusammensetzung dieser Gashülle zu erfahren.

Das Fernseh-System von Mariner 10

Ausgehend von den zu erwartenden Entfernungen der Planetensonde zu Venus und Merkur, dem gewünschten Auflösungsvermögen, der Größe der verfügbaren Vidicon-Röhre und ausgehend von der Funkkapazität der Raumsonde sowie den bis dahin bei Mars-Sonden bewährten Aufnahmesystemen entwickelten die NASA-Techniker für M 10 eine neue TV-Kamera, deren Entwurfs-Prinzipien sich bewährten.

Das Bildaufnahme-System an Bord von M 10 bestand aus zwei identischen Kameraeinheiten mit je einem Weitwinkel- und Teleobjektiv, aber nur einer Bildröhre und jeweils einem Verschluß und Filterrad. Die beiden Kameraeinheiten konnten unabhängig voneinander, aber auch gleichzeitig oder abwechselnd ausgelöst werden.

Die beiden Kameras erhielten – in Berechnung der wahrscheinlichen Abstände der Sonde von den Planeten und des gewünschten Auflösungsvermögens sowie der erwarteten Beleuchtungsverhältnisse Objektive mit den Daten 2/62 mm und 8,4/1500 mm. Mit dieser Lichtstärken/Brennweiten-Kombination wurden sowohl Aufnahmen der hellen Venus als auch des relativ dunklen Merkur aus sehr geringer und auch aus größerer Entfernung erhalten. Bezogen auf das Bildfeld des 1-Zoll-Vidicons ergaben diese Daten Bildwinkel von $11 \times 14°$ und $0{,}36 \times 0{,}48°$. Die beiden Brennweiten wurden von zwei verschiedenen optischen Systemen erzeugt, die dicht nebeneinander angeordnet waren und ihre jeweiligen Bilder auf ein und dieselbe Vidicon-Röhre entwarfen.

Beim Teleobjektiv dieser TV-Kamera handelte es sich um ein katadioptrisches Cassegrain-System, dessen Linsen alle sphärische Querschnitte hatten. Der Primärspiegel wurde aus dem Spezialglas Cer-Vit gegossen, während die zwei Korrekturlinsen und die anderen optischen Elemente aus dem Werkstoff Suprasil II gefertigt worden waren – zwei gegenüber Temperaturschwankungen in der Brennweite fast unveränderlichen Glas-Rohstoffen mit optimalen optischen Eigenschaften.

Bei der fotografischen Kartierung des Planeten Merkur kam es darauf an, die präzise Position mehrerer Krater und anderer Objekte genau festzulegen. Dafür waren auf den Bildflächen der Vidicon-Röhren in den TV-Kameras 111 Bezugspunkte markiert und genau vermessen worden. Außerdem hatte man in der Optik der TV-Systeme noch Reseaumarkierungen angebracht, die zu den 111 Bildpunkten in Beziehung gesetzt werden konnten.

Der »gefaltete« Strahlengang des Cassegrain-Teleskops hatte den Vorteil, die Baulänge des Teleobjektivs trotz der 1500 mm Brennweite auf nur 700 mm zu begrenzen. Ein reflektierender Belag auf der inneren der beiden Korrekturlinsen diente in diesem System als Sekundärspiegel.

Das Weitwinkel-Objektiv bestand aus einem kleinen Refraktor-System, also aus einem Linsen- und keinem

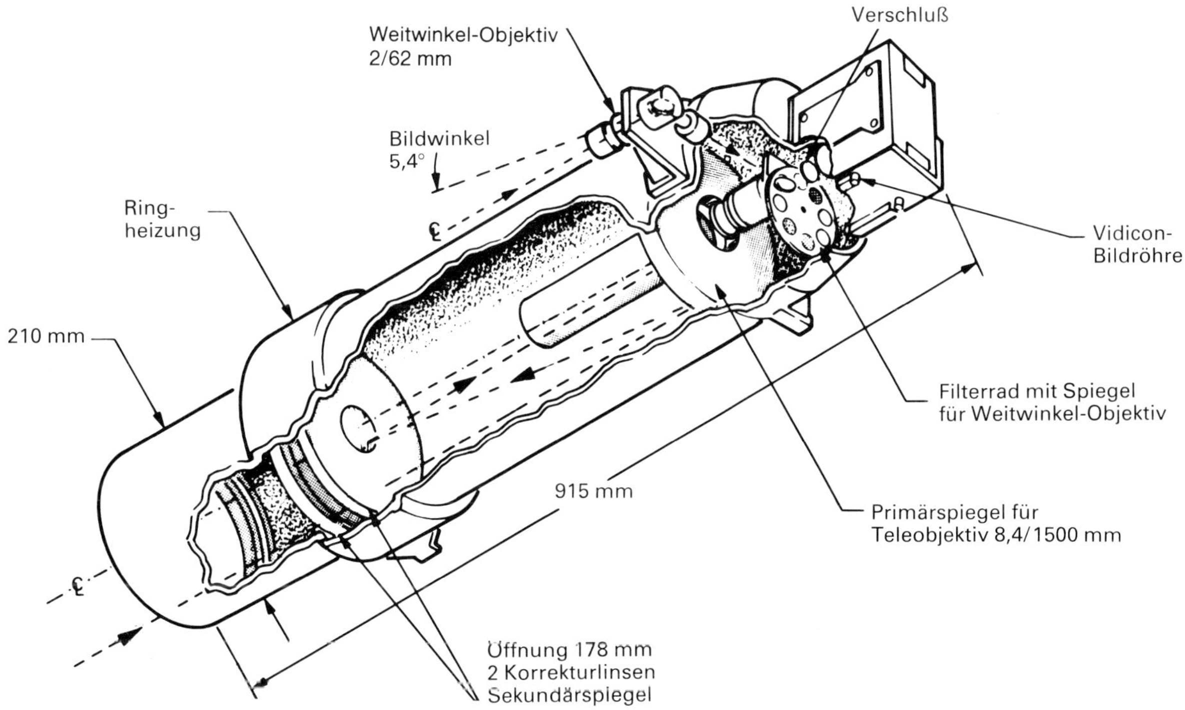

Die TV-Kameras von Mariner 10 waren Prototyp für zahlreiche andere Systeme dieser Art, die dann bei verschiedenen Mars-Sonden und vor allem bei den Voyager-Instrumentenkapseln und sogar beim Galileo-Orbiter Verwendung fanden bzw. noch finden werden. Bei dem Teleobjektiv handelte es sich um einen Cassegrain-Spiegel mit den Daten 8,4/1500 mm, das Weitwinkel-Objektiv mit den Parametern 2/62 mm war nur aufgesetzt. Über einen kleinen Spiegel im Filterrad wurde der Strahlengang des kurzbrennweitigen Systems auf dieselbe Vidicon-Röhre gelenkt, die auch das Tele-Bild aufzeichnete.

Spiegelfernrohr. Bei der kleinen Brennweite ließ sich auch eine hohe Lichtstärke realisieren, ohne das Volumen und das Gewicht der Baugruppe zu groß werden zu lassen. Das von diesem optischen System entworfene Bild wurde von einem Periskop-Spiegel um 90° abgelenkt und auf eine Glasfiber-Platte entworfen. Sollte eine Weitwinkel-Aufnahme gemacht werden, wurde das Filterrad der Telekamera so gedreht, daß ein darin integrierter Winkelspiegel in den Strahlengang schwenkte, der das von dem WW-Objektiv entworfene Bild auffing und auf das Vidicon-Bildfeld entwarf.

Das Filterrad der TV-Kamera enthielt acht Positionen: Ablenk-Spiegel für WW-Bilder, Blau, UV-Polfilter, Ultraviolett, Klarglas, zweites UV-Filter, Defokussierungslinse für Kalibrierungszwecke und Gelb. Die verschiedenen Filter erlaubten Beobachtungen mit dem Teleobjektiv im Spektralbereich von 374–576 nm. Die gewählte Konstruktion mit dem Winkelprisma für WW-Aufnahmen im Filterrad bedeutete, daß diese eben genannten Filter nur bei Teleaufnahmen eingesetzt werden konnten, nicht für Weitwinkel-Fotos. Das heißt, daß alle Venus-Bilder, auf denen Wolkenstrukturen erkennbar sind, mit dem Teleobjektiv (und einem der beiden Ultraviolett-Filter) gemacht wurden. Der Verschluß ermöglichte Belichtungszeiten von 3 ms bis 12 Sek. Eine automatische Belichtungssteuerung war nicht vorgesehen, die Bildtechniker in der Bodenstation erarbeiteten sich Grundwerte für die Länge der Belichtungszeit mit den Testaufnahmen, die kurz nach dem Start von M 10 von Erde und Mond gemacht wurden und sozusagen als Test für die Belichtungen bei Venus und Merkur dienten.

Das Bildfeld auf der Vidicon-Röhre war 9,6 x 12,5 mm groß und wurde von einem feinen Elektronenstrahl mit 700 Zeilen zu 832 Bildpunkten abgetastet. Die resultierenden 582400 Bildelemente wurden digitalisiert und mit jeweils 8 bit pro Element – die die Informationen über die Helligkeit enthielten – zur Erde übermittelt. Mit diesen acht Bits war es möglich, die 255 möglichen Helligkeits-Variationen der einzelnen Bildpunkte von 0 (schwarz) bis 256 (weiß) zu kodieren und zur Erde zu übertragen. Eine einzige TV-Aufnahme von M 10 bestand also aus 4659200 bits, was bei 42 Sek. Bildfolgezeit eine Übertragungs-Kapazität von etwa 111000 bit/Sek. erforderlich machte. Die TV-Mission von M 10 wurde gleich nach dem Start infrage gestellt, als die Heizung für die beiden Objektive versagte. Um das Einfrieren der Linsen zu verhindern, wurden die TV-Kameras entgegen den ei-

gentlichen Plänen sofort angestellt, um die Eigenwärme der Elektronik für die Temperierung des Systems zu nutzen. So blieben die TV-Kameras während der ganzen Mission in Betrieb, ohne daß in den Transfer-Phasen laufend Bilder gemacht wurden. Wider Erwarten hielt die empfindliche Elektronik diesen 1,5 Jahre dauernden »Streß« ohne jeden Qualitätsverlust aus.

Die sprunghafte Verbesserung des Auflösungsvermögens der TV-Bilder bei der rasenden Annäherung einer Sonde an den Zielplaneten zeigt diese Sequenz von Merkur, aufgenommen vom Teleobjektiv auf Mariner 10. Die Aufnahme links oben wurde aus 4,3 Mio. km Entfernung gemacht, so etwa kann man Merkur in einem großen irdischen Teleskop wahrnehmen. Das Bild links unten wurde aus 3,5 Mio. km Distanz gemacht, das Bild daneben aus 1,84 Mio. km Entfernung. Das Auflösungsvermögen beträgt 50 km, erstmals sind einige größere Krater zu identifizieren. Das zweite Bild von rechts machte die Telekamera aus 952 000 km Abstand, allmählich entpuppt sich der helle Fleck oberhalb der Bildmitte als kleiner Krater mit einem ausgedehnten Strahlenkranz. Das rechte Bild entstand aus 400 000 km Entfernung, das Auflösungsvermögen beträgt 10 km.

Bearbeitung der Fernseh-Bilder von Mariner 10

Die von der Raumsonde zur Erde übermittelten Bildsignale von Venus und Merkur wurden mit den drei großen Antennen des »Deep Space Network« der NASA in Kalifornien, Spanien und Australien wechselweise auf Magnetband registriert. Diese »Original Data Records« (ODR) konnten erst wieder abgespielt werden, wenn eine Beobachtungsphase vorüber war. Zur optimalen Auswertung mußten diese qualitativ hochwertigsten Aufzeichnungen ins Bildlabor nach Kalifornien geflogen werden.

Während des Empfangs gelangten aber über spezielle Datenleitungen die Mariner-Funksignale auch direkt nach Pasadena und auf die Kontrollschirme der Techniker und Wissenschaftler. Diese »System Data Records« (SDR) waren wegen des weiten Kabelweges meist mit zahlreichen Übertragungsfehlern behaftet, außerdem lagen sie ja nur als Schirmbilder vor, die für eine evtl. Vervielfältigung vom Monitor abfotografiert werden mußten. Diese Nachteile nahm man jedoch gern in Kauf, denn diese SDR standen dafür sofort zur Verfügung.

Später wurde dann aus dem ODR der »Experimenter Data Record« (EDR) erstellt, bei dem die Bildfehler soweit wie möglich ausgemerzt worden waren; diese Computer-Bearbeitung dauerte meist einige Tage. Aber nicht nur die Bilddaten, auch die Meßwerte der anderen Experimente wurden dieser gründlichen Behandlung unterzogen. Die EDR-Bänder dienten den Wissenschaftlern für erste schnelle Analysen der Messungen, hiervon wurden auch die Bilder und Informationen für die Presse abgeleitet. Die Bänder des EDR kamen zur gründlichen Analyse in das Bildbearbeitungs-Zentrum des »Jet Propulsion Laboratory«, wo eine »Magnetband-Bibliothek« eingerichtet wurde. Aus diesen Bändern ließen sich dann für gründlichere Analysen im »Image Processing Laboratory« auch herkömmliche Fotografien auf Film oder Papier erzeugen, indem die digitalen Informationen auf den Magnetbändern als kleine, verschieden helle Bildpunkte (Pixels) auf eine lichtempfindliche Emulsion übertragen wurden.

Diese kleinen verschieden grauen Punkte wurden zeilenweise aufgetragen, ebenso wie sie der Elektronenstrahl in der Vidicon-Röhre an Bord der Mariner-Sonde aufgezeichnet hatte. Betrachtet man ein solches auf fotografisches Material aufgetragenes Fernsehbild aus der Nähe, erkennt man verschiedene große dunkle Flecken, die in regelmäßigem engem Muster eng aneinanderstehen – ähnlich dem Raster eines im Hochdruck erstellten Zeitungsbildes. Dem unbewaffneten menschlichen Auge erscheint ein solches Rasterbild aus einiger Entfernung wie eine Fotografie, die einzelnen Bildpunkte verschmelzen zur Halbton-Vorlage. Ein Digifax-System machte es möglich, eine halbe Stunde nach dem Empfang erste, provisorische Papierabzüge der Planetenbilder in der Hand zu halten, die vom TV-Monitor abfotografiert worden waren. Eine weiter verbesserte Bildversion hatte wenig später der »Mission Test Computer« (MTC) erstellt. Noch bessere Qualität lieferte dann das »Imaging Processing Laboratory« (IPL). All diese Versionen entstanden aus dem per Übersee-Kabel von den Stationen des DSN in Spanien, Australien und Kalifornien empfangenen Direktsendungen. Das MTC--Band wurde in einer Roh- und einer gefilterten Fassung an das »National Space Data Center« des Goddard-Raumfahrtzentrum übermittelt und in 70-mm-Filmversion an das »Science Data Center«, wo· es allen interessierten Wissenschaftlern zur Verfügung stand.

Die interessantesten Bildversionen lieferte jedoch das »Imaging Processing Laboratory«; hier konnten die Techniker den Bildkontrast ändern, Übertragungsfehler ausmerzen und Unterbelichtungen in den Terminatorzonen ausgleichen. All diese Korrekturen erfolgten automatisch mit entsprechend programmierten Computern.

Für die genaue räumliche Vermessung der Merkur-Koordinaten wurden spezielle Bildversionen erstellt, auf denen man die Abstände der einzelnen kleinen Bildelemente – der Pixels – genau auszählen konnte. Mit einem speziellen Computer-Programm konnten nun die auf der Vidicon-Röhre vermessenen Bildörter in Verbindung zu den Pixelmessungen gebracht werden. Aus der genau bekannten Position der Raumsonde zum Zeitpunkt jeder einzelnen Aufnahme ließ sich dann ein Bezugsnetz für bestimmte Punkte auf der Merkur-Oberfläche herstellen, aus dem deren genaue Positionen errechnet werden konnten.

Tabelle der beiden TV-Kameras an Bord von Mariner 10

		Teleobjektiv	WW-Objektiv
System		Cassegrain	Refraktor
Brennweite	mm	1500	62
Öffnungsverhältnis	d/f	1:8	1:2
Verschluß		Rotation	
Belichtungszeiten	s	1/300 – 12	
Filter	nm	374 – 576	
Speichermedium		1-Zoll-Vidicon	
Bildfeld-Größe	mm	9,6 × 12,5	
Zeilen / Bildpunkte		700 × 832	
Rasterdichte	L/mm	73 × 67	
Pixel je Aufnahme		582 400	
Graustufen / Bits		256 / 8	
Bits je TV-Bild		4 659 200	
Bildwinkel	Grad	0,36 × 0,48	11 × 14
Bildgröße (aus 1500 km Distanz)	km	9,4 × 12,6	289 × 368
Pixelgröße (aus 1500 km Distanz)	m	13,4 × 15,1	413 × 442
Auflösung (aus 1500 km Distanz)	m	36	1100
Bildaufzeichnung		Magnetband	
Speicherkapazität	bit	$1,8 \times 10^8$	
Aufnahme-Rate	bps	111 821	
Abspiel-Rate	bps	16 000	
Abtast- / Bildfolgezeit	s	42 / 84	

Mission von Mariner 10

Nach dem Start mit einer Atlas-Centaur am 3. 11. 73 gelangte M 10 zunächst für kurze Zeit in eine Erdumlaufbahn, wo noch einmal alle Systeme überprüft werden konnten. Dann zündete die Centaur-Raketenstufe noch einmal für zwei Minuten und brachte die Planetensonde auf ihre endgültige Bahn zu Venus.

Während der ersten Tage nach dem Start wurden alle Instrumente von M 10 einer gründlichen Analyse unterzogen. Mit den TV-Kameras machten die Techniker Testaufnahmen von Erde und Mond, um Belichtungswerte für die Aufnahmen bei Venus und Merkur zu erhalten, die in der Helligkeit (bzw. Dunkelheit) etwa mit Venus und Merkur zu vergleichen sind. Nachdem diese Anhaltswerte ermittelt worden waren, wurde der Bordcomputer der Raumsonde mit einem Notprogramm »gefüttert«, das wissenschaftliche Messungen und Bildübertragungen auch für den Fall sicherstellen sollte, daß die Funkverbindung zwischen Erde und M 10 aus irgendeinem Grund plötzlich abbrach. Dieses automatische Untersuchungsprogramm wurde dann im Laufe des Fluges immer weiter vervollständigt, bis Ende Januar 1974 – 12 Tage vor der eigentlichen Passage – das endgültige Meß- und Beobachtungsprogramm für das Venus-Rendezvous in den Bordcomputer der Raumsonde eingegeben wurde.

Neben der Erde und dem Monde wurden in der ersten Missionsphase auch Sternfelder aufgenommen. Diese Kalibrierungsbilder dienten nicht nur der Prüfung der TV-Kameras, sie waren auch wertvolle Bezugspunkte bei der optischen Positionskontrolle von M 10. Bis zum 7. 11. 73 hatten die beiden Fernsehkameras etwa 900 Testbilder zur Erde übertragen.

Ursprünglich war geplant, mit den TV-Kameras von M 10 auch den Kometen Kohoutek aufzunehmen, der zufällig zum Jahreswechsel 1973/74 in Sonnennähe kam. Da dieser »Wandler zwischen den Planeten« aber bei weitem nicht so hell wurde wie eigentlich berechnet (1/50 der erwarteten Helligkeit), konnte Ko-

Kurz nach dem Start machte Mariner 10 zahlreiche Testaufnahmen von Erde und Mond, die Techniker erhielten dabei sehr realistische Probebilder. Die Erde ist von weitem gesehen mit der von Wolken verhüllten Venus vergleichbar; der Mond mit seiner von Kratern zernarbten Oberfläche hat viel Ähnlichkeit mit dem Planeten Merkur, wie sich herausstellte. Diese beiden Mosaikserien von Erde und Mond entstanden mit dem 1500-mm-Teleobjektiv der Raumsonde aus 200000 km und 110000 km Entfernung.

houtek nur als schwach leuchtender Punkt erfaßt werden. Mit dem UV-Spektrometer gelangen einige gute Messungen, die eine sehr große Wasserstoff-Wolke von 20 Mio. km Durchmesser um den Kometen zeigten.

Interplanetares »Billard«

In bahntechnischer Hinsicht war die Mission von M 10 die interessanteste, die die NASA bisher realisiert hat. Zunächst einmal wurde hier erstmals das sog. »swing by«-Verfahren ausprobiert, bei dem die Schwerkraft eines Planeten ganz gezielt benutzt wird, um die Bahn einer Raumsonde in eine bestimmte Richtung – zu einem anderen Planeten – abzulenken. Außerdem ergab sich bei M 10 aber noch die Möglichkeit, die Bahn der Raumsonde so zu legen, daß sie den Planeten regelmäßig wiedertraf. Alle zwei Merkur-Jahre kam M 10 wieder in die Nähe des Merkur, und es gelang den Technikern, bei insgesamt drei dieser Treffen wissenschaftliche Messungen zu erhalten – ein in der Raumfahrtgeschichte bisher einmaliges astronautisches »Artistenstück«.

Um die Voraussetzungen für das sog. »fly by«-Manöver an der Venus zu schaffen, mußte M 10 in eine Sonnenumlaufbahn befördert werden, die zu einem zeitlich und räumlich sehr genau vorausberechneten Rendezvous mit der Venus führte. Eine Abweichung von der Idealbahn um diesen Planeten von nur 1 km hätte bei Merkur zu einer Bahnabweichung von 1000 km geführt.

Die Mission von M 10 zu Venus und Merkur machte vier genau einkalkulierte Kurskorrekturen notwendig, zwei vor dem Venus-Vorbeiflug und zwei danach. Damit wurden geringfügige Fehler beim Start der Raumsonde und vor allem noch bestehende kleine Ungenauigkeiten in unseren Kenntnissen von der Umlaufbahn der beiden Planeten ausgeglichen. Für Venus war eine Passage-Distanz von 5300 km vorgesehen, für das erste Merkur-Rendezvous eine Entfernung zum Planeten von 1000 km.

Beim Vorbeiflug an der Venus veränderte das Schwerefeld des Planeten den Flugweg und die Geschwindigkeit der Raumsonde. Die Richtung von M 10 wurde nach innen zur Merkur-Bahn hin abgelenkt, die Geschwindigkeit der Sonde – relativ zur Sonne – reduziert. Ohne diese Verlangsamung wäre M 10 nicht in den inneren Bezirk des Sonnensystems hineingelangt, dazu reichte die der Sonde verliehene Geschwindigkeit nicht aus. Hätte man Merkur ohne Venus-Rendezvous erreichen wollen, wäre – bei gleichem Gewicht von M 10 – eine stärkere Trägerrakete notwendig geworden.

Die Bahn von M 10 war nämlich so gelegt worden, daß die Gravitation der Venus der Raumsonde beim nahen Vorbeiflug eine negative Beschleunigung erteilte und diese auf eine Sonnenumlaufbahn mit 176 Tagen Periode geriet, die zu mehreren Vorbeiflügen am Planeten Merkur führte. Diese Bahn war eine langgestreckte Ellipse, und die Umlaufzeit war genau doppelt so lang wie die des Merkur. So kam M 10 nach jedem Umlauf wieder in die Nähe von Merkur, der sich in dieser Zeit zweimal um die Sonne bewegt hatte. Der Mindestabstand von M 10 zur Sonne betrug dabei minimal 0,45 AE, also etwa 67 Mio. km.

Die »swing by«-Technologie erwies sich also hier erstmals als idealer Helfer der Raumfahrt-Ingenieure, mit einer relativ kleinen (und preiswerteren) Rakete ließ sich eine verhältnismäßig schwere Nutzlast zum Merkur befördern, und unterwegs konnte (bzw. mußte) auch noch ein zweiter Planet passiert werden. Diese Form des »interplanetaren Billard« sollte auch bei späteren Missionen zu den äußeren Planeten des Sonnensystems noch eine große Rolle spielen.

Rendezvous mit der Venus

Drei Tage vor dem nahen Vorbeiflug startete M 10 am 2. Febr. 1974 mit den wissenschaftlichen Messungen in Venus-Nähe, die TV-Aufnahmen begannen erst am 5. 2., eine halbe Stunde vor der größten Annäherung des Instrumententrägers an die Venus. Vorher konn-

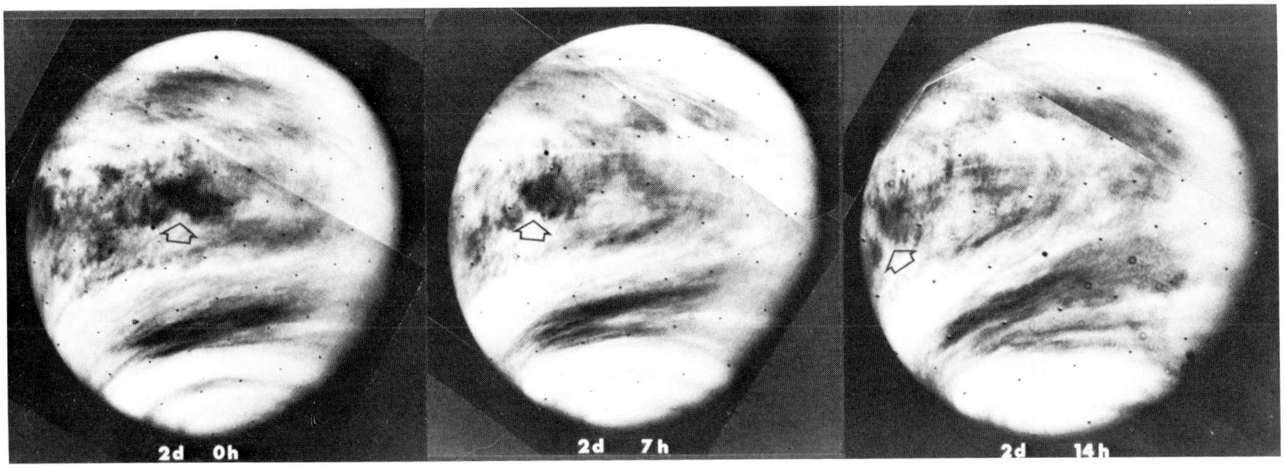

Diese Serie von Venus-Bildern nahm M-10 im Abstand von jeweils sieben Stunden auf. Deutlich ist die Bewegung der Wolkenformationen zu erkennen, die bekanntlich in 100 Stunden einmal um den Planeten kreisen. Nur im ultravioletten Licht sind diese Einzelheiten in der gelben Wolkenhülle der Venus zu sehen.

ten die Kameras kaum etwas sehen, weil sich die Raumsonde der Venus auf der dunklen Seite näherte. Erst nach dem Vorbeiflug, als sich der Abstand laufend vergrößerte, konnten die Kameras mit ihrer eigentlichen Arbeit beginnen und Mosaik-Serien von der Wolkenhülle machen.

M 10 war noch etwa 8000 km von der Venus entfernt, als die ersten TV-Bilder des Planeten auf den Monitoren der Flugtechniker in Pasadena aufleuchteten. Zunächst wurde nur die schmale nördliche Sichelspitze der Venus erkennbar. In den nächsten Stunden – die größte Annäherung an den Planeten war mit 5800 km auf der Nachtseite erfolgt – übermittelten die Kameras dann laufend Bilder von der schon kleiner werdenden hellen Wolkensichel. In den hohen Schichten der Venus-Atmosphäre wurden in dieser Flugphase – sozusagen im Gegenlicht – einige Dunstschleier erkennbar.

Kurz nach dem nahen Vorbeiflug der Sonde an der Venus erfolgte das sog. Bedeckungs-Experiment, bei dem das langsame Verstummen und Wiederauftauchen der Funksignale beobachtet wurde, als die Sonde von der Erde aus gesehen für kurze Zeit hinter der Venus verschwand. Aus der Veränderung der Funksignale beim Durchdringen der Venus-Atmosphäre ließen sich dann Rückschlüsse auf die Dichte, Höhe und Zusammensetzung dieser Gashülle ziehen. Die in diesen 21 Min. gemachten 36 TV-Bilder und die anderen Messungen wurden auf Magnetband gespeichert und später zur Erde übermittelt, als wieder direkter Funkkontakt bestand.

Mit immer größer werdendem Abstand zwischen M 10 und der Venus wurde langsam immer mehr von dem Planeten sichtbar, der aber dabei auch immer kleiner wurde.

Mit dem Teleobjektiv konnten jedoch zahlreich Mosaik-Bildserien von der Venus und schließlich viele Totalaufnahmen des Planeten gemacht werden. So wurden bis zum 13. Februar 1974 insgesamt 4165 Bilder von der Venus zur Erde übertragen. Diese im ultravioletten Spektralbereich gemachten TV-Aufnahmen waren es, die den Wissenschaftlern die viertägige Rotation der Wolkenschicht in der Venus-Atmosphäre offenbarten.

Schon vor dem Vorbeiflug von Mariner 10 an der Venus hatten die Techniker Schwierigkeiten mit dem Lageregelungs-System und vor allem mit dem Treibstoff, weil bei der kleinsten Störung überproportional viel Stickstoff verloren ging. Aus diesem Grund mußte das Flugprogramm geändert und auf diverse Messungen verzichtet werden, die eine Lageänderung der Sonde notwendig gemacht hätten. Zeitweise ließen die JPL-Ingenieure den Mariner einfach treiben, als »Sonnensegel« strebte er seinem nächsten Ziel zu – Merkur.

Erster Vorbeiflug an Merkur

Am 17. März 1974 hatte sich M 10 dem Merkur so weit genähert, daß die wichtigsten Experimente aktiviert werden konnten. Die ersten Fernseh-Bilder von dem innersten Planeten empfingen die Techniker am 23. März, als die Raumsonde noch 5,3 Mio. Kilometer von Merkur entfernt war. Das Auflösungsvermögen dieser ersten Aufnahmen war noch sehr gering, es entsprach etwa dem, was man von der Erde aus mit gro-

Tabelle der Planeten-Passagen von Mariner 10

Datum	Objekt	Distanz-Min. (km)	TV-Bilder	Max. AV (m)	Überdeckung
03. 11. 1973	Erde/Mond		1000		
30. 11. 1973	Kohoutek				
05. 02. 1974	Venus	5800	3500	3700	40%
29. 03. 1974	Merkur I	740	2000	450	25%
21. 09. 1974	Merkur II	48000	1800	30000	12%
16. 03. 1975	Merkur III	310	650	100	

ßen Teleskopen erreichen kann. Merkur erschien in diesem Stadium als schmale Sichel, etwa ein Viertel der Planetenscheibe war – von der Raumsonde aus gesehen – beleuchtet. Schon einen Tag später waren die Bildergebnisse besser, die Sonde näherte sich dem Planeten mit rasender Geschwindigkeit. Es wurden einige helle und dunkle Flecken erkennbar, die etwa 500 km Durchmesser zu haben schienen.
Dann, aus 3,5 Mio. km Distanz, wurden auf den TV-Bildern schon einige Krater sichtbar, bis dann schließlich eine dem Erdmond verblüffend ähnliche Merkur-Oberfläche erkennbar wurde. Der helle Fleck, den man auf den ersten Mariner-Bildern und gelegentlich auch schon von der Erde aus gesehen und als mindestens 500 km große Formation eingestuft hatte, entpuppte sich aus der Nähe als nur 40 km großer Krater, der aber außerordentlich hell ist und von einem weiten Strahlenkranz umgeben wird.
In den nächsten Tagen wurde die Bildqualität immer besser, die Merkur-Oberfläche offenbarte eine verblüffende Detail-Vielfalt. Bild für Bild wurde die anfangs von M 10 aus einsehbare helle Seite des Planeten mosaikartig aufgenommen. Als sich die Sonde dann wieder von Merkur entfernte, kam die andere Seite der beleuchteten Hemisphäre ins Blickfeld, auf der die sicher interessanteste Formation der Merkur-Oberfläche sichtbar wurde, das 1300 km im Durchmesser große Caloris Basin.
Während der Annäherung von M 10 an den Merkur vom 23.–27. März wurden nur gelegentlich einige Aufnahmen des größer werdenden Planeten gemacht. Am 28. 3. arbeiteten die Kamers dann fast ununterbrochen, alle 42 Sek. wurde ein Bild empfangen. Am 29. wurde die Aufnahmesequenz unterbrochen, weil M 10 dicht an der dunklen Seite des Planeten vorbeizog. Der Mindestabstand zwischen Planet und Sonde betrug dabei etwa 740 km.
Als wenig später die Funksignale von M 10 für die Beobachter auf der Erde kurz verstummten, weil die Sonde hinter dem Planeten verschwand, wurden die in dieser Zeit aufgenommenen TV-Bilder in der Sonde wieder auf Magnetband gespeichert. Danach arbeiteten die TV-Kameras regelmäßig weiter bis zum 3. April, als sich M 10 schon wieder bis auf 3,5 Mio. Kilometer von Merkur entfernt hatte. Am 11. April wurde die Bildübertragung eingestellt.
Bis dahin hatten die beiden TV-Kameras schon mehr als 2000 Bilder von Merkur gemacht und zur Erde übertragen. Das ist ein recht beachtliches Ergebnis, wenn man bedenkt, daß M 10 aus bahntechnischen Gründen hinter dem Merkur auf dessen dunkler Seite vorbeiflog und die helle Scheibe des Planeten quasi nur von der Seite aufnehmen konnte. Deshalb wurden auch nur etwa 50% der beleuchteten Merkur-Hemisphäre von den Kameras erfaßt, die beiden Terminatorzonen vor allem, wo sozusagen Vormittag und Nachmittag war im Merkur-Tag. Die Mittagszone blieb den Kameras dagegen weitgehend verborgen und wurde nur streifend von der Seite aufgenommen.

Erstmals in der Raumfahrt-Geschichte wurde bei Mariner 10 das Verfahren des »interplanetaren Billard« angewandt; das Gravitationsfeld der Venus schleuderte die Raumkapsel gezielt in Richtung Merkur weiter, ohne daß dafür ein zusätzlicher Raketenimpuls erforderlich wurde. Wenn man die Konstellationen der Planeten entsprechend abpaßt und sich exakt an den vorausberechneten Zeitplan hält, dann lassen sich beim »swingby« mit einer Raumsonde zwei, drei oder sogar noch mehr Planeten anfliegen. Ein zeichnerisch nicht darstellbarer Effekt solcher kosmischen Rendezvous ist der enorme Zeitgewinn, große Planeten geben den Raumsonden dabei erhebliche Geschwindigkeitsimpulse mit auf den Weg.

Die TV-Kameras von M 10 sahen den Merkur also immer nur als Sichel oder Halbkugel, zunächst von der einen, dann von der anderen Seite. Dabei wurde festgestellt, daß das von Merkur reflektierte Licht ebenso polarisiert ist wie das Licht, das wir vom Erdmond empfangen. Die Merkur-Oberfläche reflektiert durchschnittlich nur 12,5% des auffallenden Lichts, der Krater Kuiper 25%.

Zweite Merkur-Passage

Der September-Vorbeiflug von M 10 am Merkur war in erster Linie als Fotomission geeignet, deshalb wurden bei dieser Passage nur die TV-Kameras und das Ultraviolett-Spektrometer angeschaltet, das die Gase in der Umgebung des Planeten registrierte.
Am 21. 9. 1974 war es soweit, nach Bewältigung einiger ernsthafter Probleme näherte sich M 10 dem Planeten Merkur zum zweitenmal – eine großartige Premiere für die interplanetare Raumfahrt im allgemeinen und für die NASA-Techniker im »Jet Propulsion Laboratory« im besonderen.
Allerdings brachte Mercury II, wie dieses zweite Rendezvous zwischen dem Planeten und M 10 von den Wissenschaftlern genannt wurde, keine starke Annäherung zwischen Sonde und Planet, M 10 flog in ca.

48 000 km Entfernung an Merkur vorbei. Mit dem Teleobjektiv aber war es möglich, auch aus dieser Distanz noch gute Bilder von der Oberfläche mit etwa 1 km Auflösung zu erhalten.
Allerdings brachten es die bahnmechanischen Verhältnisse bei diesem zweiten Rendezvous mit sich, daß wieder dieselbe Hälfte von Merkur beleuchtet war wie beim ersten Vorbeiflug, denn in der Zwischenzeit hatte sich Merkur ja genau zweimal um die Sonne bzw. dreimal um seine eigene Achse gedreht. Die Bahn von M 10 lag aber so, daß diesmal auch die Gebiete in der Mitte der beleuchteten Merkur-Scheibe erfaßt werden konnten, die zuvor nicht einsehbar waren.
Bei dem zweiten Vorbeiflug machten die beiden TV-Kameras etwa 500 Bilder, die nahezu 75% der beleuchteten Scheibe des Merkur erfaßten. Dabei wurden übrigens keine neuen Oberflächen-Formationen entdeckt, aber erstmals war auch ein Blick auf den Südpol des Planeten möglich. Dabei kamen Berggipfel ins Sichtfeld, die praktisch seit Millionen Jahren ununterbrochen dem Sonnenlicht ausgesetzt sind, daneben existieren dort Kratertäler, die wohl seit ebenso langer Zeit in dunkelster Finsternis liegen.
Die Ankunft-Zeiten von M 10 bei Venus und Merkur waren so berechnet, daß auch jeweils die drei großen 64 m-Antennen des »Deep Space Network« in Kalifornien, Spanien und Australien in günstiger Position zu Venus und Merkur standen, damit die Datensendungen lückenlos erfaßt werden konnten und somit während kritischer Flugmanöver und wichtiger Datenübertragungen kein Stationswechsel notwendig war.
Da Erde und Merkur bei dem zweiten Vorbeiflug von M 10 sehr viel weiter voneinander entfernt waren, als beim ersten Rendezvous, mußten die Raumfahrt-Experten mit einem funktechnischen Trick dafür sorgen, daß dennoch alle von der Sonde zur Erde übermittelten Daten und Bilder in »realtime«, also direkt und ohne Verlangsamung der bit-Rate empfangen werden konnten. Der Kunstgriff bestand darin, daß die drei Empfänger des »Deep Space Network« in Kalifornien – eine 64-m- und zwei 26-m-Antennen – zusammengeschaltet und gemeinsam für den Datenempfang benutzt wurden. Diese Dreiergruppe hatte nun fast 120 m Antennendurchmesser.

Aller guten Dinge sind drei

Zum allgemeinen Erstaunen gelang es den Weltraum-Technikern im »Jet Propulsion Laboratory« tatsächlich, zwischen M 10 und Merkur noch ein drittes Rendezvous herbeizuführen, das am 16. März 1975 stattfand, wieder 170 Tage nach dem zweiten Vorbeiflug. Bei dieser dritten Passage flog M 10 in nur 330 km Abstand am Merkur vorbei, um die dünne Gashülle um den Planeten sozusagen »vor Ort« untersuchen zu können und um einige hochauflösende TV-Bilder von dem Planeten zu machen. Bei dieser Gelegenheit entstanden etwa 150 TV-Bilder der Merkur-Oberfläche mit einem Auflösungsvermögen von nur 100 m.
Der Ausfall des Magnetband-Speichergeräts an Bord von M 10 brachte die Techniker in Pasadena in einige Schwierigkeiten, denn sie konnten nun in kritischen Flugphasen keine Informationen mehr speichern, sondern mußten – vor allem die TV-Bilder – stets direkt zur Erde übermitteln lassen. Zu allem Unglück gab es dann noch Probleme mit der 64-m-Antenne in Canberra, so daß – als diese Station die Daten empfangen sollte – nur zwei 26-m-Antennen zur Verfügung standen. Die direkte Übertragung von Bildern konnte nämlich nur mit der höchsten Datenrate erfolgen, und die wiederum war nur von den 64-m-Antennen in Realzeit zu bewältigen. Solange sich die Bilder auf Magnetband speichern ließen, konnten sie dann später entsprechend langsamer zur Erde übertragen werden, so daß auch die kleineren Radioantennen für den Empfang ausgereicht hätten.
Da nun aber das Magnetband-Speichergerät ausgefallen war und die direkt übertragenen Bilder nur mit den 26 m Antennen empfangen werden konnten, entschloß sich die NASA, nur jeweils ein Viertel der aufgenommenen Bilder aufzuzeichnen und dann schon das nächste Bild zu machen. So wurde der begrenzten Kapazität der kleineren Antennen von nur 22 000 bit/Sek. (statt 117 000 bit/Sek. bei den 64-m-Antennen) Rechnung getragen und trotzdem die hohe Aufnahmefolge von 42 Sek. mit exzellenter Bildqualität beibehalten.

Tabelle der amerikanischen Merkur-Sonde Mariner 10

Mariner 10 1973–85 A 3. 11. 1973 USA Drei Merkur-Passagen am 29. 3. 74 mit 700 km Entf. 21. 9. 74 in 50 000 km 16. 3. 75 mit 330 km Entf.	Zentralkörper mit Antennen und 2 Solarpaddeln (2,3/8 m) Lage- Kurskorrektur Hitzeschutz-System Magnetspeicher Bordcomputer 528 kg / 78 kg Sender 2113 MHz 10/20 W 400 W / 117 600 bps	Die erste amerikanische Merkur-Sonde hatte 7 Sensoren an Bord, mit denen der Planet beim Vorbeiflug erforscht werden sollte: a) IR-Radiometer; b) Plasma-Sonde; c) Magnetometer; d) UV-Spektrometer; e) Teilchen-Detektor; f) X-Band; g) Zwei TV-Kameras mit den Daten 2/62 und 8,4/1500 mm und 700 Zeilen à 832 Bildpunkte	Die insgesamt 4400 erhaltenen TV-Bilder von Merkur mit einem max. Auflösungsvermögen von ca. 100 m offenbarten eine dem Erd-Mond sehr ähnliche Krater-Oberfläche mit dem Riesen-Ringgebirge Caloris Basin (∅ 1300 km). Lange Gräben und Brüche sind wahrscheinlich auf Schrumpfungserscheinungen des Merkur zurückzuführen, der langsam abkühlt. Nur ca. 50 % der Planetenoberfläche wurden erfaßt. Es wurde eine sehr dünne Edelgas-»Atmosphäre« entdeckt; die Temperaturen schwanken zwischen –210 bis + 510° C, ein schwaches Magnetfeld existiert (1/100 des irdischen).

Venus

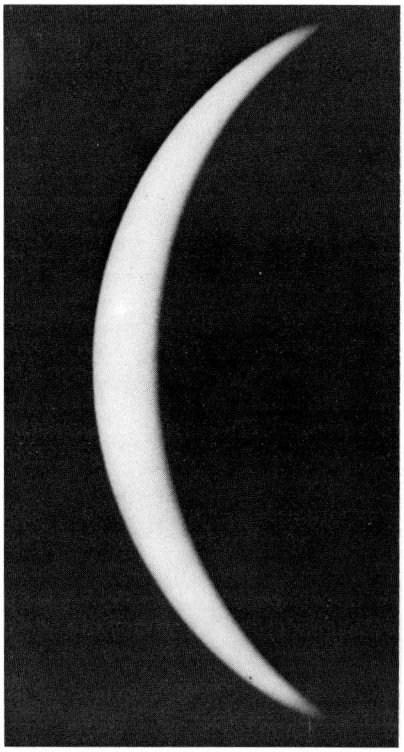

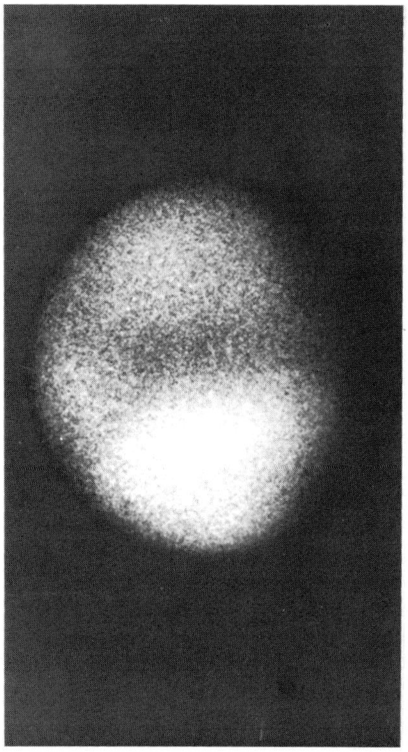

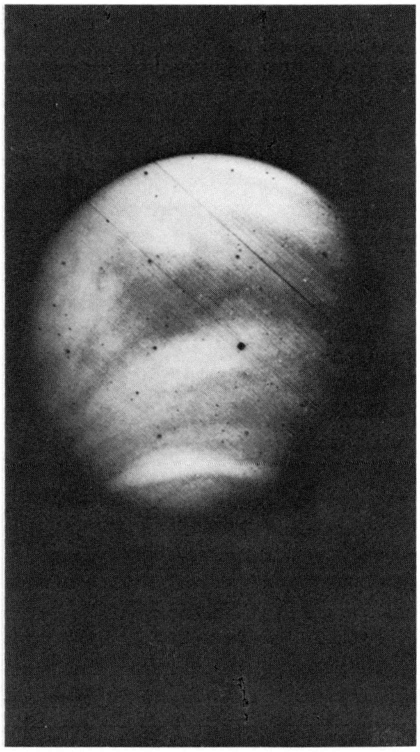

Wenn Venus der Erde recht nahe steht, erscheint sie uns als schmale Sichel, die mit großen Teleskopen in hervorragender Schärfe fotografiert werden kann (links). Mit Ultraviolett-Filtern ist es gelegentlich auch möglich, die Wolkenstrukturen in der Atmosphäre dieses Planeten aufzunehmen, z. B. die typische Y-Formation. Zwar sieht man auf diesem Bild fast die volle Venus-Scheibe, aber wegen der größeren Entfernung zwischen den Planeten ist nun das Auflösungsvermögen wesentlich schlechter. Auf dem Bild rechts ist die Y-Wolkenfigur auf einem Bild der Sonde Mariner 10 in besserer Schärfe erfaßt.

So sehr Merkur die von der Erde aus beobachtenden Astronomen enttäuscht, so sehr werden sie von der Venus entschädigt – auf den ersten Blick. Hell schimmert der Planet am Abend- oder Morgenhimmel, heller als jeder andere Stern – Sonne und Mond natürlich ausgenommen.

Schon 684 v. Chr. wird in babylonischen Schrifttafeln von Venus-Beobachtungen berichtet. Damals meinte man noch – ebenso wie bei Merkur – jeweils zwei Planeten vor sich zu haben, die abwechselnd jeweils bei Sonnenauf- bzw. Untergang erschienen. Es hat lange gedauert, bis man sich darüber klar wurde, daß hier nur jeweils ein Planet beobachtet wurde, der entweder am Abend- oder am Morgenhimmel erschien.

1610 entdeckte Galilei, daß die Venus – je nach ihrer Stellung zur Erde – verschiedene Beleuchtungsphasen zeigt, wie man sie vom Mond her kennt. Auch das war ein wichtiger Beweis dafür, daß die Venus-Bahn innerhalb der Erdbahn verläuft und daß beide Planeten um die Sonne kreisen.

Es ist heute nicht mehr ganz klar, warum der Name der römischen Liebesgöttin gerade auf diesen Planeten übertragen wurde, aber lange Zeit hat die Venus ihrem Namen auch in astronomischer Hinsicht alle Ehre gemacht. Ihre strahlende Schönheit bzw. Helligkeit stellt das Erscheinungsbild aller anderen Planeten buchstäblich in den Schatten.

Nach der Erfindung des Fernrohrs festigte sich die weiblich-verführerische Aura noch, die den Planeten von alters her umgab, die Venus erscheint im Teleskop als mehr oder weniger ausgeprägte Sichel mit makellosen Rundungen – glänzend weiß, vollendetes Spiegelbild der Unschuld. Bald erkannten die neugierigen Venus-Forscher, daß dieses helle, blendende Planetenbild durch eine dichte Wolkenhülle verursacht wird, die niemals auch nur einen Hauch der eigentlichen Oberfläche des Planeten durchschimmern läßt. Neue Erkenntnisse über diesen Planeten wurden sehr viel seltener gemeldet als bei anderen Mitgliedern des Sonnensystems. Erst im Raumfahrt-Zeitalter kamen die Erdenforscher dem Venus-Geheimnis auf die Spur.

Ehe man die unangenehme Wahrheit über die wahren Zustände auf der Venus erfuhr, gaben sich die Forscher und Laien manch verwegener Spekulation über unseren Nachbar-Planeten hin. Die Venus ist fast genauso groß und schwer wie die Erde, sie hat ebenfalls eine Atmosphäre und steht in günstiger Entfernung zur Sonne. Eigentlich – so nahmen auch ernsthafte Wissenschaftler vor dem Raumfahrt-Zeitalter an – müßten auf der Venus geradezu paradiesische Zustände herrschen. Man stellte sich dort eine üppige Pflanzenwelt vor, vergleichbar mit irdischen Urwäldern; sogar Tiere wurden in Gedanken angesiedelt. Selbst die Existenz menschenähnlicher, mit Vernunft begabter Wesen wurde nicht ganz ausgeschlossen, kühne Spekulanten sahen die Venus schon von einer wilden Frauengesellschaft bevölkert, die – ganz frei nach der irdischen Amazonen-Sage – nur auf männlichen Besuch von der Erde wartete. Hier war wohl vor allem der erotische Wunsch der frivole Vater des amourösen Gedankens.

Ganz tolle Blüten treibt der Venus-Kult im Zusammenhang mit der UFO-Hysterie. Es gibt Menschen, die allen Ernstes behaupten, sie wären zu einem Ausflug mit einer sog. »Fliegenden Untertasse« zur Venus eingeladen worden, wo sie in den Armen Dutzender Amazonen-Schönen die tollsten erotischen Abenteuer erlebt hätten. Daß solche Geschichten erzählt werden, ist schon verwunderlich, wenn auch noch verständlich. Daß die Astro-Märchen aber von nicht wenigen Gläubigen als bare Münze genommen werden, ist fast unglaublich.

Einen phantastischen Plan zur »Urbarmachung« der Venus für irdische Kolonien hat der amerikanische Astrophysiker Carl Sagan entwickelt. Er schlägt vor, die Schwefelsäure-Wolken dieses Planeten mit einer größeren Menge Jod zu »impfen«, die dann aufgrund bestimmter chemischer Reaktionen nach etwa 1000 Jahren so viel Sauerstoff entwickelt haben sollten, daß Menschen in dieser Atmosphäre leben könnten. Es ist fraglich, ob diese besondere Form der kosmischen Befruchtung technisch überhaupt realisierbar ist und ob das Ergebnis der tausendjährigen Schwangerschaft dann tatsächlich die Geburt einer neuen, lebensfreundlicheren Venus-Atmosphäre wäre. Wir werden das aber ohnehin nicht mehr erleben, selbst wenn dieser seltsame Plan in nächster Zukunft in die Tat umgesetzt werden sollte.

Umlaufzeit

Die Bahn der Venus um die Sonne verläuft äußerst gleichförmig zwischen 107 und 109 Mio. km Abstand, sie hat mit 0,0068 die geringste Exzentrizität aller Planetenbahnen und entspricht damit fast einer Kreisbahn. Ein Umlauf der Venus um die Sonne dauert 7,5 Erd-Monate oder 224,7 Tage; die Geschwindigkeit dabei beträgt durchschnittlich 35 km/Sek. – in fast 6 Min. bewegt sich also die Venus auf ihrer Bahn um ihren eigenen Durchmesser weiter. Die Venus-Bahn ist um 3° 23′ gegen die Ekliptik geneigt.

Die synodische Umlaufzeit der Venus beträgt im Durchschnitt 584 Tage und weicht höchstens um 4 Tage davon ab – auch das eine Folge der geringen Exzentrizität der Venus-Bahn. Zufällig sind 13 siderische Venus-Umläufe fast genau acht Erd-Jahre und fünf synodische Umläufe, so daß alle acht Jahre für die Beobachter auf der Erde die Venus-Phasen zum gleichen Datum wieder beginnen.

Durchmesser / Masse

Schon im Jahr 1807 gelang dem deutschen Astronomen Johann Wurm eine erste Bestimmung des Venus-Durchmessers, die mit 12300 km auch schon recht genau ausfiel. Eine noch präzisere Messung der Größe dieses Planeten meldeten 1959 die Astronomen Gérard de Vaucouleurs und D. Martinov, sie hatten eine Bedeckung des Fixsterns Regulus durch die Venus beobachtet und waren dabei auf einen Durchmesser von 12200 km gekommen. Die Größe des eigentlichen Planetenkörpers wurde 1962 mit Radarstrahlen untersucht und zu 12110 km bestimmt. Das sind nur etwa 650 km weniger als der Durchmesser der Erde.

Aus der genauen Beobachtung der Störungen, die die Venus auf die Bahnen von Erde und Mars ausübt, errechneten die Astronomen eine Venus-Masse von 0,819 Erd-Massen. Bei dem Vorbeiflug von M 2 an der Venus konnte aus der genauen Beobachtung der Bahnveränderung auf einen sehr viel genaueren Wert von 0,81485 geschlossen werden. Das ergibt in Verbindung mit dem Durchmesser von 12110 km eine mittlere Dichte der Venus von 5,25. Die Schwerkraft am Venus-Äquator beträgt 0,88 der Erden-Schwere.

Von der Erde aus gesehen

Die Entfernungen zwischen Erde und Venus schwanken sehr stark zwischen 42 und 258 Mio. km, je nach der Stellung der beiden Planeten zueinander. Die genannten Distanz-Eckwerte erhält man ohne weiteres durch Addition und Subtraktion der Entfernungen Erde–Sonne und Venus–Sonne. Venus ist – wie aus diesen genannten Daten hervorgeht – der Planet, der der Erde am nächsten kommt. Der scheinbare Durchmesser der Venus beträgt dann für irdische Teleskop-Beobachter etwa 60 Bogensekunden – obwohl der Planet in dieser Konstellation für uns praktisch unsichtbar ist. Die Venus steht dann genau zwischen Sonne und Erde und kehrt uns ihre unbeleuchtete Seite zu – es herrscht sozusagen Neu-Venus (analog zum Neumond). Die ganze runde Venus-Scheibe sieht man nur, wenn sich der Planet auf der anderen Seite der Sonne befindet, also in sehr viel größerer Entfer-

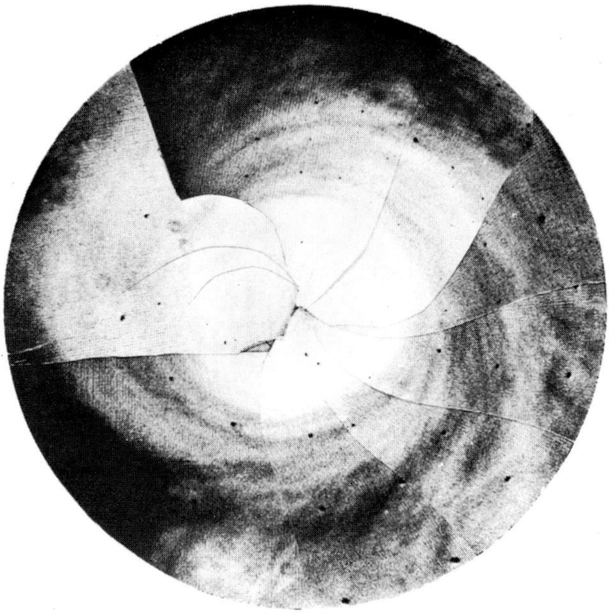

Dieses Mosaik von TV-Bildern zeigt die Wolkenwirbel an einem Pol der Venus. Mariner 10 machte die Aufnahmen im ultravioletten Spektralbereich während des nahen Vorbeiflugs. Am Rand dieses Mosaiks geht die Sicht bis zum Äquator, dort erscheint die Wolkenströmung aber in starker perspektivischer Verzeichnung. Auffällig ist die Helligkeit der polaren Wolkenströmung im Vergleich zu den umgebenden Wolken, die auch später auf den Bildern des Pioneer-Orbiters festgestellt wurde.

nung von der Erde, so daß dann der scheinbare Durchmesser nur etwa 10 Bogensekunden beträgt.
Da Venus sehr viel weiter als Merkur von der Sonne entfernt ist, erreicht sie auch einen viel größeren Abstand vom Zentralgestirn – bis zu 48°. Der Planet erscheint viel früher am Morgenhimmel und verschwindet viel später vom abendlichen Firmament, als Merkur es im Vergleich zur Sonne tut. Der Himmel ist dann noch oder schon dunkel, was die Kontraste bei der Beobachtung erhöht, daneben bleibt jedoch mehr Zeit für die Untersuchung der Venus.
Zwischen der oberen Konjunktion der Venus und der größten östlichen Elongation vergehen fast 221 Tage, die sich in sechs Abschnitte gliedern lassen:

a) 30 Tage, an denen der Planet der Sonne zu nahe steht, um beobachtet werden zu können;
b) dann folgen 120 Tage leidlich guter Sichtbarkeit;
c) nun ist die Venus 70 Tage lang sehr gut zu beobachten, sie geht dann erst bis zu 4,5 Stunden nach der Sonne unter;
d) es folgt eine Phase von 34 Tagen, in der die Helligkeit auf den Maximalwert von $-4^{m}.5$ anwächst;
e) es schließt sich eine Spanne von 37 Tagen bis zur unteren Konjunktion an;
f) während der letzten 15 Tage des 221 Tage dauernden Zyklus kann die Venus dann nicht mehr beobachtet werden.

Wenn Venus für die Beobachter auf der Erde ihre größte Helligkeit erreicht, zeigt sie sich uns im Fernrohr als schmale Sichel. Die Elongation beträgt dann rund 40°, der Phasenwinkel etwa 120° und der Durchmesser ca. 40 Bogensekunden. Wenn wir die ganze runde Venus-Scheibe sehen, sinkt die Helligkeit auf den Minimalwert von $+\ 0^{m}.7$. Insgesamt aber schwankt die scheinbare Helligkeit dieses Planeten – von der Erde aus gesehen – noch nicht einmal um eine ganze Größenklasse. Die wachsende Helligkeit aufgrund der Vergrößerung des scheinbaren Durchmessers wird fast ganz »aufgefressen« durch den Helligkeits-Rückgang, der sich durch die zunehmende Abschattung der Venus-Scheibe ergibt.
Auch die Venus geht – von der Erde aus gesehen – gelegentlich vor der Sonnenscheibe vorbei, allerdings sehr viel seltener als Merkur. Das Auftreten der Venus-Durchgänge ist theoretisch gegeben durch die kleinste ganze Zahl, die das gemeinsame Vielfache von synodischen Umläufen und Erdenjahren darstellt, das sind 88 760 Tage oder 243 Erdjahre. Die nächsten Venus-Vorübergänge vor der Sonnenscheibe finden erst im nächsten Jahrhundert statt, am 8. Juni 2004 und am 6. Juni 2012.
1761 wurde bei einem der seltenen Vorübergänge der Venus vor der Sonnenscheibe ein schmaler Lichtsaum um den Planeten herum beobachtet, der als konkreter Hinweis auf eine die Venus umhüllende Atmosphäre gedeutet wurde.
Die hell reflektierende Wolkenschicht in der Venus-Atmosphäre ist die Ursache für die enorme Helligkeit dieses Planeten. Die Albedo von 0,66 besagt, daß zwei Drittel des auffallenden Sonnenlichts reflektiert werden. In der Zeit der maximalen Helligkeit kann Venus auch am Tage von der Erde aus beobachtet werden – wenn man genau weiß, wo sie steht. Manche Astronomen bevorzugen diese Art der Beobachtung, weil sie meinen, mehr zu erkennen.

Eigendrehung

Im Gegensatz zu Merkur, wo wenigstens einige schemenhafte Oberflächen-Details schließlich eine Bestimmung der Rotationszeit zuließen, ist das bei der Venus mit ihrer dichten Wolkenhülle nicht möglich. Der italienische Astronom Schiaparelli vertrat 1860 nach langen vergeblichen Versuchen, bei Venus eine Rotation festzustellen, die Meinung, daß dieser Planet höchstwahrscheinlich eine gebundene Rotation haben müsse und für eine Drehung um die eigene Achse 225 Tage brauche, ebenso lange also wie für eine Umkreisung der Sonne.
Anfang dieses Jahrhunderts – 1903 – wurden dann am Lowell-Observatorium die ersten spektroskopischen Untersuchungen zur Feststellung der Venus-Rotation

unternommen. Sie führten zu dem Ergebnis, daß sich dieser Planet sehr langsam um sich selbst drehen müsse, und zwar in retrogradem Sinn, also entgegen der allgemeinen Drehrichtung im Sonnensystem.

Die scharfsinnigen Überlegungen und ausgeklügelten Untersuchungen, die viele Astronomen-Generationen dieser Frage gewidmet haben, füllen ganze Bibliotheken. Zu Beginn dieses Jahrhunderts kamen dann auch fotografische Methoden dazu, wie z. B. die Bildkomposition, bei der einige Dutzend ausgesuchte Aufnahmen übereinandergelegt werden, um zarte Details in einem Planetenbild zu erkennen. Dafür taten sich drei Sternwarten zusammen, um ein langfristiges fotografisches Beobachtungsprogramm zu realisieren, in dessen Verlauf schließlich 1959 eine viertägige regelmäßige Wolkenbewegung in der Venus-Atmosphäre entdeckt wurde. Aber schon damals äußerten einige Astronomen die Ansicht, daß das wahrscheinlich nur eine globale Bewegung der Wolkenhülle ist und nicht die eigentliche Rotationsperiode der Venus.

Alle nachfolgenden Messungen, die von genauen Beobachtungen der Wolkenhülle im ultravioletten Licht abgeleitet wurden, stabilisierten sich dann bei einer angenommenen rückläufigen Rotation von vier Tagen – wie sie dann auch in neuester Zeit durch Raumsonden-Fotos bestätigt wurde. Allerdings betrifft dieser Wert eben nur die globale Bewegung der Wolken in der Venus-Atmosphäre und nicht die Achsendrehung des Planeten selbst. Diesem Geheimnis kam man erst in neuester Zeit mit Radarbeobachtungen auf die Spur, die ja bis auf die Oberfläche des Planeten selbst vordringen und die Bewegung der Kruste feststellen.

Für diese 243 Erd-Tage dauernde Eigenrotation der Venus gibt es bis zum heutigen Tag keine einleuchtende Erklärung, vielleicht hat die dichte Atmosphäre damit etwas zu tun, deren innere Reibung über Jahrmilliarden den ursprünglich wohl vorhandenen sehr viel stärkeren Drehimpuls in Wärme umgesetzt haben könnte – vielleicht ist das (neben dem »Treibhaus-Effekt«) eine zusätzliche Erklärung für die hohen Temperaturen an der Venus-Oberfläche.

Mit der Verfeinerung der Radar-Meßtechnik wurde es schließlich auch möglich, Doppler-Frequenzverschiebungen in den empfangenen Signalen festzustellen, wenn sich der eine Teil des betreffenden Planeten gerade von der Erde weg oder auf uns zu bewegte. So läßt sich die Rotationsrichtung eines Planeten messen, und so kam man schließlich auch der Tageslänge auf Venus auf die Spur – obwohl das wegen der sehr langsamen Drehung dieses Planeten sehr schwierig war.

Atmosphäre

Venus steht der Sonne wesentlich näher als die Erde und erhält fast doppelt so viele Strahlungsenergie. Da die Venus-Atmosphäre aber – vor allem deren helle Wolken – sehr viel mehr dieser intensiven Sonnenstrahlung reflektiert, beträgt die Solarkonstante bei unserem Nachbar-Planeten nur 1,43.

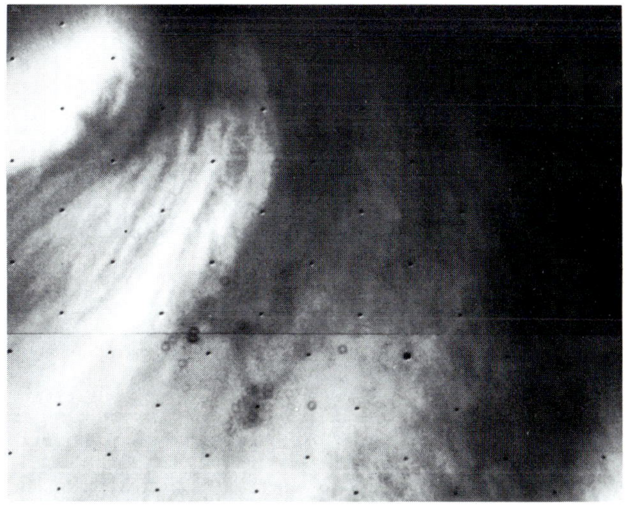

Spiralförmige Wolkenformationen, die sich vom Äquator der Venus zu den Polen bewegen, kamen bei solchen Nahaufnahmen zum Vorschein, die M-10 während des Vorbeiflugs an dem Planeten aufnahm. Die dunklen Punkte und Kreise auf dem Bild sind Reseau-Markierungen im TV-Objektiv, die später zur genauen Ausmessung der Bilder dienten.

Alles in allem ist Venus ein Planet zahlreicher Gegensätze – vor allem, wenn man sie mit der Erde vergleicht. Obwohl Venus der Sonne um etwa ein Drittel nähersteht als die Erde, müßte es auf dem Nachbar-Planeten eigentlich etwas kälter sein, denn die dichte Wolkenhülle reflektiert den größten Teil des Sonnenlichts.

Für die große Hitze auf der Venus ist jedoch der sog. »Treibhaus-Effekt« verantwortlich. Dabei werden die in die Wolkenhülle eintauchenden Sonnenstrahlen tausendfach gebrochen und fast vollständig in Wärmeenergie umgewandelt. Diese aber kann nicht wieder rückwärts in den Weltraum gelangen, weil die Wolken für die Infrarot- bzw. Wärmestrahlung fast undurchdringbar sind.

Die systematische Erforschung der Venus-Atmosphäre begann eigentlich erst mit dem amerikanischen Pioneer-Projekt, das 1978 zur Entsendung von zwei verschiedenen aufgebauten Raumsonden zu unserem Nachbar-Planeten führte. Der Pioneer-Orbiter trat in eine Satellitenbahn um die Venus ein und erforschte die Atmosphäre von außen. Mit einem Fotopolarimeter wurden auch Wolkenbilder gemacht, mit einem Radargerät die Oberfläche der Venus abgetastet. Die Atmosphären-Sonde des Pioneer-Projekts transportierte dagegen vier Meßkapseln, die in die Atmosphäre des Planeten eintauchten und diese an verschiedenen Stellen bis zur Landung einige Dutzend Minuten lang erforschten. Der Pioneer-Bus, der die vier Meßkapseln befördert hatte, trat auch in die Venus-Atmosphäre ein, verglühte aber in den hohen Schichten, nachdem er einige Messungen direkt zur Erde übermittelt hatte.

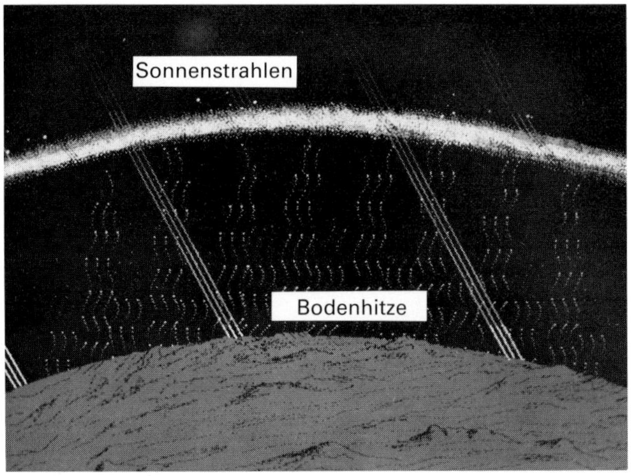

Die enorme Hitze auf der Venus-Oberfläche entsteht durch den sog. Treibhaus-Effekt, die Sonnenstrahlung kann zwar durch die Wolken bis zur Oberfläche gelangen, aber die in der Steinwüste entstandene Infrarot-Wärmestrahlung kann nicht mehr durch die Wolken zurück in den Weltraum reflektiert werden.

Die insgesamt vier Pioneer-Sonden, die die Venus-Atmosphäre längere Zeit untersucht haben, bestätigten den hohen Kohlendioxid-Anteil, außerdem konnte der schon lange vermutete Stickstoff in der Gashülle dieses Planeten nachgewiesen werden. Andererseits wurde aber zehnmal soviel Wasserdampf gefunden, wie die russischen Venera-Sonden gemessen hatten – offensichtlich eine grundlegende Differenz in der Meßmethode oder das Ergebnis einer Fehlschaltung.

Als obere Grenze der Venus-Atmosphäre gilt die 250-km-Marke, dort herrscht eine Dichte von 10^{-18} g/cm^3, die bei 125 km Höhe immer noch nur 10^{-10} g/cm^3 beträgt. Diese Werte bedeuten, daß ein Satellit der Venus genauso nahe kommen kann wie – beispielsweise – der Erde, ohne allzu schnell in den hohen Schichten der Atmosphäre abgebremst zu werden. Der Pioneer-Orbiter wurde bei seinen Venus-Umkreisungen gelegentlich in eine Bahn gelenkt, die ihn bis auf 142 km an den Planeten heranführte. Dabei wurde festgestellt, daß die Atmosphäre dort noch nicht ganz vermischt ist, sondern vielmehr noch einzelne Schichten bildet. Hier ist also die Tropopause anzusetzen, die Grenze zwischen durchmischter und fraktionierter Atmosphäre. Diese Höhe von ca. 140 km ist auch die Grenze, wo die Ionisation der Gasmoleküle einsetzt, und von hier aus gelangen auch laufend Moleküle in den freien Weltraum.

Wie schon Polarisationsmessungen ergaben, können sich an der oberen Schicht der Venus-Atmosphäre nur kleinste Flüssigkeitströpfchen von 1/1000 mm Durchmesser befinden, die auch bei Temperaturen von −25° C noch nicht gefroren sind. Diese Bedingungen erfüllt nur Schwefelsäure (H_2SO_4), die durch Reaktion von Schwefeltrioxid mit Wasser entsteht – deshalb ist die Venus-Atmosphäre so extrem trocken, das ganze ursprünglich sicher einmal vorhandene Wasser ist in der Schwefelsäure gebunden.

Auch hinsichtlich der Temperaturen herrschen auf der Venus groteske, völlig unerwartete Verhältnisse, die stark von denen auf der Erde abweichen. In der Stratosphäre (65–90 km Höhe) wächst die Temperatur – entgegen allen Erfahrungen und Theorien – vom Äquator zum Pol hin um ca. 10° C an. Überhaupt sind die Temperaturen in der Hochatmosphäre der Venus oberhalb 100 km durchweg tiefer als nach den Erfahrungen bei der Erde erwartet – obwohl die Venus sich näher an der Sonne befindet. Auf der Tagseite wurden 10–30° C gemessen (Erde ca. 800° C), auf der Nachtseite scheinen die Temperaturen in der hohen Atmosphäre der Venus mit −120° bis −170° C geradezu zusammenzubrechen (Erde ca. +500° C).

Die Pioneer-Sonden haben in der Venus-Atmosphäre zehn chemische Komponenten entdeckt und in der Ionosphäre zehn verschiedene Ionen.

Die Venus-Atmosphäre scheint aus folgenden Komponenten zu bestehen: 97 % Kohlendioxyd, 1–3 % Stickstoff, 0,25 % Helium, 0,2 % Neon und 0,02–0,2 % Argon. Unter der Wolkenschicht, in dem Raum zwischen Wolkenunterkante und Venus-Oberfläche wurden noch andere Bestandteile gefunden, wie z. B. 0,1–0,4% Wasserdampf und 0,06 % Sauerstoff. Es gibt indirekte Hinweise darauf, daß es in den Venus-Wolken auch Schwefelsäure gibt.

Ein für die Entstehungsgeschichte der Venus bedeutsames Ergebnis der Pioneer-Messungen war die Feststellung, daß es in der Atmosphäre dieses Planeten mehr Anteile des leichteren Argon-Isotops 36 als von dem schwereren Argon 40 gibt. Das bedeutet – im Verhältnis zu dem Argon-Gehalt der Mars- und der Erdatmosphäre – daß bei der Entstehung des Planetensystems in der Nähe der Sonne ganz andere Bedingungen geherrscht haben müssen als weiter draußen.

Inzwischen haben die Messungen des Pioneer-Orbiters die hohen Anteile der Edelgase Argon, Krypton und Xenon in der Venus-Atmosphäre bestätigt. Gleichzeitig festigte sich die Erkenntnis, daß die Mengenverhältnisse dieser Elemente eher mit der Verteilung der Edelgase in der Sonne übereinstimmt. Offensichtlich hat der Sonnenwind während der frühen Entstehungsphase der Planeten die Zusammensetzung der Venus-Atmosphäre erheblich beeinflußt.

Neue Überlegungen hinsichtlich der Venus-Entwicklung gehen davon aus, daß es früher auf diesem Planeten auch große Ozeane gegeben haben könnte. Das schließen die Wissenschaftler aus dem relativ hohen Deuterium-Anteil in der Venus-Atmosphäre. Diese Ozeane hatten vielleicht ein Volumen von $^1/_3$ des irdischen Wasser-Reservoirs. Allerdings verdampften diese Ur-Meere auf dem Nachbar-Planeten sehr rasch, wobei der entstehende Wasserdampf durch die solare UV-Strahlung in seine Bestandteile zerlegt wurde und der frei werdende Wasserstoff in das Weltall entwich.

Venus steht der Sonne etwa 30 % näher als die Erde, entsprechend muß es auf diesem Planeten auch merkbar wärmer sein als bei uns. Ohne den durch das CO_2 verursachten »Gewächshaus-Effekt« wäre es auf der Venus schätzungsweise 38° C warm, während wir hier auf der Erde eine Durchschnitts-Temperatur von 18° C haben. Aber obwohl der größte Teil der Sonnenenergie von den Venus-Wolken reflektiert wird, genügt doch der verbleibende Anteil, die Temperaturen an der Oberfläche des Nachbar-Planeten auf etwa 480° C ansteigen zu lassen – der durch das CO_2 verursachte »greenhouse«-Effekt macht es möglich.
Die von den Pioneer-Sonden gemachten Messungen der Venus-Atmosphäre gaben den Wissenschaftlern nun genauen Aufschluß darüber, welche Gase welchen Einfluß auf die von der Sonne kommende und von der Venus-Oberfläche reflektierte Strahlung haben.
Die genauere Auswertung der Pioneer-Daten – vor allem die des Orbiters – hat nun inzwischen Beweise dafür geliefert, daß die enorme Hitze auf der Venus-Oberfläche tatsächlich durch den sog. »Treibhaus«-Effekt hervorgerufen wird. Dabei dringt die Sonnenstrahlung leicht durch die Kohlendioxid-Atmosphäre der Venus bis zur Oberfläche durch, aber dort wird sie durch das Gestein dort in langwelligere Wärmestrahlen umgewandelt, die dann nicht mehr nach außen entweichen können. Mit den von den Pioneer-Atmosphärensonden und dem Orbiter gemachten Messungen der Zusammensetzung dieser Gashülle, der Temperaturverhältnisse und der Strahlungsbilanz ist es den Wissenschaftlern des »Ames Research Center« gelungen, jetzt den Beweis für die Richtigkeit der »Glashaus«-Theorie zu erbringen. Die tatsächlich erhaltenen Temperaturwerte für die Venus-Oberfläche und für verschiedene Schichten der Atmosphäre ließen sich nämlich auch mit einem theoretischen Modell in Übereinstimmung bringen, das man zur Berechnung der Verhältnisse entwickelt hatte.
Mit diesem Rechenmodell machten sich die Experten nun auch an die Analyse der Erdatmosphäre, deren Kohlendioxid-Gehalt wir ja durch das Verbrennen fossiler Treibstoffe momentan künstlich laufend erhöhen: momentan beträgt er 0,03%, und warnend weisen die Forscher darauf hin, daß sich dieser CO_2-Anteil in unserer Lufthülle in den nächsten 50 Jahren verdoppeln könnte. Dadurch würde wahrscheinlich auch auf der Erdoberfläche ein gewisser Treibhauseffekt wirksam, der die durchschnittliche Jahrestemperatur um bis zu 4° C ansteigen lassen könnte.
Ein solcher Klimaumschwung hätte katastrophale Folgen für die Verhältnisse hier auf der Erde, denn allmählich würde ein größerer Teil der Polkappen abschmelzen und der anschwellende Wasserstand der Ozeane würde die Küste der Kontinente weiträumig überschwemmen – Köln und Berlin würden Hafenstädte. Aber auch auf die Wetterverhältnisse und die landwirtschaftliche Situation auf unserem Planeten hätte diese Erwärmung schlimme Auswirkungen.

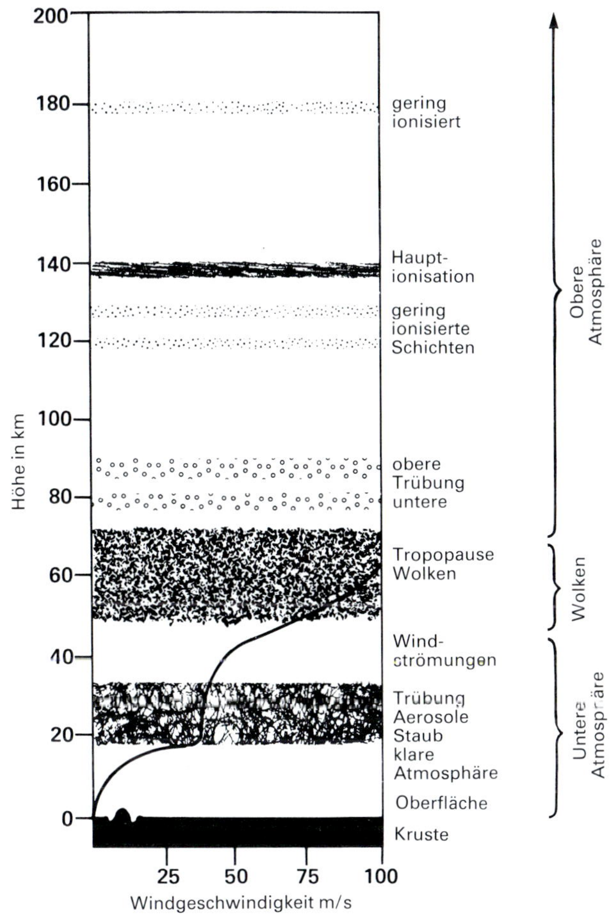

Die Venus-Atmosphäre ist sehr kompliziert aufgebaut und reicht auch sehr hoch. Verschiedene Wolken- und Dunstschichten sowie mehrere klare Zonen wechseln sich ab. Am Boden herrscht Windstille, erst in höheren Schichten wird Wind bemerkbar, bis er schließlich in 60 km Höhe mit einer Geschwindigkeit von 360 km/h sehr heftig ist – stärker als der schlimmste Orkan bei uns auf der Erde.

Die bei Venus gemachten Beobachtungen hinsichtlich der Auswirkungen eines hohen Kohlendioxid-Gehalts in der Atmosphäre eines Planeten sollen nun bei der Beurteilung der auf der Erde zu erwartenden künftigen Verhältnisse helfen und vielleicht auch bei der Erarbeitung entsprechender Gegenmaßnahmen.

Drei Wolkenschichten

Die Pioneer Sonden untersuchten auch die drei wesentlichen Wolkenschichten zwischen 70 und 47 km über der Venus-Oberfläche, die nun eindeutig als Ursache des Treibhauseffekts bestätigt werden konnten. Aus den während des Abstiegs der Meßsonden erhaltenen Daten stellten die Wissenschaftler einen »Atmosphären-Fahrplan« zusammen, wie er sich einem imaginären Astronauten in einer bemannten Landekapsel darstellen würde.

Die Venus-Wolken bestehen hauptsächlich aus Sauerstoff, Wasserdampf und Schwefeldioxid – wobei sich die beiden letztgenannten Substanzen zu einem größeren Anteil von Schwefliger Säure verbunden haben – eine regelrechte »Giftküche«.
Die Wolken-Obergrenze liegt sowohl auf der Tag- als auch auf der Nachtseite etwa 70 km über dem Venus-Plateau, die Temperaturen dort oben betragen – wie schon erwähnt – etwa – 25° C. Über den Polen der Venus wurde allerdings so etwas wie ein »Loch« in der Wolkenhülle entdeckt, dort scheinen sie etwa 10 km tiefer zu liegen. Die Wolken-Untergrenze liegt bei etwa 35 km, dort beträgt die Temperatur schon etwa 230° C. Zwischen diesen beiden Grenzen in der Venus-Atmosphäre liegen drei recht genau definierte Wolkenschichten, die sich in ihrer chemischen Zusammensetzung und den darin herrschenden physikalischen Bedingungen weitgehend unterscheiden.
Die oberste Wolkenschicht erstreckt sich zwischen 70 und 55 km, sie besteht hauptsächlich aus Schwefelsäure-Tröpfchen. Die Temperatur beträgt etwa 13° C. Zwischen 66 und 63 km Höhe verschwindet die Sonne als lokalisierbare Scheibe, weiter unten herrscht dann nur noch diffuses, gleichbleibendes Dämmerlicht. Die Sichtweite in dieser Grenzzone beträgt ca. 6 km, der Druck beträgt dort etwa die Hälfte des irdischen Drucks. In 50 km Höhe maßen die sog. Nephelometer in den Pioneer-Sonden noch eine Tropfendichte, die einer Sichtweite von 1–2 km entspricht.
Die mittlere Wolkenschicht reicht von 55–50 km und enthält noch 100 Tröpfchen H_2SO_4 pro cm^3. In dieser Schicht kommt reiner Schwefel in kleinster Korngröße (1/100 mm) vor, der für die Ultraviolett-Absorption verantwortlich ist, die auf den im UV-Spektrum aufgenommenen Fernseh-Bildern die Wolkenströmungen so deutlich sichtbar werden lassen.
Die unterste Wolkenschicht in der Venus-Atmosphäre reicht von 50–47 km und ist mit ihren 400 Schwefelsäure-Tröpfchen pro Kubikzentimeter relativ undurchsichtig, so daß man auch nach irdischen Maßstäben hier von Wolken sprechen kann. In dieser untersten Schicht ist es mit 200° C schon recht warm, so daß der Schwefel in flüssigen Tropfen auf die Venus-Oberfläche herab-»regnet«.
In etwa 30 km Höhe nimmt die Teilchendichte in der Venus-Gashülle rapide ab bis auf nur noch zwei Partikel pro cm^3, die Atmosphäre kann hier als klar bezeichnet werden, und so bleibt es bis zur Oberfläche. Dort können dann aber wieder gewisse Verunreinigungen durch hochwirbelnden Staub auftreten, der sich nur langsam wieder setzt, wie eine Pioneer-Landekapsel der Amerikaner zur Erde gemeldet hat.
Die Temperatur in 30 km Höhe beträgt ca. 310° C. In 20 km Höhe werden etwa 380° C gemessen, dort ist die Sichtweite wieder auf 20 km gesunken, aber man erkennt deutlich eine rötlich gefärbte Atmosphäre.
Vor allem aber treten ab 12–14 km Höhe – so stellten die Pioneer- und Venera-Sonden fest – sehr starke elektrische Entladungen auf. Pro Sekunde prasselten etwa 25 Blitze auf eine Sonde ein, was nicht ohne Auswirkungen auf die empfindliche Elektronik blieb. Bis heran zu 10 km verfärbt sich der Venus-Himmel noch weiter nach Rot hin, und die Sichtweite sinkt infolge der stärkeren Lichtbrechung in der dichter werdenden Atmosphäre auf 12 km. Dort beträgt die Temperatur schon 410° C. Aber erst in 7 km Höhe wird die Venus-Oberfläche sichtbar. Ein dort befindlicher Astronaut oder eine entsprechend ausgerüstete Kamera könnte horizontal etwa 3 km weit sehen. Die Temperatur beträgt etwa 450° C, der atmosphärische Druck ca. 91 bar, obwohl dieser stark von der Topografie abhängig ist. 1 km Erhöhung oder Absenkung macht eine Druck-Differenz von etwa 7 bar aus.
Die Venus-Wolken sind durchweg sehr dünn, jedoch in der Höhe sehr ausgedehnt. Wegen der Zahl der gemessenen Teilchen und ihrer Größe ist die untere Wolkenschicht die dichteste von allen. Die beiden festgestellten Teilchensorten in den Wolken sind höchstwahrscheinlich flüssige Tropfen, die zum größten Teil aus Schwefelsäure (H_2SO_4) bestehen. In der unteren Dunstschicht befindet sich vielleicht geschmolzener Schwefel, die großen Teilchen in der mittleren und unteren Wolkenschicht bestehen wahrscheinlich aus festem Schwefel, der als »Schnee« langsam absinkt und dabei allmählich verdunstet bzw. schmilzt. Die Wolkenschichten der Venus sind von globaler Ausdehnung, die Wolkenteilchen entstehen nicht allein durch Phasenumwandlung (Übergang von Gas in Flüssigkeit), sondern gleichzeitig auch durch chemische Reaktionen.

Globale Windsysteme

Bei der Wolkenhülle in der Venus-Atmosphäre kann eine ausgeprägte Hadley-Strömung beobachtet werden, wie sie der englische Physiker und Astronom Hadley (1682–1743) lange vor der Entwicklung meteorologischer Gesetzmäßigkeiten beschrieben hatte. Eine solche Hadley-Strömung tritt auf, wenn vom Äquator eines durch die Sonne beschienenen Planeten eine Wolken- und Windströmung ausgeht, die sich vor allem zu den Polen hin wendet. Während sich diese Hadley-Strömung bei der Erde wegen der raschen Eigendrehung und den daraus resultierenden Passat-Winden nicht ausbilden kann, ist sie bei der Venus sehr gut zu beobachten. Wegen der langsamen Rotation kann die Sonne ungestört auf die Tagseite des Planeten einwirken und eine Hadley-Strömung in Gang bringen und erhalten. Die in der Venus-Atmosphäre beobachtete viertägige globale Wolkenrotation ist der Idealfall einer Hadley-Strömung. Vom Hochdruck-Gebiet am Äquator bewegen sich die Wolken mit der sehr hohen Geschwindigkeit von 350 km/h hin zu den Polen, wo die Geschwindigkeiten sogar bis auf 700 km/h anwachsen können.
Die Oberseite der Wolkendecke bei der Venus zeigt die schon früher gefundene Rotation der Stratosphäre mit 100 Meter/Sekunde, die die gesamte Wolken-

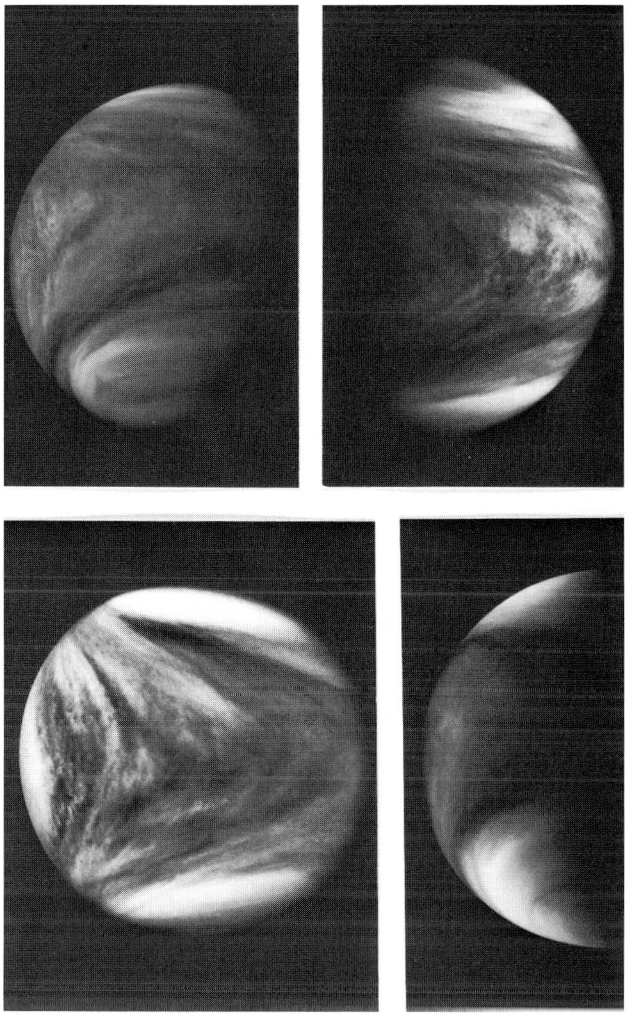

Diese vier Venus-Bilder zeigen die verschiedenen Beleuchtungsverhältnisse, unter denen der Planet dem Pioneer-Orbiter in der Zeit von Dezember 1978 bis Ende März 1979 erschien. Die Bilder offenbaren in wechselnden Anteilen die Wolkenverteilung in der Atmosphäre der Venus und vor allem die typische horizontale Y-Formation. Deutlich sind auch jeweils die hellen Wolkenkappen an den Venus-Polen zu erkennen. Bei genauem Hinsehen fällt auf, daß der Morgen-Terminator bei Venus weniger kontrastreich ist als der Abend-Terminator.

schicht in knapp vier Tagen einmal um den Planeten kreisen läßt. Der Pioneer-Orbiter hat über diese Zirkulation, über Wolkenstrukturen, Wellen, Turbulenz-Zellen usw. noch wesentlich mehr Details geliefert, als Mariner 10 das seinerzeit vermochte. Aus der chemischen Zusammensetzung der hohen Atmosphäre und dem großen Temperatur-Unterschied zwischen Tag- und Nachtseite wird geschlossen, daß an den Übergangsstellen heftige Windströme mit 200 bis 300 m/s wehen müssen. Entlang des Morgenterminators sind diese Stürme denjenigen der Stratosphäre entgegengesetzt, beim Nachtterminator sind beide Windrichtungen gleichgerichtet.

Es ist nun auch klar, daß die globale 100-stündige Rotation der Venus-Wolken nicht durch eine Wellenbewegung in der Atmosphäre vorgetäuscht wird, wie einige Wissenschaftler meinten, es handelt sich hier vielmehr um eine reale schnelle Windströmung, die in den oberen Schichten der Venus-Atmosphäre eine Geschwindigkeit von 360 km/h erreicht. In den polaren Zonen bei 70° Nord und Süd beträgt die Geschwindigkeit dieser von Osten nach Westen gerichteten Winde immer noch 160 km/h. Diese Bewegungen in der Gashülle der Venus wurden auch von den vier Atmosphären-Sonden bestätigt, die die verschiedenen Schichten durchflogen. In der von außen sichtbaren Wolkenhülle, die etwa 65 km über der Oberfläche liegt, erreicht diese Strömung die genannten stärksten Werte, nach unten wird sie langsam schwächer. In 50 km Höhe wurden am Äquator noch 190 km/h gemessen, in 20 km Höhe betrug die Windgeschwindigkeit etwa 80 km/h, und unter 20 km war diese Strömung mit Werten von 3–18 km/h verhältnismäßig ruhig geworden.

Die sehr hohen Windgeschwindigkeiten in den oberen Schichten der Venus-Atmosphäre sind offensichtlich eine Folge der dort stark abnehmenden Gasdichte, so daß der von unten nach oben wirkende Drehimpuls die abnehmende Zahl von Molekülen zu einer rascheren Rotation veranlaßt. Insgesamt ergibt sich bei der Venus das Bild eines rasenden Wolkenkarussels, dessen äußere Bezirke wesentlich schneller um den Planeten rotieren als die inneren Schichten, außerdem bewegen sich die Gasmassen in den äquatorialen Zonen rascher als in den polaren Breiten.

Diese Beobachtungen stehen nun aber im Gegensatz zu den 1974 von Mariner 10 bei Venus gemachten Beobachtungen der Wolkenrotation, die nicht mit der Annahme mehr oder weniger starr um den Planeten kreisenden Wolkenhüllen vereinbar sind. Diese Sonde entdeckte damals zahlreiche »jet streams« in den hohen Schichten der Atmosphäre, die die Venus mit sogar 400 km/h Geschwindigkeit umrasten. All das deutet letztlich auf langfristige, vielleicht periodische Zyklen in der Wolkenbewegung der Venus-Atmosphäre hin. Vielleicht gelingt es, einen solchen Strömungszyklus in ganzer Länge zu erfassen, wenn der Pioneer-Orbiter lange genug arbeitet.

Neben dieser globalen Ost-West-Wolkenbewegung wurde bei Venus auch noch eine Windströmung vom Äquator zu den Polen beobachtet, die Geschwindigkeiten von etwa 25 km/h erreicht und die vor allem in den Tropen auftretende Hitze in die nördlichen und südlichen Bezirke transportiert.

Die sog. Y-Formation in den Venus-Wolken ist häufig zu beobachten, aber sie ist nicht von Dauer, wie die Beobachtungen des Pioneer-Orbiters jetzt ergeben haben. Diese typische Wolkenfigur nimmt manchmal zwei Drittel des Planetenumfangs ein, sie wurde auch schon von der Erde aus und von M 10 beobachtet. Der »Fuß« dieses Ypsilon zeigt nach Osten, die »Arme« sind nach Westen gerichtet. Manchmal aber,

so zeigten jetzt die langfristigen regelmäßigen Aufnahmen des Fotopolarimeters, verschwindet dieses Wolken-Ypsilon völlig, oder es verwandelt sich zu einem »C« oder auch in andere Formen.
Über den Venus-Wolken befindet sich – so haben die Pioneer-Beobachtungen inzwischen auch ergeben – eine etwa 30 km dicke Dunstschicht, die den Planeten vollständig einschließt. Seltsamerweise enthält dieser Schleier über den Polen etwa dreimal so viele Schwefelsäure-Partikelchen wie über dem Äquator.

Gewitterstürme

Heftige Gewitter von kaum vorstellbarer Gewalt und Häufigkeit scheinen unablässig durch die Wolken in der Venus-Atmosphäre zu zucken, die elektrischen Entladungen wurden sowohl von den Landekapseln als auch durch Messungen des Orbiters festgestellt. Auch die russischen Sonden Venera 11 + 12 meldeten entsprechende Befunde. Ein Feuerwerk heftigster Blitze und ein düsteres Konzert dumpfen Donnergrollens erfüllt die Venus-Atmosphäre – wirklich kein sehr einladendes Szenario für künftige Astronauten-Generationen.
Ab etwa 13 km Höhe stellten die beiden auf der Nachtseite der Venus niedergegangenen Pioneer-Sonden ein unerwartetes atmosphärisches Glühen fest, das zur Oberfläche hin immer stärker wurde. Das Massenspektrometer stellte dort verschiedene Schwefelsubstanzen fest, was den Schluß nahelegt, daß dieses Glühen evtl. durch ein »Chemisches Feuer« an der Oberfläche der Venus oder in der sehr heißen und dichten Atmosphäre dicht darüber entstehen könnte. Andere Wissenschaftler halten es aber auch für möglich, daß dieses Glühen durch die erhitzte und elektrisch aufgeladene Oberfläche der Sonde selbst verursacht worden sein könnte.
Die auf der Tagseite der Venus in südlichen Breiten niedergegangene Meßkapsel stellte an der Oberfläche feinen Staub fest, der durch den Aufprall der Sonde hochgewirbelt wurde und der sich erst nach drei Minuten wieder legte. Die »Tagsonde« überlebte zur Freude der Wissenschaftler und zu deren Überraschung die »harte Landung« auf der Venus und übermittelte von dort noch 67 Min. lang Informationen zur Erde.

Venus-Oberfläche

Die dichte Wolkenhülle in der Venus-Atmosphäre verwehrte auch allen Raumsonden-Kameras bisher den direkten Durchblick auf die Oberfläche dieses Planeten. Im sichtbaren Spektralbereich können nicht einmal irgendwelche Strukturen in der Wolkenhülle identifiziert werden, das ist erst im ultravioletten Licht gelungen.
So bleibt den Astronomen, die etwas über die Topografie der Venus-Oberfläche erfahren wollen, nur der Umweg über Radarstrahlen, die die Wolkenschleier durchdringen und direkt von den Steinen, den Tälern und Bergen auf diesem Planeten reflektiert werden. Inzwischen wird die Mikrowellen-Abtastung der Venus-Oberfläche mit großen Teleskopen von der Erde aus sehr erfolgreich angewandt, allerdings nur in einem eng begrenzten Gebiet entlang des Venus-Äquators. Will man dagegen genauere Karten auch von anderen Zonen der Venus-Oberfläche erhalten, so muß ein künstlicher Satellit in eine kreisförmige Umlaufbahn um die Venus gesetzt werden, der den Planeten systematisch aus geringerer Höhe mit Radarsignalen abtastet.
Schickt man ein sehr kurzes Radarsignal zu einem entfernten kugelförmigen Planeten, so erhält man ein auf mehrere hundertstel Sekunden ausgedehntes Signal zurück, weil man ja Reflexionen von verschieden weit entfernten Punkten des Planeten auffängt – von dem näher liegenden Zentrum der »angeschlossenen« Planetenscheibe, von den um etwa den Radius des betreffenden Planeten weiter entfernten Polzonen und von den Gebieten dazwischen.
Bei entsprechender Verfeinerung dieses Verfahrens lassen sich Niveauunterschiede auf der mit Radarstrahlen angepeilten Planeten-Halbkugel feststellen, die Laufzeit-Unterschiede geben dann Auskunft darüber, ob an einer bestimmten Stelle ein Gebirge liegt

Dank seines Durchmessers von über 300 m ist das große Arecibo-Radioteleskop auf Puerto Rico auch für die Erforschung der Planeten geeignet. Bei günstigen Konstellationen können von Mars und Venus Radarechos von nur 100 m großen Formationen aufgefangen werden. Das Arecibo-Teleskop arbeitet also genauer als der Pioneer-Orbiter – aber dafür kann das irdische Instrument nur einen winzigen Bruchteil der Venus-Oberfläche erfassen.

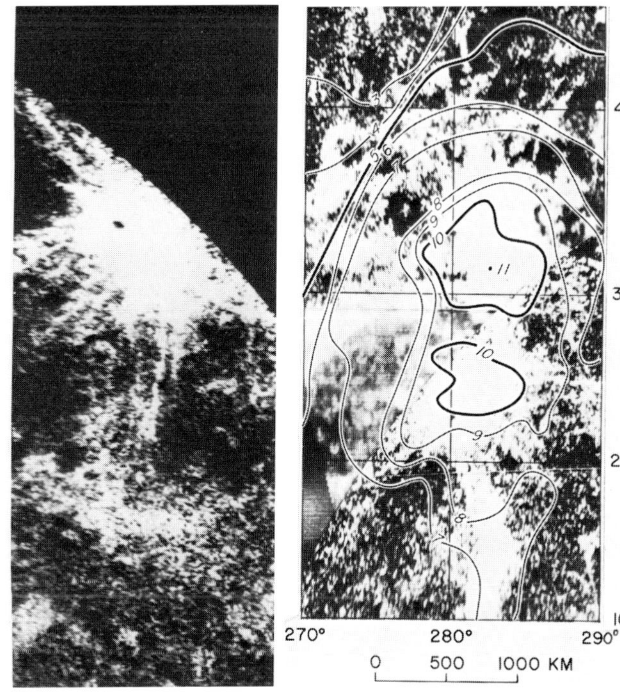

Zweimal die »Beta-Region« auf der Venus, ein riesiges Gebirgsmassiv mit zwei 7 bzw. 8 km hohen kegelförmigen Gipfelregionen – vielleicht handelt es sich hier um zwei große Vulkankegel. Das linke Radarbild wurde mit dem Arecibo-Radioteleskop von der Erde aus gewonnen; das Auflösungsvermögen beträgt etwa 10 km. Das rechte Bild der »Beta-Region« lieferte das kleine Radargerät an Bord des Pioneer-Orbiters aus der Venus-Umlaufbahn, die Konturlinien haben Intervalle von 1 km, das Auflösungsvermögen liegt bei nur 50 km.

oder ein tiefes Tal oder ein flacher Krater. Zu den modernen Meßmethoden dieser Art gehört auch die Arbeit mit mehreren Empfangsantennen, so daß eine interferometrische Auswertung möglich wird. Punktweise entsteht so ein Höhenbild der angepeilten Planetenoberfläche – zumindest in den Äquatorzonen.
Die Helligkeitswerte auf solchen Radarbildern entsprechen aber keineswegs dem, was ein Mensch oder was eine Fernseh- bzw. Fotokamera bei diesem Planeten sehen würde. Die hellen und dunklen Merkmale auf solchen »Bildern« geben vielmehr Auskunft darüber, wie die betreffenden Gebiete im Mikrowellen-Bereich reflektieren.
Die von dem untersuchten Planeten zurückkommenden Radarechos beinhalten aber noch eine andere Information, die Auskunft gibt über das Aussehen des angepeilten Gebiets. Bezogen auf die Lichtgeschwindigkeit, mit der die Radarstrahlen von der Erde zu dem Planeten und zurück laufen, läßt sich sehr genau die Entfernung zwischen den beiden Körpern zum Zeitpunkt der Messung ermitteln. Mißt man schnell hintereinander mehrere Gebiete gleichzeitig aus, erhält man Auskunft über das Höhenprofil in dieser Gegend des anderen Planeten.
1973 gelangen mit dem großen Radioteleskop von Arecibo erste Radar-Bilder von der Venus-Oberfläche, die zur allgemeinen Überraschung mehrere ausgedehnte, flache Kraterformationen auf dem Planeten erkennen ließen.
In den Jahren 1975 und 1977 wurden mit dem großen Arecibo-Instrument jeweils zur Zeit des geringsten Abstandes genaue Radar-Beobachtungen der Venus gemacht, die zwar ein relativ hohes Auflösungsvermögen erbrachten, aber jeweils nur eine bestimmte kleine Fläche des Planeten erfaßten mit dem Schnittpunkt von 320. östlichem Längengrad und Äquator im Zentrum. Da die Venus in dieser Konstellation der unteren Konjunktion der Erde stets dieselbe Seite zukehrt, konnten weitere Teile der Oberfläche nicht erfaßt werden – sobald der Abstand zwischen den beiden Planeten größer wird, ist die Radaraufklärung sehr viel schwieriger bzw. sind die Ergebnisse von wesentlich schlechterer Qualität.
Diese ersten kleinen Radarkarten von bestimmten Ausschnitten der Venus-Oberfläche hatten zunächst ein Auflösungsvermögen von 10 km, dann wurden sogar Details von nur 5 km Durchmesser erkannt; außerdem wurden Höhenunterschiede von 200–500 m festgestellt. Alles in allem wurden mit diesen sehr bruchstückhaften Radaruntersuchungen nur etwa ein Prozent der Venus-Oberfläche erfaßt.
In 18 Monaten hat der Pioneer-Orbiter etwa 83% der Venus-Oberfläche zwischen dem 75. nördlichen und 63. südlichen Breitengrad mit dem Radargerät abgetastet und dabei festgestellt, daß ca. 60% dieses Geländes verhältnismäßig flach sind mit einem Niveauunterschied von nur 100 m. Da es auf der Venus kein Null-Niveau gibt wie auf der Erde den Meeresspiegel, hat man auf der Venus diese große, den ganzen Planeten umspannende Landschaftsfläche als Bezugsebene für alle Höhenbestimmungen gewählt.
Der kleine Radar-Höhenmesser tastete die Venus-Landschaften unter den dichten Wolkenschichten systematisch mit einem Auflösungsvermögen von etwa 50 km ab. Nach diesen Radar-Messungen ist die Venus-Oberfläche äußerst vielgestaltig, es gibt tiefe Täler, hohe Gebirge und auch zahlreiche Krater sowie mehrere eindrucksvolle Hochplateaus. Fast 12 Kilometer ist der höchste Venus-Berg hoch, fast 50% höher als der höchste Berg auf der Erde, der Mount Everest. Etwa 80 % der Venus-Oberfläche liegen in einem Höhenniveau-Bereich von zwei, 60 % in einem Bereich von nur einem Kilometer. Die wenigen »Kontinente« auf der Venus bedecken insgesamt nur 5 % der gesamten vermessenen Oberfläche, während auf der Erde etwa 35 % der Oberfläche innerhalb der Kontinentalsockel liegen und 65 % unseres Planeten von Wasser bedeckt sind.
Nach Ansicht der NASA-Wissenschaftler dürfte es sich bei dieser Flachebene auf der Venus um eine Art Kontinent aus leichterem granitischem Gestein handeln, das sich über einem schwereren basaltischen

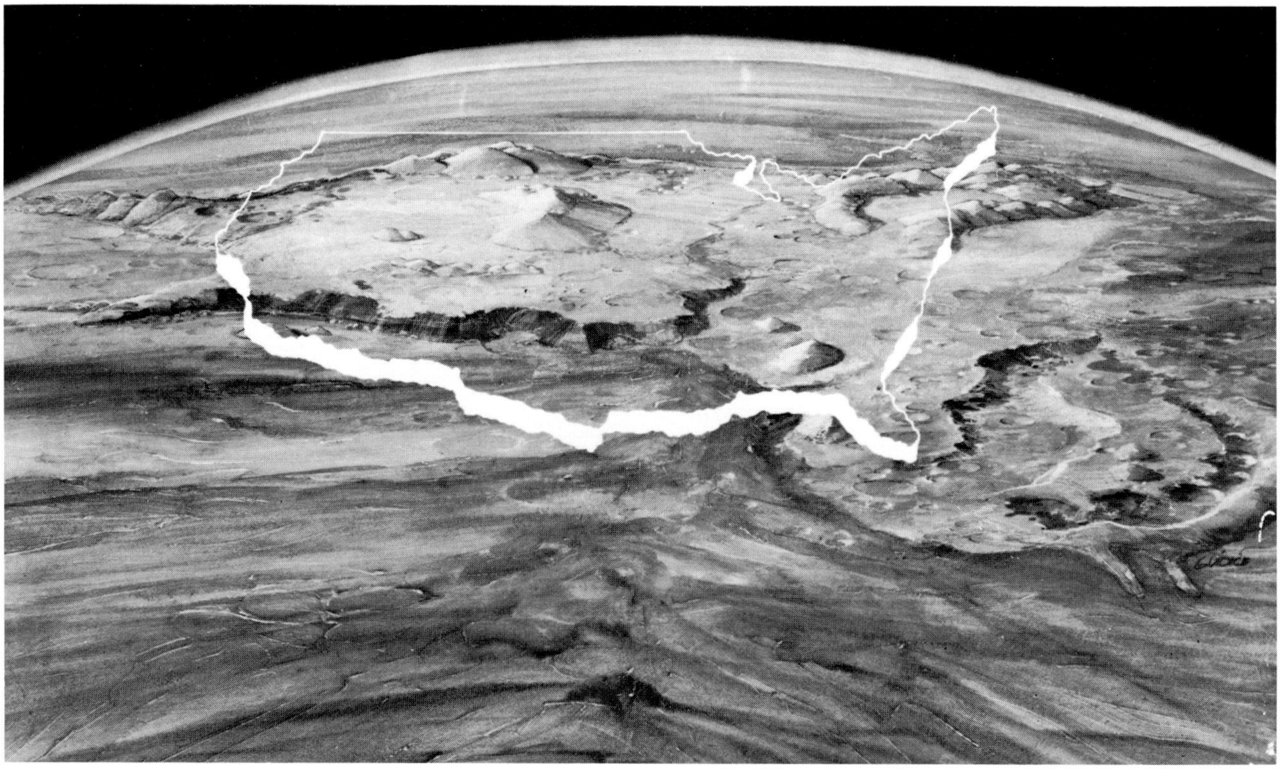

Der größte »Kontinent« auf der Venus-Oberfläche erhielt die Bezeichnung Aphrodite Terra. Er ist mit 9700 km Breite und 3200 km Höhe etwa halb so groß wie Afrika und erstreckt sich entlang des Äquators. Die westlichen Bergmassive erreichen 8 km Höhe über dem Null-Niveau der großen Ebene, die östlichen Gipfel sind nur 4 km hoch. Die Radarbilder des Pioneer-Orbiters ergaben, daß diese beiden Gebirge zu den rauhesten und unzugänglichsten Geländeabschnitten auf der Venus zählen – vielleicht die Auswirkungen heftiger vulkanischer Aktivitäten, die auch heute noch andauern könnten. Die Natur der großen Ringstruktur im Vordergrund ist noch unklar, möglicherweise handelt es sich um ein großes Einschlag-Becken.

Untergrund befindet. Auf eine solche Zusammensetzung deuten jedenfalls die Messungen der sowjetischen Sonde Venus 8 hin, die 1972 in diesem Flach-Kontinent auf der Venus gelandet ist. Allerdings arbeiteten die Instrumente dieser Meßkapsel nur etwa zwei Stunden lang, dann hatten die auf der Venus herrschenden »höllischen« Temperaturen von 500° C und der unvorstellbar starke Druck von etwa 100 bar (das Hundertfache des auf der Erde herrschenden atmosphärischen Drucks) die stabile Apparatur zerstört.
Die Radarbilder des amerikanischen Venus-Orbiters offenbarten auf dem großen flachen Kontinent außerdem noch zahlreiche kreisförmige Gebilde von 400–600 km Durchmesser mit einem kleineren Fleck in der Mitte. Hier befinden sich viele Dutzend große Einschlag-Krater, wie man sie auch auf dem Mond, auf Mars, Merkur und auch auf den Jupiter-Monden gefunden hat – offensichtlich handelt es sich bei diesen Kratern um eine im Planetensystem sehr verbreitete Erscheinung, die auf der Erde fast völlig verschwunden ist, weil bei uns Wind und Wetter für eine gründliche Erosion und Abtragung dieser Kraterbekken gesorgt haben.
Über der großen Flachebene auf der Venus erheben sich zwei gewaltige Hochland-Komplexe, die – wie der Planet selber – nach den Liebesgöttinnen in verschiedenen Kulturkreisen benannt wurden: Ischtar Terra (Babylonien) und Aphrodite Terra (Griechenland). Möglicherweise handelt es sich bei diesen beiden Hochländern um letzte Zeugen früherer plattentektonischer Bewegungen an der Venus-Oberfläche.

Ischtar Terra hat etwa die Größe Australiens, am Ostrand dieser Formation befinden sich die höchsten Erhebungen auf der Venus, die Maxwell Montes. Dieses Gebirge überragt seine unmittelbare Umgebung um 9 km und das Null-Niveau der Venus um fast 12 km. Nach den Radarmessungen ist dieses Gebirge auch das rauheste Gebiet auf dem ganzen Planeten. Die steilen Abhänge und großen Gesteinsbrocken könnten auch ein Hinweis auf ursprünglich vulkanische Aktivitäten in dieser Zone sein. Östlich der Maxwell-Montes befinden sich Hügelketten und Täler.
Das Gebirge Aphrodite Terra ist nicht ganz so hoch wie Ischtar Terra, dafür aber in der Fläche wesentlich größer – vergleichbar etwa mit dem nördlichen Teil Afrikas.
Etwa 16% der Venus-Oberfläche liegen tiefer als das sog. Null-Niveau, und das ist im Verhältnis zur Erde relativ wenig, wo ja fast zwei Drittel der Oberfläche unter dem durch die Ozeane definierten Null-Niveau

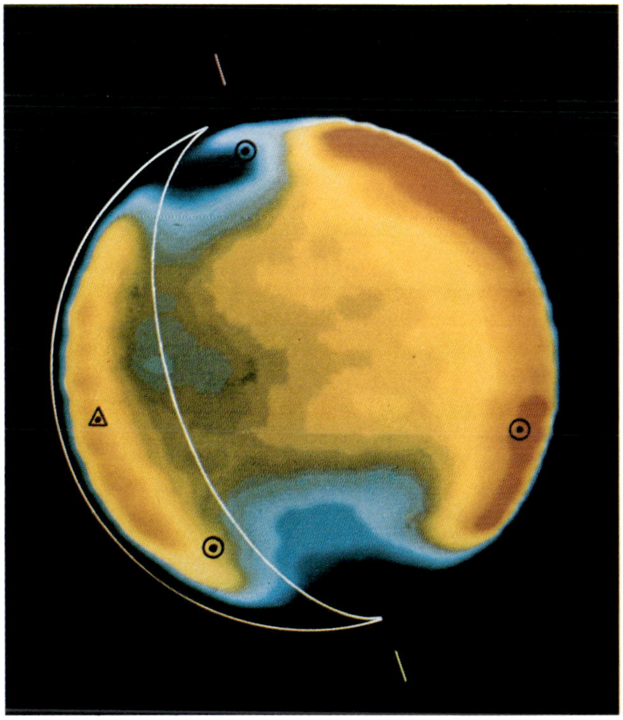

O. L.: *Die globale Wolkenströmung in der Venus Atmosphäre mit hellen Pol-Streifen zeigt diese in etwa farbgetreue Aufnahme, die der Pioneer-Orbiter aus 65 000 km Entfernung gewonnen hat. Deutlich ist die typische Y-Formation erkennbar, die sich mit 360 km/h um den Planeten dreht.* **O. R.:** *Die von der Venus ausgehende Infrarot-Strahlung läßt diese von der Erde aus erhaltene Darstellung erkennen. Die roten Zonen sind etwa 20° C wärmer als die blauen. Neben den Landezonen der vier Pioneer-Kapseln sind noch die Pole und der Terminator gekennzeichnet.* **U. L.:** *Im ultravioletten Licht zeigt die Venus-Atmosphäre an einigen Stellen Schwefeldioxid-Konzentrationen, die auf dieser reizvollen Darstellung als orangefarbene Zonen erscheinen. Das UV-Spektrometer des Pioneer-Orbiters lieferte die Grundlage für diese in den Farben verfremdete Abbildung.* **U. R.:** *Die Verteilung des atomaren Sauerstoffs in der Venus-Atmosphäre läßt diese interessante Darstellung erkennen. Die Streifen entstanden durch die abtastende Arbeitsweise des UV-Spektrometers an Bord des Pioneer-Orbiters.*

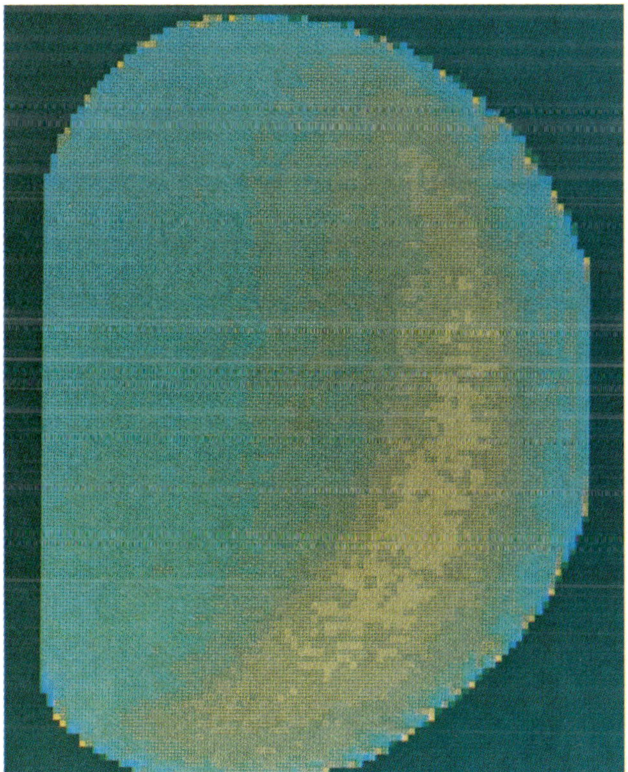

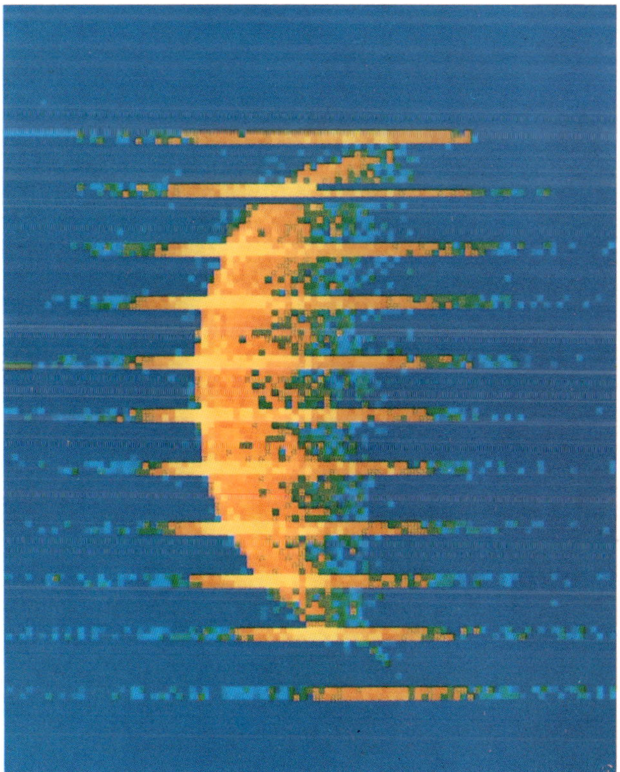

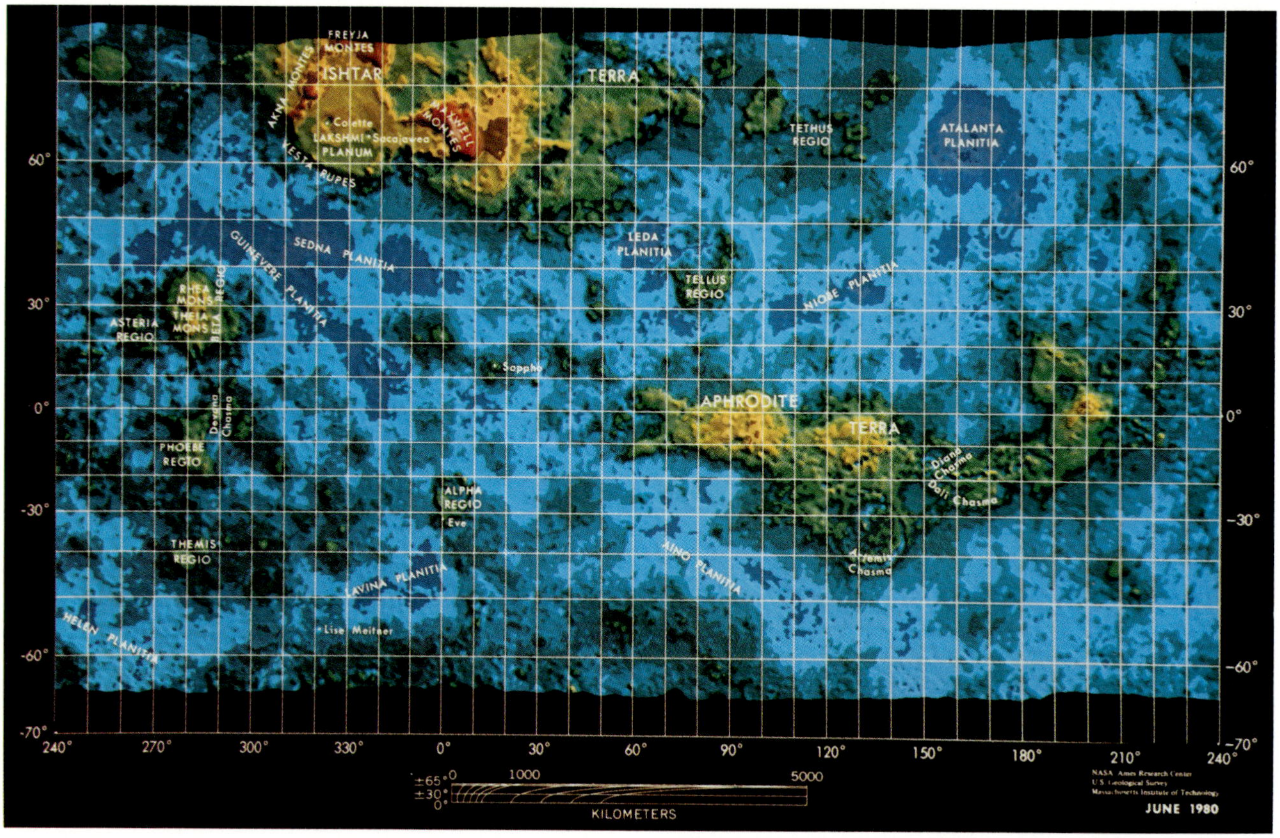

Oben: *Über 80 % der Venus-Oberfläche erfaßt diese Konturenkarte, die nach den Radardaten des Pioneer-Orbiters erarbeitet und nach Höhenniveaustufen charakteristisch eingefärbt wurde. Die blauen Zonen entsprechen Ebenen und Einsenkungen bis − 2,9 km unter dem theoretischen Nullniveau. Die grünen, gelben und roten Stellen entsprechen den auf der Venus relativ seltenen „Mittelgebirgen" und hohen Berggipfeln bis + 10,8 km über NN. Das Auflösungsvermögen beträgt aber nur 100 km.* **U. L.:** *Drei verschiedene Temperatur-Niveaus in den hohen Schichten der nördlichen Venus-Hemisphäre offenbart diese Abbildung, die mit Hilfe des Infrarot-Radiometers an Bord des Pioneer-Orbiters gewonnen wurde. Die Temperatur nimmt vom Pol (250 K) über die gemäßigten Zonen (215 K) bis zum Äquator (215 K) kontinuierlich ab.* **U. R.:** *Ein Falschfarben-Bild der Venus-Wolkenhülle im ultravioletten Spektralbereich, gewonnen vom UV-Spektrometer an Bord des Pioneer-Orbiters. Erkennbar wird die wechselnde Schwefelsäure-Konzentration in den hohen Atmosphären-Schichten unseres Nachbarplaneten.*

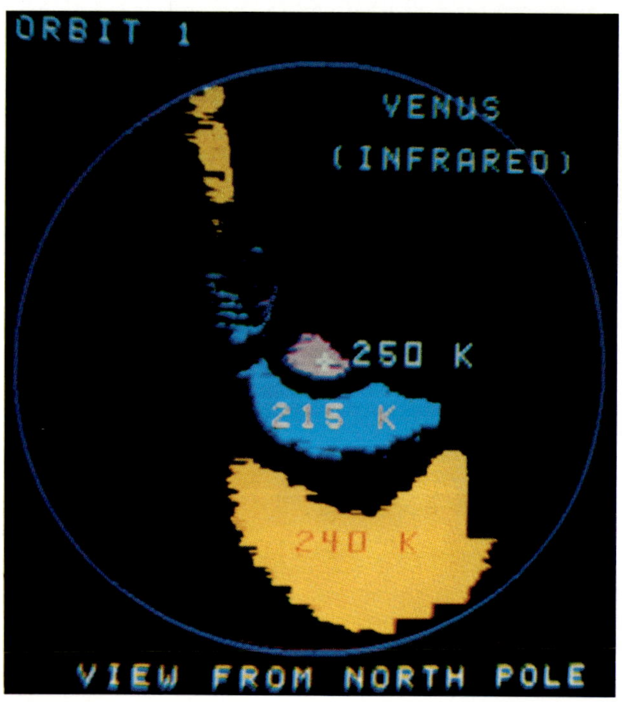

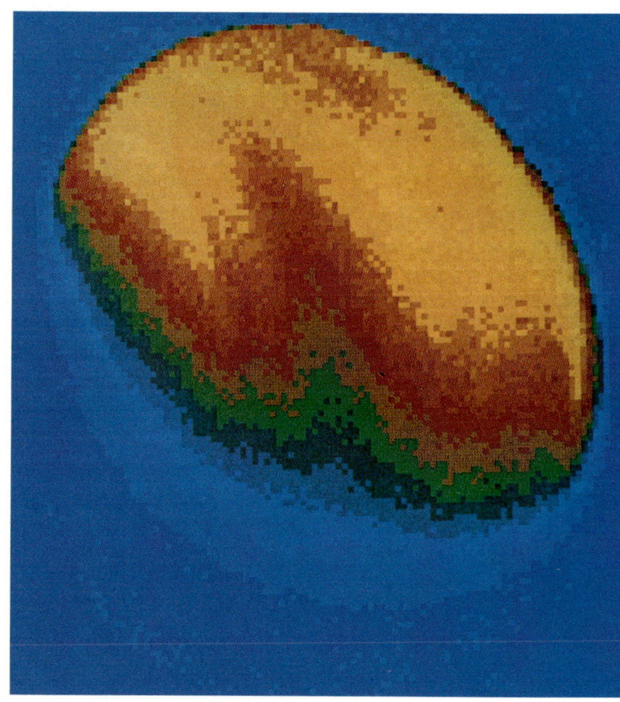

liegen. Das größte zusammenhängende Tiefland auf der Venus liegt westlich von Ischtar Terra am 70. nördlichen Breitengrad. Dieses »Meeresbecken« ist eben und nahezu frei von größeren Kratern, ganz ähnlich wie z. B. die Hellas-Tiefebene auf dem Mars. Es handelt sich hier wohl um geologisch relativ junge Gebiete auf den Planeten, die mit basaltischer Lava gefüllt sind.
Der mit fast drei Kilometern unter dem Null-Niveau tiefste bislang entdeckte Punkt auf der Venus liegt in einem Senkungsgraben östlich von Aphrodite Terra.
Auf der Venus fehlen also Strukturen wie z. B. die auf der Erde so typischen mittelozeanischen Rücken, an denen am Rande der Kontinentalplatten größere Lavamengen aus dem Inneren unseres Planeten fließen und zu neuem Krustenmaterial erstarren. Auch gibt es auf der Venus offensichtlich nur eine einzige Kontinentalplatte. Die gravierenden Unterschiede in der Oberflächengestaltung zwischen Venus und Erde lassen sich am ehesten durch eine mächtige Kruste erklären, die unser Nachbar-Planet hat.
Die Venus-Karte ist das Produkt eines langwierigen Auswertungs-Prozesses: Zunächst einmal werden die breitbandigen Radarsignale in dem Satelliten auf Band gespeichert, sie können nicht mit der gleichen Geschwindigkeit zur Erde übertragen werden, wie sie beim Meßvorgang anfallen. Nach und nach gelangen die Daten in den Computer auf der Erde, wo die digitale Auswertung dann die Höhenkurven innerhalb eines relativ schmalen Geländestreifens ergibt. Mit speziellen Rechenprogrammen werden die einzelnen Abtaststreifen entzerrt und an den Rändern zusammengesetzt. Zur besseren »Lesbarkeit« der Radarkarten können von dem Computer auch noch »künstliche Schatten« eingefügt werden, was den Abbildungen eine gewisse Plastizität verleiht, so daß sie kaum noch von modernen Merkur- oder Marsfotos unterschieden werden können.

Venus-Krater

Mit Hilfe der Mikrowellen-Beobachtungen wurden auf der Venus zahlreiche große Kraterformationen entdeckt, die man nach heutigem Verständnis eher als Einschlag-Krater ansieht und nicht als Spuren vulkanischer Aktivität auf diesem Planeten – obwohl man auch diese nicht ganz ausschließen kann. Die Venus-Krater sind allerdings sehr flach. Während die entsprechenden Formationen auf dem Mond z. B. ein Durchmesser/Tiefe-Verhältnis von 10 : 1 haben, beträgt es auf der Venus nur 100 : 1. Ursprünglich hatte man auf der Venus-Oberfläche keine Krater erwartet, weil der starke Druck und die hohe Temperatur – so dachten die Astronomen – die Oberfläche dieses Planeten in einem intensiven Erosionsprozeß »plattgewalzt« haben könnte. Aber die Venus hat trotz alledem eine ganz »normale«, aus Steinen und Geröll bestehende Feinstruktur an ihrer Oberfläche, wie die Radarbilder und die beiden von russischen Raumsonden gemachten Oberflächen-Bilder zeigen. Die Wissenschaftler erklären diese Diskrepanz mit der fast völligen Windstille an der Venus-Oberfläche, die keinen erodierenden Flugsand aufkommen läßt. Außerdem gibt es auf der Venus auch kein Wasser, das ja auf der Erde bei der Erosion eine so große Rolle spielt.
Interessant sind in diesem Zusammenhang auch einige seismische Bewegungen, die die russische Sonde Venera 14 im März 1982 während ihrer kurzen aktiven Meßphase auf der Venus-Oberfläche feststellte. Schließlich scheint es auf diesem Planeten auch so etwas wie Erosion zu geben, die Verwitterungsprodukte auf den Erhebungen haben eine andere chemische Zusammensetzung als in den Tälern, wo wesentlich höhere Druck- und Temperaturwerte erreicht werden als z. B. auf den Gipfeln von Aphrodite Terra.
Seit einiger Zeit verdichten sich außerdem die Hinweise, daß es auf der Venus regelmäßig starken Vulkanismus gibt. Vor allem neue Radarbilder des Planeten, die von dem 300-m-Radioteleskop auf Puerto Rico und von den beiden russischen Venus-Orbitern seit Herbst 1983 geliefert werden, lassen die Existenz großer aktiver Vulkane auf dem Nachbar-Planeten als sicher erscheinen. Eines der neuen, mit 3 km Auflösung sehr scharfen russischen Radarbilder zeigt einen Vulkan von 200 km Durchmesser, von dem aus ein breiter Lavastrom in eine große tiefe Schlucht geflossen ist.
Außerdem hat das UV-Spektrometer des Pioneer-Orbiters in jahrelangen Meßserien festgestellt, daß der Schwefeldioxyd-Gehalt in der Venus-Atmosphäre seit Jahren langsam um 90 % abgenommen hat. Dieses Gas tritt auch in der irdischen Lufthülle nach Vulkan-

Das »Rift Valley« auf der Venus ist der größte bisher im Sonnensystem entdeckte Canyon, er liegt östlich des Hochlands »Aphrodite Terra«, des größten Kontinents auf dem Planeten. Diese gewaltige Schlucht ist 2250 km lang, 280 km breit und fast 5 km tief – die Sohle des Rift Valley ist damit die niedrigste Stelle auf der Venus. Erst mit dem Radargerät des Pioneer-Orbiters wurde der gewaltige Venus-Canyon entdeckt, über dessen Entstehungsursache die Experten noch rätseln.

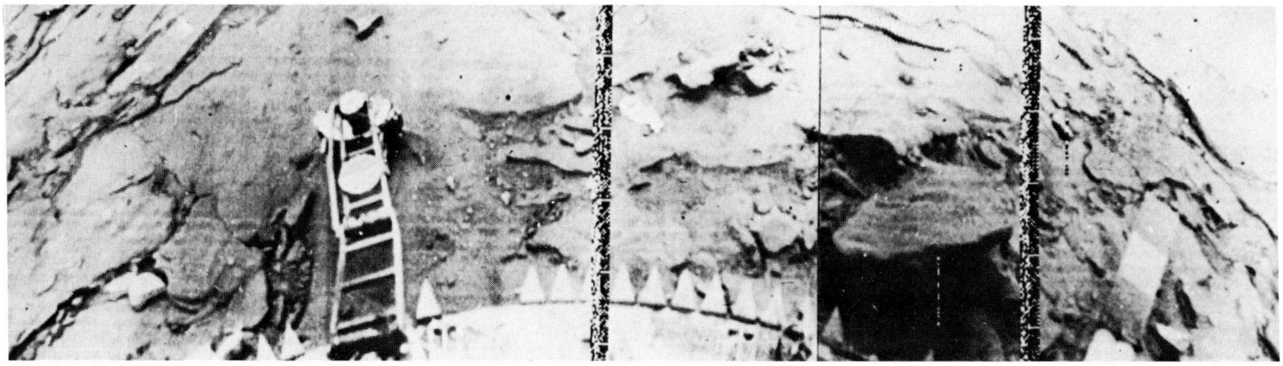

Hervorragende Farbbilder von der rot-braunen Venus-Oberfläche übermittelten die beiden russischen Landekapseln Veneara 13 + 14 im März 1982. Das hier nur schwarzweiß wiedergegebene Bild von V-14 offenbart eine Landschaft aus flachen Steinplatten, die kleinsten erkennbaren Partikel haben ca. 1 mm Durchmesser. Links ist der Bodenproben-Sammler erkennbar, rechts eine Farbskala. Zwei senkrechte Streifen enthalten optisch verschlüsselte Daten. Unten ragt ein Teil der Landekapsel ins Bildfeld. Die Analyse des Venus-Bodens ergab Ähnlichkeit mit stark alkalihaltigen Basalten, die auf vulkanische Aktivitäten auf Venus hinweisen.

ausbrüchen verstärkt auf, und nach präzisen Rückrechnungen über den Anteil des Schwefeldioxyd-Gehalts bei Venus dürfte es kurz vor der Ankunft des Pioneer-Orbiters in der Venus-Umlaufbahn im Dezember 1978 auf diesem Planeten eine äußerst heftige vulkanische Eruption gegeben haben.
Außerdem deuten fast regelmäßig zu beobachtende Leuchterscheinungen in der Venus-Atmosphäre auf eine kontinuierliche vulkanische Aktivität auf diesem Planeten hin, vor allem bei den „Kontinenten" Aphrodite und Ishtar Terra sowie vor allem bei der Formation Beta Regio, dem wohl größten und aktivsten Vulkankomplex auf der Venus. Auch mehrere kleinere Vulkankegel in verschiedenen Zonen der Venus wurden auf den russischen und amerikanischen Radarbildern unseres Nachbar-Planeten entdeckt.
Bei der Namensgebung der auf Venus entdeckten Formationen sollen für größere Gebiete und Objekte die Göttinnen der Antike berücksichtigt werden. Für kleinere Krater usw. werden die Namen berühmter verstorbener Frauen gewählt. Die Venus ist und bleibt also hinsichtlich der Bezeichnungen fest in weiblicher Hand.

Die Landekapseln der russischen Venus-Sonden sind instrumentierte Kühlschränke mit besonders guter Isolierung und Stabilität, um der Hitze und dem enormen Druck auf dem Planeten wenigstens einige Dutzend Minuten standhalten zu können. Die Venera-Landekapseln haben ca. 2 m Durchmesser und wiegen 1600 kg. Die Panoramakamera befindet sich am oberen Rand des runden Druckbehälters, gleich unter dem aerodynamischen Bremsschild.

Was sähe ein Astronaut auf der Venus?

Obwohl wahrscheinlich nie ein Astronaut die Venus-Oberfläche betreten wird, ist es doch ganz interessant, sich die Verhältnisse einmal vorzustellen, die er dort antreffen würde – falls die Raumkapsel den enormen Temperaturen von 500° C und dem atmosphärischen Druck von knapp 100 bar gewachsen wäre:
An der Venus-Oberfläche ist es etwa so hell wie an einem stark bewölkten Tag hier auf der Erde. Das Licht fällt aus allen Himmelsrichtungen diffus ein, die Position der Sonne ist schon in 60 km Höhe nicht mehr auszumachen. Durch Streuung des Lichts ist die Farbe stark ins Rot verschoben, wie bei einem Sonnenuntergang auf der Erde. Die Sichtweite beträgt ca. 1 km, wegen der vertikalen Änderung des Brechungsindex erscheinen dem Beobachter ferne Gegenstände stark verzerrt, etwa so, wie die Sonne auf der Erde in der Nähe des Horizonts gesehen wird. Diese Beobachtung wurde auch schon von zwei russischen Venus-Sonden bestätigt, die auf der Oberfläche gelandet waren und Bilder von der unmittelbaren Umgebung des Landeplatzes aufgenommen hatten.

Venus-Tabelle			
Physikalische Daten	Einheit	Venus	Erde = 1
Durchmesser	km	12 110	0,95
Oberfläche	km^2	$4{,}6 \times 10^8$	0,9
Volumen	km^3	$9{,}3 \times 10^{11}$	0,91
Mittlere Dichte	t/m^3	5,27	0,96
Masse	Tonnen	$4{,}9 \times 10^{21}$	0,82
Oberflächen-Schwerkraft	m/s^2	8,87	0,9
Fluchtgeschwindigkeit	km/s^2	10,3	0,92
Oberflächen-Verhältnisse			
Material / Formationen		Stein, Gebirge	
Max. Höhendifferenz	km	ca. 10	0,5
Gase in der Atmosphäre		CO_2, N_2	
Atmosphärischer Druck	bar	90	90
Oberflächen-Temperatur	Grad C	500	33,3
Wolken-Bestandteile		H_2SO_4-Tröpfchen	
Bahnbewegung			
Min/Max Sonnenabstand	10^6 km	107,5–108,9	0,72
Exzentrizität		0,007	0,4
Bahnumfang	10^6 km	680	0,72
Bahngeschwindigkeit	km/s	35	1,2
Siderische Umlaufzeit	Tage	224,7	0,62
Bahnneigung gegen Ekliptik	Grad	3° 24′	
Rotation			
Umdrehungszeit	Tage	243	243
Tag/Nacht-Zyklus	Tage	116,75	116,75
Winkel Äquator/Bahnebene	Grad	ca. 6	
Von der Erde aus betrachtet			
Min/Max Entfernung	10^6 km	38,3–260,9	
Min/Max Signal-Laufzeit	Min.	2.1–14,5	
Synodische Umlaufzeit	Tage	583,9	
Scheinbare Helligkeit	Magnit.	+ 0,8 bis –4,3	
Scheinbarer Durchmesser	Bogensek.	10–64	
Albedo		0,76	1,95

Im Herbst 1975 lieferten die zwei russischen Sonden Venera 9 und 10 die ersten Bilder von der Venus-Oberfläche, die sich an den betreffenden Stellen als unwirtliche Steinwüste entpuppte. Die Atmosphäre erwies sich als relativ klar und durchsichtig, an der Oberfläche der Venus dürfte es etwa so hell sein wie an einem regnerischen Tag auf der Erde. Während des Landeanflugs hatten die beiden Venera-Kapseln festgestellt, daß die Windgeschwindigkeiten in einigen Dutzend Kilometer Höhe über dem Venus-Boden sehr hoch sind, daß sie aber mit zunehmender Annäherung an den Planeten immer geringer werden und daß an der Oberfläche selbst absolute Windstille herrscht.
Im Jahr 1972 bestätigte die russische Sonde Venera 8 diese Messungen, außerdem ergaben die chemischen Untersuchungen an der Venus-Oberfläche, daß das Gestein dort radioaktiv ist und daß die Kruste dieses Planeten eine ähnliche chemische Entwicklung durchgemacht hat wie die der Erde. Im gleichen Jahr stellten zwei Amerikaner fest, daß Polarisationsmessungen an der oberen Venus-Atmosphäre damit erklärt werden können, daß die Wolken aus kleinen Tröpfchen Schwefeliger Säure bestehen. Diese Annahme wurde später durch Messungen mit Teleskopen aus hochfliegenden Flugzeugen bestätigt. Inzwischen gelang auch die Entdeckung einer vertikalen Schwingung in der Venus-Atmosphäre mit der gleichen Periode von vier Tagen, wie sie schon bei der globalen Windströmung um den Planeten herum beobachtet worden war. Die Venus-Atmosphäre pulsiert also regelmäßig, sie dehnt sich um einige Kilometer aus und zieht sich dann wieder zusammen.

Magnetfeld

Die Venus besitzt so gut wie kein Magnetfeld, was sicher an der langsamen Rotation liegt, die keinerlei Dynamo-Effekt aufkommen läßt, wie er für die Entstehung eines Magnetfeldes im allgemeinen für notwendig erachtet wird. Der sehr intensive Sonnenwind kann also ganz ungehindert auf die Atmosphäre der Venus einwirken, was zahlreiche sehr spezielle Effekte nach sich zieht, deren Studium auch für die entsprechenden Vorgänge in der Erdatmosphäre von Interesse ist. Der Pioneer-Orbiter stellt z. B. fest, daß sich eine »Bugwelle« des mit 50–100 Gamma sehr schwachen Magnetfeldes der Venus in nur 7500 km Höhe bildet, dort trifft der starke Sonnenwind auf. Bei der Erde mit ihrem starken Magnetfeld findet sich diese Grenzzone in etwa 65 000 km Entfernung.
Wie die Erde, so besitzt auch die Venus eine Ionosphäre, wo die Strahlung aus dem Weltraum und vor allem von der Sonne direkt auf die Moleküle der Atmosphäre auftrifft.
Die Obergrenze der Venus-Ionosphäre ist aber sehr variabel – in Abhängigkeit von der Stärke des Sonnenwindes. Meist liegt die Ionosphären-Obergrenze in etwa 400 km Höhe, sie kann sich aber auch bei 250 km oder 1500 km befinden. Die Venus-Ionosphäre überdauert – abgeschwächt – auch die sehr lange dauernde Venus-Nacht, was auf sehr langlebige Magnesium und Eisen-Ionen hinweist, wie sie von den Pioneer-Sonden aufgespürt wurden.
Die unteren Grenzen von Ionosphäre und Exosphäre fallen mit der Tropopause in ca. 145 km Höhe zusammen.
Der Sonnenwind steht in einer sehr viel intensiveren Wechselwirkung mit der Venus-Atmosphäre als erwartet. Anders als bei der Erde, wurden bei der Venus drei Schichten der oberen Atmosphäre entdeckt, die mit dem Sonnenwind zusammentreffen. Diese drei Regionen sind: Die Tropopause (wo die atmosphärischen Gase sich zu mischen beginnen), die Zone maximaler Ionendichte und die Basis der Exosphäre (wo die Gase aus der Atmosphäre in den Weltraum entweichen).

Pioneer-Venus

Das Pioneer-Programm zur Erforschung des Planeten Venus bestand aus zwei verschiedenen Sonden mit differenzierten Aufgaben. Die Atmosphären-Sonde links transportierte vier Forschungskapseln, die in die Gashülle des Planeten eintauchten und diese genauer untersuchten. Auch der »bus« selbst erforschte die Atmosphäre mit einigen Instrumenten, bis er in 120 km Höhe verglühte. Der Pioneer-Orbiter (rechts) trat in eine Umlaufbahn um die Venus ein und lieferte in zwei Jahren eine vollständige Radarkarte der Oberfläche sowie zahlreiche Wolkenbilder und diverse Ultraviolett- und Infrarot-Messungen der Wolkenhülle.

Das groß angelegte, mit zwei Sonden operierende Pioneer-Projekt zur gründlichen Erforschung der Venus wurde 1972 vom »Office of Space Science« der NASA an das »Ames Research Center« übertragen, das bei San Francisco in Kalifornien liegt. »Ames« beauftragte zwei Firmen mit Studienaufträgen, und im Februar 1974 wurde die »Hughes Aircraft Company« mit dem Bau der zwei verschiedenartigen Venus-Sonden betraut.
Die große wissenschaftliche Bedeutung einer gründlichen Erforschung des Planeten Venus wurde 1970/71 von maßgebenden Experten in zwei Dokumenten der »Nationalen Akademie der Wissenschaften« in den USA dargelegt. Die Experimente für die beiden Pioneer-Sonden zur Venus wurden von der NASA im Juni 1974 aus zahlreichen Vorschlägen ausgewählt, für die Instrumente in den Atmosphären-Sonden hatte im Juni 1973 eine Vorauswahl stattgefunden.
Das Pioneer-Projekt zur Erforschung der Venus und ihrer Atmosphäre sah zwei getrennte Sonden vor, mit mehreren von einem »Bus« zu startenden Eindring-Kapseln sollte die Wolkenhülle dieses Planeten sozusagen »vor Ort« untersucht werden, und mit einem sog. Orbiter waren langfristige Studien des Planeten aus einer stark elliptischen Umlaufbahn für mindestens ein Venus-Jahr lang geplant (243 Erd-Tage). Die beiden Missionen sollten ganz ähnliche Start- und Transfer-Phasen haben, um dann aber beim Zielplaneten völlig getrennte Wege zu gehen.
Die beiden Pioneer-Venus-Sonden wurden von der »Space and Communications Group« der »Hughes Aircraft Company« gebaut, die die Konstruktion vieler Untersysteme an andere Konzerne delegierte.

Die Bahnverfolgung und den Funkverkehr mit den Pioneer-Sonden regelte das »Deep Space Network« (DSN) der NASA mit seinen 26-m-Antennen (während des Transferfluges) und den 64-m-Antennen während der Ankunft bei der Venus, was ja vor allem wegen der vier Atmosphärenkapseln, die alle einzeln beobachtet werden mußten, hohe Anforderungen an die Anlage stellte.
Das Unternehmen Pioneer-Venus kostete die NASA etwa 200 Mio. Dollar, was angesichts von zwei verschieden aufgebauten Sonden und der zwei notwendigen Trägerraketen nicht viel ist. Ein Planeten-Vorbeiflug, also die Betreuung einer Sonde während der kritischen Phase am Ziel kostet allein etwa 10 Mio. Dollar. Dazu gehört die Steuerung der großen Radioantennen für den Datenempfang sowie die Aufzeichnung der Daten auf vielspurige Magnetbänder und natürlich die präzise Steuerung der Sonde und der Sensoren durch die Mannschaft in der Bodenstation.

Der Pioneer-Bus

Die Pioneer-Sonden zur Erforschung der Venus hatten äußerlich eine gewisse Ähnlichkeit miteinander, sie bestanden beide aus dem sog. Pioneer-»bus«, dem Zentralkörper mit allen wichtigen Betriebssystemen. Dieser Zylinder hatte 250 cm Durchmesser und war 150 cm hoch. In dem Pioneer-»bus« befand sich ein temperiertes Abteil, in dem alle wichtigen elektronischen Bauteile und – beim Orbiter – auch die meisten Meßinstrumente untergebracht waren. Die Seitenflächen des Zylinders waren mit den Sonnenzellen zur Stromversorgung bedeckt. Der Orbiter wog beim Start 567 kg und nach dem Ausbrennen des im Zentrum des Zylinders montierten Bremsmotors zum Einschwenken in die Venus-Umlaufbahn nur noch 320 kg. Das Atmosphärensonden-»Mutterschiff« wog beim Start insgesamt 904 kg, wovon 316 kg auf die große und je 93 kg auf die drei kleinen Eintrittskapseln entfielen.
Die Ausrichtung der Pioneer-Sonden während des Transfer-Fluges zur Venus (und des Orbiters bei der Umkreisung des Planeten) erfolgte mittels der sog. Drall-Stabilisierung. Durch eine dauernde Rotation der Sonden um ihre Hochachse – mit einer Frequenz von fünf Umdrehungen pro Minute – behielten die beiden Sonden ihre einmal eingenommene Position im Raum wie Kreisel bei.
Das Lageregelungs-System der Pioneer-Sonden arbeitete mit sechs kleinen Hydrazin-Triebwerken, die bei besonderen Manövern eingesetzt wurden. Als Bezugspunkt für die Orientierung dienten die Sonne und der Fixstern Canopus. Der Orbiter verfügte über eine größere Datenspeicherungs-Kapazität als die Schwestersonde, weil er in der Umlaufbahn sehr oft sehr viel größere Datenmengen aufnehmen und dann zur Erde weiterleiten mußte. Beide Sonden waren mit einem S-Band-Funksystem ausgerüstet und hatten eine Datenübertragungs-Kapazität von 2048 bit/Sek.

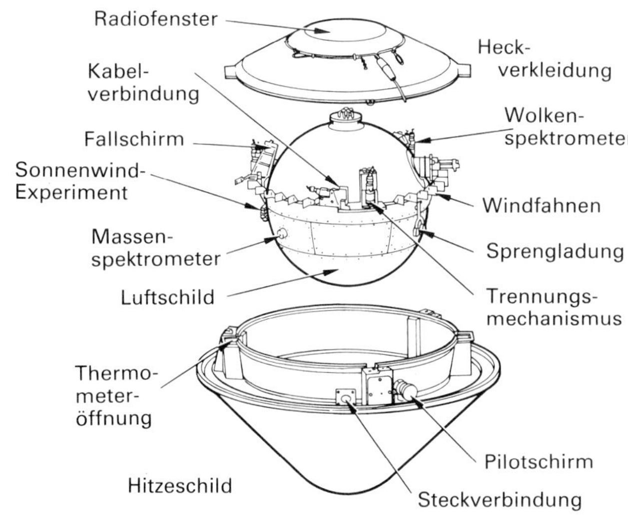

Die Instrumentenkapseln, die die Pioneer-Atmosphärensonde in die Gashülle der Venus entsandte, waren regelrechte druckfeste »Tauchkugeln«. Die stabile Konstruktion sollte die Funktion der Instrumente auch in den tieferen Regionen der Venus-Atmosphäre – knapp über der Oberfläche – garantieren, wo Druck (knapp 100 bar) und Temperatur (fast 500° C) enorm hoch sind. Zur Überraschung der Experten überlebte eine dieser vier Kapseln die harte Landung auf der Venus für einige Zeit; offensichtlich war sie in einem Sandhaufen niedergegangen, der den harten Aufprall milderte. Der dabei hochgewirbelte Staub konnte dann beim langsamen »Herabregnen« registriert werden.

Die Atmosphären-Sonden

Diese Komponente des Pioneer-Programms bestand aus einem Zentralkörper, dem sog. »bus«, sowie einem großen und drei kleinen Eintrittskörpern. Während des Transferfluges von der Erde zur Venus bildeten diese Komponenten eine Einheit, die durch eine sog. Drallrotation in einer Achse stabilisiert blieb.
Die vier Atmosphärenkapseln waren jeweils unabhängige, selbständige Flugkörper mit allen Systemen zur Lageregelung, Energieversorgung und Meßdaten-Übertragung. Die Kapseln hatten jeweils konische Form mit einem Oberflächen-Neigungswinkel von 45°. Die aerodynamisch optimal ausgebildeten Hitzeschilde bargen eine kompakte Instrumentkapsel, aus der nur die Meßfühler herausragten und die Antennen zur Datenübertragung.
Die große Atmosphärensonde wog 316 kg, sie hatte einen Durchmesser von 145 cm und war 73 cm hoch. Die wissenschaftlichen Instrumente wogen ca. 35 kg, die Datenübertragungs-Kapazität betrug 256 bit/Sek. Nachdem die Sonde in den hohen Schichten der Venus-Atmosphäre weitgehend abgebremst worden war, konnte in 70 km Höhe der Schutzschild abgeworfen werden, und für den dann folgenden Abstieg durch die tieferen Schichten der Atmosphäre stand ein Fallschirm zur Verfügung. Damit wurde die Sinkgeschwindigkeit verringert und Zeit für genauere Messungen gewonnen. In ca. 45 km Höhe wurde der

Schirm ausgeklinkt, und die Sonde fiel frei durch bis zur Venus-Oberfläche, wo sie zerbarst.
Die drei kleineren Landekörper hatten 71 cm Durchmesser und waren 36 cm hoch. Das Gewicht betrug 93 kg, und aus dem geringen Anteil der wissenschaftlichen Nutzlast von nur 6 kg kann man die Stärke der Panzerung und Isolierung ersehen, mit der diese Sonden auf die extremen Zustände im unteren Teil der Venus-Atmosphäre vorbereitet worden waren. Die Datenübertragungskapazität der kleinen Sonden betrug 16–64 bit/Sek. Diese Eintrittskörper hatten übrigens keine Fallschirme zur Verfügung, sie wurden anfangs nur aerodynamisch gebremst und fielen dann frei durch auf die Venus-Oberfläche. Umso erstaunlicher ist die Tatsache, daß eine dieser Kapseln den Absturz überlebte und noch längere Zeit Meßwerte direkt von der Venus-Oberfläche zur Erde übermittelte.
Die wissenschaftlichen Aufgaben der Meßsonden, die in die Atmosphäre der Venus eindringen sollten, betrafen folgende Aspekte:
a) Natur und Zusammensetzung der Venus-Wolken;
b) Struktur der Atmosphäre von der Oberfläche des Planeten bis in große Höhen;
c) das generelle Zirkulationsmuster der Atmosphäre.
Bei den Wolken in der Venus-Atmosphäre wollte man wissen, ob sie aus kondensierten Flüssigkeiten oder festen Partikeln bestehen, aus Eiskristallen oder Staub. Die Größe dieser Teilchen interessierte ebenso wie die Frage, wie viele Wolkenschichten es dort im einzelnen gibt.
Für die geplanten Untersuchungen der Atmosphären-Sonde hatte die NASA insgesamt zwölf wissenschaftliche Instrumente ausgesucht, die im »Mutterschiff« und den vier Eintritts-Kapseln untergebracht waren. Sieben Experimente befanden sich in der großen, drei jeweils identische Instrumente in den drei kleinen Kapseln, und zwei Sensoren waren im »bus« montiert, der die Eintrittskörper zur Venus beförderte, der dann aber selber in den hohen Schichten der Atmosphäre verglühte.

Instrumente in der großen Atmosphären-Sonde

Neutral Mass Spectrometer zur Messung der Atmosphären-Zusammensetzung und der vertikalen Struktur der Gashülle ab 60 km Höhe;
Gas-Chromatograph zur Messung der Zusammensetzung der Venus-Atmosphäre;
Cloud Particle Size Spectrometer zur Bestimmung der Größe atmosphärischer Bestandteile;
Solar Radiometer zur Feststellung, wie tief die Sonnenenergie in die Venus-Atmosphäre eindringt;
Infrared-Radiometer zur Bestimmung der erwarteten Temperatur-Anomalien zwischen Pol und Äquator.

Instrumente in der großen und den drei kleinen Sonden

Atmospheric Structure untersuchte die Wärmeverteilung in der Venus-Atmosphäre;

Wie ein hell leuchtender Meteorit trat die Pioneer-Trägersonde in die Venus-Atmosphäre ein und verglühte in etwa 100 km Höhe. Zuvor hatten die beiden wissenschaftlichen Sensoren an Bord des Pioneer-»bus« die Zusammensetzung der hohen Atmosphären-Schichten bei unserem Nachbar-Planeten genau erforscht und dabei einen höheren Edelgas-Anteil festgestellt, als er von den Experten erwartet worden war.

Nephelometer zum Studium der vertikalen Wolkenstruktur;
Instrument nur in der kleinen Atmosphären-Sonde;
Net Flux Radiometer zum Studium von Struktur und Bewegung der Venus-Atmosphäre;

Instrumente im Pioneer-Bus

Mass Spectrometer zur Messung der Dichte verschiedener Bestandteile der Gashülle;
Ion Mass Spectrometer zur Untersuchung von Verteilung und Konzentration ionisierter Bestandteile in der hohen Atmosphäre.

Die vier Atmosphären-Kapseln wurden etwa 20 Tage vor Ankunft des Pioneer-»Mutterschiffs« bei der Venus abgetrennt und flogen die letzte Strecke allein – von chemischen Batterien am Leben gehalten. In jeweils etwa 8000 km Abstand drangen die Kapseln in die Venus-Atmosphäre ein und begannen nach der aerodynamischen Bremsung mit dem Abstieg durch die tieferen Gasschichten.
Der Pioneer-Bus kam etwas später bei der Venus an als die Atmosphären-Kapseln und tauchte dann unter einem sehr flachen Winkel in die Gashülle des Planeten ein. Zwei kleine und die große Meßsonde gingen auf der Nachtseite der Venus nieder, die dritte kleine Sonde und der »bus« kamen auf der Tagseite an.
Die auf der Tagseite der Venus in südlichen Breiten niedergegangene Meßkapsel überlebte den Absturz zur Freude und Überraschung der Forscher, offensichtlich war sie in einen großen Haufen weichen

Sandes gefallen, der die Wucht des Aufpralls abminderte. Die Kapsel wirbelte dabei wohl auch einen Teil des Sandes hoch, drei Minuten lang registrierten die Instrumente den herabrieselnden Sand. 67 Min. lang arbeitete die Sonde, bis sie ebenfalls für immer verstummte, weil die Kraft der Batterien nachließ.

Das Massenspektrometer aus Deutschland

Unter 162 Bewerbern hatte die NASA bereits im Juni 1974 etwa 30 Wissenschaftler und deren Experimente für das Programm Pioneer-Venus ausgewählt, darunter auch zwei deutsche Forscher. Prof. von Zahn vom physikalischen Institut der Bonner Universität schlug den Amerikanern ein Massenspektrometer vor, mit dem die Dichte und Zusammensetzung der hohen Venus-Atmosphäre untersucht wurde. Dieser Sensor war im Atmosphären-Bus montiert, der aerodynamisch nicht ausgebildet war und deshalb schon in etwa 130 km Höhe in den dichteren Schichten der Venus-Atmosphäre verglühte. Dr. Spenner vom Institut für Weltraumforschung in Freiburg hatte einen Gegenspannungs-Analysator vorgeschlagen, der im Pioneer-Orbiter mitflog und das Verhältnis von Elektronen und Ionen in der Umgebung von Venus untersuchte. Beide Projekte wurden im Rahmen des extraterrestrischen Forschungsprogramms des »Bundesministeriums für Forschung und Technologie« (BMFT) finanziert. An der Entwicklung und am Bau der Sensoren war der süddeutsche Raumfahrt-Konzern Messerschmitt-Bölkow-Blohm (MBB) beteiligt.
Mit dem von Prof. von Zahn entwickelten Instrument wurde die Dichte verschiedener Schichten der Atmosphäre zwischen 2000 und 135 km Höhe über der Venus-Oberfläche gemessen, also in dem Bereich, der weder vom Orbiter noch von den Eintritts-Kapseln erfaßt wurde. Aus den erhaltenen Meßwerten wollte man folgende Fakten ableiten: Höhe der Tropopause, Zusammensetzung der Atmosphäre an der Obergrenze der Ionosphäre, Temperaturen der Exosphäre, Isotopenverhältnis usw. Folgende Kriterien mußten beim Entwurf und Bau des Massenspektrometers berücksichtigt werden:

- Das Instrument muß Messungen auch bei sehr hohen Drucken ermöglichen, wie sie beim Eintritt in die Atmosphäre entstehen;
- Auch aktive Gase (wie z. B. Sauerstoff) und Moleküle (wie CO_2) sollten trotz ihrer hohen kinetischen Energie gegenüber dem schnell fliegenden Raumfahrzeug (11 km/Sek.) erfaßt werden;
- Notwendig war eine hohe Aufzeichnungs- und Übertragungskapazität für die Daten, weil die Sonde sich in den dichteren Schichten der Atmosphäre (bei 150 km Höhe) mit immerhin noch 3 km/Sek. auf die Venus-Oberfläche zubewegte;
- Energiereiche und weitreichende Signale waren notwenig, um auch Messungen von Spurengasen, von Edelgasen und von Isotopen zu erhalten;

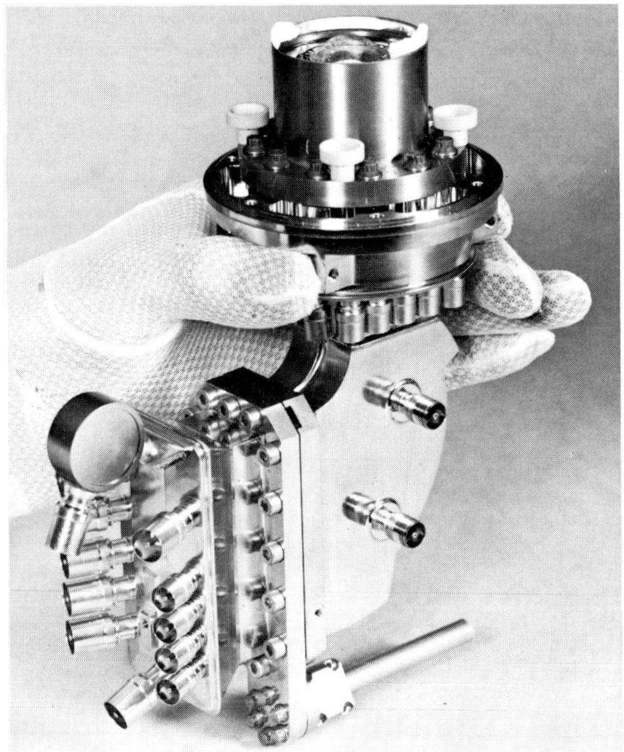

Ein Meisterstück moderner Feinwerktechniker war die Zentralstruktur des Massenspektrometers an Bord der Pioneer-Atmosphärensonde. Mit diesem Instrument wurde die chemische Zusammensetzung der oberen Venus-Atmosphäre bis herab zu etwa 120 km gemessen. Dabei entdeckte das von Professor von Zahn aus Bonn entwickelte Gerät den hohen Edelgas-Anteil in der »Lufthülle« des Nachbar-Planeten. Vor dem Einbau in die Pioneer-Sonde wurde die Apparatur noch mit der notwendigen Elektronik und den entsprechenden Funksystemen zur Steuerung und zur Datenübertragung ausgestattet.

- Gewährleistung hoher Zuverlässigkeit der gemessenen Dichtewerte trotz nur sehr kurzer Meßphase.

Bei dem »Bus Neutral Mass Spectrometer« (BNMS) von Prof. von Zahn handelte es sich um ein doppelt fokussierendes Massenspektrometer vom Typ Mattauch-Herzog mit elektrischer und magnetischer Ablenkung. Dieses Modell wurde vor allem wegen seiner kleinen und kompakten Bauweise gewählt, wegen der Empfindlichkeits-Konstanz auch bei hohen Drucken und wegen der Möglichkeit, ein Mehrfach-Sammelsystem zu wählen. Außerdem hatte man mit ähnlichen Instrumenten dieser Bauart bei vorhergehenden Raumfahrt-Einsätzen schon Erfahrungen gesammelt. Die Meßöffnung des BNMS war um 5° gegen die Drehachse der Raumkapsel geneigt, so daß sich eine periodische Änderung des Eintrittswinkels der Gase ergab, weil sich die Sonde ja regelmäßig um ihre Achse drehte. Nur etwa 25 % seiner Meßzeit hat das Instrument in der interessanten Zone unter 250 km

Höhe verbracht. Nur die Spitzen ausgesuchter Massen-Maxima und die notwendigen Nullwerte wurden registriert. Für große und für geringe Höhen kamen zwei verschiedene Meßprogramme zum Einsatz. Alle wichtigen Parameter wurden einmal pro Sekunde registriert. Die ganze Meßzeit betrug ca. 10 Min.
Der Pioneer-Bus mit dem Massenspektrometer tauchte unter einem sehr flachen Winkel von nur 7° in die Venus-Atmosphäre ein, um das Verglühen gleich beim ersten Kontakt mit der Gashülle zu vermeiden. Während der Ankunft des Pioneer-Bus bei der Venus war zwischen der amerikanischen Bodenstation und dem Physikalischen Institut in Bonn eine direkte Nachrichten-Verbindung eingerichtet, so daß Prof. von Zahn und seine Mitarbeiter die Arbeit des Instruments in der kritischen Phase genau verfolgen und gleich mit der Auswertung der erhaltenen Daten beginnen konnten.

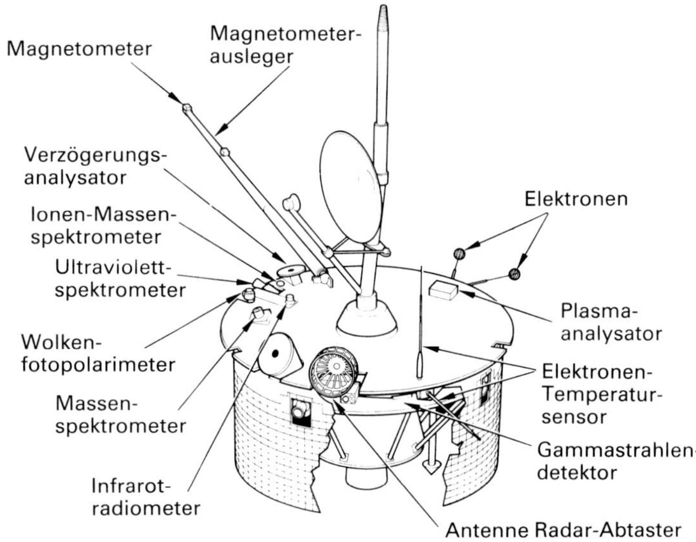

Die Konstruktion des Pioneer-Orbiters zur Erforschung der Venus war für eine Planetensonde recht ungewöhnlich. Der zylindrische Zentralkörper rotierte mit 5 U/Min. um die Hochachse, während die Parabolantenne mit einem besonderen Mechanismus entdrallt wurde, so daß sie ständig auf die Erde ausgerichtet blieb. Die elektronischen Apparaturen waren im Zentralkörper integriert, nur die »Augen« der wissenschaftlichen Sensoren blickten aus der Deckplatte des Zylinders heraus.

Der Pioneer-Orbiter

Der Pioneer-Orbiter war ganz ähnlich wie die Atmosphärensonde aufgebaut, nur daß oben auf der Deckplatte statt der vier Eintrittskapseln die verschiedenen Instrumente und Sensoren montiert waren. Auch der Orbiter wurde während seines ganzen Einsatzes durch eine langsame Rotation von 5 U/Min. in seiner Lage stabilisiert. Die Parabolantenne blieb mit Hilfe eines speziellen Entdrall-Mechanismus stets auf die Erde ausgerichtet.
Die wissenschaftlichen Aufgaben des Venus-Orbiters lassen sich wie folgt zusammenfassen:

- Bestimmung der genauen Struktur der höheren Atmosphäre und Ionosphäre der Venus;
- Untersuchung der Wechselwirkung zwischen dem Sonnenwind und der Venus-Ionosphäre bzw. dem schwachen Magnetfeld;
- Bestimmung der Charakteristiken von Atmosphäre und Oberfläche der Venus mit Hilfe eines kleinen Radargerätes;
- Registrierung der Variationen im Schwerefeld der Venus, die sich in winzigen Abweichungen der Umlaufbahn äußern;
- Gewinnung von Wolkenbildern der Venus mit einem Fotopolarimeter.

Das Verständnis der physikalischen Verhältnisse in der oberen Venus-Atmosphäre hängt von langfristigen globalen Informationen ab, die eben nur ein künstlicher Mond liefern kann, der in eine Satellitenbahn um den Planeten einschwenkt. Die detaillierte Untersuchung der Wechselwirkung zwischen Sonnenwind und Venus-Atmosphäre war aber nur mit einer sehr elliptischen Umlaufbahn möglich, die den Orbiter auf 200 km an den Planeten heranbrachte und ihn dann wieder 66 000 km von der Venus entfernte. Diese Bahn wurde auch gewählt, weil ein Venus-Umlauf 24 Stunden dauerte, was sich sehr gut mit der Diensteinteilung in der Bodenstation korrelieren ließ. Die interessantesten Messungen wurden natürlich meist in Venus-Nähe gemacht, aber dort befand der Orbiter sich täglich nur etwa eine Stunde.
Auch der Pioneer-Orbiter enthielt zwölf Instrumente, sie wurden alle von amerikanischen Wissenschaftlern beigesteuert:

Cloud Photopolarimeter zur Aufzeichnung von Wolkenbildern und zur Untersuchung der Venus-Atmosphäre;
Surface Radar Mapper zur Abtastung der Planetenoberfläche mit Mikrowellen, um eine Venus-Karte zu erhalten;
Neutral Mass Spectrometer zur Untersuchung der Gasbestandteile in der hohen Atmosphäre;
Ion Mass Spectrometer zum Studium der Ionosphäre und des Einflusses des Sonnenwindes;
Solar Wind Plasma Analyzer zur Untersuchung des Sonnenwindes und dessen Wechselwirkung mit der Venus-Ionosphäre und der hohen Atmosphäre;
Magnetometer zum Messen des interplanetaren und des Magnetfeldes der Venus;
Electric Field Detector zur Untersuchung der Wechselwirkung zwischen dem Sonnenwind dem Einflußbereich der Venus;
Electron Temperature Probes zum Studium der Temperaturverhältnisse in der Venus-Ionosphäre;

Charged Particle Retarding Potential Analyzer zur Feststellung der Temperatur, Konzentration und Geschwindigkeit der am häufigsten in der Ionosphäre vorkommenden Ionen;
Gamma Ray Burst Detector zur Untersuchung der kurzen, aus dem Universum zu uns gelangenden Gammastrahlen-Ausbrüche;
Mehrere Experimente ergaben sich außerdem aus der genauen Beobachtung der vom Orbiter zur Erde gelangenden Funksignale:
Internal Density Distribution Experiment zum Studium der Massenverteilung in der Venus;
Celestial Mechanics Experiment zur Untersuchung des Gravitationsfeldes der Venus, das ja wesentlichen Einfluß z. B. auf das Magnetfeld und das Verhalten des Sonnenwindes hat;
Dual Frequency Radio Occultation Experiment zum Studium der Zusammensetzung der Venus-Atmosphäre mit Hilfe von hindurchgeleiteten Radiosignalen;
Atmospheric and Solar Wind Turbulence Experiment zur Untersuchung von Windströmungen in der hohen Venus-Atmosphäre;
Atmospheric Drag Experiment zur Untersuchung des Einflusses der dichten Venus-Atmosphäre auf die Rotationsgeschwindigkeit des Planeten.

Die kleine Radarantenne an Bord des Pioneer-Orbiters lieferte zwar mit nur 50 km Auflösung relativ grobe Geländeabtastungen der Venus-Oberfläche, aber dafür war damit die Erfassung fast des gesamten Planeten möglich, dessen Oberfläche wegen der dichten Wolkenhülle ja mit optischen Instrumenten nicht direkt eingesehen werden kann.

Radar-Erkundung

Mit dem Start des Pioneer-Orbiter und dem erfolgreichen Einsetzen der Meßkapsel in die Venus-Umlaufbahn bestand nun erstmals die Möglichkeit, die Oberfläche unseres Nachbar-Planeten mit einem Radargerät systematisch abzutasten. Der Radar-Mapper an Bord des Pioneer-Orbiter war zwar klein, aber leistungsfähig genug, um eine erste grobe Oberflächenkarte der Venus herzustellen.

Das Radargerät an Bord des Pioneer-Orbiters arbeitete in zwei verschiedenen Betriebsarten: als Höhenmesser und als Radargerät. Im ersten Modus sandte das Gerät eine Sekunde lang Signale zur Venus-Oberfläche senkrecht unter dem Gerät, von wo sie reflektiert und von dem Instrument wieder aufgefangen wurden. Aus der Laufzeit vom Gerät zur Venus und zurück zum Radarempfänger, die mit höchster Präzision gemessen wurde, ergab sich dann die Entfernung von der Raumsonde zur Planetenoberfläche mit einer Genauigkeit von etwa 100 Meter.

Bei der zweiten Betriebsart sandte der Radar-Mapper Impulse von 1/10000 Sek. Dauer zur Venus Oberfläche und fing die reflektierten Strahlen kurz darauf wieder ein. Je nachdem, wie diese Strahlen vom Planeten reflektiert wurden, erhielt man Informationen über die Beschaffenheit von dessen Oberfläche.

Die Bahnneigung des Orbiters gegen den Venus-Äquator betrug 74°, so daß die nördlich und südlich davon gelegenen Gebiete von dem stets vertikal arbeitenden Radargerät nicht erfaßt werden konnten. Da der niedrigste Bahnpunkt des Orbiters bei 17° N lag, war die Beobachtung der südlichen Hemisphäre etwas beeinträchtigt, dort konnte das Instrument nur bis 63° einwandfreie Daten liefern. Die Umlaufzeit des Orbiters betrug 24 Stunden, ausgehend von der 243 Tage dauernden Eigenrotation der Venus hatte sich der Planet zwischen zwei aufeinanderfolgenden Durchgängen des Orbiters um genau 1,5° weitergedreht, und auf diesen Winkelbetrag war die Breite des Meßstrahls von 160 km bei dem Radar-Mapper ausgelegt.

Der Radar-Höhenmesser konnte bei jedem Umlauf des Orbiters jeweils nur für kurze Zeit arbeiten, wenn der Abstand zur Venus geringer als 4700 km war. Zwar hatte die kleine Antenne der Pioneer-Sonde ein schlechteres Auflösungsvermögen als die von der Erde aus eingesetzten großen Radioteleskope, aber dafür umkreiste die Raumsonde den Planeten regelmäßig und konnte so die Venus mit der Zeit vollständig erfassen.

Die Pioneer-Radarantenne erreichte ein Auflösungsvermögen von etwa 50 km, die Höhengenauigkeit des Instruments betrug 200 Meter.

Mit jeder einzelnen Messung wurde immer eine Fläche von 25 × 50 (= 1250 km^2) erfaßt. Die erhaltenen Radardaten wurden dann regelmäßig an die Bodenstationen der NASA auf der Erde weitergeleitet.

Als der Radar-Mapper am 18. Mai 1980 abgeschaltet wurde, hatte er einen Geländestreifen zwischen 75° N und 63° S kartiert, was etwa 93 % der gesamten Venus-Oberfläche umfaßt.

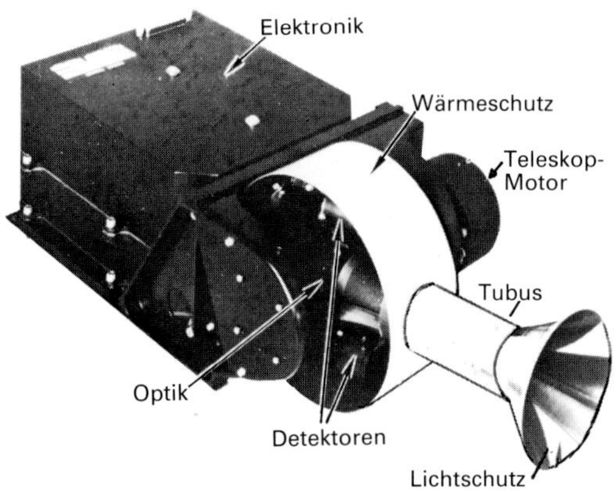

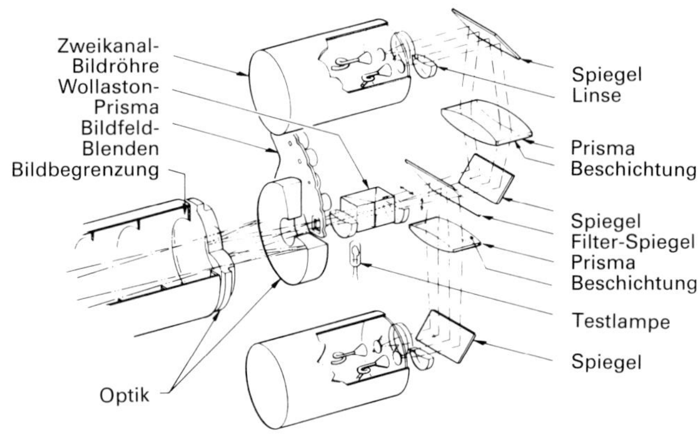

Das Wolken-Fotopolarimeter an Bord des Pioneer-Orbiters war eine relativ kleine optische Apparatur, die die Wolkenhülle der Venus mit drei verschiedenen Arbeitsweisen in mehreren Spektralbereichen abtastete. Das optische System hatte 37 mm Durchmesser, eine Brennweite von 175 mm und die Lichtstärke 1:4,7. Der Abtaststrahl zur Bilderzeugung war nur 0,03 Grad breit, das Auflösungsvermögen aus 50000 km Entfernung betrug ca. 30 km. Das »Orbiter Cloud Photopolarimeter« an Bord der Pioneer-Sonde war im Prinzip eine verbesserte Version des erstmals in den Jupiter-Sonden Pioneer 10 und 11 erfolgreich eingesetzten Instruments.

Wolken-Fotopolarimeter (OCPP)

Das bessere Verständnis der meteorologischen und klimatischen Prozesse in der Venus-Atmosphäre und der Lebenslauf der darin auftretenden Aerosole sowie deren wechselseitige Beeinflussung mag eines Tages den Wissenschaftlern dabei helfen, die Rolle der Aerosole in der Erdatmosphäre besser zu verstehen. Die Venus ist für uns ein großes dynamisches Laboratorium, frei von starken Caloris-Kräften und Wärmekontrasten zwischen Wasser- und Landflächen. Beispielhaft kann hier die globale Wechselwirkung von Wolken, Strahlung und Klima untersucht werden. Raumsonden zur Untersuchung der Venus helfen also – im weitesten Sinn – bei der Verbesserung der Wettervorhersage hier auf der Erde.

Die wichtigste Aufgabe des Wolken-Fotopolarimeters an Bord des Pioneer-Orbiters war die Untersuchung der Dunst- und Wolkenpartikel in der Venus-Atmosphäre (Größe, Form, Position, Höhe und Brechungsindex). Die zweite Aufgabe des OCPP war die Erzeugung von Bildern der Wolkenhülle dieses Planeten im ultravioletten Licht, um Informationen über die Wolkenstruktur und die Windströmungen in der Atmosphäre zu erhalten.

Das »Orbiter Cloud Photopolarimeter« an Bord des Pioneer-Orbiters bestand aus einem justierbaren Cassegrain-Spiegelteleskop von 175 mm Brennweite und 37 mm Durchmesser (f/4,7). Relativ zur Rotationsachse des Orbiters hatte das OCPP einen Blickwinkel von 45–145°. Bei jeder der fünf Umdrehungen, die die Sonde pro Minute ausführte, wurde während eines Aufnahme-Zyklus ein schmaler Streifen des Motivs Venus abgetastet. Ein kleiner Schrittschalt-Motor sorgte für die regelmäßige Neigung des Telekops, das nach jeder Drehung der Sonde um einen winzigen Betrag in der Vertikalen weiterbewegt werden mußte.

Die fortlaufende Bewegung des Orbiters in der Umlaufbahn ermöglichte auch die gezielte zweidimensionale Bildgewinnung zur stereoskopischen Auswertung.

Dem Teleskop angeschlossen waren ein Filterrad mit 16 Positionen, verschiedene optische Systeme und die Fotodioden.

Der Einsatzplan für das »Orbiter Cloud Photopolarimeter« sah in der Primärmission die Gewinnung von Wolkenbildern ab Januar 1979 für etwa 80 Tage vor, in dieser Zeit wechselte das Aussehen des Planeten – von der Umlaufbahn des Orbiters aus gesehen – von einer schmalen Sichel bis zur voll beleuchteten Planetenscheibe. Allein diese Primärmission war gegenüber den Beobachtungen von Mariner 10 schon ein wesentlicher Fortschritt, denn diese Sonde hatte die Venus nur etwa acht Tage lang mit der TV-Kamera aufnehmen können. Zwar gab es zu Beginn der Orbiter-Mission einige Probleme mit dem Fotopolarimeter, aber der dabei aufgetretene Beobachtungsausfall wurde durch das ausgezeichnete Funktionieren des Instruments mehr als wettgemacht, denn es arbeitete weit über die erste Phase der Mission hinaus äußerst zuverlässig, so daß die Wolkenströme während eines ganzen Venus-Jahres registriert werden konnten.

Drei verschiedene Arbeitsweisen waren mit dem »Orbiter Cloud Photopolarimeter« möglich: 1. Bildgewinnung, 2. Polarimetrie und 3. Horizont-Abtastung.

Bildgewinnung

Bei bildmäßigen Aufnahmen wurden ein optisches System mit sehr schmalem Bildwinkel von 0,4 × 0,45 mrad Bildwinkel in den Strahlengang des Teleskops eingesetzt sowie ein Filter mit Durchlässigkeits-

Maximum bei 365 nm sowie ein einzelner Fotodioden-Detektor. Aus der ungefähren Aufnahme-Entfernung von 60000 km und dem gegebenen Bildwinkel des Instruments ergab sich ein Auflösungsvermögen von etwa 30 km. Um mit dem also sehr dünnen Abtast-Bildstrahl die Venus-Scheibe von 12100 km Durchmesser zu erfassen, waren etwa 400 Umdrehungen der Sonde notwendig, was rund 80 Min. dauerte. Alle Venus-Bilder des OCPP wurden aus Entfernungen von mehr als 33000 km gemacht, wenn sich der Pioneer-Orbiter auf seiner Bahn um die Venus sehr langsam bewegte. Da die Exzentrizität dieser Bahn mit 0,84 sehr hoch war und die Inklination 105° betrug, waren die Möglichkeiten der Bildgewinnung sehr eingeschränkt. Pro Umlauf konnten nur etwa 3–4 Wolkenaufnahmen gemacht werden. Wichtig waren für die Bildgewinnung auch die jeweiligen Positionen von Venus, Orbiter und Sonne, diese Parameter hatten Einfluß auf den Phasenwinkel, also auf den Anteil der Venus-Scheibe, der beleuchtet war.

Die ersten Venus-Bilder übermittelte der Pioneer-Orbiter, als der Phasenwinkel nur etwa 120° betrug, als die Venus also nur als schmale Sichel erkennbar war. Auf diesen Abbildungen ist noch nichts von der Wolkenbewegung in der Atmosphäre zu sehen, die Venus erscheint als makellos saubere, gelbe Sichel. In den folgenden Wochen nahm der Phasenwinkel dann rasch zu, es traten Phasen »Halb-Venus« und »Dreiviertel-Venus« ein, bis dann schließlich die ganze runde Scheibe des Planeten von dem Wolken-Fotopolarimeter erfaßt wurde. Ab »Halb-Venus« etwa wurden dann auch die typischen Wolkenströmungen, vor allem die bekannte Y-Formation, in der Atmosphäre sichtbar.

Wichtig bei der Analyse der Venus-Bilder von M 10 oder Pioneer ist die genaue Kenntnis der Position, in der sich die Sonde zur Zeit der jeweiligen Aufnahme relativ zur Venus befunden hat. Als Bezug dient hier der sog. Fußpunkt des jeweiligen Satelliten, der sich durch eine gedachte Linie vom Raumfahrzeug aus zum Mittelpunkt des betreffenden Planeten ergibt. Wo diese Gerade den Mantel, die Oberfläche des Planeten schneidet, dort ist dieser Subsatelliten-Punkt, wie er auch genannt wird.

Für eine Venus-Aufnahme aus 30–60000 km Entfernung waren ca. 400 Zeilen notwendig, deren Aufzeichnung ca. 80 Minuten dauerte. Eine einzelne Bildzeile bestand aus 1016 Bildpunkten.

In der Bodenstation wurden die Bildsignale nach dem Parallelzeilen-Raster in ein entsprechendes Bild der Venus umgesetzt. Die Farbbilder erzeugte man, indem verschiedene Grauwert-Intensitäten den Grundfarben Blau, Grün und Rot zugeordnet wurden. Mit einem Computer konnten so in Minuten farbgetreue Ansichten des Planeten elektronisch zusammengesetzt werden.

Das beim Venus-Orbiter eingesetzte Bildgewinnungs-System erinnert an das Fotopolarimeter, das schon bei den zwei Pioneer-Sonden erfolgreich zur Anwendung

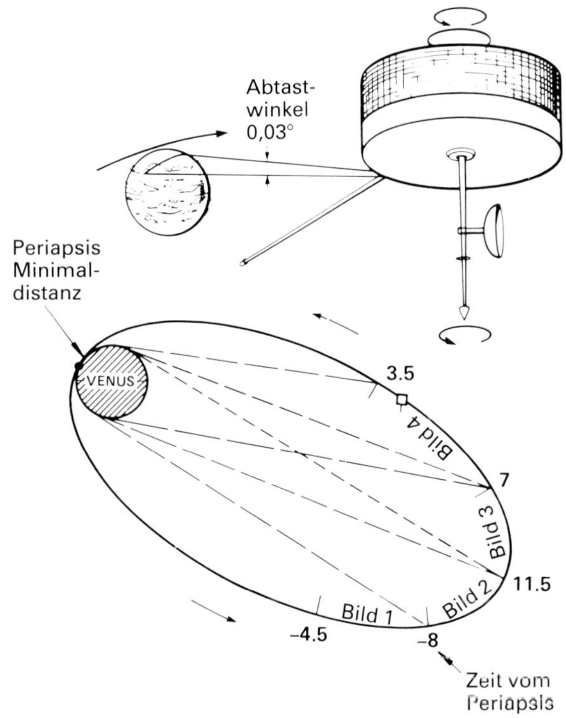

Das Fotopolarimeter an Bord des Pioneer-Orbiters tastete die Venus-Wolkenhülle aus größeren Entfernungen im optischen Spektralbereich ab. Der sehr schmale Bildwinkel von 0,03 Grad ergab aus 50000 km Entfernung ein Auflösungsvermögen von ca. 30 km. Bei der relativ langsamen Rotationsrate von 5 U/Min. dauerte die Aufzeichnung eines vollständigen Bildes der Venus knapp 1,5 Stunden. Maximal vier Venus-Bilder konnten während eines 24stündigen Umlaufs des Pioneer-Orbiters gewonnen werden aus Entfernungen von drei bis fünf Planetenradien.

gekommen war, die die NASA 1972/73 zum Planeten Jupiter (und zu Saturn) gestartet hatte. Ein solches »einfaches« Aufnahme-Instrument ist immer dann notwendig, wenn sich eine herkömmliche Fernsehkamera aus Gründen des Gewichts und der Energieversorgung nicht in die Raumsonde integrieren läßt. Die Abtast-Kamera hat den Vorteil, auch bei einer einfachen Drall-Stabilisierung der Sonde zu funktionieren, ja, sie braucht diese mehr oder weniger rasche Drehung für die Bilderzeugung. Außerdem kommt ein solches Wolken-Fotopolarimeter mit sehr wenig Strom aus, denn die Bilderzeugung dauert sehr lange, und die Übertragung der Signale kann in eben diesem sehr »gemächlichen« Tempo erfolgen.

Anschließend wurden die ultravioletten Strahlen von einem Wollaston-Prisma in zwei orthogonalen Strahlen zu einer im ultravioletten Bereich besonders empfindlichen Silizium-Fotodiode geleitet, die die registrierte Leuchtdichte des jeweiligen Bildpunktes nach dem fotovoltaischen Verfahren in ein elektrisches Signal umsetzte. Nach dieser Digital-Wandlung wurden die Bildpunkte durch eine Analogfolge von acht Signalen dargestellt, also mit acht Bit zur Erde übertragen. In dieser verschlüsselten Form wurden die Helligkeitswerte der einzelnen Bildpunkte transportiert. 256 verschiedene Graustufen waren möglich.

Andere Arbeitsweisen

Bei der polarimetrischen Arbeitsweise wurden die Intensität und der Grad der linearen Polarisation des von der Venus kommenden Lichts in vier Spektralbereichen gemessen:

a) 270 nm (fernes Ultraviolett),
b) 365 nm (Ultraviolett),
c) 550 nm (sichtbares Licht),
d) 935 nm (nahes Infrarot).

Für jeden Spektralbereich befanden sich drei Filter in dem entsprechenden »Revolver«. Der Sichtwinkel des Instruments bei der polarimetrischen Abtastung betrug 0,17°, was bei der geannten Entfernung von 60 000 km ein Auflösungsvermögen von 25 km ergab. Ein Wollaston-Prisma und zwei Fotodioden-Detektoren analysierten den aufgezeichneten gefilterten Lichtstrahl. Mehrmalige Beobachtungen einer bestimmten Region kurz hintereinander erlaubten die Untersuchung der Änderungen in der Polarisation unter verschiedenen Sichtwinkeln. Der Grad der Polarisation als Funktion des Phasenwinkels und der Wellenlänge gab Auskunft über physikalische Daten des untersuchten Lichts, in diesem Fall also über die Venus-Atmosphäre, über die Beschaffenheit der Aerosole und der die Wolken bildenden kleinen Partikelchen. Die Polarisation als Funktion von Zenit-Winkel und Wellenlänge gibt Auskunft über den Druck an der Wolken-Obergrenze und über die vertikale Verteilung von Aerosolen.
Die dritte Meßmöglichkeit des OCPP waren die Untersuchungen des Wolkenhorizonts der Venus. Sie wurden gemacht, wenn sich der Orbiter sehr nahe an der Venus befand. Bei dieser Arbeitsweise kamen ein Filter mit Transmissions-Maximum bei 690 nm zur Anwendung und ein Linsensystem, das einen Bildwinkel von 0,08° hatte. Die bei diesem Modus gemachten Bilder ermöglichten das Studium der Dunstschichten in der hohen Venus-Atmosphäre. Das Auflösungsvermögen dieser Nahaufnahmen der Wolkenschicht beträgt etwa 1 km.
Die drei verschiedenen Beobachtungstechniken des »Orbiter Cloud Photo-Polarimeter« ergänzten sich gegenseitig, die Polarisations- und Horizont-Messungen waren eine wesentliche Hilfe bei der Interpretation der Planetenbilder. Außerdem konnte das OCPP auch auf die vom UV-Spektrometer und IR-Radiometer angepeilten Gebiete der Venus-Wolkenhülle ausgerichtet werden, so daß vergleichende Beobachtungen und Messungen der beteiligten Sensoren möglich waren.
Das »Orbiter Cloud Photo-Polarimeter« wurde nach Plänen von Dr. James Hansen vom »Goddard Institute of Space Studies« konzipiert und vom »Santa Barbara Research Center« gebaut. Das Gerät wog 5 kg und verbrauchte 5,4 W.

Mit einem sehr viel leistungsfähigeren Radargerät als der Pioneer-Orbiter soll die Venus-Sonde VRM ausgerüstet werden, die den Planeten in einem polaren Orbit in 1000 km Höhe umkreisen und mit 300 m Auflösungsvermögen abtasten kann. Damit würde diese Mission eine Venus-Karte von etwa der Qualität ergeben, wie sie der Mars-Orbiter Mariner 9 vom roten Planeten geliefert hat. Der VRM-Satellit soll ca. 900 kg wiegen, die wissenschaftliche Nutzlast wird auf 250 kg veranschlagt. Der Start des Venus-Orbiters mußte von der NASA aus finanziellen Gründen schon mehrfach verschoben werden, momentan ist 1987 als Termin vorgesehen.

Die stark exzentrische Umlaufbahn des Pioneer-Orbiters hatte zwei Vorteile: Aus der niedrigen Bahnhöhe von 150 km konnte die Venus-Atmosphäre direkt untersucht werden, vom höchsten Bahnpunkt aus in 66 000 km Abstand war es möglich, die ganze Planetenkugel in verschiedenen Spektralbereichen zu beobachten.
Bis zum Frühjahr 1981 hatte das Fotopolarimeter an Bord des Pioneer-Orbiters in reichlich zwei Jahren Arbeitszeit über 1000 Wolkenbilder zur Erde übermittelt – täglich also etwa eines. Die Ingenieure in der Bodenstation rechnen damit, daß die Sonde noch etwa bis zum Jahre 1985 arbeiten könnte, so daß man vielleicht noch weitere 2000 Wolkenbilder erhalten wird.

Künftige Projekte

Einen bemannten Flug hin zur Venus kann man getrost in eine sehr ferne Zukunft verschieben, dafür gibt es momentan keinerlei konkrete Realisierungschancen – weder politisch/finanziell noch technologisch.
Aber es könnte durchaus in den nächsten Jahrzehnten gelingen, eine langlebige Meßstation auf der Venus-Oberfläche abzusetzen, die nicht schon nach ein paar Minuten oder Stunden zerstört wird. Mit Hilfe eines nuklear betriebenen Kühlaggregats ließe sich auch eine etwas größere und leistungsfähigere Nutzlast einige Wochen oder gar Monate auf der heißen Venus am Leben halten.
Die NASA plant einen neuen, die Venus-Oberfläche kartierenden Radar-Satelliten für Ende der 80er Jahre, das Projekt erhielt die vorläufige Bezeichnung VRM (Venus Radar Mapper). Dieser Venus-Satellit wird eine kreisförmige Bahn in 1000 km Höhe um den Planeten einschlagen, die ihn regelmäßig über die Pole führt und die streifenförmige Abtastung der Venus-Oberfläche mit Mikrowellen ermöglicht. Wegen der langsamen Venus-Rotation wird diese Kartografierung einige Monate dauern, bis sich der Planet einmal ganz unter der Umlaufbahn des Orbiters hinweg bewegt hat.
Die VRM-Sonde soll die Venus aus einer relativ niedrigen Umlaufbahn mit einem durchschnittlichen Auflösungsvermögen von 300 m kartografieren, womit dieses System Bilder von der Qualität liefern wird, wie sie z. B. die im optischen Bereich arbeitenden TV-Kameras der Mariner-Sonden bei Mars erzielten.
Das Radargerät an Bord des die Venus umkreisenden VRM-Satelliten wird eine gewisse Ähnlichkeit mit dem »Synthetic Aperture Radar« haben, das 1979 an Bord des Ozean-Satelliten Seasat-1 für kurze Zeit erfolgreich ausprobiert wurde.

Tabelle der amerikanischen und russischen Venus-Sonden

Name / Land Daten / Orbit	Aufbau / Größe Gewichte / Leistungen	Aufgaben / Ausrüstung	Ergebnisse
Venera 1 1961 y 1 12. 02. 1961 UdSSR	Zylindrischer Druckkörper mit Antennen und Solarpaddeln 1 × 2 × 3 m; 644 kg	Erforschung der Venus im Vorbeiflug mit Sensoren für Kosmische Strahlung, Magnetfelder, Ionenfalle, Teilchen-Detektor.	Am 15. 5. 61 flog V 1 in ca. 100 000 km Abstand an der Venus vorbei, ohne allerdings Daten zu übertragen, weil die Funkverbindung am 27. 2. 61 in 3,8 Mio. km Entfernung abgerissen war.
Mariner 2 1962 a p 1 27. 08. 1962 USA Venus-Vorbeiflug am 14. 12. 62 in 35 000 km	Zentralkörper mit Antennen und 2 Solarpaddeln (362 × 500 cm); 3-Achsen-Lageregelung; Sender 960 MHz / 3 W 220 W / 8,33 bps 202 / 18 kg	Instrumente zur Registrierung von Temperatur und Druck an der Venus-Oberfläche, Zusammensetzung der Atmosphäre, Intensität des interplanetaren Magnetfeldes, des Sonnenwindes und von Mikrometeoriten.	Entdeckung des »Sonnenwindes« (400–720 km/s); Magnetfeld-Stärke schwankt von 5–10 Gamma; Mikrometeoriten-Dichte sehr gering. Temperatur an der Venus-Oberfläche 450° C; Wolken-Oberschicht nicht erkennbar; Venus-Magnetfeld sehr gering (5 % der Erde) Retrograde Venus-Rotation von ca. 250 Tagen
Venera 2 1965–91 A 12. 11. 1965 UdSSR	Zentralkörper mit Antennen und Solarpaddeln; 963 kg	Magnetometer, Teilchenzähler, Radioteleskop für 150, 1500 und 15 000 m Wellenlänge, Mikrometeoriten-Zähler; TV-Kamerasystem.	Vorbeiflug an der Venus am 27. 2. 66 in 24 000 km Entfernung; es wurden nur wenige Meßergebnisse bekannt, die TV-Bilder mißlangen, weil die Funkverbindung vorher abbrach.
Venera 3 1965–92 A 16. 11. 1965 UdSSR	Aufbau wie Venera 2 aber erstmals kugelförmige Landekapsel von 90 cm ∅ an Bord	Instrumentierung ähnlich wie V 2. In der Landekapsel befanden sich vor allem Instrumente zur Untersuchung der Venus-Atmosphäre.	Die Landekapsel tauchte am 1. 3. 66 in die Venus-Atmosphäre ein, aber es wurden keinerlei Meßdaten erhalten, weil die Sonde wohl frühzeitig zerstört worden ist.
Venera 4 1967–58 A 12. 06. 1967 UdSSR	Zylindrischer Zentralkörper mit kugelförmiger Landekapsel 1100 / 383 kg	Mit folgenden Sensoren wurde die Venus Atmosphäre untersucht: Thermometer, Manometer, Spektrometer zur Gas-Analyse.	Beim Landemanöver am 18. 10. 67 meldeten die Sensoren, daß die Venus-Atmosphäre primär aus Kohlendioxid besteht; in 26 km Höhe verstummte die Meßsonde plötzlich.
Mariner 5 1967–60 A 14. 06. 1967 USA Venus-Passage am 19. 10. 67 in 3900 km Abstand	Zentralkörper mit 4 Solarpaddeln und Antennen (287/556 cm); Lage-, Kurskorrektur; Temperatur-Kontrolle; Magnetspeicher mit 1,1 Mio. bit Volumen; 500 W / 8,3 bit; 245 kg/11,1 kg; 7-W-Sender, 2298 MHz	Bei der Venus-Passage Messung von a) Komponenten der Atmosphäre; b) Richtung und Größe der Magnetfelder; c) evtl. vorhandenen Strahlengürteln; d) Richtung und Stärke des Sonnenwinds; e) Gravitationsfeld des Planeten; f) Dichte und Verteilung der Gase.	Die Auswertung der Messungen ergab: Oberflächen-Temperatur von 267° C auf Venus 72–87 % CO_2, der Rest N_2, Helium Argon, O_2 Temperatur an der Wolken-Oberseite −43° C; Magnetfeld und Strahlengürtel konnten nicht nachgewiesen werden.

Tabelle der amerikanischen und russischen Venus-Sonden

Name / Land Daten / Orbit	Aufbau / Größe Gewichte / Leistungen	Aufgaben / Ausrüstung	Ergebnisse
Venera 5 1969–1 A 05. 01. 1969 UdSSR	Zylinderförmiger Zentralkörper mit kugelförmiger Landekapsel; 1130 kg	Folgende Sensoren befanden sich an Bord der Venera-Landekapsel: Gasanalysatoren, Manometer, Thermometer, Dichtemesser.	Am 16. 5. 69 Eintritt der Kapsel in die Venus-Atmosphäre und Datenübertragung 53 Min. lang bis in 26 km Höhe über Grund; Temperaturen zuletzt bei 320° C; Druck 27 bar.
Venera 6 1969–2 A 10. 01. 1969 UdSSR	Konstruktion wie V 5 Landekapsel mit Radar-Höhenmesser und Fallschirm; 1130 kg	Konstruktion und Instrumente wie Venera 5, die Landekapsel sollte auf die Venus-Oberfläche niedergehen und von dort Daten senden.	Die Kapsel erreichte Venus am 15. 12. 70 und funktionierte bis in etwa 26 km Höhe. CO_2-Anteil 95 %, 0,4 % Sauerstoff, Wasserdampf-Spuren; Oberflächen-Druck etwa 100 bar.
Venera 7 1970–60 A 17. 08. 1970 UdSSR	Aufbau ähnlich wie bei V 6 mit wesentlich verstärkter Landekapsel; 1180 kg	Mit der auf 530° C und 180 bar Druck ausgelegten neuen Landekapsel sollten erstmals Meßwerte direkt von der Venus-Oberfläche gewonnen werden.	Erstmals gelangte eine funktionsfähige Meßkapsel auf die Venus-Oberfläche und sandte von dort 23 Min. lang Informationen, die Temperatur wurde zu 543° C bestimmt, der Druck zu 90 bar; ein großer Erfolg für die Russen.
Venera 8 1972–21 A 27. 03. 1972 UdSSR	Ähnlich wie V 7 mit verbesserter Landekapsel von 495 kg, belastbar bis 450 g	Instrumente zur Messung von Windgeschwindigkeiten, Lichtintensität, Radioaktivität; der Steine; Gas-Komponenten, Temperatur, Druck.	Landung der Meßkapsel auf der Tagseite der Venus am 22. 7. 72, 107 Min. lang blieb sie intakt und entdeckte die Elemente Uran, Kalium und Thorium – Bestandteile irdischer Steine.
Mariner 10 1973–85 A 03. 11. 1973 USA Venus-Vorbeiflug am 05. 02. 74 in 5760 km Entfernung	Zentralkörper mit Antennen und 2 Solarpaddeln (2,3/8 m) Lage-, Kurskorrektur Hitzeschutz-System; Magnetspeicher; Bordcomputer; 528 kg / 78 kg; Sender 2113 MHz; 10/20 W 400 W / 117600 bps	Die dritte amerikanische Venus-Sonde hatte 7 Sensoren an Bord, mit denen der Planet beim Vorbeiflug erforscht werden sollte: a) IR-Radiometer; b) Plasma-Sonde; c) Magnetometer; d) UV-Spektrometer; e) Teilchen-Detektor; f) X-Band; g) Zwei TV-Kameras mit den Daten 2/62 und 8,4/1500 mm und 700 Zeilen à 832 Bildpunkte.	Auch aus größerer Entfernung konnte mit dem starken Teleobjektiv im UV-Licht verschiedene Wolkenformationen und eine viertägige Rotation der Atmosphäre um Venus erkannt werden; in der Atmosphäre wurden geringe Anteile von Helium und Wasserstoff festgestellt. In hohen Schichten der Atmosphäre wurden mehrere Dunst-Schleier entdeckt. Mit den TV-Kameras machte Mariner 10 etwa 3500 Weitwinkel- und Teleaufnahmen der Venus mit einem Auflösungsvermögen von bestenfalls 3–4 km.
Venera 9 1975–50 A 08. 06. 1975 UdSSR	Neue Konstruktion mit Orbiter und Landekapsel; ca. 5000 kg Gesamtgewicht	Der Orbiter war funktechnische Relaisstation für die Lander-Daten. Die Oberflächen-Kapsel war erstmals mit einer Kamera versehen, um ihre direkte Umgebung abzubilden.	Am 20. 10. 75 erreichte V 9 den Venus-Orbit: A: 60000 km; P: 1300 km; P: 2 Tage. Sicher erreichte der Lander die Venus-Oberfläche, die sich auf dem ersten Bild als Steinwüste entpuppte; auch Wind und Strahlenmessungen.
Venera 10 1975–54 A 14. 06. 1975 UdSSR	Konstruktion ähnlich wie V 9 mit Orbiter und Landekapsel	Die Landekapsel wurde mit einer aerodynamischen Bremshilfe sowie einer Knautschzone ausgerüstet und vor der Landung abgekühlt	Der Orbiter erreichte am 25. 10. 75 eine ähnliche Umlaufbahn wie V 9, sicher ging die Landekapsel auf der Venus nieder und übermittelte ein weiteres Bild der Stein-Oberfläche.
Pioneer Venus 1 Orbiter 1978–51 A 20. 05. 1978 USA Venus-Orbit am 4. 12. 78 erreicht: A: 66000 km P: 300 km I: 75 Grad P: 24 h	Pioneer-»bus« war Zylinder 120/250 cm mit Solarzellen bedeckt und Antennen Drall-Lageregelung; Thermo-Kontrolle; Speicher 10^6bit; 1 X-Band-Sender; 2 S-Band 10/20 W; Bremstriebwerk mit 18 kN Schub; 312 W 581 / 367 / 46 kg	Der Pioneer-Orbiter enthielt 12 Instrumente zur Erforschung von Atmosphäre, Umgebung und Oberfläche der Venus, so z. B. zum Studium der Wechselwirkung zwischen Sonnenwind und Ionosphäre, zur Untersuchung der Magnetfelder und der kosmischen Gammastrahlung. Ein Fotopolarimeter machte regelmäßig Wolkenaufnahmen und ein kleines Radargerät tastete die Oberfläche der Venus kontinuierlich ab, um so eine topografische Karte des Planeten zu erhalten.	Die Aufnahmen des Fotopolarimeters an Bord des Pioneer-Orbiters ermöglichten genaue Einblicke in die Strömungsmuster der viertätigen Wolkenrotation in der Venus-Atmosphäre. Das kleine Radargerät lieferte innerhalb eines Jahres eine topografische Venus-Karte von 75° N bis 63° S auf der mehrere aus einer großen Ebene herausragende Kontinente erkennbar werden, außerdem verschiedene Krater, Vulkane, Gebirgszüge und tiefe Täler. Die höchsten Gebirge erheben sich bis zu 12 km über das umgebende Flachland. Etwa 16 % der Venus-Landschaft liegen tiefer als das sog. Null-Niveau.

Tabelle der amerikanischen und russischen Venus-Sonden

Name / Land Daten / Orbit	Aufbau / Größe Gewichte / Leistungen	Aufgaben / Ausrüstung	Ergebnisse
Pioneer Venus 2 1978–78 A 08. 08. 1978 USA Eintritt der Meßkapseln in Venus-Atmosphäre am 9. 12. 78	Auf dem »bus« waren vier Landekapseln montiert, eine große und drei kleine. »bus« große Kapsel / kleine Kapsel 253 142 76 cm 122 73 36 cm 307 317 93 kg 9,8 29,3 3,6 kg	Mit den beiden Instrumenten an Bord des Sonden-»bus« wurden die oberen Atmosphären-Schichten untersucht, bis dieser verglühte. Mit den zehn in den vier Landekapseln installierten Sensoren wurden während des Abstiegs die Zusammensetzung, Dichte und Verteilung der Venus-Atmosphäre gemessen sowie Windgeschwindigkeiten, Temperaturen und Drucke.	Die Atmosphären-Sonden vermitteln ein recht genaues Bild von der Zusammensetzung, Verteilung und Dichte der Venus-Atmosphäre in verschiedenen Höhen. So wurden z. B. drei relativ hoch liegende Wolkenschichten entdeckt, eine Zone mit Schwefelsäure-Regen sowie starke Windströmungen in großen Höhen. Da die Kapseln in jeweils etwa 8000 km Abstand auf der Nacht- und Tagseite der Venus niedergingen, erhielt man einen guten Einblick in die globale Klimasituation.
Venera 11 1978–84 A 08. 09. 1978 UdSSR	Aufbau ähnlich wie V 9–10 mit Orbiter und Landekapsel; Gewicht ca. 5000 kg	Auch der Orbiter hatte eine wissenschaftliche Instrumentierung mit einem französischen Sensor; ansonsten Funk-Relaisstation.	V 11 erreichte die Venus am 21. 12. 78 und schwenkte in eine Umlaufbahn ein. Der Lander übermittelte 95 Min. lang wissenschaftliche Daten von der Oberfläche des Planeten.
Venera 12 1978–86 A 14. 09. 1978 UdSSR	Aufbau identisch mit V 11, Orbiter und Lander; ca. 5000 kg	Nach Übertragung der Lander-Messungen erforschten die Orbiter die Venus einige Wochen lang mit eigenen Instrumenten.	V 12 erreichte die Venus am 25. 12. 78. Interessant waren die vergleichenden Messungen zwischen den russischen Venera- und den amerikanischen Pioneer-Sonden; die etwa gleichzeitig bei der Venus ankamen
Venera 13 1981–106 A 30. 10. 1981 Landung am UdSSR 01. 03. 1982 in der Region Phoebe bei 7,5 ° S und 303 ° Länge **Venera 14** 1981–110 A 04. 11. 1981 UdSSR Landung am 05. 03. 1982 bei 13 ° S und 310 ° Länge	Zentralkörper von 2,7 m Länge und 2,3 m Durchmesser und 3400 kg Gewicht Landekapsel von 3 m Durchmesser mit Hitzeschild; Gewicht 1600 kg. Beim Vorbeiflug an der Venus wurde die Landekapsel abgetrennt, der Zentralkörper diente als funktechnische Relaisstation für das Übermitteln der Meßwerte und Bilddaten zur Erde	Die Konstruktion und Instrumentierung der beiden neuen Venus-Sonden war von den Russen wesentlich verbessert worden; zur wissenschaftlichen Ausrüstung gehörte eine Faksimile-Kamera mit Dreifarb-Kapazität sowie ein Röntgen-Fluoreszens-Spektrometer zur chemischen Untersuchung des Venus-Bodens, der mit einer kleinen Schaufel in die Versuchskammer gegeben wurde. Eine bessere Kühlung sollte die Arbeitsdauer der Laboratorien auf der heißen Venus-Oberfläche verlängern. Der »Mutterkörper« enthielt ein Magnetometer aus Österreich sowie einen Gammastrahlen-Detektor, den Frankreich zu dieser Mission beigesteuert hatte.	Die beiden Landekapseln gingen an den vorgesehenen Stellen auf der Tragseite der Venus nieder und übermittelten die gewünschten Bilder und Meßdaten. Die Landeplätze waren mit Hilfe der Radarkarte ausgesucht worden, die die amerikanische Pioneer-Sonde erstellt hatte. Die Farbbilder zeigten eine braun-rötliche Venus-Oberfläche und eine rötliche Atmosphäre. Die Analyse des Venus-Bodens ergab stark alkalische, kalihaltige Basalte, wie sie auf der Erde in großen Tiefen und auf dem Mond vorkommen und die ein Hinweis auf vulkanische Aktivitäten auf der Venus sind.
Venera 15 1983–53 A 02. 06. 1983 UdSSR Venus-Orbit 10. 10. 1983 **Venera 16** 1983–54 A 07. 06. 1983 UdSSR Venus-Orbit 14. 10. 1983 Identische Orbits von: A: 65 000 km P: 1 000 km I: 90 °; P: 24 h	Zentralkörper von 3 m Länge und 2,5 m Durchmesser und 4 t Gewicht; 2 große Solarpaddel zur Stromversorgung; Radarantenne von 1,4 × 6 m Größe; IR-Spektrometer aus der DDR für Untersuchung der Atmosphäre; Radar-Entfernungsmesser aus der DDR für Höhenmessungen mit 50 m Präzision	Aus dem sehr exzentrischen polaren Orbit tasteten die Radarantennen beider Sonden die Venus-Oberfläche in Streifen von 150 × 9000 km mit einem Auflösungsvermögen von 2–3 km ab; Auf diese Weise wurde der ganze sich langsam unter den Orbits der beiden Sonden weiterdrehende Planet innerhalb eines Venus-Jahres (225 Erd-Tage) von den Radargeräten erfaßt.	Die Radarbilder der beiden sowjetischen Sonden lassen mit ihrem hohen Auflösungsvermögen eine wesentlich genauere geologische Interpretation der Formationen auf der Venus-Oberfläche zu als das mit der provisorischen Karte des amerikanischen Pioneer-Orbiters möglich gewesen wäre; es wurden zahlreiche Krater identifiziert und mehrere Vulkankegel.

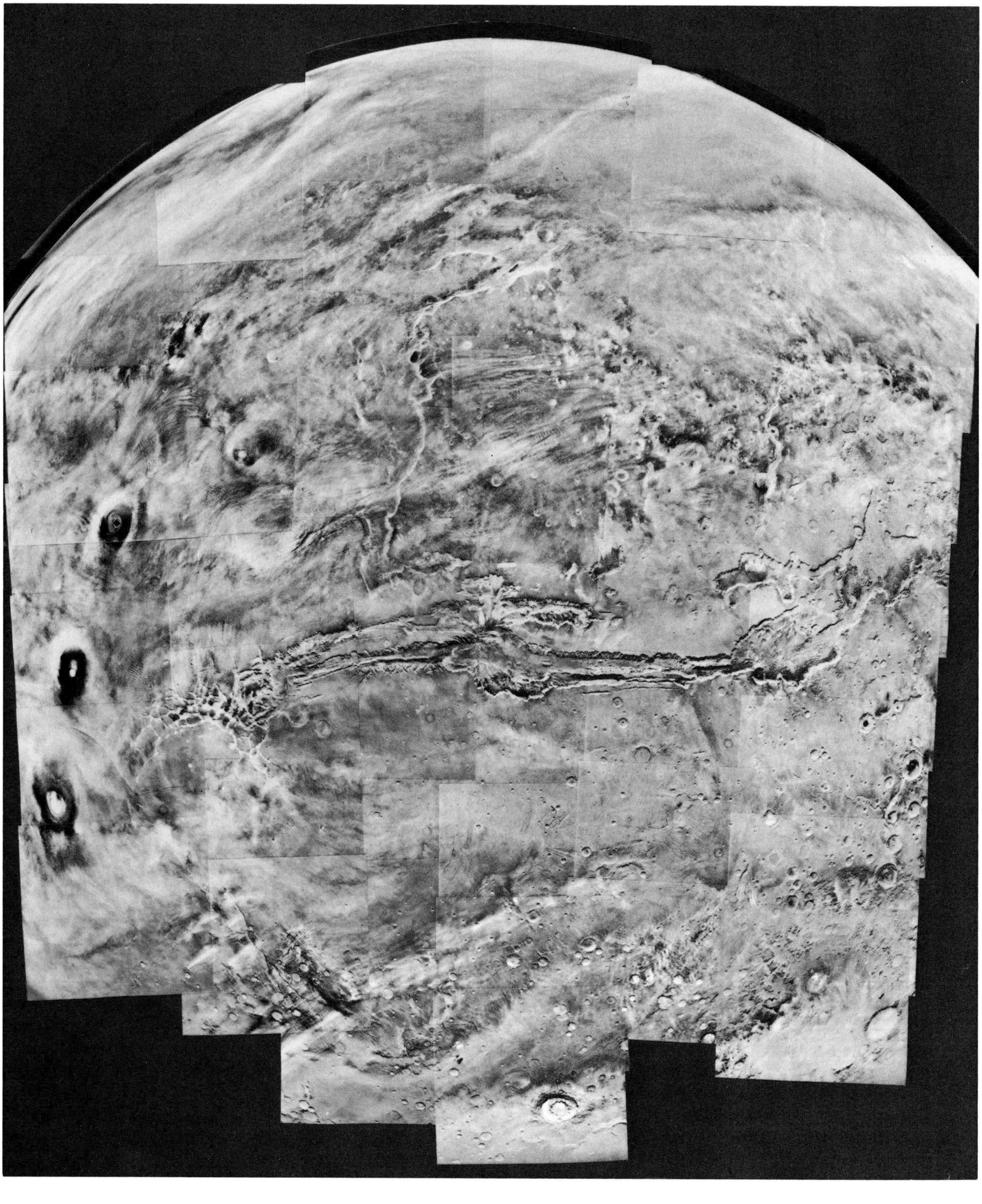

In fantastischer Schärfe zeigt dieses aus 102 Einzelbildern bestehende Mosaik die Hemisphäre des Mars mit dem Riesencanyon im Zentrum und den vier großen Vulkankegeln auf dem Tharsis-Rücken westlich davon. Die Aufnahmen wurden vom VO-1 am 22. 2. 1980 aufgenommen, kurz bevor die Sonde versagte. Die hervorragende Qualität dieser TV-Bilder wurde durch die seinerzeit herrschende sehr klare und ruhige Atmosphäre des Mars begünstigt.

O. L.: *Diese Farbaufnahme des Planeten Mars wurde am 5-m-Teleskop auf dem Mt. Palomar gewonnen; deutlich sind auf der kleinen Scheibe diverse braune Flecken sowie eine Polkappe erkennbar.* **O. R.:** *Deutlich sind auf dieser Globalaufnahme des Mars von Viking 1 die vier Tharsis-Vulkane und die südliche Polkappe erkennbar.* **U. L.:** *Das erste farbige Raumsondenbild vom Mars lieferte 1969 Mariner 7. Auffällig sind die charakteristische Formation Meridiani Sinus sowie die beiden Polzonen. Das Auflösungsvermögen beträgt ca. 100 km.* **U. R.:** *Mit drei Belichtungen durch ein blaues, rotes und grünes Filter machte der VO-1 dieses Bild des Valles Marineris, des Riesen-Canyons auf dem Mars.*

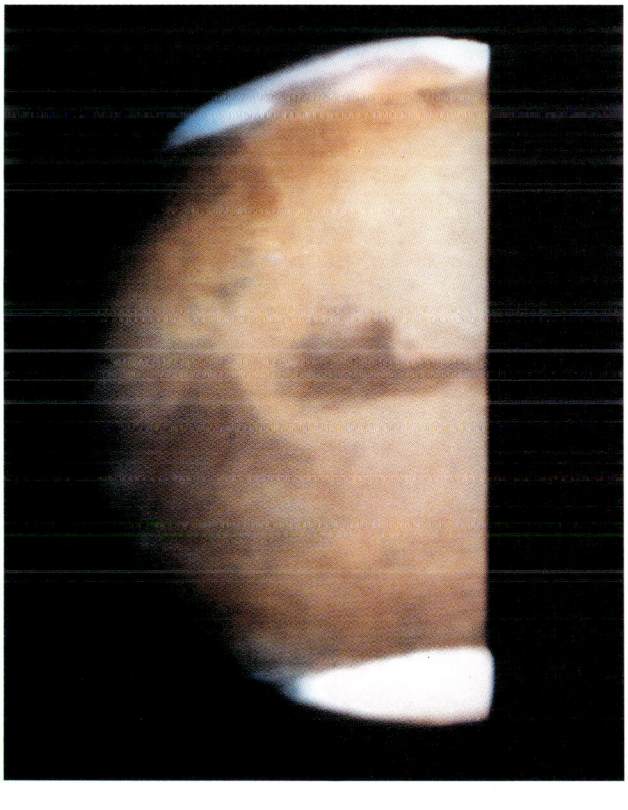

Oben: *Den Gipfel des Mars-Vulkans Olympus Mons zeigt diese kolorierte Fotomontage, VO-1 machte die 70°-Schrägbilder aus ca. 8000 km Entfernung. Der 24 km hohe Vulkankegel ist vormittags oft von Wolken und Dunst umgeben, die Gipfel-Caldera hat ca. 80 km Durchmesser.* **U. L.:** *Zur Steigerung der Kontraste wurden zahlreiche Viking-Bilder speziellen Computerverfahren unterzogen. Unterschiedliche Höhenniveaus werden dabei mit charakteristischen Farben gekennzeichnet. Erfaßt wurde hier der zentrale Teil des Mars-Canyons Valles Marineris.* **U. R.:** *In realistischen Farben wird hier der zentrale Teil des großen Mars-Grabens wiedergegeben. VO-1 machte die Aufnahmen zur Mittagszeit, so daß kaum deutliche Kontraste herrschten. Trotzdem lassen sich im Inneren des Riesencanyons zahlreiche geologische Details erkennen.*

Mars

Nach Merkur, Venus und Erde ist Mars – von der Sonne aus gesehen – das vierte Mitglied unseres Planetensystems. Mars gehört zur Gruppe der erdähnlichen Planeten.
Der Durchmesser von Mars beträgt nach neuesten Erkenntnissen am Äquator 6768 km, der Pol-Durchmesser ist um 35 km geringer. Damit ist dieser Planet etwa halb so groß wie unsere Erde (12757 km) und fast doppelt so groß wie der Mond (3476 km). Die Masse von Mars ließ sich aus der Bewegung seiner beiden natürlichen Monde und der genauen Vermessung der Umlaufbahnen von künstlichen Trabanten zu $6{,}41 \times 10^{23}$ kg berechnen, das ist fast genau 1/10 der Erd-Masse. Als mittlere Dichte ergibt sich daraus der Wert 3,937 g/cm^3.
Mars kreist in 687 Tagen einmal um die Sonne, die synodische Umlaufzeit – die mittlere Spanne zwischen zwei Oppositionen zur Erde – beträgt 780 Tage. Die Entfernung des Mars von den Sonne schwankt zwischen 206,7 und 249,2 Mio. Kilometer, daraus ergibt sich eine relativ große Bahnexenzentrizität von 0,093. Die Neigung der Mars-Umlaufbahn gegen die Ekliptik beträgt 1° 51′. Die Rotationszeit ließ sich dank der gut sichtbaren Oberflächen-Details auf dem Planeten sehr genau zu 24h37m23s bestimmen, das sind etwa 40 Min. mehr als die Rotationszeit der Erde, ein Tag auf Mars ist also etwas länger als bei uns.
Infolge der Neigung des Mars-Äquators gegen die Ebene der Umlaufbahn, die mit 25° 10′ wieder große Ähnlichkeit mit der der Erde aufweist (23° 27′), gibt es auch auf dem Roten Planeten die vier typischen Jahreszeiten sowie tropische, gemäßigte und arktische Zonen wechselnder Ausdehnung. Natürlich sind die Jahreszeiten auf Mars doppelt so lang wie auf der Erde, gewisse Unterschiede ergeben sich aus der starken Exzentrizität der Mars-Bahn. Die starken Schwankungen im Abstand von der Sonne haben ebenfalls großen Einfluß auf das Mars-Klima.

Von der Erde aus gesehen

Für die irdischen Astronomen bietet der erste außerhalb der Erd-Bahn um die Sonne kreisende Planet wesentlich günstigere Beobachtungsmöglichkeiten als z. B. Merkur und Venus, deren Bahnen innerhalb der Erdbahn um die Sonne führen. Vor allem wendet uns Mars stets seine voll beleuchtete Seite zu; lediglich in der Quadratur-Stellung ist ein geringer Teil der von der Erde aus sichtbaren Scheibe des Planeten abgeschattet.
Erde und Mars kommen sich regelmäßig nahe, wenn die schnellere Erde den langsamer und in größerer Entfernung um die Sonne kreisenden Mars innen überholt. Die starke Exzentrizität der Mars-Bahn bringt es mit sich, daß der Abstand zur Erde bei diesen Oppositionen sehr stark schwankt – zwischen 56 und 100 Mio. Kilometer, je nach dem, wie weit Mars bei dem »Rendezvous« mit der Erde von der Sonne entfernt ist.
Die beiden Planeten kommen sich auf ihren Bahnen alle 26 Monate relativ nahe, wenn die Erde reichlich zwei Umläufe und Mars etwas mehr als einen Sonnenumlauf vollendet hat. Aber nur bei jedem 7. oder 8. Zusammentreffen kommen sich die Planeten so nahe, daß man von einer günstigen Opposition sprechen kann, von einer sog. Perihel-Opposition, bei der Mars im Perihel seiner Umlaufbahn steht, also der Sonne besonders nahe kommt.
Die Astronomen müssen also jeweils etwa 15 Jahre warten, um Mars wieder besonders gut beobachten zu können. Die letzten günstigen Perihel-Oppositionen waren 1956 und 1971, die nächste »brauchbare« Opposition wird 1988 sein, dann wird der Abstand zwischen Erde und Mars etwa 58 Mio. Kilometer betragen. Aber natürlich werden solche Daten heute im Raumfahrt-Zeitalter nicht mehr mit der gleichen

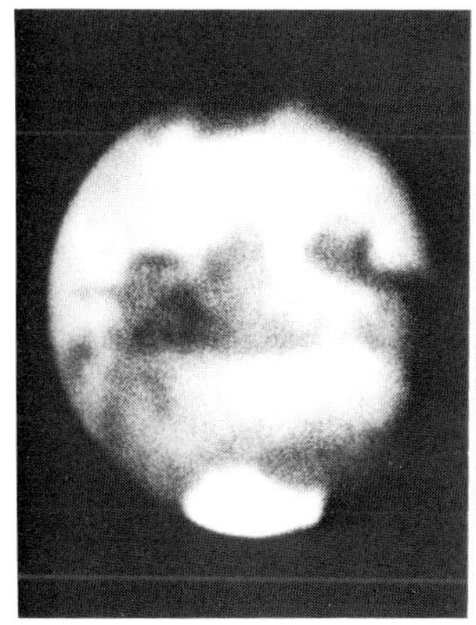
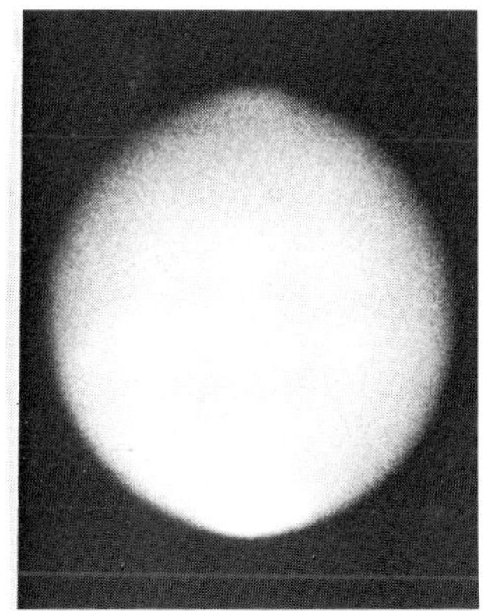

Diese zwei Teleskopaufnahmen von Mars wurden während der günstigen Opposition 1956 mit einem 150-cm-Teleskop gemacht. Das linke Bild entstand mit einem Orange-Filter, das die Kontraste erhöht, deutlich ist die Region Meridiani Sinus erkennbar. Das rechte Foto entstand durch ein Blaufilter, das alle topografischen Details zum Verschwinden bringt und praktisch nur die Mars-Atmosphäre mit Aufhellungen über den Polkappen wiedergibt. Der Durchmesser dieses zweiten Bildes ist geringfügig größer – bei gleichen teleskopischen und fotografischen Daten – die Mars-Atmosphäre reicht schließlich um etwa 100 km über die feste Oberfläche hinaus.

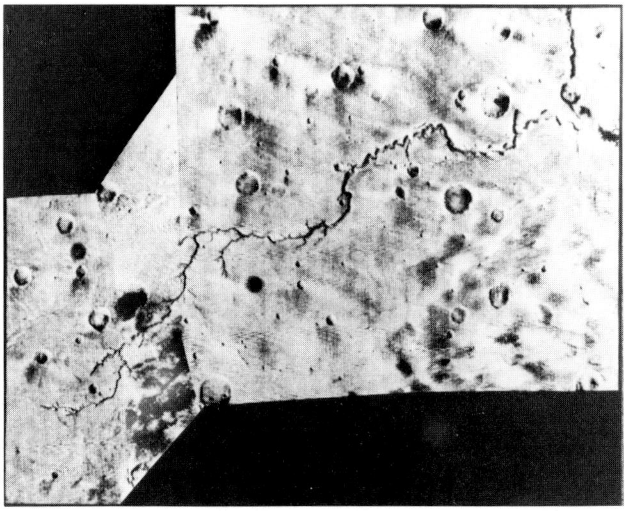

Viel Wasser muß einst auf Mars geflossen sein und solche Flußbetten ausgewaschen haben, wie eines hier auf dem Bild von Mariner 9 entdeckt wurde. Die Formation ist 575 km lang, 5–10 km breit und einige hundert Meter tief. Interessant sind auch die vielen Nebenflüsse, die sich in der Nähe des Hauptstroms einstmals gebildet haben und schließlich alle in diesen mündeten – die Ähnlichkeit mit irdischen Flußsystemen ist verblüffend.

Spannung erwartet wie früher, als man hoffte, neues über die Mars-Kanäle und über die »Bewohner« unseres Nachbar-Planeten zu erfahren.
Die scheinbare Helligkeit des Mars erreicht für den irdischen Beobachter maximal –2,8, Mars glänzt dann in dem für ihn so typischen rötlichen Licht hell am Nachthimmel. Während der Erd-Ferne, wenn der Abstand zwischen den beiden Planeten bis auf 400 Mio. Kilometer anwächst, beträgt die Helligkeit von Mars nur etwas mehr als 2. Größe. Der scheinbare Durchmesser von Mars für die irdischen Fernrohr-Beobachter erreicht bei einer günstigen Opposition 26 Bogensekunden, bei einer ungünstigen Opposition nur etwa 13 Bogensekunden. Bei Erd-Ferne ist das Planeten-Scheibchen nur etwa 3,5″ groß.

Historischer Abriß

Sobald die Menschen schreiben konnten, wurde auch der Name des auffälligen rötlichen Himmelswanderers aufgezeichnet. Es waren wohl zuerst die Chaldäer, die den Planeten Mars wegen seiner rötlichen Farbe mit Blut, Krieg und Unglück in Verbindung brachten. Die Chaldäer lebten um 900 v. Chr. in Mesopotamien, sie verbanden ihre sehr präzisen astronomischen Beobachtungen weitgehend mit astrologischen Mythen. Auch die Perser, Griechen und Römer gerieten in Furcht beim Anblick des roten Himmelslichts, das alle zwei Jahre für ein paar Monate hell aufflammte und dann wieder verschwand. In diesen Kulturen wurde das Gestirn Mars als Verkörperung des jeweiligen Kriegsgottes angesehen. Gleich anderen wichtigen Göttern des Altertums wurde bei den Römern auch dem Kriegsgott ein Tag der Woche gewidmet: martis dies. Noch heute begegnet uns dieses Wort im französischen »mardi«. Der mittelalterlichen Astrologie diente Mars als Unglücks-Gestirn schlechthin, und noch lange hielt sich der abergläubische Wahn, der durch zufällige Kriegswirren und Epidemien während einer Mars-Opposition noch genährt wurde.
Die Bedeutung von Mars für unser Geistesleben hat im Laufe der Jahrhunderte und auch in den letzten Jahrzehnten immer mehr zugenommen. Im 17. Jahrhundert wurde Johannes Kepler durch die hohe Exzentrizität der Mars-Bahn auf die allgemeine Abweichung der Planetenbahnen von der Kreisform aufmerksam, die man bis dahin nicht erkannt hatte.
Die Meldungen Schiaparellis über manchmal auf Mars beobachtete Kanalsysteme und die daraus resultierenden Spekulationen über eine dort angeblich existierende hochorganisierte Zivilisation hatten fast neurotische Züge. Die angeblich existierenden Mars-Bewohner waren in weiten Kreisen der Bevölkerung ein beliebtes Gesprächs- und Spekulationsthema – so wie wir heute eine weltweite pseudowissenschaftliche Diskussion über die Behauptungen Erich von Dänikens führen. Die Menschen scheinen – solange keine anderen Sorgen sie drücken – geradezu Sehnsucht nach irgendwelchen Brüdern und Schwestern im All zu haben.
Das besondere Interesse an diesem Planeten hat heutzutage keineswegs nachgelassen, es äußert sich in unserer Zeit aber mehr in speziellen Forschungsvorhaben, mit denen die Verhältnisse auf, in und um den Mars nach allen Regeln der Wissenschaft untersucht werden. Diese ganz spezielle, fast emotionale Bindung an den Roten Planeten führte dann im Raumfahrt-Zeitalter dazu, daß er mit so vielen automatischen Meßsonden »bombardiert« wurde wie sonst kein anderer Planet.

Die Mars-Kanäle

Auch nach Durchsetzung des kopernikanischen Sonnensystems und nach Erfindung des Fernrohrs brauchten die Astronomen noch lange Zeit, um den benachbarten Planeten Mars besser kennenzulernen und diese Erkenntnisse auch einer breiten Öffentlichkeit mitzuteilen.
Einen entscheidenden Einschnitt brachte erst 1878 die Mitteilung des italienischen Astronomen Giovanni Schiaparelli, der bei der damaligen günstigen Opposition ein feines Netz verschieden langer und breiter Linien auf dem Mars gesehen haben wollte, die sog. »canali«. Ursprünglich hatte dieser ausgezeichnete und verdienstvolle Planetenbeobachter mit dieser Bezeichnung keinerlei weitergehende Spekulationen verbunden, die korrekte Übersetzung von »canali« lautet eigentlich »Rinnen« oder »Furchen«.
Unter den Fachkollegen begann nun eine lebhafte Diskussion, die erst einmal der Glaubwürdigkeit

Schiaparellis galt, da nur er dieses Phänomen auf Mars gesehen hatte. Erst in der darauffolgenden Opposition von 1879 beobachteten auch andere Astronomen »canali«, und nun bestand in der Fachwelt kein Zweifel mehr, daß es auf dem roten Planeten gerade verlaufende, einige hundert Kilometer lange Linien gab, die sich an vielen Stellen auch noch kreuzten und die dunklen »Kontinente« auf dem Mars miteinander zu verbinden schienen.
Die Öffentlichkeit erfuhr diesmal sehr schnell von einem wissenschaftlichen Forschungsergebnis, die Boulevard-Presse griff die unglückliche Formulierung von den »Mars-Kanälen« sofort auf und vermengte sie mit einer Fülle absurder Schlußfolgerungen und Spekulationen. Namhafte Astronomen verfaßten ernstgemeinte Artikel, in denen sie hochentwickelte Lebewesen auf dem Mars als erwiesene Tatsache hinstellten und die Kulturstufe dieser »Mars-Menschen« genau beschrieben. Der breiten Öffentlichkeit wurde damit zwar die Scheu vor dem roten Unglücksstern genommen, aber im Grunde wurde ja nur ein Aberglaube durch einen anderen ersetzt – das »Erich-von-Däniken-Fieber« gab es also auch schon im vorigen Jahrhundert.
Nun, die meisten Astronomen blieben sachlich und werteten die Ergebnisse der drei günstigen Mars-Oppositionen um 1880 aus. Gespannt warteten sie auf die Opposition von 1892, von der man sich eine weitere Klärung dieses Phänomens erhoffte. Die Bestätigung und Erweiterung der Mars-Beobachtungen blieb dann auch nicht aus, und Schiaparelli beschrieb seine Fernrohr-Beobachtungen in einem langen Zeitschriften-Artikel:
»Während die Polkappen abschmelzen, sind sie offenbar von einer dunklen Zone umgeben. Auch die Kanäle werden um diese Zeit dunkler und breiter, bis sich die ganze gelbe Fläche zwischen der Schneegrenze und 60° nördl. Breite in zahlreiche kleine Inseln verwandelt. Dieser Zustand dauert so lange an, bis der Schnee zu schmelzen aufhört. Dann nimmt die Kanalbreite ab, und die Seen verschwinden.«
Der italienische Astronom erklärte die von ihm auf dem Mars beobachteten Erscheinungen mit einer großen Überschwemmung infolge der Schneeschmelze an den Polen und bezeichnete die erstmals von ihm gesehenen »canali« als natürlich entstandene Entwässerungsströme.
Im Gegensatz zu Schiaparelli und anderen »Kanal-Beobachtern« gab es aber auch ausgezeichnete Astronomen, die nie auch nur die Spur irgendwelcher »canali« gesehen haben. Damit soll aber nichts gegen Schiaparelli gesagt werden, der ein ausgezeichneter Beobachter mit unermüdlicher Geduld und einem sehr guten Auge war. Begünstigt durch den klaren Himmel Italiens entdeckte er viele Einzelheiten auf der Mars-Oberfläche, die hart an der Grenze der Erkennbarkeit liegen. Diese Grenzfälle aber haben Schiaparelli und andere Beobachter wohl genarrt, denn das menschliche Auge ist geneigt, unzusammenhängende diffuse Schattierungen auf einer hellen Scheibe unbewußt durch Linien zu verbinden.

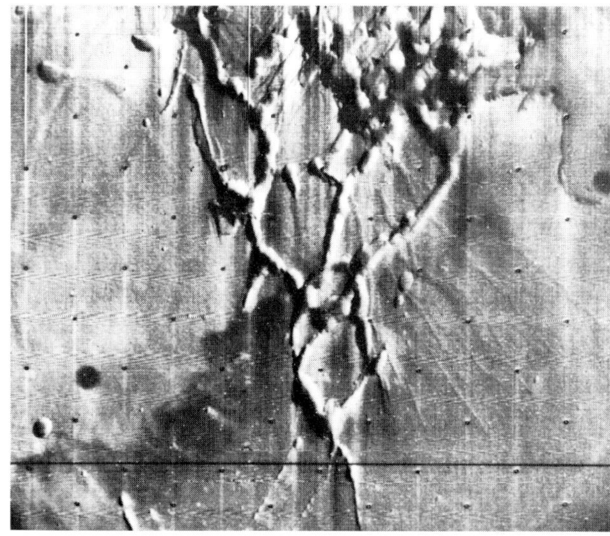

Wie ein Flußdelta sieht dieser Ausschnitt aus dem großen Canyon-Massiv auf Mars aus. Das von Mariner 9 gemachte Bild zeigt ein Gelände von 425 × 540 km Ausdehnung. Diese Aufnahme läßt zahlreiche Erosionsspuren auf dem vulkanisch geprägten Hochland Noctis Lacus (»See der Nacht«) erkennen.

Die sich um Mars rankenden Legenden sind ein eindrucksvolles Beispiel dafür, wie schwierige astronomische Beobachtungsverhältnisse und ungesicherte Befunde zu Spekulationen und falschen Rückschlüssen verleiten.

Beobachtungen von der Erde aus

Die ersten Fernrohr-Beobachtungen bei Mars machte Galileo Galilei, er ist sozusagen der »Urvater« aller mit optischen Instrumenten beobachtenden Astronomen. Der italienische Naturforscher erkannte die Scheibchenform dieses (und anderer) Planeten und ordnete sie als Anhänger des kopernikanischen Weltsystems sogleich als mit der Erde verwandte Körper ein, die alle zusammen die Sonne umkreisen. Galileis Spektiv hatte eine etwa 40fache Vergrößerung, das Auflösungsvermögen betrug ca. 10 Bogensekunden.
Der astronomische Laie, der sich Mars erstmals im Fernrohr ansehen will, erkennt zunächst nur eine kleine helle Scheibe im Blickfeld. Erst allmählich gewöhnt sich das Auge an geringe Helligkeitsunterschiede. Am ehesten wird noch eine der beiden Polkappen erkannt, dann vielleicht die dunkle Große Syrte – wenn sie gerade der Erde zugewandt ist.
Die Astronomen, die Mars im 17. und 18. Jahrhundert beobachteten, sahen die dunklen Gebiete auf dem Planeten als Meere und die hellen Zonen als Festländer an, was auch auf die Namensgebung der auffälligsten Oberflächen-Details Einfluß hatte. Ebenso wie beim Mond, so war es dann auch beim Mars später

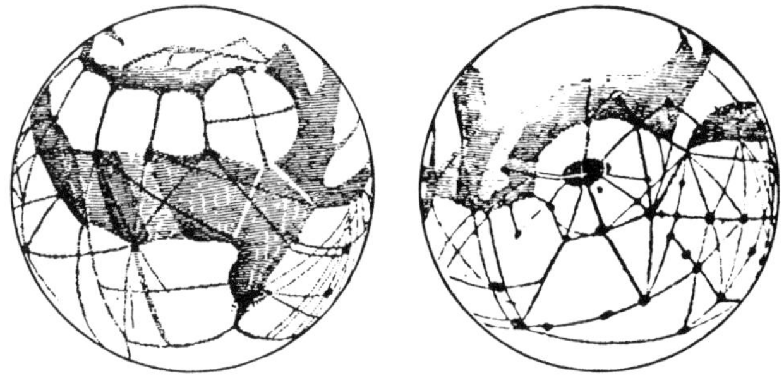

Mars-Kanäle meinten die Wissenschaftler vergangener Epochen auf dem roten Planeten zu sehen, 1895 fertigte der amerikanische Astronom Percival Lowell diese beiden Zeichnungen von Mars an. Zwar sind die wichtigsten hellen und dunklen Landschaften auf dem Planeten korrekt erfaßt, die vielen geraden dunklen »Kanäle« sind aber das Produkt komplizierter optischer Täuschungen und wohl auch einer zu lebhaften Phantasie. Auf modernen Raumsonden-Fotos des Mars ist jedenfalls von diesen »canali« nichts zu entdecken.

schwierig, Bezeichnungen einzuführen, die mit der wahren Natur der beobachteten Formationen etwas besser übereinstimmen.

Während man auf dem Mond wenigstens mit Teleskopen die wahre Natur der Gebirge erkannte, blieb auf dem weitaus schwieriger zu beobachtenden Mars sogar die eigentliche Identität des Riesenvulkans Olympus Mons verborgen, der ja immerhin fast 500 km Durchmesser hat. Die Region Coprates wurde früher meist als längliche Formation mit vielen quer laufenden Kanälen entlang des Äquators bezeichnet und gezeichnet, was so falsch ja nicht war, denn auf den Raumsonden-Bildern entpuppte sich dieses Gebilde immerhin als das Valles Marineris, als der überdimensionale Canyon in der Mars-Oberfläche. Viele Formationen auf dem roten Planeten hatte man also schon seit langem entdeckt, ohne ihre wahre Natur erkennen zu können.

Anders bei der Großen Syrte, die man von der Erde aus auch mit kleinen Teleskopen gut erkennt, die jedoch auf den Bildern von Mariner 9 oder von den Viking-Orbitern kaum als irgend etwas Besonderes auffällt. An der Stelle des auffälligen dunklen Dreiecks wurde nur eine geringe Änderung in der Reflektionsfähigkeit des Mars-Bodens festgestellt. Allerdings geht das hauptsächlich auf die Auswertung von Schwarzweiß-Bildern zurück, bei Farbaufnahmen ist der große Helligkeitsunterschied bei der Großen Syrte durchaus wieder erkennbar. Dabei unterscheidet sich diese Formation in der Oberflächen-Beschaffenheit nicht von ihrer Umgebung, wie man vielleicht anhand des visuellen Eindrucks vermuten könnte.

Noch sehr viel seltsamer ist die Situation bei den sog. Mars-Kanälen, die durchaus nicht nur eine Erfindung eitler Astronomen oder sensationslüsterner Zeitungsmacher waren. Auch sehr ernsthafte, geübte Beobachter waren der Meinung, sie hätten gelegentlich ein feines Netz dünner dunkler Linien gesehen, das sich in bestimmtem Muster über die Mars-Oberfläche zieht. Erst allmählich kamen die Astronomen dahinter, daß sie das Opfer optischer Täuschung geworden waren. Seltsamerweise traten die Mars-Kanäle nur in Instrumenten mäßiger Leistungsfähigkeit und nur bei mittlerem Mars-Abstand auf. Bei sehr großen, ausgezeichneten Teleskopen mit denen Mars während günstiger Perihel-Oppositionen beobachtet wurde, waren kaum einmal die berüchtigten »canali« zu sehen, wie Schiaparelli sie genannt hatte. Und dieser Befund bestätigte sich dann bei den Raumsonden-Bildern, denn an keiner Stelle, wo auf den klassischen Mars-Karten die Kanäle mit klaren, geraden, dunklen Strichen eingezeichnet worden waren, konnte auf den Fotos irgendetwas identifiziert werden, was auch nur entfernt Ähnlichkeit mit einem Kanal oder dgl. hatte.

Damit war dieses Phänomen endgültig als optische Täuschung entlarvt, die Mars-Beobachter hatten sich einfach durch physiologische Erscheinungen verwirren lassen, die glegentlich auftreten, wenn man Objekte beobachtet, deren Erkennbarkeit an der Grenze der Leistungsfähigkeit von Beobachter und Instrument liegt.

Eine gewisse Erweiterung der Beobachtungsmöglichkeiten ergab sich mit der Einführung der Infrarot- und der Ultraviolettastronomie in diesem Jahrhundert, mit Polarisationsmessungen und mit der Schwarzweiß- bzw. Farbfotografie. Insgesamt aber erwies sich das atmosphärische Gefängnis hier auf der Erdoberfläche als eine kaum überwindbare Barriere.

Mit der Einführung der Fotografie in die Planetenbeobachtung ergab sich aber eine sehr schöne Möglichkeit, bei Mars die Existenz einer Atmosphäre nachzuweisen: Macht man zwei Aufnahmen des Planeten mit dem gleichen Gerät und unter gleichen optischen Voraussetzungen, einmal mit einem Blau- und dann mit einem Rotfilter, dann erscheint Mars im blauen Spektralbereich etwas größer als im langwelligen, roten Licht. Allerdings sind auf dem Blaufilter-Foto kaum irgendwelche Oberflächen-Details zu erkennen.

Die Leistungsfähigkeit astronomischer Teleskope und die Qualität der Beobachtungen hängt von dem Motivkontrast und vom Auflösungsvermögen des Instruments sowie auch von dem jeweiligen Beobachter und dessen Erfahrung und Sehschärfe ab. Geht es um die Erkennung von möglichst vielen Einzelheiten auf der kleinen Scheibe eines Planeten, dann ist ein geübter Beobachter mit scharfem Auge und einem guten Instrument in ruhiger Luft unübertreffbar. Nur der Mensch kann die oft sehr kurzen Momente größter Klarheit in der Atmosphäre nutzen und die dann erkennbar werdende Detailfülle schnell auf eine Karte übertragen. Beim fotografischen Beobachtungsverfahren lassen sich solche »Sternsekunden« kaum je abpassen, bei der meist recht langen Belichtungszeit einer Planetenfotografie summieren sich die einzelnen Luftschlieren zu einem leicht verwaschenen Planetenbildchen.

Nehmen wir als Beispiel den 60-cm-Refraktor auf

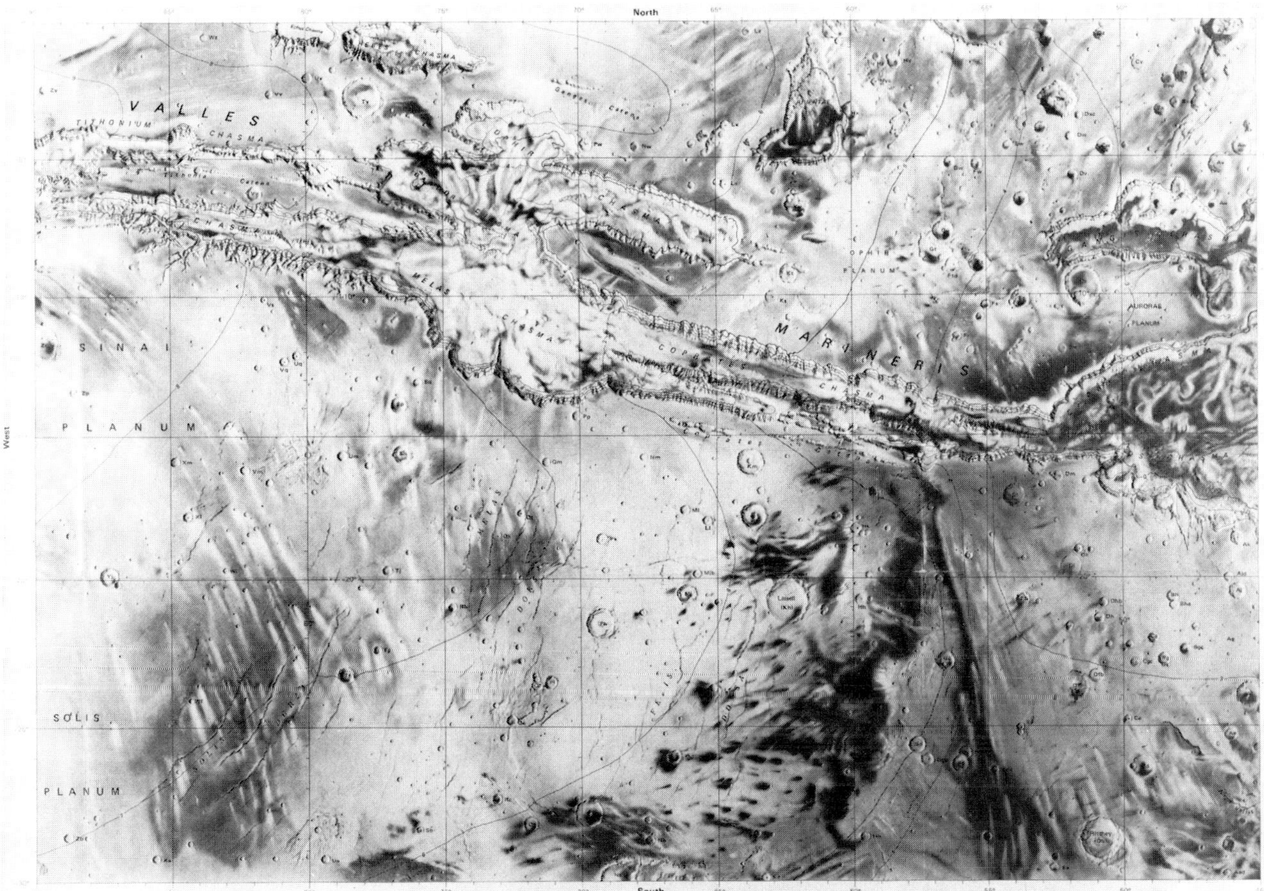

Der Riesencanyon Valles Marineris ist auf dieser Karte der Mars-Oberfläche im Maßstab 1:15 Mio. abgebildet, die Originalkarte wurde im Maßstab 1:5 Mio. gezeichnet. Erfaßt ist auf dieser Karte ein Gebiet von 1845 × 2665 km von 0°–30° S und 45°–90° W. Die Zeichnung wurde nach Fotos der Raumsonde Mariner 9 gemacht, das Auflösungsvermögen beträgt im Original 2,5 km, hier im Druck wohl nur 5 km. Es handelt sich hier um die Karte »Coprates Quadrangle«, eines von 30 Blättern, mit denen der »U. S Geological Survey« aus den Bildern von M-9 die gesamte Mars-Oberfläche kartografisch erfaßt hat.

dem fast 3000 m hoch gelegenen Pic du Midi in den Pyrenäen, mit dem sehr viele bedeutende Planetenbeobachtungen gemacht wurden. Dies Instrument hat unter günstigsten Bedingungen ein visuelles Auflösungsvermögen von 0,2 Bogensekunden. Das entspricht bei dem kleinsten möglichen Abstand zwischen Erde und Mars von etwa 60 Mio. km einer Detailerkennbarkeit von ca. 60 km. Bei fotografischen Mars-Aufnahmen mit diesem Instrument wird aber nur ein Auflösungsvermögen von etwa 0,3″ erreicht, das ist ein um 50% ungünstigerer Wert.
Bald wurde eine nur schwer zu überwindende Grenze erreicht, die Astronomen erkannten ihr »Gefängnis« namens Atmosphäre, in dem sie mit ihren Instrumenten saßen und das die Bildqualität der Beobachtungen grundsätzlich einschränkte. Temperaturunterschiede zwischen Instrument und umgebender Luft sowie atmosphärische Turbulenzen haben schon so manchen Astronomen zur Verzweiflung gebracht.
In neuerer Zeit hat sich als kleiner Ausweg die Errichtung von Sternwarten auf hohen Bergen durchgesetzt, wo der größte Teil der störenden Atmosphäre einfach »übergangen« wird. Das bislang höchst gelegene astronomische Observatorium liegt auf einem der beiden Vulkankegel von Hawaii in mehr als 4000 m Höhe. Dort ist inzwischen sogar ein spezielles Infrarot-Teleskop errichtet worden. Diese langwellige elektromagnetische Strahlung kann von normalen Standpunkten aus nicht beobachtet werden, die Atmosphäre absorbiert sie völlig.
Bei der Kartierung der Mars-Oberfläche ergab sich auch die Notwendigkeit, viele neu entdeckte Formationen und vor allem Krater mit Namen zu versehen. Nach Fertigstellung der durch die TV-Bilder von M 9 ermöglichten neuen Mars-Karte wurden von der »Internationalen Astronomischen Union« (IAU) etwa 200 Krater von mehr als 100 km Durchmesser nach Wissenschaftlern und anderweitig interessanten Persönlichkeiten aus 21 Nationen benannt. Darunter befinden sich 50 Engländer, 42 Amerikaner, 29 Franzosen, 21 Deutsche, 12 Italiener, 9 Russen, 4 Holländer und 3 Schweden. Unter den 21 Deutschen, die mit Krater-Namen auf dem Mars geehrt wurden, befinden

sich Johannes Kepler, Alfred Wegener, Hermann von Helmholtz und Bernhard Schmidt, der Erfinder eines speziellen astronomischen Spiegelteleskops mit besonders großem Gesichtsfeld. Gemäß einer alten Tradition wurden bei diesen Namensgebungen nur Persönlichkeiten berücksichtigt, die schon verstorben sind. Auch bei den Namen aus anderen Ländern überwiegen die historischen Größen, wie z. B. Leonardo da Vinci, Galileo Galilei, Ptolemäus oder Charles Darwin.
Andere auffällige Formationen auf dem Mars, wie z. B. die vier großen Vulkane auf dem Tharsis-Rücken oder der Riesencanyon in der Coprates-Region, wurden mit neutralen Namen belegt, die sich meist an den im vorigen Jahrhundert ursprünglich gewählten Bezeichnungen orientierten.

Marskarten

Kartografie ist die Sprache der Entdeckung fremder Gebiete auf der Erde und auch auf anderen, neu erforschten Körpern im Planetensystem. Die fotografische und zeichnerische Kartografierung ist nach wie vor die wissenschaftlich exakteste Methode, einen neuen Planeten oder Mond visuell zu dokumentieren und bestimmte Bezugspunkte sowie Entfernungen und Richtungen auf dessen Oberfläche festzulegen.
Das Koordinatennetz einer Karte ist die notwendige Grundlage für die Navigation, für die Beschreibung von und die Verständigung über bestimmte Einzelheiten auf der Oberfläche eines optisch neu zu erschließenden Himmelskörpers. Die Geografen waren seit jeher Schrittmacher für jede Art der Entdeckung, Erkundung und Eroberung neuer Landstriche und Kontinente, und so ist es auch bei der Erforschung neuer Körper im Planetensystem. Solche Karten sind z. B. auch notwendig für die Erkennung veränderlicher Phänomene auf einem solchen Planeten oder einem seiner Monde. Bei Mars z. B. wurden schon des öfteren Bewegungen von Sanddünen oder die Zuschüttung von Kratern durch Sand beobachtet. Dazu kommen natürlich die jahreszeitlich bedingte Vergrößerung oder Verkleinerung der Polkappen; mehrere Male wurden auch eindeutig Wolken in der Mars-Atmosphäre beobachtet, deren Schatten auf der Oberfläche des Planeten wanderte.
Seit es halbwegs leistungsfähige Teleskope gibt, wurde der Versuch unternommen, die auf Mars erkennbaren Oberflächen-Einzelheiten zeichnerisch festzuhalten. Diese klassische Periode der erdgebundenen Mars-Beobachtung erreichte mit den Arbeiten der Astronomen Lovell und Schiaparelli um die Jahrhundertwende ihren Höhepunkt. Dann folgten die fotografischen Abbildungsversuche, erst mit Schwarzweiß-Filmen unterschiedlicher spektraler Empfindlichkeit, dann auch mit Farbemulsionen. Aus verständlichen Gründen konnten die Mars-Fotos nie die Detailfülle erzielen wie die gezeichneten Mars-Karten, die ja aufgrund visueller Beobachtungen entstanden.
Bei der Kartografierung des Mars hatten sich für bestimmte Punkte auf der Oberfläche bei verschiedenen Beobachtern Positionsunterschiede von 5–10° in Länge und Breite ergeben (300–600 km). Eine sehr gründliche Überarbeitung aller zwischen 1877 und 1958 erhaltenen gezeichneten oder fotografisch gewonnenen Mars-Karten hatten diese Diskrepanzen auf 1° (oder 50 km) reduziert – jedenfalls in Gebieten mit deutlich identifizierbaren hellen oder dunklen Oberflächen-Merkmalen.
Heute haben diese Karten und Fotos nur noch historischen Wert; sie können allenfalls zu gewissen Vergleichen herangezogen werden, wie die mit irdischen Teleskopen aus mindestens 56 Mio. Kilometer Entfernung identifizierten Einzelheiten in Wirklichkeit aussehen, um damit Rückschlüsse auf die Natur anderer aus der Ferne beobachteter Details zu ziehen, die nicht mit Raumsonden aus der Nähe untersucht werden können.
Mit der ersten erfolgreichen Mars-Sonde Mariner 4 im Jahre 1965 wurde etwa 1% der Oberfläche dieses Planeten optisch aus der Nähe erfaßt. Ende 1969 erschienen dann erste Karten, in die auch die Nahaufnahmen von Mariner 6 + 7 eingearbeitet worden waren, diese beiden Sonden hatten mit ihren TV-Kameras schon etwa 10% der Mars-Oberfläche aus geringer Entfernung fotografiert.
Die Bilder von Vidicon-Kameras sind wegen des relativ groben Rasters nicht sehr gut für die fotogrammetrische Auswertung geeignet, die Aufnahmen von M 9 waren z. B. um etwa den Faktor 100 günstiger, als es für die genaue kartografische Auswertung sonst verlangt wird. Vor allem war auch die Umlaufbahn des ersten Mars-Orbiters alles andere als ideal für solche Zwecke, denn die im Periapsis aus 1600 km Entfernung gemachten Aufnahmen haben einen zu kleinen Ausschnitt, und die im Apoapsis erhaltenen Mars-Bilder aus 34000 km Distanz zeigen zu wenig Oberflächen-Detail. Nur die aus etwa 3000–6000 km Abstand gemachten Aufnahmen sind in etwa für eine genaue meßtechnische Analyse geeignet, aber davon gibt es nur wenige.
Mit Hilfe des TV-Experiments von M 9 wurde die Verbesserung der Mars-Karten auf 1–2 km Genauigkeit angestrebt.
Ende 1972 kam dann die lange erwartete vollständige Mars-Karte heraus, die nach den Bildern der erfolgreichen Raumsonde Mariner 9 gezeichnet worden war. Dieses »fliegende Fernsehstudio« hatte in über einjähriger Arbeit in der Mars-Umlaufbahn fast alle Gebiete des Planeten überflogen und mit einem Auflösungsvermögen von etwa 1 km erfaßt. Mit dem Teleobjektiv von M 9 wurden außerdem einige Zonen mit einem AV von sogar 100 m erfaßt.
Aus den Bildserien von Mariner 9 wurden vom »U.S. Geological Survey« in Flaggstaff/Arizona sowohl fotografische als auch zeichnerische Mosaiks der Mars-Oberfläche im Maßstab 1:25 Mio. erstellt. Dann wurden 30 Karten mit noch besserer Auflösung

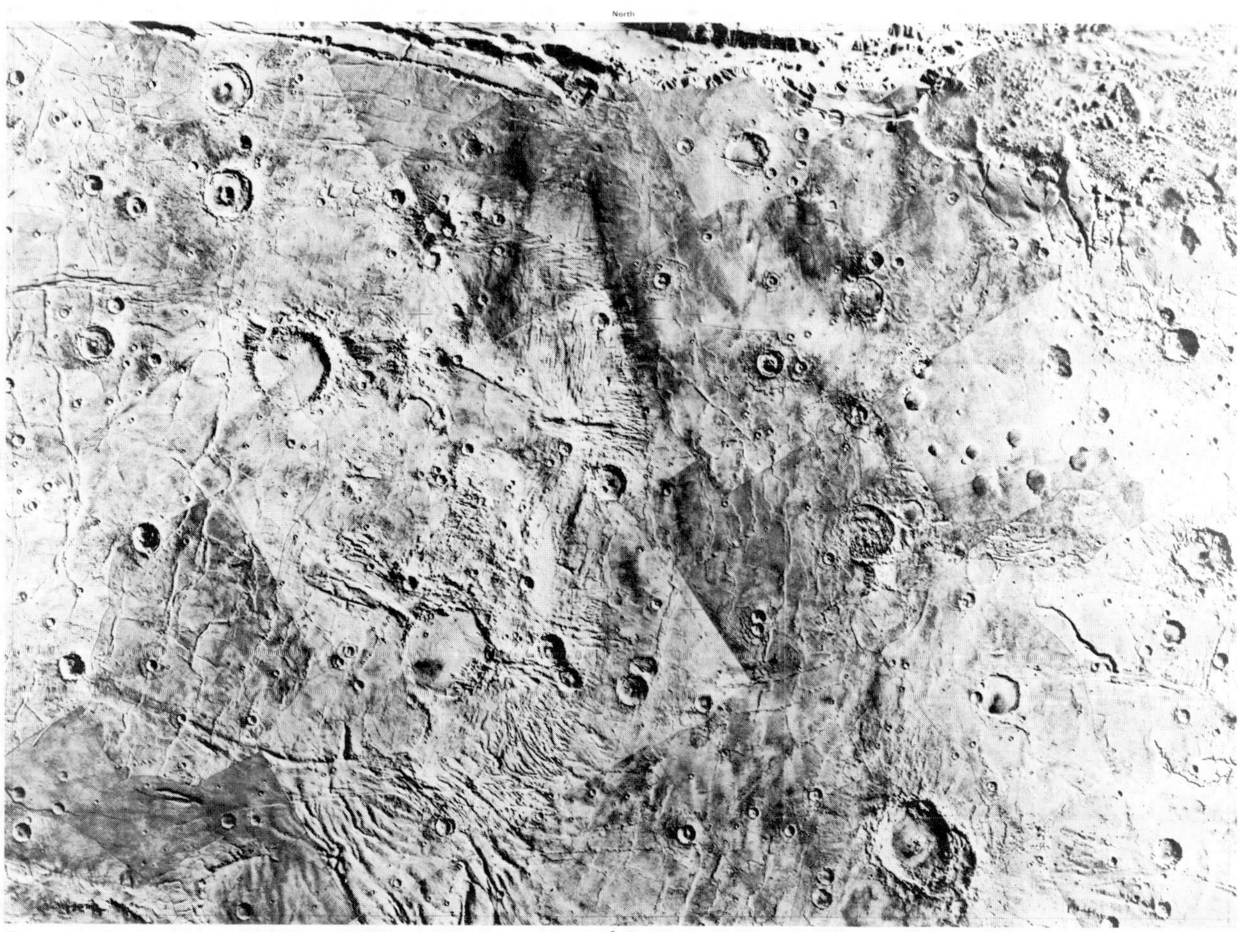

Die vielen tausend Viking-Bilder der Mars-Oberfläche wurden zu einer Fotomosaik-Karte im Maßstab 1:2 Mio. verarbeitet. Dafür wurden nur in Helligkeit und Kontrast gleichmäßig aufbereitete Originalfotos im gleichen Maßstab verwendet. Hier im Druck beträgt der Maßstab 1:7 Mio., erfaßt ist ein Gebiet von 943 × 1300 km zwischen 15°–30° S und 45°–67,5° W. Am oberen Bildrand wird der südliche Teil des Valles Marineris erkennbar, der auf der Karte auf S. 85 als Coprates Catena gekennzeichnet ist.

im Maßstab 1:5 Mio. gemacht, bei denen auch die Pole mit eingeschlossen sind. Zwölf rechteckige Blätter erfassen die äquatorialen Zonen, und 16 quadratische Merkator-Projectionen die nördlichen und südlichen Breiten. Diese sehr genauen Mars-Karten mit einem Auflösungsvermögen von etwa 1 km wurden später auch zur Vorbereitung der Viking-Landungen auf dem roten Planeten herangezogen – mit allerdings sehr zweifelhaftem Erfolg.

Die Tele-Bilder von M 9 dienten schließlich noch der Herstellung einiger hochauflösender Karten von Gebieten, die wissenschaftlich von besonderem Interesse waren und teilweise auch noch sind, die Maßstäbe betragen 1:1 Mio. und 1:250000.

Zur Ergänzung und zum Vergleich mit den aus Mariner-Bildern gefertigten Mars-Karten wurden auch noch einige mit irdischen Mitteln erarbeitete Albedo-Karten des Mars im Maßstab 1:25 Mio. gezeichnet, die dann wieder mit speziellen Relief-Karten von besonders interessanten Gebieten auf dem Mars im Maßstab 1:5 Mio. in Relation gesetzt werden konnten.

Neben diesen Aufgaben ermöglichten die TV-Bilder von Mariner 9 auch die Festlegung des Zentralmeridians beim Krater Airy und die Installierung eines Koordinaten-Kontrollnetzes mit 1645 Fixpunkten auf 80% der Mars-Oberfläche mit 10 km Genauigkeit. All dies gelang, obwohl die TV-Bilder des ersten Mars-Orbiters mit ihrem relativ groben Raster und diversen Bild- und Übertragungsfehlern dafür nicht gerade ideal waren.

Die meisten Kontrollpunkte des die Mars-Oberfläche überspannenden Gitternetzes befinden sich in recht genau lokalisierten Kratern. Durch das Auszählen der Linien und Pixel eines Fernseh-Bildes ergeben sich recht genaue Abstandswerte für bestimmte Oberflächen-Formationen. In diese recht einfache Methode der Distanzbestimmung mußten aber sehr genaue Angaben über die Ausrichtung der TV-Kameras während der Belichtung der jeweiligen Aufnahme mit eingehen.

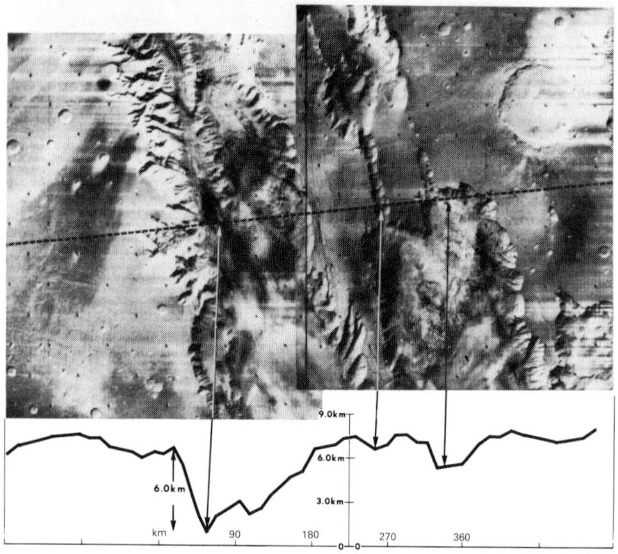

Über ein Bildmosaik des großen Mars-Canyon wurde hier die Meßlinie des Ultraviolett-Spektrometer gelegt, das den atmosphärischen Druck an der Mars-Oberfläche unter sich feststellte. Daraus ließ sich dann leicht die relative Höhe des überflogenen Geländes rückschließen – bzw. seine Tiefe. Auf der Grafik unten sind die Ergebnisse dieser Messung einmal vereinfacht dargestellt; sie lassen sich sehr gut mit dem visuellen Eindruck auf dem TV-Foto korrelieren. Man muß dazu wissen, daß der atmosphärische Druck an tiefen Stellen der Mars-Oberfläche höher ist als an hoch liegenden Geländeabschnitten.

Die Fernseh-Bilder der beiden Viking-Orbiter haben die Kartografie des Planeten Mars zwischen 1976 und 1980 noch einmal ein gutes Stück vorangebracht. Mit diesen beiden Sonden konnten auch die Veränderungen auf dem Planeten während eines Mars-Jahres genau beobachtet werden, wie z. B. die Bewegungen der Eiskappen am Nord- und Südpol. Die NASA hat aus diesen Fotos mit ca. 100 m AV eine noch sehr viel genauere Mars-Karte im Maßstab 1 : 2 Mio. erarbeiten lassen.

Die Oberfläche des Mars

Die markantesten Details auf der Mars-Oberfläche sind wohl die Polkappen, die bei wechselnder Größe meist intensiv weiß erscheinen. Außerdem erkennt man durch das Fernrohr auf dem Planeten ausgedehnte dunkle Gebiete von brauner bis grünlicher Färbung, die sich deutlich von helleren Zonen abheben, die eine ziegelrote bis ockergelbe Tönung haben und die dem Planeten die typische rötliche Farbe verleihen. Die dunklen Gebiete beherrschen hauptsächlich die südliche Halbkugel des Mars und Teile der Äquatorzone, während die Nord-Halbkugel fast ganz rötlich-gelb ist (ca. 70%). Frühere Beobachter hielten die hellen Gebiete für Kontinente und die dunklen Zonen für Meere und Seen.

Es gab für die Mars-Beobachter früherer Epochen kaum Zweifel, daß es sich bei den gelb-rötlichen Zonen auf dem Planeten um Gebiete handelt, in denen viel Sand mit einem großen Anteil von Eisenverbindungen vorkommt. Aus den Farbveränderungen der dunkleren Gebiete vom grünlich-braunen bis hin zum bläulichen wurde geschlossen, daß es sich hierbei um tiefer liegende Zonen handelt, in denen sich Feuchtigkeit ansammelt.

Höhenvariationen

Da Mars nicht – wie z. B. die Erde – einen Meeresspiegel als Nullhöhen-Niveau besitzt, wurde die Nullhöhe bei diesem Planeten auf eine theoretisch bestimmte Linie fixiert, wo der atmosphärische Druck 6,1 mbar beträgt. Dort sind der Siede- und Gefrierpunkt von Wasser gleich 0° C. Ein Teil der Mars-Oberfläche liegt unterhalb, ein anderer Teil oberhalb dieses Niveaus. Wegen des räumlich und zeitlich oft schwankenden atmosphärischen Drucks ist diese Definition einer Nullhöhe auf Mars allerdings problematisch. Trotzdem besitzt man heute halbwegs zuverlässige Höhenkurven von weiten Gebieten der Planetenoberfläche, die mit der bei 6,1 mbar festgelegten Nullhöhe im Einklang stehen.
Die auf Mars festgestellten Niveau-Unterschiede bewegen sich zwischen – 4,5 km in der Tiefebene Hellas und + 27 km auf dem Gipfel des riesigen Vulkankegels Nix Olympica. Auch die Region Chryse ist mit – 3 km recht tief gelegen. Die beiden Viking-Landekapseln stehen in Gebieten, die etwa 2 km unter der Nullhöhe liegen. Dort erhofften sich die Wissenschaftler wegen des etwas höheren atmosphärischen Drucks vielleicht eher Spuren von Wassereis und von organischen Bestandteilen.

Chemie des Mars-Bodens

Vor den Analysen der Viking-Sonden hatte man lediglich einige Theorien über die Zusammensetzung der Oberfläche des Mars – die intensive rötliche Färbung wies auf Eisenoxide hin, vor allem Lomonit. Die beiden Viking-Lander waren mit Röntgen-Fluoreszenz-Spektrometern ausgerüstet, wie sie in ähnlicher Art bereits zehn Jahre zuvor in den Surveyor-Mondsonden zum Einsatz gekommen waren. Ein solches Gerät liefert die Häufigkeitsverteilung für die verschiedenen schweren Atomkerne in Abhängigkeit vom Atomgewicht, ohne allerdings Auskunft über die anzutreffenden chemischen Verbindungen zu geben. Folgende Elemente stellte z. B. der Lander von Viking 1 in der Mars-Oberfläche fest:

Silizium	18,5–24,5 %	Eisen	12,5–14,5 %
Kalzium	3 – 4,5 %	Magnesium	2,5– 5,5 %
Schwefel	2,5– 5 %	Aluminium	2 – 5 %
Kalium	0 – 0,8 %	Cäsium	0,1– 0,6 %

In der Tabelle fehlt der wichtige Sauerstoff, dessen Anteil im Mars-Boden – ähnlich wie beim Mond – mit etwa 40 % zu veranschlagen ist. Trotz zahlreicher verschiedenartiger Messungen wurden von den Viking-Labors aber keinerlei Spuren organischer Substanzen entdeckt.

Flußbetten

Eine der größten Überraschungen auf den TV-Bildern von Mariner 9 waren die deutlich identifizierbaren Flußbetten in verschiedenen Regionen des Mars. Natürlich fließt dort jetzt kein Wasser mehr, aber offensichtlich muß das vor vielen Jahrmillionen einmal der Fall gewesen sein. Die auf Mars völlig unerwarteten Spuren fließenden Wassers finden sich stets in abfallendem Gelände. Die »Flußbetten« zeigen im Oberlauf oft Verästelungen und erweitern sich nach unten, bis sie sich schließlich in der Landschaft verlieren. Es wurden auch Gebiete gefunden, die typisch dafür sind, wenn Flüsse gelegentlich ihren Weg verlassen und manchmal dorthin zurückkehren.
Die Mars-Flüsse stimmen in ihrem Aufbau allerdings nicht völlig mit irdischen Formationen dieser Art überein, was wohl vor allem mit der unterschiedlichen Entstehungsgeschichte zu erklären ist. Auf der Erde werden Flüsse meist durch sich regelmäßig ansammelndes Regenwasser gebildet. Die Mars-Flüsse dagegen wurden wohl hauptsächlich durch Schmelzwasser geformt, das sich in unregelmäßigen Abständen aus großen Eisvorräten über die Mars-Landschaft ergoß. Man vermißt auf diesem Planeten außerdem irgendwelche Uferlinien von ehemaligen Seen, die von den Flüssen einmal gespeist worden sein könnten. Auch Mündungs-Deltas sucht man bei den Mars-Flüssen meist vergeblich.
Die Situation auf Mars ist also am ehesten mit den Vorgängen in irdischen Wüsten zu vergleichen, wo das bei heftigen Regengüssen auftretende Wasser meist schon verdunstet, bevor es Seen bildet. Die Mars-Flüsse müssen seinerzeit ein sehr eindrucksvollen Schauspiel geboten haben, als sie sich – rot gefärbt von dem allfälligen eisenhaltigen Sand – durch die wildzerklüftete Landschaft wälzten und an manchen Stellen in gewaltigen Katarakten mehrere hundert Meter in die Tiefe stürzten.
Nach heute geltenden Theorien haben sich die Flußbetten auf Mars während eines sehr langen Zeitraums in mehreren Intervallen gebildet, als plötzliche Klimaänderungen zu wärmerem Wetter auf dem Planeten führten und größere Eismassen zum Abschmelzen brachten, die sich an vielen Stellen an der Oberfläche des Mars und dicht darunter gebildet hatten – vor allem wohl am Südpol.
Wie bei Salzseen auf der Erde, so müssen sich auch auf Mars in den ehemaligen Flußbetten größere Ansammlungen von Mineralien befinden, deren Untersuchung – z. B. mit einer Tiefenbohrung – Aufschluß über die einzelnen Schmelzphasen und über deren zeitliche Einordnung geben könnte. Aber solche Studien werden wohl erst bei einer bemannten Mission

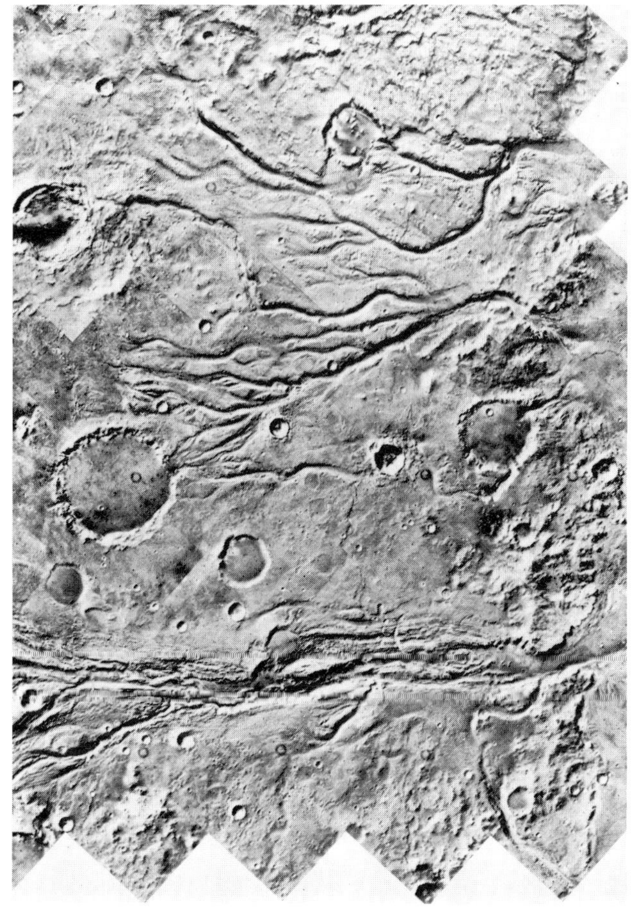

Ausgedehnte Flußsysteme haben diese Landschaft auf Mars ehemals geprägt. Manchmal durchschneiden die Kanäle einzelne Krater, andere Ringwälle sind eindeutig erst nach den großen Wasserüberflutungen entstanden. Der Ausgangspunkt der globalen Überschwemmungen ist nicht mehr genau zu lokalisieren, vielleicht gab es auch mehrere Quellen in den sog. chaotischen Gebieten, wo der Boden zahlreiche unregelmäßige Einbrüche zeigt.

zu unserem Nachbar-Planeten möglich sein, und es ist zweifelhaft, ob wir eine solche Mission noch erleben werden.

Krater

Die Form und Verteilung der Krater auf Mars ist verschieden von allen anderen Himmelskörpern, die man bisher aus der Nähe untersucht hat. Vor allem wurden bei Mars wesentlich weniger Krater gefunden als bei Merkur oder beim Mond, was vielleicht eine Folge der nicht unerheblichen Erosion auf dem roten Planeten ist. Vor allem aber scheint sich das bei Meteoriteneinstürzen auf Mars hochgeschleuderte Material nicht nur auf ballistischen Flugbahnen fortbewegt zu haben, es floß vielmehr auch – wie etwa bei einem überlaufenden Kochtopf – zähflüssig nach allen Seiten

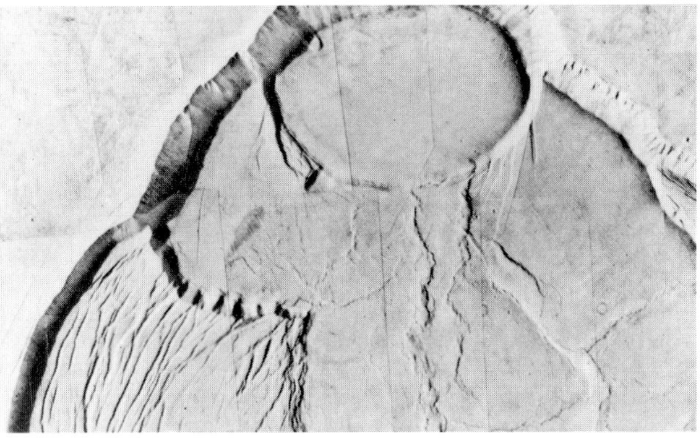

Einen Teil der Gipfel-Caldera von Nix Olympica zeigt dieses Mosaik, das von den Kameras des VO-1 mit optimaler Schärfe erfaßt wurde. Der zu sehende Geländestreifen ist etwa 60 km breit, das Auflösungsvermögen beträgt 20 Meter. Aus den Schatten läßt sich errechnen, daß die Kraterfragmente etwa 2–3 km tief sind und daß die Seitenwände Neigungswinkel bis zu 30° haben. Dieser Riesenvulkan ist fast 30 km hoch, die Atmosphäre äußerst dünn. Nix Olympica ist seit vielen Millionen Jahren erloschen.

weg. Diese Erscheinung ist wahrscheinlich darauf zurückzuführen, daß dieser Planet eine Atmosphäre hat, die den Sturz der Meteoriten doch erheblich bremst. Außerdem hat wohl auch das an vielen Stellen an und knapp unter der Oberfläche angelagerte Eis den Aufprall wie eine »Gummimatte« stark abgefedert, so daß die aufgwühlte Materie nicht in hohem Bogen davonflog, sondern sich vielmehr mühsam über den Rand des entstehenden Kraters in die umgebende Landschaft ergoß.

Vulkanismus

Die Entdeckung einiger großer Vulkankomplexe auf Mars durch die Fernsehkameras von Mariner 9 war seinerzeit eine Sensation. Die Gipfel dieser Vulkane ragen so hoch hinauf, daß sie trotz des Sandsturms damals als kleine dunkle Gipfelpunkte sichtbar blieben. Die vier großen Vulkane auf dem Tharsis-Rükken hatte man auch schon von der Erde aus gesehen, ohne allerdings ihre wahre Natur zu erkennen. Man hatte die dunklen Flecken als Seen auf dem Mars angesehen und auch entsprechend bezeichnet.
Vulkan-Kegel kann man zu diesen Gebilden eigentlich nicht mehr sagen, es handelt sich eher um flache Schildvulkane. Olympus Mons z. B. ist zwar fast 30 km hoch, aber dieser Vulkan hat dabei auch einen Durchmesser von etwa 600 km. Es ergibt sich also ein Seiten/Höhen-Verhältnis von 1:20, und der Neigungswinkel des Kegels ist sehr gering. Ein Beobachter am Rand von Olympus Mons hätte Mühe, den Gipfel zu erkennen, denn auf 300 km Entfernung macht sich auch die Wölbung der Mars-Kugel schon erheblich bemerkbar. Auch die drei anderen Vulkane sind mit etwa 400 km Ausdehnung sehr groß.

Die Abhänge dieser Vulkane gleichen – wie die Raumsonden-Bilder zeigen – einer Elefantenhaut mit unzähligen breiten und schmalen Runzeln und Rissen, aus denen früher an manchen Stellen Lava ausgeflossen und den Abhang hinuntergelaufen ist. Die Gipfel-Caldera, also der ursprüngliche Vulkan-Schlund, mißt bei Olympus Mons ca. 60–80 km. Mehrere erstarrte Lavaseen zeugen von der früheren Aktivität des riesigen Vulkankomplexes.
Olympus Mons ist der größte bisher im Planetensystem entdeckte Vulkan, er ist mindestens dreimal so groß wie Hawaii, der größte irdische Vulkan, von dem wir ja nur die obere Hälfte aus dem Wasser ragen sehen. Die Insel Hawaii im Pazifik hat ca. 200 km Durchmesser und ist insgesamt »nur« etwa 9 km hoch. Es ist nur scheinbar ein Widerspruch, daß Mars einen doppelt so großen Vulkan hat wie die Erde, obwohl er nur halb so groß ist wie unser Planet. Die Erklärung dafür ist sehr einleuchtend, denn die um etwa ein Drittel geringere Schwerkraft auf dem Roten Planeten läßt solche Berge leichter in die Höhe wachsen und nicht so schnell wieder in den Untergrund einsinken, wie das z. B. auf der Erde der Fall ist.
Das Alter von Olympus Mons wird auf etwa 250 Mio. Jahre veranschlagt, das sind nur etwa 5 % des Alters von Mars, womit der Riesenvulkan zu den – relativ – jüngeren Formationen auf diesem Planeten gehört. Alles spricht dafür, daß Olympus Mons inzwischen völlig erloschen ist und keinerlei Lava oder Dämpfe mehr aus seinem Inneren nach außen dringen.

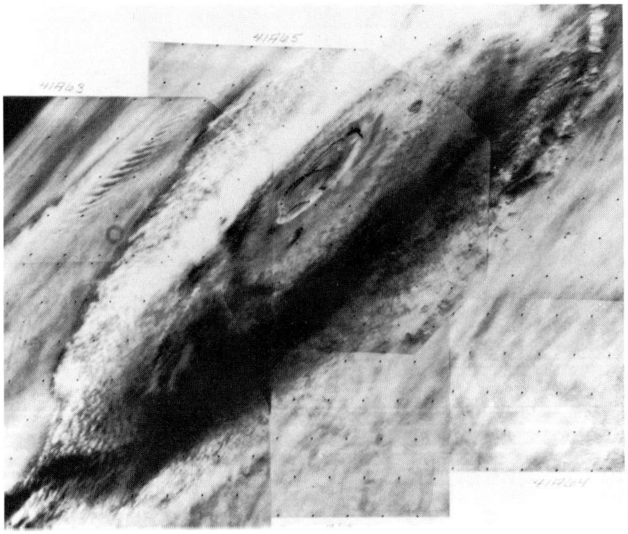

Der große Mars-Vulkan Olympus Mons wurde von VO-1 aus 8000 km Entfernung sozusagen aus der »Vogelperspektive« aufgenommen. Früh am Morgen war der 24 km hohe Bergkegel von Wolken umgeben, die bis in eine Höhe von 19 km seitlich an der Flanke heraufragten, so daß die 80 km messende zentrale Caldera am Gipfel frei sichtbar blieb. Bei genauem Hinsehen lassen sich im Hintergrund noch zahlreiche andere meteorologische Phänomene erkennen. Diese Wettererscheinungen auf Mars sind starken tages- und jahreszeitlichen Veränderungen unterworfen. Sie können gelegentlich auch von der Erde aus beobachtet werden.

Rillensysteme / Dünenbildung

Die Oberfläche von Mars ist stärker mit Rillen verschiedenster Art übersät als die jedes anderen Planeten. Die Form dieser Einkerbungen reicht von relativ kurzen und schmalen gewundenen Flußtälern bis hin zum gewaltigen Vallis Marineris, bei dem sich vor allem die Randzonen als besonders variantenreich und vielgestaltig entpuppten. Meist handelt es sich bei den auf Mars beobachteten Rillen und Gräben um Einbrüche, die z. B. besonders häufig in der Umgebung der Vulkane auf dem Tharsis-Rücken vorkommen. Bei genauer Betrachtung erkennt der Fachmann aber, daß die Mars-Rillen anders entstanden sein müssen als die entsprechenden Formationen z. B. auf dem Mond.

Nur die älteren auf Mars entdeckten Rillen sind wohl vulkanischen Ursprungs, die jüngeren Formationen dieser Art sind wahrscheinlich durch »geologische« Vorgänge auf dem Planeten entstanden, also durch Einbrüche, Verwerfungen usw. Auch das mehrmalige Aufschmelzen und erneute Einfrieren der an vielen Stellen unter der Oberfläche gelagerten Eismassen spielen bei der Spaltenbildung auf Mars eine erhebliche Rolle.

Mariner 9 fotografierte 1971 auf Mars einen Krater, in dem zahlreiche große Sanddünen entdeckt wurden. Wegen der geringeren Schwerkraft auf Mars und der durchschnittlich höheren Windgeschwindigkeit haben die Dünen dort eine etwas größere Wellenlänge als vergleichsweise auf der Erde.

Mit den TV-Kameras der Viking-Orbiter wurden noch an vielen anderen Stellen Dünen entdeckt und vor allem auch deren Veränderung und Bewegung registriert. Zufälligerweise befinden sich auch in der Nähe des Landeplatzes von Viking 1 mehrere kleine Dünen, die mit den Kameras des Landers in einiger Entfernung aufgenommen werden konnten. Diese Beobachtung der rotbraunen Dünen aus der Nähe lieferte wertvolle Informationen über die Zusammensetzung, Festigkeit und zeitliche Veränderung dieser Formationen.

Die Mars-Pole

Für die Mars-Beobachter gab es eigentlich nie Zweifel, daß es sich bei den hellen Polkappen auf dem Planeten um Ansammlungen aus Eis und Schnee handelt, aber erst 1951 gelang dem amerikanischen Astronomen G. Kuiper der Nachweis, daß es am Nord- und Südpol von Mars wirklich gefrorenes Wasser gibt. Der französische Astronom Gérard de Vaucouleurs bestätigte, daß es sich bei dem dunklen Rand um die Polkappen herum um feuchte Gebiete handelt. Er bewies auch, daß diese Schneeschicht wirklich schmilzt, nachdem ein beträchtlicher Teil verdampft ist, wodurch die Atmosphäre über den Mars-Polen vorübergehend mit Wasserdampf angereichert wird.

Schon die Bilder von M 9 zeigten, daß der Nordpol des Mars eine der interessantesten und wandlungsfähigsten Zonen auf dem Planeten ist – stark verschieden auch vom Südpol. Die den Mars-Sommer überdauernde rosettenförmige Eiskappe ist ein gewaltiges Reservoir für Wassereis. Die sich im Winter darüberlegende, sehr viel größere weiße Kappe besteht vorwiegend aus gefrorenem Kohlendioxid. Großes Interesse erregte auch das sog. laminierte Gelände am Nordpol, das aus unzähligen Schichtablagerungen von 10–50 m Dicke besteht.

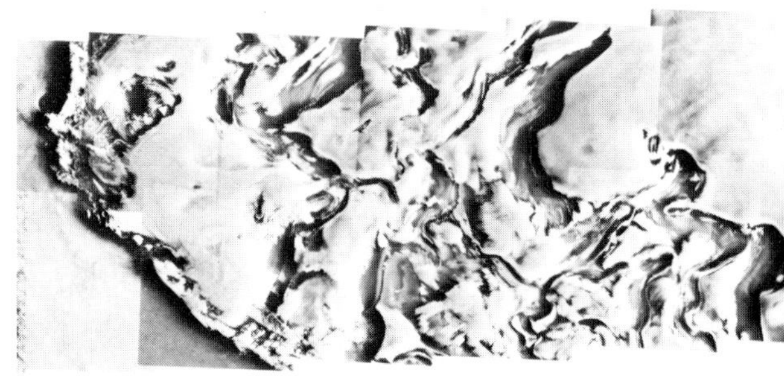

Auch die Polzonen des Mars erwiesen sich als sehr interessant und »fotogen«; die bizarren und fremdartigen Bilder erinnern an gegenstandslose moderne Grafik. Die von einem Viking-Orbiter gemachte Aufnahme des nördlichen Pols auf Mars zeigt eine unter dem Eise reich gegliederte Landschaft. Der Bildstreifen erfaßt ein 360 km langes Gelände von 77–83° N, der Pol selbst ist also nicht zu sehen.

Nach genauer Analyse der Viking-Fotos meinen die Wissenschaftler einen weiteren Beweis dafür zu haben, daß die Rotationsachse des Mars regelmäßigen starken Schwankungen unterworfen ist, denn nur so kann man die verschiedenen großen Polkalotten deuten, die auf den Bildern sichtbar werden. Wenn die Polkappe im nördlichen Mars-Sommer relativ klein ist, werden dort viele tiefe Gräben und Furchen erkennbar. Bemerkenswert ist auch der Gürtel aus dunklem Sand, der die Eismassen am Nordpol umgibt, dort glaubten die Mars-Beobachter früher, gewisse Vegetationsspuren zu entdecken.

Die südliche Polkappe des Mars besitzt zur Zeit eine wesentlich kleinere permanente Eisdecke als der Nordpol, dessen Durchmesser etwa dreimal so groß ist. Das wird darauf zurückgeführt, daß die südliche Halbkugel momentan den größten Schwankungen in der Sonnenstrahlung ausgesetzt ist, denn der südliche Sommer fällt in die Zeit des geringsten Sonnenabstandes. Dann schmilzt die Polkappe fast völlig ab, so daß das darunter liegende feingeschichtete laminierte Gelände zum Vorschein kommt. Offensichtlich war dieser Pol des Mars früher einmal viel stärker vereist.

Die besondere Situation am Südpol des Mars ergibt neben den kurzen Sommern sehr lange und kalte Winter, in denen die Temperaturen so weit absinken, daß auch Kohlendioxid ausfriert und sich in weißem CO_2-Schnee niederschlägt. Diese zweite Polkappe reicht gelegentlich über den 40. Breitengrad hinaus. Die

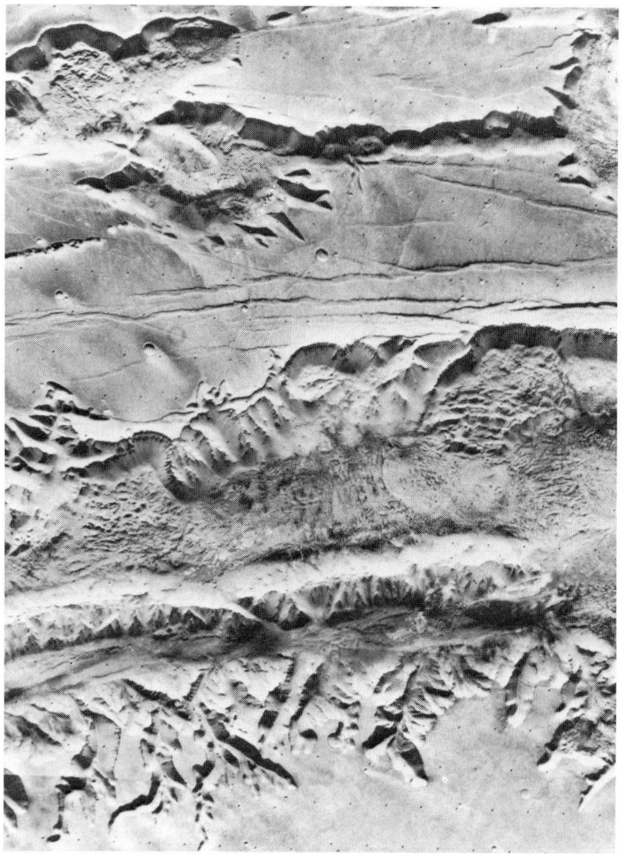

Der Riesencanyon Valles Marineris ist sicher das fotogenste Objekt auf Mars, er durchschneidet die Oberfläche dieses Planeten über etwa ein Drittel des Umfangs. Dieses Bildmosaik wurde aus 4200 km Entfernung gemacht. In dem Canyon sind zahlreiche »Erdrutsche« erkennbar, die vielleicht vor langer Zeit von heftigen Erschütterungen der Mars-Oberfläche durch Beben verursacht worden sein könnten oder durch das Aufschmelzen der unter der Oberfläche gelagerten Permafrost-Eismassen.

Wassereis-Polkappe bleibt darunter aber erhalten, über den Rändern wurde der höchste Feuchtigkeits-Gehalt in der gesamten Atmosphäre gemessen. Allein am Südpol des Mars wird ein Reservoir von ca. 500 000 km^3 Wasser vermutet – ein Meer von 700 × 700 km Größe und 1 km Tiefe.

Valles Marineris

Eine der bedeutendsten Entdeckungen, die die TV-Kameras von Mariner 9 auf dem Mars gemacht haben, war sicher die Kartografierung des großen Canyon entlang des Mars-Äquators. In Würdigung der ausgezeichneten Arbeit der Mariner-Fotosonde wurde der riesige Grabenbruch dann auch Valles Marineris genannt, »Mariner-Tal« also. Die riesige Narbe in der Oberfläche des Roten Planten befindet sich in dem Gebiet, das auf klassischen Mars-Karten als Coprates bezeichnet wurde. Die Formation wurde also von der Erde aus deutlich gesehen, aber nicht als das erkannt, was sie wirklich ist. Valles Marineris ist etwa 4000 km lang und 80–120 km breit, die Tiefe beträgt durchschnittlich 1–3 km.

Während Mariner 9 den Riesencanyon zunächst einmal grob charakterisierte, waren erst die TV-Kameras der beiden Viking-Orbiter in der Lage, die Formation so genau aufzunehmen, daß man sich nun an Deutungsversuche heranwagte, wie sie entstanden sein könnte. Danach haben die an vielen Stellen erkennbar werdenden »Zuflüsse« mit fließendem Wasser nie etwas zu tun gehabt, es fehlen typische Mündungsdeltas, und oft sind die Seitentäler gegen den Canyon hin abgeschlossen.

Das am Mars-Äquator gelegene Valles Marineris ist offensichtlich durch tektonische Kräfte entstanden, die ihren Ursprung im Inneren des Planeten haben. Vielleicht hat sich dieser Riß in der Mars-Kruste ganz ähnlich gebildet wie z. B. das atlantische Becken hier auf der Erde, wo zwei Schollen des Erdmantels auseinanderdrifteten. Auch der Mittelatlantische Rücken, das große unterseeische Gebirge zwischen Europa und Amerika, findet seine Entsprechung auf Mars, wo sich im Valles Marineris ein Mittelwulst – wahrscheinlich aus erstarrter Magma – gebildet hat.

Die Ränder des Mars-Canyon werden aber – anders als beim irdischen Atlantik-Becken – durch häufigen Einsturz der seitlichen Terrassen geprägt, was eine ständige Verbreiterung der Formation zur Folge hat, die durch eine starke Erosion noch unterstützt wird. Das Abrutschen der Seitentäler vollzieht sich offenbar nach einem sehr seltsamen Mechanismus, das Gestein scheint wie flüssiger Teig in mehreren Schichten abzugleiten, was wohl auf die Eismassen zurückzuführen ist, die darunter lagern und die gelgentlich aufschmel-

Der Grand Canyon auf der Erde wird oft als der »kleine Bruder« des Valles Marineris auf Mars bezeichnet, und tatsächlich mag es im Entstehungsmechanismus gewisse Parallelen gegeben haben. Die »ausgefransten« Haupt- und Seitentäler weisen in beiden Fällen verblüffende Ähnlichkeiten auf. Dieses Bild von Landsat 1 hat eine Ausdehnung von 100 × 185 km, das Auflösungsvermögen beträgt 100 Meter – vergleichbar etwa mit dem auf den besten Viking-Bildern erreichten Wert.

zen. Auch bei vielen Mars-Kratern kann man dieses seltsame Verhalten des merkwürdig weichen, fließenden Bodens beobachten.

Die älteren Ablagerungen im Innern des Valles Marineris sind größtenteils schon erodiert, wobei der auf Mars manchmal sehr heftige Wind offensichtlich eine große Rolle spielt. Einige zum umgebenden Stein wohl härtere Brocken haben diesen Stürmen standgehalten und weisen auf der dem Wind meist abgekehrten Seite lange, tropfenförmige Fahnen im Boden auf. Der auf diese Weise verfrachtete Sand sammelt sich z. B. an tieferliegenden Stellen des Mars-Canyons und bildet dort gelegentlich Dünenfelder – ähnlich denen, die in der Tiefebene Hellas beobachtet werden.

Die wenigen erkennbaren Krater im Valles Marineris deuten darauf hin, daß es sich hier um eine relativ junge Formation handelt, deren Bildung noch nicht abgeschlossen ist. Offensichtlich sind auch noch weite Gebiete darum herum von Eis unterlagert, das an den Rändern des Canyon regelmäßig an die Oberfläche kommt und dort schmilzt, so daß weitere Seitentäler aufbrechen und sich die ganze Formation immer weiter vergrößert. Zum Schluß wird sich hier in einigen Millionen Jahren vielleicht ein ebenso chaotisches Gebiet gebildet haben, wie wir es in der Chryse-Ebene sehen, wo ja z. B. auch die meisten der beobachteten Flußsysteme ihren Ausgangspunkt haben.

Wie der Grand Canyon auf der Erde, so bietet auch die riesige Narbe auf dem Mars eine gute Gelegenheit, die Schichtungen in der Kruste dieses Planeten zu studieren. Der Inhomogenität der oberen Schichten mit größeren zusammenhängenden Blöcken folgt in einiger Tiefe feinkörnigeres, sandiges Material. Es scheint, als haben sich erstarrte Lavameere vor langer Zeit über ursprünglich schon erodierte Sandzonen ergossen. Wir beobachten momentan, wie sich diese Lavaschichten langsam auflösen und auch in erodierte Böden zerfallen.

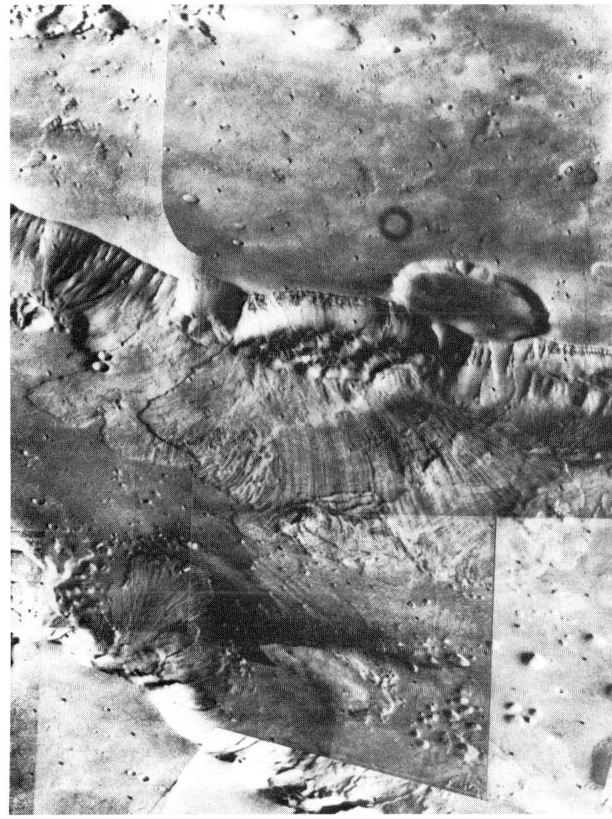

Einen Blick in den Riesencanyon Valles Marineris auf Mars gewährt dieses Bild, daß der VO-1 aus etwa 2000 km Abstand aufgenommen hat. Sehr gut ist auf diesem 70 × 150 km großen Ausschnitt zu erkennen, wie diese riesige Narbe auf Mars entstanden ist und wie sie sich langsam immer mehr erweitert: Demnach scheint es an den Rändern dieses Canyons gelegentliche »Erdrutsche« zu gehen, bei denen Teile des Randes absinken und sich wie zähflüssiger Stein- und Sandbrei über den Boden des Canyons ergießen. Vielleicht werden diese Abbrüche dadurch erzeugt, daß das wohl überall unter der Mars-Oberfläche schlummernde Eis aus irgendeinem Grund aufschmilzt und die Sand- und Steinmassen dann den Halt verlieren.

Innenleben

Schon bei der Erde ist man auf indirekte Methoden angewiesen, wenn man etwas über das Innere unseres Planeten erfahren will, denn direkte Untersuchungen mit Bohrungen stoßen in höchstens 10 km Tiefe vor. Will man mehr über den Aufbau unserer Erde erfahren, sind die Wissenschaftler auf Methoden der aktiven und passiven Seismik, auf das Studium des Gravitationsfeldes und auf noch einige andere Untersuchungen angewiesen.

Genauere Informationen über das »Innenleben« von Mars lieferte die Vermessung der Bahn des ersten künstlichen Mars-Satelliten Mariner 9. Diese Studien ergaben, daß das Gravitationsfeld dieses Planeten sehr inhomogen ist. Die Form weicht außerdem stärker von der Kugel ab, als das vom Grundsatz der Massenverteilung her zu erwarten ist. Der Unterschied zwischen Äquator- und Poldurchmesser beträgt bei Mars z. B. 27 km und nicht 18 km, wie die Theorie bei einem Körper dieser Größe und dieser Roationsgeschwindigkeit verlangt.

Der Mars-Äqutor ist außerdem nicht ganz symmetrisch, es gibt in der Kugelform dieses Planeten einige »Beulen« – wie z. B. den Tharsis-Rücken mit seinen großen Vulkanen. Die Messungen des sehr sensiblen Seismometers an Bord der Landekapsel von Viking 2 waren sehr spärlich, Mars ist offensichtlich ein äußerst ruhiger Planet, der im Inneren jetzt völlig erkaltet ist. Diese Tatsache erklärt wohl auch das sehr geringe Magnetfeld dieses Planeten. Zwar rotiert Mars ebenso schnell um seine Achse wie die Erde, aber das Innere unseres Planeten ist noch glühflüssig, so daß sich aus der Drehung ein starker Dynamoeffekt ergibt. Bei Mars fehlt der flüssige Kern, so daß sich keine Reibung und kein Magnetfeld bilden kann.

Eine dünne Rauhreif-Schicht lagerte sich regelmäßig an den Steinen und am Sand in der Umgebung des Viking-Landers 2 ab, wenn auf der nördlichen Halbkugel des Mars der Winter einsetzte. Die dünne, helle Ablagerung hielt sich etwa 100 Tage lang, insgesamt sind die Jahreszeiten auf Mars aber doppelt so lang wie auf der Erde. Obwohl sich der H_2O- oder CO_2-Belag in der Mars-Landschaft optisch sehr deutlich abzeichnete, war er nach Meinung der Wissenschaftler jeweils nur 1/200 mm »dick«.

Mars-Atmosphäre

Ein schöner visueller Beweis für die Mars-Atmosphäre ist mit der Fotografie möglich geworden. Macht man kurz hintereinander zwei Aufnahmen des Planeten im roten und dann im blauen Licht, dann hat die Blaufilter-Aufnahme – gleiche Vergrößerung und Aufnahme-Bedingungen vorausgesetzt – einen geringfügig größeren Durchmesser. Die Blau-Aufnahme bildet im wesentlichen die lichtzerstreuende Atmosphäre des Mars ab und läßt kaum Einzelheiten auf dessen Oberfläche erkennen. Mißt man die beiden Planeten-Scheibchen sorgfältig aus, dann ergeben sich Durchmesser-Unterschiede bis zu 400 km, die dünne Atmosphäre des Planeten muß also relativ hoch sein. Von besonderem Interesse sind auf den Blaufilter-Aufnahmen auch noch die sehr hellen, hoch über den Polen schwebenden Flecken, die wahrscheinlich durch Wolken aus Eiskristallen gebildet werden.
Die spektroskopische Untersuchung der Mars-Atmosphäre bereitet große Schwierigkeiten, weil diese sehr dünn ist. Die Absorptionslinien des Sauerstoffs und Wasserdampfs – nach diesen Bestandteilen hat man natürlich am intensivsten gesucht – sind nur schwer von denen zu trennen, die von der Erd-Atmosphäre verursacht werden. Erst in den 60er Jahren gelang es mit äußerst scharfsinnigen Untersuchungsmethoden, die Spuren dieser Gase und Moleküle in der Mars-Atmosphäre nachzuweisen.
Seit dem Vorbeiflug der ersten amerikanischen Mars-Sonde Mariner 4 am Roten Planeten Mitte 1965 wissen die Astronomen, daß 95% der dünnen Gashülle dieses Planeten aus Kohlendioxid besteht, einem Gas, das in der Erdatmosphäre nur mit einem Anteil von 0,03% vorkommt. Die genaue Zusammensetzung der anderen 5% in der Gashülle von Mars konnte erst durch die beiden Viking-Landekapseln ermittelt werden. Dabei kamen noch die Gase Stickstoff und Sauerstoff sowie wieder die charakteristischen Edelgase zum Vorschein. Vor allem aber zeigte sich auch, daß die Zusammensetzung und Dichte der Mars-Atmosphäre erheblichen zeitlichen und örtlichen Schwankungen unterworfen ist. Der Druck z. B. schwankt am gleichen Ort von 5–7 mbar, außerdem nimmt der atmosphärische Druck mit zunehmender Höhe ab, um etwa 10% je Kilometer.
Mars besitzt auch eine Ozonschicht, die mit der Jahreszeit aber stark wechselt. Schon Mariner 6 + 7 stellten fest, daß es im Mars-Sommer über den Polen z. B. keine Ozonschicht gibt. Die Dämpfung des Lichtes innerhalb der Mars-Atmosphäre erreicht beträchtliche Ausmaße, vor allem im roten Spektralbereich. Bei Staubstürmen kann die Durchsicht völlig unmöglich sein. Die Astronomen gehen heute davon aus, daß die Mars-Atmosphäre früher einmal sehr viel dichter war – angereichert wohl hauptsächlich durch die Ausdünstungen der vielen großen Vulkane. In dieser Zeit bewegten sich wohl auch die gewaltigen Flüsse über die Mars-Oberfläche, deren Spuren wir heute noch beobachten können.

Sonneneinstrahlung / Temperaturen

Momentan schwankt die solare Strahlung auf der Mars-Oberfläche zwischen 485–705 W/m², was vor allem auf die stark elliptische Umlaufbahn des Planeten

zurückzuführen ist. Diese Exzentrizität liegt momentan bei einem gewissen Mittelwert, sie geht im Laufe der Jahrmillionen völlig zurück, so daß die Mars-Bahn um die Sonne fast kreisförmig ist. Die Exzentrizität steigt dann auch wieder stark an, so daß die Bahn sehr elliptisch wird und die Sonnenstrahlung während eines Mars-Jahres zwischen den Werten 450–790 W/m² variiert.
Mit Hilfe der beiden Viking-Lander war es möglich, den Temperaturverlauf an zwei verschiedenen Stellen der Mars-Oberfläche während eines ganzen Jahres zu verfolgen. Bei Viking 1 z. B. wurde die niedrigste Temperatur von – 85° C um 5 Uhr morgens Lokalzeit gemessen, und die höchste Temperatur von – 28° C um 2 Uhr nachmittags, kurz nachdem die Sonne am Mars-Himmel den Zenit durchschritten hatte.

Staubstürme

Die auf Mars beobachteten Temperatur-Differenzen führen zu hohen Windgeschwindigkeiten und zu gewaltigen Staubstürmen, die manchmal die ganze Atmosphäre erfassen und den Planeten völlig einhüllen, so daß wochenlang keinerlei Oberflächen-Details mehr ausgemacht werden können. Der letzte dieser großen Staubstürme auf Mars wurde 1971 beobachtet, gerade, als sich Mariner 9 dem Planeten näherte. Wegen des verheerenden Staubsturmes mußte das Forschungsprogramm der Fotosonde um einige Wochen verschoben werden.
Auffällig ist das Auftreten dieser Staubstürme vor allem während der sog. Perihel-Oppositionen, wenn Mars der Erde, vor allem aber auch der Sonne relativ nahe kommt. Wie schon erwähnt, steigt dann die Intensität der Solarstrahlung auf Mars um etwa 45% an. Diese Aufheizung der Atmosphäre bewirkt eine verstärkte Windbewegung, die schließlich zur Aufwirbelung des Sandes führt. Bei diesen Staubstürmen werden Windgeschwindigkeiten bis 500 km/h erreicht, wie man sie auf der Erde auch bei den stärksten Tornados nicht kennt. Die Astronomen sind auf die Perihel-Staubstürme in der Mars-Atmosphäre gar nicht gut zu sprechen, denn sie haben schon manche gute Beobachtungsmöglichkeit zunichte gemacht.
Auch 1977, als schon die beiden Viking-Landekapseln auf dem Mars standen, entwickelte sich dort ein Staubsturm, der aber zur Erleichterung der Programm-Manager nicht allzu heftig wurde und die Meßsonden nicht gefährdete. Auch wurden in der Umgebung der Viking-Lander kaum irgendwelche Veränderungen an den Dünen festgestellt.
Die Staubstürme auf Mars haben natürlich einen wesentlichen Einfluß auf die Eis- und Sandablagerungen an den Polen dieses Planeten und damit auf deren Abschmelz-Verhalten. Dies wiederum bestimmt den Feuchtigkeitsgehalt der Atmosphäre und damit die Beschaffenheit des Sandes. Wenn er feucht ist, kann er von dem Wind nicht so leicht fortgeweht werden, als wenn er trocken und locker ist und zu neuen

Ein Blick über die Mars-Landschaft Argyre Planitia bis hin zum 9000 km entfernten Horizont zeigt dieses Vierfach-Mosaik des VO 1. Die Argyre Ebene ist ein gewaltiges Einschlagbecken, umgeben von zahlreichen größeren Kratern und Gebirgen. Von der Erde aus wurden in dieser Ebene gelegentlich Wolkenerscheinungen beobachtet, die Viking-Orbiter konnten solche Erscheinungen aber nicht bestätigen. Bemerkenswert sind die Dunstschleier am Horizont, die etwa 25 und 40 km über der Mars-Oberfläche schweben.

Staubstürmen wieder hochgewirbelt wird. So beeinflussen sich alle Faktoren gegenseitig, und es ist nicht leicht, Ursache und Wirkung bei diesen Vorgängen jeweils genau auseinanderzuhalten.

Jahreszeiten

Wie allgemein bekannt, entstehen die vier Jahreszeiten auf der Erde durch die Neigung der Rotationsachse unseres Planeten gegen die Umlaufebene um etwa 23,5 Grad, so daß verschiedene Zonen der Erde im Laufe einer Sonnenumkreisung wechselnder Strahlungsintensität ausgesetzt sind. Im Winter z. B. wird die nördliche Erdhälfte von mehr oder weniger flach einfallendem Sonnenlicht bestrahlt, im Sommer dagegen steht die Sonne auch in unseren Breiten relativ

Vier kleine helle Wolken mit ihren dunklen Schatten sind auf diesem Mars-Bild links unten, dicht über dem Krater Lowell, zu erkennen. Solche kompakten Wolken hatte man noch nie zuvor in der Mars-Atmosphäre gesehen; über ihre Ursache und Zusammensetzung ist noch nicht viel bekannt. Diese Aufnahme ist Teil des großen Mosaiks der Mars-Oberfläche, das 1980 kurz vor dem Ende der Mission des VO-1 aufgenommen wurde. Die größte Wolke ist 32 km lang, sie hat – wie die anderen auch – eine Höhe von 28 km.

hoch am Himmel, so daß die Wärmestrahlung sehr direkt auf die Oberfläche gelangt. Der wechselnde Abstand der Erde von der Sonne spielt dagegen bei der Entstehung der Jahreszeiten keine Rolle, denn die Unterschiede sind sehr gering. Bei uns auf der nördlichen Halbkugel der Erde ist sogar Winter, wenn unser Planet der Sonne besonders nahekommt.
Auch die Rotationsachse von Mars ist gegen die Umlaufebene geneigt, mit 25° etwas stärker als bei der Erde. Auch bei Mars gibt es also Jahreszeiten, sie fallen aber wegen des 685 Tage dauernden Sonnenumlaufs des roten Planeten jeweils etwa doppelt so lange aus wie die irdischen Jahreszeiten. Dazu kommt dann bei Mars noch, daß seine Bahn um die Sonne wesentlich exzentrischer als die irdische ist. Die Abstände des Planeten vom Zentralgestirn schwanken zwischen 205 und 250 Mio. km (fast ein Fünftel) und das wirkt sich sehr wohl auf die Temperatur an der Oberfläche von Mars aus.
Die durch die Achsneigung entstehenden Jahreszeiten bei Mars werden also noch verstärkt durch die wechselnden Abstände des Planeten von der Sonne, beide Effekte überlagern sich gegenseitig, sie können die jeweiligen jahreszeitlichen Verhältnisse in ihrer Auswirkung verstärken oder abschwächen. Momentan herrscht auf der nördlichen Halbkugel Sommer, wenn Mars auf seiner Umlaufbahn weit von der Sonne entfernt ist. Da der Abstand des Mars von der Sonne geringer ist, wenn auf der nördlichen Hemisphäre gerade Winter ist, fallen diese Winter relativ milde aus. Auf der südlichen Halbkugel des Mars fallen die Sommer sehr kurz und mäßig warm aus, während die Winter dagegen lang und sehr kalt sind.
Nun bleiben die Verhältnisse auf Mars nicht immer so, auch die Polachse dieses Planeten ist – ebenso wie die der Erde – regelmäßigen, sehr langfristigen Richtungsänderungen unterworfen. Bei der Erde erfolgt diese sog. Kreiselbewegung der Präzession mit einer Periode von etwa 23 000 Jahren, bei Mars dauert der Wechsel sogar 51 000 Jahre. Das bedeutet, daß die Verhältnisse auf diesem Planeten in etwa 25 000 Jahren – der Hälfte der Präzessions-Periode – genau umgekehrt sind wie jetzt. Dann hat also z. B. der Südpol von Mars den höchsten, möglichen Sonnenstand, wenn der Abstand zur Sonne sein Minimum erreicht, so daß es also auf der südlichen Hemisphäre dann besonders warm ist, wodurch vielleicht ein Teil der dort befindlichen Eismengen aufschmilzt.

Klimaschwankungen

Die Flußbetten auf Mars beweisen, daß die Atmosphäre dieses Planeten vor Urzeiten wesentlich dichter gewesen sein muß und daß es auf Mars auch einmal sehr viel wärmer war als heute. Die höhere Gasdichte könnte – so nehmen die Wissenschaftler an – durch Ausdünstungen der zahlreichen großen Vulkane verursacht worden sein. Für die höheren Temperaturen hat man aber noch keine rechte Erklärung, selbst wenn man annimmt, daß die dichtere Atmosphäre – ähnlich wie bei der Venus – einen gewissen Treibhaus-Effekt verursacht haben könnte.
Auf der Suche nach weiteren möglichen Ursachen für eine Temperaturerhöhung auf Mars halten die Experten es auch nicht für ganz unwahrscheinlich, daß sich die Rotationsachse dieses Planeten im Laufe der Jahrmilliarden in gewissen Abständen bis zu 45 Grad gegen die Umlaufebene neigt. Dann ließe sich auch das Aufschmelzen der hauptsächlich unter den Polen angesammelten Mengen von Wassereis erklären, das die gewaltigen Flußsysteme auf Mars geprägt hat.

Leben auf Mars?

Die starken Veränderungen auf der Mars-Oberfläche, die schon von der Erde aus beobachtet werden können, die gelegentlichen grünlichen Schattierungen an manchen Stellen, das offensichtliche Vorhandensein von Wasser (wenn auch in gefrorener Form), ließen zu Beginn dieses Jahrhunderts bei den Astronomen gewisse Hoffnungen auf das Vorhandensein irgendwelcher organischer Substanzen auf dem Nachbar-Planeten aufkommen.
Mit zunehmender Erforschung des Mars durch modernste Beobachtungstechniken wie z. B. Infrarot- und Ultraviolett- sowie Polarisationsmessungen und elektronische Temperaturfühler schwanden die opti-

mistischen Ansichten aber schnell wieder. Mars entpuppte sich zunehmend als trockener und kalter Planet mit einer sehr dünnen Atmosphäre. Durch Raumsonden-Erkundungen wurden diese für Lebenskeime sehr feindlichen Verhältnisse auf dem Planeten seit 1965 eigentlich nur bestätigt – die Hoffnungen sanken im wahrsten Sinn des Wortes auf den Gefrierpunkt. Trotzdem entschlossen sich die NASA-Wissenschaftler, bei den auf dem Mars landenden Viking-Kapseln auch ein spezielles Experiment zur Suche nach irgendwelchen Lebensspuren auf dem Planeten einzubauen. Die Experten waren sich über die geringen Erfolgsaussichten dieser Untersuchungen völlig klar, es handelte sich also eigentlich mehr um ein Experiment, mit dem nicht nach Leben gesucht, sondern mit dem die Existenz organischer Bestandteile ausgeschlossen werden sollte. Man wollte sozusagen klären, wo und warum die vorbiologische, die chemische Evolution auf dem Mars stehengeblieben war.

Mars-Tabelle

Physikalische Daten	Einheit	Mars	Erde = 1
Durchmesser	km	6788	0,53
Oberfläche	km²	1,41 x 10⁸	0,29
Volumen	km³	1,64 x 10¹¹	0,15
Spezifische Dichte	t/m³	3,95	0,7
Masse	Tonnen	6,47 x 10²⁰	0,11
Oberflächen-Schwerkraft	m/s²	3,76	0,38
Fluchtgeschwindigkeit	km/s	5,1	0,46
Oberflächen-Verhältnisse			
Material		Sand, Steine	
Formationen		Krater, Vulkane	
Max. Höhendifferenz	km	25	1,2
Gase in der Atmosphäre		Kohlendioxid	
Luftdruck	mbar	3–10	1/200
Temperaturen	Grad C	+10 bis −80° C	0,2
Sonneneinstrahlung	W/m²	485–705	
Bahnbewegung			
Min/Max Sonnenabstand	10⁶ km	206,4–249,8	1,2
Exzentrizität		0,093	5,5
Bahnumfang	10⁶ km	1433,2	1,52
Bahngeschwindigkeit	km/s	24,1	0,81
Siderische Umlaufzeit	Tage	688	1,88
Bahnneigung gegen Ekliptik	Grad	1° 51′	
Rotation			
Umdrehungszeit	Stunden	24h 37m 23 s	1,03
Tag/Nacht-Zyklus	Stunden	24 h 39 mm	1,03
Winkel Äquator/Bahnebene	Grad	25° 10′	1,07
Von der Erde aus betrachtet			
Min/Max Entfernung	10⁶ km	56,8 – 399,4	
Min/Max Signal-Laufzeit	Min.	3,3 – 21,5	
Scheinbare Helligkeit	Magn.	– 1,52	
Scheinbarer Durchmesser	Bogens.	4–25	
Synodische Umlaufzeit	Tage	380	
Albedo		0,15	0,38
Äußerer Bereich			
Magnetfeld	Gamma	30	0,001
Monde		2	

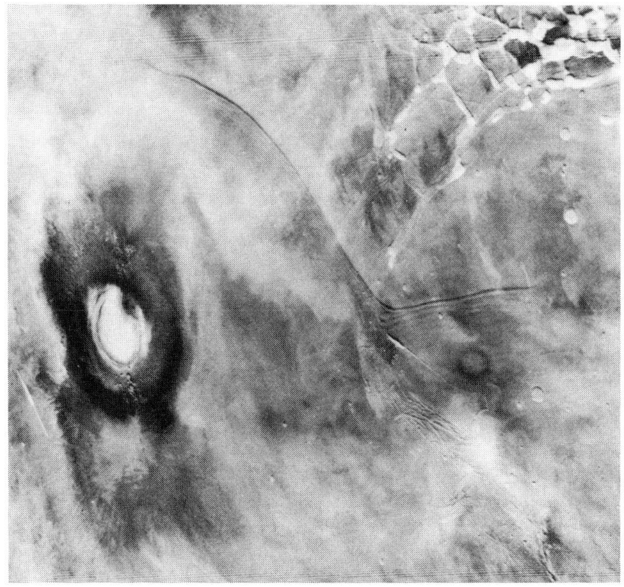

Eine nie zuvor auf Mars gesehene Wetterfront wird auf diesem Bild erkennbar: Die Meteorologen sprachen von einer atmosphärischen Schockwelle, die sich hier nördlich und östlich des Vulkankegels Arsia Mons gebildet hatte, obwohl ein Zusammenhang dieser Front mit Gasabsonderungen aus diesem Berggipfel eher unwahrscheinlich ist. Das Bild entstand im Februar 1980 als Teil eines umfassenden Mosaiks, kurz bevor der Viking-Orbiter 1 aus Mangel an Treibgas für die Lageregelung stillgelegt werden mußte.

Die Mars-Monde

Mars hat zwei winzige Möndchen, die mit zu den visuell schwierigsten Beobachtungsobjekten im Sonnen system zählen. Bei Erd-Nähe erscheinen sie als Sternchen 11. und 13. Größe, wenn der hell überstrahlende Mars abgedeckt wird. Die beiden Trabanten wurden im August 1877 von dem Amerikaner Asaph Hall am großen Refraktor der Washingtoner Sternwarte entdeckt – etwa zur selben Zeit beobachtete Schiaparelli auf Mars erstmals die »canali«. Die beiden Begleiter des roten Planeten erhielten – passend zum Namen des »Mutter-Planeten« – die aus dem lateinischen stammenden Namen »Phobos« (Furcht) und »Deimos« (Schrecken). Die Größe dieser kleinen Mars-Begleiter konnte anfangs nur indirekt aus der Helligkeit und einer plausiblen Annahme der Albedo zu etwa 40 und 10 km Durchmesser geschätzt werden.
Der äußere Mond Deimos ist 23 500 km vom Mittelpunkt des Mars entfernt, die Umlaufzeit dieses Trabanten beträgt 30 h 18 m. Einem Beobachter auf Mars würde Deimos als heller Stern erscheinen (wie etwa die Venus von der Erde aus), der langsam im Osten auf- und im Westen untergeht. Deimos steht – für einen bestimmten Punkt der Mars-Oberfläche – jeweils etwa 2,5 Tage am Firmament.
Beide Monde sind wegen ihres recht geringen Ab-

stands vom Planeten nur von einem relativ schmalen Band entlang des Mars-Äquators aus zu sehen. Ein Beobachter am Nord- oder Südpol des Mars kann die kleinen Monde nicht mehr sehen.

Phobos

Der größere der beiden kleinen Mars-Monde mißt etwa 19 × 22,5 × 27 km, er ist also eine unregelmäßig geformte »Weltraum-Kartoffel« wie der kleinere Trabant Deimos. Wegen des sehr nahe stehenden, hell überstrahlenden Mars ist der Mond Phobos im Teleskop von der Erde aus noch schwerer zu beobachten als Deimos, obwohl Phobos eigentlich etwas größer und damit heller ist als sein kleiner Bruder. Beide Trabanten haben aber eine sehr geringe Albedo, das Oberflächen-Material ist also sehr dunkel und reflektionsarm.

Die Umlaufbahn von Phobos ist etwas exzentrisch, sein Abstand von der Mars-Oberfläche schwankt zwischen 6000 und 6100 km. Die sehr kurze Umlaufzeit von nur 7 h 39 m macht Phobos zum einzigen natürlichen subsynchronen Satelliten im Sonnensystem, der der Eigendrehung seines »Mutterplaneten« vorauseilt. Ein Beobachter auf Mars sähe Phobos also im Westen auf- und im Osten untergehen.

Phobos ist sicher eine auffällige Erscheinung für einen auf dem Mars stehenden Beobachter, denn der Mond zieht mit merklicher Geschwindigkeit und erheblicher Änderung des Phasenwinkels über das dortige Firmament.

Neuere Computer-Berechnungen zeigten, daß sich Phobos allmählich an Mars annähert, der endgültige Absturz wird aber noch 10–100 Mio. Jahre auf sich warten lassen.

Die Oberfläche von Phobos ist völlig mit Kratern übersät, der größte davon hat immerhin 10 km Durchmesser, er nimmt also ca. 40 % der Länge des ganzen Trabanten ein. Auf der anderen Seite von Phobos befinden sich genau gegenüber dem großen Krater besonders viele kleine Einschlaglöcher, was zu kosmologischen Überlegungen verschiedenster Art geführt hat.

Nun ist die Schwerkraft auf der Oberfläche dieses Mondes nicht sehr groß, die Entweich-Geschwindigkeit beträgt nur etwa 12 m/s, so daß die bei einem Meteoriten-Aufprall hochgeschleuderten Gesteinsbrocken das Gravitationsfeld von Phobos sofort verlassen. Andererseits bleiben diese Gesteinstrümmer aber in der Mars-Umlaufbahn, so daß Phobos sie mit der Zeit wieder »einfangen« kann. Dabei werden dann wieder neue Steinbrocken losgerissen, die wieder eigene Umlaufbahnen einschlagen, usw. Als Endergebnis hat sich auf diesem Mond Phobos eine relativ dicke Staubschicht angelagert.

Die beiden Viking-Orbiter flogen einige Male sehr dicht an den zwei Mars-Monden vorbei, und bei einigen Aufnahmen wurden genau in Bewegungsrichtung auf diesem Trabanten zahlreiche parallel verlaufende

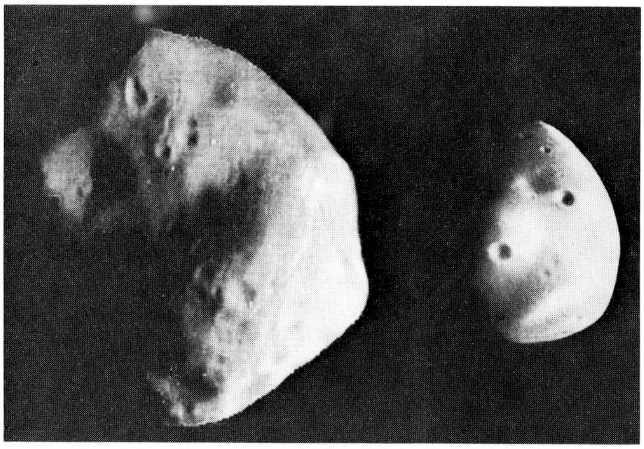

Die beiden Mars-Monde Phobos (links) und Deimos sind in dieser Fotomontage im richtigen Großenverhältnis abgebildet. Diese beiden Trabanten sind etwa 20 und 15 km groß, eine genaue Durchmesser-Angabe ist wegen der unregelmäßigen Form dieser »Weltraum-Kartoffeln« schwierig. Die beiden Trabanten haben eine gebundene Rotation: die von der langen Achse des Ellipsoids beherrschte Seite zeigt immer auf die Oberfläche des Mars.

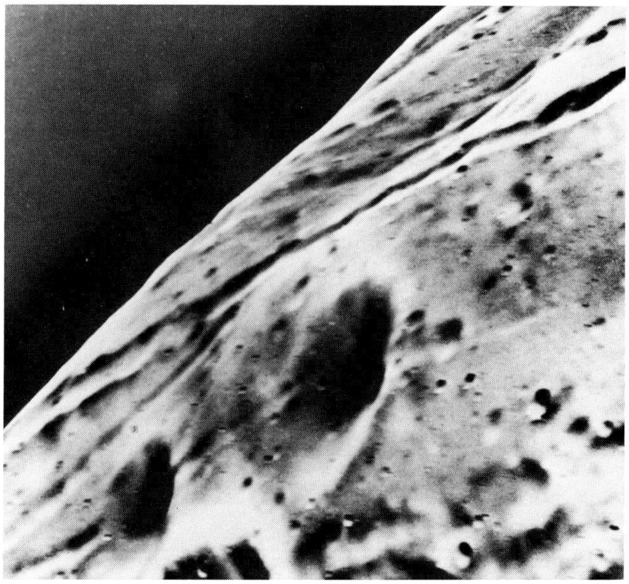

Die Viking-Orbiter machten die besten Nahaufnahmen der beiden Mars-Monde, sie kamen auf nur wenige Dutzend Kilometer an die Trabanten heran und hatten die besten bislang bei Planetensonden verwendeten Fernseh-Kameras an Bord. Dieses Bild von Phobos machte der Viking-Orbiter 1 aus etwa 120 km Entfernung, so daß nur eine »Ecke« des Trabanten von 3 × 3,5 km Größe erfaßt wurde. Das Auflösungsvermögen ist sehr hoch, ein Bildelement überdeckt eine Fläche von nur 3 × 3 m. Da aber die Raumsonde und der Mond sehr schnell aneinander vorbeiflogen und die Kamera nicht in dem erforderlichen Ausmaß nachgeführt werden konnte. reduzierte die entstehende Bewegungsunschärfe die Detailerkennbarkeit auf nur etwa 15 m. Bemerkenswert sind die mehrere Kilometer langen Rillen auf Phobos, die ca. 150 m breit sind und sich meist über mehrere Kilometer um den Mond herumziehen. Über die Ursache dieser Rillen rätseln die Wissenschaftler noch.

Furchen entdeckt, die auf Schichtungen in diesem kleinen Körper oder vielleicht auf Risse hinweisen, die durch starke Gravitationskräfte verursacht worden sein könnten, die an dem kleinen Körper »zerren«.
Aus den 32 Nahaufnahmen, die die Telekamera auf M 9 von etwa 80 % der Oberfläche des Mars-Mondes Phobos machte, leiteten die Wissenschaftler eine vorläufige Karte dieses Trabanten ab, was sich aber wegen der sehr unregelmäßigen Form dieser »Weltraum-Kartoffel« als außerordentlich schwierig erwies. Als Referenzkörper wurde schließlich ein dreiachsiger Ellipsoid gewählt, dessen drei Hauptradien 9,5 km, 11,5 und 13,5 km lang sind. Die wirkliche Oberfläche von Phobos weicht von dieser »Idealform« allerdings bis zu 20 % ab.
Aber erst mit der Einführung eines solchen Bezugssystems wurde dann anhand der TV-Bilder festgestellt, daß Phobos dem Mars – wie erwartet – immer dieselbe Seite zukehrt, also synchron um seinen Mutterplaneten rotiert, wie z. B. auch unser Mond um die Erde. Die längste Achse des Phobos-Ellipsoids weist auf den Mars, die kürzeste Achse steht senkrecht darauf. Die aufgrund der Bilder von M 9 gezeichnete Phobos-Karte weist 50 Krater aus, von denen sieben Krater offizielle Namen erhielten. Ein langer Bergrükken wurde nach Kepler benannt. Die hohe Kraterdichte mag ein Hinweis darauf sein, daß Phobos schon sehr früh während der Entwicklung des Sonnensystems gebildet wurde.

Deimos

Der kleinere Mond des Mars ist nur etwa 10 × 11 × 16 km groß und erscheint neben dem etwa 600mal größeren Planeten auch in den größten Teleskopen von der Erde aus nur als winziges Lichtpünktchen, das nur aufgrund des hohen Kontrasts gegenüber dem dunklen Himmelshintergrund erkennbar wird.
Deimos bewegt sich auf einer fast kreisförmigen Bahn in der Äquatorebene um den Mars, die Distanz zur Planetenoberfläche beträgt fast genau 20000 km. Die Umlaufzeit von Deimos ist mit 30 h 18 m nur etwas länger als ein Mars-Tag, so daß sich der kleine Trabant für einen Beobachter auf dem Planeten sehr langsam über den Himmel bewegen würde, von Aufgang zu Aufgang vergehen etwa 5,5 Tage. Dabei ist die Helligkeit von Deimos am Horizont wegen der größeren Distanz zum Beobachter um ein Viertel geringer als im Zenit, wo sie aber auch nur 1/300 der Helligkeit unseres Vollmondes erreicht.
Die Oberfläche von Deimos ist – das erbrachten schon Infrarot-Temperaturmessungen von Mariner 9 – wahrscheinlich mit einer mehrere Dezimeter starken Geröll- und Staubschicht überzogen. Zwei Krater von 1 und 2 km Durchmesser sind die auffälligsten Oberflächen-Merkmale, sie wurden nach Voltaire und Jonathan Swift benannt, die beide in einigen Schriften mit der Existenz zweier kleiner Mars-Trabanten spekuliert hatten.

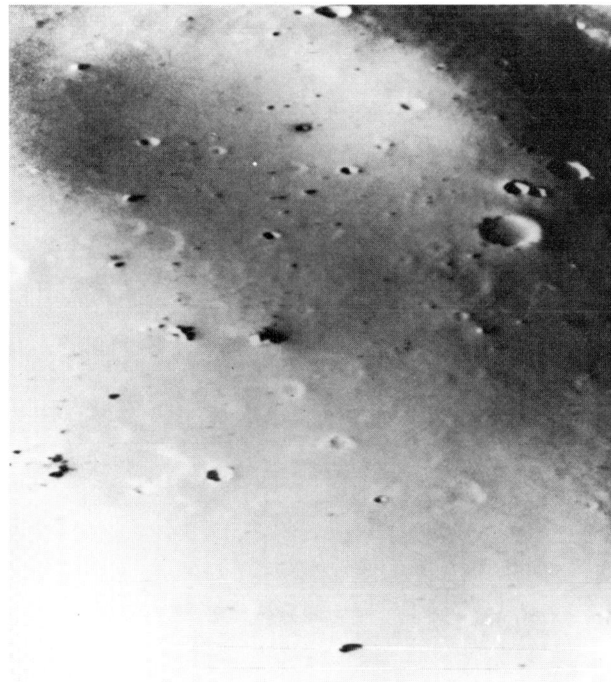

Aus nur 50 km Entfernung machte der VO-2 dieses TV-Bild von Deimos, dem kleineren und weiter entfernten Mars-Mond. Erfaßt ist hier ein Gebiet von 1,2 × 1,5 km Größe, das Auflösungsvermögen beträgt ca. 10 Meter. Deimos ist überzogen von vielen kleinen Kratern mit Durchmessern um 50 m, die teilweise unter einer dikken Staubschicht verschwunden sind. Aber auch einige größere Steinbrocken von 10–30 m Größe sind erkennbar. Der Orbiter passierte Deimos mit einer Geschwindigkeit von 1,7 km/s, so daß die Kamera während der Belichtung dem Ziel nachgeführt werden mußte, um Bildunschärfen zu vermeiden. Ein imaginärer Bewohner von Deimos hätte die Sonde am Himmel vorbeiziehen sehen können.

Deimos ist von Mars aus mit dem bloßen Auge gerade noch als Scheibchen erkennbar. Die Albedo, das Rückstrahlvermögen dieses Mars-Trabanten, beträgt nur 0,07, er ist damit einer der dunkelsten Körper im Sonnensystem.

Tabelle der Mars-Monde	**Einheit**	**Phobos**	**Deimos**
Halbmesser	km	9 × 11 × 14	5 × 6 × 8
Masse	kg	$1{,}1 \times 10^{16}$	–
Dichte	g/cm³	2,1	–
Abstand von der Marsoberfläche	km	5875	20000
Exzentrizität der Bahn		0,02	0,003
Bahnneigung	Grad	1,1	1,8
Siderische Umlaufzeit	h/m	7/39	30/18
Rotationszeit (gebunden)			
Synodische Umlaufzeit	h/m	11/6	132
Albedo (fotovisuell)		0,06	0,075
Helligkeit von der Erde	m	11,6	12,8

Mariner 4

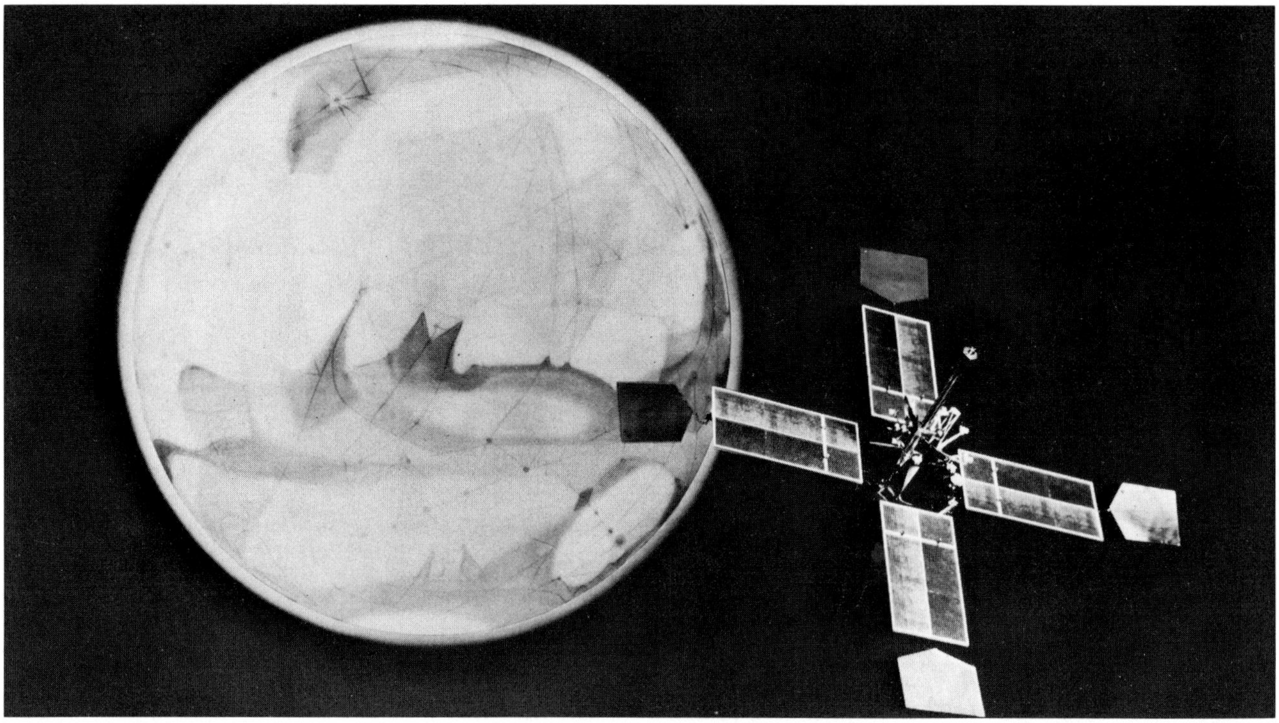

Das für Mariner 4 entwickelte Konstruktionsprinzip bewährte sich auch bei allen nachfolgenden Mars-Sonden, typisch waren die vier Sonnenzellen-Paddel zur Stromversorgung. Die Venus-Sonden brauchten nur zwei solcher Solarpanele, weil sie näher an die Sonne heranflogen und sich eine größere Strahlungsenergie ergab. Mars ist ja mehr als doppelt so weit von der Sonne entfernt, so daß eine an diesem Planeten befindliche Sonde nur etwa ein Viertel der Energie aufnehmen kann, die bei Venus zur Verfügung steht.

Schon bald nach Gründung der amerikanischen Raumfahrtbehörde NASA entwickelte das Management in Zusammenarbeit mit den führenden Astronomen des Landes Pläne für die Erforschung der Planeten mit Hilfe von automatisch gesteuerten Instrumentenkapseln, die in eine langgestreckte elliptische Bahn zu den Nachbarn der Erde geschickt werden sollten, um dort Fernseh-Bilder von deren Oberfläche zu machen und andere Messungen und Untersuchungen zur Erde zurückzufunken.

Die NASA vergab die Planung und den Bau der Mariner-Planetensonden, wie sie genannt wurden, an das »Jet Propulsion Laboratory« in Pasadena bei Los Angeles. Dort hatte man inzwischen schon einige Erfahrungen beim Entwurf und beim Bau von Mondsonden gesammelt, nicht von ungefähr hatten die Ranger-Instrumententräger eine gewisse Ähnlichkeit mit den ersten Mars-Sonden vom Typ Mariner.

Nach grundlegenden theoretischen Studien und praktischen Versuchen nahm das Projekt Mariner zu Beginn der 60er Jahre Gestalt an. 1962 erfolgte die Entsendung der beiden ersten Venus-Sonden der NASA, dann wurde für 1964 der Start der ersten beiden Mars-Sonden vorgesehen, die mit mehreren ausgeklügelten Instrumenten den roten Planeten erstmals aus der Nähe, sozusagen »vor Ort« erforschen sollten.

In realistischer Einschätzung der mit einem Raketenstart verbundenen Risiken sah die NASA bei ihrem Programm zur Planeten-Erforschung mit Raumsonden von Anfang an immer den Flug von jeweils zwei identischen Instrumententrägern vor, die kurz hintereinander gestartet wurden und die Erfolgschancen einer bestimmten Mission jeweils verdoppelten. Diese großzügige Entscheidung erwies sich gleich zu Beginn des Mariner-Programms als richtig, als nämlich im Juli 1962 der Start der Venus-Sonde Mariner 1 mißlang.

Nachdem Mariner 2 dann – nach genauer Analyse des

Fehlstarts – etwa vier Wochen später erfolgreich auf den Weg gebracht worden war, gab es mit der ersten Mars-Sonde Mariner 3 Ende 1964 wieder eine herbe Enttäuschung. Die Nutzlast-Verkleidung der Agena-Rakete hatte die Raumsonde beschädigt, so daß sich die Sonnenkollektoren nicht entfalten konnten. Erst die zweite Sonde – Mariner 4 – ging dann am 28. 11. 1964 erfolgreich auf die lange Reise zum Planeten Mars, der sieben Monate später auch erreicht wurde. Die Mariner-Sonden waren seinerzeit die kompliziertesten und anspruchsvollsten Raumsonden, die die NASA erdacht und gebaut hatte. 138 000 Bauteile sollten über 5000 Stunden einwandfrei funktionieren, bevor das eigentliche Reiseziel erreicht war, wo die wissenschaftlichen Geräte aus einer Art »Halbschlaf« erwachen und mit größter Präzision funktionieren mußten.

Aufbau / Maße / Gewicht

Die Raumsonde Mariner 4 bestand aus einem 66 cm hohen Zentralkörper von 127 cm Durchmesser, auf dem sich eine schüsselförmige Richtantenne mit den Maßen 52 × 117 cm und eine 224 cm hohe Stabantenne befanden. An vier Seiten des achteckigen Zentralkörpers waren die Sonnenzellen-Flächen befestigt, die 89 × 189 cm maßen. An der Unterseite des Zentralkörpers war die Sensoren-Plattform montiert, an der sich z. B. auch die Fernsehkamera befand.
In den acht Kammern des Zentralkörpers waren die Bordsysteme untergebracht: 1. Chemische Batterien zur Speicherung des über die Sonnenzellen gewonnenen elektrischen Stroms; 2. Kurskorrektur-Triebwerk; 3. wissenschaftliche Instrumente; 4. Telemetrieanlagen; 5. Bord-Computer/-Zeituhr; usw. Sechs der Kammern hatten eine aktive Temperatur-Regelung durch verstellbare Jalousien an der Außenfront.
Mariner 4 hatte eine maximale Spannweite von fast 7 m und war 3 m hoch. Das Gewicht betrug 262 kg.

Lageregelung

Die Lageregelung der Planetensonde erfolgte durch ein Kreisel-Referenzsystem, das seine Bezugswerte durch zwei Sonnen-, zwei Planeten- und einen Sternsensor erhielt, der auf den Fixstern Canopus ausgerichtet war. Für die Lageregelung sorgten 12 mit Stickstoff betriebene kleine Gasdüsen, die an den Enden der Sonnenzellen-Paddel montiert waren. Bahnkorrekturen wurden von einem mit Hydrazin betriebenen Triebwerk ausgeführt, das 235 N Schub entwickelte und Geschwindigkeits-Änderungen von 0,2 bis maximal 302 km/h ermöglichte. Die maximale Brenndauer dieses Triebwerks betrug 100 Sek., es konnte zweimal gezündert werden, wenn evtl. Abweichungen von der theoretisch vorausberechneten Flugbahn auftraten. Die Kontrolle der Zündung, der genau einzuhaltenden Brenndauer und die Bestimmung der Schubrichtung oblag einem zentralen Rechner und dem Zeitfolge-Schalter.

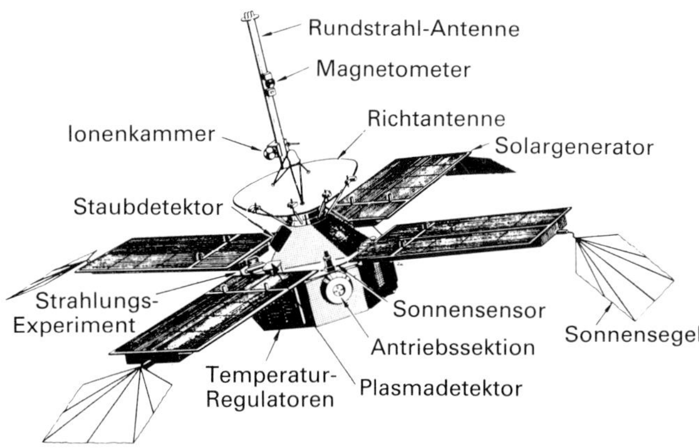

Mariner 4 war sozusagen der Prototyp für alle nachfolgenden Mars-Sonden der NASA. Das Aussehen dieses elektronischen Roboters wurde bestimmt von den vier großen Sonnenzellen-Paddeln zur Stromerzeugung, vom Zentralkörper für die elektronischen Komponenten, von den Antennen für die Nachrichtenübermittlung sowie von der Plattform mit der Fernsehkamera, die aber auf diesem Bild nicht erkennbar ist. Mariner 4 wog 262 kg, die Spannweite über die Solarpanel betrug 690 cm, die Höhe der Sonde 290 cm.

Energieversorgung

Die Instrumente und Systeme von M 4 wurden mit elektrischer Energie aus den vier Sonnenzellen-Paddeln versorgt, die zusammen eine Fläche von 6,5 m^2 bedeckten und in Mars-Nähe eine Leistung von etwa 300 W erbrachten. Der Energiebedarf bei der Magnetband-Abspielung lag bei 140 W, während der Kurskorrektur-Manöver wurden 225 W Strom gebraucht. Die Kapazität der wieder aufladbaren Silber/Zink Batterien, die sozusagen als Zwischenspeicher für den im Moment nicht gleich benötigten Strom dienten, betrug etwa 900 W bei Belastungen bis 9,5 A und Spannungen zwischen 26–33 V. Diese Batterien lieferten ihre volle Leistung im Temperaturbereich von 10–50° C.

Nachrichten-Austausch

Das Telemetriesystem an Bord der Raumsonde umfaßte zwei Sende- und Empfangsanlagen, ein Telemetrie-Untersystem, einen Kommandogeber, einen Magnetspeicher und zwei Antennen. Mit dieser Ausrüstung konnten 29 Sofort- und zwei Speicherkommandos für Kurskorrektur-Manöver empfangen und verarbeitet werden. Um den Ingenieuren auf der Erde Auskunft über den technischen Zustand der Sonde zu geben, wurden bestimmte Informationen über Betriebsspannungen, Druckverhältnisse, Temperaturen, usw. übertragen. Das Telemetrie-Untersystem mit 100 Kanälen war in der Lage, 90 technische und wissenschaftliche Messungen zu registrieren sowie fünf verschiedene Zeitfolge-Schaltungen für die Übertragung aller Informationen zur Erde auszuführen:

1. Übermittlung technischer Daten während der schwierigen und wichtigen Bahnkorrektur-Manöver; 2. Übertragung wissenschaftlicher und technischer Daten während des Fluges zum Mars; 3. Sendung wissenschaftlicher Daten und technischer Angaben über das TV-System während der Mars-Passage; 4. Speicherung wissenschaftlicher Daten nach dem Vorbeiflug am Mars während der Übertragung der TV-Bilder; 5. die alternierende Übertragung von Bildern (das Magnetband wurde mehrere Male abgespielt) und technischen Daten nach dem Vorbeiflug an Mars.
Mit diesen verschiedenen Möglichkeiten der Datenübertragung wurde eine optimale Ausnutzung der begrenzten Energiekapazität von M 4 gewährleistet. Der Empfänger der Mars-Sonde arbeitete auf der Frequenz 2113 MHz, während die Sendefrequenz 2295 MHz betrug.
Mariner 4 enthielt weiterhin ein Automatisierungssystem für die Gewinnung und Übermittlung von wissenschaftlichen Ergebnissen der anderen Instrumente. Diese Daten wurden in digitaler Form zu je 280 bit übermittelt, dazwischen kamen jeweils 140 bit an Informationen über den technischen Zustand der jeweiligen Instrumente. Nur während der direkten Mars-Passage wurden die technischen Daten nicht mehr übertragen, um alle Energien für die Übermittlung wissenschaftlicher Informationen zur Verfügung zu stellen.

Magnetband

Alle Bilddaten wurden zunächst auf Magnetband gespeichert, weil sie wegen der begrenzten Energiekapazität der Sonde nur sehr langsam zur Erde übermittelt werden konnten. Das Band wurde während der Bildgewinnung mit 10700 bit/Sek. bespielt, es konnte aber nur mit 8,3 bit/Sek. abgespielt werden, damit alle Bildinformationen sicher und deutlich zur Erde übertragen wurden. Die Speicherkapazität des Magnetband-Geräts lag bei 5,2 Mio. bit, es konnte etwa 22 TV-Aufnahmen speichern, die je aus 240000 bit bestanden.
Das für die Bildübermittlung von M 4 wichtige Magnetband-Gerät wurde von der Firma »Raymond Engineering Lab.« gebaut. Es war nur 12,5 × 15 × 21,5 cm groß und wog 4,2 kg. Die Bandlänge betrug 100 Meter.

Wissenschaftliche Instrumentierung

Außer der Fernsehkamera befanden sich noch folgende sechs Instrumente an Bord der ersten Mars-Sonde der Amerikaner:

- Gerät zur Messung des solaren Plasmas, mit dem die Wechselwirkung zwischen Sonnenwind und Magnetfeldern gemessen wurde;
- Geiger-Müller-Zählrohr zur Messung der Kosmischen Strahlung;

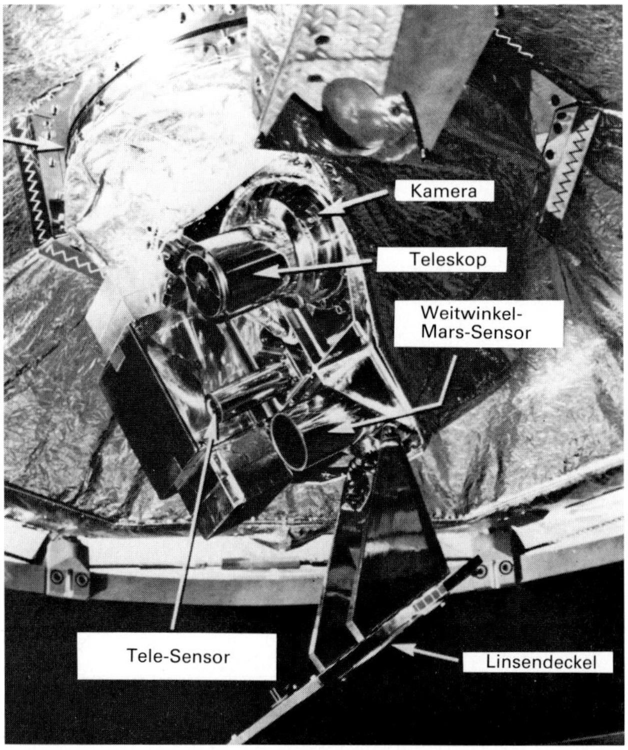

Die nur in begrenztem Umfang steuerbare Sensoren-Plattform, die unter dem Zentralkörper von M-4 montiert war, wurde mit silberner Folie gegen zu starke Unterkühlung geschützt. Vor der Bildserie beim Mars wurde der Schutzdeckel abgeklappt, dann suchte der Weitwinkel-Sensor die helle Planetenscheibe. Nachdem auch der Telesensor auf den Mars »eingerastet« war, bestand Gewißheit, daß sich das Motiv im Blickfeld der TV-Kamera befand, die Aufnahmen konnten beginnen.

- Partikelzähler zur Aufspürung evtl. Strahlengürtel bei Mars;
- Magnetometer für interplanetare und planetare Magnetfelder;
- Teleskop zur genauen Messung der sog. Kosmischen Strahlung;
- Ein akustischer Detektor zur Registrierung von Meteoriten;

Ein sog. Bedeckungsexperiment ergab sich, als die Funksignale von M 4 – von der Erde aus gesehen – kurze Zeit durch die Atmosphäre von Mars gingen. Aus der Veränderung der Wellen ließen sich Rückschlüsse auf die Dichte und den Druck der Atmosphäre in verschiedenen Höhen ziehen.

Die Fernsehkamera von M 4

Die kleine TV-Kamera war ohne Zweifel das wichtigste Instrument an Bord der Raumsonde. Es handelte sich um ein leistungsfähiges Vidicon mit einer vorgeschalteten Cassegrain-Spiegeloptik von 305 mm Brennweite und 41 mm Durchmesser (Öffnungsver-

hältnis 1 : 7,4). Der Bildwinkel des Teleskops betrug ca. 1°.
Der Verschluß der TV-Kamera bestand aus einer rotierenden Scheibe mit vier Öffnungen für zwei Blaugrün- und zwei Orange/Rot-Filter, die zur Kontraststeigerung vorgeschaltet wurden. Es waren zwei Belichtungszeiten – 1/5 und 1/12 Sek. – möglich. Die Bilder wurden in Zweier-Gruppen mit jeweils wechselndem Filter aufgenommen, die beiden Bilder einer Serie überlappten sich teilweise.
Nach der Belichtung wurde jedes Mars-Bild für 48 Sek. auf der Frontseite des Vidicons gespeichert, damit die Aufnahme in 200 Zeilen zu je 200 Bildpunkten abgetastet werden konnte. Jeder der 40 000 Bildpunkte wurde von 6 bits gebildet, die die Information über die Helligkeit des jeweiligen Bildpunktes enthielten. Es waren insgesamt 64 Graustufen möglich.
Das Abtasten eines aus 200 Zeilen bestehenden TV-Bildes dauerte 24 Sek., das Löschen einer Aufnahme ebenso lange. Zur Kompensation wechselnder Lichtverhältnisse konnte der Verstärkungsfaktor im Fernsehsystem etwas geändert werden.
Während der Aufnahmeserie wurden alle Bildinformationen zunächst auf Magnetband gespeichert, die begrenzte Energiekapazität der Sonde ließ eine sofortige Übermittlung der Signale – sozusagen in Echtzeit – nicht zu. Das Band wurde mit 10 700 bit/Sek. gefüllt, es konnte aber nur sehr langsam mit 8,3 bit/Sek. abgespielt werden.

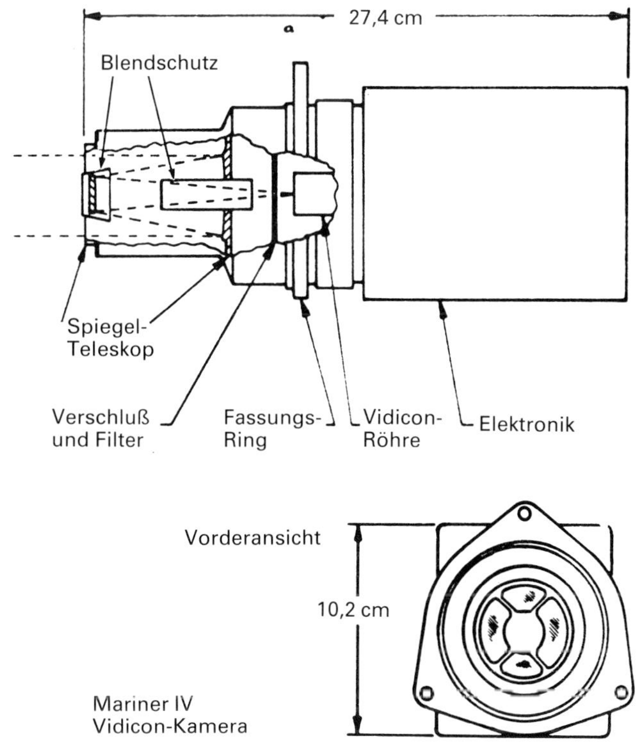

Die Fernsehkamera von Mariner 4 bestand aus einem kleinen Spiegelteleskop von 305 mm Brennweite und 41 mm Durchmesser, der Bildwinkel war mit ca. 1° sehr schmal. An das Teleskop angeschlossen waren der Verschluß, ein kleines Filterrad sowie die Vidicon-Röhre, die das Bild in 200 Zeilen zu 200 Bildpunkten zerlegte, die – versehen mit den entsprechenden Grauwerten – per Funksignal zur Erde übermittelt werden konnten.

Tabelle TV-Kamera von Mariner 4 im Vergleich mit dem Weitwinkel-Objektiv an Bord der Mondsonde Lunar-Orbiter

		Mariner 4	Lunar-Orbiter
System		Reflektor	Refraktor
Brennweite	mm	305	80
Öffnungsverhältnis		1 : 8	1 : 5,6
Verschluß		Rotation	Zentral
Belichtungszeiten	sec	1/5; 1/10	1/25; 1/50 1/100
Filter	nm	540, 600	
Speichermedium		½-Zoll-Vidicon	Foto-Film
Bildfeld Größe	mm	5,5 × 5,5	55 × 65
Zeilen / Bildpunkte		200 × 200	16 500 × 19 500
Rasterdichte	L/mm	36	300
Pixel je Aufnahme		40 000	$1{,}3 \times 10^9$
Graustufen / Bits		64 / 6	32 / 5
Bits pro TV-Bild		240 000	$6{,}5 \times 10^9$
Bildwinkel	Grad	1,05	41
Bildgröße aus 12 000 km	km	220 × 220	9480 × 11 220
Bildgröße aus 1500 km	km	27,5 × 27,5	1033 × 1212
Pixelgröße aus 1500 km	m	137,5	63
Auflösung aus 1500 km	m	350	145
Bildspeicher		Magnetband	Fotograf. Film
Anzahl / Spuren		1 / 4	1 / 1
Länge	m	100	60
Kapazität	Bit	5×10^6	$1{,}6 \times 10^{12}$
Speicher-Rate	bps	10^4	8×10^{11}
Abspiel-Rate	bps	8,3	
Abtast-/Bildfolgezeit	sec	24 / 48	480 / 2,2 – 8,8

Der Kamera-Kopf mit der Teleskop-Optik und zwei Planeten-Sensoren waren auf einer beweglichen Plattform montiert, die um 180° geschwenkt wurde, sobald der Weitwinkel-Sensor (50° Gesichtsfeld) den Planeten erfaßt hatte. Die Aufnahmeserie begann, als der Telesensor (Bildwinkel 1,5°) Mars in seinem Blickfeld hatte.

Die Technik der Bildaufzeichnung

Bei einer solchen Vidicon-Bildröhre wird von dem sog. »inneren Fotoeffekt« Gebrauch gemacht, also von der Veränderung der Leitfähigkeit eines Halbleiters unter der Einwirkung von Licht. Das Vidicon arbeitet mit langsamen Elektronen, die durch ein Gitter abgebremst werden. Auf der Vorderseite des Vidicons – also zum Objektiv hin – ist eine dünne und durchsichtige Metallschicht aufgedampft, hinter der sich eine lichtempfindliche Halbleiter-Schicht befindet (z. B. Selen), die ihren elektrischen Widerstand entsprechend der auftreffenden Helligkeit ändert. Nach erfolgter Belichtung wird die lichtempfindliche Halbleiter-Schicht durch einen aus der Kathode des Vidi-

Meterlange Papierschlangen enthielten die Bildinformationen der ersten Mars-Sonden, so kamen die Funksignale in codierter Form aus dem Rechner. Für jeden Bildpunkt wurden die Grauton-Zahlenkombinationen separat aufgeführt. In einem weiterführenden Prozeß entstanden dann aus diesen »trockenen« Ziffern die Bildpunkte, Zeilen und schließlich die vollständigen Bilder auf einem Bildschirm, von dem sie dann abfotografiert werden konnten.

cons kommenden Elektronenstrahl abgetastet. Da die Metallschicht der Kathode gegenüber dem Halbleiter eine um wenige Volt höhere (positive) Spannung aufweist, fließt von der Halbleiter- zur Metallschicht ein Elektronenstrom – allerdings nur dort, wo die Halbleiter-Schicht durch Lichteinfall leitend geworden ist. In diesem Fall entsteht im äußeren Stromkreis des Vidicons ein Stromstoß, dessen Intensität von der Stärke des auf die Halbleiter-Schicht gefallenen Lichts abhängt. Wird nun durch das Objektiv des TV-Teleskops ein Bild auf die Halbleiter-Schicht entworfen, so entsteht während jeder Abtastperiode des Elektronenstrahls (also bei jeder Zeile) im Stromkreis des Vidicons eine elektrische Impulsfolge, deren jeweilige Intensität den verschiedenen Helligkeitswerten der abgetasteten Bildpunkte entspricht. Diese Impulse werden an Bord der Raumsonde entweder auf Magnetband gespeichert oder aber zum Sender weitergeleitet und direkt zur Erde abgestrahlt.

Wie die Mars-Bilder zur Erde gelangten

Der 10-W-Sender, mit dem M 4 die TV-Bilder zur Erde übermittelte, war auf der Erde nur noch mit erheblichem funktechnischem Aufwand »hörbar«. Ein Funksignal wird – wie jede andere elektromagnetische Welle – mit dem Quadrat der Entfernung schwächer, und die Mitteilungen von M 4 aus 140 Mio. Kilometer Entfernung kamen bei der Erde mit einer »Intensität« von nur noch 10^{-18} W an.

Um unter diesen Umständen noch klare, identifizierbare Informationen zu erhalten, müssen die Signale einer Raumsonde in digitaler Form abgestrahlt werden, so daß die Meßwerte in das Dualsystem umgewandelt werden, bei dem alle Zählungen und Rechnungen mit nur zwei Ziffern (0 und 1) vorgenommen werden. Diese beiden Werte lassen sich in der Funktechnik sehr gut durch positive und negative Spannungswerte kennzeichnen, die auch über größte Entfernungen noch klar übertragen werden können, ohne daß das galaktische Rauschen überhand nimmt.

Für die Übermittlung der TV-Bilder von M 4 brauchte man z. B. 64 unterscheidbare Ziffern für die verschiedenen Grauwerte, und diese Zahlen von 0 bis 64 lassen sich leicht in Dualzahlen zu je sechs Ziffern verwandeln: 000000 bedeutet dezimal 0 und ist die Kennung für weiß, 111111 bedeutet dezimal 64, die Kennung für tiefes schwarz. Dazwischen liegen 62 weitere Dualzahlen für die anderen 62 Grautöne.

Die Signale von M 4 wurden von den Antennen des DSN in Kalifornien, Südafrika, Spanien und Australien aufgefangen, je nach dem, welche Station gerade die beste Verbindung zu der Sonde hatte. Da die Übertragung eines einzelnen Mars-Bildes ca. 8,3 Stunden dauerte und dafür gelegentlich zwei Stationen in den Empfangsbereich kamen, mußten überlappende Übergänge im Datenempfang gewährleistet sein, um ja keine der wertvollen Bildinformationen zu verlieren.

Beim JPL in Pasadena wurden die TV-Bilder zeilenweise auf einem Monitor zusammengesetzt, ein Computer setzte die negativen und positiven Impulse in Binärzahlen um und formte daraus schließlich die zugehörigen Grauwerte. Die komplett aufgedruckten Dualzahlen für eines der Mars-Bilder füllten 20 große Papierbogen.

Auswertung der TV-Fotos

M 4 machte die TV-Aufnahmen von Mars am 14. Juli 1965 aus ca. 12000 km Entfernung. Ursprünglich war vorgesehen, daß M 4 bis zu 21 Bilder der Mars-Oberfläche macht, aber nur 16 dieser TV-Fotos waren brauchbar, die anderen wurden über der Dämmerungs- und Nachtzone des Planeten aufgenommen und zeigten keinerlei Kontrast mehr. Die Bildserie begann, als M 4 noch etwa 16800 km von Mars entfernt war. Dann wurde alle 48 Sek. eine neue Aufnahme gemacht, während sich die Sonde dem Planeten immer weiter näherte. Bild 16 wurde aus etwa 12100 km Entfernung aufgenommen. Dann flog Mariner 4 in ca. 9000 km Abstand an der dunklen Seite des Mars vorbei.

Die 16 auswertbaren TV-Fotos zeigen eine mit Kratern übersäte Mars-Oberfläche – eine astronomische Sensation war das damals. Auf den Bildern sind insgesamt etwa 170 Krater mit Durchmessern von 5–130 km zu erkennen, und da die Aufnahmen von M 4 etwa ein Prozent der gesamten Mars-Oberfläche

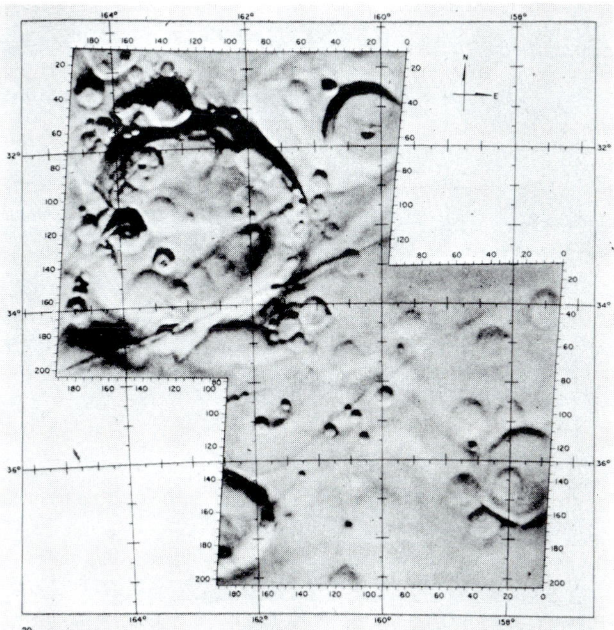

Die Mars-Aufnahmen von Mariner 4 wurden sorgfältig ausgewertet, und dazu gehörte auch die zeichnerische Umsetzung der nicht sehr deutlichen Bildinformationen in diverse Kartenvarianten. Hier wurden die kurz hintereinander aufgenommenen TV-Aufnahmen Nr. 11 + 12 in einer Zeichnung zusammengefaßt, die gegenüber den ursprünglichen recht grob gerasterten TV-Bildern einen recht beachtlichen Informationsgehalt aufweist.

Das ist das beste TV-Bild von Mars, das M-4 im Sommer 1965 zur Erde übermittelte, deutlich sind trotz des groben Zeilenrasters ein großer, bildbeherrschender sowie mehrere kleinere Krater erkennbar. Die Aufnahmedistanz betrug 12 500 km, das dargestellte Gebiet hat 240 × 270 km Ausdehnung, das Auflösungsvermögen beträgt 3 km. Die hellen Stellen in der oberen Bildhälfte innerhalb und außerhalb des großen Kraters wurden von den Experten als Schnee oder Rauhreif gedeutet.

erfaßten, kam man bei der Hochrechnung der Kraterdichte durchaus auf Werte wie bei unserem Mond. Die Wissenschaftler waren sich einig, daß auch die Mars-Krater durch Meteoriteneinstürze entstanden sind und daß sie einige Milliarden Jahre alt sein müßten. Die Auswirkungen der atmosphärischen Erosion wurden als sehr gering angesehen. Die Höhe der erkennbar werdenden Krater wurde auf 500–1000 Meter geschätzt, nach innen fallen die Kraterwände oft relativ steil ab bis zu 3000 m Tiefe.

Die Lage der einzelnen Bildausschnitte ist der Zeichnung zu entnehmen; die von der Kamera erfaßte Zone erstreckt sich von 45° Nord über den Äquator hinweg bis zu etwa 50° Süd. Dabei wurden die von der Erde aus relativ hell erscheinenden Zonen Amazonis, Phaetontis und Aeonios Sinus und die markanten dunkleren Gebiete Mare Cimmerium und Mare Sirenum erfaßt.

Das beste Foto von M 4 ist die Aufnahme 11, die einen Teil des Gebietes Atlantis zeigt. Der Bildausschnitt beträgt etwa 240 × 275 km, das Zentrum der Aufnahme liegt bei 33° S und 165° W. Für die auf Bild 11 erfaßte Zone stand die Sonne zur Zeit der Aufnahme etwa 45° über dem Horizont.

Einige Fotos von M 4 überdecken Gebiete der Mars-Oberfläche, auf denen früher die sog. »canali« beobachtet wurden, die Aufnahmen der Raumsonde aber zeigen dort keinerlei linienförmige Strukturen, die auch nur entfernt Ähnlichkeit mit irgendwelchen Kanälen haben könnten.

Das Auflösungsvermögen der Mars-Bilder von M 4 entsprach etwa dem Wert, der von der Erde aus beim Mond erreicht wird: 1–2 km. Die besten teleskopischen, von der Erde aus gemachten Aufnahmen des Planeten zeigen noch Details von ca. 60 km Durchmesser, woraus sich eine Verbesserung des Auflösungsvermögens durch die Bilder von M 4 um den Faktor 20 ergab.

Die Mars-Aufnahmen von M 4 wurden einer sehr detaillierten elektronischen Bildkorrektur unterworfen, die vor allem eine gewisse Steigerung der Kontraste zum Ziel hatte. Von diesen aufbereiteten TV-Bildern fertigte das »Aeronautical Chart and Information Center« topografische Blätter, die auch dem Laien wesentlich mehr Einzelheiten der Mars-Oberfläche erkennbar machen als er auf den doch recht grob gerasteten TV-Bildern identifizieren kann. Vor allem die Zeichnung des Bildpaares Nr. 11 + 12 gewährt einen relativ detaillierten Einblick in die Oberflächenstruktur des Planeten Mars. Genaue Zählungen ergeben für diese beiden Bilder eine Zahl von insgesamt 97 Kratern mit 3–175 km Durchmessern. Diese Informationsfülle sieht man den ursprünglichen TV-Fotos nicht an.

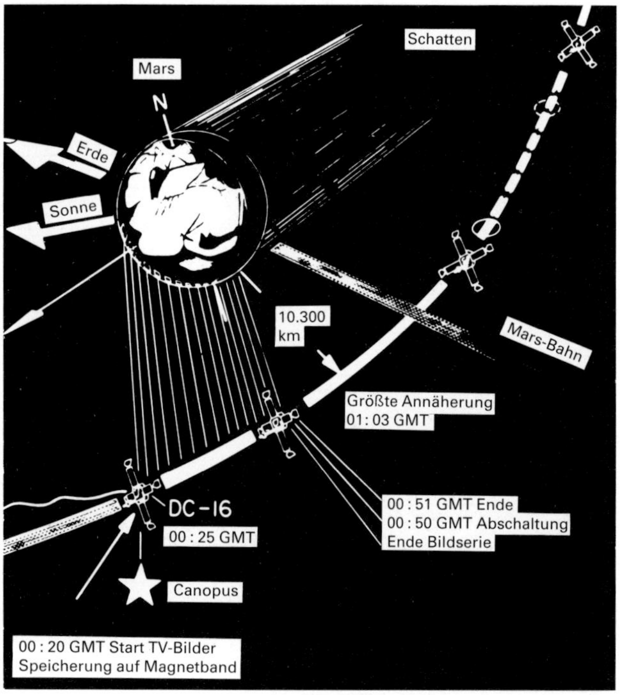

Die grafische Darstellung der Vorbeiflug-Geometrie von Mariner 4 am Mars verdeutlicht die Vielzahl der verschiedenen Faktoren, die dabei zu berücksichtigen waren, wie z. B. die Positionen von Mars, Erde, Sonne, Sonde und Canopus. Daraus ergaben sich die Beleuchtungsbedingungen, das Bedeckungsexperiment, sowie vor allem die Möglichkeiten der Funkverbindung.

Flugverlauf von M 4

Nachdem der Start von M 3 mißlungen war, wurde Sorge getragen, daß der entsprechende Fehler nicht noch einmal auftrat und daß sich die Nutzlast-Haube einwandfrei von der Rakete löste, ohne die Raumsonde zu berühren. Die Techniker arbeiteten dabei unter erheblichem Zeitdruck, denn sie mußten das Startfenster im November unbedingt einhalten, sonst hätte die Mission erst zwei Jahre später erneut versucht werden können.
M 4 wurde am 28. Nov. 1964 mit einer Atlas-Agena-Rakete von Cape Kennedy gestartet, und zunächst einmal in eine sog. Parkbahn um die Erde in 185 km Höhe gebracht. Nachdem alle Systeme noch einmal überprüft und für gut befunden worden waren, zündete die Agena-Rakete ein zweites Mal und brachte die Planetensonde auf die entsprechende Geschwindigkeit von 11,2 km/Sek., die für einen Flug zum Mars notwendig ist.
Etwa 17 Stunden nach dem Start wurde der Canopus-Sensor aktiviert; die Sonde vollführte kontrollierte Kreiselbewegungen, um den Fixstern in das Blickfeld des entsprechenden Sensors zu bekommen. Der Canopus- sowie die Sonnen- und Planetensensoren waren so an der Raumsonde angebracht, daß diese mit ihren Sonnenzellen-Paddeln genau auf das Zentralgestirn und mit der Richtantenne auf die Erde ausgerichtet war, wenn alle Sensoren ihr Bezugsgestirn richtig erfaßt hatten. Allerdings dauerte das »Einfangen« von Canopus nicht nur 75 Min., wie ursprünglich erwartet, sondern volle 45 Stunden. Dabei ging natürlich sehr viel Treibgas für die Lagesteuerungs-Düsen verloren als eigentlich veranschlagt. Der Canopus-Sensor hatte mehrfach andere Sterne von ähnlicher Helligkeit angepeilt, so daß jedesmal ein Überblend-Signal gegeben werden mußte, damit die Sonde weiter rotierte und den richtigen Referenzstern suchte.
Am 5. Dez. erfolgte ein Kurskorrektur-Manöver, bei dem das Triebwerk für 20 Sek. gezündet wurde, um die Geschwindigkeit um 16,8 Meter/Sek. in eine bestimmte Richtung zu erhöhen. Ohne diese Kurskorrektur wäre M 4 in etwa 246 000 km Entfernung am Mars vorbeigeflogen und hätte kaum irgendwelche Untersuchungen vornehmen können.
Etwa neun Wochen nach dem Start mußte die Telemetrie-Rate von 33,3 auf 8,3 bit/Sek. reduziert werden, um der wachsenden Entfernung der Raumsonde von der Erde Rechnung zu tragen. Weitere drei Wochen später wurde der Sender von der Rundstrahl- auf die Richtantenne umgeschaltet, damit die Signale auf der Erde in ausreichender Qualität empfangen werden konnten.
Nach knapp acht Monaten Flugzeit gelangte M 4 am 14. Juli 1965 in die Nähe des Mars und flog in genau dem berechneten geringen Abstand an dem Planeten vorbei. Der »encounter« begann 10 Stunden vor der größten Annäherung mit der Aktivierung des TV-Systems und des Magnetband-Speichergeräts. Dann wurde die Plattform mit den wissenschaftlichen Instrumenten in die richtige Position gebracht und die beiden Mars-Sensoren aktiviert, damit die Sonde die richtige Position einnahm, um den Planeten aufnehmen zu können.
Im September 1967 gelang es, noch einmal mit M 4 Kontakt aufzunehmen, als die Sonde in »nur« 40 Mio. km Abstand an der Erde vorbeizog. Ab Frühjahr 1966 stand für die Kommunikation zwischen Erde und derartigen Raumsonden auch die große Radioantenne in Goldstone zur Verfügung, die 64 m Durchmesser hat. M 4 stellte einen neuen Rekord für maximale Funkdistanz im Weltraum auf. Als die Richtantenne am 1. 10. 65 abgeschaltet wurde, betrug die Entfernung zwischen Erde und Sonde ca. 307 Mio. Kilometer. Nun umkreist M 4 für alle Zeiten »stumm« die Sonne zwischen 166 und 235 Mio. Kilometer Entfernung. Die Umlaufzeit beträgt 567 Tage.

Mariner 6 und 7

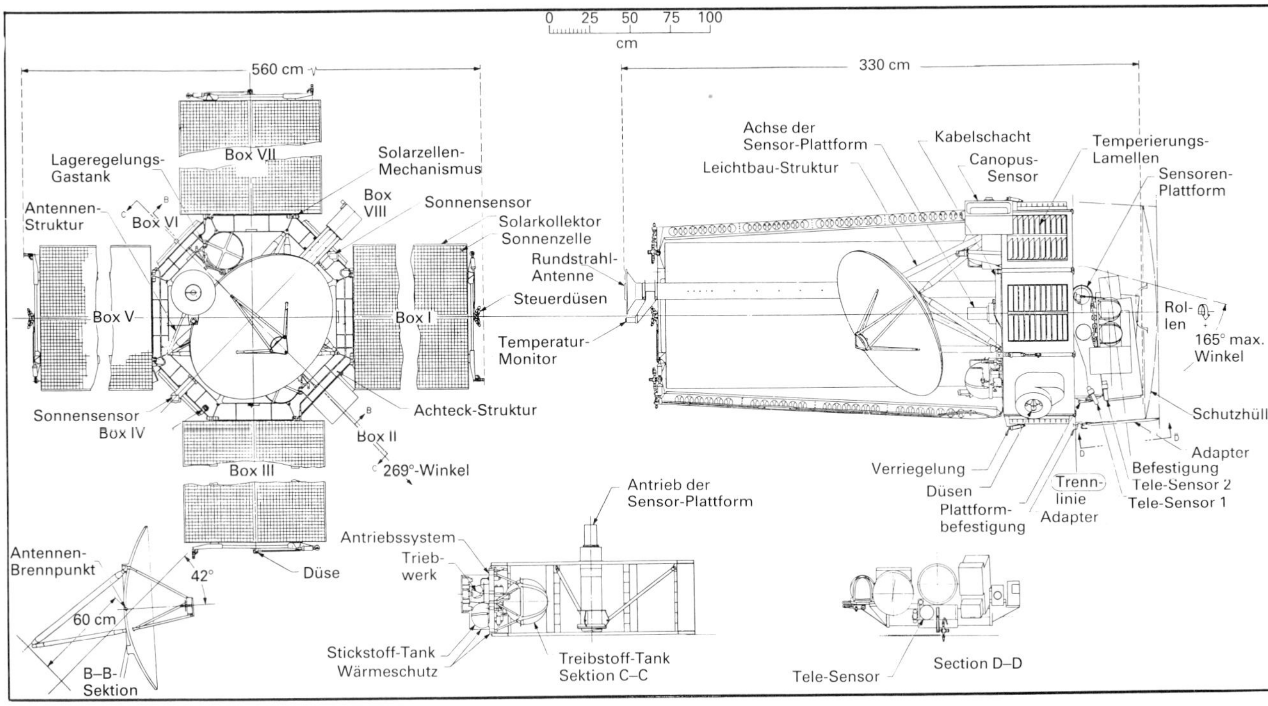

Einen gewissen Eindruck von der technischen Komplexität einer Raumsonde vermitteln diese – auch noch vereinfachenden Konstruktionszeichnungen für die beiden Mars-Sonden Mariner 6 + 7. Alle Bauelemente waren so aufeinander abgestimmt, daß sie optimal miteinander funktionieren konnten, wenn Mars in das Blickfeld kam und die wissenschaftlichen Sensoren mit der Erforschung des Planeten begannen. Die Sonnenzellen-Paddel waren während des Starts seitlich am Zentralkörper hochgeklappt, damit die Sonde unter die Schutzhaube der Trägerrakete paßte. Nach dem Start klappten die Solarpaddel aus und richteten sich auf die Sonne

Ende 1965, nach dem so eindrucksvollen Erfolg von Mariner 4, gab die amerikanische Raumfahrtbehörde NASA das Startzeichen für eine neue Raumsonden-Doppelmission zur Erforschung des Planeten Mars. Die neuen Instrumententräger sollten wesentlich leistungsfähiger sein als ihre Vorgänger und beim Vorbeiflug am roten Planeten – als wichtigstes Forschungsziel – einige Dutzend TV-Aufnahmen von dessen Oberfläche machen und zur Erde übermitteln. Wieder wurde das »Jet Propulsion Laboratory« der NASA mit Management, Entwurf, Konstruktion, Test und auch mit der Betreuung der beiden identisch aufgebauten Raumsonden beauftragt. Die Bahnverfolgung oblag wieder dem »Deep Space Network« (DSN). Die Kosten des Programms MM'69 wurden auf ca. 128 Mio. Dollar veranschlagt und auch nahezu eingehalten. In der laufenden Numerierung erhielten die beiden neuen Mars-Sonden die Bezeichnung Mariner 6 + 7.

Konstruktion

Die beiden neuen Mars-Sonden waren prinzipiell ebenso aufgebaut wie ihre Vorgänger Mariner 3/4. Der achteckige Zentralkörper hatte einen Durchmesser von 138 cm und eine Höhe von 46 cm. Die acht sich ergebenden Instrumentenkammern enthielten folgende Systeme:

1. Energie-Aufbereitung;
2. Bahnkorrektur-Triebwerk;
3. Bordrechner / Lageregelung;
4. Telemetrie-Elektronik;
5. Magnetband-Speicher;
6. Empfänger und Sender;
7. Experimenten-Elektronik;
8. Batterie und Hauptregler.

Die Temperaturregelung erfolgte durch sechs Bimetall-Jalousien und eine aktive Heizung mit einer Lei-

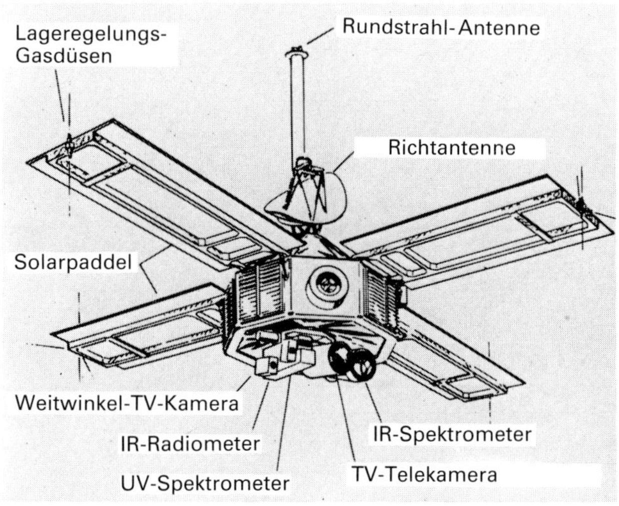

Die Mars-Sonden Mariner 6 + 7 waren ähnlich konstruiert wie die vorangegangene Kapsel M-4 mit Zentralkörper, Solarpaddeln und Antennen. Allerdings war die Sensoren-Plattform wesentlich größer, beweglicher und reichlicher mit Instrumenten bestückt. Am Ende der Sonnenzellen-Flächen befand sich jeweils ein Satz von vier kleinen Steuerdüsen des Lageregelungs-Systems.

stung von 50 W. Damit wurden die Temperaturen in den Instrumentenkammern zwischen + 10 und + 30° C konstant gehalten. Die Temperaturen in den Sensoren der wissenschaftlichen Plattform sanken nicht unter – 10° C ab.
Trotz der erweiterten Funktionen von Mariner 6 + 7 waren die Elektronik-Boxen im Zentralkörper dieser Sonden nicht größer als bei Mariner 4. Dank zunehmender Miniaturisierung konnte die Zahl der elektronischen Bausteine bei MM 6/7 um etwa 40% gegenüber der Elektronik von M 4 reduziert werden, so daß die umfangreichere Ausrüstung der fortschrittlicheren Raumsonden mit demselben Volumen der Elektronikboxen auskam. Vergrößert aber wurden bei MM 6/7 die Fläche der Sonnenzellen-Paddel und auch die Antennen, so daß mehr Energie zur Verfügung stand und wesentlich mehr Information zur Erde übermittelt werden konnten. Eine wesentliche Voraussetzung für die Leistungssteigerung war auch die größere Sensoren-Plattform, die nun voll beweglich und in zwei Achsen schwenkbar ausgebildet wurde.
Zusammengebaut erreichten die beiden Mars-Sonden die stattliche Höhe von 580 cm, die Spannweite über die Sonnenzellen-Paddel betrug sogar 1020 cm, also über 10 Meter. Jede Sonde war etwa 412 kg schwer, und die Aufschlüsselung der Gewichte der einzelnen Systeme gibt einen interessanten Einblick in die Konstruktion einer solchen Sonde:

Hauptstruktur	75,5 kg
Datenübertragung	36,6 kg
Kommandoempfänger	5,1 kg
Energieversorgung	72,6 kg

Bordrechner	10,9 kg
Lageregelung	27 kg
Kabel/Pyrotechnik	36,6 kg
Kurskorrektur-System	20,6 kg
Temperaturkontrolle	17,4 kg
Mechanische Systeme	19,6 kg
Navigation	4,8 kg
Datenspeicherung	17,3 kg
Datenaufbereitung	8,7 kg
Plattform-Steuerung	8,3 kg
Instrumententierung	51 kg
	412 kg

Das sind etwa 150 kg mehr, als Mariner 4 wog.
Die unter dem Zentralkörper der Raumsonde kardanisch aufgehängte Plattform für die wissenschaftlichen Sensoren war wesentlich größer und beweglicher als die bei Mariner 4. Die Plattform bei MM 6/7 konnte um 215° in der Horizontalen und um 64° in der Vertikalen gedreht und geschwenkt werden. Die Instrumenten-Plattform wog insgesamt 76 kg, für den Antrieb war eine elektrische Leistung von 18,5 Watt erforderlich.

Stromversorgung

Die Energieversorgung der Raumsonden MM 6/7 erfolgte durch jeweils etwa 17500 Sonnenzellen, die auf vier Auslegern mit insgesamt 7,7 m^2 Fläche montiert waren. Das kleine »Kraftwerk« lieferte bei Mars noch etwa 370 Watt. Während des Starts, bei Bahnänderungs-Manövern und bei anderen Gelegenheiten, wenn die Sonnenzellen-Paddel nicht auf das Zentralgestirn ausgerichtet waren, erfolgte die Energieversorgung über chemische Batterien, die über die Sonnenzellen stets in aufgeladenem Zustand gehalten wurden.
Interessant ist vielleicht einmal eine kleine Aufstellung, wieviel Leistung die einzelnen Systeme der Raumsonden zum Funktionieren brauchten:

Aktive Heizung (max.)	51 Watt
Plattform-Antrieb	18,5 Watt
Datenübertragung	26,3 Watt
Meßinstrumente	11,5 Watt
Fernseh-Kameras	27,5 Watt
Batterieaufladung	15 Watt

Lageregelung / Bahnkorrektur

Die Navigations-Ausrüstung der Sonden bestand aus einem zentralen Bordrechner und einem mit drei Kreiseln arbeitenden Lageregelungs-System, das bei Bahnkorrektur- und Ausrichtmanövern jederzeit die genaue Position der Raumsonde kannte und später die korrekte Lage wieder herstellte. Die »Augen« dieses Systems waren vier »grobe« und zwei »feine« Sonnensensoren, zwei auf den Fixstern Canopus auszurichtende Sensoren mit elektronischer Steuerung

Mariner 6 + 7 waren ähnlich konstruiert wie die vorangegangene erste erfolgreiche Mars-Sonde. Im Zentralkörper befanden sich die Elektronik sowie Sender und Empfänger, die vier Sonnenzellen-Paddel wurden erst nach dem Start ausgeklappt. Die Richtantenne garantierte die schnelle Kommunikation mit der Erde. Nicht erkennbar ist auf diesem Foto die steuerbare Sensoren-Plattform.

und einem Blickfeld von 1 × 1° sowie zwei Mars-Sensoren mit einem Blickfeld von 1,5 × 2,5°, die den Planeten kurz vor der Passage erfaßten und damit die korrekte Ausrichtung der wissenschaftlichen Sensoren gewährleisten sollten.

Die Ausrichtung der Mars-Sonden erfolgte durch zwölf (2 × 6) mit Stickstoff betriebene kleine Düsen, die je nach Notwendigkeit winzige Steuerimpulse zur korrekten Einhaltung der Soll-Position gaben. Der Stickstoff war unter sehr hohem Druck in zwei kugelförmigen Titan-Tanks von insgesamt 2,3 kg Gewicht gespeichert.

Das Bahnkorrektur-System bestand aus einem mit Hydrazin betriebenen kleinen Raketenmotor, der einen spezifischen Impuls von 227 Sek. entwickelte. Mit dem Treibstoff-Vorrat von 9,8 kg konnte bei 102 Sek. maximaler Brennzeit eine Steigerung oder Minderung der Fluggeschwindigkeit von 76 m/s erzielt werden. Die minimale Impulsdauer betrug 0,1 Sek., es waren also sehr präzise Flugbahn-Änderungen möglich.

Datenübertragung

M 4 hatte nur einen Telemetrie-Kanal zur Verfügung, der abwechselnd wissenschaftliche Meßergebnisse oder technische Daten über den Zustand der Sondensysteme zur Erde übermittelte. MM 6/7 dagegen hatten je drei Telemetrie-Kanäle zur Verfügung, mit denen in erheblich kürzerer Zeit wesentlich mehr Informationen zur Erde übermittelt werden konnten. Auf Kanal A wurden Daten über den technischen Zustand der Sonde mit 8,3 oder mit 33,3 Bit/Sek. abgestrahlt, Kanal B übertrug wissenschaftliche Meßergebnisse mit 66,7 oder 270 Bit/Sek. Kanal C schließlich war hauptsächlich den Bilddaten vorbehalten, diese konnten sogar mit 16 200 Bit/Sek. abgestrahlt werden. Das Telemetrie-System von MM 6/7 war also um etwa den Faktor 2000 leistungsfähiger als das von Mariner 4.

Die Frequenz der beiden redundanten Sender lag bei 2195 MHz, die Sendeleistung betrug 10 Watt. Die nur 1,5 kg wiegende Richtantenne von 1 m Durchmesser war fest eingebaut und zeigte automatisch auf die Erde, wenn die Sonnenzellen-Paddel auf das Zentralgestirn ausgerichtet waren. Die 223 cm lange Rundstrahlantenne (Durchmesser 10 cm) diente zum Empfang der max. 53 Kommandos, mit denen die Sonden von der Bodenstation dirigiert wurden. Bei der Messung des Abstands der Sonden von der Erde wurde eine Genauigkeit von 10 m erzielt – eine ganz erstaunliche Leistung.

Die beiden Mars-Sonden konnten von der Bodenstation mit 53 verschiedenen Signalen gesteuert werden, um ein reibungsloses Funktionieren der verschiedenen »house-keeping«-Systeme zu gewährleisten. Umgekehrt erhielten die Ingenieure laufend von 90 verschiedenen Stellen in den Raumsonden Auskunft über deren technischen Zustand.

Mariner 6 + 7 hatten je zwei Wanderfeld-Röhren an Bord, die mit 10 oder 20 Watt Ausgangsleistung arbeiteten und die es den Technikern in der Bodenstation ermöglichten, die Intensität der Übertragung wissenschaftlicher Meßergebnisse den jeweiligen Umständen anzupassen.

Wenn für Bildübertragungen die hohe Bit-Rate eingestellt wurde, kamen die auf einem analog arbeitenden Magnetspeicher registrierten Daten zunächst in einen Digital-Umsetzer, bevor sie zur Erde abgestrahlt wurden. Übrigens konnte die hohe Telemetrierate von 16 200 Bit/Sek. nur genutzt werden, wenn sich die Sonden gerade im Sichtbereich der großen 64-m-Antenne von Goldstone befanden. Nur dann konnten die Mars-Bilder sozusagen »life« im Abstand von 42 Sek. zur Erde abgestrahlt werden. Andernfalls wurden die Videodaten auf Magnetband gespeichert.

Eine große Rolle im Flugablauf und bei der Aufzeichnung sowie Überspielung der TV-Bilder und anderer wissenschaftlicher und technischer Informationen spielten die beiden Magnetband-Speicher, von denen einer analog und der andere digital arbeitete, und die beide zusammen eine Speicherkapazität von $1{,}33 \times 10^8$ bit hatten. Das digital arbeitende Bandgerät hatte eine Speicherkapazität von $1{,}3 \times 10^7$ Bit und das analog speichernde Band faßte $1{,}2 \times 10^8$ Bit, was eine Aufzeichnung von zusammen 24 TV-Bildern gestattete. Beide Magnetband-Speicher arbeiteten mit 110 m langen Bändern, auf denen vier Spuren gleichzeitig aufgezeichnet wurden. Die Datenregistrierung erfolgte mit einer Bandgeschwindigkeit von 30 cm/Sek., die Abspielung mit 4,3 cm/Sek.

Der Bord-Computer

Die Entwurfs-Philosophie für die beiden Raumsonden zielte darauf ab, sie unter keinen Umständen in

Situationen (und Positionen) geraten zu lassen, aus denen sie nicht wieder zur normalen Funktion zurückgeführt werden konnten. Eine wesentliche Voraussetzung für die Erreichung dieses Ziels war der »Central Computer & Sequencer« (CC&S), ein kleines Elektronengehirn, das – wie der Name besagt – einen fest programmierten Sequenzer und einen variablen Computer enthielt. Die beiden Einheiten waren in gewissem Umfang miteinander austauschbar, so daß eine begrenzte Redundanz und damit eine Erhöhung der Zuverlässigkeit gegeben war. Der Computer konnte auch während des Transferfluges der Sonden noch umprogrammiert werden, was auch Reaktionen auf unvorhergesehene Ereignisse im Missionsablauf ermöglicht hätte. Auch wenn dieser konkrete Notfall nicht eintrat, so bewährte sich doch der »Central Computer & Sequenzer« hervorragend bei den Schwierigkeiten, die es mit M 7 kurz vor dem Mars-Vorbeiflug gab, als die Sonde von einem Mikrometeoriten getroffen wurde und selbständig den Kurs änderte.

Der »Central Computer & Sequencer« in den beiden Sonden MM 6/7 wurde vor dem Start mit zwei verschiedenen Missionsprogrammen »gefüttert«. Bei der Standard-Mission sollten etwa 200 Bilder der Mars-Oberfläche aufgenommen und zahlreiche andere Untersuchungen bei dem Planeten vorgenommen werden; für die Bildübertragungen war die hohe Datenrate von 16200 Bit/Sek. eingeplant. Bei der Ersatz-Mission, die im Falle einer gravierenden Störung des Fluges oder der Sonde ablaufen sollte, war nur die Gewinnung von acht Nahaufnahmen der Mars-Oberfläche zur Zeit der größten Annäherung geplant, die auf Magnetband gespeichert und dann später mit 270 Bit/Sek. zur Erde übertragen werden sollten.

Die Kommandos für die Not-Mission waren unauslöschbar im CC&S gespeichert, sie wäre also in jedem Fall ausgeführt worden, auch wenn die Funkverbindung zwischen Raumsonde und Erde aus irgendeinem Grund völlig abgerissen wäre. Für den Fall, daß alles planmäßig verlief, mußte kurz vor dem Vorbeiflug der Sonden am Mars ein entsprechendes Signal an den Computer gegeben werden, das die Ausführung der vollständigen Mission einleitete. Die endgültige Entscheidung für die eine oder andere Mission hing z. B. auch von der Frage ab, ob die große Empfangsantenne mit 64 m Durchmesser in Goldstone zu der fraglichen Zeit voll einsatzbereit war, denn nur diese Antenne konnte den schnellen Datenstrom verkraften, der bei der »großen« Mission anfiel. Zur Kontrolle des Funkverkehrs mit den beiden Raumsonden und zur Vermeidung von falschen Kommandos wurden alle elektronischen Signale zunächst durch einen Computer in der Bodenstation geprüft, der ähnlich wie der CC&S aufgebaut war. Erst wenn diese »Generalprobe« einwandfrei verlief, gelangten die Steuersignale über die Antennen des »Deep Space Network« zu den Mariner-Sonden.

Wissenschaftliche Experimente

Der Mars-Vorbeiflug von Mariner 4 hatte gezeigt, daß die Oberfläche dieses Planeten weitgehend mit Kratern bedeckt ist und daß seine Atmosphäre mit höchstens 10 mbar sehr dünn ist. Die erste Mars-Sonde konnte aber z. B. nicht die Frage klären, ob es auf diesem Planeten irgendwelche Spuren organischen Lebens gibt. Die beiden Sonden MM 6/7 dienten also der weiteren Erforschung der physikalischen, chemischen und thermischen Verhältnisse auf und in der Umgebung dieses Planeten.

Die beiden Raumsonden MM 6/7 sollten kurz hintereinander verschiedene Gebiete auf der Mars-Oberfläche genauer untersuchen. Die wissenschaftlichen Sensoren von M 6 – vor allem die Fernsehkameras – wurden auf die äquatorialen Gebiete ausgerichtet, die während der nur einige Dutzend Minuten dauernden Passage gerade im Sichtbereich der Instrumente lagen. M 7 sollte mit seinen Experimenten vor allem den Südpol des Mars und die Gebiete Hellespontus und Hellas erkunden. Die Sensoren waren darauf ausgerichtet, daß die beiden Sonden den Planeten in einer Mindestentfernung von ca. 3000 km passierten. Als MM 6/7 den Mars erreichten, herrschte auf der südlichen Halbkugel Frühjahr, und auf der nördlichen Hemisphäre begann der Herbst. Die TV-Kameras von Mariner 6 + 7 sollten etwa 20 % der Mars-Oberfläche aufnehmen, während Mariner 4 aus ca. 12000 km Entfernung nur etwa 1 % der Planetenoberfläche erfaßt hatte.

Die beiden Mars-Sonden MM 6/7 hatten – außer den TV-Kameras – noch drei andere wissenschaftliche Instrumente an Bord, deren Sensoren alle auf der beweglichen Plattform montiert worden waren:

Infrared Spectrometer zur Untersuchung der Zusammensetzung der Mars-Atmosphäre, zur Bestimmung der Oberflächen-Temperaturen und zur Untersuchung der Polkappen.

Ultraviolet Spectrometer zur Identifizierung der Gase in der hohen Atmosphäre des Mars durch Aufspürung verschiedener Moleküle, Atome und Ionen im Spektralbereich von 110–450 nm.

Infrared Radiometer zur Messung der Infrarot-Emission von bestimmten Gebieten, die auch mit den TV-Kameras erfaßt wurden, um eine Temperatur-Karte zu entwerfen, die dann auf die topografische Karte projiziert werden konnte. Diese Studien galten vor allem der südlichen Polkappe des Mars, bei der festgestellt werden sollte, ob sie aus Kohlendioxid, Wasser oder aus einer Kombination von beidem besteht.

Zwei weitere wichtige Experimente ergaben sich aus der genauen Beobachtung der Funksignale, die von den beiden Raumsonden zur Erde gelangten. Diese beiden sog. passiven Experimente waren:

S-Band Occultation zur genaueren Untersuchung der Mars-Atmosphäre, die von den Funksignalen durchlaufen wurde. Aus den Veränderungen der Intensität und Frequenz der Signale ließen sich Rückschlüsse

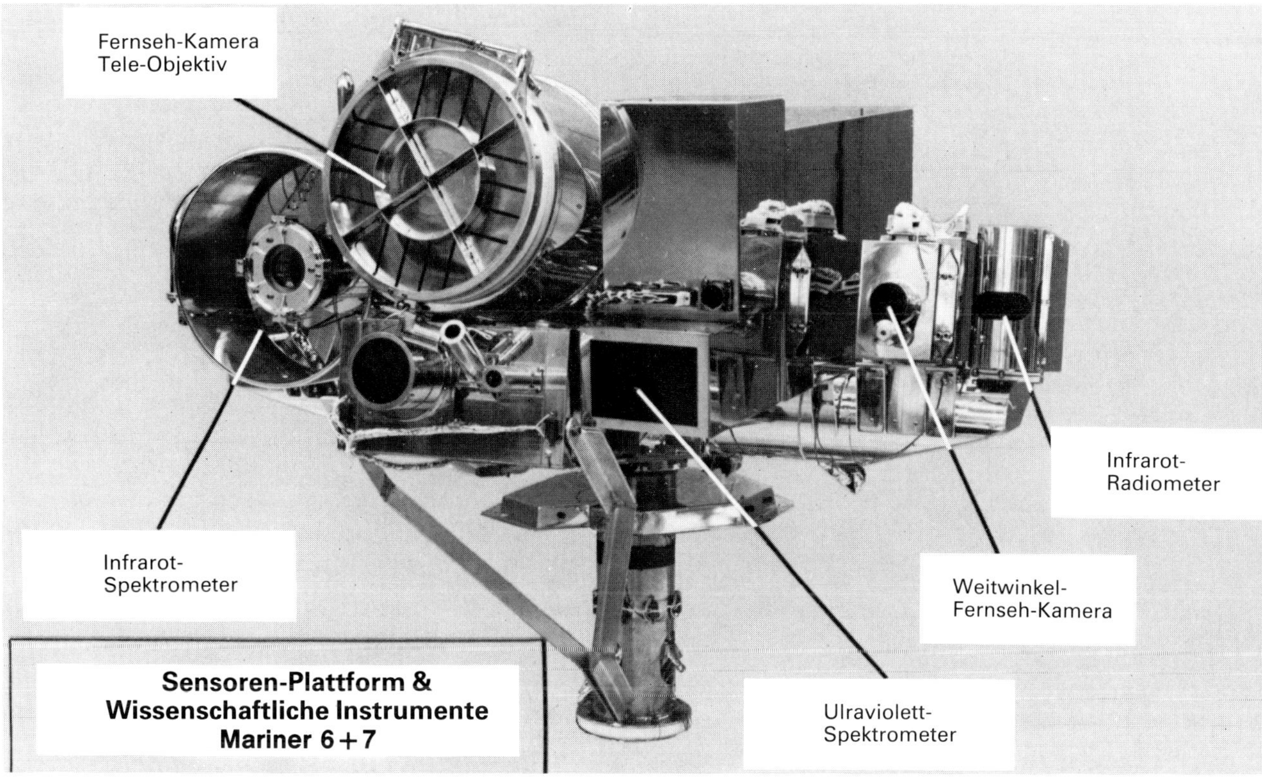

Opto-elektronische Wunderwerke waren die steuerbaren Sensoren-Plattformen von Mariner 6 + 7, die unten an den Zentralkörper angesetzt worden waren, damit sie freies Blickfeld nach allen Seiten hatten. Die raumsparende Unterbringung aller Meßinstrumente auf dem engen zur Verfügung stehenden Raum war eine konstruktive Leistung für sich, denn die Apparaturen durften sich ja gegenseitig nicht behindern.

auf die Dichte, Zusammensetzung und auf den Druck in der Atmosphäre ziehen.

Celestial Mechanics Aus der genauen Beobachtung des Bahnverlaufs der beiden Sonden ergaben sich präzise Informationen über die Masse des Mars und über seine genaue Bahnbewegung im Sonnenorbit.

Eines der interessantesten Phänomene auf der Marsoberfläche sind die weißen Kappen, die sich im jeweiligen Winterhalbjahr am Nord- und Südpol des Mars bilden. Die klassische Marsforschung deutete diese Erscheinung – analog zu den Polkappen der Erde – als Schnee- und Eisablagerung. Diese Deutung konnte nach den Messungen von MM 6/7 aber nicht aufrecht erhalten werden, denn in der Atmosphäre fehlt der dafür notwendige Wasserdampf. Es handelt sich bei den Polkappen des Mars also offensichtlich um Ablagerungen von festem Kohlendioxid (CO_2), das man auf der Erde als Trockeneis kennt. Es wurden auf der Nachtseite des Mars von dem IR-Radiometer Temperaturen von fast – 160° C und auf der Tagseite von – 70° C gemessen. Wäre es am Südpol nicht ganz so kalt gewesen (etwa nur – 125° C) so hätte auch die Möglichkeit bestanden, daß die weiße Substanz der Polkappen aus einem Gemisch von Wassereis und CO_2-Schnee besteht. Allerdings ist dieser Befund nicht ganz eindeutig gewesen, denn in der Mittagszeit wurden am Südpol von dem IR-Spektrometer nur – 70° C gemessen. Bei dieser Temperatur aber könnte das CO_2 tagsüber auch an den Marspolen nur als Gas existieren und wolkenförmig über der aus dem noch verbliebenen H_2O-Schnee bestehenden Polkappe schweben. Die Messung von nur – 70° C wurde aber von der Mehrzahl der Experimentatoren nicht in diesem Sinn interpretiert. Die Kontrollmessung mit dem IR-Sensor von M 6 konnte wegen eines Defekts nicht ausgeführt werden. Diese Frage war also nicht einwandfrei zu klären.

Die Fernsehkameras von MM 6/7

Die Vidicon-Röhren gehören seit Jahrzehnten zum gesicherten Bestand der Fernsehtechnik. Auf der Vorderseite des Vidicons befindet sich eine dünne, durchsichtige Metallschicht, hinter der eine lichtempfindliche Halbleiter-Schicht (z. B. Selen) angeordnet ist, die ihren elektrischen Widerstand der Helligkeit entsprechend ändert. Diese lichtempfindliche Halbleiter-Schicht wird durch einen aus der Kathode des Vidicons austretenden Elektronenstrahl abgetastet, und da die Metallschicht gegenüber dem Halbleiter eine um wenige Volt höhere (positive) Spannung aufweist,

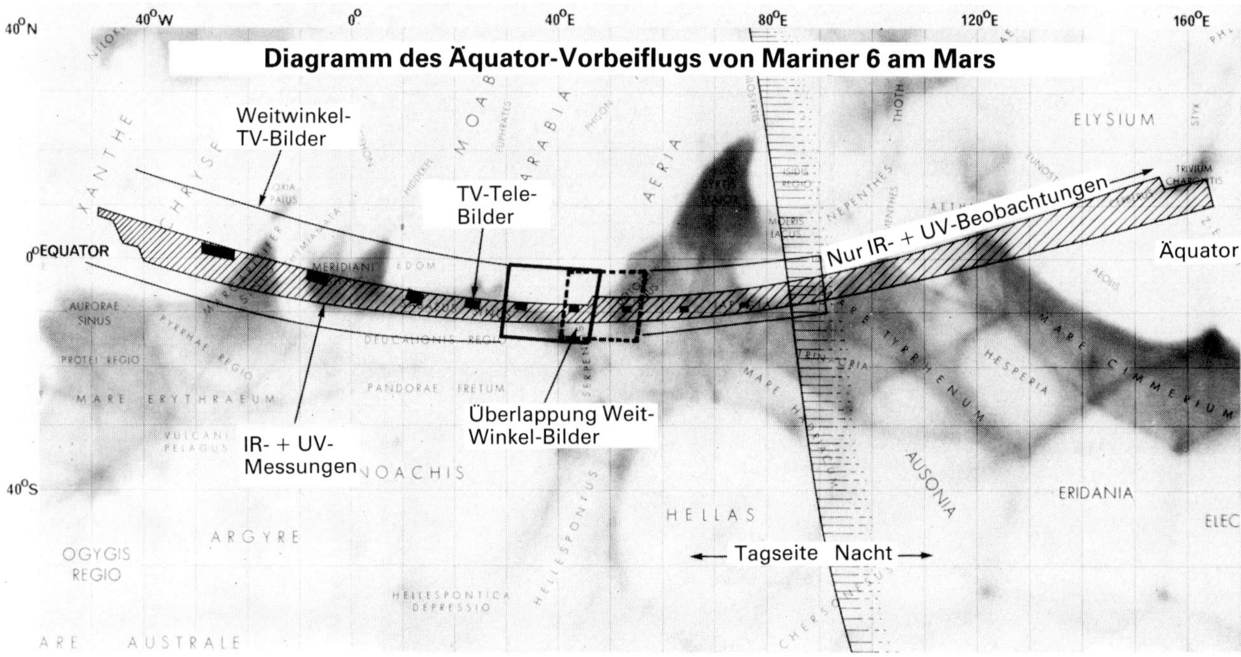

Die Arbeit der wissenschaftlichen Sensoren während des nahen Vorbeiflugs an Mars wurde bei Mariner 6 + 7 wieder gewissenhaft vorbereitet. Hier sind die »Fußabdrücke« der erwarteten TV-Bilder sowie der IR- und UV-Messungen von Mariner 6 auf eine Mars-Karte projiziert. Der Abtaststrahl der Meßgeräte zog sich von Westen kommend über die Formation Meridiani Sinus und ging schließlich südlich an der Syrtis Major vorbei, um dann den Terminator zu überqueren, wo die TV-Kameras mit ihrer Arbeit aufhören mußten.

fließt ein Elektronenstrom von der Halbleiter- zur Metallschicht – jedenfalls dort, wo der Halbleiter durch den Einfall von Licht leitend geworden ist. Dort, wo der Elektronenstrahl eine belichtete Stelle trifft, entsteht im äußeren Stromkreis des Vidicons ein Stromstoß, dessen Intensität von der Stärke des jeweiligen Lichteinfalls abhängig ist. Wird nun während einer Aufnahme durch das Kameraobjektiv ein Bild auf die Halbleiter-Schicht projiziert, so entsteht während jeder Abtastperiode des Elektronenstrahls im Vidicon-Stromkreis eine Impulsfolge, die den Helligkeits-Werten der zeilenweise abgetasteten Bildpunkte entspricht.

Bei den TV-Bildern von Mariner 4 hatte sich herausgestellt, daß die Oberfläche von Mars für solche Aufnahmesysteme relativ kontrastarm ist, auch wenn die Atmosphäre nicht gerade durch einen Staubsturm oder durch Wolken getrübt ist. Dabei sind Vidicon-Röhren, wie sie in TV-Kameras benutzt werden, für die Registrierung kontrastarmer Motive noch besonders gut geeignet, denn das elektronische Rauschen, das man in seiner Auswirkung am ehesten mit dem fotografischen Korn vergleichen kann, ist bei den Vidicons sehr gering. Wenn man dieses elektronische Rauschen und das Korn einer fotografischen Emulsion überhaupt miteinander vergleichen kann, dann ist diese Bildstörung bei einer TV-Röhre nur etwa 1/10mal so stark wie bei anderen, vergleichbaren Bildaufzeichnungstechniken. Der Grundschleier eines Vidicons, wenn man diesen fotografischen Begriff einmal übernehmen will, ist also sehr gering.

Trotzdem entschloß man sich, die Zahl der Graustufen bei den TV-Kameras von MM 6/7 auf 256 zu erhöhen, um mehr Kontrast und eine bessere Detailerkennbarkeit bei diesen Bildern zu erreichen. Das bedeutet aber, daß man die Zahl der Bits pro Bildpunkt auf acht erhöhen mußte. Daraus resultierte – zusammen mit der auf etwa 800 erhöhten Zeilenzahl der neuen Kameras – eine Steigerung des Bild-Datenstroms um das 22fache gegenüber der bei Mariner 4 notwendigen Bit-Rate.

All diese Überlegungen und Forderungen mündeten schließlich in ein Fernsehsystem mit zwei verschiedenen Kameras, Brennweiten und Lichtstärken. Die beiden optischen Systeme ergänzten sich gegenseitig und lieferten gemeinsam eine Fülle visueller Informationen über den roten Planeten. Folgende Kriterien sollten von den TV-Kameras an Bord der neuen Mars-Sonden erfüllt werden:

- Vierfach besseres Auflösungsvermögen gegenüber den TV-Kameras an Bord von Mariner 4;
- Erhöhung der Graustufen, ebenfalls um den Faktor 4, um den Kontrast und das Auflösungsvermögen zu verbessern;
- Einsatz von zwei Kameras verschiedener Brennweite und Aufnahme von Teleausschnitten aus den überlappenden WW-Bildern;
- die Verwendung eines langbrennweitigen Objektivs

für die Gewinnung von Einblicken in die Feinstruktur des Mars-Bodens;

- die Gewinnung erster grober Farbbilder der Planetenscheibe durch Einbau eines Blaufilters zu den schon bei Mariner 4 verwendeten Grün- und Rotfiltern.

Teleobjektiv

Das Objektiv der Telekamera bestand aus einem modifizierten Spiegelteleskop des Typs Schmidt-Cassegrain. Die Brennweite betrug 508 mm, die Öffnung 200 mm und die Lichtstärke 1 : 3,6. Der Bildwinkel betrug 1,1° × 1,4°, etwa soviel wie bei der TV-Kamera von Mariner 4. Die stärkere Annäherung von MM 6/7 an den Mars (bis auf 3000 km) und die Erhöhung der Zeilenzahl (auf 800) ergaben aber einen kleineren Bildausschnitt (von 70 × 90 km) und ein höheres Auflösungsvermögen (von ca. 300 m).

Der Verschluß der Tele-Kamera bestand aus zwei wechselnden Blättern, die jeweils nach links und rechts schwenkten. Die Belichtungszeiten waren auf die Werte 6 und 12 msec begrenzt. Diese Kamera hatte kein Filterrad, das Maximum der spektralen Durchlässigkeit der Teleskopoptik lag bei 560 nm.

Die Tele-Kamera hatte kein Filterrad, es stand nur ein einzelnes Gelbfilter (560 nm) zur Verfügung, das gelegentlich zur Unterdrückung von Dunsterscheinungen eingesetzt wurde.

Ausgehend von der erzielten Mindestentfernung zwischen Mars und den beiden Sonden von ca. 3300 km ergaben die Weitwinkel-Bilder ein Auflösungsvermögen von ca. 3 km, bei den Teleaufnahmen wurde eine Detail-Erkennbarkeit von 300 m erreicht, was etwa mit den besten erdgebundenen Aufnahmen des Mondes zu vergleichen ist. Gegenüber den Mars-Bildern von Mariner 4, die bei wesentlich größerer Distanz und gröberem Zeilenraster ein Auflösungsvermögen von etwa 4 km erbrachten, bedeuteten die Aufnahmen von MM 6/7 also eine Verzehnfachung der Detail-Erkennbarkeit auf dem Roten Planeten.

Weitwinkel-Objektiv

Die Weitwinkel-Kamera hatte eine Brennweite von 50 mm, es handelte sich um ein relativ »simples« Linsensystem mit einem Öffnungsverhältnis von 1 : 3 und einem Bildwinkel von 11° × 14° bezogen auf das Vidicon-Ladungsbild von 9,6 × 12,3 mm Größe. Aus der geplanten Minimal-Entfernung von 3000 km ergab das Mars-Bilder von ca. 700 × 900 km Ausdehnung, das Auflösungsvermögen wurde bei 800 Zeilen auf etwa 2–3 km veranschlagt.

Die Weitwinkel-Kameras der Sonden Mariner 6 + 7 erfaßten bei einer Aufnahme ein Gebiet, das etwa 10–12 mal so groß war wie das, das auf einem Foto von M 4 festgehalten wurde, obwohl das Auflösungsvermögen bei beiden Systemen mit ca. 3 km etwa gleich war. Der Bildwinkel betrug bei den WW-Kameras von MM 6/7 etwa 11 × 14 Grad, auf einem solchen Bild wurde – aus ca. 3000 km Entfernung – das Hundertfache des Geländes erfaßt, das ein Teleobjektiv abzubilden vermochte.

Tabelle der Kameras von Mariner 6/7		**Teleobjektiv**	**WW-Objektiv**
System		Reflektor	Refraktor
Brennweite	mm	508	52
Öffnungsverhältnis	d/f	1 : 3,7	1 : 3
Belichtungszeiten	ms	6, 12	90, 180
Filter	nm	560	573, 526, 469
Speichermedium		1-Zoll-Vidicon	
Bildfeld-Größe	mm	9,6 × 12,5	
Zeilenzahl / Bildpunkte		704 × 945	
Rasterdichte	L/mm	73 × 76	
Pixel je Aufnahme		665 280	
Graustufen / Bits		256 / 8	
Bits je TV-Bild		5 322 240	
Bildwinkel	Grad	1,1 × 1,4	11 × 14
Bildgröße aus	km	28,8 × 36,7	288 × 367
Pixelgröße 1500 km	m	41 × 44	410 × 440
Auflösung Distanz	m	100	1000
Magnetspeicher		Analog	Digital
Länge / Spuren	m	110 / 4	110 / 4
Kapazität	Bits	$1{,}2 \times 10^8$	$1{,}3 \times 10^7$
Aufzeichnungs-/Wiedergabe-Geschwindigkeit	cm/s	30 / 4,3	30 / 4,3
Übertragungsraten	bps	270–16 200	270–16 200
Abtast-/Bildfolgezeit	s	42,25 / 84,5	42,45 / 84,5

Die WW-Kamera hatte einen mit vier Positionen versehenen Rotationsverschluß, es konnten Belichtungszeiten von 90 und 180 msec eingestellt werden. Drei Filter standen zur Verfügung, deren Transmissions-Maximum bei 573 nm (Rot), 526 nm (Grün) und 469 nm (Blau) lag.

Die drei Filter der Weitwinkel-Kamera dienten der Aufnahme von ersten Farbbildern der Mars-Oberfläche. Dafür waren jeweils drei Einzelbilder erforderlich, die kurz hintereinander mit den drei Filtern gemacht wurden. Die daraus entstehenden schwarzweißen Farbauszüge konnten dann in der Bodenstation mit den drei entsprechenden Filtern übereinander projiziert werden und ergaben naturgetreue Farbaufnahmen des Mars.

Bei der gegebenen Brennweite der WW-Kamera und dem Aufnahmeintervall von 42,25 Sek. ergab sich bei den Weitwinkel-Aufnahmen rechts und links jeweils eine gewisse Überlappung, was eine stereoskopische Auswertung dieser Bildzonen ermöglichte.

Die Weitwinkel- und die Telekamera an Bord von MM 6/7 waren so auf der beweglichen Sensoren-Plattform montiert, daß die Telekamera immer einen Ausschnitt aus dieser überlappenden Zone aufnahm – ein weiterer kleiner Kunstgriff der Bildtechniker, der bei der Auswertung der Mars-Bilder hilfreich war.

Die beiden Kameras wurden während des nahen Vorbeiflugs alternierend, also abwechselnd ausgelöst, alle

Mariner 6 erfaßte bei seinem nahen Vorbeiflug an Mars hauptsächlich äquatoriale Zonen mit der Formation Meridiani Sinus im Zentrum. Das Mosaik gibt eine Fläche von etwa 700×4000 km Ausdehnung wieder, das Auflösungsvermögen der kleinen mit eingesetzten Telebilder beträgt im Original etwa 100 m, während die großen WW-Bilder nur Details von mindestens 1 km Größe zeigen. Die nebenstehende kleine Abbildung zeigt die kartografische Auswertung dieser Mars-Bilder einer der charakteristischsten Formationen aud diesem Planteten.

42,24 Sek. entstand ein Bild, das auf Magnetband gespeichert oder sofort zur Erde übertragen werden mußte.

Bildgewinnung

Das Ladungsbild auf den Vidicon-Röhren hatte bei den zwei Kameras eine Größe von 9,6×12,3 mm. Die Aufnahmen wurden jeweils mit 704 Zeilen zu 935 Bildpunkten abgetastet, es entstanden also leicht rechteckige Mars-Fotos. Die Abtastzeit betrug 42,25 Sek., die Regenerierung des Vidicons dauerte ebenso lange. Die Bildfolgezeit ergab sich damit zu 84,5 Sek. für die einzelne Kamera.

Das Fernsehbild von MM 6/7 bestand aus 658240 Bildpunkten (704×935), die mit jeweils 8 Bit für die Helligkeits-Information versehen und zur Erde übertragen wurden. Jedes Bild bestand also aus insgesamt 5265920 Bit, seine Übertragung zur Erde dauerte auch bei der höchsten möglichen Datenrate von 16200 Bit/Sek. immerhin noch 325 Sek. oder 5,5 Min.

Alle von MM 6/7 zur Erde übermittelten Mars-Bilder wurden am Rand mit speziellen Identifizierungsmerkmalen versehen, die aus der Kennzeichnung der Sonde, der jeweiligen Aufnahmedistanz und der Bildnummer besteht. Die Code-Kombination 6 N 17 z. B. bedeutet, daß es sich um die 17. Aufnahme von M 6 aus geringer Entfernung vom Mars handelte (N = near = nahe). Die Kombination 7 F 77 bezeichnet die 77. Aufnahme von M 7, die aus größerer Entfernung gemacht wurde (F = far = weit entfernt). Die erste Aufnahme wurde bei den zwei Sonden jeweils mit der Weitwinkel-Kamera gemacht, deshalb handelt es sich bei den Bildern mit ungeraden Zahlen immer um WW-Ansichten.

Die beiden TV-Kameras an Bord der Mars-Sonden MM 6/7 hatten identische Bildformate, also gleiche Röhren und elektronische Bauteile, was einerseits preiswert und andererseits auch praktisch war hinsichtlich der Verwendbarkeit der Magnetbänder. Zur Reduzierung des Rauschens bei analoger Bildaufzeichnung wurde das durchschnittliche Signalniveau nahezu konstant gehalten und der Modulationsindex durch automatische Antennenkontrolle gesteigert.

Diese Signalaufbereitung steigerte die Daten-Sendekapazität um den Faktor 5, trotzdem mußten die Mars-Bilder in der Bodenstation noch elektronisch verstärkt werden, damit auch der Laie einige deutliche Kontraste wahrnehmen konnte.
Die von der Fernsehkamera kommenden Videosignale wurden zunächst auf einem Magnetband gespeichert, um dann später in aller Ruhe zur Erde übertragen werden zu können. Vor dieser Bildsendung wurden die Videosignale vom bordeigenen Computer binär codiert, also entsprechend der aufgezeichneten Helligkeit in Ziffern von 0–256 umgesetzt. Die Bilder von MM 6/7 enthalten also 256 Graustufen vom hellsten Weiß bis zum dunkelsten Schwarz. Die an Bord der Raumsonde vorgenommene Verwandlung der Bildinformationen in eine schier endlose Reihe von Binär-Ziffern (die ja bekanntlich nur aus zwei Impulsen – negativ und positiv – bestehen) mußte dann in der Bodenstation wieder rückgängig gemacht werden. Ein Digital-Fotoumwandler lieferte nun das vom Mars übertragene Fernsehbild Punkt für Punkt und Zeile für Zeile auf einen Monitor, von wo es mit hochauflösendem Filmmaterial abfotografiert wurde.
In der ersten Entwurfsphase für die TV-Kameras ging man davon aus, daß nur acht Bilder aus größerer Entfernung und ca. 25 Nahaufnahmen übertragen werden. Diese Fotos sollten dann mit 270 Bit/Sek. zur Erde übertragen werden, was etwa fünf Tage gedauert hätte. In diese Überlegungen platzte dann die Nachricht von einem neuen elektronischen Verfahren hinein, das eine etwa 60fache Steigerung der Bildgewinnungs- und Übertragungskapazität ermöglichte. Diese Errungenschaft wurde gleich für die beiden neuen Mars-Sonden mit eingeplant, und damit konnte die Zahl der von Mariner 6 und 7 zu übermittelnden Bilder wesentlich gesteigert werden – vor allem das Kontingent der aus größerer Entfernung vom Mars gewonnenen Fotos.

Die Missionen von Mariner 6 und 7

Die Flugbahnen der beiden Raumsonden für die Zeit der größten Annäherung an den Mars wurden in Zusammenarbeit mit allen an diesem Projekt beteiligten Wissenschaftlern festgelegt. In Abhängigkeit vom Start-Zeitpunkt der beiden Raumsonden und dem Flugverlauf ergab sich, daß sie den Mars zwischen dem 31. Juli und dem 5. August passieren würden. Wichtig war auch die Koordination, daß der Zeitpunkt der größten Annäherung der Sonden an den Planeten mit der günstigsten Empfangsstellung der 64-m-Antenne in Kalifornien zusammenfiel.
Natürlich konnten die beiden Sonden jeweils nur an einer Seite des Planeten, in einer bestimmten Entfernung und entweder weiter nördlich, südlich oder am Mars-Äquator vorbeifliegen. So war es wegen der genannten Einschränkungen zum großen Bedauern der Wissenschaftler z. B. nicht möglich, nahe an der sog. Großen Syrte vorbeizufliegen, der dunkelsten von der

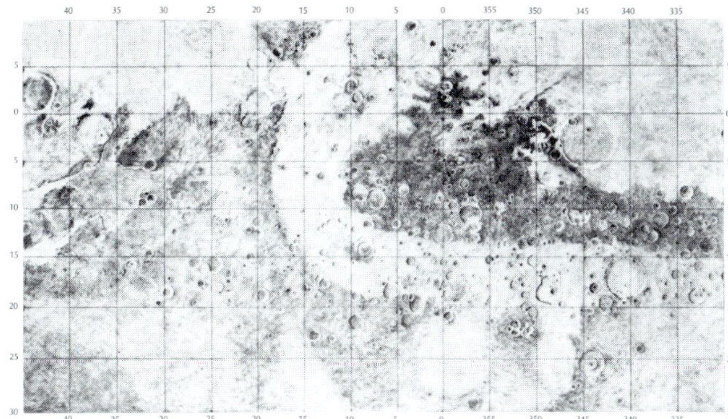

Aus den von MM 6/7 übermittelten Bildmosaiken fertigten die Experten der Rand-Corporation erste detaillierte Zeichnungen zweier Ausschnitte der Mars-Oberfläche. Diese Skizze des Gebietes um Meridiani Sinus hat im Druck einen Maßstab von etwa 1:20 Mio., erfaßt ist ein Gelände von etwa 2400 × 4340 km Ausdehnung, das Auflösungsvermögen beträgt ca. 10 km. Bei der auch von der Erde aus gut sichtbaren Formation handelt es sich um keine topografische Besonderheit auf der Mars-Oberfläche: Hier machen sich nur charakteristische Albedo-Unterschiede des Mars-Bodens bemerkbar.

Erde aus auf Mars erkennbaren Formation. Dafür wurden dann aber andere interessante große Gebiete auf der Mars-Oberfläche erfaßt, die man ebenfalls schon vorher mit Teleskopen beobachtet hatte. So ergaben sich schließlich doch sehr gute Vergleichsmöglichkeiten, wie bestimmte Zonen von der Erde aus durch das Fernrohr aussehen und wie sie sich dann auf den TV-Bildern darstellen, die die Mariner-Sonden aus der Nähe machten.
Die Computer-Programme von MM 6/7 wurden so gewählt, daß die TV-Kameras in der Phase des »close encounter« kurz hintereinander fünf verschiedene Zonen auf der beleuchteten Seite der Mars-Oberfläche erfaßten. Die Steuerung der Sensoren-Plattform in dieser kurzen Zeitspanne war nicht einfach, weil die einzelnen darauf befestigten Instrumente ganz verschiedene Arbeitsweisen und Meßprogramme hatten.
Natürlich sollten bei diesem doppelten Sonden-Vorbeiflug am Mars möglichst viele der bekannten, schon von der Erde aus sichtbaren klassischen Formationen auf Mars von den Kameras erfaßt werden, wie z. B. die Polkappen oder hervorstechende helle und dunkle Zonen. Aus größerer Entfernung wurden auch zwei- und dreiteilige Farbauszüge zur Rekonstruierung von Colorbildern der Mars-Oberfläche aufgenommen, ebenso stereoskopische Bildpaare, Bilder vom Horizont des Planeten und Ansichten bestimmter Regionen auf Mars unter verschiedenen Beleuchtungsverhältnissen und Blickwinkeln.
Bei beiden Raumsonden war jeweils eine Kurskorrektur notwendig, um den vorgesehenen Kurs beizubehalten und die Passage am Mars in der gewünschten Entfernung zu gewährleisten.

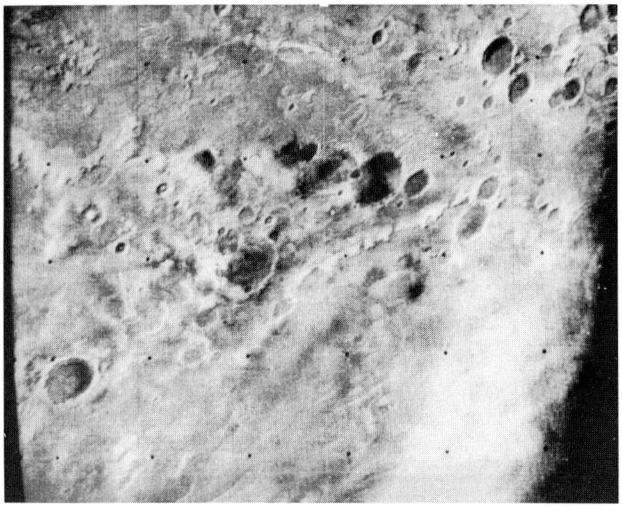

Die großräumige Struktur der Südpol-Landschaft von Mars wird auf diesem Weitwinkel-Bild von Mariner 7 erkennbar, das aus etwa 5300 km Entfernung gemacht wurde und ein Gebiet von 1280×3200 km wiedergibt, also perspektivisch stark verzeichnet ist. Zahlreiche Krater und Gebirge mit verschieden hoher Schneebedekkung sind zu erkennen, das Auflösungsvermögen beträgt bestenfalls 3 km. Bei genauer Betrachtung werden auch einige Gebiete mit Wolken oder Dunsterscheinungen sichtbar, rechts der Terminator, die Tag/Nacht-Grenze. Diese Pol-Zone des Mars wird durch die regelmäßig größer werdende und wieder zusammenschrumpfende Eiskappe laufend stark verändert.

Der Vorbeiflug der beiden Sonden MM 6/7 am Mars bestand jeweils aus zwei Abschnitten, aus der zwei Tage vor dem »encounter« beginnenden Anflugphase (FA – Far Encounter) und dem nahen Vorbeiflug am Mars (NE – Near Encounter).

Während des Anflugs auf den Roten Planeten übermittelten die Tele-Kameras der beiden Sonden zahlreiche Ansichten der gesamten Mars-Scheibe, die analog mit 16000 Bit/Sek. zur Erde übertragen wurden, sobald die 64-m-Antenne von Goldstone in günstiger Empfangsposition stand. Diese Telebilder zeigen die Mars-Oberfläche im Wechsel der täglichen Drehung, so daß sich im Laufe der Zeit mehrere Global-Übersichten des Planeten ergaben, deren Maßstäbe und Auflösungsvermögen immer günstiger wurden. Der Phasenwinkel betrug durchschnittlich 25°, drei Viertel der Planetenscheibe waren also sichtbar.

Die minimale Vorbeiflug-Distanz von Mariner 6 zum Mars war 3430 km und bei Mariner 7 fast genau 3200 km. Die Geschwindigkeit der Sonden relativ zum Planeten betrug dabei 28 bzw. 26 km/Sek. Bei einer Bildfolgezeit von 84,5 Sek. waren MM 6/7 zwischen zwei Aufnahmen um jeweils 1200 bzw. 1100 km weitergeflogen.

Mission Mariner 6

M 6 wurde am 24. 2. 1969 mit einer Atlas-Centaur-Rakete von Cape Kennedy gestartet. 14 Min. nach dem Abheben entfalteten sich die Sonnenzellen-Paddel, und kurz darauf richteten sich diese auf das Zentralgestirn aus. Vier Stunden nach dem Start begann die Sonde mit der Suche nach dem Fixstern Canopus, der nach 17 Min. gefunden war. Nach einem Kurskorrektur-Manöver am 1. März ging die Sichtverbindung zu Canopus wieder verloren; auch später passierte das noch mehrmals, und manchmal dauerte es Stunden, bis der Sensor auf Canopus »eingerastet« war. Dabei wurde jeweils viel Gas für die Steuerdüsen verbraucht.

Am 29. Juli wurden 50 Stunden vor der Mars-Passage alle wissenschaftlichen Instrumente von M 6 aktiviert und die Sensoren-Plattform auf den Planeten ausgerichtet. Zwei Stunden später begann die Tele-Kamera mit einer 20stündigen Bildserie, in deren Verlauf insgesamt 33 Aufnahmen der langsam größer werdenden Planetenscheibe gemacht wurden – das erste aus 1,2 Mio., das 33. aus 725000 km Entfernung. Diese Bilder wurden gespeichert und dann bei der nächsten günstigen Gelegenheit an die 64-m-Antenne in Goldstone abgespielt.

Die nächste Bildserie von M 6 begann 22 Stunden vor dem »encounter« in 560000 km Entfernung und endete bei 175000 km. Das 7. und 8. Bild dieser zweiten Serie waren dem Mars-Mond Phobos vorbehalten, der am Ostrand des Planeten auftauchte. Das maximale Auflösungsvermögen dieser Bilder der zweiten Serie betrug etwa 25 km. Sieben Stunden vor dem nahen Vorbeiflug war die Übertragung der Aufnahmen zur Erde abgeschlossen, das Magnetband wurde gelöscht, um Platz für die nun erwarteten wichtigen Nahaufnahmen des Mars zu bekommen.

Jetzt wurde die Sensor-Plattform von dem Bordcomputer auf die optimale Position für den nahen Vorbeiflug ausgerichtet. 35 Min. vor dem »encounter« erfaßte einer der beiden Horizont-Sensoren den Rand der Planetenscheibe, 20 Min. später hatte auch der zweite Sensor Mars richtig im Blickfeld. Jetzt wurde die Bildserie mit dem Start der beiden Magnetbänder eingeleitet, die die TV-Informationen und die anderen wissenschaftlichen Daten aufzeichneten. Abwechselnd machten Tele- und WW-Kamera nun alle 84,5 Sek. Aufnahmen der Planetenoberfläche. Jede der beiden Kameras machte in dieser Endphase 24 Bilder, die Sensor-Plattform schwenkte dabei von einer Seite auf die andere. M 6 näherte sich dabei dem Mars fast bis auf 3400 km.

M 6 wurde so gelenkt und programmiert, daß die TV-Kameras einen breiten Streifen entlang des Äquators mit hellen und dunklen Zonen erfaßten, die seit längerem schon von der Erde aus gründlich studiert worden waren. Auch zwei sog. »Oasen« (Juventae-Fons und Oxia-Palus) befanden sich in diesem Bereich sowie eine stark veränderliche Zone mit dem schönen Namen Deucalionis-Regio.

Bei Erreichen des Terminators, also der Nachtseite des Planeten, stoppten die Magnetbänder und damit auch die Kameras, weil keine brauchbaren Bilder mehr gewonnen werden konnten. Die Messungen der anderen drei Sensoren gingen noch etwa 6 Min. lang weiter, und 11 Min. nach dem »encounter« verschwand M 6 für die irdischen Beobachter für 25 Min. hinter dem Mars. In dieser Phase wurden die Daten für das Bedeckungs-Experiment erhalten. Am nächsten Tag, als die 64-m-Antenne die Raumsonde wieder im Blickfeld hatte, wurden die Bildinformationen zweimal kurz hintereinander überspielt, was insgesamt immerhin etwa sechs Stunden dauerte.

Mission Mariner 7

M 7 wurde am 27. 3. 1969 gestartet. Um die beim Vorgänger aufgetretenen Schwierigkeiten mit dem Canopus-Sensor zu vermeiden, wurde M 7 zeitweise auf den noch etwas helleren Fixstern Sirius ausgerichtet, den der Sensor besser »festhalten« konnte. Alle Kurskorrektur-Manöver verliefen erfolgreich.

Kurz vor der Mars-Passage von M 6 gab es Schwierigkeiten mit der Zwillingssonde M 7, als plötzlich der Funkkontakt abbrach. Offensichtlich hatte ein kleiner Meteorit die Sonde getroffen und ins Taumeln gebracht, so daß die Richtantenne nicht mehr auf die Erde zeigte.

Als nach sieben Stunden der Kontakt wieder hergestellt war, stellte sich heraus, daß M 7 etwa 50 cm/s an Geschwindigkeit verloren hatte, was eine Mars-Passage etwa 230 km südlich des vorgesehenen Kurses zur Folge hatte. Diese unbeabsichtigte »Kurskorrektur« führte zu den wohl interessantesten Entdeckungen der ganzen Mission.

Als die Instrumente dann kurze Zeit später angeschaltet wurden, stellte sich zur Erleichterung der Wissenschaftler heraus, daß die Sensoren durch den Meteoritentreffer keinen Schaden genommen hatten. Die frühen Bildserien verliefen bei M 7 ganz ähnlich wie bei M 6. Am 2. August machte die Tele-Kamera die erste Aufnahme-Reihe aus größerer Entfernung, während zweier 20-Stunden-Perioden entstanden insgesamt 33 Mars-Fotos und während einer 17stündigen Periode kurze Zeit vor dem nahen Vorbeiflug lieferte die Tele-Kamera aus 532 000 bis 127 000 km Entfernung nochmals 25 Bilder. Diese drei Serien wurden jeweils auf Magnetband gespeichert und bei passender Gelegenheit zur Erde übermittelt. M 7 machte aus größerer Entfernung 58 Mars-Bilder und aus der Nähe 33 Aufnahmen.

Mission Mariner 6+7	Mariner 6	Mariner 7
Startdatum	25. 02. 1969	27. 03. 1969
Annäherung	01. 08. 1969	05. 08. 1969
Flugdauer	156 Tage	130 Tage
Flugstrecke	389 Mio. km	317 Mio. km
Erdabstand	96 Mio. km	99 Mio. km
Marsabstand	3430 km	3200 km
Bildzahl	76	126
Geschwindigkeit	28 km/Sek.	26 km/Sek.

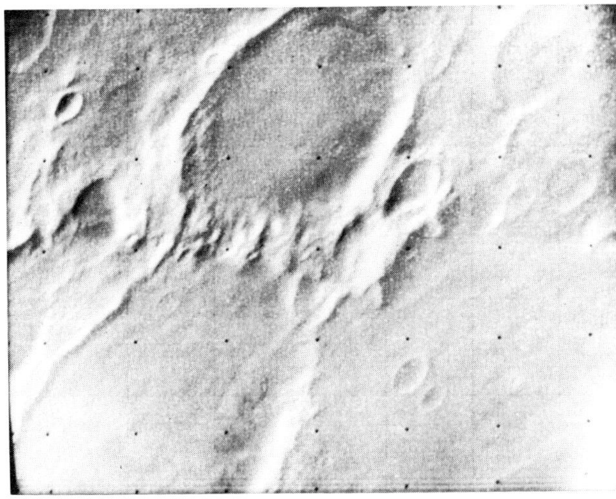

Wie der »Fußabdruck eines Riesen« wirken diese beiden eng zusammenstehenden Krater in der Nähe des Südpols, die M-7 bei seinem Vorbeiflug am Mars aufgenommen hat. Es handelt sich um das Bild 7N20, einen Teleausschnitt des links wiedergegebenen WW-Fotos. Das Bild zeigt ein Gebiet von 280 × 320 km Ausdehnung. Das Gelände ist von einer dünnen Schnee- oder Rauhreif-Schicht überzogen, es befindet sich noch innerhalb der Polkappe.

M 7 flog so am Mars vorbei, daß die Fernsehkameras einen Streifen auf der Oberfläche aufnahmen, der sich in dem dunklen Bereich Meridiani-Sinus mit der Bild-Kalotte von M 6 kreuzte, so daß man von diesem Gebiet Bilder zu verschiedenen Zeiten und mit anderen Beleuchtungsbedingungen erhielt. M 7 erfaßte auch den Rand der südlichen Polkappe sowie die Gebiete Hellespontus und Hellas. Letztere entpuppte sich dabei als eine große runde Wüstenzone fast ohne jede Struktur.

Zur Sicherheit wurden die beiden Sonden so programmiert, daß genau während des nahen Vorbeiflugs am Mars jeweils 1/7 der Bilder auf digitalem Weg direkt zur Erde übermittelt wurde, damit die Wissenschaftler in jedem Fall einiges Bildmaterial erhielten, falls die Magnetbänder just nach dem Vorbeiflug versagt hätten. 1/7 des Gesamtbildes entspricht immerhin noch einer Bit-Zahl von 752 000, was aber bei maximaler Sendeleistung innerhalb der Bildfolgezeit von 85 Sek. direkt übermittelt werden konnte. Bei M 6 wurden auf diese Weise 428 und bei M 7 etwa 750 Mars-Bilder minderer Qualität gewonnen, die dann aber durch das tadellose Funktionieren der Magnetband-Speicher überflüssig wurden.

Die beiden Mars-Sonden M 6/7 übermittelten gegenüber der ursprünglichen Planung etwa neunmal so viele Bilder aus größerer Entfernung vom Mars und 18% mehr Nahaufnahmen. Das war insgesamt eine ca. 200fache Steigerung der Bildinformation gegenüber den von M 4 erhaltenen Daten. Und in dieser Aufrechnung sind die schon erwähnten direkt während des Vorbeiflugs übermittelten Bilder nicht dabei.

Nach dem Vorbeiflug von Mariner 6 und 7 am Mars wurden die gespeicherten Bildsignale und alle anderen Meßergebnisse sofort mehrere Male von den Magnetbändern abgespielt, um auch ja alle Informationen sicher auf die Erde zu übermitteln. Dann wurden die beiden Sonden gründlich geprüft und darauf vorbereitet, möglichst lange mit der Bodenstation in Kalifornien im Funkkontakt zu bleiben. Mehrere Versuche wurden unternommen, um Aufnahmen mit den TV-Kameras von einzelnen Sternen, von der Milchstraße und von einem Kometen (1969 B) zu erhalten. Von der jahrelangen regelmäßigen Bahnverfolgung, die auch kleinste Abweichungen des tatsächlichen Weges der Miniatur-Planetoiden im Sonnenorbit von der vorausberechneten Flugbahn offenbart, erhofften sich die Wissenschaftler Unterlagen für die Überprüfung der Relativitätstheorie, die ja solche Bahnänderungen in ganz geringem Ausmaß voraussagt.

Bildergebnisse

Die Fernseh-Systeme von Mariner 6 und 7 arbeiteten innerhalb der erwarteten Grenzen einwandfrei, allerdings war der Kontrast der von M 6 aus größerer Entfernung von Mars gemachten Bilder etwas geringer als der der Zwillingssonde. Diese und ähnliche geringfügige Aufnahme- und Sendeungenauigkeiten konnten aber durch elektronische Bildaufbereitungs-Methoden in der JPL-Bodenstation behoben werden.
Die auf den Bildern von MM 6/7 erfaßten Mars-Landschaften sind in der Regel gut erkennbar mit Ausnahme einiger Gebiete, die durch sog. Nachmittags-Wolken verdeckt waren. Aus größerer Entfernung machten die Sonden Bilder, auf denen die bekannten Formationen auf der Oberfläche des Planeten klar erkennbar sind. Bei zunehmender Annäherung entpuppten sich die diffusen hellen und dunklen Zonen dann als Gebiete mit stärkerer oder geringerer Kraterdichte, die manchmal durchaus gewisse Ähnlichkeiten mit Mond-Landschaften haben.
Bei der Betrachtung der Mars-Aufnahmen von MM 6/7 sollte nicht vergessen werden, daß diese Fernseh-Bilder in der Bodenstation einer dreifachen Kontrastverstärkung unterzogen worden sind, der Bildcomputer hatte das automatisch in die Aufnahmen »eingewebt«. In Publikationen verschiedenster Art sind diese Aufnahmen durch den Druck dann noch einmal in der Gradation angehoben worden, was dann Ergebnisse brachte, die mit der Realität kaum noch etwas zu tun haben. In Wirklichkeit sind die Kontraste der von einem Raumschiff aus beobachteten Mars-Landschaft sehr gering, die Atmosphäre und der darin befindliche feinkörnige Staub wirken hier als Dämpfungsfilter. Ähnlich ist es ja bei der Erde, wenn diese von einer Kapsel aus der Umlaufbahn heraus beobachtet wird.
Die erste Begutachtung der Bilder von M 6 ließ bei den Fachleuten den Wunsch aufkommen, noch mehr Nahaufnahmen von der südlichen Polkappe zu erhalten, die ja ohnehin auf dem Fotoprogramm von M 7 stand. Diesem Wunsch kam einmal die unbeabsichtigte Bahnänderung der zweiten Sonde entgegen, die wohl durch einen kleinen Meteoriten verursacht wurde und eine Passage der Sonde in südlicheren Breiten des Mars bewirkte. Davon ausgehend wurde diese neue Bahn dann auch bewußt angestrebt und in Feinheiten korrigiert. Vor allem aber wurde das Computer-Programm für die TV-Kameras geändert, so daß von der Gegend um den Südpol des Mars neun Aufnahmen mehr gemacht wurden als eigentlich vorgesehen. Dafür mußte aber das zweite Magnetband noch für die Bildspeicherung genutzt werden, das eigentlich in dieser Flugphase zur Registrierung anderer wissenschaftlicher Meßergebnisse vorgesehen war.
Trotz der erstaunlichen Qualität der Mars-Bilder von MM 6/7 waren sich die Wissenschaftler aber seinerzeit klar darüber, daß diese Aufnahmen in ihrer Aussagefähigkeit doch noch begrenzt waren.
Man kann die fortschreitende Enthüllung der Mars-Oberfläche zum besseren Verständnis ganz gut mit der Erforschung der Rückseite des Erdmondes vergleichen. Die amerikanische Mars-Sonde M 4 mit ihren noch nicht sehr scharfen Nahaufnahmen des Mars ist etwa vergleichbar mit der russischen Mondsonde Lunik 3, die 1959 die ersten, recht verschwommenen Bilder der Rückseite unseres Mondes geliefert hat. Die TV-Aufnahmen von Mariner 6 und 7 brachten die Mars-Forschung etwa so weit, wie seinerzeit die russische Sonde 3 mit ihren schon etwas besseren Bildern der Mond-Rückseite. Und so, wie dann die fantastisch scharfen Bilder der amerikanischen Lunar-Orbiter-Mondsonden den Wissensdurst der Experten hinsichtlich unseres Erdtrabanten erst einmal stillten, so wurden die Mars-Forscher von den Bildern der Sonde Mariner 9 begeistert oder besser noch von den Ergebnissen der Viking-Missionen.
Daß solche vergleichenden Überlegungen durchaus ihren Sinn haben, zeigt die Tatsache, daß die Mars-Bilder von MM 6/7 nichts von den Linien oder Furchen mehr erkennen lassen, die man auf den Bildern von Mariner 4 noch zu erkennen geglaubt hatte. Auch hier gibt es Parallelen zur Mondforschung, denn mehr als die Hälfte aller Objekte, die man mit Mühe aus den ersten Bildern der Rückseite unseres Erdtrabanten von Lunik 3 herausgelesen hatte, erwies sich später als nicht reell. Zwar ist es einerseits verständlich, daß die Wissenschaftlicher das kostbare Bildmaterial von fremden Gestirnen extensiv ausnutzen und auswerten wollen, aber es gibt ganz offensichtlich Grenzen, wo die Unzulänglichkeiten des Aufnahme-, Übertragungs- und Aufzeichnungsverfahrens für Raumsonden-Bilder und der Interpretationseifer der Experten eine unglückliche Verbindung ergeben, die nicht mehr ganz präzise Forschungsdaten zur Folge hat. Diese Grenze zwischen Bild- und Auswertungsfehler ist wohl eines der wesentlichsten Probleme bei der Interpretation neuer Bildinhalte, wie Planetensonden ihn nun einmal liefern.
Es ist sehr schwer, das in Jahrhunderten mit Telesko-

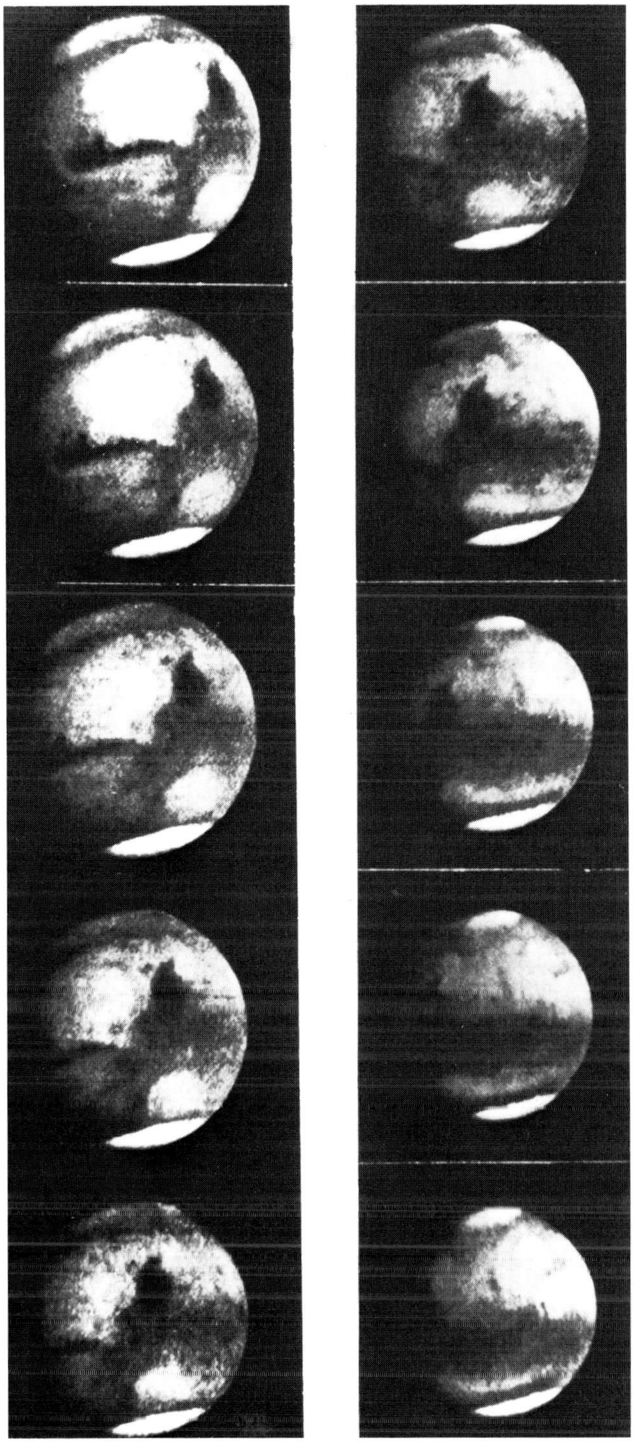

Die Rotation des Planeten Mars wird auf dieser Bildserie erkennbar, die die Sonde Mariner 7 aus größerer Entfernung etwa im Stunden-Abstand aufgenommen hat. Die Reihe beginnt rechts unten und hört links oben auf, langsam wird der Planet immer größer. Mars dreht sich entgegengesetzt dem Uhrzeiger-Sinn, also von links nach rechts. Deutlich sind die Große Syrte (die dunkelste Formation auf dem Planeten) sowie die Gebiete Meridiani Sinus und die südliche Polkappe zu sehen. Das Auflösungsvermögen entspricht etwa dem von der Erde aus erreichbaren Wert von 50 km.

pen mühsam erarbeitete Oberflächen-Detail von Mars mit den Bildern der Mariner-Raumsonden zu korrelieren. Das liegt wohl vor allem daran, daß es sich bei den TV-Nahaufnahmen um reine Schwarzweiß-Ansichten handelt, während der Teleskop-Beobachter von der Erde aus ganz willkürlich auch verschiedene Farbnuancen in seine Beurteilungen mit einbezieht. So kommt es aber wohl, daß das aus mindestens 56 Mio. Kilometer Entfernung ermittelte Bild vom Mars zum großen Teil von sekundären Formationen bestimmt wird, die sich auf Nahaufnahmen des Planeten kaum mehr identifizieren lassen – eine deprimierende Erkenntnis für die Mars-Beobachter aller Epochen, die so viel Mühe für ihre Studien verwandten. Offensichtlich wurde der zufälligen Verteilung von Hell- und Dunkelzonen auf dem Planeten zu viel Aufmerksamkeit geschenkt, denn die Gebiete mit verschiedener Albedo stimmen nur sehr selten auch mit Zonen unterschiedlicher Oberfläche überein.

Die Auswertung des umfangreichen Datenmaterials der beiden Mars-Sonden MM 6/7 war recht langwierig und konnte eigentlich nur durch den Einsatz elektronischer Datenverarbeitungs-Anlagen in überschaubaren Zeiträumen bewältigt werden. Das galt auch und vor allem für die Analyse der insgesamt 201 vollständigen Fernseh-Bilder, die die beiden Raumsonden zur Erde übermittelt hatten. Von diesen Aufnahmen wurden 3500 verschiedene Versionen angefertigt, von jedem Bild also etwa 17 verschiedene Ausführungen. Die wichtigsten Bildversionen waren Ausführungen mit der wahren Helligkeits-Wiedergabe und die Bilder mit der besten Detail-Erkennbarkeit. Bei letzteren wurde der Bildkontrast bei gleichzeitiger Anpassung der mittleren Helligkeit so weit verstärkt, daß für jedes Bild der maximale Kontrastumfang ausgenutzt werden konnte, wobei man Verfälschungen der mittleren Bildhelligkeit bewußt in Kauf nahm, um kontrastarme Details besser erfahren zu können. Fast alle Bilder von Krater-Landschaften wurden auf diese Weise bearbeitet. Die Bild-Versionen mit der wahren Helligkeits-Wiedergabe dienten hauptsächlich fotometrischen Zwecken. Zur Erreichung der größtmöglichen Genauigkeit wurde ein sog. iteratives Kalibrierungsverfahren angewandt.

Bei den Aufnahmen von weit entfernten Planeten kommt es darauf an, die meist sehr schwachen Kontraste im äußeren Erscheinungsbild dieser Körper doch noch gut sichtbar zu machen.

Im August 1970 veröffentlichte das »U.S. Army Topographic Command« eine auf den Bildern von Mariner 6 und 7 beruhende Mars-Karte im Maßstab 1:25 Mio. Die dafür verwendeten Bilder waren zuvor einer eingehenden elektronischen und fotografischen Bearbeitung unterzogen worden. Trotz der geringen Zeitspanne von nur einer Woche zwischen dem Vorbeiflug der beiden Sonden am Mars konnten auf den Bildern schon leichte Verschiebungen der Polkappen und Änderungen in der Helligkeit festgestellt werden.

Mariner 9

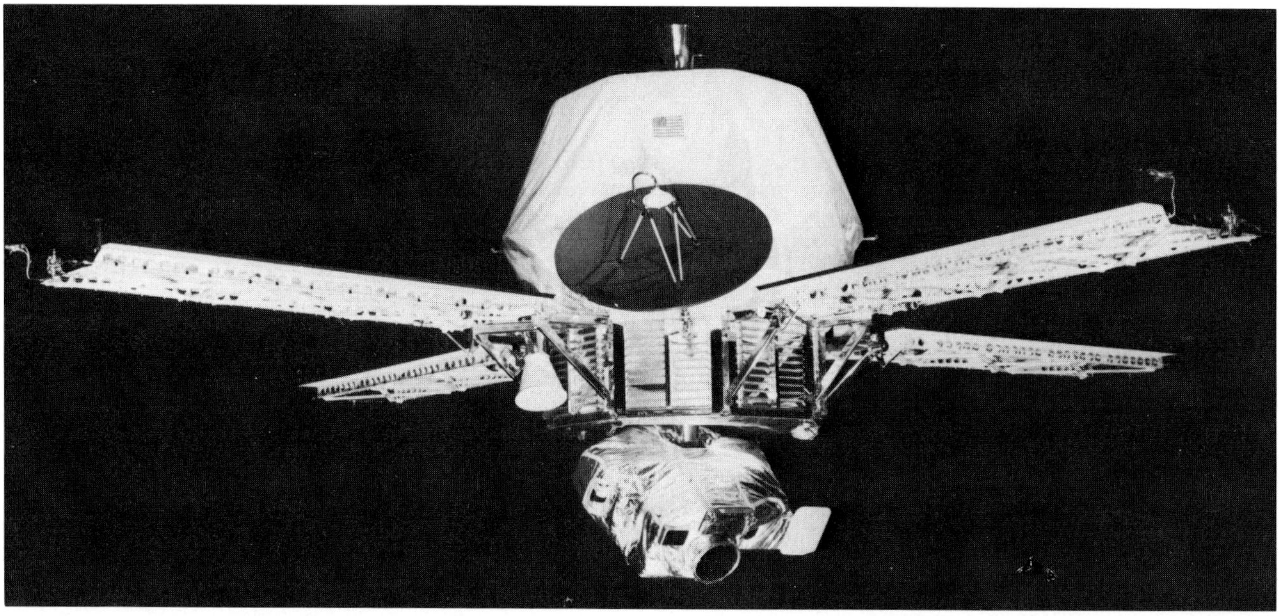

Mariner 9 war im Prinzip ebenfalls so aufgebaut wie die vorangegangenen Mars-Sonden der NASA mit Zentralkörper, Sonnenpaddeln, Richtantenne und Sensoren-Plattform. Auf dem Zentralkörper des ersten Mars-Orbiters war das Raketentriebwerk mit den Treibstoff-Tanks montiert, das den Bremsimpuls für das Einschwenken der Sonde in die Umlaufbahn gab. M-9 wog etwa eine Tonne, die Hälfte davon ging zu Lasten des Treibstoffs. Die Sonde hatte eine Spannweite von 690 cm und war 228 cm hoch.

Nach dem ersten Vorbeiflug einer Raumsonde am Mars im Sommer 1965 mit der punktuellen Erkundung des Planeten und der dann schon wesentlich gründlicheren Erforschung des Mars durch die Doppelmission MM 6/7 sollte das Projekt Mariner-Mars 1971 erstmals eine systematische Untersuchung dieses Himmelskörpers aus einer Satellitenbahn heraus ermöglichen. Während die ersten Sonden im Vorbeiflug nur jeweils eine sehr kurze Zeit für Messungen aus geringer Entfernung zur Verfügung hatten, sollten die Sonden MM 8/9 den Planeten von einer Umlaufbahn mehrere Wochen oder sogar Monate aus der Nähe beobachten.

Die Doppelmission von MM 8/9 wurde so angelegt, daß wieder mindestens das Hundertfache dessen an Bildinformationen zu erwarten war, was die vorangegangenen beiden Sonden geliefert hatten – insgesamt also etwa das 10000fache dessen, was die erste Mars-Sonde Mariner 4 sechs Jahre zuvor übermittelt hatte.

Das Projekt Mariner-Mars 1971 wurde vom »Office of Space Science and Applications« der NASA in Washington wieder dem inzwischen für derartige Missionen spezialisierten »Jet Propulsion Laboratory« in Pasadena bei Los Angeles übertragen, das dem »California Institute of Technology« (Caltech) angegliedert ist. Das JPL besorgte die Entwicklung, den Bau, die Integration und den Test der beiden Raumsonden und überwachte außerdem die Koordination aller Arbeiten. Weiterhin war das JPL die zentrale Bodenstation während der Mission. Das Programm MM '71 lief von 1969–1972, der Bau der beiden Flugkörper kostete etwa 130 Mio. Dollar.

Es sollten eigentlich zwei Sonden sein, die 1971 in eine Satellitenbahn um den Mars einschwenken, aber der Start von M 8 mißlang am 8. 5. 1971, weil die Atlas-Centaur-Rakete nach nur vier Minuten Flugzeit vom Kurs abkam und in den Ozean stürzte. Die Ursache für diese schwerwiegende Panne wurde schließlich nach fieberhafter Suche im Steuercomputer der Rakete entdeckt, eine winzige Diode von 0,025 mm Durchmesser hatte falsch gearbeitet. Der Verlust von Mariner 8 traf die NASA sehr hart.

Kurzfristig mußte der Start von Mariner 9, der am 17. Mai hätte erfolgen sollen, auf unbestimmte Zeit verschoben werden, um zunächst einmal die Ursache für den Fehlstart der Zwillingssonde herauszufinden. Sonst wäre der nächste Start vielleicht aus demselben

Grund schief gegangen. Allerdings stand diese schwierige Detektivarbeit unter erheblichem Zeitdruck, denn man wollte unter keinen Umständen das knapp bemessene Startfenster für die zweite Mars-Sonde verpassen, sonst hätte diese Mission erst zwei Jahre später auf den Weg gebracht werden können.
In fieberhaftem Einsatz gelang es den Technikern am Cape Kennedy aber schließlich doch noch, die Ursache für den Fehlstart der ersten Atlas-Centaur einzukreisen und das entsprechende elektronische System bei der anderen Rakete für M 9 auszuwechseln. Die zweite Mars-Sonde dieser Serie konnte deshalb am 30. Mai 1971 erfolgreich starten – nur zwei Wochen nach dem eigentlich vorgesehenen Termin. Wieder einmal hatte sich das Prinzip der NASA bewährt, die Planetenforschung mit Zwillingssonden zu betreiben. Es ist schließlich finanziell kein allzu großer Unterschied, ob man ein, zwei oder gar drei Exemplare einer Raumsonde baut, die Entwicklungskosten bleiben ja fast gleich, die Aufwendungen für die Integration und die vielen Tests vor dem Start sind nur unwesentlich größer. Wirklich teuer sind bei den Zwillings-Starts eigentlich nur die Trägerraketen.

Konstruktion

Beim Bau von M 9 lehnten sich die NASA-Ingenieure eng an die Konstruktion der vorausgegangenen Mars-Sonden MM 6/7 an, obwohl sich natürlich angesichts der besonderen Mission von M 9 einige spezifische Änderungen und Ergänzungen in der Konfiguration und beim Bau ergaben. Dazu gehörte natürlich vor allem die Installation des Raketentriebwerks, das die Sonde beim Mars abbremste, damit sie in eine Satellitenbahn um den Planeten einschwenkte.
Kernstück des Entwurfs von M 9 war eine oktagonale Zentralstruktur von 138 cm Durchmesser und 48 cm Höhe, die aus einer Magnesium-Legierung bestand und ca. 18 kg schwer war. Der Zentralkörper wurde in acht gleich große dreieckige Boxen unterteilt, in denen die elektronischen Systeme Platz fanden:

1. Energie Regulierung;
2. Elektronik für IR-Interferometer-Spektrometer, für die wissenschaftliche Plattform sowie für die Energieumwandlung und Verteilung;
3. Lagekontrolle, Zentral-Computer und Sequenzer;
4. Kommandoanlage und Flugtelemetrie;
5. Datenspeicherungs-System;
6. Radiofrequenz-System;
7. Datenautomatik und TV-Elektronik;
8. Batterie-Anlage.

Um diesen elektronischen Systemen optimale Arbeitsbedingungen zu schaffen, mußte die Temperatur im Zentralkörper laufend kontrolliert und auf einem möglichst gleichbleibenden Niveau, auf »Zimmertemperatur« gehalten werden. Dazu diente eine umfassende Isolierung des Zentralkörpers mit Mylarfolien und einem Nylonnetz. Der aktive Temperatur-Ausgleich erfolgte durch sechs Jalousien in den Seitenwänden des Zentralkörpers, die durch Bimetall-Regler geschlossen oder geöffnet wurden, sowie durch spezielle Anstriche mit ausgesuchten Farben. Auch Heizelemente konnten bei zu großer Abkühlung zugeschaltet werden.
Die Raumsonde Mariner 9 bestand aus insgesamt 19 Untersystemen, vier davon waren die wissenschaftlichen Sensoren, drei dieser Untersysteme dienten der Unterstützung der Experimente. Die anderen zwölf »sub systems« dienten der Steuerung aller Funktionen des automatischen Roboters. Folgende Tabelle gibt Aufschluß über diese 19 Untersysteme, ihre Aufgaben und über ihr jeweiliges Gewicht:

System	Funktion	Gewicht
1. Struktur	Zusammenhalt der Sonde	131 kg
2. Radiosystem	Funkverbindung zur Erde	26 kg
3. Flugkommando	Kontrolle der Sonde durch die Bodenstation	5 kg
4. Energie	Betrieb aller Bordsysteme	75 kg
5. Central Computer& Sequencer	Automatische Steuerung aller Bordsysteme	10 kg
6. Flug-Telemetrie	Datenordnung für die Übermittlung aller Informationen zur Erde	10 kg
7. Lageregelung	Ausrichtung der Sonde auf Sonne, Mars und Erde	30 kg
8. Pyrotechnik	Trennung von der Rakete, Entfaltung der Solarpaddel	4 kg
9. Verkabelung	Elektronische Verbindung zwischen den Bordsystemen	35 kg
10. Antrieb	Kurskorrekturen, Einschuß in die Mars-Umlaufbahn	574 kg
11. Temperatur-Kontrolle	Erhaltung der Arbeitsbedingungen für die empfindliche Elektronik	13 kg
12. Mechanische Bewegungen	Ausrichtung der Solarpaddel, der Antenne und Bewegung der Sensor Plattform	25 kg
13. Daten-Speicherung	Registrierung der Messungen auf dem Magnetband	11 kg
14. Datenerfassung	Sychronisation der Sensor-Arbeit	6 kg
15. Bewegliche Plattform	Ausrichtung der Sensoren auf den Mars, die Atmosphäre und Monde	8 kg
16. Ultraviolett-Spektrometer	Strahlenmessungen im kurzwelligen Spektralbereich	16 kg
17. Fernseh-Kameras	Bildmäßige Erfassung der Oberfläche, Atmosphäre und Monde des Mars	26 kg
18. Infrarot-Radiometer	Temperaturmessungen an der Oberfläche des Planeten	3 kg
19. Infrarot-Interferometer-Spektrometer	Messung der von der Mars-Oberfläche kommenden Strahlung in verschiedenen Spektralbereichen	23 kg

Mariner 9 war insgesamt 230 cm hoch und hatte – über die Sonnenzellen-Paddel gemessen – eine Spann-

weite von 690 cm. Beim Start wog die Sonde 1031 kg, nach dem Einsetzen in die Mars-Umlaufbahn nur noch 574 kg. Die wissenschaftlichen Sensoren hatten ein Gewicht von 68 kg.
Die technologische Entwicklung der beiden Zwillingssonden MM 8/9 war nicht ohne Schwierigkeiten, denn aus Kostengründen mußten für die Mars-Orbiter zahlreiche strukturelle und elektronische Bausteine von der vorangegangenen Doppelmission übernommen werden. Das barg natürlich auch gewisse Risiken, denn diese Komponenten brauchten während des Vorbeiflugs von MM 6/7 an dem Planeten nur einmal reibungslos zu funktionieren, während bei der Orbiter-Mission von Mariner 9 einige hundert Operationszyklen zu absolvieren waren. Weiterhin mußten – aus zeitlichen Gründen – die technologischen und programmatischen Einzelheiten für die beiden Mars-Orbiter festgelegt werden, bevor die Ergebnisse der Mission von MM 6/7 voll ausgewertet waren. Mögliche Änderungen in der grundsätzlichen Konzeption hätten sich ja z. B. beim Entwurf der Kamerasysteme ergeben können, wenn sich die Parameter der TV-Objektive für die vorgesehenen Aufnahmeentfernungen als ungeeignet herausgestellt hätten. Auch für die gewählten Filter und die möglichen Belichtungszeiten war man auf eventuelle Änderungen gefaßt.

Lageregelungs- und Navigationssystem

Für die Kontrolle der Position von Mariner 9 in den drei Freiheitsgraden standen zwölf Gasdüsen (2 × 6) zur Verfügung, die außen an den vier Sonnenzellen-Paddeln montiert waren. Diese Steuerdüsen wurden mit Stickstoff betrieben, der in zwei Titankugeln unter einem Druck von 176 bar gespeichert wurde. Die zwölf kleinen Lageregelungs-Raketen befanden sich in kardanischen Aufhängungen, so daß sie in bestimmte Positionen ausgerichtet werden konnten, um dem kleinen Korrektur-Gasstrahl eine genau berechnete Wirkungsrichtung zu verleihen. Als Bezugspunkte für das Lageregelungs-System dienten die Sonne und der Fixstern Canopus, die mit speziellen Sensoren angepeilt wurden. Drei Kreisel dienten als Lagereferenz. Die Sensoren waren so an der Sonde angebracht, daß diese ihre richtige Position im Raum einnahm, wenn der Sonnen- und der Canopus-Sensor auf ihre jeweiligen Ziele »eingerastet« waren. Dann zeigten die Sonnenzellen-Paddel auf das Zentralgestirn, die Richtantenne genau auf die Erde, und die wissenschaftlichen Sensoren hatten freien Blick auf das Forschungsziel.

Energieanlage

An vier Seiten des Zentralkörpers waren die vier ausklappbaren Paddel montiert, auf denen sich die Sonnenzellen befanden, die die Raumsonde mit elektrischer Energie versorgten. Auf der insgesamt 7,7 m² großen Fläche der vier Auslager waren etwa 17 500 Siliziumzellen von 2 × 2 cm Größe montiert, die beim Mars eine elektrische Leistung von knapp 500 Watt lieferten, 100 Watt mehr, als beim vollen Betrieb aller Sensoren im Mars-Orbit notwendig war.
Die Energie, die nicht sofort verbraucht wurde, blieb in zwei Nickel-Cadmium-Batterien gespeichert, die die Stromversorgung auch während der komplizierten Kurskorrektur-Manöver aufrechterhielten und bei den mehrfach notwendigen Suchmanövern, wenn der entsprechende Sensor des Lageregelungs-Systems den Fixstern Canopus aus dem Blickfeld verloren hatte. Dann rotierte die Sonde manchmal stundenlang in allen drei Achsen, um den Bezugspunkt am Himmel wiederzufinden, und dabei waren die Sonnenzellen-Paddel natürlich nicht kontinuierlich auf das Zentralgestirn ausgerichtet.
Die Normspannung des Energieversorgungs-Systems betrug 56 V ± 1 %. Interessant ist in diesem Zusammenhang eine Aufstellung des Energieverbrauchs der einzelnen Systeme an Bord der Mars-Sonde Mariner 9:

TV-Kameras	33 W
Experimente	41–45 W
Bordrechner	22,5 W
Datenspeicher	13–22 W
Lageregelung	11–65 W
Sender	54–90 W
Datenaufbereitung	23 W
Kommandoempfänger	3– 3,5 W
Plattform-Regelung	32,5 W
Triebwerks-System	30–35 W
Telemetrie-System	15,5 W
	278–387 W

Funkverbindung / Datenübertragung

Die zwei redundanten Sender an Bord von Mariner 9 arbeiteten auf der Frequenz 2295 MHz, die Eingangsleistungen betrugen 54 und 90 Watt, die Sendeleistungen 10 und 20 Watt. Die maximale Datenübertragungs-Kapazität lag bei 16 200 Bit/Sek. Der Kommandoempfang erfolgte auf der Frequenz 2113 MHz. Mariner 9 wurde über 86 Direktkommandos gesteuert, umgekehrt gaben 90 Betriebsmeßwerte laufend Auskunft über den technischen Zustand der Raumsonde.
Drei Antennen an Bord von M 9 dienten der Funkverbindung mit der Erde. Für den Kommandoempfang gab es eine Omni-Antenne mit 20° Sichtwinkel und eine Rundstrahl-Antenne, die aus Rohren von 10 cm Durchmesser bestanden, die 30 cm und 145 cm lang waren. Für die Datenübertragung von der Sonde zur Erde stand eine Parabol-Richtantenne zur Verfügung. Dieser Reflektor war übrigens aus Gründen des Temperaturausgleichs mit einem speziellen grünen Anstrich versehen worden. Die in zwei Achsen bewegliche Hochgewinn-Antenne wurde durch eine Spezialstruktur an der Oberseite des Zentralkörpers so befe-

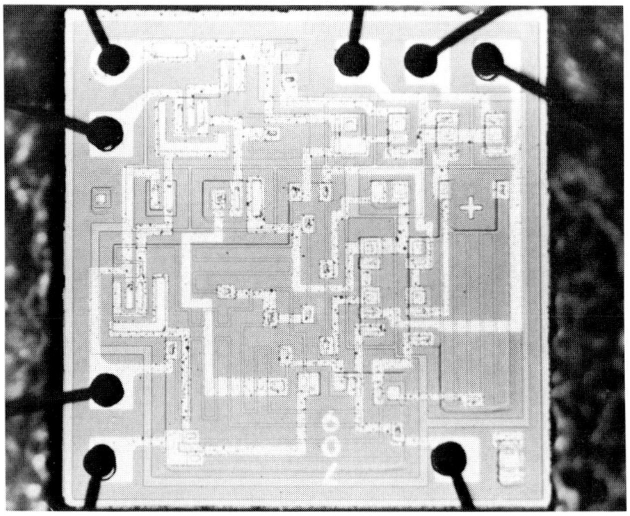

Dieser im Original nur etwa 1 mm² messende Schaltkreis versagte beim Start von Mariner 8 in der Steuerelektronik der Centaur-Raketenstufe, so daß die wertvolle Nutzlast im Atlantik landete und nicht zum Mars flog. Dieser Verlust traf die NASA schwer, denn nun mußte das ganze Programm zur Erforschung des Mars mit nur einer Sonde im Orbit revidiert werden. Vor allem aber galt es, die Ursache für den Fehlstart innerhalb kürzester Zeit zu finden, damit dasselbe Malheur nicht noch einmal bei der Zwillingssonde passieren konnte.

stigt, daß sie in allen kritischen Fluglagen auf die Erde ausgerichtet werden konnte. Der aus einer Honigwaben-Struktur (Aluminium) bestehende Reflektor hatte 100 cm Durchmesser.

Magnetband-Speicher / Bordcomputer

Wie schon die vorangegangenen Planetensonden, so wurde auch Mariner 9 mit einem leistungsfähigen Magnetband-Speichergerät ausgestattet, um die mit großer Geschwindigkeit anfallenden wissenschaftlichen Daten (vor allem die Bildinformationen) zunächst einmal auf Band speichern und dann später mit reduziertem Tempo zur Erde übermitteln zu können. Die Informationsspeicherung erfolgte auf vier Doppelspuren, das Band war 175 Meter lang, und die Speicherkapazität betrug 180 Mbit. Das Gerät konnte mit einer Geschwindigkeit von 132 Kbit pro Sek. bespielt werden.

Der Bordrechner »Central Computer & Sequencer« war eines der wichtigsten elektronischen Systeme für das Gelingen der Mission von M 9 und für die außerordentliche Flexibilität der wissenschaftlichen Arbeit der Sonde im Mars-Orbit. Der CC&S wurde vor dem Start der Raumsonde so programmiert, daß M 9 im Notfall – z. B. bei Unterbrechung der Funkverbindung – auch allein hätte operieren können. Allerdings wäre dann nur ein Vorbeiflug am Mars in größerer Entfernung mit der Aufnahme einiger Dutzend TV-Aufnahmen möglich gewesen, für das komplizierte Bremsmanöver zum Einschwenken der Sonde in die Mars-Umlaufbahn war der direkte Kontakt zwischen M 9 und der Bodenstation notwendig.

Zu den wichtigsten Aufgaben des »Central Computer & Sequencer« gehörten z. B. die elektronischen Kommandos für das Entfalten der Sonnenzellen-Paddel zu Beginn der Mission, die Aktivierung der Sensoren für das Lageregelungs-System usw. Auch Routine-Vorgänge wurden von dem Bordcomputer gesteuert, z. B. die Datenübertragungs-Geschwindigkeit, das Umschalten zwischen Rundstrahl- und Richtantenne, die Speicherung der Funkbefehle für die Kurskorrekturen, die Überwachung dieser komplizierten Manöver sowie das Ein- und Ausschalten der wissenschaftlichen Sensoren. Der CC&S hatte eine Speicherkapazität von 512 × 22 bit-Worten. Die Elektronik wog 10,5 kg und verbrauchte 22,5 W.

Seine große Flexibilität bewies der »Central Computer & Sequencer« vor allem bei der Änderung des Missionsprofils für die Orbitbahn um den Mars und für die geänderten wissenschaftlichen Aufgaben, die nach dem Fehlstart von M 8 notwendig wurden. In den zwei Wochen, um die der Start von M 9 zur Fehlersuche bei der Rakete des verunglückten Vorgängers verschoben werden mußte, konnte das Forschungs- und Flugprogramm von M 9 natürlich nicht völlig umgearbeitet werden. Dazu nutzten die Wissenschaftler die sechsmonatige Flugzeit von M 9 zum Mars. Einige Wochen, bevor die Sonde ihr Reiseziel erreichte, wurde das alte Flug- und Arbeitsprogramm im CC&S gelöscht und die neue Kommando-Reihenfolge in den Computer eingespeist. Jetzt war gewährleistet, daß Mariner 9 die modifizierte Flugbahn um Mars einschlug und zu genau vorgegebenen Zeiten die TV-Aufnahmen und andere Messungen vornahm, die für das neue Forschungsprogramm notwendig waren.

Sechs Abschnitte der Mission von M 9 wurden von dem CC&S kontrolliert:

1. Startphase mit Entfaltung der Sonnenzellen-Paddel und Ausrichtung auf Sonne und Canopus;
2. Transfer-Flug mit Bahn-Kontrolle;
3. Kurskorrektur-Manöver;
4. Einschuß in die Mars-Umlaufbahn;
5. Korrektur der Umlaufbahn nach Prüfung der Parameter;
6. Steuerung der Sensoren für die wissenschaftliche Arbeit.

Antriebs-Modul

Damit eine Raumsonde in eine Satellitenbahn um einen Planeten einschwenken kann, muß die Geschwindigkeit während des Vorbeiflugs stark abgebremst werden. Mariner 9 hatte dafür ein spezielles Flüssigkeits-Raketentriebwerk an Bord, das auf dem Zentralkörper montiert war und für 15,5 Min. einen Schub von 136 kp entwickelte, wie er für das Erreichen der geplanten Umlaufbahn um den Mars notwendig war. Das Triebwerk arbeitete mit den beiden lagerfähigen

Substanzen Monomethyl-Hydrazin als Brennstoff und Stickstoff-Tetroxid als Oxydator. Die beiden Flüssigkeiten waren in je einem Kugeltank von 76 cm Durchmesser gelagert und wurden bei Einleitung des entscheidenden Bahnmanövers durch komprimierten Stickstoff in die Brennkammer gedrückt, wo sie sofort miteinander zündeten. Das Antriebsmodul wog insgesamt 522 kg, die beiden Treibstofftanks 436 kg.

Datenempfang

Die funktechnische Betreuung der Mission von Mariner 9 war wieder dem »Deep Space Network« (DSN) übertragen worden, das auch alle anderen amerikanischen Planetensonden schon überwacht hatte und wesentlich zum Erfolg dieser Missionen beitrug. Das DSN war dem »Jet Propulsion Laboratory« angegliedert und unterstand der technischen Leitung des »Office of Tracking and Data Acquisition« der NASA.
Das »Deep Space Network« bestand damals aus neun permanent besetzten Stationen auf vier Kontinenten, Zentrale war die »Space Flight Operations Facility« (SFOF) des JPL bei Los Angeles. Die einzelnen Stationen mit ihren Antennen und Datenverarbeitungs-Anlagen waren in Goldstone (Kalifornien), Woomera (Australien), Johannesburg (Südafrika) und bei Madrid (Europa) angesiedelt. Jede dieser Stationen verfügt über mindestens eine 30-m-Antenne, die DSN-Zentrale in Kalifornien war schon mit einer großen 64-m-Antenne ausgestattet, wie sie später auch noch in Australien und Europa errichtet werden sollte. Die Verteilung dieser Antennen über verschiedene Kontinente gewährleistete den kontinuierlichen Datenempfang von einem bestimmten Punkt am Himmel den ganzen Tag über.
Nur die große Antenne in Goldstone war in der Lage, den hohen Datenstrom von 16200 bps (Bit pro Sekunde) zu verkraften, den Mariner 9 abzustrahlen imstande war. Die kleineren Anlagen mit den 30-m-Antennen konnten maximal 2025 bps aufzeichnen, was bei der Funkverbindung mit der Raumsonde sehr genau beachtet werden mußte, um optimalen Datenempfang zu gewährleisten.
Während die Station in Goldstone über eine leistungsfähige 50000-bps-Leitung mit dem SFOF verbunden war, bestand zwischen dem DSN-Zentrum und allen anderen Antennenanlagen nur eine Leitung für 4800 bps, so daß alle von Raumsonden an diese Stationen gelangenden hohen Datenraten, die darüber hinausgingen, nur mit Verzögerungen an die Zentrale weitergegeben werden konnten. Die geringeren Datenraten konnten dagegen in Echtzeit nach Pasadena weitergegeben werden, so daß die Wissenschaftler dort in der Lage waren, sich sofort alle Informationen auf TV-Monitoren, großen Leuchtschirmen oder in gedruckter Form auf großen Papierschlangen anzusehen.
Der ganze Funkverkehr zwischen Mariner 9 und den Bodenstationen lief – wie bei Planetensonden üblich – in digitaler Form ab. Dafür mußten aber die von der Erde ausgehenden Signale zunächst von einem »encoder« in binäre Signale »übersetzt« werden, also in eine Reihe von elektrischen Impulsen mit negativer und positiver Kennung. Erst dann konnten die Informationen über eine der DSN-Antennen an die Sonde abgestrahlt werden. Umgekehrt wurden alle von dem TV-Roboter ebenfalls in binärer Form abgestrahlten Mitteilungen zunächst einmal »entschlüsselt«, bevor die Experten im »Jet Propulsion Laboratory« sie verstehen und auswerten konnten.
Drei Typen von Signalen wurden an Mariner 9 übermittelt:

1. Direkte Kommandos (direct commands – DC) zur Schließung eines Schalters oder ähnlicher grundlegender Funktionen in einem Untersystem der Raumsonde;
2. Kodierte Kommandos (coded commands – CC) an den »Central Computer & Sequencer« für die Einleitung von bestimmten Flugmanövern oder zur Aktualisierung des CC&S – Notprogramms;
3. Quantitative Kommandos (quantitative commands – QC) zur Steuerung der Sensoren-Plattform und zur Aktivierung der wissenschaftlichen Experimente.

Nachfolgend einige Beispiele für die einzelnen Kommando-Arten, mit denen die Sonde von der Erde aus gesteuert wurde:

Symbol	Name	Adresse des Untersystems
Direkte Kommandos		
DC- 1	Betriebszustand	Flugtelemetrie
DC- 3	Magnetband-Abspielung	Flugtelemetrie
DC-10	Langsame Übertragung	Radiosystem
DC-19	Canopus-Suchlauf	Lageregelung
DC-32	Computer-Aktivierung	Central Computer & Sequencer
DC-50	Batterie-Test	Energieversorgung
DC-78	TV-Kameras an/aus	Fernseh-System
Quantitative Kommandos		
QC- 1	Sensoren-Plattform heben	Sensoren-Plattform
QC- 4	Plattform drehen	Sensoren-Plattform
Kodierte Kommandos		
CC- 1	Computer programmieren	Central Computer & Sequencer
CC- 3	Wort-Weiterleitung	Central Computer & Sequencer
CC- 4	Sequencer auffüllen	Central Computer & Sequencer

Neben den wissenschaftlichen Daten wurden von der Sonde auch technologische Informationen über den Zustand der verschiedenen Untersysteme an die Bodenstationen weitergegeben, wie z. B. Temperaturen in den einzelnen Systembereichen, elektrische Span-

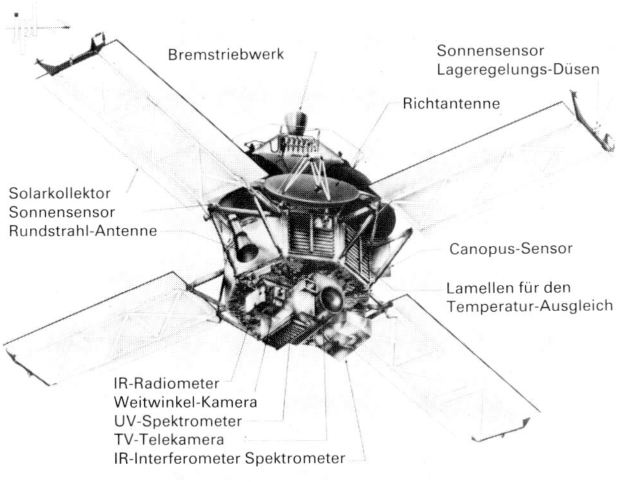

Die wichtigsten Konstruktionselemente der Mars-Sonde 9 sind auf diesem Bild erkennbar, am Zentralkörper waren die Sonnenpaddel, die wissenschaftlichen Sensoren (auf einer steuerbaren Plattform) und diverse Antennen befestigt, sowie oben die Tanks und die Brennkammer des Bremstriebwerks. Verschiedene Sensoren lieferten die Bezugspunkte für das Lageregelungssystem. Zur Temperatur-Kontrolle in den einzelnen Abteilen des Instrumenten-Rings dienten verstellbare Metalljalousien in den Seitenwänden.

nungswerte und die Druckverhältnisse in den verschiedenen Tanks der Antriebs-Sektion und des Lageregelungs-Systems.

Drei funktechnische Kanäle mit acht verschiedenen Bit-Raten wurden für die Datenübertragung von M 9 aus zur Erde genutzt:

1. der sog. technische Kanal, der während der ganzen Mission aktiv war und den Ingenieuren laufend mit 8,3 oder 33,3 bps Auskunft über den technischen Zustand der einzelnen Systeme von M 9 gab;
2. der »langsame« Wissenschafts-Kanal, der mit der Rate von 50 bps Meßergebnisse der Sensoren zur Erde abstrahlte;
3. der »schnelle« wissenschaftliche Kanal, der die Daten mit 8100 oder 16200 bps zur Bodenstation weiterleitete.

Die auf dem Magnetband gespeicherten Daten konnten wahlweise mit 1012,5 mit 2025, 4050, 8100 oder mit 16200 bps zur Erde überspielt werden, die Geschwindigkeit des Band-Transports war sehr variabel. Die jeweils eingestellte Bit-Rate wurde in Abhängigkeit von der Entfernung zwischen Mars und Erde, von der gerade verfügbaren Empfangsantenne und von der Energie-Situation an Bord der Raumsonde gewählt. Bespielt wurde das Magnetband bei der Aufzeichnung von TV-Bildern mit 132300 bps, bis alle acht Spuren voll waren, was mindestens 22,7 Min. dauerte. Bei der Registrierung anderer Informationen zeichnete das Band auch langsamer auf, die Entscheidung darüber traf das »Data Automation Sub-System«. Das Abspielen des Magnetspeichers dauerte – je nach gewählter Geschwindigkeit – 6–50 Stunden.

In der Bodenstation in Pasadena wurden die eingehenden Daten von Mariner 9 einer gründlichen Computer-Bearbeitung unterzogen. Zunächst gelangten die Signale in einen Rechner vom Typ IBM 360/75, der mit einem Univac 1230 MTC (Mission and Test Computer) kombiniert worden war. Hier wurden die Signale nach technischen und wissenschaftlichen Daten getrennt und auf entsprechende Darstellungs-Systeme weitergeleitet, wo sie auf Bildschirmen oder mit automatischen Schreibern für die schnelle Analyse bereitgestellt wurden. So hatten die Ingenieure und Wissenschaftler Gelegenheit, ihre jeweiligen Daten einer ersten kurzen Beurteilung zu unterziehen und sich daraus ergebende Änderungen im Flugplan oder beim Einsatz der wissenschaftlichen Sensoren sehr schnell der Flugleit-Zentrale mitzuteilen.

Wegen der Komplexität der Mission und der Notwendigkeit, die erhaltenen, sehr vielvältigen wissenschaftlichen Ergebnisse möglichst schnell verfügbar zu haben, wurden bei Mariner 9 mehr Elektronenrechner eingesetzt als bei jeder anderen Planetenmission zuvor. Während der Orbitphase von M 9 bewältigten diese Computer täglich etwa 36 Milliarden Rechenoperationen – 24 Stunden am Tage und sieben Tage in der Woche. Eine Einzelperson kann während eines normalen 8-Stunden-Tages etwa 2000 solcher Rechenoperationen mit einem elektromechanischen Tischgerät bewältigen. Um die für die Betreuung von Mariner 9 benötigten Rechnungen zu gewährleisten, müßten während einer solchen Mission also 18 Millionen Menschen gleichzeitig dafür arbeiten – in einer Schicht. Um eine 24-Stunden-Bereitschaft zu gewährleisten, hätten 54 Millionen Menschen, sozusagen ein ganzes Volk, während einer solchen Raumfahrt-Mission arbeiten müssen ...

Die wissenschaftliche Instrumentierung

Zu Beginn des neuen Projekts zur Erforschung des Mars im Jahr 1971 schrieb die NASA 1968 Bewerbungen für die interessierten Wissenschaftler aus, die Vorschläge für die auf den beiden Sonden mitfliegenden Experimente unterbreiten sollten. Aus den zahlreich eingegangenen Anregungen suchte die NASA Mitte 1968 die am besten für diese Mission geeignet erscheinenden Instrumente und Sensoren aus und bestellte die jeweiligen Wissenschaftler zu Team-Leitern, denen mehrere andere Experten als Co-Experimentatoren zugesellt wurden. Aus diesen Fachleuten wurden dann technische und wissenschaftliche Arbeitsgruppen gebildet, um den Bau der Sonden, die Entwicklung der Sensoren und den experimentellen Einsatz am Ziel vorzubereiten. Dabei wurde größter Wert auf interdisziplinäre Arbeitsweise gelegt, frühzeitig wurden auch die Fachleute hinzugezogen, die eines Tages die Bilder und Messungen auswerten sollten.

Mit Hilfe der vier auf der Instrumenten-Plattform zu-

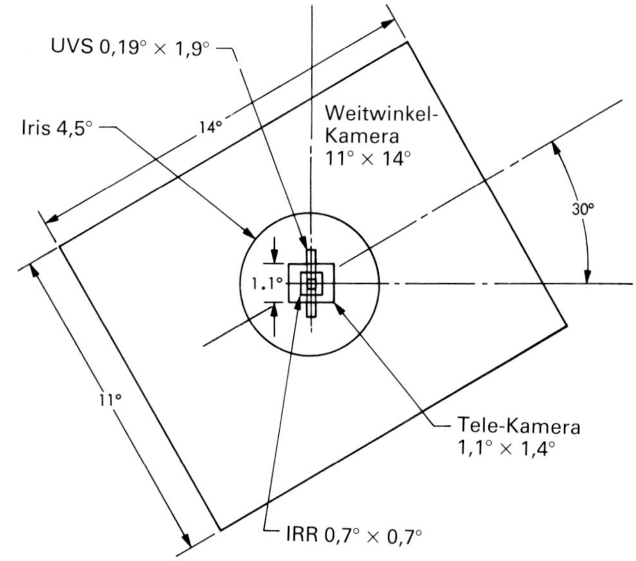

Die Blickfelder der verschiedenen Sensoren an Bord von Mariner 9 zeigt diese Skizze, nach der die Weitwinkel-Kamera des Fernsehsystems das größte Bildfeld hatte. In seinem Zentrum befanden sich die viel kleineren Meßfelder der anderen Sensoren einschließlich des Teleobjektivs des TV-Systems. Diese Überlappung der Beobachtungsgebiete erlaubte die vergleichende Untersuchung eines bestimmten Geländeabschnitts in verschiedenen Spektralbereichen.

sammengefaßten Sensoren erhoffte man sich während der ersten 90 Tage der Mission von Mariner 9 die Erforschung von etwa 70 % der gesamten Mars-Oberfläche, was etwa das Zwölffache dessen darstellt, was bei allen Planetenmissionen zuvor an Informationen übertragen worden war.
Außer den beiden Fernseh-Kameras befanden sich noch drei andere wissenschaftliche Sensoren auf der lenkbaren Plattform an Bord des Mars-Orbiters:

Das **Ultraviolet Spectrometer** diente der Registrierung des lokalen atmosphärischen Drucks, der Ozon-Konzentration und der Bestimmung der Gasanteile in der hohen Mars-Atmosphäre. Das Instrument hatte Blickwinkel von 0,25° × 0,25° und 0,25° × 2,5°.
Das **Infrared Interferometer Spectrometer** vom Michelson-Typ (IRIS) ermittelte durch Messung der Oberflächen- und der Atmosphärenstrahlung das vertikale Temperaturprofil in der Mars-Atmosphäre, ihre Zusammensetzung und Bewegung, den gesamten Wassergehalt und Änderungen des Wasserdampf-Volumens. Das Instrument arbeitete im Spektralbereich von 6–50 μ und hatte einen Blickwinkel von 4,5° × 4,5°.
Das **Infrared Radiometer** ermittelte die Temperaturen an der Mars-Oberfläche (auch auf der dunklen Seite des Planeten) durch Registrierung der Energiestrahlung in den Wellenlängen zwischen 8–12 μ und 18–25 μ. Meßgröße ist dabei die Temperaturänderung eines kleines Empfängerelements, das auf die empfangene Strahlung reagiert. Die Meßwinkel dieses Sensors betrugen 0,5° × 0,5° und 0,7° × 0,7°.
Zwei weitere wichtige, sog. passive Experimente ergaben sich aus der genauen funktechnischen Beobachtung der Sonde während des Fluges zum Mars und bei der Umkreisung des Planeten.
Beim **S-Band Occultation Experiment** wurden die Veränderungen von Frequenz und Intensität der von Mariner 9 kommenden Funksignale beim Durchdringen der Mars-Atmosphäre in verschiedenen Höhen benutzt, um Informationen über die Dichte und Zusammensetzung der Gashülle zu bekommen.
Beim **Celestial Mechanics Experiment** wurde die Flugbahn der Sonde genau verfolgt, um aus evtl. geringfügigen Abweichungen gegenüber dem vorausberechneten Weg Rückschlüsse auf vielleicht vorhandene Massenkonzentrationen im Innern des Mars ziehen zu können, wie man sie z. B. beim Erdmond durch die Lunar-Orbiter-Sonden entdeckt hat.
Die vier wissenschaftlichen Sensoren von M 9 befanden sich auf einer beweglichen Plattform unter dem Zentralkörper. Die Bewegungen in den zwei möglichen Achsen wurden als »clock angle motion« für die vertikale und als »cone angle motion« für die horizontale Richtung bezeichnet. Die Drehbereiche betrugen 215° nach rechts und links und 69° nach oben und unten.
Die vier wissenschaftlichen Sensoren an Bord von Mariner 9 wurden durch das »Data Automation System« (DAS) kontrolliert und synchronisiert. Diese elektronische Apparatur besorgte auch die Umsetzung der Meßergebnisse in die für die Übertragung zur Erde notwendige digitale Form.
Während die Goldstone-Station mit der 64-m-Antenne Funkkontakt mit M 9 hatte, war auch die direkte und gleichzeitige Übertragung von TV-Bildern und von spektralen Messungen der anderen Sensoren möglich. Natürlich konnten die Aufzeichnungen mehrerer Sensoren aber auch auf Magnetband gespeichert werden. Diese Parallel-Messungen waren für die Wissenschaftler besonders aufschlußreich, man erhielt also z. B. gleichzeitig TV-Bilder einer Region mit den in diesem Gebiet herrschenden Temperaturen und/oder mit Messungen des atmosphärischen Drucks.
Die sechs Experimente wurden von elf Wissenschaftlern betreut; fünf Experten waren mit der Planung, dem Bau und dem Einsatz der TV-Kameras befaßt, natürlich dann später auch mit der Auswertung und Interpretation der Aufnahmen. Unter den Experimentatoren befanden sich auch so prominente Astronomen wie Harold Masursky und Gérard de Vaucouleurs. Auch Bradford Smith gehörte dem TV-Team an, der dann später Leiter des Imaging-Teams bei den Voyager-Sonden werden sollte.
Das wissenschaftliche Team für die Mission von M 9 setzte sich aus sechs Gruppen mit jeweils etwa 7–10 Wissenschaftlern zusammen. Die thematisch abgegrenzten Arbeitsgruppen behandelten:

1. Atmosphärische Phänomene;
2. Geodäsie, Kartografie;
3. Geologie
4. Satelliten-Astronomie;
5. Veränderliche Phänomene an der Oberfläche
6. Polare Erscheinungen.

Vier »Task Groups« widmeten sich der technologischen Vorbereitung des Fluges der beiden Raumsonden und der genauen Missionsplanung. Folgende Gruppen wurden gebildet:

1. Hardware;
2. Missions-Analyse;
3. Datenverarbeitung;
4. Missions-Überwachung.

Die wissenschaftlichen Sensoren für die beiden Mars-Sonden lieferten die Universität von Colorado, die Elektronik-Konzerne »Texas Instruments« und »Electro Optical Systems« sowie das »Santa Barbara Research Center«. Die wissenschaftlichen Nebeneinrichtungen für die Sonden steuerte RCA bei, Philco-WDL baute das Antennensystem, Martin-Marietta die Antriebseinheit, Motorola den »Central Computer & Sequencer« sowie das Kommando- und das Datenspeicherungs-System, General-Electric die Anlage zur Lageregelung und TRW die Batterien.

Das Fernseh-System

M 4 und MM 6/7 hatten, wie wir heute wissen, zufällig vorwiegend die alten, von Kratern übersäten Gebiete des Mars mit ihren Kameras erfaßt, die eine gewisse Ähnlichkeit mit der Oberfläche unseres Erdmondes haben. Das verleitete manche Wissenschaftler zu voreiligen Schlüssen, daß die ganze Oberfläche des Mars so aussehen würde, sie ahnten noch nichts von der Vielfalt, ja Lebendigkeit und Aktivität des Roten Planeten.

Stellen Sie sich vor, eine Raumsonde fliegt mit einer Geschwindigkeit von 11 km/s in 3000 km Abstand an der Erde vorbei. Die an eine imaginäre Zivilisation von grünen Männchen auf dem Mars übermittelten Bilder würden ja auch ein völlig »einseitiges« Bild von der Erde vermitteln – je nach dem, an welcher Seite der Erde die Raumsonde vorbeigeflogen ist. Über dem Pazifik würden die TV-Augen nur Wasser und Wolken sehen, über einer großen Wüstenzone Afrikas würden nur Sandfelder, Dünen und Gebirge auf den Bildern erscheinen, über dem Amazonas-Becken vorbeifliegende Raumsonden-Kameras bekämen nur Wald und einige Flüsse darin zu sehen – also jeweils nur einen sehr einseitigen Eindruck vom Aussehen unserer Erde. Irgendwelche Spuren menschlicher Aktivität wären auf solchen Bildern mit vielleicht 1 km Auflösung ohnehin nicht auszumachen. Die Mars-Männchen würden also annehmen, daß die Erde nur von Wasser, Wüsten oder von Wald bedeckt ist, denn mit ihren Fernrohren hätten sie den Unter-

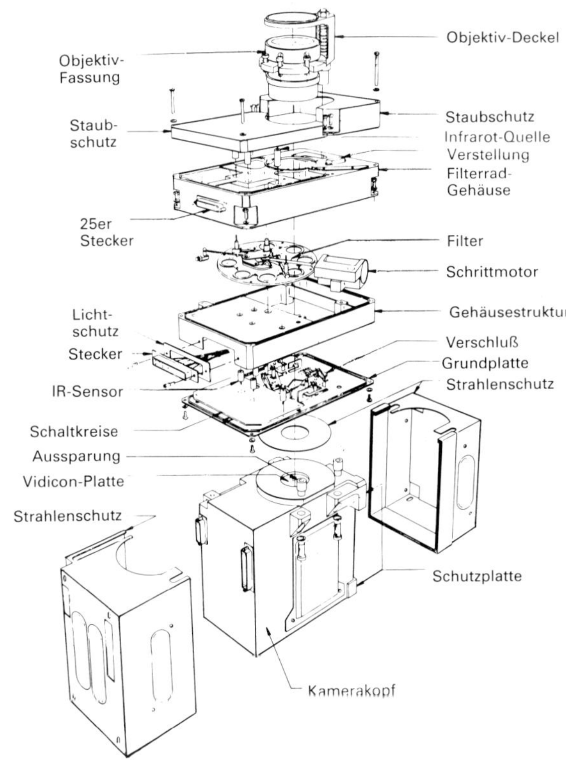

Die aufwendige Konstruktion der Weitwinkel-Kamera von Mariner 9 kommt auf diesem »Explosionsbild« zum Ausdruck. Das Objektiv mit den optischen Daten 4/50 mm bestand aus einem sechslinsigen Refraktor, der Bildwinkel betrug – auf das Ladungsbild des 1-Zoll-Vidicons bezogen – etwa 11°×14°. Dem Objektiv nachgeordnet waren der Verschluß und das Filterrad sowie schließlich die elektronische Röhre.

So sah die Weitwinkel-Kamera von M-9 im zusammengebauten Zustand aus, sie hat hier in der Abbildung etwa 1/3 der Originalgröße. Das Objektiv links nimmt den geringsten Platz ein, dann folgt die Einheit mit Verschluß und Filterrad sowie rechts das Gehäuse mit der Bildröhre und der dazugehörigen umfangreichen Elektronik.

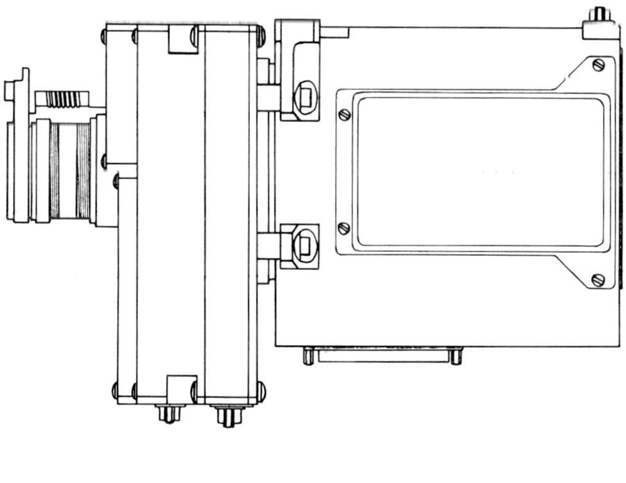

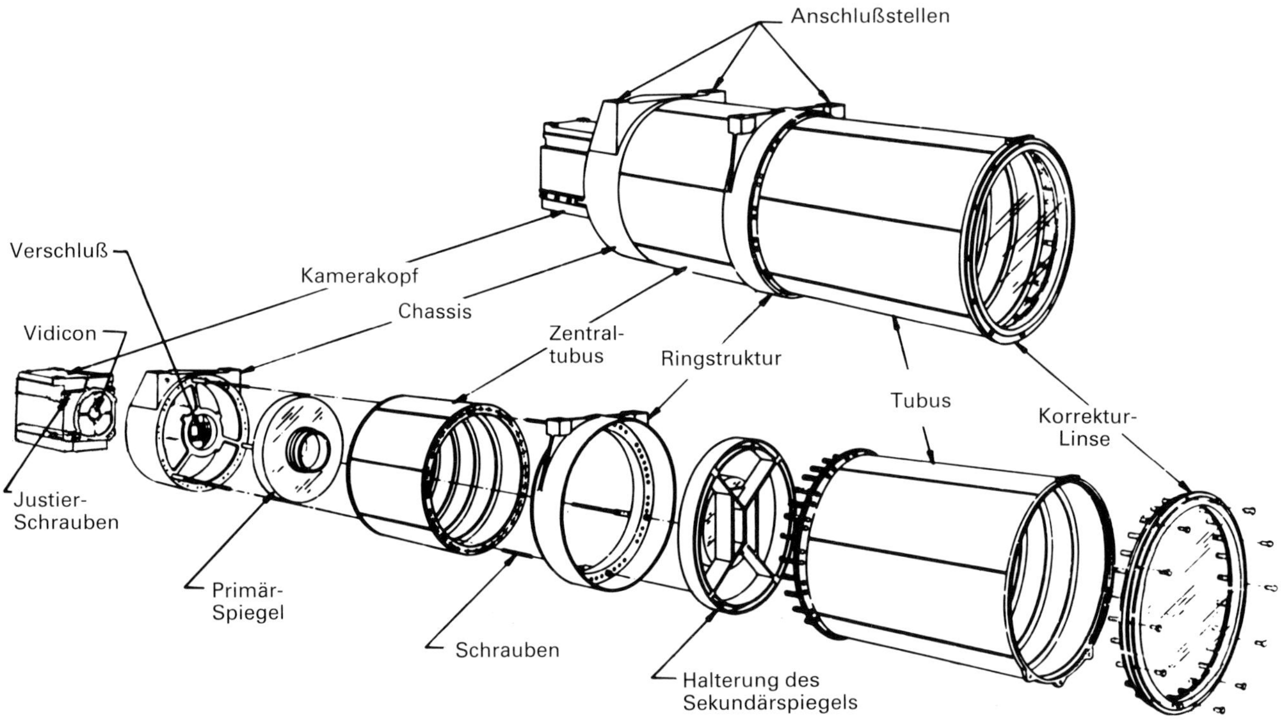

Ein »Explosionsbild« der Telekamera von Mariner 9 zeigt deren konstruktive Details. Das Spiegelobjektiv mit den optischen Daten 2,5/500 mm nahm im Verhältnis zu den anderen Bauteilen den weitaus meisten Platz ein. Filterrad, Verschluß und Elektronenröhre wirken im Verhältnis dazu »winzig«. Das Teleobjektiv hatte einen Bildwinkel von 1,1° × 1,4°, es erfaßte aus 1500 km Höhe eine Fläche von 28,5 × 37,5 km, das Auflösungsvermögen betrug 100 Meter.

schied zwischen Meeren und Kontinenten auf unserem Planeten auch nicht als solchen gedeutet, nur die Natur der Polkappen leuchtet sofort ein, denn so etwas gibt es auch auf dem Mars.

Mariner 4 und auch die beiden nachfolgenden Mars-Sonden MM 6/7 haben in den wenigen Minuten und Stunden des nahen Vorbeiflugs an dem Roten Planeten jeweils nur kleine Ausschnitte der Oberfläche einsehen können, so daß kaum Rückschlüsse auf das Aussehen des ganzen Planeten möglich waren. Hatten die Bilder der ersten beiden Mars-Missionen die Wissenschaftler zur Annahme verleitet, daß es sich hier um einen kalten, leblosen und seit Jahrmilliarden völlig unveränderten Himmelskörper handelt, so zeigten schon die ersten Aufnahmen von M 9, daß Mars – ganz im Gegenteil – vor gar nicht langer Zeit eine ganz anders beschaffene Oberfläche gehabt haben muß. Vulkane wurden entdeckt, die Spuren gewaltiger Lava-Ausbrüche, Auswirkungen starker Wind-Erosion und – kaum zu glauben – eindeutige Hinweise darauf, daß auf der Mars-Oberfläche einmal Wasser geflossen sein muß.

Das TV-Experiment an Bord von Mariner 9 hatte vor allem zwei grundlegende Aufgaben:

- die Erforschung verschiedenster Phänomene auf dem Mars, um die Vorgänge dort besser verstehen zu können: die Geschichte des Planeten, die Entwicklung und das heutige physiografische Erscheinungsbild;
- die Gewinnung von Bildmaterial, aus dem sich geologische, dynamische und fotografische Karten des Planeten entwickeln ließen.

Natürlich waren sich die Wissenschaftler klar darüber, daß ihnen die Experimente von Mariner 9 nicht die Frage nach irgendwelchen Lebensformen auf dem Mars beantworten konnten. Sie hofften aber doch, der Lösung dieses Schlüsselproblems mit den Untersuchungen des ersten Mars-Orbiters etwas näher zu kommen.

Sowohl dauerhafte als auch variable Phänomene auf der Mars-Oberfläche, in der Atmosphäre und auch bei den zwei Monden sollten die TV-Kameras aufspüren. In der erweiterten Missionsphase erhoffte man sich auch Aufschlüsse über die jahreszeitlichen Veränderungen auf der Mars-Oberfläche.

Das TV-System von Mariner 9 hatte große Ähnlichkeit mit dem von MM 6/7, was für die Qualität des ursprünglichen Entwurfs sprach und teure Neuentwicklungen ersparte. Auch bei der Sonde Mariner 10, die die Planeten Venus und Merkur erforschte, kam dieses TV-System in leicht abgewandelter Version zum Einsatz. Bei dem ersten Mars-Orbiter Mariner 9 kamen wieder zwei TV-Kameras zum Einsatz, deren Brennweiten um den Faktor 10 differierten. Allerdings wurden entsprechende Modifikationen vorgenommen, um die Lebensdauer und vor allem die

Funktionsdauer der einzelnen Komponenten dieses Schlüssel-Experiments zu verlängern. Während die TV-Kameras von MM 6/7 nach einer Art »Winterschlaf« nur für eine relativ kurze Zeitspanne von etwa einer Woche mit einem Höhepunkt zum Ende der Mission voll beansprucht wurden, sollten die beiden Fernsehsysteme an Bord von Mariner 9 mindestens ein Vierteljahr lang ununterbrochen im Einsatz sein und in dieser Zeit täglich etwa 30 TV-Aufnahmen der Mars-Oberfläche zur Erde übermitteln.

Die Kameras

Das Weitwinkel-Objektiv hatte eine Brennweite von 50 mm und eine Lichtstärke von f/4, es bestand aus einem sechslinsigen Refraktor, der Bildwinkel betrug folgerichtig 11 × 14°. Das optische System dieser WW-Kamera stammte übrigens von der westdeutschen Firma Schneider, Bad Kreuznach.
Das Teleobjektiv hatte 500 mm Brennweite und eine Lichtstärke von f/2,5, es handelte sich hierbei um einen catadioptrischen Reflektor, also um ein kleines Spiegelteleskop mit – auf die Bildfläche des Vidicons bezogen – einem Bildwinkel von 1,1 × 1,4 Grad.
Aus der geplanten Mindest-Flughöhe von 1500 km ergaben die genannten Bildwinkel der Weitwinkel- und der Telekamera Aufnahmen mit 285 × 375 km bzw. 28,5 × 37,5 km Ausdehnung.
Die Projektion eines Pixels auf die Mars-Oberfläche aus 1500 km Höhe nahm bei der Weitwinkel-Kamera ein Quadrat mit 420 m Kantenlänge ein, beim Teleobjektiv war es ein Quadrat mit 42 m Kantenlänge. Da zur Definition des Auflösungsvermögens eines solchen elektronisch-optischen Bildgewinnungs-Systems immer die Ausdehnung von zweieinhalb Pixel angegeben wird, ergaben sich die Werte von 1000 und 100 Meter für das Auflösungsvermögen der Weitwinkel- und der Telekamera von Mariner 9.
Jede Kamera verfügte über einen Verschluß mit zwei sich abwechselnd vor das Bildfenster schiebenden Metallscheiben, die Belichtungszeiten der Weitwinkel-Kamera waren von 1/40 bis 1/5 Sek. variabel, die Zeiten der Telekamera ließen sich von 1/20 bis 1/160 Sek. einstellen.
Die WW-Kamera war mit einem Filterrad versehen, das ein Ultraviolett-, Blau-, Grün- und Rotfilter enthielt sowie drei Polarisations- und ein Gelbfilter zur Unterdrückung des atmosphärischen Dunstes. Auch in den Strahlengang der Telekamera konnte ein solches Gelbfilter zur Kontraststeigerung eingeschwenkt werden.
Beachten mußten die Ingenieure bei der Konstruktion der Fernsehkameras auch die Bildunschärfen, die durch die Fluggeschwindigkeit der Sonde im Mars-Orbit entstanden und im Periapsis immerhin 3,5 km/Sek. betrug. Diese Bildverschmierung war natürlich um so größer, je länger belichtet wurde. Beim 50 mm-Objektiv ergaben sich Unschärfen von 20–170 m, beim 500 mm-Teleobjektiv waren es Bildunschärfen

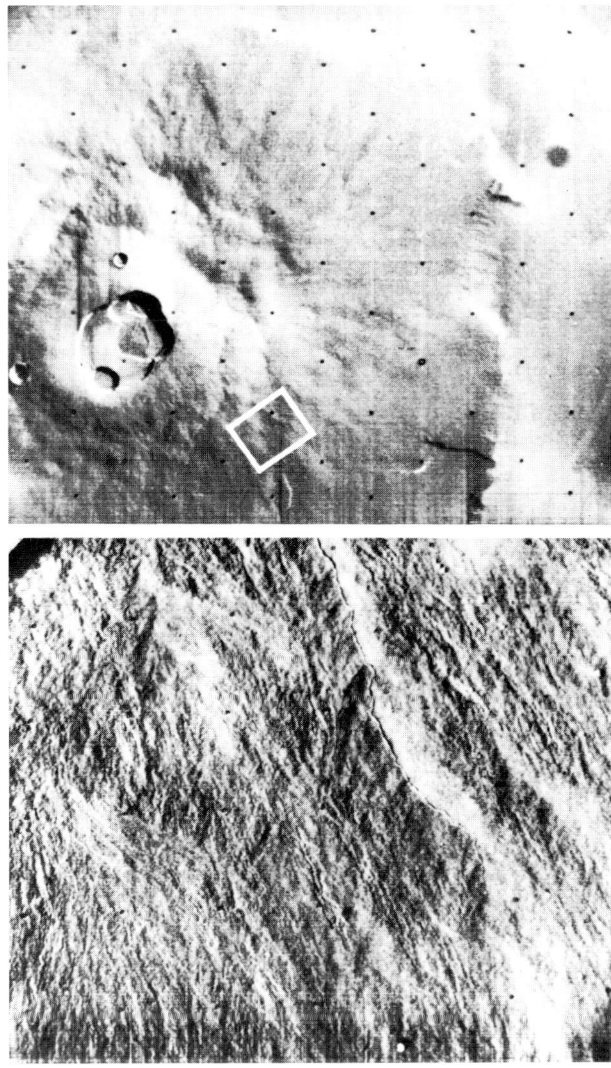

Der Riesenvulkan Nix Olympica auf Mars wurde erst von Mariner 9 als solcher erkannt. Diese beiden Bilder demonstrieren gut die Brennweiten-Verhältnisse der beiden Kameras an Bord des ersten Mars-Orbiters. Die WW-Aufnahme zeigt die Gipfelregion des längst erloschenen Vulkans, das Bild hat eine Ausdehnung von 435 × 555 km. Das auf dem Ausschnitt gekennzeichnete Telebild zeigt einen Teil des sehr rauhen Abhangs von Nix Olympica, hier ist ein Gebiet von 43 × 55 km erfaßt. Das Auflösungsvermögen beträgt etwa 100 Meter.

von 10–90 m, also nur etwa die Hälfte. Allerdings kam beim Teleobjektiv der Wert für die Bildverwischung schon gefährlich nahe an den Wert für das Auflösungsvermögen von 100 m heran – alles natürlich wieder bezogen auf die niedrigste Flughöhe von 1500 km über dem Mars.
Vor allem diese gefürchtete Bildverwischung hatte die Techniker der NASA veranlaßt, die TV-Kameras von M 9 mit lichtstärkeren Objektiven auszustatten, die kürzere Belichtungszeiten ermöglichten, so daß der

Wert für die Bildverschmierung klein gehalten werden konnte.
Das Teleobjektiv von Mariner 9 hatte eine höhere Lichtstärke im Verhältnis zur WW-Brennweite, was eine kürzere Belichtungszeit ermöglichte, die wegen des schmalen Bildwinkels und der daraus resultierenden größeren Bewegungsunschärfe notwendig war. Auch das WW-Objektiv von M 9 hatte gegenüber dem bei MM 6/7 eingesetzten System eine um eine Stufe erhöhte Lichtstärke, was ebenfalls der Verkürzung der Belichtungszeiten diente und damit der Steigerung der Bildqualität.
Die Angaben für das günstigste Auflösungsvermögen von 1000 bzw. 100 Meter für die Weitwinkel- und Telekamera von M 9 galten aber nur für Bilder, die im Periapsis gemacht wurden, also nur für einen recht schmalen Streifen auf der Mars-Oberfläche entlang des 45. südlichen Breitengrades. Alle Aufnahmen, die aus größerer Entfernung gemacht wurden, und das sind schätzungsweise 85%, haben ein schlechteres Auflösungsvermögen, so daß die Erwartungen an die Mars-Bilder und die daraus gefertigten Karten meist zu hoch geschraubt waren. An den nördlichen und südlichen Randzonen waren obendrein nur Schrägaufnahmen möglich, so daß dort die Detailerkennbarkeit noch ungünstiger war. Insgesamt erfaßte Mariner 9 die Mars-Oberfläche von etwa 45° Nord bis 65° Süd mit einem durchschnittlichen Auflösungsvermögen von 3–5 km.
Die Bildfläche auf der Vidicon-Röhre von einem Zoll Durchmesser hatte die Ausmaße von 9,6 × 12,5 mm, sie wurde nach der Belichtung mit 700 Zeilen zu je 832 Bildpunkten abgetastet. Das entsprach einer Informationsdichte von etwa 40 Linienpaaren pro Millimeter, womit sich diese elektronisch arbeitenden Bildsysteme durchaus mit einer fotografischen Emulsion vergleichen lassen. Nach der Aufnahme und Abtastung kam dann allerdings der lange und gegenüber Störungen sehr anfällige Übertragungsweg von der Sonde über einige hundert Millionen Kilometer hinweg zur Erde.
Jeder einzelne Bildpunkt wurde mit jeweils 9 bits zur Bodenstation abgestrahlt, die die Informationen über den Grauwert enthielten. Eine TV-Aufnahme von M 9 bestand also aus insgesamt 5 241 600 bits, und die Abtastzeit für ein Bild betrug 84 Sek. Bei abwechselnder Auslösung konnte also alle 42 Sek. eine Aufnahme gemacht und auf dem Magnetband gespeichert werden. Die Übermittlung eines Bildes zur Erde mit der höchstmöglichen Datenrate von 16 200 bit/Sek. dauerte also 323,5 Sek. oder 5,4 Min.
Für jede einzelne Aufnahme der TV-Kamera und auch für die anderen Messungen mußten die Techniker in der Bodenstation die genaue Position angeben, in die die Sensor-Plattform zum jeweiligen Zeitpunkt gerichtet sein sollte. Dabei mußten die Stellung des Mars, die Position der Sonde in der Umlaufbahn, die Orientierung des Orbiters und die genaue Lage des aufzunehmenden Gebiets auf der Mars-Oberfläche

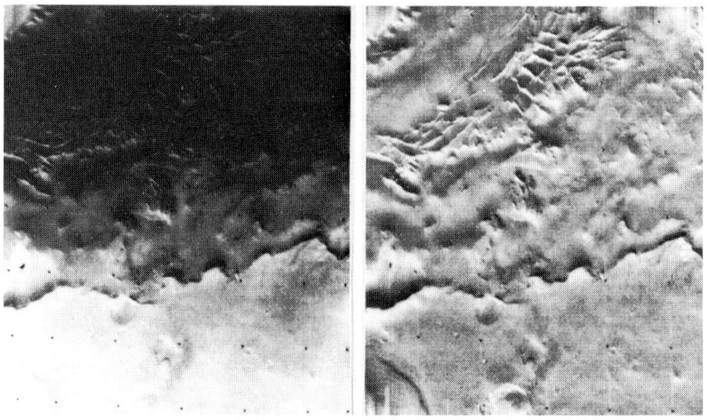

Die erstaunlichen Möglichkeiten der Bildbearbeitung durch entsprechend programmierte Computer demonstrieren diese beiden Bilder, die ein Stück der südlichen Polkappe von Mars zeigen. Das Originalbild links leidet in der Qualität vor allem unter dem starken Helligkeits-Kontrast zwischen der hellen Polkappe und der dunkleren Umgebung, außerdem wurde die eine Bildhälfte im Kontrast stark gemindert, weil hier der Terminator ins Bild kam. Das Bild rechts wurde dann nach intensiver Computer-Behandlung erhalten, man sieht ihm die ursprünglichen Unzulänglichkeiten nicht mehr an.

genauestens berücksichtigt werden, um ein bestimmtes Objekt auf dem Mars zu erfassen.
Die beiden Fernseh-Kameras von Mariner 9 übermittelten in den zehn Monaten ihres aktiven Einsatzes mehr als 7300 TV-Bilder von Mars und seinen beiden kleinen Monden zur Erde – jede Stunde also etwa eine Aufnahme. Insgesamt wurden von der Sonde mehr als 30 Milliarden Bit übertragen, das ist etwa das 36fache des Textvolumens der »Encyclopedia Brittanica«.
Mit dieser Filter-Kombination konnte bei Mariner 9 auch erstmals versucht werden, Coloraufnahmen des Mars zu machen. Eine einzige solche Farbaufnahme wurde veröffentlicht, sie entstand während des Anflugs auf den Planeten aus relativ großer Entfernung und ist in der Qualität kaum besser als die von der Erde aus gemachten Farbfotos des Planeten. Für diese Farbaufnahme mußten bei genauer Zentrierung des Mars im Bildfeld der Kamera kurz hintereinander drei Einzelaufnahmen hinter dem blauen, roten und grünen Farbfilter gemacht werden. Diese Farbauszüge wurden nacheinander zur Erde übertragen und dort mit den gleichen Filtern wieder übereinander projiziert, so daß schließlich das Farbbild des Mars entstand.

Kontraststeigerung und Schattenaufhellung

Die von der NASA veröffentlichten und in diesem Buch gezeigten Mars-Bilder sind alle mehrmals mit Computern behandelt worden, um die oft sehr beachtliche Qualität der Aufnahmen zu erreichen. Man sieht diesen Bildern dann nicht mehr an, daß sie zunächst völlig flau und ohne jedes erkennbare Detail vorla-

gen. Wir sehen den Mars auf den kontrastverstärkten TV-Bildern eigentlich ziemlich verfälscht, denn ein Astronaut in der Mars-Umlaufbahn würde nur sehr wenige Kontraste auf der Oberfläche des Planeten unterscheiden können. Das ist so ähnlich, als wollten wir Details auf der Oberfläche des Vollmondes erkennen, das fällt dem Beobachter sehr schwer. Erst am Terminator, an der Licht/Schatten-Grenze, die bei Viertel- oder Halbmond klar zu erkennen ist, werden mehr Einzelheiten sichtbar. Beim Mars ist das ganz ähnlich, obwohl hier die Kontraste auch am Terminator durch die Atmosphäre und die Streuung des Lichts noch stark gemildert werden.
In dem Computer Univac 1230 wurden zunächst die TV-Informationen aus den anderen wissenschaftlichen Daten ausgesondert und dann die Serien von »9 bit-Worten« identifiziert und geordnet, die die Helligkeit der einzelnen Bildpunkte beinhalteten. Diese Signale wurden aus der digitalen Form in analoge Werte zurückverwandelt und dann auf TV-Monitoren dargestellt, von wo sie abfotografiert werden konnten.

Tabelle der beiden TV-Kameras an Bord von Mariner 9

		Teleobjektiv	WW-Objektiv
System		Cassegrain Reflektor	Refraktor 6 Linsen
Brennweite	mm	508	50
Öffnungsverhältnis	d/f	1 :2,35	1 :4
Belichtungszeiten	ms	6,12,24	48,96,192
Filter		UV, Gelb	UV, Blau, Grün, Rot, Gelb, Polf.
Speichermedium		1-Zoll-Vidicon	
Bildfeld-Größe	mm	9,6 × 12,5	
Zeilen / Bildpunkte		700 × 832	
Rasterdichte	L/mm	73 × 67	
Pixel je Aufnahme		582 400	
Graustufen / Bits		512 / 9	
Bits je TV-Bild		5 241 600	
Bildwinkel	Grad	1,1 × 1,43	11 × 14,3
Bildgröße } aus je 1500 km Distanz	km	29 × 37	288 × 374
Pixelgröße	m	41 × 45	410 × 450
Auflösung	m	100	1000
Verwischung	m	10-90	20-170
Bildspeicher		1 Magnetband	
Länge / Spuren	m	175 / 8	
Kapazität	Bits	$1,8 \times 10^8$	
Aufzeichnungs-Rate	bps	132 000	
Wiedergabe-Rate	bps	16 200 (max.)	
Abtast-/Bildfolgezeit	s	42 / 84	

Besonders interessante Mars-Aufnahmen von M 9 kamen auf den sog. Datentisch, der bis zu 600 einzelne Kopien aufnehmen konnte. Hier wurden auch die zu einem großräumigen Mosaik gehörenden TV-Bilder zusammengelegt; auf diesem Datentisch erschien vor den Wissenschaftlern erstmals eine Gesamtansicht des überdimensionalen Canyon-Systems auf dem Mars.

Die Position des Orbits von Mariner 9 relativ zum Mars Äquator wird auf dieser Zeichnung verdeutlicht. Maßstabsgerecht sind auch die Umlaufbahnen der beiden Mars-Monde Phobos und Deimos berücksichtigt. Das Apogäum der Umlaufbahn von M-9 betrug 18 000 km, das Perigäum 1400 km, die Umlaufzeit entsprach mit 12 Stunden genau der Hälfte der irdischen Tagesdauer.

Mission

Die Wahl der Flugbahn einer Instrumentenkapsel von der Erde zu einem anderen Planeten stellt die Wissenschaftler vor große mathematische Probleme, zahlreiche himmelsmechanische Überlegungen müssen bei der Lösung dieser Aufgabe berücksichtigt werden. Man hat, um das Verfahren einmal mit irdischen Verhältnissen zu vergleichen, meist die Wahl zwischen einem kurzen und steilen Weg, der nur mit starken Motoren zu bewältigen ist, oder einer geruhsameren Reiseroute mit geringerem Energiebedarf aber höherem zeitlichem Aufwand. Natürlich ist bei diesen Überlegungen auch die Stärke der zur Verfügung stehenden Trägerrakete und das darauf zugeschnittene Gewicht der Raumsonde zu berücksichtigen, ebenso die Stellung der beiden betroffenen Planeten zueinander (z. B. Erde und Mars), aus der sich der genaue Zeitpunkt des Startes ergibt. Der Geschwindigkeitsbedarf für ein gegebenes Nutzlast-Gewicht ist für eine interplanetare Mission z. B. am geringsten, wenn sich die beiden Sonnentrabanten beim Abflug von der Erde und bei der Ankunft z. B. am Mars sozusagen gegenüber stehen. Solche Verhältnisse bestehen bei Erde und Mars z. B. alle 25 Monate für einige Wochen.
Eine von uns wegfliegende Sonde, die einen anderen Planeten erreichen will, muß sich zunächst mit minde-

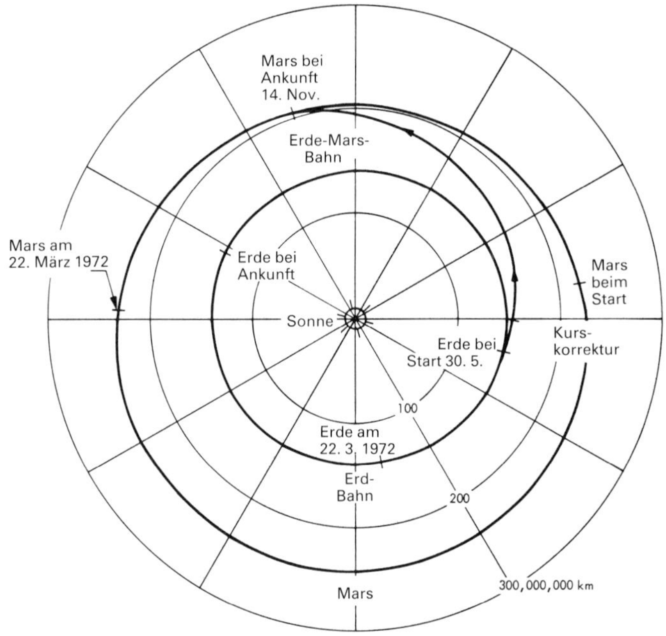

Die Flugbahn von Mariner 9 zum Mars glich dem Abschnitt einer Ellipse, langsam driftete die Sonde von der Umlaufbahn der Erde hinaus zu der von Mars und legte dabei fast 400 Mio. km zurück. Der Starttermin Ende Mai 1970 mußte genau eingehalten werden, damit die Sonde den Zielplaneten auch genau zur geplanten Zeit Mitte November am vorausberechneten Ort erreichte. Gut ist auf dieser Darstellung auch die relativ exzentrische Bahn von Mars zu erkennen, dessen Abstände von der Sonne sehr viel mehr schwanken als das bei der Erde der Fall ist.

stens 11,2 km/Sek. von der Erde lösen und sozusagen ein neuer künstlicher Planet der Sonne werden. Dabei muß der Mini-Planetoid in seiner elliptischen Sonnenbahn natürlich eine genaue vorausberechnete Richtung einschlagen, um das Reiseziel – den anderen Planeten auch tatsächlich zur erwarteten Zeit zu »treffen«. Wird die Geschwindigkeit und Richtung der Sonde dann nicht weiter beeinflußt, bleibt sie für alle Zeiten in diesem Sonnenorbit, wie es ja z. B. bei Mariner 4 oder MM 6/7 der Fall ist, die nach ihrem Vorbeiflug am Mars zu Trabanten der Sonne wurden – nach einer letzten Beeinflussung der Bahn durch das Gravitationsfeld des Planeten.
Die beiden für das Projekt Mariner-Mars 1971 ursprünglich vorgesehenen Raumsonden sollten den Planeten eigentlich in verschiedenen Bahnen umkreisen und jeweils besondere Aufgaben bei der Erforschung des Mars übernehmen.
Mariner 8 hätte eigentlich einen Orbit zwischen 1200 und 16 000 km Abstand vom Mars einnehmen sollen mit 80° Bahnneigung gegen den Äquator und 12 Stunden Umlaufzeit. Aus dieser Bahn hätte die Sonde in drei Monaten 70 % der Mars-Oberfläche mit den TV-Kameras erfassen können– ein Gebiet von 128 Mio. Quadratkilometer, das so groß ist wie alle Landflächen der Erde zusammen.

Für Mariner 9 war ursprünglich ein Orbit zwischen 850 und fast 33 000 km Abstand vom Mars mit 50° Äquatorneigung und 20,5 Stunden Umlaufzeit vorgesehen, aus dem heraus die Sonde vor allem veränderliche Phänomene auf der Mars-Oberfläche und in der Atmosphäre hätte untersuchen sollen. Sechs Gebiete auf dem Planeten hatten die Wissenschaftler ausgesucht, die während des dreimonatigen Basisprogramms alle fünf Tage unter verschiedenen Beleuchtungs-Bedingungen und aus wechselnden Entfernungen aufgenommen werden sollten.
Der Fehlstart von Mariner 8 machte dann eine völlige Umstrukturierung des Programms notwendig, um auch mit nur einer Sonde wenigstens einen Teil der Informationen zu erhalten, die zuvor alle beide TV-Roboter liefern sollten. So wurden also die wissenschaftlichen Aufgaben der zwei Sonden gemischt und jeweils ein gewisser Anteil auf die eine, übrig gebliebene Mission übertragen. Auch die neue Bahn für Mariner 9 war sozusagen ein Kompromiß aus den beiden ursprünglich geplanten Orbits.
Die stark elliptische Bahn führte die Sonde 18 000 km von der Mars-Oberfläche weg und auf 1400 km an den Planeten heran, so daß auch Teleaufnahmen bestimmter Einzelheiten mit höchstem Auflösungsvermögen gewonnen werden konnten. Die Beobachtung von veränderlichen Erscheinungen auf Mars hatten die Experten auf einige kleinere Gebiete reduziert, die nur noch alle 17 Tage angepeilt wurden. Der Verlust von Mariner 8 führte insgesamt nur zu einer Reduzierung der von Mars erhaltenen Informationsmenge und nicht zu einem Verlust an Qualität.
Mariner 9 wurde zu einer Zeit gestartet, als die Verhältnisse besonders günstig waren, wie sie nur etwa alle 15 Jahre anzutreffen sind. Der Geschwindigkeits-Bedarf für eine Mars-Sonde war außergewöhnlich niedrig, so daß mit der schon beim Experiment MM 6/7 eingesetzten Trägerrakete Atlas-Centaur diesmal eine wesentlich schwerere Nutzlast zu dem Nachbar-Planeten befördert werden konnte. Der Orbiter M 9 mit seinem Brems-Triebwerk wog ja fast doppelt so viel wie die vorangegangenen Sonden MM 6/7. Die nächste derart günstige Gelgenheit für einen Mars-Flug, bei der ein Maximum an Nutzlast mit einem Minimum an Raketenschub und Geschwindigkeits-Bedarf zum Mars befördert werden kann, ergibt sich erst wieder im Jahr 1986. Vielleicht ist das dann der Zeitpunkt für eine neue Mars-Mission der NASA.

Flugverlauf

Mariner 9 startete von der Erde weg direkt in die interplanetare Flugbahn, ein sog. Park-Orbit in der Erdumlaufbahn war bei dieser Mission nicht vorgesehen. Auch das sparte Energie und erlaubte das Nutzlast-Volumen dieser Mission zu vergrößern.
Als Mariner 9 am 30. 5. 1971 erfolgreich gestartet wurde, betrug die direkte Entfernung zwischen Erde und Mars »nur« 101 Mio. Kilometer. Da aber der

Übergang einer Raumsonde von einer Planetenbahn zur anderen nur auf einer langgezogenen Ellipse erfolgen kann, ist die wirkliche Flugstrecke sehr viel länger als die direkte Entfernung zwischen den beiden betreffenden Planeten. Mariner 9 z. B. legte etwa 395 Mio. km im Weltraum zurück, bevor die Sonde ihr Ziel erreichte, das ist das Vierfache der damals gerade gemessenen Mindestentfernung, und natürlich ist das auch das Vierfache der Flugzeit.
Am 4. Juni schon erfolgte die erste Kurskorrektur, ein weiteres solches Manöver, das für den 26. Oktober geplant war, konnte entfallen, weil die Bahn von M 9 schon die notwendige Exaktheit erreicht hatte.
Im Juli trat eine Störung im Lageregelungs-System auf, der Stickstoff-Verbrauch war zeitweise zu hoch. Aber nach einigen Wochen stabilisierte sich die Situation wieder, obwohl bei dieser Panne natürlich frühzeitig allerhand von dem wertvollen Treibgas für die kleinen Kontrolldüsen aufgebraucht worden war.
Schon vor der Ankunft am Mars lieferte die Telekamera Bilder des Zielplaneten und seiner beiden kleinen Monde. Am 10. November waren es 25 Aufnahmen von Mars und 6 von dem Trabanten Deimos, die aus Entfernungen zwischen 856 000 und 568 000 km gemacht wurden. Am nächsten Tag waren es 24 Bilder aus Distanzen zwischen 520 000 und 256 000 km, und am 12. November wurden – zwischen 208 000 und 112 000 km Entfernung – 23 Bilder von Mars aufgenommen, 2 von Phobos und 6 von Deimos.
Diese ersten Aufnahmen der Mars-Monde dienten auch der Kontrolle der genauen Bahndaten von Phobos und Deimos, die von der Erde aus noch nicht mit letzter Genauigkeit hatten bestimmt werden können.
Die aus größerer Entfernung vom Mars aufgenommenen Bilder wurden zeitlich so gesteuert, daß jeweils ein vollständiger Umlauf des Planeten um seine Achse und damit der größte Teil seiner Oberfläche erfaßt wurde – obwohl diese ja unter dem Staubsturm weitgehend verborgen blieb.
Die Navigation der Sonde mußte vor allem vor dem Bremsmanöver am Mars äußerst genau sein, nach einer Reise durch das Planetensystem von fast 400 Mio. km sollte M 9 am Ziel einen schmalen Eintrittskorridor von nur 700 km Durchmesser ansteuern.
Am 13. November war es dann soweit, Mariner 9 hatte den Einflußbereich von Mars nach 160 Tagen Flugzeit erreicht, das Raketen-Triebwerk für das Bremsmanöver wurde aktiviert. Nach genauer Orientierung der Sonde erfolgte die Zündung; in den 15,5 Min. Brenndauer wurde die Geschwindigkeit der Sonde von 5000 auf 3490 m/s vermindert, von 18 000 auf 12 500 km/h, so daß Mariner 9 vom Gravitationsfeld des Mars in eine Satellitenbahn um den Planeten gezogen werden konnte.
Zu dieser Zeit waren Erde und Mars etwa 121 Mio. Kilometer voneinander entfernt. Hätte das Triebwerk nicht gezündert, wäre M 9 in 2750 km Abstand an dem Roten Planeten vorbeigeflogen. Aber alles funktionierte einwandfrei, die Sonde schwenkte planmäßig in eine Satellitenbahn um den Mars ein, die folgende Parameter hatte:

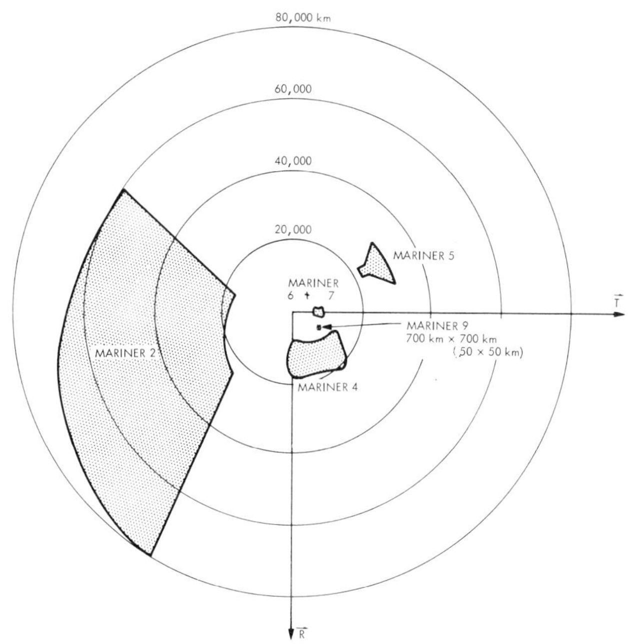

Bei jeder Mission erreichten die Flugbahnen der Planetensonden zum Mars eine größere Genauigkeit, bis bei Mariner 9 schließlich ein nur 700 km schmaler Korridor erreicht werden mußte, wenn die Sonde in die geplante Umlaufbahn um Mars gelangen sollte. Tatsächlich wurde dann bei dem kritischen Flugmanöver sogar eine Abweichung von nur 50 km vom Idealpunkt erzielt – eine Spitzenleistung der funktechnischen Meßtechnik, mit der bei einer solchen Sonde von der Erde aus die Geschwindigkeit und Flugrichtung mit nur wenigen Metern Abweichung festgestellt werden kann.

Apoapsis:	17 150 km;	Inklination:	64,4°
Periapsis:	1 400 km;	Periode:	11,98 h

M 9 wurde damit der erste künstliche Satellit eines anderen Planeten außerhalb der Erde. Der Mond, der der Erde am nächsten stehende Himmelskörper, war ja schon mehrfach von amerikanischen und auch russischen Forschungssonden umkreist worden.
Nach drei Kurskorrekturen, die wenige Tage später ebenfalls mit dem großen Bremstriebwerk ausgeführt wurden, erreichte die Sonde ihre endgültige Umlaufbahn mit den folgenden Daten:

Apoapsis:	16 800 km;	Inklination:	65°
Pariapsis:	1 240 km;	Periode:	11 h 56 m

Allerdings stellte sich einige Zeit später heraus, daß gewisse – vorher nicht bekannte – Anomalien im äquatorialen Gravitationsfeld des Planeten diese Bahn langsam veränderten, so daß sich das Zusammentreffen von Periapsis (dem Mars nächsten Punkten der Umlaufbahn) mit dem Höhepunkt der Beob-

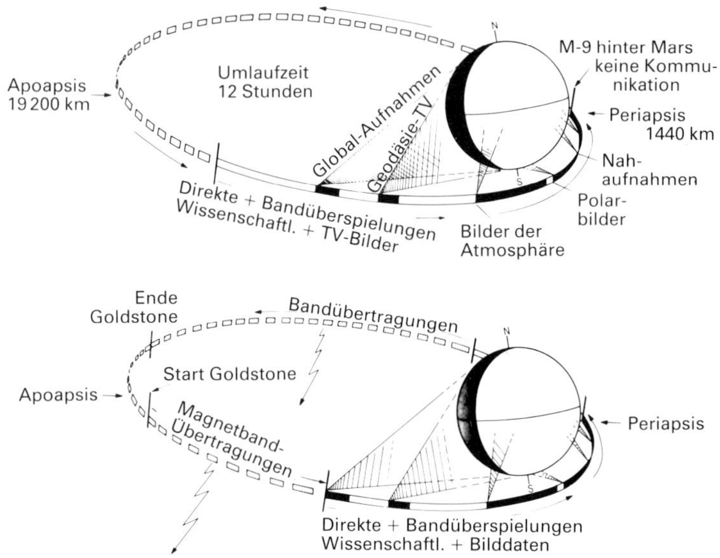

Die wechselweisen Aktivitäten zwischen Mariner 9 im Mars-Orbit und den Bodenstationen auf der Erde demonstrieren diese beiden Grafiken. Die Antenne in Goldstone war mit ihren 64 m Durchmesser seinerzeit die größte Anlage dieser Art. Sie nahm wegen ihrer hohen Datenaufzeichnungs-Kapazität eine besondere Stellung bei der Kommunikation mit dem ersten Mars-Orbiter ein.

achtungsperiode der Bodenstation in Goldstone allmählich verschob. Deshalb wurde noch ein weiteres Manöver zur Kurskorrektur angesetzt, das am 30. Dezember stattfand, 47 Tage nach dem Erreichen der Umlaufbahn. Dabei wurde das Periapsis auf 1650 km angehoben, so daß die TV-Objektive ein etwas größeres Blickfeld erhielten. Die Bahn von Mariner 9 wurde im weiteren Verlauf der Mission noch mehrmals geringfügig verändert.
Schon von der Erde aus hatte man im Herbst 1971 durch Teleskop-Beobachtungen festgestellt, daß sich in der Mars-Atmosphäre ein heftiger Staubsturm zusammenbraut, wie man ihn gelegentlich schon beobachtet hatte, wenn sich Mars auf seiner Bahn der Sonne näherte. Durch die dann wirksam werdende Aufheizung entstehen Turbulenzen in der Atmosphäre des Planeten, die Millionen Tonnen Sand aufwirbeln, welche den Durchblick auf die Mars-Oberfläche verhindern.
Als M 9 sich dem Planeten dann näherte und einige TV-Aufnahmen machte, bestätigten sich die Befürchtungen der Wissenschaftler: diese ersten Bilder ließen keinerlei Oberflächen-Detail erkennen. Die Experten trösteten sich damit, einen solchen Staubsturm in allen Einzelheiten verfolgen zu können. Nur vier hohe Bergkegel ragten aus dem Dunst hervor, die sich dann später als die vier großen Vulkane auf dem Tharsis-Plateau entpuppten.
Der Staubsturm machte natürlich die eigentliche TV-Mission von M 9 zunächst unmöglich. Die Wissenschaftler waren sehr besorgt, weil sie nicht wußten, wie lange der Sturm in der Mars-Atmosphäre dauert, denn auch beim Kreisen in Wartestellung verbrauchte das Lageregelungs-System der Sonde wertvolles Treibgas.
Erst Ende Dezember gab es Hinweise darauf, daß der Sandsturm auf Mars abflauen würde, und ab Mitte Januar 1972 konnten die Fernsehkameras dann mit ihrer systematischen Erforschung der Mars-Oberfläche beginnen. Jede Woche lieferten die TV-Augen nun neue Überraschungen, nach der Identifizierung der vier großen Vulkane war wohl die Entdeckung des Riesencanyon die größte wissenschaftliche Sensation des ganzen Unternehmens M 9.
Am 2. 1. 1972 begann die regelmäßige Arbeit der TV-Kameras, nachdem der Sandsturm sich weitgehend gelegt hatte. Auf einer am 12. Januar gemachten Bildserie von der Äquator-Region des Planeten entdeckten die Wissenschaftler den Riesencanyon, der mehr als 4000 km lang ist. Bis Mitte März hatten die TV-Kameras von M 9 etwa 85% der Mars-Oberfläche aufgenommen. Vom 2. April bis 4. Juni mußte der Funkkontakt zwischen der Mars-Sonde und der Erde unterbrochen werden, weil die Sonde sich in dieser Zeit bei ihren Umkreisungen des Mars verschieden lange im Mars-Schatten befand (5–100 Min.). In dieser Zeit lieferten die Sonnenzellen keinen elektrischen Strom, der natürlich während dieser Flugphase in der Nähe des Mars besonders notwendig gewesen wäre, um die wissenschaftlichen Sensoren anzuschalten. In dieser Zwangspause arbeiteten die Wissenschaftler in Pasadena ein zusätzliches Forschungsprogramm für den Herbst und vielleicht auch Winter aus, denn die Sonde befand sich in gutem technischem Zustand.
Am 11. Juni wurden die TV-Kameras wieder aktiviert, zuerst wurde jetzt die nördliche Polarzone erforscht, die inzwischen in das Blickfeld des Orbiters gekommen war.
Bis August 1972 arbeitete M 9 einwandfrei, dann brach der Kontakt – planmäßig – ab, weil Mars von der Erde aus gesehen hinter der Sonne verschwand. Bis zu diesem Zeitpunkt hatte M 9 mit der Weitwinkel-Kamera etwa 80% der gesamten Mars-Oberfläche mit einem Auflösungsvermögen von ca. 1 km kartografiert, während die Telekamera in dieser Zeit ungefähr 2% des Planeten mit etwa 100 m Detailerkennbarkeit aufgenommen hatte, vor allem Gebiete von besonderem wissenschaftlichem Interesse.
Als die Funkverbindung zu Mariner 9 am 12. Oktober wieder aufgenommen werden konnte, setzte die Sonde die TV-Kartierung des Planeten noch für zwei Wochen fort, um vor allem nördliche Gebiete auf dem Planeten noch zu erfassen.
Mariner 9 übertraf die ursprünglichen Erwartungen in seine Lebens- und Funktionsdauer bei weitem. Die Basis-Mission sollte drei Monate dauern, und fast zehn Monate lang bestand Kontakt zu der um Mars kreisenden Sonde – dreimal so lange wie zunächst veranschlagt. Die wissenschaftlichen Aussagen der

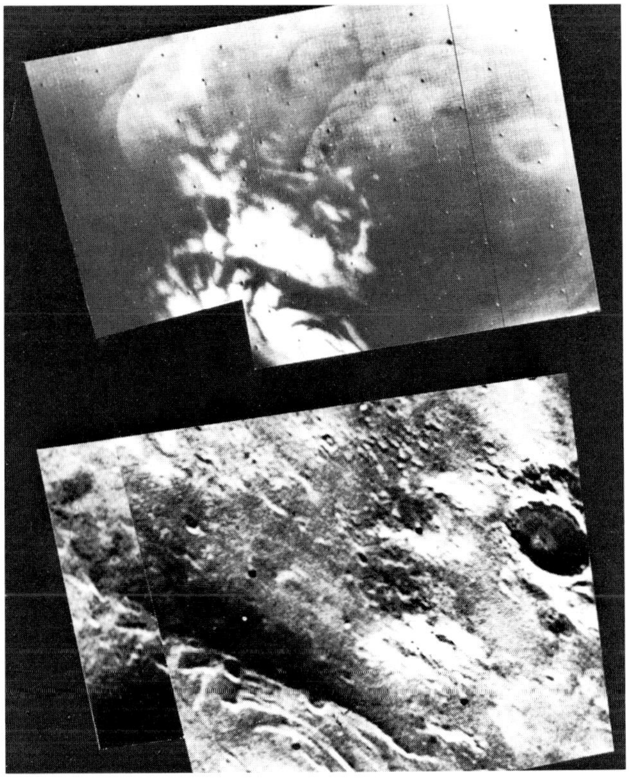

Ein großer Staubsturm erschwerte anfangs die Arbeit von Mariner 9 im Mars-Orbit, die Atmosphäre war mit kleinen Partikeln angereichert und verwehrte jeden Durchblick auf die Oberfläche des Planeten. Das Bildpaar von der südlichen Polkappe demonstriert die Schwierigkeiten. Die obere Aufnahme machte M-9 kurz nach dem Einschwenken in die Umlaufbahn, das untere Bild machte die Sonde Mariner 7 etwa zwei Jahre zuvor, als die Mars-Atmosphäre klar war.

Fernseh-Bilder und auch aller anderen Sensoren galten seinerzeit als astronomische Sensation, nicht lange nach Abschluß des Programms wurde die erste Mars-Karte im Maßstab 1 : 5 Mio. herausgegeben. Die Bilder von Mariner 9 dienten als visuelle Grundlage für die Auswahl der Landeplätze für die Viking-Missionen.

Am 17. Oktober wurden die letzten TV-Bilder zur Erde überspielt, damit hatte M 9 nahezu die gesamte Mars-Oberfläche mit genau 7329 Aufnahmen kartiert. Im Verlauf dieser Mission waren 45 960 Funkkommandos von den DSN-Antennen an die Sonde im Mars-Orbit abgestrahlt worden. Am 27. Oktober war die Mission dann endgültig beendet, weil das Treibgas für die Lageregelungs-Düsen aufgebraucht war. 516 Tage hatte die Mission von M 9 seit dem Start gedauert, fast ein Jahr lang hatte die Sonde den Mars in der stark elliptischen Satellitenbahn umkreist. Während der 349 Tage seiner aktiven Lebensdauer umkreiste M 9 den Planeten Mars 698 mal. Wissenschaftler schätzen, daß die Sonde den Mars etwa 17 Jahre lang umkreisen wird, bis sie von den hohen Schichten der Atmosphäre abgebremst und zum Absturz auf der Oberfläche dieses Planeten gebracht wird.

Operationen in der Umlaufbahn

Bei der Ankunft von Mariner 9 am Mars hatte auf der nördlichen Halbkugel des Planeten gerade der Winter begonnen und in der südlichen Hemisphäre der Sommer. Während seiner etwa zehnmonatigen Arbeit im Mars-Orbit konnte der TV-Roboter aber alle vier Jahreszeiten beobachten, im Norden noch den Frühling und im Süden auch den Herbst. In diesem Zusammenhang muß man sich noch einmal vergegenwärtigen, daß die Jahreszeiten auf Mars wegen der fast zweijähigen Umlaufzeit um die Sonne etwa doppelt so lang sind wie auf der Erde.

Außerdem war in der südlichen Hemisphäre des Mars bei Ankunft der Sonde gerade das Maximum der Verdunkelung erreicht, was interessante Vergleiche mit den Verhältnissen auf der nördlichen Halbkugel und mit weiteren Beobachtungen zuließ, die von der Erde aus mit Hilfe großer Teleskope gemacht wurden.

Die wichtigste Aufgabe von Mariner 9 in der Umlaufbahn um den Mars war die weitgehende Kartografierung des Planeten mit den TV-Kameras. Mit diesen Aufnahmen sollte aber z. B. auch die exakte dreidimensionale Gestalt und die exakte Größe der Mars-Kugel festgestellt werden. Ausgangspunkt dieser Untersuchungen war die Tatsache, daß immer noch Diskrepanzen bestanden zwischen den von der Erde aus gemessenen Werten für Durchmesser und Masse dieses Planeten und den tatsächlich beobachteten Umlaufzeiten der Monde und der Vorbeiflug-Bahn der vorangegangenen Mars-Sonden. Es mußten also irgendwelche Anomalien in der Gestalt des Planeten bestehen oder Unregelmäßigkeiten in der inneren Gesteinsstruktur, wie man sie beim Erdmond in Form der sog. Mascons (mass concentrations) entdeckt hatte.

Mars dreht sich mit 0,538 Grad pro Tag um die Sonne, ein ganzes Jahr dauert auf dem Roten Planeten 24 660 Erd-Stunden. Eine Rotation des Orbiters M 9 betrug 17/35 des Mars-Tages, so daß die Sonde nicht immer ein und dasselbe Gebiet auf dem Planeten überflog, sondern jeweils einen 9–10° westlich davon gelegenen Geländestreifen erfaßte. Erst nach 17 Mars Tagen oder 35 Umläufen kam wieder dieselbe Zone auf dem Planeten in das Blickfeld der Kameras und der anderen Sensoren. Da diese Überflüge dann immer bei identischem Sonnenstand erfolgten, ergaben sich sehr gute Voraussetzungen für die Entdekkung variabler Phänomene auf der Oberfläche und in der Atmosphäre des Mars.

Die Umlaufzeit von Mariner 9 von 11,98 Stunden war also präzise auf die Umdrehungszeit des Mars von 24 h 30 m und auch auf die Tagesdauer auf der Erde abgestimmt, so daß die große Antenne der Bodensta-

Das »Jet Propulsion Laboratory« für Planetenforschung der NASA in Pasadena bei Los Angeles steht während eines »encounter« im Mittelpunkt des Interesses der ganzen Welt. Der eigentliche Kontrollraum ist weitgehend abgedunkelt, damit die Techniker ihre Monitore und die Eidophor-Sichtwände besser erkennen können, die Auskunft über bestimmte Parameter der Sonde, der Experimente, der Mission geben, die alle Experten gleichermaßen angehen.

tion in Goldstone optimal eingesetzt werden konnte. Die Umdrehungszeiten von Erde und Mars wurden durch die Rotationsperiode der Sonde raffiniert miteinander verzahnt, die geringfügig längere Tagesdauer auf Mars nutzten die Astronomen zur allmählichen, streifenförmigen Abtastung der Oberfläche des Roten Planeten.
Die Umlaufzeit von M 9 um den Mars von 11 h 58 m wurde gewählt, um gegenüber der Rotationszeit der Erde von 23 h 56 m ein konstantes Verhältnis zu schaffen und um den Wissenschaftlern in den Bodenstationen ein regelmäßiges Arbeiten zu ermöglichen. Zu einer fest gelegten Zeit am Tag begann vor allem für die Zentrale in Pasadena der Beobachtungszyklus. Da sich der Mars mit 24 h 30 m etwas langsamer um seine Achse dreht, kam mit der Zeit die gesamte Oberfläche des Planeten in den günstigen Beobachtungsbereich der Instrumente. Ein solcher Zyklus dauerte etwa 48 Tage, dann standen sich die gleichen Hemisphären von Mars und Erde wieder gegenüber, dann auch erfaßten die TV-Kameras von M 9 wieder das gleiche Gebiet auf der Mars-Oberfläche.
Bei der größten Annäherung an den Mars befand sich Mariner 9 jeweils über einem Punkt bei 23° südlicher Breite über dem Planeten. Von hier aus konnten die TV-Kameras die Bilder mit dem höchsten Auflösungsvermögen machen; jene Zone des Mars wurde auf diese Weise am besten erforscht, sie zog sich wie ein schmaler Gürtel südlich des Äquators über die Oberfläche.

Die Bahnlage von M 9 in Beziehung zur Position des Mars ermöglichte die detaillierte Nah-Erfassung der Planeten-Oberfläche in einem vom 20.–65. südl. Breitengrad reichenden Geländegürtel.
Die für M 9 ursprünglich vorgesehene niedrigste Bahnhöhe von 1200 km war so berechnet, daß das Weitwinkel-Objektiv bei der kürzesten Bildfolgezeit von 84 Sek. Aufnahmen mit einer gewissen Überlappung am nördlichen und südlichen Bildrand machte. Seitliche Überdeckungen ergaben sich nach jeweils zwei Umläufen, zumindest aber nach einer Beobachtungsperiode von 17 Tagen, wenn die Sonde wieder das gleiche Gebiet überflog.
Der Staubsturm reduzierte natürlich die mögliche Beobachtungszeit von Mariner 9 in der Mars-Umlaufbahn, denn das Lageregelungsgas wurde verbraucht, ohne daß Oberflächen-Bilder des Planeten gemacht werden konnten. Aufgrund der damaligen Konstellation von Mars, Erde und Sonne begann der Abstand zwischen den beiden Planeten zu wachsen und die Qualität der Funkverbindung zwischen der Raumsonde und den Bodenstationen schon seit dem Tag der Ankunft langsam schlechter zu werden. Für die Übermittlung der Funksignale bedeutete das eine allmähliche Zunahme der Fehlerrate in der »bit-Sprache«. Solange diese nicht über 5×10^{-3} (1/200 oder ein falsches bzw. fehlendes bit auf 200 richtige Zeichen) anwuchs, konnte die hohe Datenrate für die Goldstone-Antenne von 16 kbit/Sek. beibehalten werden.
Die Bahn von Mariner 9 um den Mars verlief anfangs so, daß die Bedeckung der Sonde durch den Planeten – von der Erde aus gesehen – immer nur kurze Zeit dauerte. Vor allem verlief das Periapsis, also der Bahnabschnitt mit der größten Annäherung an den Planeten, stets auf der hellen Seite des Mars, so daß die TV-Kameras immer beste Aufnahmebedingungen hatten, die Sonne stand dabei jeweils im Rücken des Fotoroboters.
Während eines typischen Orbits von Mariner 9 konnten kartografische, globale oder geodätische TV-Aufnahmen gemacht werden, Bilder der Polzonen, der Monde und Aufnahmen von variablen Phänomenen auf der Oberfläche und in der Atmosphäre des Mars. Für bestimmte Untersuchungen wurden gelegentlich auch die Farbfilter in den Strahlengang der TV-Kamera geschwenkt. Nicht vergessen werden dürfen in diesem Zusammenhang auch die Messungen der drei anderen wissenschaftlichen Sensoren, die ihre Ultraviolett- und Infrarot-Beobachtungen ja auch auf der dunklen Seite des Planeten machen konnten.
Grundlage dieses himmelsmechanischen Experiments waren sehr genaue Doppler-Messungen, die eine präzise Bestimmung der Entfernung und der Geschwindigkeit der Sonde im Augenblick der Messung erlaubten.
In der Zeit von 180–90 Min. vor dem Periapsis wurden 3–6 Weitwinkel-Aufnahmen der beleuchteten Seite des Planeten und von der dünnen Atmosphären-

Die erstaunlichen Dimensionen des Riesencanyon Valles Marineris auf Mars verdeutlicht dieses Fotomosaik, auf das die Umrisse der USA aufgezeichnet wurden. Links sind noch die drei großen Vulkane auf dem Tharsis-Rücken (außer Olympus Mons) erkennbar. Das ganze Mosaik ist etwa 5000 km breit und 2500 km hoch.

schicht gemacht, die am Rand des Planeten zu erkennen war. Dabei kamen gelegentlich auch Farbfilter zur Anwendung, um bestimmte Details besser hervorheben und den Bildkontrast allgemein steigern zu können.

Die globale TV-Phase bestand aus einigen Aufnahmen mit großem Blickfeld, aber geringer Auflösung von der hellen Halbkugel des Mars, die etwa zwei Stunden vor Erreichen des Periapsis gemacht wurden.

Gelegentlich gab es bei diesen Globalbildern Schwierigkeiten, weil der Sichtwinkel der Sensoren-Plattform gestört wurde, was wiederum wegen der Ausrichtung der Solarzellen-Paddel auf die Sonne zur Energiegewinnung unvermeidlich war.

Etwa 30 Min. vor dem Periapsis, dem Bahnpunkt mit geringstem Abstand zum Mars, überquerte M 9 den südlichsten Punkt seines Orbits. Kurz nach dieser für die TV-Aufnahmen höchster Auflösung sehr wichtigen Orbitphase wurde die Sonde für die Antennen auf der Erde für eine gewisse Zeit (von 5–100 Min.) unsichtbar, sie verschwand hinter dem Planeten. Das war der Moment für das sog. »Occultation Experiment«, bei dem die Veränderung der Funksignale beim streifenden Durchlaufen der Mars-Atmosphäre kurz vor und kurz nach dem völligen Verstummen der Sonde genau beobachtet wurde. Aus diesen Daten ließen sich interessante Rückschlüsse auf die Dichte, Höhe und Zusammensetzung der sehr dünnen Mars-Atmosphäre ziehen.

Die Übermittlung von wichtigen Signalen der TV-Kameras und aller anderen Sensoren war natürlich rechtzeitig eingestellt worden, beim Bedeckungsexperiment arbeitete meist nur noch ein Peilsender der Sonde. Die wichtigen Messungen und Beobachtungen wurden in dieser Phase auf das Magnetband überspielt, das dann – sobald sich Sonde und Erde wieder »sehen« bzw. »hören« konnten – wieder abgespielt wurde. Diese Übertragung der gespeicherten Daten war mitunter eine recht langwierige Angelegenheit, selbst bei der maximalen Datenrate von 16 000 bit/Sek. dauerte das Abspielen des vollen Bandes mindestens drei Stunden.

Etwa 90 Min. vor dem Periapsis wurden in der Regel drei Weitwinkel-Aufnahmen im 84-Sek.-Abstand gemacht, die Gebiete bei 15°, 30° und 45° südlicher Breite auf dem Mars erfaßten und für geodätische Zwecke bestimmt waren. Einmal wurden dabei Gebiete direkt unter dem Satelliten erfaßt, beim übernächsten Umlauf wurden dieselben Landstriche noch einmal mit nach Osten geneigter Kamera aufgenommen, um großflächige Überlappungen für die stereoskopische Auswertung zu erhalten.

Das Viking-Programm

Die Viking-Sonden waren größer und schwerer als alle Mars-Erkunder zuvor; die Konstruktion bestand aus einer Satelliten- und Landeeinheit. Der Orbiter war ähnlich aufgebaut wie die Mariner-Sonden, die zuvor zu dem Roten Planeten geschickt worden waren, er bestand aus Zentralkörper, Sonnenzellen-Flächen, Antennen, Plattform mit wissenschaftlichen Instrumenten und Bremstriebwerk. Die Landekapsel befand sich in einer doppelten Schutzhülle und wurde während des langen Transfer-Fluges zum Mars vom Orbiter mit elektrischer Energie versorgt. Die gesamte Viking-Flugeinheit wog 3500 kg, wovon etwa 1200 kg auf die Landekapsel entfielen. Der Orbiter hatte eine Spannweite von 9,4 m, seine Höhe betrug 3,4 m.

Eine der wichtigsten Fragen der astronautischen Forschung in unserer Zeit ist die Suche nach irgendwelchen Lebensspuren auf anderen Planeten. Lange Jahre favorisierten die Wissenschaftler in dieser Hinsicht den Mars, sie meinten, daß die Suche nach irgendwelchen biologischen Phänomenen dort die größte Aussicht auf Erfolg hat, denn dieser Planet besitzt eine – wenn auch sehr dünne – Atmosphäre und er ist noch nicht so weit von der Sonne entfernt, daß die Temperaturen nicht auch gelegentlich über den Celsius-Nullpunkt ansteigen und Wasser zum Schmelzen bringen.

Natürlich war den Astronomen nach den Ergebnissen der ersten Erkundungsflüge der amerikanischen Mars-Sonden der Mariner-Serie klar geworden, daß die Chance zur Entdeckung solcher Lebenskeime noch sehr viel geringer ist, als sie ursprünglich annahmen. Die Verhältnisse auf Mars entpuppten sich als zu kalt und unfreundlich, obwohl andererseits endgültige Beweise dafür gefunden wurden, daß es auf diesem Planeten größere Mengen Wasser gibt – wenn auch wohl nur in gefrorenem Zustand.

Um nun endgültig zu klären, ob es auf dem Mars irgendwelche organische Erscheinungen gibt oder gab oder vielleicht in der Zukunft geben könnte, entwickelte die amerikanische Raumfahrtbehörde NASA Pläne für eine Mission, die zur Landung von zwei Instrumentenkapseln auf dem Mars führen sollte, um sozusagen »vor Ort« nach Lebenskeimen zu forschen. Das war die Geburtsstunde des Projekts Viking, des bisher kompliziertesten und erfolgreichsten Planetenforschungs-Unternehmes der Amerikaner.

Der Doppelflug der beiden Viking-Kapseln und der dazugehörigen Lander war hinsichtlich der Komplexität und auch der Flexibilität des Missionsablaufs im höchsten Maße bewundernswert. Vier Sonden auf und um einen anderen Planeten in einigen hundert Millionen Kilometer Entfernung wurden in ihren Auf-

gaben und Funktionen raffiniert miteinander kombiniert – allein in funktechnischer Hinsicht eine Meisterleistung.
Normalerweise werden solche anspruchsvollen Forschungsprogramme – auch in anderen technischen und wissenschaftlichen Bereichen – durch weitgehende Automatisierung bewältigt, durch die Erarbeitung eines sorgfältig kalkulierten Programms, das dann mehr oder weniger automatisch abläuft und Ergebnisse liefert. Bei Raumfahrt-Missionen zu anderen Planeten sind solche Programme zwar auch notwendig, aber hier müssen sich die Techniker immer Eingriffsmöglichkeiten offenhalten, um auf unerwartete Meßergebnisse oder auch auf Schwierigkeiten in der Apparatur reagieren zu können. Von dieser Möglichkeit machten die Wissenschaftler vor allem beim Ablauf der biologischen Experimente auf der Mars-Oberfläche Gebrauch, die ja völlig unerwartete Reaktionen zeigten, auf die die Experten mit neuen Untersuchungsprogrammen antworteten.
Der Lander war gegenüber dem Orbiter natürlich die wichtigere Komponente der Viking-Baugruppe. Das demonstrierte unter anderem die Tatsache, daß der Lander aus insgesamt 33 Untersystemen bestand, während es der Orbiter »nur« auf 16 Untersysteme brachte. Für den Entwurf und den Bau der Viking-Sensoren sowie für die Auswertung der Messungen und Beobachtungen hatte die NASA etwa 75 Wissenschaftler verpflichtet. Darunter befanden sich 30 Geologen sowie Chemiker, Physiker, Meteorologen, Seismologen, Biologen, Mineralogen und Atmosphären-Physiker.
Die Viking-Lander zur Erforschung der Mars-Oberfläche waren die komplexesten und leistungsfähigsten Apparaturen, die bis dahin für die unbemannte Untersuchung des Weltraums entwickelt, gebaut und vor allem auch erfolgreich eingesetzt wurden. Die Landekapsel bestand aus einem Äquivalent von etwa einer Million Einzelteilen, während es der Orbiter »nur« auf 500000 Bauteile brachte – etwa die Hälfte. Der Begriff Äquivalent wird hier gebraucht, weil z. B. ein einzelner integrierter Schaltkreis von nur 6 mm Durchmesser die Funktion von immerhin etwa 1000 verschiedenen elektronischen Bauteilen erfüllt.

Missionsstrategie

Jede Viking-Sonde enthielt 13 wissenschaftliche Experimente, von denen sich drei im Orbiter, drei in der aerodynamischen Schutzkappe und sieben in der Landekapsel befanden.
Die wissenschaftlichen Sensoren sowohl des Orbiters als auch des Viking-Landers waren auf die Erforschung der biologischen chemischen und der Umwelt-Faktoren auf Mars ausgerichtet, die auf irgendeine Weise relevant für die Entstehung und Entwicklung von organischem Leben sind. Die Viking-Experimente ließen sich in die vier Gruppen – Orbiter, Eintritt, Lander und Radio – unterteilen. Die Landekapsel enthielt mit Abstand die meisten Instrumente, es handelte sich um ein automatisches Minilabor zur Erforschung der chemischen Beschaffenheit des Mars-Bodens und zur Beobachtung der meteorologischen Verhältnisse an der jeweiligen Landestelle.
Nachdem der Lander sicher auf dem Planeten aufgesetzt hatte, diente der Orbiter hauptsächlich als funktechnische Relaisstation für die Verbindung zwischen Erde und Mars, obwohl die Landekapsel für gewisse Zeitabschnitte auch direkt mit den Antennen auf der Erde Kontakt halten konnte, wenn der Orbiter gerade wichtige eigene Experimente auszuführen hatte.
Das kombinierte Gewicht der Viking-Baugruppe von 3,5 Tonnen war dreieinhalb Mal so hoch wie das von Mariner 9, dem Vorgänger-Raumschiff zum Mars. Es war von vornherein klar, daß das hohe Viking-Gewicht nicht mehr von der bis dahin für solche Planeten-Missionen benutzten Trägerrakete Atlas-Centaur bewältigt werden konnte. Die NASA stellte deshalb für dieses ehrgeizige Mars-Programm die wesentlich größere und stärkere Titan-Centaur bereit, die das Gewicht von 3,5 Tonnen auf die notwendige Geschwindigkeit von mindestens 11,1 km/Sek. beschleunigen konnte.
Aber selbst die 640 Tonnen schwere Titan-Centaur, die einen Schub von 11000 kN entwickelte, war mit der Viking-Nutzlast bis an die Grenze ihrer Leistungsfähigkeit beansprucht, sie erreichte die notwendige Schubkraft für die Mars-Missionen nur bei maximaler Ausnutzung aller Reserven. Diese Tatsache hatte eine sehr langsame Transfer-Bahn von der Erde zum Mars zur Folge, die beiden Viking-Raumfahrzeuge waren fast ein Jahr lang unterwegs, während die vorangegangenen Mariner-Sonden zum Roten Planeten jeweils nur etwa ein halbes Jahr brauchten.
Diese lange Flugzeit von knapp einem Jahr stellte an die Zuverlässigkeit und Lebensdauer der komplizierten Viking-Sonden erhöhte Anforderungen. Außerdem mußten die Sonnenzellen-Flächen größer sein, damit trotz der stärkeren Abnutzung während des langen Überführungs-Fluges dann am Mars noch die notwendige Energiemenge von etwa 600 Watt zur Verfügung stand. Auch der Vorrat für das Lageregelungs-Treibgas mußte reichlicher bemessen werden als bei einem »normalen« Flug zum Mars, denn während des längeren Aufenthalts im Weltraum wurde mehr davon verbraucht – von einer möglichst langen Arbeitszeit des Orbiters in der Mars-Umlaufbahn einmal ganz abgesehen.
Um die Erfolgschancen der Viking-Sonden auf dem Mars zu erhöhen, wurden wesentliche Systeme doppelt eingebaut, damit beim Versagen einer Baugruppe sofort – automatisch oder per Funksignal – auf das redundante System umgeschaltet werden konnte. So waren z. B. alle für die Landung wichtigen Komponenten des Lenkungs- und Navigationssystems zweifach ausgeführt. Auch die Installation von zwei völlig unabhängig voneinander operierenden Faksimilie-Kameras gehörte in diese Sicherheits-Philosophie, beim

Ausfall einer der Kameras hätte man lediglich auf die Stereofotos verzichten müssen. Auch der Bau und der Start von zwei Viking-Baugruppen war letzlich aus diesem Sicherheits-Denken erwachsen, angesichts der Komplexität der Mission hielten auch die NASA-Techniker das Versagen einer Sonde für durchaus möglich – das Risiko begann ja schon beim Start, wie der Unfall mit Mariner 3 und 8 gezeigt hatte. Umso größer war dann aber der Triumph, als beide Sonden den Mars erreichten und hervorragend funktionierten.
Die Gesamtleitung des Viking-Projekts hatte das »Langley Research Center« der NASA in Hampton, Virginia. Dort lag auch die Verantwortung für die Entwicklung des Landers. Während der Orbiter vom »Jet Propulsion Laboratory« in Pasadena gebaut wurde, hatte man die Konstruktion des Viking-Landers an die »Martin Marietta Corporation« in Denver, Colorado, vergeben, Dieser Konzern war übrigens auch für die Integration und die Vorbereitung der Trägerrakete vom Typ Titan-Centauer zuständig, die die beiden Viking-Sonden auf den Weg zum Mars brachte.
Die Entwicklung des Viking-Landers dauerte von 1969 bis 1975, der Bau von zwei Fluggeräten inkl. der beiden Schutzhüllen und der wissenschaftlichen Instrumentierung kostete ca. 360 Mio. Dollar. Das gesamte Viking-Projekt verschlang knapp eine Milliarde Dollar, inkl. der beiden Trägerraketen.

Der Orbiter

Das Kernstück des Viking-Fahrzeugs während des Transfers-Fluges zum Mars war der sog. Orbiter. der dann nach dem Einschwenken der Baugruppe in die Umlaufbahn und nach dem Abtrennen der Landekapsel den Planeten weiter umkreiste und erforschte sowie als Relaisstation für den Funkkontakt zwischen dem Lander auf der Mars-Oberfläche und den Bodenstationen auf der Erde diente.
Während des langen Fluges von der Erde zum Mars war der Orbiter der dominierende Teil in der Viking-Baugruppe, während die Landekapsel in einer Art »Winterschlaf« verharrte, laufend vom Orbiter mit wärmender Energie versorgt. Über den Orbiter lief in dieser Phase der ganze Funkverkehr mit der Viking-Baugruppe, auch die laufende Überprüfung aller Systeme in der komplexen Landekapsel. Aber der Orbiter war im Grunde sehr viel mehr als ein »Kindermädchen« für den Lander. Das große Triebwerk des Orbiters gab den entscheidenden Impuls für die Abbremsung der Fluggeschwindigkeit und für das Einschwenken in die Orbitbahn um Mars. Und die TV-Kameras an Bord des Orbiters lieferten die Unterlagen für die Auswahl zweier sicherer Landeplätze, nachdem sich die eigentlich geplanten Zonen auf dem Mars als zu rauh und zu gefährlich erwiesen hatten.
Die Konstruktion des Viking-Orbiters wurde wesentlich von seiner zunächst wichtigsten Aufgabe bestimmt, als »bus« für die große und schwere Landekapsel zu dienen. Das hatte Einfluß auf die Abmessungen des Orbiters und auf den Treibstoff-Vorrat für den Einschluß in die Mars-Umlaufbahn sowie auf die Menge des Treibgases für die Lageregelungs-Düsen.
Der Viking-Orbiter war wesentlich größer und schwerer als die vorangegangenen Planetensonden vom Typ Mariner, was vor allem auf seine Eigenschaft als »Mutterschiff« für die Landekapsel zurückzuführen war. Den Schwerpunkt der Konstruktion des Orbiters bildete das große Retro-Triebwerk, mit dem die Geschwindigkeit der Baugruppe beim Mars abgebremst wurde, so daß sie in eine Satellitenbahn um den Planeten einschwenken konnte.
Bei der Konstruktion des Viking-Orbiters profitierten die Ingenieure im JPL in großem Umfang von den Erfahrungen, die sie beim Bau der vorausgegangenen Planetensonden gesammelt hatten. Viele elektronische Bausteine waren schon bei Mariner 9 erfolgreich erprobt worden und fanden dann auch bei den Viking-Sonden Verwendung – eine wesentliche Kostenersparnis. Allerdings waren die neuen Mars-Orbiter wesentlich größer und in der Bildaufzeichnungs-Kapazität auch leistungsfähiger als M 9.
Die Zentralstruktur des Viking-Orbiters (VO) bestand aus einem Oktagonal-Ring von aneinander gesetzten Elektronik-Boxen, die 60 bzw. 140 cm lang waren, 45,7 cm hoch und 19 cm »dick«. Die Struktur hatte 240 cm Durchmesser.
Die 16 sich ergebenden Einzelsektionen dieses Instrumentenrings enthielten folgende Systeme:

1. Telemetrie;
2. Bordrechner und Kommandoempfänger;
3. + 11. Regelung des Gasdrucks für die Triebwerke zur Kurskorrektur und Lageregelung;
4. Daten-Speichersystem;
5. Lageregelungs-Elektronik;
6. Datenaufbereitung;
7. Steuerung der Sensoren-Plattform;
8. Sensoren-Elektronik;
9. + 13. Batterien;
10. Energie-Bereitstellung;
12. Elektronik zur Steuerung der Energieverteilung;
14. Magnetband-Speicher;
15. Telemetrie-Untersystem;
16. Pyrotechnik.

In den Boxen 3 und 11 befanden sich mehrere 30 cm große Kugeltanks mit Treibgas für das Lageregelungs-System.
Zur Temperaturregelung befanden sich an der Außenseite einiger Elektronik-Boxen regelbare Louvers, die je nach der thermischen Situation im Inneren durch Bimetall-Schalter aufgemacht oder geschlossen werden konnten.
Zur Aufrechterhaltung einer gleichmäßigen Temperatur von etwa 0°–30° C in den Elektronikboxen diente ein passives Regulierungssystem mit Lamellen vor kleineren Öffnungen, die durch Bimetallschalter regu-

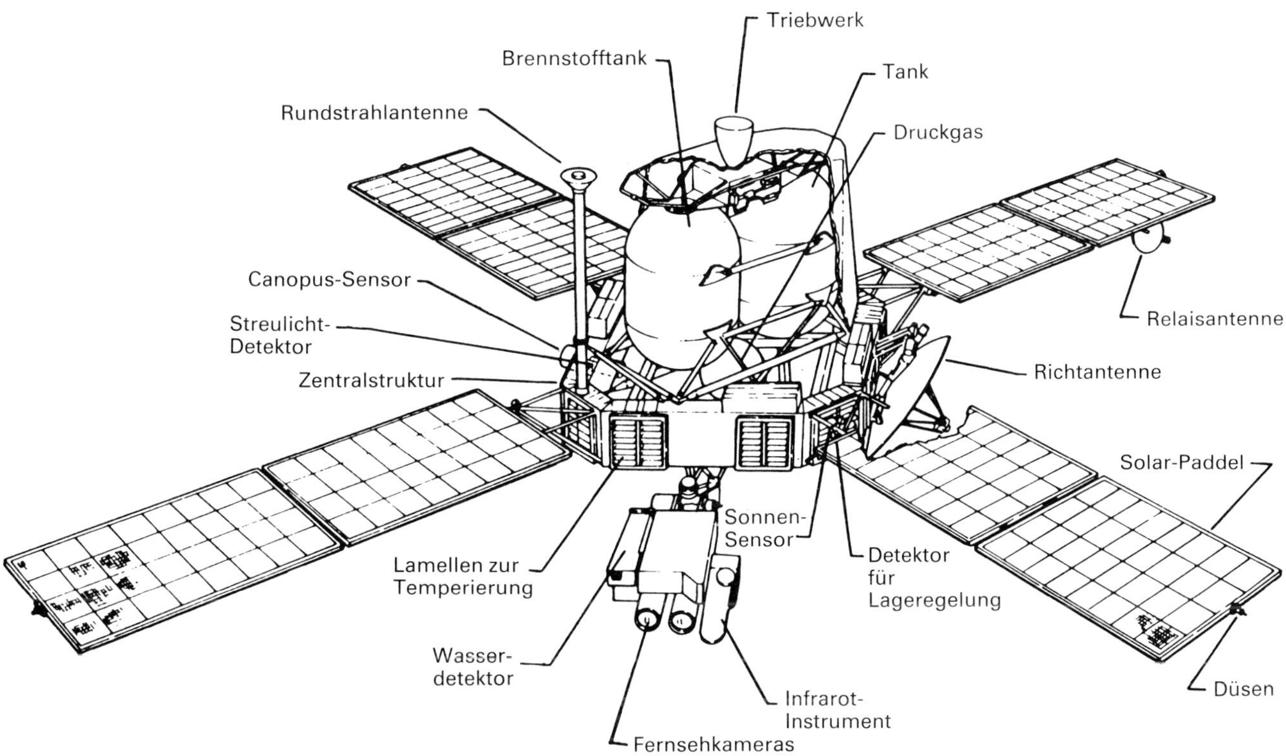

Die Konstruktion der Viking-Sonde wurde durch die doppelte Aufgabe dieser Mars-Sonden bestimmt. So mußte z. B. die Zentralstruktur wesentlich verstärkt werden, um neben dem Bremstriebwerk auch noch die schwere Landekapsel halten zu können – vor allem in den kritischen Minuten des Starts, als beide Raumsonden einer erheblichen mechanischen Belastung ausgesetzt waren. Die Sonnenzellen-Ausleger waren jeweils doppelt gefaltet, um unter die Schutzhaube der Trägerrakete zu passen. Am Ende der Solarpanel befanden sich nach bewährtem Muster wieder jeweils vier kleine Kurskorrektur-Triebwerke.

liert wurden. Wenn die Temperaturen durch die nicht unerhebliche Entwicklung von Eigenwärme zu sehr anstiegen, wurden die »Luftlöcher« etwas aufgemacht, um die Weltraumkälte etwas hereinzulassen.
Im Zentrum der polygonalen Hauptstruktur des Orbiters befand sich ein kugelförmiger Drucktank von 64 cm Durchmesser, der das Treibgas für die Treibstoff-Förderung enthielt.

Gesamt-Masse:	3520 kg;	Treibstoff:	1422 kg
Landekapsel:	1195 kg;	Orbiter (o. T.):	903 kg
Orbiter:	2325 kg;	Sensoren:	65 kg

Spannweite über Solarpaddel:	980 cm
Bauhöhe ohne Lander:	340 cm
Höhe mit Landekapsel:	590 cm

Der Viking-Orbiter war für eine Lebensdauer von minimal 90 Tagen und der Lander für eine Funktionszeit von mindestens 55 Tagen konzipiert. Alle vier Einzelsonden des Viking-Programms übertrafen diese Mindestanforderungen bei weitem.

Energieversorgung

Die vier Sonnenzellen-Paddel waren auch beim Viking-Orbiter wieder in der typischen X-förmigen Weise an vier Seiten des Zentralkörpers befestigt. Allerdings waren die Viking-Solargeneratoren wesentlich größer als z. B. bei Mariner 9, und sie waren in der Länge noch einmal geteilt, so daß bei der Entfaltung ein doppelter Klappmechanismus funktionieren mußte. Die vier Solarpanele bedeckten insgesamt eine Fläche von ca. 15 m^2 und lieferten in der Mars-Umlaufbahn etwa 600 Watt. Die Spannung in den zwei wichtigsten elektrischen Stromkreisen betrug 28 und 56 Volt.
Bei speziellen Flugmanövern und auch im Mars-Schatten konnten die Sonnenzellen keinen Strom liefern, in diesen kritischen Flugphasen übernahmen Nickel-Cadmium-Batterien mit einer Kapazität von 2 × 30 Ah die Energieversorgung (2 × 26 Zellen). Der Lade-Bedarf lag bei 125 W.

Funkverbindung

Regelmäßige Information zwischen allen beteiligten Komponenten ist die Voraussetzung für das Gelingen einer solchen komplizierten Planetenmission. Hauptaufgabe des Kommunikations-Systems bei Viking war die Übermittlung möglichst vieler Daten vom Orbiter

Der zentrale Instrumentenring der Viking-Orbitsonden war wesentlich größer als der von Mariner 9, was hauptsächlich auf die Abmessungen der Landekapsel zurückzuführen war, die während des Transferfluges zum Mars in der Schutzkapsel an das Zentralgehäuse angekoppelt war. Die größeren Sonnenzellen-Flügel waren notwendig, um die leistungsfähigen wissenschaftlichen Sensoren mit genügend elektrischer Energie versorgen zu können.

und Lander zur Erde. Kernstück des Nachrichten-Systems an Bord des Orbiters war die Parabolantenne von 147 cm Durchmesser, die seitlich an der Zentralstruktur befestigt war, und von kleinen Motoren in zwei Achsen bewegt werden konnte. Die Leistungsaufnahme der Parabolantenne betrug 96 W.

Nur bei Ausrichtung dieser Antenne auf die Erde war die hohe Datenrate von 16000 bps für die Bildübermittlung möglich. Wenn diese Antenne für kurze Zeit einmal nicht auf die Erde ausgerichtet werden konnte, dann empfing der Orbiter die Kommandos von der Erde mit einer sog. Rundstrahl-Antenne, die sich oben am Retromotor der Sonde befand. Über diese Antenne war die zweiseitige Funkverbindung auch in Notfällen möglich, wenn die Sonde einmal außer Kontrolle geriet.

Das Kommunikationssystem des Viking-Orbiters hatte wesentlich mehr Aufgaben als z. B. das von Mariner 9. Als wichtigste zusätzliche Funktion kam beim Viking-Satelliten die Rolle als Relaisstation zwischen dem Lander und der Erde hinzu. Die Datenverbindung zwischen dem Viking-Orbiter und den Bodenstationen auf der Erde erfolgte über ein Zweiweg-System, die beiden Empfänger arbeiteten auf den Frequenzen 2115 und 8413 MHz. Der Signalempfang erfolgte an Bord des Orbiters mit der Rundstrahl-Antenne, die Datenübertragung zur Erde lief über die Richtantenne. Das VO-Funksystem übermittelte simultan Informationen im S-Band (2295 MHz) und im X-Band-Bereich (8415 MHz). Diese Fähigkeit der gleichzeitigen Signalübertragung in zwei Frequenzbereichen war eine wesentliche Voraussetzung für mehrere funktechnische Experimente. Sowohl die S- als auch die X-Band-Signale wurden über die Parabolantennen abgestrahlt.

Grundforderung bei der Entwicklung des Kommunikations-Systems für den Orbiter war die Aufrechterhaltung des doppelseitigen Funkkontakts während jeder Phase des komplizierten Flugablaufs und bei jedem Manöver – bis auf die Momente, wo die Sonde von der Erde aus gesehen hinter dem Mars verschwand.

Die S-Band-Übertragung von technologischen Daten über den Zustand der Sonde erfolgte mit 8,3 oder 33,3 bps, die wissenschaftlichen Informationen und vor allem die TV-Bilder wurden mit 2000–16200 bps zur Erde abgestrahlt. Dasselbe galt für die vom Lander kommenden Daten, die der Orbiter als Relaisstation ebenfalls zur Erde weiterleitete. Maximal konnte der Viking-Orbiter 16200 Bit pro Sekunde zur Erde übertragen.

Für den Empfang der Funksignale, die von den Landekapseln auf der Mars-Oberfläche regelmäßig an den Orbiter weitergeleitet wurden, hatte dieser eine kleine Spezialantenne an Bord, die an einem der Solarpaddel befestigt war und jeweils auf die Lander ausgerichtet werden konnte.

Andererseits war aber die funktechnische Situation für den Empfang der Viking-Daten sehr viel günstiger als noch für Mariner 9, denn inzwischen hatte die NASA alle drei wichtigen DSN-Empfangsstationen mit den leistungsfähigen 64-m-Antennen ausgerüstet, neben Goldstone in Kalifornien also auch noch die Anlagen in Canberra, Australien, und in Spanien. Somit konnte die hohe Datenrate also kontinuierlich während 24 Stunden am Tag empfangen werden oder immer dann, wenn es nach dem Flugplan der Viking-Sonde gerade notwendig war. Bei M 9 hatten die Techniker ja immer sehr genau darauf achten müssen, wann die einzige 64-m-Antenne in Goldstone gerade auf den Mars ausgerichtet werden konnte, um den hohen Datenstrom von 16200 bps empfangen zu können.

Bord-Computer / Datenspeicherung

Der Mittelpunkt der elektronischen Ausrüstung sowohl des Viking-Orbiters als auch des Landers waren die Bord-Computer, die praktisch alle wichtigen Funktionen an Bord der Sonden regelten, vor allem die Beschaffung der wissenschaftlichen Informationen durch die verschiedenen Sensoren und die sichere Übertragung der Daten zur Erde.

Die Funktionen des Orbiters wurden vom »Computer Command System« (CCS) gesteuert, wie z. B. die Kurskorrekturen, die Lageregelungs-Manöver, die Arbeit der wissenschaftlichen Sensoren und die Ausrichtung der Parabolantenne.

Zur Bewältigung der komplexen Aufgaben in der Mars-Umlaufbahn erhielt der Orbiter zwei Zentralcomputer, in die von der Erde aus 4096 Kommandoworte für den Betrieb der Sonde und der Experimente

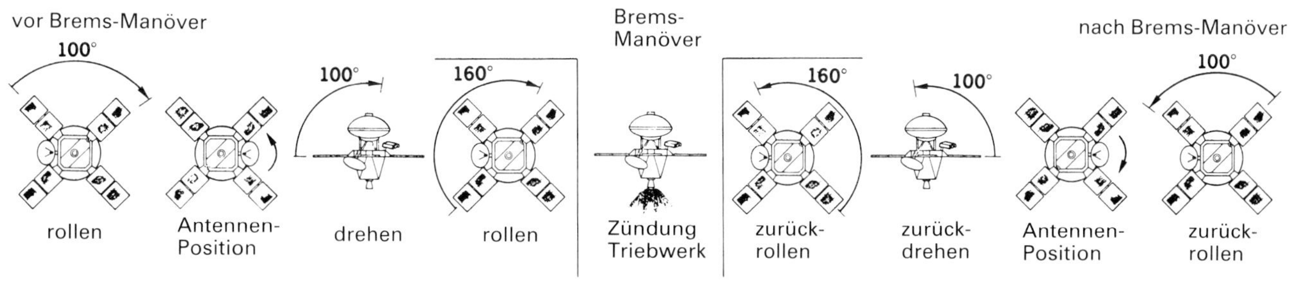

Das Lageregelungs-System des Orbiters war so konzipiert, daß es die Viking-Baugruppe in alle für die Mission erforderlichen Positionen bringen konnte, wie z. B. auch für das Manöver zum Einschuß in die Mars-Umlaufbahn. Der Bremsimpuls mußte ja entgegen der Flugrichtung erfolgen, damit die Sonde langsamer wurde und in die Umlaufbahn um den Planeten geriet.
Nach der »Mars-Orbit Insertion« (MOI) wurde die Sonde in die für einen Umlauf notwendige Position gebracht, so daß die Parabolantenne auf die Erde, die Solarpaddel auf die Sonne und die Sensoren auf die Mars-Oberfläche gerichtet waren.

eingespeichert werden konnten. Damit war eine sehr lange selbständige Arbeitsphase des Orbiters möglich. Die Rechner konnten parallel oder in Serie geschaltet werden. Die Bord-Computer im Orbiter analysierten zunächst die von der Erde kommenden Funksignale, dekodierten sie und leiteten die einzelnen Kommandos an die entsprechenden Untersysteme weiter.
An Bord des Viking-Orbiters befanden sich zwei Magnetband-Speicher mit je acht Spuren, die vor allem die Bilddaten festhielten, bis sie zur Erde übertragen werden konnten. Sieben Spuren nahmen die TV-Informationen auf, die achte Spur diente der Speicherung der technologischen Daten und der vom Lander übermittelten Messungen von der Mars-Oberfläche. Jedes Magnetband hatte eine Kapazität von 640 Mio. Bit, was einem Datenvolumen von ca. 64 Fernsehbildern entsprach. Die beiden Magnetbänder an Bord des Orbiters konnten also bei einer ausgedehnten Aufnahmeserie in 8,5 Min. insgesamt 128 Bilder aufspeichern. Die Übertragung dieser TV-Fotos dauerte dagegen wesentlich länger – etwa 22 Stunden.
Vor der Übertragung zur Erde wurden alle Meßwerte vom »Flight Data Subsystem« in digitale Form umgewandelt.

Lageregelung

Die Lagekontrolle des Orbiters während des Fluges zum Mars und auch in der Umlaufbahn erfolgte mit kleinen Stickstoff-Gasdüsen, die an den Enden der Sonnenzellen-Paddel montiert waren. Als Bezugspunkte für das Lageregelungs-System dienten die Sonne und der Fixstern Canopus, beide Gestirne wurden während der ganzen Mission mit speziellen Sensoren angepeilt. Drei Kreisel und ein Beschleunigungsmesser bildeten die Verbindung zwischen den Sensoren und dem Gasdüsen-System, das übrigens mit Stickstoff arbeitete, der in einem größeren Kugelbehälter in stark komprimierter Form mitgeführt wurde. Die Ausrichtung einer Planetensonde während des Transfer-Fluges erfolgte in der Regel nach der Sonne und nach Canopus, dem zweithellsten Fixstern am Firmament (nach Sirius), der allerdings nur am südlichen Himmel zu sehen ist. Canopus ist für diese Aufgabe aber nicht nur wegen seiner Helligkeit besonders geeignet, sondern vor allem deshalb, weil er fast rechtwinklig zur Ekliptik steht (bei $-75°$), während die Sonne sich ja bekanntlich genau in der Ekliptik-Ebene befindet. So sind zwei Richtungen bei der Orientierung einer Sonde im Raum schon einmal definiert.
In der normalen Flugphase zum Mars oder auch in der Umlaufbahn waren die Sensoren auf ihre Zielgestirne »eingerastet« und die Sonde damit exakt ausgerichtet. Die Solarpaddel zeigten auf die Sonne und die Sensoren-Plattform auf die Planeten-Oberfläche. Drohte diese Orientierung in die eine oder andere Richtung verloren zu gehen, so wurde von der Steuerautomatik sofort eines der kleinen Lageregelungs-Triebwerke aktiviert, das der drohenden Abweichung von der idealen Position entgegenwirkte. Ein kurzer Stickstoff-Impuls genügte.

Bremstriebwerk

Der Hauptmotor zum Abbremsen der Geschwindigkeit bei Mars mußte wegen der über dreifachen Masse der Viking-Baugruppe auch die etwa dreifache Kapazität besitzen, was wiederum das dreifache Treibstoff-Gewicht zur Folge hatte.
Das Retro-Triebwerk bestand aus zwei großen Treibstoff-Tanks, einem kleinen Raketenmotor und den dazu gehörigen Nebensystemen, wie z. B. dem Druckgas für die Treibstoff-Förderung. Als Oxydator diente N_2O_4, als Brennstoff wurde Monomethyl Hydrazin verwendet. Die beiden lagerfähigen und selbstzündenden Substanzen wurden im Verhältnis 1,55 : 1 verbrannt. Die beiden Treibstoff-Tanks waren je 91 × 140 cm groß, die ganze Einheit wog 1422 kg.
Die kleine Brennkammer bestand aus Beryllium, sie entwickelte einen Vakuum-Schub von 136 kp und war auf eine Betriebsdauer von 3000 Sek. ausgelegt. Das Antriebsvermögen betrug insgesamt 1400 Meter/Sekunde. Die kleine Düse konnte um insgesamt 9° geschwenkt werden, so daß eine gewisse Steuermöglichkeit bestand. Während des Bremsmanövers zum Erreichen der Mars-Umlaufbahn arbeitete das Triebwerk 2700 Sek. (ca. 45 Min.), eine ungewöhnlich lange ununterbrochene Brenndauer. Die übriggebliebene

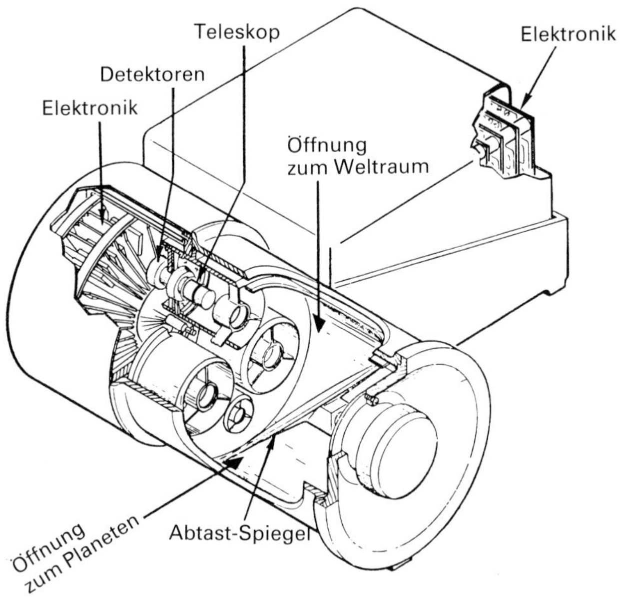

Neben den beiden Fernsehkameras hatten die Viking-Orbiter noch zwei andere Sensoren zur Untersuchung des Planeten Mars an Bord. Der hier abgebildete »Infrared Thermal Mapper« (IRTM) ermittelte die Temperaturen an der Mars-Oberfläche und in der Atmosphäre des roten Planeten. Auch diese beiden Sensoren befanden sich zusammen mit den TV-Kameras auf der steuerbaren Plattform am Gerätering des Viking-Orbiters.

Energie von ca. 300 m/Sek. verteilte sich auf ungefähr 20 weitere Einsätze des Triebwerks zur Änderung der Umlaufbahn.

Die wissenschaftlichen Sensoren

Ziel des Viking-Programms war es, durch direkte Messungen in der Atmosphäre und an der Oberfläche des Mars mehr über die Verhältnisse bei diesem Planeten zu erfahren. Dafür hatte der Viking-Orbiter neben den TV-Kameras noch zwei andere wissenschaftliche Sensoren an Bord, ein Infrarot-Spektrometer zur Aufspürung von Wasserdampf und einen Infrarot-Abtaster für Temperatur-Messungen. Die wissenschaftlichen Sensoren waren eindeutig auch auf die letzte gründliche Untersuchung der Zielgebiete für die Landekapseln zugeschnitten. Man wollte feststellen, ob die in Aussicht genommenen Areale tatsächlich die Bedingungen aufweisen, die man aufgrund der TV-Fotos von M 9 annahm. Da war neben der Rauhigkeit des Geländes auch die Temperatur maßgebend und der atmosphärische Druck. Es wurden also Gebiete bevorzugt, wo die Temperaturen und der atmosphärische Druck möglichst hoch waren, so daß die Existenz von Wasser in irgendeiner Form angenommen werden konnte – die Voraussetzung für jede Lebensäußerung.

Visual Imaging Subsystem (VIS): Zwei Fernsehkameras mit 475 mm Brennweite für Aufnahmen der Mars-Oberfläche aus der Umlaufbahn heraus und zur Erfassung der beiden kleinen Monde.

Infrared Thermal Mapper (IRTM): Gerät zur Messung der Temperaturen an der Mars-Oberfläche.
Der »Infrared Thermal Mapper« (IRTM) diente der Ermittlung genauer Angaben über die Oberflächen-Temperaturen auf Mars und in der Atmosphäre, z. B. in Wolken. Vor allem wurden Zonen gesucht, die sich nicht im thermischen Gleichgewicht befinden. Der IRTM-Sensor gab Auskunft auch über die Fähigkeit der Wärmespeicherung im Boden oder in den darauf liegenden Sandschichten oder den darüber verstreuten Steinen. Eine sandige Oberfläche z. B. wird tagsüber wärmer und kühlt nachts stärker ab als größere Steine und Felsmaterial es tun würden. Auch daraus ließen sich Rückschlüsse auf die Beschaffenheit der Oberfläche an bestimmten Zonen des Mars ziehen.
Auch die Untersuchung von Kondensationsphänomenen in der Atmosphäre stand auf dem Programm sowie die Erforschung der oft sehr heftigen Winde, die die gewaltigen Sandstürme auf dem Mars auslösen. Der IRTM-Sensor arbeitete in den Spektralbereichen 6–8 μ, 8–9,5 μ, 9,5–13 μ und 18–24 μ. Dazu kamen noch Kanäle für die Messung der Temperaturen in der Atmosphäre (16 μ) und der reflektierten Strahlung (0,3–3 μ). Der Sensor tastete die Mars-Oberfläche in kleinen Kreisen von 8 km Durchmesser ab, die Meßgenauigkeit betrug 0,1–0,36° C, ein wahrhaft exaktes Thermometer.

Water Vapor Mapping (WVM): Das Experiment bestand aus einem Infrarot-Spektrometer, mit dem nach Zonen hoher Wasserdampf-Konzentration auf dem Mars gesucht wurde, die man im Zusammenhang mit Grundwasser-Strömungen als Eis oder als Permafrost zu finden hoffte. Der WVM-Sensor arbeitete im Spektralbereich des Wasserdampf-Absorptionsbandes bei 1,38 μ. Das Gerät erfaßte aus 1500 km Höhe bei jeder Messung ein Gebiet von etwa 3×24 km Ausdehnung. Das Instrument arbeitete mit der unglaublichen Genauigkeit von einem Mikrometer. Obwohl die Druck/Temperatur-Relation an der Mars-Oberfläche das Vorkommen flüssigen Wassers sehr unwahrscheinlich macht, könnte eine kurzzeitige Überkonzentration von Wasserdampf an tieferen Stellen der Mars-Oberfläche für gelegentliche kleine Wasseransammlungen sorgen, wenn auch nur in Form von Eis.
Mit besonderer Spannung wurden die vergleichenden Messungen des Infrarot-Spektrometer zu verschiedenen Jahreszeiten auf dem Mars erwartet.

Alle drei Sensoren – TV-Kameras, IR-Spektrometer und Temperaturmesser – waren auf einer beweglichen Plattform montiert, die seitlich am Gerätering angesetzt wurde und die in einem weiten Bereich gedreht und geschwenkt werden konnte.

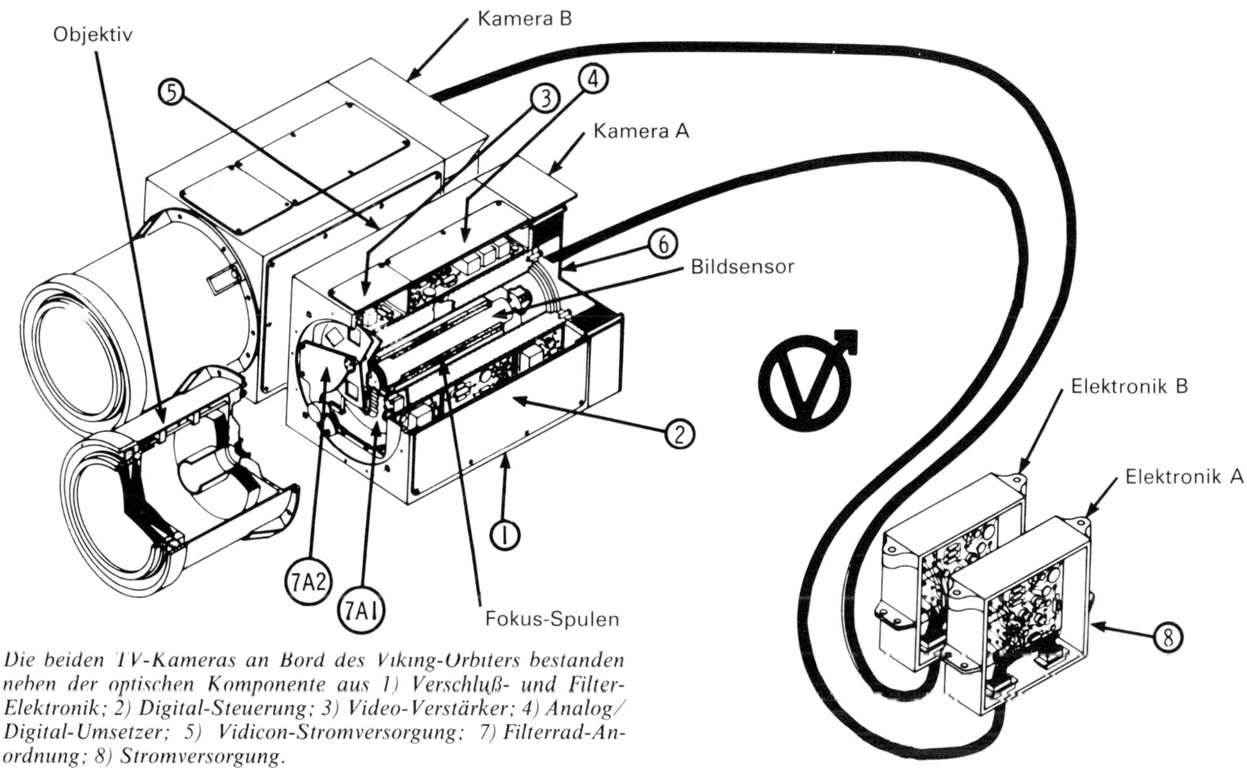

Die beiden TV-Kameras an Bord des Viking-Orbiters bestanden neben der optischen Komponente aus 1) Verschluß- und Filter-Elektronik; 2) Digital-Steuerung; 3) Video-Verstärker; 4) Analog/Digital-Umsetzer; 5) Vidicon-Stromversorgung; 7) Filterrad-Anordnung; 8) Stromversorgung.

Die Fernseh-Kameras

Die TV-Kameras an Bord des Viking-Orbiters hatten primär folgende Aufgaben:

a) die Beschaffung von Bildern hoher Auflösung von den in Aussicht genommenen Viking-Landezonen, um deren Eignung noch ein letztes Mal vor dem Niedergehen der Meßkapseln zu prüfen;
b) allgemeine Kartierung der Mars-Oberfläche und von »geologisch« besonders interessanten Gebieten auf dem Planeten;
c) Studium dynamischer Vorgänge auf der Mars-Oberfläche über längere Zeiträume hinweg, vor allem die Veränderung des Geländes während der vier Jahreszeiten;
d) Beobachtung der tatsächlichen Landezonen nach dem Niedergehen der Kapseln, um die von den Landern aus gemachten Bilder der Mars-Oberfläche besser interpretieren zu können.

Ein wesentliches Kriterium für die Entwicklung der Fernseh-Kameras und die Bemessung der Datenspeicherungs-Kapazitäten des Viking-Orbiters war also die Forderung der Wissenschaftler, die in Aussicht genommenen Landezonen auf der Mars-Oberfläche noch einmal genau inspizieren zu können, bevor das risikoreiche Landemanöver der beiden Instrumentenkapseln eingeleitet wurde. Für diese Aufgabe mußte das Auflösungsvermögen der TV-Kameras wesentlich besser sein als das der vorangegangenen Mars-Sonden vom Typ Mariner.

Um ein höheres Auflösungsvermögen der TV-Kameras im Viking-Orbiter zu erreichen, gingen die Ingenieure nicht den Weg der Brennweiten-Verlängerung über den bei Mariner 9 bewährten Wert von 500 mm hinaus, wie man vielleicht hätte annehmen können. Stattdessen wurde bei den Orbiter-Kameras bei etwa gleichbleibender Fokuslänge die Vidicon-Bildröhre vergrößert. Statt der sonst üblichen 1 Zoll-Röhre wurde für die Kameras ein 1,5 Zoll-Vidicon mit 38 mm Durchmesser gewählt, dessen Frontseite eine wesentlich größere Bildfläche aufwies, so daß die von der Optik entworfenen Abbildungen mit 1056 Zeilen zu 1182 Pixel abgetastet werden konnten. Das war gegenüber den TV-Kameras von Mariner 9 mehr als eine Verdoppelung der Bildfläche, was eine wesentliche Steigerung der Qualität der Bilder zur Folge hatte, die nun kaum noch von Fotografien unterschieden werden konnten.

Das Bildgewinnungs-System an Bord des Viking-Orbiters bestand aus zwei identischen TV-Systemen mit der dazugehörigen Elektronik. Jeder Kamera war ein Cassegrain-Teleskop zugeordnet mit den optischen Daten 5,6/475 mm sowie eine 38 mm-Vidicon-Bildröhre nebst der dazu gehörigen Elektronik.

Die beiden TV-Kameras hatten ein Blickfeld von 1,56 × 1,76°, so daß aus der Periapsis-Entfernung von

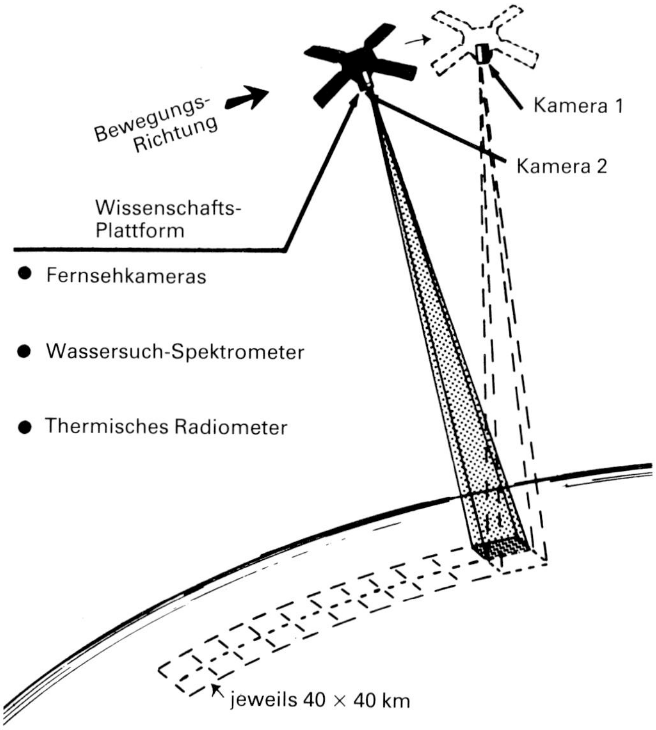

Die Arbeitsweise der beiden Fernseh-Kameras an Bord des Viking-Orbiters wird in dieser Grafik verdeutlicht. Jedes Objektiv erfaßte aus 1500 km Höhe einen Bildausschnitt von etwa 40 × 40 km, bei abwechselnder kontinuierlicher Auslösung der Kameras ergab sich ein fortlaufender Bildstreifen von 80 km Breite entlang der Umlaufbahn des Orbiters. Die Meßfelder der beiden anderen Sensoren auf der steuerbaren Plattform (IRTM und WVM) waren auf die »Fußabdrücke« der TV-Kameras zentriert.

1500 km jeweils ein Geländeabschnitt von 41 × 46 km erfaßt wurde. Die Achsen der beiden Kameras divergierten um ca. 1,4° voneinander, so daß bei einer Aufnahmesequenz mit der kürzestmöglichen Bildfolgezeit ein beliebig langer und ca. 80 km breiter Geländestreifen erfaßt wurde. Die beiden nebeneinander liegenden Bildspuren waren jeweils um 50 % gegeneinander versetzt. Die genannte Bildfolgezeit von 4,5 (exakt 4,48) Sek. war also genau auf die Flughöhe von 1500 km und den Bildwinkel der TV-Kameras abgestimmt, so daß das fortlaufende Bildband erhalten wurde.

Die Bildfolgezeit der Orbiter-Kameras war kürzer als bei allen vorangegangenen Mars-Sonden, denn alle 4,5 Sek. konnte jede der beiden Kameras eine neue Aufnahme machen, so daß der Orbiter praktisch alle 2,25 Sek. ein Bild aufnahm. Die beiden TV-Kameras wurden abwechselnd ausgelöst, der Verschluß des einen Systems öffnete sich immer gerade dann, wenn bei der anderen Kamera genau die Mitte des Bildfeldes abgetastet wurde. Alle 4,5 Sek. wiederholte sich dieser Zyklus.

Das Filterrad hatte sechs Öffnungen, die mehrere Farbfilter für den Spektralbereich von 360–650 nm enthielten. Damit konnten die TV-Kameras im Viking-Orbiter auch naturgetreue Farbaufnahmen der Mars-Oberfläche machen.

Ein farbloses Filter ließ den gesamten vom optischen System erfaßten Spektralbereich auf die TV-Bildröhre gelangen. Je ein blaues, grünes und rotes Filter teilten das einfallende Licht in drei sich etwas überlappende spektrale Abschnitte. Diese drei Filter wurden zur Erzeugung von Farbaufnahmen bei drei aufeinander folgenden Belichtungen genutzt. Weiterhin war ein violettes Filter für den kurzwelligen Spektralbereich von 350–450 nm vorhanden, das auch schon gewisse Einblicke in den ultravioletten Spektralbereich ermöglichte. Schließlich war noch ein Gelbfilter zur Unterdrückung des atmosphärischen Dunstes in dem Filterrad integriert.

Der mechanisch arbeitende Verschluß in den TV-Kameras ermöglichte Belichtungszeiten von 1/300 bis 2,7 Sek.

Erfahrungsgemäß beträgt das realistische, tatsächlich wahrnehmbare Auflösungsvermögen einer TV-Kamera etwa das 2,5fache der Größe eines Bildelements (Pixels). Die geringen Entfernungen von 50–300 km erreichten die Viking-Orbiter nur bei den zwei Mars-Monden Phobos und Deimos. Der geringste Abstand zum Mars selber betrug beim VO-2 etwa 300 km. Die genannten Werte und Größen gelten nur annäherungsweise.

Bezogen auf die zunächst angestrebte Mindest-Flughöhe der Viking-Orbiter von 1500 km ergaben die auf die Mars-Oberfläche projizierten Pixel eine Ausdehnung von ca. 38 m. Das Auflösungsvermögen beträgt etwa das 2,5fache dieses Wertes, also ca. 100 m. Interessant ist in diesem Zusammenhang eine Tabelle, die die Größe der »Fußabdrücke«, also das Ausmaß der Pixels der Fernseh-Bilder verschiedener Aufnahmesysteme aus wechselnder Höhe auflistet.

Jedes Pixel des TV-Bildes wurde zur funktechnischen

Bildgröße und Auflösungsvermögen der Fernseh-Kameras des Viking-Orbiters

Abstand (km)	Bildgröße (km)	Pixel-Größe (m)	Auflösungs-vermögen (m)
50	1,4 × 1,4	1,3	2
100	2,7 × 3	2,5	6,5
150	4,1 × 4,6	4	10
200	5,5 × 6	5	13
300	8 × 9	8	20
800	22 × 24,5	20	50
1 500	40 × 45	40	100
5 000	135 × 150	130	333
10 000	275 × 305	260	670
15 000	410 × 460	390	1000
20 000	545 × 610	520	1300
25 000	685 × 765	650	1600
30 000	800 × 920	780	2000
35 000	955 × 1075	910	2300

Übertragung in »7-Bit-Worte« umgesetzt, die die Wertigkeit in der 128 Grautöne umfassenden Gradationsskala von Weiß bis Schwarz angaben. Ein TV-Bild des Viking-Orbiters bestand also aus 8,7 × 10⁶ einzelnen Bit, es war damit qualitativ besser und an Informationen reicher als jede andere bis dahin von einer Planetensonde zur Erde übermittelte Aufnahme.
Trotz des wesentlich größeren Energievolumens, das dem Viking-Orbiter gegenüber der Mars-Sonde Mariner 9 zur Verfügung stand, war doch die Datenübertragungs-Kapazität des Viking-»bus« nicht größer, sie betrug ebenfalls maximal 16 200 bps, wenn die Richtantenne auf die Erde zeigte. Da aber die Fernsehbilder der Viking-Orbiter aus 1056 Zeilen zu 1182 Bildpunkten bestanden, dauerte die Übertragung der TV-Aufnahmen wesentlich länger. Die 1 248 192 Bildpunkte ergaben mit den sieben Bit für die Grauwert-Information 8 737 344 Bit je Aufnahme. Die Übertragung dieser Informationen mit der höchsten Datenrate dauerte 539,3 Sek. oder neun Minuten. Für die Abspielung aller 128 auf den beiden Magnetbändern gespeicherten TV-Aufnahmen waren also jeweils 1143 Minuten oder ca. 19 Stunden anzusetzen.
Diese lange Übertragungszeit für die Bilder stand etwas im Gegensatz zu dem kurzen Aufnahmeintervall von 4,5 Sek., der für die lückenlose Erkundung der projektierten Landeplätze notwendig war. Für die Übertragung der Aufnahmen zur Erde stand dann jeweils die lange Flugphase nach dem Periapsis zur Verfügung. Die sehr schnelle Aufnahmefolge von 4,5 Sek., die die Kameras an Bord des Viking-Orbiters ermöglichten, machte eine hohe Geschwindigkeit des Magnetband-Speichers notwendig, der die Informationen aufzeichnete und dann später zur Erde überspielte. Diese Übertragung zur Bodenstation muße dann aber wegen der begrenzten Datenübertragungs-Kapazität der Funkanlage im Orbiter sehr viel langsamer mit maximal 16 200 bps erfolgen. Das Magnetband-Gerät mußte deshalb in der Bandlauf-Geschwindigkeit bei Aufnahme und Wiedergabe sehr variabel sein.
Vom »Flight Data Subsystem« kamen die digitalisierten Bilddaten zum Magnetband, wo die sieben aufeinander folgenden Bit eines Bild-Pixel nacheinander auf die sieben dafür zur Verfügung stehenden Spuren des Bandes aufgespielt wurden. Das erste Bit kam auf Kanal 1, das zweite auf Kanal 2, das dritte Bit auf Kanal 3 usw. Der erste Kanal des Magnetbandspeichers enthielt also jeweils das erste Bit eines »Pixel-Wortes«, also die Bits mit der Nummer 1, 8, 15, 22, 29 usw. Der zweite Kanal speicherte dann entsprechend die Bits mit der Nummer 2, 9, 16, 23 usw. Die Bildinformationen waren auf den Magnetspeichern also regelrecht ineinander verzahnt aufgetragen. Dieses System der parallelen Aufzeichnung der Bildinformation lieferte der Bodenstation ein recht kompliziertes, völlig zerhacktes elektronisches Bildmuster. Erst wenn alle Daten vorlagen, konnten mit Hilfe eines entsprechend programmierten Computers die einzelnen Pixel auf einem Monitor zum vollständigen TV-Bild zusammengesetzt werden.

Die beiden Fernsehkameras an Bord der Viking-Orbiter waren die leistungsfähigsten TV-Systeme, die bisher in der Planetenforschung eingesetzt wurden. Die Qualität der von diesen Kameras übermittelten Mars-Bilder wurde noch von keiner anderen Sonde erreicht – diese TV-Aufnahmen sind kaum von Fotografie zu unterscheiden. Realisiert wurde diese Bildschärfe durch eine größere Vidicon-Röhre, die das vom optischen System entworfene Bild in 1056 Zeilen zu 1182 Punkten unterteilte. Auch die Perfektionierung der Übertragungstechnik trug zur fantastischen Qualität der Viking-Bilder vom Mars bei.

Bis zur Mitte des Jahres 1980 arbeiteten im »Jet Propulsion Laboratory« der NASA in Pasadena noch etwa 30 Techniker und Wissenschaftler für die Betreuung der beiden funktionierenden Viking-Kapseln. Danach wurde dieses Mars-Programm auch personell bis fast »auf den Nullpunkt gefahren«.
Kurz vor Beendigung seiner Fotoarbeit im Mars-Orbit lieferte der VO-1 am 22. 2. 1980 noch einige Aufnahmen, auf denen höchst bemerkenswerte meteorologische Erscheinungen beobachtet wurden. In jenen Tagen herrschten außerordentlich günstige Aufnahmebedingungen, die Mars-Atmosphäre war ungewöhnlich klar, so daß ein kaum jemals zuvor aus den betreffenden Flughöhen des Orbiters erreichtes Auflösungsvermögen resultierte. Aus größerer Entfernung vom Mars machte der VO-1 an jenem Tag ein aus 102 TV-Bildern bestehendes sog. Weitwinkel-Mosaik ausgezeichneter Qualität von dem großen Mars-Canyon Valles Marineris.
Auf einigen dieser Bilder entdeckten die Auswerter eine recht scharf begrenzte dunkle Linie, die sich nördlich und östlich des großen Vulkans Arsia Mons auf der Tharsis-Hochebene in der Atmosphäre verfolgen ließ – offensichtlich eine Wetterfront oder eine atmosphärische Schockwelle. Nie zuvor war eine solche Erscheinung auf dem Mars beobachtet worden. Die zweite ungewöhnliche Beobachtung betraf vier kleine,

eng zusammenstehende Wolken nördlich des Kraters Lowell. Die größte dieser Wolken hatte etwa 32 km Durchmesser, aus dem auf der Mars-Oberfläche zu beobachtenden Schatten ließ sich ihre Höhe zu 28–30 km bestimmen.
Durchschnittlich lieferte der VO-1 in der letzten Arbeitsphase täglich etwa 30 Fernsehbilder von der Mars-Oberfläche aus verschiedenen Entfernungen. Das war kaum weniger, als in der sehr intensiven Arbeitsphase zu Beginn der Mission.

Daten der TV-Kamera an Bord des Viking-Orbiters verglichen mit dem Teleobjektiv an Bord der Lunar-Orbiter-Sonde

		Viking-Orbiter	Lunar-Orbiter
System		Reflektor	Refraktor
Brennweite	mm	475	610
Öffnungsverhältnis	d/f	1 : 5,6	1 : 5,6
Verschluß		Rotation	Schlitz
Belichtungszeiten	s	1/300–2,7	1/25; 1/50; 1/100
Filter	nm	350–700	
Speichermedium		Vidicon 1,5 Zoll	Foto-Film
Bildfeld-Größe	mm	14,5 × 18,2	55 × 219
Zeilenzahl / Bildpunkte		1056 / 1182	16 500 × 65 700
Rasterdichte	L/mm	73 × 65	300
Pixel je Aufnahme		1 248 192	1,08 × 10^9
Graustufen / Bits		128 / 7	32 / 5
Bits pro Bild		8 737 344	5,4 × 10^9
Bildwinkel	Grad	1,56 × 1,76	5,2 × 20,4
Bildgröße (aus je 1500 Distanz)	km	39,3 × 44,5	155,6 × 622,5
Pixelgröße (aus je 1500 Distanz)	m	38,8	9,6
Auflösung (aus je 1500 Distanz)	m	100	24
Verwischung (aus je 1500 Distanz)	m	mind. 10	kompensiert
Bildspeicher		Magnetband	Fotograf. Film
Anzahl / Spuren	m	2 / je 8	60 / 1
Kapazität	Bit	2 × 6,4 × 10^{10}	1,6 × 10^{12}
Speicher-Rate	bps	1 941 632	8 × 10^{11}
Wiedergabe-Rate	bps	16 200	
Abtast-/Bildfolgezeit	s	2,25 / 4,5	1920 / 2,2–8,8

Die vier TV-Kameras der beiden Viking-Orbiter machten im Verlauf ihres zwei- bzw. vierjährigen aktiven Einsatzes ca. 53 500 Aufnahmen, mit denen etwa 97 % der Mars-Oberfläche und große Teile der beiden kleinen Monde Phobos und Deimos mit teilweise recht beachtlichem Auflösungsvermögen von nur wenigen Metern erfaßt wurden. Der größte Teil der Aufnahmen entstand natürlich in den beiden ersten Arbeitsjahren, solange der VO-2 noch intakt war, der bis zu seinem Versagen im Juli 1978 ca. 16 500 TV-Bilder zur Erde gefunkt hatte. VO-1 hatte bis zu diesem Zeitpunkt etwa 25 000 Mars-Bilder gemacht. In den weiteren zwei Jahren seines Funktionierens kamen dann noch einmal etwa 12 000 Aufnahmen hinzu.

Der Viking-Lander

Mit dem Entwurf einer Landekapsel für das Viking-Unternehmen zur Oberflächen-Erforschung des Mars beschritten die Planetenforscher der NASA und die Techniker des beauftragten Konzerns Martin-Marietta konstruktives Neuland. Zwar hatte man mit dem Bau der »weich« auf dem Mond gelandeten Surveyor-Sonden schon einmal eine unbemannte Kapsel für die direkte Erforschung eines anderen Himmelskörpers gebaut (von dem Lunar Module des Apollo-Programms einmal abgesehen), aber diese »Begutachter« waren verhältnismäßig einfach aufgebaut, und ihr Ziel war bei weitem nicht so weit von der Erde entfernt, wie es Mars ist. Die Viking-Landekapseln sollten in einigen hundert Millionen Kilometern Distanz sehr viel länger operieren und auch sehr viel ehrgeizigere wissenschaftliche Aufgaben erfüllen als die Surveyor-Mondsonden. Trotzdem ist eine gewisse konstruktive Ähnlichkeit zwischen den Viking- und Surveyor-Landekapseln nicht von der Hand zu weisen.
Der Viking-Lander bestand aus einem hexagonalen Aluminium-Zentralkörper von 46 cm Höhe und 150 cm Breite, in dem die elektronische Ausrüstung und die meisten wissenschaftlichen Instrumente untergebracht waren, und aus den drei je 130 cm langen Landebeinen, die im Winkel von jeweils 120° zueinander seitlich aus dem Zentralkörper herausragten und zum Auffangen des Landestoßes einen Abfederungsmechanismus enthielten. Ebenfalls im Winkel von 120° zueinander waren seitlich am Zentralkörper die drei Abstiegs-Triebwerke montiert, die je über 18 Austrittsdüsen verfügten, um die Auswirkungen des Abgasstrahls (Staubentwicklung, chemische und thermische Verunreinigung des Mars-Bodens an der Landestelle) zu vermindern. Diese drei Landetriebwerke entwickelten einen Schub von 3 × 2,6 kN, sie verbrannten bei dem Bremsmanöver etwa 60 kg Hydrazin, das in zwei kugelförmigen Tanks außen am Zentralkörper gelagert war. Vier kleine Steuertriebwerke zur Kontrolle des Rollmoments während des Abstiegs waren paarweise außen an diesen Kugeltanks montiert.
Unentbehrlich für das komplizierte Landemanöver der Viking-Kapseln war das Doppler-Radarsystem, das die Vorwärts-, Seiten- und Sinkgeschwindigkeit des Fahrzeugs mit einer Genauigkeit von 1 m/s angab. Der dazugehörige Höhenmesser arbeitete im Bereich von 60 000–30 Meter.
Der gesamte Landevorgang wurde von einem speziellen Rechenzentrum an Bord der Sonde gesteuert, dem sog. »Guidance Control and Sequencing Computer« (GCSC).
Der Viking-Lander war während des Starts und der ersten Flugphase doppelt eingekapselt. Direkt um die Sonde lag die sog. »Aeroshell«-Hülle, die ein Teil des Landesystems für den Abstieg auf die Mars-Oberfläche war und als Hitzeschild beim Durchfliegen der Atmosphäre diente. Außer dem eigentlichen Lander

So ungefähr kann man sich die beiden Viking-Landekapseln auf dem Mars stehend vorstellen, obwohl dieses Demontrationsfoto auf der Erde entstand. Die Antenne ist in die Himmelsgegend gerichtet, wo die Erde oder der Orbiter stehen, der Mast mit den meteorologischen Sensoren ist hochgeklappt und der bewegliche lange Arm zur Bodenproben-Entnahme ausgefahren. Die Zylinder der Faksimile-Kameras ragen wie »Wachtürme« aus dem Zentralkörper heraus. Die beiden Instrumentenkapseln dürften jetzt einige tausend Jahre auf dem Mars stehen, bis sie von der Erosion langsam zerstört werden.

enthielt die »Luftmuschel« noch den Landefallschirm sowie einige wissenschaftliche Sensoren zur Untersuchung der Mars-Atmosphäre. Um die Aeroshell-Kapsel lag während des Starts und der ersten Flugphase noch das sog. »Bioshield«, dass das Eindringen von irgendwelchen Lebenskeimen in die Landekapsel verhindern sollte, solange sich diese auf der Erde und in der Atmosphäre befand.
Um jede Verunreinigung der Mars-Oberfläche durch evtl. von den Landekapseln eingeschleppte Viren und Bakterien zu vermeiden, wurden die automatischen Laboratorien – eingeschlossen in die »Bioshields« – fast 400 Stunden lang einer Temperatur von 125° C ausgesetzt – was auch der zäheste auf der Erde bekannte Mikroorganismus nicht überlebt. Aber diese rigorose Prozedur stellte natürlich höchste Anforderungen an die Konstruktion der Landekapseln, vor allem an die elektronischen Bausteine. So konnten z. B. keine Germanium-Transistoren verwendet werden, die wären beim »Kochen« der Landekapseln zerschmolzen. Die Mars-Laboratorien waren also für einen extrem breiten Temperaturbereich von −80° C bis +120° C zu konzipieren, wie er bis dahin noch bei keiner anderen Raumsonde zu berücksichtigen war.

Stromversorgung / Funkverbindung

Die Stromversorgung des Viking-Landers erfolgte über zwei thermoelektrische Radioisotop-Generatoren vom Typ SNAP 19, die unter aerodynamischen Verkleidungen hinter den Treibstoff-Tanks montiert waren und zu Beginn der Mission auf dem Mars zusammen eine elektrische Leistung von 76 Watt erzeugten. Der Energiebedarf der Bordsysteme lag bei maximal 57 Watt, und der überschüssige Strom wurde in zwei Ni-Cd-Batterien gespeichert oder gleich an die Heizelemente weitergegeben.
Von größter Wichtigkeit für das Überleben der Viking-Lander auf der kalten Mars-Oberfläche waren die Maßnahmen zur Thermalkontrolle. So waren der Zentralkörper und die wichtigsten Sensoren – vor allem die Faksimile-Kameras – durch Spezialfolien und Bimetall-Jalousien intensiv gegen zu starken Temperaturabfall gesichert. Trotzdem mußte vor allem während des Mars-Winters der größte Teil des von den

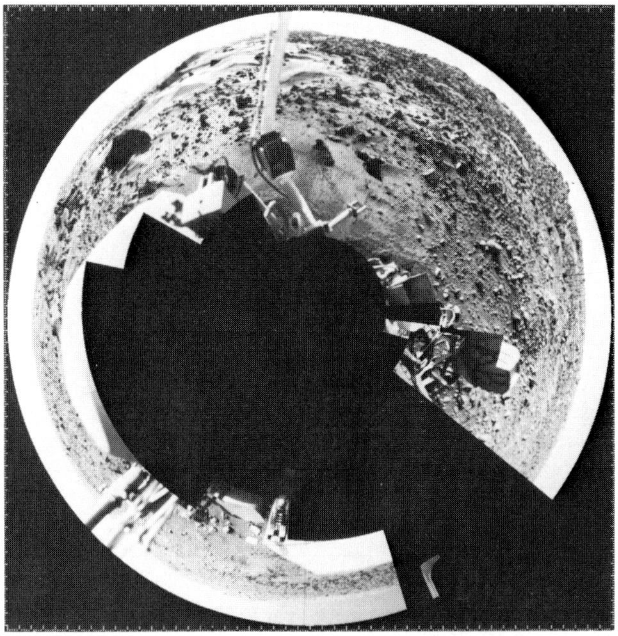

Dieses »Fischaugen«-Panorama von der Umgebung des Landeplatzes der Mars-Sonde Viking 1 entstand mit Hilfe eines Computers, der die normalen rechteckigen Bilder der Faksimile-Kameras so trapezförmig umformte, daß sie zu diesem Mosaik zusammengelegt werden konnten. Norden ist dabei oben. Interessant sind die verschiedenen Beleuchtungsbedingungen in den anderen drei Himmelsrichtungen. Neben einigen Teilen der Kapsel selbst wird auf diesem Rundum-Mosaik auch die nähere und weitere Umgebung des Landeplatzes erkennbar. Die Wissenschaftler nutzen solche Aufnahmen zur Identifizierung von topografischen Details, die auch auf den Bildern der Viking-Orbiter von den Landeplätzen aus gemacht wurden.

»Atombatterien« erzeugten elektrischen Stroms für die kontinuierliche Heizung der wichtigsten Systeme und Sensoren verwendet werden.
Die RTG-Generatoren hatten vor allem den Vorteil, auch in den kalten Mars-Nächten elektrischen Strom für die Heizelemente zu liefern. Auch tagsüber hatte die Sonne auf dem sehr viel weiter (als die Erde) entfernten Mars nicht mehr die Kraft, die für den Betrieb aller Sensoren und Systeme notwendigen elektrischen Strom mit Solargeneratoren zu erzeugen.
Die Kommunikation zwischen Lander und Orbiter verlief einseitig über die UHF-Frequenz 380 MHz von der Mars-Oberfläche zum Viking-Satelliten. Dieser Sender an Bord des Landers wurde kurz vor der Trennung vom Orbiter aktiviert. Während des Abstiegs durch die Atmosphäre wurde der Kontakt mit der Erde (mit 4000 bps) über den Orbiter aufrechterhalten, der sich die ganze Zeit über im funktechnischen Sichtbereich der Landekapsel und auch der Erde befand. Sofort nach der Ankunft auf dem Mars wechselte die Datenrate des Landers auf den normalen Wert von 16200 bps, diese Änderung war übrigens für die Techniker auf der Erde der erste Beweis dafür, daß die Sonde sicher auf dem Mars angekommen war.
Die Funkverbindung des Landers mit der Erde erfolgte entweder direkt über die 76 cm große Richtantenne oder über den Orbiter, an den die Signale mit einer UHF-Kreuzdipol-Antenne übermittelt wurden. Der Befehlsempfang erfolgte im S-Band-Bereich ebenfalls über eine solche Dipolantenne mit 4 oder 8 bps. Die Datenübertragung zur Erde mit der Richtantenne konnte mit 10 oder 20 W erfolgen, die Bit-Rate war mit 253, 506 oder 1012 bps sehr niedrig, weil die Entfernung zur Erde sehr groß war und bei der gegebenen Sendestärke relativ langsam erfolgen mußte, um Übertragungsfehler zu vermeiden.
Der UHF-Kontakt vom Lander zum Orbiter konnte dagegen mit dem 30-Watt-Sender sehr viel schneller mit 16200 (genau 16192) bps erfolgen, allerdings nur für etwa 15 Min. täglich, in denen der Satellit günstig über dem Horizont des Landers stand.

Rechner / Magnetbandspeicher

An Bord des Landers befanden sich zwei identische Rechner- und Zeitgeber-Einheiten: Data Acquisition and Processor Unit DAPU; einer davon diente als Reserve und konnte sofort einspringen, falls es Probleme mit der Primäreinheit gab.
Die beiden Rechner an Bord des Viking-Landers hatten jeweils eine Kapazität von 20000 Befehlsworten zu je 25 Bit, insgesamt also konnten diese Computer 500000 Bit speichern, was für eine selbständige Arbeitszeit der Landekapseln auf der Mars-Oberfläche von etwa 22 Tagen ausreichte, so daß die Sonden auch ein wissenschaftliches Ergebnis erarbeitet hätten, wenn die Funkverbindung von der Erde zum Lander aus irgendeinem Grund verloren gegangen wäre. Schon allein aus folgendem läßt sich ersehen, daß ein Speichervorrat von 18000 Befehlsworten sehr groß ist: die englische oder auch die deutsche Umgangssprache haben nur ein Volumen von etwa 1000 Worten.
Diese Rechner »Data Acquisition and Processor Unit« prüften sich laufend selbst und sandten regelmäßig »o. k.«-Signale zur Erde – solange alles planmäßig verlief. Entdeckte einer der Computer irgendwo einen Fehler im Programm, so wurden alle Operationen sofort gestoppt, bis der zweite Rechner die Kontrolle übernommen hatte. Selbstverständlich konnten die beiden Computer an Bord des Viking-Landers auch umprogrammiert werden, was z. B. bei der Verschiebung des Landetermins notwendig war.
Wegen der besonderen thermischen Belastungen, denen die Landekapseln bei der Sterilisation vor dem Start ausgesetzt wurden, konnten für diese Programm-Rechner keine herkömmlichen Bauteile verwendet werden. Stattdessen wurde eine neue Technologie entwickelt, die mit 1/20 mm »dicken« Drähten arbeitete, welche mit einer magnetischen Substanz überzogen waren.

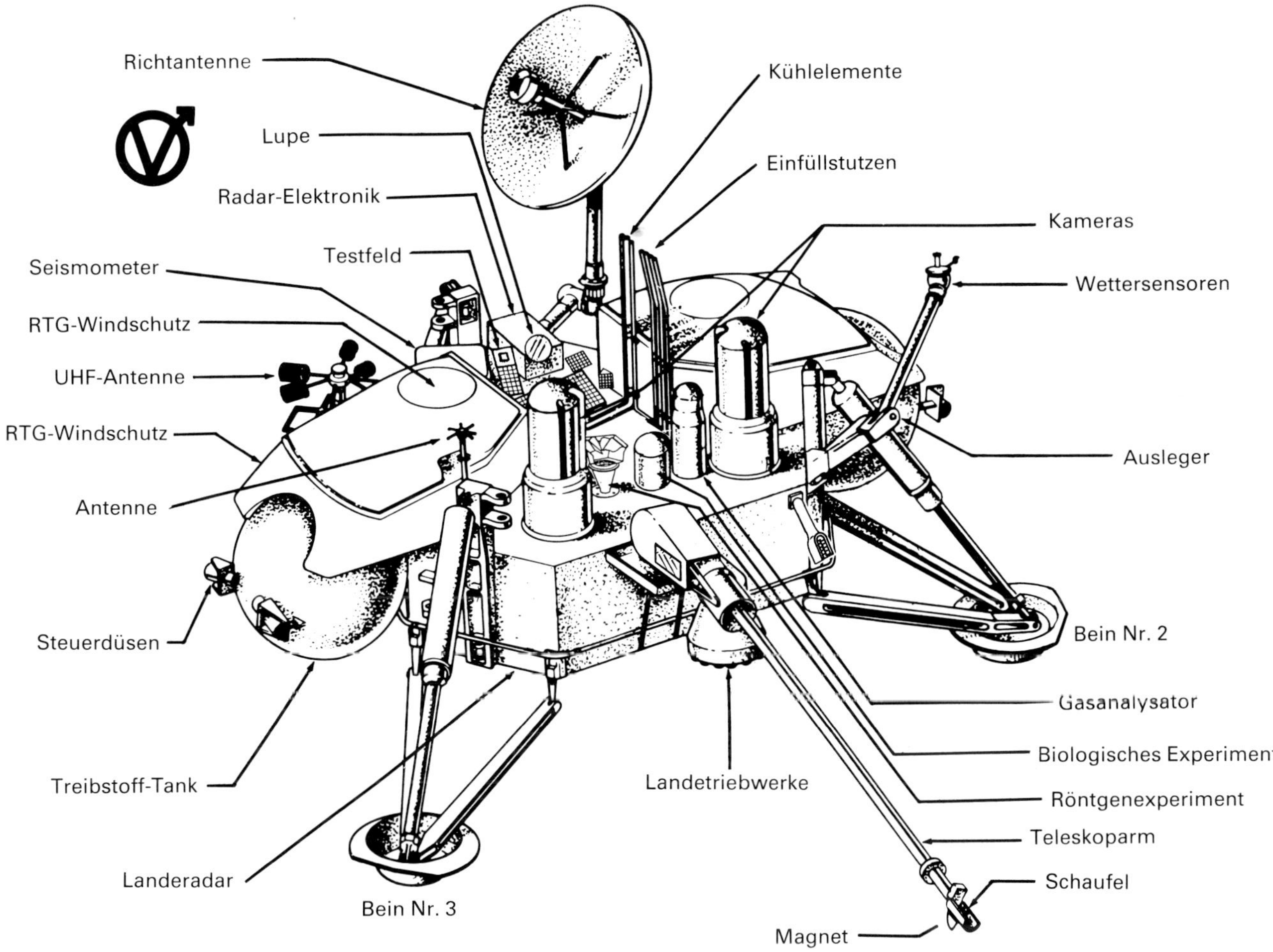

Die Viking-Landekapseln waren die kompliziertesten und leistungsfähigsten unbemannten Raumfahrzeuge, die bisher entwikkelt und erfolgreich eingesetzt wurden. Das Startgewicht betrug 1120 kg, die Hälfte etwa entfiel auf Treibstoffe, Landefallschirme, usw. Die wissenschaftlichen Apparaturen wogen nur 86 kg. Der Durchmesser der Landekapsel betrug 355 cm, die Höhe bis zur Antenne 180 cm. Die Stromversorgung erfolgte durch zwei sog. RTG-Elemente.

Der Lander erhielt seine Instruktionen stets direkt von der Erde, täglich bestand für etwa neun Stunden die Möglichkeit des Funkkontakts. Umgekehrt vom Lander zur Erde gab es zwei Übermittlungswege, den direkten und den über die Orbiter-Relaisstation. Der mit der Parabolantenne direkt zur Erde funkende Sender konnte anfangs etwa 70 Minuten täglich Signale mit 500 bps übermitteln, jedesmal also etwa 2,1 Mio Bit. Im weiteren Verlauf der Mission mußten diese Werte wegen des wachsenden Abstands zwischen Mars und Erde aber zunächst einmal reduziert werden, bevor sie dann wieder auf den ursprünglichen Wert gebracht wurden.
Obwohl allein die Bewegungen des Greifarms an Bord des Mars-Landers mehrere hundert Kommandos benötigten, war doch das »Gedächtnis« mit 18000 Worten stark überdimensioniert. Nur etwa 500 Befehle waren zum reibungslosen Betrieb der Landekapsel auf der Mars-Oberfläche notwendig, die anderen 13000 Computer-Worte dienten der laufenden Überwachung des Rechners selbst und der Steuerung der kritischen Landephase.
Die große Kapazität der »Data Acquisition and Processor Unit« erlaubte es den Wissenschaftlern in der Bodenstation, jede Woche ein neues Forschungsprogramm in den Rechner einzugeben, das auf die neuesten Meßergebnisse Bezug nahm. Das alte Arbeitsprogramm blieb so lange im Speicher, bis das neue abgeschlossen war. Die Wissenschaftler konnten so z. B. laufend auf die neuesten Ergebnisse des biologischen Versuchsprogramms eingehen und auch neue Tests mit den Bio-Labors vornehmen, die ursprünglich gar nicht vorgesehen waren. Diese Fähigkeit des flexiblen Missionsablaufs war eine der erstaunlichsten Leistungen während des Viking-Programms. Ermöglicht wurden die »Lernfähigkeit« und das große Speichervolumen der Computer durch die enormen Fortschritte in der Miniaturisierung elektronischer Bausteine, das »Data Acquisition and Processor Unit« wog nur 7,6 kg.

Ein Techniker des Elektronik-Konzerns RCA wurde hier bei letzten »Überprüfungen eines Radioempfängers für die Viking-Landekapseln fotografiert. Alle elektronischen Apparaturen für solche Raumfahrt-Missionen unterliegen rigorosen Tests, um ihre Funktion auch bei extremen Belastungen, in Kälte und Hitze sowie bei starken Erschütterungen zu gewährleisten. Um ganz sicher zu gehen, werden alle funktionswichtigen elektronischen Bausteine doppelt oder sogar dreifach in Raumsonden eingebaut, so daß beim Versagen einer Einheit gleich der Ersatz aktiviert werden kann.

An Bord des Viking-Landers befand sich außerdem ein vierspuriger Magnetband-Speicher, der 40 Mio. Bit mit zwei Geschwindigkeiten aufnehmen und mit fünf verschiedenen Raten wieder abspielen konnte – je nach der funktechnischen Situation. Wenn der Orbiter im Empfangsbereich war, konnte das Band mit hoher Geschwindigkeit ablaufen. Bei Datenübertragung zur Erde mußte das Band sehr langsam laufen.

Wissenschaftliche Ausrüstung des Viking-Landers

Die nach langen Diskussionen schließlich ausgewählte Systematik für die Suche nach Lebensspuren auf dem Mars durch die Viking-Landekapseln basierte auf einer Reihe grundlegender biologischer Überlegungen. Zunächst einmal entschieden sich die NASA-Wissenschaftler nur für die Suche nach Mikro-Lebewesen, weil deren Existenz am ehesten angenommen werden konnte – höher entwickelte Lebensformen ließen die Verhältnisse auf Mars als völlig unwahrscheinlich erscheinen. Bei der Entwicklung der Lebens-Detektoren gingen die Experten von der auf unserem Planeten vorherrschenden Kohlenstoff-Chemie aus, alle anderen Biosysteme – wie z. B. die vieldiskutierte Silizium-Lebenschemie – erwiesen sich bei genauer Nachprüfung nach dem heutigen Wissensstand als extrem unwahrscheinlich.

Das erste biologische Experiment des Viking-Landers ging z. B. von der Annahme aus, daß eine evtl. auf dem Mars existierende Biochemie mit höchster Wahrscheinlichkeit vom hohen Kohlendioxid-Gehalt der Mars-Atmosphäre geprägt worden wäre. Ein vielleicht existierender fotosynthetischer Prozeß hätte zur Assimilierung von CO_2 oder Kohlenmonoxyd geführt.

Lander Camera System (LCS): Faksimile-Kamera zur visuellen Erfassung der unmittelbaren Umgebung mit Schwarzweiß-, Infrarot- und Farbaufnahmen.

Gas Chromatograph Mass Spectrometer (GCMS): Gerät zur Untersuchung der Mars-Materie nach organischen Bestandteilen und zur Analyse der unteren Atmosphäre des Planeten.

Integrated Biology Instrument (IBI): Kombinations-Instrument zur Untersuchung des Mars-Bodens auf biologische Bestandteile nach drei verschiedenen Methoden:

a) **Pyrolytic Release (PR)** zur Entdeckung organischer Spuren in erhitzten Bodenproben durch Feststellung radioaktiver Reaktionen, die auf biologische Aktivitäten hinweisen;

b) **Labeled Release Experiment (LR)** zur Feststellung metabolischer Reaktionen in Bodenproben, die mit einer organischen Vorratslösung (»Hühnerbrühe«) getränkt wurden;

c) **Gas Exchange Experiment (GEX)** zur Messung verschiedener Gase, die sich während der Inkubation von Bodenproben gebildet hätten, wenn organische Spuren vorhanden gewesen wären;

X-Ray Fluorescense Spectrometer (XRFS): Meßanordnung zur Bestimmung der anorganischen Bestandteile des Mars-Bodens.

Meteorological Science Measurements (MSM): An einem längeren Ausleger befindliche Sensorenanordnung zur Messung des atmosphärischen Drucks, der Windgeschwindigkeiten und -richtungen sowie natürlich zur Bestimmung der Temperaturen zu verschiedenen Tages- und Jahreszeiten.

Seismology Investigation (SI): Sensor zur Registrierung von Erschütterungen der Mars-Oberflächen durch vulkanische oder tektonische Ereignisse oder Meteoriten-Einstürze.

Magnetic Properties (MP): Versuchsanordnung zur Entdeckung magnetischer Bestandteile im Mars-Boden.

Physical Properties (PP): verschiedene Untersuchungen zur Feststellung der physikalischen Verhältnisse in der Umgebung des Landeplatzes, vor allem im Mars-Boden.

Radio Science (RS): Aus der genauen Beobachtung der Umlaufbahnen der Viking-Orbiter ergaben sich Rückschlüsse auf die genaue Größe und das Gravitationsfeld von Mars. Die Registrierung der streifend durch die Atmosphäre gehenden Funksignale gab Aufschluß über die Dichte, Verteilung und Zusammensetzung der Gashülle dieses Planeten in verschiedenen Höhen.

Surface Sampler (SS): Der bis zu 3 m Länge ausfahrbare und mit einer kleinen Schaufel versehene Bodenproben-Sammler war unerläßlich für die erfolgreiche Untersuchung der Mars-Materie mit den verschiedenen Mini-Laboratorien.

Die anorganisch-chemischen Untersuchungen der Bodenproben wurden mit Hilfe eines Röntgenstrahlen-Fluoreszenzspektrometers vorgenommen, das die wichtigsten Elemente und Moleküle sowie zahlreiche Spurenelemente quantitativ erfassen konnte.

Die molekular-analytischen Untersuchungen der Mars-Atmosphäre und des Bodens erfolgte durch ein Gaschromatograph-Massenspektrometer (GCMS), dessen untere Empfindlichkeits-Grenze bei $1:10^6$ lag und das alle flüchtigen chemischen Bestandteile mit einem Molekulargewicht unter 200 erfaßte. Auch dieses Instrument hätte evtl. Hinweise auf biologisches Leben gegeben, wenn ein jahreszeitlicher Wechsel in der Zusammensetzung der Mars-Atmosphäre beobachtet worden wäre.

Zur Molekular-Bodenanalyse waren im GCMS-Sensor mehrere kleine Öfen eingebaut, in denen die Bodenproben bis auf 500° C erhitzt werden konnten. Diese Versuchsanordnung war allerdings nicht in der Lage, zwischen biologisch aktiven und toten organischen Bestandteilen zu unterscheiden.

Die fotosynthetische Analyse beruhte auf dem biologischen Vorgang des Verbrauchs von Kohlendioxyd (CO_2) bei pflanzlichem Leben. Dabei wurde eine Bodenprobe mit CO_2-Gas »geimpft«, das mit einem radioaktiven Indikator gekennzeichnet war. Dieses Muster blieb dann längere Zeit einer Xenonlampe ausgesetzt, die das auf Mars herrschende Sonnenlicht simulieren sollte, um so vielleicht den Prozeß der Fotosynthese in Gang zu setzen. Danach wurde die Bodenprobe auf 600° C erhitzt, um das evtl. aufgenommene radioaktive CO_2 auszutreiben und von entsprechenden Sensoren registrieren zu lassen.

Die metabolische Analyse des Mars-Bodens begann mit der Zugabe einer Nährlösung aus Zucker zu der Probe, um auch evtl. Lebewesen zu entdecken, deren Existenz nicht auf der Fotosynthese beruht, sondern auf der Inhalierung organischen Materials. Die verwendete Vorratslösung enthielt auch etwas radioaktiv gekennzeichneten Kohlenstoff (C), der als »Abfall-Produkt« wieder zum Vorschein gekommen wäre, wenn die erwarteten Lebewesen die Nahrung aufgenommen hätten.

Die dritte Versuchsanordnung zum Nachweis von lebenden Organismen arbeitete ähnlich wie das metabolische Experiment, auch hierbei wurde eine Bodenprobe mit einer Nährlösung getränkt. Sofern lebende Organismen diese »Hühnerbrühe« aufgenommen hätten und dadurch ein Stoffwechsel in Gang gekommen wäre, hätten an einer Atmosphären-Probe gewisse Veränderungen auftreten müssen, die ein Gaschromatograf registrieren sollte.

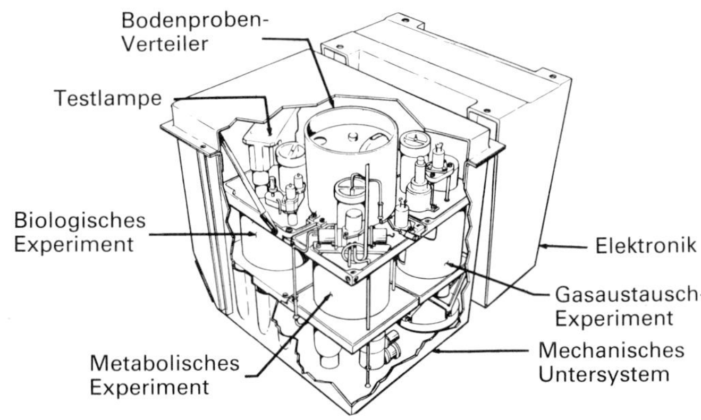

Das biologische Labor an Bord der Viking-Landekapseln war ein mechanisches, chemisches und elektronisches Wunderwerk. Auf kleinstem Raum und mit geringstem Gewicht hatten die Wissenschaftler eine vollständige Anlage zur Analyse von Bodenproben nach verschiedensten Gesichtspunkten entwickelt. Trotz der ausgeklügelten Testverfahren ließen sich jedoch keinerlei konkrete Hinweise auf irgendwelche Lebensspuren finden, obwohl einige ungewöhnliche Reaktionen beobachtet wurden.

Da aber alle diese Experimente zum Nachweis evtl. auf Mars anzutreffender Lebensspuren nicht 100%ig sicher waren, sollte bei einem möglichen positiven Ergebnis einer Untersuchung auch sofort die Gegenprobe gemacht werden, indem ein Teil der gleichen Bodenprobe sterilisiert und dann in derselben Form examiniert werden sollte. Diese Untersuchung hätte dann in jedem Fall negativ ausgehen müssen – falls alle Instrumente richtig gearbeitet hätten und tatsächlich Lebensspuren auf Mars gefunden worden wären.

Das für die drei Experimente zur Aufspürung evtl. auf Mars anzutreffender Lebensspuren entwickelte Speziallabor war ein Wunderwerk der Miniaturisierung. Dutzende Wissenschaftler hatten sieben Jahre lang an der Entwicklung dieses raffinierten Laboratoriums gearbeitet, es wog erstaunlicherweise nur 15,4 kg und kostete 50 Mio. Dollar. Das Gerät war in einem Würfel mit etwa 30 cm Kantenlänge untergebracht, der gerade noch in dem Zentralkörper des Viking-Landers untergebracht werden konnte. Das Viking-Biolabor entsprach in seiner Komplexität und Leistungsfähigkeit einem voll eingerichteten Speziallabor, wie es auf der Erde normalerweise über zwei Tonnen wiegt und in zwei großen Räumen untergebracht ist – mit einer speziellen Abteilung für anorganische Chemie. Dabei verbrauchte dieses kleine chemische »Wunderwerk« nur 15–30 Watt Strom. Inzwischen sind aber natürlich auch die entsprechenden Laboratorien auf der Erde

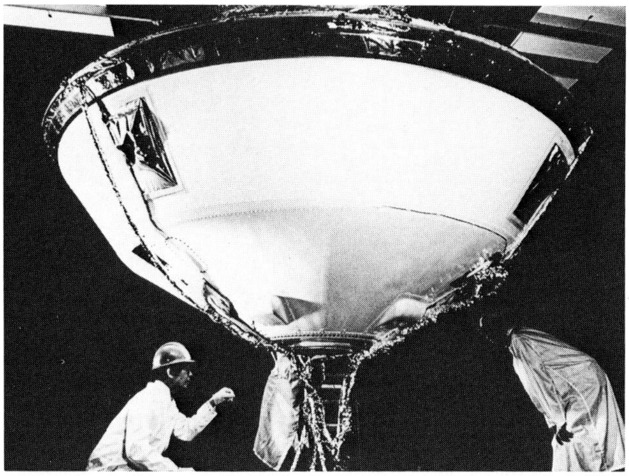

Wie Insekten unter einem großen Blütenkelch sehen die Techniker auf diesem Fotos aus, die sich an der Viking-Landeeinheit zu schaffen machen. In das Schutzschild für die eigentliche Instrumentenkapsel waren mehrere Sensoren zur Untersuchung der Mars-Atmosphäre eingebaut, die bei der aerodynamischen Abbremsung der Viking-Baugruppe in einem weiten Bereich durchmessen werden konnte. Die »Aeroshell« hatte 3,5 m Durchmesser, war 2 m hoch und wog etwa eine Tonne.

wesentlich kleiner geworden – nicht zuletzt aufgrund der bei der Konstruktion des Viking-Biolabors gemachten Erfahrungen und Fortschritte.
Wichtigstes Hilfsmittel für die Beförderung der Bodenproben in die Versuchanordnungen des Viking-Biolabors war der voll bewegliche Greifarm, der bis auf 3 m Länge ausgefahren werden konnte. Der geringe Platzbedarf dieser Vorrichtung wurde durch zylinderförmig vorgespannte Stahlbänder erreicht, die auf- und abgerollt werden konnten und einen stabilen, rohrförmigen Ausleger ergaben. Mit der kleinen Schaufel am Ende des Greifarms konnte die Menge der für einen bestimmten Bioversuch notwendigen »Mars-Erde« genau dosiert werden.
Zur Feststellung von seismischen Bewegungen im Innern des Mars hatte die Landekapsel ein hochempfindliches Dreiachsen-Seismometer an Bord, das Bodenbewegungen vulkanischen und tektonischen Ursprungs sowie auch Meteoriteneinschläge registrieren sollte, die durch die drei Landebeine der Kapsel an das Instrument weitergegeben worden wären – falls es solche Erschütterungen gegeben hätte. Zum Erstaunen der Wissenschaftler registrierte das im VL-2 befindliche Instrument aber nur zwei sehr schwache Ereignisse. Das Seismometer im VL-1 funktionierte nicht.
Die magnetischen Eigenschaften des Mars-Sandes wurden mit Hilfe von drei Dauermagneten untersucht, die am Bodenproben-Sammler befestigt waren. Beim Graben im Boden konnten sich daran magnetische Partikel anlagern, die dann von einer der Kameras – mit Hilfe einer 4fach vergrößernden Lupe – registriert wurden. Aussagen über die physikalischen Eigenschaften des Mars-Bodens – Kohäsion, Adhäsion, Tragfestigkeit, Konsistenz – ergaben sich aus der Beobachtung der Kräfte, die für die Bewegungen des Greifarms bei tieferen Schürfungen notwendig waren und natürlich auch aus dem Aussehen der dabei entstandenen kleinen Gräben auf den Faksimile-Bildern.
Die Wetterstation auf dem Viking-Lander konnte – ähnlich wie der Greifarm für die Bodenproben – je nach Bedarf aus- und wieder eingefahren werden. Mehrmals täglich wurden in der Anfangsphase Luftdruck, Temperatur, Windrichtung und -geschwindigkeit gemessen.

Entry Science – Messungen der Mars-Atmosphäre

Auch beim Abstieg durch die Mars-Atmosphäre untersuchten mehrere in die »Luftmuschel« eingebaute Sensoren erstmals die Zusammensetzung, Dichte und Verteilung dieser Gashülle in verschiedenen Höhen. Bis dahin war die Mars-Atmosphäre immer nur »von oben herab« beobachtet worden. Die Messungen erfolgten in zwei Phasen, zunächst vom ersten Kontakt in ca. 200 km Höhe bis zur Entfaltung des Fallschirms. Dann wurden die Messungen mit den an Bord der Landekapsel befindlichen Sensoren fortgesetzt, so daß sich eine kontinuierliche Meßreihe durch die gesamte Mars-Atmosphäre ergab.

Retarding Potential Analyzer (RPA): Apparatur zur Messung hochenergetischer Partikel (Elektronen, Ionen) und der Temperatur in den oberen Schichten der Atmosphäre.
Upper Atmosphere Mass Spectrometer (UAMS): Sensor zur Registrierung der atmosphärischen Bestandteile in 300–100 km Höhe.
Lower Atmosphere Structure Experiment (LASE): Instrument zur Gewinnung vertikaler Dichte-, Druck- und Temperatur-Profile in der Mars-Atmosphäre von 90 km Höhe bis zur Oberfläche.

Die Sensoren für die sog. Eintritts-Experimente waren an der Schutzkappe angebracht, die die Landesonde beim Eintritt in die Atmosphäre des Mars vor aerodynamischer Aufheizung schützte. Die Meßzeit war sehr kurz, aber erstmals konnte damit die Mars-Atmosphäre in allen Höhenbereichen direkt untersucht werden, bis herab zur Mars-Oberfläche selbst.

Voraussetzung für die erfolgreiche Absetzung einer Meßsonde auf einem anderen Planeten oder Mond sind genaue Kenntnisse über die Beschaffenheit des in Aussicht genommenen Landegebiets und über die Höhe, Dichte und Schichtung der Atmosphäre, die ja als »Bremse« für die niedergehende Kapsel dienen soll. Nur wenn der Verlauf der aerodynamischen Geschwindigkeits-Reduzierung einer in die Atmosphäre eintretenden Kapsel genau vorausberechnet werden kann, wird die Sonde wirklich an der Stelle auf dem Planeten niedergehen, die man dafür ausgesucht hat.

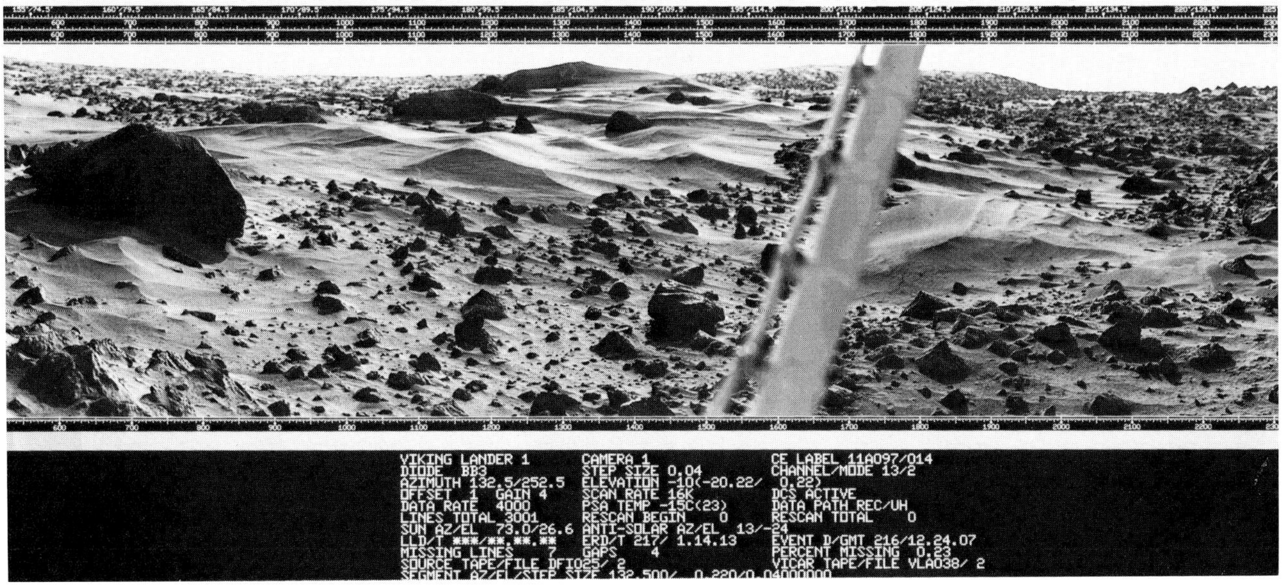

»Wie in der Sahara« – so könnte man zu diesem fast künstlerisch anmutenden Landschafts-Panorama von der Mars-Oberfläche sagen, das der VL-1 zwei Stunden nach Sonnenaufgang gemacht hat. Es handelt sich wohl um das eindrucksvollste Schwarzweiß-Bild, das wir von den beiden Landekapseln auf Mars erhalten haben. Das Panorama zeigt einen 25° × 120° großen Abschnitt von Nordost bis Südost, die 3000 vertikalen Zeilen ergeben eine Auflösungsvermögen von 2,4 Bogensekunden – entsprechend etwa dem Leistungsvermögen des menschlichen Auges. Der große dunkle Steinbrocken links erhielt den Spitznamen »Big Joe«, er ist 3 m breit, 1,5 m hoch und etwa 8 m von der Landekapsel entfernt. Der unscharfe Mast trägt die meteorologischen Instrumente.

Die Faksimile-Kameras

Die wissenschaftliche Erforschung unserer physischen Umwelt geschah hauptsächlich durch die Ausdehnung unseres visuellen Gesichtskreises. Das wohl eindrucksvollste Beispiel auf diesem Gebiet liefert seit Jahrhunderten die Astronomie, die in unseren Tagen – jedenfalls bei der Planetenforschung – durch automatische Raumsonden ergänzt und abgelöst wird. Bei Mars ist diese neue Disziplin der astronautischen Planetenastronomie wohl am weitesten fortgeschritten. Nachdem mehrere automatische Späher an dem äußeren Nachbarn der Erde im Sonnensystem vorbeigeflogen waren, folgte mit Mariner 9 der erste Orbiter, bis schließlich 1976 die beiden Viking-Sonden zu dem Roten Planeten gelangten, wodurch nicht nur zwei weitere Orbiter mit besseren Kameras in den Mars-Orbit kamen, sondern vor allem auch zwei Landekapseln auf dem Planeten abgesetzt wurden. Damit erhielt man regelmäßig eindrucksvolle Rundum-Bilder von den beiden Landeplätzen auf Mars.

So wie ein Mensch auf seine Augen angewiesen ist, wenn er die Welt um sich herum erforschen will, so waren die Wissenschaftler des Viking-Programms auf die Kameras der Landekapseln angewiesen, um etwas über das Aussehen der Mars-Landschaft in der Umgebung dieser Sonden zu erfahren und sich einen ungefähren Eindruck von dem zu verschaffen, was ein dort gelandeter Astronaut hätte sehen können.

Ganz wichtig waren die Kameras auf der Landekapsel bei der Schürfarbeit des Bodenproben-Sammlers. Zunächst einmal suchten die Experten auf den ersten Oberflächen-Panoramas die Stellen aus, an denen der Mars-Sand für die biologischen Analysegeräte entnommen werden sollte. Dann wurde mit Hilfe von kleinen relativ schnell zu erhaltenden Bildausschnitten geprüft, ob der Greifarm und die kleine Schaufel korrekt arbeiteten und die Bodenprobe direkt über dem Einfüllstutzen ausgeschüttet wurde. Regelmäßig konnte auch das äußere Erscheinungsbild der Landekapsel untersucht werden, ob sich Staub oder später dann auch Rauhreif auf dem Roboter abgelagert hatte.

Die Übertragung von Bildern der Mars-Oberfläche durch die Kameras hatte allerhöchste wissenschaftliche Priorität. Sofort nach dem komplizierten Landemanöver wurden zwei Aufnahmen gemacht und auch gleich über den Orbiter zur Erde gefunkt, zunächst ein kleiner Ausschnitt des Mars-Bodens direkt an der Sonde um einen Landefuß herum und dann sofort ein Panorama. Dann erst suchten die Experten die Stellen heraus, von denen nach und nach hochauflösende und Tele-Bildausschnitte gemacht werden sollten.

Als die NASA zu Beginn der 70er Jahre Vorschläge für den Entwurf des Kamerasystems auf den geplanten Viking-Landern einholte, stellte sie hinsichtlich der Vielseitigkeit dieser Bildgewinnungs-Apparaturen mehrere Forderungen. So sollten Schwarzweiß- und Farbaufnahmen sowie Infrarot-Bilder gemacht werden können. Auch Weitwinkel- und Teleaufnahmen der Mars-Oberfläche waren geplant. Vor allem aber

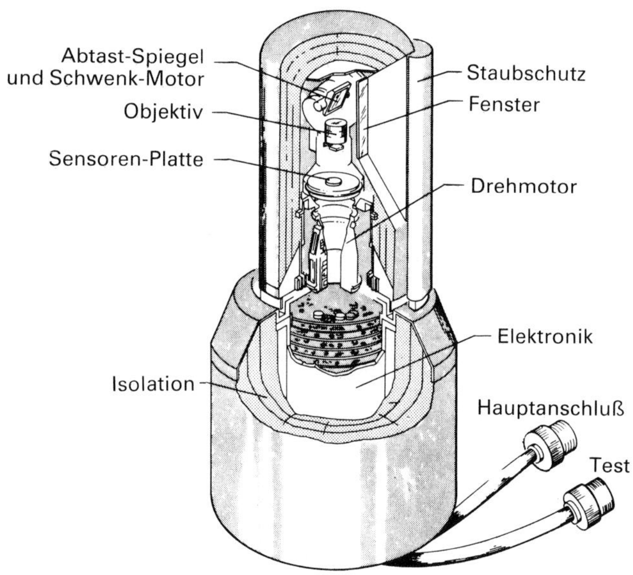

Die Faksimile-Kameras auf den Viking-Landern waren im Entwurf völlig neuartig, sie unterschieden sich in der Funktion grundsätzlich von allen bislang bei Planetensonden eingesetzten Bildaufnahme-Systemen. Die neuartigen Kameras waren notwendig wegen des geringen Energieaufkommens an Bord des Landers und wegen der strengen Sicherheitsbestimmungen, die die Funktion aller Systeme auch dann noch verlangte, wenn die Kapsel aus irgendwelchen Gründen zu hart auf dem Mars gelandet wäre.

mußte das Kamerasystem zuverlässig sein, was beim Missionsziel des Viking-Landers in erster Linie Unempfindlichkeit gegenüber harten Stößen und extremen Temperatur-Gegensätzen hieß.
Mehrere Elektronik-Konzerne reichten für den Entwurf der Bildgewinnungs-Systeme auf den Viking-Landern genaue Vorschläge ein, und alle – bis auf einen – sahen die Konstruktion herkömmlicher TV-Kameras mit beweglichen Objektiven und Filterrädern vor. Da aber die NASA in ihren Spezifikationen gefordert hatte, daß alle Systeme des Mars-Landers – auch und vor allem die Kameras – extrem harte Landestöße bis 30 g aushalten mußten, schieden die herkömmlichen Kameraentwürfe von vornherein aus. Und die NASA ging von ihrer Forderung auch nicht ab, denn die Möglichkeit einer zu harten Landung auf dem Mars mußte bei dem komplizierten Flugmanöver jederzeit einkalkuliert werden. Das hieß – populär ausgedrückt –, daß der gesamte Viking-Lander auf dem Mars auch noch funktionieren sollte, wenn man ihn – unter den Bedingungen des irdischen Schwerefeldes – aus dem 15. Stockwerk eines Hauses geworfen hätte. Solchen rigorosen Tests fielen alle herkömmlichen Kamerasysteme zum Opfer.
Das aber brachte den Vorschlag der Firma ITEK in die Diskussion, der als einziger nicht von einem herkömmlichen TV-System ausging. Diese sog. Faksimile-Kamera sah nur wenige bewegliche Komponenten vor und konnte deshalb als kompakter stabiler Block gebaut werden, der auch harte Landestöße unbeschadet überstehen würde – so behaupteten wenigstens die ITEK-Ingenieure. Die NASA ließ sich von den Vorteilen dieses Entwurfs überzeugen und vergab den Bau der Kameras für den Viking-Lander an den renommierten elektrooptischen Konzern, der auch schon zahlreiche andere fotografische Systeme für spezielle Raumfahrt-Unternehmen geliefert hatte.
Die Bezeichnung Faksimile-Kamera beruht auf der außergewöhnlichen Arbeitsweise dieses Bildgewinnungs-Systems auf den Viking-Landekapseln. Die Faksimile-Technik wurde vor Jahrzehnten für die Telegrafie entwickelt, sie ermöglicht die Übermittlung von Bildinformationen in kleinen Abschnitten, die nacheinander gefunkt werden. Die Helligkeit der einzelnen Bildpunkte wird in ein bestimmtes elektrisches Signal umgesetzt; eine Reihe solcher Signale dient als Matrize für die über den Draht zum Empfänger gelangenden Informationen, die dort wieder sinngemäß zusammengesetzt werden – ein Faksimile des Originalbildes ist entstanden.
Die Firma ITEK verfeinerte dieses Faksimile-Verfahren für die Kameras auf dem Viking-Lander noch wesentlich, um die Genauigkeit und Vielseitigkeit der Apparatur zu verbessern.
Die Entwicklung der Faksimile-Kameras für den Viking-Lander kostete über 27 Mio. Dollar und dauerte etwa sechs Jahre.

Entwurfs-Geheimnisse

Die auf den Viking-Landern arbeitenden Bildaufnahme-Systeme unterschieden sich grundsätzlich von den Kameras, die sonst in Planetensonden der NASA verwendet worden waren. Erstmals sollten diese Apparaturen ja auf der Oberfläche eines fremden Himmelskörpers arbeiten und nicht aus der Umlaufbahn heraus. Das hatte eine spezielle Entwurfsphilosophie zur Folge.
Als wichtigster Unterschied ist wohl zu nennen, daß die sog. Faksimile-Kameras auf den Viking-Landern nach dem Prinzip der mechanischen Abtastung arbeiteten und nicht mit der elektronischen Abtastung. In einer herkömmlichen TV-Kamera wird ein Motiv durch das Linsensystem des Objektivs als ganze Einheit auf die Frontfläche der Vidicon-Bildröhre entworfen und dort von einem Elektronenstrahl abgetastet.
In einer Faksimile-Kamera werden die einzelnen Bildsegmente (Pixels) nacheinander von einem Spiegel aufgefangen und gleich in elektronisch transportierbare Signale verwandelt, ohne daß eine Vidicon-Röhre dazwischen geschaltet werden müßte. Die Abtast-Bewegung wird bei der Faksimile-Kamera von einem kleinen beweglichen Spiegel ausgeführt, der direkt das Motiv erfaßt. Das Besondere dieses Faksimile-Bildsystems ist der Umstand, daß die Szene, das

Motiv, nie als Ganzes von einem optischen System erfaßt und in einem Brennpunkt gesammelt wird, wie das bei konventionellen TV-Systemen oder bei jeder einfachen fotografischen Kamera der Fall ist. Eine Faksimile-Kamera tastet ihr Motiv mit einem beweglichen Spiegel punkt- und zeilenweise ab und entwirft so nach und nach aus einzelnen kleinen Lichtpunkten ein Abbild des Motivs. Die verschiedenen Helligkeiten des Ladungsbildes werden in unterscheidbare Spannungswerte umgesetzt, die als elektrisch differenzierbare Impulse auf digitalem Weg zur Erde übermittelt werden können.

Anstatt einer einzelnen großen lichtempfindlichen Vidicon-Bildröhre verfügte die Faksimile-Kamera auf dem Viking-Lander über ein Dutzend sehr kleiner fotosensitiver Halbleiter-Dioden, die eng nebeneinander in der Brennebene angeordnet waren und je nach Bedarf aktiviert wurden. Alle Dioden empfingen dasselbe Strahlenbündel, aber immer nur eine Diode war an der Erzeugung eines Bildes beteiligt.

Der besondere Vorteil der Faksimile-Kameras auf den Viking-Landern war die Tatsache, daß sie sich mit nur zwei beweglichen Teilen realisieren ließen, die auch noch relativ leicht waren und deren Bewegungen nicht viel Strom verbrauchte. Die zwei beweglichen Komponenten der Faksimile-Kamera waren der vertikal abtastende Spiegel und der sich horizontal drehende Kamerakopf. In wochenlangen Tests wurden Ingenieurmodelle der Faksimilekamera gestoßen und geschüttelt, »gebraten« und »tiefgekühlt« sowie im Windkanal verschieden intensiven Staubstürmen ausgesetzt. Es dauerte lange, bis alle Komponenten so aufeinander abgestimmt waren, daß die Techniker davon ausgehen konnten, daß ihr »Baby« auch unter den extremen Bedingungen auf dem Mars einwandfrei arbeiten würde.

Dioden

Das »Herzstück« der Faksimile-Kamera war eine Anordnung von 12 Silikon-Fotodioden, die in der Bildebene eines 50-mm-Objektivs angeordnet waren. Vier dieser Dioden waren allerdings verschieden hoch ausgebildet, so daß sie von dem auf »Unendlich« eingestellten Fokus etwas abwichen und damit auch Scharfeinstellungen auf geringere Entfernungen von 13, 4, 3 und 2 m zuließen.

Diese Nahaufnahme- und eine auf »Unendlich« eingestellte Diode hatten einen Durchmesser von nur 0,0349 mm, was einen Blickwinkel von 0,04° ergab oder ein Auflösungsvermögen von 1 m auf 1,6 km Entfernung. Die neun anderen Dioden hatten einen Durchmesser von 0,105 mm, was einen Blickwinkel von 0,12° ergab – ein Drittel des Auflösungsvermögens der anderen Dioden.

Eine einzelne panchromatische Diode von 0,12° Auflösung diente der schnellen Erfassung der Mars-Landschaft, es konnten 60° hohe Bilder beliebiger horizontaler Ausdehnung gewonnen werden. Die Aufnahme

Sehr kompliziert war das »Innenleben« der Faksimile-Kameras auf den Viking-Landern, diese Bildapparaturen kamen aber mit nur ganz wenigen beweglichen Teilen aus, was die Zuverlässigkeit des Systems wesentlich erhöhte. Oben in dem Foto ist der kleine bewegliche Spiegel erkennbar, der die Mars-Landschaft vertikal abtastete, während die horizontale Erfassung des Motivs durch Drehen des ganzen Kamerakörpers um die Hochachse erfolgte – eine langsame, aber sichere Methode der Bilderfassung.

eines Rundum-Panoramas von 342,5° dauerte mit der schnellen Datenrate etwa eine halbe Stunde. Die »quick scan«-Arbeitsweise wurde vor allem bei der Überwachung der Schürfarbeit des Miniaturbaggers angewandt.

Vier Dioden dienten der Gewinnung von Bildern mit hoher Auflösung in Entfernungen von 1,7 m bis unendlich. Das Gesichtsfeld dieser panchromatischen Dioden wurde durch nadellochgroße Aperturen auf 0,04° begrenzt. Die Dioden selber hatten nur einen Durchmesser von jeweils 0,041 mm. Das Auflösungsvermögen bei der kürzest möglichen Entfernung von 1,5 m betrug etwa 1 mm.

Der vertikale Bildwinkel der Kamera betrug insgesamt ca. 100°, davon lagen 60° über dem Mars-Horizont und 40° darunter. Der vertikale Ausschnitt aus diesem Bereich von 60° oder 20° für die Weitwinkel und Teleaufnahmen konnte frei gewählt werden. Bei den Viking-Kameras wurde das Bildfeld in vertikalen Linien erfaßt, die aus jeweils 512 Bildpunkten bestanden. Danach drehte sich die Kamera um einen kleinen Betrag von 0,12 oder 0,04 Grad in horizontaler Richtung, und der Spiegel erfaßte die nächste vertikale Bildlinie. Das Ausmaß dieser horizontalen Kamerabewegung hing davon ab, ob eine Aufnahme mit hoher oder mittlerer Auflösung gemacht werden sollte. Bei den sehr scharfen Mars-Bildern erfolgte die

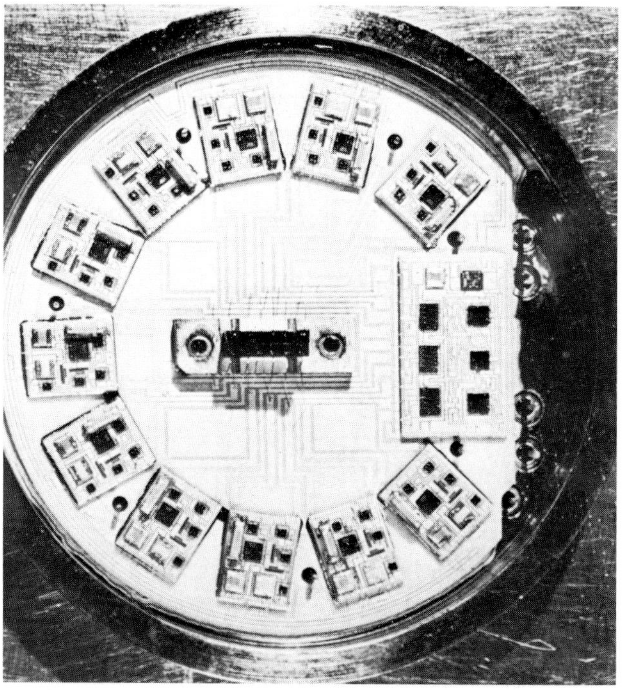

Ein Querschnitt durch den Elektronik-Schaft der Faksimile-Kamera auf dem Viking-Lander wird in dieser Abbildung gezeigt. Um den zentralen Sensorkopf sind zahlreiche Mikroelektronik-Bausteine angeordnet, die der Steuerung des Kamerasystems dienen und der Übertragung der Bildinformationen zum Sender. Deutlich sind auch die zahlreichen elektronischen Verbindungen zwischen den einzelnen Schaltelementen erkennbar. Der Kamerakörper hat an der Stelle dieses Querschnitts einen Durchmesser von ca. 150 mm.

Weiterbewegung des Kamerakörpers in kleinen Schritten von 0,04 Grad, so daß ein Rundum-Panorama aus 9000 einzelnen Bildzeilen zu je 512 Bildpunkten besteht. Bei Bildern mittlerer Auflösung betrug die Weiterbewegung der Kamera jeweils 0,12 Grad, so daß ein Panorama aus »nur« 3000 vertikalen Linien besteht. Die Differenzierung des Auflösungsvermögens in vertikaler Richtung (also von oben nach unten oder unten nach oben) war dadurch möglich, daß man die 512 Bildpunkte über einen Bereich von 60 oder 20 Grad verteilte. Die horizontale Ausdehnung der Bilder war einstellbar von nur einigen wenigen Grad bis zu Rundum-Panoramas von fast 360°.

Drei Dioden mit je einem grünen, roten und blauen Filter dienten der Erzeugung von Farbbildern und hatten eine Winkelauflösung von 0,12°. Die drei für Coloraufnahmen notwendigen Farbauszüge wurden nacheinander aufgenommen und getrennt zur Erde übertragen. Dort wurden sie mit Hilfe von Computern und einem Laser-Bildschreiber, der die drei Filterauszüge kombinierte, zu einem farbigen Abbild der aufgenommenen Szenerie zusammengefügt.

Wenn Farbaufnahmen gemacht werden sollten, wurde das Motiv jeweils dreimal abgetastet, so daß nacheinander die Blau-, Grün- und Rotdiode belichtet werden konnten. Dann schwenkte der Kamerakörper um 0,12 Grad weiter und die Prozedur begann von neuem. Farbaufnahmen wurden also immer nur mit mittlerem Auflösungsvermögen gemacht, und die Gewinnung eines Colorbildes dauerte stets dreimal so lange wie die Aufzeichnung einer Schwarzweiß-Aufnahme mittlerer Auflösung.

Um die korrekte Wiedergabe von Farbbildern durch den Computer in der Bodenstation zu gewährleisten, waren auf dem Viking-Lander im Sichtbereich der Faksimile-Kameras mehrere Tafeln mit Farbmustern installiert worden. Den Bildtechnikern auf der Erde standen die gleichen Kalibrierungs-Tafeln zur Verfügung, so daß sie die vom Mars kommenden Aufnahmen mit Hilfe des Computers entsprechend ausfiltern konnten, bis die auf den Bildern erkennbaren Farbtafeln genauso aussahen wie ihre Vergleichsmuster.

Drei der Dioden mit mittlerem Auflösungsvermögen waren für verschiedene Bereiche des Infrarot sensibilisiert worden, und diese IR-Bilder halfen den Wissenschaftlern bei der Untersuchung der chemischen Beschaffenheit des Oberflächengesteins auf Mars und bei der farblichen Abstimmung der »normalen« Colorbilder. Die Maxima der spektralen Empfindlichkeit der drei Infrarot-Sensoren lagen bei 850, 950 und 980 nm.

Die Empfindlichkeit der für die Sonnenaufnahmen bestimmten Diode war schon »von Haus aus« stark abgeschwächt worden, außerdem lief das Licht noch durch ein Rotfilter, was noch eine bestimmte spektrale Aussonderung mit sich brachte.

Ein quadratisches Mars-Bild mittlerer Auflösung von 61,5 × 61,5° Ausdehnung bestand aus 512 × 512 = 262 144 Pixel, die nach der Multiplikation mit den sechs Bit für die Grauwert-Information insgesamt 1 572 864 Bit ergaben. Bei der schnellen Übertragungsrate von 16 200 bps dauerte die Sendung eines Bildes zur Erde 97 Sek. oder anderthalb Minuten. Bei der langsamen Abtastung nahm die Übermittlung eines solchen quadratischen Bildes immerhin 6291 Sek. oder fast 105 Min. in Anspruch.

Bei Panoramaaufnahmen von 61,44° × 342,5° Bildwinkel ergaben sich 512 × 3231 = 1 654 272 Pixel, die mit sechs multipliziert insgesamt 9 925 632 Bit ergaben. Mit der schnellen Datenrate von 16 200 bps dauerte deren Übertragung zur Erde 619 Sek. oder 10,3 Min. Bei der langsamen Datenrate von nur 250 bps dauerte die Übermittlung immerhin 668 Min. oder über elf Stunden. In der Anfangsphase des Viking-Programms wurden die Oberflächen-Bilder kaum je direkt zur Erde übertragen, sondern meist über den Orbiter, von wo aus sie entweder abgestrahlt oder wo sie auf Magnetband gespeichert wurden.

Die Weitwinkel-Aufnahmen hatten in der Höhe stets einen Bildwinkel von 61,32°, der in 512 Schritten zu 0,12° abgetastet wurde. Bei den Teleaufnahmen wurde die vertikale Ausdehnung der Bilder auf 20,5°

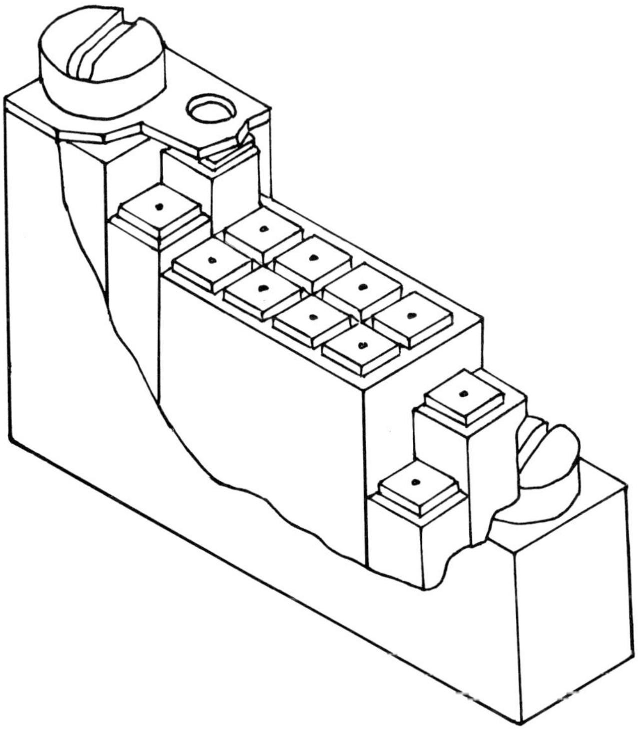

Nur 5 mm lang ist die Platine in den Faksimile-Kameras mit den zwölf lichtempfindlichen Dioden, die das Licht aus der Umgebung des Viking-Landeplatzes im sichtbaren, ultravioletten und infraroten Spektralbereich aufzeichneten. Die kleine Sensoren-Plattform befand sich genau im Brennpunkt des optischen Systems, mit dem das von dem kleinen Schwenkspiegel erfaßte Strahlenbündel zentriert wurde. Die verschieden hohe Anordnung der einzelnen Dioden ermöglichte die Fokussierung des Aufnahmesystems auf verschiedene Entfernungen. Die Dioden hatten Durchmesser von nur 0,035 und 0,105 mm.

beschränkt, so daß sich bei 512 Bildpunkten ein Auflösungsvermögen von 0,04° ergab – entsprechend den Werten für die horizontale Abtastung des Motivs durch Drehen des Kamerakörpers um 0,12° und um 0,04°.
Die Grauwert-Variationen von Schwarz bis Weiß wurden durch Änderung der Spannung in dem erzeugten Stromsignal von 0–7,5 V erzeugt, die dann in eines der 64 elektronischen »Worte« zu je sechs Bit umgewandelt wurden.
Bei der hochauflösenden Arbeitsweise wurde die Diode mit 0,035 mm Durchmesser und in der horizontalen Feinbewegung der Wert von 0,04° eingestellt. Um auch in der Vertikalen eine adäquate Bildqualität zu erzielen, wurde die Höhe der Teleaufnahmen auf 20,5° beschränkt, die dann bei der Abtastung in 512 einzelnen Schritten ebenfalls mit einer Auflösung von 0,04° erfaßt wurden. Um den Datenstrom nicht zu stark anwachsen zu lassen, wurden bei der hochauflösenden Arbeitsweise immer nur Bilder von 20,5° × 20,5° Ausdehnung gemacht. Diese Quadrate konnten aber überall in dem gesamten Sichtbereich der Faksimile-Kamera von 100° in der vertikalen und von fast 360° in der horizontalen Ausdehnung gemacht werden.
Die Schärfe der hochauflösenden Oberflächen-Aufnahmen der Faksimile-Kameras war recht beachtlich. Sie betrug weniger als einen Millimeter direkt unter der Sonde an den Landefüßen. In 30 m Entfernung betrug das AV noch etwa 4 cm und in 1000 m Entfernung noch etwa 1,5 m.
So wenig es auch wirklich erwartet wurde, die Faksimile-Kameras hätten gegebenenfalls auch langsame oder schnelle Bewegungen von irgendwelchen »grünen Männchen« auf der Mars-Oberfläche erkennen können – falls solche Erscheinungen aufgetreten wären, aber es wurden im Verlauf der vierjährigen Arbeit der beiden Landekapseln nur einige durch Wind hervorgerufene Veränderungen in der Sandablagerung entdeckt. Bei dem weiter nördlich gelegenen VL-2 kamen dann während des Mars-Winters auf der Nordhalbkugel noch gelegentliche Rauhreif-Ablagerungen auf Gestein und Sand in der Umgebung hinzu.
Die Mars-Atmosphäre war ein weiteres wichtiges Motiv für die Lander-Kameras, bei Aufnahme des Horizonts während der Sonnenauf- oder -untergänge ergaben sich Aufschlüsse über die wechselnde Lichtdurchlässigkeit dieser Gashülle, in der sich offensichtlich eine wechselnde Menge von rötlichem Staub befindet. Auch über den Aerosolgehalt der Mars-Atmosphäre ließen sich so genauere Angaben erhalten. Auch einige astronomische Objekte konnten die Faksimile-Kameras erfassen, z. B. die Planeten Venus, Erde und Jupiter sowie natürlich die beiden Mars-Monde Phobos und Deimos. Gelegentlich gelang es sogar, den Schatten eines dieser beiden Monde zu erwischen, wenn dieser – von der Landekapsel aus gesehen – vor der Sonne vorbeizog. Dadurch wieder ließen sich dann die Positionen der beiden Viking-Lander auf der Mars-Oberfläche genau bestimmen.
Da jeder Bildpunkt bei der Faksimile-Kamera von nur einer Diode aufgezeichnet wurde, mußte diese gegenüber herkömmlichen TV-Systemen eine höhere fotometrische Stabilität aufweisen. Damit war eine sehr genaue Ausmessung der Reflektionscharakteristiken des Oberflächenmaterials auf Mars möglich.
Das kleine optische System von 50 mm Brennweite, das die von dem Schwenkspiegel kommenden Lichtstrahlen auf die sensitiven Dioden lenkte, wurde aus Gläsern der deutschen Glasschmelze Schott & Gen. bzw. ihrer Filiale in USA geliefert. Die Gläser vom Typ SF5 und K11 waren offensichtlich besser als alles, was die ITEK-Techniker sonst für diesen Zweck geprüft hatten. Es handelte sich bei den in der Faksimile-Kamera verwendeten Sorten um Kronglas (K 11) und um Schwerflint-Glas (SF 5).

Entwicklung der Faksimile-Kamera

Es ist relativ einfach, in allgemeinen Wendungen über die wissenschaftlichen Fragestellungen und die Art

Das Elektronik-Labor für die Bildauswertung im »Jet Propulsion Laboratory« in Pasadena ist perfekt für die Bewältigung großer Datenmengen in kurzen Zeiträumen ausgestattet, modernste Computer-Anlagen ermöglichen auch die Variation der TV-Signale zur farblichen Verfremdung der Planeten-Bilder, zur Kontraststeigerung oder zum Helligkeitsausgleich.

der Instrumente zu diskutieren, mit denen diese Dinge bei einen Raumsonden-Experiment untersucht werden sollten. Aber ein solcher Planetenspäher wird nicht mit verallgemeinernden Überlegungen gebaut, er besteht vielmehr aus hunderten komplizierter Systeme und Sensoren, deren Entwicklung und Konstruktion viele Jahre dauert und Millionen Dollar verschlingt. Viele tausend Einzelteile müssen für eine solche Planetensonde erdacht, entworfen, gebaut und getestet werden.

Die Überbrückung der Lücke zwischen dem ersten »Gedankenblitz« für ein bestimmtes Instrument und dem fertigen Flugmodell wird in der Regel mit einem umfassenden Papier eingeleitet, in dem die wissenschaftlichen Anforderungen an das betreffende Bauteil in ingenieurtechnische Begriffe übertragen werden. Dieses Dokument zirkuliert dann in der Industrie, die den Entwurf auf Realisierbarkeit überprüft und Änderungen, Reduzierungen oder Ergänzungen in der Konzeption vorschlägt.

So ungefähr verlief auch die Vorgeschichte der Faksimile-Kamera für die Viking-Landekapsel. Besonders interessant war dabei die Diskussion, welches Auflösungsvermögen dieses Bildsystem haben sollte. Einerseits wollten die Wissenschaftler natürlich möglichst klare und scharfe Bilder erhalten, aber sie mußten den Technikern schon irgendwie präzise Angaben machen, wie die Bilder vom Mars aussehen sollten – natürlich immer unter Berücksichtigung der technischen Gegebenheiten, vor allem der Energiesituation an Bord der Landekapsel.

Nach umfangreichen Analysen und Rechnungen wurde dann festgelegt, daß die Faksimile-Kamera ein Auflösungsvermögen 0,04° (1/25° oder 2,4 Bogenminuten) haben sollte, was etwa dem Auflösungsvermögen des menschlichen Auges entspricht. Das war ein guter Kompromiß zwischen den Forderungen der Wissenschaftler, den technologischen Möglichkeiten und vor allem der zur Verfügung stehenden Energie an Bord des Mars-Landers. Die »Stromrechnung« spielte die wichtigste Rolle bei diesen Kalkulationen, denn der sehr starke Datenanfall von Bildaufnahme-Systemen mußte ja von der Sonde auch verkraftet werden. Und die Übertragung von Funksignalen über Hunderte von Millionen Kilometern hinweg kann nun einmal nur mit einer bestimmten, von der Sendeleistung abhängigen, nicht sehr hohen Geschwindigkeit erfolgen.

Bildaufnahme-Systeme arbeiten in der Regel sehr schnell; innerhalb kürzester Zeit können größere Datenmengen erfaßt werden. Bei herkömmlichen fotografischen Systemen erfolgt diese Speicherung der erhaltenen Informationen durch die Filmemulsion, von wo sie nach der Entwicklung jederzeit abrufbar sind und als Ausgangspunkt beliebig vieler Kopien oder Vergrößerungen dienen kann. Bei elektronischen Systemen der Bildaufzeichnung erfolgt die Datenspeicherung in der Regel durch Magnetbänder, wie sie auch in verschiedenen Raumsonden schon erfolgreich eingesetzt wurden. Diese Bänder laufen während der Bildaufnahme und vor allem während der Abtastung des Ladungsbildes auf dem Vidicon durch den Elektronenstrahl. Diese Abtastung dauert in der Regel nur einige Minuten oder gar Sekunden.

Die Übertragung der gespeicherten Informationen zur Erde kann dann später erfolgen, wenn die himmelsmechanische und Energiesituation an Bord der Raumsonde es am günstigsten erscheinen lassen. Diese Weitergabe der elektronisch gespeicherten Daten kann je nach Bedarf auch wesentlich langsamer erfolgen als die Aufzeichnung; man braucht dann nur das Magnetband langsamer ablaufen zu lassen, wenn nach der Aufnahme genügend Zeit dafür zur Verfügung steht.

Obwohl die grundsätzliche Funktion der Faksimile-Kamera relativ einfach ist, stellte doch die Realisierung der auf den Viking-Landern installierten Bildaufnahme-Apparaturen eine elektronische und feinmechanische Meisterleistung dar, die den Ingenieuren und Wissenschaftlern jahrelange harte Arbeit gekostet hatte. Die Bewegung des kleinen abtastenden Spiegels z. B. mußte mit größter Präzision erfolgen, es waren Abweichungen von nur 0,01 mm erlaubt, das ist 1/10 des Durchmessers, den ein menschliches Haar hat. Diese enorme Genauigkeit mußte bei allen Einzelpositionen des Spiegels gewährleistet sein. Eine vertikale Abtastbewegung dauerte jeweils nur 1/5 Sek.

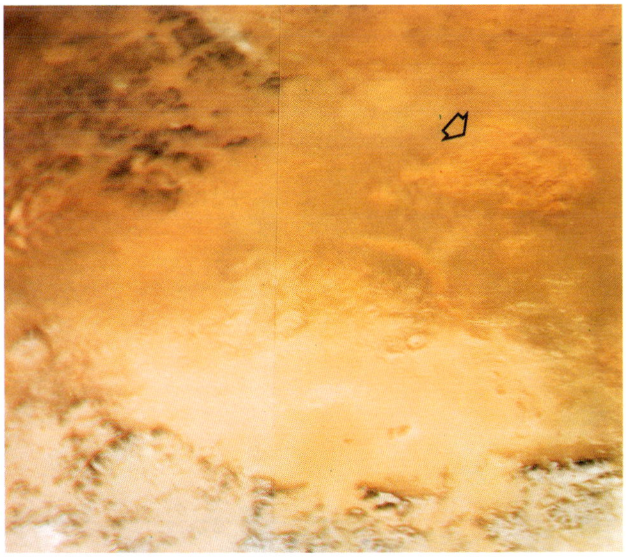

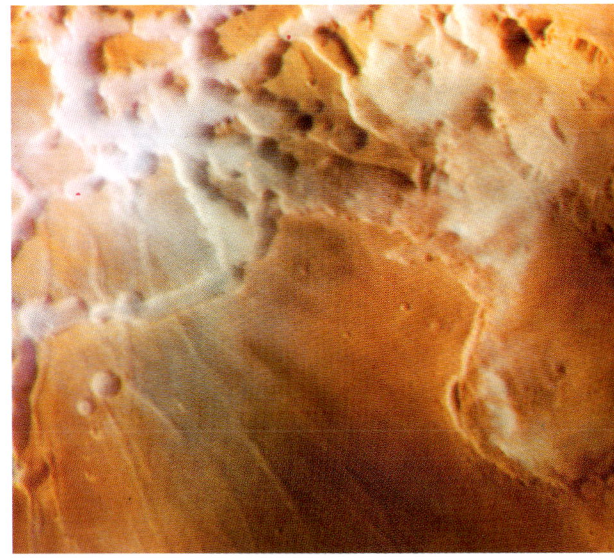

O. L.: *Auf einen Staubsturm von über 300 km Durchmesser weist der Pfeil hin, VO-2 gewann das Farbbild über der Argyre-Ebene des Mars. Starke Winde treiben den feinen Sand nach Osten. In den Bergen rings um das tiefliegende Becken sind einige Eisablagerungen erkennbar.* **O. R.:** *Helle Wassereis-Dunstschleier erfaßte der VO-1 bei Sonnenaufgang in den Canyons des „Noctus Labyrinthus" und auch noch auf der umgebenden Hochebene. Erfaßt wurde ein Gebiet von etwa 100 × 100 km bei 9° S und 95° W.* **Rechts:** *Wenn die nördliche Polkappe des Mars im Sommer abschmilzt, wird unter dem Kohlendioxid eine Schicht aus Wassereis erkennbar und dann der vielfach geschichtete Sand- und Steinboden. Die Terrassen entsprechen jeweils einem Höhensprung von 50 Meter, sie ähneln den auf der Erde bekannten Eiszeit-Ablagerungen. Erfaßt ist ein Gebiet von ca. 30 × 60 km.* **Unten:** *Ein fantastischer Erfolg war die Landung der beiden Viking-Instrumentenkapseln auf der Oberfläche des Planeten Mars. Dieses Bild machte der VL-1 von der Umgebung seines Standorts, die von rot-braunen Steinen übersät ist. Im Vordergrund rechts ist der Greifarm für die Entnahme von Bodenproben zu sehen, links am Bildrand sind einige von ihm verursachte kleine Schürfspuren zu erkennen.*

Oben: *Dieses Panorama-Farbbild der Mars-Oberfläche machte der VL-1; es erfaßt einen Winkelbereich von 110 Grad, also etwa einem Drittel des gesamten Rundum-Panoramas. Die Tiefenwirkung entsteht durch die im Vordergrund erkennbar werdenden Aufbauten der Landekapsel, vor allem durch den Ausleger rechts für die meteorologischen Instrumente. Links von der Bildmitte ist in der Mars-Landschaft der große Steinbrocken erkennbar, den die Wissenschaftler „Big Joe" tauften und der etwa 3,5 m breit ist. Der rote Sand auf dem Steinbrocken wurde wohl während eines Staubsturms abgelagert. Die Schürfspuren rechts unten sind bis zu 20 cm tief.*

Unten: *Den Sonnenuntergang fotografierte der VL-1 hier einige Zeit nach dem Verschwinden des Tagesgestirns hinter dem Horizont. Erfaßt ist ein Geländeabschnitt von 120 Grad, die Aufzeichnung des Bildes dauerte zehn Minuten. Im Vordergrund rechts sind andeutungsweise einige Teile der Landekapsel zu erkennen, links die im Dämmerlicht widerscheinende Steinlandschaft. Die Abstufungen im Lichtkranz über der Untergangsstelle der Sonne entstanden durch die elektronische Bildaufbereitung und geben verschiedene Intensitätsniveaus wieder.*

Der multiple Fotosensor im Mittelpunkt der Faksimile-Kamera stellte die ITEK-Techniker vor ein schwieriges Problem der Miniaturisierung, denn die zwölf vorgesehenen lichtempfindlichen Dioden mußten alle zusammen auf engstem Raum im Brennpunkt des kleinen optischen Systems untergebracht werden, das die von dem Spiegel kommenden Bildinformationen bündelte. Diese kleinen Dioden für die hochauflösenden Aufnahmen z. B. hatten nur einen Durchmesser von 0,04 mm, was hart an der Grenze dessen liegt, was das menschliche Auge gerade noch ohne Hilfsmittel erkennen kann. Die Größe der einzelnen Dioden und ihre Position zueinander mußten mit einer Genauigkeit von 1/1000 mm eingehalten werden. In konventionellen Kameras wird die auf das speichernde Medium gelangende Lichtmenge durch Variation der Blende oder/und der Zeit geregelt, mit der das Licht einwirken darf. Bei der Faksimile-Kamera für die Viking-Lander gab es derlei Vorrichtungen nicht, hier wurden variierende Beleuchtungsintensitäten durch verschiedene Arten der Registrierung wiedergegeben. Für die Erfassung verschiedener Hell- und Dunkeltöne konnten 64 Signalstärken registriert und per Funksignal weitergegeben werden, auch verschiedene Kontrastverhältnisse konnten mit diesem Verfahren erfaßt werden. Insgesamt waren sechs verschiedene Arbeitsstufen möglich, um verschiedene Helligkeiten und Kontraste adäquat zu erfassen und zur Erde übermitteln zu können.
Bei großer Lichtfülle und/oder starken Beleuchtungskontrasten wurde die Elektronik so eingestellt, daß die 64 Sensibilitätsstufen den ganzen Empfindlichkeitsbereich des Systems ausfüllten. Bei geringerer Helligkeit und/oder schwachen Kontrasten erfaßten die 64 Abstufungen nur einen geringen Teil des Empfindlichkeits Spektrums. Mit 32 Abstufungen konnte die Empfindlichkeit der Anordnung auf die jeweils herrschenden Licht- und Kontrastverhältnisse abgestimmt werden. Damit war auch die Anpassung an Verhältnisse möglich, bei denen der Kontrast gering, die Lichtmenge aber groß war (und umgekehrt).
All diese vielfältigen Operationen der Faksimile-Kamera – Auswahl der Diode, Bestimmung der Abtastrate, Anpassung an die Beleuchtungs- und Kontrastsituationen – wurden durch raffinierte elektronische Schaltkreise teils automatisch, teils auf Funkbefehl von der Erde ausgeführt. Der größte Teil dieser Elektronik befand sich in dem zylindrischen Schaft unterhalb des drehbaren Kamerakopfes.

Daten der Faksimile-Kameras		
Höhe / Durchmesser	cm	55,6; 14,4; 25,6
Gewicht	kg	7,26
Stromverbrauch	W	22–34
Temperatur	°C	–126 bis +130
Winddruck	km/h	bis 252
Atmosphäre	mbar	2,8 (Mars) bis 1000 (Erde)

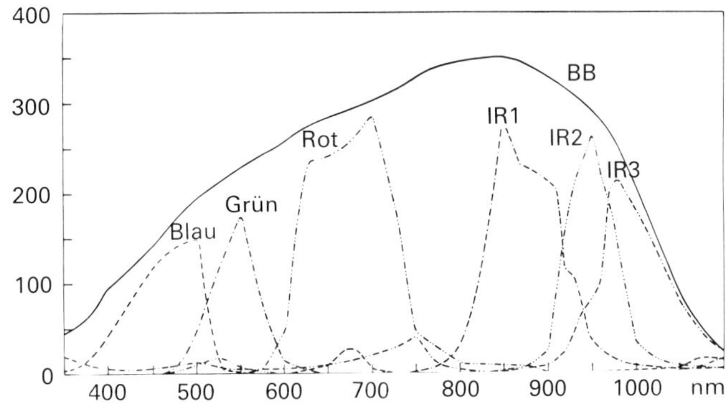

Die Faksimile-Kameras auf den Viking-Landekapseln arbeiteten in einem weit gefächerten Spektralband von 400–1050 nm. Neben der »normalen« Sensibilität für den blauen, grünen und roten Strahlungsanteil von 400–750 nm kamen noch drei Empfindlichkeitsbereiche im infraroten Licht von 750–1050 nm hinzu. Diese IR-Sensibilisierung der Faksimile-Kameras half den Wissenschaftlern bei der Untersuchung der chemischen Zusammensetzung der Steine und des Sandes auf dem Mars in der Umgebung der Landestelle.

Die auf den Viking-Landern installierten Faksimile-Kameras waren aus Beryllium gefertigt und hatten unten am Schaft einen Durchmesser von 15 cm. Die beiden Kamerakörper ragten um etwa einen halben Meter aus dem Zentralkörper des Viking-Landers hervor, das Sichtfenster befand sich in etwa 130 cm Höhe. Die beiden Kameras lagen gewissermaßen an der Frontseite der Landekapsel, dort also, wo auch die Bodenproben-Sammler montiert waren. Der Abstand zwischen den beiden Kamera-Türmen betrug etwa 80 cm. Jede Kamera wog etwa 7,3 kg und verbrauchte etwa 35 Watt

Konstruktion

Bei der Konstruktion der Faksimile-Kameras mußten vor allem die auf Mars zu erwartenden klimatischen und thermischen Verhältnisse berücksichtigt werden. Die Elektronik und das Sensorensystem waren deshalb mit mehreren thermischen Schutzschichten umgeben, nur der schmale Spalt für den Lichteinfall blieb frei – natürlich mit einer Scheibe aus hochwertigem optischem Glas versehen. Zum Schutz vor Staubstürmen konnte die Kamera so gedreht werden, daß der schmale Sichtschlitz hinter einem Staubabweiser verschwand. Wenn das Fenster trotzdem einmal verschmutzt war, konnte der Staub noch durch ein Kohlensäure-Gebläse entfernt werden.
Wegen des schmalen Staubabweisers betrug der Blickwinkel der Kameras nicht ganz 360° sondern nur 342,5°. Trotzdem ergaben sich – wegen der verschiedenen Position der beiden Kameras – gute Rundum-Panoramaansichten.
All diese Überlegungen führten schließlich zu dem endgültig gewählten Entwurf, bei dem die Faksimile-

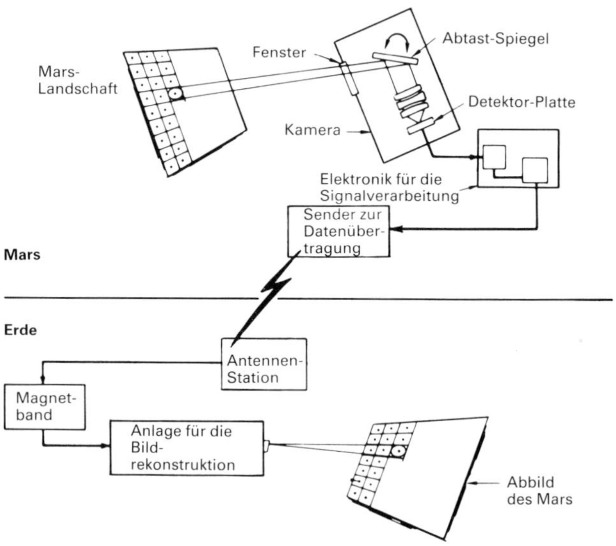

Der Weg der Mars-Aufnahmen von den Viking-Landekapseln zum fertigen Bild in der Bodenstation auf der Erde ist auf dieser Grafik dargestellt. Von der Kameraelektronik liefen die Bildsignale zur Richtantenne und von dort aus entweder direkt zur DSN-Station auf unserem Planeten oder aber über den Orbiter als Relaisstation, der die Informationen mit wesentlich höherer Datenrate weiterleiten konnte.

Kameras auf feststehenden kurzen Sockeln montiert waren. Diese Lösung war zwar befriedigend hinsichtlich des Gewichts, der Temperatur und der Zuverlässigkeit, aber hinsichtlich des Gesichtsfeldes bedeutete sie doch eine gewisse Einschränkung. Einerseits behinderten einige Systeme auf der Sonde selbst die Aussicht der Kameras nach »hinten«, an der der Schaufelarm gegenüberliegenden Seite der Kapsel. Die Arbeit des Bodenproben-Schürfers konnte aber von beiden Kameras aus gut überwacht werden. Zum zweiten war auch die Fernsicht der in nur 130 cm über dem Mars-Boden liegenden Sichtöffnungen nicht überragend, aber sie reichte für die meisten Zwecke aus, wie sich dann später während des Einsatzes auf dem Roten Planeten zeigte.

Schon sehr früh in der Entwicklungsgeschichte der Faksimile-Kameras einigten sich Wissenschaftler und Techniker darauf, daß für die Bildaufzeichnung insgesamt zwölf Fotodioden installiert werden sollten. Darunter befanden sich ursprünglich auch vier Sensoren für hochauflösende Aufnahmen (0,04°) in vier verschiedenen Entfernungsbereichen, um dem Kamerasystem auch bei Teleaufnahmen genügend Tiefenschärfe zu geben, wie man in einfachen fotografischen Kategorien formulieren würde.

Aber bei umfangreichen Tests erwiesen sich vier solcher Tele-Dioden als zu viel des Guten. Für hochauflösende Bilder von weiter entfernten Motiven erwies sich eine einzelne Diode als völlig ausreichend, so daß man schon erwog, eine neue, kleinere Dioden-Plattform für nur acht Sichtfelder einzusetzen. Die Wissenschaftler sahen aber hier eine Chance, einen lange gehegten, bis dahin aber leider nicht realisierbaren Wunsch vorzubringen, denn sie wollten für spezielle fotometrische Zwecke gern auch einige Infrarot-Sensoren in die Faksimile-Kamera integrieren. Dieses Ansinnen der Wissenschaftler ließ sich nun relativ problemlos realisieren, denn es war einfacher und billiger, die drei betreffenden Dioden entsprechend zu sensibilisieren als eine ganz neue, kleinere Dioden-Bank zu entwickeln.

Auch für die zwölfte, ursprünglich nicht genutzte Diode fand sich schließlich noch eine überraschend sinnvolle Verwendung, denn sie wurde so unempfindlich gemacht, daß sie sich für Sonnenstands-Messungen einsetzen ließ. Erst auf dem Mars stellte sich der außergewöhnliche Nutzen dieser Diode heraus, denn mit ihren Sonnenaufnahmen ließ sich jeweils auch die wechselnde Dichte der Atmosphäre feststellen. Auch der Aerosol-Gehalt der Mars-Atmosphäre konnte mit dieser Diode in groben Umrissen bestimmt werden.

Obwohl die grundsätzliche Frage nach dem Prinzip der Kameras auf den Viking-Landern sehr frühzeitig zwischen Martin-Marietta und ITEK geklärt war, ergaben sich doch im Verlauf der Entwicklungsarbeiten noch zahlreiche Änderungen und Modifikationen, auch in der Frage, wie die Faksimile-Kameras auf den Landekapseln zu befestigen waren.

In den allerersten Entwürfen war nur eine Kamera vorgesehen, die sich an der Spitze eines länglichen, ausklappbaren Mastes befand. Aber nur eine Kamera bedeutete die Halbierung der Chance, Bilder von der

Daten der Dioden in den Faksimile-Kameras der Viking-Lander		**WW-Dioden**	**Infrarot + Color-dioden**	**Hochauf-lösende Dioden**
Bildfeld	°	0,12		0,04
Bildhöhe	°	61,44		20,48
Bildbreite	°	2,5 bis 342,5		
Vertikale Bildausdehnung	°	100° (von −40° bis + 60° über Horizont)		
Dioden-Größe	mm	0,108		0,035
Bildsprünge	°	vertikal 10, horizontal 2,5		
Tiefenschärfe	m	1,7 bis »unendlich«		
Fokus-Einstellung	m	3,7		1,9; 2,7 4,5; 13,3
Bildelemente / bits		512 / 6		
bits pro Linie		3072		
bits pro Grad		2,84 × 10⁴	8,53 × 10⁴	
Abtastzeit / Grad	s	1,84 – 120	5,52 – 360	
bits pro Szene 60° × 60°	10^6	1,7	5,1	

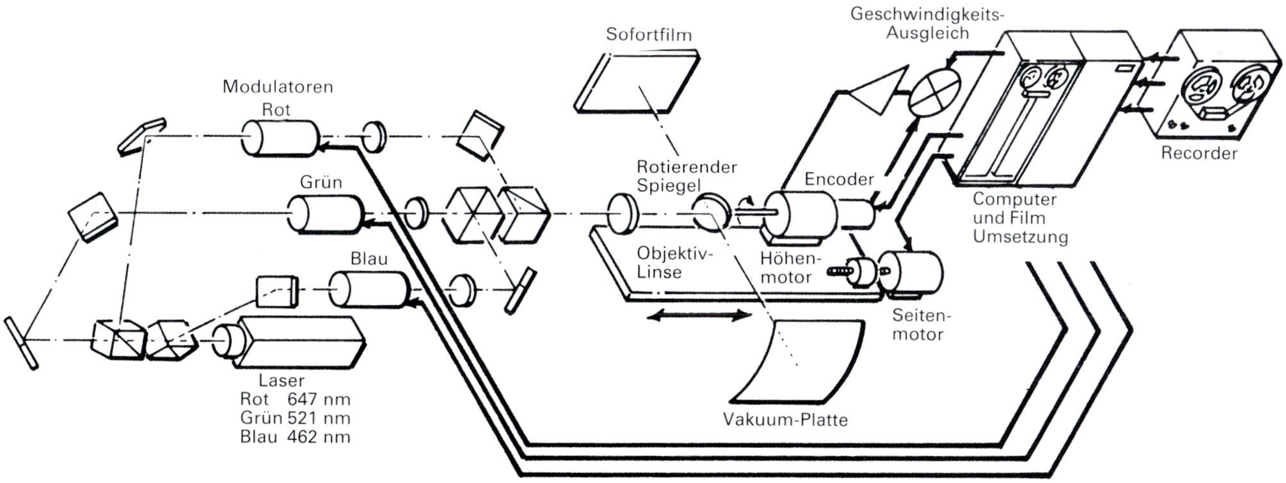

Die Bildinformationen der Viking- und anderer Planetensonden wurden nach der Ankunft beim JPL direkt in das »Mission Test and Imaging System« gegeben, wo die vielen hunderttausend Bits einer Aufnahme zu Bildpunkten, Zeilen und zu ganzen Schwarzweiß- oder Farbbildern zusammengesetzt wurden. Der Laser-Bildschreiber konnte vielseitig programmiert werden; auch die Erzeugung von Falschfarben-Bildern und die Rekonstruktion von Bildmosaiken waren möglich. Für besonders eilige Fälle konnten ferner in Minutenschnelle Sofortbilder erzeugt werden.

Mars-Oberfläche zu erhalten, außerdem hatte eine Kamera allein natürlich keine Stereokapazität. Dieser Entwurf wurde deshalb sehr schnell durch eine zweite Kamera ergänzt.
Die nächste Frage betraf die Anordnung der beiden Aufnahmesysteme auf dem Lander. Einerseits sollten die Sehschlitze möglichst hoch liegen, damit ihr Blickfeld nicht durch andere Apparate auf der Landekapsel behindert wurde und möglichst weit hinaus in die umgebende Mars-Landschaft reichte. Aber solch hohe Masten mußten natürlich stabil sein, was sie wieder schwer machte. Dazu kam noch der notwendige Ausklapp-Mechanismus, der wieder einen gewissen Unsicherheits-Faktor darstellte. Außerdem waren solche langen Masten in der engen Schutzhülle nur sehr schwer unterzubringen. Vor allem aber wären die Kameras an den ausklappbaren Masten doch sehr weit von den Heizelementen entfernt gewesen, so daß Störungen durch die enorme Kälte und die starken Winde zu befürchten gewesen wären.
Angesichts der auf Mars zu erwartenden sehr heftigen Staubstürme, die Windgeschwindigkeiten bis zu 100 m/s erreichen können, wurden umfangreiche Vorkehrungen getroffen, um die Viking-Landekapsel und vor allem auch die Faksimile-Kamera vor der Erosion durch Flugsand zu schützen. Bei der Kamera war ja von vornherein ein Schutzkeil vorgesehen, hinter dem das Sichtfenster bei starken Winden verborgen werden konnte. Weiterhin wurde das schmale Sichtfenster speziell beschichtet, so daß es nicht zu schnell von kleinen Sandkörnern zerkratzt werden konnte. Außerdem wurde noch ein zweites Sichtfenster installiert und eine mechanische Vorrichtung zum Austausch der beiden Scheiben, falls die zuerst eingesetzte vorzeitig stark beschädigt wurde. Gelegentliche leichte Sandablagerungen vor den Scheiben konnten durch kurze Gasstöße aus einer Vorratsflasche komprimierten Stickstoffs fortgeblasen werden.
In dem grundsätzlichen Entwurf hatte die Faksimile-Kamera für den Viking-Lander gewisse Ähnlichkeiten mit dem TV-Bildsystem auf den Surveyor-Mondsonden. Auch die Viking-Kamera war starr montiert, zur optischen Erfassung des Umfeldes wurden in beiden Fällen kleine bewegliche Spiegel eingesetzt. Auch die Surveyor-Kamera arbeitete in gewisser Weise nach dem Faksimile-Prinzip, wenn auch das Bildfeld der einzelnen Abtast-Punkte natürlich wesentlich größer waren. Aber auch bei den Surveyor-Mondkameras wurden gelegentlich Panorama-Übersichten der lunaren Landschaft aufgenommen, in dem die TV-Kamera ihre Umgebung reihenweise mit Telebildern abtastete.
Die Installierung von zwei Kameras auf dem Viking-Lander war nicht nur ein wichtiger Sicherheits-Faktor, durch diese Anordnung wurden auch Stereobilder möglich, auf denen sich die Entfernung der erkennbar werdenden Landschaftsformationen recht genau bestimmen ließ. Die beiden Kameras waren etwa 80 cm voneinander entfernt und diese Meßbasis erlaubte schon recht präzise Distanzmessungen nach der Triangulationsmethode.
Die in verschiedenen Spektralbereichen aufgenommenen Oberflächen-Bilder ließen die Erstellung von exakten Remissionskurven einzelner Motivbereiche zu, aus denen sich Erkenntnisse über die einzelnen Mineralien an der Mars-Oberfläche ergaben. Das betraf vor allem die mit den Infrarot-Sensoren aufgenommenen Bilder.
Die Kameras auf den Viking-Landern arbeiteten mit 64 Grauwert-Abstufungen, die aber natürlich erst in das Binärsystem »übersetzt« werden mußten, bevor sie auf die weite Reise zur Erde geschickt werden konnten. Jedes Bildelement erhielt nun bei der Auf-

Tabelle der anfallenden Bits und der Zeiten, die für die Übermittlung der Faksimile-Bilder vom Mars zur Erde notwendig waren

Abtastung		Zeit/Minimum	Zeit/Maximum	
Normal	10^6 bits	Minuten	Minuten/Stunden	
60° × 60°	1,7	1,84	117,8	1,96
60° × 120°	3,4	3,68	235,5	3,9
60° × 240°	6,8	7,36	471	7,85
60° × 360°	10,2	11,04	706,5	11,8
Color oder IR	10^6 bits	Minuten	Minuten/Stunden	
60° × 60°	5,1	5,52	353,3	5,9
60° × 120°	10,2	11,04	706,5	11,8
Hochauflösend	10^6 bits	Minuten	Minuten/Stunden	
20° × 20°	1,7	1,84	117,8	1,85
20° × 60°	5,1	5,52	353,3	5,9
20° × 120°	10,2	11,04	706,5	11,8

nahme – entsprechend seiner Helligkeit – eine der 64 möglichen Graustufen vom hellen Weiß bis zum dunklen Schwarz zugeordnet. Die Kennzeichnung dieser einzeln ausgewiesenen 64 Grauwerte erfolgte nun nach dem Binärsystem dadurch, daß jedem Bildpunkt sechs bits zugeordnet wurden. Mathematisch ausgedrückt sind es $2^6 = 64$ Grautöne, die per bit-Wort mitgeteilt werden konnten, von »000000« (schwarz) bis »111111« (für weiß).

Übermittlung der Bilder zur Erde

Diese Oberflächen-Aufnahmen, die wir alle schon zu Dutzenden in den verschiedensten Magazinen gesehen haben, erreichten uns als Schlußpunkt einer langen komplizierten Kommunikationskette. Die Oberflächen-Bilder vom Mars konnten – wie schon erwähnt – auf zwei Arten zur Erde übermittelt werden, die sich in dem dafür notwendigen Zeitaufwand sehr unterschieden. Mit Hilfe des Viking-Orbiters als funktechnischer Relaisstation ging die Übertragung relativ schnell, eine Panoramaaufnahme von 61,5 × 342,5° Ausdehnung mit 512 × 2854 Bildpunkten zu je sechs Bit (= 8767488 bit) wurde mit 16200 bps in 542 Sek. oder 9 Min. zur Erde übertragen. Die direkte Überspielung eines solchen Bildes vom Lander zur Erde mußte dagegen wegen der begrenzten Energiekapazität sehr langsam mit 250 bps erfolgen, so daß die Überspielung einer solchen Panoramaaufnahme immerhin 35070 Sek. oder 9,74 Stunden in Anspruch nahm. Da die funktechnische Sichtverbindung zwischen Viking-Lander und Erde nie so lange möglich war, wurden für die direkte Überspielung der Oberflächen-Bilder zur Erde immer nur Ausschnitte gewählt.
Diesem Umstand wurde beim Bildaufnahme-System dadurch Rechnung getragen, daß man von vornherein zwei verschiedene Aufnahmegeschwindigkeiten vorsah, eben eine mit sehr hohem Datenanfall von 16200 bps und eine mit sehr viel geringerem Volumen von nur 250 bps. Die jeweils gewählte Abtastrate der Faksimile-Kameras hing also primär von der jeweiligen Position ab, die Mars, Erde und die beiden Viking-Orbiter bezüglich der Landekapseln zueinander einnahmen. Die jeweils gewählte Art der Bildgewinnung auf dem Mars war also primär ein himmelsmechanisches Problem und eine Zeitfrage – ein kosmisches Puzzle ganz besonderer Art.
Die vom Mars kommenden Oberflächen-Bilder wurden in der Bodenstation in Pasadena mit einem speziell dafür errichteten Computersystem aufbereitet und mit einem Laser-Bildschreiber dargestellt. Dieser Argon-Krypton-Laser spaltete den weißen Lichtstrahl mit den Bildinformationen in die drei additiven Grundfarben Blau, Grün und Rot und gab den entstehenden Bildpunkten auch gleich die richtige Helligkeit. Dieser Laser-Schreiber konnte schwarzweiße, farbige und infrarote Bilder darstellen und auch sog. Falschfarben-Auszüge liefern. »Quick-Look«-Aufnahmen wurden mit Polaroid-Filmen erhalten, die normalen Bilder wurden auf verschiedenen Filmmaterialien im Format 24 × 24 cm aufbelichtet.
Der Laser-Bildschreiber gehörte zu den umfangreichen Bodensystemen, die ITEK für die Aufarbeitung der Bilder von den Faksimile-Kameras bereitgestellt hatte. Der Laser-Bildschreiber war an ein umfangreiches Computer-Zentrum angeschlossen und hatte deshalb eine bemerkenswerte Flexibilität bei der Handhabung der einkommenden Bildsignale und bei der Erzeugung der verschiedenen Negativ-, Diapositiv- und Bildarten. Ein Argon/Krypton-Laser, wie er beim Viking-Programm zur Bilderzeugung benutzt wurde, funktioniert folgendermaßen:
Ein Laser erzeugt ein breites Spektralband im sichtbaren Bereich. Durch optische Filter und spezielle Glasscheiben mit Interferenz-Beschichtungen werden die drei primären Grundfarben Blau, Grün und Rot ausgesondert. Diese drei Lichtstrahlen werden voneinander getrennt und auf drei Lichtmodulatoren übertragen, die ein Computer steuert. Nach Durchlaufen dieser Modulatoren werden die drei Lichtstrahlen mit Spiegelsystemen wieder vereinigt. Mit Passieren eines Strahlenteilers und eines fokussierenden Linsensystems kommen die drei Lichtbänder auf einen rotierenden Spiegel, der sie schließlich auf den Film lenkt. Dieser Spiegel ist gekoppelt mit einem Computer, der die Rotationsfrequenz steuert. Ein Schrittmotor bewegt die Spiegelanordnung gemäß dem Zeilen- und Bildpunkt-Raster, so daß nach und nach mit fünf Zeilen pro Sekunde das Bild aufgezeichnet wird. Dann kann die Tageslicht-Kassette aus dem Laser-Schreiber entnommen und der Film zum Entwickeln gebracht werden. Jederzeit sind mit diesem Laser-System auch spezielle Farbmischungen möglich, auch die Weglassung einer Grundfarbe, um bestimmte Bildwirkungen und Kontraststeigerungen zu erreichen. Selbstverständlich kann dieses System auch ganz »normale« Schwarzweiß-Bilder liefern.

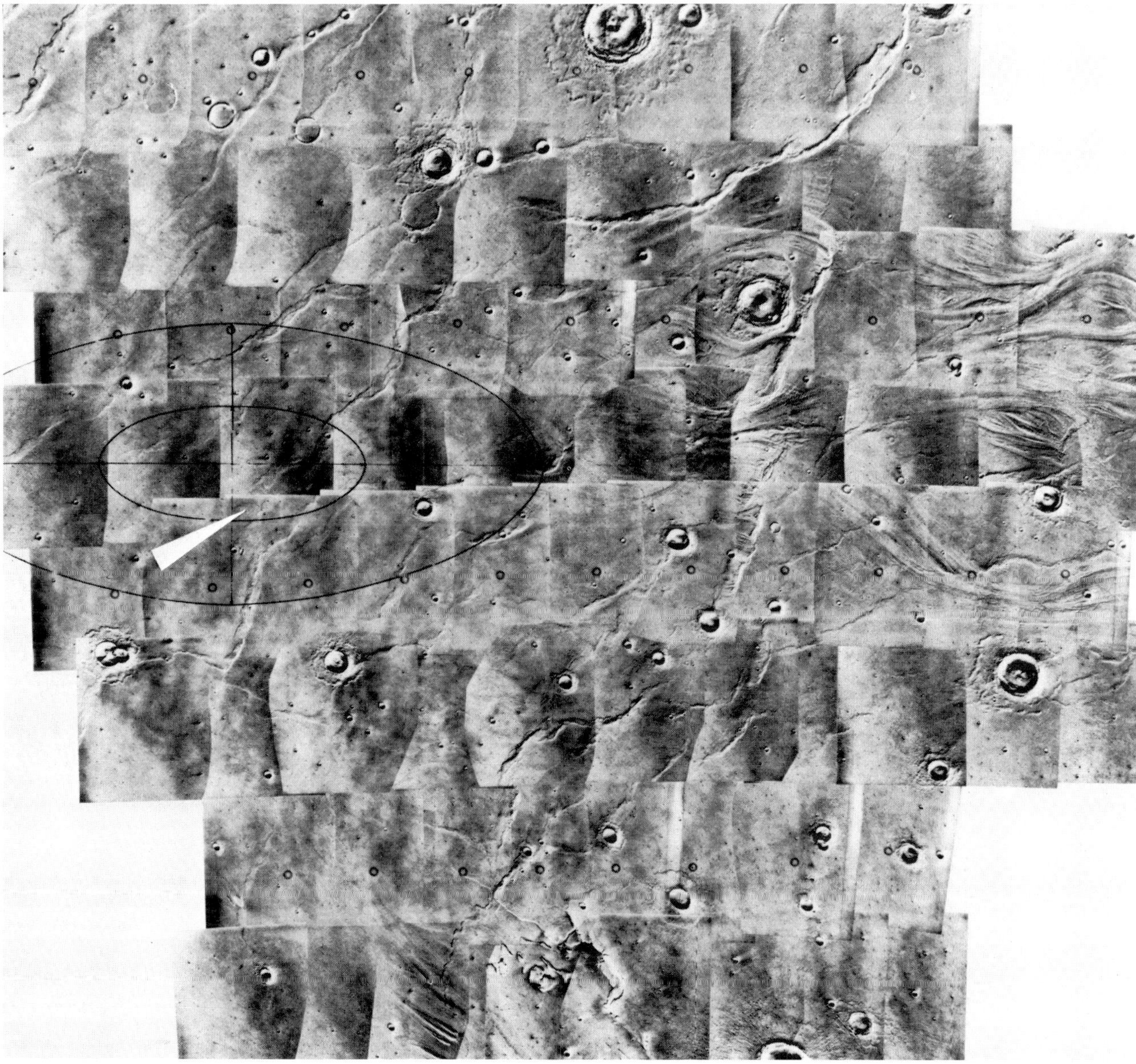

Die weitere Umgebung des Landeplatzes von VL-1 zeigt dieses Bildmosaik der Mars-Oberfläche. Der Mittelpunkt der 100 × 200 km großen Zielellipse liegt bei 22,4° N und 47,5° N in der Chryse-Ebene. Der weiße Pfeil deutet auf die tatsächliche Landestelle hin, die ca. 3 km unter dem mittleren Höhenniveau auf Mars liegt, wo der atmosphärische Druck relativ hoch ist. Außerdem liegt hier das Mündungsgebiet des großen Flußsystems, das hier vor Urzeiten einmal das Landschaftsbild beherrschte. Die Wissenschaftler hoffien, hier vielleicht noch einige winzige Spuren dieses Wassers vorzufinden.

In der ersten Arbeitsphase der Viking-Lander wurden täglich etwa 10 Mio. Bit an Bilddaten über den Orbiter und etwa 6 Mio. Bit direkt zur Erde übermittelt. Die Übertragung einer Bildzeile dauerte 0,2 Sek. bei der hohen und 12 Sek. bei der langsamen Datenrate.

Missionsverlauf

Der Flugplan für die Viking-Missionen bestand primär aus fünf Operationsphasen: Start, Transfer, Orbit, Eintritt und Landung. Diesem grundsätzlichen Ablaufschema mußten sich alle Systeme und Funktionen der Viking-Baugruppe unterordnen.
Am 20. August und 9. September 1975 wurden die bei den Viking-Sonden mit Titan Centaur-Raketen von Cape Kennedy gestartet und zunächst in eine 165 km hohe Parkbahn um die Erde gebracht. Nach kurzer Orbitphase und Überprüfung aller Systeme zündeten die Centaur-Raketenstufen noch einmal für längere Zeit und beförderten die Raumsonden auf die geplanten Sonnenumlauf-Bahnen. Nach einem etwa zehn Monate dauernden Transferflug mit mehreren Kurs-

Diese Aufnahme der Erdsichel machte eine TV-Kamera von Viking 2 etwa fünf Wochen nach dem Start aus fast 2 Mio. km Entfernung. Die dunklen über das Bild verteilen Punkte und der helle Saum rechts wurden von dem TV-System verursacht. Es war dies die erste von einer Raumsonde gemachte Aufnahme der weit entfernten Erde, die kleine Sichel hat große Ähnlichkeit mit dem Anblick der Venus in einem großen Fernrohr, wenn sie uns besonders nahe steht.

korrekturen, bei dem die Sonden in einer langgezogenen Kurve etwa 740 Mio. Kilometer zurücklegten, schwenkten Viking 1 am 19. Juni und Viking 2 am 7. August 1976 in die Satellitenbahn um den Mars ein. Laufend wurde während der fast einjährigen Flugzeit der »Gesundheitszustand« von Orbiter und Lander kontrolliert.
Schon während des Anflugs auf Mars hatten die Kameras der beiden Viking-Sonden Gelegenheit, den Planeten aus verschiedenen Entfernungen und Blickwinkeln aufzunehmen – auch in Farbe. Mit diesen Bildern sollte einmal untersucht werden, ob sich das äußere Erscheinungsbild des Mars seit den Vorbeiflügen von Mariner 6 + 7 und seit der Kartografierung durch Mariner 9 wesentlich geändert hat. Zum zweiten wurden Reihenaufnahmen des Mars in regelmäßigen Abständen gemacht, um globale Ansichten der gesamten Planetenoberfläche zu erhalten, auf denen vielleicht einige kurzfristige meteorologische Erscheinungen entdeckt werden konnten.
Viking 1 trat am 19. 6. 76 in die Mars-Umlaufbahn ein und begann sofort mit den TV-Kameras die vorgesehene Landezone auf dem Planeten zu inspizieren. Eigentlich sollte der Abstieg der Landekapsel auf die Mars-Oberfläche am 4. Juli 1976 erfolgen, dem 200. Jahrestag der Gründung der USA. Da die TV-Erkundung aber ergab, daß der ursprünglich in Aussicht genommene Landeplatz zu gefährlich war, wurde der Landetermin – sehr zum Bedauern aller Politiker, Manager, Techniker und Wissenschaftler – verschoben. Über zwei Wochen dauerte die Suche nach einem besser geeigneten Landegebiet, das dann schließlich 900 km westlich des ursprünglichen Ziels gefunden wurde.
Durch das erfolgreiche Bremsmanöver erreichte Viking 1 einen Mars-Orbit mit 24,6 Stunden Umlaufzeit, der also synchron lief mit der täglichen Drehung des Planeten um seine Achse und der im Periapsis regelmäßig über die geplante Landestelle führte, so daß die Kameras des Orbiters das Zielgebiet genau »unter die Lupe« nehmen konnten. Der Orbit hatte folgende Parameter:

Periapsis:	1 500 km	Inklination:	33,4°
Apoapsis:	32 600 km	Periode:	24,6 h

Für das Such-Manöver mußte Viking 1 die ursprüngliche Umlaufbahn verlassen; ab 8. Juli wanderte die Sonde mit dem Periapsis in westlicher Richtung, bis die am 14. Juli erreichte Bahn stabilisiert wurde. Die Kameras hatten die neue Landezone für gut befunden, und der hierüber verlaufende Orbit diente als Ausgangspunkt für den Landeanflug.
Der Orbit von V–1 verlief so, daß die größte Annäherung an Mars über dem Zielgebiet des Landers auf der nördlichen Halbkugel des Planeten lag, also bei etwa 19° N und 34° W. Da die Umlaufzeit des Viking-Orbiters genau mit der täglichen Rotation des Planeten von 24,6 Stunden übereinstimmte, erreichte die Sonde das Periapsis immer zur selben Zeit über demselben Punkt des Planeten – eben über der Landezone, die damit unter ständiger genauer Kontrolle lag. Übrigens konnte der Orbiter 1 (VO-1) aus dieser neuen Umlaufbahn heraus auch das in Aussicht genommene Zielgebiet für den VL-2 in Augenschein nehmen, das sich ebenfalls als wenig geeignet für die Landung einer Instrumentenkapsel erwies.

Auf der Suche nach dem Landeplatz

Der Erfolg der beiden Viking-Landekapseln auf der Mars-Oberfläche hing ganz wesentlich davon ab, daß sie an wissenschaftlich interessanten, aber vom Gelände her auch halbwegs zugänglichen Stellen ankamen.
Ganz gezielt machte M 9 am Ende seiner aktiven Lebensdauer einige besonders scharfe Bilder von interessanten Gebieten auf dem Mars, die für eine Landung besonders geeignet zu sein schienen, aber die Wissenschaftler waren sich klar darüber, daß das Auflösungsvermögen dieser Aufnahmen von bestenfalls 100 m nicht ausreichte, um wirklich alle Unebenheiten und Steinbrocken in diesen Landschaften zu erkennen. Es ging darum, Gebiete zu finden, bei denen die Wahrscheinlichkeit für das Vorkommen solcher Hindernisse möglichst gering war. Jedes größere Hindernis konnte dem Lander gefährlich werden, der nur eine Bodenfreiheit von 22 cm hatte. Auch wenn die Sonde beim Aufsetzen nicht gleich umstürzen sollte, so wäre doch auch eine erhebliche Schräglage für die meisten Experimente und Sensoren sehr hinderlich gewesen.
Mit den 7000 TV-Bildern, die Mariner 9 Anfang der 70er Jahre von der Mars-Oberfläche aufgenommen

hatte, stand den Wissenschaftlern genügend Material für die Auswahl der Landezonen zur Verfügung, in denen die beiden Viking-Landekapseln niedergehen sollten. An diese Landezonen wurden natürlich besondere Anforderungen gestellt, denn sie sollten einerseits wissenschaftlich besonders interessant, andererseits aber vom Gelände her relativ zugänglich sein, um das Risiko einer Bruchlandung möglichst auszuschalten. Folgende Gesichtspunkte spielten bei der Auswahl der Viking-Landezonen eine Rolle:

- Topografisch tiefe Lage, deren entsprechend höherer atmosphärischer Druck einen größeren Sicherheitsfaktor bei der Landung bildete, so daß die aerodynamische Abbremsung der Schutzkapsel und dann der Fallschirm richtig zum Funktionieren kommen konnten.
- Geringes Relief und maximal 19° Neigung des Geländes, damit der Lander sicher niedergehen konnte, der nur 22 cm Bodenfreiheit hatte. Die Landezone durfte außerdem nicht aus blankem Fels bestehen, weil dann keine Bodenprobe entnommen werden konnten. Eine zu starke Staubschicht war ebenfalls nicht erwünscht, der Lander hätte einsinken können.
- Möglichkeit des Vorhandenseins von Wasser, zumindest in gefrorenem Zustand, weil sich irgendwelche primitive Lebensspuren nur bei Vorhandensein von H_2O gebildet haben dürften. Auch in dieser Hinsicht spielte die topografische Lage und der atmosphärische Druck eine große Rolle, denn in flüssigem Zustand kann es Wasser nur bei einer relativ dichten Gashülle geben.
- Interessante geologische Verhältnisse, die natürlich mit der Zugänglichkeit der Landezone in Einklang gebracht werden müssen, so daß z. B. ein tiefer Canyon oder einer der hohen Vulkane nicht infrage kam, so interessant diese Gegenden sonst auch sein mögen.
- Günstige meteorologische Bedingungen, also die Minimierung des Risikos, daß Viking in einen der großen Staubstürme gerät, wie sie z. B. von Mariner 9 beobachtet worden waren. Zwar waren die Landekapseln so ausgestattet, daß sie Windgeschwindigkeiten bis 240 km/h während des Niedergehens auf der Mars-Oberfläche aushalten konnten. Aber trotzdem suchten die Wissenschaftler nach Zonen, die fast frei von Erosionsspuren waren.

Die vier projektierten und auch die zwei tatsächlich erreichten Viking-Landezonen befinden sich alle in dem biologisch interessanten Gürtel zwischen 20° und 50° nördlicher Breite, wo die Wissenschaftler Lebensspuren am ehesten erwartet hatten. Dort ist es einerseits noch nicht zu kalt, andererseits wurden dort auch Indizien für mögliche Wasservorkommen gefunden.

Der nach den Bilddaten von Mariner 9 ausgesuchte primäre Landeplatz für VL-1 befand sich in der

Der Standort des Viking-Landers 2 in der Canberra-Region ist von kleinen Kratern und Hügeln gekennzeichnet, der dazwischen liegende Sand hat – vom Wind bewegt – die Landschaft ebenfalls mit geformt. Die einzelnen definierbaren Geländepunkte erhielten von den Technikern und Wissenschaftlern des Viking-Teams einige mit dem Programm zusammenhängende Namen. Dies Bild gibt einen Geländeabschnitt von 94,5 × 105 km wieder, das Auflösungsvermögen beträgt ca. 200 Meter.

Chryse-Ebene, nahe der »Mündung« des großen Kanalsystems, das auf den TV-Mosaiks des ersten Mars-Orbiters entdeckt worden war. Seit feststand, daß diese Kanäle vor langer Zeit einmal durch flüssiges Wasser geformt worden sein müssen, waren sie natürlich für die Suche nach eventuellen Lebensspuren besonders interessant.

Als die ersten TV-Aufnahmen der Landezonen von den Viking-Kameras vorlagen, stellte sich heraus, daß die Kanalformationen nicht an dieser Stelle endeten, sondern sich noch darüber hinwegzogen. Tiefe Mulden und hohe Sandinseln mit scharf abfallenden Rändern verliefen quer durch das Zielgebiet, vor allem waren hier auch noch mehrere Krater im Wege, um die herum sich damals zur Zeit der großen Wasser-Überschwemmungen auf dem Mars tropfenförmige Strömungsmuster gebildet hatten. All diese Einzelheiten waren auf den Bildern von Mariner 9 nicht erkannt worden, vielleicht waren sie auch sechs Jahre zuvor nicht so deutlich zu sehen gewesen.

So mußten die Wissenschaftler in aller Eile weitere für möglich erachtete Landeplätze auf dem Mars prüfen, bis man endlich zwei Gebiete fand, die sowohl bei den Radar- als auch bei den optischen Prüfungen günstig zu sein versprachen. Aber auch diese doppelt gesicherte Methode erwies sich als nicht ganz zuverlässig, denn wie dann die Bilder der Umgebung von Viking 1 zeigten, befinden sich an dieser Stelle auch

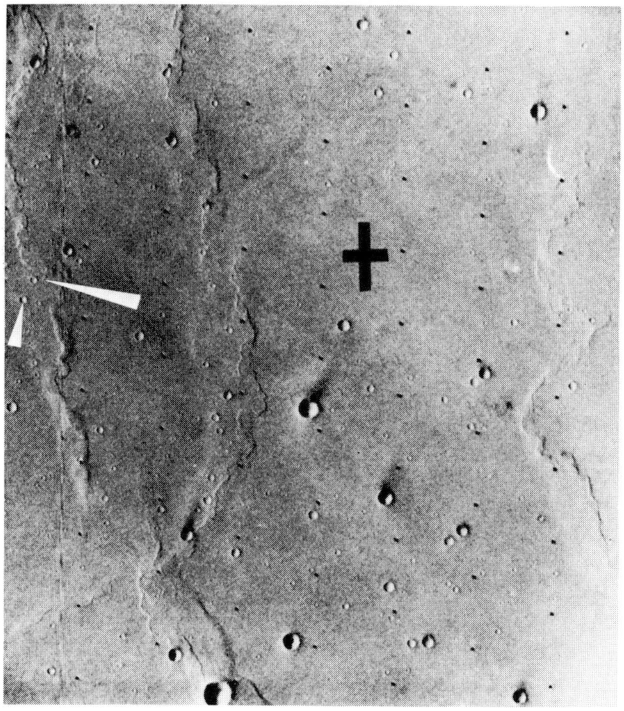

Diese Nahaufnahme der Landezone des VL-1 (s. großer Pfeil) zeigt links in der Mitte das aus vier oder fünf Kratern bestehende Trapez, das im linken unteren Abschnitt der Landeellipse gerade noch erkennbar ist. Der kleinere weiße Pfeil deutet auf den Krater A hin, der auf dem Panorama-Oberflächenbild rechts gekennzeichnet ist. Diese Nahaufnahme der Landestelle machte der VO-1 aus 1550 km Höhe; erfaßt ist ein Gebiet von 42 × 46 km Ausdehnung, das Auflösungsvermögen beträgt ca. 100 m.

recht große Gesteinsbrocken, die der Sonde durchaus hätten gefährlich werden können.

Aufgrund dieser bildmäßigen Befunde und auch der anderen Meßergebnisse beschlossen die Direktoren des Viking-Programms, die Landung von VL-1 zu verschieben und ein neues Zielgebiet nordwestlich davon zu suchen, wo die Strömungsspuren des früheren Flußdeltas schon wesentlich mehr abgeflacht schienen. Auch diese Mars-Landschaft war (am 4. Juli) von der Arecibo-Radarantenne aus untersucht worden und hatte sich als nicht so rauh erwiesen wie das zuvor getestete primäre Landegebiet. Am 8. Juli beschlossen die Verantwortlichen, den Orbit von Viking 1 so abzuändern, daß die TV-Kameras das westwärts gelegene Gebiet in der Chryse-Ebene aufnehmen konnten. Diese Bilder zeigten, daß das Gebiet – trotz seiner flachen Hänge – durchaus für die Landung der Instrumentenkapsel geeignet zu sein schien. So wurde diese Zone bei 22° N und 48° W schließlich als Zielgebiet für den ersten Viking-Lander bestimmt. Diese Gegend schien einen guten Kompromiß zwischen wissenschaftlicher Ergiebigkeit und geländemäßiger Sicherheit darzustellen – was sich dann ja auch als richtig erwies.

Die Suche nach Ausweich-Landeplätzen für die Viking-Sonden war nicht ohne Dramatik: den Experten in der Bodenstation saß die Zeit im Nacken, weil sich der Tag näherte, an dem die zweite Viking-Kapsel beim Mars ankam und dann alle Aufmerksamkeit beanspruchte.

Obwohl die Bilder des Viking-Orbiters wesentlich besser als die von Mariner 9 waren, reichte auch deren Auflösungsvermögen bei weitem nicht aus für die zuverlässige Prüfung, ob ein bestimmtes Gelände 1500 km unter der Sonde frei ist von allen Unebenheiten. Natürlich waren diese TV-Bilder aber sehr nützlich für die Beantwortung der Frage, wie diese oder jene Gesteinslandschaft auf dem Mars geologisch entstanden sein könnte, und daraus wieder zogen die Experten Rückschlüsse auf die Feinstruktur der Oberfläche.

Radarbeobachtungen

Die Mikrowellen-Beobachtung von Mars diente anfänglich hauptsächlich präzisen Entfernungsmessungen, die Ende der 70er Jahre mit einer Genauigkeit von 10 Meter gelangen. Aber wie bei Venus, so verlagerte sich auch bei Mars die erdgebundene Radarbeobachtung immer mehr auf Versuche, bestimmte Oberflächen-Merkmale auf diesem Planeten zu erkennen.

Der Hauptteil der Radarwellen wird bekanntlich von jenen Gebieten auf einem entfernten Himmelskörper reflektiert, die senkrecht zur Signalrichtung stehen, von wo aus gesehen die Erde also im Zenit steht. Die Analyse von Zeit-, Phasen- und Frequenzverschiebungen erlaubt bei dem durchschnittlich 100 Mio. Kilometer von der Erde entfernten Planeten Mars die Radaruntersuchung von Gebieten mit etwa 300 km Durchmesser. Das entspricht in etwa der Länge der Landeellipsen, die man für die Viking-Missionen in Aussicht genommen hatte. Die Radardaten liefern nun wertvolle Informationen, ob der Boden in dem angepeilten Gebiet sehr rauh oder ob er flach und eben ist – was ja für automatisch niedergehende Sonden sehr wichtig ist.

Bei der Landung der beiden Viking-Sonden auf dem Mars spielte die Radaruntersuchung der projektierten Zielgebiete eine große Rolle. Diese Landezonen waren zunächst mit Hilfe der Fotos ausgesucht worden, die Mariner 9 zur Erde gefunkt hatte. Um aber ganz sicher zu gehen, wurden diese Gebiete auch von den Viking-Kameras noch einmal genau untersucht, bevor die Landekapseln den Befehl zum Abstieg erhielten. Und bei dieser Prüfung wurde dann sozusagen in letzter Minute festgestellt, daß die in Aussicht genommenen Landegebiete doch nicht so flach und eben waren, wie sie auf den Bildern von Mariner 9 aussahen. Das höhere Auflösungsvermögen der TV-Kameras an Bord der Viking-Orbiter machte sich hier erstmals be-

Dieses Panorama von der Sand- und Steinwüste um den Landeplatz von VL-1 herum zeigt die Ränder von zwei entfernten Kratern, die auch auf den TV-Fotos der Orbiter identifiziert werden können und damit der genauen Lokalisierung der Landestelle dienen. Der große Doppelpfeil links weist auf die Ränder eines relativ kleinen Kraters in nur 100 m Entfernung hin, der kleinere Doppelpfeil rechts zeigt auf die Ränder eines etwa 1,8 km weit entfernten Kraters im Südwesten der Landestelle, der auf dem nebenstehenden Orbiter-Bild mit dem kleineren Pfeil markiert ist.

zahlt. Sofort wandten die NASA-Wissenschaftler ihre ganze Aufmerksamkeit den vorsorglich ebenfalls ausgesuchten Ausweich-Landegebieten zu, die aufgrund einer zufällig sehr günstigen Konstellation kurzfristig auch mit Radarstrahlen überprüft werden konnten. Diese Untersuchung ergab das für Experten überraschende und enttäuschende Ergebnis, daß die Ersatz-Landegebiete auf dem Mars viel zu steinig und damit zu gefährlich für die Landekapseln sind. Auf den vorsorglich gemachten TV-Aufnahmen sahen diese Gegenden glatt und ungefährlich aus.

Glücklicherweise waren die Wissenschaftler in der kritischen Phase der Landezonen-Überprüfung nicht allein auf die TV-Bilder angewiesen, so eindrucksvoll diese Aufnahmen auch oft waren. Noch zwei andere Untersuchungsmethoden standen den Experten in diesen kritischen Wochen zur Verfügung: die Abtastung der jeweiligen Stellen auf der Mars-Oberfläche mit Radarstrahlen von der Erde aus und die Verifizierung mit dem an Bord des Viking-Orbiters neben den TV-Kameras mitgeführten Infrarot-Wärmesensor (IRTM).

Die Radarbeobachtungen eines bestimmten Geländes sagen etwas aus über das Vorhandensein von Unebenheiten, die etwa 100–200 mal größer sind als die Wellenlänge der verwendeten Radarstrahlen. Mit 1,5-cm-Wellen z. B. erfährt man, ob das angepeilte Gebiet frei ist von großen Gesteinsbrocken mit 1,5 3 m Durchmesser, die für die Viking-Lander am gefährlichsten waren. Natürlich können solche Messungen immer nur im Zusammenhang mit anderen Befunden gesehen werden, die über die geologische Struktur eines bestimmten Gebiets vorliegen.

Radarbeobachtungen des Mars von der Erde aus können immer nur in kleinen Gebieten erfolgen, die der Radarantenne im Moment der Anpeilung möglichst nahe kommen. Wenige Sekunden später liegt dann schon ein anderes Gebiet auf dem Mars im Blickpunkt des Instruments, hier addieren sich die Rotationsgeschwindigkeiten der beiden Planeten. In der Regel sind es die äquatorialen Zonen eines anderen Himmelskörpers, die von der Erde aus mit Radarstrahlen am besten abgetastet werden können.

Zufällig aber befanden sich (wegen der Äquatorneigung gegen die Umlaufebene) die beiden für die Viking-Sonden in Aussicht genommenen Landezonen bei 20° und 44° N auf dem Mars einige Wochen vor der Ankunft der Sonden in einer für Radarbeobachtungen günstigen Position, so daß sie mit der großen Antenne in Arecibo, die 300 m Durchmesser hat, mehrmals angepeilt werden konnten. Diese Radaruntersuchungen ergaben, daß die Mars-Oberfläche an den geplanten Zielorten etwas rauher ist als sonst im Durchschnitt auf dem Planeten.

Die Radioantennen von Goldstone (Kalifornien) und Arecibo (Puerto Rico), die für die Radarstudien am Mars eingesetzt wurden, arbeiteten mit Wellenlängen von 3,5 und 12,6 cm, die erfahrungsgemäß vor allem auf Gegenstände ansprechen, die etwa hundertmal so groß sind wie die Wellenlänge, also auf Gesteinsbrokken von 1–15 m Durchmesser, wie sie für landende Raumsonden besonders gefährlich sind. Steine dieser Größe blieben natürlich auch den Viking-Kameras verborgen, so daß die Radarbeobachtungen für die Vorbereitungen bei der Landung der beiden Instrumentenkapseln besonders wichtig waren.

Allerdings sind die Radaruntersuchungen bei Mars (und auch bei anderen Planeten) aus himmelsmechanischen Gründen jeweils nur auf kurze Zeitabschnitte begrenzt und auf kleine Gebiete der betreffenden Planetenoberfläche. Die optische Aufklärung hat also immer Vorrang, nur gelegentlich kann sie durch entsprechende Radardaten ergänzt werden.

Landung VL-1

Am 20. 7. 76 war es dann endlich so weit, die Techniker gaben das Signal zur Trennung von Lander und Orbiter. Sicher ging die erste funktionierende Instrumentenkapsel auf dem Planeten Mars nieder – sieben Jahre nach der ersten Landung von zwei Menschen auf dem Mond. Seitdem wird der 20. Juli eines jeden Jahres als Weltraum-Tag der USA gefeiert.

Nach der Festlegung des neuen Landeplatzes für den Lander von Viking 1 begannen die Vorbereitungen für den Abstieg der Instrumenkapsel. Zunächst einmal

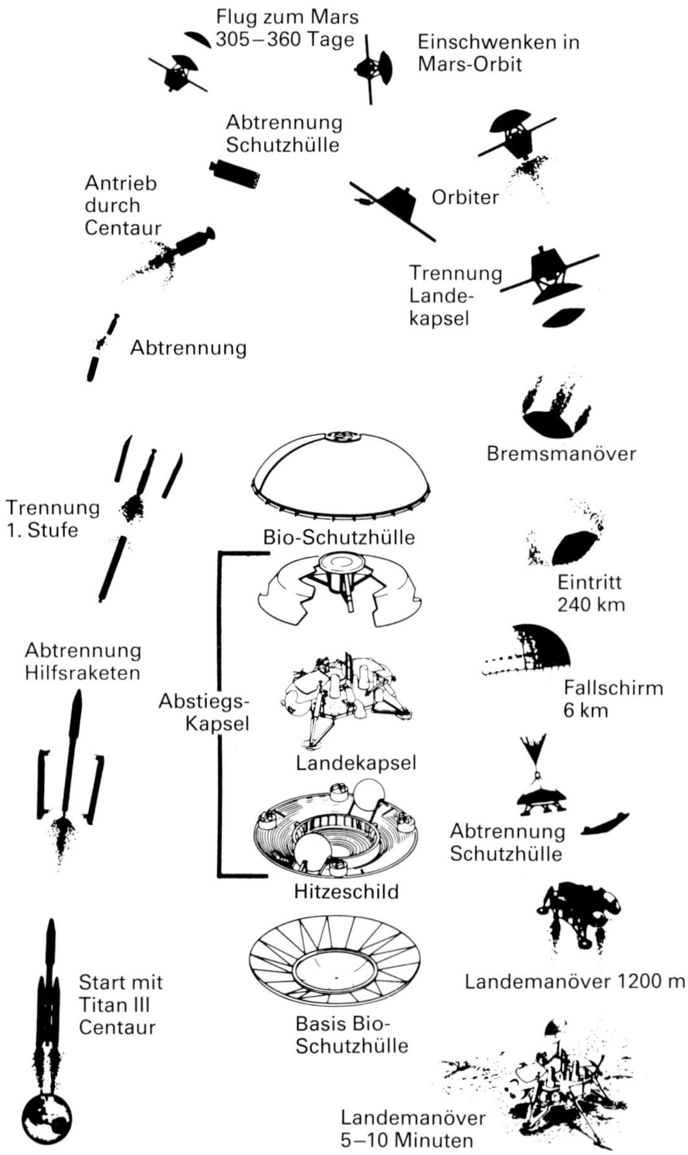

Die Landung der Viking-Instrumentenkapseln auf Mars gehörte sicher zu den kompliziertesten Flugmanövern, die bisher in der unbemannten Raumfahrt erfolgreich absolviert wurden. Nach der Trennung vom Orbiter erfolgte das Bremsmanöver, dann die aerodynamische Bremsung in der Mars-Atmosphäre, schließlich das Herabschweben am Fallschirm, bis dann zum Schluß mehrere kleine Bremstriebwerke gezündet wurden, die die Kapsel weich auf dem Planeten aufsetzen ließ. Der ganze Vorgang dauerte nur etwa zehn Minuten.

mußte der Orbit des Mars-Satelliten auf der erforderlichen Ausgangsbahn stabilisiert werden. Nach der Ablösung der den Lander beinhaltenden Schutzkapsel und nach der korrekten Ausrichtung zündeten die vier kleinen Raktentriebwerke in der aerodynamischen Schutzhülle entgegen der Flugrichtung, um die Geschwindigkeit etwas zu reduzieren und die Landekapsel in einer weit gezogenen Bahn langsam an die obersten Schichten der Mars-Atmosphäre heranzuführen. Während des Bremsmanövers wurde die Geschwindigkeit der in dem »Aeroshell« eingeschlossenen Landekapsel um 160 m/s verringert.

Das wichtigste Bremsmanöver fand in einigen tausend Kilometern Entfernung vom Mars statt; der Landeanflug dauerte mehrere Stunden. In etwa 250 km Höhe trat die Kapsel in die dort noch sehr dünne Atmosphäre des Planeten ein. Dabei war sie so orientiert, daß das Hitzeschild nach vorne zeigte und die erhebliche thermische Belastung des aerodynamischen Bremsmanövers aufnehmen und das ablative Schutzmaterial abschmelzen konnte. In der neun Minuten dauernden Schlußphase des aerodynamischen Bremsmanövers wurde die Geschwindigkeit der Baugruppe um 16000 km/h abgebremst.

Obwohl die Dichte der Mars-Atmosphäre nur dem hundertsten Teil der irdischen Lufthülle entspricht, heizte sich das Schutzschild an den kritischen Stellen während des Bremsmanövers bis auf 1500° C auf. Dabei wurde der mehrere Zentimeter dicke Belag von Silikon mit eingelassenen Phenolharzen und Kork allmählich abgeschmolzen. Die maximale Verzögerung trat zwischen 24–30 km Höhe auf, in 6500 m betrug die Geschwindigkeit nur noch 375 km/h.

In 6 km Höhe über dem Mars öffnete sich der 15 m große Fallschirm, die Schutzhülle wurde abgeworfen, und der Lander schwebte unter stetiger Verringerung der Geschwindigkeit bis auf etwa 1500 m über der Oberfläche herab. Dort wurde der Fallschirm samt des Oberteils der Schutzkapsel abgeworfen, und drei kleine Bremstriebwerke reduzierten die Sinkgeschwindigkeit des Landers soweit, daß er schließlich sanft auf der Oberfläche des Mars niederging.

Mit 244 cm/Sek. setzte die Kapsel auf der Mars-Oberfläche auf. Vom ersten Kontakt mit der Atmosphäre bis zum »touch down« waren nur etwa 9 Min. vergangen. Der ganze Landeanflug hatte 3,5 Stunden gedauert.

15 Sek. nach der erfolgreichen Landung der Kapsel auf dem Mars entfalteten sich die Parabolantenne und der 100 cm lange Ausleger mit den meteorologischen Sensoren. Weitere zehn Sekunden darauf sah sich der Roboter mit der einen TV-Kamera erstmals in seiner Umgebung um, das Oberflächen-Bild wurde dann via Orbiter sofort zur Erde übermittelt.

Der erste Viking-Lander erreichte seinen Zielpunkt auf der Mars-Oberfläche mit großer Genauigkeit, die Kapsel ging nur 30 km westlich und 4 km nördlich vom Mittelpunkt der projektierten Landeellipse auf dem Planeten nieder.

Mit der Landung der ersten Viking-Kapsel auf dem Roten Planeten begann dann auch die speziell für diesen Zweck geschaffene Mars-Tagzählung mit »Sol O«, einer auf die Rotationszeit des Mars bezogenen Einteilung. In dem neu geschaffenen Viking/Mars-Kalender wurde das Jahr des Vorbeiflugs von Mariner 4 an dem Roten Planeten (1965) als Jahr 1000 angesetzt. Jedes Mars-Jahr ist nicht ganz 687 Erd-Tage

lang, so daß – wie bei uns – regelmäßig ein Schaltjahr eingeschoben werden muß, zu denen ungerade Mars-Jahre von 669 Tagen Länge erklärt werden. Mars-Jahre mit geraden Zahlen sind nur Schaltjahre, wenn sie durch 10 teilbar sind.
Einige Tage nach der Landung begann die langwierige Phase mit den biologischen Experimenten, die Mars-Materie wurde mit Hilfe eines kleinen Schürfbaggers in die Versuchsordnungen befördert. Tag und Nacht und zu den verschiedenen Jahreszeiten wurden die meteorologischen Verhältnisse an der Landestelle kontrolliert.
Nach der Abtrennung der Landekapsel diente der Orbiter hauptsächlich als Relaisstation für den Funkverkehr zwischen Lander und Erde. Natürlich wurden die Sensoren des Orbiters dann auch für eigenständige Beobachtungs- und Meßprogramme genutzt, wie z. B. für die vollständige Kartierung der Mars-Oberfläche.

Landung VL-2

Viking 2 kam sieben Wochen nach Viking 1 beim Mars an, in dieser Zeit hätte die erste Sonde eigentlich die Landung und das wissenschaftliche Primärprogramm längst abgeschlossen haben können, wenn es nicht zu der Verschiebung des Abstiegsmanövers wegen der Unwegsamkeit des ursprünglich in Aussicht genommenen Landeplatzes gekommen wäre.
Viking 2 erreichte den Mars am 7. 8. 1976 und wurde in eine Umlaufbahn mit folgenden Parametern eingesetzt:

Apoapsis:	30033 km	Inklination:	56°
Periapsis:	1520 km	Periode:	24,6 h

Da die Verifizierung der Landezonen für die beiden Oberflächen-Kapseln mit dem Viking-Orbiter 1 (VO-1) vorgenommen wurde, konnte der Orbiter von Viking 2 (VO-2) von vornherein in einen asynchronen Orbit mit höherer Bahnneigung befördert werden, aus dem heraus er die Mars-Oberfläche systematisch erkunden konnte – nachdem die Landekapsel abgetrennt worden war. Zwischen den zwei Orbitern und Landern der Viking-Baugruppen bestand völlige Kompatibilität, so daß der Orbiter von Viking 1 auch mit dem Lander von Viking 2 in Verbindung treten konnte und umgekehrt.

	Viking 1	Viking 2
1. Landezone	Chryse 19,5° N; 34° W	Cydonia 44,3° N; 10° W
2. Landezone	Tritonis Lacus 20,5° N; 252° W	Alba 44,2° N; 110° W
Tatsächlicher Landeplatz	Chryse 22,4° N; 48,01° W	Utopia 47,97° N; 225,67° W

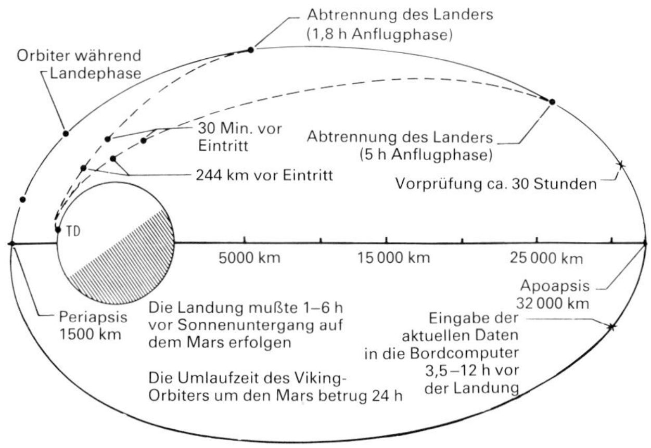

Die Umlaufbahn der Viking-Sonden um Mars sowie das Abstiegs-Manöver der Landekapseln sind auf dieser Grafik verdeutlicht. Das Apogäum des Orbits lag anfangs bei 32000 km, das Perigäum bei 1500 km, die Umlaufzeit betrug 24 Stunden – synchron mit der Rotationszeit der Erde, so daß sich in der Bodenstation ein regelmäßiger Arbeitsablauf bilden konnte. Die Abtrennung des Landers vom Orbiter konnte je nach geplantem Flugverlauf zwischen 1,8 und 5 Stunden vor dem »touch down« erfolgen.

Der zweite Viking-Lander ging am 3. September 1976 im Gebiet Utopia Planitia bei 48° N und 226° W auf dem Mars nieder. Dieser Landeplatz liegt vom VL-1 aus gesehen sozusagen auf der anderen Seite des Mars und etwa 25° weiter nördlich. Eigentlich hatten die Wissenschaftler – gemäß den Radar- und Infrarot-Untersuchungen – am Landeplatz des VL-2 große Sandflächen und Dünenfelder erwartet, aber zur allgemeinen Überraschung entpuppte sich der Standort auf den ersten Bildern als noch steiniger als der beim VL-1. Offenbar geriet auch ein Landefuß der Sonde auf einen größeren Steinbrocken, was eine Neigung der Sonde von 8,2° zur Folge hatte, die aber keine Beschädigung der Kapsel und kaum eine Beeinträchtigung der Untersuchungen und Messungen nach sich zog.
Allerdings mußten die Techniker in der Bodenstation über acht Stunden auf die Bestätigung der sicheren Landung des VL-2 warten, da die Funkverbindung zwischen Orbiter und Erde kurz nach der Trennung des Landers verloren gegangen war. Offensichtlich hatte die primäre Kreiselreferenz des Orbiters durch einen Kurzschluß versagt, so daß der Satellit nicht mehr die vorgeschriebene Lage einhielt und die Ausrichtung der Parabolantenne zur Erde verloren ging. Durch Umschaltung auf die Rundstrahlantenne und einen Befehl zur erneuten Ausrichtung des Orbiters stabilisierte sich dessen Lage dann nach einiger Zeit, so daß die Funkverbindung zwischen Lander und Erde über den Orbiter wieder hergestellt und die ersten Oberflächen-Bilder vom Standord des VL-2 übermittelt werden konnten. Diese Kommunikations-

Die Verschlußkappe des Bodenproben-Greifarms wurde erst kurz vor dem Beginn der biologischen Experimente abgesprengt; er bildete dann ein willkommenes »lebendes« Motiv für die Faksimile-Kameras. Das Metallteil ist etwa 20 cm lang und liegt ca. 3 cm von der Kamera entfernt, die diese Aufnahme gemacht hat. Deutlich ist auf diesem Bild auch die schwammartige Struktur der Steine an der Mars-Oberfläche zu erkennen. Rechts vorn ist ein Teil der Landekapsel selbst abgebildet.

panne war eindeutig auf ein Versagen an Bord des Orbiters zurückzuführen, der VL-2 war davon unberührt und absolvierte das schwierige Landemanöver einwandfrei – nur daß die Techniker in der Bodenstation erst sehr viel später davon erfuhren.
Der VL-2 setzte nur etwa 10 km vom Mittelpunkt der 100 × 250 km messenden Landeellipse auf. Die Temperaturen waren hier etwas höher als am Landeplatz von Viking 1, da die Nacht in der Utopia-Region anfangs etwa 2,5 Stunden kürzer war.
Die zweite Viking-Kapsel arbeitete auf der Mars-Oberfläche einwandfrei, auch das Seismometer ließ sich gleich aus der Verankerung lösen, was beim VL-1 ja mißlungen war. Andererseits gab es auch beim VL-2 Probleme mit dem Greifarm für die Bodenproben, weil ein Mikroschalter versagte. Durch Umgehen der Fehlerquelle mit raffinierten elektronischen Schaltungen konnte die Eingabe von Mars-Sand in die Analysegeräte aber doch stattfinden – allerdings ebenfalls ohne jeden konkreten Hinweis auf irgendwelche biologischen Reaktionen. Die Messungen waren ebenso widersprüchlich und verwirrend wie beim VL-1.

Lander-Missionen

Damit hatten die Wissenschaftler also beide Viking-Lander an anderen Stellen auf dem Mars niedergehen lassen als ursprünglich vorgesehen, insofern hatten sich die TV-Bilder von M 9 also nicht besonders gut bewährt. Dabei muß man aber berücksichtigen, daß sich die Raumfahrt-Technologie in den dazwischenliegenden sechs oder sieben Jahren natürlich wesentlich weiterentwickelt hatte, nicht nur hinsichtlich der Kamera- und Fernsehtechnik, sondern auch bezüglich anderer Aufklärungsmethoden, wie z. B. Infrarot-oder Radarmessungen. Vor allem aber hatten die Wissenschaftler anhand der über 7000 Fernsehbilder von M 9 gelernt, die Oberflächen-Formationen auf dem Mars besser zu verstehen und zu interpretieren. So konnten sie die auf den Viking-Bildern erkennbaren großräumigen Landschaften sicherer analysieren und daraus Rückschlüsse auf die Feinstruktur der Mars-Oberfläche im Bereich der vorgesehenen Landezonen ziehen. Insofern haben die TV-Bilder von M 9 doch einigen Wert für die Vorbereitung der Viking-Landungen gehabt.
Beide Viking-Lander gingen in großen Ebenen auf der Mars-Oberfläche nieder, der atmosphärische Druck am Landeplatz des VL-1 in der Chryse-Ebene betrug 7,7 mbar, der Druck beim VL-2 wurde mit 7,76 mbar gemessen. Das bedeutet, daß beide Landekapseln – bezogen auf das sog. Null-Niveau – 3 km unterhalb der »mittleren Mars-Höhe« stehen.
In Ermangelung eines Meeresspiegels hat man auf dem Mars eine andere Referenzhöhe gewählt, von der aus Höhen und Senken in der topografischen Struktur dieses Planeten gemessen werden. Dieses »Null-Niveau« auf dem Mars ist mit einem atmosphärischen Druck von 6,1 mbar definiert, bei dem sich – eine Temperatur von 273 K (oder 0° C) vorausgesetzt – die drei Aggregatzustände des Wassers im Gleichgewicht befinden.

Verhältnisse an den Viking-Landeplätzen	**Einheit**	**Viking 1**	**Viking 2**
Tatsächlicher Landeplatz		Chryse 22,46° N; 48,01° W	Utopia 47,97° N; 225,67° W
Abweichung vom Zielpunkt	km	28	10
Tiefe unter Null-Niveau	km	2,3	3,5
Atmosphärischer Druck	mbar	7,1	7,7
Tiefste Temperatur	° C	−85	−108
Höchste Temperatur	° C	−29	−37,5
Temperatur im Boden	° C	− 4	− 1
Seismische Ereignisse		versagt	2 Beben
Max. Windgeschwindigkeit	km/h	65	50
Mittlere Windgeschwindigkeit	km/h	30	15,5
Kohlendioxyd	%	95	
Stickstoff i. d. Atmosphäre	%	2,5	
Argon i. d. Atmosphäre	%	1,5	
Isotopen $Ar^{36} : AR^{40}$		1 : 2750	
Silizium im Boden	%	18,5–24	
Eisen im Boden	%	12,5–15	
Mg, Fe, Al, S	%	2–5	

Alle Instrumente des VL-1 arbeiteten einwandfrei, bis auf die drei Seismometer-Massen, die sich nicht aus ihrer Verankerung lösten, so daß keine entsprechenden Messungen vorgenommen werden konnten. Am 28. Juli wurde der Probensammler erstmals aktiviert und etwas Mars-»Erde« in die biologischen Versuchsanlagen gegeben.
Während der vier bzw. fünf Monate dauernden Forschungsarbeiten der Landekapseln auf dem Mars im Sommer und Herbst 1976 waren in der zentralen Bodenstation in Pasadena etwa 700 Experten mit der Vorbereitung, Ausführung und Auswertung der Viking-Experimente befaßt.
Es gab für die Vorbereitung der wissenschaftlichen Experimente – vor allem des Landers – drei Planungsperioden von 2 Tagen, 6–10 Tagen und 11–17 Tagen. Täglich kamen die Experten in der Bodenstation zusammen, um notwendige Änderungen und Ergänzungen im Versuchsablauf zu besprechen. Für die biologischen Experimente waren manchmal sehr schnelle Reaktionen auf bestimmte Versuchergebnisse notwendig, die die flexible Missionsstrategie für das Viking-Programm möglich machte.
Am 25. 11. 76 traten Erde und Mars in Konjunktion zueinander, so daß Mars – von der Erde aus gesehen – hinter der Sonne verschwand und keinerlei Funksignale mehr zwischen den Mars-Sonden und der Erde ausgetauscht werden konnten. Dieser »black-out« war eingeplant; zu diesem Zeitpunkt hatten die Lander ihre primären Forschungsziele erreicht, und die vier Viking-Sonden wurden in eine Art »Winterschlaf« versetzt. Alle wichtigen Systeme blieben in Funktion, nur der Funkkontakt mit der Erde wurde eingestellt.
Bei Unterbrechung des Funkkontakts zwischen den Viking-Sonden und der Erde infolge der Konjunktionsstellung von Erde, Sonne und Mars Mitte November war die Primärmission – jedenfalls für die beiden Landekapseln – beendet. Der großartige Erfolg der Doppelmission stand zu diesem Zeitpunkt schon fest, trotz einiger kleiner Störungen in verschiedenen Systemen und trotz der widersprüchlichen, höchstwahrscheinlich negativen Aussage hinsichtlich des Vorhandenseins von irgendwelchen Lebensspuren auf dem Mars.
Im Frühjahr '77 traten allerdings auch die ersten ernsten Versager bei den Viking-Landekapseln auf. Neben dem schon erwähnten Ausfall wichtiger Komponenten des Biolabors vom VL-1 fand auch beim VL-2 die Suche nach Lebensspuren Mitte März ein vorzeitiges Ende, weil der Greifarm mitten in einer Bewegung plötzlich steckenblieb. Diese Ausfälle mögen wohl vor allem durch die stetig sinkenden Temperaturen auf der nördlichen Halbkugel des Mars verursacht worden sein, wo langsam der Winter einzog. Anfang April lagen die mittleren Tagestemperaturen in der Utopia-Ebene beim VL-2 (48° N) bei – 123° C, und für solche niedrigen Dauertemperaturen waren die Viking-Lander nicht konzipiert, nur mühsam konnten die

Der Bodenproben-Greifarm des Viking-Landers war ein kleines mechanisches und elektronisches Wunderwerke, das von der Erde aus äußerst präzise gesteuert werden konnte. Eine wesentliche Hilfe bei der Schürfarbeit im Mars-Boden waren die beiden Faksimile-Kameras, mit denen jede Bewegung des Mini-Baggers vorbereitet, ausgeführt und ausgewertet wurde.

»Atombatterien« die wichtigsten Systeme vor der völligen Auskühlung bewahren.
Ende Mai '77 wurden alle biologischen Experimente an Bord der beiden Landekapseln endgültig abgeschaltet, die Suche nach irgendwelchen Lebensspuren auf dem Mars wurde damit – ergebnislos – eingestellt. Mit dem hereinbrechenden Winter wurden die beiden Landekapseln dann in eine Art »Winterschlaf« versetzt mit stark reduzierter Aktivität aller Systeme, nur die meteorologischen Sensoren und die beiden TV-Kameras blieben intakt, einmal in der Woche wurden die gespeicherten Informationen an die Erde übertragen. Ansonsten wurde alle elektrische Energie in die Heizsysteme geleitet.

Zeit-Tabelle der Viking-Lander	**VL-1**	**VL-2**
Start von der Erde	20. 8. 75	9. 9. 75
Ankunft im Mars-Orbit	19. 6. 76	7. 8. 76
Landung auf dem Mars	20. 7. 76	3. 9. 76
Erste Bodenproben-Entnahme	28. 7. 76	10. 9. 76
Ende der Primär-Mission	25. 11. 76	25. 11. 76
Ende der biologischen Analysen	5. 77	5. 77
Stillegung des Greifarms	4. 78	4. 78
Beginn der automatischen Mission	5. 78	6. 78
Ende der automatischen Mission	9. 78	9. 78
Stillegung des Viking-Landers	1982	11. 4. 80

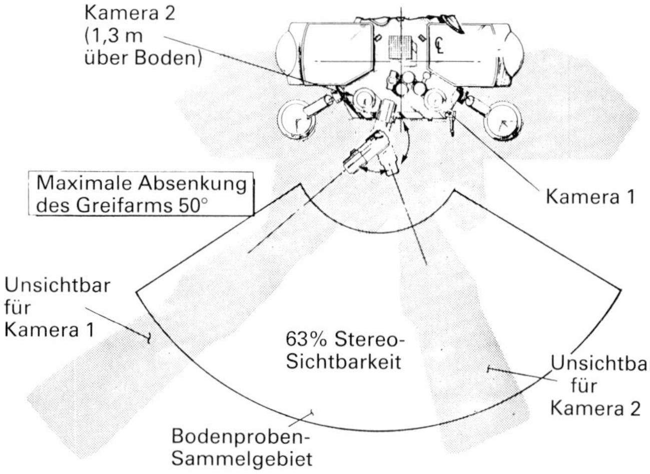

Die Reichweite des automatischen Greifarms auf den Viking-Landekapseln wird in dieser Grafik dargestellt. Gleichzeitig ist erkennbar, wie die beiden Faksimile-Kameras den Funktionsbereich des »Baggers« einsehen konnten – teilweise sogar in Stereo-Bildqualität, was für genaue Entfernungsmessungen unerläßlich war: Nur wenn die Distanz zu der für eine Bodenproben-Entnahme vorgesehenen Stelle am Boden genau bekannt war, konnte der Mini-Bagger zielgenau auf diesen Punkt hingesteuert werden.

Schrittweise erfolgte die Entnahme von Bodenproben an der Mars-Oberfläche, jede Bewegung des Greifarms wurde bei schwierigen Geländebedinungen mit der Faksimile-Kamera verfolgt. Am Landeplatz von VL-2 waren die Verhältnisse besonders kritisch, weil die vielen Steine kaum irgendeine sandige Stelle freiließen, wo der Mini-Bagger aktiv werden konnte. Der Steinbrocken im Vordergrund ist etwa 20 cm hoch, der bei der Sand-Entnahme entstandene kleine Graben ist 7 cm breit und 4-5 cm tief.

Aufgrund des hervorragenden technischen Zustands der vier Viking-Kapseln auf und um den Mars konnte das Programm dann nach der Konjunktion in vollem Umfang wieder aufgenommen werden mit der sog. »Viking Extended Mission«, die bis zum 1. 4. 1978 lief und in der sich alle wichtigen mechanischen und elektronischen Komponenten bestens bewährten – und auch die Redundanz-Philosophie, denn inzwischen gab es auch die ersten Versager in den komplizierten Apparaturen.

In der dritten Operationsphase schließlich, der »Viking Continuation Mission« (VCM), wurden nach dem Abschluß der biologischen Experimente hauptsächlich Routineaufgaben erfüllt. Regelmäßig umkreisten die beiden Orbiter den Mars und fotografierten mit ihren TV-Kameras dessen Oberfläche. Mit ebensolcher Regelmäßigkeit übermittelten die beiden Landekapseln von ihrer Umgebung meteorologische Daten und Faksimile-Bilder.

Kurz zuvor hatte es auch Probleme mit dem Viking-Lander 2 gegeben, weil plötzlich der Datenspeicher versagte, so daß nun das Magnetband als Programmgeber dienen mußte, das eigentlich nur für die Speicherung der Bilddaten vorgesehen war. Um den vom Lander produzierten Datenfluß zu reduzieren, wurde das Seismometer abgeschaltet, das ja ohnehin kaum irgendwelche Erschütterungen auf oder in dem Planeten festgestellt hatte. Durch den im September 1977 auftretenden Verlust der zwei Wanderfeld-Röhren war dann auch die Funkverbindung gestört.

Nachdem die Energieversorgung an Bord der zweiten Landekapsel im Frühjahr 1980 unerwartet stark zurückgegangen war, mußte die am Westrand der Utopia-Ebene stehende Forschungsstation am 12. April 1980 endgültig abgeschaltet werden. Fast vier Jahre lang hatte VL-2 regelmäßig von der Mars-Oberfläche seismische, chemische, meteorologische und optische Informationen gefunkt.

Ergebnisse der Oberflächen-Bildaufnahmetechnik

Unabhängig von dem wissenschaftlichen Gehalt waren die von den Viking-Landern zur Erde übermittelten Bilder das in der Öffentlichkeit am meisten beachtete Ergebnis dieser Mars-Mission. Bis zum Ende der »Viking Continuation Mission« im November 1978 hatte der VL-1 insgesamt 2254 Bilder aufgenommen, beim VL-2 waren es 1989 Bilder. Hauptsächlich handelte es sich dabei um Schwarzweiß-Ansichten mit hohem Auflösungsvermögen, aber auch zahlreiche Infrarot- und Farbbilder mit geringerer Schärfe waren dabei. Besonders interessant sind die zahlreichen Rundum-Panoramas, die morgens, mittags und abends mit jeweils verschiedenen Beleuchtungen gemacht wurden.

Die beiden Viking-Lander übermittelten bis zum April 1980 etwa 4500 Aufnahmen von ihrer Umgebung. Meistens waren das »ganz normale« Schwarzweiß-Bilder, aber es wurden auch zahlreiche Farb- und

Infrarot-Aufnahmen sowie viele Stereo-Bildpaare gemacht.
Der Viking-Lander 1 auf Mars wurde 1981 im Gedenken an den Leiter des Bildauswertungs-Teams für die Lander-Missionen in »Thomas A. Mutch Memorial Station« umbenannt. Der Wissenschaftler war Ende 1980 beim Bergsteigen im Himalaya tödlich verunglückt.
Entgegen den Erwartungen stellte der Viking-Lander 1 schon Ende 1982 die Datenübertragung ein. Trotz intensiver Bemühungen gelang es den Wissenschaftlern und Technikern des »Jet Propulsion Laboratory« nicht, die Funkverbindung zu der auf Mars stehenden Meßkapsel noch einmal zu stabilisieren. Auch eine zuvor in den Lander für Mai 1983 einprogrammierte automatische Datensendung war nicht mehr zu empfangen. Offensichtlich haben die extremen Verhältnisse auf Mars wichtige Komponenten des Kommunikations-Systems in der »Thomas-Mutch-Gedenkstation« in der Chryse-Ebene funktionsunfähig gemacht.

Orbiter-Missionen

Mit der Wiederaufnahme der Funkverbindung zu den vier Viking-Kapseln begann Mitte Dezember die erweiterte Missionsphase des Forschungsprogramms, die vor allem auch umfangreiche kartografische Arbeiten mit den TV-Kameras der beiden Orbiter umfaßte und die erst im April/Mai 1978 beendet werden sollte.
Eine der ersten Kommandofolgen, die die JPL-Techniker nach dem Ende der Zwangspause zum Mars übermittelten, war ein Befehl an den VO-2 zum Zünden des Kurskorrektur-Triebwerks am 20. 12. 1976, womit die Umlaufbahn wesentlich geändert werden sollte: das Periapsis wurde auf 800 km gesenkt und gleichzeitig die Bahnneigung von 75° auf 80° erhöht, so daß die Sensoren aus dieser fast polaren Umlaufbahn den Nordpol des Mars mit höherem Auflösungsvermögen untersuchen konnten.
Im Februar wurde auch die Umlaufbahn des VO-1 geändert, so daß dieser einige Male nahe an dem Monde Phobos vorbeiflog. Zwischen dem 18.–23. Februar erfolgten etwa 20 enge Passagen, bei zehn war die Entfernung geringer als 200 km, die kürzeste Distanz betrug etwa 80 km. Dabei entstanden hervorragende Nahaufnahmen des kleinen Trabanten mit einem Auflösungsvermögen von nur wenigen Metern.
Auch die Arbeiten des Viking-Landers 1 wurden nach der Konjunktion wieder aufgenommen, der Bagger grub einen etwa 25 cm tiefen Graben, die geplante Untersuchung neuer Bodenproben konnte dann allerdings wegen Versagens des Miniaturlabors im April '77 nicht mehr erfolgen.
Ende Februar wurde die Bahn des VO-1 erneut geändert, um das Periapsis weiter bis auf 300 km abzusenken und noch bessere Aufnahmen der Mars-Oberfläche zu erhalten. Zusammen mit den beiden Landern

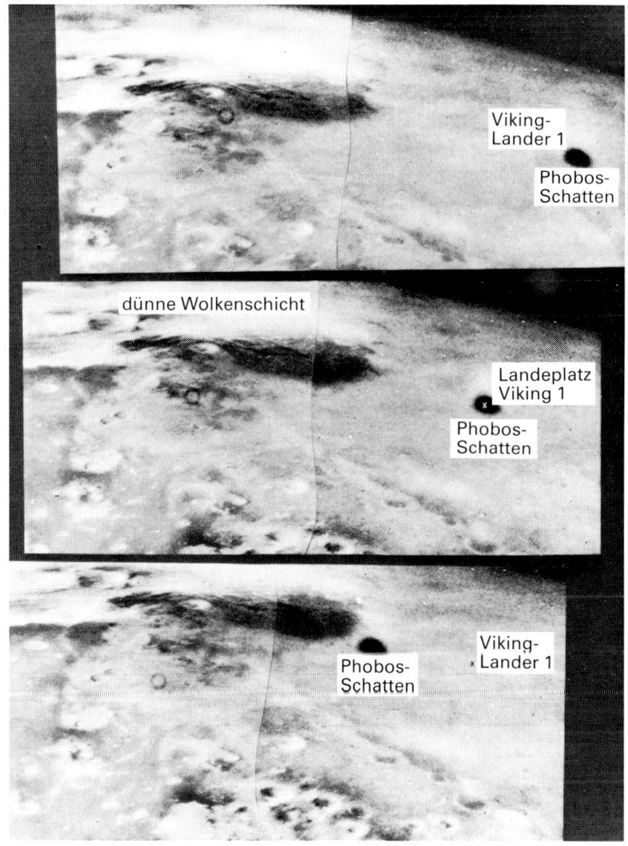

Auf der Suche nach dem genauen Landeplatz der beiden Viking-Instrumentenkapseln auf Mars entstanden diese drei Bilder. Der Schatten des Mondes Phobos wurde vom Orbit aus genau verfolgt, als dieser zufällig über die Stelle wanderte, wo man den exakten Standort des VL-1 vermutete. Im »Gegenschuß« machte die Faksimile-Kamera auf dem Lander zur betreffenden Zeit regelmäßig Testbilder ihrer Umgebung, um die kurze durch Phobos verursachte Verfinsterung aufzunehmen. Das Experiment gelang, die zeitliche Zuordnung der beiden von Lander und Orbiter aufgenommenen Verfinsterungsbilder ergab eine Positionsbestimmung von etwa 1 km Genauigkeit. Der ca. 90 km breite Schatten von Phobos wanderte in den drei Minuten zwischen der ersten und dritten Aufnahme um etwa 350 km von Westen nach Osten über den Mars.

untersuchten die Orbiter nun vor allem auch alle jene meteorologischen Phänomene, die den Beginn des Winters in der nördlichen Mars-Hemisphäre anzeigten und das Ende des Winters auf der Südhalbkugel. Am 27. Mai erfolgte ein neuer naher Vorbeiflug des VO-1 an dem Mond Phobos mit etwa 240 km Abstand. Die Flugtechniker hatten dabei einige Mühe, einen Zusammenstoß des Orbiters mit dem Trabanten zu verhindern, weil die genauen Gravitationsfelder in der Nähe dieses kleinen Himmelskörpers nicht mit hinreichender Genauigkeit bekannt waren. Mit einem geringfügigen Bahnmanöver in letzter Sekunde gelang

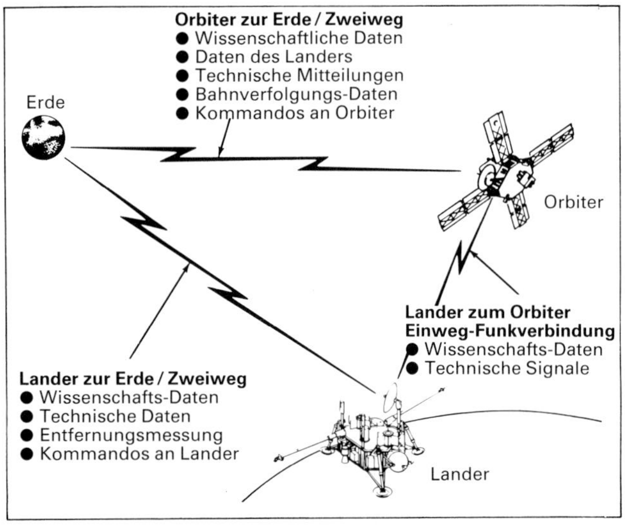

Die Funkverbindung von den Viking-Landern auf der Mars-Oberfläche zu den Bodenstationen auf der Erde konnte entweder direkt erfolgen oder über den Orbiter als Relaisstation. Bei der direkten Kommunkation dauerte die Datenübertragung wegen der geringen Energiekapazität des Landers relativ lange. Die Funkverbindung über den Orbiter ließ eine wesentlich höhere Datenrate zu, so daß vor allem die Bildübermittlung viel schneller ging.

es, den Kollisionskurs des Orbiters abzuändern, so daß er an Phobos vorbeiflog.
Nach Abschluß der Suche nach Lebensspuren auf der Mars-Oberfläche konnte der Orbiter von seinen Pflichten als Datenübermittler etwas entbunden und in eine andere Umlaufbahn gebracht werden, von der aus er dann auch andere Gebiete des Mars aus der Nähe fotografieren konnte.
Nachdem der VO-1 mit Abschluß der Primärmission der beiden Lander nicht mehr als funktechnische Relaisstation gebraucht wurde, änderten die Techniker am 12. 9. 76 dessen Bahn, so daß die Umlaufzeit nun nur noch 21,3 Stunden betrug und sich der Mars unter dem Periapsis nach jedem Umlauf um 1600 km (22,5°) weiter nach Westen verschoben hatte.
Den ersten ernsthaften Ausfall in der Viking-Mission gab es im April 1978, als im VO-2 ein Leck im Lageregelungs-System auftrat und das Treibgas schneller als geplant ausströmte. Am 24. April 1978 mußte der Viking-Orbiter 2 stillgelegt werden.
Nach über vier Jahren äußerst erfolgreicher Arbeit im Mars-Orbit wurde der VO-1 am 7. 8. 80 endgültig abgeschaltet. Das Kaltgas für die Lageregelungs-Düsen war fast völlig aufgebraucht, und die Techniker unterbrachen den Funkverkehr, bevor die Sonde völlig außer Kontrolle geriet. So konnte der Sender wirklich »gekillt« werden, wie es im Fachjargon heißt, so daß die Frequenz nicht auf unabsehbare Zeit blockiert blieb für andere Planetensonden.
Die Experten schätzen, daß die beiden Viking-Orbiter noch für mindestens 40–50 Jahre den Mars umkreisen, bevor sie in die tieferen Schichten der Atmosphäre geraten und schließlich verglühen. Es besteht also vorerst keine Gefahr, daß die Mars-Oberfläche durch die Bruchstücke der abgestürzten Viking-Orbiter mit Bakterien verseucht wird – falls der lange Aufenthalt im Vakuum des Weltraums und die aerodynamische Aufheizung in der Atmosphäre des Mars überhaupt irgendwelche Keime hat überleben lassen.

Entfernungsmessungen

Seit Generationen bemühten sich die Astronomen um eine möglichst genau Festlegung der Entfernungen im Sonnensystem, aber erst im Raumfahrt-Zeitalter konnten die Distanzen zwischen den einzelnen Himmelskörpern unserer näheren kosmischen Umgebung mit wirklich befriedigender Präzision festgestellt werden – um etwa den Faktor 1000 genauer als zuvor. Die Entfernung zwischen Erde und Mond kann z. B. jetzt mit Hilfe der von den Apollo-Astronauten auf dem Trabanten abgestellten Laser-Reflektoren bis auf 20 cm genau bestimmt werden. Allerdings gelten die Meßwerte gleich darauf nicht mehr, denn die Abstände zwischen den beiden Körpern ändern sich wegen der Bahnbewegung sehr rasch.
Diese fantastische Präzision in der Entfernungsmessung zwischen der Erde und den anderen Mitgliedern des Planetensystems war eine wesentliche Voraussetzung für den reibungslosen Verlauf der verschiedenen Planetenmissionen, vor allem für die oft recht komplizierten Flugmanöver zur Erreichung einer Satellitenbahn um Venus oder Mars. Die jeweilige Entfernung der Viking-Sonden von der Erde konnte auf etwa 5 m genau bestimmt werden – über eine Distanz von immerhin 300 Mio. Kilometer hinweg. Diese unglaubliche Genauigkeit in der Entfernungsmessung wurde vor allem durch die Fortschritte der Wissenschaft bei der quantitativen Erfassung kleinster Zeiteinheiten ermöglicht, bei der Atomuhren wesentliche Hilfe leisten.
Wird ein Radarsignal von der Erde zu einem anderen Planeten oder zu einer Raumsonde geschickt und von dort reflektiert, so daß es auf der Erde – sehr ge-

Zeit-Tabelle der Viking-Orbiter	VO-1	VO-2
Start von der Erde	20. 8.75	9. 9.75
Ankunft beim Mars	19. 6.76	7. 8.76
Abtrennung des Landers	20. 7.76	3. 9.76
Beginn des Drift-Manövers	11. 9.76	30. 9.76
Ende der Primär-Mission	25. 11.76	25. 11.76
Erste Bildserie von Phobos	2.77	
Zweite Bildserie von Phobos	5.77	
Bildserie des Mondes Deimos		10.77
Absenkung des Periapsis auf 800 km		20. 12.76
Absenkung des Periapsis auf 300 km	24. 3.77	23. 10.77
Ende der Funkverbindung	7. 8.80	24. 7.78

Links oben: *Eine dünne Schicht von Wasser-Eis legt sich im Mars-Winter für 100 Tage auf die Sand- und Steinlandschaft am Nord- bzw. Südpol. Auch in der Umgebung des Landeplatzes von VL-2 in der Landschaft Utopia bei 48° N trat dieser „Rauhreif“ auf.* **Links unten:** *Kurz vor Sonnenuntergang entstand diese Farbaufnahme von der Mars-Landschaft in der Umgebung des Landeplatzes von VL-1. Die tiefstehende Sonne wirft lange Schatten und läßt die Steinwüste – gemäß dem irdischen Sonnenuntergangseffekt – noch röter und brauner erscheinen, als sie ohnehin schon ist.* **Rechts:** *Sozusagen über die Schulter machte der VL-2 diese Aufnahme von sich und der umgebenden Mars-Landschaft. Deutlich sind zwei Farbmustertafeln auf dem Oberdeck der Landekapsel zu sehen, die zur korrekten Ausfilterung der Colorbilder dienen. Auch der Schwenkarm für die Parabolantenne mit zwei Gelenken sowie einige elektrische Kabel sind deutlich erfaßt.*

Oben: *Die Veränderungen in der Wolkenlandschaft der Jupiter-Atmosphäre nach vier Monaten zeigen diese beiden globalen Bilder des Planeten, die Voyager 1 + 2 Ende Januar und Anfang Mai 1979 aus 40 bzw. 46 Mio. km Entfernung aufgenommen haben. Gravierende Unterschiede werden vor allem im Bereich des „Großen Roten Flecks" erkennbar, auch die „Weißen Ovale" haben ihre Positionen in der Wolkenhülle Jupiters merklich verändert.* **Unten:** *Eines der schönsten Jupiter-Bilder übermittelte Voyager 1 aus 20 Mio. km Distanz. Deutlich ist vor dem GRF der Mond Io erkennbar und rechts daneben der Trabant Europa. Die beiden Jupiter-Begleiter geben dem Farbbild eine verblüffende räumliche Tiefe. Io und Europa sind beide etwa so groß wie unser Erd-Mond.*

schwächt – wieder aufgefangen werden kann, dann läßt sich aus der Laufzeit der mit Lichtgeschwindigkeit (300 000 km/s) durch das All rasenden Signale leicht die Entfernung des angepeilten Körpers errechnen. Je genauer bei dieser Prozedur die Zeitmessung ist, desto präziser sind auch die erhaltenen Entfernungswerte. Heutzutage sind Zeitmessungen mit der unvorstellbaren Exaktheit von 20 Milliardstel Sekunde (2×10^{-10} s) möglich, aber dafür ist ein recht erheblicher apparativer Aufwand notwendig, wie er aber in den Bodenstationen der NASA für Planetenmissionen heute getrieben wird – eine wesentliche Voraussetzung für die Erfolge.
Unternimmt man zwei solcher Entfernungsbestimmungen kurz hintereinander, so lassen sich daraus auch Rückschlüsse auf die Geschwindigkeiten und Bewegungsrichtungen der beiden beteiligten Komponenten ziehen, mit welchem Tempo sie sich voneinander entfernen oder sich einander annähern. Zieht man von diesen Werten die zwischen den beiden Messungen erfolgte Bewegung der Erde ab, dann erhält man den Wert für die Geschwindigkeit und Flugrichtung des angepeilten Planeten – oder der beobachteten Raumsonde.
Die Geschwindigkeit der Viking-Orbiter im Mars-Orbit ließ sich bis auf etwa 5 cm/s bestimmen.
Interessant ist auch, sich einmal die funktechnischen Voraussetzungen für den Radiokontakt mit einer Planetensonde zu vergegenwärtigen. Die 64-m-Antennen des »Deep Space Network« der NASA haben eine maximale Sendeleistung von 400 Watt. Nun geht aber dieses Funksignal nicht als scharf gebündelter Strahl hinaus in das All, wie das z. B. bei einem Laserstrahl der Fall wäre. In 380 000 km Entfernung beim Mond hat der Funkstrahl dieser Antennen immerhin schon einen Durchmesser von ca. 1000 km, was für die Betreuung der Mondsonden aber völlig ausreichend war. Beim Mars in etwa 375 Mio. Kilometer Entfernung hat dieser Funkstrahl aber schon einen Durchmesser von fast einer Million Kilometer, so daß die Parabolantenne des Viking-Orbiters von 150 cm Größe nur einen verschwindend winzigen Bruchteil der ursprünglich vorhandenen Sendeleistung von 400 Watt abbekam – ca. ein Billionstel Watt (10^{-12}). Aber selbst diese winzigen Funkimpulse reichten völlig aus, um von der Sonde, ihren Computern und Systemen empfangen und richtig verstanden zu werden.
Das eigentliche funktechnische Wunder war aber die Übertragung der Funksignale von den Mars-Sonden zur Erde. Die kleinen Parabolantennen des Orbiters oder des Landers produzierten natürlich einen Funkstrahl von sehr viel größerem Durchmesser, der auch noch mit einer sehr viel geringeren Sendeleistung von ca. 16 Watt abgegeben wurde. Die Signale vom Mars kamen hier auf der Erde mit der kaum vorstellbar schwachen Energie von nur 2×10^{-21} Watt an – in den optischen Bereich übertragen entspricht das einer auf dem Mars brennenden Kerze, die von der Erde aus mit einem Teleskop beobachtet werden soll.

Sozusagen rückwärts über die eigene Schulter machte eine Kamera auf dem Viking-Lander 2 diese Aufnahme von der steinigen Mars-Landschaft in der unmittelbaren Umgebung. Unten auf dem Bild sind einige Testtafeln für die richtige Ausfilterung der Farbbilder von dem Roten Planeten zu erkennen. Darüber erhebt sich die bewegliche Parabolantenne für die Datenübertragung mit ihren Achsen und Gelenken.

Kommunikation

Für die Funkverbindung zwischen den vier Viking-Sonden und der Erde mußten neue Kommunikationskonzepte entwickelt werden, auch in dieser Hinsicht war das Mars-Landeunternehmen die bis dahin komplizierteste (und auch teuerste) Planetenmission der NASA. Als die beiden Landekapseln auf dem Mars aufsetzten, betrug dessen Entfernung von der Erde etwa 340 Mio. Kilometer; für die Überbrückung dieser Distanz brauchten die mit Lichtgeschwindigkeit durch das Planetensystem rasenden (300 000 km/s) Funksignale fast 19 Min. Auf die Bestätigung, daß ein bestimmter Befehl bei der Sonde angekommen und an das richtige Untersystem weitergeleitet worden ist, mußten die Techniker also annähernd 40 Min. warten. Diese Verhältnisse machten eine direkte Kommunikation mit den Viking-Sonden auf dem Mars unmöglich, die Kontrollingenieure konnten also nie direkt in irgendwelche technischen oder wissenschaftlichen Vorgänge eingreifen, alle Operationen mußten langfristig vorgeplant und in den Programm-Computern der Sonde auf Vorrat eingespeichert werden. So enthielt der Speicher an Bord des Landers beim Niedergehen auf den Mars ein vollständiges Arbeitsprogramm für

Obwohl es nach den technisch überaus erfolgreichen Viking-Missionen zunächst keine konkreten Pläne für die weitere Erforschung des Mars gibt, werden doch zahlreiche Studien erarbeitet, wie die Erkundigung eines Tages weitergehen könnte. Dabei wird auch der sog. Mars-Rover erwogen, der einige Kilometer auf der Oberfläche herumfahren könnte. Mit einem Mini-Flugzeug würde ein größeres Gebiet aus der Vogelperspektive untersucht. Geprüft werden auch die Chancen einer sog. Bodenproben-Rückhol-Mission, bei der man einige Kilogramm Mars-Sand zur Erde befördern will.

60 Tage, mit dem die Meßdaten auch automatisch zur Erde gefunkt worden wären, wenn der Funkempfänger des Landers aus irgendwelchen Gründen plötzlich versagt hätte. Da aber alle Kommunikationssysteme intakt blieben, konnten die Wissenschaftler laufend in den Versuchsablauf eingreifen, was dann bei mehreren Pannen und Fehlreaktionen der Elektronik und der Sensoren auch mehrmals notwendig wurde – vor allem bei der Entnahme der Bodenproben.

Diese Eingriffe in den Versuchsablauf mußten aber stets in gut durchdachten einzelnen Programmabschnitten erfolgen, um genügend Spielraum für weitere kontrollierende Eingriffe zu haben. Diese komplizierte Arbeitsweise führte dazu, daß von den ersten Überlegungen für die zu einem bestimmten Manöver notwendigen Kommandos bis zur Ausführung auf der Mars-Oberfläche etwa 16 Tage vergingen.

Die Situation wurde weiter dadurch kompliziert, daß die Techniker mit zwei Zeitsystemen operieren mußten, mit der »Earth Receiving Time«, also der beim Eintreffen der Signale in Pasadena gerade herrschenden Ortszeit, und der »Mars-Ereigniszeit«.

Die Differenz in diesen beiden Zeitsystemen hing vom jeweiligen Abstand zwischen Erde und Mars ab, sie schwankte während des Viking-Programms zwischen 4–21 Min, weil der Abstand der Planeten zwischen 70–375 Mio. Kilometer variierte.

Während der Abtrennung der Landekapsel und dem Soloflug durch die Mars-Atmosphäre bis zur Oberfläche war der Orbiter ebenfalls unentbehrlich, er diente als funktechnische Relaisstation zwischen Landekapsel und Erde. Auch nach dem erfolgreichen Niedergehen der Instrumentenkapsel auf dem Planeten lief der größte Teil der Kommunikation zwischen Lander und Erde über den Orbiter, denn nur auf diese Weise konnte die relativ hohe Datenrate erreicht werden, die vor allem während der biologischen Experimente des Landers und bei der Übermittlung der Oberflächen-Bilder auftrat. Der Orbiter speicherte die Informationen meistens, bis die günstigste Zeit für die Übermittlung der Daten zur Erde gekommen war.

Natürlich war auch die direkte Funkverbindung zwischen Landekapsel und Erde möglich, allerdings nur mit einer sehr viel geringeren Datenrate und auch nur dann, wenn die betreffende Stelle des Mars, an der der Lander stand, der Erde zugekehrt war.

Mit Hilfe des Orbiters als funktechnischer Relaisstation konnten sehr viel mehr Informationen in kürzerer Zeit zur Erde übermittelt werden. Allerdings mußte der Orbiter dann – von der Landestelle aus gesehen – mindestens 25° über dem Horizont stehen und durfte nicht weiter als ca. 5000 km entfernt sein. Dieses »Funkfenster« stand täglich für etwa 10–40 Min. offen, und in dieser Zeit liefen die Daten mit 16 200 bps vom Lander zum Orbiter, wo sie meist auf Magnetband gespeichert wurden, um dann zur gegebenen Zeit mit der gleichen Datenrate zur Erde weitergeleitet zu werden. Täglich konnten also von der Mars-Oberfläche über den Orbiter maximal 38,88 Mio. Bit zur Erde übermittelt werden oder knapp vier Panoramabilder der Faksimile-Kameras.

Während der primären Forschungsphase des Viking-Landers war der Orbiter als Nachrichten-Übermittler unentbehrlich. Während dieser Zeit blieb dessen Umlaufbahn unverändert, so daß er regelmäßig täglich für eine gewisse Zeit als Relaisstation zur Verfügung stand und die Ergebnisse der biologischen Experimente und die Faksimile-Bilder zur Erde weitergeben konnte.

Künftige Projekte

Der Erfolg der Viking-Missionen war sehr zwiespältig, denn nach dem Triumph der perfekten Landung und einwandfreien Funktion der Landekapseln folgte die Enttäuschung, daß auf Mars keinerlei Lebensspuren entdeckt wurden. So absolut »tot« hatten sich die Wissenschaftler die Oberfläche dieses Planeten nun doch nicht vorgestellt. Diese Frustration schlug sich auch in einer gewissen Ratlosigkeit nieder, wie die Erforschung des Planeten Mars nun fortgesetzt werden soll. Hat es Sinn, weiter nach Lebenskeimen zu suchen? Wo soll man das tun? Und vor allem wie? Als künftige Mars-Mission ist z. B. auch eine Rückkehr-Sonde im Gespräch, die einige Kilogramm Oberflächen-Sand und vielleicht noch einen Bohrkern vom Mars zur Erde bringen soll.
Die Landung eines Raumschiffes auf dem Mars ist in technischer Hinsicht etwa ein Mittelweg zwischen Mond- und Erd-Landung. Es steht auf dem Roten Planeten zwar eine dünne Kohlendioxid-Atmosphäre zur Verfügung, mit der die Landegeschwindigkeit zum größten Teil abgebremst werden kann, doch sind immer noch einige Bremsraketen notwendig, bevor die Fallschirme entfaltet werden können. Es ist also neben dem Triebwerks-Komplex auch eine gewisse Treibstoff-Menge erforderlich, was zu Lasten der Nutzlast einer auf dem Mars landenden Rückkehr-Kapsel geht.
Andere Pläne zur weiteren Erforschung des Mars schlagen ein kleines Segelflugzeug mit Hilfsmotor vor, das in der dünnen Atmosphäre des Planeten einige hundert Kilometer zurücklegen und dabei die Mars-

Landschaft sozusagen aus der Vogelperspektive erforschen und fotografieren könnte. Es wird auch erwogen, einen kleinen Mars-Rover zu bauen, der aussehen könnte, wie eine Viking-Landekapseln auf Rädern. Vorbild für dieses Projekt ist das erfolgreiche russische Mondauto Lunochod. Mit ein oder zwei Fernseh-Kameras würde der Weg des Mars-Rover über die steinige Landschaft des Planeten kontrolliert, die Räder würden aus biegsamen Drahtgeflecht bestehen, das alle Bodenhindernisse meistert. Einige Dutzend Kilometer könnte das Mars-Auto sicher zurücklegen und damit den Forschungsrahmen wesentlich erweitern – wenn es nicht plötzlich in einer unvermittelt auftauchenden Bodenspalte verschwindet.

Vergleichende Tabelle der Technologie und Ergebnisse der amerikanischen Mars-Sonden

		Mariner 4	Mariner 6 + 7	Mariner 9	Viking 1 + 2	Viking-Orbiter	Viking-Lander
Gesamt-Gewicht	kg	261	384	1031	3500	2300	1200
Sensoren-Gewicht	kg	23	59	68	151	65	86
Treibstoff-Gewicht	kg	10	10	476	1560	1420	140
Computer-Kapazität	Worte	–	128	512	24000	4096	20000
Energie-Volumen	W	194	380	450	670	600	70
Bauteile (äquivalent)		40000	99000	113000	1500000	500000	1000000
Einsatz-Zeit		8 Monate	5,5 Monate	17 Monate	5 Jahre	5 Jahre	ca. 15 Jahre
Abstand vom Mars	km	9850	3380	1250		300	0
Anzahl der Bilder		16	202	7329	54000	50500	4500
Übermittelte Bits		$3,5 \times 10^6$	5×10^8	5×10^{10}	6×10^{11}	$4,4 \times 10^{11}$	3×10^{10}
Auflösungsvermögen	m	3000	300	100		20	0,01
Kosten	Mio. Dollar	125	150	150	ca. 1000	340	460
Einsatzjahr		1964/65	1969	1971/72	1976/80	1976/80	1976/82 (?)

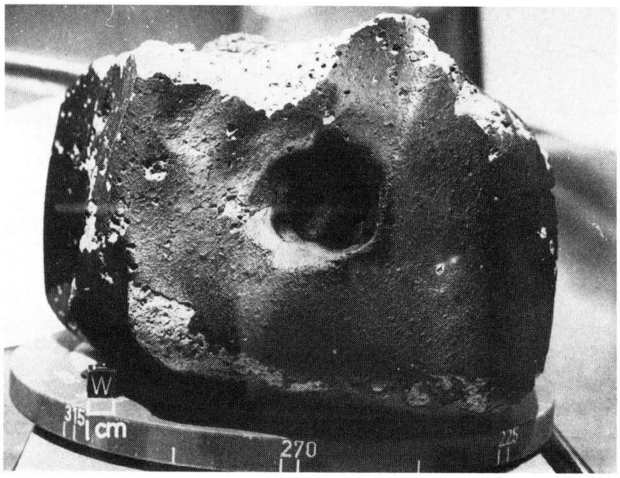

Eine Sensation war die Auffindung dieses Meteoriten in der Antarktis, der nach allen bisher vorgenommenen Analysen offensichtlich vom Planeten Mars stammt. Voraussetzung für diese sichere Identifizierung dieses Steinbrockens mit der Code-Bezeichnung EETA 79001 sind die sehr detaillierten Analysen, die die Viking-Landekapseln über die Zusammensetzung des Oberflächen-Materials auf Mars zur Erde gefunkt hatten. Der gelb-braun gesprenkelte Brokken wiegt 8 kg, in seinem Inneren fanden sich auch glasartige Zusammenballungen. Dieser Steinbrocken muß – so sagen die Experten – in einer oxydierenden Atmosphäre entstanden sein, deshalb kann er nicht vom Mond oder einem Asteroiden stammen. Wahrscheinlich ist dieser Brocken vor etwa 180 Mio. Jahren durch einen Meteoriten-Einschlag von der Mars-Oberfläche in den interplanetaren Raum geschleudert worden. Auf langen Schleifenbahnen ist der Stein dann in die Nähe der Erde gekommen und schließlich beim Eintritt in die Atmosphäre durch die Reibungshitze stark angegriffen worden. Mit der Auffindung eines solchen Mars-Steins ist eine Bodenproben-Rückhol-Mission eigentlich überflüssig geworden, wie sie von manchen Gremien als nächster logischer Schritt für die weitere Erforschung dieses Planeten vorgeschlagen wird.

Tabelle der amerikanischen und russischen Mars-Sonden

Name / Land Bezeichnung Startdatum	Größe / Gewichte Aufbau / Leistungen Bordsysteme	Ausrüstung / Aufgaben	Ergebnisse
Mars 1 1962β v 1 01. 11. 1962 UdSSR	Zylindr. Zentralkörper mit Antenne und Solarpaddeln; Länge 3,3; ⌀ 1,1 m; 894 kg	Sensoren zur Erforschung von Magnetfeldern, Strahlengürteln, Kosmischer Strahlung und Mikrometeoriten; Fernsehkamera für Bilder.	Mars 1 flog am 19. 6. 63 in 193 000 km Entfernung an dem Planeten vorbei, aber schon am 31. 3. 63 war die Funkverbindung zu der Sonde in 106 Mio. km Entfernung abgerissen.
Mariner 4 1964–77 A 28. 11. 1964 USA Mars-Passage am 14. 7. 65 in 9600 km Entfernung	Zentralkörper mit Antennen und 4 Solarpaddeln; Dreiachsen-Lageregelung, Magnetspeicher 5,2 Mio bit, Sender / Empfänger; 127 / 290 / 690 cm; 262 kg / 27,2 kg; 195 W / 8,3 bps	Instrumente zur Erforschung des Sonnenwindes, der Kosmischen Strahlung, evtl. Magnetfelder bei Mars, der Mikrometeoriten-Dichte Bedeckungs-Experiment zur Untersuchung der Atmosphäre; TV-Kamera für erste Nahaufnahmen mit den Daten 7,4/304 mm (400 × 400 Zeilen).	Auf den 16 auswertbaren TV-Bildern von Mars entdeckten die überraschten Wissenschaftler etwa 70 Krater von 5–120 km Durchmesser sowie einige Gebirgszüge und Eisablagerungen. Etwa 1 % der Mars-Oberfläche wurden erfaßt. Magnetfelder und Strahlengürtel wurden nicht entdeckt, aber die CO_2-Atmosphäre bestätigt.
Mariner 6 1969–14 A 25. 02. 1969 USA Mars-Passage am 1. 08. 1969 in 3430 km Entfernung **Mariner 7** 1969–30 A 27. 03. 1969 USA Mars-Passage am 5. 08. 1969 in 3200 km Distanz	Zentralkörper (46 × 138 cm) mit Antennen und 4 Solarpaddeln (5,8 × 10,2 m); Dreiachsen-Lageregelung, Kurskorrektur-System, aktive Temperatur-Kontrolle; Magnet-Speicher mit 195 Mio. bit Kapazität; Bord-Computer 128 Kommandoworte 412/51 kg; 370 W 270 / 16 200 bps	MM 6/7 untersuchten die Oberfläche und Atmosphäre des Mars mit vier auf einer beweglichen Plattform montierten Sensoren: Infrarot-Spektrometer (IRS) für Temperatur- und Gasmessungen; Ultraviolett-Spektrometer zur Identifizierung der Gasanteile; Infrarot-Radiometer für Temperatur-Messungen; Zwei TV-Kameras mit den Daten 3/50 mm und 3,6/508 mm, 704 Zeilen à 935 Bildpunkte Bedeckungs- und Gravitations-Experiment.	M 6 übermittelte während des Anflugs auf Mars 50 TV-Bilder des Planeten und beim nahen Vorbeiflug 24 Aufnahmen, vor allem von der Äquator-Region. M 7 lieferte 58 Bilder beim Anflug und 33 Nahaufnahmen vom Südpol des Mars mit 200 m bzw. 2 km Auflösungsvermögen. Die TV-Aufnahmen offenbarten zahlreiche Krater von 400 m bis 400 km Durchmesser, die wesentlich flacher als die Mondkrater sind und teilweise über einen Zentralberg verfügen. In der mit CO_2-Schnee bedeckten Südpol-Region wurden Bergzüge und Täler entdeckt, die Hellas-Region ist praktisch ohne Krater. Atmosphäre ohne Stickstoff, aber mit Methan und Ammoniak; Temperaturen von + 21 bis − 158° C.
Mars 2 1971–45 A 19. 05. 1971 UdSSR	Neue Sonde mit Retro-Triebwerk und Landekapsel; Antennen, Solarpaddel; 4650 kg	Untersuchung der Mars-Oberfläche und Atmosphäre aus der Umlaufbahn und an der Oberfläche mit IR- und UV-Sensoren sowie mit TV-Kamera	Mars 2 erreichte die Umlaufbahn am 27. 11. 71 A: 25 000 km; P: 1380 km; I: 48°; P: 18 h; Die Landekapsel wurde abgetrennt, übermittelte aber keine Meßdaten.
Mars 3 1971–49 A 28. 05. 1971 UdSSR	Aufbau wie Mars 2 mit Retro-Triebwerk und Landekapsel; 17 500 Solarzellen	Instrumentierung wie bei Mars 2. Zu den Sensoren gehörten auch zwei Sensoren aus Frankreich	Umlaufbahn um Mars am 2. 12. 71 erreicht A: 214 000 km; P: 1560 km; I: 48°; P: 11 d; Landekapsel abgetrennt und auf Mars abgesetzt, aber 20 Sek. danach verstummt.

Mariner 9 1971–51 A 30. 05. 1971 USA Mars-Orbit am 14. 11. 71 erreicht mit den Daten: A: 17 150 km P: 1 200 km I: 65° P: 12 h	Zentralkörper mit Antennen und 4 Solarpaddeln (228/690 cm); 3-Achsen-Lageregelung; Kurskorrektur-System; Temperatur-Kontrolle; Magnet-Speicher mit 180 Mbit Kapazität; Bord-Computer mit 912 Kommandoworten; Bremstriebwerk mit 1600 m/Sek; 1031 / 546 / 68,5 kg; 450 W / 16,200 bps	Aus der Umlaufbahn erforschte M 9 den Mars mit folgenden Sensoren: UV-Spektrometer zur Feststellung der atmosphärischen Bestandteile; IR-Interferometer-Spektrometer für Temperatur- und Wasserdampf-Messungen in der Atmosphäre; Infrarot-Radiometer für Temperatur-Messungen; 2 TV-Kameras 4/50 und 2,4/508 mm mit 700 Zeilen zu 832 Bildpunkten;	Bis 27. 10. 72 übermittelte der erste amerikanische Mars-Satellit etwa 7300 Weitwinkel- und Teleaufnahmen von der Oberfläche des Roten Planeten, die 1 km bzw. 100 m AV hatten. Der daraus entwickelte fast vollständige Mars-Atlas im Maßstab 1 : 5 Mio. offenbarte eine Fülle verschiedener Oberflächen-Formationen, neben unzähligen kleinen und großen Kratern wurden vor allem ein Riesencanyon von 5000 km Länge, vier gigantische (erloschene) Vulkane und vor allem eindeutige Hinweise auf ehemalige Wasservorkommen entdeckt – regelrechte Flußbetten. Außerdem wurden die ersten Nahaufnahmen der Mars-Monde Phobos und Deimos.
Mars 4 1973–47 A 21. 07. 1973 UdSSR	Zentralkörper mit Antennen und Solarpaddeln sowie einem Bremsmotor; 4500 kg	Mars 4 sollte in einen Mars-Orbit einschwenken und als funktechnische Relaisstation für die Landekapsel von Mars 6 dienen; außerdem war eine TV-Kamera an Bord	Mars 4 erreichte den Planeten am 10. 2. 1974; da aber das Bremstriebwerk versagte, wurde keine Umlaufbahn um den Planeten erreicht; Lediglich einige TV-Bilder des Mars wurden aus 2200 km Entfernung gewonnen.
Mars 5 1973–49 A 25. 07. 1973 UdSSR	Aufbau ähnlich wie Mars 4 mit Retro-Triebwerk; 4500 kg	Auch Mars 5 sollte in eine Umlaufbahn um den Planeten einschwenken, Funksignale weiterleiten, TV-Aufnahmen und andere Messungen von Oberfläche und Atmosphäre machen	Am 12. 2. 74 schwenkte die Sonde in den Mars-Orbit ein: A: 32 500 km; P: 1760 km; I: 35°; P: 25 h; einige TV-Bilder der südlichen Halbkugel gelangen, außerdem wurden Temperatur- und Druck-Messungen der Oberfläche gemacht.
Mars 6 1973–52 A 05. 08. 1973 UdSSR	Zentralkörper mit Antennen + Solarpaddeln Retro-Motor und Landekapsel; 4500 kg	Erstmals sollte eine Sonde schon während des Abstiegs zur Mars-Oberfläche Atmosphären-Messungen machen	Am 12. 3. 74 Abtrennung und Landung der Meßkapsel auf dem Mars, leider brach die Funkverbindung knapp über der Oberfläche ab.
Mars 7 1973–53 A 09. 08. 1973 UdSSR	Aufbau identisch mit Mars 6; Landekapsel wurde mit Fallschirm abgebremst	Auch diese Sonde sollte eine Landekapsel zum Mars bringen, die während des Abstiegs und auf der Oberfläche Meßdaten liefert	Am 9. 3. 74 erreichte Mars 7 den Planeten; wegen eines Fehlers in der Lageregelung flog die Landekapsel in 1300 km Entfernung am Mars vorbei, ohne Meßdaten zu liefern.
Viking 1 1975–75 A 20. 08. 1975 USA Am 19. 06. 76 Mars-Orbit erreicht: A: 31 000 km P: 1 515 km I: 33 Grad P: 24,6 h VL-1 landete am 20. 07. 76 in der Region Chryse 22,5° N; 48° W **Viking 2** 1975–84 A 09. 09. 1975 USA Am 7. 08. 76 Mars-Orbit erreicht: A: 30 030 km P: 1 520 km I: 56 Grad P: 24,6 h VL-2 landete am 3. 09. 76 in der Region Utopia 48° N; 226° W	Orbiter: Zentralkörper mit Antennen und 4 Solarpaddeln (3,4 × 9,8 m); 3-Achsen-Orientierung; Kurskorrektur-System; Temperatur-Kontrolle; Magnet-Speicher mit 2 × 640 Mbit Kapazität; Computer (CC + S) mit 4096 Kommandoworten; Brems-Triebwerk mit 1400 m/s Impuls; 2325 / 903 / 65 kg; 600 W / 16 200 bps Lander: Zentralkörper (46 × 150 cm) mit 3 Landefüßen; Lageregelung Temperatur-Kontrolle; 2 Magnetspeicher mit 40 Mbit; Datenrate 253 – 16 200 bps; Computer 20 000 Worte; »Atombatterien« 76 W; Landesystem mit Fallschirm und Raketen 1120 / 565 / 86 kg	Orbiter: Erforschung des Mars aus der Umlaufbahn mit drei auf beweglicher Plattform montierten Sensoren: Water Vapor Mapping zur Aufspürung von Wasserdampf an der Oberfläche und in der Atmosphäre; Infrared Thermal Mapper zur Messung der Temperaturen auf Mars; Visual Imaging System mit zwei identischen TV-Kameras 5,6/475 mm; 1056 Zeilen zu 1182 Bildpunkte Der Viking-Orbiter diente vor allem auch als funktechnische Relaisstation für die Übertragung der Lander-Messungen zur Erde Lander: Erforschung des Mars an den jeweiligen Landepunkten mit: a) biologischem Bodenanalysator; b) Gas-Chromatograph; c) Seismometer; d) Röntgenstrahlen-Spektrometer; e) meteorologischer Station (Wind, Druck, Feuchte, Temperatur); f) Bodenproben-Sammler; g) 2 Faksimile-Kameras für Weitwinkel, Tele- und Farbbilder	Orbiter: Nachdem die TV-Kameras in der Anfangsphase bei der endgültigen Auswahl der Landeplätze geholfen hatten, begannen sie mit der Kartografierung der Mars-Oberfläche. VO-1 übermittelte bis zum 7. 8. 80 aus Höhen zwischen 300 bis 30 000 km etwa 37 000 Bilder des Mars in Schwarzweiß und Farbe, während VO-2 bis zum 24. 7. 78 etwa 16 500 Bilder mit einem Auflösungsvermögen bis herab zu 20 m zur Erde überspielte. Aus diesen teilweise fantastisch guten Bildern wurde ein neuer Mars-Atlas im Maßstab 1 : 2 Mio. erstellt. Man erhielt auch viele sehr scharfe Nahaufnahmen der Mars-Monde Phobos und Deimos. Die Wasserdampf-Messungen ergaben große H_2O Ansammlungen unter den Polkappen. Lander: Die beiden Instrumentenkapseln lieferten die ersten Nahaufnahmen der Mars-Oberfläche, die sich als rötlich-braune Sand- und Steinwüste entpuppte; auch die Atmosphäre ist rötlich. VL-1 machte bis Ende 1980 etwa 2300 Schwarzweiß-, Farb- und IR-Aufnahmen seiner Umgebung, während die Faksimile-Kamera von VL-2 bis zum 11. 4. 80 etwa 2250 Bilder aufnahm. Die Suche nach Lebensspuren verlief ergebnislos; Mars-Beben wurden kaum entdeckt; die Temperaturen schwankten zwischen 30 und 86° C, der Luftdruck betrug 7,1 bzw. 7,7 mbar.

Jupiter

Eine der besten Globalaufnahmen von Jupiter lieferte Voyager 1 mit diesem aus neun Einzelbildern bestehenden Mosaik, das aus etwa 7,8 Mio. km Entfernung gemacht wurde. Die hohe Geschwindigkeit ließ den Planeten innerhalb der 15 Min. dauernden Bildserie etwas größer werden, so daß sich an den Rändern des Mosaiks Verschiebungen ergaben. Deutlich sind auf dem Bild die Wolkenströme in der Jupiter-Atmosphäre mit den parallel zum Äquator verlaufenden Bändern und Zonen zu erkennen. Auffälligste Formation ist der »Große Rote Fleck«, in dessen Umgebung man einige der Weißen Ovale erkennt. Das Auflösungsvermögen beträgt etwa 140 km.

Als die alten Griechen dem vierten der ihnen bekannten Planeten den Namen ihres wichtigsten Gottes gaben, ahnten sie wohl kaum, wie gerechtfertigt die Hervorhebung gerade dieses Wandelsternes war, wie sehr der Planet Jupiter seinen Namen verdiente. Erst heute wissen wir dank der Fortschritte in der astronomischen Beobachtungstechnik, daß Jupiter wirklich der größte und wichtigste Planet in unserem Sonnensystem ist. Er ist allein schwerer als alle anderen Planeten zusammengenommen. Wäre Jupiter nur so weit von uns entfernt wie die Sonne – nämlich 150 statt ca. 800 Mio. Kilometer – so würden wir ihn mit bloßen Auge als kleines Scheibchen über den Himmel ziehen sehen.

Jupiter ist nur zehnmal kleiner als die Sonne und etwa elfmal größer als die Erde, es handelt sich hier um einen Himmelskörper, den man entwicklungsgeschichtlich als so etwas wie einen Zwitter bezeichnen kann. Eine der wichtigsten Folgen der überragenden Größe von Jupiter ist der starke störende Einfluß auf die Bahnen anderer Himmelskörper, vor allem auf die im Sonnensystem zu hunderttausenden vorhandenen Kometen, deren Weg bei einem nahen Vorbeigang an dem Riesenplaneten entscheidend beeinflußt wird. Oft schlagen diese kleinen Körper dann Bahnen ein, die nicht mehr allzu weit von der des Jupiter entfernt sind. Andererseits übt Jupiter aber auch einen sehr stabilisierenden Einfluß auf die Bahnen der größeren Körper in seiner Umgebung aus, so z. B. auch auf den Orbit der Erde um die Sonne und wohl auch auf die Umlaufbahnen der anderen Planeten.

Jupiter ist größer und schwerer als alle anderen Planeten zusammen, und er dominiert die Familie der Wandelsterne. Bei Jupiter handelt es sich um eine riesige Gaskugel großer Komplexität; die gewaltige Atmosphäre ist dauernd in Bewegung, angetrieben von der raschen Rotation und der Wärme aus dem Inneren des Planeten, sowie von der Sonnenstrahlung. Energiereiche Partikel umströmen den Riesenplaneten, gefangen in einem unvorstellbar großen Magnetfeld. Vom tiefen Inneren des Planeten über die eindrucksvollen Wolkenfelder bis zur pulsierenden Magnetosphäre wird Jupiter und seine Umgebung von unvorstellbar starken Energiefeldern beherrscht.

Anblick von der Erde aus

Bei ihrem Weg um die Sonne kommen sich die beiden Planeten Jupiter und Erde bis auf 600 Mio. km »nahe«, der scheinbare Durchmesser des Riesenkörpers im Teleskop beträgt dann 48 Bogensekunden, und die scheinbare Helligkeit erreicht den Wert $2{,}5^m$. Im maximalen Glanz wird Jupiter nur regelmäßig von der Venus überstrahlt und in ganz seltenen Fällen auch von Mars. Die maximale Entfernung zwischen Erde und Jupiter beträgt 960 Mio. km, die scheinbare Helligkeit sinkt dann auf $+0{,}4^m$ und der Durchmesser im Fernrohr auf 31 Bogensekunden. Von der Erde aus gesehen erscheint der Riesenplanet fast immer in der vollen Phase, nur in der Quadratur-Stellung zeigt sich gelegentlich eine schwache Abschattung.

Im Fernrohr zeigt sich Jupiter als leicht abgeplattete helle Scheibe, auf der nach einigen Minuten der Eingewöhnung einige Wolkenstreifen zu erkennen sind, die – wie sich schnell herausstellt – parallel zum Äquator des Planeten verlaufen und senkrecht zur Rotationsachse. In größeren Teleskopen lassen sich dann noch helle und dunkle Streifen identifizieren, die aber nicht regelmäßig den ganzen Planeten umgeben; an manchen Stellen sind die Ränder mehr oder weniger stark eingebuchtet, zuweilen sogar unterbrochen. Auch helle und dunkle Flecken können von der Erde aus in der Jupiter-Atmosphäre wahrgenommen werden, aber sie sind selten von Dauer – ganz im Gegensatz zu den Wolkenstreifen.

Mit dem 5-m-Spiegel auf dem Mt. Palomar wurde dieses Foto von Jupiter gemacht. Deutlich sind der »Große Rote Fleck« und einige dunkle und helle Wolkenstreifen sowie der Mond Ganymed und dessen Schatten auf der Planetenscheibe zu erkennen.

Gestalt, Masse, Schwerkraft

Wie alle anderen Himmelskörper, die sich um eine Achse drehen, ist auch die Kugel des Jupiters abgeplattet. Da sich dieser Planet – gemessen an seiner Größe – mit knapp zehn Stunden sehr schnell um seine Achse dreht, ist die Abplattung bei ihm auch sehr viel stärker als z. B. bei der Erde. Vor allem aber verformt sich die starke Gasschicht der Jupiter-Atmosphäre bei dieser rasenden Rotation sehr viel stärker, als es die feste Erdoberfläche könnte. Während die Abplattung bei der Erde nur 1 : 297 beträgt, ist der entsprechende Wert bei Jupiter 1 : 15 – der Äquator-Durchmesser wird mit 143 000 km gemessen, der Pol-Durchmesser mit 133 000 km.

Diese Werte können von der Erde aus mit hinreichender Genauigkeit gemessen werden, denn im astronomischen Teleskop beträgt der Durchmesser des Planeten – bei starker Annäherung an die Erde – immerhin 45 Bogensekunden. Die beiden verschiedenen Durchmesser-Werte können dann mit Mikrometer-Meßeinrichtungen sehr genau festgestellt werden. Aus diesen Angaben läßt sich dann leicht das Volumen des Jupiter berechnen, das $4{,}5 \times 10^{29}$ km^3 beträgt und damit etwa das 1310fache des Erd-Volumens.

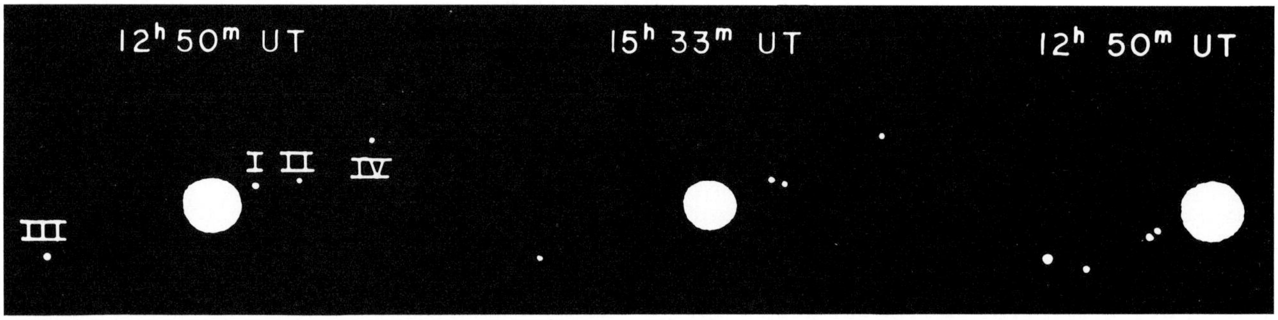

Die großen Monde kreisen sehr schnell um Jupiter, wie diese von der Erde aus gemachten, sehr grafisch wirkenden Bilder demonstrieren. Io braucht 1,77 Tage für eine Umrundung, Europa 3,55 Tage, Ganymed 7,15 und Callisto 16,8 Tage für eine Umkreisung des Riesenplaneten. Dieses reizvolle Wechselspiel der Positionen der hellen Jupiter-Monde links oder rechts von dem Planeten kann schon mit einem Feldstecher oder einem kleinen Fernrohr beobachtet werden.

Die Masse des Jupiter ließ sich frühzeitig recht genau aus der Bewegung der Monde des Planeten ermitteln und aus den Störungen, die Jupiter auf andere vorbeifliegende kleinere Körper ausübt. Der beste Wert für die Jupiter-Masse wurde kürzlich aus der Ablenkung der Bahnen von Raumsonden ermittelt, die den Planeten seit 1973 aus der Nähe erforschten. Danach beträgt die Masse des Jupiters $1{,}9 \times 10^{27}$ kg, das ist etwa das 318fache der Erd-Masse. Bezieht man diesen Wert auf das Volumen des Jupiters, so erhält man für das spezifische Gewicht den Wert von 1,34 – Jupiter ist also nur etwas schwerer als ein gleichgroßer Körper, der mit Wasser gefüllt wäre. Das ist ein Viertel des spezifischen Gewichts der Erde und sogar noch etwas weniger als das der Sonne.
Die Schwerkraft an der Jupiter-Oberfläche beträgt etwa das 2,6fache des auf der Erde gültigen Werts – könnte man eine solche Messung bei dem Riesenplaneten vornehmen. Ein Mensch, der auf der Erde 50 kg wiegt, würde bei Jupiter ca. 130 kg auf die Waage bringen.

Sonnenumlauf

Jupiter ist im Mittel 778 Mio. km von der Sonne entfernt, das sind 5,2 Astronomische Einheiten (AE), also etwa das Fünffache der Distanz Sonne – Erde. Die minimale Sonnenentfernung von Jupiter beträgt 740 Mio., die maximale Distanz 816 Mio. Kilometer. Jupiter erhält im Durchschnitt nur etwa den 25. Teil der Sonnenstrahlung, die die Erde empfängt. Auch diese Tatsache prägt die Verhältnisse und das Aussehen des Riesenplaneten in starkem Maße. Befände sich Jupiter auf der Bahn der Erde, sehr viel näher an der Sonne, sähe er sicher ganz anders aus.
Jupiter braucht 11 Jahre, 10 Monate und 17 Tage für einen Sonnenumlauf, die Bahngeschwindigkeit beträgt ca. 13 km/Sek., es dauert also etwa drei Stunden, bis sich der Planet einmal um seinen eigenen Durchmesser weiterbewegt hat. Jupiters Umlaufbahn ist recht stabil, sie weicht mit 1° 18′ 20″ kaum von der Ekliptik ab, dem Sonnenäquator und der Hauptebene der Sonnenbahnen aller Planeten. Auch die Exzentrizität ist mit 0,05 sehr gering.
Ein synodischer Umlauf des Jupiters dauert nur ein Jahr und 34 Tage, in diesem Abstand erscheint der helle Planet für die Beobachter auf der Erde wieder in derselben Konstellation. 278 Tage lang bewegt sich Jupiter in dieser Periode rechtläufig am Erd-Himmel, 121 Tage ist die Bewegung rückläufig.
Der Winkel zwischen Äquatorebene des Jupiters und der Bahnebene ist sehr klein und beträgt nur etwa 3°. Jupiter ist also ein sehr »standhafter« Planet mit fast idealen Positionen und Bewegungen und es gibt auf Jupiter praktisch keine Jahreszeiten – wobei nicht genau abzusehen ist, welche Veränderungen eine mehr oder weniger ausgeprägte Achsneigung auf die Atmosphäre des Jupiter haben würde. So aber sind die Verhältnisse auf allen Teilen des Orbits gleich und die Tage und Nächte sind in allen Zonen gleich lang – von dem geringen Rotationsunterschied der verschiedenen Wolkenzonen einmal abgesehen.

Rotationszeit

Jupiter ist nicht nur der größte Planet, er hat auch die schnellste Eigenrotation aller Sonnen-Trabanten, sie dauert nur knapp zehn Stunden. Allerdings ist diese Drehung bei dem Riesenplaneten nicht ganz gleichmäßig, am Äquator beträgt ein vollständiger Umlauf 9 h 50 m 30 s, an den Polen ist sie mit 9 h 55 m 40 s etwas länger. Auch aus dieser ungleichen Rotationszeit läßt sich schließen, daß die Oberfläche des Jupiter nicht fest ist, sondern aus einem fließenden, variablen Medium besteht – also aus einer großen Wolkenschicht.
Eine solche Differenz in der Rotationszeit von äquatorialen und polaren Zonen findet man z. B. auch auf der Sonne, wo aber – wegen der sehr viel langsameren Rotation unseres Tagesgestirns – keine so gravierenden Unterschiede in der Strömungsgeschwindigkeit auftreten. Bei Jupiter aber werden die Wolken in der Atmosphäre durch die schnelle Rotation des Planeten von 12 km/s in streifenförmige Bänder gezwungen, die untereinander wieder stark verschiedene Geschwindigkeiten haben können.

Bei Mars z. B. ist die Bestimmung der genauen Rotationszeit relativ einfach, die deutlich erkennbaren Oberflächen-Merkmale ermöglichen die Messung der Tageslänge auf Mars bis auf die Sekunde genau. Bei den großen gasförmigen Planeten ist die Festlegung der Rotationsperiode schon sehr viel schwieriger; die in der Atmosphäre von Jupiter oder Saturn schwimmenden Wolkenbänder lassen eine solche präzise Bestimmung der Umdrehungszeit nicht zu. Dazu kommen Differenzen in der Rotationszeit von Äquator- und polnahen Wolkenbändern, so daß man bei Jupiter als Tageslänge den Wert 9 h 53 m (± 2,5 m) angab. Erst die von den Voyager-Sonden beobachtete Periodizität in der Radiostrahlung Jupiters brachte dann Gewißheit, daß die in den polaren Breiten gemessene längere Rotationsperiode von 9 h 55 m 30 s die eigentliche Umdrehungszeit Jupiters ist, in der sich die überwiegende Masse des Planeten einmal um sich selbst dreht. Die in den Äquatorbereichen gemessene kürzere Rotationszeit von 9 h 50 m 30 s wird durch starke Windströme von bis zu 400 km/h Geschwindigkeit verursacht, die die Wolkenformationen der eigentlichen Planetendrehung immer etwas vorauseilen lassen.

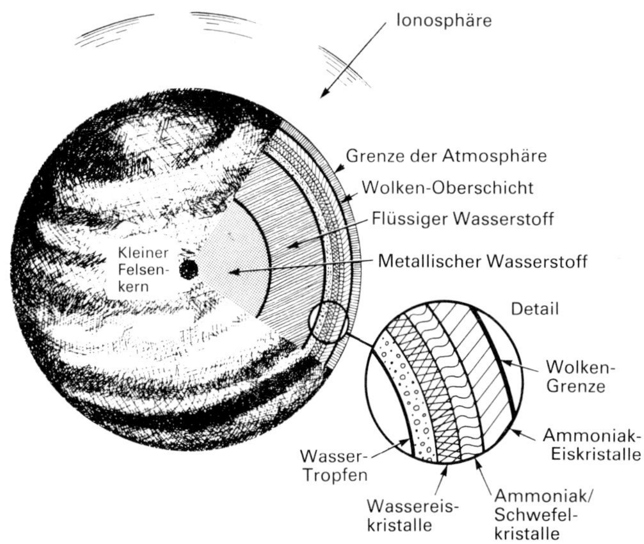

Einen Blick in die oberen Schichten der Jupiter-Atmosphäre gewährt diese Grafik. Im Zentrum des Planeten befindet sich wahrscheinlich ein kleiner Gesteinskern von der Größe der Erde, darüber wölbt sich eine Schale aus metallisch verfestigtem Wasserstoff, dann folgt eine Hülle aus flüssigem H_2. Die Zeichnung ist nicht ganz maßstabsgetreu: Die oberen Schichten zwischen den Wolkenspitzen und den flüssigen Wassertropfen sind insgesamt nur etwa 1000 km hoch.

»Innenleben«

Wegen seiner großen Masse konnte Jupiter bei seiner Entstehung die chemischen Bestandteile seiner unmittelbaren Umgebung in der prozentualen Verteilung in sich vereinigen, wie sie im solaren Urnebel herrschte. Jupiter dürfte deshalb die gleiche chemische Zusammensetzung wie auch die Sonne haben, Wasserstoff und Helium sind die beiden vorherrschenden Elemente. Allerdings ließen sich diese Gase in der Jupiter-Atmosphäre mit spektroskopischen Methoden nur sehr schwer nachweisen. Erst als sich die Astronomen mit ihren Analysegeräten über die Erdatmosphäre erhoben, konnte die Atmosphäre untersucht werden.
Bei den großen gasförmigen Planeten von Jupiter bis Neptun muß die Grenze zwischen Atmosphären-Untergrenze und Planeten-Oberfläche willkürlich definiert werden, denn noch ist nicht geklärt, ob diese Körper wirklich einen festgefügten herkömmlichen Kern aus Gestein oder Metall haben. Bis hinab in den Bereich von etwa 1000 bar Druck spricht man von Atmosphäre, dann wird der Beginn des festen Planetenkörpers angenommen oder auch ein unter dem starken Druck zu metallischem Aggregatzustand zusammengepreßter Körper.
Über dem inneren Kern liegt ein Mantel von Wasserstoff-Gas, das aber unter dem unvorstellbar hohen Druck von 100 Mio. bar zu Metall geworden ist. Diese Kugel aus metallischem Wasserstoff hat einen Durchmesser von etwa 90 000 km. Dann folgt nach außen hin eine etwa 25 000 km mächtige Schicht, die aus immer noch stark komprimiertem Wasserstoff und Helium besteht. Die Temperatur in dieser Übergangszone wird auf etwa 11 000° C geschätzt.

Der metallische Wasserstoff-Kern des Riesenplaneten läßt kaum irgendwelche Strahlung passieren und ist auch ein sehr schlechter Wärmeleiter, so daß Jupiter trotz seines Alters von ca. 4,6 Mia. Jahren noch nicht alle Hitze seiner »Jugendzeit« verloren hat.
Der Übergang von gasförmigen Wolken der Jupiter-Oberfläche zum flüssigen Aggregatzustand findet in einer Tiefe von etwa 1000 km statt, wo die Temperatur schon ca. 2000° C beträgt. In 3000 km Tiefe herrschen 5500° C; der Druck beträgt dort schon etwa 90 000 bar.
Die Masse Jupiters ist 318mal so groß wie die Masse der Erde. 225 Erdkugeln machen den Wasserstoff-Anteil aus, 75 Kugeln sind Helium, und der Rest von knapp 20 Erdkugeln besteht aus schwereren Substanzen – entsprechend etwa der Elementen-Häufigkeit im Kosmos. Die schwereren Stoffe bilden in Jupiter einen Kern von mehreren tausend Kilometern Durchmesser, er dürfte aus flüssigem Eisen und Silikaten bestehen und eine Temperatur von etwa 30 000° C haben, der Planet ist also im Inneren noch glühflüssig, wie z. B. auch die Erde.

Radiostrahlung

Jupiter ist – von der Erde aus gesehen – neben der Sonne der zweitstärkste Radiostrahler am Himmel. Hauptsächlich drei Wellenbereiche lassen sich unterscheiden, die Zentimeter-, Dezimeter- und die Dekameterwellen (unsere Radio-Kurzwellen). Die »Wär-

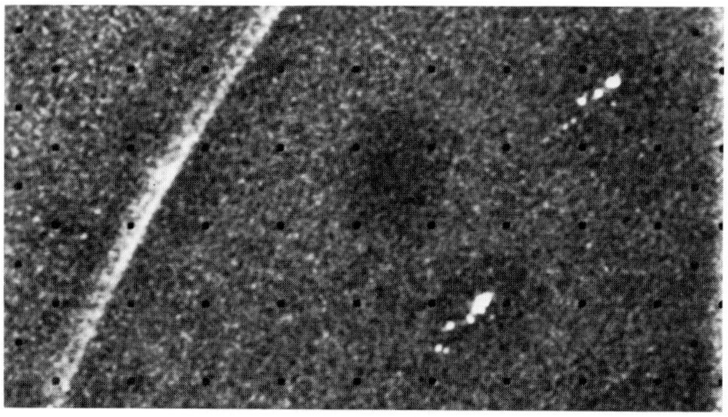

Gewaltige helle Blitzentladungen erfüllen die Nachtseite von Jupiter, wie diese über drei Minuten lange Belichtung zeigt. Das Bild wurde von Voyager 1 aus 512 000 km Entfernung aufgenommen, als sich die Sonde kurz nach dem nahen Vorbeiflug im Schatten des Riesenplaneten befand. Die Leuchterscheinungen oben entlang der Jupiter-Umrisse werden von heftigen Nordlichtern verursacht.

mestrahlung« entstammt der Atmosphäre des Jupiters, die thermische Emission liegt bei den anzutreffenden Temperaturen bei etwa 3 cm. Die Entstehung der Dezimeter-Wellen bis 70 cm erklärt man gemeinhin mit einem Synchroton-Effekt.

Obwohl die im Inneren des Jupiter immer noch vorhandene Wärme- und Strahlungsenergie im stellaren Maßstab sehr gering ist, hat sie doch auf den Planeten selbst noch sehr großen Einfluß. Etwa 10^{17} Watt kommen ständig aus dem Inneren des Planeten, halbsoviel trifft auf die Oberfläche Jupiters.

Röntgenstrahlen bei Jupiter

In jüngster Zeit ist es auch gelungen, bei Jupiter die Emission von Röntgenstrahlen nachzuweisen, der Hochenergie-Satellit HEAO-2 lieferte die entsprechenden Messungen. Dieses Spezial-Teleskop tastete den ganzen Himmel nach Röntgenquellen ab und dabei kam ihm gelegentlich auch der Planet Jupiter in das Blickfeld. Dr. Metzger vom »Jet Propulsion Laboratory« kam mit seinem Team bei der Auswertung dieser Messungen zu dem Ergebnis, daß die Röntgenstrahlen bei Jupiter durch energiereiche Elektronen und Ionen erzeugt werden, wenn diese aus dem Strahlengürtel Jupiters in die dichte Atmosphäre des Planeten eindringen und auf die kleinen und großen Monde oder auf den dünnen Materiegürtel Jupiters prallen. In der Atmosphäre stoßen die energiegeladenen Teilchen mit Atomen und Molekülen zusammen; dabei kommt es zu einem breiten Spektrum verschiedener Strahlungen, wie z. B. zu ultraviolettem Glühen, zu den im sichtbaren Spektralbereich auftretenden Nordlichtern – und eben auch zu Röntgenstrahlen, die hauptsächlich von den polaren Zonen Jupiters ausgehen dürften.

Die Tatsache, daß Jupiter Röntgenstrahlung emittiert, ist ein Hinweis auf die außerordentliche Intensität der Strahlengürtel um Jupiter. Erste Berechnungen der Wissenschaftler ergaben, daß die Teilchen in diesen Sonnenwind-»Schirmen« Energien bis zu 10^{15} W erreichen.

Entstehung

Das Jupiter-System mit dem überragend großen Planeten im Mittelpunkt und den vielen großen und kleinen Monden auf relativ nahen oder auch sehr weit entfernten Umlaufbahnen ist so etwas wie ein Miniatur-Sonnensystem; hier hat sich die Bildung des Planetensystems in kleinerem Maßstab praktisch wiederholt.

Nach aktuellen kosmologischen Überlegungen muß die Dichte der Plasmawolke, aus der sich der Riesenplanet entwickelte, sehr viel größer gewesen sein als bei den anderen Trabanten der Sonne, so daß die Kontraktion dieses Gaskörpers sehr viel schneller erfolgte als z. B. bei Saturn oder Uranus. Diese »Ur-Materie« hatte wahrscheinlich schon die gleiche chemische Zusammensetzung, wie sie Jupiter heute noch hat. Die erste Kontraktionsstufe der Gaswolke auf die Hälfte des ursprünglichen Volumens dauerte viele Jahrmillionen, bis der Urplanet erstmals als heiße Kugel mit 20 Mio. km Durchmesser ein Gravitations-Gleichgewicht gefunden hatte. Der letzte Kontraktions-Schub dauerte dann wahrscheinlich nur ein paar Jahre, dabei stieg die Temperatur im Inneren auf ca. 50 000° C, während der Durchmesser auf 640 000 km schrumpfte. Damals war Jupiter mit einem roten Zwergstern vergleichbar, der aber keine eigene Energie hervorbrachte. Jupiter muß seinerzeit von der Erde aus einen imponierenden Anblick geboten haben. Die vier großen Monde in seiner unmittelbaren Umgebung unterlagen damals einer sehr starken thermischen Belastung, vielleicht rührt der intensive Vulkanismus auf dem Trabanten Io, der dem Jupiter am nächsten steht, noch aus jener ferner Epoche.

In jener frühen Phase der Entwicklung von Jupiter füllte die rotglühende Kugel etwa ein Drittel des Himmels, den ein hypothetischer Betrachter von Io aus gesehen haben würde.

Der innerste Mond Amalthea muß damals einen wesentlich größeren Bahnradius gehabt haben, da der jetzige Orbit innerhalb der Kugel verläuft, die der große Jupiter zu dieser Zeit ausfüllte. Die Abbremsung des Mini-Mondes und die »Herunterschraubung« der Bahn erfolgten wahrscheinlich durch die zu Beginn dieses Prozesses noch sehr hohe Atmosphäre des Jupiters sowie vielleicht auch durch magnetische Effekte.

Die weitere Reduzierung der Größe Jupiters auf den jetzigen Wert von ca. 140 000 km dauerte dann etwa 4 Mia. Jahre und ist wohl auch noch nicht ganz abgeschlossen. Diese Phase der kontinuierlichen Schrumpfung geht einher mit einer allmählichen Abkühlung des Planeten.

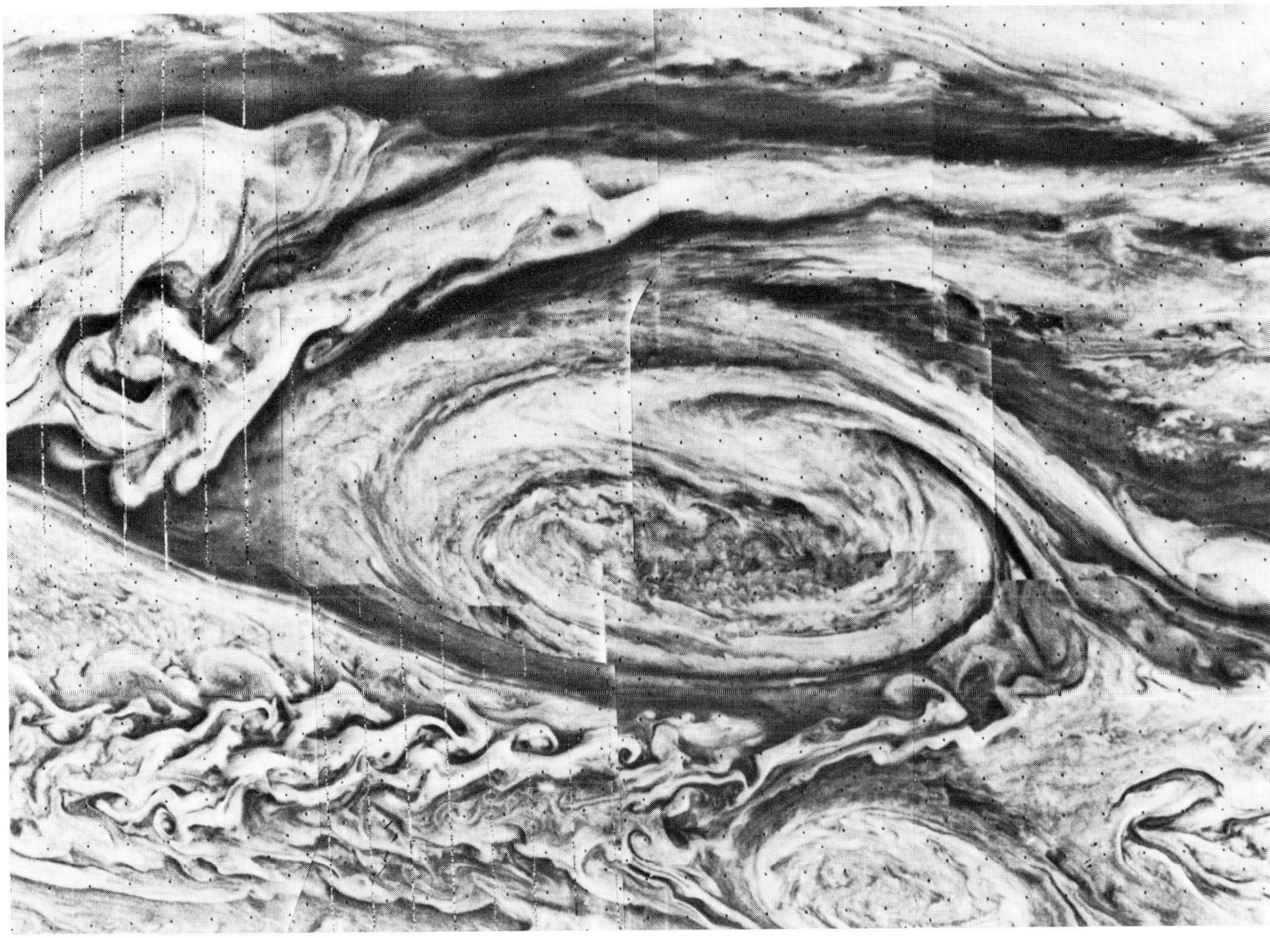

Das schärfste Bild des »Großen Roten Flecks« lieferte Voyager 1 mit diesem aus zwölf Einzelbildern bestehenden Mosaik, das aus 1,8 Mio. km Entfernung gemacht wurde. Deutlich ist die starke Wolkenströmung in und um den GRF zu erkennen, die entgegen dem Uhrzeigersinn verläuft und am Rand Geschwindigkeiten bis zu 500 km/h erreicht, wie die Zeitraffer-Filme zeigen, die während des Anflugs der Sonde von Jupiter gemacht wurden. Die kleinsten erkennbaren Wolkendetails sind etwa 35 km groß.

Atmosphäre

Bis zum Einsatz von Raumsonden konnten die Astronomen die Atmosphären der Gas-Giganten nur aus der Ferne beobachten, und dann aufgrund des äußeren Erscheinungsbildes, der Farbe, der Bewegung der Gashülle Rückschlüsse auf den Aufbau der Atmosphären ziehen. Auch die Spektralanalyse hat hier wertvolle Erkenntnisse über die Zusammensetzung und Struktur der Planeten-Atmosphären geliefert.
Obwohl der Nachweis der beiden primären Gase Wasserstoff und Helium in der Jupiter-Atmosphäre sehr schwierig war, wurden die beiden Gase Ammoniak (NH_3) und Methan (CH_4) sehr früh entdeckt. In der zweiten Hälfte unseres Jahrhunderts entdeckten dann die Astronomen mit sehr ausgeklügelten Analysemethoden und von hochgelegenen Infrarot-Observatorien aus noch weitere Bestandteile der Jupiter-Atmosphäre, die dort spurenweise vorhanden sind, wie z. B. Wasser, Kohlenmonoxid oder Kohlendioxid.
Mit den Raumsonden kommt jetzt eine neue, direktere Untersuchungsmethode hinzu, die vor allem auf der Beobachtung der Veränderungen der Funksignale beruht, wenn diese – bei der Passage der Sonde hinter dem Planeten – streifend durch die hohen Schichten der Atmosphäre gehen. Diese Methode ist bis zu einem Druck-Pegel von 4 bar wirksam, was je nach Größe des Planeten sowie Dichte und Höhe der Atmosphäre einer bestimmten Tiefe unter der Wolkenoberfläche entspricht.
Zwar geben diese Veränderungen der durch eine Atmosphäre gehenden elektromagnetischen Wellen nur indirekte Hinweise auf den Druck, die Temperaturen, das mittlere Molekulargewicht und den Ionisationsgrad der untersuchten Gashülle, aber mit der Zeit haben die Astrophysiker und Radiowellen-Techniker einige Erfahrungen auf diesem interessanten Studiengebiet gesammelt, so daß die Messungen und auch die daraus gezogenen Schlußfolgerungen inzwischen einen beachtlichen Grad an Genauigkeit erreicht haben.
Die beiden Pioneer-Raumsonden der NASA ermög-

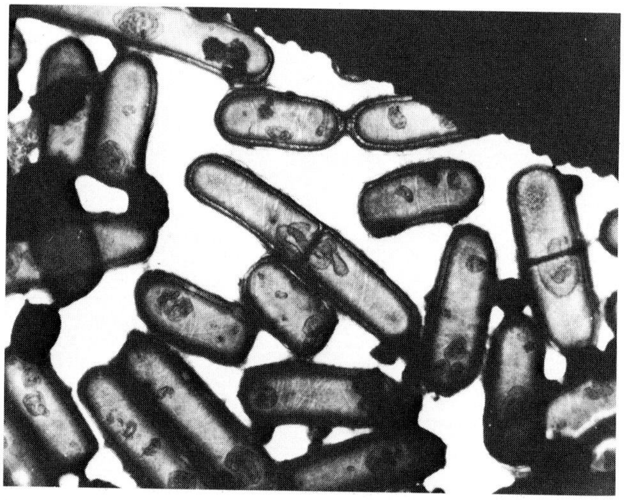

Bei der Prüfung der Überlebenschancen von irdischen Organismen in den Atmosphären anderer Planeten stießen die Wissenschaftler auch auf dieses Bakterium, das in einer künstlich erzeugten, stark alkalihaltigen Jupiter-Atmosphäre überlebte und sich fortpflanzte. Inzwischen wird allerdings die Chance für irgendwelche Lebensspuren in der Gashülle des Riesenplaneten als äußerst gering angesehen.

lichten 1973/74 mit ihren einfachen Infrarot-Sensoren die ersten genauen Atmosphären-Messungen bei Jupiter aus der Nähe. Dabei ergab sich ein Wasserstoff/Helium-Verhältnis von etwa 1 : 0,24 (± 0,01). Die genaueren Messungen mit dem IRIS-Instrument an Bord der beiden Voyager-Sonden erbrachten einen genaueren Wert von 1 : 0,11 (± 0,03). Bei der Sonne beträgt das Wasserstoff/Helium-Verhältnis 1 : 0,12.
Es steht jetzt fest – nicht zuletzt auch aufgrund der erfolgreich ausgeführten Bedeckungs-Experimente – daß die Jupiter-Atmosphäre zu 93 % aus Wasserstoff, zu 6 % aus Helium und zu etwa 1 % aus anderen Gasen besteht, wie z. B. Ammoniak, Methan und Wasserdampf. Spektroskopische Untersuchungen sowie die intensive Farbigkeit der Jupiter-Wolken deuten aber darauf hin, daß in der Jupiter-Atmosphäre auch noch andere Substanzen zu finden sind, wie z. B. Phosphor oder Schwefel.
Aber auch hinsichtlich der Spurengase brachten die IRIS-Sensoren bei Voyager eine ganz neue Dimension in die Untersuchung, es wurden etwa 100000 einzelne Infrarot-Spektren von der ganzen Jupiter-Oberfläche erhalten; systematisch wurden die Wolkenbänder abgetastet. Außerdem lieferten die IRIS-Sensoren ausgezeichnete Messungen von den »hot spots«, von Lücken in den Jupiter-Wolken, durch die Strahlungsenergie ungestört von innen nach außen dringen kann. Auf den Voyager-Bildern sind diese »heißen Flekken« als dunkelbraune Ovale – und Streifen zu erkennen; die Temperaturen liegen mit –13° C für die Verhältnisse auf Jupiter erstaunlich hoch, ein für irdische Vorstellungen geradezu »sympathischer« Wert. Die spektroskopischen Messungen in den »hot spots« gaben z. B. auch Hinweise auf Wasserdampf-Vorkommen.
Diese Zusammensetzung der Jupiter-Atmosphäre entspricht recht genau der im Universum und im Sonnensystem allgemein gültigen Verteilung der Elemente. Die schwereren Elemente, alle Metalle und Silikate sind bei dem gasförmigen bzw. flüssigen Planeten längst ins Zentrum abgesunken. Die Gase Ammoniak und Methan machen sich in der Atmosphäre besonders bemerkbar, in letzter Zeit wurden auch noch andere Kohlenstoffwasserstoffe spektroskopisch nachgewiesen.
Wasserdampf, also Wasser in flüssiger Form, kommt in der Jupiter-Atmosphäre nur dort vor, wo Temperatur und Druck es zulassen. An der Wolken-Oberfläche kann H_2O wegen der niedrigen Temperaturen nur in Form von Eiskristallen auftreten, die sich spektroskopisch kaum nachweisen lassen. Es gibt auch gewisse Hinweise auf die Existenz von Phosphor in der Jupiter-Atmosphäre (z. B. im Großen Roten Fleck) oder von Schwefel (wie auf der Oberfläche des Mondes Io). Diese Substanzen könnten zur Bildung eines interessanten Chemismus in der Welt des Jupiter beitragen, die noch zahlreiche andere Verbindungen hervorbringt. Weiterhin werden auch gewisse einfache biologische Erscheinungen in der Jupiter-Atmosphäre für möglich gehalten, evtl. in Form einiger sich selbst reproduzierender Moleküle.

Wolkenströme

Alles in allem ist die Jupiter-Wolkenhülle in ihrer Zusammensetzung und Dynamik äußerst vielgestaltig. Die oberste Wolkenschicht besteht – so ergaben die neuesten Messungen – hauptsächlich aus Ammoniak-Wolken, darunter dürften sich Schichten aus Ammonium-Hydrosulfit (NH_4SH) und Wasserdampf befinden. All diese Wolken befinden sich in der Troposphäre des Jupiter, wo starke Konvektionsströme herrschen. Der atmosphärische Druck an der Wolken-Oberschicht des Planeten dürfte etwa 1 bar betragen, die Temperatur wird auf ca. –113° C geschätzt.
Erst auf den Nahaufnahmen von Voyager 1 + 2 konnten die Wolkenbewegungen in der Jupiter-Atmosphäre während längerer Zeit aus der Nähe beobachtet werden – teilweise sogar mit einem Auflösungsvermögen von nur 5 km. Die während der Annäherung der Sonden an den Jupiter gemachten Zeitraffer-Filme von der Rotation des Planeten und den Wolkenbewegungen in seiner Atmosphäre gehören zu den wertvollsten Ergebnissen dieser Missionen. Auf diese Weise konnten mehrere vollständige Umdrehungen des Riesenplaneten erfaßt werden. Alle fünf Minuten wurde dabei eine Aufnahme gemacht, insgesamt also etwa 120 Bilder für eine Umdrehung. Erst auf diesen Reihenaufnahmen wurden die teilweise auch gegenläufigen Bewegungen der Wolken in der Jupiter-Atmosphäre entdeckt.

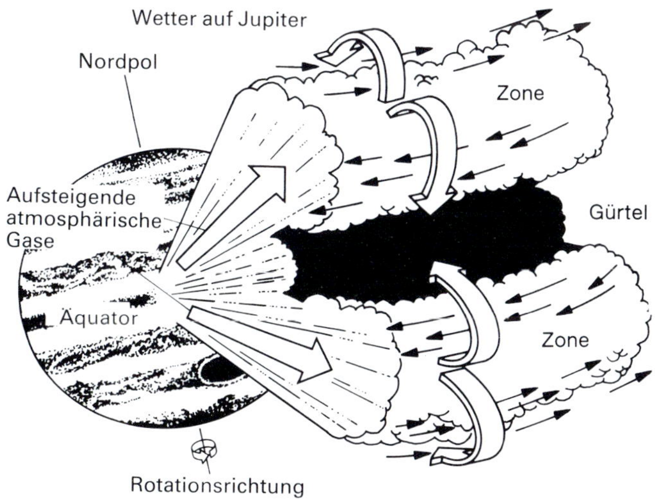

Die Wetterbildung in der Jupiter-Atmosphäre veranschaulicht diese Zeichnung. Die aufsteigenden Gase bilden die hellen, höher liegenden Zonen, die sich entgegen der Rotationsrichtung bewegen und dabei langsam wieder absinken zu den dunkleren Bändern. Die Höhenunterschiede zwischen diesen beiden Wolkenarten betragen einige Dutzend Kilometer, die Temperatur-Differenzen wenige Grad Celsius.

Großes Interesse fanden auch die Zeitraffer-Filme mit Aufnahmen, die regelmäßig alle 9 h 55 m gemacht wurden. Auf diesen Streifen werden die eigentlichen Veränderungen in der Jupiter-Atmosphäre erkennbar – unabhängig von der raschen Rotation des Planeten. Auf diesen Fotos wird Jupiter allerdings langsam immer größer, bis er schließlich nicht mehr auf einem einzelnen Bild Platz hat, weil sich die Sonde schon zu nahe an dem Planeten befand.

Sehr überraschend waren auch die Aufnahmen von der Nachtseite des Jupiters, die nach dem nahen Vorbeiflug der Raumsonden entstanden, sozusagen von hinten aufgenommen. Diese Bilder lassen in der nördlichen Atmosphäre helle Stellen erkennen, die an Nordlicht-Erscheinungen erinnern oder auch als überaus starke Gewitter-Blitze in den Jupiter-Wolken gedeutet werden können.

Wie die Voyager-Bilder geklärt haben, liegen die dunklen Bänder ausnahmslos tiefer als die hellen Zonen. Vor allem aber befinden sich die Wolken in wilder Bewegung, es findet ein ständiger Austausch zwischen den höher und tiefer gelegenen Gasmassen statt. Die Caloris Kräfte bewirken nun, daß durch die schnelle Umdrehung des Jupiters alle aufsteigenden oder absinkenden Gasmassen um 90° C von ihrer eigentlichen Bewegungsrichtung abgelenkt und in Ost-West-Richtung gezwungen werden. Nord-Süd-Bewegungen der Wolken sind am Äquator und in den mittleren Breiten praktisch ausgeschlossen. Erst in den höheren Breiten und an den Polen löst sich die starke Verformung der Wolkenbewegungen auf.

Eine Erklärung für die intensive braun-rot-orangene Färbung der Jupiter-Wolken konnte noch nicht gefunden werden. Normalerweise wäre ein solch außergewöhnliche Reflexion des weißen Sonnenlichts nur durch eine Ansammlung komplizierter Moleküle denkbar, auch hierüber gibt es noch keine hinreichenden Beobachtungen. Zwar liegen die Temperaturen der farbigen Bänder in der Jupiter-Atmosphäre etwas höher als die der hellen Zonen, aber diese geringfügigen Unterschiede reichen zur Begründung einer unterschiedlichen Chemie nicht aus, wie sie für die Farberscheinungen angenommen werden muß.

Die relativ konstante Erscheinung der Wolkenstreifen ermöglichte es, die Oberfläche des Jupiters in mehrere klar abgegrenzte Regionen zu unterteilen, die auch durch spezifische Benennungen unterschieden werden. Die dunklen Wolkenstreifen nennt man Gürtel, die hellen Streifen werden von den Astronomen als Zonen bezeichnet. Seit jeher unterscheiden sie insgesamt 15 definierte Wolkenstreifen in der Jupiter-Atmosphäre – je sieben auf der nördlichen und südlichen Halbkugel und einen breiteren Mittelstreifen, der auch Äquatorzone genannt wird und dessen Position und Aussehen stark wechseln. Die Bänder und Zonen auf beiden Halbkugeln des Planeten werden vom Äquator aus nach den Polen zu der äquatorial, tropisch, gemäßigt und arktisch oder polar bezeichnet. Die Bänder und Zonen gleicher Breite haben auf der südlichen und nördlichen Halbkugel des Planeten etwa gleiches Aussehen.

Der »Große Rote Fleck« (GRF)

Die auffällige rötliche Erscheinung in der Jupiter-Atmosphäre wurde 1664 von R. Hooke und 1665 von dem Astronomen Cassini nachweislich erstmals gesehen, es gibt Zeichnungen davon. Der GRF ist etwa 40 000 km lang (mehr als der dreifache Erd-Durchmesser) und ca. 13 000 km breit oder hoch, wobei die große Achse parallel zum Äquator verläuft. Der »Große Rote Fleck« liegt fast völlig in der »Südlichen Gemäßigten Zone« und berührt das »Südliche Gemäßigte Band«. Die Farbintensität des GRF schwankt; meist ist er ziemlich schwach, nur selten ist er wirklich rot, so z. B. von 1879 bis 1882 und auch 1936. In den letzten Jahren und Jahrzehnten war der »Große Rote Fleck« relativ schwach, obwohl er auf den Bildern der Pioneer- und Voyager-Sonden – auf letzteren besonders ausgeprägt – durchaus in starken Rotschattierungen erkennbar ist.

Die Position des GRF in der Jupiter-Atmosphäre verändert sich kontinuierlich. Zwar bleibt er immer in derselben jovigrafischen Breite, wechselt jedoch die Länge um mehrere hundert Grad nach beiden Seiten. Irgendeine Regelmäßigkeit konnte in diesen weitläufigen Wanderungen des GRF in der Jupiter-Atmosphäre aber bisher nicht erkannt werden.

Die Untersuchungen der beiden Pioneer- und der Voyager-Sonden ergaben, daß der GRF nicht – wie die dunklen Bänder – tiefer in der Jupiter-Atmosphäre liegt, sondern um etwa 10 km höher, es handelt

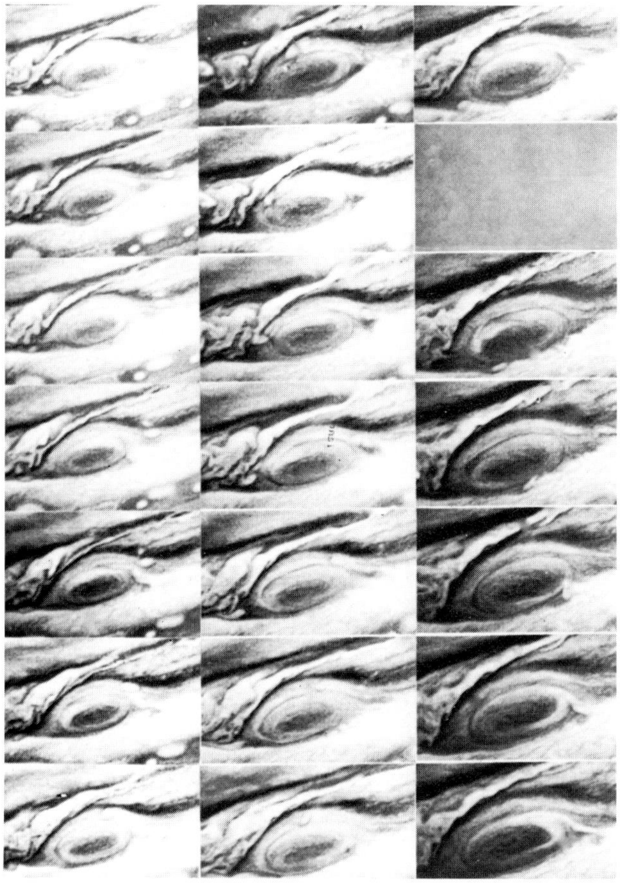

Diese Zeitraffer-Sequenz zeigt die Rotation des »Großen Roten Flecks« in der Jupiter-Atmosphäre in einem Zeitraum von etwa 250 Stunden. Nach jeder Rotation des Planeten, also alle zehn Stunden etwa, wurde eine Aufnahme gemacht. Mit dieser Systematik brachten die Techniker Bewegung ins Jupiter-Bild: sie stellten sich aus den Dutzenden Einzelaufnahmen einen Film von der Bewegung des GRF in der Planetenatmosphäre zusammen.

sich also um eine sog. »Superzone«. Heute sieht man den Existenz-Mechanismus der GRF so:
Zwei Ränder von Zonen bewegen sich gegeneinander; die eingeschlossenen Gasmassen dazwischen werden wie ein Wirbelsturm in Rotation versetzt. Der einmal erhaltene Drehimpuls reicht aus, die Wolkenspirale dauernd in Bewegung zu halten. Auch in Computer-Simulation ließ sich ein solcher »Großer Roter Fleck« rekonstruieren, man erhielt einen langlebigen oval geformten Wolkenwirbel. Da der Südrand der Zone nach Osten treibt und der Nordrand nach Westen, rotiert die eingeschlossene Gasansammlung entgegen dem Uhrzeiger-Sinn. Es handelt sich also beim GRF um einen atmosphärischen Kreisel, der sich seit Jahrhunderten (vielleicht sogar schon wesentlich länger) im Leerlauf dreht, ständig angetrieben von den Zonenrändern und durch aufsteigende Gase stets mit Energie-Nachschub versorgt.

Magnetfeld und Strahlengürtel

Schon die Pioneer-Raumsonden entdeckten 1973/74 das sehr starke Magnetfeld Jupiters, dessen Energie die des irdischen Magnetfeldes um etwa das 20000fache übertrifft und das natürlich auch sehr viel größer ist. Könnte man das Magnetfeld Jupiters von der Erde aus sehen, würde es eine Ausdehnung von etwa zwölf Vollmond-Durchmessern haben.
Das gewaltige Magnetfeld Jupiters hält ein ebenso eindrucksvolles System von Strahlengürteln zusammen, das um etwa den Faktor 10^6 stärker ist als die Van-Allen-Strahlengürtel der Erde. Durch die Größe und Stärke der Strahlengürtel von Jupiter wird in ca. 1,5 Mio. km Entfernung von dem Planeten ein weiteres Magnetfeld induziert, in dem immerhin noch die Umlaufbahnen von Amalthea und der drei großen Jupiter-Monde Io, Europa und Ganymed liegen, die damit vom interplanetaren Magnetfeld und auch vom Sonnenwind weitgehend abgeschirmt sind.
Wie Berechnungen und auch direkte Messungen ergaben, werden andererseits die Strahlengürtel in ihrer Intensität durch die Monde stark beeinträchtigt, etwa 99 % der Protonen werden früher oder später von den Monden »aufgesaugt«. Nur diesem Umstand ist es zu verdanken, daß sich wenigstens unbemannte Raumsonden in die Nähe des Riesenplaneten wagen können, ohne daß die empfindliche Elektronik größeren Schaden erleidet – geringfügige Strahlenpannen sind aber sowohl bei den Pioneer- als auch bei den Voyager-Sonden verzeichnet worden. Bemannte Raumschiffe werden sich aber nicht in diesen Bereich vorwagen, denn die Astronauten würden schon durch kurze Einwirkung dieser intensiven Strahlung schwere und dauerhafte Schäden erleiden – jedenfalls bei den heute möglichen und üblichen Abschirmungs-Methoden.
Das Magnetfeld Jupiters ist nicht konstant: Größe und Intensität werden stark vom Sonnenwind beeinflußt, so daß das Volumen der Magnetosphäre innerhalb von Stunden um den Faktor 8 schwanken kann. Die Grenzen zwischen jovianischem und interplanetarem Magnetfeld verschieben sich dabei mit Geschwindigkeiten bis zu 30000 km/h. Die Form der Jupiter-Magnetosphäre ist vergleichbar mit der eines riesigen Kometen, dessen Kopf 25 Mio. km Durchmesser hat und dessen Schweif bis über die Saturn-Bahn in 650 Mio. km Entfernung hinausreicht. So wurde der Ringplanet z. B. im April 1981 vom Schweif des Jupiter-Magnetfeldes erfaßt und für einige Zeit vom Sonnenwind total abgeschirmt.
Als Ursache des Magnetfeldes von Jupiter wird – ebenso wie bei der Erde – ein Dynamoeffekt im Inneren des Riesenplaneten angenommen, der wiederum durch Bewegungen in der Wolkenhülle Jupiters oder in dem aus metallischem Wasserstoff bestehenden Zentrum hervorgerufen werden könnte. Vielleicht sind im Inneren des großen Planeten auch mehrere solcher Dynamo-Effekte wirksam, denn das Magnet-

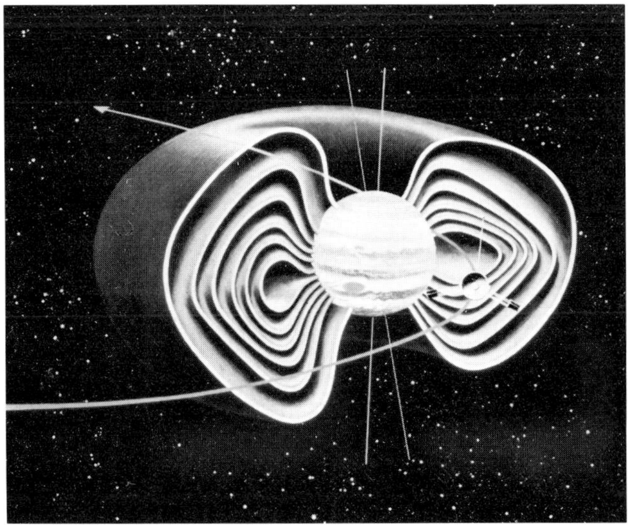

Jupiters Magnetfeld wird vom Sonnenwind stark beeinflußt und schweifförmig in die Länge gezogen. Es rotiert außerdem sehr rasch mit dem Planeten, jedenfalls die inneren Bezirke. Jupiters Magnetosphäre hat einen Durchmesser von 15 Mio. km; sie würde einem Betrachter auf der Erde, der über »Magnetfeld-Augen« verfügt, etwa zwei Bogengrad groß erscheinen – wie vier Vollmond-Kugeln nebeneinander.

feld Jupiters wird umso komplizierter, je mehr man sich dem Planeten nähert.

Das Magnetfeld Jupiters hat am Äquator eine Stärke von 4,2 Gauß. An den Polen erreicht es Werte von 12 und 15 Gauß. Momentan ist das Magnetfeld des Riesenplaneten gerade umgekehrt gepolt wie das der Erde, aber das mag sich im Laufe der Zeit – wie bei unserem Planeten – mehrmals ändern. Das Magnetfeld Jupiters rotiert bis zu einer gewissen Entfernung mit der raschen Drehung des Planeten, allerdings stimmen die Rotationsachsen von Jupiter und Magnetfeld nicht überein, was eine Reihe von speziellen Effekten mit etwa zehnstündiger Periode ergibt.

Es ist noch nicht ganz geklärt, bis in welche Entfernung sich die Magnetosphäre tatsächlich exakt mit dem Planeten dreht, denn in 10 Mio. km Entfernung würde die Geschwindigkeit der Partikel schon 1760 km/Sek. betragen, in 20 Mio. km Distanz schon 3520 km/Sek. In diesen Bereichen wird die Magnetosphäre durch die Fliehkraft schon stark verformt, so daß sie sich zu einer flachen Scheibe entlang der Äquatorebene des Jupiters ausbildet.

Strahlengürtel – Gefahr für Menschen und Maschinen

Die Intensität der Strahlengürtel um Jupiter sprengt jede menschliche Vorstellungskraft. Pioneer 10 flog 1973 in 130 000 km Entfernung an dem Planeten vorbei und geriet dabei auch für kurze Zeit in den Bereich der Strahlengürtel. Dabei wurde die Sonde einer Strahlungsdosis von fast 500 000 Röntgen ausgesetzt, was etwa dem Tausendfachen dessen entspricht, was ein Mensch ohne Schaden erträgt. Anders ausgedrückt: pro Sekunde wurde jeder Quadratzentimeter der Sonde mit einer Milliarde hochenergetischer Teilchen von 3–30 Mio. Elektronenvolt bombardiert; von den noch schwereren, energiereicheren und gefährlicheren Protonen wurden etwa 6 Mio. pro Quadratzentimeter und Sekunde gezählt. Pioneer 11 kam dem Jupiter Ende 1974 sogar auf 41 000 km nahe und mußte dabei die etwa zwanzigfache Strahlenbelastung verkraften wie die Schwestersonde ein Jahr zuvor.

Die beiden Voyager-Sonden kamen Jupiter nicht mehr so nahe, aber trotzdem wurden sie an bestimmten Stellen – vor allem bei der Elektronik – gegen zu starke Strahlenbelastung speziell isoliert. Die Messungen und Interpolationen haben nun inzwischen ein recht genaues Bild von der Form und der Intensitätsverteilung in dem Strahlengürtel-System von Jupiter vermittelt. Das Maximum der Elektronenintensität liegt bei etwa 65 000 km Entfernung von der Wolkenoberfläche des Planeten, das Maximum der Protonenintensität ist bei etwa 50 000 km Distanz zu finden – jeweils in der Äquatorebene gemessen. In den höheren nördlichen und südlichen Breiten nimmt die Strahlenintensität dann stark ab, bei 40° Nord bzw. Süd beträgt sie jeweils nur noch etwa 10 %.

Die energiereichen Elektronen und Protonen in Jupiters ausgedehntem Strahlengürtel-System rasen entlang der Magnetfeld-Linien laufend zwischen den beiden Polen hin und her, wobei sie ihre Geschwindigkeit und Energie stetig steigern, bis sie entweder aus dem Magnetfeld ausbrechen und im All verschwinden oder bis sie mit der Jupiter-Atmosphäre oder einem der Monde kollidieren.

Wie die Erforschung Jupiters nach Abschluß des Galileo-Programms weitergehen soll, ist noch unklar. Erwogen wird aber z. B. auch eine neue Orbiter-Mission, welche Instrumentenkapseln auf einem oder mehreren der großen Jupiter-Monde absetzen soll.

Die Entdeckung eines dünnen Materie-Ringes um Jupiter war seinerzeit eine astronomische Sensation. Voyager 2 machte dieses aus vier Bildern bestehende Mosaik mit der Weitwinkel-Kamera aus 1,44 Mio. km Entfernung, als sich die Sonde im Schatten Jupiters befand. Diese Gegenlicht-Situation brachte den sonst sehr lichtschwachen Jupiter-Ring zum Leuchten, auch die hohen Schichten der Jupiter-Atmosphäre ließ die hinter dem Planeten stehende Sonne hell scheinen, so daß die Umrisse eine räumliche Zuordnung der Position des Ringes zulassen.

Auch Jupiter ist beringt

Eine der spektakulärsten Entdeckungen, die Voyager 1 bei Jupiter machte, war die Aufspürung eines dünnen Materieringes um den Riesenplaneten. Dieser Ring ist – verglichen mit dem des Saturn – sehr schmal und lichtschwach, deshalb konnte man ihn bisher von der Erde aus nicht warhnehmen. Jupiter wurde damit nach Saturn und Uranus der dritte Ringplanet im Sonnensystem, so daß man einen solchen Materiegürtel bei den großen Planeten wohl eher als die Regel und nicht als seltene Ausnahme ansehen muß. Inzwischen gibt es auch schon Spekulationen über ein Ringsystem bei Neptun, ohne daß man es bisher aber wirklich entdeckt hätte.

Obwohl man die Chancen nicht sehr hoch einschätzte, wurde mit den TV-Kameras von Voyager 1 doch ein systematisches Suchprogramm nach einem evtl. vorhandenen schwachen Jupiter-Ring vorgesehen, und auf einer dieser aus ca. 1,2 Mio. km Entfernung gemachten Aufnahmen zeigte sich tatsächlich ein lichtschwacher Schemen, der wegen der langen Belichtungszeit stark verwischt wiedergegeben wurde. Die Wissenschaftler erkannten diese Erscheinung gleich als äußere Kante eines schmalen Ringes. Diese Ring-Suchaktion wurde gestartet, als sich die Raumsonde etwa in der Äquatorebene des Jupiters befand, nur dort konnte man eine solche Materieansammlung von der Seite und damit in stärkerer Konzentration sehen. Das wäre nicht möglich gewesen, wenn man direkt von oben oder unten oder auch nur schräg auf den Ring gesehen hätte.

Nachdem man nun wußte, wie groß der Jupiter-Ring etwa ist und wo er sich befindet, wurde das Forschungsprogramm von Voyager 2 entsprechend abgeändert, so daß die Fernsehkameras nun mehrere sehr scharfe Bilder des gesamten Ringes machten – auch eine Farbaufnahme gelang. Diese TV-Fotos wurden alle kurz nach dem Vorbeiflug von Voyager 2 an Jupiter gemacht, als sich die Sonde sozusagen hinter dem Planeten befand und das Sonnenlicht die Kameras nicht blenden konnte. Der Ring leuchtete im Gegenlicht als helles ovales Band auf, das sich auch mit relativ kurzen Belichtungszeiten erfassen ließ.

Das Ringsystem Jupiters besteht aus hauptsächlich zwei Segmenten von etwa 5000 und 800 km Breite, die durch eine 200 km große Lücke voneinander getrennt sind. Der schmalere Teil des Ringes befindet sich außen, er ist auch der hellere Teil.

Das Ringsystem befindet sich in 47–53 000 km Entfernung über der Wolkenschicht Jupiters, genau in der Äquatorebene. Der Materiegürtel hat also einen maximalen Durchmesser von knapp 250 000 km, er ist damit nur um etwa 30 000 km kleiner als das Ringsystem Saturns. Auch der Jupiter-Ring ist sehr dünn, erste Schätzungen schwanken zwischen 2–30 km.

Oben: *Die weitere Umgebung des GRF mit ihrer verblüffenden formalen und farblichen Differenzierung wird auf diesem Bild erkennbar, das V-1 aus 5 Mio. km Entfernung gemacht hat. Das Auflösungsvermögen beträgt ca. 100 km. Deutlich ist die Wirbelstruktur mit zunehmender Rotfärbung innerhalb des GRF erkennbar, der immerhin 30 000 km Durchmesser hat.* **Unten:** *Fantastische Bildwirkungen ergeben sich bei den sog. Falschfarben-Aufnahmen, die die Voyager-Sonden von den Jupiter-Wolken und speziell vom „Großen Roten Fleck" machten. Durch Unterdrückung des Grünanteils bei der nachträglichen Computer-Aufbereitung der Bilder wurde eine wesentliche Kontraststeigerung erzielt und damit auch eine Verbesserung der Detailerkennbarkeit. Erfaßt ist ein Gebiet von 24 000 × 36 000 km Größe, dessen Ausdehnung der gesamten Erdoberfläche entspricht. Das Auflösungsvermögen beträgt ca. 30 km.*

O. L.: *Zarteste Farbnuancen zwischen Braun, Rosa, Rot, Blau und Weiß offenbaren die Jupiter-Wolken aus der Nähe. Wahrscheinlich sind diese Colordifferenzen Indikatoren für verschiedene Höhenniveaus. V-1 machte das Bild aus 1,8 Mio. km Entfernung, das AV beträgt 30 km.* **O. R.:** *Meisterwerken der abstrakten Kunst gleichen viele Jupiter-Bilder, die die Voyager-Sonden zur Erde übermittelten. Hier ist die Zone zwischen GRF und einem Weißen Oval aus 1,8 Mio. km Distanz erfaßt, das AV beträgt 30 km.* **Unten:** *Den Unterschied zwischen einem korrekt ausgefilterten und dem sog. Falschfarben-Bild demonstrieren diese beiden Jupiter-Fotos, die V-2 im Abstand von etwa 20 Stunden aufgenommen hat. Die Distanz zwischen Sonde und Planet betrug etwa 10 Mio. km, das Auflösungsvermögen 200 km.*

Der Jupiter-Ring besteht höchstwahrscheinlich aus nur sehr kleinen Staubpartikelchen, die selten größer als 1 mm sind, während man beim Saturn-Ring ja auch sehr große Brocken von einigen Metern Durchmesser nicht ausschließt. Die Partikel um Jupiter sind außerdem noch sehr dunkel (ähnlich wie die von Uranus), so daß man sie im Auflicht nicht erkennen kann. Das Ringmaterial ist offensichtlich auch sehr weit gestreut, denn im Dezember 1974 ist die Jupiter-Sonde Pioneer 11 durch den Materiegürtel geflogen, ohne daß es der Sonde irgendwie geschadet hätte.
Zwei deutsche Wissenschaftler des Max-Planck-Instituts waren übrigens daran beteiligt, den Mechanismus der Entstehung und Erhaltung des Jupiter-Rings mit aufzuklären. Mit komplizierten Computerrechnungen fanden sie heraus, daß bei diesen Vorgängen der Jupiter-Mond Amalthea und die anderen kleinen, gerade erst entdeckten Trabanten eine wesentliche Rolle spielen. Von der Oberfläche dieser Möndchen stammt das Material der Jupiter-Ringe.

Diese sorgfältig geplante Aufnahme führtE zur Entdeckung des Jupiter-Ringes. Voyager 1 machte das Bild aus ca. 1,2 Mio. km Entfernung mit einer sehr langen Belichtungszeit von über 11 Min. Die Kamera wurde währenddessen möglichst stabilisiert, um Bewegungsunschärfen so gering wie möglich zu halten. Die Hintergrund-Sterne bildeten sich wegen der oszillierenden Eigenbewegung der Sonde von 78 Sek. Periode als gezackte Striche ab, der Ring selber erscheint als diagonal durch das Bild laufender rautenförmiger diffuser Streifen. Die dunklen Punkte sind Reseau-Markierungen der TV-Kamera. Begünstigt wurde diese Aufnahme durch die bewußt gewählte Gegenlicht-Situation, die den nur 30 km »dicken« Ring erst zum Vorschein brachte. Außerdem wurde zufällig genau die Außenkante des Jupiter-Rings erfaßt, wo die Materie etwas dichter konzentriert ist.

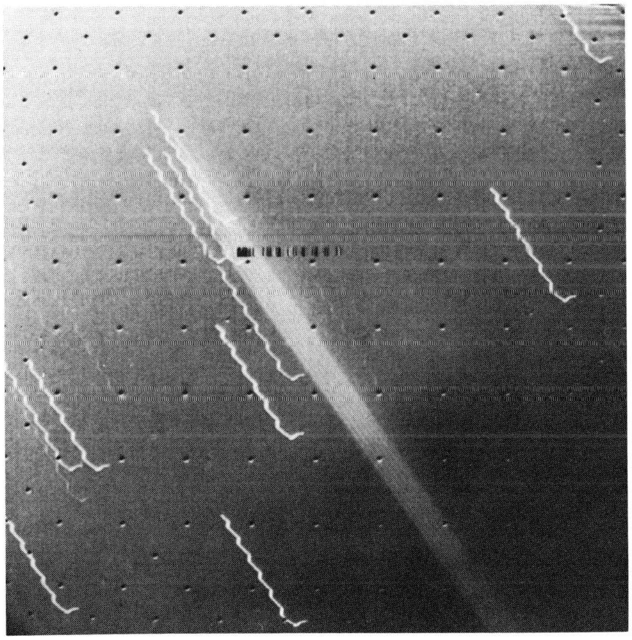

Jupiter-Tabelle

Physikalische Daten	Einheit	Jupiter	Erde = 1
Äquator/Pol-Durchmesser	km	135 000–142 800	10,9
Abplattung		0,054	18
Oberfläche	km^2	$6{,}1 \times 10^{10}$	120
Volumen	km^3	$1{,}4 \times 10^{15}$	1317
Spezifische Dichte	t/m^3	1,33	0,24
Masse	Tonnen	$1{,}9 \times 10^{24}$	318
Oberflächen-Schwerkraft	m/s^2	22,6–25,6	2,45
Fluchtgeschwindigkeit	km/s	59,6	5,3
Oberflächen-Verhältnisse			
Material / Formationen		Gase, Wolken	
Gase in der Atmosphäre		Wasserstoff, Helium, Ammoniak	
Atmosphärischer Druck	bar	100	100
Oberflächen-Temperatur	Grad C	– 150	
Sonneneinstrahlung	W/m^2	46–55	
Bahnbewegung			
Min./Max. Sonnenabstand	10^6 km	740,5–815,3	5,2
Exzentrizität		0,05	2,8
Bahnumfang	10 km	4888	5,2
Bahngeschwindigkeit	km/s	13,06	0,44
Siderische Umlaufzeit	Jahre	11,86	11,86
Bahnneigung gegen Ekliptik	Grad	1° 18,3′	
Rotation			
Umdrehungszeit	Stunden	9 h 50 m 30 s	0,4
Tag/Nacht-Zyklus	Stunden	9 h 50 m 3 s	0,4
Winkel Äquator/Bahnebene	Grad	3° 7′	0,13
Von der Erde aus betrachtet			
Min./Max. Entfernung	10^6 km	591–965	5,2
Min./Max. Signal Lauf zeit	Min.	35 51	
Scheinbare Helligkeit	Magnit.	– 2,7	
Scheinbarer Durchmesser	Bogen-Sek	31–48″	
Synodische Umlaufzeit	Tage	399	
Albedo		0,51	1,4
Äußerer Bereich			
Monde		16	
Ringsystem-Durchmesser	km	250 000	

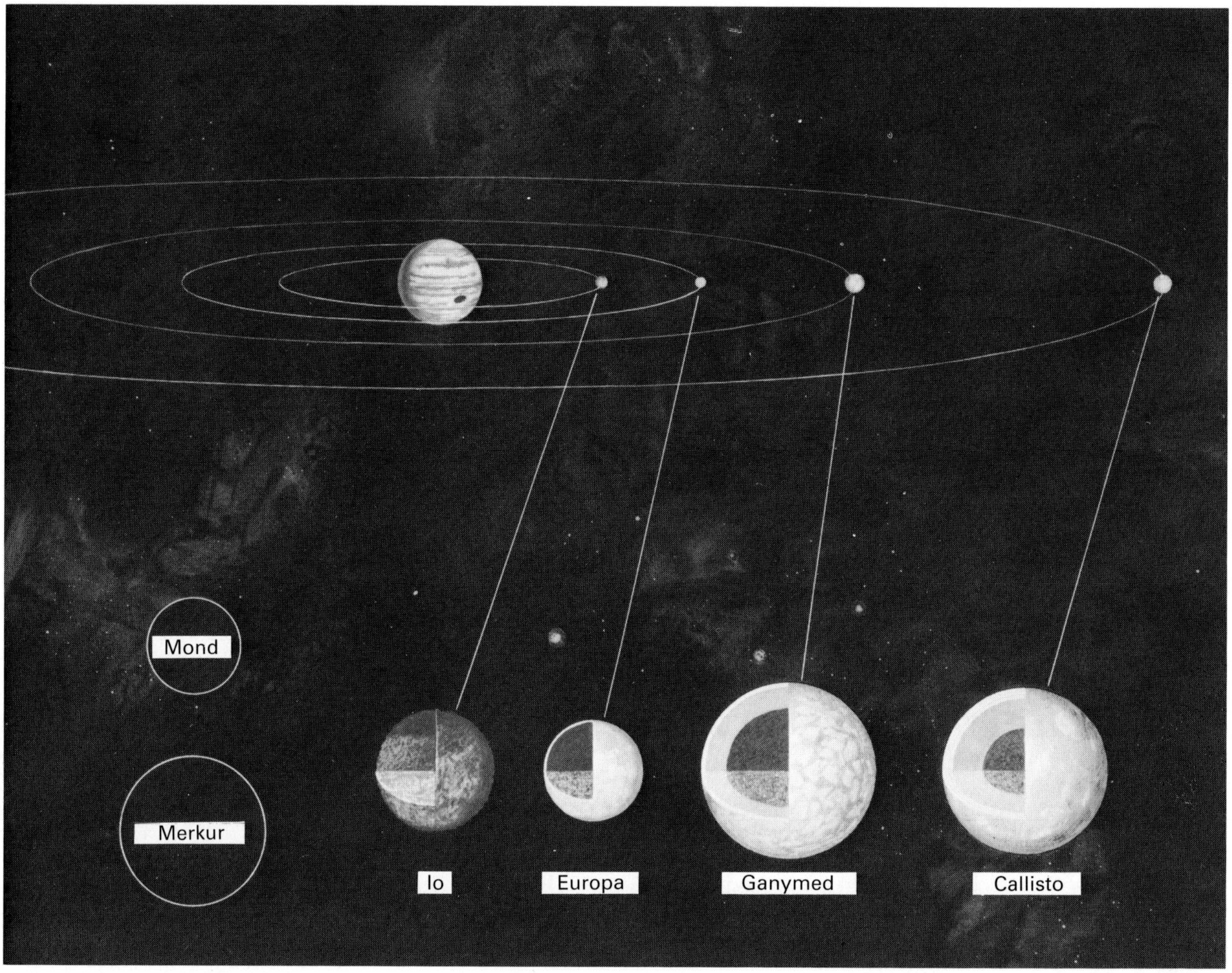

Die Größe und der ungefähre innere Aufbau der vier großen Jupiter-Monde werden auf dieser Zeichnung dargestellt. Der Trabant Io besteht wohl nur aus Gestein, Europa, Callisto und Ganymed setzen sich aus verschiedenen Anteilen von Stein und Wasser-Eis zusammen. Neben den maßstabsgetreuen Umrißlinien von Merkur und dem Erd-Mond sind auch noch die ungefähren Bahnabstände der galileischen Monde von Jupiter eingezeichnet.

Die Jupiter-Monde

Seit Galileo 1610 die vier großen Monde des Jupiters entdeckte, wurden von der Erde aus im Laufe der Zeit noch acht andere Trabanten gefunden, die aber alle sehr klein und weit von dem Planeten entfernt sind und teilweise sehr exzentrische Umlaufbahnen haben sowie starke Bahnneigungen. Vorwiegend wohl handelt es sich hier um Planetoiden, die dem Jupiter bei ihrer Reise durch das Sonnensystem zu nahe kamen und von dem Planeten im Laufe der Jahrmillionen eingefangen wurden.

Nach modernen kosmologischen Überlegungen ist eine Voraussetzung für die Bildung eines oder sogar mehrerer großer Monde um einen Planeten das Vorhandensein eines ausgeprägten Magnetfeldes um den Zentralkörper, wie z. B. bei der Erde, bei Jupiter und Saturn und vielleicht auch bei Uranus und Neptun, evtl. sogar bei Pluto.

Die Entwicklung des Jupiter-Systems ist momentan wohl weitgehend abgeschlossen; die weitere Kontraktion des Planeten führt nur sehr langsam zu einer Reduzierung des Durchmessers, verhindert aber dadurch auch eine zu rasche Abkühlung. Die Bahnen der sehr weit von Jupiter entfernten kleineren Monde dürften sich im Laufe der nächsten Jahrmilliarden stabilisieren und durch gelegentliche Kollisionen weiter vermindern. Die zunächst bei einem solchen Zusammenstoß zweier Körper zahlreich auftretenden Bruchstücke werden dann mit der Zeit durch neue Kollisionen »aufgesaugt«, bis ein neuer größerer Trabant entstanden ist. Auch die Erweiterung des Mond-Systems durch neue kleine eingefangene Meteoriten ist denkbar oder das Entkommen eines Trabanten aus dem Verband. Ein wesentliches Indiz für die Richtigkeit der Überlegungen zur Entwicklungsgeschichte Jupi-

ters verbirgt sich in den Massen und der Zusammensetzung seiner vier großen Monde. Das spezifische Gewicht von Io, Europa, Ganymed und Callisto beträgt – vom innersten zum äußersten Mond gemessen – 3,52, 3,28 und 1,95 sowie 1,63 g/cm³. Bei den beiden inneren Trabanten verflüchtigte sich wegen der großen Hitze des nahestehenden Jupiter der größte Teil des Wassers und nur Gestein und geringe Spuren von Metall blieben übrig. Io und Europa haben deshalb eine spezifische Dichte von Gestein mit gewissen Eisansammlungen an der Oberfläche – jedenfalls bei Europa. Ganymed und Callisto dagegen konnten ihr Wasser halten, die Monde blieben entsprechend groß, aber sie sind dafür auch relative »Leichtgewichte«.
Die acht kleinen bis zur Voyager-Mission entdeckten Jupiter-Monde außerhalb des Callisto-Orbits haben sehr unregelmäßige stark exzentrische Bahnen. Vier dieser Trabanten umkreisen den Planeten sogar retrograd, also – von Norden gesehen – gemäß dem Uhrzeiger-Sinn; die Namen dieser Möndchen enden mit dem Buchstaben »e«.

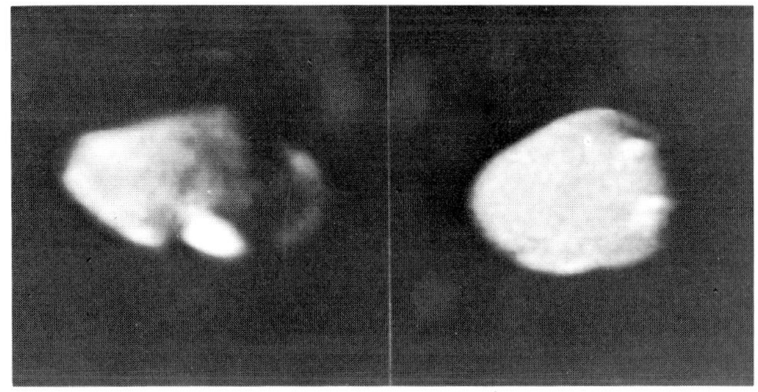

Die drei kleinen von den Voyager-Sonden erfaßten Jupiter-Monde sind auf diesen TV-Bildern erfaßt. Das obere Bildpaar zeigt den länglich geformten Trabanten Amalthea, der ca. 200 km Durchmesser und 110 000 km Abstand von den Jupiter-Wolken hat. Der darunter als Streifenspur erkennbare Mond 1979 J1 ist ca. 35 km groß und umkreist Jupiter knapp außerhalb des Ringes. Das dritte Bild unten zeigt den Mond 1979 J2, der ca. 45 km Durchmesser hat und Jupiter in 94 000 km Abstand umkreist.

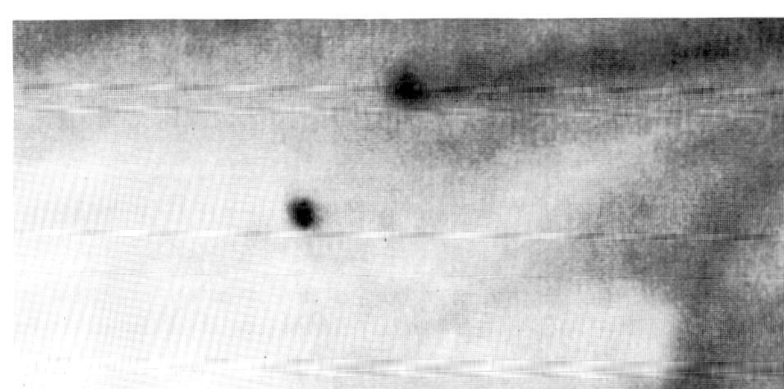

Amalthea

In der Zeit zwischen seiner Entdeckung im Jahr 1892 bis zu den ersten Nahaufnahmen durch Voyager 1 im Jahr 1979 konnte der innerste bis dahin entdeckte kleine Jupiter-Mond – wenn überhaupt – auch in den größten Teleskopen nur als winziges Lichtpünktchen wahrgenommen werden. Zwar konnten die Entfernung Amaltheas zu Jupiter mit 181 500 km und die Umlaufzeit von ca. 12 Stunden relativ genau ermittelt werden, sonst gab es kaum irgendwelche näheren Angaben über diesen Mond.
Noch in der offiziellen Presse-Verlautbarung der NASA zum Start der Voyager-Sonden wurde der Durchmesser von Amalthea recht vage mit 120–240 km angegeben. Das waren Schätzungen, die sich aus der gemessenen scheinbaren Helligkeit und einer angenommenen Albedo (das Rückstrahlungs-Vermögen des Oberflächen-Materials) ergaben. Direkte Durchmesser-Bestimmungen bei Amalthea mit Mikrometer-Okularen scheiterten an der Winzigkeit des Objekts – aus 800 Mio. km Entfernung.
Bei der Vorbereitung der Flugbahn von Voyager 1 stellte sich dann heraus, daß diese Sonde den kleinen Mond Amalthea mit dem Teleobjektiv erfassen konnte, und gespannt warteten die Astronomen auf diese Bilder des Mini-Mondes, obwohl sie aus immerhin noch 420 000 km Entfernung gemacht werden mußten. Aber das Auflösungsvermögen des TV-Teleobjektivs betrug aus dieser Distanz ca. 10 km, und so konnten auf den Bildern doch noch einige Details identifiziert werden.
Die Farbaufnahmen von Amalthea lassen einen unregelmäßig geformten rötlichen Körper erkennen, dessen beleuchtete Seite etwa 130–170 km groß ist – eine echte Weltraum-»Paprika«. Wie nicht anders zu erwarten, ist Amalthea mit der Längsachse auf den Mittelpunkt von Jupiter ausgerichtet und wendet dem Planeten immer dieselbe Seite zu – wie z. B. auch unser Mond der Erde immer dieselbe Hälfte zukehrt.
Einige wenige Einzelheiten sind auf den Voyager-Bildern von Amalthea zu erkennen, sie weisen auf zahlreiche Krater hin, heftige Meteoriten-Einstürze haben den Körper dieses Trabanten wahrscheinlich erheblich verkleinert.
Die Albedo dieses Mini-Mondes wurde aufgrund fotometrischer Abgleichungen mit Hilfe der Voyager-Kameras zu 0,1 bestimmt. Amalthea ist damit noch

dunkler als Callisto, der reflexionsärmste der vier großen Jupiter-Monde. Es ist aber z. B. noch unklar, ob die rötliche, an den großen Trabanten Io erinnernde Farbe von Amalthea nur an der Oberfläche dieses Himmelskörpers anzutreffen ist oder ob dieser Jupiter-Begleiter »in der Masse« rot gefärbt ist.

Die Galileischen Trabanten

Die vier großen Monde des Jupiters wurden 1610 von dem italienischen Forscher Galileo Galilei entdeckt, als dieser sein kleines, selbst gebautes Fernrohr erstmals auf den hellen Planeten richtete. Auch andere Männer bauten sich damals, als die Erfindung des Fernrohrs aus Holland bekannt wurde, eigene kleine Geräte und musterten den Himmel, aber Galilei meldete seine sensationellen Beobachtungen als erster. So entdeckte er 1610 z. B. auch die Sonnenflecken, die Sichelgestalt der Venus und die Krater auf dem Mond. Der Italiener sah auch an mehreren Tagen hintereinander die schnell wechselnde Position der kleinen Lichtpunkte um Jupiter herum und bald gab es für ihn keinen Zweifel mehr, daß es sich hier um Monde des Jupiters handeln müsse. Das war für Galilei ein unumstößlicher Beweis für die Richtigkeit des kopernikanischen Weltbildes.

Die Beobachtung der vier hellen Jupiter-Monde bei ihrer mehr oder weniger raschen Drehung um den Planeten gehört zu den reizvollsten Motiven für einen Amateurastronomen mit seinem kleinen Instrument. Umfangreiche Tabellen in astronomischen Jahrbüchern geben für jeden Tag die geänderte Position der galileischen Monde östlich und westlich des Jupiter an. Besonders interessant sind die Bedeckungen der Trabanten untereinander und durch Jupiter, sowie die Vorübergänge vor dem Planeten und die Verfolgung der kleinen Schatten auf Jupiter. Das Teleskop sollte aber mindestens etwa 100 mm Durchmesser haben, wenn man dieses »Monde-Karussell« verfolgen will. Ganz selten sind auch für den irdischen Beobachter alle Trabanten hinter dem Jupiter verschwunden; am 15. 6. 1990 tritt dieses Ereignis das nächste Mal ein.

So reizvoll die Beobachtung des Positionswechsels der vier großen Jupiter-Monde für den Laien sein mag, frustrierend ist aber andererseits auch für den Fachmann mit großen Teleskopen der Versuch, Einzelheiten auf diesen von der Erde sehr weit entfernten Körpern zu entdecken. Obwohl sie fast so groß oder sogar größer als unser Erd-Mond sind, läßt sich aus 700 Mio. km Distanz doch kaum irgend eine Schattierung auf Io, Europa, Callisto oder Ganymed erkennen. Auch die Bestimmung der Durchmesser der Monde war nicht gerade leicht; sie erreichen von der Erde aus gesehen nur eine Größe von etwa einer Bogensekunde, so klein würde uns ein Markstück in etwa drei Kilometer Entfernung erscheinen. Sogar der noch viel weiter entfernte Planet Neptun erscheint in irdischen Teleskopen noch etwas größer; trotzdem konnte von der Erde aus schon die gebundene Rotation dieser Monde festgestellt werden. Eine Drehung um die eigene Achse dauert ebenso lange wie der Umlauf um Jupiter. Die vier Monde präsentieren dem großen Planeten also immer dieselbe Seite – wie unser Mond der Erde.

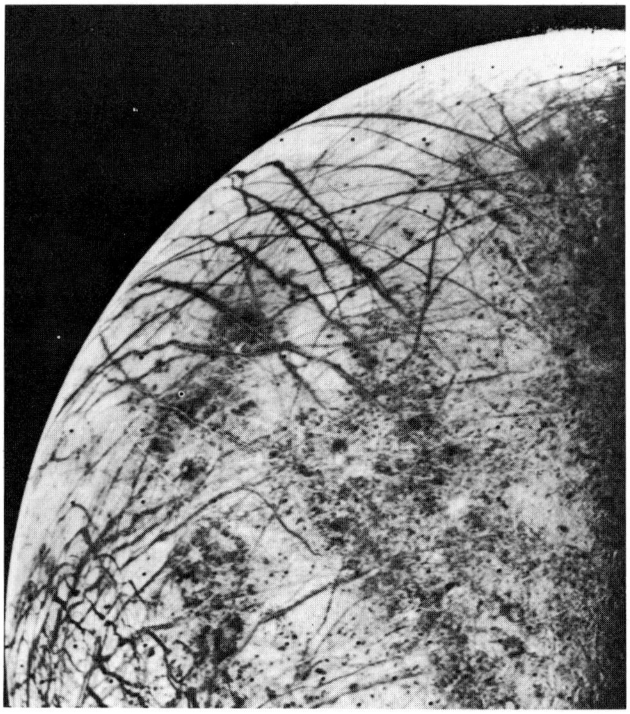

Dies ist die erste Nahaufnahme des Jupiter-Mondes Europa, dessen helle Oberfläche von zahlreichen dunkleren Linien überzogen ist, bei denen es sich um Bruchzonen in der Eiskruste handeln könnte. Voyager 2 machte diese Aufnahme aus 245 000 km Entfernung, das kleinste gerade noch erkennbare Detail hat 5 km Durchmesser. Auffällig ist das Fehlen jeglicher Krater, die es auf Europa sicher einmal gegeben hat, die aber im Laufe der Zeit durch globale Erosionsprozesse eingeebnet wurden.

Einige Jahrzehnte nach ihrer Entdeckung spielten die großen Jupiter-Monde eine wichtige Rolle bei der Entdeckung, daß sich das Licht nicht mit unendlich großer Geschwindigkeit durch das Universum bewegt, sondern eine – wenn auch sehr große – endliche Geschwindigkeit hat. Bei der regelmäßigen Beobachtung der Jupiter-Monde war den Astronomen damals aufgefallen, daß sich diese Trabanten langsamer um den Planeten zu bewegen schienen, wenn dieser weit von der Erde entfernt war. Erst wenn sich Jupiter und Erde wieder angenähert hatten, stimmten die vorausberechneten mit den tatsächlich beobachteten Umlaufzeiten der Monde wieder überein.

1675 erklärte der dänische Astronom Ole Römer dieses Phänomen mit der Annahme, daß das Licht längere Zeit von Jupiter zur Erde unterwegs sei, wenn sich die beiden Planeten auf ihren Bahnen weit von-

einander entfernt hatten. Das wirke sich in einer anscheinend längeren Umdrehungszeit der Monde um Jupiter aus.
Ole Römer kannte die Bahnverhältnisse von Erde und Jupiter: die beiden Planeten kommen sich bis auf 591 Mio. km nahe und sie können sich bis auf 965 Mio. km voneinander entfernen, der Distanz-Unterschied beträgt also etwa 374 Mio. km. Da die Verzögerungen in den Umlaufzeiten der Jupiter-Monde bei großer Entfernung von der Erde etwa 20 Min. betrugen, ließ sich daraus relativ leicht die Lichtgeschwindigkeit zu 300 000 km/Sek. bestimmen.
Die vier großen Trabanten des Jupiter werden als Gruppe oft auch galileische Monde genannt nach ihrem Entdecker Galileo Galilei. Die individuellen Namen Io, Europa, Ganymed und Callisto erhielten die vier großen Jupiter-Monde aber von Simon Marius, einem Konkurrenten und Gegner von Galilei, der etwa gleichzeitig wie der Italiener mit einem kleinen, selbstgebauten Fernrohr den Himmel durchmusterte und schließlich auch behauptete, er habe die Jupiter-Monde als erster gesehen. Die Geschichtsforschung hält das aber für eher unwahrscheinlich, so daß Galilei der Primat der Entdeckung, daß Jupiter von vier kleinen Monden umgeben ist, wohl zu Recht zuerkannt wird.
Marius entnahm die klangvollen Namen für die Jupiter-Monde der bemerkenswerten Liste von Geliebten, die der römische Gott Jupiter der Sage nach gehabt haben soll. Diese Liste ist lang genug, um auch die anderen kleineren Jupiter-Monde mit Eigennamen zu versehen, die seitdem noch entdeckt wurden oder die in Zukunft vielleicht noch aufgespürt werden.

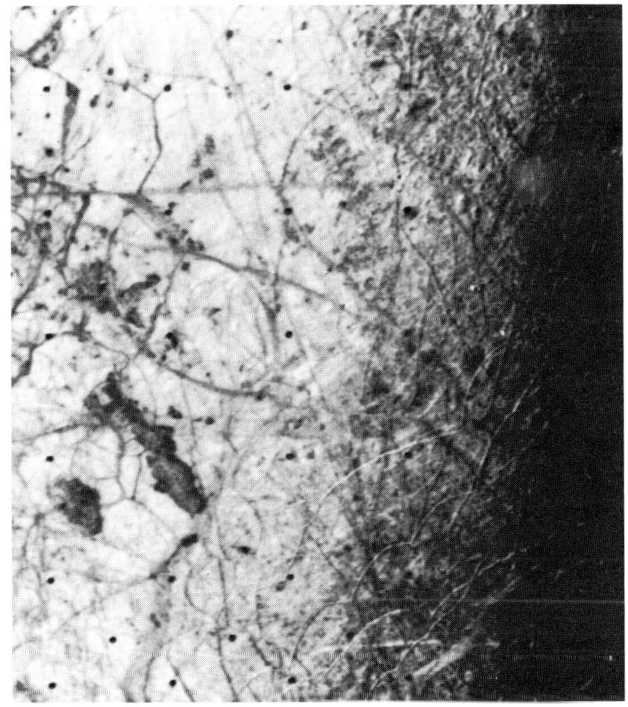

Die Feinstruktur der Oberfläche des Jupiter-Mondes Europa offenbart dieses aus 225 000 km Entfernung gemachte TV-Bild von der Terminator-Zone des Trabanten. Erfaßt ist ein Gebiet von etwa 450 × 600 km, das Auflösungsvermögen beträgt ca. 4 km. Die hellen Streifen werden von 5–10 km bereiten und ca. 100 km langen Rillen gebildet, die dunklen Bänder sind 20–40 km breit und oft über 1000 km lang. Die eisige Oberfläche von Europa wurde wahrscheinlich in der Vergangenheit öfter aufgeschmolzen durch Prozesse der Gezeiten-Reibung, so daß auch alle ursprünglich einmal vorhandenen Krater verschwunden sind.

Europa

Den – von innen heraus gesehen – zweiten der Galileischen Monde kann man in der Größe und auch im Gewicht gewissermaßen als Zwillingsbruder von Io betrachten. Der Durchmesser von Europa beträgt 3066 km, das spezifische Gewicht 3,28 g/cm³. Europa ist 670 500 km von Jupiter entfernt und dreht sich in etwa 3,5 Tagen einmal um den Planeten.
Ausgehend von den Parallelen mit unserem Mond erwarteten die Wissenschaftler eigentlich, daß Europa auch äußerlich etwas Ähnlichkeit mit dem Erd-Mond haben würde, aber das erwies sich als Fehlspekulation. Die TV-Bilder von Voyager 2 vor allem zeigten, daß Europa eine hellgelbe und relativ glatte, wahrscheinlich primär aus Eis bestehende Oberfläche hat, die von zahlreichen breiten und sehr langen dunkelbraunen Linien überzogen ist. Offensichtlich handelt es sich hier um riesige Spalten in der Eisschicht von Europa, die Furchen sind 50–150 km breit und bis zu 2000 km lang.
Wahrscheinlich ist die Eisschicht an der Oberfläche dieses Mondes nicht sehr stark, darunter beginnt dann die festere Gesteinsmasse, und im Zentrum von Europa ist auch ein Metallkern denkbar. Für die Entwicklungsgeschichte Europas haben die Wissenschaftler folgendes Modell entworfen: Die bei der Entstehung des Mondes vorhandenen Wassermassen wurden aus dem Körper »herausgeschwitzt«. Was nicht durch die Hitzeeinwirkung Jupiters verdampfte, setzte sich auf der Oberfläche dieses Körpers fest. Natürlich unterlag auch Europa in der Frühzeit des Sonnensystems einem intensiven Meteoriten-Bombardement, aber in der Eisoberfläche bildeten sich wohl nicht so starke Einschlagkrater. Außerdem verschwanden diese Formationen infolge der starken Erosion bald wieder, die die bewegliche und stets »in Fluß« befindliche Eisschicht auf solche Spuren an der Oberfläche ausübt. Die jetzt auf Europa erkennbaren Rillensysteme entstehen wahrscheinlich durch die starken Gezeitenkräfte, die der übermächtige Jupiter auch auf diesen Mond noch ausübt. Dadurch wird der Eispanzer immer wieder aufgebrochen, während er sich dann an anderen Stellen langsam wieder zusammenfügt, so daß die Rißspuren mit der Zeit verschwinden.

Die genauere Auswertung der von Voyager 1 + 2 gelieferten Bilder und Messungen von Europa weist nach Meinung einiger Wissenschaftler darauf hin, daß sich unter einer etwa 5 km messenden Eishülle dieses Jupiter-Mondes ein bis zu 50 km tiefer Ozean aus flüssigem Wasser befinden könnte, in dem sogar einfache Lebensspuren für möglich gehalten werden. Die Wärme zur Aufheizung der unteren Eisschicht könnte durch radioaktive Strahlung aus dem felsigen Kern sowie durch Gezeitenkräfte erzeugt werden, denen Europa in der Nähe Jupiters und der anderen drei großen Trabanten ausgesetzt ist. Durch die breiten langen Spalten in der Oberfläche Europas könnte nach Ansicht der Wissenschaftler genügend Sonnenlicht in den untereuropäischen Ozean gelangen, um fotosynthetische Kreisläufe anzuregen. Gestützt werden solche Überlegungen durch die Entdeckung kleiner Lebewesen unter der dichten Eiskappe des Nordpols auf der Erde, wo die Temperaturen nur knapp über dem Gefrierpunkt von Wasser liegen.
Weitere Beobachtungen, Auswertungen und Berechnungen der Europa-Daten lassen sogar Vermutungen aufkommen, daß es auf diesem Mond eine besondere Art von Vulkanismus gibt, bei dem das warme Wasser aus dem tiefliegenden Wasserreservoir durch Spalten und Löcher nach oben gedrückt wird und in hohen Fontänen herausschießt – ähnlich wie die Lava aus dem Mond Io.

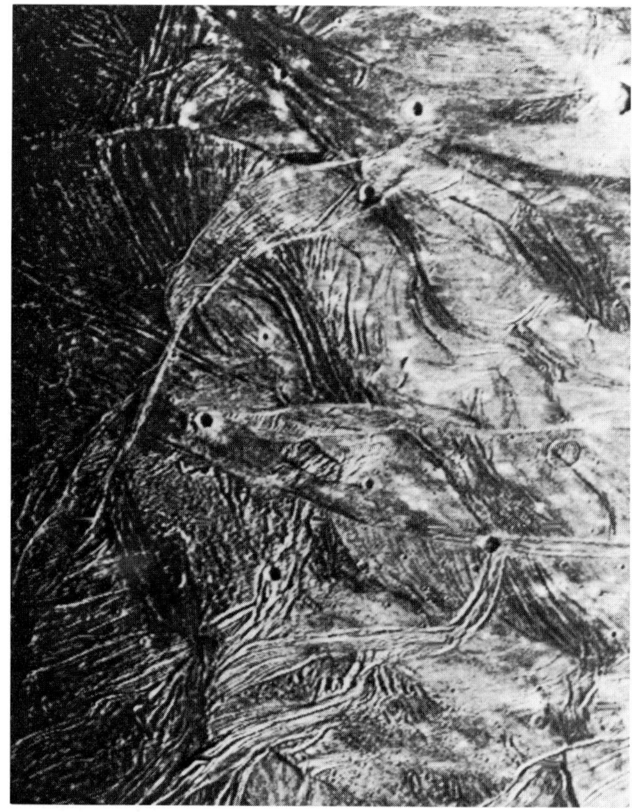

Ausgeprägte Rillensysteme und einzelne kleinere Krater prägen die Oberfläche des Jupiter-Mondes Ganymed; möglicherweise handelt es sich dabei um die Folgen globaler Verschiebungsprozesse in den oberen Eisschichten dieses Körpers. Der hier gezeigte Geländeabschnitt ist 580 km breit; das Auflösungsvermögen beträgt 3 km. Voyager 1 machte diese Aufnahme aus 145 000 km Entfernung.

Ganymed

Dieser größte Mond des Jupiters hat etwa 5200 km Durchmesser und ist damit der größte Trabant im Sonnensystem, er ist sogar um ca. 10 % größer als der Planet Merkur. Der Trabant Ganymed hat aber mit 1,95 g/cm^3 nur etwa ein Drittel von dessen spezifischer Dichte, ist also nur etwa doppelt so schwer wie ein gleich großer mit Wasser gefüllter Körper. Absolut beträgt die Masse $1{,}65 \times 10^{26}$ Gramm. Ganymed ist etwa 1,07 Mio. km von Jupiter entfernt und braucht fast 7,2 Tage für einen Umlauf.
Das geringe spezifische Gewicht von Ganymed deutet darauf hin, daß dieser Körper wohl hauptsächlich aus Wasser bzw. Eis besteht und nur einen relativ kleinen Kern aus Gestein hat. Alle anderen Substanzen mit niedrigem Siedepunkt konnten sich auf dem in seiner Entstehungsphase sehr heißen Mond nicht halten. Wasser dagegen ist relativ häufig im Universum vorhanden und weniger flüchtig als etwa Ammoniak, Methan oder Kohlendioxid. Da die Temperaturen in Ganymed aber wahrscheinlich über dem Gefrierpunkt liegen, handelt es sich bei diesem Mond eigentlich um eine riesengroße Wasserkugel mit einem kleinen Gesteinskern und einer mehr oder weniger dicken Kruste. Dieses Modell vom inneren Aufbau Ganymeds läßt sich jedenfalls am besten mit den Beobachtungen und den Ergebnissen von Computerrechnungen vereinbaren.

Über die Dicke der Eiskruste lassen sich noch keine genauen Angaben machen, aber da die Oberflächen-Temperaturen weit unter $-100°$ C liegen, muß sich wohl um diesen Mond eine relativ dicke Eisschale gebildet haben. Nur gelegentlich wurde sie von einigen größeren Meteoriten durchschlagen, wie man auf den Voyager-Bildern erkennen kann. Vielleicht läßt sich in absehbarer Zeit auch aus den Ablenkungen der Flugbahnen, die die beiden Raumsonden während des Vorbeiflugs an diesem Mond erfahren haben, etwas über das Gravitationsfeld dieses Körpers aussagen. Diese Effekte sind aber sehr gering, so daß ihre Ermittlung aus den Funksignalen äußerst schwierig und zeitraubend ist.
Im frühen Stadium der Entwicklung unseres Sonnensystems muß sich eine starke Schicht meteoritischen Materials auf der Eisoberfläche von Ganymed angelagert haben, die dem Mond mit der Zeit eine viel dunklere Farbe gaben als er ursprünglich hatte. Dabei bildeten sich auf Ganymed regelrechte Stein-Kontinente, die im Laufe der Jahrmillionen in die zähflüs-

sige Eisschicht verfrachtet wurden, wie man auf den TV-Bildern dieses Mondes erkennen kann – ähnlich wie die Kontinente auf der Erde.
Auch einige kleinere frische Krater sind auf Ganymed zu erkennen, helles Auswurf-Material – offensichtlich Eissplitter – wurde in der Umgebung abgelagert. Diese Beobachtungen deuten auf eine dünnere Steinschicht an der Oberfläche dieses Mondes hin, die auch von kleineren Meteoriten durchschlagen werden kann. Ältere Eiskrater erkennt man deutlich an der Nachdunkelung des Auswurf-Materials, was auf einen gewissen Verwitterungsprozess hindeutet.
Eine Besonderheit Ganymeds ist die Streifen-Strukturierung der hellen Ebenen, die den größten Teil des Mondes bedecken und offensichtlich aus weniger mit Gestein verschmutztem Eis bestehen. Dieser Befund deutet darauf hin, daß die Oberfläche dieses Mondes auch heutzutage noch kontinuierlich umgewälzt wird. Die streifenförmigen Spuren erinnern – in der starken Vergrößerung – an grobe Pinselstriche, die ein Maler auf seine Leinwand gesetzt hat. Die »Autobahnen« sind einige Dutzend Kilometer breit, überkreuzen sich teilweise und laufen auch quer durch ältere Krater, was auf einen globalen Entstehungsmechanismus hindeutet und auf ein hohes Alter. Auf den dunkleren Kontinenten Ganymeds fehlen diese Streifen, über deren Ursache noch nichts Genaues gesagt werden kann. Möglicherweise sind es Spuren starker Verwerfungen und Faltungen im Eispanzer, die im Rahmen der »Kontinental-Verschiebung« entstehen. Vielleicht handelt es sich bei den Streifen auch um die Folgen größerer Aufschmelzungen in der Eiskruste des Mondes, die durch plötzliche innere Erwärmung oder auch durch einen großen Meteoriteneinsturz hervorgerufen worden sein könnte.

Callisto wurde von Voyager 1 aus 200000 km Entfernung aufgenommen. In diesem Mosaik wird vor allem das riesige Einschlagbecken Valhalla erkennbar, das über 1000 km Durchmesser hat und aus mehreren konzentrischen Gebirgsringen besteht. Callisto ist der dunkelste und der am weitesten von Jupiter entfernte große Mond. Seine Oberfläche ist von zahlreichen Kratern überzogen und scheint sehr alt zu sein.

Callisto – Riesenmond mit Riesenkrater

Der äußerste der vier großen Jupiter-Monde hat etwa 4840 km Durchmesser. Die Entfernung Callistos von dem Planeten beträgt fast 1,9 Mio. km und ein Umlauf des Mondes um Jupiter dauert ca. 16,7 Tage. Callisto hat mit 1,63 g/cm³ die geringste spezifische Dichte aller vier großen Jupiter-Monde, und trotz seiner enormen Größe kann dieser Trabant keine Atmosphäre an sich binden.
Die Oberfläche von Callisto unterscheidet sich wieder stark von der der anderen drei galileischen Trabanten, was sich vielleicht am besten mit seiner relativ großen Distanz zum Jupiter erklären läßt. Offensichtlich ist er in der Entstehungsphase des Jupiter-Systems nicht so heiß geworden wie die anderen Monde, so daß er relativ schnell abkühlte und eine stabile Oberfläche bekam. Diese feste Kruste mußte nun schon sehr früh das intensive Meteoriten-Bombardement über sich ergehen lassen, und das ist wohl auch der Grund dafür, daß Callisto als einziger der vier großen Monde vollständig mit Kratern der verschiedensten Größe bedeckt ist. Diese spezielle Form der Oberflächen-Gestaltung fand ja bekanntlich vor allem in der Frühzeit des Sonnensystems statt.
Überraschend war in diesem Zusammenhang die Entdeckung eines riesigen Einschlagbeckens auf Callisto, das 1500 km Durchmesser hat und aus mehreren konzentrischen Ringen besteht. Obwohl diese Formation an der Oberfläche von Callisto wohl primär aus Eis besteht, hat sie doch sehr große Ähnlichkeit mit dem Mare Orientale auf dem Erd-Mond oder mit dem Caloris Basin auf Merkur. Diese beiden Himmelskörper bestehen ja bekanntlich durch und durch aus Gestein. Außer dem Ringgebirge gibt es auf Callisto noch unzählige große und kleine Krater, die meist ein helles Zentrum haben, was wohl auf den eisigen Untergrund des Mondes zurückzuführen ist, der beim Aufschlag eines Meteoriten an die Oberfläche befördert wurde. Ansonsten ist Callisto der dunkelste aller vier galileischen Monde, ein weiterer Hinweis auf das hohe Alter dieses Körpers. In der Nähe des Südpols von Callisto befinden sich zwei besonders helle Einschlagbecken von 300 bzw. 500 km Durchmesser, die offensichtlich noch nicht so alt sind, weil sie noch kaum mit anderen Aufschlag-Trümmern bedeckt sind.

Diese künstlerische Impression zeigt den Galileo-Orbiter während des nahen Vorbeiflugs am Jupiter-Mond Io gleich zu Beginn der Mission. Danach werden vor allem die anderen großen Monde und natürlich auch der Planet selbst zwei Jahre lang aus wechselnden Entfernungen untersucht. Dabei werden sich zahlreiche verschiedene Blickwinkel und Beleuchtungssituationen sowie auch mehrere Bedeckungsexperimente ergeben.

Der Mond Io

Der innerste der vier galileischen Jupiter-Trabanten erhielt den Namen einer griechischen Jungfrau, die nach der Mythologie vom Göttervater Jupiter begehrt wurde. Io ist mit 3635 km Durchmesser etwas größer als unser Erdmond, seine spezifische Dichte von 3,52 g/cm weist auf einen großen Anteil von Gestein (und vielleicht auch einen kleinen Metallkern) hin. Io ist 421 500 km von Jupiter entfernt und braucht 1,77 Tage für einen Umlauf.

Vor allem Voyager 1 trug durch intensive Messungen und Beobachtungen wesentlich zur Entschleierung einiger Geheimnisse des Mondes Io bei. Diese Sonde näherte sich dem Trabanten bis auf ca. 20 000 km und flog unter dem Südpol des Trabanten vorbei.

Eine astronomische Sensation war die Entdeckung von mindestens acht aktiven Vulkanen auf dem Mond Io, die ihre Lavamassen mit äußerster Heftigkeit in die Höhe schleudern. Die Eruptionsfontänen steigen bis zu 200 km hoch auf, bevor sich die Fels- und Staubmassen dann auf elliptischen Bahnen langsam wieder auf die Oberfläche von Io absenken: ein äußerst eindruckvolles optisches Spektakel.

Dabei wurden die Vulkane auf Io eher zufällig entdeckt, als Voyager 1 längst an dem Trabanten vorbeigeflogen war. Bei der nachträglichen Auswertung von Kalibrierungsbildern, die zur genauen Bahnbestimmung aus größerer Entfernung von Io aufgenommen wurden, entdeckte eine junge Mitarbeiterin des Bildteams in Pasadena eine Fontäne am Rand von Io. Bei genauerer Untersuchung entpuppte sich diese Erscheinung als Rauchpilz eines Vulkans, und diese Entdeckung führte dann zur beschleunigten Auswertung aller Bilder, die von diesem Mond Io gemacht worden waren. Insgesamt acht aktive Vulkane erbrachte diese Suchaktion, und es ist nicht ausgeschlossen, daß es auf Io noch mehr solcher Feuerschlünde gibt.

Die Vulkane bzw. ihre Rauchpilze wurden am ehesten auf Bildern entdeckt, wo sich diese Fontänen am Rand der Mondscheibe befinden und gut gegen den dunklen Himmel abheben. Noch deutlicher wurden die Materiewolken über dem Rand von Io identifiziert, wenn das betreffende Bild im Gegenlicht gemacht wurde, der Mond selbst nur als dunkle Scheibe erschien und die Lavafontäne sich im Gegenlicht hell gegen den Himmel abhob. Bei den im Auflicht gewonnenen Bildern von Io sind die Vulkane nur sehr schwer zu erkennen. Sie machen sich höchstens als diffuse Trübung des Bildes über größeren Bergkegeln

bemerkbar, die durch das aus den Vulkanschloten schießende Gesteinsmaterial verursacht werden.
Sehr überraschend für die Wissenschaftler ist die Tatsache, daß die Oberfläche von Io völlig frei von Einschlagkratern ist, wie sie das Aussehen der meisten anderen Monde (und teilweise auch Planeten) im Sonnensystem so auffällig prägen.
Die fantastischen TV-Bilder, die die beiden Voyager-Sonden von Io machten, zeigten nun, daß die Oberfläche dieses Mondes neben den hell reflektierenden Salzflächen auch noch aus großen Gebieten intensiver roter und orangener Färbung besteht. Auch schwarze Ablagerungen wurden gefunden, die sich dann bei genauerer Auswertung meist als Vulkangipfel oder dunkle Lavaablagerungen entpuppten.
Diese intensive Farbigkeit der Oberfläche von Io ist äußerst sehr eindrucksvoll, auf den Colorbildern von Voyager 1 »glüht« dieser Mond regelrecht in verschiedenen Rot- und Gelbnuancen. Auch die Farben Braun, Beige, Weiß und Schwarz kommen auf Io vor, Ursache für diese »Buntheit« der Oberfläche sind die vielfältigen Schwefelverbindungen und die Ablagerungen anderer Salze, die von den Vulkanen ausgestoßen werden.
In der heißen und turbulenten Geburtsphase des Jupiter-Systems wurden wahrscheinlich alle ursprünglich vorhandenen Wassermassen aus dem Inneren des Mondes Io an dessen Oberfläche befördert, wo sie aber wegen der dort herrschenden hohen Temperaturen sofort verdunsteten. Die ebenfalls mit dem Wasser nach oben gespülten Salze und Mineralien setzten sich an der Oberfläche von Io fest. Diese zurückgebliebene Salzschicht – wohl vor allem Sulfate der Elemente Natrium und Kalium – hat ein sehr hohes Reflektionsvermögen, wie wir es ja auch von den ausgetrockneten Salzseen auf der Erde kennen. Die Salze auf dem Jupiter-Mond Io nehmen aber eine viel grössere Fläche ein und machen diesen Körper zum hellsten Objekt im ganzen Planetensystem. Das Reflektionsvermögen solcher Salzgebiete ist auch im infraroten Spektralbereich sehr hoch.
Schon vor längerer Zeit hatten die Astronomen von der Erde aus festgestellt, daß die Helligkeit des Mondes Io etwas größer ist, wenn er aus dem Schatten Jupiters hervortritt. Nach zehn Minuten ist die Reflektionsfähigkeit von Io dann wieder auf den Normalwert abgesunken, der allerdings nur etwa 0,5 Größenklassen darunter liegt. Diese Erscheinung wird darauf zurückgeführt, daß sich in der Dunkelheit des Jupiter Schattens auf der Oberfläche von Io eine heller reflektierende Eisschicht (aus welchem Material auch immer) bildet, die dann unter dem Einfluß des Sonnenlichts wieder schmilzt.
Die Analyse der Wärmestrahlung von Io durch die beiden Voyager-Raumsonden hat außerdem ergeben, daß dieser Körper – ebenso wie unser Erdmond – von sehr porösem Oberflächen-Material bedeckt ist. Bei dem Jupiter-Trabanten dürfte es sich aber mehr um Salzkörner und weniger um den Staub normalen Gesteins handeln. Diese Sulfat-Schicht erwärmt sich bei Bestrahlung durch die Sonne sehr schnell, kühlt aber auch rasch wieder ab, wenn Io in den Schatten Jupiters eintritt.
Da die Lavamassen mit äußerster Wucht aus den Vulkanen von Io herausgeschleudert werden, verläßt ein größerer Teil der ebenfalls emittierten Gase den Anziehungsbereich des Mondes, woraus sich im Laufe der Zeit ein regelrechter Schlauch entlang der Umlaufbahn von Io um den Jupiter gebildet hat. Dieser primär aus Natrium bestehende dünne Gasring wurde mit raffinierten Analysemethoden schon von der Erde aus nachgewiesen

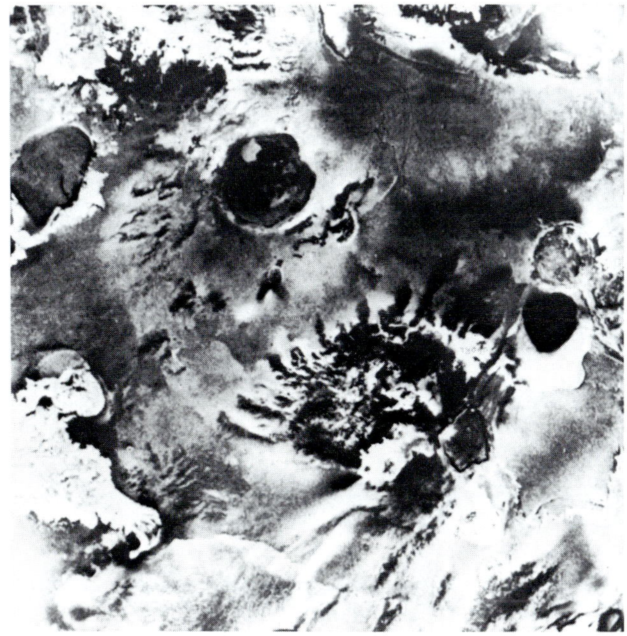

Diese Nahaufnahme des Mondes Io offenbart zahlreiche Einzelheiten der von vulkanischen Prozessen geprägten »lebendigen« Oberfläche. Das dargestellte Gelände ist 225 km breit, das Auflösungsvermögen beträgt 1 km. Voyager 1 machte diese Aufnahme aus ca. 30000 km Entfernung. Deutlich sind die dunklen Lavaflüsse und ein bemerkenswerter Berggipfel zu erkennen. Die hellen Stellen sind zum größten Teil Salz-Ablagerungen.

Energie für die Vulkane

Die Entdeckung zahlreicher, äußerst aktiver Vulkane auf Io war für die Fachwelt vielleicht das sensationellste Ergebnis der Voyager-Missionen. Andererseits hatten sich die Wissenschaftler aufgrund intensiver Studien von der Erde aus schon ein recht vollkommenes Bild von den Zuständen auf und um Io gemacht, das durch die Beobachtungen und Messungen der Voyager-Sonden vielleicht erweitert, aber kaum korrigiert wurde.
So hatten z. B. wenige Tage vor dem Jupiter-Vorbeiflug von Voyager 1 zwei Wissenschaftler des JPL eine

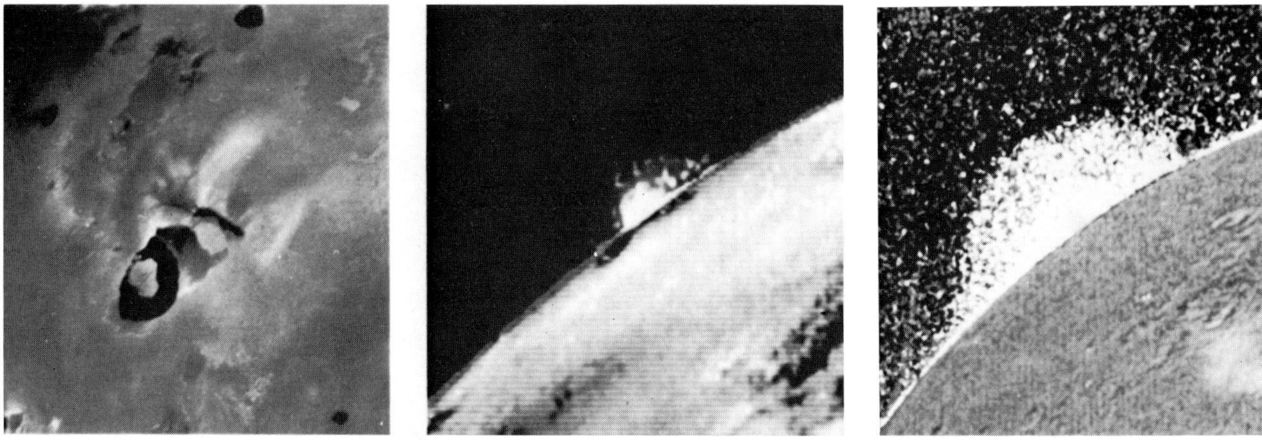

Drei aktive Vulkane auf dem Mond Io zeigt dieses Bildtrio. Mehr oder weniger deutlich sind die Lava-Fontänen erkennbar, die mit unvorstellbarer Heftigkeit ausgestoßen werden und bis zu 200 km Höhe erreichen. Insgesamt wurden auf den Voyager-Bildern von Io acht solcher aktiven Vulkane entdeckt, als die Sonde längst an dem Trabanten vorbeigeflogen war. Berechnungen haben ergeben, daß aus einem dieser Vulkane pro Sekunde ca. 10 000 Tonnen Gestein ausgeworfen werden mit Geschwindigkeiten von etwa 1 km pro Sekunde. Auf elliptischen Bahnen kehren die meisten Partikel dann zur Oberfläche von Io zurück.

Arbeit veröffentlicht, in der sie auf die sehr starken Gezeitenkräfte hinwiesen, die der übermächtig große Jupiter auf den kleinen, nahestehenden Mond Io ausübt. Daraus schlossen sie, daß es in dem Trabanten laufend starke Gesteinsverschiebungen und eine durch die intensive Reibung verursachte große Hitze geben müsse, die sich wahrscheinlich nur in heftigen Vulkanausbrüchen entladen könne. Wenige Tage später wurden die theoretischen Annahmen dieser beiden Experten durch die Entdeckung mehrere sehr aktiver Vulkane auf Io glänzend bestätigt.

Die Gezeitenkräfte auf Io entstehen durch regelmäßige Änderungen des Abstands zwischen dem Mond und Jupiter, die wiederum durch die drei anderen großen Trabanten verursacht werden. Die Gravitationskräfte Jupiters wirken also mit verschiedener Intensität auf den Mond ein, was einen regelmäßigen starken Wechsel der Gestalt von Io zur Folge hat: der Körper wird in kurzen Intervallen um einige Dutzend Kilometer auseinander gezogen und wieder zusammengedrückt. Das bringt eine starke Bewegung in das Innere von Io. Daraus resultiert die erhebliche Reibungshitze, die sich in den Vulkanen »Luft machen« muß. Offensichtlich hat sich dieser Mond seit seiner Entstehung innerlich kaum abgekühlt, es ist wohl auch heute noch ein glühend flüssiger Körper mit einer nur dünnen kalten Kruste an der Oberfläche. Vielleicht wurde im Laufe der Jahrmilliarden die ganze Materie des Mondes durch die Vulkane systematisch »umgekrempelt«, so daß die zunächst im Inneren befindlichen Bestandteile nun an die Oberfläche gelangt sind und das ursprüngliche Oberflächenmaterial durch den dauernden Nachschub langsam nach unten gedrückt wurde. Auf diese Weise sind schließlich auch alle noch im Inneren von Io befindlichen Gase zum Vorschein gekommen und in den Weltraum entwichen, so daß nur der trockene Schwefel übrig blieb.

Inzwischen ist es zwei Wissenschaftlern vom »Max-Planck-Institut« in Heidelberg gelungen, mit aufwendigen Computerberechnungen den Nachweis zu liefern, daß zwischen den Vulkanausbrüchen auf dem Jupiter-Mond Io und dem kleinen Ringsystem um den Planeten eine intensive Wechselwirkung besteht. Die amerikanische Raumfahrtbehörde NASA gratulierte den beiden bundesdeutschen Wissenschaftlern zu ihrer interessanten Arbeit.

Nach den Berechnungen von Dr. Eberhard Grün und Dr. Gregor Morfill wird der Jupiter-Ring laufend auf Umwegen von den winzigen Aschepartikeln gespeist, die von den Io-Vulkanen ausgeschleudert werden. Diese Partikelchen haben einen Durchmesser von nur etwa 1/1000 mm, sie gelangen deshalb leicht in die starken Strahlungsgürtel von Jupiter, wo sie elektrisch aufgeladen werden und in die rasende Rotation des planetaren Magnetfeldes geraten. Auf weit geschwungenen Spiralbahnen nähern sich die Teilchen allmählich dem Bereich des Doppelringes um Jupiter, wo sie dann in die schon bestehende Materieansammlung aufgesogen werden. Ohne diesen laufenden Nachschub aus den Vulkanen des Mondes Io würde der Jupiter-Ring innerhalb kurzer Zeit wieder verschwinden.

Aus den hoch in den Weltraum hinauf schießenden Lavafontänen der Io-Vulkane sondern sich pro Sekunde etwa 10 Tonnen ab, die von der Magnetosphäre des Jupiters eingefangen werden und dem Mond verloren gehen. Die winzigen aus den Schwefelvulkanen stammenden Gas- und Staubreste haben allerdings bemerkenswerte Auswirkungen, denn sie haben im Laufe der Jahrmillionen einen torusförmigen Partikelschlauch um Jupiter – entlang der Umlaufbahn von Io – gebildet.

Die Temperaturen auf Io

Neben den zahlreichen fantastischen Schwarzweiß- und Farbfotos lieferte Voyager 1 von dem Mond Io eine Reihe recht genauer Temperaturmessungen des IRIS-Sensors, die teilweise sehr überraschende Erkenntnisse vermittelten. Während die Temperaturen bei den drei anderen galileischen Jupiter-Monden durchwegs bei etwa –150° C liegen, wurden an manchen Stellen der Io-Oberfläche auch wesentlich höhere Temperaturen von + 17° C gemessen. Vielleicht gibt es auf Io gelegentlich auch noch sehr viel heißere Stellen: Man hat Flüsse und Seen von Schwefel-Lava entdeckt, die auf Io erst vor kurzer Zeit entstanden und dann erstarrt sein dürften, und Schwefel wird ja bekanntlich erst bei + 112° C flüssig.
Die vulkanischen Eruptionen auf Io sind von ungeheurer Heftigkeit, wie man sie auf der Erde auch nicht annähernd so stark erlebt. Die Materiefontänen reichen bis in 280 km Höhe, sie müssen – wie Berechnungen zeigten – mit einer Geschwindigkeit von mindestens 1 km/s ausgestoßen werden, das ist das Siebenfache der höchsten bisher bei einem irdischen Vulkan gemessenen Eruptionsgeschwindigkeit.
Aus dieser Feststellung und der Größe der über den Vulkan beobachteten Materiewolken ließ sich errechnen, daß ein solcher Vulkan auf Io pro Sekunde etwa 10 000 Tonnen Gesteinsmaterial emporschleudert – eine ungeheure Kraftmaschine. Nimmt man alle beobachteten acht Vulkane zusammen, so kommt man pro Jahr bei Fortrechnung dieser Auswurfrate auf eine Gesteinsmenge von 25×10^{12} Tonnen, und das würde in einer Million Jahren eine Ablagerungsschicht auf Io von 10 m Höhe ergeben. Auf diese Weise sind im Laufe der Zeit alle Krater, Gebirge und Täler verschwunden, die es vielleicht einmal auf diesem Trabanten gegeben haben mag.
Auch eine gewisse Atmosphäre wurde um Io herum entdeckt, die primär aus Schwefeldioxid besteht und an der Oberfläche dieses Mondes einen Bodendruck von etwa 0,05 mbar aufweist.
Zwar ist die »Atmosphäre« von Io sehr dünn, aber sie läßt sich bis in eine Höhe von etwa 115 km nachweisen. Sie stellt zusammen mit der Ionosphäre des Mondes einen interessanten Spezialfall dar, denn die Umlaufbahn dieses Trabanten verläuft noch innerhalb der Mangetosphäre des Riesenplaneten. Auf der Tagseite von Io reicht die Ionosphäre bis in etwa 700 km Höhe, während sie auf der Nachtseite des Mondes durch die sehr starke Magnetosphäre Jupiters aufgelöst wird.
Die Astronomen vermuten, daß der ständige Einschlag von hochenergetischen Protonen aus dem Strahlungsgürtel Jupiters die chemischen Vorgänge auf der Oberfläche des Mondes Io stark beeinflußt. Dabei werden offensichtlich auch viele Metallionen abgespalten, die sich bis in eine Höhe von etwa 16 000 km nachweisen lassen. Außerdem wurde eine Wolke neutralen Wasserstoffs mit einem Durchmesser von etwa 320 000 km um den Mond herum entdeckt, die sich wegen der raschen Umlaufbewegung von Io als 800 000 km langer Schweif hinter dem Mond ausbildet und als torusförmiges Gebilde um Jupiter herum entlang der Umlaufbahn von Io angesehen werden kann. Die Dichte dieses Wasserstoff-»Schlauchs« beträgt etwa 0,05 mbar.

Tabelle der Jupiter Monde

Nr.	Name	Durchmesser (km)	Abstand (10^3 km)	Umlaufzeit (Tage)	Exzentrizität	Inklination (Grad)	Helligkeit (m)	Entdecker	Jahr
0	Ring	5000	121	0,25	–	–	–	Voyager	1979
16	1979 J 3	40	128	0,296	–	–	–	Synnott	1980
14	1979 J 1	35	134	0,299	–	–	–	Danielson	1979
V	Amalthea	240	181	0,489	0,003	0,4	13	Barnard	1892
15	1979 J 2	75	226	0,68	–	–	–	Synnot	1980
I	**Io**	3640	422	1,77	–	0,03	5,5	Galilei	1610
II	**Europa**	3130	671	3,55	–	0,47	5,7	Galilei	1610
III	**Ganymed**	5270	1 070	7,15	0,001	0,18	5,1	Galilei	1610
IV	**Callisto**	4840	1 880	16,7	0,007	0,25	5,8	Galilei	1610
XIII	Leda	10	11 110	240	0,147	26,7	–	Kowal	1974
VI	Himalia	170	11 470	251	0,158	28	13,6	Perrine	1904
VII	Elara	80	11 720	260	0,207	28	18	Perrine	1938
X	Leithea	25	11 750	261	0,107	29	18,8	Nicholson	1904
XII	Ananke	20	21 200	617	0,169	123	18,9	Nicholson	1951
XI	Carme	30	22 550	692	0,207	107	18,4	Nicholson	1938
VIII	Pasiphae	40	23 400	735	0,410	122	17	Melotte	1908
IX	Sinope	30	23 700	758	0,275	113	18,6	Nicholson	1914

Die Angaben über die kleineren und die neu entdeckten Monde sind naturgemäß noch relativ unsicher. Die Abstandswerte verstehen sich jeweils vom Planeten-Mittelpunkt aus. Die Temperaturen auf den Monden entsprechen etwa denen an der Wolken-Oberfläche der Planeten, nur Io ist an manchen Stellen wärmer. Atmosphären haben die Jupiter-Trabanten – mit Ausnahme von Io (0,05 mbar) – nicht. Alle Monde haben offensichtlich eine gebundene Rotation, der Tag/Nacht-Zyklus ist also jeweils eben so lang wie die Umlaufzeit.

Projekt Galileo

Der Galileo-Orbiter hat gewisse Ähnlichkeit mit den Voyager-Sonden, aber die Einzelheiten der Konstruktion haben sich in der langen wechselvollen Geschichte dieses Programms zur Jupiter-Forschung mehrmals geändert. Die große Antenne hat fast 5 m Durchmesser und muß faltbar ausgelegt sein, damit sie in die Ladeluke des Space Shuttle paßt. Die Ausleger für die RTG-Elemente, das Magnetometer und für die Sensoren werden ebenfalls erst nach dem Start in ihre Arbeitsstellungen ausgeklappt. Unter dem Elektronik-Gehäuse ist das Antriebssystem mit seinen zahlreichen Tanks und Triebwerken zu erkennen.

Die langfristige, gründliche Erforschung eines Planeten gelingt am ehesten mit einer automatischen Meßstation, die in eine Satellitenbahn um das Forschungsziel eingeschwenkt ist. Bei den sog. Fly-by-Missionen, wie sie von Pioneer 10 und 11 sowie Voyager 1 und 2 bei Jupiter und Saturn ausgeführt wurden, ist nur ein relativ begrenztes wissenschaftliches Programm realisierbar, denn diese Sonden fliegen zu nahe und zu schnell am Zielplaneten vorbei und können diesen auch immer nur von einer Seite aus beobachten.
Erst mit einem Orbiter, mit einem künstlichen Mond, kann ein Planet über längere Zeit hinweg beobachtet und erforscht werden. Bei Mars haben die Amerikaner diese Strategie zur Erkundung eines fremden Himmelskörpers vorbildlich demonstriert, nach den Vorbeiflügen von Mariner 4 bzw. 6 und 7 folgte mit Mariner 9 der erste Mars-Orbiter, der den Planeten einige Monate lang systematisch mit seinen Sensoren erforschte. Die beiden Viking-Orbiter setzten diese Arbeit dann systematisch fort, die Landekapseln brachten zusätzliche wertvolle Informationen über die Verhältnisse an der Oberfläche des Mars.

Diese Strategie der Planetenforschung soll nun auch bei Jupiter angewandt werden. Die Pioneer- und vor allem die Voyager-Sonden haben zwar phantastisches Bildmaterial und andere wertvolle Messungen über die Verhältnisse bei dem Riesenplaneten und seinen vier großen Monden ermittelt und zur Erde gefunkt, aber diese Meßroboter rasten mit hoher Geschwindigkeit durch das Jupiter-System und konnten den Planeten nur einige Wochen, die Monde nur einige Tage lang aus der Nähe erforschen.

Eine Chance, das Jupiter-System über längere Zeit hinweg beobachten und vermessen zu können, bietet wieder nur ein Orbiter, und aus dieser Überlegung heraus ist das Projekt Galileo entstanden, in dessen Verlauf ein kleiner künstlicher Forschungsroboter in eine weitgeschwungene elliptische Bahn um den Riesenplaneten befördert werden soll, aus der heraus natürlich sehr viel bessere Beobachtungsmöglichkeiten bestehen, als wenn eine Sonde nur an dem Riesenplaneten »vorbeisaust«. Außerdem will die Nasa mit dem Galileo-Projekt noch eine Forschungskapsel in die Jupiter-Atmosphäre befördern lassen, die diese Gashülle »vor Ort« genauer untersuchen soll.

Die besondere wissenschaftliche Chance der Galileo-Mission liegt darin, daß das Jupiter-System über längere Zeit hinweg beobachtet werden kann. Damit wird man z. B. Einblick in Strömungsmuster der Wolkenmassen in der Gashülle Jupiter erhalten und auch in die offensichtlich sehr kurzfristigen Veränderungen der Oberflächen-Formationen auf dem Mond Io.

Das neue amerikanische Projekt zur Planetenforschung bringt eine Reihe von Premieren mit sich. Galileo besteht nicht nur aus der ersten Sonde, die eine Satellitenbahn um den Jupiter einschlagen soll. Außerdem wird im Rahmen des Galileo-Programms erstmals eine Meßsonde in die dichte Atmosphäre dieses Planeten entsandt.

Die NASA-Abteilung für Weltraum-Wissenschaften hat das Management des Galileo-Programms an das JPL (Jet Propulsion Laboratory) in Pasadena (Los Angeles, Kalifornien) vergeben. Das »Ames Research Center« (bei San Francisco in Kalifornien ansässig) betreut die Atmosphärensonde, während das Trägersystem (Space Shuttle und Centaur-Zusatzrakete) vom Zentrum für bemannte Raumfahrt in Houston (Texas) bereitgestellt wird.

Aufbau des Orbiters

Die Galileo-Planetensonde befindet sich in fortgeschrittenem Entwicklungsstadium, sie stellt die Techniker und Wissenschaftler vor schwierige, bislang unbekannte Probleme. Die »dual spin« Konstruktion des Galileo-Raumfahrzeugs ist völlig neuartig, sie bedeutet, daß ein Teil der Sonde in allen drei Achsen und daß ein anderer Teil nur in einer Achse, also spin-stabilisiert ist. Galileo wird für die Funkverbindung mit der Erde eine große Parabolantenne von fünf Meter Durchmesser erhalten. Diese Antenne ist ausfaltbar wie ein »Regenschirm«, denn während des Starts muß sie ja wesentlich kleiner sein, um in den Raumtransporter zu passen. Die Energieversorgung von Galileo erfolgt durch neuartige, von Radioisotopen betriebene thermonukleare Generatoren, fortgeschrittene Versionen der bisher bei Planetensonden eingesetzten »Atombatterien«.

Das gesamte Raumflug-Gerät besteht aus dem sog. »spin-bus« von 1000 kg Gewicht, aus dem stabilisierten Teil mit der großen Richtantenne und den wissenschaftlichen Sensoren (230 kg). Die Startmasse des Galileo-Orbiters beträgt insgesamt etwa 2550 kg. Da sich der Galilei-Orbiter öfter und länger in der gefährlichen Umgebung der Strahlengürtel Jupiters aufhalten wird als jede Raumsonde zuvor, muß die Elektronik dieses ersten künstlichen Satelliten des Riesenplaneten intensiv davor geschützt werden – vor allem die der Fernsehkamera.

Die recht komplizierte Navigation der Galileo-Sonde im System Jupiters mit seinen vier großen Monden soll nicht nur auf funktechnischem Weg erfolgen, die Techniker in der Bodenstation wollen dafür auch regelmäßig Kontrollaufnahmen bestimmter Motive mit der TV-Kamera machen, die zu genau festgesetzten Zeiten in genau definierten Richtungen angepeilt werden. Dieses Verfahren hat sich ja auch bei den vorangegangenen Planetenmissionen der NASA sehr gut bewährt.

Der Datenanfall beim Galileo-Orbiter ist – wie bei allen vergleichbaren Planetensonden zuvor – sehr verschieden, er schwankt von 7680 bps während des Transfer-Fluges bis zu 806 400 bps bei der Bildgewinnung. Diese hohe Datenrate wird dann aber auf Magnetband gespeichert, damit sie später mit 115 200 bps zur Erde gefunkt werden kann.

Die aktive Lebensdauer von Galileo in der Jupiter-Umlaufbahn soll etwa zwei Jahre betragen. Mit der Flugzeit zum Zielplaneten von über drei Jahren ergibt sich für diese Raumsonde also eine Mindest-Funktionszeit von über fünf Jahren.

Die deutsche Beteiligung

Die Amerikaner bauen Galileo nicht allein, sie haben die Bundesrepublik Deutschland eingeladen, an diesem ehrgeizigen Projekt zur Jupiter-Forschung mitzuwirken. Im Oktober 1977 unterzeichneten die NASA und das bundesdeutsche Forschungsministerium ein Abkommen, wonach die Bundesrepublik das Antriebsmodul von Galileo beisteuert sowie einige wissenschaftliche Experimente.

Hauptauftragnehmer für das Antriebsmodul ist das süddeutsche Luft- und Raumfahrtunternehmen MBB, es ist das erste Mal, daß die NASA die Entwicklung eines Primärsystems für ein interplanetares Raumfahrtprojekt nicht im eigenen Land vergibt. MBB konnte sich diesen Anteil aufgrund der hervorragenden Leistungen sichern, die mit dem Lageregelungssystem des experimentellen deutsch-französischen Nachrichtensatelliten Symphonie erzielt wurden. Das Antriebsmodul für Galileo beruht auf eben dieser so erfolgreichen Technologie, einige Bauteile werden direkt aus dem Symphonie-Programm übernommen. Wegen der Langwierigkeit und Komplexität der Galileo-Mission sind die Anforderungen an Lebensdauer und Zuverlässigkeit gerade des Antriebsmoduls von besonderer Wichtigkeit, denn vom reibungslosen Funktionieren gerade dieses Systems hängt das Gelingen der gesamten Mission ab.

Das komplizierte Antriebssystem für den Galileo-Orbiter baut der westdeutsche Raumfahrt-Konzern Messerschmitt-Bölkow-Blohm. Erstmals hat die NASA die Entwicklung einer solchen wichtigen Komponente für eine Planetensonde an ein Unternehmen außerhalb der USA vergeben. MBB hat sich diesen Auftrag mit der sehr erfolgreichen Entwicklung von verschiedenen Lageregelungs- und Kurskorrektur-Systemen für zahlreiche europäische Satelliten »verdient«. Das Galileo-Antriebssystem arbeitet mit zwei flüssigen Treibstoffen; es wiegt insgesamt 920 kg und verfügt über ein großes und zehn kleine Triebwerke.

Das integrierte Antriebsmodul soll alle Bahnkorrektur-, Lageregelungs- und Antriebsmanöver von Galileo ausführen. Das sog. »Unified Propulsion Module« verfügt über vier große Treibstoff-Tanks. Es arbeitet mit zwei flüsssigen Treibstoffen (Monomethyl-Hydrazin und N_2O_2), die in vier großen Kugelbehältern unter hohem Druck gespeichert werden. Das Antriebsmodul hat ein Gewicht von 920 kg, etwa 800 kg davon sind Treibstoff. Außer dem Haupttriebwerk von 400 N Schub, welches das Bremsmanöver am Jupiter ausführt, enthält das Antriebsmodul noch mehrere Kleintriebwerke mit je 10 N Schub, die als Bahnkorrektur- und Lageregelungssystem dienen.
An den Experimenten zur Erforschung des Jupiter, seiner Atmosphäre, seiner Magnetosphäre und der vier großen Monde sind sechs deutsche Forschergruppen der Universitäten Bonn, München und Braunschweig sowie der Max-Planck-Institute Heidelberg und Lindau beteiligt; sie betreuen drei der insgesamt 17 Meßgeräte. Die Einladung der NASA an die Bundesrepublik, sich an dem Projekt Galileo zu beteiligen, ist ein hervorragender Vertrauensbeweis in die Leistungsfähigkeit der hiesigen Raumfahrt-Technologie. Der deutsche Beitrag für das Projekt Galileo wird – nach der jetzigen Berechnungsbasis – ein Volumen von etwa 60 Mio. Mark haben, das sind etwa 3 Prozent der auf mindestens 2 Mia. Mark geschätzten Gesamtkosten für Galileo.

Die Experimente des Orbiters

114 Wissenschaftler sind an der Vorbereitung, Ausführung und Auswertung der Galileo-Experimente beteiligt, sie wurden von der NASA aus etwa 500 Experten in aller Welt ausgesucht, die sich an dem Projekt interessiert gezeigt hatten. Darunter befinden sich auch einige europäische Wissenschaftler, z. B. aus Holland und der Bundesrepublik Deutschland. Die wissenschaftliche Nutzlast von Galileo besteht aus insgesamt 17 Experimenten. 11 Sensoren davon befinden sich auf dem Orbiter (Gewicht etwa 70 kg) und 6 Experimente im Gewicht von ca. 25 kg enthält die Atmosphären-Eintauchsonde. Im einzelnen trägt der Galileo-Orbiter folgende Meßgeräte:
Imaging System: Kamerasystem mit einem 1,5-m-Objektiv. Erstmals wird für ein Raumfahrzeug das neue CCD-Bildaufnahme-Verfahren angewandt (charge-coupled devices), das eine breitere spektrale Aufzeichnungskapazität und eine höhere Empfindlichkeit als die bislang in Planetensonden eingesetzten Kamerasysteme hat. Dr. Belton vom Kitt Peak National Observatory ist Team-Leiter. Einer der Co-Investigatoren ist Dr. Neukum von der DFVLR, ein renommierter westdeutscher Planetenforscher.
Near Infrared Mapping Spectrometer: Das Instrument soll Aufnahmen der Jupiter-Monde in mehreren Wellenlängen-Bereichen machen. Mit NIMS will man die Zusammensetzung des Oberflächen-Materials der vier großen Monde und Jupiters untersuchen. Mit dem neuen Instrument können im sichtbaren und infraroten Spektralbereich Gebiete von 10 km Durchmesser erfaßt werden bei den erwarteten Mindest-Distanzen zwischen Sonde und Himmelskörper, so daß z. B. auch die Vulkane auf dem Mond Io genauer inspiziert werden können. Dr. Johnson vom JPL ist Team-Chef.
UV-Spectrometer zum Studium der dichten Jupiter-Atmosphäre und der sehr dünnen Gashüllen der großen Monde. Dr. Hord, Colorado, ist Teamleiter.
Photopolarimeter-Radiometer: Das Gerät soll die Temperaturen in verschiedenen Höhen der Jupiter-Atmosphäre und auf den großen Monden messen. Dr. Lacis ist Team-Chef, er kommt vom Goddard Space Flight Center der NASA.
Magnetometer zur Registrierung der Magnetfelder im interplanetaren Raum um Jupiter und der evtl. vorhandenen schwachen Magnetfelder der großen Monde. Auch die Wechselwirkungen der Magnetfelder miteinander und mit dem Sonnenwind werden untersucht. Dr. Margeret Kivelson von UCLA ist Principal Investigator.
Plasma: Zum Studium der niederenergetischen Partikel in der Jupiter-Magnetosphäre und im interplanetaren Raum. Dr. Frank, Universität Iowa, ist Chef.
Energetic Particles: Dieses Instrument mißt hochenergetische Partikel, die von Jupiters starkem Magnetfeld eingefangen werden und ähnliche Strahlengürtel um den Riesenplaneten bilden, wie sie auch die Erde besitzt. Dr. Williams, National Oceanographic and Atmospheric Agency (NOAA), ist Chef.
Electron Emitter: Das Gerät mißt die elektrostatische Aufladung der Sonde durch die Strahlengürtel von Jupiter. Mit einer speziellen Vorrichtung soll vermieden

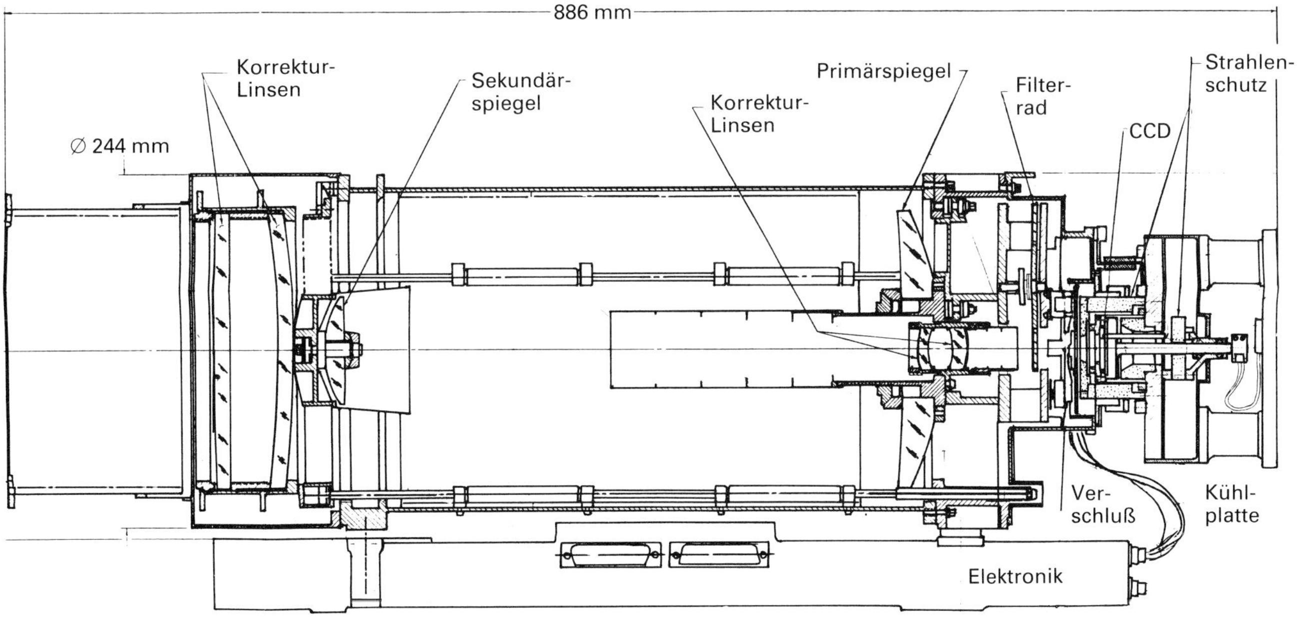

So ungefähr wird die Fernsehkamera für den Galileo-Orbiter von außen aussehen. Es handelt sich praktisch um eine überarbeitete Version der 1500-mm-Telekamera, die auf den Voyager-Sonden mitflog. Für die Galileo-Mission erhält dieses bewährte TV-System aber eine verbesserte CCD-Bildröhre, die wesentlich empfindlicher ist und eine größere spektrale Bandbreite hat als die herkömmlichen Vidicons.

werden, daß bestimmte Instrumente durch zu starke Elektronenaufladung beeinträchtigt werden, wie es z. B. bei den Pioneer- und Voyager-Sonden geschah. Dr. Grard, ESTEC (Holland), ist Team-Leiter.

Plasma Wave: Studium der zeitlichen Veränderungen der Plasmawellen, die wahrscheinlich durch elektrische und magnetische Felder in der Nähe von Jupiter verursacht werden. Dr. Gurnett, University Iowa, leitet das Team.

Dust Measurement: Größe, Geschwindigkeit und elektrische Aufladung von kleinen Partikeln (z. B. Mikrometeoriten) in der Nähe von Jupiter und den großen Monden werden gemessen. Dr. Grün, Max-Planck Gesellschaft (BRD), ist Chef.

Radio Science and Celestial Mechanics: Bei diesem Experiment werden die Veränderungen der Funksignale vom Orbiter gemessen, wenn diese kurz vor oder nach einer Bedeckung von Jupiter oder den Monden durch die Atmosphären dieser Himmelskörper hindurchgehen. Diese Beeinflussungen der Funksignale durch die Gashüllen geben Auskunft über deren Dichte und Zusammensetzung.

Mit Hilfe der Funksignale wird die Geschwindigkeit und die jeweilige Position der Jupiter-Sonde bestimmt. Auch Gravitationsanomalien, hervorgerufen durch Massenkonzentrationen in den großen Monden oder in Jupiter können durch genaue Beobachtung der Umlaufbahn des Orbiters festgestellt werden.

Fernsehkamera

Im Gegensatz zu den Voyager-Sonden wird der Galileo-Orbiter nur eine TV-Kamera mit der sehr langen Brennweite von 1500 mm an Bord haben, was natürlich hinsichtlich des Bildwinkels bei geringeren Aufnahmeabständen gewisse Probleme mit sich bringt. Die ganze Jupiter-Scheibe wird Galileo nur während der Anflugphase aufnehmen können, so lange die Sonde noch mehr als 20 Mio. km von dem Planeten entfernt ist. Nach dem Einschwenken in die Umlaufbahn variieren die Abstände zwischen Galileo und dem Planeten von 1–5 Mio. km, so daß dann immer nur Ausschnitte der Jupiter-Atmosphäre erfaßt werden können, etwa in der Größe des GRF. Bei der Kartierung der Monde ist die Telebrennweite andererseits unerläßlich für formatfüllende Aufnahmen auch aus größerer Entfernung, also z. B. für gute Bilder von Io und Europa.

Das »Solid State Imaging Subsystem« (SSI) auf der Galileo-Sonde besteht aus dem 1500-mm-Objektiv und einer Silicon-Bildröhre mit der Bezeichnung »Charge Coupled Device« (CCD). Dazu kommt noch der Verschluß in der Schärfeebene und das Filterrad. Der grundsätzliche Aufbau der Galileo-Kamera erinnert sehr stark an das Teleobjektiv bei Voyager, in der Tat sind viele Elemente übernommen worden. Nur die Bildröhre ist völlig neu, außerdem werden mehrere Modifikationen notwendig, um den Eigenheiten der CCD und der geänderten Missionscharakteristik des Jupiter-Orbiters Rechnung zu tragen. Dazu gehört z. B. eine neue Beschichtung der Linsen und Spiegel mit Rücksicht auf die größere spektrale Bandbreite der Bildröhre. Zum Änderungskatalog gehört noch eine verstärkte Abschirmung der Elektronik gegen hochenergetische Strahlung und Maßnahmen zur Un-

terdrückung von Streulicht in dem Objektivtubus, damit die höhere Empfindlichkeit des Systems nicht wieder durch Schleierbildung zunichte gemacht wird. Die CCD hat neben der größeren spektralen Bandbreite auch eine bessere fotometrische Genauigkeit und vor allem eine höhere Empfindlichkeit. Die dadurch ermöglichten kürzeren Belichtungszeiten gestatten auch Aufnahmen ganz in der Nähe der zu erforschenden Himmelskörper, wo bislang wegen der rasend schnellen Flugbewegung der Raumsonden keine scharfen Bilder möglich waren. Bei den »encountern« von Galileo mit den beiden äußeren Jupiter-Monden Ganymed und Callisto werden z. B. TV-Fotos mit einer Detailerkennbarkeit von mindestens 50 m erwartet, während Voyager 1 von dem Trabanten Io aus 20000 km Distanz nur Bilder von etwa 1 km Auflösung machte.
Die wesentlich erweiterte spektrale Bandbreite der neuen Röhre ist bei der Erforschung der chemischen Zusammensetzung der Jupiter-Wolken und der Oberflächen der galileischen Trabanten von unschätzbarem Wert. Die Sensibilität der CCD-Röhre im Methan-Absorptionsband des nahen Infrarot wird z. B. Einsichten in die tieferen Wolkenschichten der Jupiter-Atmosphäre ermöglichen.
Die spektrale Bandbreite der CCD-Bildröhre reicht von 400 bis 1100 nm und geht damit weit in den Infrarot-Bereich hinein, etwa wie bei den Erderkundungs-Satelliten vom Typ Landsat, deren Bilder sich ja als außerordentlich wichtig bei der Erkundung unseres Planeten erwiesen haben. Das trifft nicht nur auf die Beobachtung organischer Bestandteile der Erdoberfläche zu, sondern auch auf die Erkundung rein mineralogisch geprägter Gebiete, wo Sand, Steine, Felsen, verschiedene Salze oder bestimmte chemische Elemente vorherrschen. Und solche anorganischen Verbindungen dürfte man ja wohl hauptsächlich bei den Jupiter-Monden vorfinden. Weiterhin wird man mit den Multispektralaufnahmen der Jupiter-Wolken feststellen können, ob die intensiven Farben vielleicht doch durch irgendwelche organischen Substanzen verursacht werden.
Die Bildfeld-Größe der CCD-Röhre ist mit 12,19 mm Kantenlänge etwas größer als bei der Voyager-Bildröhre, was bei der gleichbleibenden Zahl von 800 Zeilen und Bildpunkten eine etwas gesteigerte Pixel-Größe ergibt. Außerdem verändert sich der Bildwinkel des optischen Systems dadurch um einen geringfügigen Betrag. Jedes Pixel wird mit acht Bit versehen, die die Information über den Grauwert enthalten, so daß eine Aufnahme der CCD-Kamera aus 5120000 Bit besteht – ebenso wie die Voyager-Bilder.
Das SSI-Objektiv hat bei 1500 mm Brennweite eine Lichtstärke von 1 :8,5, es handelt sich also um etwa das gleiche optische System wie bei der Voyager-Telekamera mit derselben nicht sehr hohen Lichtstärke. Die höhere Empfindlichkeit des Kamerasystems vom Galileo-Orbiter ist also ausschließlich der gesteigerten Empfindlichkeit der CCD-Bildröhre zuzuschreiben.
Auch das Verschlußsystem und das Filterrad der Galileo-Kamera werden aus dem Voyager-Programm übernommen, natürlich werden andere Belichtungszeiten eingestellt von 4,2 bis 51200 ms, die in 28 Stufen zu schalten sind. Daneben wird das Filterrad auch mit anderen Farbscheiben ausgestattet, die die größere spektrale Bandbreite der TV-Röhre berücksichtigen.
Die SSI-Kamera wird ihre Bilddaten mit drei verschiedenen Geschwindigkeiten zur Erde übermitteln. Jeder Aufnahmezyklus wird unterteilt in eine Abtast- und eine Vorbereitungs-Phase, in der der Verschluß in seine Ausgangsposition und das Filterrad in die gewünschte Stellung gebracht werden. Außerdem muß die Elektronenröhre noch von allen Spuren der vorangegangenen Aufnahme »gereinigt« werden. Nach der Belichtung beginnt sofort die punkt- und zeilenweise Abtastung des Ladungsbildes, und die in Pixel und Bit verwandelten Bildinformationen werden entweder sofort über die Parabolantenne zur Erde weitergeleitet oder an Bord des Orbiters mit dem Magnetband gespeichert.
Das SSI-Kamerasystem soll etwa 20 Monate lang arbeiten; allein in dieser Zeit werden mindestens 40000 Bilder von Jupiter und den vier großen Monden erwartet (vielleicht auch von einigen zufällig in die Nähe kommenden kleineren Trabanten) sowie auch vom Ringsystem des Riesenplaneten, täglich also etwa 67 Szenen.
Das »Solid State Imaging Subsystem« ist der wichtigste Sensor an dem Ausleger für die wissenschaftlichen Instrumente, die Kamera wird bei allen Messungen stets Vorrang haben. Die Kamera liefert auch mit Abstand die meisten Daten, auf die reibungslose Übertragung dieser Bildinformationen ist das ganze Kommunikationssystem der Galileo-Sonde zugeschnitten.

Einsatz der SSI

Die ersten Aufnahmen wird die Galileo-Kamera während des Mars-Vorbeiflugs machen, dann folgt während des langen Transfer-Fluges zu Jupiter alle drei Monate eine gründliche Überprüfung aller Systeme und vor allem der Sensoren. In den Wochen vor der Ankunft am Jupiter besteht dann die Möglichkeit, die ganze Planetenscheibe mit der TV-Kamera zu erfassen und die Wolkenbewegung in der Atmosphäre über längere Zeit zu beobachten und farbige Reihenaufnahmen zu erhalten, aus denen dann wieder Zeitraffer-Filme zusammengestellt werden können.
Während des sehr nahen Vorbeiflugs an Io zu Beginn der Mission sind wegen der hohen Strahlenbelastung keine direkten Bildübertragungen zur Erde möglich. Die in dieser Phase gemachten Aufnahmen des wohl interessantesten Mondes müssen auf Magnetband gespeichert werden und können dann erst später zur Bodenstation abgestrahlt werden, wenn keine Gefahr durch den Strahlengürtel mehr besteht. Bei den nachfolgenden Vorbeiflügen an den anderen Monden wer-

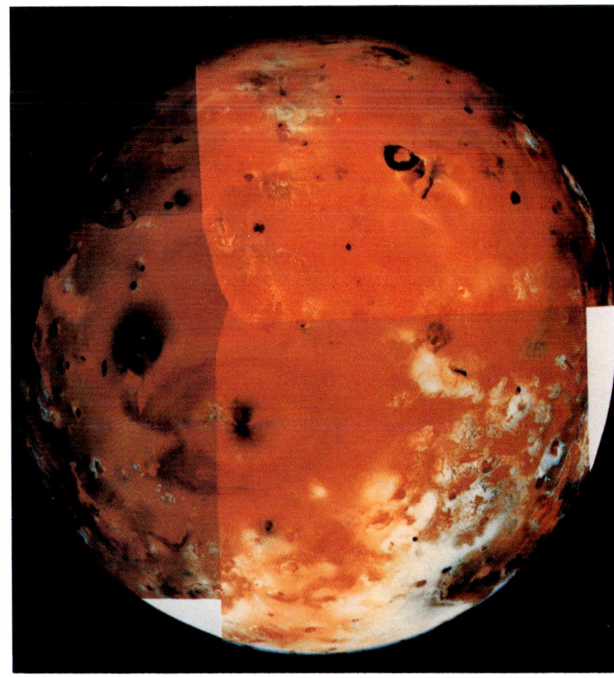

O. L.: *Die Lava-Fontäne eines Vulkans auf dem Jupiter-Mond Io zeigt diese Abbildung, die in Farbe und Kontrast wesentlich verstärkt wurde, um die Einzelheiten dieses „Aschepilzes" besser sichtbar zu machen.* **O. R.:** *Vier Aufnahmen ergänzen sich hier zu einem Mosaik des Jupiter-Mondes Io, Voyager 1 machte die insgesamt 12 hierfür erforderlichen Bilder aus 380 000 km Entfernung. Die Farbgebung ist etwas übersteigert.* **U. L.:** *Kurzfristige Veränderungen in der Vulkan-Landschaft des Mondes Io werden auf diesen beiden Bildern erkennbar, die V-1 im Abstand von sechs Stunden aus 374 000 km (oben) und 130 000 km Abstand machte.* **U. R.:** *Einen Blick in die Feinstruktur der Io-Oberfläche mit ihren spektakulären Vulkan-Ausbruchen gewährt diese Aufnahme von Voyager 1, die ein Gebiet von etwa 1000 km Höhe erfaßt.*

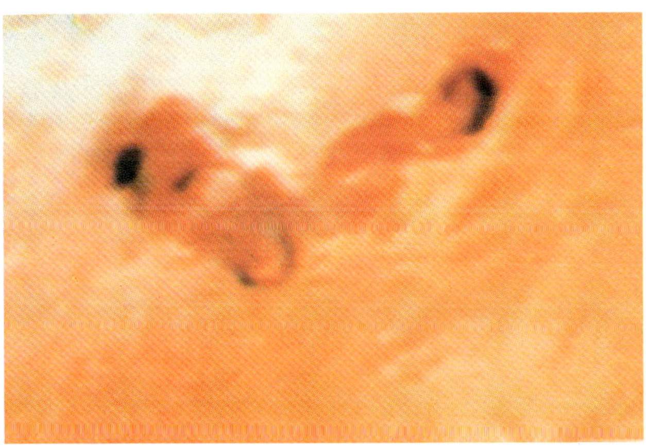

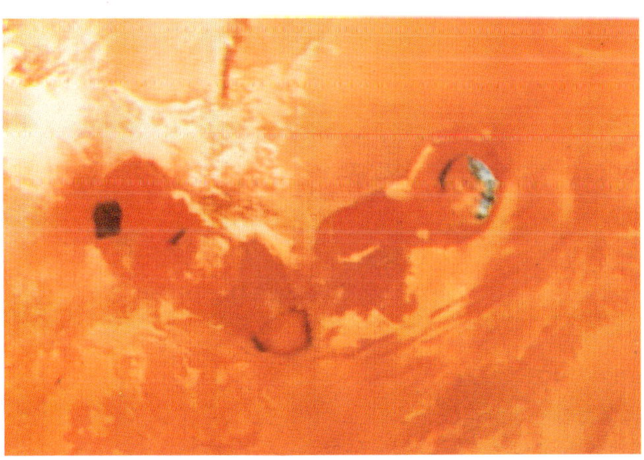

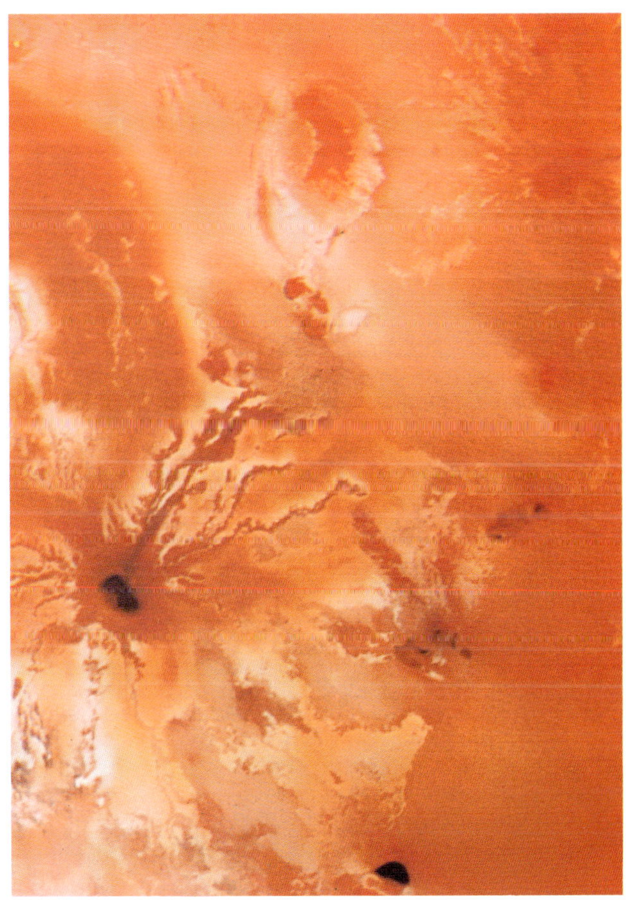

O. L.: *Die Oberfläche des Jupiter-Mondes Europa ist von zahlreichen dunklen Linien überzogen, die wahrscheinlich Risse in dem globalen Eispanzer dieses Trabanten sind. Nach neuesten Erkenntnissen könnte sich darunter ein großer Ozean aus flüssigem Wasser befinden, in dem auch die Entwicklung einfacher Lebenskeime nicht ausgeschlossen wird.* **O. R.:** *Im richtigen Größenverhältnis sind die vier galileischen Jupiter-Monde auf diesem Mosaik von Voyager-Bildern zusammengefaßt. Io mit 3640 und Europa mit 3130 km Durchmesser sind etwas größer und kleiner als der Erd-Mond (3476 km). Ganymed mit 5270 km und Callisto mit 4840 km Durchmesser sind beide größer als der Planet Merkur.* **U. L.:** *Auf Callisto, dem äußersten der vier großen Jupiter-Monde, offenbarten die Voyager-Bilder ein gewaltiges Ringgebirge von mindestens 1000 km Durchmesser. Die dunkle Färbung weist auf das hohe Alter der Oberfläche dieses Trabanten hin.* **U. R.:** *Dieses Farbbild von Ganymed offenbart wieder eine ganz andere Oberflächengestaltung, typisch sind die zahlreichen mehrgliedrigen „Autobahn"-Spuren. Links ist ein relativ junger Krater zu erkennen, der von einem Kranz hellen Auswurfmaterials umgeben ist.*

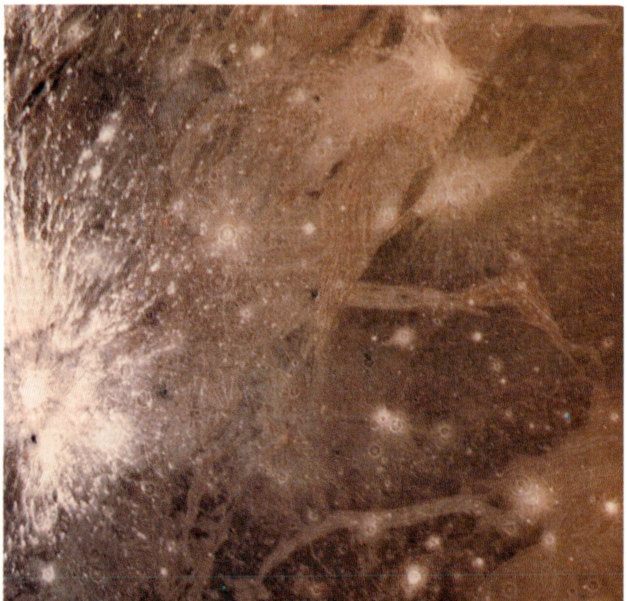

den farbige Mosaikserien mit etwa 2 km Auflösung gemacht, das letzte Mosaik der ganzen Scheibe eines Mondes mit etwa 1 km Bildschärfe ist dann nur noch in Schwarzweiß möglich, weil sich die Sonde zu schnell bewegt und so keine deckungsgleichen Aufnahmen mehr möglich sind. Nach den Mosaiken der ganzen Monde entstehen dann Einzelaufnahmen von besonders interessanten Stellen auf diesen Körpern.
Jupiter selbst wird hauptsächlich in der Bahnphase des Perigäums aufgenommen, wenn die Entfernung möglichst gering ist und wenn die Jupiter-Kugel weitgehend beleuchtet ist. In diesen wenigen Tagen und Stunden werden bestimmte Objekte in der Jupiter-Atmosphäre kontinuierlich verfolgt – hauptsächlich mit Multispektral-Bildern – die sofort zur Erde übermittelt werden. In der Bahnphase des Apogäums, wenn die Sonde weit von dem Planeten entfernt ist, kann in der Regel nur die dunkle Seite des Planeten mit ihren Aurora- und Blitzerscheinungen aufgenommen werden. Erst wenn sich die Achse der Bahnellipse dann mit fortlaufender Missionsdauer gedreht hat, kann die Galileo-Kamera auch aus größerer Entfernung die helle Seite von Jupiter aufnehmen. Da die Planetenscheibe für den schmalen Winkel des TV-Sensors auch in dieser Distanz immer noch zu groß ist, müssen jeweils Mosaikserien von 3 × 3 oder sogar 4 × 4 Bildern gemacht werden, um den ganzen Planeten zu erfassen.
Aus den mit hoher Genauigkeit von den Galileo-Bildern abgeleiteten Oberflächen-Karten der galileischen Monde wollen die Geologen etwas über die Prozesse lernen, die die Krusten dieser Körper geformt haben. Multispektral-Untersuchungen mit der SSI-Kamera und dem NIMS-Sensor werden gemacht, um die auf Jupiter und den Monden vorkommenden Elemente zu identifizieren und um z. B. auch die Verteilung von Eis, Gestein und anderen Substanzen auf den Trabanten zu studieren. Bei diesen Studien wird auch die Lichtsituation eine große Rolle spielen, unter der ein Mond dem Kamerasystem erscheint.

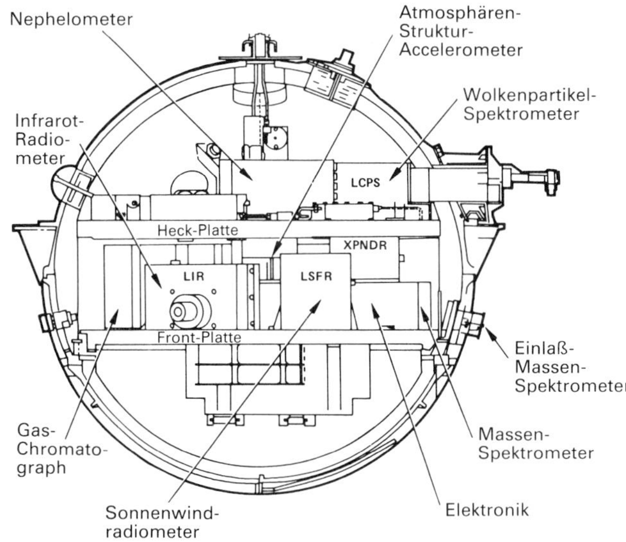

So etwa wird die im Rahmen des Galileo-Programms entwickelte Instrumentenkapsel aussehen, die in die Jupiter-Atmosphäre eintauchen und deren Zusammensetzung, Druck und Temperatur in verschiedenen Höhen messen soll. Die Grafik zeigt die große Atmosphärensonde aus dem Programm Pioneer-Venus, die »Hughes Aircraft Company« lehnt sich bei der Entwicklung der Galileo-Kapsel eng an die dabei gemachten Erfahrungen an. Die besonderen Einsatzbedingungen stellen höchste Anforderungen an die Konstruktion dieser Meßkapsel, sie wird beim Eintritt in die Jupiter-Atmosphäre z. B. einem negativen Andruck von mindestens 350 G ausgesetzt sein.

Einsatz der Atmosphärensonde

Die Atmosphärensonde wird mit einer Geschwindigkeit von etwa 48 km/s in die Wolkenschicht des Jupiters eintauchen und dabei für 10–15 Sekunden einer Verzögerung von etwa 350 G ausgesetzt sein. Es treten dabei enorme Wärmebelastungen von 18 500° K an der Vorderfront der Eintauchsonde auf, die Meßgeräte und Systeme der Kapsel unterliegen einer bislang in Raumfahrzeugen noch nie erprobten konstruktiven Belastung. Die Kapsel muß mit großer Genauigkeit in die Jupiter-Atmosphäre gelenkt werden. Ist der Anflug-Winkel größer als 7,5°, dann verglüht sie gleich beim ersten Kontakt mit den oberen Atmosphärenschichten. Ist der Eintauchwinkel geringer, dann fliegt die Kapsel über die Jupiter-Wolken hinweg und verschwindet in den Weiten des Weltalls. Die Energieversorgung der Meßgeräte, der Kapselsysteme und der Sender erfolgt während der aktiven Eintrittsphase über Batterien.
Nachdem die Geschwindigkeit der Atmosphärensonde auf nur noch einige hundert Kilometer pro Stunde reduziert worden ist, werden die beiden Hitzeschilde abgeworfen und ein Spezial-Fallschirm entfaltet, an dem der Meßkörper nun langsam in die tieferen Schichten der Jupiter Atmosphäre sinkt. Diese Phase dürfte etwa eine Stunde dauern, bis die Sonde dann in einer Zone zerstört wird, wo der Druck ca 20 bar beträgt; das entspricht – auf irdische Verhältnisse bezogen – einer Wassertiefe von 230 Meter.
Folgende Instrumente sind in der Eintrittskapsel von Galileo zur direkten Untersuchung der Jupiter-Atmosphäre vorgesehen:

Helium Interferometer: Das Gerät mißt mit großer Genauigkeit die Anteile von Helium und Wasserstoff in der Jupiter-Atmosphäre. Prof. von Zahn, Universität Bonn, ist Team-Chef. Die Messungen des Helium-Interferometers sind auch von erheblicher Bedeutung für Modellüberlegungen, die sich mit dem inneren Aufbau von Jupiter im speziellen und mit kosmologischen Theorien im allgemeinen befassen. Die Forscher glauben nämlich, daß das Verhältnis von Wasserstoff zu Helium in der Atmosphäre des Riesenpla-

Beim Eintritt in die Jupiter-Atmosphäre wird die Galileo-Meßsonde extremen Temperatur- (18000°C) und Druckbelastungen (350 G) ausgesetzt sein, die an ihre Konstruktion höchste Anforderungen stellen. Nach der aerodynamischen Abbremsung der Sonde wird das Hitzeschild abgeworfen und ein Fallschirm freigesetzt, an dem der Instrumententräger in die tieferen Schichten der Jupiter-Wolken absinkt. Nach etwa einer Stunde dürften Druck und Temperatur so stark geworden sein, daß die Meßkapsel zerstört wird.

neten noch dem Wert entsprechen könnte, wie er einst in dem präsolaren Nebel geherrscht haben mag, aus dem das Sonnensystem hervorgegangen ist. Da der Energieumsatz in der Milchstraße relativ gering ist (nur etwa 1–2% des Wasserstoffs in 10^{10} Jahren), könnte das Helium-Wasserstoff-Verhältnis in der Jupiter-Atmosphäre auch noch demjenigen entsprechen, wie es kurz nach dem Urknall, also gleich nach der Entstehung unseres Universum herrschte.

Mass Spectrometer: Dieses Instrument arbeitet in Kombination mit dem eben genannten Helium-Interferometer, es analysiert ebenfalls die Zusammensetzung der Jupiter-Atmosphäre. Dr. Niemann, NASA Goddard SFC, ist Chef.

Atmospheric Structure: Dieses Gerät registriert die Verzögerungen, die die Sonde beim Eintritt in die Jupiter-Wolken erfährt. Daraus lassen sich Angaben über die Veränderungen des Drucks und der Temperatur in der Atmosphäre in Abhängigkeit von der Höhe ermitteln. Dr. Sieff, Ames Research Center, betreut das Experiment.

Nephelometer: Das Instrument untersucht die Wolken und andere Partikel in der Jupiter-Atmosphäre. Dr. Ragent, Ames Research Center, ist Leiter.

Net-Flux-Radiometer: Dies Gerät mißt die Energie, die von Jupiter empfangen und wieder abgestrahlt wird in verschiedenen Spektralbereichen. Es soll festgestellt werden, warum der Riesenplanet das 2,5fache dessen an Energie abgibt, was er von der Sonne erhält. Dr. Boese, Ames Research Center (NASA), ist Team-Chef.

Sferies Receiver: Dieses Experiment mißt elektrostatische Entladungen und Blitze in der Jupiter-Atmosphäre. Dr. Lanzerotti, Bell, leitet es.

Das Gewicht der Atmosphärensonde wird jetzt auf 315 kg veranschlagt, die Hälfte davon geht zu Lasten der beiden Hitzeschilde, die beim Eintritt in die Jupiter-Atmosphäre eine Temperatur von etwa 18000° C aushalten müssen, jedenfalls ihre Frontseite. Bei der Entwicklung dieses »Super-Isolators« hat General Electric umfangreiche Versuche mit verschiedenen Geschossen auf einem ballistischen Teststand gefahren. Es galt dabei, den genauen Betrag des ablativen Hitzeschutz-Materials zu ermitteln, der bei dem Eintritt der Galileo-Sonde in die Jupiter-Atmosphäre abschmelzen wird.

Die Atmosphärensonde des Galileo-Projekts wird von der Firma Hughes gebaut, das »Ames Research Center« der NASA ist der Auftraggeber. Dieses Gespann hatte sich ja auch bei der Entwicklung der Landekapseln für das Projekt Pioneer-Venus sehr gut bewährt, eine dieser Meßsonden hatte doch sogar den Aufprall auf die Venus-Oberfläche überstanden.

Flugmanöver

Die Flugbahn von Galileo zu Jupiter und auch die Bahnverhältnisse beim Zielplaneten sind mit Abstand das Komplizierteste, was bisher von einer solchen Sonde bewältigt werden mußte.

Die sehr lange Flugzeit von Galileo zum Jupiter von fast drei Jahren (die beiden Voyager-Sonden brauchten nur etwa 1,5 Jahre) ergibt sich aus der begrenzten Ladekapazität des Raumtransporters und dem Gewicht der Planetensonde von etwa 1500 kg. Die lange Flugzeit, bzw. die relativ niedrige Transfergeschwindigkeit hat aber auch den großen Vorteil, daß Galileo am Jupiter vergleichsweise »langsam« ankommt (mit ca. 7,4 km/s), so daß für die Abbremsung in die Umlaufbahn kein allzu großer Energieaufwand (und damit weniger Treibstoff) notwendig ist. Die genannten Gewichte und Geschwindigkeiten sind also ein Kompromiß, bei dem man auf Kosten der Flugzeit das Gewicht und damit auch die Leistungsfähigkeit der Jupiter-Sonde relativ hoch gehalten hat. Ein solches Vorgehen ist aber nur zu verantworten, wenn man ge-

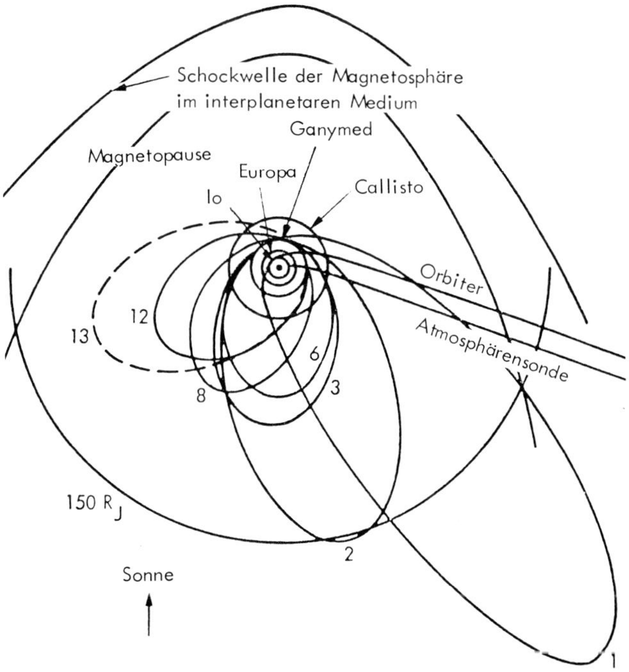

Der Galileo-Orbiter wird bei jeder Umrundung Jupiters eine andere Bahn einschlagen, allerdings darf die Sonde dabei den gefährlichen Strahlengürteln des Riesenplaneten nicht zu nahe kommen. Eine Umkreisung Jupiters durch die Sonde wird jeweils einige Wochen dauern. Ein wichtiger Punkt des Forschungsprogramms ist die Untersuchung der Wechselwirkung zwischen dem Magnetfeld Jupiters und dem Sonnenwind. Die angegebene Distanz von 150 Planeten-Radien entspricht einer Entfernung von fast 21 Mio. km. Bei jeder Umkreisung des Jupiters muß die genaue Bahn des Galileo-Orbiters von dem Antriebssystem exakt gesteuert werden.

währleisten kann, daß die empfindlichen Instrumente und Systeme der Sonde in dem langen, in diesem Fall fast dreijährigen »Winterschlaf« nicht Schaden nehmen.

Am Jupiter wird die Geschwindigkeit des Orbiters durch ein 130 Min. dauerndes Feuern der Kurskorrektur-Düsen des Antriebssystems so weit reduziert, daß er in einen Orbit um Jupiter gezogen werden kann. Dieses entscheidende Bahnmanöver wird eingeleitet, wenn Galileo seine größte Annäherung an Jupiter erreicht hat und etwa 360000 km von dem Zielplaneten entfernt ist. Die Anflugstrecke von Galileo an Jupiter entspricht weitgehend derjenigen von Pioneer 10, der Ende 1973 an Jupiter vorbeiflog. Damit werden sich Möglichkeiten für die Überprüfung der damals erhaltenen Meßwerte ergeben.

Gleich nach Erreichen des Jupiter wird Galileo seine Umlaufbahn wieder ändern, so daß der nächste Punkt der Umlaufbahn beim Orbit von Ganymed liegt, also etwa 1 Mio. km von Jupiter entfernt. In den dann folgenden 20 Monaten durchläuft Galileo zahlreiche elliptische Jupiter-Orbits, wobei das Schwerefeld von Ganymed benutzt wird, um die große Achse dieser Umlaufellipse langsam um den Jupiter driften zu lassen. Damit hat die Sonde dann die Möglichkeit, den gesamten Raum um den Planeten nach und nach zu erforschen; mindestens elf nahe Vorbeiflüge an Jupiter, Callisto und Ganymed sind für diese Zeit geplant. Bei wenigstens einer Umkreisung soll Galileo den Magnetschweif Jupiters bis in relativ große Entfernung (ca. 11 Mio. km) erkunden. Dieser »magnetic tail« reicht ja hinaus bis zur Umlaufbahn des Saturn.

Kurz darauf passiert Galileo auch den Mond Io in nur 1000 km Entfernung, wodurch die Geschwindigkeit noch weiter abgebremst und vor allem die Flugbahn noch einmal im gewünschten Sinn maßgeblich beeinflußt wird. Allerdings ist dies das einzige nahe Rendezvous, das Galileo und Io haben werden, danach ist der Abstand zwischen dem Orbiter und diesem Mond immer wesentlich größer.

Der erste lang dauernde Bremsimpuls befördert den Orbiter in eine stark exzentrische Umlaufbahn, so daß er sich in 100 Tagen erst einmal wieder auf 20 Mio. km von Jupiter entfernt. Im Apozenon wird das Kurskorrektur-Triebwerk wieder gezündet und eine neue Umlaufbahn mit veränderter Lage der Ellipse und mit geringerem Abstand zu Jupiter eingeschlagen. Diese Bahn hat nun minimal 1 Mio. und maximal 5 Mio. km Abstand von Jupiter, die Umlaufzeit beträgt etwa 30 Tage. Bei jeder nun folgenden Annäherung von Galileo an Jupiter ist jetzt ein Rendezvous mit einem der beiden äußeren Planeten Ganymed oder Callisto vorgesehen, das die Bahn des Orbiters ganz gezielt verändert, so daß er langsam um den ganzen Planeten herumgeführt wird.

Der Galileo-Orbiter wird also nicht nur einmal an Jupiter vorbeifliegen: Während der Primär-Mission sind mindestens zwölf nahe Vorbeiflüge an dem Planeten geplant, auch bei den großen Monden ergeben sich zahlreiche Annäherungen, so daß Jupiter, Io, Europa, Ganymed und Callisto jeweils längere Zeit aus relativ geringer Distanz beobachtet werden können. Die Galileo-Bahn ist recht exzentrisch, damit sich die Sonde immer nur für kurze Zeit in dem gefährlichen Bereich der Strahlengürtel befindet.

Während der Primärmission sind insgesamt elf »encounter« geplant, sieben Vorbeiflüge an Ganymed und vier Passagen an Callisto. Die Mindestentfernungen dabei werden mit 1000–8000 km veranschlagt. Es sind also wirklich Naherkundungen dieser Jupiter-Monde möglich, ihre Oberflächen sollen zu über 95 % mit hohem Auflösungsvermögen kartografiert werden. Bei den zwei anderen galileischen Monden Io und Europa sind die Verhältnisse nicht ganz so einfach; die Entfernungen zwischen diesen und dem Orbiter wird immer wesentlich größer bleiben – bis auf die erste Annäherung während der Ankunft.

Jede dieser Passagen an einem der großen Monde erfordert genaue Vorbereitung und exakteste Steuerung durch mehrfache Kurskorrektur-Manöver, so daß an das von Westdeutschland gebaute Antriebssystem größte Anforderungen hinsichtlich der Präzision und Zuverlässigkeit gestellt werden.

Saturn – der Ringplanet

Eines der besten Bilder des Planeten Saturn mit Ringsystem lieferte Voyager 1 aus 18 Mio. km Entfernung, es läßt noch Einzelheiten von 350 km Durchmesser erkennen. Die Saturn-Wolkenstreifen erscheinen auch bei solchen Nahaufnahmen sehr blaß, der Dunstschleier hüllt den ganzen Planeten ein. Im Zentrum der Saturn-Scheibe ist das Ringsystem (ohne Schatten) etwa 10000 km breit, um einen ungefähren Anhalt für die Größenverhältnisse zu geben. Deutlich sind die speichenartigen, radial angeordneten dunklen Streifen links unten auf dem Ringsystem zu erkennen.

Von der Erde aus gesehen ist Saturn der lichtschwächste mit bloßem Auge erkennbare Planet. Bis zur Entdeckung des Fernrohrs war er der äußerste bekannte Himmelswanderer. Durch ein Teleskop betrachtet ist Saturn aber sicher der eindrucksvollste aller Planeten, das ihn umgebende weit ausladende und sehr hell leuchtende Ringsystem gibt ihm unbestritten eine Sonderstellung unter den Trabanten der Sonne. Dieser Materiegürtel um Saturn ist ein höchst eindrucksvolles optisches Spektakel, das auch dem Laien etwas von der geheimnisvollen Faszination der Objekte und Vorgänge im Universum vermittelt.

Es war wiederum Galilei, der das außergewöhnliche Aussehen von Saturn als erster bemerkte, obwohl er mit seinem kleinen Spektiv die wahre Natur dieser beiden »Henkel«, die er da links und rechts von dem Planeten bemerkte, nicht erkennen konnte. Manchmal meinte der Italiener auch, daß er es hier mit drei eng beieinander stehenden Kugeln zu tun habe. Galileis Erstaunen wuchs, als er bemerkte, daß diese seltsamen Gebilde manchmal auch ganz verschwanden. Heute wissen wir, daß es sich bei diesen Erscheinungen um die Folgen der starken Neigung der Rotationsachse von Saturn und dessen Ringsystem gegen die Bahnebene handelt, so daß wir von der Erde aus unter sehr verschiedenen Blickwinkeln auf, unter oder auch gegen die Kante des Ringsystems von Saturn gucken können.

Erst ein halbes Jahrhundert nach der Entdeckung wurde das Geheimnis um das seltsame Aussehen von Saturn gelüftet, als der holländische Astronom Huygens 1656 nach langen Beobachtungen mit einem verbesserten Fernrohr erkannte, daß Saturn von einem frei schwebenden Ring umgeben wird – eine für das damalige naturwissenschaftliche Verständnis völlig rätselhafte Erscheinung. Es sollte auch noch lange dauern, bis für die Existenz eines solchen Ringes die notwendigen mathematischen Erklärungen gefunden wurden.

Anblick von der Erde aus

Saturn ist von der Erde als Stern 1. Größe zu sehen, dessen Licht leicht gelblich ist und das sich durch seine Ruhe von den flackernden Lichtpunkten der Fixsterne unterscheidet. Im Fernrohr erscheint uns Saturn – ebenso wie Jupiter – als kleine abgeflachte Kugel, in deren Atmosphäre aber kaum irgendwelche Wolkenformationen zu erkennen sind – was übrigens nicht nur auf die größere Entfernung Saturns von der Erde zurückzuführen ist. Deutlich ist bei der Saturn-Kugel aber eine gewisse Randverdunkelung zu bemerken, auch die Polkappen sind relativ dunkel und haben manchmal einen leicht grünlichen Schimmer. Erst in großen Teleskopen sind auch in der Saturn-Atmosphäre einige Wolkenstreifen zu erkennen, die sich parallel zum Äquator angeordnet haben. Auch kleine helle oder dunkle Flecken wurden vereinzelt an der Oberfläche des Planeten wahrgenommen.
Bei der Beobachtung Saturns durch irdische Teleskope und bei entsprechenden Fotografien muß man sich immer vor Augen halten, daß das kleinste auf dem Ringplaneten erkennbare Detail mindestens die Größe des afrikanischen Kontinents haben muß, um von der Erde aus gerade noch gesehen zu werden. Die Fernsehbilder von Voyager 1 erreichen ein wesentlich besseres Auflösungsvermögen von etwa 5–10 km in der Wolkenschicht des Ringplaneten.

Größe / Masse / Schwerkraft

Saturn ist mit 120000 km Äquator- und 108000 Pol-Durchmesser der zweitgrößte Planet im Sonnensystem, er hat mit 1:9,5 aber die stärkste Abplattung. Der mittlere Durchmesser von Saturn beträgt also 115000 km, und das entspricht etwa der Strecke, die neun nebeneinander gelegte Erdkugeln einnehmen würden. Vom Volumen her ist Saturn etwa 740 mal so groß wie unser Planet, in der Masse übertrifft Saturn die Erde aber nur 95 mal.
Diese Diskrepanz zwischen Volumen und Masse deutet auf die sehr niedrige spezifische Dichte des Planeten von nur 0,7 hin, es ist die geringste Dichte aller Planeten im Sonnensystem, Saturn ist also ein relatives »Leichtgewicht«. Diese Tatsache ist auch dafür verantwortlich, daß die Schwerkraft an der Saturn-Oberfläche – könnte man sie an der Wolkenoberfläche direkt messen – in etwa mit der Anziehungskraft der sehr viel kleineren Erde vergleichbar ist. Andererseits weist die Gravitation auf Saturn wegen der verschiedenen Durchmesser und der daraus resultierenden starken Unterschiede im Abstand vom Planetenzentrum recht beachtliche Unterschiede auf. Am Äquator beträgt die Schwerkraft das 0,92fache des auf der Erde gültigen Werts, an den Polen wächst sie auf das 1,09fache.

Die Spannweite des Ringsystems von Saturn beträgt fast 280000 km, der direkte Größenvergleich zur Erde macht die gewaltigen Dimensionen dieses Materieringes deutlich. Von der Erde aus sind bestenfalls Einzelheiten von der Größe des australischen Kontinents auf dem mindestens 1200 Mio. km von uns entfernten Ringplaneten erkennbar. Neben einigen Wolkenstreifen entlang des Äquators und der dunklen Polkappe sind noch diverse Einzelheiten im Ringsystem erkennbar, vor allem die etwa 4000 km breite Cassini-Trennung.

Der innere Aufbau

Die Experten sind sich einig, daß Saturn nur scheinbar ganz ähnlich wie Jupiter aufgebaut ist. Die Schwerefeld-Messungen von P-11 ergaben, daß Saturn kein ovaler Körper ist, die Abplattung von 10 % entsteht einzig durch die rasche Rotation des Planeten. In mittleren Breiten wurde eine Einbuchtung von etwa 120 km gefunden. Über den inneren Aufbau von Saturn hatten die Wissenschaftler nach genauen Analysen der Bahndaten von P 11 folgende Vorstellung:
Der Kern von Saturn hat etwa 27600 km Durchmesser und ist damit etwa doppelt so groß wie die Erde. Allerdings ist die Materie in diesem Zentrum so stark zusammengepreßt, daß er die Masse von elf Erdkugeln hat. Dieser Kern dürfte zum großen Teil aus Gestein bestehen. Um diesen Kern liegt ein etwa 21000 km dicker Mantel aus flüssigem Wasserstoff, der aber unter dem Einfluß des auch dort noch herrschenden sehr starken Drucks zu metallischer Härte zusammengepreßt wird.

Sonnenumlauf

Fast 30 Jahre braucht Saturn für eine Umkreisung der Sonne, 29 Jahre und 167 Tage genau. Der mittlere Abstand zwischen Saturn und dem Zentralgestirn beträgt

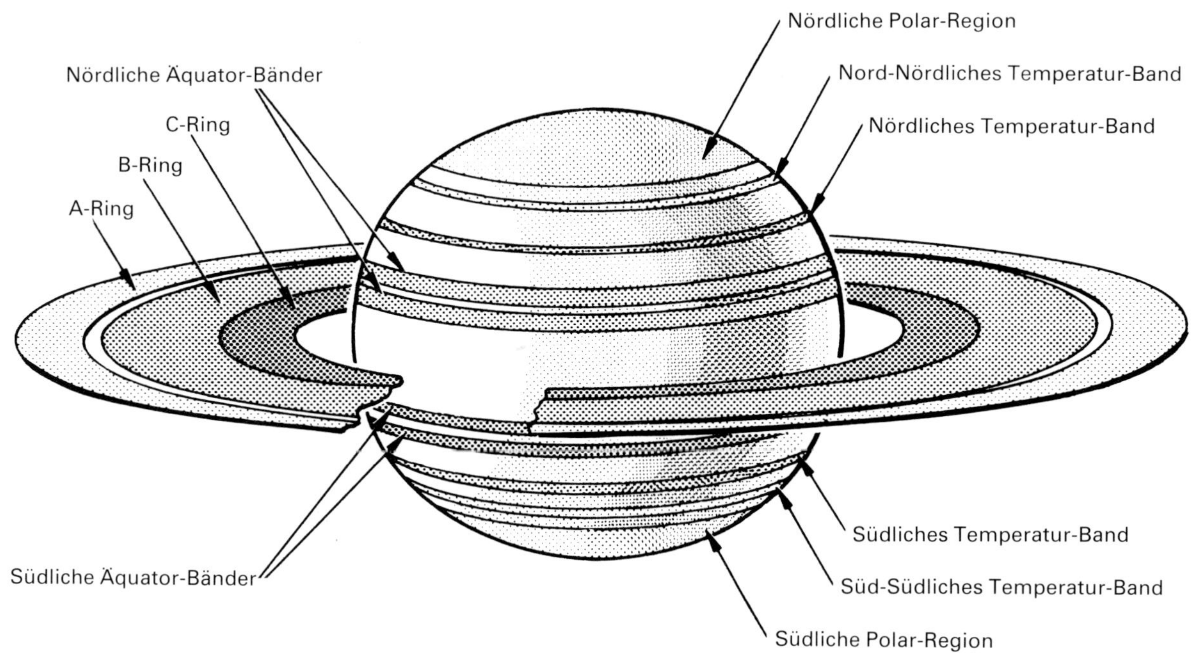

Es ist nicht einfach, in der gelben Gashülle von Saturn irgendwelche Wolkenformationen zu erkennen: Nur mit großen Instrumenten und viel Erfahrung können bei diesem Planeten ähnliche Bänder und Zonen wie bei Jupiter beobachtet werden. Diese Skizze gilt als bisher beste Systematisierung der Beobachtungen, aber es treten gelegentlich auch Änderungen in der Anordnung auf.

1426 Mio. km, das ist fast das Doppelte der Distanz Sonne–Jupiter und das Zehnfache des Abstandes Sonne–Erde. Für die Beobachter auf der Erde bewegt sich Saturn sehr langsam (9,65 km/s), er bringt durchschnittlich 2,5 Jahre in einem Sternbild zu und bewegt sich täglich gegenüber den Hintergrund-Sternen nur um etwa zwei Bogenminuten weiter.
Wir sehen Saturn praktisch immer in der vollen Phase; mit dem Ringsystem beläuft sich der scheinbare Durchmesser auf 43 Bogensekunden – etwa vergleichbar mit dem Jupiter-Wert.

Rotationsperiode

Die Umdrehungszeit Saturns ist schwer zu bestimmen, weil die Wolkenhülle des Planeten sehr blaß ist und kaum einmal irgendwelche hellen oder dunklen Flecken enthält, die man für eine präzise Messung der Umdrehungszeit benutzen kann. Die Astronomen haben die Rotationsperiode Saturns deshalb mit Hilfe des Doppler-Effekts bestimmt, der eine Verschiebung der Spektrallinien bewirkt, wenn sich die Atmosphäre des Planeten bei der täglichen Drehung auf die Erde zu oder von ihr weg bewegt. Diese Messungen ergaben bei Saturn für die Wolkenbänder am Äquator eine Rotationsperiode von 10h 14m. Die nördlich und südlich davon gelegenen Wolkenbänder brauchen einige Minuten weniger für eine Umdrehung. Andererseits werden von der Erde aus auf Saturn gelegentlich auch helle Flecken in der Wolkenhülle beobachtet, die länger für eine Tagesdrehung brauchen – ein Hinweis auf starke gegenläufige Wolkenströmungen in der Saturn-Atmosphäre.
Zur allgemeinen Überraschung gab es dann durch die Voyager-Sonden noch eine Revision der Rotationszeit von Saturn, denn schon aus größerer Entfernung wurde mit dem radioastronomischen Experiment festgestellt, daß Saturn langwellige elektro-magnetische Strahlen aussendet und daß es in dieser Strahlung eine offensichtlich mit der Tagesrotation übereinstimmende Periode gibt. Aber zur Überraschung der Wissenschaftler entpuppte sich diese Periode als 24 Min. länger, als man bis dahin für eine Drehung des Saturn um seine Achse angenommen hatte. Die Rotationszeit beträgt jetzt also nach der Korrektur 10h 39,9m.

Achsneigung

Die Rotationsachse von Saturn ist stark geneigt, der Winkel zwischen Äquator und Bahnebene beträgt fast 27° und ist damit größer als der Neigungswinkel der Erdachse (23,5°). Das bedeutet, daß die Jahreszeiten auf Saturn stärker ausgeprägt sind als bei unserem Planeten, obwohl man die Auswirkungen der saisonalen Wechsel auf Saturn und Erde sicher nicht miteinander vergleichen kann. Darüber hinaus sind die vier jahreszeitlichen Abschnitte auf Saturn wegen der relativ starken Exzentrizität der Umlaufbahn verschieden lang. 15 Jahre und 9 Monate lang ist die nördliche Hemisphäre des Saturn der Sonne zugewandt, 13 Jahre und 8 Monate zeigt die südliche Halbkugel zur Sonne. Die starke Neigung der Polachse des Saturn gegen die Bahnebene bewirkt auch die ausgeprägten Variationen in der Ansicht des Ringsystems, wie wir es von der Erde aus beobachten können. Die Erdbahn ist nur um einen geringen Betrag von etwa 3° gegen die Bahnebene des Saturn geneigt, so daß wir einerseits unter einem maximalen Winkel von fast 30° auf oder unter das Ringsystem sehen können. Andererseits aber sind auch alle Zwischenstufen bis zum völligen Verschwinden des Ringes zu beobachten, wenn wir von der Seite gerade auf die Kante dieses sehr dünnen Materiegürtels sehen.

Energiebilanz

Saturn ist etwa doppelt so weit wie Jupiter und sogar zehnmal so weit wie die Erde von der Sonne entfernt, der Ringplanet erhält also nur ein Viertel der Sonnenstrahlung wie Jupiter und ein Hundertstel der auf die Erde gelangenden Energie. Die Temperaturen auf Saturn (und auch auf allen anderen äußeren Planeten) sind also sehr niedrig, so daß die chemischen Vorgänge dort auf diesen fernen Welten sehr langsam ablaufen. Daran ändert auch die Tatsache nichts, daß sowohl Jupiter als auch Saturn mehr Wärme emittieren als sie von der Sonne bekommen. Aus dem Inneren von Saturn wird etwa ebensoviel Wärmeenergie abgestrahlt, wie der Planet von der relativ weit entfernten Sonne erhält; das ist ein Hinweis auf Wärmequellen im Innern des Planeten.

Saturn-Atmosphäre

Bei einem so weitgehend gasförmigen bzw. flüssigen Planeten wie Saturn ist man bei der Definition des Bereichs der Atmosphäre – ebenso wie bei Jupiter – auf eine mehr oder weniger willkürliche Definition angewiesen, die sich an den Druckverhältnissen orientiert. Nach allgemeiner Übereinstimmung wird bei Jupiter und Saturn der Bereich als Atmosphäre bezeichnet, in dem der Druck 10^{-10} bar (am Rande der Atmosphäre) und ca. 1000 bar beträgt (tief unter der sichtbaren Wolkenhülle).
Die sehr geringe spezifische Dichte des Ringplaneten und der sich anbietende Vergleich mit Jupiter waren Hinweise darauf, daß Saturn ähnlich aufgebaut ist wie der etwas größere »Bruderplanet« und auch eine vergleichbare Atmosphäre hat, die hauptsächlich aus Wasserstoff (90 %) und Helium (10 %) besteht. Bei den sehr niedrigen Temperaturen von –180° C, die dort draußen im Sonnensystem herrschen, sind aber beide Gase absolut durchsichtig und farblos, weswegen sie spektroskopisch auch so schwer nachzuweisen sind. Diese Tatsache bedeutet aber auch, daß die so auffällig gefärbten Wolken von Jupiter, aber auch die nur blaß gelben Wolken von Saturn, aus anderen Gasen bestehen müssen, z. B. aus Ammoniak und Methan.

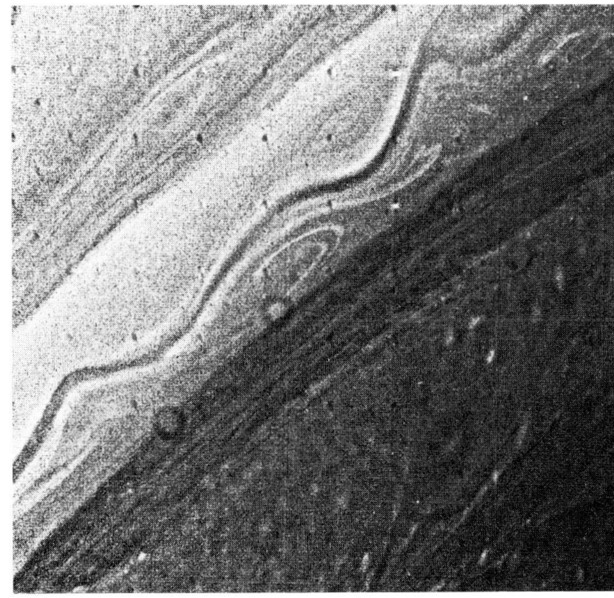

Die nicht sehr intensiv ausgebildeten Wolkenbänder in der Saturn-Atmosphäre werden auf diesem Bild von Voyager 2 erkennbar, das aus 2,5 Mio. km Entfernung gemacht wurde. Die vorläufige Interpretation besagt, daß es sich bei dieser »Schlange« um eine großräumige atmosphärische Wellenbewegung handeln könnte, die sich wie ein »jet stream« schnell nach Osten bewegt. Das Auflösungsvermögen dieser Aufnahme beträgt etwa 50 km.

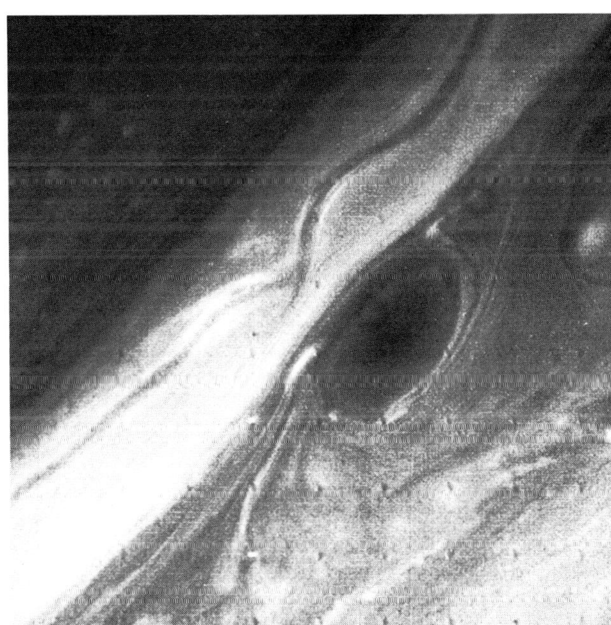

Wolkenströmungen um einen großen braunen Fleck in der Saturn-Atmosphäre werden auf diesem Bild erkennbar, das V-2 aus 2,7 Mio. km Entfernung aufgenommen hat. Diese Wolkenwirbel erinnern sehr an ganz ähnliche Erscheinungen in der Jupiter-Atmosphäre. Erst der zweiten Voyager-Sonde gelangen solche relativ deutlichen Einblicke in die Strömungserscheinungen der Saturn-Atmosphäre.

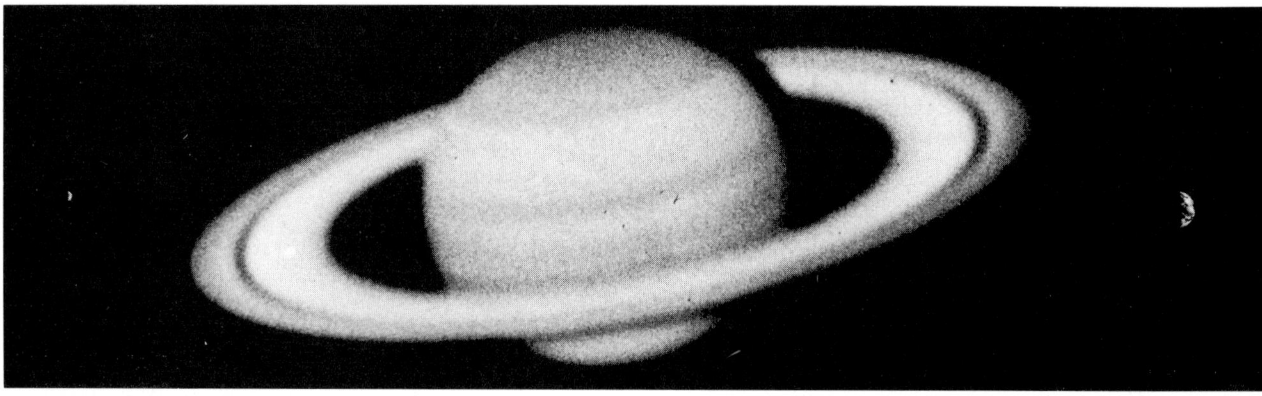

Diese Trickdarstellung zeigt Erde und Mond in maßstäblicher Größe und Entfernung voneinander, die Originalaufnahmen dafür lieferte M-10. Erst mit solchen Montagen läßt sich ein Eindruck von den tatsächlichen Dimensionen im Planetensystem vermitteln. Die Erde hat 12757 km Durchmesser, der Mond 3476 km; die mittlere Entfernung zwischen den beiden Körpern beträgt 384400 km. Das von der Erde aus erhaltene Saturn-Foto wurde im richtigen Maßstab einkopiert, der Ring-Durchmesser beträgt 280000 km.

Wolkenhülle

Schon von der Erde aus erscheint die Wolkenhülle des Ringplaneten wesentlich blasser und strukturärmer als die von Jupiter. Dieses »schwache« Bild hatte sich auch nach Vorliegen der ersten Nahaufnahmen von Saturn nicht geändert, die die erste dorthin gelangende Raumsonde Pioneer 11 im Herbst 1979 zur Erde funkte. Erst mit dem Vorbeiflug der beiden Voyager-Sonden an Saturn änderte sich dieses Bild, mit speziellen Filtern in den TV-Kameras war eine Kontraststeigerung möglich, so daß in der Atmosphäre des Ringplaneten zahlreiche dunkle und helle Wolkenstreifen (Bänder und Zonen) identifiziert werden konnten – viel mehr, als man bis dahin angenommen hatte und auch mehr, als man bei Jupiter zählt. Bei Saturn wird diese lebhaft strukturierte Wolken-Landschaft aber von einer dichten Dunstschicht verhüllt, die sich um den ganzen Planeten legt.

Auch bei den Erscheinungen in der Saturn-Atmosphäre handelt es sich – je nach Farbe – um auswärts quellende und einwärts gerichtete Gasströme, die von der raschen Rotation des Planeten in lange Strömungsfilamente entlang des Äquators gezwungen werden. Die dabei erreichten Windgeschwindigkeiten sind bei Saturn aber mit 1600 km/h mehr als sechsmal so schnell wie bei Jupiter. Ein weiterer wesentlicher Unterschied im äußeren Erscheinungsbild der Planeten besteht darin, daß die höchsten Strömungswerte bei Saturn jeweils in der Mitte der Bänder auftreten, während es in den Grenzbezirken zwischen Bändern und Zonen nahezu windstill ist. Bei Jupiter sind die Verhältnisse genau umgekehrt, da treten die höchsten Windgeschwindigkeiten gerade an den Übergangszonen auf. Außerdem gibt es in der Jupiter-Atmosphäre sowohl West- als auch Ostwinde, was manchmal den scheinbaren Stillstand einer bestimmten Wolkenformation für den Beobachter auf der Erde zur Folge hat. Bei Saturn dagegen wurden nur Westwinde beobachtet.

Die rasche Rotation Saturns bewirkt nicht nur die starke Abplattung des Planeten, sondern auch erhebliche Corioliskräfte in der Atmosphäre, die die Wolkenstreifen entlang des Äquators erklären. Die hauptsächlich durch Wärmeströme aus dem Inneren von Saturn zum Aufsteigen veranlaßten Gasströme werden laufend entlang der Breitenkreise auseinandergezogen. Dabei bilden sich in der Wolkenhülle des Saturn – analog zum »Großen Roten Fleck« in der Jupiter-Atmosphäre – gelegentlich große Wirbelstürme.

Auch in den Wolken von Saturn gibt es ovale und kreisförmige, dunkle und helle Wolkengebilde sowie Strömungswirbel, die den Wolkenbändern und -gürteln aus den tieferen Regionen der Atmosphäre laufend Energie zuführen. Bei 55° S wurde auch ein »Kleiner Roter Fleck« gefunden, der etwa 10000 km Durchmesser hat und das obere Ende einer Konvektionszelle sein dürfte.

Bei Saturn reichen die Wolkenbänder und Zonen viel weiter in die polaren Breiten hinein, als das bei Jupiter beobachtet wird – wahrscheinlich eine Folge der höheren Windgeschwindigkeiten in der Atmosphäre des Ringplaneten, die die Wolkenmassen bei der rasenden Umdrehung auch in hohen Breiten noch mitreißen.

An den Saturn-Polen wurden Aurora-Erscheinungen festgestellt, Blitze konnten aber auf den bisher gesichteten Voyager-Bildern dieses Planeten noch nicht aufgespürt werden, obwohl es sie wahrscheinlich gibt. Darauf deuten auch entsprechende Radioemissionen hin, die vor allem von der nördlichen Hemisphäre des Planeten auszugehen scheinen.

Magnetfeld

Bis zur Ankunft von Pioneer 11 bei Saturn im Herbst 1979 wußten die Wissenschaftler nicht, ob auch der Ringplanet ein Magnetfeld und Strahlengürtel hat.

Viele Experten hielten das aufgrund vergleichender Überlegungen und der bei Erde und Jupiter anzutreffenden Verhältnisse für wahrscheinlich, aber erst P-11 brachte in dieser Hinsicht Gewißheit.
Der Mantel aus flüssigem Wasserstoff im Inneren Saturns erzeugt das ausgeprägte Magnetfeld des Planeten, das die etwa tausendfache Intensität des irdischen, aber nur 5 % der Stärke von Jupiters Magnetfeld hat. An der Wolkenoberfläche erreicht das Magnetfeld von Saturn am Äquator eine Stärke von 0,22 Gauß, während das irdische Magnetfeld an der Oberfläche mit 0,3 Gauß gemessen wird – obwohl es insgesamt nur 1/1000 der Stärke von Saturns Magnetfeld hat. Diese Diskrepanz entsteht dadurch, daß die Wolkenoberfläche des Ringplaneten sehr viel weiter von der Quelle des Magnetfelds entfernt ist als die Erdoberfläche vom glühend-flüssigen »Innenleben« unseres Planeten.
Überraschend ist die Tatsache, daß die Achse von Saturns Magnetfelds genau mit der Rotationsachse des Planeten übereinstimmt, während diese beiden Achsen bei Erde, Jupiter und Sonne jeweils um etwa 10° voneinander abweichen. Allerdings liegt das Zentrum des Magnetfeld von Saturn etwa 2400 km nördlich vom geometrischen Mittelpunkt des Planeten, außerdem verläuft die Polung des Magnetfelds beim Ringplaneten von Nord nach Süd – entgegengesetzt zur Ausrichtung bei der Erde.
Das Magnetfeld eines Planeten verursacht in der Umgebung dieses Körpers auch eine mehr oder weniger ausgeprägte Magnetosphäre, die in ihrer Ausdehnung jeweils stark vom Sonnenwind beeinflußt wird. Saturns Magnetosphäre nimmt in der Größe und Intensität eine Mittelstellung zwischen den entsprechenden Erscheinungen bei der Erde und bei Jupiter ein. Die zur Sonne zeigende Front des meist tropfenförmigen Magnetfelds hat bei Saturn einen Abstand von etwa 1,25 Mio. km vom Planeten. Der seitliche Rand ist etwa 3,4 Mio. km über, unter und neben Saturn zu finden.
Die Schockfront, die beim Zusammentreffen von Magnetfeld und Sonnenwind entsteht, liegt etwa 10^6 km vor dem auf die Sonne zeigenden Randbezirk der Mangetosphäre, aber diese Grenze schwankt sehr stark, die Schockfront ist dauernd in Bewegung. Alle Ringsegmente Saturns und die Monde Mimas, Enceladus, Tethys, Dione, Rhea und natürlich die neu entdeckten Mini-Monde sowie – zeitweise – auch Titan befinden sich also in der Magnetosphäre des Ringplaneten.
Titan hielt sich zum Zeitpunkt des nahen Vorbeifluges von Voyager 1 im Bereich der sog. Magnetopause auf, wo sich die geladenen Partikel mit einer Geschwindigkeit von etwa 200 km/s bewegen. Nach dem »encounter« verließ die Sonde den pulsierenden Magnetfeld-Schweif insgesamt fünfmal, wurde aber jedesmal von dessen Ausläufern wieder eingeholt, bis sich die Sonde in 4,7 Mio. km Entfernung endgültig aus dem Einflußbereich Saturns gelöst hatte.

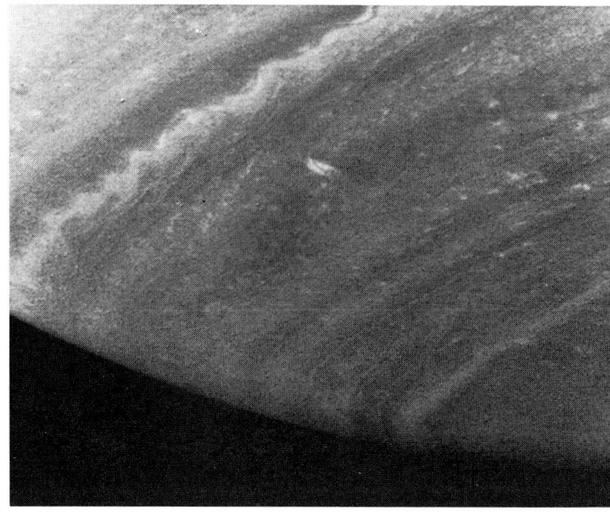

Die Südpol-Zone Saturns mit zahlreichen kleinen Wolkenformationen zeigt diese aus 442 000 km Entfernung gemachte Voyager-Aufnahme. Da die Rotationsdynamik in diesen Breiten nicht mehr so intensiv ist, bilden sich auch keine ausgeprägten Wolkenbänder mehr in diesen polaren Breiten. Die Gasmassen quirlen durcheinander und bieten den TV-Kameras einen bunten »Flicken-Teppich«.

Strahlengürtel

Die Strahlengürtel Saturns liegen innerhalb der Magnetosphäre des Planeten, sie bestehen aus hochenergetischen Elektronen und Protonen (Wasserstoff-Kernen), die dauernd zwischen den Polen des Planeten hin und her rasen, bis sie entweder das Saturn-System verlassen oder mit einem Mond oder dem Ring kollidieren und absorbiert werden.
Die Strahlengürtel Saturns sind in der Intensität vergleichbar mit denen der Erde, obwohl sie ein etwa zehnmal größeres Volumen einnehmen. Andererseits haben die Strahlengürtel des Planeten nur etwa 1/350 der Intensität von denen Jupiters, was hauptsächlich an den ausgedehnten Ringsegmenten um Saturn liegt, die einen großen Teil der Energie abfangen. Sonst wären die Strahlengürtel bei Saturn um etwa den Faktor 15 stärker, als sie es tatsächlich sind. Die Ringe unterbrechen den Teilchenfluß fast vollständig, der Hauptexperimentator Dr. James van Allan sprach hier von einem sog. »Guillotine«-Effekt. Dadurch wird die Zone über und unter dem Ringsystem fast völlig strahlungsfrei, eine solche »Oase« findet man sonst kaum noch irgendwo im Sonnensystem. Die höchsten Partikel-Intensitäten werden dagegen knapp außerhalb des Ringsystems gemessen. Soweit es feststellbar ist, sind die inneren Strahlengürtel von Saturn symmetrisch, der Intensitätsabfall nach außen hin verläuft ganz allmählich. Aber gerade diese gleiche Ausrichtung von Drehachse und Magnetfeld-Achse bei Saturn bereitet den Wissenschaftlern allerhand Kopfzerbrechen, denn eigentlich ist – so glaubt man bisher – eine Diskrepanz zwischen diesen beiden Achsen die

Voraussetzung für die Bildung eines Magnetfeldes. Nach dieser Theorie dürfte Saturn eigentlich gar kein Magnetfeld haben.
Die Voyager-Sonden stellten fest, daß das ganze Saturn-System eine starke Radiostrahlen-Quelle ist. Neben der Emission aus dem Planeten selbst, die vor allem aus der nördlichen Hemisphäre zu kommen scheint, wurden auch Radioimpulse aus dem Bereich der Ringe registriert, die durch elektrische Felder und dauernde Kollisionen zwischen den einzelnen Partikeln verursacht werden dürften. Schließlich emittiert auch Titan Radiostrahlung, die aber nur von der dem Planeten zugewandten Seite des Mondes zu kommen scheint.

Saturn-Tabelle

Physikalische Daten	Einheit	Saturn	Erde = 1
Äquator/Pol-Durchmesser	km	108000–120000	8,95
Abplattung		1:10	
Oberfläche	km²	4,1 x 10^{10}	84
Volumen	km³	7,76 x 10^{14}	762
Spezifische Dichte	t/m³	0,69	0,125
Masse	Tonnen	5,43 x 10^{23}	95,2
Oberflächen-Schwerkraft	m/s²	11,1	1,13
Fluchtgeschwindigkeit	km/s	35,5	3,17
Oberflächen-Verhältnisse			
Material / Formationen		Gase, Wolken	
Primäre Gase		Wasserstoff, Helium, Ammoniak	
Atmosphärischer Druck	bar	100	100
Sonneneinstrahlung	W/m²	13–17	
Oberflächen-Temperatur	Grad C	160	
Bahnbewegung			
Min/Max Sonnenabstand	10^6 km	1343 – 1509	9,5
Exzentrizität		0,056	3,3
Bahnumfang	10^6 km	8960	9,5
Bahngeschwindigkeit	km/s	9,1–10,2	0,32
Siderische Umlaufzeit	Jahre	29,45	29,45
Bahnneigung gegen Ekliptik	Grad	2° 29,5′	–
Rotation			
Umdrehungszeit	Stunden	10h 40m	0,43
Winkel Äquator/Bahnebene	Grad	26° 45′	1,14
Von der Erde aus betrachtet			
Min/Max Entfernung	10^6 km	1200 – 1656	
Min/Max Signal-Laufzeit	Min.	66,7 – 92	
Scheinbare Helligkeit	Magnit.	–0,6	
Scheinbarer Durchmesser	Bogensek.	15–31″	
Synodische Umlaufzeit	Tage	378,1	
Albedo		0,5	1,4
Äußerer Bereich			
Monde		>20	
Ringsystem-Durchmesser	km	278000	

Das Ringsystem Saturns

Das eindrucksvollste Element ist beim Saturn-Anblick durch das Fernrohr sicher das weit ausladende und mehrfach gegliederte Ringsystem, das dem Planeten eine besondere, im visuellen Bereich geradezu einmalige Stellung unter den Trabanten der Sonne verleiht.
In den ersten Jahrzehnten nach der Entdeckung des Ringsystems waren die Beobachter der Meinung, daß es sich hier um eine undurchsichtige runde und starre Scheibe handelt, die durch geheimnisvolle Kräfte an den Planeten gebunden wird. Cassini war es, der 1705 erstmals die Meinung äußerte, daß es sich bei dem Saturn-Ring nur um eine Ansammlung vieler kleiner und eng zusammenstehender Einzelmonde handeln könne, die den Saturn nach den Keplerschen Gesetzen alle auf separaten Bahnen umkreisen. Wegen der großen Distanz zwischen Erde und Saturn – so schloß Cassini richtig – seien diese einzelnen Bestandteile des Ringsystems natürlich nicht mehr wahrzunehmen.
Um 1800 erbrachte Laplace den mathematischen Beweis, daß sich kein festes starres Gebilde von den Ausmaßen des Saturn-Rings in einer Umlaufbahn um den Planeten halten könnte und daß es bei der kleinsten Störung brechen und in die Saturn-Wolken stürzen würde. 1850 begründete E. Roche, warum sich kein großer Satellit innerhalb des Bereichs von 2,44 Planetenradien vom Zentrum halten kann; der Saturn-Ring befindet sich aber klar innerhalb dieser Grenze. Dieser Umstand führte auch hinsichtlich der Entstehung des Saturn-Rings zu einigen Spekulationen. Könnte nicht ein größerer, nahe dem Saturn stehender Mond bei seinen unendlichen Umrundungen dem Planeten aus irgendeinem Grund zu nahe gekommen sein? Die gewaltigen Gravitationskräfte hätten diesen Mond auseinandergerissen, so daß die übrig bleibenden unzähligen kleinen Bruchstücke den Saturn nun als Ringsystem umkreisen. Andere Theorien gingen davon aus, daß sich hier in der Nähe des Planeten ursprünglich aus der vorhandenen Urmaterie ein Mond bilden wollte, was dann aber wegen der Roche-Gesetzmäßigkeit unterblieb. Auch heute noch herrscht über die Entstehung des Ringes bei Saturn (und auch bei den anderen Planeten) keine einheitliche Theorie.
Einige Zeit überlegten die Astronomen sogar, ob es sich bei der Ring-Materie vielleicht um irgendein flüssiges Medium handeln könne, aber auch diese Annahme wurde schließlich mathematisch widerlegt. Dabei ergab sich sozusagen »nebenbei«, daß die Masse des Ringsystems höchstens 1/23 270 der Saturn-Masse beträgt – wenn man den Planeten und seinen Ring auf eine imaginäre Weltraum-Waage bringen könnte.
Viel Arbeit hatten die Astronomen bei der Untersuchung der Frage, aus welchem Material die Saturn-Ringe bestehen und wie groß die einzelnen Partikel dieses Materiegürtels ungefähr sind. Solche Studien sind von der Erde aus nur mit fotometrischen Methoden möglich, also durch die genaue Beobachtung von

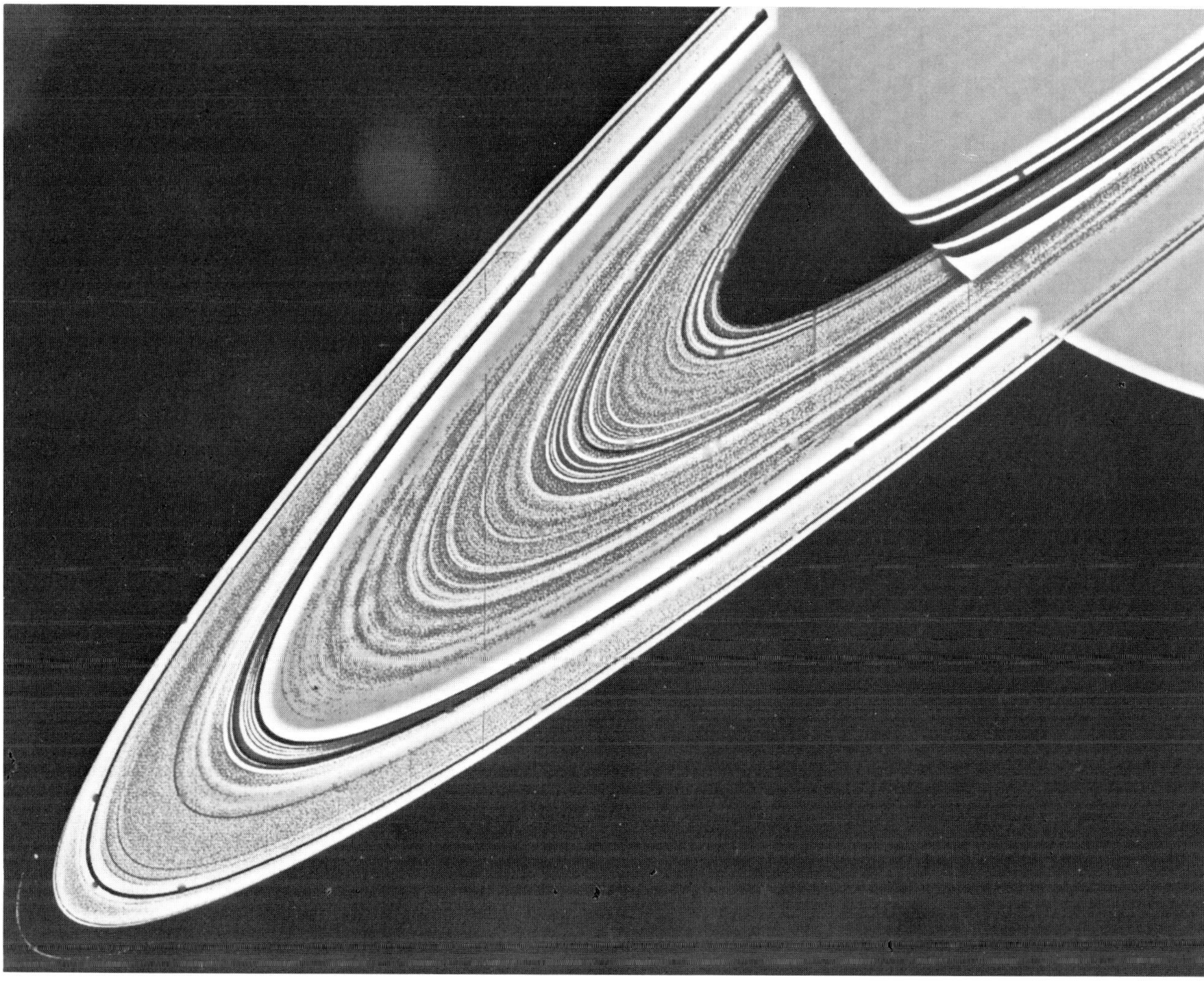

Etwa 100 einzelne Segmente des Saturn-Rings sind auf diesem V-1-Bildmosaik zu erkennen, das aus 8 Mio. km Entfernung aufgenommen wurde. Die Kontraste wurden im Computer künstlich gesteigert, um diese verblüffende Bildwirkung zu erhalten. Auch in der Cassini-Trennung sind mehrere einzelne Ringsegmente zu erkennen, links unten wird der höchstens 150 km breite F-Ring sichtbar und der auf diesem Bild neu entdeckte 14. Saturn-Mond.

gelegentlichen schwachen Änderungen in der Helligkeit des Ringes. Von der Opposition bis zur Quadratur-Stellung vergrößert sich der Phasenwinkel, also der von Saturn aus feststellbare Abstand zwischen Sonne und Erde jeweils von 0° auf 6°, und um diesen sehr kleinen Betrag differieren dann bei maximalem Abstand der Betrachtungs- und der Beleuchtungswinkel. Die Erde entfernt sich also nur wenig von der Beleuchtungsquelle, aber schon dieser etwas seitliche Blickwinkel genügt, um die Helligkeit des Ringsystems von der 1. auf fast die 2. Größenklasse absinken zu lassen.

Diese Tatsache ist ein ganz wichtiges Indiz dafür, daß die Saturn-Ringe aus Milliarden kleiner Einzelbrokken bestehen, die sich gegenseitig stark beschatten. Befindet sich die Erde auf der imaginären Verbindungslinie Sonne–Saturn, dann verbirgt jedes Fragment seinen Schatten hinter sich, es erscheint dem Betrachter in maximaler Helligkeit. Steht die Erde aber etwas seitlich von diesem »Scheinwerfer-Strahl« der Sonne zu Saturn, dann wird sofort ein Teil der Schatten sichtbar, die die einzelnen Teile der Ringe aufeinander werfen. Diese Erscheinung erinnert an die schnelle Reduzierung der Helligkeit von rauhen Flächen, wenn man diese unter wachsendem Abstand von der Lichtquelle, also unter zunehmendem Phasenwinkel betrachtet. Mit raffinierten Rechen- und Meßmethoden fanden die Astronomen heraus, daß die Bestandteile des Ringsystems etwa 6 % des Ringvolumens einnehmen, ausgehend von einer Dicke dieser kosmischen Scheibe von ca. 5 km und einem Durchmesser von etwas über 280 000 km.
Der französische Astronom Bernhard Lyot unternahm

erstmals Polarisationsmessungen an den Saturn-Ringen und erhielt dabei Hinweise darauf, daß diese aus Stein- und Felsbrocken bestehen und zum großen Teil unregelmäßige, längliche Form haben. Gerhard Kuiper schließlich stellte mit Infrarot-Untersuchungen fest, daß es sich bei dem Ringmaterial auch um Eis handeln könnte oder vielleicht um von Eis überzogenes Gestein.

Seit 1972 ist es möglich, Saturn von der Erde aus auch mit Radarstrahlen zu untersuchen. Es war eine Überraschung, daß die aktiv wirkenden Mikrowellen dabei hauptsächlich von den Ringpartikeln reflektiert werden, kaum von der gasförmigen Planetenkugel selber. Die bei diesen Studien verwendeten Wellenlängen gestatteten auch eine Abschätzung der Partikel-Größe in dem Materiegürtel auf etwa 1–10 Meter.

Hinsichtlich der zahlreichen Teilungen des Ringsystems vertraten verschiedene Wissenschaftler die Meinung, daß es sich hier nicht um zufällige Unterbrechungen des Materiegürtels handeln könne, sondern um mathematisch bedingte Auswirkungen gewisser Gravitationskräfte der nahe am Saturn kreisenden Monde.

Ringstruktur

Schon von der Erde aus läßt sich feststellen, daß das Ringsystem Saturns aus mehreren einzelnen Segmenten besteht, die den Saturn in verschiedener Entfernung konzentrisch umkreisen. Cassini bemerkte 1675 die erste breite Trennungslinie im äußeren Bereich des Saturn-Rings, die noch heute nach dem italienisch/französischen Astronomen benannt wird.

Von der Erde aus hatte man bei Saturn lange Zeit drei »klassische« Ringsegmente beobachtet, die von außen nach innen mit A-, B- und C-Ring bezeichnet wurden. Der äußere A-Ring umspannt den Saturn mit einem Durchmesser von fast 300 000 km, während der innerste C-Ring nur etwa 17 000 km von den oberen Wolkenschichten des Saturns entfernt ist.

Der A-Ring ist 17 000 km breit, sein äußerer Rand liegt etwa 138 000 km vom Zentrum Saturns entfernt. Bei teleskopischer Beobachtung lassen sich mehrere konzentrische Zonen im A-Ring erkennen, die von unscharfen Linien begrenzt zu sein scheinen. Die dunkelste und von allen Experten bestätigte Formation dieser Art ist die sog. Encke-Teilung. Der A-Ring ist schwach durchscheinend, man kann durch ihn hindurch die Saturn-Kugel erkennen.

Manche Beobachter wollten auch außerhalb des großen hellen A-Ringes gelegentlich noch einen ganz schwachen Materiegürtel gesehen haben, wie er sich dann auf den Nahaufnahmen von Pioneer 11 sowie Voyager 1+2 auch als reell herausstellte.

Der innerhalb des A-Rings befindliche B-Ring ist 29 000 km breit, die beiden Segmente werden durch die Cassini-Lücke getrennt. Der B-Ring ist nicht nur der breiteste sondern auch der hellste Abschnitt des gesamten Ringsystems, auch er ist – bei gutem Wetter

Die enorme Größe des Saturn-Ringsystems verdeutlichen diese beiden Aufnahmen. In die obere Gesamtansicht einer Hälfte des Ringsystems ist ein etwa 10 000 km breiter Bereich eingezeichnet, der im unteren Bild vergrößert dargestellt ist. Die Umrisse der USA vermitteln einen realistischen Eindruck von den wahren Dimensionen des Ringsystems, der West-Ost-Durchmesser des amerikanischen Kontinents beträgt im Norden ca. 4500 km.

kann man es an großen Teleskopen erkennen – mehrfach durch helle und dunkle Abschnitte unterteilt. Diese verschiedenen hellen und dunklen Linien sind auf den mit irdischen Teleskopen gemachten Fotos von Saturn nicht zu erkennen, aber sie wurden ja auf den von Voyager 1 und 2 gemachten Nahaufnahmen des Planeten bestätigt und um viele hundert einzelne Ringsegmente erweitert.

Im Jahr 1850 entdeckten die Forscher Bond und Dawes, daß sich zwischen dem schon bekannten – geteilten – Ring und der Saturn-Oberfläche noch ein dünnes, sehr lichtschwaches Ringsegment befindet, das wie ein feines zartes Gewebe aussieht und deshalb Krepp-Ring genannt wurde. Dieser ebenfalls wieder etwa 17 000 km breite Krepp-Ring liegt innerhalb des B-Rings und ist von diesem durch die ca. 1000 km breite Lyot-Teilung getrennt. Der innere unscharfe Rand dieses C-Rings reicht bis auf ca. 10 000 km an die Wolken von Saturn heran. Der C-Ring ist nur sehr schwach ausgeprägt, man kann gelegentlich dahinter stehende Fixsterne sehen.

Das Ringsystem ist von der Erde aus mit einem kleinen Fernrohr – je nach Neigungswinkel – schon bei

30 bis 50facher Vergrößerung erkennbar. Ab etwa 100facher Vergrößerung wird deutlich, daß in dem Ring Helligkeitsunterschiede vorkommen, aber erst bei ca. 200facher Vergrößerung ist die eine Bogensekunde breite Cassini-Trennung auszumachen – aber dazu ist schon ein kleines Teleskop von 10–12 cm Spiegel- oder Linsendurchmesser erforderlich. Die Encke-Teilung oder auch die lichtschwachen C- und D-Ringe sucht man mit einem solchen Instrument vergeblich, dafür benötigt man professionelle Instrumente ab 50–60 cm Objektiv-Durchmesser.

Diese dramatische Ansicht des Ringsystems von Saturn lieferte V-2 aus 3,3 Mio. km Entfernung. Ganz schwach ist der Rand des Planeten noch durch den C-Ring und den inneren Teil des B-Rings erkennbar. Deutlich dagegen sind die Encke- und die 5000 km breite Casini-Lücke zu erkennen.

Konstellationen

Nun ändert sich der Anblick Saturns bzw. des Ringsystems im Fernrohr laufend, nur selten zeigt sich der Planet in der Position mit maximaler Öffnung des Ringsystems, so wie man ihn auf den zahlreichen Zeichnungen und Fotos sieht. Für eine ungefähre Abschätzung, wie sich der Anblick Saturns im Fernrohr regelmäßig ändert, soll hier einmal außer acht gelassen werden, daß der Abstand zwischen Erde und Saturn von 1200 bis 1656 Mio. km schwankt und daß die Erde – von Saturn aus gesehen – regelmäßig alle halbe Jahr 6° links oder rechts von der Sonne steht und daß die Bahnebene Saturns um 2,5° von der Ekliptik, der Bahnebene der Erde abweicht.
Da das Saturn-Jahr fast 30 Erdjahre dauert, ändert sich der Anblick des Ringplaneten im Fernrohr nur sehr langsam, die einzelnen Phasen dauern jeweils einige Jahre, wobei die nördliche Hemisphäre des Planeten und des Ringsystems immer einige Zeit länger sichtbar sind als die Südseite. Die Phase, in der der Ring nur von der Seite – also manchmal auch gar nicht – zu sehen ist, dauert jeweils einige Monate, ebenso der Abschnitt, in dem das Ringsystem mit maximaler Neigung einzusehen ist. Untersucht man die Sichtbarkeitsbedingungen für das Ringsystem genauer, so wird ersichtlich, daß es zu Zeiten von Saturns Tag- und Nachtgleichen mehrmals hintereinander für einige Tage oder sogar Wochen verschwindet. Das hat dann einen der beiden folgenden Gründe: Entweder befindet sich die Erde genau in der Äquatorebene des Planeten und damit auch in der Ebene des Ringes, so daß man diesen genau von der – sehr dünnen, schmalen – Kante aus sieht, oder aber die Sonne liegt genau in der Äquatorebene, so daß nur die seitliche Kante des Ringes erleuchtet wird und die anderen Partien des Materiegürtels im Dunkeln bleiben. Dieses interessante »Versteckspiel« bietet Saturn seinen Beobachtern auf der Erde etwa alle 15 Jahre. Es ist kein Wunder, daß die ersten Beobachter des Ringplaneten vor etwa 350 Jahren zunächst einmal sehr verwirrt waren und die wahre Natur des Ringsystems um Saturn nicht gleich erkannten.
Allerdings ändert sich die Helligkeit Saturns für die Beobachter auf der Erde auch in gewissem Umfang, weil einerseits der Sonnenabstand um 12 % schwankt und weil zweitens die Distanz zwischen Erde und Saturn um ca. 25 % variiert. Drittens schwankt auch die Ringebene gegenüber der Erde sehr stark, was auf die Helligkeit des Saturn ebenfalls sehr viel Einfluß hat.

Neue Erkenntnisse durch Raumsonden

Das in langen Jahren von der Erde aus mühsam erarbeitete Bild des Ringsystems von Saturn wurde dann im Raumfahrt-Zeitalter wesentlich erweitert und teilweise völlig »umgekrempelt«. Schon die qualitativ eher mittelmäßigen Bilder der ersten Saturn-Sonde Pioneer 11 brachten hier Überraschungen. Auf einigen Nahaufnahmen, die der Roboter im September 1979 zur Erde funkte, wurde knapp außerhalb des hellen A-Rings ein neues dünnes Segment gefunden. Der sog. F-Ring ist nur etwa 500 km breit und ca. 3600 km vom äußeren Rand des A-Rings entfernt. Die dazwischen liegende Lücke erhielt in Würdigung der hervorragenden Arbeit des Raumfahrt-Teams die Bezeichnung Pioneer-Teilung.
Ein zweiter neuer Materiegürtel wurde von Pioneer 11 weit außerhalb des eigentlichen Ringsystems in einer Entfernung von 570000–840000 km entdeckt. Der sog. G-Ring befindet sich also zwischen den Umlaufbahnen der beiden Monde Rhea und Titan, er wurde übrigens zunächst nicht visuell erfaßt, auf seine Existenz wurde durch eine Unterbrechung des Partikelstroms in einem bestimmten Abschnitt der Bahn von Pioneer 11 indirekt geschlossen. Weiterhin erkannte Pioneer 11 eine von französischen Astronomen vorhergesagte Trennung zwischen dem B- und C-Ring, die 4200 km breit ist und den europäischen Wissen-

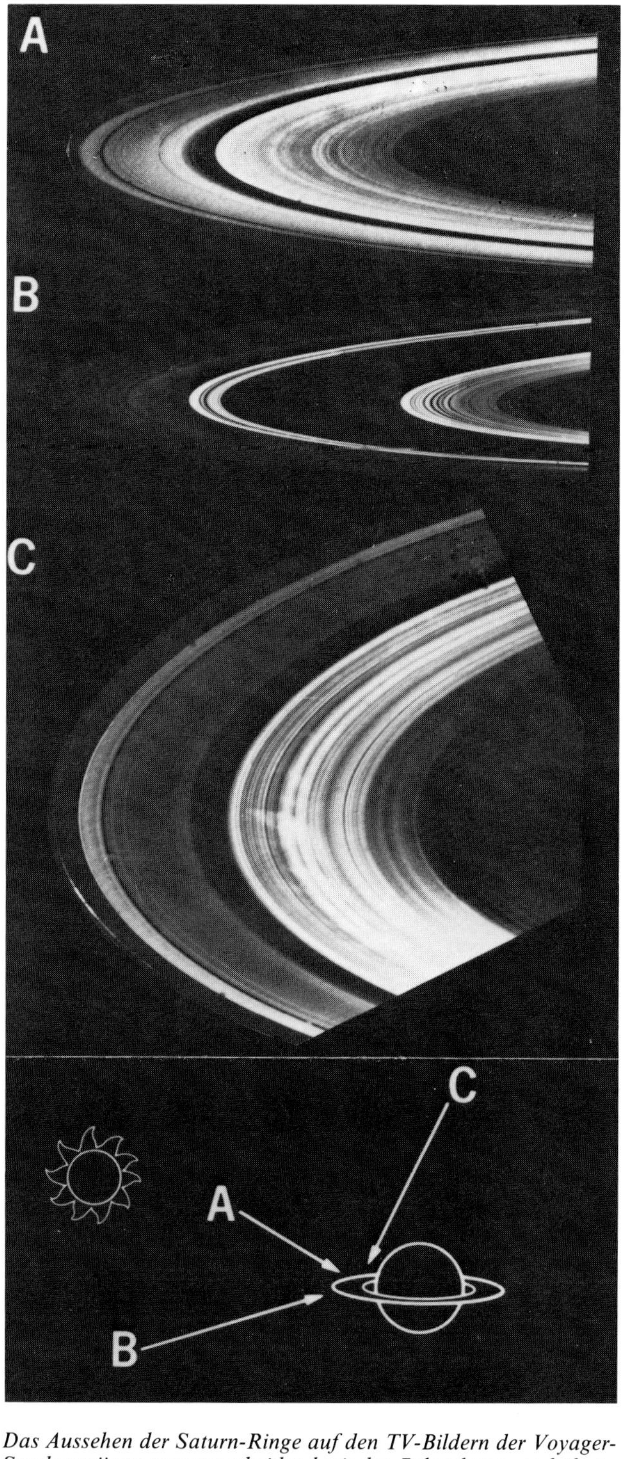

Das Aussehen der Saturn-Ringe auf den TV-Bildern der Voyager-Sonde variierte ganz entscheidend mit den Beleuchtungsverhältnissen, unter denen diese Fotos entstanden. Das Bild A wurde im Auflicht gemacht, die Sonne stand bei der Belichtung hinter der Sonde und beleuchtete das Ringsystem und die »Speichen« frontal. Bild B entstand von der Seite und zeigt den unteren unbeleuchteten Teil des Materiegürtels, diese Ansicht offenbart Details in den optisch dünnen Abschnitten des C-Rings und der Cassini-Trennung. Bild C wurde im Gegenlicht gemacht und zeigt wieder die beleuchtete Seite des Saturn-Rings mit den »Speichen«.

schaftlern zu Ehren die Bezeichnung »Französische Trennung« erhielt. Diese neue Lücke im Ringsystem liegt etwa in 28 800–33 000 km Entfernung von den Saturn-Wolken.
Eine große Überraschung war für die Experten im JPL-Raumfahrtzentrum die Entdeckung von Materie in der Cassini-Trennung, die von der Erde aus ganz leer und dunkel erscheint. Andererseits fand Pioneer 11 keine Anzeichen für die gelegentlich vermuteten ganz innen befindlichen D- oder einen äußeren E-Ring.
Die fantastischen Bilder der Raumsonden Voyager 1 und 2 haben das in Jahrhunderten mühevoll erarbeitete Bild des Ringsystems in wenigen Tagen und Stunden völlig umgeworfen bzw. ganz wesentlich ergänzt und erweitert. Vor den Augen der Wissenschaftler im JPL-Planetenzentrum der NASA entstand plötzlich ein neues Szenario des Ringsystems, wie man es sich interessanter und schöner kaum vorstellen kann.
Erstaunlich für die Experten ist dabei vor allem die Vielgestaltigkeit und Komplexität des Ringsystems, wie sie sich nach und nach auf den TV-Bildern von Voyager 1 herausschälte. In den ersten Tagen der »encounter«-Periode war die Rede von annähernd 100 einzelnen Ringen, dann kletterte die Zahl auf 300, und schließlich war sogar die Rede von 500–1000 einzelnen Ringsegmenten, die man auf den immer besser werdenden Aufnahmen der Sonde identifizieren konnte. »Wir sind müde vom Zählen«, sagte Bradford Smith, der Leiter des Kamera-Teams im JPL, »aber wir lassen uns nicht entmutigen, immer wieder von neuem mit der genauen Analyse der Ring-Bilder zu beginnen!«
Das Ringsystem sieht auf den Voyager-Bildern aus wie eine überdimensionale Schallplatte mit einigen hundert Rillen, die in wechselnder Intensität angeordnet sind, so wie auf einer unserer irdischen LP's sehr laute Musik, ruhige Stellen und Pausen zu unterscheiden sind. Die um Saturn schwebende kosmische Schallplatte hat aber natürlich ganz andere Dimensionen. Es handelt sich um einen sehr ausgedehnten, aber außerordentlich dünnen Materiegürtel. Will man die Dimensionen des Ringsystems um Saturn auf ein verständliches Modell reduzieren, so muß man sich eine irdische Schallplatte von 1 mm »Dicke« vorstellen, die die Größe eines Fußball-Platzes hat.
Die Wissenschaftler im »Jet Propulsion Laboratory« in Pasadena waren angesichts der Fülle und der Komplexität der neuen Bilder, Daten und Fakten von Saturn zunächst einmal etwas ratlos, das betraf vor allem die überraschenden Befunde vom Ringsystem. »Diese Materieansammlung verhält sich manchmal wie eine Partikel-Wolke und dann wieder wie ein Schwarm kleiner Einzelmonde,« meinte der Geologe Harold Masursky. »Erst wenn wir diese seltsamen Zustände etwas besser durchschauen, können wir vielleicht auch etwas mehr über die Vorgänge bei der Entstehung von Planeten und ihren Monden aussagen!«
Verwirrend sind die verschiedenen Ansichten des

Nur die Phantasie eines so begabten Weltraum-Malers wie Ludek Pesek vermag uns einen Eindruck davon zu vermitteln, wie das Ringsystem Saturns aus der Nähe aussieht. Die unzähligen großen und kleinen Eis- und/oder Steinbrocken umkreisen den Planeten alle auf eigenen stabilen Bahnen und fügen sich zu einem flachen, weit gespannten Materiegürtel zusammen. Eine Raumsonde dürfte sich nie so nah an den Saturn-Ring heranwagen, wie es der Maler hier scheinbar getan hat, sehr schnell würde sie von einem der Materiebrocken gerammt und zerstört.

Ringsystems im Auflicht und im Durchlicht. Vor allem zeigen uns die Voyager-Bilder den Saturn und seine Materiegürtel in Perspektiven und Beleuchtungssituationen, wie man sie von der Erde aus bei diesem Planeten nie beobachten kann. Man muß sich deshalb erst in diese Bilder »hineinsehen« und sich vergegenwärtigen, von wo aus sie aufgenommen wurden und aus welcher Richtung das Licht jeweils kommt.

Obwohl das Auflösungsvermögen der TV-Kameras mit 1 km auf 50 000 km Entfernung sehr gut ist, können auf den Voyager-Bildern doch leider keine einzelnen Bestandteile der Saturn-Ringe identifiziert werden, dafür sind diese einfach noch zu klein.

Neue Ringe und Lücken

Die TV-Kameras der beiden Voyager-Sonden spürten auch noch einige zusätzliche Ringsegmente auf, die man bisher von der Erde aus und die auch die erste Saturn-Sonde Pioneer 11 nicht erkannt, die man bestenfalls vermutet hatte. So wurde z. B. der lange gesuchte innerste D-Ring nun tatsächlich gefunden, dessen Partikel bis an die Wolkenoberfläche von Saturn heranreichen. Die TV-Aufnahmen von Voyager, die zur Aufspürung dieses dünnen, sehr lichtschwachen Ringsegments führten, wurden bei Gegenlicht-Beleuchtung gemacht, als sich die Sonde im Saturn-Schatten befand. Die dünnen Materieansammlungen heben sich in dieser speziellen Konstellation als schwach leuchtende Filamente gegen den dunklen Himmel ab.

Diese Beleuchtungssituation herrschte auch, als Voyager 1 die TV-Bilder des dünnen F-Rings aufnahm, den ja Pioneer 11 kurz zuvor schon entdeckt hatte. Auf den sehr viel schärferen Voyager-Bildern stellte sich nun heraus, daß dieser etwa 150 km breite F-Ring in Wirklichkeit aus mindestens drei dünnen, eng beieinander stehenden Teilen besteht, die regelrecht ineinander verflochten sind. Diese »Verzwirnung« ist himmelsmechanisch vorerst nicht zu verstehen. Bei der Klärung der Ursachen für dieses einzigartige kosmische Phänomen müssen neben den bekannten Gravitationskräften wohl auch besondere mechanische und elektrostatische Erscheinungen mit in Betracht gezogen werden, die sich unter dem starken Einfluß des Magnetfelds von Saturn entwickeln.

Die innere und äußere Grenze dieses ringförmigen »Zopfs« um Saturn wird durch die beiden ebenfalls von Voyager 1 neu entdeckten kleinen Monde S 26 und S 27 bestimmt, die wie »Schäferhunde« knapp innerhalb und außerhalb dieses schmalen Ringsegments umlaufen und alle Materie »abfangen«, die sich über

Deutlich sind auf diesem aus 4 Mio. km Entfernung gemachten Telebild von V-2 einige der typischen »Speichen« auf dem B-Ring von Saturn zu erkennen, die sich offensichtlich erst kurz vor dieser Aufnahme gebildet hatten, wie die scharfen Ränder anzudeuten scheinen. Die Wissenschaftler glauben, daß irgendwelche elektromagnetischen Kräfte die dunkle Materie auf und auch unter dem Ringsystem erzeugen und festhalten.

die gegebenen Grenzen hinausbewegt. Auf ähnliche Weise scheint der ebenfalls neu entdeckte Mond S 28 die Außengrenze des hellen A-Rings zu markieren. Ein weiteres, sehr schmales Ringsegment entdeckte Voyager 1 zwischen den beiden »Zwillingsmonden« S 1 und S 3. Dieser sehr kleine Ringabschnitt trat zunächst nur indirekt als Schatten auf einem der beiden Trabanten in Erscheinung, bis er dann auf einigen Bildern des E-Rings auch direkt gesehen werden konnte.
Interessante Aufschlüsse über die Zusammensetzung der einzelnen Saturn-Ringe ergaben die sog. Bedekkungs-Experimente, bei denen die Funksignale einer Raumsonde – von der Erde aus gesehen – durch die Materiegürtel gehen, bevor sie den langen Weg durch das Sonnensystem zur Erde zurücklegen. Bei der Passage der Ringe werden diese elektromagnetischen Wellen gemäß den Verhältnissen in diesen Materieansammlungen charakteristisch beeinflußt, und aus den daraus resultierenden Frequenzänderungen können die Wissenschaftler Rückschlüsse auf die Verhältnisse im Ringsystem ziehen. Diese Bedeckungs-Experimente sind ja bei Planetenmissionen schon vielfach zur Untersuchung der jeweiligen Atmosphären angewandt worden.

Die Bedeckungs-Experimente beim Ringsystem des Saturn ergaben, daß die Teilchen in den Ringen D, E und F kleiner als 1/40 mm sein dürften, während die meisten Partikel im C-Ring Durchmesser von 1000 mm und mehr erreichen dürften, obwohl hier auch ein breites Größenspektrum nachgewiesen wurde und die Abstände zwischen den einzelnen Brocken größer zu sein scheinen. Im A- und B-Ring sind die Abstände der Partikel dagegen wesentlich geringer, dort kommt es häufig zu Kollisionen zwischen den einzelnen Bestandteilen dieser Materiegürtel, was die relativ kleinen Teilchengrößen erklären dürfte.
Wie schon die Bilder und Messungen von Pioneer 11 gezeigt hatten, ist die 4000 km breite Cassinische Trennung zwischen dem A- und B-Ring nicht ganz frei von Materie. Die viel schärferen Voyager-Bilder offenbarten nun, daß sich in dieser vermeintlichen Materie-Lücke ein eigenes kleines, etwas dunkleres Ringsystem von etwa zwei Dutzend Einzelsegmenten befindet. Die Cassini-Trennung ist also eigentlich gar keine Materie-Lücke, sondern eine Zone etwas dunklerer Ring-Materie.
Großes Erstaunen lösten bei den Wissenschaftlern die dunklen radialen Strukturen in dem breiten B-Ring aus, die unabhängig vom eigentlichen Materiegürtel um Saturn zu kreisen scheinen. Diese »Fahrrad-Speichen« können nach Meinung der Experten nicht direkte Bestandteile des Ringsystems sein, dann wären sie wegen der unterschiedlichen Rotation von 9,5–10,7 Stunden (von der Innenkante des C-Rings bis zur Außenkante des A-Rings) nicht in dieser Form stabil. Offensichtlich handelt es sich bei diesen »Speichen« um ebenso kompakte Gebilde wie es die Ringe sind, die wohl selbständig über dem eigentlichen Materiegürtel schweben – gehalten vielleicht vom Magnetfeld des Planeten oder besonderen, noch zu erforschenden elektrostatischen Kräften. Auf Bildern, die kurz nach dem »encounter« aus fast entgegengesetzter Richtung von den seltsamen fingerartigen Strukturen gemacht wurden, erscheinen diese plötzlich heller als die eigentliche Ringmaterie, was auf eine starke Lichtstreuung hinweist.
Die mysteriösen »Fahrrad-Speichen« im B-Ring oder darüber wurden von Voyager 2 besonders genau untersucht. Da man annahm, daß diese Erscheinungen irgendwie über dem eigentlichen Ringsystem schweben, machten die TV-Kameras spezielle Bilder, hauptsächlich kurz vor und nach dem Kreuzen der Ringebene, wo man die »Speichen« von der Seite hätte sehen können. Außerdem wurden im Anflug auf Saturn zahlreiche Zeitraffer-Aufnahmen von den dunklen Speichen-Strukturen gemacht, um einen Film von ihrer Entstehung, Bewegung und Lebensdauer zu erhalten.
Die »Finger« auf dem Saturn-Ring bilden sich offensichtlich sehr schnell innerhalb weniger Minuten vor allem dort, wo die Ringabschnitte aus dem Saturn-Schatten hervortreten. Die meisten dieser radialen Streifen verschwinden innerhalb weniger Stunden wieder, andere sind konstanter, und es bilden sich neue

Oben: *Wie eine Kugel aus mattschimmerndem Gold sieht Saturn auf diesem faszinierenden Bild aus, das Voyager 1 aus 18 Mio. km Entfernung machte; in makelloser Perfektion legt sich das Ringsystem um den Planeten. Das AV beträgt 350 km bei einem Saturn-Durchmesser von 120 000 km. Nur wenige Einzelheiten sind in der Wolkenhülle des Ringplaneten erkennbar.* **U. L.:** *Ein „jet stream" wurde hier von der Voyager-Kamera in der Saturn-Atmosphäre erfaßt, wegen eines Dunstschleiers sind die Einzelheiten nicht so klar erkennbar wie z. B. in den Jupiter-Wolken. Das AV dieser aus 3 Mio. km Entfernung gemachten Aufnahme beträgt etwa 60 km.* **U. R.:** *Einige Wolkenstreifen in der nördlichen Saturn-Hemisphäre zeigt diese Falschfarbenaufnahme, die Voyager 1 aus 9 Mio. km Distanz gewonnen hat.*

O. L.: *Die feinen Strukturen im F-Ring des Saturn zeigt dieses elektronisch aufbereitete Bild, das nach den Messungen des Fotopolarimeters erstellt wurde und ein AV von nur 100 Meter hat.* **O. R.:** *Das Ringsystem von Saturn und sein Schatten sind hier vor der rotbraunen Wolkenhülle des Planeten abgebildet; die Falschfarbenaufnahme wurde im Kontrast verstärkt.* **Unten:** *Diese Falschfarbenaufnahme des Ringsystems von Saturn machte V-2 aus 1 Mio. km Entfernung; deutlich sind verschiedene Dichtezonen in dem Materiegürtel erkennbar.*

Streifen über ihnen. Die „Speichen“ können auf beiden Seiten des Ringsystems beobachtet werden, auf der hellen und auf der unbeleuchteten – obwohl es sich im letzteren Fall auch nur um die Schatten der Radialstreifen handeln könnte, die Frage ist noch nicht eindeutig geklärt.

Die speichenartigen Verdunkelungen im B-Ring von Saturn sind aber nicht erst von Voyager 1 entdeckt worden, wie das lebhafte Echo bei Fachleuten und Laien auf diese Meldungen in aller Welt vermuten lassen könnte. Wer ältere Zeichnungen von Saturn – wohlgemerkt keine Fotos – nun nachträglich einmal systematisch auswertet, der findet diese »Speichen« auch auf manchen Zeichnungen, die Astronomen in früheren Jahrzehnten von Saturn gemacht haben. Paul Stroobandt z. B. berichtet darüber 1888 in der Zeitschrift »Sirius«, er beobachtete den Ringplaneten mit einem 35-cm-Instrument und schrieb darüber.

Diese alten Beobachtungen und Skizzen kommen erst jetzt nach den aufsehenerregenden Bildern von den beiden Voyager-Sonden wieder zu Ehren, und es beweist sich eine alte astronomische Erfahrung, daß Zeichnungen von den Planeten wesentlich mehr Detail zeigen als Fotos. Die Luftunruhe bei der Astrofotografie bewirkt eine rapide Minderung der Bildqualität und auch des Kontrasts, so daß die feinen Speichenstrukturen über dem B-Ring von Saturn auf Fotos nicht abgebildet werden können.

Durch die Mission von Voyager 2 wurde das Bild des Ringsystems von Saturn noch sehr viel komplizierter als es nach den Beobachtungen von V-1 schon erschienen war. Die Fernsehbilder und vor allem die Ergebnisse der Fotopolarimeter-Beobachtungen von V-2 ergaben, daß das Ringsystem von Saturn aus vielen Tausend einzelnen Segmenten besteht. Das Bedeckungsexperiment erbrachte in dem Ringsystem ein Auflösungsvermögen von nur 150 m, das ist 1/20 des von den TV-Bildern erreichten Wertes von ca. 3 km.

Die äußerst genauen Fotopolarimeter-Daten warfen nun eine neue Frage auf: Was eigentlich ist ein Ring? Wo beginnt ein Segment dieses Materiegürtels und wo endet es? Wie läßt sich die Grenze zwischen den einzelnen Abschnitten des Ringsystems von Saturn definieren? Schwierigkeiten bereitet auch die Erklärung des Befundes, daß viele Ringsegmente nicht exakt kreisförmig, sondern leicht elliptisch sind, was auf rasche Veränderungen in der Feinstruktur des Ringsystems hinzudeuten scheint. Zur Stabilität des Ringsystems von Saturn wurden seit dem Vorbeiflug von V-1 zahlreiche Theorien entwickelt, die nun mit V-2 bis zu einem gewissen Grad überprüft werden konnten.

Die zweite Voyager-Sonde bestätigte die Existenz des G-Rings und D-Rings und fotografierte diese zusammen mit dem A-, B-, C- und F-Ring. Der sehr lichtschwache E-Ring wurde nur durch Partikel- und Feldexperimente nachgewiesen. Mit dem Radiowellen-Experiment wurde die Größe der Partikel in den verschiedenen Abschnitten dieses Materiegürtels bestimmt. Im A-Ring haben sie durchschnittlich 10 m, in der Cassini-

Dies ist eine der besten Aufnahmen des F-Rings von Saturn. Voyager 2 machte das TV-Bild aus 103 000 km Entfernung kurz vor dem Kreuzen der Ringebene. Das Teleobjektiv erfaßte dabei etwa 0,05° des gesamten Ringumfangs. Vier einzelne Komponenten des F-Rings werden erkennbar, die an einigen Stellen miteinander verflochten sind, wie andere Aufnahmen zeigen. Das Auflösungsvermögen dieses TV-Bildes beträgt trotz des geringen Abstandes nur einige Kilometer, so daß die zahlreichen anderen Komponenten des F-Rings nicht erkannt werden können, die beim Bedeckungsexperiment aufgespürt wurden.

Lücke vielleicht 8 m und im C-Ring etwa 2 m Durchmesser. Es kommen aber auch wesentlich kleinere und auch größere Ringpartikel vor, hauptsächlich wohl noch sehr viel „Kleinteile“ und Staub.

Die Lücke am äußeren Rand des A-Rings wurde bislang nach einem Berliner Astronomen Encke-Teilung genannt, der 1837 über diese Besonderheit im Ringsystem Saturns berichtete. Encke arbeitete seinerzeit mit einem 22-cm-Instrument, und damit ist diese schmale dunkle Lücke eigentlich noch nicht zu sehen, auch bei besten Beobachtungsbedingungen. Offensichtlich hat Encke damals etwas anderes beobachtet, und deshalb wird diese schmale Lücke im Saturn-Ring jetzt evtl. umbenannt in »Keeler-Trennung«. Die »Working Group on Planetary System Nomenclature« stellte fest, daß James Keeler vom Lick-Observatorium im Frühjahr 1888 diese Ring-Lücke als erster wirklich gesehen haben dürfte. Der Astronom arbeitete damals mit einem 90-cm-Refraktor, und ein solches Instrument ist nach Meinung der Experten auch für die Beobachtung der Encke- bzw. Keeler-Trennung notwendig. Der amerikanische Astronom jedenfalls beschrieb die Position dieser dunklen Lücke im Ringsystem sehr viel korrekter als der deutsche Wissenschaftler.

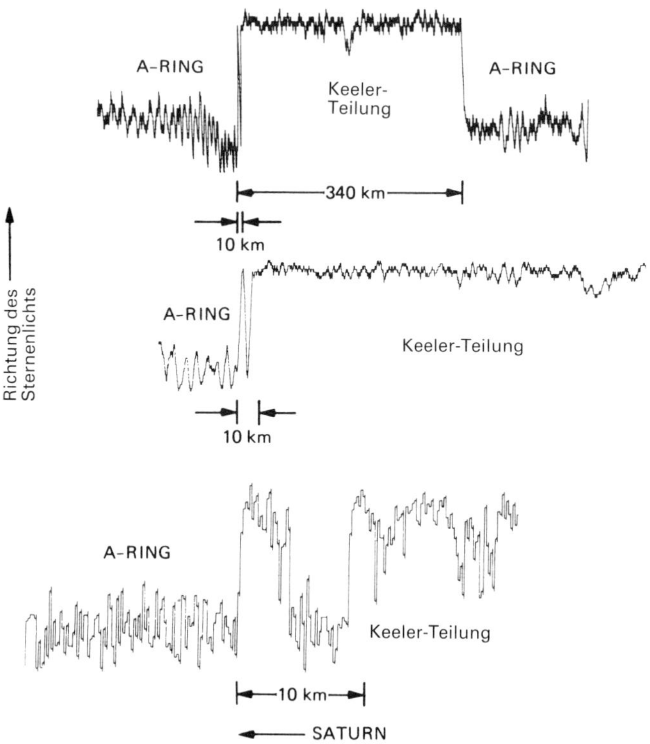

Mit dem Polarimeter von Voyager 2 wurde bei der Erforschung des Saturn-Rings ein sehr hohes Auflösungsvermögen erreicht, das mit 150 m etwa 20fach besser als das der besten TV-Aufnahmen ist. Diese Zoom-Serie von der Verdunkelungskurve des Sternenlichts durch das Ringsystem läßt etwas von der Präzision dieser Polarisationsmessungen ahnen. Erfaßt ist hier die Dichte der Materieverteilung in der Keeler- bzw. Encke-Lücke an der äußeren Seite des A-Rings. Die Spitzen der Lichtkurve weisen auf relativ »leere« Zonen im Ringsystem hin, obwohl der obere Teil der Grafik auf ein ganz dünnes Ringsegment in dieser Lücke hinzudeuten scheint.

Eines der wichtigsten Experimente von V-2 kurz vor dem »encounter« war die Beobachtung einer Sternbedeckung durch das Ringsystem mit Hilfe des Fotopolarimeters. Diese »occultation« ergab sich seinerzeit aus der Position von Ring, Raumsonde und dem relativ hellen Stern Delta Skorpion. Von der sich rasch bewegenden Raumsonde aus betrachtet, wanderte dieser Stern in etwa zwei Stunden hinter dem 70 000 km breiten Ringsystem von der Saturn-Scheibe bis zum A-Ring außen.

Nacheinander verfinsterten die einzelnen Ringsegmente nun das Licht von Delta Skorpion um einen gewissen Betrag entsprechend der Materiedichte in dem jeweiligen Abschnitt. War das Ringsegment sehr dicht und kompakt, wurde viel Licht des Sterns absorbiert, handelte es sich jedoch nur um eine ganz dünne Materieschicht, dann wurde das Licht dieses Skorpion-Sternes kaum geschwächt. Die vom Fotopolarimeter aufgezeichnete Lichtkurve gibt nun einen hervorragenden Einblick in die Feinstruktur des Ringsystems von Saturn, das Auflösungsvermögen bei diesen Messungen betrug etwa 150 Meter, während die TV-Kameras im günstigsten Fall nur Objekte von 2–3 km Durchmesser erkennen konnten.

Das Bedeckungsexperiment erbrachte den Nachweis, daß das Ringsystem nicht nur aus einigen Hundert, sondern aus wahrscheinlich fast zehntausend einzelnen Segmenten unterschiedlicher Breite, Helligkeit und Materiedichte besteht. Die Messungen des Fotopolarimeters wurden dadurch begünstigt, daß die den Stern bedeckenden Ringsegmente im Schatten lagen, so daß keine Lichtbrechungen und Überblendungen das Meßergebnis verfälschen konnten. Durch eine spezielle Datenrate von 7200 bps für das Fotopolarimeter wurde bei den kritischen Bedeckungsmessungen eine zeitliche Auflösung von $^1/_{100}$ Sek. erreicht, während normalerweise nur Lichtwechsel mit einer Periode von ½ Sek. erfaßt wurden. Das Fotopolarimeter-Experiment half auch, die Brechungs- und Reflexionscharakteristiken der einzelnen Partikel in verschiedenen Abschnitten des Ringsystems zu untersuchen, woraus sich weitere Aufschlüsse über die Natur dieser Materie im Ringsystem Saturns ergaben.

Die Farbvariationen in den großen Ringabschnitten werden durch Unterschiede in der Zusammensetzung und/oder verschiedene Größen der Ringpartikel verursacht. Die Falschfarben-Kompositionen von Aufnahmen des C- und B-Ringes zeigen, daß einige Segmente im C-Ring von der Zusammensetzung her Ähnlichkeit mit dem B-Ring haben.

Entstehung des Ringsystems

Die Ursachen für die vielfältige Differenzierung des Ringsystems von Saturn, wie sie jetzt von Voyager 1 + 2 entdeckt wurde, sind noch weitgehend ungeklärt. Die bisherige Vorstellung, die Trennung in einzelne Ringsegmente als Resonanzerscheinungen und die Lücken im Ringsystem als Zonen gravitativer Instabilität anzusehen, kann nach den neuesten Erkenntnissen nicht mehr als alleinige Erklärung angesehen werden, hier müssen auch völlig neue Theorien und Denkmodelle entwickelt werden.

Lange Zeit galt das Ringsystem um Saturn ja als einzigartig, man nahm es sozusagen als einmaliges Mirakel im Sonnensystem zur Kenntnis und begnügte sich mit halbfertigen Erklärungsversuchen, weil einfach keine plausibleren Begründungen für die Existenz des Saturn-Ringsystems verfügbar waren. Nach der Entdeckung von solchen Gürteln auch um die Planeten Uranus und Jupiter ist die Frage nach der Entstehung solcher Materieansammlungen um einen großen Planeten jetzt viel dringender zu stellen. Dabei hat sich die Diskussion um den Lösungsansatz inzwischen schon auf die Frage verschoben, warum die anderen Planeten im Sonnensystem keinen solchen Materiering um sich versammelt haben?

In diesem Zusammenhang wurde dann kürzlich auch

Die beleuchtete Seite des B-Rings von Saturn zeigt diese von Voyager 2 aus 743 000 km Distanz gewonnene Aufnahme. Erfaßt ist ein ca. 6000 km breiter Streifen, der zehnmal so viele einzelne Ringsegmente enthält, wie nach den Bildern von V-1 ursprünglich angenommen wurde, das Auflösungsvermögen beträgt ca. 15 km. Die Variationen in der Helligkeit der einzelnen Materieringe entstehen durch Differenzen in der Dichte und durch wechselnde Lichtstreuung. Die meisten Partikel der Saturn-Ringe sind wahrscheinlich nur wenige Millimeter oder Zentimeter groß.

die Behauptung aufgestellt, daß auch die Erde vor einigen Millionen Jahren einen großen Materiegürtel besessen haben könnte. Der breite Schatten dieses Ringes, der durch die Neigung der Erdachse gegen die Ekliptik jeweils verschieden breite Zonen unseres Planeten bedeckt haben dürfte, könnte – so meinen einige Wissenschaftler – eine deutliche Abkühlung des Klimas auf der Erde verursacht haben, vielleicht eine Erklärung für frühere Eiszeiten. Aus irgendeinem bislang nicht näher erläuterten Grund hätte sich dieser Ring um die Erde dann aufgelöst und die einzelnen Partikel seien in die Atmosphäre eingedrungen und verglüht. Nur die etwas größeren Bestandteile hätten die Reibungshitze überstanden und würden nun auf der Erde als Tektite an bestimmten Stellen gefunden. Ähnliche Verhältnisse könne man – so diese provisorischen Denkmodelle – auch für Mars und die anderen Planeten annehmen, so daß ein solcher Materiegürtel sozusagen als natürliches Produkt des Entstehungsprozesses bei einem Planeten angenommen werden kann. Bei Merkur und Venus wären diese wahrscheinlich aus Eis bestehenden Ringpartikel wegen der relativ nahestehenden Sonne sehr schnell aufgeschmolzen worden. Auch bei der Erde und Mars konnte sich dieses imaginäre Ringsystem nicht sehr lange halten, und bei Jupiter dürfte es wegen der nicht unerheblichen Entwicklung von Eigenwärme in dem Planeten bis zu der heutigen Größe bzw. Winzigkeit zusammengeschrumpft sein.

Als Ursache für die Entstehung eines solchen Ringsystems um einen Planeten wird nach wie vor auch der Zusammenhang mit einem oder mehreren Monden erwogen, die an dieser Stelle in der jeweiligen Entfernung vom Planeten entstehen sollten oder wieder auseinander gebrochen sind.

Diese sog. Resonanzwirkungen entstehen dann, wenn sich die Anziehungskräfte von zwei oder drei Monden an bestimmten Stellen summieren und alle dort befindliche Materie »hinwegfegen«. Diese Zonen liegen jeweils in bestimmten, mathematisch kalkulierbaren Entfernungen vom Planeten, in denen die Umlaufzeiten der darin befindlichen Materiebrocken einen gemeinsamen Teiler mit der Umlaufzeit des verursachenden Satelliten haben.

So hätte z. B. die in der Cassini-Trennung befindliche Materie eine Umlaufzeit, die halb so lang ist wie die des Mondes Mimas, ein Drittel so lange wie die Umlaufzeit von Enceladus und ein Viertel so lang wie die Periode von Tethys. Durch diese auch Kommensurabilität genannte Tatsache entsteht die sog. Resonanz, die unablässig in immer demselben Abstand auftretenden Kräfte reißen jede Materie aus der betreffenden Bahn, und es entsteht eine Lücke. Obwohl diese Resonanz-Theorie sehr einleuchtend scheint, hat sie doch – gemessen an den Realitäten – einige schwache Punkte: Die beobachteten Teilungen befinden sich nicht genau an den theoretisch geforderten Stellen im Ringsystem.

Nach der Frage, wie die Materiegürtel um Saturn und die anderen Planeten entstanden sind, stellen die Experten dann auch gleich Überlegungen an, wie sich diese Ringsysteme auf ihren exponierten Umlaufbahnen halten können, denn nach den heutigen Erkenntnissen besteht z. B. der Saturn-Ring schon seit einigen Jahrmilliarden, und nach allen vorliegenden Theorien kann er noch mindestens ebenso lange dort weiter kreisen.

Noch sind nicht alle Erkenntnisse der Voyager-Missionen ausgewertet und publiziert, vor allem die Daten über die genaue Größe und Zusammensetzung der Partikel im Ringsystem von Saturn werden mit Interesse erwartet. Einige der von der Erde aus beobachtenden Radioastronomen sind der Meinung, daß die Ringpartikel auch aus einer exotischen Metallverbindung bestehen könnten. Die »normalen« Astronomen halten dagegen eine Zusammensetzung aus Eis und/ oder Gestein für sehr viel wahrscheinlicher. Offen-

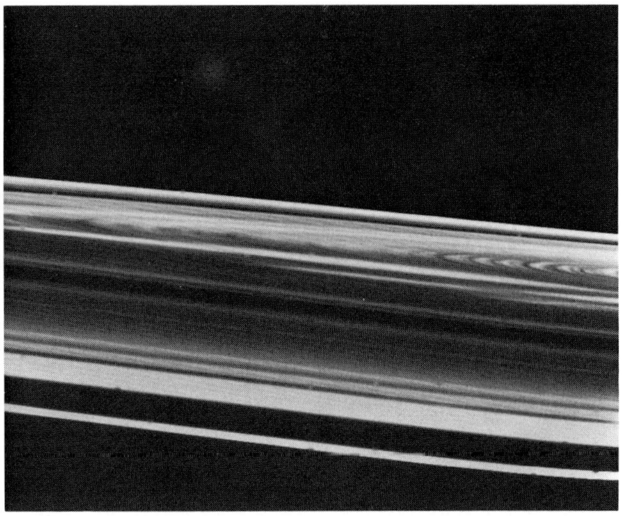

Diese extreme Schrägaufnahme vom Ringsystem Saturns machte Voyager 2 aus 103 000 km Entfernung kurz vor dem Kreuzen der Ringebene. In dieser ungewöhnlichen Perspektive sind von unten nach oben der F-Ring und der A-Ring mit der Encke/Keeler-Teilung zu erkennen sowie die Cassini-Lücke, der B- und der C-Ring. Die hellen Streifen über dem B-Ring deuten die Experten als die von der Seite erscheinenden »Speichen«, die hier wegen der besonderen Beleuchtungsverhältnisse nicht dunkel wiedergegeben werden.

sichtlich handelt es sich dann jedoch nicht um einfaches Wasser-Eis, denn auf den Voyager-Bildern erscheinen die Saturn-Ringe in verschiedenen schwachen Braun- und Rotvariationen, so daß man eher an Ammoniak- oder Methan-Eis denken könnte. Andererseits verdampfen diese Substanzen relativ schnell bei den im Ringsystem beobachteten Temperaturen von –185° C, während Wasser-Eis unter diesen Verhältnissen sehr stabil wäre. Vielleicht entsteht die rötlich-braune Farbe der Ringpartikelchen auch durch eine im Laufe der Jahrmillionen entstandene äußere Verschmutzung.

Die Ringscheiben des Planeten Saturn sind erstaunlich dünn, haben ausgesprochen scharfe Ränder und bestehen teilweise aus Partikeln, die auf rätselhafte Weise nach ihrer Größe sortiert sind. Dies berichtete eine Gruppe von Wissenschaftlern der Stanford-Universität (Kalifornien) auf einer Regionaltagung der »American Geophysical Union«.

Dr. G. Leonard Tyler und Dr. R. von Eshelman (beide Professoren der Elektrotechnik) fanden bei der Auswertung von Meßdaten des Radiowellen-Experiments von Bord der Sonde, daß die Dicke der Ringe in vertikaler Richtung bei höchstens 500 m, wahrscheinlich eher bei 400 m liege. Dies gilt für den gesamten Ringbereich von ca. 280 000 km Ausdehnung.

Tabelle des Saturn-Ringsystems

Segment	Abstand (km) v. Saturn-Zentrum	Breite (km)	Umlauf-Periode	Umlauf-Tempo km/Sek	Ring-Material	Größe der Partikel	Besonderheiten
D-Ring	72 900 – Wolken	13 000	5 h 34 m	22,8	Eis und Gestein	8 m	sehr lichtschwach, nur im Gegenlicht oder gegen die Saturn-Wolken zu erkennen
C-Ring	72 600 – 91 800	19 200	6 h 51 m	21,35	Eis und Gestein	2 cm 5 cm 10 cm	symmetrische Form, gleichmäßige Helligkeit etwas dunkler als der B-Ring
B-Ring	91 800 – 116 400	24 600	9 h 37 m	19,1	Staub	Mikron-Bereich	der B-Ring besteht aus Hunderten einzelnen Segmenten verschiedener Breite und Helligkeit, einige Abschnitte sind ellipsenförmig
Cassini-Teilung	116 400 – 121 000	4 600	11 h 47 m	17,8	Eis und Gestein	10 m	es handelt sich um keine Lücke im Ringsystem, sondern um eine Zone dunklerer Materie mit mindestens fünf einzelnen Segmenten
H-Ring	120 000 – 135 600	15 600	13 h 15 m	17,1	Eis und Gestein	1–10 m	eine recht homogene Ringzone, die dunkler als der B-Ring ist
Encke/Keeler-Teilung	133 300	300	13 h 52 m	16,8	Eis und Gestein	1–10 m	auch diese Lücke ist nicht frei von Materie
F-Ring	140 600 – 142 600	2 000	15 h 3 m	16,4	Staub	Mikron-Bereich	besteht aus vier ineinander verflochtenen und verschieden hellen Einzelringen
G-Ring	168 000						sehr lichtschwach
E-Ring	210 000 – 300 000	90 000					sehr lichtschwach

V-2 hatte den Planeten bzw. dessen Ringsystem bereits passiert und sandte Radiostrahlen der Frequenzen 3,6 cm (X-Band) und 13 cm (S-Band) zu der jenseits des Saturn stehenden Erde. Dabei wurden die Radiowellen an den Planetenringen in einer Weise gestreut und abgelenkt, die Rückschlüsse auf die Dicke der Ringscheiben und die Größe der darin schwebenden Partikel – von der Größe eines Golfballes bis zu der eines acht bis zehn Meter großen Hauses – zulassen. An den Ringrändern erfuhren die Radiowellen die »klassische« Streuung. Die Beobachtungen ergeben, daß die Ringkante extrem scharf und ziemlich glatt ist.
Die neuen Erkenntnisse werfen jedoch viele Fragen auf: Weshalb ist z. B. die Materie in den Ringen nicht gleichmäßig verteilt? Es gibt Abschnitte, in denen sehr kleine Partikel im Kantenbereich regelrecht aufgehäuft sind. Solche Bänder hat V-2 entlang der Hauptringe C, B und A immer wieder gefunden. Die Wissenschaftler bezeichnen sie als „Kondensationen".
Der planetennächste C-Ring wurde von V-2 am gründlichsten sondiert. Die ungleichmäßige Materieverteilung in den Kondensationsbereichen sei, wie Professor Tyler erklärte, ganz auffällig gewesen. »Auf irgendeine Weise hält die Natur dort Material zurück und häuft es am Rande auf.« Welcher mechanische Prozeß dem zugrunde liegt, weiß man gegenwärtig nicht. Er scheint im A-Ring, in der dritten Scheibe, nur teilweise wirksam zu sein, denn dieser weist an einer der Ringkanten – nicht an beiden – Aufhäufungen auf. Beim B-Ring ist an einer Außenkante die Aufhäufung kleiner Materieteile deutlich zu beobachten (die andere Randzone wurde nicht untersucht).
An den schmalen Ringen des Planeten Uranus, die jeweils kaum mehr als 100 km breit sind (im Gegensatz zu 18 000 bis ca. 25 000 km Hauptringbreiten beim Saturn), zeigt sich ein ganz ähnliches Phänomen. Wie ein Bedeckungsexperiment mit Hilfe eines Sterns ergab, ist dort im Randbereich ebenfalls eine Kondensation von Partikeln zu beobachten, die etwa die gleiche Größe wie die Partikel der aufgehäuften Materie in den Saturn-Ringen haben dürften.
Professor Tyler und seine Mitarbeiter wollen als nächstes die Auswertung der Meßdaten vom D-Ring des Saturn zu Ende führen und dann versuchen, den Anteil der großen und kleinen Partikel in den Ringen herauszufinden. Die Meßdaten aus dem Radiowellenexperiment mit X-Band- und S-Band-Impulsen ergaben außerdem, daß in der großen Lücke zwischen dem A- und B-Ring, in der sogenannten Cassini-Teilung, kleine Partikel fast völlig fehlen, dagegen Materietrümmer von etwa 10 m Größe verhältnismäßig häufig anzutreffen sind.
Einen Gürtel äußerst heißen Plasmas entdeckte Voyager 2 beim nahen Vorbeiflug um Saturn. Die Temperaturen in dieser Zone erreichen maximal 1 Mia Grad F, das ist das 300fache des in der Sonnenkorona gemessenen Wertes und das Doppelte der Temperaturen, die in dem Plasma-Thorus um Jupiter gemessen wurden.
Der Gürtel heißen Gases um Saturn hat etwa 450 000 km Durchmesser und befindet sich zwischen 274 000 und 724 000 km Abstand von Saturn. Vielleicht hat diese Erscheinung etwas zu tun mit den Monden Dione und Rhea, um deren Orbit der Plasmaschlauch konzentriert zu sein scheint. Auf der Tagseite Saturns ist der Plasmagürtel offensichtlich weiter von dem Planeten entfernt als auf der Nachtseite. P-11 und V-1 hatten in der beim Vorbeiflug von V-2 so heißen Zone ein wesentlich kühleres, aber auch dichteres Plasma vorgefunden. Die Raumsonden kamen alle unbeschädigt durch diese heißen Zonen bei den großen Planeten, weil das Plasma in der starken Verdünnung nicht so wirksam ist.

Noch gibt es keine konkreten Programme, aber der nächste Schritt zur weiteren Entfernung des Saturn-Systems dürfte wohl – ebenso wie bei Jupiter – ein Orbiter sein, der eine oder mehrere Instrumentenkapseln in die Atmosphären des Planeten und des Mondes Titan entsendet. Letztere könnte nach der aerodynamischen Abbremsung an einem Fallschirm zur festen oder flüssigen Oberfläche dieses Trabanten niederschweben.

Die Monde des Saturn

Bei den bekannten Saturn-Monden, die jetzt von Voyager 1 genauer untersucht wurden, handelt es sich um größere, aber relativ leichte Körper, die – so besagt ihr spezifisches Gewicht – vorwiegend aus Eis bestehen und jeweils nur einen kleinen festen Kern aus

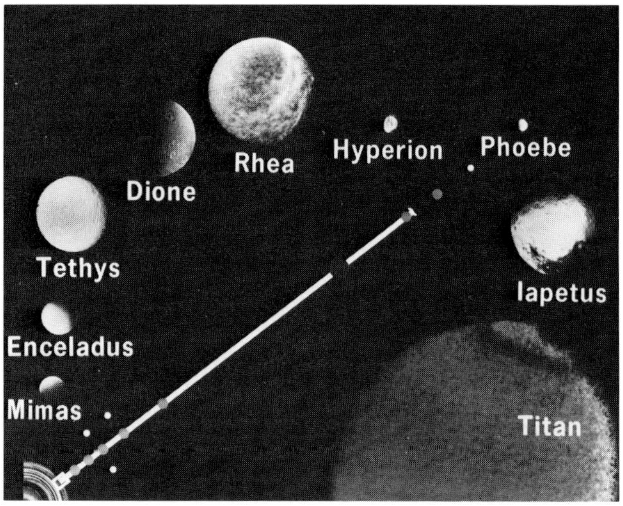

Die Größe der wichtigsten Saturn-Monde und ihre Abstände von dem Planeten sind in dieser Fotomontage etwa naturgetreu wiedergegeben. Die Durchmesser der Trabanten schwanken sehr stark – von dem alles überragenden Titan einmal ganz abgesehen. Die Abstände der beiden äußeren Monde Iapetus und Phoebe ließen sich in dieser Grafik allerdings nicht mehr maßstabsgerecht wiedergeben.

Gestein mit einigen metallischen Bestandteilen besitzen dürften. Die Durchmesser von Mimas, Enceladus, Tethys, Dione und Rhea liegen zwischen 200–1500 km; im Aufbau und in der Oberflächen-Gestaltung – so nahm man an – könnten die Saturn-Trabanten in gewisser Weise Ähnlichkeit mit den beiden großen Jupiter-Monden Ganymed und Callisto haben.

Bei allen Vergleichen und Assoziationen, die sich beim Betrachten der Bilder von den verschiedenen Saturn-Monden (außer bei Titan) ergeben, muß man aber beachten, daß diese Körper wesentlich kleiner sind als unser Erd-Mond und auch kleiner als die großen Jupiter-Trabanten. Bei den Überlegungen, wie die Oberflächen-Merkmale auf den Saturn-Monden entstanden sein könnten, muß man sich vergegenwärtigen, daß es sich um Eiskugeln handelt, deren Oberflächen wesentlich elastischer sind als die von Stein-Monden. Außerdem ist die Schwerkraft an der Oberfläche der kleinen, leichten Saturn-Monde relativ gering. Weiterhin haben alle kleinen Saturn-Monde (bei Titan weiß man es noch nicht genau) eine gebundene Rotation, eine Seite dieser Körper ist also immer zu dem Planeten hin gerichtet, und die Eigenrotation stimmt zeitlich genau mit der Umlaufzeit überein.

Bemerkenswert bei den Saturn-Monden ist die Tatsache, daß ihre spezifische Dichte von innen nach außen zunimmt, während es bei den vier großen Jupiter-Trabanten ja genau umgekehrt ist. Die inneren Saturn-Monde Mimas, Enceladus und Tethys scheinen – soweit feststellbar – alle eine Dichte von ungefähr 1 g/cm^3 oder etwas mehr zu haben, sie bestehen also überwiegend aus Wasser-Eis, während die weiter außen stehenden Trabanten mit zunehmenden Anteilen von Gestein vermischt sein dürften. Titan besteht zur Hälfte aus Gestein und Eis, er hat die spezifische Dichte 2.

Interessant ist auch, sich einmal die Sichtbarkeitsbedingungen für die Saturn-Monde zu vergegenwärtigen: Titan, der hellste Trabant ist schon in kleinen Fernrohren auszumachen, auch in lichtstarken Feldstechern kann man den Weg dieses Mondes um Saturn herum verfolgen. In astronomischen Jahrbüchern werden zur Orientierung für den Amateurastronomen jeweils die östlichen und westlichen Elongationen von Titan angegeben, der sich für die irdischen Beobachter bis auf 3′ 17″ entfernen kann. Um die Trabanten Rhea und Iapetus identifizieren zu können, sind schon Instrumente von mindestens 8 cm Öffnung notwendig – wenn sie den maximalen seitlichen Abstand von Saturn erreichen. Dione, Tethys und Enceladus erfordern zum Auffinden schon Teleskope von 10 cm Objektiv-Durchmesser.

Es gibt nach den Beobachtungen der Voyager-Sonden drei Arten von Saturn-Monden: den riesigen Titan, sieben mittelgroße Eistrabanten und mindestens ein Dutzend kleine Möndchen. Phoebe mag als eingefangener Planetoid eine vierte Klasse von Saturn-Monden repräsentieren.

Voyager 2 kam näher an Enceladus, Tethys, Hyperion, Iapetus und Phoebe heran als die erste Sonde, obwohl V-2 auch Mimas, Dione, Rhea und Titan – allerdings aus größerer Entfernung – noch einmal beobachten konnte.

Die etwas verwirrenden hohen Ziffern bei der vorläufigen Bezeichnung der neu entdeckten kleinen Saturn-Monde entstanden bei der fortlaufenden Numerierung der Beobachtungen durch Raumsonden und von der Erde aus in dem betreffenden Jahr. Später werden wahrscheinlich auch diese »Felsbrocken« bestimmte Namen aus der Saturn-Mythologie erhalten.

Mimas – mit Riesenkrater

Eine Stunde nach der größten Annäherung an Saturn flog Voyager 1 in 108 000 km Abstand an dem Mond Mimas vorbei, der nur 390 km Durchmesser hat und den Saturn bei 185 000 km Abstand in 23,8 Stunden einmal umkreist. Auch die Oberfläche dieses Mondes ist mit Kratern übersät, ja geradezu gesättigt. Beim Aufprall eines neuen Meteoriten auf Mimas würden mindestens so viele neue Sekundärkrater entstehen, wie alte Krater überdeckt werden. Man hat den Eindruck, daß einfach nicht mehr Einschlagspuren auf diesen Körper passen.

Ein großer Krater aber überragt alle anderen Formationen dieser Art um Größenklassen. Dieser »Riesenkrater« hat über 100 km Durchmesser, das ist bei knapp 400 km Durchmesser des Mondes schon dicht an der Grenze dessen, was einem solchen Körper gefährlich werden kann. Der Meteorit, der diesen »Rie-

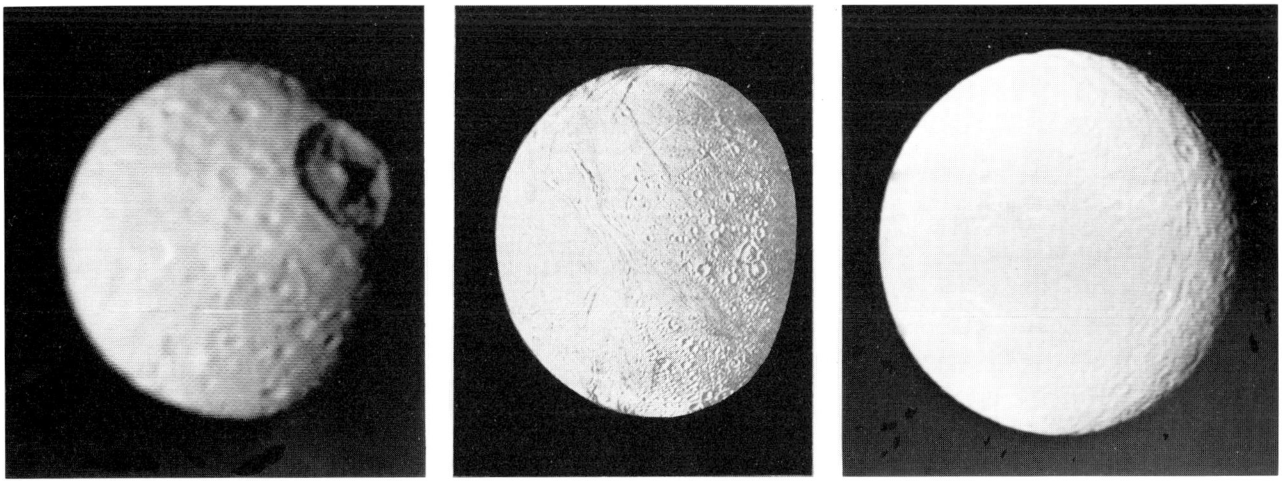

Die beiden Voyager-Sonden erfaßten die verschiedenen großen Saturn-Monde aus sehr unterschiedlichen Entfernungen und deswegen auch mit stark wechselndem Auflösungsvermögen. Eine maßstabsgetreue Wiedergabe dieser Trabanten ist deshalb hier nicht möglich. Von links nach rechts sind hier zu sehen:

Mond	Durchmesser	Aufnahmedistanz	Auflösungsvermögen	Voyager
Mimas	390 km	425 000 km	8 km	1
Enceladus	510 km	119 000 km	2,5 km	2
Tethys	1 050 km	595 000 km	12 km	2

senkrater« auf Mimas vor vielen hundert Millionen Jahren erzeugte, hätte den Mond beinahe gespalten – vielleicht wäre das dann der Anfang eines neuen Ringsegments in dem großen Materiegürtel um Saturn geworden. Auf der Rückseite von Mimas wird eine große, sich über die ganze Halbkugel hinziehende Rille von etwa 5 km Breite erkennbar, die vielleicht mit der Bildung des großen Kraters auf der Vorderseite in Zusammenhang steht.

Enceladus – mit glatter Oberfläche

Eine interessante Erscheinung ist der Mond Enceladus, der ca. 520 km Durchmesser hat, etwa 238 000 km von Saturn entfernt ist und 1,37 Tage für einen Umlauf benötigt. Voyager 2 flog in nicht allzu großer Entfernung an Enceladus vorbei. Die Bilder zeigen eine relativ glatte Oberfläche, auf der nur wenige Krater zu erkennen sind. Als erste Erklärung für diese Ausnahme äußerten die JPL-Experten die Vermutung, daß die Oberfläche dieses Mondes regelmäßig aufgeheizt werden könnte, wenn er in den Einflußbereich des größeren und schwereren Trabanten Dione gerät. Dabei treten erhebliche Gezeitenkräfte auf, die die eisige Oberfläche von Enceladus vielleicht regelmäßig aufschmelzen und die Krater-Formationen allmählich zum Verschwinden bringen. Allerdings müßte die Umlaufbahn von Enceladus gelegentlich sehr viel elliptischer sein, damit die Gezeitenkräfte von Dione wirksam werden können.

Voyager 2 flog mit 87 000 km Mindestabstand sehr viel näher an den Mond Enceladus heran als die Schwestersonde, so daß wesentlich bessere Bilder mit einem Auflösungsvermögen von ca. 2 km gewonnen wurden. Die Oberfläche zeugt von starken geologischen Aktivitäten auf diesem Trabanten, neben den glatten, strukturlosen Gebieten sind auf den Bildern auch ausgedehnte Kraterfelder zu sehen. Ein Teil der Enceladus-Oberfläche wurde also im Laufe der Entwicklung erheblich umgestaltet, aber vulkanische Aktivitäten kommen auf diesem hauptsächlich aus Wassereis bestehenden Trabanten dafür wohl nicht in Betracht. Enceladus hat gewisse Ähnlichkeit mit dem Jupiter-Mond Ganymed, obwohl dieser den etwa zehnfachen Durchmesser aufweist.

Interessant ist in diesem Zusammenhang vielleicht noch, daß der 90 000 km breite E-Ring um Saturn in der Nähe des Enceladus-Orbits seine größte Helligkeit erreicht, so daß manche Experten die Meinung äußerten, daß dieser Materiegürtel durch Partikel von Enceladus gespeist werden könnte.

Tethys – mit einem großen Tal

Es handelt sich um einen Mond mit ca. 1000 km Durchmesser, der den Planeten in 295 000 km Entfernung alle 1,8 Tage einmal umkreist. Aus 93 000 km Minimal-Distanz konnten die Voyager-Kameras erkennen, daß auch dieser Mond mit vielen Kratern übersät ist. Einer dieser Krater ist größer als der Mond Mimas. Auffällig ist ein etwa 750 km langes und ca. 60 km breites Tal, das sich über eine ganze Halbkugel dieses Mondes hinzieht.

Dieser Canyon auf Tethys ist fast vergleichbar mit dem Valles Marineris auf Mars, wahrscheinlich ist diese »Narbe« auf dem Saturn-Mond durch Ausdehnungseffekte während der Abkühlung entstanden.

Einer der Krater auf Tethys ist mit 400 km Durchmes-

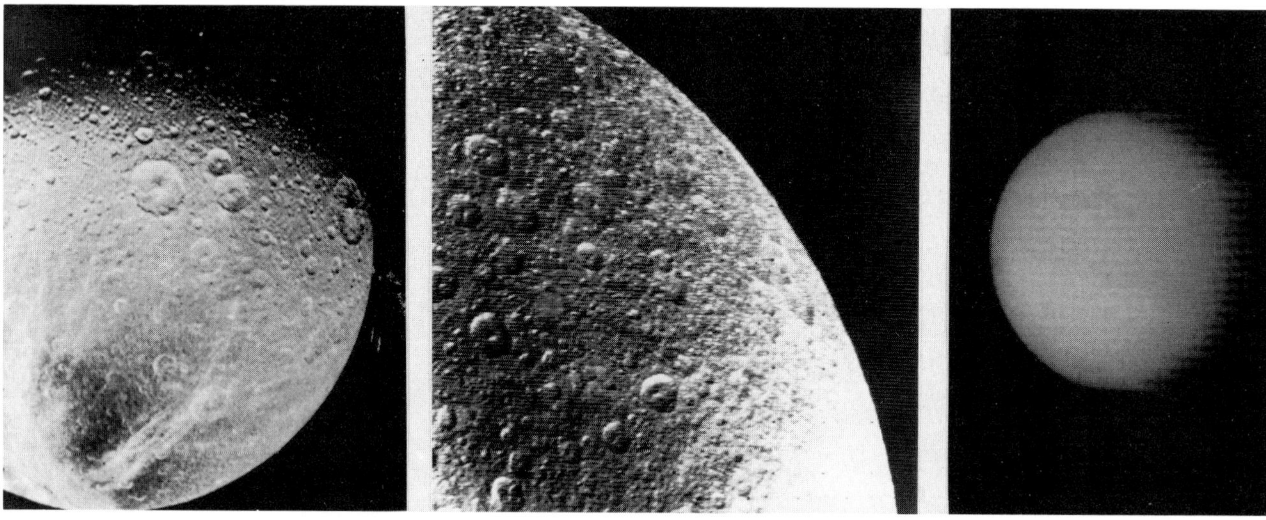

Die drei Saturn-Monde Dione, Rhea und Titan sind in diesem Tableau zusammengefaßt. Mit über 5000 km Durchmesser ist Titan der größte Trabant, aber wegen seiner dichten Wolkenhülle sind bei diesem Mond die wenigsten Einzelheiten sichtbar.

ser besonders auffällig, er ist größer als der Mond Mimas. Dieser Riesenkrater hat einen Zentralberg und mehrere konzentrische Gebirgsringe darum herum, diese Formation hat gewisse Ähnlichkeiten mit dem Mare Orientale auf dem Mond oder mit dem Caloris Basin auf Merkur.

Tethys zeigt zwei verschiedene Arten von Oberfläche, eine offensichtlich sehr alte, helle Krater-Region und relativ glatte, dunklere Gebiete, die sich wie in einer Art Gürtel um den Mond ziehen und offensichtlich nicht ganz so alt sind. Bei der weiteren gründlichen Auswertung der Voyager-Bilder von Saturn wurden dann im Laufe der folgenden Monate noch weitere vier, vielleicht sogar sechs Monde in der näheren Umgebung des Ringplaneten aufgefunden, so daß man jetzt mindestens 21, vielleicht sogar 23 Saturn-Monde kennt. Die beiden noch nicht mit letzter Sicherheit identifizierten Körper wurden jeweils nur auf einem TV-Bild erfaßt, so daß noch keine genaue Bahnbestimmung erfolgen konnte.

Dione – mit Strahlensystem

Dieser 1100 km große Mond ist 377 400 km von Saturn entfernt, etwa so weit wie unser Mond von der Erde. Dione umkreist den Saturn in 2,74 Tagen einmal. Voyager 1 kam diesem Trabanten auf 161 300 km nahe, was bei den Bildern ein Auflösungsvermögen von bestenfalls 3–4 km erbrachte. Die bräunliche Oberfläche von Dione ist mit zahlreichen Kratern übersät, die bis zu 100 km Durchmesser haben. Auch mehrere längliche Rillen sind auf den TV-Bildern von Dione erkennbar. Als Besonderheit ist bei diesem Mond aber ein global übergreifendes System von hellen Rillen zu nennen, das wahrscheinlich aus Eis besteht, das bei der Bildung neuer Krater aus den oberen Schichten dieses Körpers herausgeschlagen wurde. Wir kennen solche ausgedehnten Strahlensysteme auch bei unserem Erd-Mond, hier allerdings handelt es sich bei der Auswurf-Materie um Gestein.

Mond	Durchmesser	Aufnahmedistanz	Auflösungsvermögen	Voyager
Dione	1120 km	240 000 km	5 km	1
Rhea	1530 km	73 000 km	1,5 km	1
Titan	5150 km	4 500 000 km	85 km	2

Rhea – Eiskugel mit Kratern

Nach Titan war Rhea der Mond, dem Voyager 1 am nächsten kam – allerdings betrug der Mindestabstand zwischen der Sonde und diesem Trabanten immer noch etwa 76 000 km. Rhea hat etwa 1500 km Durchmesser und ist durchschnittlich 527 000 weit vom Saturn-Mittelpunkt entfernt. In 4,5 Tagen dreht sich dieser Mond einmal um seinen Planeten.

Die Oberfläche von Rhea ist mit unzähligen Kratern verschiedenster Größe überzogen, die alle sehr alt aussehen und wohl aus der Frühzeit unseres Sonnensystems stammen, als große Körper laufend von unzähligen kleineren Materiebrocken »bombardiert« wurden. Die Oberfläche Rheas hat gewisse Ähnlichkeit mit dem Südpol unseres Erdmondes, der ja von Kratern geradezu übersät ist. Die Krater auf Rhea haben einen Durchmesser von 5–75 km; einige weiße Stellen an den Rändern deuten auf Eisablagerungen hin, die durch Bewegungen in der Kruste dieses Mondes freigelegt worden sein könnten. Die Farbaufnahmen von Rhea lassen neben Grau und Braun auch noch einige grünliche Nuancen erkennen.

Das Aussehen der von Kratern übersäten Rhea ist für die Experten zunächst einmal rätselhaft, denn er sieht genau so aus wie ein nur aus Stein bestehender Mond, obwohl das geringe spezifische Gewicht von 1,3 eindeutig auf den Eis-Charakter dieses Körpers hindeu-

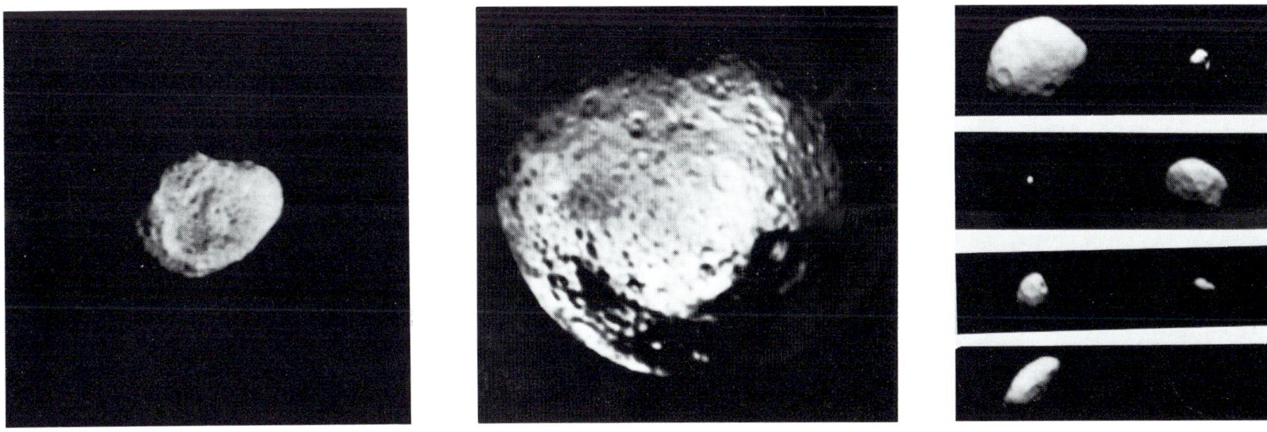

Die beiden Saturn-Monde Hyperion und Iapetus sowie einige der erst vor kurzem neu entdeckten Mini-Trabanten sind auf dieser Bildtafel zusammengefaßt. Die Auflistung erfolgt von links oben nach rechts unten:

Mond	Durchmesser	Aufnahmedistanz	Auflösungs-vermögen
Hyperion	220 × 410 km	500 000 km	10 km
Iapetus	1440 km	1 100 000 km	22 km
1980 S 1	160 × 220 km	366 000 km	7,5 km
1980 S 6	30 × 35 km	344 000 km	7 km
1980 S 13	25 × 35 km	667 000 km	13,5 km
1980 S 3	100 × 140 km	350 000 km	7 km
1980 S 26	70 × 110 km	409 000 km	8 km
1980 S 25	20 × 35 km	248 000 km	5 km
1980 S 27	80 × 140 km	365 000 km	7,5 km

tet. Hier muß es also einen besonderen Mechanismus an der Oberfläche geben, der Rhea so erscheinen läßt wie einen von unzähligen Meteoriten zernarbten steinernen Mond.

Hyperion – wenig bekannt

Der siebente Saturn-Mond ist unregelmäßig geformt, vergleichbar einer »Kartoffel« oder einem »Hamburger«. Hyperion ist durchschnittlich 1,5 Mio. km von dem Planeten entfernt und umrundet ihn in 21,3 Tagen einmal. Nach den Voyager-Bildern wurde die Größe zu 200 × 250 × 400 km bestimmt, die spezifische Dichte wird mit 1,2 angegeben – auch Hyperion besteht also zum größten Teil aus Wasser bzw. Eis. Voyager 2 zog in 471 000 km Entfernung an diesem Trabanten vorbei, und auf den TV-Bildern mit bestenfalls 10 km Auflösung wurden zahlreiche Krater erkennbar.

Die Massen und spezifischen Gewichte von Hyperion und Iapetus sind nur sehr ungenau bekannt, dürften aber nicht viel von den Werten bei entsprechend großen, mit Wassereis gefüllten Kugeln abweichen. Die Oberflächen dieser beiden Trabanten sind etwas dunkler als die der anderen Monde von Saturn, die Albedo ist aber immer noch wesentlich höher als bei unserem Erd-Mond, der ja bekanntlich nur 4 % des auffallenden Sonnenlichts reflektiert. Auch dieses relativ hohe Rückstrahlvermögen der kleineren Saturn-Monde ist – in Verbindung mit den geringen spezifischen Gewichten – ein Hinweis darauf, daß diese Trabanten hauptsächlich aus Wasser bzw. Eis bestehen. Sie besitzen vielleicht einen kleinen Kern aus Gestein; die vielen eingeschlagenen Meteoriten haben an der Oberfläche eine dünne, dunklere Kruste aus Stein angelagert.

Der sehr ungewöhnlich, wie ein »Hamburger« geformte Saturn-Mond Hyperion befindet sich offensichtlich in einer recht instabilen Lage, er »wackelt« in seiner Position gegenüber dem Planeten. Wahrscheinlich wurde dieser Mond vor langer Zeit von einem großen Asteroiden getroffen und aus seiner stabilen, gebundenen Rotation »aufgeschreckt«. Im Laufe der Jahrmillionen wird diese oszillierende Bewegung von Hyperion aber wieder aufhören, so daß ständig eine bestimmte Seite auf Saturn blickt, die Tagesdauer auf diesem Mond also wieder mit der Rotationsdauer übereinstimmt.

Iapetus – mit zwei »Gesichtern«

Der achte Saturn-Trabant hat 3,56 Mio. km Abstand vom Planeten, ein Umlauf dauert fast 80 Tage. Dieser Mond hat immerhin 1440 km Durchmesser, das spezifische Gewicht wird auf 1,2 geschätzt. Schon Cassini war aufgefallen, daß die Helligkeit dieses Trabanten um etwa eine Größenklasse schwankt, je nachdem, ob er östlich oder westlich von dem Planeten steht. Wie Voyager 1 bestätigte, ist dieser Unterschied darauf zurückzuführen, daß eine Hemisphäre dieses Mondes wesentlich dunkler ist als die andere: die Albedo-Differenz beträgt 1:6. Die gebundene Rotation dieses Mondes bringt es mit sich, daß wir einmal die in Bewegungsrichtung liegende dunkle Seite von Iapetus sehen und dann wieder die helle, stärker reflektierende Hemisphäre des Mondes.

Die beiden Voyager-Sonden flogen leider in jeweils sehr großem Abstand an diesem Mond vorbei. Auf den kleinen, sehr undeutlichen Iapetus-Bildern kann

nur eine etwa 200 km große Kraterformation an der Grenze zwischen heller und dunkler Hälfte identifiziert werden. »Die dunkle Seite von Iapetus sieht aus, als ob jemand Ruß darüber gestreut hätte«, meinte der Geologe Lawrence Soderblom, der im Voyager-Team als Spezialist für die Saturn-Monde galt.
Vielleicht – so ein Denkmodell – stammt dieser dunkle Staub auf der einen Hemisphäre von Iapetus von dem Mond Phoebe, dem am weitesten von Saturn entfernten bisher entdeckten Mond. Der dunkle Staub hätte sich bei einem Meteoriteneinsturz von Phoebe lösen und auf eine eigene, stark elliptische Umlaufbahn um Saturn gelangen können, wo er dann eines Tages in die Nähe des Trabanten Iapetus geriet und sich auf dessen Oberfläche ablagerte. Andere Experten meinen, daß das dunkle Material aus dem Inneren von Iapetus durch die Eiskruste an dessen Oberfläche dringen könnte. Über diesen Mond ist inzwischen ein regelrechter Gelehrtenstreit entstanden.

Phoebe – mit exzentrischer Umlaufbahn

Dieser am weitesten von Saturn entfernte Mond – der mittlere Abstand beträgt immerhin 13 Mio. km – hat nur etwa 150 km Durchmesser. Die Bahn dieses Trabanten ist recht »exotisch«, die Exzentrizität beträgt 0,16, die Neigung gegen die Umlaufebene von Saturn 120°, es handelt sich also um einen retrograden Orbit, der von Norden gesehen im Uhrzeiger-Sinn verläuft – im Gegensatz zu den Umlaufbahnen aller anderen Saturn-Monde. Ein Umlauf von Phoebe um Saturn dauert 550,4 Tage, also 1,5 Erd-Jahre.
Voyager 2 kam nur bis auf 1,5 Mio. km an diesen kleinen Mond heran und übermittelte einige unscharfe TV-Bilder. Offensichtlich handelt es sich hier um einen eingefangenen Asteroiden, vergleichbar etwa dem Jupiter-Trabanten Amalthea. Phoebe ist doppelt so groß, wie nach irdischen Messungen vermutet, was auf die sehr dunkle Oberfläche dieses Trabanten zurückzuführen ist, der nur 5 % des auffallenden Lichts reflektiert und damit dunkler als jeder andere Saturn-Mond ist. Die Rotationsperiode wird auf 9–10 Stunden geschätzt. Phoebe hat also im Gegensatz zu allen anderen Saturn-Monden keine gebundene Tagesdrehung.

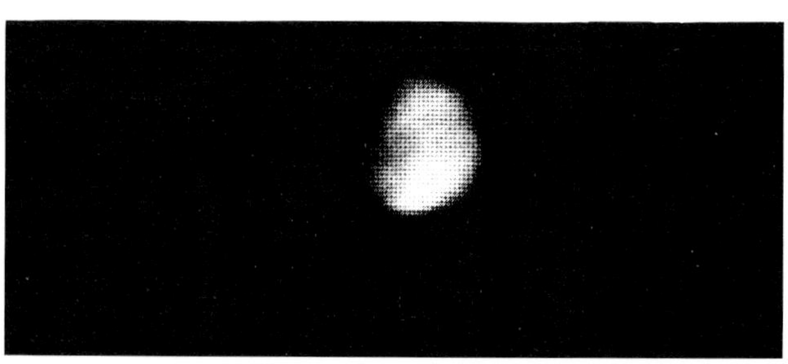

Der äußerste bisher entdeckte Saturn-Mond heißt Phoebe, er umkreist Saturn in 550 Tagen, ist etwa 200 km groß und reflektiert nur 5 % des auftreffenden Lichts.

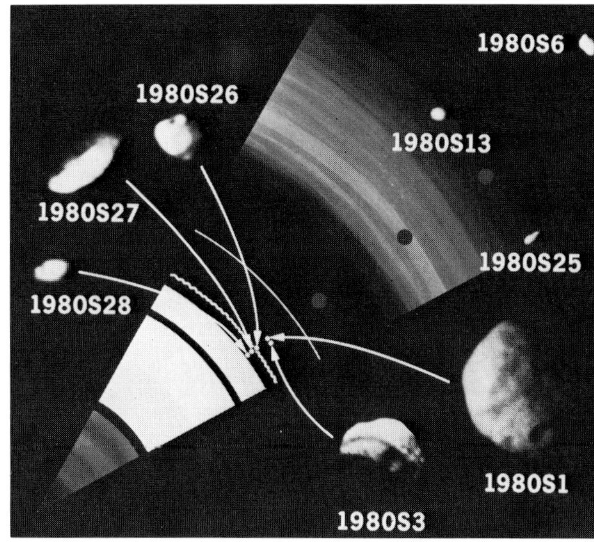

Die Position und das Aussehen der acht kleinen neu entdeckten Mini-Monde in der Nähe Saturns sind in dieser Grafik dargestellt, dabei werden auch die Zusammenhänge zwischen einzelnen Ringsegmenten und den »rocks« deutlich. Besonders interessant sind die Bahnen von 1980S28, 1980S27 und 1980S26, die als »Schäferhunde« knapp inner- und außerhalb des F-Rings bzw. knapp an der Außenkante des A-Rings um Saturn kreisen und diese Ringsegmente praktisch »im Zaume« halten.

Neue Mini-Monde

Außer diesen größeren Trabanten wurden bis jetzt noch insgesamt acht sehr kleine Monde bei Saturn entdeckt, die aber mit den größeren Körpern in einer gewissen Wechselbeziehung zu stehen scheinen und auch Einfluß auf das Aussehen bestimmter Ringsegmente haben.
Das Objekt 1980S28 hat nur etwa 20 × 40 km Durchmesser und steht Saturn von allen Monden am nächsten, der Abstand vom Zentrum des Planeten beträgt 137 670 km. Dieser Mini-Trabant kreist also knapp außerhalb der Außenkante des A-Rings und scheint diesen sozusagen »im Zaum« zu halten.
Die Möndchen 1980S27 und 1980S26 haben 80 × 140 bzw. 70 × 110 km Durchmesser und sind 139 350 bzw. 141 700 km vom Saturn-Mittelpunkt entfernt. Diese Körper kreisen als »Schäferhunde« knapp inner- und außerhalb des F-Rings, der Abstand zwischen den beiden Orbits beträgt etwa 2350 km, vielleicht hat die seltsame Form des drei- oder sogar vierfach gezwirnten F-Rings etwas mit der Anwesenheit der beiden kleinen Möndchen zu tun. Der innere Trabant 1980S27 kreist etwas schneller um Saturn und überholt dabei den äußeren Mond 1980S26 alle 25 Tage – immer haarscharf an dem F-Ring vorbei.
Die beiden kleinen Trabanten 1980S3 und 1980S1 haben 100 × 140 km und 160 × 220 km Durchmesser, sie kreisen in 151 420 km und 151 470 km Abstand um Saturn und vollführen dabei eine besondere Art »kosmi-

schen Balletts«. In einem vierjährigen Zyklus wechseln diese beiden Möndchen ihre nur 50 km voneinander entfernten Orbits, ohne daß man für diese einmalige Auswirkung besonderer Gravitationskräfte bisher eine plausible Erklärung gefunden hätte.
Die Mini-Trabanten 1980S13 und 1980S25 sind 25 × 35 und 20 × 35 km groß und umkreisen Saturn im gleichen Abstand von 294 700 km – das ist auch genau die Entfernung des großen Mondes Tethys vom Mittelpunkt des Planeten. Allerdings wahren die drei Körper sicheren Abstand voneinander, die kleinen Möndchen befinden sich in jeweils 60° Winkeldistanz vor und hinter Tethys an den sog. Lagrange-Librationspunkten. Die Astronomen kennen diesen Effekt von Jupiter, der entlang seines Sonnenorbits jeweils 60° vor und hinter sich die sog. Trojaner-Familien versammelt hat, Gruppen kleiner Asteroiden von geringer Masse. Diese Körper wurden in sog. »Gravitations-Fallen« gefangen, an diesen Stellen (es gibt noch mehrere davon) sind die Anziehungskräfte von Jupiter besonders groß. Im Falle der beiden Tethys-Trojaner sollte noch erwähnt werden, daß diese Mini-Trabanten nicht von Raumsonden, sondern 1980 von der Erde aus mit großen Teleskopen gefunden wurden. Die Ringebene Saturns zeigte in diesem Jahr teilweise direkt auf die Erde, so daß die Materiescheibe sehr schmal bzw. gar nicht mehr erschien, und solche Situationen sind ja für die Suche nach kleinen Monden des großen hellen Planeten besonders günstig.
Der Mini-Mond 1980S6 hat 30 km Durchmesser, sein Abstand vom Saturn-Zentrum beträgt ca. 378 000 km, und damit ist dieser Trabant fast ein »Trojaner« des großen Mondes Dione, der kleine eilt dem großen Körper in 60° Winkelabstand voraus. Durch Strahlenmessungen ergaben sich dann während des nahen Vorbeifluges von Voyager 2 noch Hinweise auf einen »Trojaner« von Mimas, aber der optische Nachweis für diesen vermuteten Saturn-Mond steht bisher noch aus.
Der innerste der nachträglich noch entdeckten Monde ist genau so weit von Saturn entfernt wie Mimas. Der erste Hinweis auf diesen kleinen Körper hatte sich schon aus Partikelstrahl-Messungen ergeben, die plötzlich für einen Moment unterbrochen wurden. Ein anderer neuer Saturn-Mond umläuft den Planeten entlang der Bahn von Dione in 60° Winkelabstand von dem »großen Bruder«. Es ist dies der zweite kleine Mond auf der Bahn von Dione, der erste wurde 1980 von der Erde aus entdeckt.
Ein weiterer neuer Mond umkreist Saturn in 350 000 km Abstand alle 2,44 Tage zwischen den Bahnen von Tethys und Dione. Schließlich existieren höchstwahrscheinlich noch zwei kleine Monde auf derselben Umlaufbahn wie Tethys und bilden mit diesem großen Mond eine »Hufeisen«-Anordnung. Der letzte der neu entdeckten Trabanten ist 470 000 km von Saturn entfernt; er befindet sich also zwischen den Bahnen von Dione und Rhea, ein Umlauf dauert ca. 3,8 Tage. Alle die neu entdeckten Mini-Möndchen von Saturn dürften aus Eis und/oder Gestein bestehen.

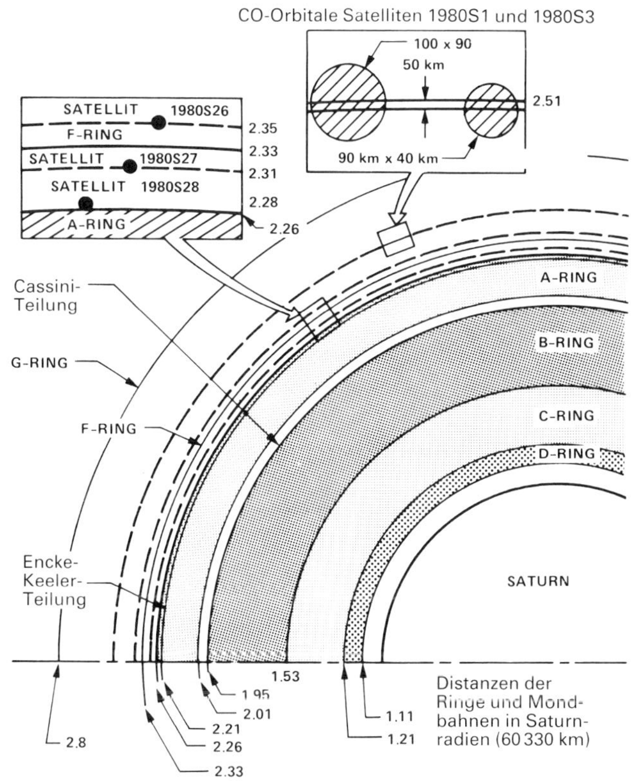

Die komplexen Verhältnisse im Ring- und im inneren System der Saturn-Monde werden mit diesen beiden Grafiken verdeutlicht. Bemerkenswert sind vor allem die zwei neuentdeckten Mini-Monde 1980S26 und 27, die den schmalen F-Ring wie zwei »Schäferhunde« innen und außen umrunden. Auch die Möndchen 1980S1 und S3 stehen in einer interessanten Wechselbeziehung miteinander. Die beiden Trabanten Dione B (1980S6) und Tethys B (1980S13) haben die gleichen Umlaufbahnen wie die größeren Monde dieses Namens.

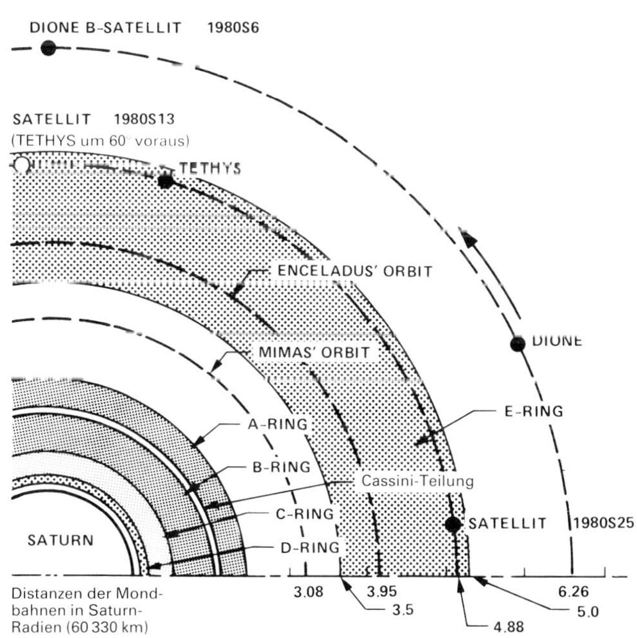

Als leuchtende Sichel erfaßte Voyager 2 den größten Saturn-Mond Titan aus 907000 km Entfernung. Mit einem filtertechnischen Trick wurden vor allem die äußeren Schichten der dichten Atmosphäre dieses Trabanten zum Leuchten gebracht.

Titan – Mond mit Atmosphäre

Schon mit relativ kleinen astronomischen Fernrohren lassen sich in der Umgebung Saturns mehrere Monde erkennen, vor allem fällt ein großer heller Trabant auf, der den Namen Titan erhielt. Wegen der großen Entfernung waren die Durchmesser-Bestimmungen bei den Saturn-Trabanten sehr schwierig. Bis zum Vorbeiflug von Voyager 1 am Saturn ging man davon aus, daß dessen größter Mond Titan mit 5800 km Durchmesser überhaupt der größte Trabant eines Planeten im Sonnensystem ist, aber diesen Status hat Titan nun nach genauen Messungen verloren. Zwar ist der präzise Durchmesser dieses Mondes wegen der dichten Wolkenhülle um ihn herum immer noch nicht bekannt, aber er beträgt höchstens 5120 km. Infolgedessen ist der Jupiter-Begleiter Ganymed mit 5270 km Durchmesser nun der »König« unter den Monden – obwohl beide Trabanten immer noch größer als der Planet Merkur sind.
Offensichtlich kam der hohe Wert für den Titan-Durchmesser durch eine »Blendung« der Wissenschaftler zustande, die den gemessenen Albedo-Wert mit einer mittelhellen Oberfläche in Verbindung brachten, weil man ja nicht wußte, ob die Atmosphäre eine Wolkenschicht enthält oder nicht. Eine Gestein- oder eine schmutzige Eisoberfläche reflektiert weniger Licht, so daß aus einer gegebenen Helligkeit auf einen relativ großen Durchmesser des betreffenden Körpers geschlossen werden kann. Hat dieser Mond oder Planet aber eine hell reflektierende Wolkenschicht in seiner Atmosphäre, wie sie jetzt bei Titan festgestellt wurde (und wie sie auch bei Venus und Erde anzutreffen ist), dann ergibt sich bei dem gemessenen Helligkeitswert ein verhältnismäßig kleinerer Durchmesser.
Titan ist durchschnittlich 1,22 Mio. km von Saturn entfernt, ein Umlauf dauert fast 16 Tage. Die Albedo wird mit 0,21 angegeben, die scheinbare Helligkeit (von der Erde aus betrachtet) beträgt $8^{m}3$. Die Masse von Titan wird mit etwa 1/4150 der Saturn-Masse angegeben. Schon 1944 hatte G. Kuiper nachgewiesen, daß Titan eine Atmosphäre hat, er identifizierte im Spektrum die Absorptionsbanden von Methan. Diese Atmosphäre gab zu allerlei Spekulationen Anlaß, die durch die Feststellung von relativ hohen Temperaturen an der Oberfläche Titans noch genährt wurden. Die Astronomen hielten die Entwicklung eines sog. Treibhaus-Effekts unter der Wolkenhülle des Mondes für möglich, der – ähnlich wie bei der Venus – zu »erträglichen« Temperaturen an der Oberfläche von Titan führen könnte. Es war sogar gelegentlich von der Entwicklung primitiver Lebensspuren an der Titan-Oberfläche die Rede.

Eine eingefrorene kleine Erde?

Nach ersten Berechnungen ist die Titan-Atmosphäre ca. 280 km hoch, also etwa zehnmal so »dick« wie die der Erde. Neben Methan, Äthan, Acethylen, Äthylen und Zyanwasserstoff enthält die Gashülle Titans vor allem Stickstoff – das auch in der Erdatmosphäre vorherrschende Gas. Das war für die Wissenschaftler natürlich eine große Überraschung. Aber die sich vielleicht für einige Momente daran knüpfenden Spekulationen wurden sofort wieder gedämpft, als die Temperatur-Werte für die oberen Schichten der Titan- Atmosphäre mit −98° C bekannt wurden. Für die Oberfläche dieses Mondes wurden Werte von −183° C interpoliert; das ist auch für die Entwicklung von einfachsten Lebenskeimen viel zu kalt. Der atmosphärische Druck an der Oberfläche von Titan beträgt nach den neuesten Erkenntnissen 1,5 bar und ist damit anderthalb Mal so hoch wie auf der Erde in Meereshöhe. Dieser Wert liegt gut im Bereich der zuvor angestellten Schätzungen von 20 mbar bis 2 bar.
Die höchstwahrscheinlich in der Titan-Atmosphäre schwebenden Stickstoff-Tröpfchen könnten – so wird vermutet – Nachschub für große Seen von flüssigem Stickstoff liefern, die vielleicht große Teile der Titan-Oberfläche überfluten. Überschlags-Rechnungen ergeben, daß seit der Entstehung Titans pro Quadrat-Zentimeter bis zu 30 kg komplexe Kohlenwasserstoffe auf die Oberfläche dieses Mondes niedergegangen sein könnten. Dieser Stickstoff-Schnee hat vielleicht eine mehrere hundert Meter dicke Eisschicht auf den Kontinenten von Titan gebildet. Aber diese sehr komplexen organischen Moleküle zersetzen sich unter den gegebenen thermischen Bedingungen nur sehr langsam, und die Entwicklung irgendwelcher Lebenskeime ist so gut wie ausgeschlossen.
Der starke Stickstoff-Gehalt der Titan-Atmosphäre verblüffte die Planetologen einigermaßen. »Es ist wie eine ironische Laune der Natur,« sagte Prof. Carl Sagan, »daß wir bei den inneren Planeten vergeblich nach einer der irdischen Atmosphäre halbwegs ver-

gleichbaren Gashülle gesucht haben, und daß wir diese Parallele nun weit draußen im Sonnensystem finden, wo die Temperaturen für biologische Prozesse aber wesentlich zu niedrig sind.« Der fotochemisch erzeugte Smog in der Titan-Atmosphäre besteht in der Hauptsache wohl aus Methan, der einfachsten organischen Verbindung, die auf der Erde als Sumpf- oder Grubengas vorkommt. Außerdem wurden in der relativ dichten Titan-Atmosphäre noch Kohlendioxid und Ammoniak festgestellt, auch Substanzen, die bei der Bildung organischer Moleküle irgendwann eine Rolle gespielt haben könnten.

Wie genaue Analysen inzwischen ergaben, besteht Titans dichte Atmosphäre zu 82 % aus Stickstoff und zu 6 % aus Methan, das sich auf dem Mond bei den niedrigen Temperaturen so ähnlich verhalten dürfte wie Wasser auf der Erde, was vor allem das Vorkommen in den drei bekannten Aggregat-Zuständen fest, flüssig und gasförmig betrifft. Die dritte wichtige Komponente in der Titan-Atmosphäre dürfte das Edelgas Argon sein, das spektroskopisch nicht nachweisbar ist. Alle anderen genannten Gase kommen wahrscheinlich nur in winzigen Spuren vor.

Vom visuellen Eindruck her war Titan für die Wissenschaftler eher enttäuschend, denn die zahlreichen von diesem Mond erhaltenen TV-Bilder zeigten nur eine strukturlose Wolkenschicht, die bei Farbaufnahmen in einem intensiven Gelb-Orange leuchtet. Über dieser dichten Wolkenhülle, die keinerlei Durchblick auf die Titan-Oberfläche zuläßt, befinden sich noch drei separate Dunstschichten, die sich auf den farbigen TV-Bildern in mystischem Blau-Violett vom dunklen Hintergrund abheben. Die erste Dunstschicht liegt 150 km über den Titan-Wolken, die zweite 300 km und die dritte Dunstschicht befindet sich ca. 500 km über den Wolken. Diese Dunstschleier bestehen vor allem aus Polymeren und anderen Kohlenwasserstoff-Verbindungen, wie sie bei der Zersetzung von Methan durch Sonnenlicht entstehen.

Die im Kontrast verstärkten Titan-Bilder zeigen gewisse Helligkeitsunterschiede in der Wolkenhülle. Die nördliche Hemisphäre des Mondes ist dunkler als die südliche. In den neun Monaten zwischen dem Vorbeiflug von V-1 und V-2 hatte sich die dunkle nördliche Polkappe in einen Ring verwandelt.

Titan hat kein eigenes Magnetfeld und das wiederum läßt darauf schließen, daß er im Inneren völlig abgekühlt ist. In Saturns Magnetosphäre dient Titan als Quelle geladener Partikel, allerdings werden pro Sekunde nur etwa 30 Gramm von der Atmosphäre abgespalten. Bemerkenswert ist in diesem Zusammenhang vielleicht noch die Tatsache, daß die dem Saturn zugewandte Seite von Titan Radiostrahlen emittiert – verursacht vielleicht von mehreren Vulkanen?

Das Ultraviolett-Spektrometer von Voyager 1 entdeckte entlang der Umlaufbahn von Titan eine fast bis zum Orbit von Rhea hineinreichende thorusförmige, abgeflachte Wolke ungeladener Wasserstoff-Atome. Diese Partikel sind unbeeinflußt von dem rotierenden Magnetfeld Saturns; sie umkreisen den Planeten unabhängig, als wären sie eigenständige kleine Monde. Die Masse dieses Partikel-Ringes wird auf etwa 25 000 Tonnen geschätzt, die Teilchendichte beträgt nach ersten Schätzungen 10 Atome/cm^3.

Tabelle der Saturn-Monde

Name	Durchmesser (km)	Dichte (t/m^3)	Masse Mond = 1	Abstand vom Saturn (km)	Umlaufzeit (Tage)	Exzentrizität	Inklination (Grad)	Albedo	Helligkeit	Entdecker	Jahr
1980 S 28	20 × 40	–	–	137 670	0,602	–	–	0,4	–	Voyager	1980
1980 S 27	80 × 140	–	–	139 350	0,613	–	–	0,6	–	Voyager	1980
1980 S 26	70 × 110	–	–	141 700	0,629	–	–	0,6	–	Voyager	1980
1980 S 3	100 × 140	–	–	151 420	0,694	–	–	0,5	–	Voyager	1980
1980 S 1	160 × 220	–		151 170	0,695			0,5	–	Voyager	1980
Mimas	390	1,4	0,0005	185 600	0,942	0,02	1,52	0,7	12	Herschel	1789
Enceladus	510	1,2	0,0012	238 000	1,369	0,0045	0,02	1,0	12	Herschel	1789
Tethys	1050	1,2	0,009	294 700	1,885	–	1,1	0,8	10,5	Cassini	1684
1980 S 13	25 × 35	–	–	294 700	1,885	–	–	0,6	–	–	1980
1980 S 25	20 × 35	–	–	294 700	1,885	–	–	0,8	–		1980
Dione	1120	1,4	0,016	377 500	2,733	0,0021	0,02	0,6	11	Cassini	1684
1980 S 6	30 × 35	–	–	378 060	2,739	–		0,5	–	Voyager	1980
Rhea	1530	1,3	0,024	527 200	4,51	0,001	0,35	0,6	10	Cassini	1672
Titan	5150	1,9	1,91	1 221 860	15,91	0,029	0,33	0,2	8,3	Huygens	1655
Hyperion	220 × 410	–	0,004	1 481 000	21,281	0,104	0,6	0,3	13	Bond	1848
Iapetus	1450	1,2	0,013	3 560 100	79,155	0,028	14,72	0,5–0,05	11	Cassini	1671
Phoebe	220	–	–	12 954 000	549,148	0,163	120,00	0,06	14	Pickering	1898
Erd-Mond	3476	3,34	1	384 400	29,531	0,055	5,2		– 12,5		

Die Angaben über die kleineren und neu entdeckten Monde sind naturgemäß noch relativ unsicher. Die Abstandswerte verstehen sich vom Planeten-Mittelpunkt aus. Die Temperaturen auf den Monden entsprechen etwa denen an der Saturn-Wolkenhülle. Atmosphären haben die Trabanten (mit Ausnahme von Titan) nicht. Fast alle Monde haben eine offensichtliche gebundene Rotation, der Tag/Nacht-Zyklus ist also jeweils ebenso lang wie die Umlaufzeit.

Pioneer Jupiter/Saturn

Das Pioneer-Projekt war der erste Schritt der amerikanischen Raumfahrtbehörde NASA über den Mars-Orbit hinaus zu dem Riesenplaneten Jupiter und schließlich noch weiter zu Saturn. Diese Zeichnung veranschaulicht den Vorbeiflug einer Pioneer-Sonde an dem »Großen Roten Fleck« auf Jupiter, der auf den ersten Nahaufnahmen als riesiger Wolkenwirbel erkannt wurde.

Mit dem Start der beiden interplanetaren Raumsonden Pioneer 10 und 11 am 3. 3. 72 und 5. 4. 73 leitete die amerikanische Raumfahrtbehörde NASA eine neue Ära bei der Erforschung des Sonnensystems ein. Erstmals sollten zwei von Menschenhand geschaffene elektronische Roboter über die Mars-Bahn hinaus durch den Planetoidengürtel bis zu dem Riesenplaneten Jupiter vordringen und ihn aus der Nähe erforschen.

Die Konstruktion der beiden ersten Jupiter-Sonden basierte auf den Erfahrungen, die die NASA mit den zuvor gestarteten sehr erfolgreichen Sonden Pioneer 6–9 gemacht hatte, die alle in Umlaufbahnen um die Sonne befördert worden waren. Pioneer 6 z. B. wurde 1965 gestartet, und zur Verwunderung aller Experten arbeitete die mit Sonnenzellen versehene Sonde auch 1980 noch einwandfrei und übermittelte Meßdaten zur Erde – ein neuer Langzeit-Rekord.

Bei den zwei für die Jupiter-Erkundung vorgesehenen Pioneer-Sonden waren allerdings gegenüber den zuvor gestarteten Geräten dieser Serie einige grundlegende Neuerungen und Änderungen im Entwurf notwendig, um das Überleben und die Kommunikationsfähigkeit der beiden Pioneers auch in den kalten äußeren Bezirken des Sonnensystems sicherzustellen.

Wichtigste Neuerung gegenüber den bis dahin gestarteten Planetensonden vom Typ Mariner (zu Venus und Mars) waren die große Parabolantenne für die Funkverbindung über große Distanzen hinweg und die Radionuklid-Generatoren für die Energieversorgung auch in großer Entfernung von der Sonne, wo Solargeneratoren kaum noch elektrischen Strom erzeugen können.

Angesichts der Schwierigkeit und der Langwierigkeit der geplanten Missionen wurden die Pioneer-Sonden

vor allem unter dem Gesichtspunkt größter Zuverlässigkeit und höchster Lebensdauer gebaut. So wurden z. B. alle für das Gelingen des Unternehmens unbedingt erforderlichen Komponenten in der Elektronik doppelt oder manchmal sogar dreifach eingebaut. Ein weiterer wichtiger Beitrag zur Erhöhung der Erfolgschancen waren auch die »Weichen« zwischen den Primär- und Sekundär- bzw. Tertiär-Systemen, um notfalls von jedem Kreislauf die noch funktionierenden Komponenten verwenden zu können.
Dazu kam als weitere Sicherheitsmaßnahme, daß alle Schaltungen und Leitungen in den einzelnen Systemen der Raumsonden jeweils doppelt angelegt waren und beim Versagen des einen Bauteils sofort das andere Element über raffiniert verzahnte Querleitungen aktiviert wurde. Außerdem wurden bei der Konstruktion der Pioneer-Sonden überwiegend Bauteile verwendet, die sich bei vorangegangenen Weltraum-Einsätzen schon in der einen oder anderen Form bewährt hatten und deren erfolgreiche Funktion unter extrem ungünstigen Bedingungen hinreichend dokumentiert war. Weiterhin wurden alle elektronischen Komponenten vor dem Einbau in die Sonden gründlich getestet und »eingefahren« – alle Transistoren z. B. mindestens 200 Stunden lang.
Ein wesentlicher Gesichtspunkt bei der Konstruktion der Pioneer-Sonden war die Vielseitigkeit, mit der die meisten Aufgaben des Missionsablaufs und der wissenschaftlichen Messungen ausgeführt werden konnten. Geschwindigkeits- und Lageveränderungen z. B. waren jeweils mit verschiedenen Gasdüsen-Kombinationen möglich, wenn die eine oder andere Gasdüse ausgefallen oder ein bestimmter Leitungsabschnitt defekt war.
Die Lebensdauer der Pioneer-Sonden wurde zu Beginn der Missionen auf etwa sieben Jahre veranschlagt, die Operationsreichweite auf ca. 2,5 Mia. km. Beide Raumsonden haben diese Werte inzwischen erreicht und überschritten – ein phantastischer Qualitätsbeweis. Pioneer 11 erreichte im September 1979 Saturn und sandte erste Bilder und Messungen vom Ringplaneten zur Erde. Pioneer 10 hatte 1981 die Umlaufbahn von Uranus erreicht (ohne den Planeten allerdings anzutreffen) und konnte von den 64-m-Antennen des DSN immer noch gut empfangen werden.
Hauptauftragnehmer für die Entwicklung und den Bau der beiden Pioneer-Sonden war die Firma TRW. Das Projekt-Management lag beim »Ames Research Center« der NASA südlich von San Francisco, dort befand sich auch die Kontrollstation zur Überwachung des Fluges. Für die funktechnische Verfolgung der beiden Sonden war das dem »Jet Propulsion Laboratory« unterstellte »Deep Space Network« zuständig mit seinen drei großen Antennen in Kalifornien, Spanien und Australien.

Konstruktion

Den konstruktiven Mittelpunkt der Pioneer-Sonden 10 und 11 bildete ein gleichseitiges flaches Sechseck von 140 cm Durchmesser und 40 cm Höhe, an dem sich mehrere seitliche Ausbuchtungen befanden. Dieses Zentralgehäuse war in zwei verschieden große Abschnitte unterteilt, im größeren Teil befanden sich die Betriebssysteme der Pioneer-Sonde, im kleineren Gehäuseabschnitt war ein Teil der wissenschaftlichen Sensoren untergebracht, die durch Öffnungen in der Zentralstruktur blicken konnten. Vier Instrumente waren außen an der Sonde montiert – teilweise an Auslegern – um völlig freie Blickrichtung nach allen Seiten zu gewährleisten.
Auf die obere flache Seite des Zentralkörpers wurde mit Rohrstreben die große Parabolantenne von 270 cm Durchmesser befestigt. An zwei ausfahrbaren, je etwa 3 m langen Rohrgitter-Streben saßen um 120° gegeneinander versetzt die insgesamt vier »Atombatterien«. Das Magnetometer war an einem 6,6 m langen »boom« befestigt, der nach dem Start – ebenso wie die Streben für die Radio-Nuklid-Generatoren – zur vollen Länge ausgefahren wurde.
Um die sehr delikaten Magnetfeld-Messungen mit der gewünschten Genauigkeit ausführen zu können, mußten die Pioneer-Sonden selbst möglichst weitgehend entmagnetisiert werden, sollten objektive Meßwerte erhalten werden. Diese »Säuberung« der Raumfahrzeuge war sehr schwierig, weil ja praktisch jeder Stromfluß in der verzweigten Elektronik einer solchen Sonde ein zwar sehr schwaches, aber immerhin meßbares Magnetfeld erzeugt. Mit raffinierten Abschirmungen und der Neutralisierung vieler gegenläufiger Stromflüsse konnte schließlich das von der Sonde ausgehende Magnetfeld auf 0,03 Gamma reduziert werden. Dieser Wert zog sich dann sozusagen als »Grundschleier« durch alle Magnetfeld-Messungen, die das Instrument im interplanetaren Raum und bei Jupiter bzw. Saturn machte. Eine wesentliche Voraussetzung für die Reduzierung des von dem Sensor wahrgenommenen Eigen-Magnetfeldes der Sonde war die Tatsache, daß das Meßgerät an einem 6,6 m langen Ausleger installiert worden war.
Die Konstruktion und Instrumentierung der beiden Pioneer-Sonden war weitgehend identisch, allerdings war bei P-11 noch ein zusätzliches Fluxgate-Magnetometer eingebaut. Die Pioneer-Sonden wogen jeweils etwa 270 kg, darin enthalten waren auch die 30 kg für die wissenschaftlichen Sensoren und 27 kg Treibstoff für das Kurskorrektur- und Lageregelungs-System. Die Raumsonden waren je etwa 290 cm hoch und hatten – gemessen an der Parabolantenne – 270 cm Durchmesser.

Energieversorgung

Erstmals wurden bei den Pioneer-Sonden zur Stromerzeugung keine Solarkollektoren eingesetzt, die bei Sonnenentfernungen von über 250 Mio. km – bezogen auf das Gewicht – für Raumsonden nicht mehr effektiv genug sind. In Jupiter-Entfernung wird nur noch

1/27 der auf der Erde und nur noch 1/13 der auf Mars empfangenen Sonnenenergie wirksam, so daß man die Solargeneratoren also mindestens dreimal so groß hätte machen müssen wie z. B. bei Mariner 9, um die elektrische Energie von etwa 150 W zu erhalten, die man für die Jupiter-Sonden brauchte. Solche »Sonnenzellen-Farmen« wären aber zu schwer geworden im Verhältnis und vor allem zu groß, so daß sie für die Mikrometeoriten ein sehr viel besseres Ziel geboten hätten – von den konstruktiven Problemen einmal abgesehen.
Als alternative Energiequelle bot sich der NASA für ihre ersten Sonden ins äußere Planetensystem der sog. Isotopen-Generator an, bei dem die Zerfallsenergie eines Radionuklids in thermischen Isotopenbatterien in Wärme umgesetzt wird. Mit Hilfe von Thermoelementen wird die Wärme in einem zweiten Schritt in elektrische Energie umgesetzt. Diesem interessanten Prinzip der Stromgewinnung liegt der schon seit 1821 beobachtete Seebeck-Effekt zugrunde: wenn zwei verschiedene elektrische Leiter an zwei Kontakten miteinander verbunden werden und wenn an den Übergangsstellen verschiedene Temperaturen herrschen, dann entsteht an diesen kritischen Punkten ein elektrischer Strom.
Der Vorteil dieses »Radioisotope Thermoelectric Generators« (RTG) ist seine lange Betriebsdauer, die Leistungsabnahme hängt von der Halbwertzeit der verwendeten Isotope ab. Der Nachteil des RTG ist der sehr geringe Wirkungsgrad, so daß für eine bestimmte zu erzeugende Energiemenge ein relativ schweres Aggregat eingesetzt werden muß. Durch die notwendige Abschirmung gegenüber der radioaktiven Strahlung wird das Leistungs/Gewichts-Verhältnis noch ungünstiger, aber weit draußen im Sonnensystem ist eine solche RTG-Anlage schließlich doch wesentlich effektiver als ein Solarkollektor.
Bei der Auswahl der Strahlungsquelle für eine bestimmte Raumsonden-Mission muß zwischen der erreichbaren Strahlungsenergie, der Halbwertzeit (und damit der Lebensdauer), der thermischen Leistung, der Verfügbarkeit und den spezifischen Kosten abgewogen werden. Die bei den Pioneer-Sonden eingesetzten RTG's arbeiteten mit Plutonium-238-Dioxide als Nuklear-Brennstoff. Thermoelektrische Konverter aus jeweils 90 Elementpaaren umgaben den zylindrischen Brennraum. Es handelte sich um RTG-Einheiten vom Typ SNAP-19, wie sie von der amerikanischen Atomenergiebehörde ganz ähnlich auch für die automatischen wissenschaftlichen Stationen entwickelt worden waren, die die Apollo-Astronauten auf dem Mond hinterlassen hatten.
Die nuklearen Brennstoff-Scheiben waren im Kern des RTG eingekapselt, um bei einem Fehlstart die Gefahr radioaktiver Verseuchungen so gering wie möglich zu halten. Ein Hitzeschild mit Kühlrippen umgab den radioaktiven Kern, jedes RTG-Element hatte 28 cm Durchmesser, aus den Seitenwänden ragten die sechs radial angeordneten Kühlrippen. Jeder RTG-Block wog 14 kg, die vier paarweise an zwei Auslegern montierten Einheiten brachten also zusammen 56 kg auf die Waage.
Kurz nach dem Start der Pioneer-Sonden entwickelte das kleine »Atom-Kraftwerk« etwa 155 W Leistung, nach knapp zwei Jahren Flugzeit bei Jupiter standen noch etwa 140 W zur Verfügung, und nach insgesamt 6,5 Jahren Flugzeit entwickelten die RTGs an Bord von Pioneer 11 beim Vorbeiflug am Saturn noch ca. 100 W – damit kann man auf der Erde gerade eine Glühbirne zum Leuchten bringen.

Drall-Stabilisierung

Bei der Entwicklung einer Raumsonde streben die Techniker eine möglichst stabile Lage des Meßkörpers während der ganzen Mission an, um für die Datengewinnung eine Bezugsplattform zu haben und um die Funkverbindung mit der Erde zu erleichtern. Der Idealfall ist die sog. Dreiachsen-Stabilisierung, bei der die Lage der Sonde in allen drei Freiheitsgraden laufend kontrolliert und stabilisiert wird, so daß die abtastenden Sensoren mit sehr großer Genauigkeit auf ihre Motive ausgerichtet werden können. Die meisten Merkur-, Venus- und Mars-Sonden der NASA arbeiteten z. B. mit dieser Dreiachsen-Stabilisierung; die Meßergebnisse waren entsprechend präzise.
Allerdings verlangt diese dauernde genaue Ausrichtung einer Raumsonde einen erheblichen sensorischen, apparativen und damit gewichtsmäßigen Aufwand, die Positionierung wird nämlich in der Regel mit einem ausgeklügelten System kleiner Lageregelungs-Düsen bewerkstelligt, für die ein ansehnlicher Vorrat an komprimiertem Druckgas mitgeführt werden muß. Eine solche Anlage macht sich natürlich ganz erheblich in der Gewichtsrechnung für eine Raumsonde bemerkbar, deren Nutzlast-Kapazität – bei gegebenem Gesamtgewicht – dadurch wesentlich eingeschränkt wird.
Diese Kalkulationen führten beim Entwurf der Pioneer-Sonden schnell zu einer kritischen Grenze, denn als Startrakete stand seinerzeit nur die für unbemannte Missionen stärkste Kombination Atlas-Centaur zur Verfügung. Zur geplanten Startzeit konnte dieses Projektil etwa 270 kg auf die für eine Jupiter-Mission notwendige Geschwindigkeit von etwa 16 km/s bringen. Ausgehend von diesen Gegebenheiten war bald klar, daß sich für die Pioneer-Sonden keine Dreiachsen-Lageregelung realisieren ließ, das dafür notwendige höhere Gewicht der Sonde hätte die Nutzlast-Kapazität praktisch auf Null reduziert.
Deshalb griffen die Ingenieure bei der Entwicklung der Pioneer-Sonden für den ersten Flug ins äußere Planetensystem auf das Prinzip der sog. Drall-Stabilisierung zurück, bei der das Raumfahrzeug zu Beginn der Mission einen Drehimpuls in einer bestimmten Achse erhält; diese Kreiseldrehung bleibt im Vakuum des Weltraums praktisch unbegrenzt erhalten. Man erhält also sozusagen »gratis« eine dauernde Stabilisie-

O. L.: *Der Saturn-Mond Iapetus hat eine von Kratern zerfurchte nördliche Hemisphäre. V-2 machte das Bild aus 1,1 Mio. km Distanz, das AV beträgt 20 km.* **O. R.:** *Kaum Einzelheiten sind bei Dione erkennbar, den V-1 hier vor den rotbraunen Wolken Saturns erfaßt hat.* **Links:** *Titan ist der größte Saturn-Mond; die dichte Atmosphäre dieses Trabanten enthält eine bräunliche Wolkenschicht, die den Durchblick auf die Oberfläche verwehrt.* **U. L.:** *Den inneren „Schäferhund-"Mond des F-Rings von Saturn hat V-2 hier aus 1,2 Mio. km Entfernung erfaßt.* **U. R.:** *Mit Kratern übersät ist die grunlich schimmernde Oberfläche des Saturn-Mondes Dione, der größte Krater oben hat ca. 100 km Durchmesser.*

Oben: *Sozusagen von hinten oben machte Voyager 1 dieses „Abschiedsbild" von Saturn und dem vielfach gegliederten Ringsystem. Aus dieser seitlichen Position kann der Planet von der Erde aus nie beobachtet werden, wir schauen ja immer mit der Sonne im direkten Licht auf Saturn.* **U. L.:** *So ungefähr kann man sich vielleicht die Bilder vorstellen, die die Giotto-Sonde 1986 von dem Kometen Halley zur Erde übermitteln wird. Diese Farbaufnahmen des Kometen Bradfield lieferte eine spezielle Kamera an Bord des IUE-Satelliten (International Ultraviolet Explorer) im kurzwelligen Spektralbereich von 120–320 nm. Das Blickfeld betrug 15 × 15 Bogenminuten; die verschiedenen Farben deuten auf unterschiedliche Materiedichten im Kern, Kopf, Koma und Schweif des Kometen hin.* **U. R.:** *Die Überreste einer Supernova-Sternexplosion im Bild der Cassiopeia zeigt diese Abbildung des amerikanischen Röntgenastronomie-Satelliten HEAO-2. Die kosmische Katastrophe ereignete sich 1657, die heiße Materie schießt nun seit fast 330 Jahren mit mehr als 1000 km/sec auseinander. Der damals explodierte Stern dürfte etwa die 100fache Sonnenmasse gehabt haben. Vielleicht können künftige Generationen mit hochentwickelten Sternsonden solche Objekte einmal aus der unmittelbaren Nähe untersuchen.*

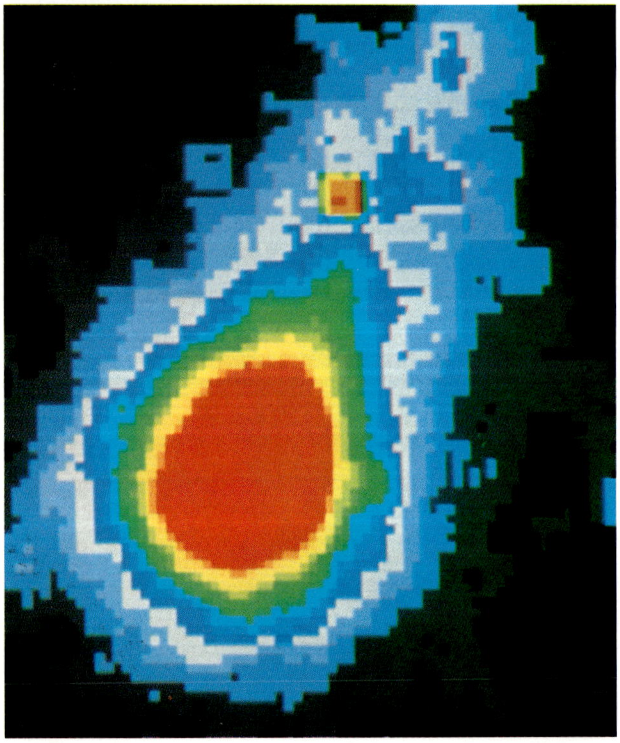

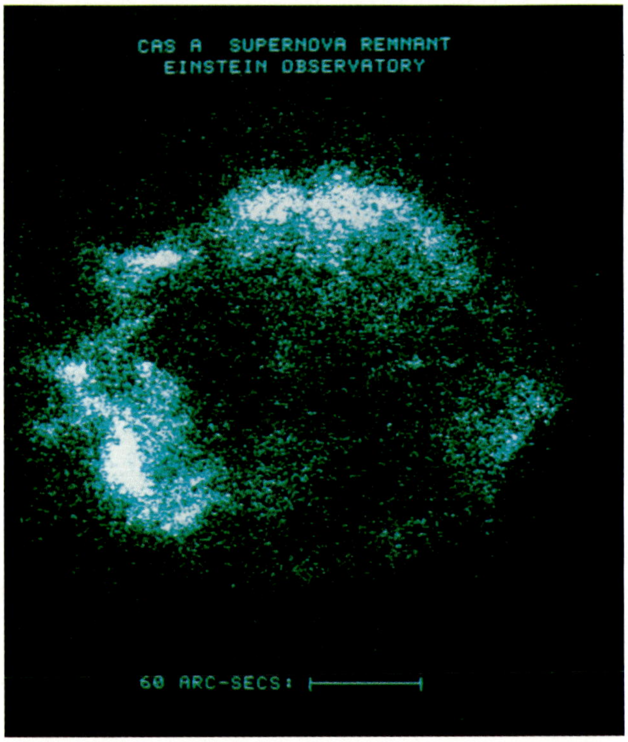

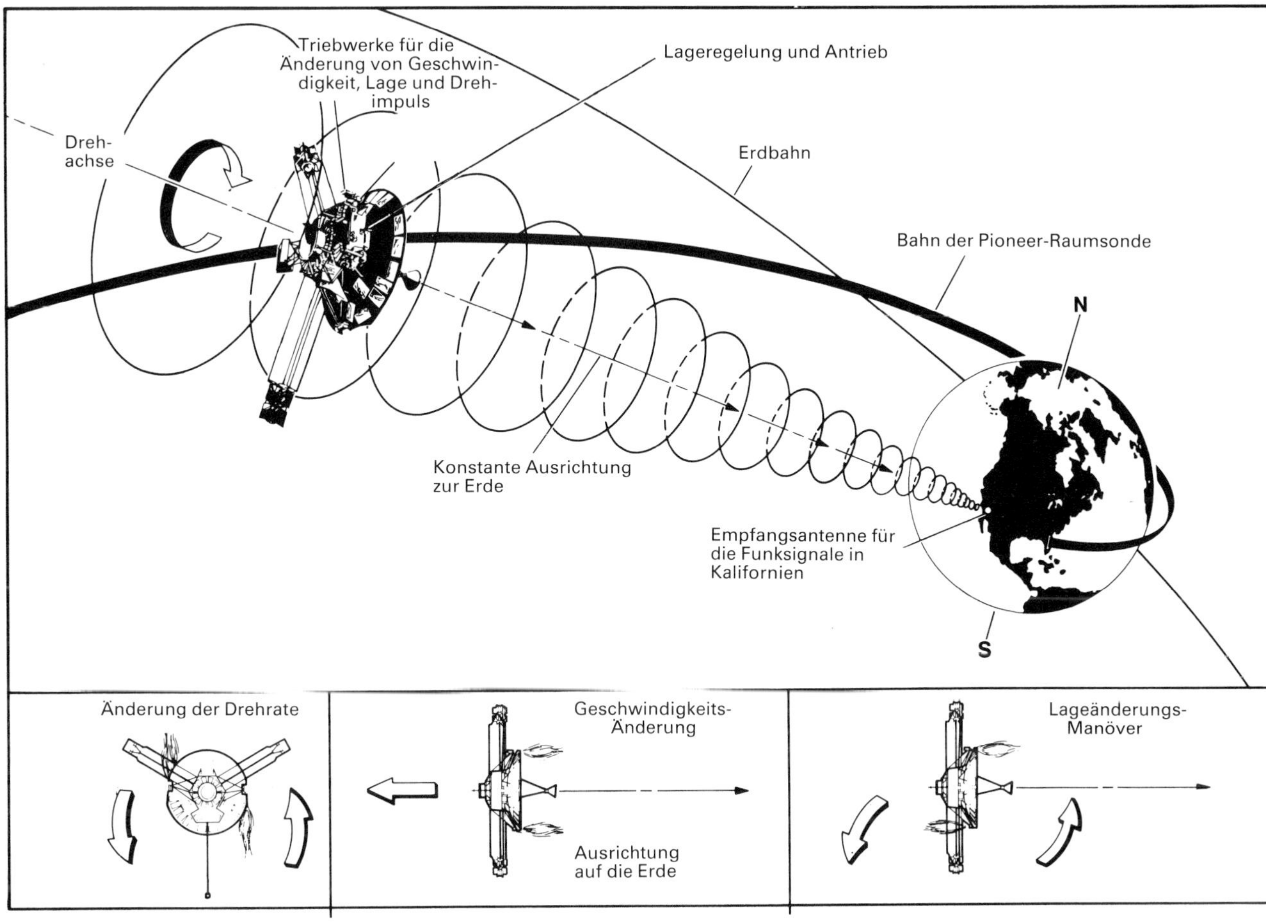

Die Stabilisierungsrotation der Pioneer-Raumsonden und die Funktion der Lageregelungs- bzw. Kurskorrektur-Düsen wird aus dieser Zeichnung verdeutlicht. Für besondere Manöver konnte die Rotation der Instrumententräger von 5 U/Min. auch unterbrochen und die Antenne von der Erde weggerichtet werden. Vor allem mußte die Position der Sonden im Verlauf der mehrjährigen Missionen wegen der allmählichen Richtungsänderung der Flugbahnen und der Bewegung der Erde auf ihrem Orbit laufend nachjustiert werden.

rung der Sonde in wenigstens einer Achse; diese wird auf das für den Missionsablauf zweitwichtigste Objekt im Weltraum ausgerichtet – auf die Erde.

Unentbehrlich für den Nachrichtenaustausch zwischen Sonde und Erde ist die große Parabolantenne. Die Pioneer-Sonden wurden deshalb so konstruiert, daß die Rotationsachse der Kreiselstabilisierung auch die Hauptachse des Parabolreflektors ist. So wurde also bei der Drallstabilisierung der Pioneer-Sonden der schmale Funkstrahl der Parabolantenne automatisch auf die Erde ausgerichtet.

Als Spinrate für die Pioneer-Sonden wurde übrigens der Wert von 4,8 Umdrehungen pro Minute gewählt, eine relativ langsame Bewegung. In zwölf Sekunden etwa drehten sich die Pioneer-Sonden einmal um ihre Hauptachse. Diese Rotation spielte auch bei der Bildgewinnung mit dem Fotopolarimeter eine große Rolle, wie wir weiter unten noch sehen werden.

Diese dauernde Rotation einer Raumsonde hat Vorteile und natürlich auch einige gravierende Nachteile. So läßt sich z. B. ein wissenschaftlicher Sensor nicht für längere Zeit auf ein bestimmtes Ziel ausrichten, andererseits aber ermöglicht die dauernde kreisende Bewegung den Sensoren die regelmäßige Abtastung ihrer Umgebung ohne besonderen Befehl und ohne zusätzlichen Energieaufwand.

Lageregelungs- und Kurskorrektur-System

Für die Manövrierfähigkeit der Pioneer-Sonde im Raum wurde ein kompliziertes Steuersystem entwickelt, dessen reibungslose Funktion Voraussetzung für das Gelingen der Mission war. Folgende Aufgaben hatte das System für »Propulsion and Attitude Control«:

- Beschleunigungs- und Bremsmanöver zur Korrektur der Flugrichtung, um die Vorbeiflug-Distanz und -richtung bei den Zielplaneten genau »einstellen« zu können;
- Lageveränderung der Sonde zur Vorbereitung von Kurskorrektur-Manövern, für besondere wissen-

schaftliche Untersuchungen und zur exakten Ausrichtung der Parabolantenne auf die Erde;

- Impulseingabe zur Unterbrechung und zur neuerlichen Aufnahme der Drall-Rotation von 4,8 U/m vor und nach Kurskorrektur-Manövern.

Das Lageregelungs-System an Bord der Pioneer-Sonde arbeitete nach bewährtem Muster mit einem System von sechs kleinen Düsen und einem Vorrat komprimierten Treibgases, das gemäß den vom Navigationssystem erhaltenen Steuerimpulsen aus den gewünschten Düsen unter hohem Druck austrat. Vier dieser Mini-Raketen waren in zwei Paaren mit Schubrichtung parallel zur Drallachse um 180° versetzt am Rand der Parabolantenne montiert.

Die Düsenöffnungen zeigten jeweils in entgegengesetzte Richtungen, sie dienten der Regulierung der Fluggeschwindigkeit. Zwei einzelne Gasdüsen waren ebenfalls am Rand der Antenne, aber diesmal senkrecht zur Drallachse der Sonde angeordnet, sie wurden zur gelegentlich notwendig werdenden Änderung der Drall-Rate eingesetzt.

Die kleinen Lageregelungs-Düsen an Bord der Pioneer-Sonde hatten eine variable Schubleistung von 2–6 N, die entweder im begrenzten Dauerbetrieb (für größere Geschwindigkeitsänderungen) oder in kurzen Impulsen (für die Regulierung der Drall-Rate) abgegeben werden konnte. Als Treibstoff für die Steuerdüsen dienten 27 kg flüssiges Hydrazin, das in einem Kugeltank von 42 cm Durchmesser im Zentrum der Zentralstruktur unter hohem Druck gespeichert wurde. Zur Sicherheit waren alle Lageregelungs-Düsen mitsamt ihren Zuleitungen doppelt vorhanden, im Notfall hätten Primär- und Sekundär-Düsensystem auch kombiniert miteinander betrieben werden können. Die ganze Anlage mit Tank, Leitungen und Düsen mußte während der Mission gewärmt werden, um ein Einfrieren zu vermeiden.

Das Steuersystem konnte bei gegebenem Treibstoff-Vorrat die Geschwindigkeit der Sonden um insgesamt 720 km/h verändern, außerdem waren Lageänderungen um die Drallachse von insgesamt 1200° (oder mehr als drei ganzen Umdrehungen) sowie Änderungen der Stabilisierungs-Rotation um insgesamt 50 U/m möglich.

Bezugspunkte für die Ausrichtung der Sonde und die Kontrolle der Flugbahn waren die Sonne und einige ausgesuchte Fixsterne. Normalerweise erfolgte die Steuerung automatisch, nur bei besonderen Manövern griffen die Ingenieure in der Bodenstation ein und programmierten alle Kommandos für eine Geschwindigkeits- bzw. Kurskorrektur in den dafür vorhandenen Datenspeicher.

Temperaturkontrolle

Da sich die Pioneer-Sonden soweit wie kein Raumfahrzeug zuvor von der Erde und damit auch von der Sonne entfernen sollten, mußten bei der Konstruktion zahlreiche spezielle Maßnahmen ergriffen werden, um eine zu starke Abkühlung der Sensoren und der elektronischen Komponenten im Inneren der Sonden zu verhindern. Es wurde gefordert und im Einsatz tatsächlich auch erreicht, daß die Temperaturen sich zwischen –25° und +40° stabilisierten. Bei der Konzeption des Thermal-Systems mußten auch die nicht unerhebliche Entwicklung von Eigenwärme in dem Zentralbehälter und die Ausstrahlungen der »Atombatterien« berücksichtigt werden. Während des Starts waren die Sonden für kurze Zeit besonderen Wärmebelastungen durch diverse Raketentriebwerke ausgesetzt, während bei zunehmender Entfernung von der Sonne die Weltraum-Kälte unbarmherzig wirksam wurde – bei Jupiter herrschen z. B. Temperaturen von –150° C.

Der Behälter für die Elektronik und die Sensoren wurde durch Mehrschichten-Isolationen vor Unterkühlung geschützt. Im Boden des Behälters befanden sich Kühljalousien, die von Bimetall-Schaltern gesteuert wurden, um nicht zuviel Eigenwärme in den Weltraum zu entlassen. Mit zunehmender Entfernung von der Sonne war das aber immer seltener der Fall, schließlich wurden mehrere vorsorglich installierte Heizelemente aktiviert, die vor allem die nach außen ragenden Sensoren vor der völligen Unterkühlung schützten. Diese »Öfen« wurden mit zunehmender Entfernung von der Sonne zu wichtigen Posten in der Energiebilanz der Pioneer-Sonden.

Kommandosystem / Datenverarbeitung

Das Kommandosystem an Bord der Pioneer-Sonde bestand aus zwei Decodern und einer Verteiler-Einheit. Alle Systeme waren aus Sicherheitsgründen redundant, also doppelt oder sogar dreifach eingebaut worden.

Die Steuerung des Raumfahrzeugs erfolgte mit 222 Kommandos. 73 dieser Befehle dienten dem Betrieb der wissenschaftlichen Instrumente, die anderen 149 Kommandos waren der Bedienung der Sondensysteme vorbehalten. Ein einzelnes Kommando bestand aus jeweils 22 Bit, die Befehle wurden von der Erde mit 1 bps abgestrahlt, mehr konnte die relativ kleine Antenne der Sonde nicht verkraften. Bis zu fünf Befehle, also maximal 110 Bit konnten für die verzögerte Ausführung von Befehlen im Kommandosystem gespeichert werden.

Zur vorübergehenden Speicherung wissenschaftlicher Daten befand sich ein Speicher an Bord der Pioneer-Sonde, der maximal 49152 Bit aufnehmen konnte, wenn die Sendeanlage gerade durch die Übertragung anderer Informationen blockiert war oder wenn die Richtantenne wegen besonderer Lageregelungsmanöver gerade nicht zur Erde zeigte. Die Telemetrieeinheit war mit einer durch Kristall gesteuerten Präzisionsuhr gekoppelt.

Datenübertragung

Das Kommunikationssystem der Pioneer-Sonde be-

Vor dem Start wurden die beiden Pioneer-Sonden auf Herz und Nieren geprüft und getestet – soweit sich die Weltraum-Bedingungen hier auf der Erde in großen Simulatoren nachvollziehen lassen. Deutlich sind auf diesem »Werkstatt«-Foto die große Parabolantenne und der Sekundärreflektor erkennbar, sowie die Streben, mit denen die Antenne am Zentralkörper befestigt ist.

stand aus jeweils zwei Empfängern, Sendern, 8 W-Verstärkern und drei Antennen. Die Meßdaten wurden im S-Band zur Erde übertragen, die Sendefrequenz lag bei 2292 MHz. Die maximale Übertragungsrate dieser Anlage betrug 2048 bps, aus Jupiter-Entfernung konnten noch 1023 bps bewältigt werden, Pioneer 11 sendete vom Saturn mit 256 bps. Die minimale Datenrate betrug 16 bps. Die jeweilige Geschwindigkeit für die Abstrahlung der wissenschaftlichen und der Betriebsdaten der Sonde wurde von der digitalen Telemetrieeinheit eingestellt.

Kernstück der Telemetrieanlage für Empfang und Sendung war die große Parabolantenne von 275 cm Durchmesser, die während der Stabilisierungs-Rotation der Sonde stets auf die Erde ausgerichtet blieb. Diese Antenne ergab einen Abstrahlwinkel von 3,3°, die aus Jupiter-Entfernung zur Erde gelangende Signalkeule hatte aber immerhin noch einen Durchmesser von etwa 40 Mio km. Der Gewinn dieser Antenne betrug 38 dB.

Die Schüssel der großen Richtantenne war aus einer doppelwandigen Aluminiumstruktur in Honigwaben-Bauweise gefertigt worden. Bei 275 cm Durchmesser war diese »Schüssel« 46 cm hoch (oder tief). In ihrem Inneren war ein kleines Dreibein-Gestell für den Sekundärreflektor montiert, dessen Streben 122 cm lang waren und das um 76 cm über den Rand der Antennen-Schale herausragte. Außen am Rand der Parabolschüssel waren einander gegenüber zwei Sonnensensoren montiert, die die korrekte Ausrichtung der Sonde auf die Erde gewährleisteten. An der Unterseite der Richtantenne waren die Meßflächen des Mikrometeoritenzählers montiert.

Die Medium-Gain- oder Hornantenne diente hauptsächlich dem Empfang der Kommandodaten von der Erde. Der kleine Reflektor befand sich auf der anderen Seite des Sekundärspiegels auf dem Dreibein, er zeigte bei exakter Ausrichtung der Sonde also ebenfalls genau auf die Erde. Die Medium-Gain-Antenne hatte einen Abstrahlwinkel von 32°, der Gewinn betrug 12 dB.

Die Low-Gain-Antenne schließlich ragte als Mast hinten aus dem Instrumentengehäuse heraus, sie diente der Aufrechterhaltung der Funkverbindung zwischen Sonde und Erde, wenn bei komplizierten Lageregelungs-Manövern vorübergehend das »Hinterteil« des Pioneer-Instrumententrägers auf die Erde zeigte.

Wichtigster elektronischer Baustein des Kommunikationssystems an Bord der Pioneer-Sonde waren die zwei Wanderfeld-Röhren (Traveling Wave Tube – TWT), die die Signale für die Übertragung zur Erde auf 8 W verstärkten. Die Empfänger an Bord der Pioneer-Sonde arbeiteten auf der Frequenz 2110 MHz, die Sender auf 2292 MHz.

Ein ausgeklügeltes Sicherheits-System sorgte dafür, daß jedes bei der Sonde ankommende Signal zunächst einmal von dem Decoder auf Korrektheit überprüft wurde, nur korrekte Anweisungen wurden an die jeweiligen Systeme weitergeleitet, falsche Befehle zurückgewiesen.

Die neun Datenraten für die Übermittlung der Meßergebnisse waren in wissenschaftliche und technische Übertragungen unterteilt, die Messungen der Sensoren wurden in zwei Grund- und in drei speziellen Bit-Raten zur Erde übermittelt. Die Basis-Raten bestanden aus jeweils 192 bps, von denen 144 Bit aus Meßergebnisse und 48 Bit aus Betriebsdaten bestanden. Die eine Basis-Bit-Rate diente der Meßwert-Übertragung beim Flug durch den interplanetaren Raum und den Planetoidengürtel, die andere Basis-Rate war der Datenübertragung während des Vorbeiflugs an Jupiter und Saturn vorbehalten.

Bei den drei Spezial-Datenraten standen alle 192 Bit für die Übermittlung von Meßwerten jeweils eines Instruments zur Verfügung. Auf diese Weise wurden z. B. die beim Fotopolarimeter anfallenden hohen Bit-Raten der Bildsendungen zur Erde übermittelt oder die Messungen des Infrarot-Radiometers, das die Wärmestrahlung der Planeten registrierte.

Beherrschendes konstruktives Element der Pioneer-Raumsonden war die Parabolantenne von 2,7 m Durchmesser für Datenübertragungen auch aus sehr großen Entfernungen. Die Stromversorgung mit sog. »Atombatterien« war ein weiteres wichtiges Unterscheidungs-Merkmal zu den vorher von der NASA gestarteten Planetensonden zu Venus und Mars. Aus Gewichtsgründen verfügten die Pioneer-Sonden nicht über eine Dreiachsen-Stabilisierung. Die Ausrichtung der Antenne auf die Erde wurde vielmehr durch eine Kreiseldrehung der ganzen Sonde erreicht.

Die vier Datenraten für Betriebsdaten der Pioneer-Sonden übermittelten auch jeweils 192 Bit von den Systemen Datenübertragung, Energieversorgung, Nachrichtensystem und Lageregelung sowie von der Gasdüsen-Anlage. Unter die Betriebsdaten ließen sich immer auch noch einige wissenschaftliche Meßergebnisse mischen – und umgekehrt.
Jede Antenne hatte ununterbrochen Kontakt zu einem der beiden Radioempfänger, so daß die Funkverbindung zur Erde kontinuierlich aufrecht erhalten blieb. Beide Empfänger konnten jederzeit durch ein Funkkommando von der Erde aus aktiviert werden. Wenn ein gerade in Betrieb befindlicher Radioempfänger plötzlich ausgefallen war, so daß auch das Sekundärsystem nicht mehr aktiviert werden konnte, schaltete sich nach einer gewissen Zeit der andere Empfänger automatisch ein, und der Funkkontakt mit der Erde war wieder hergestellt.
An die funktechnischen Empfangsanlagen der NASA hier auf der Erde wurden bei den Pioneer-Flügen sehr hohe Anforderungen gestellt. Die mit 8 W von den Sonden bei Jupiter abgestrahlten Signale kamen hier auf der Erde mit der unvorstellbar geringen Stärke von 10^{-17} W an, so daß die Antennen und Empfänger des »Deep Space Network« mit bis dahin nicht gekannter Präzision funktionieren mußten. Erst wenn man diesen winzigen Energiebetrag 19 Mio. Jahre lang sammelt und speichert – so besagte ein recht eindrucksvoller Vergleich der NASA-Techniker – dann würde es ausreichen, eine 7,5-W-Birne für einen Weihnachtsbaum 1/1000 Sek. lang brennen zu lassen. Die Funkverbindung mit den Pioneer-Sonden bei Jupiter und jenseits davon wurde noch dadurch erschwert, daß die Signale zwischen den Raumfahrzeugen und der Erde wegen der endlichen Laufzeit des Lichts 35–51 Min. lang unterwegs waren. Aus diesem Grund mußte jedes Kommando an die Sonden lange vor der gewünschten Reaktion auf den Weg gebracht werden. Die Techniker in der Bodenstation hatten also – wie vom Mars gewohnt, nur noch viel gründlicher – alle Manöver im voraus zu bedenken. Die Sonden waren nur noch mit Verzögerung zu kommandieren, sozusagen per Zeitlupe.
Die hohe Datenrate von 2048 bps, mit der die Messungen zu Beginn der Mission zur Erde gefunkt wurden, war aber nur möglich, wenn die 64-m-Antenne des DSN in Goldstone zum Empfang bereitstand. Erst kurz vor der Ankunft von P-10 bei Jupiter waren auch die 64-m-Antennen in Australien und Spanien fertig geworden, so daß die beim »encounter« mögliche höchste Datenrate von 1024 bps kontinuierlich beibehalten werden konnte – eine wesentliche Erleichterung für den gesamten Missionsablauf.
Auf die sehr hohe Empfindlichkeit dieser drei über den Erdball verteilten »Superohren« und auf deren hohe Sendekapazität von 400 kW waren die Sende- und Empfangsanlagen der Pionieer-Sonden zugeschnitten, nur mit Hilfe der 64-m-Antennen war schließlich auch die ununterbrochene Kommunikation mit der bis Saturn vordringenden Sonde P-11 im Herbst 1979 möglich.
Die Steuerung der Raumsonden – also die Bestimmung von Entfernung, Geschwindigkeit, Position und Bewegungsrichtung – erfolgte mit Hilfe des Dopplereffekts und genauer Winkelpeilung. Bei elektromagnetischen Wellen tritt bekanntlich eine »Stauchung« der Frequenz ein, wenn sich Strahlungsquelle und Empfänger einander annähern. Wenn sich die beiden an der Messung beteiligten Komponenten voneinander entfernen, wie es ja bei Raumsonden normalerweise der Fall ist, dann tritt eine Dehnung der Frequenz auf. Das Ausmaß und die Art dieser Veränderung eines Funkstrahls läßt sich sehr genau feststellen und analysieren. Die Techniker können daraus alle Angaben entnehmen, die für die präzise Steuerung einer Raumsonde notwendig sind.

Wissenschaftliche Sensoren

Die beiden Pioneer-Sonden trugen jeweils elf wissenschaftliche Sensoren, zwei weitere Experimente ergaben sich aus der genauen Verfolgung der Raumsonden-Funksignale von der Erde aus. Die Forschungsaufgaben der Pioneer-Sonden waren in drei Abschnitte unterteilt, die Messungen im interplanetaren Raum, im Meteoritengürtel und bei den Planeten Jupiter bzw. Saturn vorsahen. Während des Fluges durch den interplanetaren Raum standen folgende Forschungsziele auf dem Programm:

- Vermessung des interplanetaren Magnetfeldes;
- Untersuchung von Struktur und Änderungen im Sonnenwind;
- Messung der Intensität und Richtung hochenergetischer Teilchen von der Sonne und aus der Galaxis;
- Studium der Beziehungen zwischen Sonnenwind, Magnetfeld und kosmischer Strahlung;
- Suche nach Form und Grenze der Heliosphäre, der Sonnen-Atmosphäre;
- Bestimmung der Dichte des neutralen Wasserstoffs im All;
- Untersuchung des interplanetaren Staubs;

Im Bereich des Asteroidengürtels wurden folgende Parameter von den Pioneer-Meßgeräten untersucht:

- Größe, Masse, Bewegungsrichtung und Geschwindigkeit der Staubpartikel;
- Gefährlichkeit der Partikel für Raumsonden;

Bei Jupiter und Saturn bzw. den großen Monden der Planeten hatten die Pioneer-Sonden folgende Forschungsaufgaben:

- Erzeugung von Zweifarb-Bildern zur Untersuchung der Verhältnisse in den Wolkenschichten der Riesenplaneten;
- Analyse von Struktur und Stärke der Magnetfelder;
- Messung der Verteilung hochenergetischer Elektronen und Protonen in den Strahlungsgürteln;
- Untersuchung der Radiostrahlung im Dezimeter- und Dekameter-Bereich des elektromagnetischen Spektrums;
- Erkundung der Schockfront und der Magnetfeld-Grenze im Wechselspiel mit dem Sonnenwind;
- Feststellung der Temperaturen in der oberen Wolkenschicht der Planeten und auf den Oberflächen der großen Monde;
- Messung des Wasserstoff/Helium-Verhältnisses in den Atmosphären der Planeten;
- Studium des Aufbaus von Ionosphäre und Atmosphäre;
- Messung von Helligkeit, Farbe und Polarisation des von den Planeten reflektierten Lichts;
- Präzise Vermessung von Masse und Umlaufbahn der Planeten und ihrer Monde.

Die wissenschaftlichen Zielsetzungen waren bei den zwei Pioneer-Sonden sehr ähnlich, Variationen ergaben sich nur durch die verschiedenen Bahnen bei Jupiter, also wechselnde Entfernungen, Bahnneigungen, Fluggeschwindigkeiten und Blickwinkel für die Meßgeräte, vor allem auch für das Fotopolarimeter.

Die wissenschaftlichen Sensoren an Bord der beiden Pioneer-Raumsonden

Sensor	Aufgaben	Experimentator Institut	Gewicht Verbrauch
Magnetic Fields	Messung von Struktur und Stärke der interplanetaren und planetaren Magnetfelder	E. J. Smith Jet Propulsion Laboratory	2,6 kg 5 W
Plasma Analyzer	Messung niederenergetischer Elektronen und Ionen, Bestimmung der Magnetfeld-Struktur	J. H. Wolfe Ames Research Center	5,5 kg 4 W
Charged Particle Composition	Bestimmung von Zahl, Energie und Zusammensetzung energiereicher geladener Partikel in den Atmosphären der Planeten	J. A. Simpson University of Chicago	3 kg 2,4 W
Cosmic Ray Energy Spectra	Messung von Zahl und Energie der sehr hochenergetischen geladenen Partikel im Raum	F. B. Mc Donald Goddard Space Flight Center	3,2 kg 2,2 W
Jovian Charged Particles	Geiger-Müller-Zählrohr zur Messung von Zahl, Verteilung und Energie geladener Partikel zur Bestimmung der Mangetosphären-Strukturen	James A. Van Allen University of Iowa	1,9 kg 0,7 W
Jovian Trapped Radiation	Messung von Zahl, Verteilung und Energie geladener Partikel zur Bestimmung der Magnetosphären-Struktur	R. Walker Fillins University of San Diego	1,7 kg 2,9 W
Asteroid Meteorite Astronomy	Beobachtung von Staubpartikeln in der näheren Umgebung der Raumsonde	R. K. Soberman General Eletctric	3,3 kg 2,2 W
Meteorite Detection	Registration kleiner Partikel, die auf die Sonde aufschlagen	W. H. Kinard Langley Research Center	1,7 kg 0,7 W
Celestial Mechanics	Bestimmung der Massen von Planeten und Monden	J. D. Anderson Jet Propulsion Laboratory	
Ultraviolett Photometry	Messung der UV-Emission der Planeten-Atmosphären	D. L. Judge, University of Southern California	0,7 kg 0,7 W
Imaging Photopolarimeter	Erzeugung von Zweifarb-Bildern der Planeten und Monde, Untersuchung von Leuchtphänomenen	T. Gehrels, University of Arizona	4,3 kg 2,2 W
Jovian Infrared Thermal Structure	Temperatur-Messungen, Bestimmung des Wasserstoff/Helium-Verhältnisses in den Planeten-Atmosphären	G. Münch, California Institute of Technology	2 kg 1,3 W
S-Band Occultation	Studium von Atmosphäre und Ionosphäre der Planeten durch Änderung der Funksignale bei streifendem Durchgang	A. J. Kliore Jet Propulsion Laboratory	

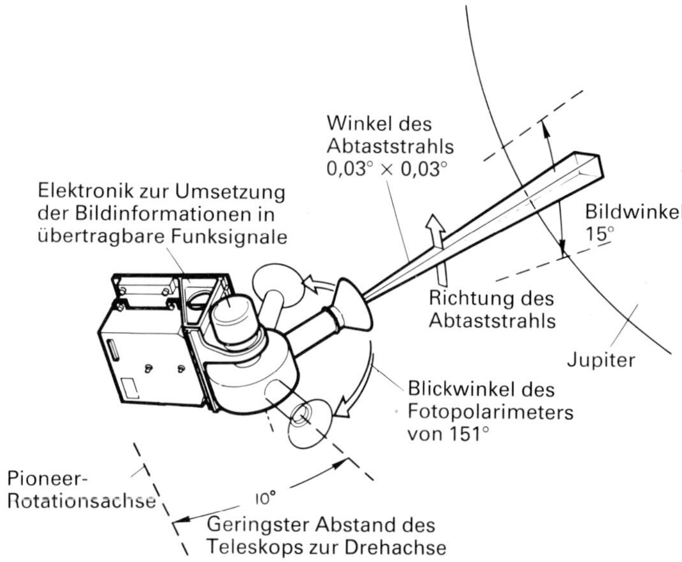

Das Fotopolarimeter der Pioneer-Sonden nutzte die Stabilisierungs-Rotation zur Bilderzeugung aus. Es handelte sich um ein relativ kompliziertes opto-elektronisches Instrument, dessen Spiegelobjektiv 25,4 mm Durchmesser und 86 mm Brennweite hatte. Im Bildgewinnungs-Modus arbeitete das Instrument mit einem Winkel von nur 0,028°, was aus 200000 km Entfernung ein Auflösungsvermögen von etwa 240 km ergab.

Das »Imaging Photopolarimeter« (IPP)

Das elektronische Bildaufzeichnungs-System war ohne Zweifel das wichtigste Experiment an Bord der Pioneer-Raumsonden, die Übertragung von Jupiter-Nahaufnahmen war das primäre wissenschaftliche Ziel der Mission. Das IPP nahm während der Vorbeiflug-Phasen bei Jupiter und Saturn jeweils den größten Raum im Nachrichtenstrom von den Sonden zur Erde ein.
Die Grundstruktur des »Imaging Photopolarimeter« bildete ein ausrichtbares Teleskop sowie eine Anordnung von optischen Detektoren mit der dazugehörigen Elektronik und einem schützenden Gehäuse, das an der Zentralstruktur der Pioneer-Sonden befestigt war.
Das »Imaging Photopolarimeter« sollte fotometrische und polarimetrische Daten (Sog. Polarisations-Karten) von Jupiter und seinen vier großen Monden sowie von Saturn und dessen großem Mond Titan liefern. Aus den bei stark schwankenden Beleuchtungsverhältnissen gewonnenen Bildern und Messungen wollten die Wissenschaftler erstmals zuverlässige Auskünfte über das Aussehen und die Beschaffenheit dieser Körper erhalten. Die Polarisation und Helligkeit des durch Moleküle zerstreuten Lichts von einem Himmelskörper hängt einerseits von der Beschaffenheit seiner Oberfläche ab, zum anderen aber auch von dem Phasenwinkel, also von der jeweiligen Position der Sonne, des untersuchten Planeten oder Mondes und der Raumsonde. Die Bahnen von Pioneer 10 und 11 wurden übrigens so gelegt, daß der Phasenwinkel von Jupiter stets größer als 12° war.
Das »Imaging Photopolarimeter« sollte hauptsächlich Zweifarb-Nahaufnahmen von Jupiter liefern, um diese z. B. auch mit den gewonnenen Polarisations- und Infrarot- bzw. Wärmekarten in Beziehung setzen zu können. Von besonderem Interesse waren dabei Bilder von den Polgegenden Jupiters, die von der Erde aus ja nur sehr schwer zu beobachten sind. Mit Spannung erwarteten die Wissenschaftler auch Aufnahmen des Terminators von Jupiter, wo ja die Wolkenstrukturen und Abschattungen zwischen höher und tiefer liegenden Gasmassen besser sichtbar sind. Schließlich konnten mit dem IPP während der langen Transfer-Phase zu Jupiter und Saturn auch Informationen über Leuchtphänomene im interplanetaren Raum gewonnen werden, z. B. vom Zodiakallicht.

Optische Konstruktion

Die optische Komponente des IPP bestand aus einem kleinen Maksutov-Spiegelteleskop von 2,54 cm (1 Zoll) Durchmesser und 8,6 cm Brennweite, das also ein Öffnungsverhältnis von 1:3,4 hatte und damit relativ lichtstark war. Das vom Teleskop aufgefangene Lichtbündel wurde dann in ein Wollaston-Prisma gelenkt und polarisiert. Mehrschichten-Filter trennten die roten und die blauen Anteile des einfallenden Lichts voneinander. Über diverse Umlenkspiegel gelangten diese beiden Spektralanteile des Lichts auf zwei Verstärker-Röhren.
Das optische System des »Imaging Photopolarimeter« hatte eine spektrale Durchlässigkeit von 390–720 nm, folgende beide Spektralbereiche wurden von den dichroitischen Filtern ausgesondert:
Blauer Kanal: 390–500 nm
Roter Kanal: 595–720 nm
Aus technischen Gründen war es nicht möglich, das Fotopolarimeter an Bord der Pioneer-Raumsonden mit der eigentlich erwünschten Dreifarben-Kapazität auszustatten; die Techniker waren schon froh, wenigstens zwei Spektralbereiche getrennt aufzeichnen zu können. Diese beiden Anteile wurden aber so ausgewählt, daß sich aus ihnen auf elektronischem Weg der grüne Spektralanteil sozusagen herausfiltern ließ, damit man schließlich doch noch ein dreifarbiges und damit natürliches Colorbild erhielt. Diese Art der synthetischen Erzeugung eines bestimmten Spektralanteils aus den beiden anderen Farben erwies sich als durchaus praktikabel, man erhielt recht naturgetreue Farbbilder von Jupiter, wie die Vergleiche mit den später gewonnenen, sehr viel besseren Voyager-Bildern des Planeten bewiesen.
Die Mehrschicht-Filter teilten das von dem Teleskop aufgefangene Licht in seine blauen und roten Bestandteile. Über Umlenkspiegel gelangten die Strahlen in zwei Verstärker-Anlagen, in denen jeweils zwei polarisierte Komponenten einer der beiden Farben

aufgezeichnet wurde, insgesamt hatte das System also vier Kanäle.
Für die Linsen des Fotopolarimeters verwendeten die Techniker des »Santa Barbara Research Center« spezielle Gläser des westdeutschen Schott-Konzerns, die weitgehend undurchlässig für die energiereiche Partikelstrahlung waren, die man in den starken Strahlungsgürteln von Jupiter und Saturn erwartete.

Arbeitsweise

Das »Imaging Photopolarimeter« an Bord der beiden Pioneer-Sonden konnte in vier verschiedenen Arbeitsweisen betrieben werden: 1. Bereitschaftsstellung; 2. Zodiakallicht-Untersuchung; 3. Fotopolarimetrische Studien; 4. Bildgewinnung.
Die drei möglichen Arbeitsweisen des »Imaging Photopolarimeter« wurden vor allem durch den jeweils in dem Teleskop eingestellten Bildwinkel bestimmt. Mit der Weitwinkel-Position von 2,3° × 2,3° wurde das allgemeine Sternen- und vor allem das Zodiakallicht untersucht sowie Ausschau nach Partikeln des Planetoidengürtels gehalten. Der mittlere Öffnungswinkel des IPP von 0,5° × 0,5° wurde bei der fotometrischen und polarimetrischen Untersuchung Jupiters, Saturns und einiger Monde benutzt. Der kleinste Bildwinkel von 0,028° × 0,028° schließlich diente der Bildaufzeichnung. Das Bildfeld des »Imaging Photopolarimeter« wurde durch eine variable Blendenscheibe in die drei verschieden großen Bereiche eingestellt, auf diesem Blendenstab befanden sich außerdem noch Elemente zur Polarisierung und zur Depolarisierung des einfallenden Lichts sowie eine Lampe zur internen Kalibrierung.
Im Aufnahme-Modus mit dem sehr schmalen Bildwinkel von nur 0,028° erhielt man aus 200000 km Entfernung ein Auflösungsvermögen von etwa 240 km. Die Pixel-Größe aus dieser Distanz betrug etwa 100 km. Aber nur sehr wenige Bilder wurden aus dieser von Pioneer 10 erreichten Minimal-Entfernung gemacht, die meisten der 180 von P-10 und der 120 von P-11 gewonnenen Jupiter-Bilder entstanden aus wesentlich größeren Entfernungen bis zu fast 5 Mio. km.
Bei der Aufzeichnung von Bilddaten mit dem IPP wurde normalerweise ein 14,5° breiter Streifen abgetastet, was ca. 108 Min. dauerte. In dieser Zeit wurden 508 Pixels für den blauen und 507 Pixels für den roten Spektralbereich in einem überlappenden Modus aufgezeichnet. Bei einem Winkel von ca. 90° zwischen der Spinachse der Raumsonde und dem Mittelpunkt des aufgezeichneten Bildes stießen die Pixelreihen der einzelnen Farbanteile aneinander. Wenn dieser Winkel größer war, überlappten sich die Farbanteile Blau und Rot um einen bestimmten, vom Winkel abhängigen Betrag. Diese Arbeitsweise wurde aber nicht gern gewählt, weil sie Probleme bei der Aufzeichnung und Darstellung der Bilder ergab.
Es gab bei der Arbeit mit dem »Imaging Photopolarimeter« auch den sog. langsamen Aufzeichnungs-Modus, bei dem ein 28° breiter Bildsektor aufgezeichnet, also so etwas wie eine WW-Aufnahme gemacht wurde. Die Pixel konnten dabei nacheinander registriert und übertragen werden. In der Periapsis-Flugphase von Pioneer 10 wurden einige Bilder mit der »low sample rate« gemacht, während Pioneer 11 stets nur in der normalen Betriebsart arbeitete.
Im Bildgewinnungs-Modus arbeiteten nur zwei der vier Detektoren des IPP, außerdem wurde das Licht vor der Umsetzung in Funksignale wieder depolarisiert. Bei den zwei anderen Meßmethoden des IPP entstanden jeweils zwei polarisierte Anteile der beiden Farben, so daß sich insgesamt vier Übertragungskanäle als notwendig erwiesen.
Der Beginn der Bildaufzeichnung wurde mit einer Serie von Kommandos eingeleitet oder aber von einer Automatik gesteuert, die auf die Signale eines lichtempfindlichen Sensors reagierte und die Apparatur jedesmal beim Auftauchen der hellen Planetenscheibe in dem Horizont-Sensor aktivierte.
Die Stabilisierungsrotation der Pioneer-Sonden von 4,8 U/Min. ergab eine Drehung der Sonde um 360° in 12,5 Sek. Auf diese Bewegung der Instrumententräger um die Hauptachse der Antenne war das ganze Bildgewinnungs-System abgestimmt. Naturgemäß arbeitete das »Imaging Photopolarimeter« also sehr langsam. So dauerte z. B. die Aufzeichnung eines Bildes von 200 Zeilen, wie sie z. B. die erste Mars-Sonde Mariner 4 im Jahr 1965 zur Erde funkte, bei den Jupiter-Sonden etwa 42 Min. Die erste amerikanische Mars-Sonde hatte eine solche Aufnahme dagegen mit ihrem stabilisierten TV-System in 1/5 Sek. gewonnen, dafür dauerte die Übertragung dieser Bilder wegen der geringen Energiekapazität seinerzeit 8,3 Stunden.
Die sehr langwierige Art der Bildgewinnung bei den

Das »Imaging Photopolarimeter« an Bord der Pioneer-Planetensonden nutzte die Stabilisierungs-Rotation zur zeilenförmigen Abtastung von Jupiter und Saturn. Der Blickwinkel des Instruments konnte um 15° von der Rotationsebene abweichen. Die Ausrichtung des Telekops auf bestimmte Ziele erfolgte in einem relativ weiten Winkelbereich von 151°, das IPP konnte also einem Motiv auch nachgeführt werden.

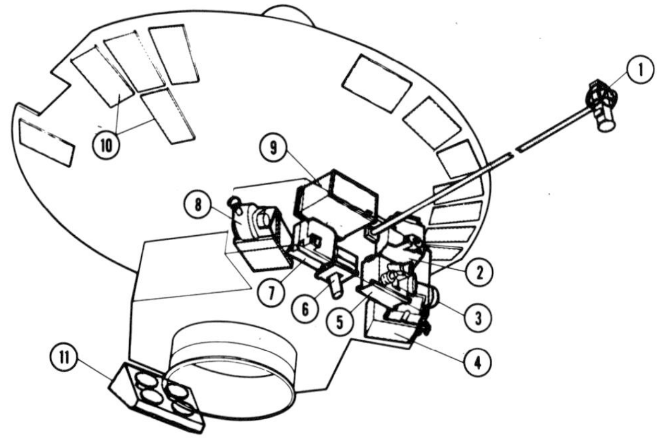

Die Anordnung der wissenschaftlichen Sensoren am Gerätegehäuse der Pioneer-Sonden zeigt diese Grafik, die Ziffern weisen auf folgende Instrumente hin: 1) Magnetometer; 2) Teleskop für Kosmische Strahlen; 3) Infrarot-Radiometer; 4) Instrument zur Registrierung geladener Partikel; 5) Strahlengürtel-Detektor; 6) Ultraviolett-Fotometer; 7) Geiger / Müller-Zählrohr; 8) Fotopolarimeter-Bildsystem; 9) Plasma-Analysator; 10) Meteoriten-Testfläche; 11) Asteroiden- und Meteoriten-Detektor.

Pioneer-Sonden hatte den Nachteil, daß vor allem die aus geringem Abstand gewonnenen Jupiter-Bilder sehr stark verzerrt waren. In der Nähe eines solchen großen Planeten erreicht eine Raumsonde Geschwindigkeiten von über 100000 km/h, sie legt also in den für ein 200-Zeilen-Bild notwendigen 40 Min. etwa 67000 km zurück, so daß sich der Aufnahmestandpunkt laufend ändert. Das ergab natürlich erhebliche Verzerrungen, die in der Bodenstation mit Hilfe von Elektronenrechnern in mühevoller Kleinarbeit wieder »zurechtgerückt« werden mußten.
Während der nahen Planeten-Vorbeiflüge gab es auch längere Zeitabschnitte, während derer die Schrittschalt-Automatik abgeschaltet werden konnte, weil die relative Bewegung der Raumsonde und des Planeten zueinander automatisch die für eine Bildabtastung notwendige räumliche Versetzung ergab. Aber auch alle Zwischenstufen kamen vor, es gab Überlappungen der Abtastzeilen und es gab auf der anderen Seite auch Lücken zwischen den einzelnen Bildzeilen, so daß die Nachführ-Automatik schließlich wieder eingeschaltet werden mußte.
Während eines Bildgewinnungs-Zyklus mußte das IPP-Teleskop natürlich laufend nachjustiert werden, um nach und nach einen bestimmten Winkelbetrag abtasten zu können. Im Normalfall bedeutete das nach jeder Stabilisierungsrotation der Sonde eine Nachjustierung um 0,028° – entsprechend dem Blickfeld des Teleskops. Diese Bewegung erfolgte in seitlicher Abweichung von der Spinachse, so daß ein gewisser Winkelbereich senkrecht zur Spinachse von dem Instrument erfaßt werden konnte und die Aufnahme von Abtastbildern möglich wurde – eine zweite Dimension kam in den Sichtbereich. Der Gesamtabtastwinkel des IPP betrug 15°. Der Blickwinkel konnte zur Verfolgung des Motivs während eines Planeten-Vorbeiflugs um insgesamt 151° verändert werden.

Bildübertragung

Die analogen Signale von den zwei oder vier Detektoren des IPP wurden digitalisiert, in einem Speicher angesammelt und dann zusammen mit den technischen Informationen in den beiden möglichen Telemetrie-Formaten zur Erde abgestrahlt. Nachdem er ein Aktivierungs-Signal erhalten hatte, sorgte der »Electronic Logic Processor« automatisch für alle notwendigen internen Befehle, die für eine Bildaufzeichnung notwendig waren, also vor allem für den Zeitpunkt, die Aufnahmerichtung, den Bildwinkel usw. Dann schaltete sich das Instrument wieder ab und wartete in Bereitschaftsstellung auf die Befehle für die nächste Aufnahme.
Der Bildsignal-Speicher hatte eine Kapazität von 6144 Bit, die bei einer Datenrate von 512 bps in 12 Sek. zur Erde übermittelt werden konnten – so lange etwa brauchte die Sonde für eine Spin-Drehung um die eigene Achse. Normalerweise kamen dann noch ebensoviele technische Daten über den Zustand der Sonde, der verschiedenen Sensoren und des IPP hinzu, was die höchst mögliche Datenrate von 1024 bps ergab. Bei größeren Entfernungen mußten geringere Datenraten gewählt werden, was einen Einfluß auf die Menge der übermittelten Bilder hatte – vor allem bei Saturn, wo P-11 ja nur noch mit 256 bps senden konnte.
Die elektronischen Detektoren verwandelten die in den zwei genannten Spektralbereichen aufgefangenen Lichtimpulse wechselnder Intensität in 64 verschiedene Helligkeitsstufen vom reinen Weiß bis zum absoluten Schwarz, deren Wertigkeit jeweils mit sechs Bit zur Erde abgestrahlt wurde.
Bei P-10 ergaben sich während des Jupiter-Vorbeiflugs teilweise auch Blickwinkel von 160°, so daß es erhebliche Schwierigkeiten mit der Übertragung der Bilddaten zur Erde gab; die Funkkapazität der Pioneer-Sonden war mit maximal 1024 bps sehr begrenzt. Bei einer Drehung der Raumsonde wurden in dieser Phase 5 Sek. lang Bilddaten erhalten, die ja in 12,5 Sek. zur Erde abgestrahlt werden mußten, bis der nächste Bilddaten-Schub kam. Die Pixels waren also in den Farben und in der Form nicht mehr eindeutig zu trennen, so daß sie länglich verzerrt wurden.
Die Qualität der Pioneer-Farbbilder von Jupiter (und Saturn) hing ganz entscheidend davon ab, wie gut es den Elektronikern in der Bodenstation gelang, den künstlichen Grünanteil bei der Farbmischung zu treffen, der ja auf einem komplizierten Weg aus den beiden realen Spektralanteilen Blau und Rot gewonnen wurde. Eine wichtige Rolle spielte dabei das sog. »Pioneer Image Converter System« (PICS), das die blauen und roten Farbauszüge in einem nicht-linearen

Prozeß auswertete. Zur Orientierung wurden bei der Abmischung der Pioneer-Farbbilder auch Fotos und Farbmuster verwendet, die bei der Beobachtung Jupiters von der Erde aus gewonnen worden waren.
Diese direkt vom »Pioneer Image Converter System« produzierten Rohbilder von Jupiter waren natürlich noch sehr unvollkommen und mit mehreren Zeilenfehlern und Verzerrungen behaftet, aber die Wissenschaftler und Journalisten empfanden diese Aufnahmen seinerzeit durchaus als Sensation, es ließ sich schon erkennen, wie eindrucksvoll diese Bilder nach der Computer-Aufbereitung sein würden. Für diese »Live-Reportage« vom Jupiter erhielten die daran beteiligten Wissenschaftler einen wertvollen Fernseh-Preis der USA.
Der Blickwinkel des IPP war sehr eng; er läßt sich vielleicht mit der Größe eines Pfennigstücks vergleichen, das aus 20 m Entfernung angepeilt wird. Wenn die Pioneer-Sonde rotierte, erfaßte das kleine Teleskop einen weitreichenden konischen Sichtstreifen im Raum. Wenn das Motiv Jupiter oder Saturn erfaßt wurde, maß das IPP die Helligkeit des reflektierten Lichts entlang dem Abtaststrahl. Durch die fortlaufende Stabilisierungsrotation der Pioneer-Sonde und das allmähliche Schwenken des Teleskops durch einen kleinen Schrittschalt-Motor wurde so das Motiv

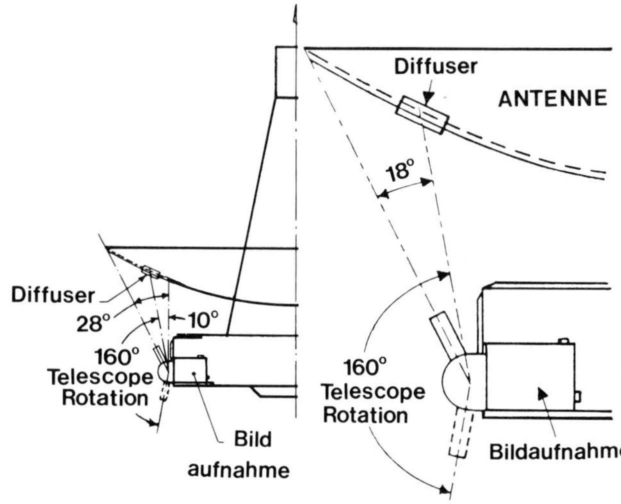

Die Lage des Fotopolarimeters an Bord der Pioneer-Raumsonden und die Einstell-Möglichkeiten des Teleskops im Winkelbereich von fast 160° demonstrieren diese beiden Skizzen. Zur Kalibrierung wurde das kleine Teleskop auf den Diffusor in der Antenne gerichtet, durch den helles Sonnenlicht in die Optik und Elektronik des IPP fiel und das Instrument sozusagen auf Nullstellung brachte.

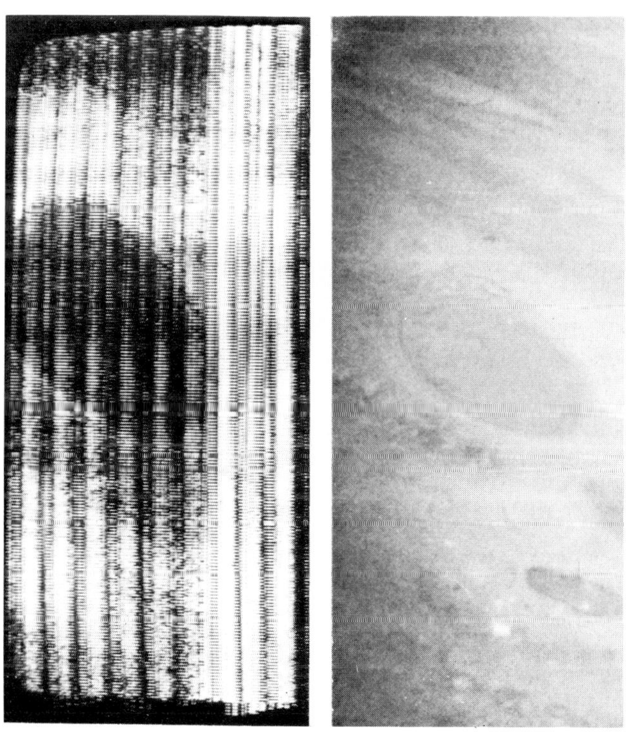

Der »Große Rote Fleck« war das Ziel einer besonders gründlich vorbereiteten Nahaufnahme, die Pioneer 10 von Jupiter machte. Aufschlußreich ist der Vergleich zwischen dem vom Fotopolarimeter gelieferten Rohbild und der in Computern erzeugten »Hochglanz-Version« des GRF.

Jupiter im Laufe der Zeit abgetastet. Wie lange eine Aufnahme dauerte, hing von der Entfernung der Sonde vom Motiv ab, also von dem Blickwinkel, unter dem der Planet gerade erschien.
Eine große Schwierigkeit bei der Auswertung der Pioneer-Bilder war auch der Umstand, daß die vom IPP gewonnenen Bildstreifen kurvenförmig gebogen waren und für die Rekonstruktion des Motivs zunächst einmal in genau berechneter Weise »geradegebogen« werden mußten. Zu der hohen Geschwindigkeit der Raumsonde beim nahen Vorbeiflug an Jupiter kam auch noch die Rotation des Planeten als Störfaktor hinzu, der sich ja in 40 Min. um 24° weitergedreht hat. So entstanden bei der Bildaufzeichnung oft auch für einige Zeit gleichgerichtete oder gegenläufige Bewegungen von Jupiter, Raumsonde und Abtastrichtung des IPP, was zu einem völlig wirren Bildmuster führte.
Um die während der Aufnahme von mehreren Bewegungsrichtungen meist sehr verzerrten Pioneer-Bilder exakt rekonstruieren zu können, brauchten die Wissenschaftler genaue Kenntnisse darüber, wo genau die einzelnen Bildsegmente herstammten. Für diese kniffige Feinarbeit wurden spezielle Abtastkarten erstellt. Das »Imaging Photopolarimeter« wurde von einem Wissenschaftler-Team der University of Arizona entwickelt und von dem Santa Barbara Research Center in Kalifornien gebaut. Projektleiter war Dr. Thomas Gehrels, der wiederum dem Lunar and Planetary Laboratory der Universität von Arizona angehörte. Das IPP war 18 × 19 × 47 cm groß, es wog 4,3 kg und nahm 2,2 W elektrischer Leistung auf.

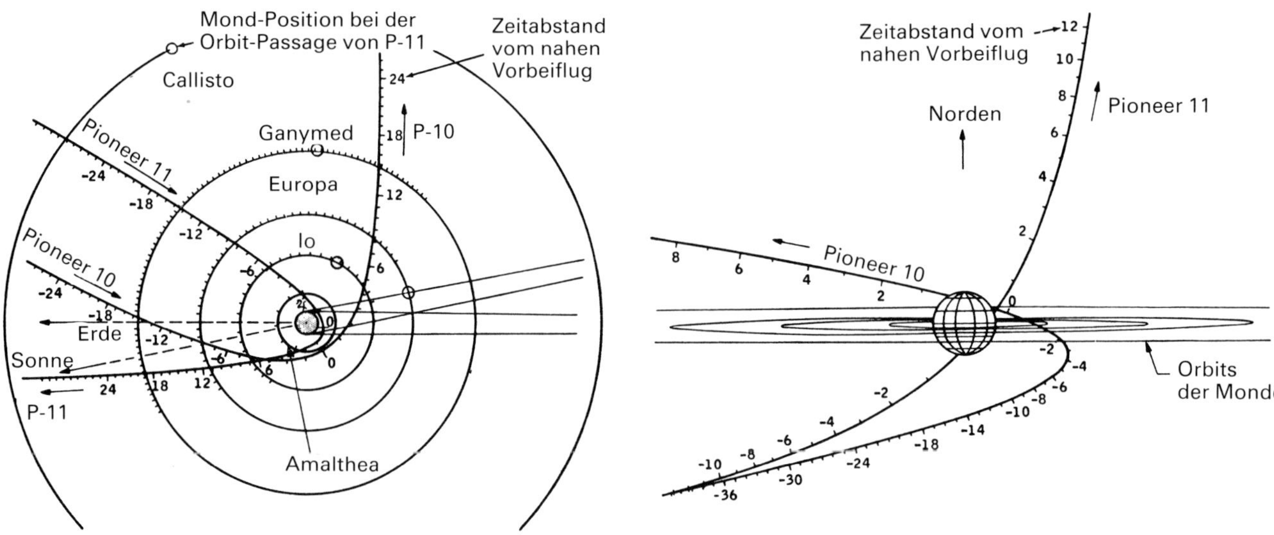

Die Flugbahnen der beiden Pioneer-Sonden bei Erreichen Jupiters zeigen diese Grafiken, einmal von oben senkrecht zur Bahnebene des Planeten betrachtet und einmal von der Seite, sozusagen von der Erde aus gesehen. Pioneer 10 passierte den Planeten halbwegs in der Äquatorebene, während Pioneer 11 beim »encounter« durch die Gravitationskräfte des Riesenplaneten steil in die Höhe katapultiert wurde. Die Flugrichtungen beider Sonden wurden ebenfalls stark verändert.

Missionsverlauf

Hinsichtlich des Starts stellten die beiden Jupiter-Sonden besondere Anforderungen, sie mußten von Atlas-Centaur-Raketen auf die niemals zuvor bei einem Start erreichte Endgeschwindigkeit von fast 52 000 km/h beschleunigt werden. Während die Apollo-Astronauten für ihren Flug zum Mond drei Tage brauchten, legten die beiden Pioneer-Sonden diese 384 000 km lange Strecke in nur elf Stunden zurück. Aus der feststehenden Schubkraft der Rakete und der zu erreichenden Endgeschwindigkeit resultierte für die beiden Sonden ein Gewicht von etwa 270 kg. Wären sie schwerer gewesen, hätte die geplante Flugbahn zu Jupiter nicht erreicht werden können – oder eine stärkere Rakete wäre erforderlich gewesen.

Während des langen Transfer-Fluges wurden täglich etwa 400 Funkkommandos zu den Pioneer-Sonden gesendet, um die Bordsysteme in gutem Zustand zu erhalten und um einige Sensoren zu bestimmten Messungen zu veranlassen. Während der »encounter«-Periode stieg die Zahl der Funkbefehle auf täglich über 2000 an – ein Indiz für die stark anwachsende Aktivität der Sensoren während des nahen Vorbeiflugs.

Die Techniker in der Bodenstation entwickelten auch ein spezielles Computer-Programm, mit dem die Auswirkungen der starken Strahlungsdosen auf die einzelnen Sensoren möglichst gering gehalten werden konnten. So wurde z. B. für das Fotopolarimeter in regelmäßigen kurzen Abständen neue Startsignale in die Kommandofolge eingebaut, damit das IPP wieder mit der Bildabtastung anfängt, wenn es durch die starke Strahlung unplanmäßig abgestellt worden sein sollte. So erreichte man eine Behebung des Fehlers, noch ehe die Techniker auf der Erde etwas davon bemerkten. Die lange Laufzeit der Funksignale von Jupiter bzw. von der Sonde und das korrigierende Funksignal von der Erde zurück hätten die Reaktion viel zu spät beim Fotopolarimeter ankommen lassen. Trotzdem gingen wegen der Beeinflussungen des IPP durch die zu starke Strahlung einige wichtige Nahaufnahmen von Jupiter und vor allem ein Detailbild des Mondes Io verloren.

Die Flugbahnen der beiden Pioneer-Sonden bei der Ankunft am Zielplaneten unterschieden sich erheblich voneinander, vor allem hinsichtlich des Winkels gegenüber dem Äquator und der Umlaufebene Jupiters. Bei P-10 betrug diese Neigung 14°, bei P-11 sogar 50°, diese Sonde näherte sich dem Planeten von Süden her, gegenläufig zur Drehrichtung Jupiters und entfernte sich wieder nach Norden. P-10 flog mit 125 600 km/h in etwa 131 000 km Entfernung an Jupiter vorbei, während sich P-11 dem Planeten sogar auf 42 000 km annäherte und dabei eine Geschwindigkeit von 171 000 km/h erreichte.

Die Leitung für das Pioneer-Programm lag beim »Ames Research Center« der NASA in Moffet Field südlich von San Francisco, und dort befand sich auch das Kontrollzentrum für die Einsatzplanung und Kommandogabe. Während der Planeten-Passagen von Pioneer 10 und 11 hatten sich dort alle an dem Programm beteiligten Experimentatoren, Wissenschaftler und Techniker eingefunden, um die erhaltenen Meßwerte analysieren und bei Störungen sofort eingreifen zu können. Die Bildsignale kamen von den Antennen des »Deep Space Network« über Kabel und Richtfunk-Strecken im Kontrollzentrum an und wurden in das »Pioneer Image Converter System«

(PICS) gegeben, wo die elektronischen Signale schnellstmöglich in farbige Fernseh-Bilder umgesetzt wurden, so daß sich die Aufnahmen innerhalb kürzester Zeit auswerten ließen. Gelegentlich wurde dieses »TV-Programm vom anderen Stern« auch in das öffentliche Fernsehnetz eines Privatsenders in San Francisco eingegeben, so daß auch die Bevölkerung in der Umgebung an diesem Spektakel teilhaben konnte.

Asteroidengürtel

Als größte Gefahr für Pioneer 10 und 11 erachteten die NASA-Experten – abgesehen von den Fährnissen des Starts – die Durchquerung des Asteroiden-Gürtels zwischen den Umlaufbahnen von Mars und Jupiter. Auch die Passage der Strahlengürtel, die bei Jupiter vermutet wurden, bereitete den Ingenieuren Kopfzerbrechen. Über beide Phänomene wußte man damals noch relativ wenig, die Befürchtungen erwiesen sich aber – das wissen wir heute – als weitgehend unbegründet, wenn die beiden Sonden auch die Strahlengürtel von Jupiter nicht ganz unbeschadet passieren konnten.

Der aus vielen kleinen und größeren Partikeln bestehende Asteroidengürtel befindet sich in einem Bereich zwischen 270 und 555 Mio. km Entfernung von der Sonne, etwa 40 Mio. km ragt der Partikelgürtel nach Norden und Süden über die Ekliptik hinaus. Eine Raumsonde hat also auch keine Chance, über diesen Materiegürtel hinwegzufliegen – sie muß mitten durch.

Momentan sind etwa 2000 größere Asteroiden mit Durchmessern zwischen 20 und 700 km bekannt, die Astronomen schätzen die Gesamtzahl aber auf etwa 50 000. Die großen Körper sind für Raumsonden aber kaum gefährlich, sehr viel unangenehmer können die im Asteroidengürtel sicher ebenfalls vorhandenen Staubmassen und die Partikel in Stecknadelkopf-, Erbsen-, oder Apfelgröße werden, die dort zu Milliarden vorkommen dürften. Wegen der zu erwartenden hohen Auftreff-Geschwindigkeit kann ein solcher kleiner Asteroid eine Sonde sofort völlig zerstören, da hilft auch keine Panzerung bestimmter wichtiger Systeme.

So gefährlich der Zusammenstoß mit einem kleinen Partikel aus dem Asteroidengürtel für eine Raumsonde werden kann, so interessant ist es andererseits, diese Materieansammlung zwischen dem Mars- und Jupiter-Orbit einmal aus der Nähe zu untersuchen. Die beiden Pioneer-Sonden dienten hier also im wahrsten Sinn des Wortes als »Pfadfinder« und registrierten dabei die Dichte und Verteilung sowie die Flugrichtung und Geschwindigkeit der Staubpartikel. Zur großen Beruhigung der Wissenschaftler stellte sich aber heraus, daß die beiden Pioneer-Sonden kaum mit größeren Partikeln des Asteroidengürtels in Berührung kamen und daß infolgedessen auch für spätere Missionen kaum irgendwelche Kollisionsgefahren bestehen dürften.

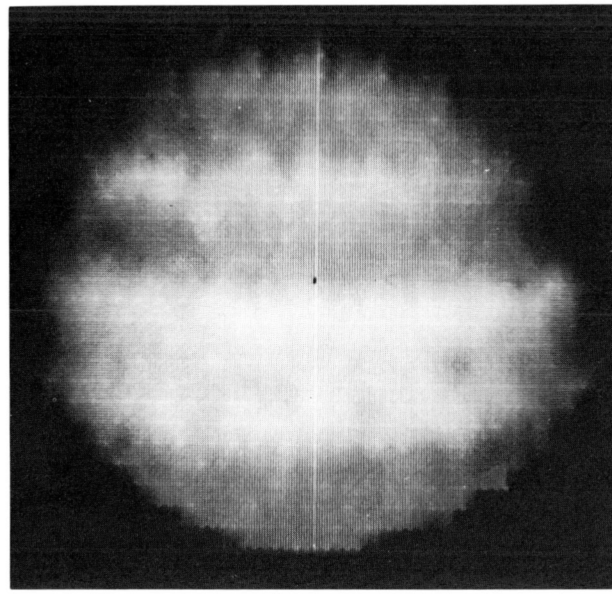

Eine Wärmekarte von Jupiter lieferte der Infrarot-Sensor an Bord von Pioneer 10: Die hellen Stellen sind etwa um 15° C wärmer als die dunkleren Zonen, die parallel zum Äquator und zu den Wolken verlaufen. Es bestätigte sich bei diesen Messungen, daß Jupiter zweimal so viel Wärmeenergie abstrahlt, wie er von der Sonne erhält; der Riesenplanet verfügt also über eine eigene starke Energiequelle.

Pioneer 10

Der Flug von P-10 zu Jupiter verlief planmäßig, im Juni 1972 – etwa 100 Tage nach dem Start – kreuzte die Sonde die Umlaufbahn von Mars, und von nun an war sie wirklich ein »Pioneer«, denn dorthin war zuvor noch keine einzige Raumsonde gelangt. Mitte Juli näherte sich P-10 dem Planetoidengürtel; die beiden für solche Studien mitgeführten Detektoren an Bord von P-10 meldeten nur sehr wenige Treffer von winzigen Stäubchen. In etwa 400 Mio. km Entfernung von der Sonne entdeckte das »Imaging Photopolarimeter« etwa in der Mitte des Planetoidengürtels auf optischem Weg einige größere Partikel, aber es gab keine gefährlichen Kollisionen mit der Raumsonde. Im Februar 1973 verließ P-10 den Planetoidengürtel.

Am 26. 11. 1973 begann dann der so lange erwartete »encounter« von P-10 bei Jupiter, die Sonde war noch 6,4 Mio. km von dem Planeten entfernt. Alle Sensoren wurden aktiviert. Die Meßgeräte für elektrische Teilchen bemerkten plötzlich einen Wechsel im interplanetaren Medium – die Grenze zwischen Sonnenwind und dem jovianischen Magnetfeld war erreicht. Diese sog. Schockfront befand sich zu jener Zeit in etwa 6,8 Mio. km Entfernung von Jupiter. Nun konnten alle an Bord der Raumsonde befindlichen Sensoren ihre geplante Rolle spielen und neue Erkenntnisse über die Verhältnisse bei dem Riesenplaneten zur Erde funken, das »Imaging Photopolarimeter«

Eine der besten Globalaufnahmen, die Pioneer 10 von Jupiter lieferte, zeigt mehrere Wolkenbänder auf dem Planeten, am Terminator den »Großen Roten Fleck« sowie den Schatten des Mondes Io, der aber selbst nicht zu sehen ist. Das Jupiter-Bild entstand aus 2,5 Mio. km Entfernung, das Auflösungsvermögen beträgt etwa 3000 km. Damit ist dieses Bild kaum besser als die schärfsten von der Erde aus erhaltenen Jupiter-Fotos.

machte erste Aufnahmen des noch sehr klein erscheinenden Planeten. Am 2. Dezember passierte P-10 den Orbit des äußersten galileischen Mondes Callisto, und die Abtastbilder von Jupiter wurden etwas deutlicher als die besten bis dahin von der Erde aus gemachten Fotos dieses Planeten. Immer näher kam P-10 dem Planeten und den gefährlichen Strahlengürteln, die sich schließlich auch sehr unangenehm in der Elektronik der Raumsonde bemerkbar machten. Schließlich erreichte P-10 am 3. 12. 1973 den Punkt der größten Annäherung.

Elf Tage nach dem »encounter« hatte sich P-10 schon wieder bis auf 11 Mio. km von Jupiter entfernt, mit einer Geschwindigkeit von 83500 km/h bewegte sich die Sonde in einer weitgeschwungenen Kurve hinaus in das äußere Sonnensystem, ohne dabei noch mit einem anderen Planeten zusammenzutreffen. 1976 kreuzte P-10 die Saturn- und 1979 die Uranus-Bahn, 1983 wird die Neptun- und 1987 die Pluto-Bahn erreicht. Einige Zeit zuvor dürfte wohl die Funkverbindung endgültig abgerissen sein, die Sonde wird dann über zehn Jahre lang geflogen sein und gearbeitet haben – wahrlich ein bemerkenswerter Rekord. Schließlich wird P-10 als erster von Menschenhand geschaffener Körper das Planetensystem endgültig verlassen und mit einer Geschwindigkeit von 411 000 km/h auf das Sternbild Stier zufliegen – eine Reise in die zeitliche und räumliche Unendlichkeit beginnt. In 1,7 Mio. Jahren könnte die Sonde – so besagen vorläufige Rechnungen – in die Nähe des 53 Lichtjahre entfernten Sterns Aldebaran gelangen.

Mitte 1983 verließ P-10 als erster von Menschenhand geschaffener Körper das Sonnensystem, in 4,5 Mia. km Entfernung von der Sonne bzw. Erde überschritt die Forschungskapsel die Neptun-Bahn. Diese gilt momentan als Grenze des Sonnensystems, so lange sich Pluto auf seiner sehr exzentrischen Umlaufbahn innerhalb des Neptun-Orbits befindet. Die meisten Systeme dieser wie auch der Schwestersonde P-11 arbeiteten zu dieser Zeit noch einwandfrei. Das Energieaufkommen an Bord der Sonden wird geringer, die Entfernung zur Erde immer größer, die Laufzeit der Signale betrug im Juni 1983 über vier Stunden. Die Kommunikation wurde unter diesen Umständen sehr schleppend, so daß immer nur einige Bit pro Sekunde empfangen und übermittelt werden konnten. Trotzdem wollen die NASA-Techniker die Verbindung zu P-10 und P-11 sowie dann später auch zu den beiden Voyager-Sonden so lange wie möglich aufrechterhalten, weil sich aus der exakten Bahnverfolgung vielleicht eines Tages Anhaltspunkte für die Existenz eines zehnten Planeten ergeben könnten, der sich – wenn er wirklich existiert – weit außerhalb der Pluto-Bahn befinden dürfte. Optimisten erhoffen sich vielleicht sogar Anhaltspunkte für die Position und die Größe bzw. Masse dieses hypothetischen Trans-Pluto.

Pioneer 11

Nach dem Start mit einer Rakete des Typs Atlas-Centaur vom Komplex 36 B des Kennedy-Raumzentrums in Florida schlug P-11 eine lang geschwungene Ellipsenbahn ein, die die Sonde auf einem genau berechneten Kurs langsam von der Sonne und von der Erdbahn wegdriften ließ hinaus zum Jupiter. Dabei überbrückte P-11 – bezogen auf die Sonne – einen Winkelbetrag von 160°.

Hätte P-10 wegen technischer Probleme seine Messungen bei Jupiter nicht planmäßig ausführen können, so wäre P-11 auf die für den Vorgänger gewählte Bahn gebracht worden, die wissenschaftlich nicht so interessant war, dafür aber doch etwas mehr Sicherheit bot. Da aber P-10 einwandfrei funktionierte, konnte P-11 auf die etwas »gewagtere« Bahn dicht an den Planeten herangeführt werden. Außerdem ermöglichten erst die dabei erreichte höhere Geschwindigkeit und die starke Umlenkung der Flugbahn die gezielte Weiterleitung der Sonde zu Saturn. Am 19. 4. 1974 fand das entscheidende Kurskorrektur-Manöver statt, das die Sonde in eine relativ stark zum Jupiter-Äquator geneigte Bahn beförderte.

Am 26. 11. 1974 erreichte P-11 die Magnetosphäre Jupiters, fast genau ein Jahr nach der Zwillingssonde P-10. Am 2. Dezember erreichte P-11 die größte Annäherung an Jupiter, aber trotz der günstigeren Süd/

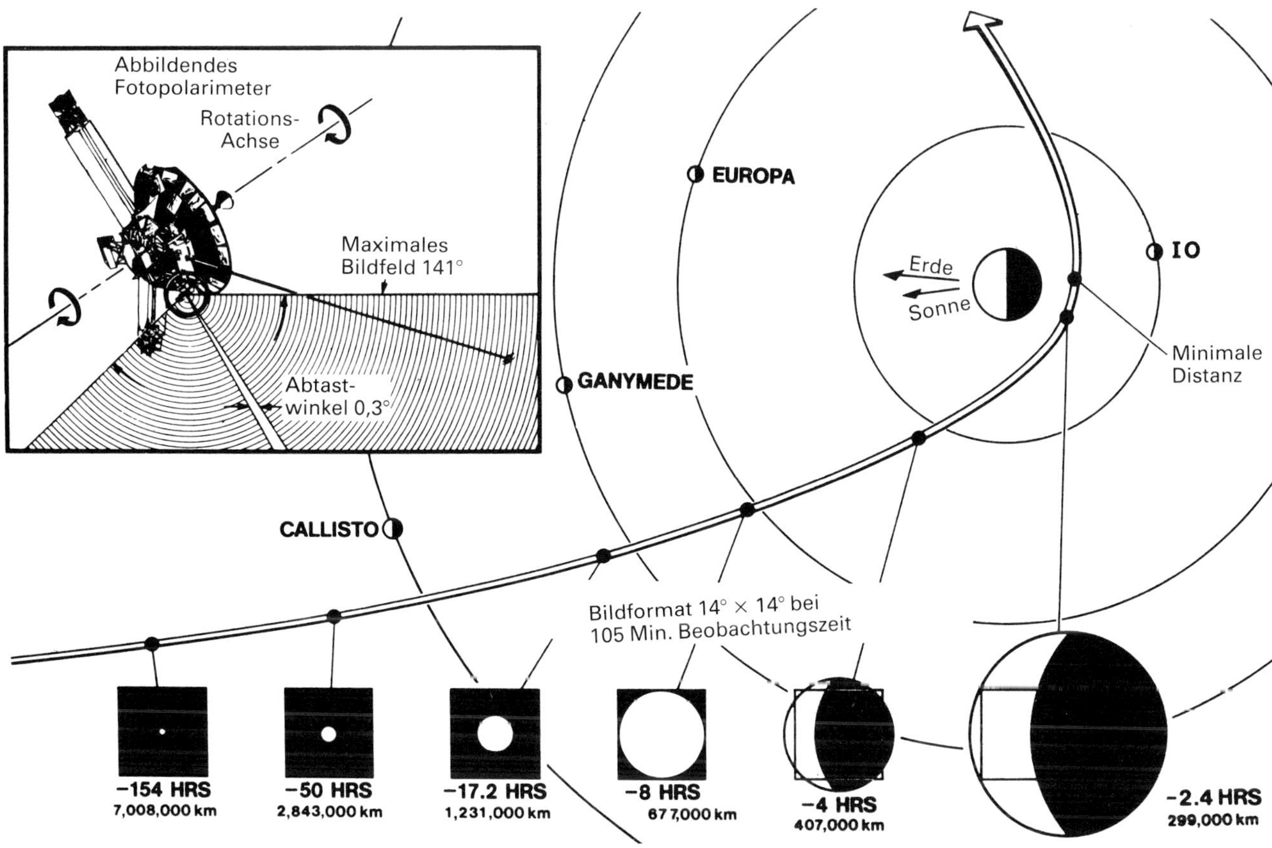

Das Größerwerden der Jupiter-Scheibe im 15° großen Bildfeld des Fotopolarimeters bei der rasenden Annäherung der Pioneer-Sonden an den Zielplaneten wird in dieser Grafik demonstriert. Das Verständnis wird durch die Angaben der Entfernungen und der jeweiligen Zeit vor und nach dem »encounter« noch erleichtert. Acht Stunden vor Erreichen des Periapsis füllte Jupiter das Bildfeld des IPP gerade aus.

Nord-Bahn wurde auch diese Sonde wieder von der hochenergetischen Strahlung getroffen – diesmal wurde aber mehr das Infrarot-Radiometer davon beeinträchtigt.

Der Jupiter-Vorbeiflug von P-11 erhielt noch eine besondere dramatische Note dadurch, daß die Sonde für die Beobachter auf der Erde für einige Zeit hinter dem Planeten verschwand. P-11 kam von Süden, er reichte hinter dem Planeten die größte Annäherung und flog nach Norden weiter. In dieser wichtigen Flugphase ergab sich das sog. Bedeckungs-Experiment, denn kurz vor dem Verschwinden der Sonde hinter dem Planeten und gleich nach dem Wiederauftauchen gingen die von P-11 kommenden Funksignale – von den Beobachtern auf der Erde aus gesehen – streifend durch die oberen Schichten der Jupiter-Atmosphäre. Aus den Frequenz- und Intensitätsänderungen, denen die elektromagnetischen Wellen dabei unterworfen wurden, konnten die Wissenschaftler wertvolle Rückschlüsse auf die Beschaffenheit der äußeren Schichten dieser Gashülle ziehen. Es war nicht ganz klar, ob die Sonde die starke Annäherung auf 43 000 km an den Planeten völlig ohne Beschädigung durch die Strahlengürtel überstehen würde, und so warteten die Experten in der Bodenstation in diesen Stunden voller Bangen auf die Signale der wieder hinter Jupiter auftauchenden Raumsonde. Aber auch in dieser kritischen Phase verlief alles planmäßig, und es gab nur drei geringfügige Störungen in der Elektronik des Kommandogebers.

Da die Passagebahn von P-11 gegenüber der Umlaufbahn von Jupiter eine erhebliche Neigung hatte, konnte diese Sonde die Pole des Planeten erkunden; von den nördlichen Zonen gelangen mit dem IPP von P-11 die schärfsten Jupiter-Bilder der gesamten Doppelmission. Die Flugbahn von P-11 von Süden nach Norden relativ nahe an dem Planeten vorbei hatte außerdem den Vorteil, daß die Sonde sich nicht so lange in den gefährlichen Bereichen des Strahlungsgürtels aufhielt.

Bei P-10 hatte es während des nahen Vorbeiflugs durch die Strahlenbelastung zehn unvorhergesehene Änderungen in der Programmierung der wissenschaftlichen Sensoren gegeben, die energiereichen Partikel der Strahlengürtel wirkten wie Funkkommandos auf das Kommandosystem, allerdings waren es natürlich völlig unsinnige Funktionsbefehle, die da von den

Tabelle der Pioneer-Missionen zu Jupiter und Saturn	Pioneer 10	Pioneer 11
Start von der Erde	3. 3. 1972	5. 4. 1973
Eintritt in den Planetoidengürtel	15. 7. 1972	20. 8. 1973
Verlassen des Planetoidengürtels	15. 2. 1973	20. 3. 1974
Jupiter-Vorbeiflug	4. 12. 1973	3. 12. 1974
Kreuzen Saturn-Bahn/Encounter	1976	1. 9. 1979
Kreuzen der Uranus-Bahn	11. 7. 1979	6. 1984
Kreuzen der Pluto-Bahn	3. 1983	1988
Ende der Funkverbindung (?)	1985	1986

Strahlengürteln in die Sonde gegeben wurden, so daß die betroffenen Apparaturen mit ihrer Registriertätigkeit aufhörten oder zur falschen Zeit begannen. Dadurch gingen einige wertvolle Meßdaten verloren.
Beim »Imaging Photopolarimeter« von P-11 gab es einige mechanische Probleme mit dem Schrittschalt-Motor, der gelegentlich unmotiviert stoppte, so daß einige Bildzeilen doppelt aufgezeichnet wurden und andere dafür gar nicht. Die Bildtechniker hatten deshalb bei der Ausarbeitung eines effektiven Programms für das IPP einige Mühe, denn sie versuchten die Phasen der Bildaufzeichnung so zu legen, daß die befürchteten Ausfälle in der Weiterschaltung sich nicht so gravierend auf das Endergebnis auswirkten.
Außer den direkten Einwirkungen auf das im Elektronikbereich gespeicherte Arbeitsprogramm hatte der starke Teilchenfluß in den Strahlengürteln Jupiters aber noch eine andere unangenehme Folge für P-11, denn das »Plasma Analyzer Experiment« fiel aus, es wurde einfach übersättigt. Im Oktober 1977 gelang aber die Reaktivierung, als plötzlich der Strom für dieses Instrument in voller Stärke eingeschaltet wurde. Dieser »Hitzeschock« hatte die erwünschte Wirkung, das Instrument übermittelte wieder Meßdaten zur Erde und gab den Forschern Auskunft über die Wechselwirkung zwischen Sonnenwind und den Strahlengürteln bzw. der Magnetosphäre von Saturn.
Ein ganz irdisches Problem hätte während des Vorbeiflugs von P-11 am Jupiter beinahe ganz gravierende Ausfälle im Datenempfang verursacht, als nämlich die Bodenstation in Canberra (Australien) von einem Streik bedroht wurde. Aber auch dieses Problem konnte in letzter Minute gemeistert werden, so daß die von P-11 kommenden Jupiter-Messungen vollständig aufgezeichnet werden konnten.

Ein Porträt des GRF

Mehrere Monate vor dem »encounter« von P-11 stellten die Wissenschaftler des »Imaging Team« fest, daß die Sonde während des Anflugs auf den Planeten wahrscheinlich den GRF sehr gut im Blickfeld haben würde, so daß man mit dem Fotopolarimeter eine Nahaufnahme dieser auffälligen Wolkenformation erhalten könnte. Das Auflösungsvermögen dieses »close look« versprach so exzellent zu werden, daß man schließlich das ganze Bildaufzeichnungs-Programm des IPP auf dieses eine wichtige Foto ausrichtete.
Zunächst wurden zahlreiche Computer-Simulationen durchgespielt, um die sich während des Vorbeiflugs sehr rasch ändernden Positionen von Raumsonden und GRF zueinander genau zu studieren und die optimale Arbeitsweise des Fotopolarimeter in dieser wichtigen Phase festzulegen. Die für P-11 gewählte Flugbahn führte die Sonde mit hoher Geschwindigkeit entgegen der Rotationsrichtung Jupiters an dem Planeten vorbei. Um in dieser kritischen Flugphase eine Nahaufnahme der Wolkenschicht zu erhalten, mußte die Zeit der Abtastung sowie die Winkelstellung und die Ausrichtung des Fotopolarimeters genau auf die beiden gegenläufigen Bewegungen abgestimmt werden.
Die Kommandos für das »Imaging Photopolarimeter« wurden wieder und wieder geschrieben, mehrfach geprüft und dann doch noch einmal revidiert. Die Sorgfalt zahlte sich aus, schließlich entdeckten die Techniker einen Fehler im Programm, der das Bild trotz aller Sorgfalt verdorben hätte. In letzter Minute gelang die Änderung der Kommandofolge und die Überspielung an die Sonde, in fieberhafter Eile fand dann noch eine letzte Prüfung statt, und schließlich gaben die Experten grünes Licht für das Bildgewinnungs-Programm von P-11 bei Jupiter.
Aber die Mühe lohnte sich, das »Imaging Photopolarimeter« funktionierte zur rechten Zeit in der gewünschten Weise und lieferte einen ausgezeichneten Blau- und Rotauszug der Wolkenlandschaft in der Jupiter-Atmosphäre um den »Großen Roten Fleck«. Auf diesem Bild erkannten die Wissenschaftler dann zweifelsfrei, daß es sich bei diesem geheimnisvollen Phänomen offensichtlich um eine riesige Wolkenspirale handelt, die sich mit großer Geschwindigkeit zwischen den Streifen und Bändern der Wolkenlandschaft des Riesenplaneten dreht.

Der Flug zu Saturn

Schon die Anflugbahn von Pioneer 11 auf Jupiter war so gelegt worden, daß – wenn alles planmäßig verlief – ein Weiterflug der Sonde zum Planeten Saturn möglich war. Es war dies der bis dahin gewagteste Versuch der NASA mit der neuen Technik des »interplanetaren Billard«. Bei diesen »fly-by«-Manövern erfüllt Jupiter so etwas wie eine »Tankstellen«-Funktion; dort holen sich die Sonden den für die weitere Reise ins äußere Planetensystem notwendigen Geschwindigkeits-Impuls. Bei Jupiter wird aber durch genaue Steuerung der Anflugbahn auch die jeweils gewünschte Richtung des Weiterfluges bestimmt. Man kann sich dieses »swing-by«-Manöver vielleicht so vorstellen, daß ein großer Planet eine Raumsonde zuerst wie ein Magnet anzieht und sie dann bei der größten Annäherung – gewissermaßen nach Umpolung des Planeten-Magnetfeldes – mit sehr großer Geschwindigkeit in eine andere Richtung wieder wegschleudert.

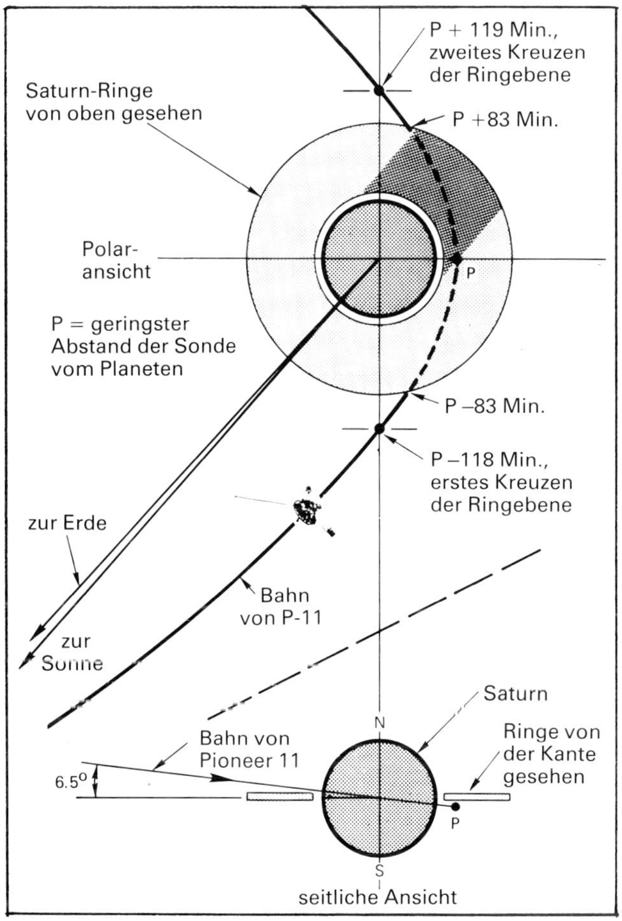

Die zwei Ansichten der Flugbahn von Pioneer 11 bei Saturn verdeutlichen, in welcher Richtung und Entfernung die Sonde den Planeten und sein Ringsystem passiert hat. Die starke Gravitation hat die Flugbahn der Raumsonde dabei stark »verbogen«, sowohl die Richtung als auch die Bahnneigung. Zweimal wurde die Äquator- bzw. Ringebene gekreuzt, ohne daß die Sonde von umherschwirrenden kleinen Steinbrocken getroffen worden wäre.

Die neue Bahn von P-11 nach dem Vorbeiflug an Jupiter war praktisch umgekehrt worden. Die Sonde bewegte sich wieder hinein ins Sonnensystem, um den sozusagen auf der anderen Seite stehenden Saturn nach etwa sechsjähriger Flugzeit zu erreichen. Diese Bahn führte die Sonde auch aus der Ekliptik heraus bis 150 Mio. km über die Ekliptik – sozusagen in die dritte Dimension des Sonnensystems. Noch keine Sonde zuvor hatte sich so weit aus der Bahnebene der Planeten hinausgewagt. Diese Dreidimensionalität der Flugroute von P-11 warf ganz neue Probleme bei der Bahnvermessung und Steuerung auf, die dafür entwickelten Computerprogramme waren äußerst kompliziert und langwierig in der Entwicklung.
Die genau berechnete Flugbahn von P-11 vom Jupiter zu Saturn wurde durch mehrere Kurskorrekturen erreicht. Das kritischste Manöver dieser Art fand Ende 1975 statt, die Sonde mußte dabei ihre zur Erde orientierte, durch eine Kreiseldrehung stabilisierte Lage für einige Stunden aufgeben, damit die notwendige Steigerung der Fluggeschwindigkeit um 108 km/h erfolgen konnte, die in eine bestimmte Richtung hin geschehen mußte. Dieses Bahnmanöver war Voraussetzung für das Rendezvous mit Saturn – P-11 war in diesen kritischen Stunden etwa 460 Mio. km von der Erde entfernt.
Ende 1978 absolvierte Pioneer-Saturn – wie die Sonde inzwischen offiziell umbenannt worden war – ein weiteres Kurskorrekur-Manöver, um der Vorbeiflug-Bahn sozusagen den letzten Schliff zu geben und endgültig die Passage außerhalb des Ringsystems festzulegen. Ohne diese letzte, nicht so kritische Bahnänderung wäre P-11 allerdings in ca. 100000 km Entfernung an dem Ringplaneten vorbeigeflogen. Aber zur Freude und auch zum Erstaunen aller an dem Projekt beteiligten Experten absolvierte die Sonde alle notwendigen Manöver mit höchster Präzision – ein Triumph sorgfältiger Ingenieursarbeit.
Mehrere Termine standen für den Vorbeiflug von P-11 am Saturn zur Auswahl; aus himmelsmechanischen Gründen wurde der frühest mögliche Zeitpunkt am 1. September gewählt. Der Ringplanet stand nämlich im Herbst 1979 – von der Erde aus gesehen – sehr nahe an der Sonne, und der Winkelabstand zwischen beiden Gestirnen wurde immer geringer. Schon wenige Tage später waren sich Saturn und Sonne am Himmel so nahe gekommen, daß die starke Radioemission unseres Zentralgestirns die schwachen Funksignale der Sonde völlig überstrahlten. Außerdem konnten zur »encounter«-Zeit aufgrund der Erdposition die beiden großen Antennen der NASA in Kalifornien und Spanien gleichzeitig für den Empfang der Funksignale eingesetzt werden – ein weiterer wichtiger Sicherheits-Faktor.

Innerhalb oder außerhalb des Ringsystems?

Lange Zeit diskutierten die Wissenschaftler des Pioneer-Projekts, ob P-11 den Saturn innerhalb oder außerhalb des Ringsystems passieren solle, beide Bahnen waren möglich. Aber aus Sicherheitsgründen wurde dann doch schließlich die Passage außerhalb des Materiegürtels um Saturn gewählt, weil befürchtet werden mußte, daß sich in dem schmalen Raum zwischen Ring-Innenkante und Saturn-Wolken auch noch zahlreiche kleine und größere Partikel befinden, die die Sonde hätte gefährden können. Die Bahn wurde schließlich so gewählt, daß P-11 von Norden kommend die Ringebene in etwa 30000 km Entfernung passierte und dann sozusagen unter diese Materiescheibe hinwegtauchte und sich dabei der südlichen Halbkugel Saturns bis auf 25000 km näherte. Dann führte die Bahn langsam wieder nach oben, und P-11 passierte die Ringebene wieder in sicherem Abstand. Die Sonde erreichte in dieser Flugphase eine Geschwindigkeit von 114000 km/h oder – anders aus-

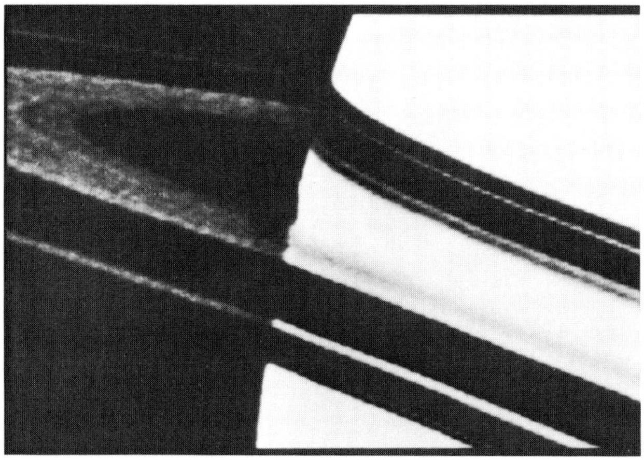

Dies ist wohl das beste Bild, das Pioneer 11 von Saturn und von dessen Ringsystem zur Erde übermittelt hat. Es handelt sich um den Ausschnitt aus einem sehr viel größeren, länglich gestreckten Bild, das aus 395 000 km Entfernung gemacht wurde. Die eindrucksvolle Perspektive dieser Aufnahme wird noch gesteigert durch die ungewöhnliche Beleuchtungssituation, wie man sie von der Erde aus nie sehen kann. Von innen nach außen sind der C-Ring, der hier dunkel wiedergegebene B-Ring und der ebenfalls relativ dunkle A-Ring zu erkennen.

gedrückt – 31,7 km/s. Sie brauchte also nur etwas länger als eine Stunde, um die dem Planeten-Durchmesser entsprechende Strecke zurückzulegen – ein für unsere irdischen Verhältnisse irrwitziges Tempo.

Wäre P-11 zwischen Ring-Innenkante und Saturn-Oberfläche vorbeigeflogen, dann hätte die minimale Distanz der Sonde zu dem Planeten nur etwa 6000 km betragen. Die meisten Wissenschaftler hätten diese »Kamikaze«-Mission vorgezogen, denn sie hätten ihnen erheblich mehr und genauere Daten gebracht über die Masse des Planeten und der Ringe, woraus sich wieder bessere Informationen über den inneren Aufbau Saturns hätten ableiten lassen. Trotz der verlockenden wissenschaftlichen Möglichkeiten gab die NASA aber schließlich dem Vorbeiflug außerhalb des Ringsystems den Vorzug, weil P-11 auf diesem Kurs sozusagen als »Pfadfinder« für die nachfolgende Sonde Voyager 2 dienen konnte, die etwa zwei Jahre später auf einer ganz ähnlichen Bahn an Saturn vorbeifliegen sollte. Das galt jedenfalls für den Fall, daß Voyager 2 keinen nahen Vorbeiflug an dem Mond Titan zu absolvieren hatte und eine Bahn einschlagen würde, die diese Sonde auf den Weg zu Uranus und vielleicht Neptun bringt. Inzwischen hat die NASA ja auch in diesem Sinn entschieden. Eine wertvolle Hilfe war dabei auch die Erfahrung mit P-11, daß diese Flugbahn relativ ungefährlich ist.

Die erste Saturn-Sonde P-11 hatte insgesamt etwa 3,2 Mia. km zurückgelegt, bevor sie am 1. 9. 1979 den Ringplaneten erreichte. In den Tagen des Saturn-»encounter« übermittelte Pioneer 11 mit seinem Fotopolarimeter etwa 150 Bilder von Saturn, von dem Ringsystem und auch von Titan, dem größten Mond. Aber nur etwa 15 dieser Abtastfotos sind besser in der Qualität als die von großen Spiegelteleskopen auf der Erde gemachten Saturn-Aufnahmen. Das Auflösungsvermögen der besten Saturn-Nahaufnahmen von P-11 beträgt etwa 100 km.

Allerdings erscheinen Saturn und vor allem das Ringsystem auf diesen Bildern aus einer ganz anderen Perspektive und unter anderen Beleuchtungsverhältnissen, als wir sie bis dahin von der Erde aus gewohnt waren. Während des »encounter« von P-11 bei Saturn zeigte die Ringebene fast genau auf die Erde bzw. auf die Sonne, so daß wir die Partikelscheibe praktisch vom Rand bzw. längere Zeit fast gar nicht sahen. Außerdem war das Ringsystem während der Entstehung der Nahaufnahmen von der Sonne kaum belichtet, so daß die aus relativ hoher Inklination auf die Ringscheibe blickende Raumsonde auf ein praktisch unbeleuchtetes, dunkles Ringsystem blickte.

Nach dem Vorbeiflug an Saturn driftet P-11 nun langsam aus dem Sonnensystem heraus, etwa in die Richtung, in die sich auch unsere Sonne in der Galaxis bewegt. Die Zwillingssonde P-10 verläßt das Planetensystem in entgegengesetzter Richtung, sie bleibt also immer mehr hinter unserer Sonne zurück. Die beiden Sonden bilden also sozusagen die Vor- und die Nachhut für unser Sonnensystem bei dem Weg durch die Milchstraße – wie sich das eben für richtige »Pioniere« gehört.

Partikelstrahlen-Astronomie

Wesentlichen Anteil an der Interpretation der Partikelmessungen von P-11 in der Nähe Saturns hat Dr. James van Allan, der Hauptexperimentator des »Jovian Charged Particles Experiment«. Dieser Wissenschaftler war vor nahezu 25 Jahren bekannt geworden, als sein Instrument an Bord des ersten amerikanischen Satelliten Explorer 1 die ersten Hinweise auf die Strahlengürtel in der Nähe der Erde gab. Die seinerzeit von Dr. van Allan erstmals erfolgreich angewandte »Partikelstrom-Astronomie« wurde inzwischen wesentlich verfeinert und hat auch bei der Analyse der Pioneer-Messungen bei Jupiter und Saturn wesentliche Ergebnisse erbracht.

Partikelstrom-Messungen dienen vor allem dem Studium von Magnetfeldern und Strahlengürteln in der Nähe der damit umgebenen Planeten. Elektrisch geladene Partikel zirkulieren zwischen den Polen des betreffenden Planeten entlang der Magnetfeld-Linien auf relativ stabilen Bahnen – solange der Partikelstrom nicht durch einen Mond oder ein Ringsystem unterbrochen wird. Bei Saturn wurde nun festgestellt, daß die entlang des Äquators laufende Partikelscheibe den Teilchenstrom ganz drastisch unterbricht. Dicht über und unter dem Ringsystem wurde praktisch keine Strahlung mehr festgestellt, diese Zone gehört zu den »saubersten« Stellen im ganzen Sonnensystem.

Eine Botschaft an die Zukunft

Nur wenigen Wissenschaftlern und Ingenieuren, die sich mit dem Bau und der Instrumentierung der Pioneer-Sonden beschäftigten, war von vornherein klar, daß diese Apparaturen als erste von Menschenhand geschaffenen Körper das Sonnensystem verlassen und dann für Jahrmillionen als selbständige Mini-Sternchen durch unsere Galaxis fliegen werden. Ein Raumfahrt-Journalist schrieb 1969 zu diesem Thema einen Artikel und regte an, daß man den beiden Sonden aus diesem Grund vielleicht irgendeine Botschaft mitgeben sollte. Wenn es auch höchst unwahrscheinlich sei, so könnte man doch nicht ganz ausschließen, daß die Sonden eines Tages von Wesen einer anderen Zivilisation gefunden werden könnten, die raumfahrttechnisch vielleicht wesentlich weiter entwickelt sind als wir.

Die Astro-Wissenschaftler F. D. Drake und Carl Sagan bzw. dessen Ehefrau Linda Salzman-Sagan entwarfen daraufhin eine solche noch sehr einfache Botschaft, und die NASA erklärte sich bereit, sie in Form einer kleinen und leichten Metallplatte an Bord der Pioneer-Sonden mit ins Universum hinauszuschicken – die erste Botschaft für die in Zukunftsromanen so oft beschriebenen »Brüder und Schwestern« im All. Die Idee an sich und ihre praktische Realisierung fanden in der Öffentlichkeit ein unerwartetes starkes Echo; die kosmischen Botschaften waren bald bekannter als die Pioneer-Sonden, auf denen sie mitflogen.

Die Plakette bestand aus einer rechteckigen Metall-

Einen Ausschnitt des Ringsystems und der Saturn-Kugel zeigt dieses von Voyager 1 aus 700 000 km Entfernung mit der Weitwinkel Kamera gemachte TV-Bild, das die südliche, unbeleuchtete Seite des Ringsystems zeigt. Aus dieser Perspektive erscheint der sonst als hellstes Segment bezeichnete B-Ring als der dunkelste Teil des Materiegürtels, denn er ist am dichtesten und läßt nicht einmal die helle Planetenkugel durchscheinen. Diese Aufnahme hat hinsichtlich des Ausschnitts, der Perspektive und der Beleuchtung große Ähnlichkeit mit dem nebenstehenden besten Saturn-Bild von Pioneer 11. Ganz deutlich werden aber auch die Qualitätsunterschiede zwischen den beiden Bildgewinnungssystemen erkennbar.

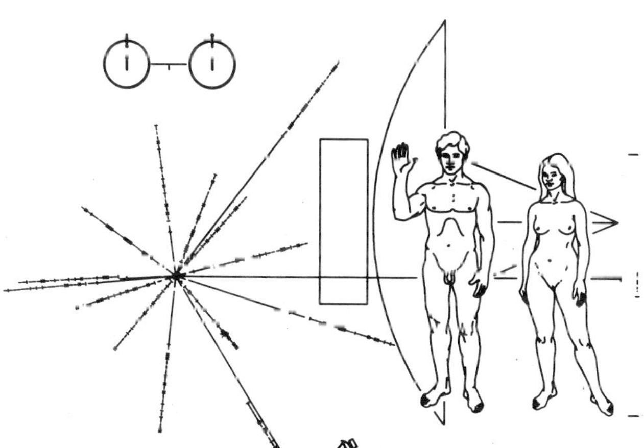

Die Botschaft auf den Pioneer-Sonden gibt Auskunft über Aussehen und Position der Absender im Universum. Die sternförmigen Strichspuren links enthalten in codierter Form die Entfernung und Leuchtfrequenz mehrerer Pulsare, woraus sich für eventuelle Empfänger der Botschaft die ungefähre Lage der Erde bzw. der Sonne in unserer Galaxis und der Zeitpunkt des Starts ersehen läßt. Das schematisiert dargestellte Sonnensystem unten bedarf wohl keiner weiteren Erläuterung.

platte, in die einige Darstellungen eingeritzt waren. Zunächst sieht man eine schematisierte Darstellung der Raumsonde und im richtigen Maßstab dazu in Umrissen ein nacktes Menschenpaar – der Mann hält zum Zeichen des Grußes und des Friedens die rechte Hand erhoben. Weiterhin zeigt die Botschaft ein Modell unseres Sonnensystems mit codierten Entfernungsangaben in angenähert richtigem Größenverhältnis und mit der eingezeichneten Flugbahn der Raumsonde von der Erde zu Jupiter. Oben links auf der Plakette befindet sich ein Modell des Wasserstoff-Moleküls, dessen spektrale Wellenlänge von 20,32 cm als Größenmaßstab für die Sonde einerseits und für die Ausdehnung des Universums andererseits dient.

Das Zentrum der linken Hälfte nimmt auf der Pioneer-Plakette eine sternförmige Anordnung mit verschieden langen, charakteristisch ausgebildeten Strahlen ein. Es handelt sich um die Darstellung der Position und der Frequenz von 14 verschiedenen Pulsaren, wie wir sie momentan von der Erde aus beobachten. Diese codierte astronomische Positionsmeldung könnte dereinst den Findern dieser interstellaren »Flaschenpost« Aufschluß darüber geben, wann und von wo die Pioneer-Sonden abgesandt wurden.

Uranus

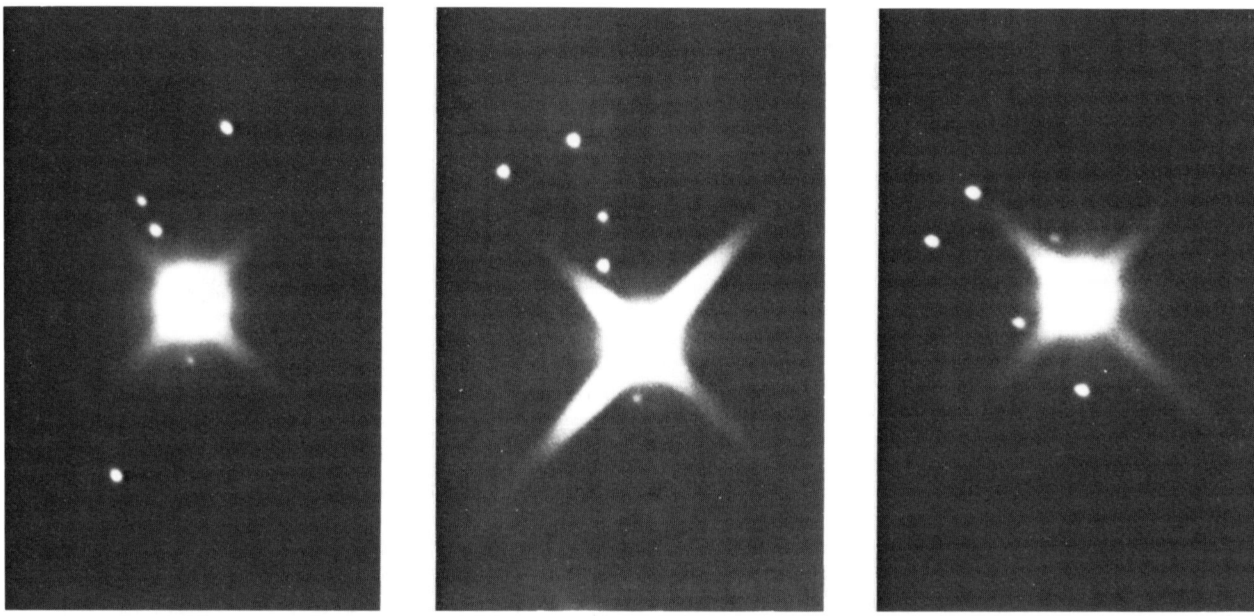

Das Wechselspiel der fünf bekannten Uranus-Monde bei ihren Umrundungen des Planeten läßt sich bei günstiger Konstellation mit einem größeren Teleskop fotografieren. Der Planet selbst ist dann wegen der notwendigen längeren Belichtungszeiten mehr oder weniger überstrahlt und von einem Beugungskreis umgeben. Die vier helleren, äußeren Uranus-Monde lassen sich visuell im Fernrohr beobachten, der innerste lichtschwache Trabant ist nur fotografisch aufzuspüren.

Dieser im Altertum und Mittelalter unbekannte Planet wurde am 13. März 1781 von Wilhelm Herschel entdeckt, als dieser an jenem Abend eigentlich an seinem Lieblingsprojekt weiterarbeiten wollte, einer Durchmusterung des Fixstern-Himmels. Herschel bemerkte mit seinem Spiegelteleskop im Sternbild der Zwillinge plötzlich einen relativ hellen Stern, den er an jener Stelle noch nie zuvor gesehen hatte und der sich auch in keiner der damals existierenden Sternkarten befand. Nach einigen Tagen bemerkte Herschel, daß sich dieser neue Stern langsam am Himmel weiterbewegte, und in Momenten besonderer Luftruhe war auch die Scheibchenform dieses Objekts erkennbar.

Herschel und andere Astronomen jener Zeit, die von dem Fund sofort unterrichtet wurden, glaubten zunächst an einen neuen Kometen, der da in großer Entfernung an der Sonne vorüberzog. Als sich aber der in mehreren Monaten beobachtete Weg des neuen Objekts nicht länger mit einer parabelförmigen Bahn erklären ließ, wurde langsam klar, daß es sich hier wohl um einen neuen Planeten handelt, der die Sonne in sehr großer Entfernung auf einer nahezu kreisförmigen Bahn in etwa 84 Jahren einmal umkreist.

Herschel baute alle seine Teleskope selber, und mit einem neuen, besonders gut gelungenen Instrument von 155 mm Durchmesser und 2100 mm Brennweite begann er 1779 mit einer Durchmusterung des Fixstern-Himmels. Objekte bis etwa 8. Größenklasse konnte er identifizieren und mit einer bereits existierenden Sternkarte vergleichen. Sein besonderes Interesse galt dabei den sehr nahe beieinander stehenden Sternen. Nach sechs Jahren hatte Herschel – unter aufopfernder Assistenz seiner Schwester – zwei Kataloge mit insgesamt 702 Doppelsternen erstellt.

Herschel war erst relativ spät zur Astronomie gekommen, zunächst hatte er als Militärmusiker gearbeitet. Erst kurz vor der Entdeckung des Uranus hatte sich der deutschstämmige Herschel in England ganz der Sternenkunde verschrieben, er beeindruckte seine Astronomen-Kollegen durch die hohe Qualität seiner Spiegelteleskope. Mit einem der ersten dieser Instrumente gelang ihm dann sozusagen auf Anhieb die Auffindung des neuen Planeten.

Die Kunde von der Entdeckung eines neuen, weit entfernten Planeten erregte seinerzeit großes Aufsehen, zu sehr hatten sich die Astronomen und auch die

Menschen allgemein an die »Heilige Sieben« als Gesamtzahl aller Planeten (mit Erde und Mond) gewöhnt. Mancher Gelehrte wollte es einfach nicht glauben, daß das Planetensystem viel größer ist und noch mehr Mitglieder hat, als man bis dahin geglaubt und als unumstößliche Tatsache genommen hatte.
Leider entbrannte nach der Entdeckung des neuen Planeten ein heftiger Streit um dessen Benennung – wie so oft bei solchen Gelegenheiten. Zunächst gab es drei Namen dafür, Herschel selbst nannte ihn zu Ehren seines neuen Staatsoberhaupts »Georgium Sidus«, während sich in Frankreich der Name »Herschel« für den neuentdeckten Wandelstern einbürgerte. Schließlich setzte sich aber auf Vorschlag des deutschen Astronomen Johann Bode der Name Uranus durch, der sich sehr gut in die Reihe der anderen Planeten-Namen einreihte, denn nach der griechischen Mythologie war Uranus der Vater Saturns und der Großvater Jupiters.
Nachträglich betrachtet ist es eigentlich verwunderlich, daß Uranus nicht schon früher entdeckt bzw. als Planet erkannt wurde, denn seine Helligkeit von $5^m,6$ liegt an der Sichtbarkeits-Grenze des menschlichen Auges. So hatten z. B. die Einwohner Tahitis, die für die außerordentliche Sehschärfe ihrer Augen bekannt sind, den Planeten lange vor den Europäern als solchen erkannt – ohne Fernrohr, aber begünstigt durch die außerordentliche Klarheit des südlichen Himmels. Spätere Nachforschungen haben dann ergeben, daß Uranus vor seiner Entdeckung durch Herschel mindestens 17mal von anderen Astronomen seit 1690 gesehen bzw. übersehen wurde. Der Planet wurde als Fixstern angesehen, den frühere Astronomen versehentlich nicht auf den noch recht ungenauen Himmelsatlanten eingetragen hatten. Viele Forscher arbeiteten auch nicht sehr präzise und folgerichtig, sie ließen ihre Aufzeichnungen oft wochenlang unausgewertet liegen

Bahnverlauf

So ärgerlich es für die betreffenden Wissenschaftler auch war, daß sie den neuen Planeten nicht als solchen erkannt hatten, so wertvoll waren ihre Aufzeichnungen des Standorts für eine rasche Bestimmung der Umlaufbahn von Uranus. Dabei stellte sich die sehr langsame Bewegung des Planeten heraus, er befindet sich durchschnittlich sieben Jahre in einem Sternbild des Tierkreises. Aufgrund des täglichen oder wöchentlichen Weges des Planeten am Firmament ließ sich die Umlaufzeit von Uranus um die Sonne zu 84 Jahre und 7 Tage bestimmen – vergleichbar etwa einem sehr langen Menschenalter. Der Planet braucht etwa ein Vierteljahr, um sich um eine Vollmond-Breite am Himmel vorzubewegen. Diese sehr langsame Veränderung des Standorts hat auch lange Zeit seine Entdekkung verhindert.
Aufgrund der Bahngeschwindigkeit und mit Parallax-Messungen gelang es auch sehr bald, die Entfernung von Uranus zur Sonne festzulegen, die im Durchschnitt $2{,}88 \times 10^9$ km beträgt. Der Unterschied zwischen Perihel- und Aphel-Entfernung beträgt ca. 270 Mio. km, der Abstand von Uranus zur Erde schwankt von 2,6 bis 3,2 Mia. km. Die Bahnexzentrizität des Planeten ist mit 0,05 nicht sehr groß, die Bahnneigung gegen die Ekliptik ist mit nur 46 Bogenminuten sogar die geringste aller Sonnenbegleiter.

Eigenrotation

Die Rotationsperiode von Uranus kann wegen der Winzigkeit und der völligen Strukturlosigkeit der Planetenscheibe nicht direkt ermittelt werden, wie etwa bei Mars und Jupiter. Vielmehr muß bei Uranus die Spektralanalyse zu Hilfe genommen werden, die sich die Verschiebung der Randbezirke des Planeten nach dem Doppler-Prinzip zunutze macht. Bewegt sich die Wolkenschicht am Rand auf den Beobachter zu, so werden die von der Gashülle stammenden Spektrallinien zum Blauen hin verschoben. Bewegt sich der Planetenrand von der Erde weg, erfolgt eine Verschiebung des Spektrums zu Rot hin. Aus diesem Grund sind die Spektrallinien über die Planetenscheibe geneigt, wenn der Spektrographen-Spalt längs des Äquators ausgerichtet ist. Aus der Neigung der Linien läßt sich die Rotationsgeschwindigkeit eines Planeten am Äquator und damit die Umlaufzeit bestimmen. Bei Uranus sind die Spektren allerdings schon sehr schmal, so daß das Verfahren mit erheblichen Ungenauigkeiten behaftet ist. 1912 bestimmten die Astronomen Slipher und Lowell die Umdrehungsdauer zu 10 h 50 m. Einige Jahre später bestätigte L. Campbell diesen Wert, er wollte ganz schwache Helligkeitsschwankungen bei Uranus mit eben dieser Periode festgestellt haben.
Neuerdings werden diese lange Zeit gültigen Messungen aber in Zweifel gezogen, genauere spektroskopische Untersuchungen mit dem 400-cm-Spiegel auf dem Kitt-Peak-Observatorium ergaben für Uranus eine andere Rotationszeit von ca. 22 Stunden – das ist das Doppelte des bisher gültigen Wertes, und auch diese Angabe mag sich im Laufe der Zeit noch ändern. Endgültige Klarheit wird wohl erst die Raumsonde Voyager 2 bringen, die im Januar 1986 an Uranus vorbeifliegt.

Neigung der Rotationsachse

Hinsichtlich des Winkels zwischen Umlaufbahn und Rotationsachse nimmt Uranus eine Sonderstellung im Planetensystem ein, denn dieser Winkel ist mit 98° sehr groß. Uranus liegt also förmlich auf seiner Bahn, sein Äquator steht nahezu senkrecht zur Ekliptik – ein einzigartiger Fall im Planetensystem. Die Positionen von Äquator und Nord- bzw. Südpol sind geradezu vertauscht, der Planet »wälzt« sich in dieser Lage regelrecht um die Sonne. Daraus ergeben sich für die Beobachter auf der Erde und auch für Uranus selbst zahlreiche seltsame Konstellationen, die wegen der

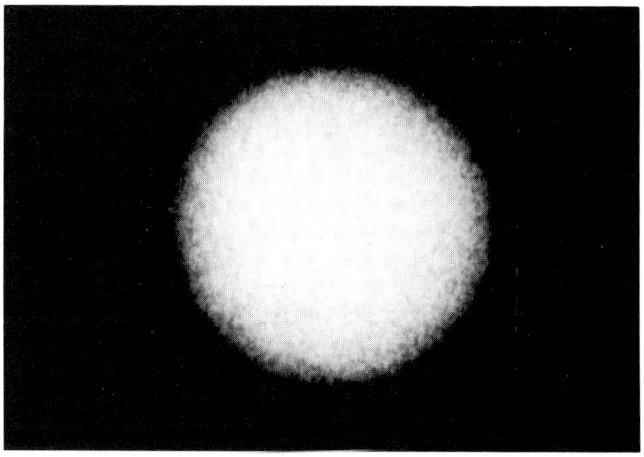

Mit einem Ballonteleskop, das in 25 km Höhe den größten Teil der Erdatmosphäre unter sich gelassen hatte, wurde diese bisher beste Aufnahme des Planeten Uranus gemacht. Das Auflösungsvermögen wurde dabei mit dem Wert 0,15 Bogensekunden um etwa eine Größenordnung gegenüber den zuvor erhaltenen Bildern verbessert. Trotzdem sind auf der Planetenscheibe keinerlei Wolkenstrukturen zu erkennen, nur eine gewisse Abplattung und Randverdunkelung sind wahrzunehmen.

langen Umdrehungszeit von 84 Jahren auch jeweils sehr lange dauern.
Die Neigung der Rotationsachse gegen die Umlaufebene ist sogar noch um 8° übergekippt, so daß der Planet und seine Monde (sowie die Ringe) retrograd rotieren, also entgegengesetzt der Umlauf- und Rotationsrichtung aller anderen Planeten (außer dem Rotationssinn von Venus). Die Ausrichtung der Polachse im Raum bleibt immer gleich, so daß es – analog zu denen auf der Erde – auch auf Uranus vier Jahreszeiten gibt: einmal zeigt der Nordpol zur Sonne, dann der Südpol, und zwischendurch sind die Äquatorzonen des Planeten auf das Zentralgestirn gerichtet. Aber die Begriffe Nord und Süd oder äquatoriale Breiten haben auf dem »liegenden« Planeten natürlich eine ganz andere Bedeutung als z. B. auf der Erde.
Entdeckt wurde die seltsame Lage der Rotationsachse von Uranus durch die Position seiner Monde, deren Umlaufbahnen – wie bei allen anderen Planeten auch – recht genau in der Äquatorebene und damit ebenfalls fast senkrecht zur Sonnenbahn des Planeten liegen.
Bei den Bemühen, sich die Umstände auf Uranus genau vorzustellen, teilen die Astronomen die Umlaufzeit des Planeten von 84 Jahren – analog zu den Verhältnissen auf der Erde – in vier Jahreszeiten ein, die aber auf Uranus natürlich jeweils 21 Erd-Jahre lang sind. 1986 ist wieder ein wichtiger Abschnitt im Uranus-Orbit erreicht, der Nordpol des Planeten und damit die Rotationsachse zeigt genau auf die Sonne (und damit auch auf die Erde). Danach wird 21 Jahre lang die Äquatorzone zunehmend mehr Sonnenlicht erhalten, bis dann nach weiteren 21 Jahren wieder die Rotationsachse von Uranus – diesmal aber mit dem Südpol voran – auf die Sonne zeigt. Danach rückt langsam wieder die Äquatorzone in den Bereich maximaler Sonneneinwirkung usw. Obwohl die Strahlungsenergie in dieser Entfernung sehr gering ist, läßt sich denken, daß die exotischen Beleuchtungssituationen im Zusammenspiel mit der raschen Rotation recht verwickelte thermische und meteorologische Verhältnisse in der Wolkenhülle des Planeten zur Folge haben.

Von der Erde aus gesehen

Im Fernrohr erscheint Uranus – auch bei stärkster Vergrößerung – nur als kleines grün-blaues Scheibchen von 3–4 Bogensekunden Durchmesser, das zu den Rändern hin leicht abgedunkelt ist. Vereinzelt wollen geübte Beobachter einige oder wenigstens einen hellen Streifen entlang des Äquators (also senkrecht stehend) wahrgenommen haben, aber angesichts der großen Entfernung des Planeten und der instrumentellen Unwägbarkeiten müssen solche Meldungen mit größter Skepsis beurteilt werden.
Wegen der relativ raschen Rotation zeigt wahrscheinlich auch Uranus eine Abplattung, die allerdings nicht direkt gesehen und gemessen werden kann, was auch nur alle 42 Jahre möglich wäre, wenn der Planet mit seiner Äquatorzone auf die Erde gerichtet ist. Durch die Auswertung von Helligkeits-Schwankungen und mit der genauen Analyse der Bahnbewegung des nahestehenden Mondes Ariel sind die Astronomen auf einen Wert von ca. 1 : 15 für die Abplattung von Uranus gekommen.
Die durchschnittliche Helligkeit von Uranus wird mit $5^m,6$ angegeben, während eines Umlaufs treten aber stärkere Schwankungen dieses Wertes mit verschiedenen Perioden auf, die sich bis zu fast einer Größenklasse summieren. Die Ursachen für diese Schwankungen der Uranus-Helligkeit sind (P = Periode; A = Amplitude):

- wechselnder Abstand Erde-Uranus, P : 365 d, A : $0^m,43$;
- Abstandsvariation Sonne-Uranus; P : 84 a, A : $0^m,2$;
- wechselnde Lage der Rotationsachse; P : 42 a, A : $0^m,31$;
- Helligkeits-Variationen der Atmosphäre; P : 22 h, A : $0^m,1$;
- Jahreszeitliche Änderung der Albedo; P : 8,4 a, A : $0^m,3$;
- Abplattung des Planeten; P : 42 a.

Schon das relativ hohe Reflexionsvermögen von Uranus (Albedo 0,65) weist darauf hin, daß der Planet von einer starken Atmosphäre umgeben ist, die offensichtlich eine dichte Wolkenschicht von grün-bläulicher Farbe enthält, an der man Uranus sofort erkennen und von den umgebenden Fixsternen unterscheiden kann.

Mit 3–4 Bogensekunden Durchmesser ist Uranus von der Erde aus gesehen nur etwa doppelt so groß wie die galileischen Jupiter-Monde, auf denen man ja auch kaum irgendwelche Oberflächendetails erkennen kann. Lange Brennweiten sind bei solchen Planetenbeobachtungen von Vorteil; Objektiv-Durchmesser ab 500 mm aufwärts scheinen unerläßlich, die Vergrößerungen um das 500fache zulassen, von der klaren Luft und dem Ausschalten jeglichen Streulichts ganz abgesehen. Schließlich erscheint Uranus nur etwa so groß wie ein aus 1000 m Entfernung betrachtetes Markstück.

Uranus-Aufnahme mit einem Ballonteleskop

1970 wurde ein interessantes Experiment unternommen, den Planeten Uranus mit einem Teleskop zu fotografieren, das von einem Ballon in 25 km Höhe getragen wurde, wo praktisch 90 % der Atmosphäre überwunden waren. Das Infrarot-Teleskop hatte 90 cm Spiegeldurchmesser und erreichte ein Auflösungsvermögen von etwa 0,15 Bogensekunden. Die Äquivalent-Brennweite von Stratoscope II, wie das Ballonteleskop genannt wurde, betrug 90 m, das Uranus-Scheibchen auf dem fotografischen Negativ hatte einen Durchmesser von etwa 1,7 mm.
Trotz dieser Steigerung der bis dahin erreichten Bildqualität um den Faktor 10 konnten auf der Planetenscheibe keinerlei Wolkenformationen entdeckt werden, auch keine Streifen entlang des Äquators, wie einige Beobachter sie gesehen haben wollten. Die Aufnahmen zeigen die Äquatorzone von Uranus; erkennbar ist eine geringe Abplattung und eine deutliche Randverdunkelung – viel ausgeprägter als bei Jupiter, der bei diesem Einsatz des Ballonteleskops auch fotografiert wurde.

Größe und Aufbau

Im Fernrohr erscheint Uranus als Scheibchen von nur 3,1–3,8 Bogensekunden, und das gibt – bezogen auf die mit geometrischen Methoden festgestellte Entfernung des Planeten einen absoluten Durchmesser von durchschnittlich 51 000 km. Die Masse von Uranus läßt sich aus der Bewegung seiner Monde zu etwa 16,4 Erdmassen berechnen, und dieser Wert schließlich ergibt zusammen mit dem Durchmesser eine mittlere Dichte von 1,4 – vergleichbar etwa dem spezifischen Gewicht von Jupiter.
Wahrscheinlich hat Uranus einen festen Kern von 16 000 km Durchmesser, der damit nur ein Drittel größer als die Erde ist. Dieser Uranus-Kern besteht wohl hauptsächlich aus Gestein. Der Druck im Zentrum dieses Planeten wird zu 2 Mio. bar angenommen, die Temperatur auf ca. 4000° C geschätzt.
Über dem Uranus-Kern liegt nach Meinung der Wissenschaftler ein Mantel aus Eis, vergleichbar einem überdimensionalen gefrorenen Ozean. Darüber wölbt sich die dichte Atmosphäre, die dem Planeten eigentlich erst die imposante Größe verleiht.

Ausgehend von theoretischen Überlegungen, die zur Entstehung eines Mond-Systems um einen Planeten führen, nimmt man an, daß auch Uranus eine Magnetosphäre und Strahlengürtel besitzt.

Atmosphäre

Die Gashülle um Uranus besteht sicher zum größten Teil – wie auch bei Jupiter und Saturn – aus Wasserstoff (nachgewiesen) und Helium (noch nicht entdeckt). Auch das spektroskopisch sehr auffällige Methan kommt in der Uranus-Atmosphäre vor, während das bei den anderen Gasgiganten ebenfalls vorhandene Ammoniak bei Uranus noch nicht gefunden werden konnte. Vielleicht kommt es nur in den tieferen Schichten der Atmosphäre vor oder es ist schon zu NH_4-Eis gefroren, das spektroskopisch nicht faßbar ist.

Uranus-Tabelle			
Physikalische Daten	Einheit	Uranus	Erde = 1
Äquator-/Pol-Durchmesser	km	52 400–49 300	4,1
Abplattung		1 : 15	0,05
Oberfläche	km^2	$8,1 \times 10^9$	18
Volumen	km^3	$6,9 \times 10^{22}$	50
Spezifische Dichte	t/m^3	1,23	0,22
Masse	Tonnen	$8,5 \times 10^{22}$	14,6
Oberflächen-Schwerkraft	m/s^2	9,4	1,04
Fluchtgeschwindigkeit	km/s	22,4	2
Oberflächen-Verhältnisse			
Material / Formationen		Gase, Wolken	
Primäre Gase		Wasserstoff, Helium, Ammoniak	
Sonneneinstrahlung	W/m^2	3,4–4,1	
Oberflächen-Temperatur	Grad C	– 180	
Bahnbewegung			
Min/Max Sonnenabstand	10^6 km	2735–3005	19,2
Exzentrizität		0,047	2,7
Bahnumfang	10^6 km	18 033	19,2
Bahngeschwindigkeit	km/s	6,5–7,1	0,23
Siderische Umlaufzeit	Jahre	84,02	84,02
Bahnneigung gegen Ekliptik	Grad	0° 46′ 21″	
Rotation			
Umdrehungszeit	Stunden	22,5	0,94
Winkel Äquator/Bahnebene	Grad	98°	4,2
Von der Erde aus betrachtet			
Min/Max Entfernung	10^6 km	2590–3160	18,7
Min/Max Licht-Laufzeit	Min.	144–176	
Scheinbare Helligkeit	Magnit.	5,3–6,2	
Scheinbarer Durchmesser	Bogensek.	3–4	
Synodische Umlaufzeit	Tage	370	
Albedo		0,66	
Äußerer Bereich			
Monde		5	
Ringsystem-Durchmesser	km	102 000	

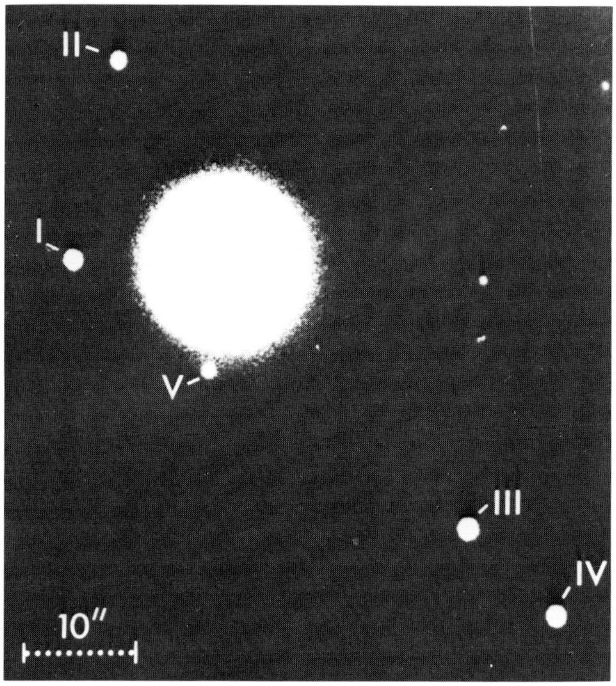

Mit dem 1,5-m-Spiegel der europäischen Südsternwarte in Chile gelang 1981 diese Uranus-Aufnahme, die Belichtungszeit betrug 4 Min. Die römischen Ziffern bezeichnen die fünf Monde des Planeten: I Ariel, II Umbriel, III Titania, IV Oberon, V Miranda. Mit einer speziellen Maske am Sekundärspiegel wurden die pfeilförmigen Überstrahlungen vermieden.

Die Uranus-Monde

Sechs Jahre nach der Entdeckung des neuen Planeten war es wieder Herschel, der mit einem neuen, noch besseren Teleskop auch zwei Monde dicht neben Uranus entdeckte. Die beiden Trabanten erhielten die Namen Titania und Oberon, es handelt sich um die beiden äußeren der heute bekannten fünf Uranus-Monde. Die Rekonstruktion der Umlaufbahnen dieser Trabanten ergab, daß sie fast senkrecht auf der Bahnebene von Uranus stehen – ein erster Hinweis auf die ungewöhnliche Lage der Rotationsachse des Planeten.

Erst 1851 entdeckte Lassell den 3. und 4. Uranus-Mond, die beiden Körper umlaufen den Planeten noch innerhalb der beiden schon von Herschel entdeckten Begleiter. Die neu erkannten Trabanten erhielten die Namen Ariel und Umbriel. Es dauerte dann fast 100 Jahre, bis Kuiper 1948 schließlich den fünften und schwächsten der bisher bekannten Uranus-Monde entdeckte, der innerhalb der vier schon genannten Trabanten umläuft. Dieser dicht an Uranus stehende und daher meist überstrahlte Mond erhielt den Namen Miranda.

Die vier äußeren Monde von Uranus können mit großen Instrumenten und unter guten Beobachtungsbedingungen noch visuell erkannt werden, während der innerste Trabant Miranda nur auf fotografischem Weg identifizierbar ist. Bei seiner Auffindung wurde immerhin ein 200-cm-Teleskop verwendet. Dabei liegen die Schwierigkeiten – wie in vielen ähnlichen Fällen auch – nicht in der geringen Helligkeit des Objekts selbst sondern vielmehr in seiner geringen Distanz zum hellen, ihn überstrahlenden Planeten.

Von der Erde aus kann man alle 42 Jahre direkt auf die Ebene der Mondbahnen sehen (von oben und von unten), dazwischen sehen wir die Mondbahnen jeweils von der Seite (von links und rechts). Zwischen den beiden maximalen Sichtbarkeits-Perioden der Uranus-Monde ändert sich die Umlaufrichtung dieser Trabanten für die Beobachter auf der Erde. Einmal verläuft sie von Süden nach Norden, nach 42 Jahren ist es genau umgekehrt.

Die in der Tabelle genannten Werte für die Uranus-Monde sind naturgemäß nur grobe Schätzungen, die sich bei der Naherforschung des Planeten durch Raumsonden noch wesentlich ändern können. Wahrscheinlich kreisen auch um Uranus noch zahlreiche Minimonde, wie sie auch in der Nähe von Jupiter und Saturn entdeckt wurden. Schon bei den gelegentlichen Sternbedeckungen durch Uranus, die seit der Aufspürung des Ringsystems um den Planeten mit besonderer Aufmerksamkeit verfolgt werden, gibt es vereinzelt Hinweise auf einen neuen Mond von etwa 100 km Durchmesser, der zwischen der Außenkante des Ringsystems und dem innersten Mond Miranda um Uranus kreisen könnte, aber diese Messungen sind alle noch sehr vage.

Tabelle der Uranus-Monde

Nr.	Name	Durchmesser (km)	Mittlerer Abstand (km)	Umlaufzeit (Tage)	Exzentrizität	Helligkeit	Entdecker	Jahr
Ringsystem		9000	42–52 000				(Kuiper)	1977
V	Miranda	550	130 000	1,413	0,017	17	Kuiper	1948
I	Ariel	1600	192 000	2,52	0,003	15	Lassell	1851
II	Umbriel	500	267 000	4,144	0,004	15	Lassell	1851
III	Titania	1800	438 000	8,706	0,002	14	Herschel	1787
IV	Oberon	1000	586 000	13,463	0,001	14	Herschel	1787
Erd-Mond		3476	384 400	27,3	0,055	–12,5		

Uranus – ein Ringplanet

Es gibt gelegentlich astronomische Ereignisse, die nur von bestimmten Gebieten der Erde aus beobachtet werden können und deshalb früher die Ausrüstung großer Expeditionen notwendig machten, damit die Wissenschaftler an oft sehr abgelegenen Stellen ihre Beobachtungen machen konnten. Zu solchen besonderen astronomischen Vorkommnissen gehören vor allem Sonnen- und auch Mondfinsternisse, Vorübergänge von Merkur und Venus vor der Sonnenscheibe, sowie Sternbedeckungen durch den Mond oder – was sehr selten vorkommt – Verfinsterungen von Fixsternen durch die Planeten. Solche Sternbedeckungen geben Gelegenheit, aus der Abschattung des Fixstern-Lichts durch den Planeten etwas über dessen Atmosphäre zu erfahren, über deren Höhe, Dichte und Zusammensetzung.
Solche Bedeckungen sind – wie z. B. die Totalitätszone einer Sonnenfinsternis – oft nur entlang eines schmalen, länglichen Korridors zu verfolgen, der sich quer über Länder und Meere zieht. Nur gelegentlich befindet sich ein solcher Korridor über bewohntem Gebiet, kaum je über einer Sternwarte. Deshalb nahmen die Astronomen noch vor einigen Jahrzehnten beschwerliche Reisen auf sich, um – bei hoffentlich gutem Wetter – wenigstens eine »Momentaufnahme« des betreffenden astronomischen Ereignisses zu erhalten.
Heutzutage lassen sich die entsprechenden Stellen auf der Erdoberfläche relativ leicht mit einem speziellen Teleskop-Flugzeug erreichen, und mit der passenden Instrumentierung können die Maschinen dem jeweiligen Totalitäts- oder Bedeckungsstreifen auch nachfliegen und das betreffende astronomische Ereignis viel länger im Blickfeld behalten als das von einer einzelnen Stelle an der Erdoberfläche aus möglich wäre. Außerdem hat die Position im Flugzeug den Vorteil, daß sie sich weit überhalb der störenden verschmutzten und unruhigen Atmosphäre und auch über den Wolken befindet, die ja früher so manche Beobachtung wichtiger astronomischer Ereignisse vereitelt haben.
An die Flugstabilität der das Teleskop tragenden Maschine sowie an die Ausrichtungs-Genauigkeit der Fernrohr-Montierung werden allerdings höchste Anforderungen gestellt, damit das zu beobachtende astronomische Objekt möglichst lange ohne jede Abweichung im Brennpunkt bleibt. Erst in neuer Zeit gelingt das mit Hilfe raffinierter Kreiselsysteme, ausgeklügelten Erd- und Sternsensoren sowie einer gefederten Aufhängung.
Die amerikanische Raumfahrtbehörde NASA betreibt ein solches Spezialflugzeug für astronomische Beobachtungen, in dessen Rumpf ein Infrarot-Teleskop von 91,5 cm Öffnung installiert wurde. Dieses fliegende Observatorium – eine Lockheed C 141 – wurde nach dem amerikanischen Planetenexperten G. Kuiper benannt. Am 10. März 1977 wurde dieses sehr un-

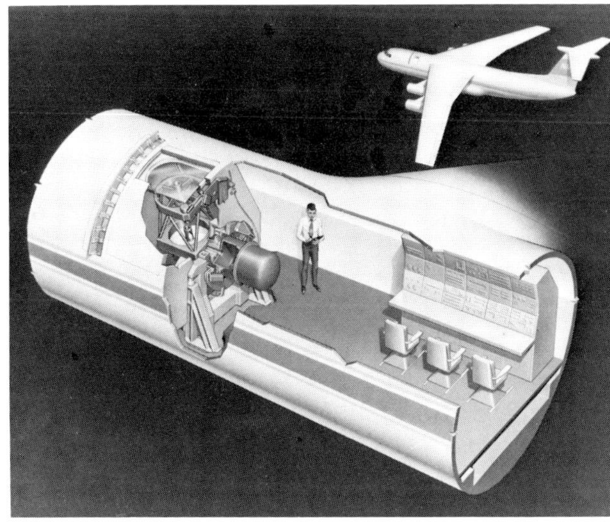

So war das Infrarot-Teleskop in den Rumpf des Spezialflugzeuges der NASA für astronomische Beobachtungen in großen Höhen eingebaut. Mit diesem Instrument wurden die Uranus-Ringe entdeckt. Eine ausgeklügelte kardanische Aufhängung sorgte für die exakte Ausrichtung des Teleskops auf den Planeten, keine einfache Sache bei den erheblichen Schüttelbewegungen, denen ein Flugzeug gelegentlich ausgesetzt ist.

gewöhnliche astronomische Beobachtungsinstrument auch einer breiteren Öffentlichkeit bekannt, weil durch seinen Einsatz eine außerordentlich wichtige Entdeckung im Planetensystem gemacht wurde: die Entdeckung der Uranus-Ringe.
Seit langem schon stand fest, daß sich der Planet Uranus am 10. März 1977 – von einem schmalen Streifen der Erdoberfläche aus gesehen – vor den Fixstern SAO 158687 schieben würde, und dieses wichtige astronomische Ereignis wurde von vielen Forschern vor allem in den Sternwarten der infrage kommenden Gegend um Australien und Indien sorgfältig vorbereitet. Die Bedeckung des im Sternbild Schwan stehenden Objekts SAO 158687 versprach besonders interessant zu werden, weil es sich um einen relativ hellen Stern von 9^m handelt. Und je heller ein bedeckter Stern ist, das wußten die Astronomen aus Erfahrung, desto ergiebiger sind meist die wissenschaftlichen Erkenntnisse. Das sollte sich beim Objekt SAO 158687 auf fast sensationelle Weise bewahrheiten.
Auch drei Astronomen der »Cornell University« wollten dieses interessante Ereignis beobachten, und nach Absprache mit der NASA wurde ihnen das »Kuiper Airborne Observatory« zur Verfügung gestellt. Mit einem genau erarbeiteten Programm für das Infrarot-Teleskop und neuen, hochempfindlichen lichtelektrischen Meßapparaturen schlug die Maschine zur fraglichen Zeit einen exakt berechneten Kurs entlang der auf die Erde projizierten Bedeckungszone südwestlich von Australien ein. Die Flughöhe betrug etwa 12,5 km.

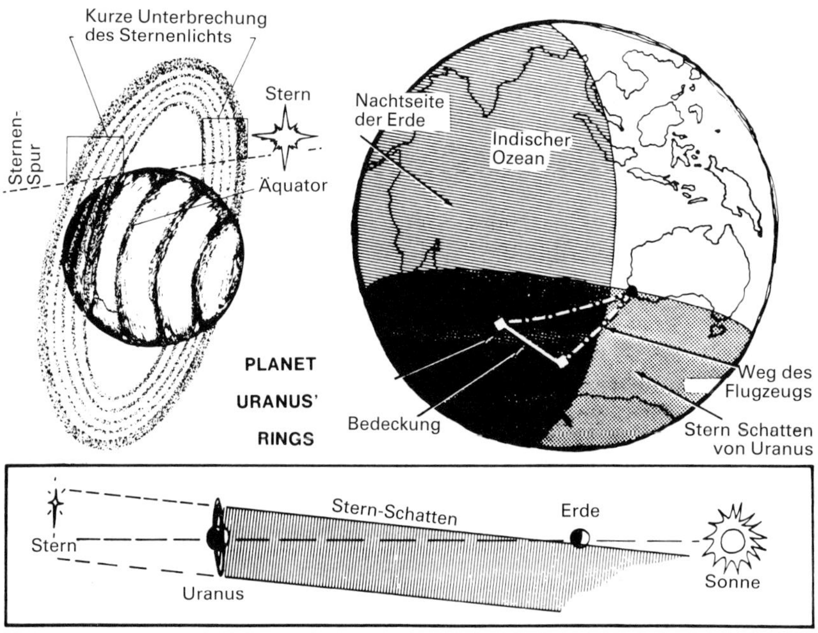

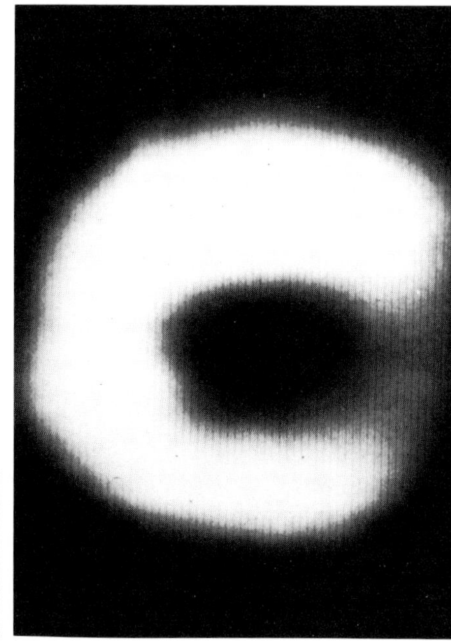

Die geometrischen Verhältnisse bei der Entdeckung der Uranus-Ringe verdeutlichen diese Skizzen. Der von Uranus und seinen Ringen verursachte Schatten des Sterns SAO 158687 traf die südliche Halbkugel der Erde. Da die Beobachtung auf der Nachtseite erfolgen mußte und sich in dem betreffenden Gebiet keine Sternwarte befand (nur Wasser), erwies sich das fliegende Observatorium der NASA als einzige Möglichkeit, die Sternbedeckung vom Anfang bis zum Ende zu beobachten.
Die erste von der Erde aus erhaltene Aufnahme der Uranus-Ringe ist noch sehr unvollkommen. Das Bild wurde im infraroten Spektralbereich mit einem hochempfindlichen elektronischen Abtaster am 5-m-Spiegel auf dem Mt. Palomar gewonnen. Der Planet selbst ist völlig unsichtbar. Die Ringe werden hier sehr stark überbelichtet wiedergegeben; eine isolierte Darstellung der einzelnen Ringsegmente ist unmöglich, dazu sind sie viel zu klein.

Weil der Beginn einer solchen Sternbedeckung nicht immer mit der letzten Genauigkeit bestimmt werden kann – dafür sind die Bahnverhältnisse von Uranus noch nicht genau genug bekannt – schalteten die Astronomen Elliot, Dunham und Mink ihre Registriergeräte schon eine halbe Stunde vor dem eigentlich erwarteten Beginn der Verdunkelung des Fixsternes ein, um dieses Ereignis auch ganz sicher zu »erwischen«.
Zur großen Überraschung der drei Forscher zeigten die Meßgeräte aber plötzlich vor der eigentlichen Bedeckung innerhalb von neun Minuten fünf ganz kurze Verdunkelungen des Lichts von SAO 158678 an, die eigentlich nur von einer Reihe kleiner, bis dahin unbekannter Monde oder aber – den Astronomen stockte der Atem – durch ein Ringsystem verursacht worden sein konnten. Geistesgegenwärtig benachrichtigten die Männer sofort vom Flugzeug aus einige Sternwarten auf der Erde, die ja ohnehin auch mit der Beobachtung dieser Sternbedeckung beschäftigt waren, die aber nun vor allem nach der langen Verdunkelung durch Uranus ihre Instrumente noch einige Zeit angeschaltet lassen sollten.
Tatsächlich wurde dann auch hinterher noch einmal innerhalb von neun Minuten diese fünfmalige kurze Abschattung des Fixstern-Lichts beobachtet – sowohl vom Flugzeug als auch von verschiedenen Sternwarten in Australien, Indien und China aus – womit die Existenz eines Ringsystems um Uranus tatsächlich nachgewiesen war. Die astronomische Sensation war perfekt, Saturn war seiner einzigartigen Stellung als Ringplanet beraubt, auch Uranus wird offensichtlich von einem solchen Materieschwarm umkreist.
Die sofort eingeleitete Auswertung der Lichtkurven von diesem bedeutsamen Ereignis ergaben, daß das aus fünf einzelnen Segmenten bestehende Ringsystem von Uranus etwa 7000 km breit ist und sich zwischen 44000 bis 51000 km Entfernung vom Mittelpunkt des Planeten und in dessen Äquatorebene befindet. Die Innenkante des Ringsystems ist nur etwa 20000 km von den Wolkenschichten des Uranus entfernt. Das äußerste und breiteste Ringsegment ist etwa 100 km breit erschienen. Diese Ringsegmente sind also – im Gegensatz zu den Verhältnissen bei Saturn – äußerst schmal und sehr scharf begrenzt, wie aus den Lichtkurven hervorging.

Schwierige Präzisierung

Inzwischen hat es weitere Beobachtungen der Uranus-Ringe gegeben, die aber kaum eine Klärung brachten, um welche Art Ringsystem es sich handeln könne. Die Überlegungen werden vor allem dadurch erschwert, daß die Uranus-Ringe so wenig Licht reflektieren, ein solch dunkles Material – viel dunkler

als der schwärzeste Kohlenstaub – gibt es sonst nirgendwo im Planetensystem. Inzwischen bestehen sogar Zweifel, ob es sich beim Uranus-Ring tatsächlich um eine Ansammlung fester Eis- oder Gesteinsbrokken handelt. Dagegen sprechen die äußerst geringe Helligkeit und die allem Anschein nach ungleichmäßige Verteilung der Ringmaterie.
Neuerdings wurden auch Vermutungen laut, daß es sich bei den Uranus-Ringen vielleicht auch nur um besonders dichte Gasringe handeln könnte, die von einem oder mehreren bekannten oder unbekannten Monden ausgehen – analog dem thorusförmigen Gasschlauch entlang der Umlaufbahn des Jupiter-Mondes Io oder entlang dem Orbit des Saturn-Mondes Titan. Demnach wären die bei der Sternbedeckung um Uranus beobachteten Verdunkelungen um Uranus nicht durch materielle Unterbrechungen des Strahlenganges entstanden, sondern durch Refraktion, d. h., eine Zerstreuung des Sternenlichts durch die Gasringe.
Die so unerwartet entdeckten Uranus-Ringe liegen – wie auch die Umlaufbahnen der Monde – in der Äquatorebene des Planeten und sind damit ebenfalls um 98° gegen die Bahnebene von Uranus geneigt. Erst diese auch gegenüber der Erde bestehende Neigung macht das Ringsystem für die irdischen Beobachter erkennbar, solange wir auf die Polregionen sehen. Ist dagegen die Äquator-Region von Uranus auf die Sonne bzw. auf die Erde gerichtet, sehen wir das Ringsystem mehr oder weniger von der Kante – und damit sehen wir es eben nicht. Hier ergeben sich Parallelen zum Saturn und zur Sichtbarkeit von dessen Ringsystem.
Die Entdeckung des Ringsystems um Uranus wurde dadurch begünstigt oder vielleicht auch erst ermöglicht, daß wir es momentan sozusagen schräg von rechts (oder von links) sehen und nicht von der Kante, wie es zuletzt 1965 der Fall war. Trotz dieser bis 1986 immer günstiger werdenden Konstellation hat das Ringsystem von der Erde aus nur einen Durchmesser von ca. 10–12 Bogensekunden, während ein einzelner Ring es nur auf eine Größe von 1/1000″ bringt – ein für optische Beobachtungen völlig illusorischer Wert. Als das Ringsystem entdeckt wurde, befand sich Uranus für die irdischen Beobachter gewissermaßen zwischen den beiden möglichen extremen Positionen, die Äquator- und damit auch die Ringebene zeigten 1977 unter einem Winkel von etwa 45° auf die Erde, so daß wir die Ringsegmente zunächst als Ellipsen sahen. Seitdem wird die Situation immer günstiger, wir sehen die Ringe zunehmend breiter (was sich schon in der Entdeckung neuer Segmente bemerkbar machte), bis wir schließlich das Ringsystem 1986 als konzentrisches Kreisgebilde sehen werden. Vielleicht werden demnächst bei weiteren Sternbedeckungen noch mehr Einzelheiten über das Ringsystem von Uranus bekannt, bis dann im Januar 1986 auch die Raumsonde Voyager 2 an dem Planeten angekommen sein wird.
Die Vielzahl von Einzelringen, die bei Uranus entdeckt wurde, erinnert auf den ersten Blick etwas an die Verhältnisse bei Saturn, wo durch die Bilder der Raumsonden Voyager 1 + 2 ja auch eine vielfältige Unterteilung des Ringsystems festgestellt wurde. Der breiteste bisher bei Uranus entdeckte Ring ist offensichtlich elliptisch, wobei die Lage dieser Ellipse nicht stabil ist sondern in einer Art Präzessionsbewegung um den Planeten schwingt. Aus diesem bisher im Planetensystem einmaligen Modus lassen sich auch Rückschlüsse auf die Abplattung des Uranus ziehen, die demnach nur etwa 3 % beträgt.
Offensichtlich ist das Ringsystem des Uranus auch noch größer als ursprünglich angenommen, denn bei einer weiteren Sternbedeckung im August 1980 wurden neben den bekannten neun Ringsegmenten Anzeichen dafür gefunden, daß es noch sieben weitere schmale Materiegürtel um den Planeten gibt.

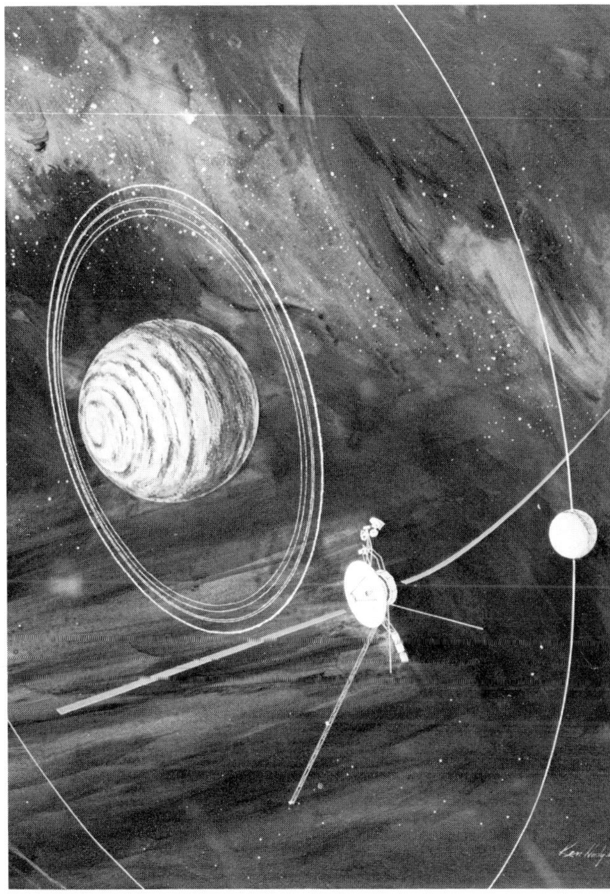

So stellt sich ein Weltraum-Maler den für Januar 1986 erwarteten Vorbeiflug der Raumsonde Voyager 2 am Ringplaneten Uranus vor. Die geringste Distanz zwischen Sonde und Planet wird dabei 107 000 km betragen. Schon aus größerer Entfernung sind aber Messungen und vor allem TV-Aufnahmen des Planeten, seines Ringsystems und der fünf Monde möglich. Dann endlich wird man genauere Aufschlüsse über die Natur dieses geheimnisvollen Materiegürtels bekommen und vielleicht auch noch einige neue kleine Uranus-Monde entdecken.

Das Voyager-Programm

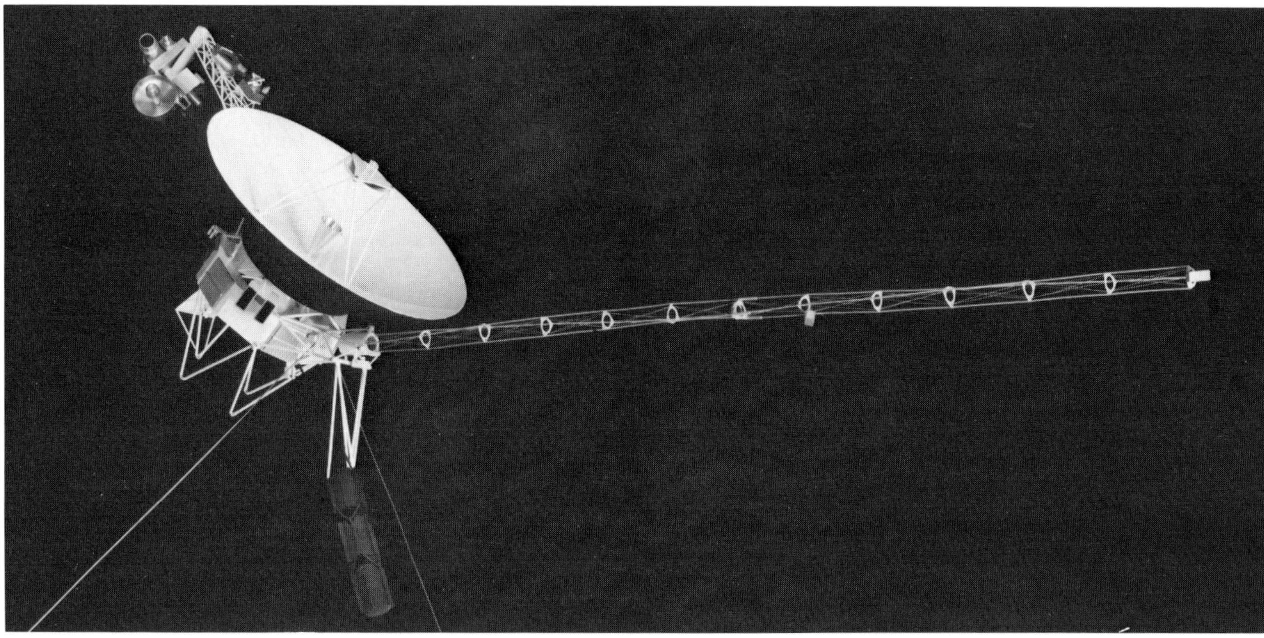

Dieses Modellfoto vermittelt einen Eindruck, in welcher Konfiguration die beiden Voyager-Sonden durch den Weltraum rasen. Die Antenne für die Datenübertragung wurde von der Dreiachsen-Lageregelung stets auf die Erde ausgerichtet. Der Ausleger für das Magnetometer wurde erst nach dem Start auf seine volle Länge von 13 m ausgefahren, ebenso wie die radioastronomischen Antennen sowie die Ausleger für die wissenschaftlichen Sensoren und die »Atombatterien«.

Pläne zur Erkundung aller Mitglieder des äußeren Planetensystems diskutierte die NASA seit 1969, als der Kongreß gerade die Gelder für die Pioneer-Mission genehmigt hatte. Angeregt wurden diese Überlegungen durch eine Studie des »Space Science Board« der Nationalen Wissenschafts-Akademie der USA mit dem Thema »Das äußere Sonnensystem«, deren Vorsitzender seinerzeit Prof. James van Allan war. Dieser Bericht wies vor allem auf die einmaligen Bahnverhältnisse der Planeten Ende der 70er Jahre hin, die bei Anwendung des sog. »swing by«-Verfahrens die Erforschung aller äußeren Planeten mit wenigen Raumsonden in relativ kurzer Zeit – etwa zehn Jahren – möglich machen würde.

Die »Grand Tour« sah je zwei Flüge über Jupiter zu Saturn und Pluto bzw. von Jupiter zu Uranus und Neptun vor, die zwischen 1976 und 1979 hätten gestartet werden müssen. Die Kosten dieses ehrgeizigen Programms zur Erforschung aller äußeren Planeten wurden seinerzeit auf etwa 750 Mio. Dollar geschätzt, aber als 1972 die ersten Gelder dafür beantragt wurden, mußte die NASA schwerwiegende Kürzungen in ihrem Budget hinnehmen, die ja z. B. auch den vorzeitigen Abbruch des Apollo-Mondlandeprogramms erzwangen. Die Planung für das »Grand Tour«-Projekt ließ sich nicht mehr im ursprünglich vorgesehenen Rahmen aufrecht erhalten. Die NASA mußte auf ein wesentlich einfacheres Konzept ausweichen, das den Start von nur zwei Sonden zu Jupiter und Saturn vorsah, von denen eine vielleicht noch zu Uranus und Neptun weiterfliegen kann.

Die Beschränkung der Primärmission auf etwa drei bzw. vier Jahre erforderte nicht mehr so hohen Aufwand hinsichtlich der Lebensdauer der einzelnen Komponenten der Raumsonden, auch für die Energieversorgung und die funktechnische Reichweite wurden jetzt nicht mehr so extreme Anforderungen gestellt, so daß man für die beiden geplanten Sonden nur noch Kosten in Höhe von etwa 250 Mio. Dollar veranschlagte – ein Drittel des ursprünglich für die »Grand Tour« verlangten Betrages.

Nach der Aufnahme des nun »Mariner-Jupiter-Saturn« (MJS) genannten Programms zur Planetenforschung in den amerikanischen Haushaltsplan für das Jahr 1973 und die Ermächtigung durch den Kongreß wurde der Beginn dieses neuen Projekts auf den 1. Juli 1972 terminiert. 1977 wurde die Doppelmission kurz vor dem Start in »Projekt Voyager« umbenannt. Nachdem die beiden Voyager-Sonden hinsichtlich Größe, Gewicht und Nutzlast-Kapazität in etwa definiert waren, schrieb die NASA einen Wettbewerb für die wissenschaftlichen Experimente aus. Daraufhin trafen etwa 80 Bewerbungen ein, je zur Hälfte von Wissenschaftlern mit eigenen Instrumentenvorschlägen und von Experten, die an den wissenschaftlichen Arbeitsgruppen beteiligt werden wollten. Ein Drittel dieser Bewerbungen kam aus NASA-Laboratorien, die anderen stammten von Wissenschaftlern aus Universitäten und anderen Forschungseinrichtungen in den USA. Fünf Angebote gingen aus dem Ausland ein.

Nach gründlicher Prüfung akzeptierte das »Office of Space Science« der NASA schließlich 28 der eingereichten Vorschläge, es handelte sich dabei um neun Instrumente und um 19 Wissenschaftler. Die ausgewählten Haupt-Experimentatoren und Gruppenleiter trafen sich Ende 1972 erstmals im »Jet Propulsion Laboratory« in Pasadena. Als Projekt-Wissenschaftler wurde Edward Stone benannt, ein amerikanischer Experte auf dem Gebiet der Magnetosphären-Physik.

In den folgenden Monaten wurden dann die einzelnen Arbeitsgruppen für die Konstruktion der beiden Raumsonden im JPL und für die Entwicklung der wissenschaftlichen Sensoren gebildet, so daß schließlich hunderte Wissenschaftler und tausende Ingenieure und Techniker im ganzen Land mit dem Bau der Voyager befaßt waren, um sie rechtzeitig zum geplanten Starttermin im Herbst 1977 fertigzustellen.

Auswahl der Flugbahnen

Große Mühe verwandten die Wissenschaftler auch auf die Festlegung der genauen Flugbahnen für die Voyager-Sonden, die – ausgehend von einem bestimmten Starttermin – in möglichst geringem Abstand an den Planeten Jupiter und Saturn sowie an den größeren Monden vorbeiführen sollten. Das besondere Augenmerk galt dabei den Trabanten Io und Titan, an denen Voyager 1 (V-1) in jeweils sehr geringem Abstand vorbeigelenkt wurde. Außerdem sollten die Flugbahnen noch die Möglichkeit zu den sog. Bedeckungsexperimenten bieten, bei denen die Sonden von der Erde aus gesehen für einige Zeit hinter den Planeten verschwinden: beim streifenden Durchgang der Funksignale durch die Randbezirke der Atmosphären ergeben sich erfahrungsgemäß wertvolle Informationen über die Beschaffenheit dieser Gashüllen.

Selbstverständlich konnten nicht alle Ziele nur von einer Raumsonde allein erfüllt werden; es wurde deshalb ein ausgeklügeltes Flugprogramm für zwei Meßroboter entworfen, die in einigem Abstand nacheinander an Jupiter und Saturn vorbeifliegen und dabei wechselweise die wichtigsten Forschungsziele aufs Korn nehmen sollten. Dabei erfüllte V-1 die Primärmission mit dem nahen Vorbeiflug am Jupiter-Mond Io und dem Saturn-Trabanten Titan, während V-2 – neben dem Studium der Planeten selbst – andere Monde aufs Korn nahm und danach zu Uranus und Neptun weiterflog.

Die Erfüllung all dieser Missionsziele war aber nicht nur von den Flugbahnen der beiden Sonden abhängig, ebenso wichtig war dabei auch der Zeitpunkt, wann die Roboter bei Jupiter und Saturn und an den Monden vorbeiflogen. V-1 z. B. mußte vor dem 4. 4. 1979 bei Jupiter ankommen, um nahe an dem Mond Io vorbeifliegen zu können. V-2 dagegen durfte nicht vor dem 15. 6. 1979 an Jupiter vorbeifliegen, um die Option für den Weiterflug über Saturn zu Uranus offenzuhalten.

Obwohl die schließlich für die beiden Voyager-Sonden gewählten Bahnen während des Vorbeiflugs an Jupiter und Saturn sehr verschieden waren, ergänzten sie sich doch hervorragend. Beide Sonden absolvierten ihr primäres Forschungsprogramm, also die Erkundung Jupiters und Saturns sowie der Trabanten Io bzw. Titan, während danach die anderen Monde dieser beiden Systeme erkundet wurden. Das ergab eine gewisse Duplizität oder Redundanz beim Voyager-Programm, die durchaus beabsichtigt war und die die Erlangung von Forschungsdaten auch gewährleistete, wenn (wegen eines Versagens beim Start oder während des Fluges) nur eine Sonde ihr Forschungsprogramm vollständig hätte erfüllen können.

Konstruktion der Sonden

Die beiden Voyager-Sonden bildeten gegenüber den fünf Jahre zuvor gestarteten Pioneer-Sonden einen wesentlichen Fortschritt; der Entwurf sah zwei weitgehend automatisch agierende und reagierende Raumflugkörper vor, die aufgrund ihrer Selbständigkeit auch in Notsituationen eine Überlebens- und Funktionschance haben – eine unerläßliche Bedingung bei solchen Raumsonden, die aufgrund ihrer großen Entfernung von der Erde nur mit einigen Stunden Verspätung per Funksignal erreichbar sind.

Die beiden Voyager-Sonden gehörten – mit den zwei Viking-Landekapseln – zu den fortschrittlichsten unbemannten Raumfahrzeugen, die die NASA bislang gestartet hat. Beide Voyager-Kapseln waren im Aufbau völlig identisch. Jede Sonde konnte das Programm der anderen übernehmen, was beim Versagen eines Instrumententrägers wichtig geworden wäre. Die Änderung des wissenschaftlichen Arbeitsprogramms und – in gewissem Umfang – der Flugbahn war auch nach dem Start noch möglich.

Jede Voyager-Sonde bestand während des Starts aus dem eigentlichen Raumfahrzeug von 825 kg Gewicht und einem Antriebsmodul, das 1207 kg wog und der Sonde sozusagen als fünfte Stufe der Rakete den letzten Geschwindigkeitsimpuls für die Loslösung vom irdischen Schwerefeld gab.

Die Zentralstruktur der Voyager-Sonden bestand aus einem zehnseitigen Gitterrahmen aus Aluminium, der 47 cm hoch und 178 cm breit war und 24,5 kg wog. Die elektronischen Apparaturen wurden in die zehn sich ergebenden Gehäuseabteile integriert und bildeten teilweise auch selbsttragende Strukturen. Im Zentrum des Dekagons befand sich ein kugelförmiger Tank von 70 cm Durchmesser, in dem das Hydrazin für die Lageregelungs-Düsen unter hohem Druck gespeichert wurde. Dünne Treibstoff-Leitungen führten von diesem Tank zu den zwölf Lageregelungs- und vier Kurskorrektur-Triebwerken.
Beherrscht wurde die Konstruktion der Voyager-Sonde von dem großen Parabolreflektor, der 366 cm Durchmesser hatte und mit einer Gitterstruktur an dem Elektronik-Gehäuse befestigt war. Die Antennenschüssel bestand aus einer leichten Aluminiumstruktur, die in Honigwaben-Bauweise ausgeführt war und mit Paletten aus Epoxid-Harz beidseitig beschichtet wurde. Ein konzentrischer Wulst von 178 cm Durchmesser sorgte für eine stabile Form der Antenne und nahm die verbindenden Gitterstäbe auf, mit der diese an der Zentralstruktur befestigt war. In der Antennenschüssel befand sich eine Aussparung für den Sonnensensor, der für das Lageregelungs-System die Orientierung zum Zentralgestirn und damit auch zur Erde angab. Im Zentrum der Parabolantenne erhob sich ein dreibeiniges Gestell, das innen den Sekundärreflektor für das Nachrichtensystem trug und außen zwei Hornantennen für den Funkverkehr im S-Band.
Die beiden Gehäuse in der Zentralstruktur für die Energieversorgungs- und Funksystem-Elektronik waren mit variablen Jalousien versehen, um die entstehende Eigenwärme ableiten zu können. Alle übrigen Flächen der Zentralstruktur wurden mit mehrschichtigen Isoliermatten bedeckt, um die Weltraum-Kälte so gut wie möglich abzuwehren. Wichtige Systeme der Raumsonde, so z. B. auch die Sensoren auf dem »science boom« erhielten kleine Heizelemente, die im Bedarfsfall angeschaltet wurden, um das »Erfrieren« dieser Apparaturen zu verhindern. An der Zentralstruktur befanden sich auch noch zwei Sensoren, mit denen der Stern Canopus angepeilt wurde, um dem Lageregelungs-System der Sonde einen weiteren Fixpunkt zu geben.
Die Stromversorgung der Voyager-Sonde erfolgte durch drei Radioisotop-Generatoren, die tandemförmig an einem Gitterstruktur-Ausleger befestigt waren. Jedes RTG-Element war in einem Beryllium-Gehäuse eingekapselt worden, das 41 cm Durchmesser hatte und 51 cm lang war. Die drei RTG-»Kraftwerke« wogen zusammen 39 kg. Die RTG-Elemente mit ihrem dauernd verfügbaren hohen Energieausstoß waren in der Handhabung nicht unproblematisch, denn wenn nicht aller Strom gebraucht wurde, mußte der überschüssige Anteil mit Hilfe spezieller Kühlelemente in den Weltraum abgestrahlt werden.
Zwei 10 m lange Antennen für das radioastronomische Experiment ragten – im Winkel von 90° – aus dem Zentralkörper seitlich nach unten heraus. Während des Starts der Voyager-Sonden befanden sich diese Antennendrähte im aufgerollten Zustand auf einer »Garnrolle«; im Weltraum wurden die Meßstäbe dann langsam ausgefahren.
Die beiden Magnetometer befanden sich an einem 13 m langen Ausleger. In der Mitte war das weniger empfindliche und am Ende des »booms« das hochempfindliche Meßgerät befestigt. Die ultraleichte Gitterstruktur für das Magnetometer befand sich während des Starts in einem zylindrischen Gehäuse von 23 cm Durchmesser und 66 cm Länge, im Vakuum und in der Schwerelosigkeit des Weltraums wurde der Ausleger von einem Federmechanismus entdrallt.
Jede Voyager-Sonde wog 815 kg, das ist das Gewicht eines kleinen Autos hier auf der Erde – nur daß die Raum-Roboter im Aufbau und in der Funktion wesentlich komplizierter waren und – gemessen an der Zahl der verwendeten Bauteile – eine viel längere Lebensdauer hatten. Die wissenschaftlichen Sensoren brachten es auf 105 kg, das sind etwa 13 % des Gesamtgewichts. Die Kostenrelation ist ähnlich, die Instrumente haben auch nur etwa 13 % der Gesamtkosten ausgemacht – ein Hinweis darauf, daß der ganze Raum-Roboter ein äußerst komplexes, hochentwickeltes Fahrzeug ist.
Da auch die Voyager-Sonden durch das innere Magnetfeld Jupiters fliegen sollten, mußten ihre elektronischen Komponenten gegen die intensive Strahlung geschützt werden. So wurden das »Herz« und die anderen lebenswichtigen »Organe« der Raumsonden mit drei verschiedenen Techniken »gehärtet«:

1. Konstruktion der Elektronik aus Materialien, die gegen hochenergetische Strahlung unempfindlich sind;
2. Geschützte Anordnung solcher Bauteile, die gegenüber hochenergetischer Strahlung anfällig sind;
3. Gezielte Panzerung bestimmter empfindlicher und wichtiger Bauteile in der Elektronik.

Der 2,3 m lange Ausleger für den größten Teil der wissenschaftlichen Sensoren befand sich auf der den RTG-Elementen entgegengesetzten Seite der Zentralstruktur, um die – sehr geringe – radioaktive Strahlung der Generatoren von den empfindlichen Meßinstrumenten fernzuhalten. Die Plattform für die Meßgeräte am Ende des Auslegers war in zwei Achsen beweglich. Die auf der beweglichen Plattform montierten Sensoren waren die beiden Fernsehkameras, das Ultraviolett- und das Infrarot-Spektrometer, das Fotopolarimeter und das Infrarot-Radiometer. Diese Instrumente konnten mit der Plattform genau auf die zu untersuchenden Himmelsobjekte ausgerichtet werden. In Azimuth (rechts-links) war eine Drehung um 210° möglich, in Elevation (oben-unten) betrug die Bewegungsmöglichkeit 360°. Die »scan platform« wurde immer nur in einer Richtung mit 0,083° oder 0,0052° pro Sekunde bewegt.

Der Mechaniker links an der Leiter gibt einen guten Maßstab ab zur Demonstration, wie groß die Voyager-Sonden tatsächlich waren. Oben wird die hell gestrichene Antenne erkennbar, darunter das mit dunkler Wärmeschutz-Folie überzogene Elektronik-Gehäuse. Darunter wieder sitzt an langen Streben das Antriebsmodul, das der Sonde den letzten Geschwindigkeits-Impuls vermittelte. Links ist der Ausleger mit den RTG-Elementen angeklappt zu sehen, rechts der »science boom« für die wichtigsten Sensoren.

Energieversorgung

In den RTG-Elementen wurde die beim Zerfall von Plutonium 238 erzeugte Wärme in elektrische Energie umgesetzt. Jede einzelne »Atombatterie« erzeugte etwa 2400 W Wärmeleistung, was zu Beginn der Mission 160 W elektrische Leistung ergab, insgesamt verfügte jede Voyager-Sonde also über – einige Verluste eingerechnet – etwa 450 W Strom. Der Leistungsabfall dieses »Kraftwerks« im Laufe der Mission war übrigens sehr gering: drei Jahre nach dem Start standen beim Saturn-Vorbeiflug von V-1 noch etwa 430 W zur Verfügung. Das liegt immer noch über den von der Sonde tatsächlich gebrauchten Energiewerten, so daß genügend Reserve für besondere Anlässe verfügbar war, wenn z. B. einige Systeme besonders intensiv mit Heizelementen vor Unterkühlung geschützt werden mußten. Bis zum Vorbeiflug an Saturn hatten die »Kraftwerke« an Bord der Voyager-Sonden jeweils etwa 15 000 kW elektrischer Leistung produziert.

Das elektrische Netz an Bord der Voyager-Sonde wurde auf 30 V gehalten; mehrere Untersysteme nahmen den Strom direkt in dieser Spannung auf, für andere Systeme mußte er in andere Spannungen transformiert werden. Auch der Haupt-Wechselrichter wurde mit der 30-V-Spannung beaufschlagt, die dann in eine Frequenz von 2,4 KHz umgesetzt wurde, wie sie von den meisten Untersystemen der Sonde gebraucht wurde. Die elektrische Energie wurde direkt von den Systemen angenommen oder durch Relaisschaltungen je nach Bedarf »gezapft«. Diese Verteilerstellen arbeiteten entweder automatisch oder sie wurden von der Erde aus je nach Bedarf aktiviert. Einige dieser »Ventile« wurden einfach aus- oder angeschaltet, andere wieder übernahmen schwierigere Funktionen, wie z. B. die Verteilung des Stroms in den einzelnen Modulen eines Untersystems. Empfänger des direkten 30-V-Stroms waren neben dem Umsetzer das Kommunkations- und das Lageregelungssystem sowie das System zur Bewegung der Temperaturausgleichs-Jalousien und einige wissenschaftliche Sensoren, die meisten Heizelemente und die Motoren für das Ausfahren der Radioastronomie-Antennen.

Die Voyager-Sonde verfügte über zwei Wechselrichter für 2,4 KHz, ein primäres und ein Reservesystem. Beim Versagen der ersten Apparatur trat nach 1,5 Sek. Umschaltpause sofort das Sekundärsystem in Aktion, die Umschaltung war endgültig. Ein Synchronisations- und Zeitsignal von 4,8 KHz, das vom »Flight Data Subsystem« ausging, diente als Frequenz-Standard für den Wechselrichter. Die Frequenz von 4,8 KHz wurde dann noch durch zwei geteilt, so daß man die notwendigen 2,4 KHz erhielt, die die Systeme aufnehmen konnten. Die Frequenzgenauigkeit betrug 0,004 %; das Zeitsignal von 4,8 KHz ging an das Computer-Kommandosystem, in dem sich die Zentraluhr der Sonde befand.

Antriebssystem

Für die Dreiachsen-Lagestabilisierung und für die gelegentlich notwendig werdenden Kurskorrektur-Manöver verfügte die Voyager-Sonde über ein komplexes Antriebssystem mit Hydrazin als Treibstoff und 16 kleinen Triebwerken. Das Hydrazin befand sich in einem Kugeltank aus Titan von 72 cm Durchmesser, der im Zentrum der zehneckigen Zentralstruktur montiert war. Dieser Tank enthielt 104 kg N_2H_4, das mit einem Druck von fast 3000 kN zusammengepreßt wurde (420 psi), um möglichst viel des wertvollen Treibstoffs mit auf die lange Reise nehmen zu können. In dem Kugeltank befand sich auch noch ein Vorrat an Helium-Druckgas, um den Transport des Hydrazin in die Steuertriebwerke zu gewährleisten, wenn dieses nicht mehr unter so starkem Druck stand. Alle Düsen nutzten einen Katalysator, der die sofortige Zündung des Hydrazin bewirkte und damit sehr genaue Energieimpulse sicherstellte.

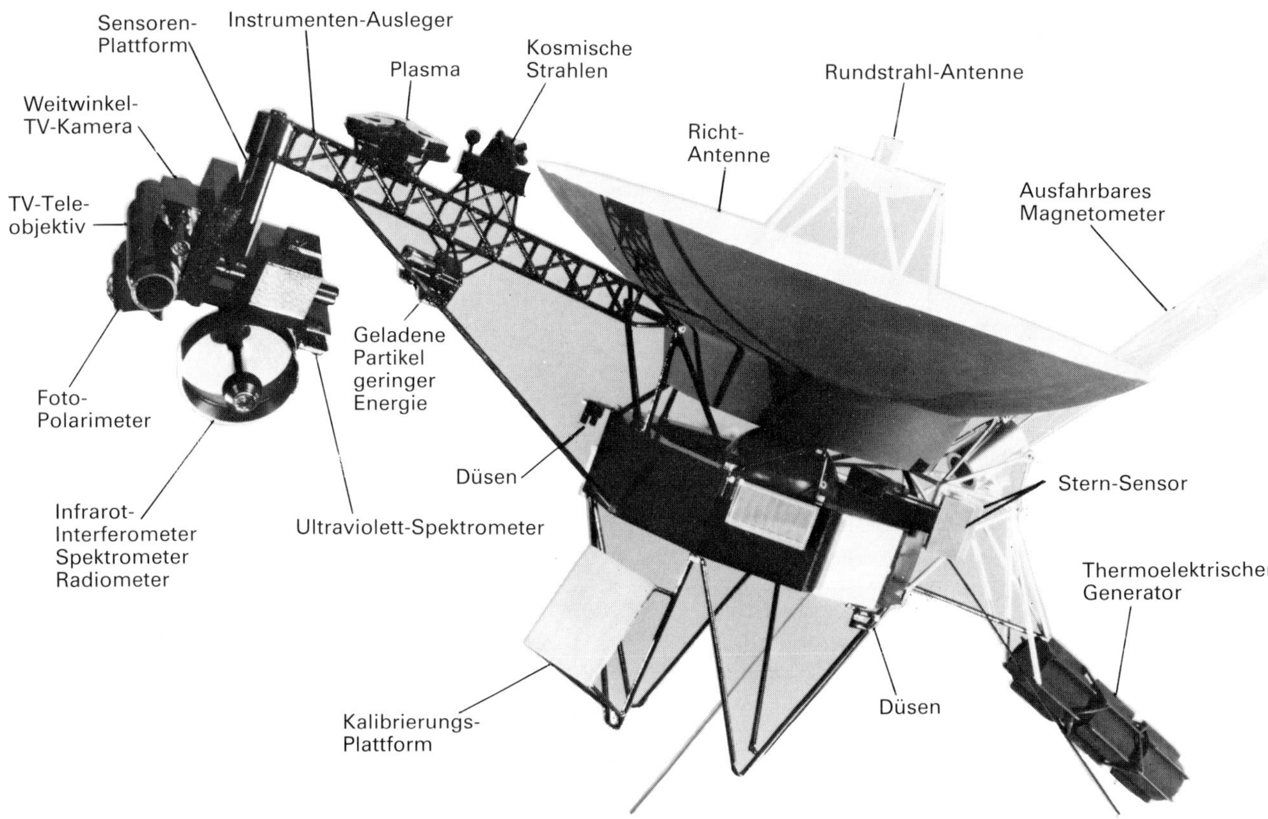

Die Konstruktion der Voyager-Sonden wurde von der 3,7 m großen Parabolantenne bestimmt, die für die Datenübertragung aus großen Entfernungen notwendig ist. Der Ausleger für das Magnetometer rechts oben ist 13 m lang. Die beiden Antennen für das radioastronomische Experiment ragen mit 8 m Länge ebenfalls aus dem Zentralkörper heraus.

Die 16 Steuerdüsen des Voyager-Antriebssystems entwickelten jeweils etwa 0,9 N Schub. Vier Triebwerke waren als Gruppe zusammengefaßt und dienten als Kurskorrektur-Motor. Die anderen zwölf Düsen waren in zwei Gruppen zu je sechs Triebwerken kombiniert und dienten der präzisen Ausrichtung der Sonde in den drei Freiheitsgraden. Bei Schwierigkeiten mit einer Düse konnte sofort auf das redundante Element umgeschaltet werden, auch die Aktivierung des gesamten Sekundärsystems war gegebenenfalls möglich.

Lageregelungs-System

Das »Attitude Articulation Control Subsystem« bestand aus einem Rechner vom Typ HYPACE (Hybrid Programmable Attitude Control Electronics), jeweils zwei Sonnen- und Canopus-Sensoren, drei in zwei Achsen stabiliserten Referenzkreiseln und zwei Motoren für die Bewegung der Sensoren-Plattform.
Die beiden für die astronomische Navigation installierten Sonnensensoren peilten das Zentralgestirn durch Öffnungen in der Parabolantenne an, die Canopus-Sensoren waren seitlich im rechten Winkel montiert. Diese opto-elektronischen Vorrichtungen reagierten auf jede Abweichung von der Soll-Position; über ein komplexes Alarmsystem wurden dann den Hydrazin-Triebwerken die Befehle für entsprechende Gegenimpulse gegeben. Der HYPACE-Rechner berechnete sofort, welche Lageregelungs-Düsen für wie lange aktiviert werden mußten, um die korrekte Lage der Voyager-Sonde wieder herzustellen.
Sowohl der Sonnen- als auch der Canopus-Sensor waren doppelt vorhanden, damit bei Versagen eines dieser »Augen« auf das redundante System umgeschaltet werden konnte. Um sicherzustellen, daß der Canopus-Sensor tatsächlich diesen speziellen Fixstern angepeilt hatte, wurde die Helligkeit des jeweils erfaßten Objekts genau gemessen und zur Erde übermittelt. Einer der Canopus-Sensoren von V-1 zeigte im April 1980 Störungen, die allerdings im weiteren Verlauf der Mission überwunden werden konnten.
Die Kreiselplattform des Lageregelungs-Systems wurde immer dann aktiviert, wenn die Voyager-Sonde für einige Zeit nicht auf Sonne und Canopus ausgerichtet war, also z. B. bei Kurskorrektur-Manövern, bei speziellen Peilungen und Kalibrierungen oder auch während des nahen Vorbeiflugs an den Planeten und Monden, wenn die Sonnen- und Canopus-Sensoren von diesen hellen Objekten »verwirrt« wurden. Jeder dieser Kreisel war mit einer Elektronik verbun-

den, die ihm Informationen über die augenblickliche Lage der Sonde vermittelte. Normalerweise arbeiteten immer nur zwei Kreisel, jeder war für die Orientierung in zwei Achsen zuständig. Der dritte Kreisel befand sich in Reservestellung.
Bei jeder Voyager-Mission waren vom Start bis zum Saturn-Vorbeiflug etwa neun Kurskorrektur-Manöver notwendig, um die geplanten Vorbeiflug-Bahnen bei den Planeten und Monden zu erreichen. Die maximale Kapazität der Geschwindigkeitsänderung lag bei etwa 300 m/s. Die Bahnkorrekturen wurden vom »Computer Command System« kontrolliert, das die Ausrichtung der Sonde und die Arbeit der Hydrazin-Düsen überwachte. Wenn die Änderung der Flugbahn erfolgreich abgeschlossen war, mußte die Sonde wieder in die richtige, auf Sonne und Canopus bezogene Position gebracht werden, damit die große Parabolantenne für die Funkverbindung auf die Erde zeigte. All diese Manöver waren zuvor in den Bordcomputer programmiert worden, bevor die direkte Funkverbindung mit der großen Antenne abriß.

Das »Gehirn« der Voyager-Sonden

Normalerweise funktionierten die beiden Voyager-Sonden während des langen Transferfluges zu Jupiter und Saturn selbständig, der normale Flugbetrieb und auch bestimmte vorhersehbare Notfälle wurden von den programmierten Bordrechnern allein geregelt. Zu den absehbaren Pannen gehörten Störungen im Lageregelungs-System, Versagen der Sternsensoren, falsche Funktion der Bezugskreisel oder die Unterbrechung der Funkverbindung. Diese und viele andere Unregelmäßigkeiten konnten sozusagen mit »Bordmitteln« behoben werden, noch ehe die Bodenstation davon erfuhr und eingreifen mußte.
Auch die Arbeit der wissenschaftlichen Sensoren wurde von einem speziellen Rechner gesteuert, der während der »encounter«-Phasen täglich mit neuen Instruktionen »gefüttert« wurde, der aber ansonsten die Funktion der Instrumente selbständig über Wochen beaufsichtigte – gemäß einem zuvor eingespeisten Langzeit-Programm.
Wenn aber alle Voraussicht nicht ausreichte und die Bodenstation bei einer Unregelmäßigkeit in der Funktion der Voyager-Sonden doch eingreifen mußte, dann standen den in langen Jahren ausgebildeten Experten dicke Handbücher mit Anweisungen für alle nur denkbaren Eventualitäten zur Verfügung. Hunderte von vorbespielten Magnetbändern lagen griffbereit, auf denen für besonders schwerwiegende Notsituationen die zur Behebung erforderlichen Kommandofolgen im voraus gespeichert worden waren – was sich des öfteren als segensreich erwies.
Die Voyager-Sonden sind unabhängiger und im Einsatz vielseitiger als alle vorangegangenen Planetensonden der NASA – ausgenommen vielleicht die auf dem Mars abgesetzten Viking-Landekapseln. Diese Selbständigkeit wurde den Voyager-Sonden hauptsächlich von drei untereinander verbundenen Computersystemen verliehen, die folgende Bezeichnungen trugen:

a) **Attitude and Articulation Control Subsystem** (AACS) zur Lageregelung der Sonde und zur Steuerung des »Science booms« mit den wissenschaftlichen Sensoren;
b) **Flight Test Data Subsystem** (FDS) zur Einstellung der verschiedenen Sensoren und zur Festlegung der jeweils gerade erforderlichen Datenrate bei der Übermittlung der Messungen zur Erde;
c) **Computer Command System** (CCS) zur Steuerung der beiden anderen Rechner und der komplexen Arbeit der wissenschaftlichen Sensoren sowie zur Ausrichtung der Sonde und des Auslegers mit den wissenschaftlichen Sensoren.

Die zwei identischen Kommandospeicher des CCS-Rechners erfaßten jeweils 4096 Worte, von denen 2800 bestimmten Routineaufgaben dienten, während 1290 Kommandoworte für verschiedene Messungen der wissenschaftlichen Sensoren vorbehalten waren. Ein einzelnes Kommandowort bestand aus etwa 300000 einzelnen Funktionsbefehlen, mit denen die Sonden während eines Planeten-Vorbeiflugs etwa 18 Stunden lang gesteuert werden konnten, pro Sekunde liefen während des »Encounter« also etwa fünf kommandierte Funktionen in der Raumsonde ab. Während des Transferfluges reichten die 300000 Befehle eines Kommandowortes für eine Flugperiode von etwa 100 Tagen aus, in dieser Phase erfolgten nur etwa zwei Steuerkommandos pro Minute. So schnell, wie die Befehle während einer Planetenpassage in den Raumsonden abliefen, so schnell konnten sie gar nicht von der Erde an die Rechner hinausgefunkt werden, so daß nur die Kommandospeicher die hohe Arbeitsgeschwindigkeit der Sonden und der Sensoren während des »encounter« gewährleisteten.
Jede der 1290 Worte umfassenden CCS-Kommandoladungen bestand aus zahlreichen spezifischen Blökken für die einzelnen wissenschaftlichen Sensoren, deren Messungen teilweise in regelmäßigen Abständen wiederholt wurden, um z. B. Fernsehbilder aufzunehmen oder Temperaturmessungen zu machen. Andere Befehlsblöcke wurden für bestimmte Einzeluntersuchungen zu bestimmten Zeitpunkten genutzt.
Für den Jupiter-Vorbeiflug von V-1 entwickelten die Computer-Techniker 175 Datenblöcke für die wissenschaftlichen Untersuchungen (science links), die Experten brauchten allein für diese Sysiphusarbeit über zwei Jahre. Sorgfältig mußten alle geplanten Messungen definiert und dann in Computerbefehle umgesetzt werden, damit sie während der 98 Tage dauernden »encounter«-Phase zur vorgesehenen Zeit in der richtigen Reihenfolge ablaufen konnten. Während des Jupiter-Vorbeiflugs wurden insgesamt 18 Computer-Ladungen an V-1 überspielt, dazu kamen noch etwa 1000 direkte Bodenkommandos, um z. B. auch diesen

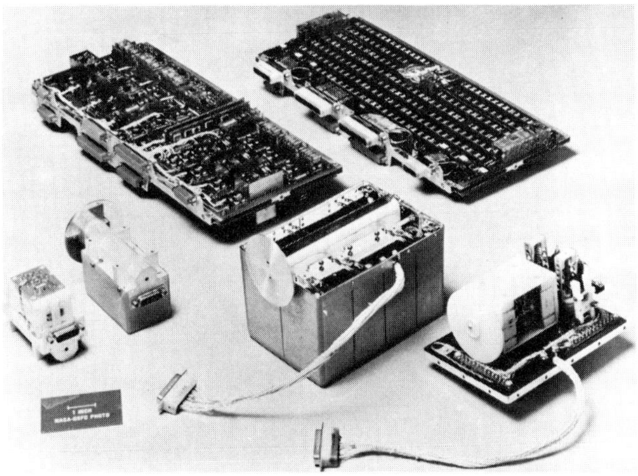

Als Beispiel für die zahlreichen auf den Voyager-Sonden mitfliegenden wissenschaftlichen Sensoren seien hier die Meßfühler und die Elektronik für das Magnetometer gezeigt. An dem 13 m langen Ausleger waren ja zwei Meßstellen in der Mitte und am Ende des »booms« befestigt. An diesem Experiment war mit Prof. Neubauer aus Braunschweig auch ein deutscher Wissenschaftler beteiligt.

Austausch von Befehlsblöcken zu bewerkstelligen oder um plötzlich geänderten Umständen Rechnung zu tragen und notwendig werdende Kalibrierungen der Sensoren zu ermöglichen.
Bei V-2 konnten wegen der Probleme mit dem Radioempfänger nicht so viele Kommandoblöcke gespeichert werden. Vorsichtig mußten die Techniker mit den Kommunikationsmitteln vor allem während der Flugphase sein, in der sich die Sonde im Magnetfeld Jupiters befand.

Nachrichtenverbindungen

Die Funkkontakte zwischen der Erde und den beiden Voyager-Sonden fanden sowohl im X-Band als auch im S-Band-Bereich statt. Die Verbindung von der Erde zu den Sonden (»uplink«) war nur im S-Band möglich, die Datenübertragung von den Voyager-Robotern zur Erde (»downlink«) erfolgte sowohl im X- als auch im S-Band.
An Bord der Sonde waren zwei Empfänger und zwei komplette Sendeanlagen installiert worden, dazu gehörte ein programmierbares Flugdaten-System, ein Modulierungs- und ein Demodulations- sowie ein Datenspeicher-System und mehrere Antennen verschiedener Größe und Leistungsfähigkeit. Der S-Band-Sender an Bord der Sonde arbeitete mit 9,4 W über die Mittelgewinn-Antenne und mit 21,3 W über die Hochgewinn-Antenne, der X-Band-Sender schließlich arbeitete mit 12 oder ebenfalls mit 21,3 W – aber nur über die Hochleistungs-Parabolantenne. Es wurde aber immer nur in einem Frequenzbereich gearbeitet. Im S-Band arbeiteten die Voyager-Sonden auf der Frequenz 2295 MHz, im X-Band auf der Frequenz 8418 MHz. Nur die 64-m-Antennen des »Deep Space Network« konnten die X-Band-Signale empfangen, während die S-Band-Sendungen auch von den 26- und 34-m-Antennen »gehört« werden konnten.
Alle Funkkontakte zwischen der Erde und den Voyager-Sonden liefen in digitaler Form ab. Die Kommandosignale von der Bodenstation wurden über die Antennen mit 16 bps an die Sonden abgestrahlt, dort gelangten die Befehle von den Antennen über das Flugkommando-System und das Computer-Kommando-Untersystem zu den eigentlichen »Adressaten« in der Elektronik und in den Sensoren.
Es gab für die Kommandierung der Voyager-Sonden von der Erde aus zwei Kommando-Kategorien, die diskreten und die kodierten Funktionsbefehle. Ein diskretes Kommando bewirkte eine einzelne Reaktion der Raumsonde, die Befehlsfolge DC-2D z. B. besorgte die Umschaltung des S-Band-Senders auf hohe Energie. Mit kodierten Kommandos wurden z. B. die Sensoren gesteuert, sie gelangten vom Kommandosystem eines Rechners zu einem bestimmten Zeitpunkt an das betreffende Untersystem.

Funkverkehr von den Sonden zur Erde

Die von der Voyager-Kapsel abgestrahlten technischen und wissenschaftlichen Informationen wurden vom »Flight Data Subsystem« aufbereitet und zur Übertragung an einen der beiden Sender weitergeleitet. Für die Abstrahlung der Sonden-Daten gab es zwei Telemetriekanäle; eine niedrige Datenrate im S-Band arbeitete mit 40 bps und beinhaltete nur direkte Informationen über den technischen Zustand wichtiger Systeme in der Raumsonde. Dieser Kanal wurde nur während der Planeten-Passagen aktiviert, wenn die große Richtantenne von den wissenschaftlichen Datensendungen im X-Band okkupiert war. Die hohe Datenrate wurde während der ganzen Mission beibehalten und funktionierte sowohl im S- als auch im X-Band. Folgende Informationen wurden damit übertragen:

- Technische Informationen mit 40–1200 bps nur im S-Band;
- Direkte Sendungen technischer und wissenschaftlicher Daten während der Freiflug-Phase mit 80, 160, 320, 640, 1280 oder 2560 bps bzw. mit 10–40 bps nach dem Saturn-Vorbeiflug;
- Wissenschaftliche und technische Daten mit 7200 bps, bei Jupiter wurden die Messungen des Radioastronomie- und des Plasmaexperiments mit 115,2 kbps im X-Band abgestrahlt;
- Direkte wissenschaftliche Datensendungen während der »encounter«-Phasen vor allem von den TV-Kameras mit 19,2; 29,86; 44,8; 67,2; 89,6 und 115,2 kbps (bei Jupiter) im X-Band;
- Direkte Übertragung von »encounter«-Daten der anderen wissenschaftlichen Sensoren sowie Magnetband-Abspielungen mit 29,86; 44,8 und 67,2 kbps nur im X-Band;

- Überspielung gespeicherter Daten vom Magnetband mit 7,2 und 21,6 bps im X-Band;
- Überspielung von Daten aus den drei Rechnern mit 40 oder 1200 bps im X- oder S-Band.

Die vielen verschiedenen Übertragungs-Möglichkeiten waren notwendig, um den sehr verschiedenen Meß- und Sendesituationen gewachsen zu sein, die während der Missionen auftraten und um notfalls auch in der Sonde bedingte oder auf der Erde vorkommende Schwierigkeiten zu überwinden. So konnten schwere Regenschauer die Kapazität der Antennen beeinträchtigen, so daß kein Empfang mehr im X-Band möglich war. Während des Transferfluges zwischen den Planeten wurden die wenigen anfallenden Daten der Sonde meist mit 2560 bps im S-Band zur Erde übermittelt.
Besonderer elektronischer, funktechnischer und organisatorischer Aufwand wurde getrieben, um die Fernsehbilder der Voyager-Kameras auch unter schwierigen Bedingungen möglichst vollständig zur Erde zu übermitteln, was angesichts der sehr hohen Datenraten oft erhebliche Probleme bereitete. Das Flugdaten-Untersystem sorgte jeweils für die richtige von sechs möglichen Datenraten zwischen 19,2 und 115,2 kbps. Die letztgenannte, sehr hohe Datenrate entsprach bei Jupiter der Bildfolgezeit der TV-Kamera von 44 Sek. pro Aufnahme. Bei Saturn betrug die maximale Übertragungsrate wegen der größeren Entfernung 44,8 kbps, die Abtastzeit für ein Bild mußte auf 144 Sek. gestreckt werden – etwa das dreifache des bei Jupiter möglichen Werts. Bei Uranus werden die Bilddaten wahrscheinlich nur mit 7200 bps zur Erde übertragen werden können, so daß die Übermittlung einer TV-Aufnahme 896 Sek. oder fast 15 Min. dauern wird.
Das Magnetband in den Voyager-Sonden war 328 m lang und 1,25 cm breit, die acht Spuren wurden nacheinander bespielt und auch wieder »geleert«. Die Speicherkapazität des Bandes betrug insgesamt 536 Mio. Bits, was – auf die TV-Bilder bezogen – etwa 100 Aufnahmen entsprach. Bilddaten und andere wissenschaftliche bzw. technische Informationen wurden mit zwei Geschwindigkeiten aufgezeichnet: 115,2 und mit 7,2 kbps. Da die Meldungen über den technischen Zustand der einzelnen Systeme höchstens mit 1200 bps anfielen, mußten sie mit »Füllmasse« angereichert werden, um die Aufzeichnungs-Geschwindigkeit des Bandes beibehalten zu können. Die gesammelten Informationen konnten von dem Magnetspeicher mit vier Geschwindigkeiten abgespielt werden: 7,2; 21,6; 33,6 und 57,6 kbps.

Bahnkontrolle

Um die genau berechneten Flugbahnen bei Jupiter und Saturn erreichen zu können, mußten die Voyager-Sonden sehr präzise gesteuert werden. Die Bodenkontrolle war also bestrebt, zu jedem Zeitpunkt die Position einer Sonde genau zu kennen, ebenso wie ihre

Zur Vorbereitung der Bildserien, die die Voyager-Kameras von Saturn machten, konnten die Techniker in der Bodenstation schon die Jupiter-Aufnahmen heranziehen, die ja hinsichtlich der Größenverhältnisse zum Vergleich recht geeignet waren. Für jedes der etwa 18000 TV-Bilder, die während eines »encounter« aufgenommen wurden, mußten die technischen Daten genau festgelegt und in die für eine Raumsonden-Elektronik verständliche Computer-Sprache übersetzt werden.

Geschwindigkeit und die Bewegungsrichtung. All diese Informationen lassen sich heutzutage aus den von einer Raumsonde kommenden Funksignalen entnehmen, die hinsichtlich der auftretenden Dopplerverschiebung genau analysiert werden. Dabei lassen sich in der Regel zwei Arten von Signalen für die Navigation heranziehen, einmal ein von der Erde ausgesandtes S-Band-Signal, das von der Sonde in ganz bestimmter Weise verändert wird, und zweitens die normalerweise von der Sonde kommenden Datensignale. Beide Funkwellen werden auf dem langen Weg von der Erde zur Sonde und in umgekehrter Richtung charakteristisch verändert. Die sich aus der laufenden Entfernungsvariation ergebende Dopplerverschiebung schließlich gibt genaue Auskunft über die Entfernung, Geschwindigkeit und Richtung der Sonde. Eine wesentliche Voraussetzung für die hohe bei dieser Art der Navigation erreichte Genauigkeit ist die sehr präzise Zeitmessung, die bei astronomischen Beobachtungen entwickelt wurde.

Wissenschaftliche Instrumentierung der Voyager-Sonden

Die Nutzlast der Voyager-Sonden bestand aus insgesamt elf Experimenten zur Untersuchung der Oberflächen, Atmosphären, Magnetfelder, Strahlengürtel und der Monde von Jupiter und Saturn in verschiedenen Spektralbereichen.

Imaging Science: Zwei Fernsehkameras zur visuellen Erforschung der Himmelskörper aus verschiedenen Distanzen. Die TV-Kameras hatten 200 und 1500 mm Brennweite und konnten auch Farbaufnahmen machen.

Infrared Interferometer Spectrometer (IRIS): Untersuchung der Zusammensetzung, der Temperaturen und der Dynamik in den Planeten-Atmosphären sowie in der Gashülle von Titan, dem größten Saturn-Mond.

Ultraviolett Spectrometer (UVS): Studium von Zusammensetzung und Struktur der hohen Planeten-Atmosphären; Erforschung von Nordlicht-Erscheinungen, Untersuchung des Mischungsverhältnisses von Wasserstoff und Helium in den Gashüllen von Jupiter und Saturn.

Photopolarimeter: Messung der Reflektions- und Streuungseigenschaften der Planeten- und Mond-Atmosphären sowie des Saturn-Ringes.

Planetary Radio Astronomy (PRA): Bestimmung von Polarisation und Emissionsspektren im Radio-Frequenzbereich sowie die Untersuchung von Dichte und Bewegung des im Weltraum vorkommenden Plasmas.

Magnetometer: Studium der planetaren Magnetfelder und des interplanetaren Raumes mit je einem mittel- und hochempfindlichen Sensor.

Plasma Particles: Bestimmung des Anteils von Ionen am Sonnenwind und Gewinnung exakter Daten über die Geschwindigkeit, Dichte und die Wechselwirkungen des Sonnenwindes mit den Strahlungsgürteln von Jupiter und Saturn.

Plasma Waves: Messung der Dichte und Temperatur des lokalen, die Sonde umgebenden Plasmas sowie die Untersuchung entfernter Plasmawellen-Quellen.

Low Energy Charged Particles (LECP): Messung von Verteilung, Zusammensetzung und Bewegung energiereicher Ionen und Elektronen sowie deren Wechselwirkung mit der Sonde.

Cosmic Ray: Messung von Verteilung, Zusammensetzung und Bewegung von energiereichen Kernen sowie die Bestimmung von deren Spektren.

Radio Science: Untersuchung der planetaren Atmosphären und Ionosphären, ihrer Strukturen, Bestandteile und Dynamik mit Hilfe des sog. Bedeckungs-Experiments.

Bilder aus einer anderen Welt

Bis etwa zum Jahr 1960 war die Planetenfotografie ein wenig gepflegter, meist vom Zufall abhängiger Zweig der Astronomie. Es entstanden nur wenige wirklich gute Aufnahmen von Venus, Mars, Jupiter und Saturn, die fotografischen Materialien und Methoden waren einfach noch nicht ausgereift. Erst in den 60er Jahren änderte sich die Situation. Einige Spezialisten begannen mit Reihenaufnahmen des Planeten Jupiter, dessen große, von Wolkenbändern überzogene Scheibe und dessen schnelle Rotation von knapp zehn Stunden sich besonders gut für Fotoreihen eignet. Für das genauere Studium der Vorgänge in der Jupiter-Atmosphäre sind solche in kurzen Zeitabständen gewonnene Bildserien praktisch unerläßlich.

Jupiter ist mit ca. 140 000 km Durchmesser etwa elfmal größer als die Erde, aber wegen seiner enormen Entfernung von mindestens 590 Mio. km erscheint er für den Beobachter auf der Erde im Fernrohr nur als kleines Scheibchen von maximal 50 Bogensekunden Durchmesser. Das kleinste von der Erde aus auf Jupiter erkennbare Detail hat einen Durchmesser von ca. 2000 km. Dieser Wert gilt aber nur für direkte Beobachtungen am Fernrohr, wenn die Luft absolut klar ist. Bei solchen Ideal-Bedingungen lassen sich sehr gute Zeichnungen des Riesenplaneten machen, auf denen zahlreiche Einzelheiten der streifenförmigen Wolkenbänder zu erkennen sind. Die Planetenzeichner mußten bei Jupiter aber recht schnell arbeiten, weil sich bei der rasenden Rotation die Oberflächen-Details sehr schnell verändern.

Das vom menschlichen Auge direkt am Fernrohr erzielbare Auflösungsvermögen ist bei der Planetenfotografie nicht erreichbar, weil in der meist einige Sekunden dauernden Belichtungszeit die unruhige Atmosphäre mit ins Bild kommt. Deshalb hinkt die Planetenfotografie auch heute noch, wo modernste Filme und Aufnahmeverfahren verfügbar sind, hinter der visuellen Beobachtung her. Dafür geht aber andererseits die fotografische Registrierung wesentlich schneller, sie wird vielfach schon automatisch gesteuert.

Gerade bei Jupiter sind Reihenaufnahmen in kurzen Abständen sehr wichtig, um möglichst viele Phasen der ca. zehnstündigen Planetenrotation zu erfassen. In langen Winternächten läßt sich eine ganze Drehung Jupiters um seine Achse beobachten und dokumentieren. Auf diese Weise lernten die Astronomen in zehn Jahren mehr über die Vorgänge in der Jupiter-Atmosphäre als in den Jahrhunderten zuvor. Als schließlich erste Farbemulsionen für astronomische Zwecke zur Verfügung standen, erhielt man regelrechte Farbfilme von einzelnen Jupiter-Rotationen. Durch Zusammenschneiden von einigen hundert, unter gleichen Bedingungen kurz nacheinander entstandenen Farbfotos kam Bewegung ins Planetenbild und in die Forschung.

Die verschiedenen Messungen einer Raumsonde in

Der Ausleger der Voyager-Sonden für die wissenschaftlichen Sensoren hielt am Ende eine steuerbare Plattform, auf der sich neben dem 50 cm messenden Teleskop des IRIS-Sensors (im Vordergrund) auch noch die beiden TV-Kameras (Pfeil), das Fotopolarimeter und das Ultraviolett-Spektrometer befanden. Auch auf der Gitterstruktur des Auslegers waren noch Meßinstrumente montiert.

der Umgebung eines Planeten können unterteilt werden in direkte und in sensorische Studien, also in Untersuchungen der direkten Umgebung einer Raumsonde und in Messungen bestimmter Strahlungsanteile, die von weit entfernten Planeten und Monden reflektiert oder emittiert werden und die es mit Teleskopen und Fernerkundungs-Sensoren aufzufangen gilt.

Direkte und indirekte Studien

Zu den direkten Messungen gehörte die Registrierung der Kosmischen Strahlung, niederenergetischer geladener Partikel und verschiedener Plasmaströme. Diese Phänomene existieren im ganzen Sonnensystem und wurden von den Sensoren auch schon kurz nach dem Start in der Umgebung der Erde und des Mondes aufgezeichnet – und natürlich während der gesamten weiteren Mission über die Bereiche von Jupiter und Saturn hinaus. Die »remote sensing«-Untersuchungen sind vor allem astronomischer Natur, registriert werden das von einem Planeten oder Mond ausgehende (reflektierte Sonnen-) Licht oder die von diesen Körpern emittierte Strahlung in anderen Spektralbereichen.

Fünf der abtastenden Sensoren an Bord der Voyager-Sonden wurden auf einer beweglichen Plattform montiert, so daß sie während des Vorbeiflugs der laufend wechselnden Position des untersuchten Planeten und vor allem der Monde kontinuierlich nachgeführt werden konnten. Diese »beweglichen« Sensoren waren neben den beiden TV-Kameras je ein Infrarot- und ein Ultraviolett-Spektrometer sowie das Fotopolarimeter. Auch die Antennen des radioastronomischen Sensors zählten zu den »remote sensing«-Instrumenten, sie befanden sich aber nicht auf der steuerbaren Plattform, sondern waren fest am Zentralkörper der Sonden montiert.

Warum die Entsendung von Raumsonden zu den anderen Planeten des Sonnensystems so enorme Fortschritte bei der Erforschung dieser Körper bringt, machen einige vergleichende Angaben über die Entfernungen zwischen der Erde und diesen Planeten und den sehr viel geringeren Distanzen klar, die Raumsonden bei den Planeten-Vorbeiflügen erreichen. Zwar sind die Voyager-Sensoren – z. B. auch die Fernseh-Teleskope – relativ klein, aber dafür kommen sie den fernen Himmelskörpern im Verhältnis sehr viel näher als die irdischen Sensoren – wenn diese auch viel größer sein mögen.

Der minimale Abstand des 20 cm-Teleskops von V-1 zu Jupiter betrug z. B. nur etwa 1/3000 der geringst möglichen Distanz zwischen der Erde und dem Riesenplaneten. Um dieses zahlenmäßige Verhältnis bei gleichbleibender Entfernung durch ein größeres Instrument auf der Erde zu erreichen, müßten wir ein Spiegelteleskop von ca. 600 m Durchmesser bauen – ein völlig illusorisches Unterfangen. Bei dem Jupiter-Mond Io erreichte die Voyager-Sonde relativ zur Entfernung der Erde eine Minimal-Distanz von 20 000 km, die noch um eine Größenordnung günstiger ist. An Saturn schließlich kam V-2 um den Faktor 10 000 näher heran, als es den irdischen Teleskopen möglich ist, bei Titan erreichte V-1 sogar eine Annäherung der Größenordnung 1:300 000.

Zu diesen gegenüber der Entfernung zur Erde wesentlich günstigeren Distanzen der Raumsonden – die sich bei Uranus und Neptun noch sehr viel drastischer zeigen werden – kam natürlich noch die Tatsache, daß die Sensoren an Bord der Voyager-Sonden ohne Beeinträchtigung durch die irdische Atmosphäre in allen Spektralbereichen arbeiten konnten. Außerdem kann eine Raumsonde die Planeten in Blickwinkeln und unter Beleuchtungsbedingungen beobachten, wie sie von der Erde aus nie möglich sind.

Die Bedingungen für die Erstellung von Bildkarten der großen Jupiter-Monde sind in etwa vergleichbar mit denen, die bei den Aufnahmen des Erdbeobachtungs-Satelliten Landsat gelten, nur ist das Auflösungsvermögen bei den Bildern der Jupiter-Trabanten etwa um den Faktor 10 schlechter. Die Landsat-Späher liefern Bilder im Maßstab 1:500 000, bei den Jupiter-Monden wurde ein durchschnittlicher Maßstab von ca. 1:5 Mio. angestrebt. Das Auflösungsvermögen bei den Erdbildern beträgt ca. 100 Meter, bei den Fotos der großen Jupiter-Trabanten wird teilweise ein Auflösungsvermögen von ca. 1 km erreicht.

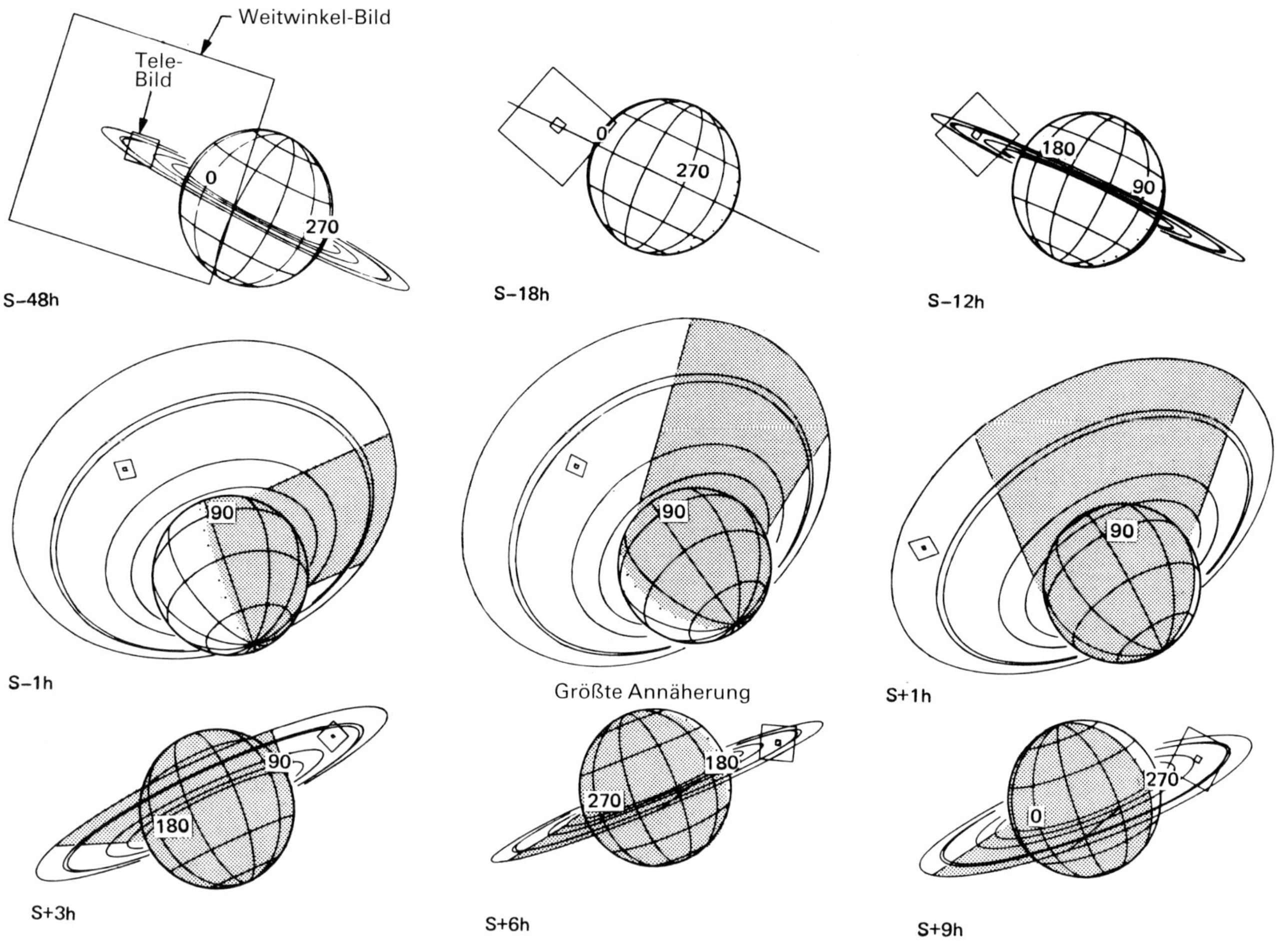

Die Ansichten von Saturn beim Vorbeiflug von Voyager 1 und die Bildfelder der beiden TV-Kameras vor, während und nach dem nahen Vorbeiflug sind diesen Skizzen zu entnehmen ebenso wie die verschiedenen Beleuchtungssituationen. Man hätte sich für diese Flugphase gewünscht, daß die Voyager-Sonden mit einem wirklichen Weitwinkel-Objektiv ausgerüstet gewesen wären, diese hätten phantastische Nahaufnahmen von großen Teilen des Planeten und seines Ringsystems geliefert.

Die TV-Kameras

Ziel des Fernseh-Experiments bei Voyager war die visuelle Erkundung der Planeten Jupiter und Saturn (evtl. auch noch Uranus und Neptun), ihrer Monde und der bei Saturn und Uranus nachgewiesenen Ringsysteme. Die beiden Voyager-Aufklärer zeigten die genannten Planetensysteme mit einem Auflösungsvermögen und unter Blick- und Beleuchtungswinkeln, wie sie von der Erde aus nicht möglich sind. Es wurden zahlreiche neue Informationen über die Atmosphären und/oder Oberflächen der erfaßten Himmelskörper erwartet, die nur bei direkten Messungen »vor Ort« zu gewinnen sind:

- Beobachtung und Charakterisierung der globalen Zirkulation in den Atmosphären von Jupiter und Saturn;
- Bestimmung der horizontalen und vertikalen Struktur der sichtbaren Wolken in Zusammenhang mit den streifenförmigen Bändern entlang des Äquators der beiden großen Planeten;
- Bestimmung der vertikalen Struktur von hohen, optisch dünnen und brechenden atmosphärischen Schleiern in den Atmosphären von Jupiter und Saturn;
- Bestimmung der wahren Natur von außergewöhnlichen Erscheinungen, wie z. B. des »Großen Roten Flecks« auf Jupiter usw.;
- Charakterisierung der farbgebenden Partikel in den Wolken von Jupiter und Saturn sowie Identifizierung von Natur und Ursache der Farberscheinungen auf den Monden Io (Jupiter) und Titan;
- Beschaffung vergleichender geologischer Unterlagen von mehreren Monden der Planeten mit Auflösungsvermögen von ca. 15 km;
- Kartierung geologischer Strukturen auf einigen Satelliten mit ca. 1 km Auflösung;

- Suche nach Atmosphären der Monde und Bestimmung von deren Zusammensetzung;
- Festlegung von Masse, Größe und Oberflächen-Beschaffenheit der größeren Monde durch direkte Messungen;
- Bestimmung der Rotationsachse und -periode der großen Satelliten und Festlegung von Koordinatensystemen;
- Ermittlung des Materials, aus dem die Saturn-Ringe bestehen (evtl. auch die des Jupiter und Uranus);
- Bestimmung der optischen Eigenschaften der großen Planeten, ihrer Monde und Ringe in verschiedenen Wellenlängenbereichen und Phasenwinkeln;
- Suche nach neuen physikalischen Phänomenen, z. B. beim Jupiter-Mond Io; Suche nach Meteoriten; Aurora-Lichterscheinungen; usw.

Die Voyager-Missionen boten einzigartige Möglichkeiten zum Studium von mehreren Atmosphären-Systemen, die sich von der irdischen Gashülle fundamental unterscheiden. Die Voyager-Kameras lieferten über längere Zeit hinweg Jupiter- und Saturn-Bilder mit höherem Auflösungsvermögen, als es die beiden Pioneer-Raumsonden fünf Jahre zuvor vermocht hatten. Die beiden Faktoren – Beobachtungszeit und Detailerkennbarkeit – wurden um etwa den Faktor 40 gesteigert. Die lange Bildbeobachtungs-Periode begann etwa 80 Tage vor dem nahen Vorbeiflug, als das Auflösungsvermögen ca. 1600 km betrug. Bis zur größten Annäherung steigerte sich dieser Wert dann schnell auf ca. 5 km.

Das Weitwinkel-Objektiv

Die Unterschiede in der Vorbeiflug-Distanz und in der Größe der Zielkörper machten die Verwendung von zwei verschiedenen Brennweiten bei den Voyager-Kameras notwendig. Das 1500 mm-Teleobjektiv diente der Verlängerung der aktiven Beobachtungszeit und der Erfassung auch weiter entfernt stehender Monde. Erfahrungsgemäß ergibt ein Brennweiten-Verhältnis von etwa 7,5 : 1 bei solchen Missionen die besten Vergleichsmöglichkeiten; deshalb wurde für das Weitwinkel-Objektiv eine Brennweite von 200 mm gewählt, was einen Bildwinkel von 3,2° ergab, während das Teleobjektiv einen Winkel von nur 0,42° hatte. Da das WW-Objektiv mit den optischen Daten 3,5/200 mm außerdem wesentlich lichtstärker war als das Teleobjektiv mit den Daten 8/1500 mm, konnten mit der kurzbrennweitigen Optik auch Aufnahmen der Planeten und Monde aus kürzerer Entfernung gemacht werden. Bei solchen »close looks« ergaben sich sehr hohe Vorbeiflug-Geschwindigkeiten, die leicht zu Bildunschärfen führen. Bei einem Weitwinkel-Objektiv treten diese Unschärfen natürlich nicht so stark in Erscheinung, noch dazu erlaubt die hohe Lichtstärke der WW-Kamera von Voyager relativ kurze Belichtungszeiten.

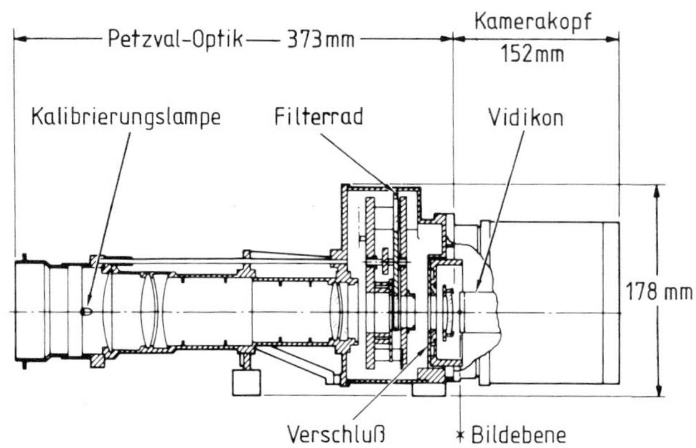

Das kurzbrennweitige Objektiv der Voyager-Sonden war im Gegensatz zur Telekamera ein Refraktor, ein Linsenfernrohr also. Es hatte die optischen Daten 3,5/200 mm, der Bildwinkel betrug 3,2°. Zwar bezeichnete man dieses System im Gegensatz zu der 1500-mm-Brennweite gelegentlich als »Weitwinkel«, aber gemessen an dem Bildformat des Vidicons von 11 × 11 mm war der 200-mm-Refraktor auch ein recht langbrennweitiges Objektiv.

Die wichtigsten Baukomponenten der 200-mm-Kamera waren das Teleskop-Rohr aus Aluminium, das Linsensystem, die Fassungen dafür, der Verschluß und das Filterrad sowie die Elektronik und das Gehäuse dafür. Das Gewicht dieser Bauteile betrug 3,1 kg. Die Isolierungen für den Strahlenschutz ließen das Endgewicht auf 7,4 kg ansteigen.
Spezielle Maßnahmen waren notwendig, um die Unterschiede im optischen System während der Tests auf der Erde (in der Atmosphäre) und beim Einsatz im Weltraum (im Vakuum) auszugleichen. Eine spezielle Beschichtung der Frontlinse verhinderte eine zu starke Abkühlung des Objektivs, alle anderen Linsenoberflächen wurden mit einem reflexmindernden Belag bedampft.

Die Telekamera

Die langbrennweitige TV-Kamera von Voyager 1 + 2 wurde aus dem Modell abgeleitet, das sich bei der Venus-Merkur-Sonde Mariner 10 etwa fünf Jahre zuvor so hervorragend bewährt hatte. Das Objektiv dieser Telekamera hatte bei 1500 mm Brennweite und der Lichtstärke 8,5 einen Durchmesser von ca. 18 cm. Es handelt sich im Entwurf um ein Cassegrain-Spiegelsystem mit Linsen und Spiegeln von sphärischer Oberfläche. Außer dem Primär- und Sekundärspiegel enthielt das Objektiv im vorderen Teil des Tubus noch zwei Korrekturlinsen, ebenso kurz vor dem Vidicon.
Hatte man bei der TV-Kamera für Mariner 10 den Sekundärspiegel auf der nach innen gekehrten Seite der hinteren Korrekturplatte befestigt, riskierte man das bei der Voyager-Kamera nicht, weil hier diese Scheibe einigen Belastungen ausgesetzt war, die evtl. zu Fokusverschiebungen hätte führen können. So wurde bei

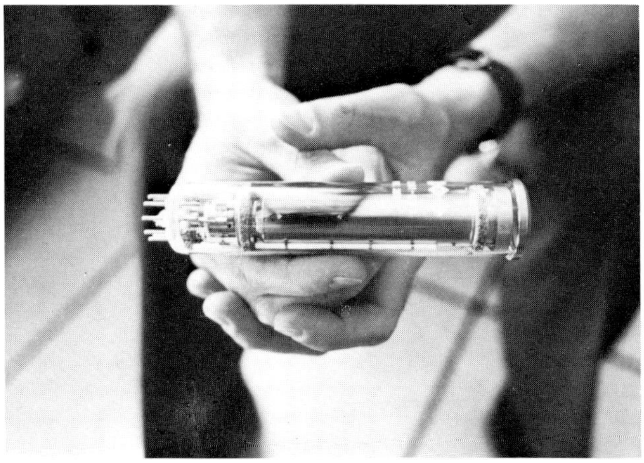

So sehen die Vidicon-Bildröhren aus, die in den Voyager-Kameras als bildaufzeichnendes Medium mitfliegen. Es handelt sich um standardisierte 1-Zoll-Bildröhren von 25,4 mm Durchmesser, deren Bildfläche (rechts) nur 11 × 11 mm groß ist. Jede Aufnahme wurde mit 800 Zeilen zu je 800 Bildpunkten abgetastet. Links sind die Anschlüsse zur Elektronik erkennbar.

der Voyager-Telekamera der Sekundärspiegel separat mit vier dünnen Haltestreben in den Strahlengang gebracht. Alle optischen Flächen wurden wieder sorgfältig vergütet, die Frontlinse der vorderen Korrekturplatte erhielt einen Kälteschutz-Belag. Alle brechenden Gläser wurden versehen mit einem für ultraviolettes Licht durchlässigen Belag, die Spiegel dagegen bekamen eine UV-reflektierende Schicht aufgedampft.
Bei den Bildröhren der beiden Fernseh-Kameras handelte es sich um relativ langsam abtastende 1-Zoll-Vidicons mit einer Selenium-Schwefel-Schicht im Format 11 × 11 mm. Im Prinzip entsprach der Entwurf der Voyager-Kameras den TV-Systemen, die bei den vorangegangenen Planetensonden der NASA zu Merkur, Venus und Mars eingesetzt worden waren – abgesehen von den unterschiedlichen Brennweiten und einigen Änderungen in der Elektronik. So wurde z. B. der Vorverstärker der Vidicon-Röhren modifiziert, um das Rauschverhältnis zu verbessern und die Empfindlichkeit des Systems zu erhöhen. Das war notwendig, weil die Voyager-Sonden schneller an den Zielkörpern verbeiflogen als je eine Planetensonde zuvor: außerdem waren viele der aufgenommenen Himmelskörper relativ dunkel. Um dennoch bei der hohen Geschwindigkeit scharfe Bilder der lichtschwachen Objekte zu erhalten, mußte kurz belichtet werden, was eine möglichst hohe Empfindlichkeit des Vidicons voraussetzte.
Grundsätzlich aber handelte es sich bei dem Vidicon an Bord der Voyager-Sonden um ein veraltetes System vom Beginn der 70er Jahre, aus Kosten- und aus Zeitgründen war der Einsatz eines moderneren, lichtempfindlicheren Systems seinerzeit noch nicht möglich. Eine solche leistungsfähigere Vidicon-Röhre kommt jetzt erst bei dem Galileo-Orbiter zum Einsatz, der in eine Umlaufbahn um Jupiter einschwenken soll.

Konstruktionsbedingungen

Die begrenzten Platzverhältnisse auf der Voyager-Plattform für die wissenschaftlichen Sensoren machten strenge Vorschriften für die Größe der einzelnen Elemente notwendig. Das Weitwinkel-Objektiv z. B. durfte nicht länger als 31 cm sein und nicht mehr als 20 cm Durchmesser haben. Das Gewicht für Objektiv, Linsenfassung, Tubus, Verschluß und Filterrad wurde auf 3,8 kg limitiert. Das Teleobjektiv durfte die Werte 91 cm Länge, 25 cm Durchmesser und 11,3 kg Gewicht nicht überschreiten.
Da die Voyager-Objektive keine Fokussierungseinrichtungen hatten, mußten sie so gebaut werden, daß die Bildschärfe trotz Starterschütterungen sowie Weltraumkälte und Hitze stets exakt erhalten blieb. Die beiden optischen Systeme wurden auf einen Temperaturbereich von − 20° C bis + 40° C ausgelegt, in dem sie – mit Hilfe einer elektrischen Heizung – während der ganzen Mission einwandfrei arbeiten sollten. Die in der Struktur auftretenden Volumenänderungen, die sich innerhalb dieser angegebenen Temperaturdifferenzen ergaben, konnten so gesteuert werden, daß sie sich untereinander ausglichen und die Bildschärfe der Kameras nicht »wanderte«.
Da die Voyager-Sonden auch Gebiete mit hochenergetischen Partikeln durchflogen – die Strahlengürtel von Jupiter und Saturn – mußten auch solche Einflüsse bei der Konstruktion der Fernsehkameras und vor allem bei der Auswahl der Glassorten für die Objektive berücksichtigt werden. Als Testbelastung wurde eine Protonenmenge von 20MeV (bis 3×10^7 $cm^{-2}s^{-1}$) angenommen, die alle Bauteile ohne Beeinträchtigung der Bildqualität aushalten mußten. Ein besonders kritischer Punkt dabei waren die Linsen, deren spektrale Durchlässigkeit nicht beeinträchtigt werden durfte. Als besonders günstig für diesen Problemfall erwiesen sich zwei Gläser der westdeutschen Glashütte Schott & Gen. in Mainz (LF 5 G und BK 7 G 14).
Etwa 20 Tage vor der großen Annäherung der Sonden an Jupiter füllte die Planetenscheibe das ganze Blickfeld der Telekamera aus, das 0,4 Grad betrug. Die Übersichtsaufnahmen von der Planetenscheibe wurden dann mit der »Weitwinkel«-Kamera fortgesetzt, deren Bildwinkel von 3,2 Grad – bezogen auf die Diagonale des Bildfeldes von 16 mm – ja eigentlich auch noch einem starken Teleobjektiv entsprach. Das 1500 mm-Objektiv wurde in der letzten Phase der Annäherung an den Planeten hauptsächlich für Mosaikaufnahmen der Jupiter- und Saturn-Scheibe und für Einzelbilder von besonderen Objekten benutzt.
Die beiden TV-Kameras waren so an dem schwenkbaren Ausleger montiert, daß das Teleobjektiv einen

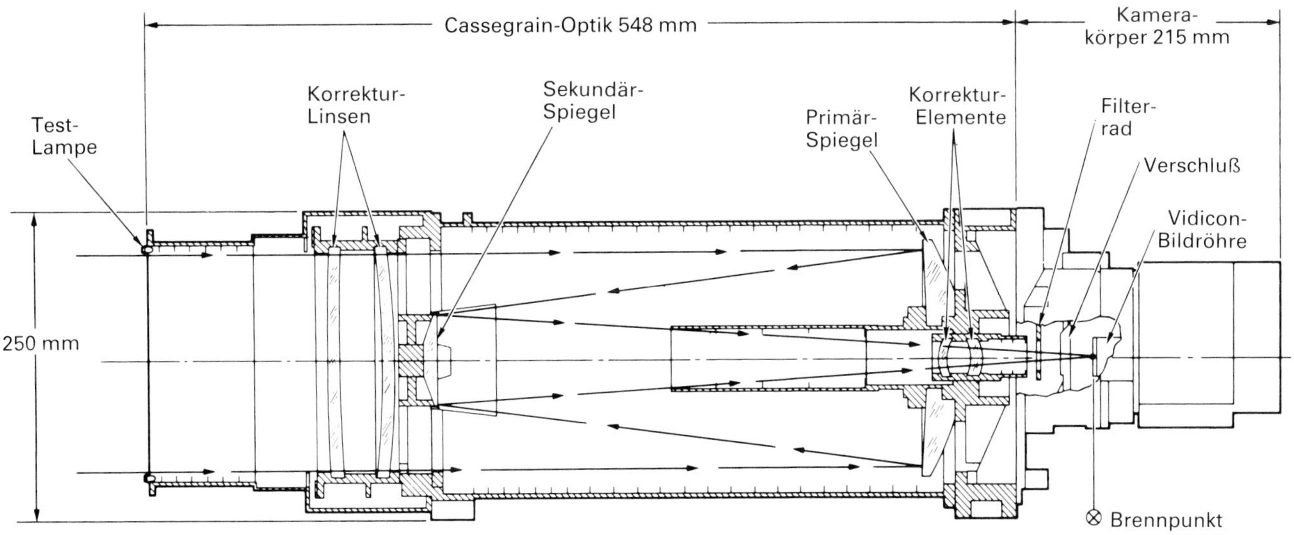

Die langbrennweitige Fernsehkamera an Bord der Voyager-Sonden arbeitete mit einem Spiegelteleskop von 1500 m Brennweite und mit dem Öffnungsverhältnis 1:8. Der Bildwinkel dieser »Kanone« betrug – auf das Bildfeld der Vidicon-Röhre von 11 × 11 mm berechnet – nur 0,42°. Jede Aufnahme wurde in 800 Zeilen zu je 800 Bildpunkten unterteilt, das Auflösungsvermögen betrug auf 50000 km Entfernung 1 km. Der Strahlengang führte von den Korrekturlinsen zum Hauptspiegel auf den Sekundär-Spiegel, der die Bildstrahlen über die Feldkorrektur-Elemente, das Filterrad und den Verschluß auf die Röhre lenkte.

quadratischen Ausschnitt im Zentrum des Bildfeldes der Telekamera erfaßte. So konnten die Wissenschaftler bei gleichzeitiger Auslösung der beiden Kameras jeweils vergleichbare Bildpaare eines bestimmten Motivs mit mittlerer und hoher Auflösung erhalten.
Das Voyager-Bildaufnahmesystem war eine verbesserte Version der bei Mariner 10 so erfolgreich eingesetzten Apparatur, die ausgezeichnete Bilder von Venus und Merkur zur Erde übermittelt hatte. Besondere Vorkehrungen wurden getroffen, um bei den Voyager TV-Kameras ein günstigeres Rauschverhältnis zu erhalten und um die Lebensdauer zu erhöhen.

Kalibrierung

Zwei unterschiedliche Methoden der radiometrischen Kalibrierung waren bei den Voyager-Objektiven möglich, um die auf der Erde gemessenen optisch-elektronischen Testwerte mit den sich im Weltraum tatsächlich ergebenden Daten vergleichen zu können. Die erste Methode arbeitete mit kleinen weißglühenden Lampen (5 V), die vor der Frontlinse der Objektive montiert waren. Die Kalibrierung zur Erzeugung einer radiometrischen Übertragungskurve erfolgte entweder durch Ein- und Ausschalten der Lampen bei geöffnetem Verschluß oder durch verchiedene Belichtungszeiten bei brennenden Lampen.

Die zweite Kalibrierungsmethode bediente sich einer Testtafel, die in zwei Meter Abstand von den Kameras an der Voyager-Raumsonde angebracht war. Wenn diese Tafel hell von der Sonne beschienen und von den Objektiven angepeilt wurde, bestand ebenfalls die Möglichkeit, eine Lichtübertragungs-Kurve zu erhalten. Während sich beim Weitwinkel-Objektiv eine Kalibrierungslampe direkt vor dem Objektiv im Zentrum der vorderen Korrekturscheibe befand, waren beim Teleobjektiv acht Lämpchen am Innenrand der Sonnenblende angebracht.
Die beiden TV-Kameras wogen samt Elektronik 38 kg, das waren etwa 30 % des Gewichts aller wissenschaftlicher Instrumente und ca. 5 % des Gesamtgewichts einer Voyager-Sonde.

Farbe ins Bild

Die Voyager-Farbbilder entstanden nach dem additiven Verfahren durch Kombination von jeweils drei Einzelbildern, die kurz hintereinander durch das blaue, grüne und rote Farbfilter aufgenommen wurden. Die drei dabei entstandenen sog. Farbanteil-Auszüge wurden in der Bodenstation mit den jeweiligen Filtern aufeinander projiziert, so daß ein naturgetreues Farbbild des Motivs entstand. Mit modernen Computer-Techniken wird diese Kombination von drei Schwarzweiß-Bildern zu einer Farbaufnahme heute elektronisch in Sekundenschnelle vorgenommen.
Hauptsächlich aber machten die Voyager-Kameras einfarbige Bilder, meist handelte es sich dabei um Schwarzweiß-Aufnahmen von besonderen Motiven, die durch ein bestimmtes Filter aufgenommen wurden, um mehr Details von diesem Objekt sichtbar zu machen. Der »Große Rote Fleck« auf Jupiter z. B. zeigte im blauen Licht mehr von seiner eigentlichen Struktur als im sichtbaren Spektralbereich oder bei einer Farbaufnahme.

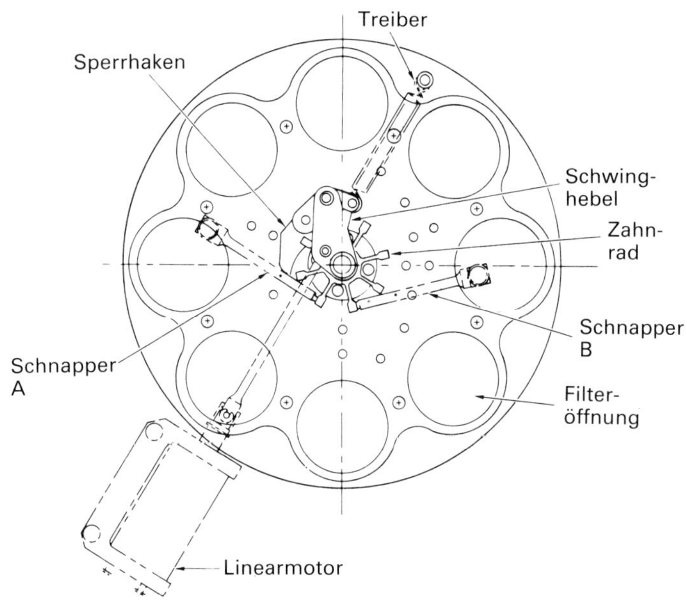

Jede Voyager-Kamera war mit einem solchen Filterrad ausgestattet, das verschieden eingefärbte Scheiben enthielt, die jeweils bestimmte Spektralanteile auf die Vidicon-Röhre gelangen ließen. Für Farbaufnahmen war das Filterrad unentbehrlich, für die jeweils notwendigen drei Farbauszüge mußten drei Belichtungen des betreffenden Motivs mit jeweils wechselndem Filter gemacht werden.

Filtermechanismus

Weitwinkel- und Telekamera der Voyager-Sonden hatten das gleiche Filterrad mit jeweils acht Positionen, die aber für die beiden Kameras mit jeweils verschiedenen Filtern »geladen« wurden. Drei verschiedene Filtertypen kamen zum Einbau, die sich durch ihre chemische Zusammensetzung unterscheiden. Die Filter trugen die Nummer 0 bis 7. Auf drei Klarglas-Scheiben waren Interferenz-Beschichtungen aufgedampft, die anderen Filter waren in der Masse gefärbt. Auch der Filtermechanismus wurde gründlich erprobt, ein Probelauf mit einem Testmodell im Vakuum wurde nach 312000 Arbeitszyklen abgebrochen. Die Weitwinkel-Kamera zeichnete den Strahlungsbereich von 400 bis 620 nm auf, die Telekamera war für die Strahlung von 320 bis 620 nm sensibilisiert. Die Farbfilter hatten teilweise sehr schmale Bandbreiten, um auch gezielte Untersuchungen atomarer und molekularer Bestandteile der Planeten-Atmosphären, der Ionosphären und anderer Materieansammlungen zu ermöglichen. Die 7-A-Filter (für die Natrium-D-Linie) hatte die schmalste Bandbreite aller Filter, die je in Raumsonden-Kameras eingesetzt wurden. Dieses Spezialfilter ließ also nur einen ganz schmalen, genau berechneten Abschnitt des elektromagnetischen Spektrums durchdringen. Diese Differenzierungs-Fähigkeit eines Lichtfilters ist wissenschaftlich von außerordentlichem Interesse, aber sie bringt hinsichtlich des praktischen Einsatzes auch ein gravierendes Problem, denn naturgemäß läßt das Filter nur sehr wenig Energie durch, so daß bei seinem Einsatz eine sehr lange Belichtungszeit notwendig ist. Der Verlängerungsfaktor beim Natrium-D-Filter war 250fach.

Die Farbfilter waren einerseits für die Gewinnung von Coloraufnahmen notwendig, andererseits brachten diese in der Masse gefärbten Glasscheiben auch gewisse Probleme mit sich, denn sie absorbierten Licht, so daß bei ihrer Verwendung Belichtungszeit-Verlängerungen wechselnden Ausmaßes notwendig wurden. Das wiederum konnte Unschärfen bewirken, wenn der Aufnahmeabstand sehr gering war und sich die rasche Fluggeschwindigkeit voll auswirkte. Das Rot-Filter bei der Telekamera hatte z. B. einen Verlängerungsfaktor von 15, die beispielsweise gemessene Belichtungszeit für ein bestimmtes Motiv von 1/60 Sek. mußte bei Einschalten des Rotfilters auf 1/4 Sek. verlängert werden.

Diese Gläser sind weitgehend formstabil gegenüber Temperaturschwankungen, vor allem aber weisen sie neben der Strahlenunempfindlichkeit auch die erforderliche spektrale Bandbreite von 350–570 nm beim Tele- und von 400–620 nm beim Weitwinkel-Objektiv auf. Andererseits muß betont werden, daß wegen der genannten Einschränkungen nur Gläser zur Verfügung standen, mit denen die chromatische Aberration

Die Filter der beiden Voyager-Kameras

Teleobjektiv-Filter	Eigenschaften	Effektive Wellenlänge	Filter-Faktor
Klar	Breitband	497 nm	1
Violett	Breitband, zentriert auf 400 nm	416 nm	7,4
Blau	Breitband, zentriert auf 480 nm	479 nm	3,5
Rot	gesperrt ab 570 nm	591 nm	7
Grün	gesperrt ab 530 nm	566 nm	3,3
Ultraviolett	Breitband, zentriert auf 325 nm	346 nm	4,6
Weitwinkel-Objektiv	**Eigenschaften**	**Effektive Wellenlänge**	**Filter-Faktor**
Klarfilter	Breitband	470 nm	1
Violett	Breitband, zentriert auf 400 nm	426 nm	7,2
Natrium-D	Bandbreite von 7° A, zentriert auf 589 nm	589 nm	250
Grün	gesperrt ab 530 nm	560 nm	3,5
Methan (Uranus)	Schmalband-Filter, zentriert auf 541 nm	541 nm	40
Rot	gesperrt ab 590 nm	605 nm	15
Methan	Schmalband, zentriert auf 619 nm	618,4 nm	60
Blau	Breitband, zentriert auf 480 nm	476 nm	3,1

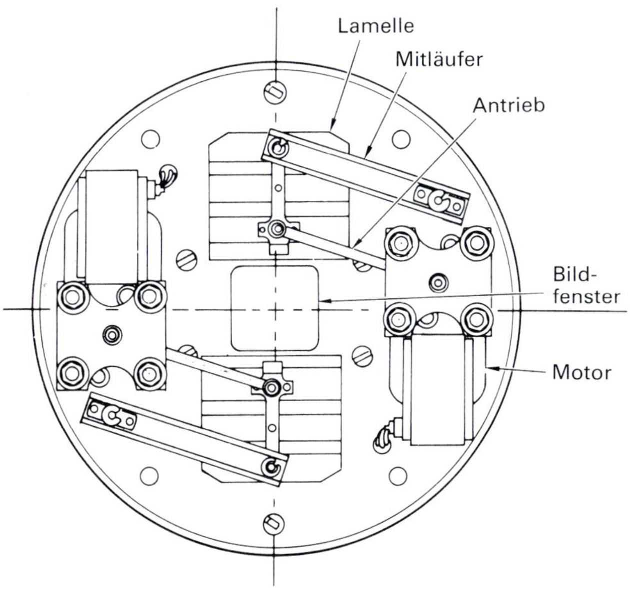

Der Verschluß der TV-Kameras auf den Voyager-Sonden arbeitete mit zwei Abdeck-Blättern, die sich abwechselnd vor das Bildfenster schoben. Dieser Verschluß ermöglichte 24 verschiedene Belichtungszeiten von 1/200 bis 15 Sek., auch die sog. B-Einstellung für beliebig lange Aufnahmen war möglich. Bei einem Test absolvierte ein solcher Verschluß über 224 000 Arbeitszyklen ohne Versager.

der Objektive nicht vollständig beseitigt werden konnte. Dieser Mangel wurde aber durch verschiedene Dichten der verwendeten Farbfilter teilweise wieder ausgeglichen.

Der Verschluß

In beiden Kameras wurden jeweils identische Verschluß-Systeme installiert. Es handelte sich dabei um einen Doppelmechanismus, dessen beide runde Abdeckblätter sich abwechselnd vor das Bildfenster schoben. Jedes Verschlußblatt hatte seinen eigenen Magneten zur Bewegung. Die Belichtung eines Bildes wird durch zwei Impulse gesteuert, die das eine Verschlußblatt von der Bildöffnung zogen und damit den Strahlengang freigaben, wonach das zweite Verschlußblatt von einem anderen Magneten wieder auf das Bildfenster aufgeschoben wurde. Nach jeder Belichtung wurde der Verschluß wieder in seine Ausgangsposition gebracht, wobei aber keine weitere Belichtung des Motivs erfolgte.
Der Verschluß in den Voyager-Kameras ermöglichte insgesamt 24 verschiedene Belichtungszeiten von 1/200 bis 15 Sek. Ein Testmodell dieses Verschlußsystems absolvierte in der Vakuumkammer über 224 000 Arbeitszyklen, bevor der Versuch abgebrochen wurde. Das ist das 10fache der Belichtungen, die eine einzelne Fernseh-Kamera während der gesamten Mission maximal absolvieren mußte.

Bildübertragung

Jeder der 640 000 Bildpunkte eines TV-Bildes wurde mit 8 Bit (die die Information über die Helligkeit enthielten) zur Erde übertragen, so daß sich ein Voyager-Foto aus 5 120 000 Bit zusammensetzte.
Wieviel Bit eine Raumsonde pro Sekunde zur Erde übertragen kann, hängt von der Stärke des verwendeten Senders und von der Größe der auf der Erde zur Verfügung stehenden Empfangsantenne ab, sowie von der Entfernung der Sonde zur Erde. Je größer die Distanz, desto langsamer müssen die Informationen übertragen werden. In diese Rechnung geht auch noch die abnehmende Leistung der die elektrische Energie erzeugenden Radionuklid-Generatoren ein.
Beim Jupiter-Vorbeiflug wurde bei Verwendung der großen 64-m-Antennen eine Datenrate von 106 667 Bit/Sek. gewählt, beim Saturn konnten die Voyager-Sonden ihre Bilder nur noch mit 35 556 Bit/Sek. zur Erde übermitteln, so daß die Übertragung einer Aufnahme 144 Sek. dauerte. Wenn die großen Empfangsantennen ausfallen und nur die 26-m-Radioteleskope des »Deep Space Network« zur Verfügung stehen, dauert die Übertragung eines Voyager-Bildes noch wesentlich länger. Die Bit-Rate der Voyager-Kameras von rund 106 000 bps war zuvor nur von der Venus/Merkur-Sonde Mariner 10 erreicht worden. Die erste Mars-Sonde Mariner 4 hatte 1965 ihre sensationellen Bilder mit nur 10 bps zur Erde übertragen, die 16 auswertbaren Bilder bestanden aus etwa der gleichen Bit-Anzahl wie eine einzige Voyager-Aufnahme, die in 44 Sek. zur Erde gelangte, während die Übermittlung der 16 Mars-Fotos seinerzeit über eine Woche dauerte. Die Leistungssteigerung bei den Voyager-Kameras wird aber erst durch die Tatsache demonstriert, daß bei jedem Planeten-Vorbeiflug jede Sonde knapp 20 000 Fernsehbilder in Echtzeit zur Erde übertragen hat – was einer Datenmenge von 10^{11} Bit entspricht – einhundert Milliarden Bit sind das ausgeschrieben.

Bildzaubereien

Die Voyager-Signale wurden von den großen Radioantennen des »Deep Space Network« mit Hochleistungs-Datenleitungen an die zentrale Bodenstation in Pasadena bei Los Angeles übermittelt. Dort wurden die Bildinformationen automatisch aus allen anderen übertragenen Meßwerten ausgesondert und an das »Mission Test and Imaging System« (MTIS) weitergeleitet. Dabei handelt es sich um ein speziell für solche Planeten-Missionen entwickeltes Bildbearbeitungs-Zentrum, das im Oktober 1978 fertiggestellt wurde und dessen besonderer Vorteil darin bestand, daß es sehr viele Daten in relativ kurzer Zeit verarbeiten konnte und hervorragende Bildergebnisse lieferte. MTIS bestand aus vier identischen Computer-Einheiten und den entsprechenden Hilfsanlagen, wie z. B. Fernseh-Monitoren für die erste Bildbeurteilung und einem leistungsfähigen Fotolabor. Drei verschiedene Bearbeitungsverfahren waren mit dem MTIS möglich:

Die beeindruckenden Dimensionen der 64-m-Antenne des »Deep Space Network« kommen auf diesem Foto gut zum Ausdruck, die Techniker wirken wie winzige Zwerge in der großen Parabolschüssel, die aus Aluminiumplatten geformt wird. Im Zentrum erhebt sich der Empfänger, darüber hängt an einem Dreibein-Gestell der Sekundärreflektor. Nur mit diesen großen Radioantennen ist es der NASA möglich, den Funkkontakt mit Raumsonden in solchen Entfernungen aufrechtzuerhalten.

1. Sofort-Übertragung: Hier wurden die Voyager-Fotos sofort im Moment der Aufnahme, bzw. im Moment des Eintreffens der Funksignale in der Anlage optisch dargestellt und auf Film aufgezeichnet, so daß die Rohbilder gleich für die Auswertung durch die Wissenschaftler und für die interessierte Öffentlichkeit zur Verfügung standen;
2. Verzögerte Übertragung: Hier wurden bestimmte, besonders wichtige Aufnahmen für die Wissenschaftler ausgesucht und nach Beseitigung der auffälligsten Übertragungsfehler auf Monitoren dargestellt;
3. Systematische Bildübertragung: Selektive Auswahl bestimmter Bildinformationen für spezielle wissenschaftliche Zwecke; bei dieser Arbeitsweise kamen nur völlig einwandfreie Bilder zum Einsatz, bei denen alle Übertragungsmängel und Aufnahmefehler ausgemerzt worden waren; auch die Erzeugung der Farbbilder aus drei kurz hintereinander aufgenommenen Schwarzweiß-Bildern fanden in dieser Arbeitsform statt.

Die modernen Raumfahrt-Bildzentren des »Jet Propulsion Laboratory« in Pasadena haben rein äußerlich betrachtet mehr Ähnlichkeit mit einem gut bestückten Computerzentrum. Ganze Stockwerke von großen, voll klimatisierten Gebäudekomplexen sind mit den typischen Datenverarbeitungs-Anlagen angefüllt. Auf Fernseh-Monitoren flackern geheimnisvolle Zahlenkolonnen auf, überall drehen sich in den staubdichten Konsolen die Kernspeicher-Elemente mit rasender Geschwindigkeit.
Das Bildverarbeitungs-Zentrum für die Voyager-Mission ist die größte Anlage dieser Art an der Westküste der USA, wie die Techniker dort voller Stolz betonen. Diese Anlage besticht nicht nur durch die Qualität der in ihr erzeugten Bilder, von der wir uns alle inzwischen selber überzeugen konnten. Die eigentliche Leistung des MTIS besteht in der erstaunlichen Kapazität dieser Computer-Strecke, die innerhalb kürzester Zeit große Datenmengen verarbeiten und optisch darstellen kann. Eine Voyager-Kamera lieferte bei Jupiter alle 48 Sek. eine Aufnahme, das waren zur Zeit größter Bildaktivität von beiden Kameras etwa 3600 Bilder pro Tag. Daraus resultierte allein für die Bildübertragung ein Datenfluß von 160 Mio. Informationseinheiten (Bit) pro Stunde – keine Kleinigkeit auch für größere Computer-Einheiten.
Das Bildverarbeitungs-Zentrum des »Jet Propulsion Laboratory«, das für die Voyager-Missionen in Pasadena errichtet wurde, hatte seinen Ursprung in den Anlagen, die die NASA-Techniker für die Verarbeitung der ernormen Bildmengen von den Landsat-Erderkundungssatelliten entwickelten. Nachdem die von einer Voyager-Sonde kommenden Bildsignale geprüft und gegebenenfalls korrigiert worden waren, gelangten sie zu einem Laser-Schreiber, der die TV-Aufnahmen Punkt für Punkt und Zeile für Zeile auf eine fotografische Schicht auftrug, die dann weiter verarbeitet werden konnte. Normalerweise wurden von den 20 × 24 cm-Negativen direkt Kontakte gezogen, auf speziellen Wunsch der Wissenschaftler wurden auch Vergrößerungen und Ausschnitte geliefert, auch besonders kontrastreiche oder kontrastschwache Positive waren erhältlich.

Planung und Organisation

Die Fernsehkameras waren die »Augen« der Voyager-Sonden, sie lieferten den neugierigen Zuschauern auf der Erde die direktesten, am ehesten verständlichen Informationen über die untersuchten Himmelskörper weit draußen im Sonnensystem. Die TV-Kameras waren unzweifelhaft die wichtigsten Sensoren an Bord der Voyager-Sonden, entsprechend groß war das Interesse an den Schwarzweiß- und Farbbildern von Jupiter und Saturn bzw. von den Monden dieser Planeten.
Im Gegensatz zu den anderen Voyager-Sensoren war das Fernsehsystem nicht das Ergebnis einer Ausschreibung unter mehreren Instituten oder Wissen-

schaftlern. Die Entwicklung dieses wichtigen Sensors behielt sich das »Jet Propulsion Laboratory« selbst vor, wo ja auch die beiden Sonden entworfen und gebaut wurden. So konnten die TV-Kameras von vornherein präzise in die mechanischen und elektronischen Baugruppen der Voyager-Instrumententräger integriert werden – eine wichtige Voraussetzung für die zuverlässige Funktion dieses wichtigen Sensors über viele Jahre hinweg.

Die wissenschaftlichen Sensoren der Voyager-Sonden und ihre genauen Meßaufgaben wurden lange Jahre vor den »encounters« bei Jupiter und Saturn festgelegt, ohne daß man über die genauen Verhältnisse bei diesen Planeten und ihren Monden bzw. Ringsystemen Bescheid gewußt hätte – präzise Informationen sollten ja die Raumsonden erst ermitteln. Die Wissenschaftler standen also vor dem Problem, Instrumente für Messungen entwickeln zu müssen, über deren Verlauf sie nicht genau Bescheid wußten. Außerdem mußten die Sensoren und Meßprogramme so beschaffen sein, daß sie auch unerwartete Phänomene im Weltraum und bei den Planeten erfassen konnten. Entsprechend variabel mußten die Sensoren konstruiert sein hinsichtlich der Empfindlichkeit, der Blickrichtung, des Meßintervalls – alles mußte auf eine möglichst weitreichende Erfassung möglichst vieler Strahlungs- und Emissionsanteile ausgerichtet sein.

Die Mitglieder des »Imaging Teams« hatten sich nicht an einer Ausschreibung beteiligt, sie waren von der NASA und vom »Jet Propulsion Laboratory« ernannt worden. Auswahl-Kriterien waren die besondere wissenschaftliche Qualifikation und eine möglichst umfangreiche Erfahrung, die die betreffenden Damen und Herren bei vorangegangenen Raumsonden-Missionen erworben hatten. Ursprünglich bestand das »Imaging Team« aus zehn Wissenschaftlern, während des Jupiter-Vorbeiflugs von V 1 war die Zahl der Mitglieder schon auf 22 Experten angewachsen. Es fand auch eine gewisse Fluktuation statt, mehrere Wissenschaftler verließen die Voyager-Mannschaft vorzeitig, um Mitglieder des »Imaging Teams« beim Galileo-Projekt zu werden.

Der Chef der Bildgruppe bei Voyager war Bradford Smith, ein Astronomie-Professor und Planeten-Experte an der Universität von Arizona. Smith hatte schon beim Bildteam von MM 6/7 und bei Viking teilgenommen und sich so eine umfangreiche Erfahrung in dieser neuen Disziplin der Raumsonden-Astronomie erworben. Vorher beschäftigte sich »Brad« Smith lange Jahre mit der Beobachtung und Fotografie des Planeten Jupiter durch erdgebundene Teleskope, er kannte also das erste Ziel der Voyager-Sonden aus eigener Anschauung recht gut. Nach dem vorläufigen Abschluß der Voyager-Mission widmete sich Smith der Entwicklung einer speziellen Planetenkamera, die an Bord des Space Telescope mitfliegen und sehr viel bessere Bilder liefern soll als es den größten auf der Erde stationierten Observatorien möglich ist.

Stellvertretender Leiter des »Imaging Teams« bei Voyager war Laurence Soderblom, ein Geologe aus Flaggstaff/Arizona, der sich zuvor viele Jahre lang mit den Monden im Planetensystem beschäftigt hatte und dessen Spezialkenntnisse natürlich bei der Erforschung der Trabanten von Jupiter und Saturn von unschätzbarem Wert waren.

Daten der beiden TV-Kameras an Bord der Voyager-Sonden

		Telekamera	WW-Objektiv
System		Cassegrain-Spiegel	Petzval-Refraktor
Brennweite	mm	1500	200
Öffnungsverhältnis	f	1 : 8,5	1 : 3,5
Belichtungszeiten	ms	5–15 360	
Filter	nm	325, 400, 480 530, 570	400, 480, 589 530, 589, 619
Speichermedium		1-Zoll-Vidicon	
Bildfeld-Größe	mm	11,14 × 11,14	
Zeilenzahl/Bildpunkte		800 × 800	
Rasterdichte	L/mm	72 × 72	
Pixel je Aufnahme		640 000	
Graustufen / Bits		256 / 8	
Bits je TV-Bild		5 241 600	
Bildwinkel	Grad	0,42 × 0,42	3,2 × 3,2
Bildgröße aus	km	11 × 11	83,8 × 83,8
Pixelgröße 1500 km	m	14 × 14	105 × 105
Auflösung Distanz	m	35	260
Speicherkapazität	Bit	$5{,}4 \times 10^8$	
Aufnahme-Rate	bps	107 000	
Abspiel-Rate	bps	115 000	
Abtast-/Bildfolgezeit	s	48 / 48	

Das Bildbearbeitungs-Zentrum im JPL arbeitete hauptsächlich mit diesem Laserschreiber, der die vom Computer kommenden Bildsignale der Raumsonden-Kameras in die verschiedenen Farbauszüge umwandelte und diese auf fotografisches Material übertrug. Dabei waren auch Bildkorrekturen möglich und die Beeinflussung der Farben in die eine oder andere Richtung – je nachdem, welche Bildabsicht gerade verfolgt wurde.

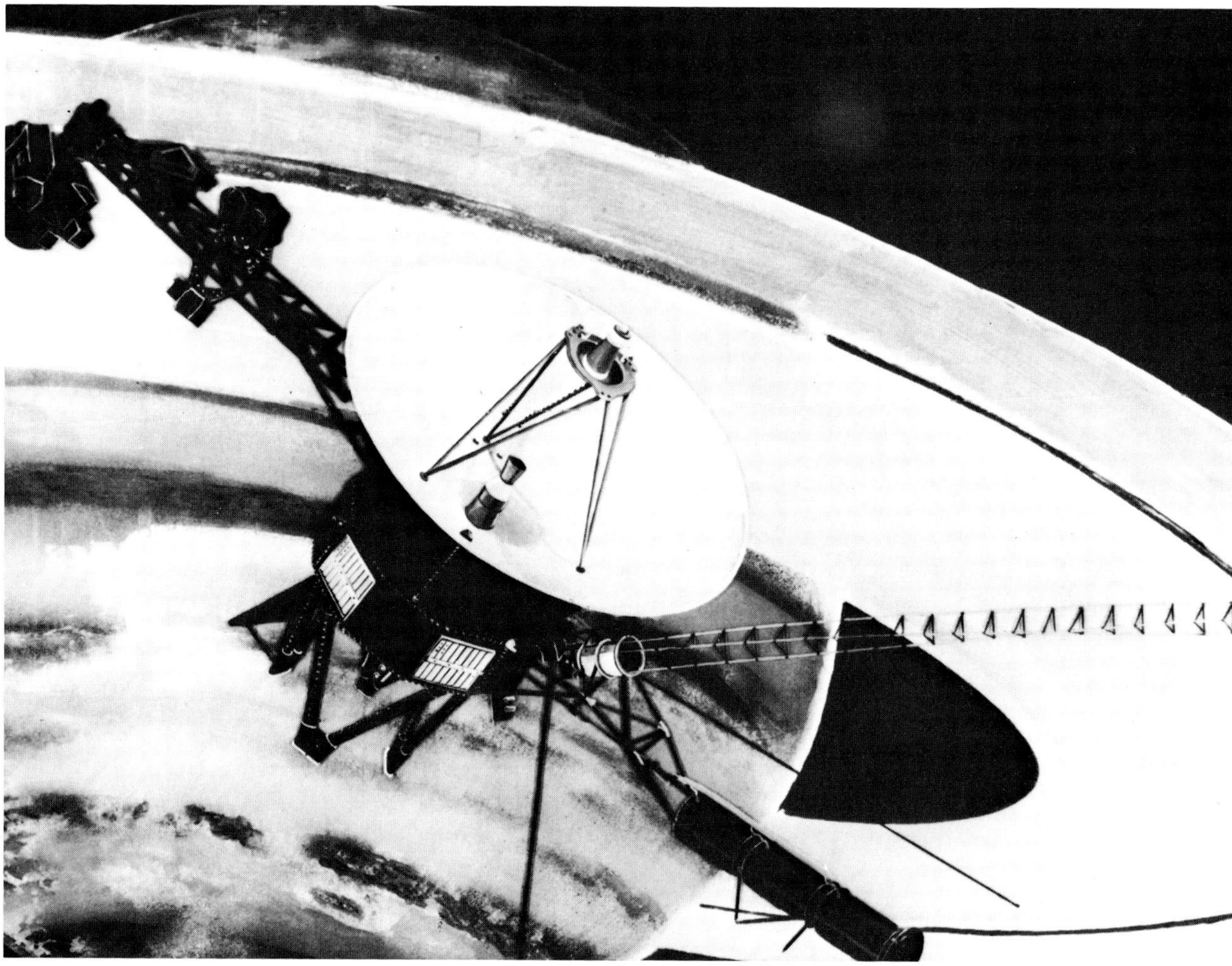

Zum Start der beiden Voyager-Sonden hat die NASA zahlreiche Zeichnungen und Grafiken vom Missionsverlauf veröffentlicht, die den Vorbeiflug der automatischen Meßstationen an den Planeten Jupiter, Saturn und Uranus sowie an deren Monden veranschaulichen. Diese hier gewählte expressionistische Darstellung zeigt eine der Voyager-Sonden beim Vorbeiflug an Saturn. Das Ringsystem konnte aber noch nicht in der jetzt offenbarten Vielfältigkeit dargestellt werden, sie wurde ja erst durch die Voyager-Sonden festgestellt. Deutlich sind die einzelnen Komponenten der Raumsonde mit Antenne, Zentralkörper, Auslegern und Sensoren-Plattfirm erkennbar, auch die schwarze Temperatur-Schutzfolie ist naturgetreu wiedergegeben.

Flugverlauf

Nach einigen technischen Verzögerungen wurde die erste Voyager-Sonde am 20. 8. 1977 an Bord einer Titan-Centaur-Rakete von Cape Canaveral aus gestartet, es handelte sich um die Kapsel V-2, die aus bahnmechanischen Gründen zuerst gestartet werden mußte, obwohl sie später bei Jupiter und Saturn ankommen sollte. 16 Tage später wurde am 5. 9. 1977 die zweite Sonde V-1 auf den Weg gebracht, die die Zwillingskapsel schnell einholte.

Gleich nach dem Start gab es allerhand Schwierigkeiten mit den beiden Sonden, die nur unter erheblichen Anstrengungen der Bodenstation behoben werden konnten. So ließ sich bei V-1 der »science boom« nicht vollständig ausklappen, weil sich offensichtlich ein Fremdkörper im Scharnier befand. Testaufnahmen mit den TV-Kameras bewiesen dann aber, daß sich der Ausleger doch schließlich in der richtigen Position befand, auch wenn das entsprechende Kontrollgerät es nicht anzeigte.

Ein sehr viel ernsteres Problem trat am 5. 4. 1978 bei V-2 auf, als der primäre Radioempfänger plötzlich ausfiel und die Techniker bei der Aktivierung des Sekundärempfängers schockiert feststellen mußten, daß dieser auch nicht mehr einwandfrei arbeitete. Der automatische Ausgleich des Doppler-Effekts funktionierte nicht mehr, der wegen der wechselnden, meist größer werdenden Entfernung der Sonden von der Erde notwendig war. In wochenlanger hektischer Arbeit entwickelten die Techniker in der Bodenstation ein Verfahren, bei dem diese notwendige Frequenzänderung schon auf der Erde in die zur Sonde gehenden

Funksignale eingearbeitet wurde, damit diese richtig im Funkempfänger von V-2 ankamen.
Bis jetzt hat dieses funktechnische Spezialverfahren einwandfrei funktioniert, die Kontrolltechniker in Pasadena sind aber doch nicht ganz sicher, ob V-2 tatsächlich mit dem defekten Radioempfänger noch bis zu Uranus oder gar zu Neptun kommt. Wenn das Gerät doch vor der Zeit ausfällt, dürfte es in diesem Jahrhundert keine Nahaufnahmen mehr von diesen beiden äußeren Planeten geben. Dabei sollte die jetzt angeschlagene Sonde ursprünglich als V-1 auf die Reise gebracht werden, die ja ohnehin nur bis Saturn funktionieren mußte. Wegen eines komplizierteren Defekts vor dem Start wurden die beiden Flugeinheiten kurzerhand ausgetauscht, so daß aus V-1 schließlich die Sonde V-2 wurde, die zuerst gestartet werden mußte, während die andere Sonde repariert wurde und als V-1 zwei Wochen später auf die Reise ging.

Voyager 1 bei Jupiter

Am 10. 12. 1978 betrug die Entfernung von V-1 zu Jupiter noch 85 Mio. km, das Auflösungsvermögen der TV-Bilder lag zu diesem Zeitpunkt bei etwa 2000 km – vergleichbar mit dem von der Erde aus erreichbaren Wert. Die Wissenschaftler im JPL waren erstaunt über die Komplexität und Farbigkeit der Wolkenformationen, die sich ihnen auf den Jupiter-Bildern offenbarten. Es fiel den Experten nicht leicht, aus dieser bunten, quirligen Gas-Landschaft die Zonen auszusuchen, die beim Näherkommen der Sonde genauer untersucht werden sollten – vom »Großen Roten Fleck« einmal abgesehen.
Am 4. 1. 1979 begann offiziell die sog. »Oberservatory Phase« – etwa 65 Tage vor dem nahen Vorbeiflug. Am 6. Januar startete V-1 mit einer langen TV-Serie, alle zwei Stunden wurde ein vierfarbiges Bildset aufgenommen, und diese Colorfotos schnitten sich die Wissenschaftler dann später zu einem instruktiven Farbfilm der Jupiter-Rotation zusammen. Am 9. 1. 1979 war die Distanz auf 54 Mio. km geschrumpft, das Auflösungsvermögen betrug 1300 km und war etwa vergleichbar mit der auf den Pioneer-Bildern erreichten Qualität. Mitte Januar betrug die Distanz zwischen V-1 und dem Planeten noch 47 Mio. km, bis dahin waren etwa 500 Einzelaufnahmen entstanden. Am 24. Januar – aus 40 Mio. km Entfernung – lag die Detailerkennbarkeit bei etwa 1000 km.
Vom 30. Januar bis 3. Februar machte V-1 mit der Telekamera über eine Periode von 100 Stunden alle 96 Sek. eine Aufnahme Jupiters, jeweils abwechselnd durch das Blau-, Grün- und Rotfilter. So ergab sich alle 4,75 Min. ein Colorbild. In den vier Tagen der Serie entstanden auf diese Weise etwa 1260 Farbaufnahmen, die zehn Rotationen des Planeten wiedergaben. Die Wissenschaftler schnitten sich diese Farbbilder zu einem Film zusammen, der ihnen interessante Aufschlüsse über die Umdrehung des Jupiter und die Wolkenbewegung in der Atmosphäre vermittelte.

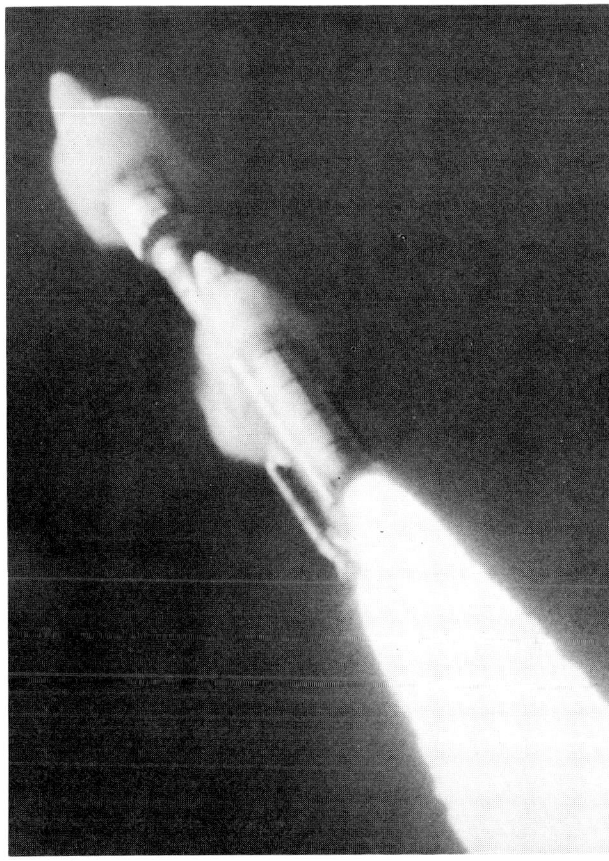

Die für den Start der Voyager-Sonden verwendeten Raketen vom Typ Titan-Centaur waren die leistungsfähigsten, von der NASA für unbemannte Missionen verwendeten Projektile, sie wurden auch für die Viking- und Helios-Starts eingesetzt. Die Titan-Centaur hat eine Startmasse von 640 Tonnen und ist ca. 60 m hoch; die zentrale Flüssigkeits-Rakete hat einen Durchmesser von 3 m. Diese Aufnahme wurde 90 Sek. nach dem Start gemacht, als die Rakete schon 40 km Höhe erreicht hatte.

Auch funktechnisch war diese längere Bildserie die erste große Bewährungsprobe für das Voyager-Team und vor allem für das Kommunikationssystem des DSN. Fortlaufend mußte wenigstens eine der drei großen Antennen in Kalifornien, Spanien oder Australien auf die Sonde ausgerichtet sein. Aber es klappte alles einwandfrei, die Generalprobe für den »encounter« verlief organisatorisch problemlos.
Anfang Februar wurde Jupiter für das Bildfeld des Teleobjektivs der Voyager-Kamera zu groß, so daß von diesem Zeitpunkt an Mosaikaufnahmen des Planeten mit jeweils vier Bildern gemacht wurden, um die ganze Planetenscheibe zu erfassen. Bei Farbbildern waren dann sogar 12 Einzelfotos notwendig. Diese Phase dauerte etwa zwei Wochen, dann mußten ab 21. Februar sogar Neuner-Mosaiks gemacht werden, um Jupiter ganz zu erfassen. Farbaufnahmen von dem ganzen Planeten wurden jetzt kaum noch ge-

Erstmals konnten auf diesem Bild, das Voyager 1 aus 11,7 Mio. km Entfernung aufgenommen hat, unser Planet Erde und der Mond gleichzeitig erfaßt werden, das Auflösungsvermögen beträgt etwa 250 km. Da die Mondoberfläche wesentlich dunkler als die der Erde ist, mußte der obere Teil dieses Bildes elektronisch um den Faktor 3 aufgehellt werden, um beide Körper sichtbar zu machen. Der Mond stand zum Zeitpunkt der Aufnahme hinter der Erde; der Höhenunterschied entstand durch den Abstand der Sonde von der Ekliptik.

macht, die Aufnahme der 27 notwendigen Einzelbilder dauerte immerhin 20 Min. und in dieser Zeit bewegte sich die Sonde um einige zehntausend Kilometer weiter, so daß sich zwischen den ersten und letzten Bildern starke Unterschiede in der Perspektive und der Größe des Planeten ergaben, wodurch die Mosaikbilder kaum noch richtig zusammengefügt werden konnten. Auf diesen Reihenaufnahmen wurde auch sehr gut die etwa sechstägige Rotation des »Großen Roten Flecks« erkennbar sowie ein intensives Wechselspiel zwischen den Außenbezirken des GRF und den umgebenden Wolken, die häufig von der rasenden Bewegung des Sturmzentrums (500 km/h) mitgerissen oder auch wieder abgestoßen werden.
Am 10. Februar kreuzte V-1 den Orbit von Sinope, des äußersten Jupiter-Mondes, der in 23 Mio. km Entfernung um den Planeten kreist. Täglich näherte sich die Raumsonde dem Jupiter jetzt um etwa eine Mio. km. Eine Woche später erfaßten die TV-Kameras erstmals den Trabanten Callisto, der in 1,9 Mio. km Entfernung um den Planeten kreist und während längerer Zeit aufgenommen werden konnte. Eine ähnliche fortlaufende Bildserie wurde auch von Ganymed gemacht.
Anfang Februar wurden die Jupiter-Bilder immer spektakulärer, der Planet erwies sich als ausgesprochen »fotogen«, und es konnten immer mehr Einzelheiten der äußerst bewegten, formationsreichen und »bunten« Wolkenhülle erkannt werden. Während dieser Bildserien wurde auch exakt alle 9 h 50,5 m eine Aufnahme des Planeten von der Hemisphäre des Planeten mit dem GRF im Zentrum gemacht. Auch diese TV-Fotos wurden zu einem kurzen Film zusammengeschnitten, in dem sehr schön die von der Rotation Jupiters unabhängige Strömung der Wolkenstreifen erkennbar wird und die rasende Rotation der Außenbezirke des GRF von etwa 100 m/s. Dieser Streifen von der Bewegung der Wolken in der Jupiter-Atmosphäre ist am ehesten vergleichbar mit Filmen, die Meteorologen aus den Bildern der geostationären, die Erde umkreisenden Wettersatelliten gestalten, um mehr über das großräumige Wettergeschehen in der Atmosphäre unseres Planeten zu erfahren.
Bei dem Film von der Bewegung der Jupiter-Wolken fällt die oft gegenläufige Bewegung der Gasmassen auf sowie die anticyclonische Rotation des »Großen Roten Fleck« und zahlreicher »Kleiner Brauner Flekken« und »Mittlerer Weißer Ovale«. In der Erdatmospähre ist diese anticyclonische Drehung der Wolken typisch für Hochdruck-Gebiete. Alles in allem ist die Bewegung der Wolken in der Jupiter-Atmosphäre sehr viel heftiger und komplizierter, als man sie sich bis dahin – aufgrund der von der Erde aus gemachten Beobachtungen – vorgestellt hatte.
Am 5. März 1979 erreichte V-1 um 4.42 PST mit 210 000 km den Punkt des geringsten Abstandes von Jupiter. Die TV-Kameras arbeiteten längst mit der kürzest möglichen Bildfolgezeit von 48 Sek. Aber dieser Moment des »close encounter« war sehr kurz und kaum richtig merkbar, es handelte sich mehr um das Durchlaufen eines rechnerisch wichtigen Augenblicks. Die Landung der Viking-Kapseln auf dem Mars war in dieser Hinsicht sehr viel eindrucksvoller, hier wurde zu einer bestimmten Zeit das Ende eines wichtigen Flugmanövers und der Beginn einer neuen Missionsphase erwartet. Die Voyager-Sonden setzten aber nirgendwo auf, sie flogen mit unvermindert hoher Geschwindigkeit weiter durch das Jupiter-System. Bei diesen Planeten-Passagen sind vor allem die Tage vor und manchmal auch nach dem eigentlichen »encounter« interessant.

Zwei sensationelle Entdeckungen

Zwei Tage nach dem nahen Vorbeiflug von V-1 an Jupiter überraschte Brad Smith die Presse mit der sensationellen Nachricht, daß auch dieser Planet von einem – wenn auch sehr dünnen – Materiegürtel umgeben ist, eine speziell für die Ringsuche eingeplante sehr schwierige TV-Aufnahme zeigte diese Materieansammlung schemenhaft. Dieses Bild wurde gemacht, als die Sonne – von V-1 aus gesehen – für einige Zeit hinter Jupiter verschwunden war, so daß man praktisch eine Gegenlicht-Situation hatte, in der ein evtl. vorhandener Materiering von hinten beschienen und sozusagen zum Glühen gebracht wurde. Eine weitere Voraussetzung für das erfolgreiche Auffinden des Jupiter-Rings war die Position der Raumsonde in der Äquatorebene des Planeten, so daß der evtl. vorhandene Ring praktisch von der Seite erfaßt werden konnte; nur so hatte der Materiegürtel die notwendige Dichte, um auf der Vidicon-Bildröhre einen merkbaren Lichteindruck zu hinterlassen. Dazu kam dann noch die lange Belichtungszeit bei dieser Aufnahme von 11,2 Min. um einen längeren Zeitraum vor und nach dem Durchfliegen der Ringebene zu erfassen. Neben diesen genau kalkulierten Aufnahmedaten spielte auch etwas Glück bei der Entdeckungsaufnahme mit, denn der schmale Ausschnitt der Telekamera erfaßte aus etwa 1,2 Mio. km Entfernung zufälligerweise gerade die rechte Kante des Jupiter-Ringes, wo die Materie – von der Seite gesehen – besonders dicht erscheint.

Der fotografische Trick mit der Gegenlicht-Aufnahme

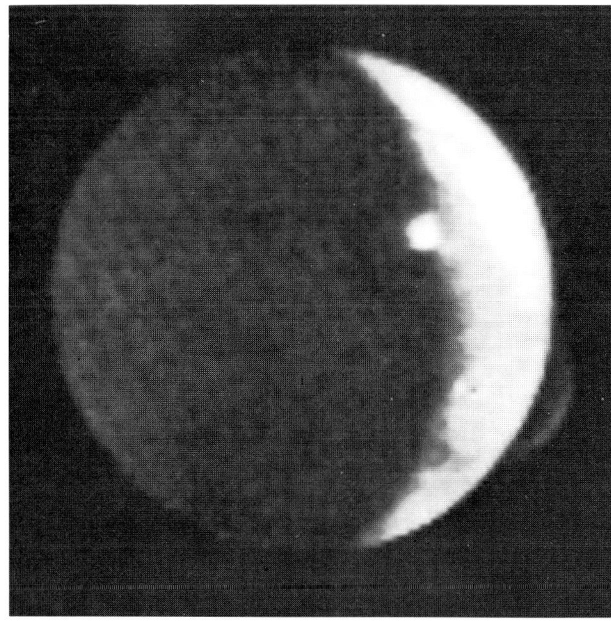

Zwei Vulkanausbrüche sind auf diesem TV-Bild des Jupiter-Mondes Io zu erkennen, der eine am Terminator und der andere am Rand rechts, wo die Lavafontäne wie ein Rauchpilz über dem Horizont steht. Auf diesem aus 4,5 Mio. km Entfernung gemachten Bild entdeckte die Technikerin Linda Morabito die ersten Hinweise auf den intensiven Vulkanismus auf Io.

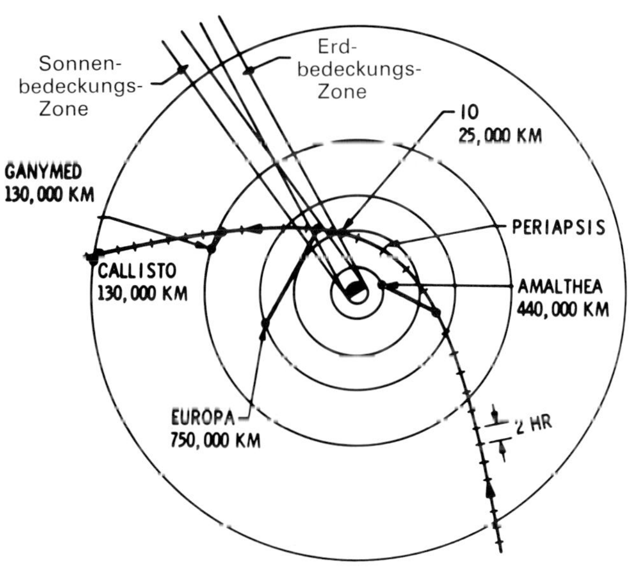

Die Konstellationen im Jupiter-System beim Vorbeiflug von Voyager 1 wurden so abgepaßt, daß die Sonde auf ihrer Flugbahn außer dem Planeten selbst auch dessen vier große Monde erforschen und fotografieren konnte. Die besondere Aufmerksamkeit galt dabei dem Mond Io, an dem die Sonde in nur 25 000 km Entfernung vorbeiflog, so daß die Oberfläche dieses Körpers recht detailliert untersucht werden konnte. Zur zeitlichen Orientierung wurde in der Skizze entlang der Flugbahn von Voyager 1 noch die Zeit vor und nach dem »encounter« im Zwei-Stunden-Intervall aufgetragen. Der Mindestabstand zu Jupiter betrug 350 000 km.

führte noch zu zwei anderen wichtigen Entdeckungen bei Jupiter bzw. bei dessen Mond Io. Eine etwa drei Minuten lange Belichtung der dunklen Seite des Planeten zeigte einige helle Flecken in der ansonsten völlig konturlosen Wolkenhülle des Planeten. Hier wurden also gewaltige Blitzentladungen erfaßt, von deren Heftigkeit und wohl auch Häufigkeit wir uns hier auf der Erde kaum eine Vorstellung machen können. Auch Aurora-Erscheinungen wurden am Rande der Planetenkugel erfaßt, man könnte diese Leuchtphänomene am ehesten mit den auf der Erde bekannten Nordlichtern vergleichen. Sobald die Sonne aber wieder hinter dem Planeten auftauchte, waren beide Erscheinungen für die Voyager-Kameras nicht mehr erfaßbar.

Drei Tage nach dem »encounter« machte V-1 am 8. März aus etwa 4,5 Mio. km Entfernung eine Aufnahme des sichelförmig erscheinenden Mondes Io; es handelte sich um eine der zahlreichen Navigationsaufnahmen, die den schon recht klein gewordenen Trabanten in der Umgebung mehrerer Fixsterne zeigte, so daß sich aus der genau vermessenen Lage der Gestirne zueinander Rückschlüsse auf die Position der Raumsonde während der Aufnahme ziehen ließen. Dieses eigentlich nicht mehr für die wissenschaftliche Auswertung vorgesehene TV-Bild von Io fiel Linda Morabito in die Hände, die an jenem Tag als Navigations-Ingenieur Dienst tat. Die junge Frau entdeckte nun bei der Vermessung dieser Aufnahme

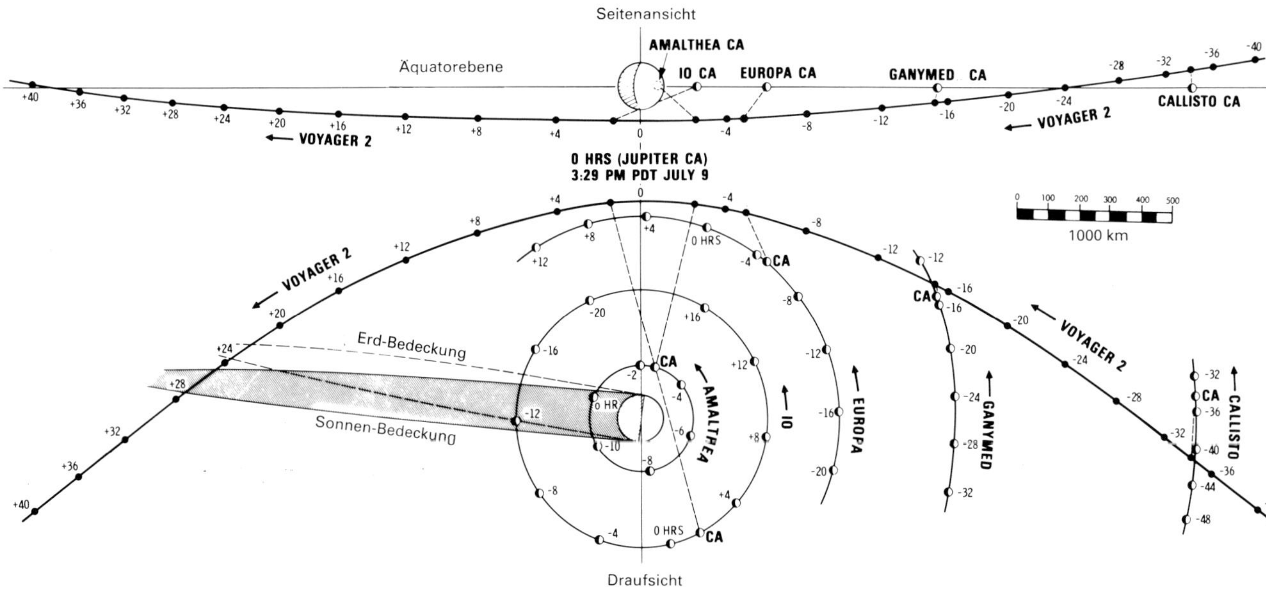

Diese beiden Skizzen verdeutlichen die Bahngeometrie beim Jupiter-Vorbeiflug von Voyager 2 mit den Positionen der vier Monde, die sich beim Flug der Raumsonde durch das Jupiter-System auch laufend veränderten. Folgende Mindestabstände wurden erreicht: Jupiter: 722 000 km; Amalthea: 558 000 km; Io: 1 130 000 km; Europa: 206 000 km; Ganymed: 62 000 km und Callisto: 215 000 km. Die Buchstaben CA bezeichnen jeweils den Punkt der geringsten Entfernung zwischen Sonde und Monden bzw. Planet (CA = closed approach).

am Bildschirm bei dem Mond Io eine fontänenartige Wolke, die sich vom Rand des Trabanten gegen den dunklen Himmels-Hintergrund abhob. Zunächst gab es für diese Erscheinung keine sinnvolle Erklärung, denn der Mond Io hat ja bekanntlich keine Atmosphäre. Einige Kollegen von Linda Morabito meinten, daß es sich hierbei vielleicht um die Fontäne einer heftigen vulkanischen Eruption handeln könnte – so abenteuerlich diese These zunächst auch allen Beteiligten erschien. Nach einigen Tagen Verzögerung durch das Wochenende kamen dann alle Mitglieder des »Imaging Team« wieder in Pasadena zusammen, und als erstes nahmen sie dieses merkwürdige Foto von Io zur Hand. Durch weitere elektronische Behandlung war nun bei diesem Bild auch in der Mitte, direkt an der Licht/Schatten-Grenze noch ein heller Punkt entdeckt worden. Nach sorgfältigen Erwägungen und weiteren Prüfungen gab es dann auch für die Experten keinen Zweifel mehr, daß man auf diesem Bild des Jupiter-Mondes Io zwei aktive Vulkane entdeckt hatte – die Sensation war perfekt. Sofort machten sich die Bildtechniker an ihren Konsolen auf die Suche nach weiteren solchen Auswurf-Fontänen, und nach wenigen Tagen hatten sie direkte oder indirekte Anzeichen für insgesamt acht tätige Vulkane auf Io entdeckt, die die heiße Magma mit ungeheurer Wucht bis in 200 km Höhe schleuderten.
Auch die beiden Voyager-Sonden wurden während des Vorbeiflugs an Jupiter durch dessen starke Strahlungsgürtel in Mitleidenschaft gezogen. Einige Fehlreaktionen in den Computern von V-1 z. B. verschoben die eingegebenen Zeiten für die Bildgewinnung um einige Minuten, so daß die Verschlüsse der TV-Kameras zur falschen Zeit geöffnet wurden, als sich die Plattform gerade bewegte oder in eine falsche Richtung zeigte. So gingen einige Nahaufnahmen von Io und Ganymed verloren.

Voyager 2 bei Jupiter

Naturgemäß war der Presse-Andrang beim Jupiter-Vorbeiflug von Voyager 2 nicht mehr ganz so stark wie beim ersten »encounter«, aber wissenschaftlich gesehen war auch diese Mission äußerst ergiebig. Einerseits sah die zweite Sonde den Jupiter und seine Monde alle aus einer anderen Perspektive, zweitens flog V-2 in anderen Entfernungen an diesen Körpern vorbei – auch in geringeren Distanzen – und drittens hatte man Gelegenheit, bei Jupiter und auch bei dem Trabanten Io dramatische Veränderungen im äußeren Erscheinungsbild festzustellen, schließlich waren etwa vier Monate seit dem ersten Vorbeiflug vergangen.
Der Wandel in der Wolkenhülle Jupiters wurde schon lange vor dem nahen Vorbeiflug bemerkt, die Beobachtungsphase von V-2 hatte ja schon am 24. April 1979 begonnen. Bis zum 27. Mai entstand mit dem Teleobjektiv des TV-Systems an Bord von V-2 eine langzeitlich angelegte Aufnahmeserie, deren Bilder dann wieder zu einem Film zusammengefügt wurden, der die Bewegung der Wolken in der Jupiter-Atmosphäre und die Rotation des Planeten erkennen läßt. Vom 27.–29. Mai wurden dann mit kürzerem Aufnahme-Intervall fünf Rotationen des Planeten verfolgt, der die knapp zehnstündige Eigendrehung des Planeten in einem Zeitraffer-Film erfaßte.

Auf den langsam immer besser werdenden Bildern, die V-2 von Jupiter zur Erde funkte, wurden allmählich dramatische Veränderungen in der Wolkenlandschaft des Planeten entdeckt, in den vier Monaten seit dem Vorbeiflug von V-1 hatte sich das »Wetter« auf dem Planeten erheblich gewandelt. So war z. B. der »Große Rote Fleck« – wie genaue Messungen ergaben – täglich um 0,26° nach Westen gewandert, während des »Weiße Oval« südlich des GRF täglich um 0,35° nach Osten gewandert war. Weiterhin hatte sich die turbulente Region westlich des GRF aufgelöst und von diesem getrennt. Aber auch die Farbe des »Großen Roten Flecks« hatte sich verändert, sie ähnelte jetzt mehr einem gleichförmigen Orange-Rot, etwa vergleichbar mit der Farbe Jupiters auf den von den Pioneer-Sonden einige Jahre zuvor zur Erde übermittelten Coloraufnahmen.

Die funktechnische Betreuung von V-2 und vor allem die langwierige Programmierung für den Jupiter-Vorbeiflug war wegen der Schwierigkeiten mit dem Radioempfänger sehr kompliziert, aber die Techniker in der Bodenstation hatten inzwischen gelernt, optimal mit dem defekten System umzugehen. Andererseits gab es bei V-2 kaum Probleme mit der Beeinträchtigung der empfindlichen Elektronik durch den Strahlengürtel Jupiters, denn einmal blieb V-2 dem Planeten mit 643 000 km Mindestabstand relativ fern, außerdem wurde in das Arbeitsprogramm des Kommando-Computers alle 60 Min. ein Synchronisations-Zeitsignal eingegeben, das automatisch das Uhrensystem an Bord der Sonde wieder zur Grundlage des Arbeitsablaufs machte – falls die Strahlengürtel die Elektronik doch durcheinander gebracht haben sollten.

Die von V-1 bei Jupiter gemachten Entdeckungen führten zu erheblichen Modifikationen des Beobachtungsprogramms der Zwillingssonde. Kern dieser Meßserie war eine zehnstündige spezielle Aufnahme- und Meßserie bei dem Mond Io, um die Aktivität der entdeckten Vulkane genauer verfolgen zu können. Diese »Io Volcano Watch« fand kurz nach dem nahen Vorbeiflug der Sonde an Jupiter statt, als die Entfernung zwischen V-2 und Io mit etwa 1 Mio. km am geringsten war. Das war natürlich gegenüber dem von V-1 erreichten Minimalabstand von 20 000 km sehr viel, deshalb sind die Io-Bilder von V-2 qualitativ auch bei weitem nicht so gut. Aber das Auflösungsvermögen von günstigstenfalls 20 km reichte aus, um die vulkanische Aktivität auf Io und die Veränderungen seiner Oberfläche seit dem Vorbeiflug von V-1 festzustellen.

Weiterhin war in das Beobachtungsprogramm von V-2 eine spezielle Bildsequenz für den Jupiter-Ring aufgenommen worden, dessen Lage man jetzt ungefähr kannte, so daß zahlreiche gezielte Bilder dieses Materiegürtels gemacht werden konnten – auch wieder im Gegenlicht, wenn die Sonne hinter dem Jupiter verschwunden war und der Ring sozusagen von hinten beleuchtet wurde. Außerdem konzentrierte sich diese Bildserie auf den Zeitpunkt, als V-2 zum zweitenmal die Äquatorebene des Jupiter durchflog, so daß die Ringmaterie von der Seite und damit in ausreichender Dichte erkennbar war. Während dieser Serie entstanden auch einige sehr eindrucksvolle Farbaufnahmen des Ringsystems, bei denen wegen der raschen Bewegung der Sonde und der relativ langen Aufnahmezeit von mindestens dreimal 48 Sek. eine genau berechnete Nachführung der TV-Kamera notwendig war, um Unschärfen zu vermeiden.

Das Fotolabor für die Ausarbeitung der vielen tausend Voyager-Bilder arbeitete mit professioneller Qualität und Geschwindigkeit, um die Wissenschaftler und Journalisten möglichst schnell mit guten Vergrößerungen und Dias der neuesten Raumsonden-Bilder von Jupiter und Saturn versorgen zu können. Im Hellraum stehen die Ausgänge der Entwicklungsmaschinen, in denen die einzelnen Bilder auf einer langen Papierschlange zusammenhängend verarbeitet werden – ganz ähnlich wie bei den »Bilderfabriken«, wo unsere Urlaubsfotos entstehen.

Aus der für V-2 festgelegten Flugbahn und dem Zeitpunkt der nahen Vorbeiflüge ergab sich, daß die Sonde erst an den vier Monden und dann an dem Planeten »vorbeisauste«. Zwar blieb die Entfernung zu dem Trabanten Io – wie schon erwähnt – mit über 1 Mio. km sehr groß, dafür kam V-2 den Monden Europa und Ganymed sehr viel näher als die vorangegangene Sonde. Außerdem konnte V-2 die Hemisphären von Callisto und Ganymed einsehen, die V-1 noch nicht erfaßt hatte. So erhielt man von allen vier galileischen Trabanten relativ vollständige Oberflächen-Karten – wenn auch mit teilweise sehr verschiedenem Auflösungsvermögen.

Die wissenschaftliche Arbeit von V-2 wurde dadurch erschwert, daß schon zwei Stunden nach dem »encounter« die entscheidende Kurskorrektur stattfand, die die Sonde auf den richtigen Weg zu Saturn brachte – und auch zu Uranus und Neptun. Die vier für diesen Zweck zusammengefaßten Lageregelungs-Triebwerke arbeiteten immerhin 76 Min. lang, um die Kurskorrektur zu vollenden.

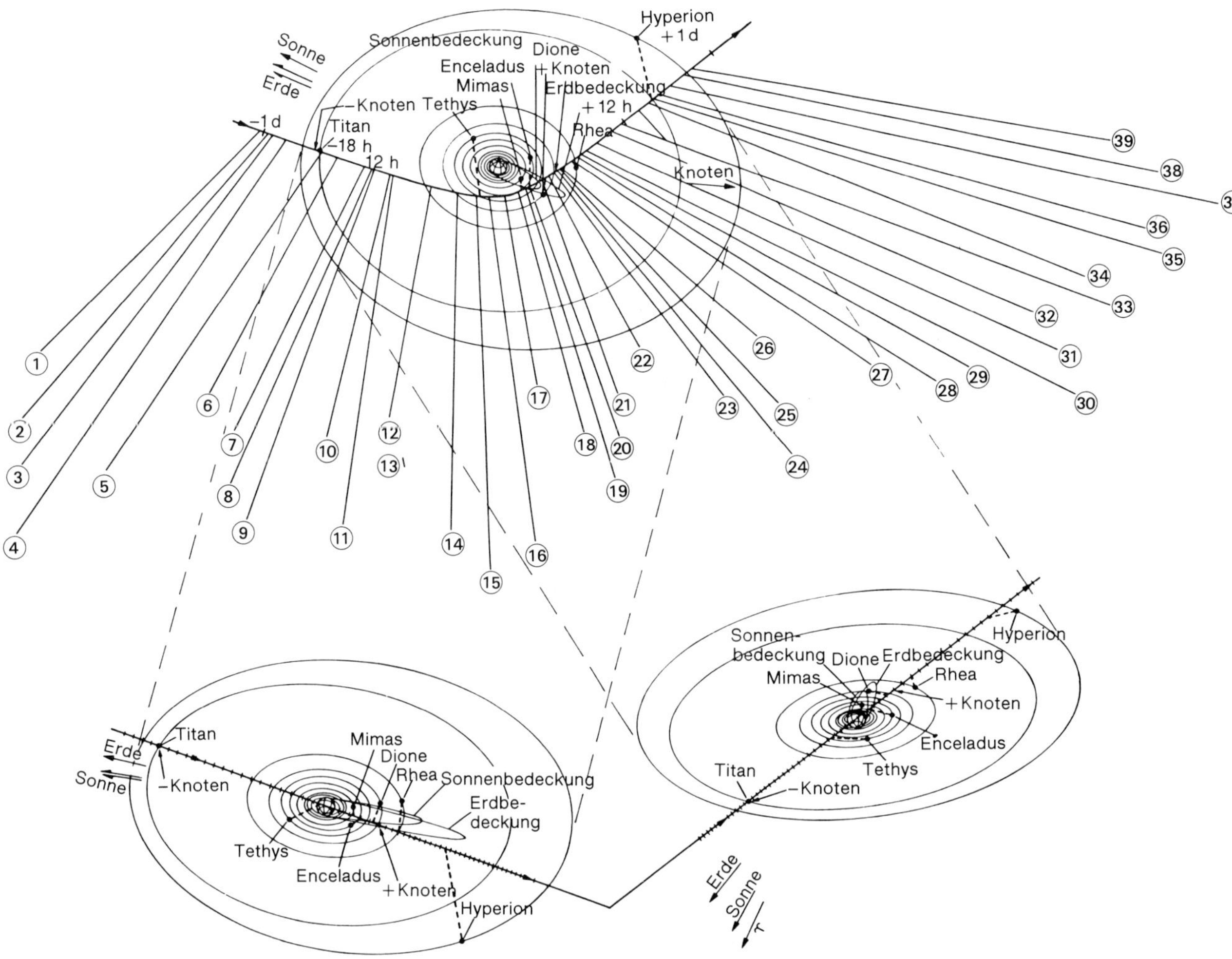

Einen umfassenden Eindruck von der Bahngeometrie und der intensiven wissenschaftlichen Arbeit der Sensoren beim Saturn-Vorbeiflug von Voyager 1 vermittelt diese eindrucksvolle Grafik, die das System des Ringplaneten und die Positionen der Monde während des »encounter« in drei verschiedenen Perspektiven zeigt. Zum besseren Verständnis sollte man auch die jeweilige Richtung zur Sonne und zur Erde berücksichtigen, sowie die als kurze Striche auf den Flugbahnen angegebenen Zeiteinheiten vor und nach dem Vorbeiflug.

(1) Bilder Rhea Titan Dione
(2) Plasma + Radio
(3) Radio Masse
(4) IR Titan Atmosphäre
(5) UVS + Radio Titan
(6) IR Titan Atmosphäre
(7) UV Saturn
(8) Plasma
(9) Bilder Monde Saturn Ringe
(10) Radio Masse
(11) IR Ring
(12) Bilder Saturn
(13) IR Ring
(14) Plasma
(15) TV-Bilder Saturn + Ring
(16) UV-Stern-Bedeckung
(17) Bilder Saturn
(18) Feld + Partikel
(19) Radio Masse
(20) UV Saturn
(21) TV Ring
(22) IR Ring
(23) Radio Saturn
(24) IR + Radio
(25) Radio Ringe
(26) TV + IR Ringe
(27) TV + UVS Rhea
(28) Feld + Partikel
(29) TV Rhea
(30) Radio Rhea
(31) IR + TV Saturn
(32) Plasma
(33) UV + TV Saturn
(34) TV Ring
(35) IR Ringe Rhea + Saturn
(36) UV
(37) Bilder Titan Saturn
(38) IR + TV Saturn
(39) Plasma

Saturn-Vorbeiflug von Voyager 1

Die wissenschaftlichen Aktivitäten von V-1 bei Saturn waren – in Abhängigkeit von der Entfernung und damit von der Größe des Motivs im Blickfeld der TV-Kameras – in fünf Abschnitte unterteilt: Die Beobachtungsphase begann am 22. 8. 1980 etwa 80 Tage vor dem »encounter« und dauerte neun Wochen. In dieser Zeit entstanden einige tausend Bilder, die wieder zu mehreren Filmen zusammengeschnitten wurden, die die Drehung des Planeten und vor allem des Ringsystems sowie die Umläufe mehrerer Monde zeigen. Zwei Monate lang wurde alle 123,2 Min. eine Farbaufnahme des Saturns gemacht. Ein zweiter Farbfilm ergab sich aus den Bildern, die vom 12. bis 14. September in einer 42stündigen Periode mit einem Abstand von nur 4,8 Min. gemacht wurden, die Telekamera arbeitete fast ununterbrochen.
Zwischen dem 3. September und 6. Oktober war die Funkverbindung zwischen Erde und V-2 mehrfach gestört, weil sich die Sonne dazwischenschob. Das war einerseits ein nicht zu änderndes Ärgernis, andererseits ergab sich dabei die Möglichkeit, die Korona genau zu erforschen, denn in der Sonnenatmosphäre

wurden die Funksignale ganz charakteristisch verändert. Der Abstand zwischen Sonde und Sonne betrug in dieser Zeit – von der Erde aus gesehen – nicht mehr als 15°.
Am 10. Oktober fand eine Kurskorrektur statt, um die genaue Vorbeiflugbahn zu erreichen. Am 24. Oktober – 19 Tage vor dem »encounter« – war V-1 dem Saturn so nahe gekommen, daß er mit seinem Ring nicht mehr in das Bildfeld der Telekamera paßte. Nun begann die Missionsphase »Far Encounter 1«, die Telekamera machte jeweils 2 × 2 Mosaikbilder des Planeten, V-1 war noch etwa 26 Mio. km von dem Reiseziel entfernt.
Am 2. November – die Entfernung war auf 14 Mio. km geschrumpft – begann die Phase »Far Encounter 2«; die Telekamera mußte jetzt 3 × 3 Mosaiks aufnehmen, um den Planeten und das Ringsystem voll zu erfassen. Am 7. November fand die letzte »Feinkorrektur« des Kurses von V-1 statt.
Am 11. November begann – 26 Stunden vor dem nahen Vorbeiflug – die Phase des »Near Encounter«, die 47 Stunden dauern sollte, bis 21 Stunden nach dem Saturn-Vorbeiflug. Zunächst flog die Sonde in 4000 km Abstand an Titan vorbei, dem größten Saturn-Mond. Kurze Zeit später kreuzte V-1 die Ringebene erstmals von Nord nach Süd, um dann schließlich am 12. November mit 184 000 km Mindestabstand an der dunklen Seite des Planeten vorbeizufliegen. 4,5 Stunden später kreuzte die Sonde die Ringebene noch einmal, diesmal von Süden nach Norden. Diese Flugphasen wurden immer mit besonderer Spannung erwartet, denn es war nie ganz auszuschließen, daß sich in der Äquatorebene auch weit draußen im Saturn-System noch einige wenige Ringpartikel befanden, die der Sonde hätten gefährlich werden können. In der »Post Encounter Phase« setzte V-1 die Beobachtung Saturns, des Ringsystems und der Monde bis zum 15. Dezember fort.
Die Techniker in der Bodenstation hatten in den Monaten vor dem Vorbeiflug der Sonden an Jupiter und Saturn jede einzelne Phase der Mission gewissenhaft mehrmals geprobt. Erster Grundsatz bei diesen Simulationen war die bei vielen vorangegangenen Missionen leidvoll erfahrene »Weisheit«, daß im Ernstfall alles schief geht, was nur mißlingen kann – und das zur möglichst ungünstigsten Zeit.

Interessant ist eine Aufstellung, wieviele Aufnahmen die TV-Kameras von Voyager 1 während des nahen Vorbeiflugs machte:

6. Nov.	140 Bilder	13. Nov.	201 Bilder
7. Nov.	201 Bilder	14. Nov.	176 Bilder
8. Nov.	173 Bilder	15. Nov.	157 Bilder
9. Nov.	299 Bilder	16. Nov.	424 Bilder
10. Nov.	427 Bilder	17. Nov.	276 Bilder
11. Nov.	257 Bilder	18. Nov.	276 Bilder
12. Nov.	315 Bilder		3322 Bilder

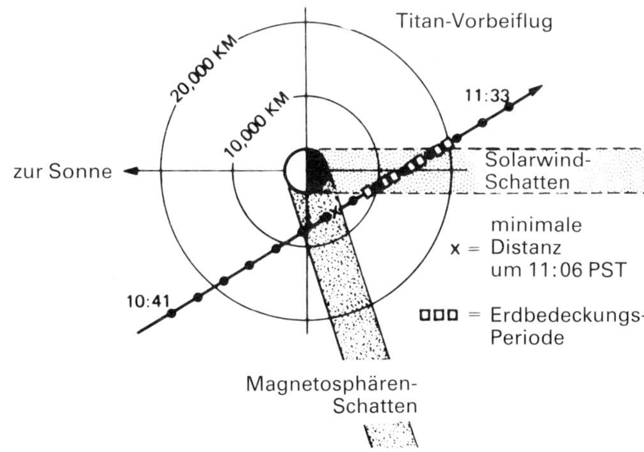

Der Vorbeiflug von Voyager 1 am größten Saturn-Mond Titan gehörte zu den wichtigsten Missionsabschnitten des ganzen Programms. Der Zeitpunkt der Passage und die Flugbahn waren so gelegt worden, daß ein Maximum an Informationen erhalten wurde. Dazu gehörte sowohl ein Bedeckungsexperiment zur Untersuchung der Titan-Atmosphäre als auch die Durchdringung der Zonen, in denen Titan die Magnetosphäre Saturns und den Sonnenwind abblockt. Die TV-Bilder des rot-orange schimmernden Mondes waren leider nicht sehr ergiebig.

Da Voyager 1 bei Saturn insgesamt etwa 17 500 Fotos lieferte, wird klar, daß die meisten Bilder nicht während des eigentlichen nahen Vorbeiflugs, sondern vor allem in den Wochen zuvor für die Reihenaufnahmen des Planeten gemacht wurden. Großen Einfluß auf diese Rechnung hat auch die Tatsache, daß für eine Farbaufnahme drei Einzelbilder notwendig sind. V-1 hat außerdem auch nach dem »encounter« noch einige hundert Reihenbilder für einen speziellen Film gemacht, der die Drehung des Planeten und des Ringsystems nach der Annäherung zeigt, wie Saturn als schmale Sichel langsam immer kleiner wird. Am 19. 12. 1980 wurden alle Sensoren der Raumsonde abgeschaltet.
Bei der visuellen Erfassung der zahlreichen großen Saturn-Monde hatten die Voyager-Kameras wesentlich mehr zu tun als bei Jupiter. Soweit es die anderen Messungen zuließen, wurde die Oberfläche jedes Mondes im Winkelabstand von 22,5° aufgenommen, so daß insgesamt mindestens 16 Einzelaufnahmen jedes Mondes angestrebt wurden – falls möglich. Alle Saturn-Monde haben eine gebundene Rotation, so daß die gesamte Oberfläche eines Trabanten nur erfaßbar war, wenn die TV-Kamera ihn während eines ganzen Umlaufs verfolgen konnte. Das war aber kaum möglich, weil sich dann oft der Planet oder/und das Ringsystem für einige Zeit dazwischenschob. Außerdem wechselte der Abstand zwischen Sonde und Mond bei einer solchen Serie laufend wegen der Eigenbewegung von V-1 und dem jeweiligen Trabanten, was wiederum verschiedene Werte für das Auflösungsvermögen und dauernd wechselnde Beleuchtungsverhältnisse zur Folge hatte.

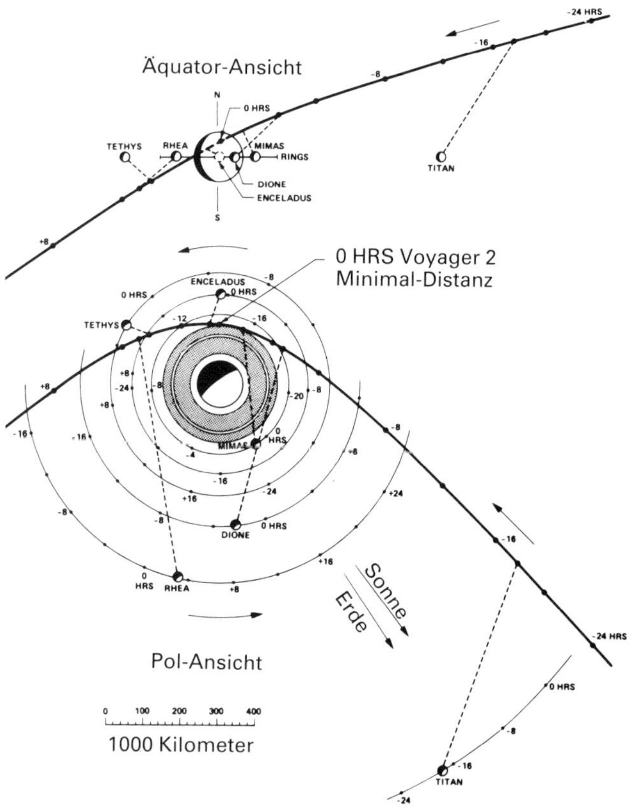

Die Bahn von Voyager 2 am Saturn war so gewählt worden, daß die Sonde durch das Gravitationsfeld des großen Planeten zu Uranus weitergeleitet wurde. Dafür verzichteten die Wissenschaftler auf einen zweiten nahen Vorbeiflug an Titan, der auch möglich gewesen wäre, wenn es nach der ersten Erkundung durch Voyager 1 für erforderlich gehalten worden wäre. Dafür hat die zweite Sonde die Monde Iapetus, Hyperion, Enceladus, Tethys und Phoebe aus geringerer Distanz erstmals erforscht.

Voyager 2 bei Saturn

In den neun Monaten zwischen den Vorbeiflügen von Voyager 1 und 2 hatte sich die Saturn-Atmosphäre ganz wesentlich verändert, was vor allem auf die hohen Windgeschwindigkeiten und die niedrigen Temperaturen in der Wolkenhülle des Ringplaneten zurückzuführen ist. Insgesamt ergab sich, daß die Saturn-Atmosphäre doch erhebliche Ähnlichkeit mit dem Aufbau der Gashülle Jupiters hat. Voyager 2 sah in der Wolkenschicht des Ringplaneten wesentlich mehr Details, weil sich der Dunstschleier um Saturn seit dem Vorbeiflug der ersten Sonde merkbar gelichtet hatte und weil die Wissenschaftler die Arbeit von Voyager 2 aufgrund der Ergebnisse der Zwillingssonde besser vorbereiten konnten. Außerdem machte sich nun auch die etwas verbesserte Qualität der TV-Kameras von V-2 bemerkbar, die höhere Empfindlichkeit der Vidicons erlaubte kürzere Belichtungszeiten und geringere Aufnahmeabstände, so daß bessere Bilder mit höherem Auflösungsvermögen möglich wurden.

Die Farbvariationen in der Saturn-Atmosphäre sind nicht so ausgeprägt wie bei Jupiter, die niedrigeren Temperaturen in der Gashülle des Ringplaneten dämpfen offensichtlich den noch ungeklärten chemischen Prozeß der Farbbildung in den Wolken des Riesenplaneten. Deshalb sieht Saturn aus der Ferne manchmal aus wie eine mattschimmernde Kugel aus purem Gold. Erst aus der Nähe und mit speziellen Farbfiltern (vor allem UV) werden gewisse Strukturen in der Wolkenhülle Saturns sichtbar gemacht.

Voyager 2 konnte die Wolken in der Saturn-Gashülle und auch deren Bewegung wesentlich besser erfassen und dabei Bilder von den Strömungserscheinungen in diesen Gasmassen zur Erde übermitteln, die Parallelen zu den Wolkenbewegungen bei Jupiter offenbarten. So beobachtete V-2 im August in der nördlichen Hemisphäre Saturns die Entwicklung eines Wirbelsturms.

Die Temperaturen an der sichtbaren Wolkenobergrenze von Saturn betragen nach den neuesten Messungen −180° C, der atmosphärische Druck etwa ¼ des irdischen Luftdrucks an der Oberfläche. Ebenso wie Jupiter, so emittiert auch Saturn ca. das 2,5fache an Energie, was er von der Sonne erhält. 89 % der Saturn-Atmosphäre bestehen aus Wasserstoff, die anderen 11 % aus Helium, was wesentlich weniger als bei Jupiter ist, wo der Helium-Anteil 19 % beträgt. Bei Saturn dürfte mehr Helium in das Innere des Planeten abgesunken sein und dort als Energiequelle wirken. Daneben wurden von den Voyager-Sensoren in der Saturn-Atmosphäre auch Spuren der Gase Ammoniak, Methan und Propan gefunden.

Die Aktivitäten der zweiten Voyager-Sonde bei Saturn ließen sich in fünf verschiedene Phasen einteilen gemäß dem Abstand der Sonde vor und nach dem »encounter« vom Ringplaneten und der damit zusammenhängenden Größe des Saturn-Bildes im Blickfeld der Telekamera des TV-Systems. Die fünf Missionsphasen waren: 1) Observatory; 2) Far Encounter 1; 3) Far Encounter 2; 4) Near Encounter und 5) Post Encounter.

Die Beobachtungsphase begann am 5. Juni 1981, etwa 80 Tage vor dem nahen Vorbeiflug der Sonde an dem Ringplaneten, sie dauerte acht Wochen und diente der Aufzeichnung eines kurzen Ausschnitts der Bewegungen und Variationen im Saturn-System. Das Programm begann mit einer 43stündigen Dauer-Bildserie, mit der vier volle Rotationen des Planeten und seines Ringsystems aufgezeichnet wurden. Der aus diesen vielen hundert erhaltenen TV-Aufnahmen zusammengestellte kurze Film gibt Auskunft über Veränderungen in der Saturn-Atmosphäre und Unterschiede in der Rotation der Ringe je nach dem Abstand vom Planeten.

Während dieser Phase arbeitete auch das UV-Spektrometer an Bord der Sonde und tastete das Saturn-System bis zu 25 Planetenradien nach links und rechts ab, um Emissionen entlang der Umlaufbahn von Titan zu entdecken und deren Bestandteile zu identifizieren. Dabei wurde tatsächlich der große thorusförmige Gas-

schlauch um Saturn mit der Titan-Bahn im Zentrum verifiziert, der aufgrund der Messungen von Voyager 1 dort erwartet wurde.
Am 31. Juli – 26 Tage vor dem »encounter« – konnte die Telekamera von V-2 den Saturn nicht mehr ganz mit einer Aufnahme erfassen, weshalb nun 2 x 2-Mosaiks des Planeten gemacht werden mußten. Die Sonde war 24,7 Mio. km von dem Reiseziel entfernt, und es begann die Missionsphase des »Far Encounter 1«. Zwölf Tage später hatte sich V-2 dem Planeten schon soweit angenähert, daß dieser nur noch mit 3 x 3-Mosaiks der Telekamera ganz zu erfassen war, die Sonde war nur noch 14,4 Mio. km von Saturn entfernt, die Flugphase des »Far Encounter 2« begann.
Am 18. August fand noch eine letzte Kurskorrektur statt, alle Instrumente waren nun aktiviert, die Arbeit des TV-Systems konzentrierte sich auf den B-Ring, drei vollständige Rotationen dieses Materie-Segments wurden mit Zeitraffer-Aufnahmen erfaßt, um die dunklen »Speichen« dort näher zu untersuchen. Auch die äußeren Saturn-Monde Iapetus, Hyperion und Titan kamen nun immer besser ins Blickfeld.
Etwa 17 Stunden vor der Passage begann die 43,5 Stunden dauernde Phase »Near Encounter«, die bis zum 27. August gerechnet wurde, bis 28 Stunden nach dem »closest approach«. In dieser Zeit kamen auch die anderen Saturn-Monde Dione, Mimas, Enceladus, Tethys und Rhea ins Blickfeld der TV-Kameras sowie die kleinen von V-1 neu entdeckten »rocks«.

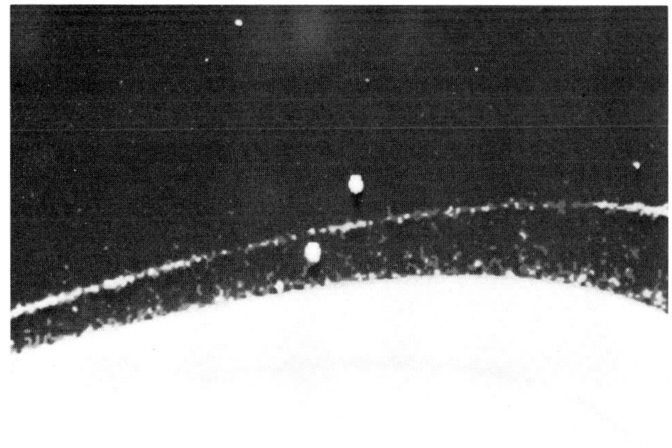

Den dünnen F-Ring mit den beiden »Schäferhund«-Monden 1980S27 und 1980S28 zeigt diese aus 10,5 Mio. km Distanz gemachte TV-Aufnahme von V-2. Die beiden Mini-Trabanten sehen aus wie »Weltraum-Kartoffeln« und sind 80 x 140 bzw. 70 x 110 km groß; auf diesem TV-Bild sind die beiden Körper 1800 km voneinander entfernt, etwa zwei Stunden nach dieser Aufnahme überholte der innere Mond den langsameren äußeren »Zwillingsbruder«, was alle 25 Tage vorkommt.

Voyager 2 kreuzte die Äquator- und Ringebene Saturns nur einmal kurz nach dem »encounter«, dafür aber in relativ geringem Abstand von dem Materiegürtel. Etwa 20 Min. vor dem rechnerisch ermittelten »Höhepunkt« der Mission, befand sich V-2 ca. 55 000 km von dem äußeren Rand des A-Rings entfernt, um dann schließlich

Auflistung der Daten und Vorbeiflug-Distanzen von Voyager 1 + 2 bei Jupiter und Saturn	**Voyager 1**			**Voyager 2**		
	Datum	**Distanz (km)**	**AV (km)**	**Datum**	**Distanz (km)**	**AV (km)**
Start	05. 09. 1977			20. 08. 1977		
Erste Jupiter-Bilder	15. 12. 1978	80 Mio.	1600	20. 04. 1979	75 Mio.	1500
Jupiter-Passage	05. 03. 1979	349 000	7	09. 07. 1979	722 000	15
Amalthea		417 000	9		558 000	11
Io		21 000	0,5		1 130 000	23
Europa		734 000	15		206 000	4
Ganymed		115 000	2		62 000	1
Callisto		126 000	2,5		215 000	4
Letzte Jupiter-Bilder	April 1979			August 1979		
Erste Saturn-Bilder	8/1980	100 Mio.	2000	6/1980	100 Mio.	2000
Saturn-Passage	12. 11. 1980	138 000	3	27. 08. 1981	107 000	
äußerer Ring		74 000	1,5		38 000	1
Titan	11. 11. 1980	4 000	0,1		353 000	7
Rhea		60 000	1		254 000	5
Dione		140 000	3		196 000	4
Hyperion		878 000	18			
Tethys		410 000	8		159 000	3
Enceladus		230 000	5		90 000	2
Mimas		100 000	2		30 000	1
Letzte Saturn-Bilder	19. 12. 1980			10/1981		
Uranus-Passage				24. 1. 1986	107 000	2
Neptun-Passage				24. 8. 1989		

Die Abstandswerte verstehen sich jeweils vom Zentrum des passierten Körpers. Die Angaben für das Auflösungsvermögen sind Mittelwerte. Wegen der hohen Relativgeschwindigkeit, mit der die Sonden an den Planeten und Monden vorbeigeflogen sind, wurde bei den TV-Aufnahmen nicht immer das theoretisch beste Auflösungsvermögen erzielt.

Hunderte Journalisten aus aller Welt finden sich bei jedem Planeten-Vorbeiflug einer amerikanischen Raumsonde im JPL-Raumlabor der NASA in Pasadena bei Los Angeles ein. Die Raumfahrtbehörde NASA stellte alle für die Berichterstattung notwendigen technischen Anlagen bereit und versorgt die Reporter über TV-Monitore sowie mit täglichen Pressekonferenzen und Bild-Terminen laufend mit den neuesten Informationen über den Planeten-»encounter«.

über der südlichen Hemisphäre mit 161 000 km Mindestabstand den Punkt der engsten Annäherung an Saturn zu erreichen. Dabei befand sich Voyager 2 von uns aus gesehen hinter dem Planeten, so daß keinerlei Funksignale zu empfangen waren. Alle wichtigen Meßergebnisse wurden in dieser Missionsphase auf Band gespeichert. Aber als die Raumsonde im geometrischen Sinn wieder »sichtbar« war, dauerte es noch immer fast anderthalb Stunden, bis die ersten Funksignale wieder auf der Erde hörbar waren, so lange brauchten die elektromagnetischen Wellen vom Saturn bis zur Erde.
Zum Entsetzen der Wissenschaftler stellte sich dann aber bei der Analyse der ersten wieder empfangenen Meßdaten von V-2 heraus, daß sich die Plattform mit den sensorischen Instrumenten nicht mehr einwandfrei bewegte, die TV-Kameras z. B. lieferten nur noch Bilder vom schwarzen Himmelshintergrund. Sofort schickten die Bodentechniker eine Kommandofolge an die Sonde, um zu verhindern, daß die Kameras nun versehentlich direkt in die Sonne blickten, das hätte die empfindlichen Bildröhren sofort zerstört.

Schwierigkeiten mit der Sensoren-Plattform

Die Plattform ließ sich nicht mehr einwandfrei nach links und rechts drehen, wie erste Analysen ergaben, aber vertikale Schwenks von oben nach unten wurden einwandfrei ausgeführt. Zunächst bestand der Verdacht, daß die durch irgendwelche kleinen Partikel verursachte Störung in dem Gewinde des Drehmechanismus beim Kreuzen der Ringebene aufgetreten sei, daß die Sonde also mit einem bislang unbekannten Ringsegment kollidiert sei.
Aber wie aus den dann überspielten Daten hervorging, trat die Störung im Bewegungsmechanismus der Plattform erst 45 Minuten nach dem Kreuzen der Ringebene auf, als V-2 die gefährliche Zone längst verlassen hatte. Die Techniker gehen nun davon aus, daß die Sonde hinter Saturn einer zu starken Unterkühlung ausgesetzt war und daß sich deshalb Eispartikel in dem Drehmechanismus der Sensoren-Plattform fesetzten.
Inzwischen wurden vorsichtige Versuche unternommen, den »science boom« wieder hin- und herzuschwenken, so gelangen z. B. die Bilder des kleinen, am weitesten von Saturn entfernten Mondes Phoebe ausgezeichnet. Auch einige Aufnahmen des Ringplaneten selbst, von hinten sozusagen über die Schulter aufgenommen, waren recht gut. Eine Zeitraffer-Serie von der Saturn-Drehung sowie mehrere hervorragende Mosaik-Bilder der Monde Enceladus und Tethys waren aber durch die Störung des Plattform-Mechanismus verhindert worden – von den Messungen der anderen Sensoren ganz zu schweigen.
Wie die Techniker im JPL inzischen aber versichern, wird dieser Defekt in der Raumsonde die Messungen beim Vorbeiflug an Uranus und Neptun nicht wesentlich behindern – wenn bis dahin keine weiteren Mängel auftreten. Die Positionen der beiden Planeten und ihrer Monde relativ zur Passagebahn von Voyager 2 sind recht günstig, so daß viele Aufnahmen und Messungen ausgeführt werden können, ohne den Schwenkmechanismus übermäßig strapazieren zu müssen. Selbst wenn die Plattform bei Uranus und Neptun überhaupt nicht mehr zu bewegen ist, wären noch Untersuchungen der Planeten und ihrer Monde möglich, weil dann die ganze Sonde geschwenkt werden könnte, um die Sensoren in die notwendige »Schuß-Position« zu bringen. Genug Lageregelungs-Gas ist vorhanden. Die Messungen und Bilder werden dann nach und nach gespeichert und nach dem »encounter« zur Erde übermittelt, wenn die Antenne wieder auf die Erde ausgerichtet werden kann.
Die Voyager-Sonden werden nach Erfüllung ihrer wissenschaftlichen Aufgaben das Planetensystem mit Passieren der Pluto-Bahn Anfang der 90er Jahre verlassen, die Geschwindigkeit dabei wird 17,2 km/Sek. oder fas 62 000 km/h betragen. Das ist für irdische Verhältnisse unerhört schnell, aber es ist doch sehr wenig für die Überwindung der Entfernungen zwischen den Sternen. Die NASA rechnet damit, die Voyager-Sonden etwa 30 Jahre lang funktechnisch verfolgen zu können, so lange reicht jedenfalls der Energievorrat der »Atombatterien« – das Problem ist nur die Ausrichtung der Parabolantenne auf die Erde.
Mit Abschluß der Mission von V-2 bei Saturn hatten die beiden Voyager-Sonden insgesamt mehr als 70 000 Bilder von Jupiter, dem Ringplaneten und den zahlreichen Monden gemacht – mehr als die beiden Viking-Sonden bei der Mars-Erforschung zur Erde gefunkt hatten. Damit wurde das Voyager-Programm hinsichtlich der Bildgewinnung zum bisher erfolgreichsten Planeten-Forschungsprogramm der NASA – und vielleicht macht Voyager 2 bei Uranus und Neptun noch einige tausend Bilder.

Grüße an die Nachbarn im All

Die beiden Voyager-Sonden sind das dritte und vierte zu den äußeren Planeten gestartete Raumfahrzeug, sie werden nach den Pioneer-Sonden das Sonnensystem verlassen. Während aber diese ersten Roboter als »Absender« nur eine einfache Metallplakette tragen, wurde den Voyager-Sonden eine sehr viel ausführlicherere Botschaft in Form einer kombinierten Ton/Bild-Plakette mitgegeben, die als eine Art »Zeitkapsel« für Jahrmillionen durch unsere Galaxis driften wird – bis sie vielleicht eines fernen Tages von den Raumschiffen einer fernen, fremden Zivilisation »aufgefischt« wird.
So unwahrscheinlich dieser Fall auch sein mag, die Botschaften an die »Brüder und Schwestern im All« haben in der Öffentlichkeit sehr viel Aufmerksamkeit gefunden, diese Art der Selbstdarstellung unseres Planeten für hypothetische, unbekannte Empfänger hat ja durchaus auch interessante philosophische Aspekte. Nachfolgend soll hauptsächlich auf die Bildbotschaft eingegangen werden, die diese Platten an Bord der beiden Voyager-Sonden enthalten.
Einer der »Väter« der Voyager-Botschaft ist der amerikanische Wissenschaftler und Publizist Prof. Carl Sagan, der sich für die Realisation der Bild/Ton-Platte die Hilfe zahlreicher renommierter Experten sicherte, zu denen Musiker, Sprachwissenschaftler und Fotografen gehörten.
Das Prinzip der Ton/Bild-Platte wurde für die Voyager-Botschaft gewählt, weil es von allen erwogenen Möglichkeiten das günstigste Verhältnis von Informationsmenge und Trägervolumen bzw. Gewicht bot. Aus Gründen der Überlebenszeit konnten keine Bücher oder Original-Fotos mitgegeben werden, diese wären zu schwer geworden, man war also zur Verschlüsselung der Mitteilungen gezwungen, die man mit der Botschaft versenden wollte. Im Jahr der Voyager-Starts – 1977 – war es gerade 100 Jahre her, daß der amerikanische Gelehrte Thomas Edison seinen Phonographen der Öffentlichkeit vorstellte – sozusagen das Urbild der Voyager Bild/Ton-Platte.
Man entschloß sich, auf dieser Platte sowohl akustische als auch visuelle und geschriebene Informationen unterzubringen. Dazu gehörten Grüße von Menschen in 60 Sprachen, Geräusche der Natur, wie z. B. Wellen, Wind und Donner, sowie Lautäußerungen verschiedener Tiere, wie z. B. von Vögeln und Walen. Die Wortinformationen betreffen hauptsächlich Ansprachen wichtiger Politiker unserer Zeit sowie die Namen sehr vieler an dem Voyager-Projekt beteiligter Wissenschaftler und Manager. Den größten Raum auf der doppelseitig bespielten Platte nimmt aber die Musik ein, verschiedenste Tonschöpfungen aus zahlreichen Kulturkreisen wurden berücksichtigt.
Die Botschaft an Bord der Voyager-Sonden wurde stark beachtet, bei den Stellungnahmen in aller Welt überwogen die positiven Kommentare, obwohl auch Kritik geübt wurde. Als ganz subjektive Stellungnahme soll in diesem Zusammenhang hier noch einmal die Frage wiederholt werden, warum die Platte zu 3/4 des Speichervolumens mit Musik bespielt wurde. Man hätte sich stattdessen vielleicht eine noch etwas ausführlichere Bildberichterstattung gewünscht, denn die Musik – bei aller Hochachtung vor ihren Meisterwerken – spielt ja auf unserer Erde bei weitem nicht die Rolle wie die visuellen Medien. Über die wahren Verhältnisse auf der Erde sagen entsprechend ausgesuchte Bilder sicher mehr aus als die wertvollste Musik.

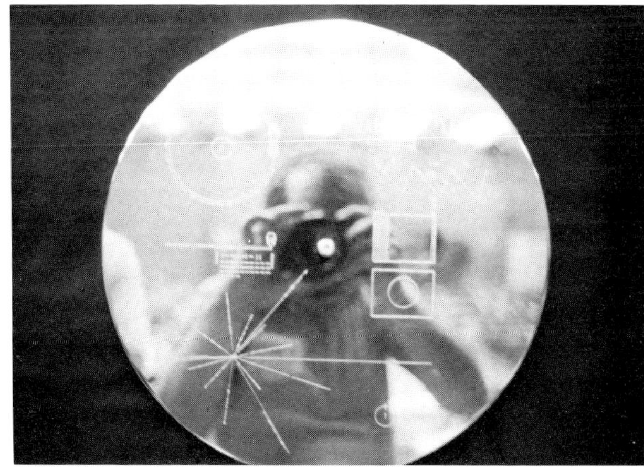

Auf die Schutzhüllen der Bildplatten, die an Bord der Voyager-Sonden ins Universum hinausfliegen, wurden einige Notizen eingeritzt, die in verschlüsselter Form Auskunft geben, wie die Platte abgespielt werden kann. Außerdem ist auf der Plattenhülle noch der schon von den Pioneer-Sonden her bekannte Pulsar-Stern zu sehen, der Auskunft gibt über die Position der Erde in unserer Galaxis und den Startzeitpunkt.

Klassische Tonschöpfungen aus Ost und West sind auf dieser Schallplatte ebenso enthalten wie verschiedene Beispiele von Volksmusik aus Senegal, Australien, Peru, Bulgarien und aus Azerbeidschan. Im klassischen Repertoire finden sich Werke von Bach, Beethoven, Mozart und Strawinsky sowie aus Java, Japan, Indien und China. Am Ende der musikalischen Darbietungen finden sich auch moderne Popstücke, wie z. B. ein Song der Beatles.
Die Voyager-Platte hat bei korrekter Abspiel-Geschwindigkeit von $16^2/_3$ Umdrehungen pro Minute eine Spieldauer von fast zwei Stunden. Folgende Botschaften befinden sich auf der Bild/Ton-Platte:

- Musik
- Bilder
- Botschaft Präsident Carters
- irdische Geräusche
- Grüße in 60 Sprachen

- Liste der Mitglieder des US-Kongresses
- Ansprache des UN-Generalsektretärs Waldheim
- Liste der Mitarbeiter beim Voyager-Programm

Die beiden identisch ausgeführten Platten an Bord

der Voyager-Sonden bestehen aus Kupfer und haben 30 cm Durchmesser. Zum Schutz vor mechanischen Beschädigungen wurden sie in eine Aluminiumhülle gegeben, auf der wiederum Anweisungen für den Gebrauch der Platte und des Abspielgerätes eingraviert wurden. Auch die schon bei den Pioneer-Sonden mitfliegende Pulsar-Grafik war auf der Voyager-Plattenhülle untergebracht, um den evtl. Findern einen ungefähren Anhaltspunkt zu geben, wann und wo die Botschaft abgeschickt wurde.

Fotoalbum für die Zukunft

Zahlreiche Organisationen und Persönlichkeiten halfen bei der Auswahl des Bildmaterials für die Voyager-Botschaft, vor allem die Bildredakteure der Zeitschrift National Geographic Magazine. Diese Experten haben ja eine große Erfahrung bei der Arbeit, der sich die Schöpfer der kosmischen Bildplatte auch unterzogen: sie versuchen, den Lesern ihrer Artikel ein möglichst umfassendes Bild vom Aussehen des Planeten Erde, seiner Pflanzen und Tiere, sowie schließlich der menschlichen Zivilisationen zu vermitteln.
Die an der Bildauswahl für die Voyager-Platte beteiligten Fachleute versuchten sich bei der Beurteilung der vielen Tausend zu prüfenden Vorlagen jeweils in die Situation der Empfänger dieser Botschaft zu versetzen, wobei sie sich immer wieder genau überleben mußten: Wie kann das Foto falsch ausgelegt werden? Ist es mehrdeutig? Wie kann die Größe des dargestellten Objekts logisch gefolgert werden? Treten keine verwirrenden Überschneidungen des Vorder- und Hintergrunds auf? Muß nicht der Vogel, dessen Flügelspitze zufällig von dem erhobenen Arm eines Mannes im Vordergrund verdeckt wird, als Teil dieses Mannes angesehen werden?
Bei der Auswahl der Bilder für die Voyager-Botschaft wurden von den beteiligten Experten wieder einmal – diesmal aber unter ganz besonderen Kriterien – die grundsätzlichen Fragen der Kommunikations- und Informationstheorie diskutiert. Streng genommen, ist ja schon der Begriff des Bildes nicht überall auf der Erde allgemein gültig: es gibt Kulturen, die keine Abbildungen kennen, denen Fotos erst erklärt werden müssen, bis sie diese ebenso verstehen wie wir Mitglieder der »zivilisierten« Welt. Was ist z. B., wenn die Empfänger der Voyager-Botschaft über keine Sinne verfügen, wie wir sie haben? Wenn diese hypothetischen Wesen keine Augen und keine Ohren haben? Vielleicht orientieren sich die Finder der Voyager-Sonden mit anderen elektromagnetischen Wellen, mit Radar- oder gar mit Röntgenstrahlen?
Ausgehend von der einfachen geometrischen Kreisfigur zeigen die ersten Bilder der Botschaft deshalb in lexikalischer Knappheit einige naturwissenschaftliche Grundbegriffe, den Aufbau und die ungefähre Größe der Mitglieder unseres Planetensystems sowie dessen Position in der Galaxis. Zwei Satellitenbilder der Erde schließen diese Sequenz ab.

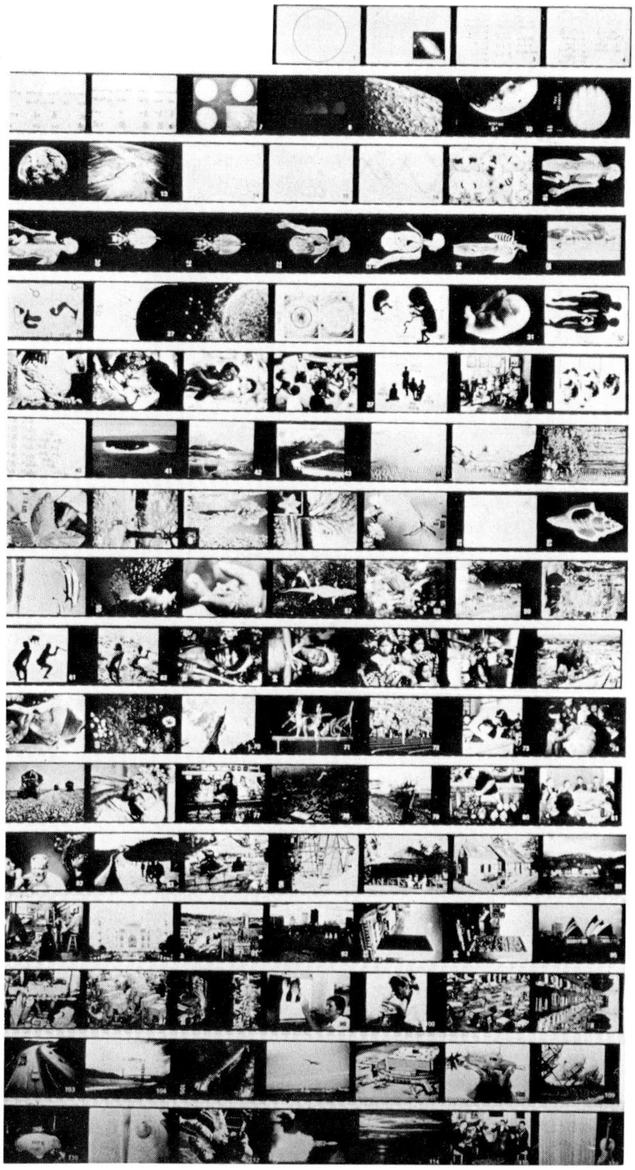

Alle 116 in der Voyager-Botschaft enthaltenen Bilder sind in diesem Mosaik zusammengefaßt. 96 Aufnahmen wurden in Schwarzweiß aufgespielt, 20 Bilder in Farbe, also in jeweils drei verschiedenen Colorauszügen. Bei genauer Betrachtung der Bilder – soweit es bei der kleinen Wiedergabe hier möglich ist – lassen sich die einzelnen Themengruppen erkennen, die hier in einer bestimmten Systematik angeordnet sind.

Danach wird der Darstellung von Entstehung, Beschaffenheit und Entwicklung des Menschen großer Raum gewidmet – von der Zeugung bis ins hohe Alter, von der Steinzeit bis jetzt. Dann folgt die Darstellung einiger besonders typischer Landschafts- und Naturbilder, gefolgt von der Darstellung mehrerer verschiedener Tiere (Insekten, Vögel, Fische und Säu-

getiere). Danach werden einzelne Menschen mehrerer Rassen bei verschiedenen Tätigkeiten vorgestellt, z. B. beim Essen, Arbeiten, Lernen, Jagen und beim Sport. Auch der Darstellung einiger typischer Gebäude und besonderer Bauwerke wurde Raum gewidmet, ebenso der Wiedergabe der bekanntesten Fahrzeuge (Auto, Flugzeug, Eisenbahn).
Bei der Auswahl der Bilder für die Voyager-Botschaft wurden einige Themen bewußt vermieden; die Platte enthält z. B. keine Aufnahmen von Krieg, Krankheit, Verbrechen oder Armut. Diese Prüderie ist bedauerlich, aber sie entspricht durchaus der US-amerikanischen Gesellschafts-Mentalität. Man kann sich aber durchaus damit einverstanden erklären, daß in der Bildauswahl alle politischen und religiösen Aspekte negiert wurden – es hätten sich unüberwindbare Auswahl-Schwierigkeiten ergeben, weil man ja nicht alle diesbezüglichen Richtungen hätte berücksichtigen können. Außerdem wurde mit Bedacht jede drohende oder gar feindselig wirkende Abbildung verworfen, wie z. B. das Foto einer Waffe oder einer Atomexplosion.
Es fällt auch auf, daß sich in der Bildauswahl kein Foto eines bekannten Kunstwerks befindet, kein Gemälde, kein Relief, keine Skulptur. Diese Tatsache wurde einerseits mit Auswahl-Schwierigkeiten begründet, außerdem wollte man verhindern, daß die eventuellen Empfänger der Botschaft nicht dadurch verwirrt werden, daß man ihnen die Reproduktion einer Abbildung präsentiert, die Interpretation der die Wirklichkeit wiedergegebenden Fotos dürfte einem fremden Betrachter schon schwer genug fallen. Es war auch nicht der Ehrgeiz des Auswahl-Teams für die Voyager-Botschaft, vorwiegend künstlerisch wertvolle Fotos zu finden. Obwohl es unter den dann tatsächlich verwendeten Bildern auch einige künstlerisch anspruchsvolle Aufnahmen gibt, spielten ästhetische Gesichtspunkte letztlich keine Rolle. Nur der informative Wert eines Fotos war wichtig. Von den künstlerischen Ambitionen und Fähigkeiten des Menschengeschlechts zeugen ja die zahlreichen Musikstücke auf der Platte.
Noch mit einer anderen Schwierigkeit mußten die Schöpfer der Voyager-Fotobotschaft kämpfen. Einerseits sollten die ausgesuchten Bilder natürlich möglichst viel Informationen enthalten, andererseits mußten sie aber in der Darstellung klar und verständlich bleiben. Deshalb wurden auch einige Abbildungen mit sehr wenigen Informationen ausgewählt, um den Empfängern beim besseren Verständnis zu helfen, wie denn diese Fotos zu »lesen« sind. Deshalb sind zu Beginn der Bildserie zwei Motive eingearbeitet, die sich sozusagen in dreidimensionaler Form als eingeritzte Gravuren auf der Schutzhülle der Platte befinden. Diese »Aluminiumstiche« können auch noch mit anderen Sinnesorganen als den Augen erfaßt werden, so daß die ersten Bilder der Fotoserie zum evtl. notwendigen Vergleich noch in plastischer Form vorhanden sind.

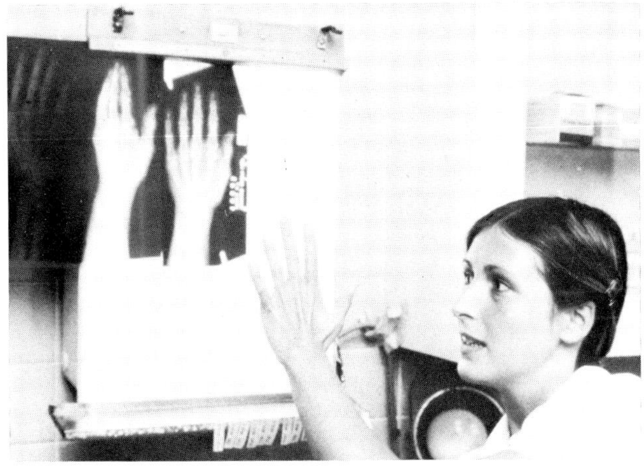

Als Beispiel für die über 100 Bilder der Voyager-Botschaft mag diese Aufnahme dienen, die die Bedeutung der menschlichen Hand für die Entwicklung unserer Zivilisation erklären soll. Das Röntgenbild zeigt die komplizierte Struktur der Hand, die wiederum auf die unglaubliche Beweglichkeit und Vielseitigkeit unseres wichtigsten »Instruments« hinweist. Dieses Bild der sympathischen jungen Dame und ihrer Röntgen-Hand wird nun mit den anderen Informationen der Platte in verschlüsselter Form für viele Jahrmillionen durch das Universum fliegen.

Als weitere Verständigungshilfe wurden in die Bildserie noch einige Foto/Silhouetten-Paare eingefügt, die rein grafischen Abbildungen machen die Grenze zwischen Objekt und Hintergrund sehr deutlich, damit die unbekannten Empfänger der Voyager-Botschaft im Vergleich erkennen, worauf es beim Verständnis eines Fotos ankommt.
Große Schwierigkeiten bereitete die Überspielung der Bilder auf die Metallplatte, denn es gab seinerzeit kein handelsübliches elektronisch/mechanisches System dafür. Schließlich wurde mehr zufällig ein entsprechender Apparat gefunden, mit dem die Impulse der in Fernsehbilder verwandelten Fotovorlagen auf eine viel niedrigere Frequenz gebracht werden konnten, wie sie für die Überspielung auf die Platte notwendig war.
Mit dem neuen Überspielungsverfahren war es möglich, auf dem freibleibenden Stück der Phonographenplatte etwa 150 einfarbige Abbildungen unterzubringen. Bei einigen Motiven wollte man auf die farbige Wiedergabe nicht verzichten, die jeweils den Raum für drei Schwarzweiß-Aufnahmen beanspruchte, so daß die Platte schließlich insgesamt 118 Bilder enthält, von denen 20 farbig sind.
In der knappen verfügbaren Zeit konnten die Ton- und Bildinformationen aber leider nicht mehr in der wünschenswerten Reihenfolge auf die Platte überspielt werden. Dem Bild der Titan-Centaur hätte natürlich das Geräusch der startenden Rakete folgen müssen; es gibt noch eine Reihe solcher möglichen Bild/Ton-Kombinationen. Aber die NASA drängte

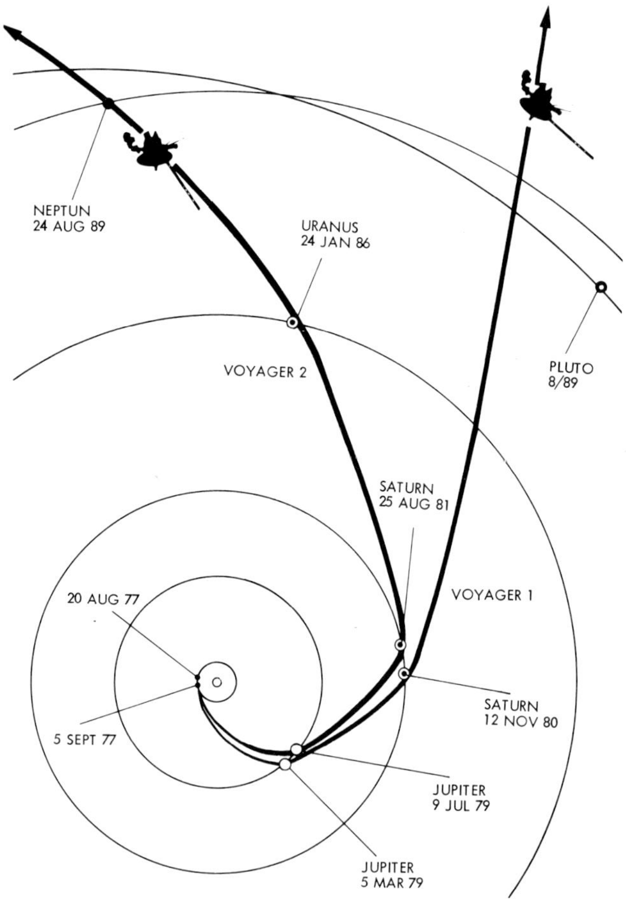

Der zeitliche und räumliche »Fahrplan« der beiden Voyager-Sonden ist in dieser Skizze dargestellt. Die bei Jupiter und Saturn erfolgten »swing by«-Manöver ändern nicht nur die Flugrichtung der Meßroboter, die großen Planeten sorgen auch für eine gehörige Beschleunigung, was hier nur indirekt aus den kurzen Flugzeiten zwischen den einzelnen Stationen abzulesen ist. Der Jupiter-Vorbeiflug ist dabei am wichtigsten, er halbiert praktisch die Flugzeiten für alle Missionen ins äußere Sonnensystem.

wegen des nahe bevorstehenden Starttermins, außerdem wollten deren Chefs alle Texte, Bilder und Musikstücke der Botschaft prüfen, bevor sie endgültig auf die Platte eingraviert werden konnten. Vielleicht wird man in Zukunft der Entwicklung solcher interstellarer »Flaschenpostsendungen« auch von offizieller Seite mehr Aufmerksamkeit widmen.

Reise in die Unendlichkeit

Nach vorläufigen Berechnungen wird V-1 in etwa 40000 Jahren auf ca. 1,7 Lichtjahren Entfernung an den Stern AC + 793888 herankommen, der sich dann unserer Sonne bis auf vielleicht drei Lichtjahre angenähert haben dürfte – jetzt beträgt die Distanz noch ungefähr 17 Lichtjahre. Diesen Stern klassifizieren die Astronomen als »Roten Zwerg« vom Spektraltyp M 4, er ist wesentlich älter, kleiner und kälter als unsere Sonne, er könnte durchaus von einigen Planeten umkreist werden. Fall sich diese Vermutung (oder auch nur Hoffnung) bei einer genaueren Erforschung mit dem »Space Telescope« bestätigen sollte, könnte man V-1 vielleicht in einigen Jahren noch einen letzten Steuerimpuls geben, der sie in wesentlich geringerer Entfernung an dem Stern AC + 793888 vorbeifliegen läßt. Weitere Begegnungen mit anderen Sternen dürften dann – nach vorläufigen Berechnungen – in 147000 und nach 525000 Jahren erfolgen.

V-2 könnte gemäß vorläufigen Berechnungen nach 358000 Jahren in »nur« 0,8 Lichtjahren Entfernung an dem hellen Fixstern Sirius vorbeifliegen.

Geschützt durch die Aluminiumhülle hat die Bild/Ton-Platte an Bord der Voyager-Sonden eine praktisch unbegrenzte Lebensdauer – vorsichtige Schätzungen gehen von mindestens einer Milliarde Jahre aus. In dieser Zeit haben die Voyager-Roboter mitsamt allen Fixsternen mindestens fünf Rotationen um das Zentrum unserer Galaxis hinter sich gebracht – die Voyager-Botschaft weist also in zeitlich und räumlich für uns unvorstellbare Dimensionen; sie ist mitsamt den Sonden das einzige, was von unserer Zivilisation wirklich langfristig übrigbleiben und überleben wird. Auf diesen Aspekt der Voyager-Botschaft ging auch Präsident Carter in seiner kurzen Ansprache ein, die mit auf die Platte überspielt wurde:

»Dies ist der Gruß von einer kleinen, weit entfernten Welt, eine Erinnerung an die bei uns hörbaren Geräusche, an unsere Wissenschaften, Bilder, Musik, an unsere Gedanken und Gefühle. Wir versuchen mit dieser Botschaft, einige Aspekte unserer Zivilisation an Sie, die evtl. Empfänger, weiterzugeben und damit – wenn auch verspätet – Kenntnis von unserer Existenz zu geben. Wir hoffen, daß wir die vor uns liegenden Probleme auf unserem Planeten mit der Zeit meistern können, um dann Mitglieder einer großen Gemeinschaft galaktischer Zivilisationen zu werden. Diese Botschaft soll unserer Hoffnung Ausdruck geben, unserer Entschlossenheit und unserem guten Willen, mit anderen Zivilisationen im unendlichen, Ehrfurcht gebietenden Universum zusammenzutreffen.«

Bei realistischer Betrachtung der Verhältnisse in unserer Galaxis erscheint es extrem unwahrscheinlich, daß die Voyager-Sonden und die daran befestigten Botschaften tatsächlich eines sehr fernen Tages von den Mitgliedern einer fremden Zivilisation aufgefunden werden. Der Weltraum ist extrem leer, der Abstand zwischen den einzelnen Sternen ist unvorstellbar groß – mindestens einige Lichtjahre – so daß es nahezu ausgeschlossen ist, daß die kosmischen »Flaschenpost«-Sendungen in die Nähe eines anderen Sternsystems kommen. Und dann muß ja gerade auch dort ein Planet mit einer intelligenten Bevölkerung vorhanden sein, deren technologischer Standard wesentlich über dem unserer irdischen Zivilisation liegt. Wir z. B. wären noch nicht in der Lage, eine solche durch unser Planetensystem taumelnde Raumsonde einer anderen Zivilisation zu bemerken oder sie gar einzufangen.

Tabelle der bisher gestarteten amerikanischen Jupiter- und Saturn-Raumsonden

Bezeichnung	Konstruktion	Aufgaben / Ausrüstung	Ergebnisse
Pioneer 10 1972–12 A 02. 03. 1972 Jupiter-Passage am 04. 12. 1973 130 000 km Distanz	Flacher Zentralkörper von 1,4 m ∅ mit Antennen und Magnetometer-Ausleger ∅ Richtantenne 275 cm; Spin-Stabilisierung mit 5 Umdr./Min.; Lage/Kurskorrektur-System mit Hydrazin; Thermal-Kontrolle von − 25 bis + 40 °C; 2 Radionuklid-Generatoren; 140 W bei Jupiter, 100 W Leistung bei Saturn; Frequenz 2292 MHz 8 W; 1024 bps; Speicherkapazität 49 152 Bit; 222 Kommandowerte zu je 22 Bit; 260 kg; 30 kg	Die beiden ersten Jupiter-Sonden der NASA hatten insgesamt 11 Sensoren an Bord, mit denen der Riesenplanet, seine Monde und die weitere Umgebung untersucht wurde: 1. Magnetometer; 2. Plasma-Analysator; 3. Partikel-Teleskop; 4. Detektor für Kosmische Strahlen; 5. Geiger-Zählrohr; 6. Strahlungs-Detektor; 7. Meteoriten-Teleskop; 8. Meteoriten-Detektor; 9. UV-Spektrometer; 10. Fotopolarimeter; 11. IR-Radiometer.	P 10 + 11 übermitteln die ersten Nahaufnahmen von Jupiter zur Erde, auf denen noch Details der Wolkenhülle von nur 100 km ∅ identifiziert werden können. Die teils reell teils synthetisch gewonnenen Colorbilder ließen die intensive Farbigkeit der Wolken in Jupiters Atmosphäre erahnen. Der »Große Rote Fleck« entpuppte sich als gigantischer Wirbelsturm. Die anderen Messungen zeigten, daß die verschiedenartigen Wolkenbänder durch aufsteigende und absinkende Gasmassen verursacht werden könnten. Das Magnetfeld Jupiters und die Strahlengürtel erwiesen sich als sehr viel stärker und im Aufbau komplexer als erwartet. Die Bilder und Daten von den großen Monden waren nicht so befriedigend.
Pioneer 11 1973–19 A 05. 04. 1973 Jupiter-Vorbeiflug 05. 12. 1974 41 000 km Distanz Saturn-Passage am 01. 09. 1979 23 000 km Entfernung		Daß Pioneer 11 nach 6,5 Jahren Flugzeit beim Vorbeiflug am Saturn noch funktionierte, war ein Qualitätsbeweis besonderer Art. Obwohl die Mindest-Distanz sehr gering war, enttäuschten die ersten Saturn-Nahaufnahmen in gewisser Weise. Erst nach wochenlanger Computer-Bearbeitung wurden einige Aufnahmen veröffentlicht, die wesentlich besser als die der irdischen Teleskopie sind. Auf diesen Bildern wurden in dem Ring-System von Saturn mehrere neue Teilungen und auch einige zusätzliche Segmente entdeckt, sowie mindestens zwei neue kleine Monde. Magnetfeld und Strahlengürtel von Saturn sind wesentlich stärker als bei der Erde, aber schwächer als bei Jupiter. Die Messungen und Bilder vom größten Saturn-Mond Titan enttäuschten.	

Namen/Daten	Konstruktion	Instrumente	Ergebnisse
Voyager 1 1977–84 A 05. 09. 1977 Jupiter-Passage am 05. 03. 1979 in 210 000 km Distanz Saturn-Vorbeiflug am 12. 11. 1980 in 280 000 km Distanz	Ringsegment von 2 m Durchmesser mit 10 Elektronik-Boxen um Treibstoff-Tank angeordnet. Parabolantenne von 3,7 m ∅ für Funkverbindung. 11 m langer Ausleger für Magnetometer; 4 m langer Ausleger für die Sensoren-Plattform. Zwei Antennen für Radioastronomie-Studien. Dreiachsen-Stabilisierung mit durch Gas betriebenen Lageregelungs-Düsen. Stromversorgung mit drei Radionuklid-Generatoren (RTG). Leistung: 420 W bei Jupiter; 380 W bei Saturn. Gewicht: 1410 kg Rakete: ca. 600 kg Sonde: 810 kg Sensoren: 105 kg Sender: 22–28 W Funkkapazität bei Jupiter: 115 000, bei Saturn 44 000 Bit pro Sekunde. Speicherkapazität 550 Mio. Bit.	Die beiden Sonden hatten je 11 Instrumente zur Untersuchung der großen Planeten, der Monde, der Strahlengürtel und Magnetfelder sowie des interplanetaren Raums an Bord: 1. Zwei TV-Kameras mit 20 und 150 cm Brennweite und 800 Zeilen Auflösung Dreifarb-Kapazität, 1 km AV auf 50 000 km Distanz; 2. IR-Spektrometer zur Untersuchung der Atmosphären- u. Wärmestrahlung; 3. UV-Spektrometer zur Untersuchung der Atmosphären und Temperaturen; 4. Magnetometer für planetare, interplanetare und galaktische Magnetfeld-Messungen; 5. Sensor zur Messung der geladenen Partikel in den Strahlengürteln; 6. Instrument zur Messung der interstellaren Kosmischen Strahlung; 7. Gerät zur Bestimmung von Richtung und Geschwindigkeit von Mikrometeoriten im Sonnensystem; 8. Fotopolarimeter für optische Untersuchungen der Planeten + Monde; 9. Antennen zur Registrierung der Radiostrahlung der Planeten; 10. Untersuchung der Planeten-Atmosphären durch Studium der gelegentlich hindurchgehenden Funksignale.	Die beiden Voyager-Sonden lieferten während des Anflugs auf Jupiter drei Monate lang fantastische Farbbilder des Planeten, auf denen die ganze Buntheit und Wildheit der Wolkenmassen in der Jupiter-Atmosphäre erkennbar ist – vor allem bei dem »Großen Roten Fleck«. Die größte Überraschung war wohl die Entdeckung von acht aktiven Vulkanen auf dem Jupiter-Mond Io, der intensiv von rotem Auswurf-Material überzogen ist. Auch die von Eis und Gestein überzogenen Oberflächen der drei anderen galileischen Monde wurden fotografiert. Zur allgemeinen Verblüffung wurde auch bei Jupiter ein dünner Materie-Ring entdeckt. Die detaillierte Auswertung der über 32 000 von beiden Sonden aufgenommenen TV-Bildern förderte noch drei kleine Jupiter-Möndchen in der unmit telbaren Nähe des Planeten zutage. Der Saturn-Vorbeiflug von V 1 + 2 verschaffte uns ein neues Bild des Ringsystems, das aus einigen tausend einzelnen Segmenten besteht; einzelne schmale Ringe scheinen elliptisch zu sein, der äußere, ganz dünne F-Ring besteht aus mindestens drei verwirbelten Ringteilen. Saturn selber zeigte nur sehr wenige Wolkenstrukturen, die Windströmungen sind aber schneller als bei Jupiter; einige kleine braune Flecken und helle Ovale werden erkennbar. Titan verbarg seine Oberfläche hinter einer dichten Stickstoff-Atmosphäre, die für Lebensspuren wesentlich zu kalt ist. Titan ist mit 5100 km ∅ übrigens kleiner als Ganymed. Die anderen, kleineren Monde sind meist mit Kratern, Strahlensystemen, Gebirgen und Gräben bedeckt. Über 10 neue Monde wurden entdeckt.
Voyager 2 1977–76 A 20. 08. 1977 Jupiter-Passage am 20. 08. 1979 in 643 000 km Distanz Saturn-Passage am 27. 08. 1981 in 124 200 km Distanz Uranus-Vorbeiflug am 30. 01. 1986 Neptun-Passage evtl. 1989			

Neptun

War die Entdeckung des Planeten Uranus – des ersten »neuen« Wandelsterns – noch ein Zufall, so resultierte die Aufspürung von Neptun aus genauen Beobachtungen und exakten Berechnungen. Die Umlaufbahn des Neptun wurde nämlich aus Störungen im Orbit des Uranus errechnet und – ein Triumph naturwissenschaftlichen Denkens – es kamen etwa zur gleichen Zeit zwei Mathematiker zu ganz ähnlichen Ergebnissen bei dieser schwierigen Aufgabe.

Bereits um 1820 hatten französische Astronomen bemerkt, daß die tatsächlich beobachtete Bahn des neu entdeckten Planeten Uranus langsam immer mehr von dem berechneten Weg abwich. Manche Astronomen vertraten die Ansicht, daß diese Störungen vielleicht durch einen anderen Planeten verursacht werden könnten, der außerhalb der Uranus-Bahn um die Sonne kreist. Aber es war klar, daß die Auffindung dieses hypothetischen Wandelsterns sehr schwer sein würde, denn außer der auch damals schon umstrittenen Titius-Bode-Reihe über die Planetenabstände von der Sonne gab es keinen konkreten Hinweis darauf, wo sich ein Planet außerhalb der Uranus-Bahn ungefähr befinden sollte. Welche Größe und Masse könnte er haben? Welche Entfernung und Umlaufzeit? Wo könnte sich dieser neue Planet momentan am Himmel

Der Maler Ludek Pesek hat sich auf die Darstellung von Planeten-Landschaften spezialisiert, die dem Fachmann und Laien einen ungefähren Eindruck vom Aussehen der Planeten und ihrer Monde vermitteln – bis diese astronomischen Visionen durch Raumsonden-Bilder und Messungen konkretisiert werden. Diese Zeichnung von Ludek Pesek zeigt den Planeten Neptun, wie er einem hypothetischen Astronauten vielleicht von seinem großen Mond Triton aus erscheinen mag. Erst die Raumsonde Voyager 2 wird 1989 an Neptun vorbeifliegen und – wenn sie dann noch funktioniert – diese spekulative Darstellung durch konkrete Bilder ersetzen.

befinden? Welche Helligkeit hat er? Zu viele Rechengrößen, zu viele Unbekannte, türmten sich noch vor den Wissenschaftlern auf.

Im Jahr 1843 war die Situation schon etwas besser; es lagen wesentlich mehr genaue Bahndaten von Uranus vor, und in England beschloß der junge Astronom J. C. Adams, sich mit den Abweichungen der tatsächlichen von der berechneten Bahn des neuen Planeten etwas intensiver zu beschäftigen. Zwar hatte Adams sein Studium gerade erst abgeschlossen, aber die mangelnde Erfahrung glich er durch große Begeisterung, bemerkenswerte Umsicht und ein erstaunliches mathematisches Geschick wieder aus. Nach etwa zwei

Jahren faßte Adams seine Berechnungen in einer Denkschrift zusammen, in der er die Bahnelemente eines vermuteten neuen Planeten sowie dessen Position am Himmel angab, in der er sich um 1845 etwa befinden müßte. Der Vorgesetzte von Adams hielt aber nicht viel von dieser Arbeit und so wurde die Chance vertan, daß ein Engländer die Bahn des allgemein vermuteten neuen Planeten als erster vorausberechnet hatte.

Inzwischen hatte sich nämlich auch der erst 34 Jahre alte französische Astronom Urbain Leverrier an die Bearbeitung dieses Problems gemacht. Auch er wollte aus den bei Uranus beobachteten Bahnabweichungen die Position und die Umlaufbahn eines neuen, noch weiter draußen im Sonnensystem befindlichen Planeten berechnen. Nach elf Monaten Rechenarbeit erhielt Leverrier ein Ergebnis, das – wie sich später herausstellte – mit den Voraussagen von Adams erstaunlich gut übereinstimmte. Der Franzose ließ aber nun keine Zeit verstreichen, sondern teilte das Ergebnis seiner Berechnungen sofort dem deutschen Astronomen J. G. Galle in Berlin mit, der damals über die für eine Prüfung notwendigen genauesten Sternkarten verfügte. Am 23. September 1846 erreichte der Brief von Leverrier seinen Adressaten, und noch am gleichen Abend machte sich Galle mit einem Assistenten auf die Suche nach dem vermuteten neuen Planeten.

Tatsächlich fand der Berliner Astronom – sozusagen auf Anhieb – in weniger als 1 Bogengrad Abstand vom vorausberechneten Ort einen auffälligen Stern, der in keiner seiner Karten verzeichnet war. Schon am übernächsten Abend stand fest, daß sich dieser geheimnisvolle Stern am Himmel um einen geringen Betrag weiterbewegt hatte, so daß kein Zweifel mehr bestand: hier war ein neuer Planet entdeckt worden. Nach längerer Beobachtungszeit stand dann auch fest, daß dieser Planet sich ungefähr auf der von Leverrier vorausgesagten Bahn und in der berechneten Entfernung von der Sonne befindet.

Es war seinerzeit für die Menschen ein ungeheurer Triumph der exakten Naturwissenschaften, daß sich aus ein paar Beobachtungen am Himmel und der scharfsinnigen Anwendung der Planetengesetze von Kepler und des Gravitationsgesetzes von Newton die Bahn eines neuen, zuvor noch nie beobachteten Planeten ermitteln und dessen Position am Himmel zu einer ganz bestimmten Zeit berechnen ließ.

Zwei Umstände erleichterten Leverrier und Adams die Arbeit seinerzeit etwas: da war einmal die Auffindung sehr alter Uranus-Beobachtungen aus der Zeit vor der eigentlichen Entdeckung, und zweitens standen die beiden Planeten – Uranus und Neptun – von der Erde aus gesehen relativ nahe beieinander, so daß die gegenseitigen Beeinflussungen der Planetenpositionen besonders stark waren. Übrigens gab es auch von Neptun schon einige Beobachtungen aus der Zeit vor 1846, so daß die Bahnberechnung für den neuen Planeten relativ einfach war. Schon 1797 hatte Lalande in Paris den Neptun beobachtet, ohne allerdings dessen besondere Natur erkannt zu haben. So lagen Neptun-Beobachtungen aus etwa 50 Jahren vor – also einem Drittel der Umlaufzeit von fast 165 Jahren.

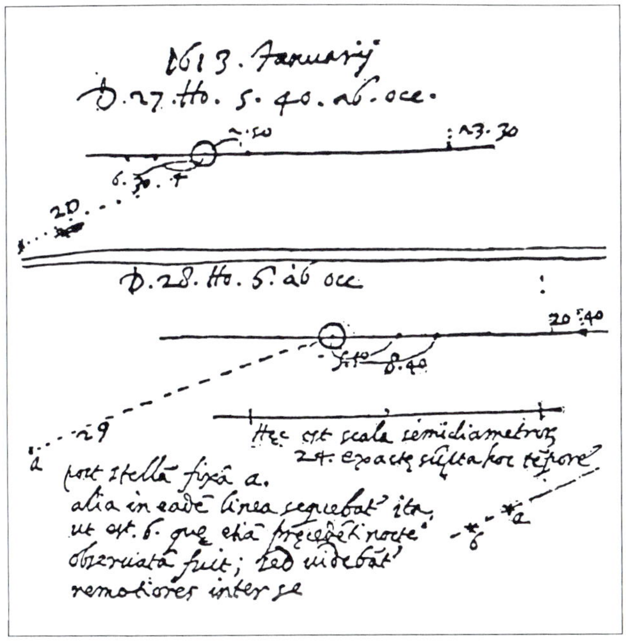

Dies ist ein Ausschnitt aus dem Beobachtungsbuch von Galilei, der Ende Januar 1612 in der Nähe von Jupiter einen anderen hellen Stern bemerkte, der sich am Firmament fortzubewegen schien. Wir wissen heute nicht, warum der geniale Beobachter die Sache damals nicht weiter verfolgte. Der mit (a) bezeichnete Stern im Abstand von 29 Jupiter-Radien ist identisch mit dem inzwischen katalogisierten Fixstern SAO 119234. Das im Text links unten beschriebene bewegliche Objekt (b) ist aber höchstwahrscheinlich identisch mit dem Planeten Neptun, der nach modernen Computerberechnungen damals in diesem Gebiet gestanden haben muß.

Was Galilei sah, aber nicht entdeckte

Zur großen Überraschung der gesamten Fachwelt wurde dann 1980 bekannt, daß es auch schon sehr viel früher eine kurze Beobachtung des Neptun gab: Galileo Galilei hat den Planeten 1612 gesehen und sogar dessen Bewegung unter den Fixsternen bemerkt, ohne sich allerdings über die Tragweite seiner Aufzeichnungen klar zu werden.

Die beiden Astronomen C. Kowal und S. Drake vom »California Institute of Technology« hatten bei intensiven Recherchen nach frühen Beobachtungen der Planeten Uranus und Neptun auch den Nachlaß von Galileo Galilei durchgesehen und waren dabei auf Skizzen und Notizen gestoßen, die unzweifelhaft belegen, daß der italienische Naturforscher den Planeten Neptun seinerzeit gesehen und auch dessen Positionsveränderung bemerkt hatte – 230 Jahre vor der eigentlichen Entdeckung des Neptun. Aus heute nicht mehr

zu klärenden Gründen hat Galileo diese Sache aber damals nicht weiter verfolgt, offensichtlich stürmten zu viele andere faszinierende Entdeckungen auf ihn ein, so daß er diesen seltsamen wandernden Fixstern wieder aus dem Blickfeld verlor. Viele Generationen von Historikern und Astronomen haben diese verblüffenden Beobachtungen Galileis übersehen.
Kowal und Drake gingen bei ihrer Suche nach frühen Beobachtungen des Neptun davon aus, daß dieser Planet seit der Erfindung des Fernrohres schon mehrmals hätte beobachtet werden können – spätestens als Neptun in den Jahren 1613 und 1702 von Jupiter bedeckt wurde, wie genaue Computer-Rückrechnungen ergeben hatten. Die beiden Astronomen untersuchten das Material von Galilei besonders genau, denn sie wußten, daß der Italiener nach seinen sensationellen ersten Entdeckungen mit dem selbstgebauten Fernrohr vor allem den Jupiter längere Zeit systematisch beobachtet und das dauernde Wechselspiel der vier hellen Monde gewissenhaft aufgezeichnet hatte. Damit wollte der Florentiner Gelehrte den Seeleuten seiner Zeit einen Kalender und eine relativ genau gehende Uhr an die Hand geben, was ja zur Positionsbestimmung auf den Meeren unerläßlich ist.
Um die Tabellen der Mond-Positionen vorzubereiten, beobachtete Galilei den Jupiter über Monate hinweg fast jeden Tag, die dabei gemachten Aufzeichnungen existieren alle noch. Am Morgen des 28. 12. 1612 notierte Galilei in seinem Notizbuch einen Stern östlich von Jupiter, aber nach genauen Rückrechnungen hätte zu jener Zeit dort gar kein heller Fixstern stehen dürfen. Dafür aber stimmt diese von Galilei angegebene Position ungefähr mit der Stelle überein, wo Neptun sich zur damaligen Zeit befunden haben muß. Für die nächsten Nächte liegen dann nur noch weitere Beobachtungen der Jupiter-Monde vor, bis dann am 28. 1. 1613 wieder eine ausführliche Skizze der Umgebung von Jupiter entstand, die zwischen dem Planeten und einem helleren – inzwischen identifizierten – Fixstern »a« in etwa einem Bogengrad Abstand einen weiteren Stern »b« zeigt. Galilei schrieb dazu: »Hinter dem Fixstern »a« folgte in derselben Richtung ein anderer Stern »b«, der sich aber seit der vorangegangenen Nacht weiter entfernt zu haben scheint!« Galilei hat also den Planeten Neptun nicht nur zufällig einmal gesehen, vielmehr hat er dessen Position und auch die Bewegung dieses Sterns »b« registriert und notiert.
Inzwischen steht auch fest, daß Galilei den Planeten nicht genau an der Stelle sah, wo er den Computer-Berechnungen zufolge eigentlich hätte sein müssen. Die Aufzeichnungen des Italieners sind so genau, daß sie für eine neue Berechnung der Neptun-Bahn mit verwendet werden können. Damit liegen jetzt Positionsbestimmungen von mehr als zwei Sonnenumläufen des Neptun vor, aus denen sich vielleicht eines Tages Hinweise auf einen neuen Planeten noch außerhalb der Pluto-Bahn ergeben könnten, von dem ja in der populären Fachliteratur »gemunkelt« wird.

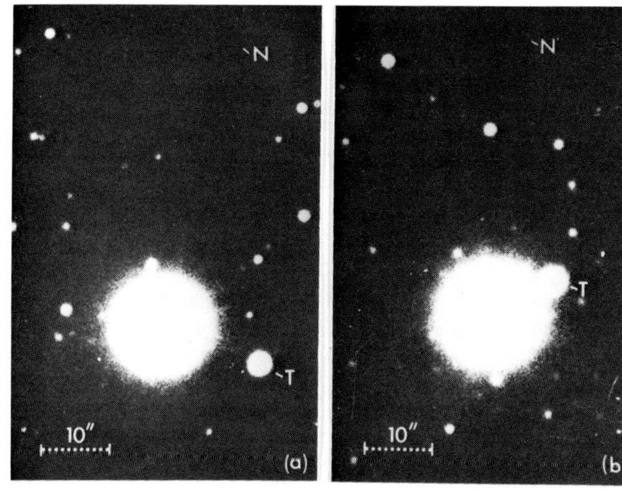

Etwa 40 Min. betrug die Belichtungszeit bei diesen beiden Neptun-Bildern, die mit dem 1,5-m-Teleskop der europäischen Südsternwarte in Chile aufgenommen wurden. Deutlich ist die Positionsänderung des großen Mondes Triton erkennbar, während der kleine Trabant Nereide hier im Druck kaum wahrnehmbar ist. Der Maßstab gibt eine Distanz von 10 Bogensekunden an.

Neptun von der Erde aus gesehen

Während Uranus – jedenfalls theoretisch – auch noch ohne Fernrohr gesehen werden kann, ist für die Auffindung Neptuns am Nachthimmel in jedem Fall ein optisches Hilfsmittel erforderlich, denn die Helligkeit dieses Planeten beträgt nur $7^m,75$. Da Neptuns scheinbarer Durchmesser höchstens $2'',5$ Bogensekunden erreicht, ist er nur in größeren Teleskopen als kleines Scheibchen zu erkennen. Es ist unter diesen Umständen ausgeschlossen, irgendwelche Oberflächen-Details auf dem Planeten wahrzunehmen.
Ein Sonnenumlauf von Neptun dauert 164 Jahre und 282 Tage, die Bahngeschwindigkeit beträgt nur 5,4 km/Sek. In 2,5 Stunden bewegt sich der Planet um seinen eigenen Durchmesser weiter, in 75 Tagen um eine Vollmond-Breite. Länger als 13 Jahre verbringt Neptun in einem Tierkreis-Sternbild.
Die mittlere Entfernung Neptuns von der Sonne müßte nach der Titius/Bode-Regel etwa 39 Astronomische Einheiten (AE) betragen; diesen Wert hatten auch Leverrier und Adams bei ihren Berechnungen der Neptun-Bahn zugrundegelegt. Tatsächlich aber beträgt der Radius der Neptun-Bahn nur etwa 30 AE (4,5 Mia. km), wie sich dann später bei genaueren Beobachtungen und Berechnungen herausstellte. Die Anhänger der Titius/Bode-Abstandstabelle wollten lange Zeit nicht glauben und verstehen, daß diese für die inneren Planeten gültige Regel in den äußeren Bezirken des Sonnensystems nicht mehr stimmt.
Die Bestimmung von Neptuns scheinbarem Durchmesser im Teleskop-Mikrometer ist äußerst schwierig, die Werte schwankten lange Zeit zwischen 2 und 3,3 Bogensekunden, was für den absoluten Durchmesser des Planeten Werte von 44600–62000 km bedeutete.

Etwas mehr Klarheit kam 1968 in diese Diskussion, als Neptun vor dem mit 7^m relativ hellen Fixstern BD-17° 4388 vorbeizog. Diese äußerst seltene Chance wurde von mehreren australischen Sternwarten für eine exakte Bestimmung des Durchmessers von Neptun genutzt, und es ergaben sich für die scheinbare Größe des Planeten Werte um 2,2 Bogensekunden. Das bedeutete – auf die damalige Entfernung zur Erde bezogen – daß Neptun einen tatsächlichen Durchmesser von etwa 49 500 km hat. Das ist ein recht plausibles Resultat, aus dem sich eine mittlere Dichte des Planeten von 1,65 g/cm³ ergibt – vergleichbar mit dem für Uranus geltenden Wert. Die für die Ermittlung dieses Parameters erforderliche Masse des Planeten konnten die Astronomen relativ einfach aus der Umlaufzeit seiner Monde schließen. Neptun ist etwa 17mal so schwer wie die Erde und ca. 20 % schwerer als Uranus.

Äußeres Erscheinungsbild

Über die Atmosphäre, von der Neptun offensichtlich umgeben ist, läßt sich nicht viel Konkretes sagen, aber die Astronomen gehen davon aus, daß sie sich nicht allzu sehr von der Gashülle der anderen großen Planeten unterscheidet und wohl besondere Ähnlichkeit mit der Uranus-Atmosphäre hat. Die wichtigsten Gase in dem Neptun-Gasmantel dürften Wasserstoff und Helium sein, auch für Methan wurden gelegentlich spektroskopische Hinweise gefunden. Ammoniak liegt vielleicht in gefrorenem Zustand in den tieferen Schichten der Neptun-Atmosphäre vor. Die Temperatur an der oberen Gashülle des Planeten dürfte etwa −220° C betragen. Während der schon erwähnten Sternbedeckung im Jahr 1968 wurde über den Wolken Neptuns eine wärmere Stratosphäre mit Temperaturen um −130° C gefunden.
Auch der innere Aufbau Neptuns gleicht sehr wahrscheinlich den Verhältnissen bei Uranus. Der feste Kern Neptuns hat demnach einen Durchmesser von 16 000 km, er besteht aus Steinen und vielleicht auch aus einigen Anteilen Metall. Um diesen Kern dürfte sich ein vielleicht 8000 km starker Mantel aus Wasser-Eis gelegt haben, und darüber wieder wölbt sich die aus verschiedenen Gasen bestehende Atmosphäre des Planeten, die also etwa 9000 km hoch ist. Die rasche Rotation des Planeten dürfte für eine gewisse Abplattung sorgen, die auf etwa 1:40 geschätzt wird.
Die Farbe Neptuns im Fernrohr wird als bläuliches Grün beschrieben, ähnlich der von Uranus, aber nicht so ausgeprägt – wohl wegen der größeren Entfernung. Wegen des winzigen Durchmessers des Planetenscheibchens auch in großen Teleskopen sind keine Oberflächen-Details erkennbar und eine direkte Bestimmung der Rotationsperiode unmöglich. 1928 wurde auf spektroskopischem Weg die Tagesdauer auf Neptun zu 15 h 40 m bestimmt, aber dieser Wert ist seit einiger Zeit – ebenso wie bei Uranus – umstritten. Jetzt werden ca. 23 Stunden für eine Rotation Neptuns um seine Achse genannt. Die Neigung der Achse gegen die Umlaufebene beträgt übrigens 29°, auch in der Neptun-Atmosphäre gibt es also Jahreszeiten, die jeweils etwa 41 Erdjahre lang sind.
Auch die scheinbare Helligkeit Neptuns weist gewisse Schwankungen auf, die aber nicht so ausgeprägt sind wie bei Uranus. Auffällig ist aber, daß mehrere Beobachter in diesem Lichtwechsel eine Periode wahrgenommen haben wollen, die etwa der Hälfte des oben genannten kürzeren Wertes für die Tagesrotation entspricht. Allerdings gibt es für diesen Befund – falls er zutreffen sollte – bisher keine plausible Erklärung.

Der 5-m-Spiegel auf dem Mt. Palomar ist wohl immer noch das leistungsfähigste astronomische Beobachtungsinstrument auf der Erde, denn der 6-m-Spiegel in der UdSSR bringt offensichtlich nicht die erhofften Ergebnisse. Der Bau, die Wartung und die Arbeit mit einem solchen Instrument werfen zahlreiche technische und organisatorische Probleme auf. Die Steuerung solcher großen Teleskope erfolgt inzwischen überall elektronisch, was für die Astronomen erhebliche Arbeitserleichterungen mit sich bringt.

Ringsystem? Magnetfeld? Strahlengürtel?

Nachdem feststeht, daß die drei großen Gasplaneten Jupiter, Saturn und Uranus von einem mehr oder weniger auffälligen Ringsystem umgeben sind, hält man es für durchaus möglich, daß sich auch um Neptun ein solcher Materiegürtel gebildet hat. Allerdings wurden bisher keinerlei Hinweise dafür gefunden; auch die Sternbedeckung von 1968 war in dieser Hinsicht ergebnislos, wie eine nachträgliche äußerst genaue Prüfung der Messungen ergab. Die nächste bemerkenswerte Sternbedeckung durch Neptun findet erst im Februar 1986 statt.

Zwei sehr verschiedene Monde

Bis jetzt wurden bei Neptun zwei Trabanten gefunden, die sehr unterschiedlicher Natur sind und den Planeten auch auf stark voneinander abweichenden Bahnen umkreisen. Der größere der beiden Monde wurde schon drei Wochen nach der Entdeckung des Neptun von dem französichen Astronomen Lassell aufgefunden. Dieser Trabant erhielt den Namen Triton, so hieß nach der griechischen Mythologie ein Sohn des Meeresgottes Poseidon (römisch: Neptun). Bis zur Entdeckung des zweiten Mondes vergingen dann mehr als 100 Jahre: Kuiper fand diesen sehr kleinen Trabanten auf fotografischem Weg im Jahre 1949. Dieser nur etwa 400 km große Körper erhielt den Namen Nereide.

Dieser sehr kleine Mond umkreist den Planeten auf einer langgestreckten Ellipsenbahn in 359 Tagen einmal. Die geringste Entfernung Nereides von Neptun beträgt 1,5 Mio. km, die größte Distanz liegt bei 10 Mio. km. Die Exzentrizität von 0,75 wird von keinem anderem Körper im Planetensystem erreicht, sie erinnert mehr an Kometenbahnen. Die Neigung der Umlaufbahn von Nereide gegen die Ekliptik beträgt 27,7°.

Triton gehört zu den größten Monden im Planetensystem, sein nur indirekt bestimmbarer Durchmesser wird auf mindestens 4200 km geschätzt – obwohl die Angaben darüber in der Fachliteratur zwischen 3000 und 6000 km schwanken. Aus einem plausiblen Wert für die Größe dieses Mondes und der aus der Umlaufdauer ableitbaren Masse läßt sich das spezifische Gewicht von Triton ableiten, das eher mit dem der erdähnlichen Planeten übereinstimmt. Insgesamt hat Triton etwa die doppelte Masse wie unser Erd-Mond und 1/500 der Neptun-Masse, womit das System Neptun-Triton schon fast als Doppelplanet angesprochen werden kann, wie z. B. auch Erde-Mond und Pluto-Charon.

Ein Planet oder ein Mond im Sonnensystem kann umso leichter eine Atmosphäre an sich binden, je größer seine Masse und je geringer seine Oberflächen-Temperatur ist; davon hängt die Bewegungsgeschwindigkeit der Gasmoleküle ab. Ein nahe an der Sonne stehender Planet muß also – will er eine Atmosphäre an sich binden – wesentlich größer sein als ein weit draußen befindlicher Planet oder Mond. Der mit fast 4900 km Durchmesser relativ große Merkur kann in der Nähe der Sonne keine Atmosphäre halten, während das dem nur etwas über 4000 km großen Neptun-Mond Triton durchaus möglich zu sein scheint. Diese Gashülle um den weit entfernten Mond konnte erst in den letzten Jahren spektroskopisch nachgewiesen werden, es handelt sich um eine der schwierigsten Meßaktionen, die bisher auf diesem Gebiet ausgeführt wurden. Mit erheblichem apparativem Aufwand und raffinierten Untersuchungsmethoden gelang mit dem 4-m-Spiegel des Kitt-Peak-Observatoriums die Gewinnung eines Infrarot-Spektrums im Bereich von 1800 nm, das auf eine dünne Stickstoff- und Methan-Atmosphäre hinzuweisen scheint. Der Oberflächen-Druck auf Triton dürfte aber nur ca. 0,1 mbar betragen – ein Zehntausendstel des an der Erdoberfläche gemessenen Wertes.

Während jedoch die Temperaturen auf dem Saturn-Mond Titan noch hoch genug sind, daß der Stickstoff als Gas auftritt, ist es auf Triton schon so kalt, daß Stickstoff in flüssiger Form vorkommt und Meere auf diesem Mond bildet, in denen »Eisberge« oder »Kontinente« aus festem Methan schwimmen könnten.

Außerdem wurde festgestellt, daß sich das Volumen der Triton-Atmosphäre um den Faktor 1000 ändern kann. Ursache dafür dürfte die retrogade Umlaufbahn sein, die eine starke Variation der Richtung und Intensität der Sonnenstrahlung auf Triton bewirkt, also extreme jahreszeitliche Variationen des Klimas. Es kommt zu einem 650jährigen Zyklus, in dem Perioden geringer Schwankungen von extremen Sommern und Wintern abgelöst werden. Neptun und Triton nähern sich der Sonne momentan, der erwartete 30jährige »heiße« Sommer sollte genügend Methan und Stickstoff freisetzen, daß die Atmosphäre Tritons noch auf das 30fache des jetzigen Volumens anwächst.

Auch hinsichtlich der Bahnneigung ist Triton äußerst bemerkenswert, diese beträgt 160° und weicht damit erheblich von der Äquatorebene Neptuns ab, so daß der Mond retrograd um den Planeten kreist, obwohl sich Neptun rechtläufig um seine Achse dreht. Es ist einmalig im Sonnensystem, daß sich der große Mond eines Planeten in einem anderen Drehsinn um diesen bewegt als der Planet sich dreht – eine kosmogonisch nur sehr schwer zu verstehende und zu erklärende Besonderheit, die uns das System Neptun/Triton offenbart.

Tabelle der beiden Neptun-Monde

Name	Größe (km)	Mittl. Abstand (km)	Umlaufzeit (Tage)	Exzentrizität	Bahnneigung (Grad)	Helligkeit (Magn.)	Entdecker	Jahr
Triton	4200	355000	5,88 d		160	13,6	Lassell	1846
Nereide	400	5560000	359,82	0,75	27,7	19	Kuiper	1949

Diese zeichnerische Darstellung mag einen Eindruck davon vermitteln, wie man sich den Vorbeiflug der amerikanischen Raumsonde Voyager 2 an dem Planeten Neptun und seinen beiden Monden Triton und Nereide vorstellen kann – wenn die Sonde Ende 1989 noch einwandfrei funktioniert.

Das Sonnensystem von Neptun aus gesehen

Vielleicht sollte an dieser Stelle einmal eine Beschreibung versucht werden, wie das Planetensystem von seiner äußeren Grenze her betrachtet, sozusagen in der »Rückschau« aussieht. Momentan bildet Neptun ja die äußere Grenze des bisher bekannten Planetensystems, da Pluto sich auf seiner exzentrischen Bahn zur Zeit näher an der Sonne befindet als Neptun. Versetzen wir uns also für kurze Zeit einmal in die Lage eines erstaunten Astronauten, der irgendwann in ferner Zukunft zu Neptun fliegt und vielleicht auf dessen größtem Mond Triton landet:
Die Sonne hat aus ca. 4,4 Mia. km Entfernung nur noch einen Durchmesser von etwa einer Bogenminute, unter diesem Winkel können wir von der Erde aus vergleichsweise die Venus sehen. Trotzdem erscheint die Sonne aus Neptun-Entfernung noch viel heller als der von der Erde aus betrachtete Vollmond. Von Neptun aus gesehen gibt es momentan nur innere Planeten, für die dieselben ungünstigen Sichtbedingungen gelten, wie sie für Merkur und Venus – von der Erde aus betrachtet – beschrieben wurden. Nur Jupiter und Saturn, vielleicht gelegentlich auch Uranus und Pluto, sind mit dem bloßen Auge zu sehen. Die inneren Planeten von Merkur bis Mars sind wahrscheinlich nicht einmal in großen Fernrohren erkennbar, weil sie zu nahe an der hell überstrahlenden Sonne stehen. Die Erde z. B. kann sich aus der Sicht des hypothetischen Neptun-Astronauten um höchstens zwei Bogengrad nach links oder rechts vom Zentralgestirn entfernen. Die Helligkeit unseres Heimatplaneten dürfte aus dieser Distanz bei 8. oder 9. Größe liegen.

Nach dem heutigen Stand der Entstehungstheorien für die Planeten im allgemeinen und für Neptun im besonderen gehen die Astrophysiker davon aus, daß dieser Planet höchstwahrscheinlich kein Magnetfeld hat. Jedenfalls ist die Wahrscheinlichkeit dafür wesentlich geringer als z. B. bei Uranus, der ja auch mehrere in der Größe etwa gleichwertige Monde besitzt. Um Neptun kreisen nach bisherigem Wissensstand aber nur zwei Trabanten, von denen einer wegen seiner Winzigkeit praktisch vernachlässigt werden kann. Und gerade eine größere »Familie« nicht zu kleiner Monde ist ja ein Indiz für die Existenz eines Magnetfeldes um einen größeren Planeten. Davon gehen die Astrophysiker jedenfalls nach den bei Jupiter und Saturn gemachten Erfahrungen aus. Ob sich diese Theorien bei Uranus und Neptun bestätigen, wird wohl erst nach dem Vorbeiflug von Voyager 2 an diesen beiden Planeten zu beantworten sein.

Neptun-Tabelle

Physikalische Daten	Einheit	Neptun	Erde = 1
Durchmesser	km	49 500	3,88
Oberfläche	km^2	$7{,}7 \times 10^9$	15
Volumen	km^3	$6{,}4 \times 10^{13}$	42
Spezifische Dichte	t/m^3	1,65	0,3
Masse	Tonnen	$1{,}05 \times 10^{23}$	17,23
Oberflächen-Schwerkraft	m/s^2	11,44	1,17
Fluchtgeschwindigkeit	km/s	23,8	2,13
Oberflächen-Verhältnisse			
Material / Formationen		Gase, Wolken	
Primäre Gase		H_2, He	
Sonneneinstrahlung	W/m^2	1,47–1,53	
Oberflächen-Temperatur	Grad C	–200	
Bahnbewegung			
Min/Max Sonnenabstand	10^6 km	4309 – 4684	28,8
Exzentrizität		0,009	0,53
Bahnumfang	10^6 km	28 252	28,8
Bahngeschwindigkeit	km/s	5,38–5,48	0,18
Siderische Umlaufzeit	Jahre	164,8	164,8
Bahnneigung gegen Ekliptik	Grad	1° 46′	
Rotation			
Umdrehungszeit	Stunden	19 ± 4	0,8
Winkel Äquator/Bahnebene	Grad	29	1,23
Von der Erde aus betrachtet			
Min/Max Entfernung	10^6 km	4304 – 4689	30
Min/Max Signal-Laufzeit	Min.	239 – 261	
Scheinbare Helligkeit	Magnit.	7,5–8	
Scheinbarer Durchmesser	Bogensek.	2–2,5	
Synodische Umlaufzeit	Tage	376	1,6
Albedo		0,62	
Äußerer Bereich			
Monde		2	

Pluto

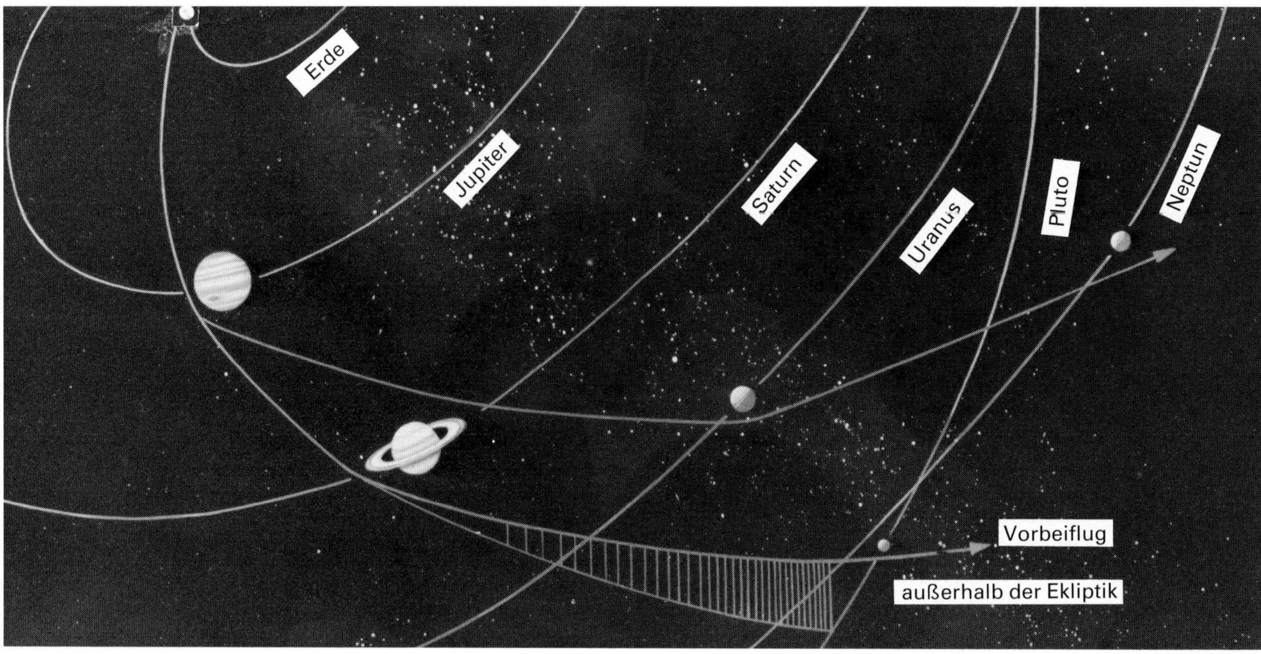

Die Erforschung des äußeren Planetensystems mit Raumsonden ist momentan vor allem ein finanzielles Problem, auch eine Pluto-Sonde wäre technisch jederzeit realisierbar, wenn auch hinsichtlich des Start-Zeitpunkts gewisse langfristige Konstellationen zu beachten sind. Die Flugzeit würde mit Hilfe eines Jupiter (und evtl. auch eines Saturn-) Vorbeifluges zehn bis zwölf Jahre betragen. Pluto befindet sich momentan auf seiner exzentrischen Umlaufbahn noch innerhalb des Neptun-Orbits.

Obwohl man die von Neptun verursachten Störungen auf die Uranus-Bahn gewissenhaft berücksichtigte, traten doch zu Beginn unseres Jahrhunderts unerwartete neue Differenzen zwischen der tatsächlich beobachteten und der vorausberechneten Uranus-Bahn auf. Zwar waren diese Abweichungen jetzt schon wesentlich kleiner als 1846 – etwa in der Größenordnung einiger Bogensekunden – aber die Wissenschaftler vermuteten dahinter schließlich doch mehr als nur irgendwelche systematischen Meßfehler: Sie hielten die Existenz eines weiteren kleinen Planeten weit draußen jenseits der Neptun-Bahn für möglich.
Wieder machten sich – unabhängig voneinander – zwei Astronomen auf die Suche nach diesem Trans-Neptun. Zunächst arbeiteten die beiden Astronomen ebenfalls mit dem Rechenstift, dann nahmen sie die noch junge Hilfswissenschaft der Astrofotografie zu Hilfe, um das Auffinden des vermuteten neuen Planeten zu beschleunigen oder überhaupt erst zu ermöglichen, da er wohl sehr lichtschwach sein würde. Was aber im Falle Neptuns nur elf Monate dauerte, nahm bei der Auffindung des Pluto nahezu drei Jahrzehnte in Anspruch.
Prof. W. Pickering (1858–1938) vom Mt. Wilson-Observatory hatte 1919 aus den bei Uranus und Neptun beobachteten Bahnstörungen die ungefähre Position des neuen, vermuteten Planeten berechnet und begann mit einer systematischen fotografischen Durchmusterung der betreffenden Himmelsgegend. Nach einem Jahr erfolgloser Suche brach Pickering die Aktion ab; er glaubte selbst nicht mehr an den vorausgesagten fernen Planeten – obwohl er ihn bereits gefunden hatte, wie sich viel später bei einer nachträglichen Prüfung des Materials herausstellte, als Pluto wirklich entdeckt war. Pickering hatte zwar richtig kombiniert; er und seine Mitarbeiter hatten aber die Fotoplatten nicht sorgfältig genug ausgewertet.
Der zweite Astronom, der sich zu Beginn unseres Jahrhunderts auf die Suche nach einem transneptunischen Planeten machte, war Percival Lowell (1855–1916), der sich als wohlhabender Privatmann und Amateurastronom eine eigene sehr leistungsfähige Sternwarte in Kalifornien einrichtete und zahlreiche Fachastronomen beschäftigte. Lowell begann

schon 1905 mit der Analyse der Restabweichungen in der Uranus-Bahn. Seine Berechnungen ergaben zwei Positionen für die hypothetischen Planeten, die am Himmel sozusagen einander gegenüberlagen.
Obwohl Lowell seine Rechnungen erst 1914 veröffentlichte, war doch auch schon in den Jahren zuvor nach dem unbekannten Planeten geforscht worden. Auch nach dem Tod des Gelehrten im Jahr 1916 wurde die Suche fortgesetzt – eine wahre Geduldsprobe für die beteiligten Wissenschaftler.
Ein Durchbruch zeichnete sich jedoch erst im Jahr 1929 ab, als man eine neue Astrokamera mit einem sehr großen Bildfeld von 12 × 14° und einem relativ lichtstarken Objektiv einsetzte, die Fotoplatten von 35 × 42 cm Größe belichtete. Etwa zur gleichen Zeit wurde am Lowell Observatorium der junge Amateurastronom Clyde Tombaugh als freiwilliger Helfer engagiert, der wegen seiner Begeisterung und seines Geschicks schließlich mit dem Projekt der Planetensuche betraut wurde. Mit der neuen Kamera nahm er also noch einmal die von Lowell angegebenen Himmelsgegenden auf und wertete die Platten anschließend mit einem sog. Blinkkomparator aus. Das ist ein optisches Instrument zum Vergleich astronomischer Aufnahmen, bei dem die evtl. Positionsveränderung eines Sterns sofort durch ein Lichtsignal auffällt.
Und tatsächlich hatte Tombaugh nach etwa einem Jahr Arbeit das Glück des Tüchtigen: Bei zwei am 21. und 29. Januar 1930 aufgenommenen Platten entdeckte er ein lichtschwaches Sternchen von etwa 15. Größe, das sich in der zwischen den beiden Aufnahmen vergangenen Wochen um einen geringen Betrag weiterbewegt hatte. Kontrollaufnahmen und erste Versuche einer Bahnberechnung bestätigten schließlich, daß Tombaugh tatsächlich den seit 25 Jahren gesuchten transneptunischen Planeten gefunden hatte.
Am 13. März 1930, am 75. Geburtstag des leider zu früh verstorbenen Percival Lowell, wurde die Weltöffentlichkeit von dieser Entdeckung informiert. Der neue Planet erhielt den Namen Pluto.

Clyde Tombaugh entdeckte den neunten Planeten Pluto 1930, als er aushilfsweise an einer großen Sternwarte mitarbeitete. Danach studierte der Farmerssohn Astronomie und war lange Jahre als Professor in seinem Beruf in den USA tätig. Dieses Foto entstand im »Jet Propulsion Laboratory« der NASA in Pasadena, in das der freundliche ältere Herr anläßlich des Saturn-Vorbeifluges von Voyager 1 eingeladen worden war.

Die exzentrische Umlaufbahn

Da sich der neue Planet – wie nicht anders zu erwarten – nur sehr langsam am Himmel weiterbewegte, war die Bestimmung der genauen Bahn und der Umlaufzeit sehr schwierig. Als wertvoll erwiesen sich nun aber die von Pickering 10 Jahre zuvor gemachten Fotos, der – zufällig? – die gleiche Himmelsgegend überprüft hatte, wo Pluto dann schließlich auch gefunden wurde. Auf den Platten von Pickering wurde der neue Planet nun nachträglich aufgespürt, so daß man zur Bahnbestimmung nun immerhin zwei um zehn Jahre auseinander liegende Positionen verfügbar hatte und damit eine gewisse Zuverlässigkeit in die Rechnungen bringen konnte.
Es stellte sich dabei heraus, daß die Umlaufbahn von Pluto sehr exzentrisch ist und den Sonnenabstand des Planeten von 29,6 AE (4428 Mia. km) bis 39,4 AE (5894 Mia. km) schwanken läßt, so daß er sich zeitweise sogar noch innerhalb der Neptun-Bahn befindet. In diesen Abschnitt seiner Bahn ist Pluto übrigens gerade eingetreten, er wird sich dort bis 1999 aufhalten, so daß die Beobachtungsbedingungen für diesen Planeten momentan relativ günstig sind.
Die Umlaufzeit von Pluto um die Sonne beträgt etwa 250 Jahre, wir konnten also seit seiner Entdeckung erst ein Fünftel seines Orbits direkt verfolgen. Das reicht den Mathematikern aber zur genauen Berechnung der vollständigen Ephemeriden, so daß z. B. eine Raumsonde mit großer Genauigkeit zu Pluto gelenkt werden könnte. Dabei ist die Positionsbestimmung bei diesem Planeten besonders schwierig, weil seine Umlaufbahn um 17° gegen die Ekliptik geneigt ist, er steigt also gewissermaßen nach Norden und Süden in die dritte Dimension des Sonnensystems hinauf bzw. herab.
Diese hohe Bahnneigung ist es auch, die eine Kollision zwischen Neptun und Pluto unmöglich macht, wenn sich der kleinere Planet bei seiner Reise um die Sonne innerhalb der Umlaufbahn des größeren aufhält. Diese Annäherung fällt immer mit hohen ekliptischen Breiten zusammen: Pluto steht also in diesem Abschnitt seiner Bahn gewissermaßen über Neptun, der minimale Abstand beträgt dabei etwa 17 AE.

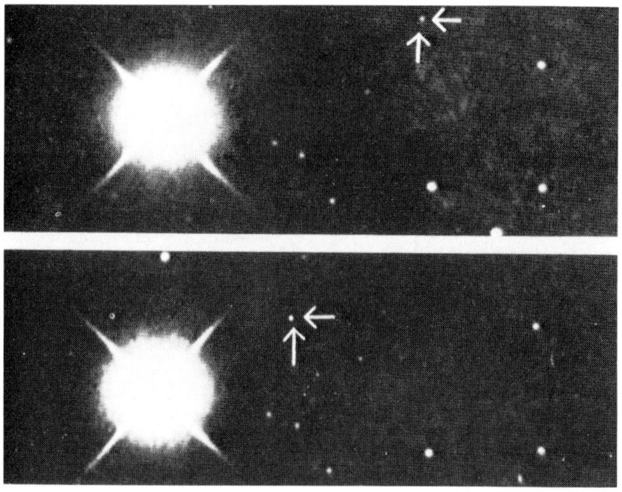

Pluto erscheint auf Fotografien neben hellen Fixsternen nur als winziges Lichtpünktchen, das sich langsam unter diesen weiterbewegt. Pluto kann nur von besonders gut ausgerüsteten Amateurastronomen beobachtet werden, normalerweise bleibt der maximal 14^m erreichende Planet den großen Sternwarten mit ihren Teleskopen vorbehalten. Das gilt sowohl für die visuelle Beobachtung als auch für astrofotografische Versuche, den lichtschwachen Planeten am Himmel aufzuspüren.

Physikalische Verhältnisse

Auch heute noch, über 50 Jahre nach der Entdeckung, wissen wir relativ wenig über die physikalischen Eigenschaften von Pluto, dafür ist er einfach zu klein und zu weit von uns entfernt. Allerdings ist 1978 mit der Entdeckung des Pluto-Mondes Charon etwas Bewegung in die Erforschung dieses Planeten gekommen, die vielleicht in Zukunft noch einige interessante Ergebnisse zutage fördert. Eine Raumsonde wird Pluto in diesem Jahrhundert wohl nicht mehr erreichen, so daß die an diesem Planeten besonders interessierten Forscher ihre ganze Hoffnung auf das demnächst zu startende Space Telecope richten.

Mitte der 50er Jahre wurde eine erste lichtelektrische Untersuchung Plutos in Angriff genommen, die eine Schwankung der Helligkeit dieses Planeten um 0^m:,11 mit einer Periode von 6,4 Tagen ergab. Dieser Wert wird seitdem als die Rotationsdauer von Pluto angenommen. Auch neuere Messungen bestätigen diese Tageslänge auf dem Planeten, allerdings wurden jetzt stärkere Schwankungen der Helligkeit von 0^m:,22 festgestellt.

Die Helligkeitsschwankung von Pluto deuten die Astronomen als Indiz für unterschiedliche Oberflächen-Formationen auf dem Planeten. Die Zunahme der Amplitude wird mit der Vermutung erklärt, daß sich der Winkel von Plutos Polachse in den vergangenen 25 Jahren stetig vergrößert hat, den dieser mit der Verbindungslinie Pluto-Erde bildet. Demnach war damals vorwiegend einer der Pole des Planeten auf uns gerichtet, während jetzt mehr die Äquatorzonen ins Blickfeld geraten und die Helligkeitsunterschiede in Plutos Oberfläche verstärkt sichtbar werden.

Schließt man sich dieser Deutung der stärker werdenden Helligkeitsunterschiede bei Pluto an, dann bedeutet dies eine Neigung der Rotationsachse gegen die Ebene der Umlaufbahn um mehr als 50°, Pluto hätte also in dieser Hinsicht eine gewisse Ähnlichkeit mit Uranus, bei dem dieser Winkel ja sogar 98° beträgt. Neben der starken Exzentrizität der Umlaufbahn und deren starker Neigung gegen die Bahnebenen der anderen Planeten käme bei Pluto also noch die erhebliche Neigung der Rotationsachse gegen die Bahnebene hinzu – wahrlich ein exotischer Sonnenbegleiter.

Gerhard Kuiper versuchte 1950 eine erste Bestimmung des Durchmessers von Pluto, er verglich das Planetenbild im Fernrohr mit mehreren künstlich beleuchteten kleinen Scheibchen verschiedenen Durchmessers. Diese Größenbestimmung im Primärfokus des 5-m-Spiegels auf dem Mt. Palomar ergab einen scheinbaren Pluto-Durchmesser von 0,23 Bogensekunden, was bei dem damals herrschenden Abstand zur Erde einem absoluten Pluto-Durchmesser von 5900 km entsprach. Bei der Beobachtung einer streifenden Sternbedeckung im Jahr 1965 ergab sich sogar eine Größe von 6800 km für den Planeten.

Dieser offensichtlich eher kleine Wert für Plutos Durchmesser bereitete den Astronomen zunächst einiges Kopfzerbrechen, denn schon Lowell war bei den Berechnungen des Standorts eines transneptunischen Planeten davon ausgegangen, daß dieser Körper mindestens die siebenfache Masse der Erde haben müsse, um die beobachteten Störungen in den Umlaufbahnen von Uranus und Neptun hinreichend zu erklären. Bezog man nun diese scheinbar geforderte hohe Masse des Planeten auf seinen offensichtlich eher geringen Durchmesser (1/10 des Volumens der Erde), dann hätte Pluto ein spezifisches Gewicht von 400 g/cm^3 haben müssen – ein völlig illusorischer Wert.

Nun war lange Zeit unklar, ob der von Kuiper gemessene Durchmesser von Pluto falsch ist oder der angenommene hohe Wert für die Masse, der ja schließlich zur Auffindung des Planeten geführt hatte. Erst 1978 wurde dieser gravierende Widerspruch durch die Entdeckung des Pluto-Mondes Charon teilweise aufgelöst, so daß die Masseverhältnisse sich nun ganz anders darstellen. Außerdem haben sich inzwischen auch erhebliche Zweifel eingestellt, ob die Bahnabweichungen von Uranus und Neptun tatsächlich so gravierend sind und die daraus abgeleiteten Masse-Werte für den Trans-Neptun wirklich so hoch angesetzt werden dürfen, wie man das lange Zeit getan hat.

Über die Beschaffenheit der Pluto-Oberfläche war bis vor kurzem kaum etwas bekannt, die spektroskopischen Untersuchungen im visuellen und im Bereich des nahen Infrarot erbrachten keine Hinweise auf Silikate, wie man sie von einer steinigen Oberfläche erwarten könnte. Es zeigten sich auch nicht die Absorptionsbanden des gasförmigen Methan und des Ammo-

niak, wie sie typisch sind für die anderen äußeren Planeten. Nichtsdestotrotz beharrten einige Astronomen auf der Annahme, daß sich diese beiden Substanzen auch auf Pluto finden lassen müßten, nur ist es auf diesem Planeten so kalt (–230° C), daß Ammoniak und Methan gefrieren und allenfalls in fester Form als Eisablagerungen vorkommen könnten. Auch Wasser-Eis ist auf diesem Körper denkbar, wie es ja durch Infrarot-Messungen auch auf den beiden Jupiter-Monden Europa und Ganymed von der Erde aus sowie im Ringsystem und auf vier Monden von Saturn nachgewiesen wurde.
Tatsächlich gelang es 1976 mit dem 4-m-Spiegel des Kitt-Peak-Observatory, im infraroten Spektralbereich auf Pluto gefrorenes Methan nachzuweisen. Benutzt wurden dafür zwei Spezialfilter mit Durchlässigkeits-Maxima bei 1550 und 1730 nm, die eine Unterscheidung zwischen den drei eben genannten Eis-Sorten erlauben. Nach diesen Untersuchungen ist Pluto zum größten Teil mit gefrorenem Methan bedeckt, das eine Albedo von etwa 0,6 hat. Bezieht man diesen Wert auf die scheinbare Helligkeit des Planeten, dann erhält man für den Durchmesser einen Wert von ca. 3000 km – ein nach neuesten Erkenntnissen durchaus realistischer Wert.
Neuere Messungen deuten darauf hin, daß das im Pluto-Spektrum gefundene Methan von einer dünnen Atmosphäre verursacht wird, die nur etwa 1/300 der Dichte der irdischen Lufthülle haben dürfte, womit Pluto die »dünnste« Atmosphäre aller Planeten besitzt. Methan (CH_4) ist die einfachste aller Kohlenwasserstoff-Verbindungen, hier auf der Erde kommt es als wichtigster Bestandteil von Erdgas sowie im Faul- bzw. Grubengas vor. Methan wird bei –162° C flüssig und bei –183° C fest. Wahrscheinlich wurde die Entdeckung der Methan-Atmosphäre von Pluto erst möglich, weil sich der Planet momentan relativ nahe an der Sonne befindet (näher als Neptun), so daß es auf Pluto momentan etwas wärmer ist als gewöhnlich und das Methan nicht gefroren ist, sondern sich in flüssigem oder vielleicht auch gasförmigem Zustand auf Pluto befindet.

Charon – ein Mond wird entdeckt

Mitte 1978 gab J. W. Christy vom »Naval Research Laboratory« in Washington bekannt, daß er einen Pluto-Mond entdeckt habe – in Fachkreisen war das damals eine kleine Sensation. Der Astronom hatte diesen neuen Trabanten praktisch mit dem Mikroskop gefunden, als er viele Pluto-Bilder der letzten Jahre genau untersuchte. Auf einigen dieser Fotos bemerkte Christy bei der Prüfung mit dem Mikroskop, daß sich an dem von fotografischen Korn schon stark beeinflußten Pluto-Abbild eine unregelmäßige Ausbuchtung befand. Zunächst glaubte Christy an einen Fehler im fotografischen Material, doch auf neu gemachten Pluto-Bildern mit speziell ausgesuchten fotografischen Platten wurden die Ausbuchtungen eben-

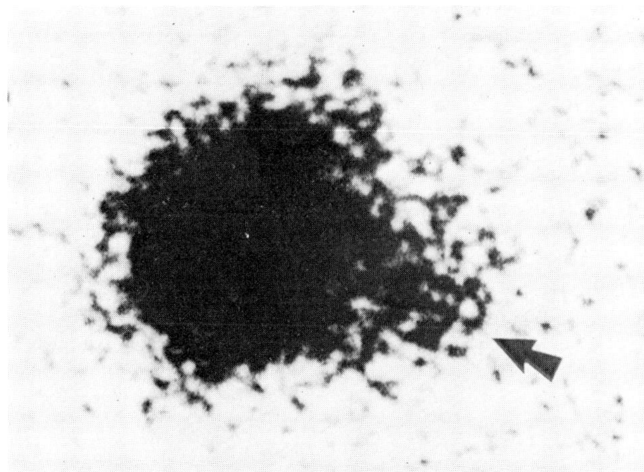

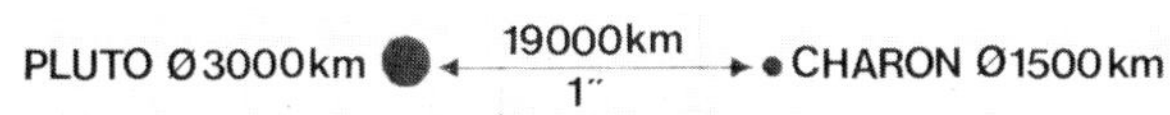

Dieses von fotografischem Silberkorn »zerfressene«, negativ wiedergegebene Pluto-Bild mit der Ausbuchtung rechts führte zur Aufspürung des Mondes Charon. Der Astronom Christy entdeckte diese »Beule« auch bei anderen Pluto-Bildern und stellte eine gewisse Regelmäßigkeit in ihrem Erscheinen fest. Die kleine Skizze unter dem Foto gibt im gleichen Maßstab die wahren Größenverhältnisse im System Pluto-Charon wieder. Die während der langen Belichtungszeit geschwärzten vielen Silberkörner haben die eigentlichen Bilder des Planeten und seines Mondes völlig überlagert und deformiert.

falls gefunden, so daß sie als tatsächlich existierendes Phänomen angesehen werden mußten. Als sich schließlich noch herausstellte, daß diese Unregelmäßigkeiten im Pluto-Bild mit einer Periode von 6,39 Tagen auftraten – das ist der bislang für die Eigenrotation des Planeten angenommene Zeitwert – gab es für Christy keinen Zweifel mehr: er hatte einen Pluto-Mond entdeckt.
Es ist nicht möglich, Pluto als kleines Scheibchen isoliert zu fotografieren, dafür ist sein scheinbarer Durchmesser von 0,12 Bogensekunden viel zu klein, die Silberkörner in der Filmschicht sind wesentlich größer und gröber als das auf die Fotoschicht projizierte Planetenscheibchen. Pluto ist also nur abzubilden, indem man ihn erheblich überbelichtet, so daß sich zahlreiche Silberkörner ringsherum um das eigentliche Abbild des Lichtpünktchens schwärzen. Das auf dem Film erkennbare Pluto-Bild ist also wesentlich größer als es der Geometrie nach sein dürfte, der relativ nahe bei dem Planeten stehende Mond ist deshalb nur gelegentlich als unscharfe Ausbuchtung in der Silberkorn-Zusammenballung des Planetenbildes zu erkennen.
Die maximale Entfernung zwischen Pluto und seinem Mond Charon beträgt auf den Fotos – so weit man das in dem groben Silberkorn überhaupt exakt messen kann – etwa 0,9 Bogensekunden. Das entspricht einem tatsächlichen Abstand zwischen den beiden

Körpern – jeweils vom Mittelpunkt aus gemessen – von etwa 20000 km. Mit dem Gravitationsgesetz von Newton läßt sich nun – Abstand der beiden Körper und Umlaufzeit sind bekannt – die Masse von Pluto und Charon bestimmen, beide Körper zusammen erreichen etwa 1/400 der Erd-Masse. Nach den heute gültigen Werten hat Charon etwa 1/10 der Masse von Pluto (0,0002 der Erde-Masse).
Sofort begann eine genaue Analyse und Berechnung der nun völlig neuen Verhältnisse im Pluto-System, denn nun bestand eine Chance, die bis dahin noch herrschenden Unklarheiten hinsichtlich der Größe, Dichte und Masse des Planeten zu klären.
Christy gab dem von ihm entdeckten Pluto-Mond den Namen Charon, das ist in der griechischen Mythologie der Fährmann, der die Seelen der verstorbenen gegen einen Obolus über den Fluß Styx setzte und damit die Grenze zwischen Leben und Tod überschritt, die jeder Mensch nur einmal und nur in einer Richtung passieren kann. Am anderen Ufer beginnt der Hades, das Totenreich Plutos.
Zunächst einmal bestätigte eine genaue Analyse von Pluto-Fotos aus den Jahren 1965–78, daß die Separation und der Phasenwinkel dieser »Beule« im fotografischen Abbild des Planeten tatsächlich mit einer Periode von 6,39 Tagen variieren und daß diese Erscheinung unabhängig von dem Lichtwechsel bei dem Planeten ist, daß sich dieser also wirklich in knapp einer Erd-Woche einmal um sich selbst dreht. Damit war dann auch der Schluß erlaubt, daß Pluto und Charon eine aneinander gebundene Rotation haben.
Charon ist – soweit man das überhaupt separat abschätzen kann – um etwa zwei Größenklassen lichtschwächer, also etwa 16^m in der Opposition. Das Helligkeitsverhältnis zwischen Planet und Mond beträgt also 10 : 1.
Obwohl schon einige Zeit seit der Entdeckung des Pluto-Mondes vergangen ist, schwanken doch die Angaben in der Fachliteratur über die Größe der beiden Körper noch erheblich. Beide Werte hängen voneinander ab, je größer Pluto gemacht wird, desto kleiner wird Charon und umgekehrt. Es bedarf also sehr raffinierter Untersuchungsmethoden, um beide Werte wirklich voneinander zu trennen und separat darzustellen.
Zunächst wurde der Durchmesser von Charon mit 800 km angegeben, was etwa einem Viertel des ursprünglich angenommenen Wertes für Pluto entsprach. Inzwischen ist Charon in der Analyse der Wissenschaftler wesentlich gewachsen, heute wird schon der doppelte Wert von 1600 km für den Durchmesser von Charon für möglich gehalten.
An diesem »Zuwachs« ist zum größten Teil auch wieder eine Sternbedeckung schuld, die im April 1980 stattfand und bei der ein Fixstern 12. Größe ganz nahe an dem Doppelplaneten Pluto-Charon vorbeizog. Etwa 50 Sek. dauerte die Verdunkelung und eine genaue Analyse der Bahnverhältnisse zu jener Zeit ergab, daß dieser Fixstern – zumindest teilweise – von

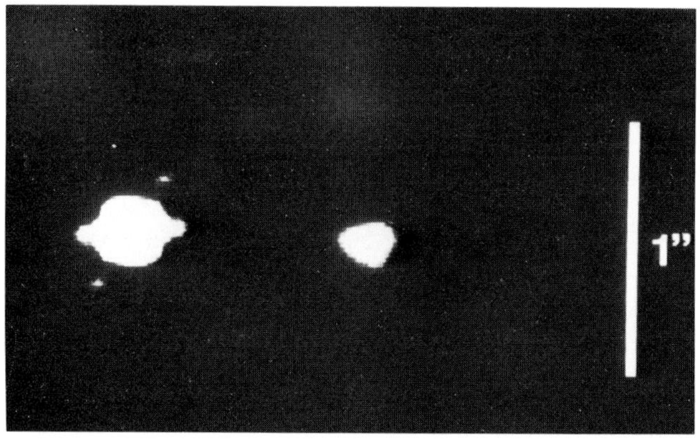

Mit der sog. Speckle-Interferometrie erhielten europäische Astronomen diese sehr detaillierte Aufnahme von Pluto und seinem Mond Charon. Die kleinen Punkte und Striche bei dem größeren Körper sind instrumentell bedingte Unsauberkeiten. Einige tausend kurze Einzelbelichtungen wurden gemacht und mit Hilfe eines elektronischen Bildwandlers kombiniert und reduziert, bis schließlich dieses bisher beste Bild des äußeren Planeten entstand.

Charon bedeckt worden war. Setzt man nun die Bahnbewegung der Erde, des Doppelplaneten-Systems und des Mondes Charon in die rechte Beziehung zueinander, dann ergibt sich aus der Dauer der beobachteten Verdunkelungszeit der genannte Wert von 1600 km für den Charon-Durchmesser. Damit hätte der Mond schon fast die Hälfte des Durchmessers von Pluto erreicht – wenn alle Voraussetzungen stimmen. Der geringe Abstand und der nicht sehr große Unterschied im Durchmesser macht die beiden Körper Pluto und Charon zu einem echten Doppelplaneten.
Da sich die »Beule« im stark vergrößerten Pluto-Bild stets nördlich oder südlich des eigentlichen Planetenscheibchens befindet, ist die Bahn von Charon wahrscheinlich stark um ca. 105° gegen die Umlaufbahn von Pluto geneigt. Außerdem sehen wir diese Bahn momentan perspektivisch wohl stark verkürzt als ganz schmale Ellipse, in Wirklichkeit dürfte die Charon-Bahn um Pluto wohl annähernd kreisförmig sein. Um 1985 sehen wir wahrscheinlich genau auf die Bahnebene des Mondes, so daß sich gegenseitige Verfinsterungen zwischen Pluto und Charon ergeben, aus denen auch wieder interessante Rückschlüsse auf die Verhältnisse in diesem Doppelplaneten-System gezogen werden können.
Pluto ist also wesentlich leichter als früher angenommen, und auch das Durchmesser-Paradoxon hat sich auf diese Weise relativ leicht aufgelöst. Mit dem Wert von 2800 km ergibt sich für Pluto eine spezifische Dichte von 1,2 g/cm³, was ja gut zu den entsprechenden Werten der anderen äußeren Planeten paßt. Pluto ist also kein erdähnlicher Planet, wie früher angenommen wurde, es handelt sich vielmehr um eine Kugel aus gefrorenen Gasen, an deren Oberfläche sich vielleicht von einschlagenden Meteoriten einige Gesteinströmmer angesammelt haben. Pluto unterscheidet

sich also in der Zusammensetzung nicht sehr von den anderen äußeren Planeten Uranus und Neptun, er ist nur wesentlich kleiner und seine Atmosphäre liegt als Eisschicht auf der Oberfläche.
Die Durchmesser-Bestimmung, die G. Kuiper bei Pluto vorgenommen hat, ist wahrscheinlich durch die Mond-Ausbuchtung systematisch verfälscht worden; dasselbe dürfte für die Größenbestimmung während der streifenden Sternbedeckung gelten. Niemand ist aber wohl damals auf die Idee gekommen, sich das fotografische Pluto-Bild etwas näher zu betrachten.
Mit der Entdeckung des Mondes sind zwar einige wesentliche Widersprüche bei Pluto aufgeklärt worden, aber dafür sind wieder einige neue Probleme dazugekommen. So ist z. B. klar geworden, daß Pluto und sein Trabant viel zu leicht sind, um die Planeten Uranus und Neptun auf ihren Umlaufbahnen in dem Ausmaß zu beeinflussen, wie das ursprünglich einmal angenommen wurde und wie es auch zur Berechnung des Standorts von Pluto führte. Diese starken Bahnabweichungen hat es bei diesen beiden Planeten nach neuen Erkenntnissen gar nicht gegeben, so daß man die Entdeckung Plutos in dem von Pickering und Lowell angegebenen Himmelsareal heute als glücklichen Zufall ansehen muß – womit aber immer noch nicht geklärt ist, wieso diese beiden Astronomen seinerzeit fast gleichzeitig auf ganz ähnliche Himmelsgegenden kamen, wo man den vermuteten Planeten suchen müsse und wo er dann ja tatsächlich auch gefunden wurde.
Alle hier genannten Angaben über das Doppelplaneten-System Pluto/Charon sind vorläufig mit Vorsicht zu behandeln, denn bei diesem noch sehr »jungen« astronomischen Forschungsobjekt gibt es momentan fast ebenso viele Hypothesen und Parameter-Kombinationen, wie es damit befaßte Wissenschaftler gibt. Die Schwierigkeit besteht darin, daß alle Angaben – über die Größe, Masse und die Entfernung zwischen Pluto und Charon – voneinander abhängen. Da sich keine der genannten Größen mit hinreichender Präzision ermitteln läßt, bleiben alle anderen Daten auch unsicher.
Angeregt durch die Entdeckung des Pluto-Mondes widmeten sich in letzter Zeit mehrere Astronomen verstärkt diesem äußeren Planeten im Sonnensystem. Mit dem 5-m-Spiegel des Mt. Palomar und einem neuen hochempfindlichen elektronischen Detektor wurde der Durchmesser von Pluto neu bestimmt. Es ergaben sich Werte zwischen 3000 und 3600 km, der größere Durchmesser wäre für eine ungleichmäßige Oberfläche oder eine Randverdunkelung bei Pluto richtig. Der kleinere Wert ergibt sich, wenn man eine gleichmäßig helle Oberfläche annimmt. Ausgehend von den beobachteten Helligkeitsschwankungen neigen die Experten momentan eher dem größeren Wert für den Durchmeser Plutos zu, der damit wohl etwa so groß sein dürfte wie unser Erd-Mond (3476 km). Die Albedo Plutos wurde bei diesen Untersuchungen mit dem sog. »Image Photon Counting System« (IPCS) zu 0,25 bestimmt, wie sie bei einer Oberfläche aus gefrorenem Methan zu erwarten ist.
Aus diesem neuen Wert für den Durchmesser ergab sich ein erheblich reduziertes spezifisches Gewicht von ca. 0,5 g/cm³ mit einer Unsicherheit von 13 0,3 g/cm³. Wenn sich diese Werte bestätigen sollten, dann hat Pluto seit der Entdeckung seines Mondes hinsichtlich der spezifischen Dichte einen abenteuerlichen Weg vom schwersten zum leichtesten Planeten des Sonnensystem durchgemacht, denn damit wäre Pluto noch leichter als Saturn, der mit 0,69 g/cm³ bislang der leichteste Planet war.
Zu seiner genaueren Erforschung bleibt nur die Hoffnung auf das Space Telescope der NASA, mit dem ab 1986 auch die äußeren Planeten regelmäßig angepeilt werden sollen. Mit dem erwarteten Auflösungsvermögen von 0,01 Bogensekunden dürfte das in der Erdumlaufbahn kreisende Raumlabor auch den Doppelplaneten Pluto/Charon in seine einzelnen Komponenten auflösen. Damit könnten dann auch die wahren Größen- und Bahnverhältnisse dieser beiden Körper genauer bestimmbar sein.
Eine Raumsonde zu Pluto könnte wegen der Bahnkonstellationen erst 1990 gestartet werden, um mit Hilfe eines Jupiter-Vorbeifluges in etwa zehn Jahren zu dem äußeren Planeten zu gelangen. Ohne Swing-by-Manöver bei Jupiter würde die Sonde etwa 30 Jahre lang zu Pluto unterwegs sein. Es ist heute noch völlig ungewiß, ob die NASA für eine solche Mission genügend Geld aufbringen kann und will. Die Sonde könnte aus Voyager-Baukomponenten bestehen und würde auch knapp eine Tonne wiegen, der Start könnte mit dem Shuttle und einer Centaur-Zweitstufe erfolgen.
Die neuen Massewerte für das Pluto-System haben inzwischen auch zu einer verbesserten Berechnung der Umlaufbahn dieses Planeten geführt. Dabei wurden von den Astronomen des Flagstaff-Observatoriums alle verfügbaren Beobachtungsdaten bis zum Jahr 1980 verwendet. Als Ergebnis ermittelten die Wissenschaftler zunächst eine neue Umlaufzeit für Pluto, der danach 2,6 Jahre länger für eine Umkreisung der Sonne braucht als bisher angenommen – nämlich 250,3 Jahre. Aber auch dieser Wert mag sich in nächster Zeit noch weiter verändern, denn bisher konnten wir seit der Entdeckung Plutos erst ein Fünftel seiner Umlaufbahn korrekt vermessen.
Sozusagen nebenbei ergab sich bei dieser Neuberechnung der Pluto-Bahn auch eine Revision der Umlaufbahnen von Uranus und Neptun. Dabei stellte sich in den letzten hundert Jahren eine Abweichung der beobachteten von den berechneten Positionen bis zu ½ Grad heraus. Einen konkreten Hinweis auf einen eventuell für diese Unregelmäßigkeiten verantwortlichen »Störenfried« außerhalb der Pluto-Bahn konnten die Experten aus diesen Berechnungen noch nicht entnehmen. Aber vielleicht gelingt die Entdeckung des Trans-Pluto – falls er tatsächlich existiert – eines Tages auf diese theoretische Weise mit Hilfe von Computern.

Spekulationen um Trans-Pluto

Da Pluto mit seinem Mond für die tatsächlichen oder vermeintlichen Bahnabweichungen von Uranus und Neptun nicht verantwortlich gemacht werden kann, diskutieren einige Forscher gelegentlich auch die Existenz eines weiteren Planeten, der weit außerhalb der Pluto-Bahn um die Sonne kreist. Aber momentan lassen sich aus den minimalen Abweichungen der tatsächlichen von den vorausgegebenen Bahnen der Planeten Uranus, Neptun und Pluto – so sie tatsächlich existieren – keine exakten Berechnungen des Orbits, der Entfernung oder gar des momentanen Standorts eines hypothetischen Trans-Pluto ableiten. Diese Bahnstörungen sind so minimal, daß sie auch für die leistungsfähigsten Computer keine ausreichende Rechenbasis ergeben. Die mathematische Großtat von Adams und Leverrier läßt sich nicht wiederholen.

Seit einiger Zeit wird auch versucht, aus den Bahnen einiger langperiodischer Kometen etwas über einen vielleicht außerhalb der Pluto-Bahn um die Sonne kreisenden Planeten zu erfahren. Auf ihren langgestreckten elliptischen Bahnen könnten die Kometen am ehesten mit diesem evtl. existierenden Mitglied des Sonnensystems in Berührung kommen, das vielleicht 50 oder 100 Astronomischen Einheiten (7500–15 000 Mia. km) von uns entfernt ist. Wenn ein so kleiner, leichter Komet in die Nähe eines großen massereichen Planeten gerät, dann wird seine Bahn sicher wesentlich beeinflußt, aber wir beobachten diese Himmelswanderer noch nicht lange genug, um wirklich einen so langperiodischen Kometen überprüfen zu können. Er müßte sich ja tatsächlich auf 50 oder 100 AE von der Sonne entfernen, um in die Nähe des vermuteten Planeten zu gelangen, und das würde Umlaufzeiten von einigen Hundert Jahren nach sich ziehen.

Die Existenz eines zehnten Planeten würde übrigens sehr gut zu der kosmogonischen Theorie passen, daß Pluto und sein Mond Charon ursprünglich Trabanten des Planeten Neptun waren und vor Urzeiten durch eben diesen hypothetischen Planeten bei einem nahen Vorübergang aus ihren ursprünglichen Verhältnissen herausgerissen wurden. Danach ist dieser Planet offensichtlich sehr groß und schwer, oder er geriet sehr nahe an Neptun heran, um die vermuteten Veränderungen zu bewirken.

Allerdings müßte dieser Trans-Pluto nun bald gefunden werden, denn der Himmel wird eigentlich schon lange genug regelmäßig mit leistungsfähigen Astrokameras überwacht – bei der Registrierung von veränderlichen Sternen, bei der Suche nach Kometen und Asteroiden oder bei der Aufspürung von Sternen mit großer Eigenbewegung.

Diese Durchmusterungen erfassen auch Himmelsgegenden weit südlich und nördlich der Ekliptik und Sterne bis 16^m; entweder ist Trans-Pluto noch lichtschwächer, weil er kleiner, dunkler oder weiter entfernt ist als erwartet – oder er existiert gar nicht.

So stellt sich ein Zeichner das Sonnensystem vor, wie es vielleicht von einem zehnten Planeten weit draußen jenseits der Pluto-Bahn aussehen könnte.

Entstehungstheorien

Die sehr »unordentliche« Bahn von Pluto gab von Anfang an zu allerhand kosmogonischen Spekulationen Anlaß, denn diese starke Exzentrizität und Bahnneigung erinnert mehr an einen Asteroiden und nicht an die Bahn eines Planeten. So gibt es Überlegungen, ob Pluto vielleicht das auffälligste Mitglied eines Asteroidengürtels ist, der außerhalb der Neptun-Bahn um die Sonne kreist. Allerdings wurden in den letzten 50 Jahren trotz ausgedehnter Programme zur Himmelsüberwachung keine weiteren Mitglieder eines solchen äußeren Asteroidengürtels gefunden. Dagegen werden laufend neue kleine, sehr lichtschwache Komponenten (20^m) des zwischen Mars und Jupiter befindlichen Materiegürtels entdeckt.

Eine andere Hypothese geht davon aus, daß Pluto ursprünglich ein Mond des Neptun gewesen sein könnte, der diesen rechtläufig umkreiste – ebenso wie dessen größter Mond Triton, der heute retrograd um den Planeten läuft. Irgendwann in ferner Vergangenheit seien sich diese beiden Trabanten einmal zu nahe gekommen, so daß der kleinere derart beschleunigt wurde, daß er den Einflußbereich Neptuns verließ und heute als eigenständiger Planet auf einer sehr »krummen« Bahn um die Sonne kreist. Bei diesem Manöver wäre dann auch eine starke Änderung der Umlaufbahn von Triton denkbar, so daß sie die heute noch beobachtete retrograde Orientierung annahm.

Mit den leistungsfähigen Großrechnern unserer Tage lassen sich derartige Theorien bis zu einem bestimmten Grad auf ihre Wahrscheinlichkeit hin überprüfen und die Bahnbewegungen von zwei großen (mit Einschränkungen auch von mehr) Himmelskörpern für längere Zeiträume zurück und auch im voraus berechnen. Dabei wurde für die Konjunktionen zwischen den Planeten Neptun und Pluto eine Librationsperiode von 19000 Jahren entdeckt, die Neptun immer in die Nähe Plutos kommen läßt, wenn sich dieser im Aphel seiner Bahn befindet, also gerade sehr weit von der Sonne und damit natürlich auch wieder von Neptun entfernt ist. Auch bei mehreren Millionen Jahren zurückreichenden Bahnberechnungen ändern sich diese Verhältnisse nicht, es wurde dabei nur noch eine Librations-Periode des Perihels von Pluto gefunden, das aber immer weit von der Bahnebene Neptuns entfernt ist. Nach diesen umfangreichen Bahnberechnungen ist es eher unwahrscheinlich, daß sich Neptun und Pluto einmal auf – sagen wir, einige Millionen Kilometer – nahe kommen, ihre Umlaufbahnen sind nach unseren heutigen Kenntnissen von einer »ewigen« Stabilität und Distanz gekennzeichnet.
Wieder eine andere Theorie besagt, daß zwar Pluto früher ein Mond Neptuns war, daß die Trennung der beiden Objekte aber durch einen fremden Himmelskörper verursacht wurde, der in der Nähe Neptuns vorbeizog. Dabei seien dessen Monde gewaltig durcheinander gewirbelt worden, so daß sich Pluto abtrennte und Triton eine andere Umlaufrichtung annahm. Daran ändert nach Meinung dieser Wissenschaftler auch die Entdeckung des Pluto-Mondes Charon nichts, der vielleicht auch ein Neptun-Trabant gewesen sein könnte. Ob dieser fremde, an Neptun vorbeigezogene Körper vielleicht ein weit draußen noch jenseits der Pluto-Bahn kreisender Planet gewesen sein könnte, ist eine andere Frage, die sich in diesem Zusammenhang ergibt. Spekulationen ohne Ende, wenn auch nicht ohne Sinn.
Vielleicht ist dieser Doppelplanet – wie man es auch für die Paare Erde/Mond und Pluto/Charon annimmt – aus zwei ursprünglich eigenständig um die Sonne kreisenden Komponenten entstanden. Vor Urzeiten wurden dann die kleineren Körper schließlich von den größeren eingefangen, wobei sich aus bahnmechanischen Gründen zunächst ein rückläufiger Orbit des neuen Mondes relativ nahe an dem größeren Körper ergab. Auch unser Mond könnte sich, wie neuere Forschungen zu beweisen scheinen, ursprünglich einmal »verkehrt herum« in sehr viel geringerem Abstand um die Erde bewegt haben. Aufgrund der deshalb sehr viel stärkeren Gezeitenkräfte soll der Mond dann – so behaupten jedenfalls einige Wissenschaftler – über eine polare Bahn langsam auf die heute beobachtete rechtläufige Bahn gelangt sein, die dem Drehsinn der Erde und seinem eigenen Bewegungssinn bei der Reise um die Sonne entspricht. Während beim System Erde/Mond diese Entwicklung abgeschlossen ist, hat sie beim Doppelplaneten Neptun/Triton wohl gerade erst begonnen, denn der große Mond dreht sich ja noch immer im Uhrzeiger-Sinn (von Norden gesehen) um seinen Zentralkörper. Höchstwahrscheinlich handelt es sich um eine sog. gebundene Rotation, bei der eine Seite Tritons immer auf Neptun gerichtet ist, so daß eine Tag/Nacht-Periode auf dem Mond mit 5,9 Tagen ebenso lange dauert wie ein vollständiger Umlauf des Mondes. Geringe Helligkeits-Schwankungen scheinen diese Annahme zu bestätigen.
Wahrscheinlich entstand bei der Bildung der großen Planeten auch jeweils ein stattlicher Schwarm kleinerer Monde um die einzelnen großen Körper. Im Laufe der Zeit sind diese Minitrabanten dann von den Planeten selbst und vor allem von deren Monden »aufgefegt« worden.

Pluto-Tabelle

Physikalische Daten	Einheit	Pluto	Erde = 1
Durchmesser			
Oberfläche	km	ca. 3000	0,24
Volumen	km²	$2{,}83 \times 10^{7}$	
Spezifische Dichte	km³	$1{,}4 \times 10^{10}$	
Masse	t/m³	ca. 1	
Oberflächen-Schwerkraft	Tonnen	$1{,}4 \times 10^{19}$	
Fluchtgeschwindigkeit	m/s²		
	km/s		
Oberflächen-Verhältnisse			
Material / Formationen		Methan-Eis	
Sonneneinstrahlung	W/m²	0,56–1,56	
Oberflächen-Temperatur	Grad C	230	
Bahnbewegung			
Min/Max Sonnenabstand	10^{6} km	4425 – 7355	39,4
Exzentrizität		0,25	14,7
Bahnumfang	10^{6} km	37000	39,4
Umlaufgeschwindigkeit	km/s	3,67–6,12	0,16
Siderische Umlaufzeit	Jahre	250,3	
Bahnneigung gegen Ekliptik	Grad	17° 8′	
Rotation			
Umdrehungszeit	Tage	6,39	
Von der Erde aus betrachtet			
Min/Max Entfernung	10^{6} km	4275 – 7525	
Min/Max Licht-Laufzeit	Min.	238 – 418	
Scheinbare Helligkeit	Magn.	14,3	
Scheinbarer Durchmesser	Bogensek.	0,1–0,2	
Synodische Umlaufzeit	Tage	366,7	
Albedo		ca. 0,6	
Äußerer Bereich			
Monde		1	

Space Telescope

Große Hoffnungen setzen die Astronomen in aller Welt auf das Space Telescope, das die Nasa wahrscheinlich 1986 mit dem Raumtransporter starten wird. Auch Pluto und sein Mond Charon sowie natürlich auch alle anderen Planeten könnten mit diesem Instrument besser erforscht werden, als das bislang mit Fernrohren von der Erde aus möglich ist. Bei einem Defekt und für Wartungsarbeiten könnte das Space Telescope mit dem Shuttle zurückgebracht, repariert und dann wieder gestartet werden. Das Raum-Teleskop erreicht im ultravioletten Licht ein Auflösungsvermögen von mindestens 0,01 Bogensekunden, was bei der minimalen Entfernung von Pluto (4,3 Mia km) eine Detailerkennbarkeit von ca. 200 km ergeben dürfte.

Das Space Telescope der NASA (frühere Bezeichnung: Large Space Telescope) ist das derzeit ehrgeizigste astronomisch ausgerichtete Raumfahrt-Projekt der Amerikaner. Das Raum-Teleskop wird voraussichtlich Ende 1986 mit dem Raumtransporter gestartet und dürfte bei erfolgreich verlaufender Mission die Astronomen bis zum Ende dieses Jahrhunderts mit der Datenauswertung beschäftigen.
Die Ausschreibung des auf etwa 450 Mio. Dollar teuren Projekts erfolgte Anfang 1977 – aus finanziellen Gründen ein Jahr später als geplant – durch das Marshall Spaceflight Center der NASA. Die Firmen Boeing, Lockheed und Martin-Marietta bewarben sich um diesen Großauftrag, im Sommer 1977 erhielt Lockheed den Zuschlag.
Das etwa 10 Tonnen schwere Space Telescope hat eine Länge von 14,3 m und einen Durchmesser von 4,7 m. Es besteht aus einem »Support Systems Module« (SSM), der »Optical Telescope Assembly« (OTA) und vier wissenschaftlichen Instrumenten, die wechselweise in der Brennebene des Teleskops eingesetzt werden können. Das von Lockheed gebaute Versorgungs-Abteil SSM enthält im vorderen Teil die Teleskop-Optik und im hinteren Teil die wissenschaftlichen Instrumente. Weiterhin sind im SSM das Lageregelungs-, Nachrichtenübertragungs-, Datenaufzeichnungs- und Energieversorgungs-System untergebracht. Das Lageregelungs-System ist für ein solches Teleskop natürlich besonders wichtig, es wird von der Fa. Bendix als Unterauftragsnehmer gebaut. Dieses bislang präziseste, für einen Satelliten gebaute Lageregelungs-System soll das Teleskop im Orbit mit einer Genauigkeit von 0,01 Bogensekunden auf das zu beobachtende Objekt ausrichten. Die Lageregelungs-Genauigkeit für einen Zeitraum von 30–40 Stunden beträgt sogar 0,007 Bogensekunden.
Die optische Ausrüstung des Weltraum-Teleskops baut als Unterauftragnehmer die Firma Perkin Elmer. Das optische System besteht aus dem Primär- und dem Sekundärspiegel, den Thermal- und Meteoriten-Schutzschildern, den Sensoren für die Feinorientierung und dem Streulicht-Schutz.
Das Ritchey-Chrétien-Teleskop erhält einen Hauptspiegel mit 2,38 m Durchmesser. Die Blendenöffnung beträgt f/24 und das Brennebenen-Aufnahmefeld hat einen Durchmesser von 0,3 m. Das Teleskop liefert Punktquellen-Bilder, deren Energie zu 70 % auf einen Durchmesser von weniger als 0,2 Bogensekunden konzentriert ist (bei 633 nm). Es können elektromagnetische Strahlen im Bereich von 120–1000 nm registriert werden, also auch ultraviolette und infrarote Anteile. Die Winkelauflösung des Teleskops ist zehnmal so hoch wie diejenige der leistungsfähigsten erdgebundenen astronomischen Fernrohre, außerdem können noch Himmelsobjekte erfaßt werden, die 50mal schwächer sind als die zartesten Sterne und Galaxien, die man von der Erde aus gerade noch ausmachen kann. Nach Umwandlung der optischen Informationen in elektronische Signale erfolgt deren Übertragung zur Bodenstation mit einer Datenrate von 1 MBit/Sek. Der Anteil der Echtzeit-Übertragung liegt bei etwa 85 Prozent.
Die Fa. Corning Glass Works wurde mit der Herstellung der zwei Teleskop-Spiegel beauftragt. An die Polierarbeiten wurden dabei höchste Anforderungen gestellt. Das für diese Spiegel verwendete Glasmaterial hat praktisch keinen Ausdehnungs-Koeffizienten mehr, so daß es unter verschiedensten Temperaturverhältnissen absolut konstant bleibt und keinerlei Fokus-Korrekturen notwendig macht.
Aufgrund der enormen Reichweite des Space Tele-

scope von etwa 14 Milliarden Lichtjahren (die besten erdgebundenen Fernrohre können nur etwa 2×10^9 Lichtjahre weit sehen) erhoffen sich die Wissenschaftler ganz neue Einsichten in bislang unzugängliche Dimensionen des optischen Universums. Vor allem erwartet man auch Aufschlüsse über die Planeten und die großräumige Struktur des Alls. Folgende Aufgaben will man mit dem Space Telescope beispielsweise in Angriff nehmen:

- Astrometrische Suche und direkte Abbildung von Planeten naher Sterne;
- Bestimmung der Zusammensetzung von Wolken in den Atmosphären von Jupiter, Saturn, Uranus und Neptun;
- Oberflächen-Kartografie bei den großen Jupiter-Monden;
- Synoptische Kartografie der Venus-, Jupiter-, Saturn- und Uranus-Atmosphären;
- Intensitätsmessung der atomaren und molekularen UV-Emissionslinien, die für die Kometen-Chemie von Bedeutung sind.

Die europäische Raumfahrtbehörde ESA beteiligt sich mit 15 % an den Baukosten für das »Space Telescope« und erhält dafür im Gegenzug 15 % der Beobachtungszeit. Neben den Sonnenpaddeln für die Stromversorgung liefern die Europäer auch die sog. »Faint Object Camera« für das Raumteleskop, mit der noch ganz lichtschwache Himmelsobjekte beobachtet werden können.

Faint Object Camera (FOC)

Im Oktober 1977 wählte die NASA vier wissenschaftliche Instrumente aus, mit denen die genannten Untersuchungen des Space Telescope vorgenommen werden sollen:

Wide Field Camera
Faint Object Spectrograph
High Resolution Spectrograph
High Speed Photometer

Auf Einladung der NASA beteiligt sich auch die europäische Raumfahrtbehörde ESA an dem Projekt des Weltraum-Teleskops, und zwar mit den beiden großen Sonnenzellen-Auslegern, die eine Fläche von insgesamt 33 m^2 und eine Ausgangsleistung von mehr als 4 kW haben, sowie mit einer Kamera zur Registrierung lichtschwacher Objekte, der Faint Object Camera (FOC). Der europäische Beitrag macht etwa 15 % des gesamten Kostenvolumens für das Space Telescope aus, und die Abmachung zwischen NASA und ESA besagt, daß europäische Wissenschaftler etwa 15 % der Beobachtungszeit des Space Telescope erhalten sollen.

Mit der »Faint Object Camera« können sehr lichtschwache Objekte bis herab zur 29. Größenklasse erfaßt werden; außerdem ist die Untersuchung schwacher Strukturen im Umkreis heller Objekte möglich (z. B. Planeten anderer Sterne). Das Bildfeld der FOC besteht aus 500×500 Pixel. Basierend auf den Pixel-Abmessungen von $25 \times 25\ \mu$ ist eine Blendenöffnung von f/96 notwendig, um die räumliche Auflösung des Space Telescope auszunutzen. Bei dieser Blendenöffnung beträgt die Winkelauflösung eines Pixels $0{,}022 \times 0{,}022$ Bogensekunden und der Blickwinkel der Kamera somit 11×11 Bogensekunden.

Ebenso wie die anderen wissenschaftlichen Instrumente kann die »Faint Object Camera« im Orbit leicht ausgetauscht werden. Die Außenabmessungen der in Modulbauweise konstruierten FOC betragen etwa $2{,}2 \times 0{,}9 \times 0{,}9$ m. Diese Kamera kann in zwei Betriebsarten eingesetzt werden:

normal imaging mode
f/48 imaging mode

Im »normal imaging«-Betrieb wird eine zweite Optik hinzugeschaltet, die aus einem wiederum aus zwei Elementen bestehenden Reflektor des Ritchey-Chrétien-Teleskops besteht. Beide Optiken besitzen separate Verschlüsse und Filterscheiben. Der »f/48-imaging« Betrieb dient als »back up«-Lösung für den »normal imaging«-Betrieb. Die Registrierung lichtschwacher Objekte erfordert für die Sammlung einer ausreichenden Zahl von Photonen eine Belichtungszeit von mehreren Erdumläufen, um ein akzeptables Signal/Rausch-Verhältnis zu erzielen. Aus diesem Grund wird ein rauscharmes Detektorsystem benötigt, das man in dem nach der »photon-counting«-Methode arbeitenden Detektor fand, dem sog. »Photon Detector Assembly« (PDA).

Der Start des Space Telescope mit dem Raumtransporter hat den Vorteil, daß das wertvolle Instrument bei einem Defekt entweder im Weltraum repariert werden kann oder daß es wieder auf die Erde befördert wird, wo alle Systeme gründlich überprüft und gegebenenfalls instandgesetzt oder ausgewechselt werden können. Selbst bei einwandfreier Funktion soll das Space Telescope nach jeweils etwa 30 Monaten zur Inspektion zur Erde zurückgebracht werden. Als Lebensdauer werden für diesen Astronomie-Satelliten etwa 10–15 Jahre veranschlagt.

Kometen

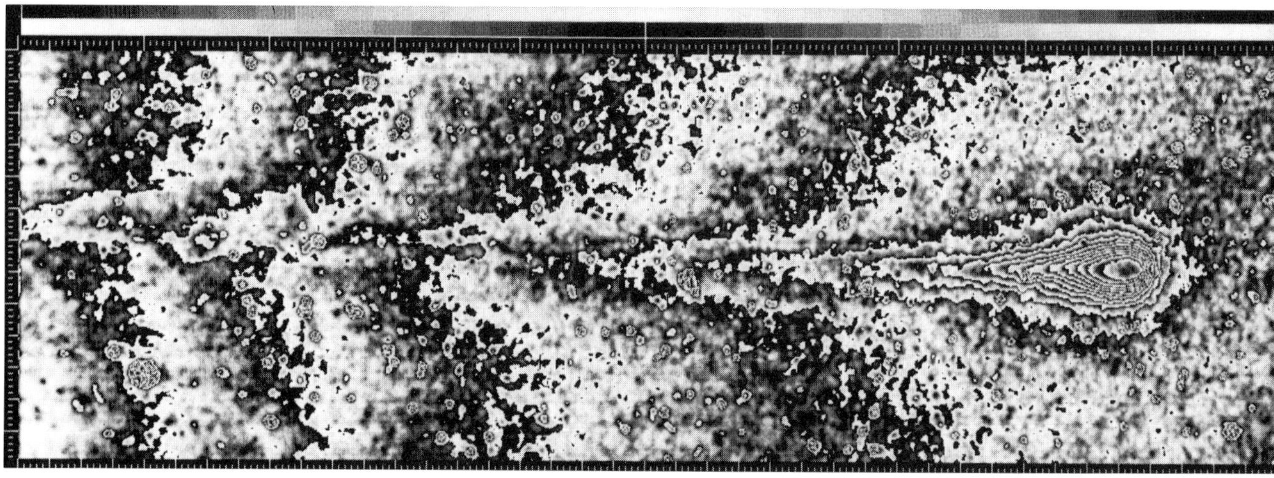

Diese elektronisch aufbereiteten Äquidensiten-Version des Kometen Kohoutek zeigt die Dichteverteilung im Schweif. Das Bild wurde zur Jahreswende 1973/74 gemacht, als Kohoutek in die Nähe von Sonne und Erde kam. Leider war dieser Schweifstern bei weitem nicht so hell wie ursprünglich erwartet, nur große Teleskope konnten ihn so fotografieren.

Obwohl die Kometen zu den aktivsten Körpern des Sonnensystems gehören – jedenfalls wenn sie in die Nähe des Zentralgestirns kommen – ist nicht sehr viel über diese sog. Schweifsterne bekannt. Beobachtungen von der Erde aus, die neuerdings von Messungen durch Satelliten und Raumsonden ergänzt werden, haben insgesamt auch nur wenig konkrete Kenntnisse über die Kometen allgemein und über einige auffällige kurzperiodische Kometen erbracht. Nur Moleküle mit ausgeprägten Emissionslinien können von der Erde aus beobachtet werden, die Atmosphäre absorbiert sehr viele Strahlungsanteile. Die Kometen gehören bestimmt zu den ältesten Mitgliedern unseres Sonnensystems und der Galaxis, in diesen »Gasklumpen« ist sicher die Urmaterie noch in der Zusammensetzung anzufinden, wie sie bei der Entstehung unseres Sonnen- und Planetensystems einmal vorherrschte. Aus dem genauen Studium der Kometen wollen die Astronomen also auch etwas über den Ursprung unserer Erde erfahren.

Nach den heute gültigen Theorien besteht der Kern eines Kometen aus einer lockeren Mischung gefrorener Gase, wie z. B. Methan, Kohlendioxid und Ammoniak sowie Wasser in gefrorenem Zustand, vielleicht gibt es dort auch das Metall Eisen und das Element Natrium. Nur in der Nähe der Sonne wird dieser Kern aufgeschmolzen und ein Komet sichtbar, die wärmenden Strahlen bringen ihn sozusagen zum Leben, für einige Monate wird aus dem toten Eisklotz ein leuchtender Himmelskörper.

Noch nie ist von der Erde aus der Kern eines Kometen gesehen worden, der wäre bei den üblichen Entfernungen auch für die größten Teleskope noch viel zu klein. Nur durch die leuchtende Korona wird ein solcher Körper erkennbar. Die meisten Kometen werden heute auf fotografischem Weg entdeckt, entweder zufällig oder bei systematischen Suchaktionen. Große Verdienste um die Entdeckung von Kometen haben sich aber vor allem die Amateurastronomen in Japan, den USA und auch in Europa erworben, die mit großen und sehr lichtstarken Feldstechern Nacht für Nacht auf »Kometenjagd« gehen.

Die spezifische Dichte eines Kometenkerns dürfte den Wert 1 kaum überschreiten, die Gasdichte in der Koma schwankt zwischen 10^4 bis 10^6 Moleküle pro Kubikzentimeter, im Schweif sind es dagegen nur noch 10–100 Teile, das ist 1/1000 der Dichte, die im »dünnsten« auf der Erde erzeugbaren Vakuum herrscht. Es besteht also keine Gefahr für die Menschheit, wenn die Erde einmal durch einen solchen Schweif fliegen sollte, wie es 1910 bei der letzten Passage von Halley der Fall gewesen sein soll.

Die Durchmesser der meisten Kometenkerne dürften 10 km nicht überschreiten, diese Materiebrocken sind in den Tiefen des Alls völlig erkaltet und leuchten nicht, die Sonne ist viel zu weit entfernt, um nennenswerte Reflektionen an der Oberfläche dieser »Schneebälle« zu erzeugen. Es ist noch nicht ganz klar, ob die

Mehrzahl der Kometen tatsächlich zum Sonnensystem gehört oder ob diese relativ kleinen Körper als Vagabunden zwischen den Fixsternen anzusehen sind, die nur durch gelegentliche Gravitationsanstöße durch andere Gestirne in die innere Bezirke unseres Sonnensystems verschlagen werden.

Wenn ein solcher »schmutziger Schneeball« in die Nähe der Sonne kommt, wird die Oberfläche des Kometen aufgeheizt und bis zu einigen Metern Tiefe aufgeschmolzen. Das Gas und der Staub expandieren und bilden die ausgedehnte, sehr viel größere Koma, die uns den Kometen eigentlich erst sichbar macht. Diese Koma geht in die Form eines langen schmalen Schweifs über, weil die vom Kometen emittierten Gase und Staubpartikel vom Sonnenwind stark beeinflußt und in die dem Zentralgestirn entgegengesetzte Richtung gedrückt werden. Dieser Schweif kann einige hundert Millionen Kilometer lang sein und sich – wenn der Abstand des Kometen zur Erde gering ist – über das ganze Firmament wölben. Damit sind Kometen von der Erde aus manchmal sehr eindrucksvolle Erscheinungen. Man kann die Menschen früherer Epochen verstehen, die sich beim Auftauchen eines solchen hellen Schweifsterns erschreckten und alles mögliche Unheil befürchteten. Außer dieser sichtbaren Koma gibt es um die Kometen noch eine größere, nur im ultravioletten Spektralbereich erkennbare Hülle aus Wasserstoff-Atomen, die bis zu 10 Mio. km Durchmesser erreichen kann, aber nur von Satelliten-»Augen« gesehen werden kann, die nicht von der irdischen Atmosphäre behindert sind.

Kommt ein ursprünglich langperiodischer Komet bei seinem Weg in das Innere Sonnensystem einem der großen Planeten zu nahe, dann kann seine Bahn erheblich gestört werden, so daß daraus ein sehr kurzperiodischer Schweifstern wird, der die Sonne in einer relativ kleinen Ellipse umkreist. Jupiter z. B. hat im Laufe der Jahrmillionen eine regelrechte Kometenfamilie um sich versammelt. Die meisten bekannten und 600–900 Mio. km von der Sonne entfernten Kometen gehören derartigen Familien an; momentan kennen wir knapp über 100 solcher Kometen mit Umlaufzeiten von weniger als 200 Jahren, deren Bahnen recht genau bekannt sind. Die kürzeste Umlaufzeit aller bekannten Kometen hat Encke mit einer Periode von 3,3 Jahren, die längste Umlaufzeit aller in letzter Zeit aufgetauchten Kometen dürfte Kohoutek mit 75000 Jahren haben.

Bei den kurzperiodischen Kometen hat sich herausgestellt, daß sie mit der Zeit immer dunkler werden. Das wird nach vorläufigen theoretischen Denkmodellen damit erklärt, daß sich bei den vielen vorausgegangenen Sonnenpassagen eine Staubschicht auf dem Kometenkern abgelagert hat, weil die emittierten Gase und Stäubchen vom Sonnenwind auf die Oberfläche des Kerns zurückgedrängt werden. Die bekannten kurzperiodischen Kometen haben eine relativ geringe absolute Helligkeit, die »newcomer« sind dagegen sehr viel heller, weil sie entweder noch nie oder aber sehr selten an der Sonne vorbeigeflogen sind. Außerdem produzieren die bekannten kurzperiodischen Schweifsterne wesentlich weniger Gas und Staub, so daß sie von der Erde aus um etwa zwei Größenklassen lichtschwächer erscheinen als ein vergleichbar großer Komet, der unverhofft aus den Tiefen des Alls in die Nähe der Sonne vordringt.

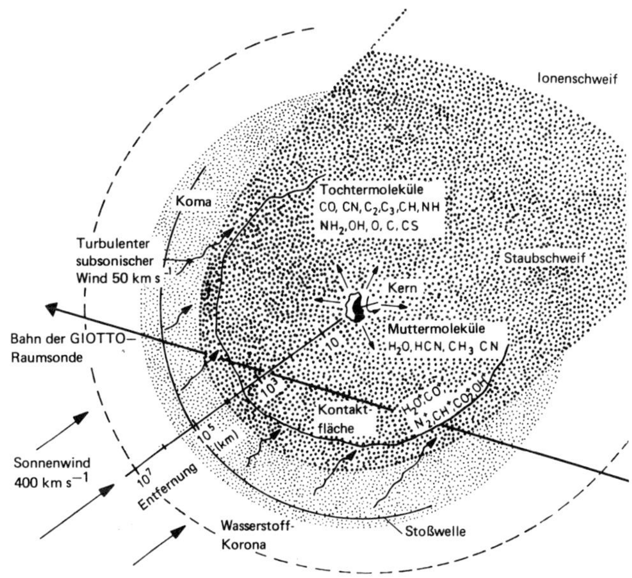

So ungefähr stellen sich die Wissenschaftler den Kopf eines Kometen vor. Der eigentliche Kern ist sehr klein (einige Kilometer), aber er wird von einer großen Gashülle umgeben, die auf der der Sonne zugewandten Seite in lebhafter Wechselwirkung mit dem Sonnenwind steht. Die Giotto-Kometensonde der Europaer wird auf nur wenige Hundert Kilometer an den Kern des Halley-Kometen herankommen, wo allerdings die Gefahr der Zerstörung sehr hoch ist.

Die Materieabsonderungen der Kometen in Sonnennähe bedeutet für einen Kometen mit der Zeit einen erheblichen Masseverlust, so daß er bei kurzer Umlaufperiode in häufigen Vorbeigängen an der Sonne bald in seiner Existenz gefährdet ist. Mehr als 100 Perihel-Durchgänge dürfte ein solcher »Schneeball« nicht überstehen, wie die Astronomen für einen mittelgroßen Kometen annehmen. Bei kleineren dieser Objekte hat man sogar gelegentlich ein Auseinanderbrechen in mehrere Bestandteile beobachtet. Mit solchen Kometen-»Leichen« scheinen auch die verschiedenen Meteorströme zusammenzuhängen, die von der Erde aus jährlich zu bestimmten Zeiten beobachtet werden. Offensichtlich geht unser Planet dann durch die von einem Kometen übrig gebliebene Materiewolke, die sich entlang der ehemaligen Umlaufbahn des Schweifsterns gebildet hat.

Bis jetzt wurden im Sonnensystem etwa 630 Kometenerscheinungen entdeckt, einige sind relativ kurzperiodisch und konnten schon mehrfach hintereinander beobachtet werden. Die Astronomen schätzen, daß sich in den äußeren Bezirken des Sonnensystems – noch

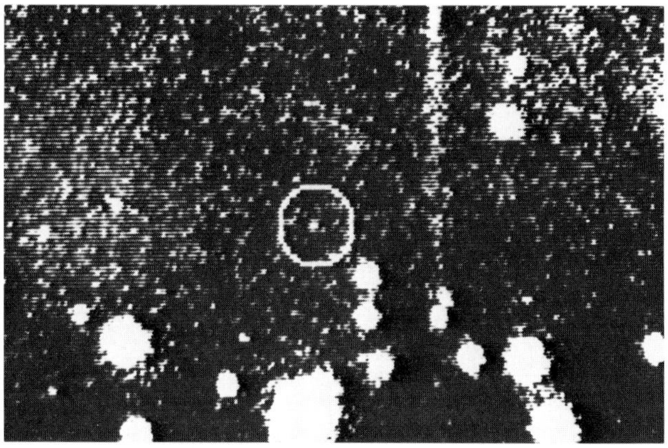

Die erste Aufnahme des Kometen Halley bei der jetzigen Wiederkehr gelang 1983 dem amerikanischen Astronomen Ed Danielson vom Jet Propulsion Laboratory. Er arbeitete dafür am 5-m-Spiegel des Mt. Palomar mit einem elektronischen Bildsensor. Solche sehr frühen Bilder ermöglichen die exakte Bahnbestimmung von Halley für die Raumsonden-Planungen.

Die Bewegungen der Planeten und Kometen im Sonnensystem lassen sich heutzutage auch von relativ kleinen Tisch-Computern mit hinreichender Genauigkeit berechnen – wenn die Eingaben präzise sind und die Programmierung exakt ist. Auf dem hier gezeigten Bildschirm ist eine Planetoidenschar dargestellt. Ein Teil der ursprünglich kreisförmigen Bahnen um die Sonne wurde durch den Einfluß eines massereichen Körpers (z. B. Jupiter) elliptisch verformt.

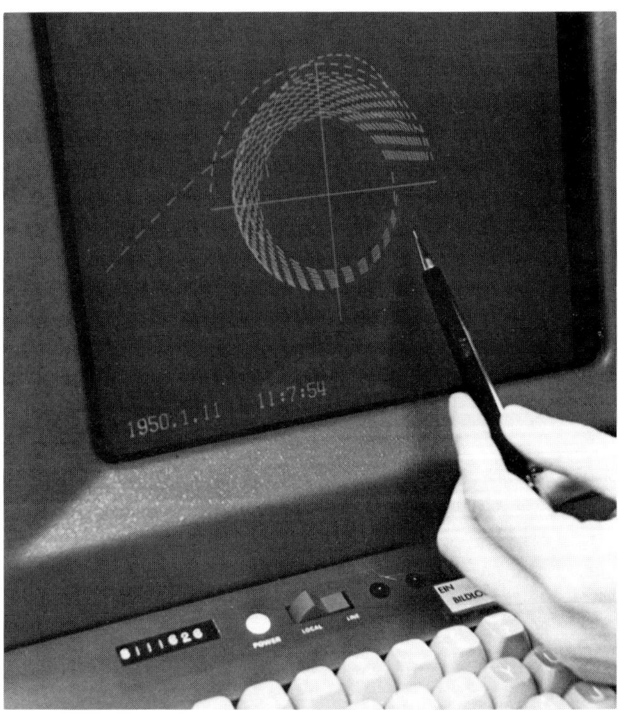

weit hinter der Pluto-Bahn – eine große »Wolke« von Kometen mit etwa einer Billion Mitgliedern befindet. Die maximalen Entfernungen dieser Eisklumpen aus der Urzeit unseres Sonnensystems und unserer Galaxis dürften ein bis zwei Lichtjahre betragen. Die Kometen sind also sozusagen die Bindeglieder zwischen den einzelnen Fixsternen, die Kometenwolken unserer Sonne und von Proxima bzw. Alpha Centauri gehen vielleicht ineinander über. Gemäß ihren Umlaufbahnen lassen sich die Kometen in vier Gruppen einteilen:

a) kurzperiodische mit Umlaufzeiten von 3–25Jahren;
b) mittelperiodische Kometen mit 25–200 Jahren Umlaufzeit;
c) längerperiodische mit Umlaufzeiten von 200–10^6 Jahren;
d) sehr langperiodische Kometen mit hyperbolischen Bahnen, die praktisch nur einmal in die Nähe der Sonne kommen.

Jährlich kommen etwa 100 kleinere Kometen in die Nähe der Sonne, ihre Bahn wird oft schon von den großen Planeten beeinflußt, bevor sie dorthin vordringen. Jupiter z. B. hat sich schon eine regelrechte Kometenfamilie eingefangen, deren Mitglieder aus den Tiefen des interstellaren Raums kamen und die nun von Jupiter in eine neue, krurzperiodische Bahn um die Sonne gezwungen wurden, deren minimale und maximale Entfernung von der Sonne zwischen 600–900 Mio. km schwanken. Die »neuen« Kometen sind meist recht hell, ihre Emissionsaktivität ist nicht durch viele Sonnenpassagen geschwächt, sonst würden sie kaum von der Erde aus entdeckt. Es ist recht schwer, die Umlaufbahnen dieser langperiodischen Schweifsterne mit einiger Genauigkeit zu berechnen.
Die interessanteste Kometenerscheinung war bisher zweifellos Kohoutek, der 1972 von einem Hamburger Astronomen entdeckt wurde. Es stellte sich heraus, daß dieser Schweifstern in Sonnennähe eine sehr auffällige Erscheinung werden könnte und daß bis zum Perihelion noch relativ viel Zeit blieb, so daß ein umfangreiches Beobachtungsprogramm vorbereitet werden konnte. Entgegen den Erwartungen war Kohoutek dann aber für die interessierten Laien eher enttäuschend. Aber die Experten ließen sich durch die geringe Helligkeit des Kometen nicht entmutigen, so daß das geplante Forschungsprogramm mit Teleskopen von der Erde aus sowie auch von Satelliten – sogar von der bemannten Raumstation Skylab – und Raumsonden aus in dem geplanten Umfang ablief. So gesehen war Kohoutek für die Astronomie ein Schlüssel-Ereignis, dieser Komet wurde so gründlich untersucht wie noch kein Schweifstern zuvor. Besonders interessant waren dabei die Studien in anderen Spektralbereichen, die von der Erdoberfläche aus nicht möglich sind. Aber dieses bisher einmalige Forschungsprogramm war nur möglich, weil Kohoutek relativ früh entdeckt wurde und deshalb eine recht genaue Bahnbestimmung möglich war, so daß genug Zeit für die Vorbereitung der Studien blieb. Bei Halley wird die Situation 1986 noch günstiger sein, weil

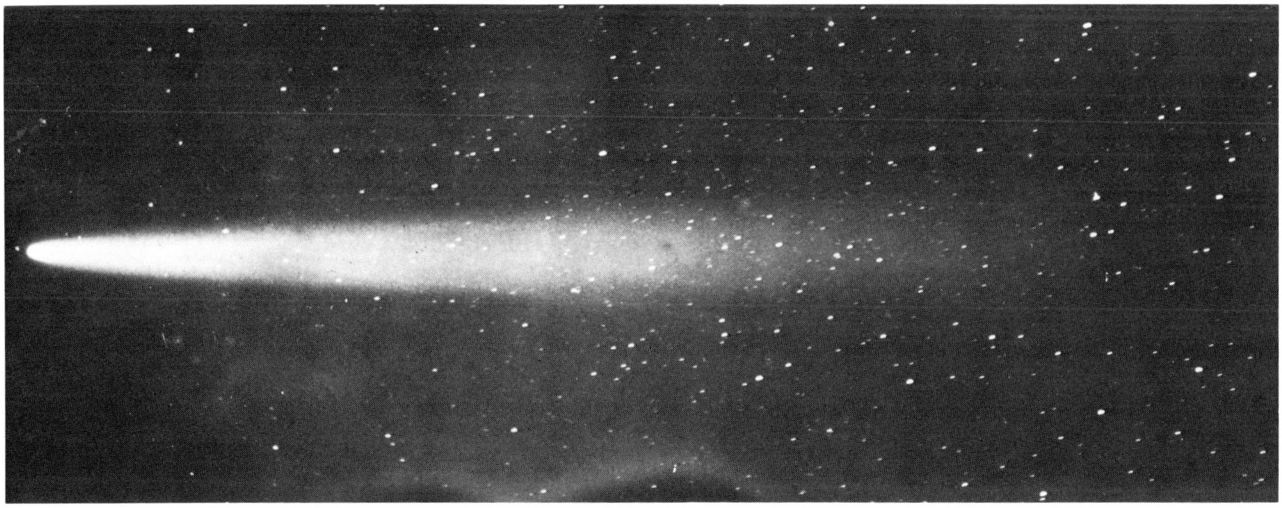

Der Komet Halley wurde bei seiner letzten Sonnenpassage im Jahr 1910 von der Erde aus mehrfach in guter Qualität fotografiert. Der Schweif von Halley ist bei diesem Bild etwa 40° lang. Die Aufnahme wurde von Honolulu aus mit einem 25-cm-Refraktor gemacht, die etwas strichförmig verzogenen Sterne weisen auf eine längere Belichtungszeit von einigen Minuten hin.

dessen Bahn noch genauer bekannt ist und weil sein Erscheinen schon sehr viel länger vorher bekannt ist. Dieser Komet soll aber nicht nur von der Erde aus und mit Satelliten erforscht werden: zu Halley werden auch mehrere Raumsonden fliegen.

Der Komet Halley

Die erste uns überlieferte Erwähnung dieses Kometen stammt aus dem Jahr 239 v. Chr.; noch sehr viel ältere chinesische Aufzeichnungen aus dem Jahr 1059 v. Chr. lassen sich nicht mit letzter Sicherheit auf den Halley'schen Kometen beziehen. Es war der englische Astronom Edmund Halley (1656–1742), der zuerst darauf hinwies, daß es sich bei den Kometenerscheinungen der Jahre 1531, 1607 und 1682 wohl um ein und denselben Schweifstern handeln könne, der die Sonne in 76 Jahren umkreist.
Halley sagte auch das erneute Erscheinen dieses Kometen im Jahr 1758 voraus, wie es dann tatsächlich geschah. Der englische Astronom erkannte nicht nur die kurzperiodische Natur dieses Schweifsterns, er berechnete auch die Umlaufbahn und erkannte deren starke Exzentrizität von 0,967. Demnach entfernt sich der Komet bis auf 2,6 Mia. km von der Sonne – also bis zur Umlaufbahn des Uranus – und kommt dem Zentralgestirn bis auf 88 Mio. km nahe, also nicht ganz bis zum Merkur-Orbit. Ein Umlauf des Kometen dauert genau 76,2 Jahre, und die Bahnneigung ist mit 162,3° sehr groß, Halley ist also – im Vergleich mit der Bewegungsrichtung der Planeten – rückläufig.

Halley gilt als besonders aktiver Schweifstern, der während seines Vorbeifluges an der Sonne große Mengen Staub und Gase freisetzt, einige Tonnen pro Sekunde, wie eine plausible Schätzung besagt. Diese laufend von dem Kometen ausgehende Materie hüllt den Kern völlig ein, so daß dieser unsichtbar bleibt.
Die letzte Passage des Kometen Halley wurde im Jahr 1910 beobachtet. Da er rechtzeitig entdeckt wurde, konnte seine genaue Bahn um die Sonne berechnet werden, und dabei stellte sich auch heraus, daß die Erde durch den langen Schweif des Kometen wandern würde. Diese Meldung von den Observatorien löste eine Weltuntergangs-Psychose aus. Wenn die Erde derzeit aber tatsächlich durch ein kurzes Stück des Kometenschweifs gegangen sein sollte – die Experten sind sich da heute gar nicht mehr so sicher – dann hat dieses Ereignis auf unseren Planeten jedenfalls keine negativen Auswirkungen gehabt.
Die Kollision der Erde mit dem Kern eines Kometen ist unwahrscheinlich, obwohl es 1908 in der sibirischen Taiga zu einem solchen Ereignis gekommen sein könnte, als durch eine gewaltige Explosion weite Landstriche total verwüstet wurden. Vielleicht ist hier ein kleiner Komet mit großer Geschwindigkeit in die Erdatmosphäre eingetaucht; das Ereignis wurde zufällig von Reisenden der transsibirischen Eisenbahn beobachtet. Leider konnte das betreffende Gebiet erst einige Jahre später von Experten genauer untersucht werden, die aber außer der totalen Verwüstung großer Wälder keine Spuren der Kometenmaterie auffinden konnten, offensichtlich war alles beim Eintritt in die Erdatmosphäre verdunstet.
Bei seinem nächsten Perihel-Durchgang im Frühjahr 1986 wird Halley der Erde nur auf ca. 60 Mio. km nahe kommen, auch eine »Kollision« mit dem Schweif ist nicht zu erwarten. Mitte Februar wird Halley den sonnennächsten Punkt seiner Bahn passiert haben. In dieser Phase der größten Aktivität wird der Komet etwa 230 Mio. km von uns entfernt sein, so daß er kaum ein aufflälliges Objekt sein wird.

Giotto

Giotto heißt die europäische Sonde, die 1986 zum Kometen Halley fliegen soll. Werden die jetzt bekannten Planungen verwirklicht, dann wird Giotto in nur 1000 km Abstand an dem Kometen vorbeirasen und seinen Kern mit einer Spezialkamera in mehreren Spektralbereichen aufnehmen. Über die Parabolantenne werden die Bildsignale und alle anderen Messungen sofort zur Erde übertragen.

Den Namen »Giotto« erhielt die europäische Kometensonde nach dem italienischen Maler Giotto di Bondone, der im Jahr 1301 den später nach E. Halley benannten Kometen beobachtete und auf einem Fresco in Padua darstellt – eine der ersten Darstellungen eines solchen Schweifsterns in der europäischen Kunst.

Schwierig ist die Entsendung einer Raumsonde zum Kometen Halley, weil dieser »falsch herum« um die Sonne kreist, entgegen der Bewegungsrichtung aller Planeten und auch der Erde. Eine Raumsonde läßt sich aber nur in diesem allgemein vorherrschenden Drehsinn starten, für den Flug in die andere Richtung wären sehr viel größere und stärkere Startraketen notwendig. Giotto wird also in Bewegungsrichtung der Erde gestartet, von Norden aus gesehen ist das »links herum«.

Der Komet und die Sonde Giotto fliegen also aus entgegengesetzten Richtungen aufeinander zu und mit der rasenden Geschwindigkeit von 68 km/s aneinander vorbei. Giotto wird die Koma von Halley, die über 400000 km Durchmesser hat, in nur etwa 98 Min. durchfliegen. Die Apollo-Raumschiffe haben für eine vergleichbare Strecke – von der Erde zum Mond – etwa drei Tage gebraucht.

Auf diesen schnellen Ablauf des »encounter« muß die ganze Mission, muß die Arbeit der zehn Sensoren an Bord der Kometensonde zugeschnitten sein. Von den Instrumenten wird also zuverlässige und effektive Meßarbeit verlangt und von den Funkinstrumenten eine hohe Übertragungsrate von mindestens 40000 Bit pro Sekunde. Die in dieser Phase recht große Entfernung zwischen Erde und Komet bzw. Sonde macht die Übermittlung der wissenschaftlichen Ergebnisse im X-Band und mit Hilfe einer Parabolantenne von mindestens 150 cm Durchmesser erforderlich.

Um die geplante Flugbahn zu erreichen, muß Giotto zwischen dem 6.–21. Juli 1985 gestartet werden. Nach einem 2–5 Tage dauernden Aufenthalt in der Erdumlaufbahn wird die Sonde dann mit einem zusätzlichen kleinen Triebwerk auf die ca. neun Monate dauernde

Reise zu Halley gebracht. Während des allmählichen Transferfluges der Sonde zu Halley sind etwa zehn Kurskorrekturen erforderlich, um Giotto auf den richtigen Weg zu dem Kometen zu bringen. Da man die genaue Position des Kerns in der Koma nicht kennt – er wird ungefähr im Zentrum der Koma vermutet – wird die letzte entscheidende Kurskorrektur wohl erst stattfinden können, wenn die aus größerer Entfernung gemachten Aufnahmen in dieser Hinsicht etwas mehr Klarheit gebracht haben.

Geplanter Missionsverlauf

Während der ganzen Mission wird die Kometensonde vom Kontrollzentrum ESOC der ESA in Darmstadt betreut (European Space Operations Center), die Funkverbindung läuft über eine 30-m-Antenne, die in Weilheim steht. Während der vierstündigen »encounter«-Phase ist Giotto aber nicht von Europa aus zu beobachten, zu dieser kritischen Zeit zeigt praktisch die andere Hälfte der Erde auf die entsprechende Stelle des Himmels. Deshalb hat man das australische Institut für Radioastronomie um »Amtshilfe« gebeten, das die Kometensonde zur betreffenden Zeit mit einer großen 64-m-Antenne verfolgen wird, die auch die sehr hohen Datenströme verkraften kann. Über einen Nachrichten-Satelliten können diese Funkinformationen dann sehr schnell an ESOC in Darmstadt weitergegeben werden.

Das Rendezvous zwischen dem Kometen Halley und der Sonde Giotto soll am 13. März 1986 stattfinden. Dieser Zeitpunkt ergibt sich aus der genau kalkulierten Bahn der Kometensonde. Diese wiederum ist vom Gewicht der Sonde und von der Stärke der Rakete abhängig, denn das Zusammentreffen kann nur in der Ekliptik erfolgen, in der sich alle großen Planeten mehr oder weniger aufhalten. Es muß für das Zusammentreffen von Raumsonde und Halley also der Zeitpunkt gewählt werden, an dem der Komet die Ekliptik schneidet. Die Bahn von Halley ist um 18° gegen die Ekliptik geneigt – von der Rückläufigkeit seiner Umlaufbahn einmal völlig abgesehen. Verschiedene Gründe haben außerdem dazu geführt, daß für das Rendezvous zwischen Giotto und Halley der Zeitpunkt gewählt wird, an dem der Komet die Ekliptik zum zweitenmal kreuzt, wenn er die Sonne schon passiert hat und sich wieder auf dem Weg hinaus in die dunklen Weiten des Sonnensystems befindet. In dieser Phase ist der Komet erfahrungsgemäß auch sehr viel aktiver, so daß bessere wissenschaftliche Erkenntnisse erwartet werden können.

Das Rendezvous zwischen Giotto und Halley wird in etwa 150 Mio. km Entfernung von unserem Planeten stattfinden, das entspricht etwa der Distanz Erde-Sonne. Die Passage-Geschwindigkeit von fast 245 000 km/h – (das ist doppelt so viel wie das Tempo der Pioneer- und Voyager-Sonden beim Vorbeiflug an Jupiter und Saturn) stellt die Konstrukteure der für Giotto geplanten wissenschaftlichen Sensoren vor

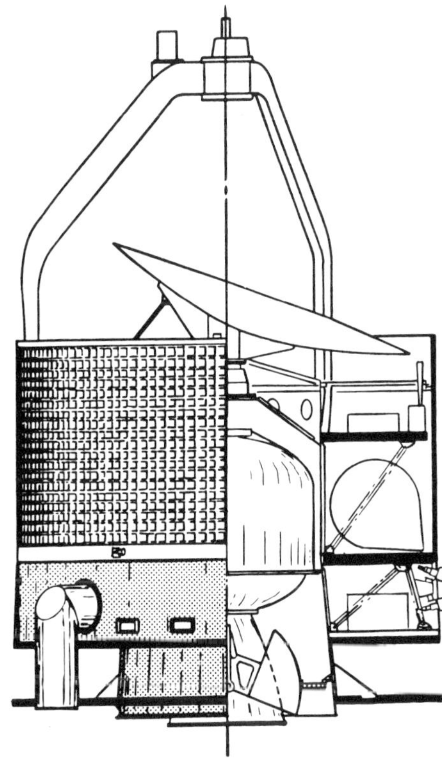

Die zylinderförmige Konstruktion der Giotto-Kometensonde ergibt sich aus der Anordnung der Betriebssysteme und wissenschaftlichen Sensoren um den Raketenmotor herum, der den letzten entscheidenden Geschwindigkeitsimpuls für die Beschleunigung hin zum Kometen Halley geben soll. An die einzelnen Systeme und auch das Zusammenwirken werden höchste Anforderungen gestellt, denn keine Sonde zuvor war während ihrer Mission solch extremen Bedingungen ausgesetzt wie es bei Giotto der Fall sein wird. Das betrifft sowohl die Passagegeschwindigkeit als auch die Partikel- und Strahlenbelastung in der Nähe des Kometen. Alle Sensoren müssen so konzipiert sein, daß sie ihre Messungen auch bei der Stabilisierungsrotation der Sonde ausführen können. Die Außenhaut von Giotto ist mit Solarzellen zur Energieerzeugung bedeckt. Die Richtantenne ist fest eingebaut und wird während der ganzen Mission zur Datenübermittlung auf die Erde ausgerichtet.

größte Probleme, denn einerseits verändert sich die Position des Meßpunktes am Firmament sehr rasch, andererseits dauert die ganze Meßperiode nur etwa vier Stunden. In dieser Zeit müssen alle Daten entweder sofort zur Erde übermittelt oder aber an Bord gespeichert werden, was an die Funksysteme und die Speicherkapazität an Bord der Sonde höchste Anforderungen stellt.

Entwicklung von Giotto

Bei der Konstruktion der Kometensonde Giotto greifen die Ingenieure auf die Entwurfsprinzipien zurück, die sich bei dem 1978 gestarteten europäischen GEOS-Satelliten bewährt haben, mit dem das irdische Magnetfeld genauer untersucht wurde. Diese Verwendung von im Weltraum schon erfolgreich erprobter Technologie spart Zeit und Kosten.

Das Innere der Giotto-Kometensonde ist mit den Betriebssystemen und wissenschaftlichen Sensoren vollgepackt, dicke Kabelstränge verbinden die einzelnen Kontaktstellen miteinander. Besondere Vorkehrungen wurden getroffen, um Giotto vor der Zerstörung durch die intensive Strahlen- und Partikelbelastung in der Nähe des Kometen Halley zu bewahren, über deren tatsächliches Ausmaß es bisher noch keine konkreten Hinweise gibt. Da diese Materie mit enorm großer Geschwindigkeit auf die dem Kometen zugewandte Seite der Sonde auftreffen wird, ist dort ein spezielles Schutzschild angebracht, das einerseits wirkungsvoll sein soll, andererseits nicht zu schwer sein darf. Das Zentrum der zylinderförmigen Kometensonde nimmt der Raketenmotor ein, der den letzten entscheidenden Geschwindigkeitsimpuls für den Flug zum Kometen Halley geben soll. Nur die Kamera ragt mit ihrem Spiegelobjektiv seitlich über das Schutzschild heraus.

Ebenso wie GEOS, wird auch die Kometensonde Giotto drallstabilisiert sein und sich mit 15 Umdrehungen pro Minute um die Hochachse drehen, also in vier Sekunden einmal. Diese »Kreisel«-Stabilisierung erspart eine teure und vor allem schwere Dreiachsen-Lageregelung, andererseits beeinträchtigt die dauernde Drehung der Sonde die Arbeit einiger Sensoren ganz erheblich. Bei dem Bildaufnahme-System mußte man deshalb auf eine Abtastkamera ausweichen, die die Drehung der Sonde zur Aufzeichnung des Motivs ausnutzt.
Von den insgesamt zehn Experimenten an Bord der Kometensonde, werden drei von Wissenschaftlern der Max-Planck-Gesellschaft in Westdeutschland verantwortlich betreut:

- Für eine Mehrfarben-Kamera ist Dr. Horst-Uwe Keller vom MPI für Aeronomie in Katlenburg-Lindau (Harz) zuständig;
- Für das Massenspektrometer zur Registrierung des Einschlags von Staubpartikeln ist Dr. Jochen Kissel vom MPI für Kernphysik in Heidelberg verantwortlich;
- Für ein anderes Massenspektrometer zur Untersuchung neutraler Gase und Ionen trägt Dr. Dieter Krankowsky die Verantwortung, der ebenfalls dem MPI in Heidelberg angehört.

Darüber hinaus sind noch mehrere Wissenschaftler von Max-Planck-Instituten als Co-Investigatoren an der Entwicklung der anderen sieben Sensoren an Bord von Giotto beteiligt, wie z. B. auch Prof. von Zahn von der Bonner Universität, der ja schon beim Projekt Pioneer-Venus der NASA ein Experiment verantwortlich betreut hatte und der auch bei der Galileo-Mission zum Jupiter für ein Instrument in der Landekapsel verantwortlich sein wird.
Über 100 Wissenschaftler aus zehn ESA-Ländern und aus den USA sind an der Entwicklung der Experimente für diese Kometenmission beteiligt; von der Max-Planck-Gesellschaft werden es insgesamt 25 Experten aus vier Instituten sein. »Wir zielen auf den Kern des Kometen und wollen so nahe wie möglich an Halley vorbeifliegen – auch wenn wir dabei die Zerstörung der Raumsonde in Kauf nehmen«, erklärte Dr. Rüdiger Reinhard vom ESTEC-Weltraumzentrum in Holland, der Projektwissenschaftler für die Giotto-Mission ist.
Die von dem Kometenkern absplitternden Staubpartikel haben zwar nur Ausgangsgeschwindigkeiten von etwa 100 m/s, aber sie können die mit 68 km/s heranbrausende Sonde Giotto erheblich gefährden. Bei solchen Tempi – immerhin das 50fache einer Gewehrkugel – genügt schon ein 0,1 g wiegendes Stäubchen, um eine 8 cm dicke Aluminiumschicht zu durchschlagen. Die Kometensonde muß also gegen derartige Partikel geschützt werden, wenn die Mission nicht schon vor dem eigentlichen »encounter« zerstört werden soll.
Natürlich verbietet sich die Anbringung eines Schutzschildes in der genannten Dicke, es würde mit 600 kg fast soviel wiegen wie die ganze Sonde. Die Ingenieure haben deshalb ein mehrschichtiges Material entworfen, das die Bewegungsenergie der Staubpartikel sehr wirkungsvoll vernichtet, das aber nur 1/10 soviel wiegt. Große Schwierigkeiten bereitet bei der Konstruktion der Kometensonde auch das intensive Plasma, das man beim Auftreten der Staub- und Gasteile auf die Außenwand von Giotto erwartet. Hier nun ist die große Geschwindigkeit ausnahmsweise einmal hilfreich, denn sie läßt diese Plasmahülle immer wieder aufreißen, so daß die Sensoren doch relativ ungestört messen und beobachten können.
Bei den von Giotto und den anderen Halley-Sonden kommenden Meßergebnissen müssen die Wissenschaftler aber berücksichtigen, daß die im Koma und

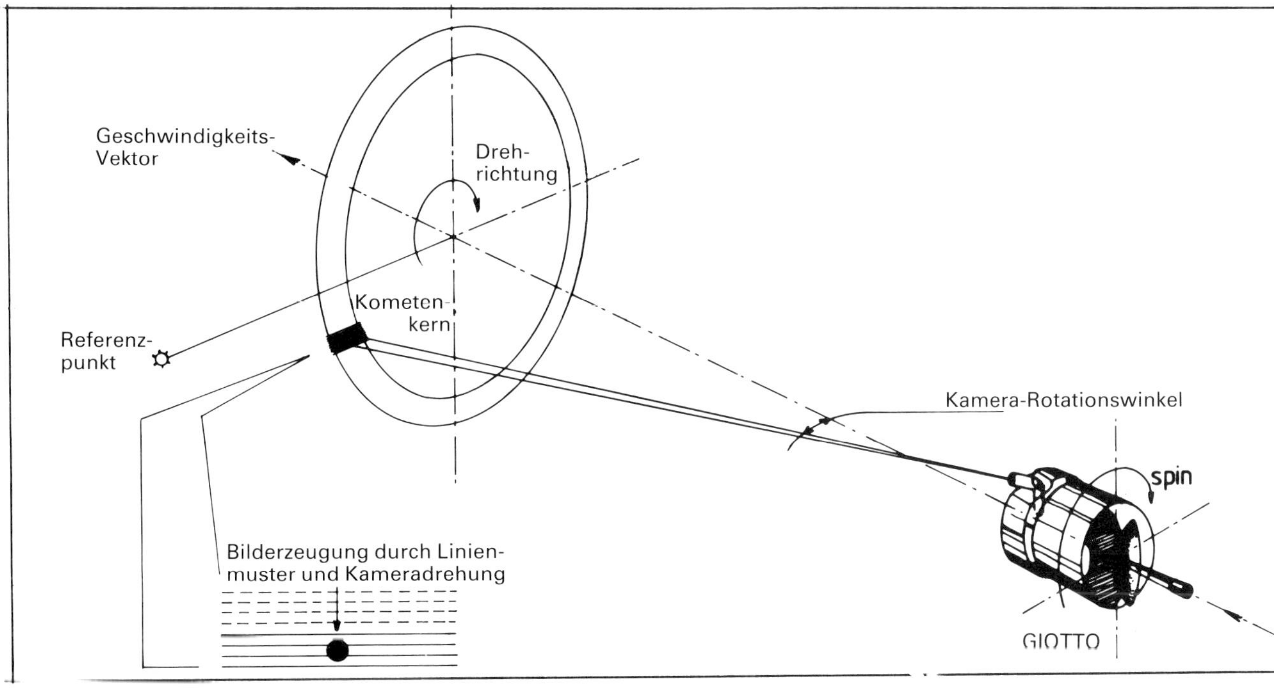

Das Kamerasystem an Bord von Giotto ist darauf zugeschnitten, die Rotation der Sonde zur Bildaufzeichnung auszunutzen, was natürlich zunächst ein sehr „wildes" Muster ergibt, das nur mit Hilfe von Computern richtig wieder zusammengesetzt werden kann. Vor allem aber müssen alle Bilddaten sofort nach der Aufzeichnung zur Erde überspielt werden, weil die Überlebenschancen von Giotto nicht sehr hoch eingeschätzt werden und eine nachträgliche Übermittlung von auf Band gespeicherten Informationen sehr ungewiß ist.

Schweif erkennbar werdenden Gase nicht mehr ganz den ursprünglich vom Kern losgelösten Substanzen entsprechen. Durch die wärmende Sonne wird nämlich nicht nur die äußere Schicht des Kometen aufgeschmolzen, die Strahlen lösen auch chemische Prozesse in diesen äußeren Bezirken des Kometenkerns aus, die zu einem Aufbrechen in größere Moleküle führen.

Das Startgewicht von Giotto wird ca. 750 kg betragen, 320 kg davon sind Treibstoff für das letzte entscheidende Antriebsmanöver, das die Sonde aus dem Erdorbit auf die Flugbahn zu dem Kometen bringt. Auch das Lageregelungs- und das Kurskorrektur-System verbrauchen erhebliche Treibstoff-Mengen. Die wissenschaftliche Nutzlast wird etwa 53 kg wiegen, wovon die Kamera mit 10 kg den größten Anteil beansprucht.

Die Kosten für die Giotto-Kometenmission werden auf etwa 500 Mio. D-Mark geschätzt. Der deutsche Anteil dürfte davon etwa 25 % betragen, die vom Forschungsministerium aufgebracht werden und von den jeweiligen Max-Planck-Instituten, die an der Entwicklung der Sensoren mitwirken.

Die Halley-Multicolor-Kamera (HMC)

Mit dem Bildaufnahme-System an Bord der europäischen Halley-Sonde wollen die Wissenschaftler genauere Informationen über die Größe des Kerns, seine Gestalt und das Reflektionsvermögen sowie über den aktiven Sublimationsprozeß erhalten. Die vierfarbigen Bilder sollen helfen, erstmals die Natur eines solchen Kometenkerns aus der Nähe zu untersuchen. Aus Albedo- und Wellenlängen-Variationen will man Auskünfte über die chemische Zusammensetzung des Kometenkerns und die Energiebilanz an seiner Oberfläche gewinnen. Die Beobachtungen der inneren Koma von Halley sollen Einzelheiten über die Wechselwirkung zwischen dem sublimierenden Gas und dem Sonnenwind bzw. dem kosmischen Staub verraten.

Um hochauflösende Bilder von einer rotierenden Raumsonde aus zu gewinnen, müssen fortschrittlichste Bildröhren zum Einsatz kommen. Bei der »Halley Multicolor Camera« (HMC) haben sich die Wissenschaftler für die »Charged Coupled Devices« (CCD) entschieden, wie sie die Amerikaner auch schon für die TV-Kamera auf dem Jupiter-Orbiter Galileo vorgesehen haben. Die hohe Empfindlichkeit dieser Bildröhre und ihre weite spektrale Bandbreite eignen sich auch für eine solche Kometenmission sehr gut. Das Bildaufnahme-System arbeitet normalerweise in vier Spektralbereichen, außerdem kann die HMC auch geringste Helligkeits-Kontraste von nur 1 % erfassen, womit vor allem Inhomogenitäten in der Albedo des Kometen-Kerns festgestellt werden sollen.

Die Farbkamera dürfte während des Vorbeifluges an Halley etwa 3600 Bilder von der Korona und dann

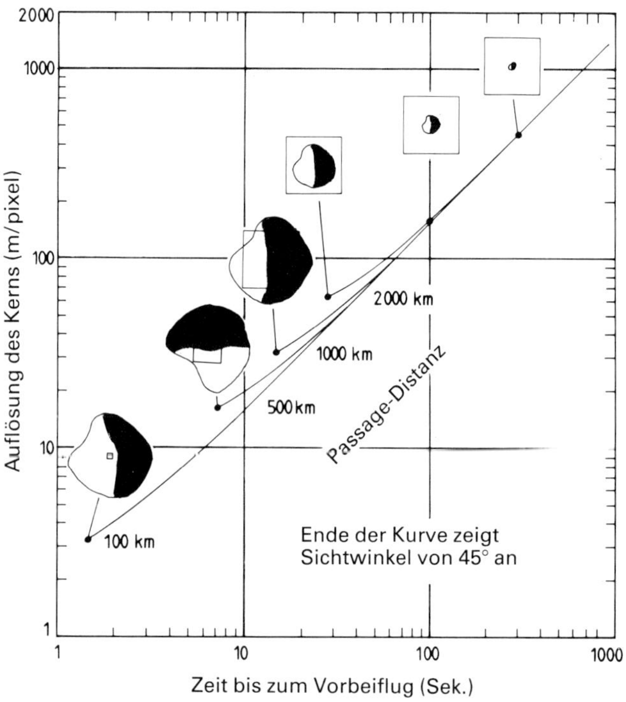

Das Bildfeld der Giotto-Kamera und das Auflösungsvermögen der Apparatur beim Kern des Kometen Halley in Abhängigkeit von der Entfernung demonstriert diese Grafik. Die Sonde soll so nahe wie möglich an den Kometenkern heranfliegen – bis auf einige Hundert Kilometer –, obwohl das wegen der sehr hohen Passage-Geschwindigkeit und der daraus resultierenden Kollisionsgefahr nicht ganz ungefährlich ist. So geben die Wissenschaftler ihrer Kometensonde nur eine 50 %ige Überlebenschance für die ganz nahe Passage.

vom Kern des Kometen machen, die im günstigsten Fall – also aus etwa 1000 km Distanz ein Auflösungsvermögen von nur 30 m haben dürften. Inwieweit sich dieser Wert verbessert, wenn die Sonde sogar auf 200 km an den Kern herankommen sollte, muß abgewartet werden, weil ja dann die Sicht durch die emittierten Gase und Staubkörnchen doch erheblich beeinträchtigt werden dürfte. Außerdem dürfte es dann durch die hohe Passagegeschwindigkeit Bewegungsunschärfen geben.

Inwieweit die Kamera auf der Giotto-Sonde in der Lage ist, die Oberfläche des Kometenkerns genau zu untersuchen, hängt auch von der Stärke der Emission während des nahen Vorbeiflugs ab. Die Bahn der Raumsonde wird auf der dem Schweif entgegengesetzten Seite des Kometen vorbeigeführt, aber auch dort sind ja noch starke Emissionen zu erwarten. Vielleicht kann man aus der Nähe auch noch diverse Materieströme erkennen.

Der schnelle Wechsel des Phasenwinkels während des Vorbeiflugs macht der Kamera größere Teile des Kometenkerns sichtbar. Allerdings muß dann kurz nach dem »encounter« wegen der rasch größer werdenden Entfernung der Blickwinkel der HMC von 107° auf 73° verkleinert werden: die Wissenschaftler schalten also sozusagen das Teleobjektiv ein.

Technische Beschreibung der HMC

Wegen der laufenden Umdrehung der Sonde sind bei Aufnahmen mit der HMC sehr kurze Belichtungszeiten notwendig, wenn Beobachtungen außerhalb der Spin-Achse geplant sind. Herkömmliche Kameras und Verschlußsysteme sind deswegen bei Raumfahrzeugen mit Kreisel-Stabilisierung nicht zu gebrauchen, wie ja schon bei der Beschreibung der Pioneer-Sonden erläutert wurde, die bei den ersten Jupiter-Aufnahmen ähnliche Probleme aufwarfen. Deshalb wurde auch für die Giotto-Kometensonde ein Aufnahme-System ausgesucht, das die kontinuierliche Stabilisierungsrotation für die Bildgewinnung ausnutzt.

Da die genaue Position des Kerns von Halley in der Koma nicht bekannt ist, muß die Kamera und vor allem ihre Montierung so konstruiert sein, daß sie die Koma vor dem nahen Vorbeiflug systematisch nach dem Kern absucht. Diese Aufklärungsphase muß wegen der hohen Fluggeschwindigkeit von Giotto sehr schnell gehen, und dann muß das Motiv – der Kern – mit entsprechenden Sensoren so lange wie möglich im Zentrum des Bildfeldes der Kamera gehalten werden. Zunächst ist der Kern noch sehr klein, die Koma erfüllt den größten Teil des Bildfeldes.

Giotto wird sehr schnell an Halley vorbeiziehen, und dabei wird sich die Position des Kometen in dem von der Sonde erfaßbaren Blickfeld sehr rasch verändern,

Die Konstruktion der Multicolor-Kamera an Bord der Halley-Kometensonde Giotto ist auf die Besonderheiten dieser Mission ausgelegt. Mit einem großen, außerhalb des Sondenkörpers montierten Reflektor werden die Bildinformationen auf den Cassegrain-Hauptspiegel gelenkt. Die Brennweite des Systems beträgt 960 mm, das Öffnungsverhältnis 1:6. Die Baulänge der Kamera beträgt aber dank dem »gefalteten« Strahlengang nur etwa 250 mm.

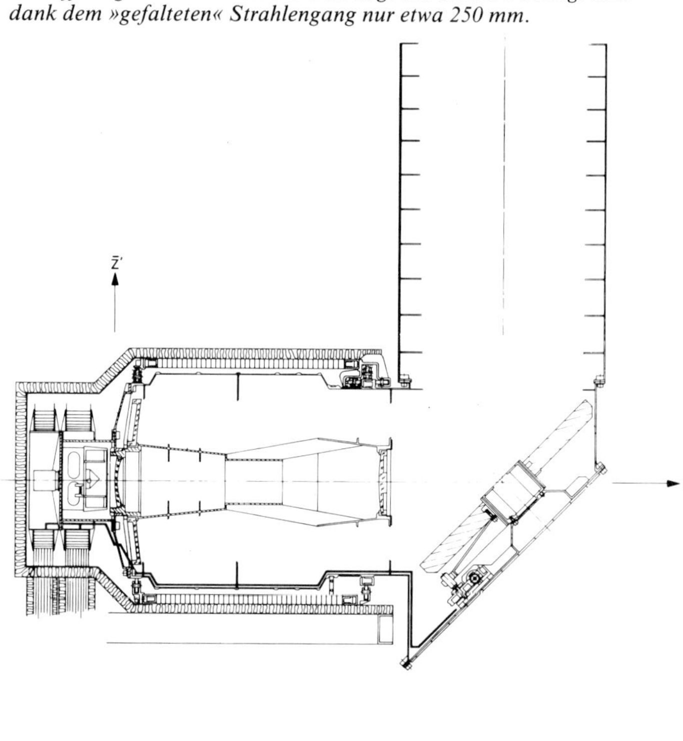

so daß die Kamera praktisch die ganze Himmelssphäre abtasten können muß. Da der Zentralkörper der HMC aus konstruktiven und thermischen Gründen in der Sonde montiert werden muß, ist die Verwendung eines beweglichen Spiegels erforderlich, der an der äußeren Sichtöffnung des Teleskops angebracht ist. Dieser Spiegel tastet das Firmament mit Hilfe der rotierenden Sonde kreisförmig ab und lenkt die einfallenden Lichtstrahlen in das Teleskop und auf die CCD-Röhren. Durch Positionsveränderungen des Spiegels kann der abzutastende Himmelsbereich in weitem Umfang variiert werden.

Das optische System der HMC-Kamera besteht aus einem Spiegelteleskop des Typs Ritchey-Chrétien mit Hauptspiegel, Sekundärreflektor und Korrekturlinse. Die Brennweite des Systems beträgt 960 mm, aber die Baulänge der Kamera ist mit 250 mm sehr kurz. Die maximale Öffnung des Teleskops beträgt 160 mm, so daß sich ein Öffnungsverhältnis von 1:6 ergibt. Das Bildfeld der »Halley Multispectral Camera« beträgt 2,3°, die von der CCD-Bildröhre abhängige spektrale Bandbreite des Systems reicht von 400 bis 1100 nm.

Als Bildsensor in der Elektronik der Giotto-Kamera sind fünf identische CCD-Röhren zusammengefaßt, die mit entsprechenden Filtern jeweils einen bestimmten Abschnitt des Spektrums für sich aussondern. Dazu dient ein Filterrad, in das insgesamt zehn verschiedene Farbscheiben integriert sind.

Umfangreiche Vorkehrungen werden getroffen, um das Teleskop und die Elektronik der HMC in dem gewünschten Temperaturbereich von −45° C bis +5° C zu halten und die Hitze und Kälte des Weltraums so weit wie möglich abzuhalten.

Das Detektorsystem der HMC beruht auf einem aus zwei Segmenten bestehenden TV-Chip der englischen Firma GEC. Jedes Segment besteht aus 288 Linien zu 385 Pixel. Jeder dieser Bildpunkte wird entsprechend der Helligkeit des Motivs mit einem der 256 möglichen Grautöne versehen, was mit einer aus 8 Bit bestehenden Codierung möglich ist. Es dauert 0,4 Sek., um ein 100×100 Pixel großes Bildsegment abzutasten, und es dauert 4 Sek., bis die ganze aus 111000 Pixels bestehende Aufnahme aufgezeichnet ist.

Wettlauf zu Halley

Unverständlicherweise hat sich die amerikanische Raumfahrtbehörde aus Geldmangel aus dem »Halley-Sonden-Wettbewerb« zurückziehen müssen, umso wichtiger sind deshalb jetzt die anderen geplanten Missionen zu dem Kometen. Neben der europäischen Sonde Giotto planen auch die Russen, zwei Venus-Trägerfahrzeuge zu Halley weiterzuleiten, sogar die Japaner haben ernsthaft die Absicht bekundet, eine kleine Instrumentenkapsel zu dem Kometen zu entsenden.

Die europäische, die japanische und die beiden russischen Kometensonden werden die Eckpfeiler der »International Halley Watch« sein, eines weltweiten Programms zur Beobachtung des Kometen. Neben den Messungen und Beobachtungen der direkt zu Halley vordringenden automatischen Roboter wird es viele andere Aktivitäten von Sternwarten geben. Flugzeuge und Ballone mit leistungsfähigen Fernrohren werden den Kometen verfolgen, und auch mit dem »Space Telescope« der NASA werden sicher viele interessante Studien in allen Spektralbereichen von Ultraviolett bis Infrarot gemacht.

Für die Beobachtung des Kometen Halley wird 1986 ein umfangreiches wissenschaftliches Programm ablaufen, bei dem alle heute möglichen astronomischen Beobachtungstechniken zum Einsatz kommen, wie diese Grafik verdeutlicht. Zu den normalen Untersuchungen mit erdgebundenen Teleskopen kommen die Messungen der Kometensonden und anderer entsprechend instrumentierter Erdsatelliten. Ferner sind Beobachtungen mit Ballonen, Höhenraketen und Flugzeugen geplant.

Die beiden russischen Kapseln sollen in Abständen von 3000 und 10000 km an dem Halley-Kern vorbeifliegen. Nach der bisher bekanntgewordenen Planung dürften sie etwa 100 Stunden vor der europäischen Sonde Giotto bei dem Kometen sein. Falls mit den Russen ein Abkommen getroffen werden kann, daß sie ihre Meßergebnisse sofort an die ESA-Bodenstation in Darmstadt weitergeben, könnte man die Bahn von Giotto vielleicht noch ändern, so daß die Sonde in nur 200 km Abstand an dem Kern von Halley vorbeifliegt – falls die russischen Meßroboter die Position dieses Kerns genau feststellen können. Diese geringe Passagedistanz erhöht zwar die Gefahr, daß die Sonde zerstört wird, dafür sind aber die bis dahin zu erwartenden Messungen wesentlich interessanter.

Quellen

Bildnachweis:
Jet Propulsion Laboratory, Pasadena/California
NASA, National Aeronautics and Space Administration, Washington, D.C.
Goddard Space Flight Center, Greenbeld/Maryland
Ames Research Center, Mountain View/California
Johnson Space Flight Center, Houston/Texas
Kennedy Space Flight Center/Florida
Hale Oberservatories, Pasadena
Nowosti – Bildagentur, Köln
Hughes Aircraft Company, El Segundo/California
Foto Sachsse, Bonn
International Communication Agency, Bonn
Rand Corporation, Santa Monica/California
Itek Corporation, Lexington/Mass.
TRW Systems, Rodendo Beach/California
McDonald Observatories
Messerschmitt Bölkow Blohm, München
Max-Planck-Gesellschaft, München
Siemens AG, Berlin
Wolfgang Engelhardt, Köln
Dornier GmbH, München
U.S. Geological Survey, Washington/D.C.
ESOC, European Space Operations Center, Darmstadt
NOAA, Washington/D.C.
Ludek Pesek, Schweiz
Yerkes Observatory, University of Chicago
Agfa-Gevaert AG, Leverkusen
Dr. R. Neukum, DFVLR Oberpfaffenhofen
European Space Agency, Paris/Darmstadt
European Southern Observatory, Garching
Oskar Bröcking, Haan
Prof. G. Weigelt, Erlangen
Dr. H. U. Keller, Katlenburg
Deutsche Verlags Anstalt, Stuttgart

Die vielen hervorragenden Abbildungen in diesem Buch lassen sicher in manchem Leser den Wunsch aufkommen, die eine oder andere Aufnahme selber besitzen zu wollen. Allerdings verschickt das NASA-Hauptquartier in Washington aus Kostengründen keine Originalbilder nach Übersee, man muß sich solche Aufnahmen dort schon selber abholen oder bei den vielen über das Land verteilten NASA-Zentren. Wer dazu keine Gelegenheit hat, kann sich aber alle von der NASA herausgegebenen Bilder von Weltraum-Programmen gegen eine nicht sehr hohe Gebühr bei folgender Adresse bestellen:

Space Photographs,
Post Office Box 486,
Bladensburg, Md20710

Ein Schwarzweiß-Bild in der Größe 20 × 25 cm kostet dort momentan 2,50 Dollar, ein Farbabzug in derselben Größe 6 Dollar. Diese Gebühren mögen sich im Laufe der Zeit ändern, auf alle Fälle empfiehlt es sich, bei der genannten Firma erst einmal das aktuelle Bildverzeichnis und eine Preisliste anzufordern.

Literaturnachweis:

Merkur
Merkur, der sonnennahe Planet, Dr. Sandner, 1959
Press Kit NASA, Mariner 10, 1st, 2nd 3rd Mercury-Encounter
The Atlas of Mercury, London, 1977
Atlas of Mercury, NASA, SP-423, 1978

Mariner 10
Press Kit NASA, Mariner-Venus-Mercury, 1973
The Voyage of Mariner 10, NASA, SP-424, 1978
»Mariner Venus Mercury«, Status Bulletin, NASA-JPL, 1973
»The MVM Imaging System and its Spacecraft Interactions«, NASA-JPL, 1973

Venus
Press Kit NASA, Mariner Encounter Venus, 1974
Gluthölle Venus, Leipzig, 1972

Pioneer-Venus
»Early Findings from Pioneer Venus«, NASA 1979
Press Kit NASA, Pioneer Venus Encounter, 1978
Pioneer Venus Interim Results, NASA, 1979
Press Conference on Pioneer Venus, Washington, D.C., 1979
Encounter with Venus, Science, Washington, D.C., 1979
JPL Fact Sheet, VOIR Venus Orbiting Imaging Radar

Mars

Mariner 4
NASA-Facts, A Report from Mariner IV, 1965
Initial Scientific Interpretation of Mariner 4 – Photographs, JPL, 1965

Mariner 6 + 7
Two Over Mars, Mariner VI and VII, JPL, 1969
Mission Report Mariners 6 + 7, NASA, 1969
Mariner-Mars 1969, A Preliminary Report, NASA, SP-225, 1969

Mariner 9
Press Kit Mariner Mars 1971, NASA
Press Kit Mariner 9, NASA, 1971
Mariner Mars 1971, Status Bulletin, NASA-JPL, 1971
Mission to Mars, NASA-JPL, 1971
Mariner 9 Mission Summary, NASA, 1972
The Face of Mars, Mariner 9, JPL, 1972
Space Photography and the Exploration of Mars, The Rand Corporation
Mariner Mars 1971 Real Time Video Data Processing, JPL, 1972
The Many Faces of Mars, NASA-JPL, 1973
Mariner Mars 1971, Project Final Report, JPL, 1973
Mars – The first authentic Guide to another World, London
Mars as viewed by Mariner 9, NASA, SP-329, 1976

Viking
»Viking Mars, Anatomy of Success, JPL«, 1978
»Viking Mission Operations Status Bulletin«, JPL, 1975/76
»Mars: The Viking Discoveries«, NASA, EP-146, 1977
Images of Mars, NASA, SP 444, 1980
Press Kit Viking, NASA, 1975
The Viking Missions to Mars, NASA, SP-334, 1975
The Viking Mission to Mars, Martin Marietta Corporation, 1975
Viking 1 Early Results, NASA, SP-408, 1976
The Viking Orbiter Visual Imaging Subsystem, AIAA, 1976
Viking Orbiter Views of Mars, NASA, SP-441, 1980
The Martian Landscape, NASA, SP-425, 1978
Atlas of Mars, NASA, SP-438, 1979
Der Mars, Braunschweig, 1978
Neuland Mars, Stuttgart, 1976

Jupiter/Saturn

Pioneer – Jupiter
Press Kit Pioneer G, NASA, 1973
Special Report, Results from the Pioneer 10 Mission to Jupiter, NASA Results from Pioneers 10 + 11, NASA, 1976
Pioneer Odyssey, NASA, SP-396, 1977

Pioneer – Saturn
Press Kit, Pioneer Saturn Encounter, NASA, 1979
TRW Fact Sheet Pioneer 11, 1979
Pioneer Saturn Encounter, NASA, 1979
Pioneer Completes First Survey of Saturn, NASA
Pioneer 11, First to Saturn, Bendix Corporation
Description of Pioneer Saturn Image Processing Techniques at the University of Arizona, 1973
New Device Speeds Production of Pioneer Saturn Color Images

Voyager – Jupiter
Voyager Mission Status Bulletin, JPL, 1977–81
Fact Sheet Voyager Jupiter Saturn, JPL, 1977
Voyager Encounters Jupiter, NASA 1979
Mapping the Galilean Satellites of Jupiter with Voyager-Data, U.S. Geological Survey, 1980
Press Kit, Voyagers 1 + 2, NASA, 1977
Press Kit, Voyager 2 Jupiter Encounter, NASA, 1979
Television Optics for the Voyager Mission to Jupiter and Saturn, Optical Engineering, 1980
Voyager Imaging Experiment
Dynamic Feature Analysis for Voyager at the Image Processing Laboratory, JPL, 1978
Mission Test and Imaging System, JPL, 1979
Voyager will carry »Earth Sounds Record«, NASA, 1977
Voyager to Jupiter, NASA, SP-439, 1980
Applications of Interactive Digital Image Processing to Problems of Data Registration and Correlation, JPL-Caltech

Voyager-Saturn
Voyager Backgrounder, NASA, 1980
Voyager 1 Saturn Encounter Summary, NASA, 1980
Mission Operation Report Voyager 1 Encounter at Saturn, NASA, 1980
Voyager 1 Saturn Encounter Trajectory Information, NASA-JPL, 1980
Voyager 1, Saturn Encounter Timeline, NASA-JPL, 1980
Preliminary Science Results of Voyager 1 Saturn Encounter

Projekt Galileo
Project Galileo, JPL Fact Sheet, NASA-JPL, 1978
Galileo to Jupiter, Probing the Planet and Mapping its Moons, JPL, 1979
Vorbereitende Untersuchung zur Systemdefinition eines deutschen Anteils am Projekt »Jupiter Orbiter Probe«, BMFT
Project Galileo, MBB, 1978
An 800 × 800 charge-coupled device (CCD) camera for the Galileo Jupiter Orbiter Mission, NASA-JPL

Space Telescope
The Space Telescope, NASA, SP-392, 1976
Space Telescope, NASA
»Faint Object Camera«, Dornier Post, 1979

Giotto-Kometensonde
Experimente für Kometensonde ausgewählt, MPG, 1981
European Scientific Spacecraft to explore Halley's Comet, ESA
»Giotto – A Mission to Halley's Comet«, ESA Bulletin, 1981
A Halley Multicolor Camera, MPG, 1981

Allgemeine Literatur:
Zeitschriften, Informationsdienste
Sky and Telescope, Cambridge, Mass.
Frankfurter Allgemeine, Frankfurt/Main
Umschau in Wissenschaft und Technik, Frankfurt/Main
Bild der Wissenschaft, Stuttgart
Spaceflight, London
Sterne und Weltraum, Düsseldorf
Raumfahrtforschung, Köln
RF-Informationen, MBB, München
NASA Facts, Washington, D.C.
MPG – Presseinformationen, München
Luft- und Raumfahrt, Köln
Space Science Instrumentation, Dordrecht, Holland
Spektrum der Wissenschaft
Astronautik, HOG, Hannover
Science, Washington, D.C.
National Geographic Magazine, Washington, D.C.
Flug Rcvuc, Stuttgart
Journal of the SMPTE
NASA – News, Washington, D.C.
DFVLR – Presseinformationen, Köln

Bücher
Fotografie im Weltraum I, Herrsching, 1980
Der zweiten Erde auf der Spur, Stuttgart, 1974
Taschenbuch für Planetenbeobachter, Mannheim, 1966
Kursbuch für das Sonnnensystem, Stuttgart, 1971
Großes Lexikon der Astronomie, München, 1980
Planeten-Geologie, Freiburg, 1980
Atlas der Planeten, München, 1969
Bildatlas des Sonnensystems, Stuttgart, 1974
Das Sonnensystem, München, 1981
Planeten-Lexikon, Stuttgart, 1979
100 × Raumfahrt, Mannheim, 1977
Zwischen Sonne und Jupiter, Stuttgart, 1975
dtv-Atlas zur Astronomie, München, 1973
Herder Lexikon Weltraum-Physik, Freiburg, 1975
Transpress-Lexikon Raumfahrt, Berlin, 1980
ABC Astronomie, Leipzig, 1974
Typenbuch der Raumflugkörper, Berlin, 1974
Raumfahrt in Stichworten, Kiel, 1973
Signale der Erde, München, 1980
Die Planeten, Braunschweig, 1983
Photographic Atlas of the Planets, Cambridge, 1982
The Grand Tour, New York, 1981
The Exploration of the Outer Space with Cameras, Jefferson, 1983
Planetary Exploration Through Year 2000, Washington
Die Sonne und ihre Planeten, Weinheim, 1980
Voyage to Jupiter, Washington, 1980
Jupiter, Freiburg, 1981
Voyages to Saturn, Washington, 1982
Saturn, Freiburg, 1982
Raumfahrt-Lexikon, Bern, 1983
Cambridge Fotoatlas der Planeten, Stuttgart, 1984
Planetenforschung mit Raumsonden, Berlin, 1982
Universe, Boston, 1981
Planetary Encounters, Harrisburg, 1978
Out of this World, New York, 1977
The View from Space, New York, 1971
Erde, Sonne und Planeten, Köln, 1978
Images from Space, New York, 1979
Geschichte der Raumfahrt, Künselsau, 1979
Weltraum-Atlas, Stuttgart, 1970
Space Art, New York, 1978
Der erste Tag der neuen Welt, Frankfurt, 1981
Moons and Planets, Belmont, 1983
The Solar System, Freeman, 1983

Register

Für Astronomie-Fans

Bruckmann & Partner

Fordern Sie unsern Poster «Die Neue Astronomie» an bei:
Birkhäuser Verlag AG
Postfach 133, CH-4010 Basel

Nigel Henbest / Michael Marten

Die Neue Astronomie

1984. 240 Seiten, 308 Abbildungen, meist vierfarbig, 11 Figuren.
Gebunden
Dieses Buch bildet einen Meilenstein in der bildlichen Darstellung des Universums. Erstmals werden optische-, Infrarot-, UV-, Radio- und Röntgenstrahlen-Beobachtungen astronomischer Objekte direkt verglichen.

Wolfgang Engelhardt

Planeten, Monde, Ringsysteme

Kamerasonden erforschen unser Sonnensystem
1984. 352 Seiten, 73 Farbabbildungen, 200 sw-Fotos.
Gebunden
Phantastische Bilder der Planeten Merkur, Venus, Mars, Jupiter und Saturn, von amerikanischen Sonden seit 1964 zur Erde übermittelt. Der aktuelle Kenntnisstand von den Planeten wird einprägsam erläutert und beispielhaft illustriert.

Joseph P. Allen
Unter Mitarbeit von Russell Martin

Vorstoss ins All

Mein Raumflug mit dem Space Shuttle
1984. 224 Seiten, 200 Farbabbildungen.
Gebunden
Dies ist der erste authentische Bericht eines Astronauten des Space Shuttle-Programms. Allen schildert Countdown und Landung sowie den Flug selbst. Mit phantastischen, meist unveröffentlichten Farbbildern der NASA.

James S. Trefil

Im Augenblick der Schöpfung

Physik des Urknalls
Von der Planck-Zeit bis heute
1984. 256 Seiten, 59 Zeichnungen und 7 sw-Fotos.
Gebunden
Wenige Fragen fesseln unseren Geist stärker als die nach der Erschaffung der Welt. Dieses Buch schildert den heute gültigen Stand der Wissenschaft, den ungeheuren Wissenszuwachs und die wichtigen Entdeckungen, die den Anfang der Welt betreffen.

James S. Trefil

Reise in das Innerste der Dinge

Vom Abenteuer des physikalischen Sehens
1984. 229 Seiten, 90 Illustrationen.
Gebunden
Die wichtigsten Denkmodelle der modernen Physik, auch für mathematische oder physikalische Laien verständlich dargestellt.

Birkhäuser Verlag
Basel · Boston · Stuttgart